U0381580

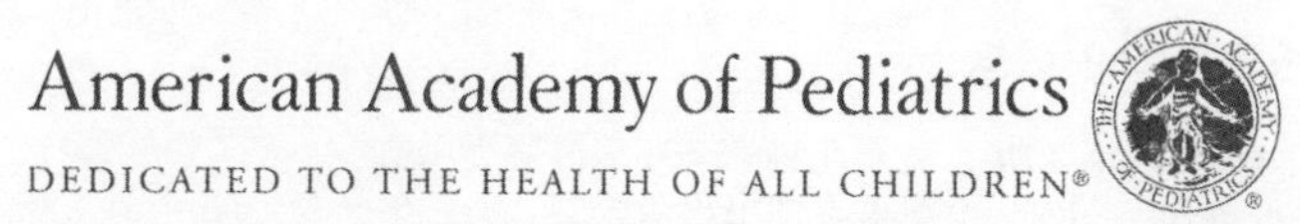

环境与儿童健康

（第3版）

主　编　美国儿科学会环境健康委员会
主　译　颜崇淮　李廷玉
副主译　徐　健　赵　勇
审　阅　许积德　宋伟民

世界图书出版公司
上海·西安·北京·广州

图书在版编目(CIP)数据

环境与儿童健康:第3版 / 美国儿科学会环境健康委员会主编;颜崇淮等译. —上海:上海世界图书出版公司,2017.6

ISBN 978-7-5192-2859-0

Ⅰ.①环… Ⅱ.①美… ②颜… Ⅲ.①环境影响—儿童—健康 Ⅳ.①X503.1 ②R179

中国版本图书馆CIP数据核字(2017)第092514号

本书是美国儿科学会(American Academy of Pediatrics)于2011年出版的*PEDIATRIC ENVIRONMENTAL HEALTH*(3rd Edition)的简体中文翻译版。该简体中文翻译版反映了美国儿科学会在这本书出版之时美国的现行做法。美国儿科学会没有参与简体中文版的翻译工作,并对本书中任何错误、遗漏或其他可能的问题不承担任何责任。

书　　名　环境与儿童健康(第3版)
　　　　　Huanjing yu Ertong Jiankang (Di-san Ban)
主　　编　美国儿科学会环境健康委员会
主　　译　颜崇淮　李廷玉
副 主 译　徐　健　赵　勇
审　　阅　许积德　宋伟民
责任编辑　沈蔚颖
装帧设计　上海永正彩色分色制版有限公司
出版发行　上海世界图书出版公司
地　　址　上海市广中路88号9-10楼
邮　　编　200083
网　　址　http://www.wpcsh.com
经　　销　新华书店
印　　刷　杭州恒力通印务有限公司印刷
开　　本　890 mm×1240 mm　1/32
印　　张　32.375
字　　数　1060千字
印　　数　1-2000
印　　次　2017年6月第1版　2017年6月第1次印刷
版权登记　图字09-2015-231号
书　　号　ISBN 978-7-5192-2859-0/X・2
定　　价　230.00元

如发现印装质量问题,请与印刷厂联系
(质检科电话:057-88506965)

译者名单

主　译　颜崇淮　李廷玉
副主译　徐　健　赵　勇
审　阅　许积德　宋伟民

翻译人员（排名不分先后）
王伟业　王　瑜　李继斌　李朝睿　李　斐　余晓丹
沈理笑　张　帆　张　军　张　勇　林　芊　欧阳凤秀
练雪梅　徐晓阳　高　宇　郭保强　唐德良　程淑群
曾　惠　曾　缓　阚海东

秘书（排名不分先后）
严　瑾　应晓兰　马文娟

译者序 一

在过去的半个世纪中，我们所赖以生存的地球环境发生了巨大变化，环境污染问题已经受到社会各界的广泛关注。环境污染不仅对环境生态造成影响，还可能对人群健康产生危害。儿童不是小大人，从精子和卵子的结合形成胚胎，然后胎儿孕育到婴儿出生，继而从蹒跚学步到青春少年，个体生命从无到有，组织器官快速发育，结构和功能不断完善，在最初的几年快速生长发育过程中，经历了许多极易被干扰、且极其脆弱的窗口期，加上儿童各种特殊的暴露途径和自身代谢的特点，使儿童成为对环境危险因素最敏感的人群，各种环境因素在生命早期的暴露都可能影响到正常受孕、妊娠结局、儿童的生长发育过程，导致出生缺陷、过敏、哮喘、孤独症、注意缺陷多动障碍（ADHD）等，甚至可能影响终身健康。

国内最早开展环境暴露与儿童健康领域系统研究的单位是上海交通大学医学院（原上海第二医科大学）附属新华医院。早在1984年，在我国儿童保健学创始人之一新华医院郭迪教授的领导下，开始了环境铅污染对儿童健康危害的探索性研究。随后在郭迪教授的学生、我国环境与儿童健康领域的开拓者沈晓明教授（现为美国医学科学院外籍院士）的领导下，在美国预防儿童铅中毒专家委员会主席约翰·F. 罗森（John F. Rosen）教授和时任我国卫生部部长陈敏章教授的支持下，于1996年在国内成立了首个环境与儿童健康的专门研究机构——上海第二医科大学儿童铅中毒防治研究中心，并于2000年更名为上海第二医科大学儿童环境医学研究中心，随后在该中心的基础上于2004年底挂牌成立上海市环境与儿童健康重点实验室，实验室于2011年被列为教育部环境与儿童健康重点实验室进行建设。多年来，新华医院先后组织了8次国际性/区域性环境暴露与儿童健康领域的学术研讨会，推动了国内该领域的学术研究。目前国内已有十多家科研和临床单位开展了环境暴露与儿童健康领域的研究工作,环境与儿童健康正成为新的研究热点领域。

本人于1991年师从新华医院吴圣楣、沈晓明教授,开始了宫内低水平铅暴露对儿童发育影响与预防的系列研究。首次接触到美国儿科学会的《环境与儿童健康》一书(《*Handbook of Pediatric Environmental Health*》1999年第1版)是在2000年赴美访学期间,在美国纽约爱因斯坦医学院儿童环境科学部主任——约翰·F. 罗森教授的实验室做访问学者,初看到此书时如获至宝,反复阅读,收获颇多。在回国后不久的2004年,收到罗森教授寄来的《环境与儿童健康》(《*Pediatric Environmental Health*》)第2版,快速阅读一遍后就萌生了翻译该书的念头。后与李廷玉教授联系,她也觉得翻译引进该书非常必要。但碍于中文版的版权问题没有解决,一直未能如愿。2012年《环境与儿童健康》执行主编露丝·A. 埃策尔教授来上海访问,送给我第3版新书,内容更加新颖丰富,更坚定了我组织翻译引进该书的意愿,2014年与世界图书出版公司的合作才真正开始该书的翻译出版工作。

本书翻译工作历时2年余,按照原版内容进行翻译,译文尽量符合汉语语法习惯和用词规范,上海交通大学、重庆医科大学、复旦大学、美国哥伦大学等多家单位二十余位相关领域专家参与了本书的翻译工作,许积德、宋伟民两位老专家也参与了大量审校工作,在此一并表示深切的谢意!同时也感谢周光迪、李旻明、郜振彦、曹佳、汪慧琼、黎俊、季麟、卢宜、张艳、李淑芳、林燕芬、王磊、陈威威、邵博、张瑞源、关思齐、李志明、梁怀予、陈雅萍、白瑞雪、刘虹妍、罗新苗、王霞、王旭、冯甜、高钰双、卢蕾、魏思宇、杨骐瑜、林瓒、欧川梅、裴豆豆、徐祥龙、周灿灿、陈飞等老师和同学在本书翻译过程所给予的帮助!还要感谢本书编辑秘书严瑾、应晓兰和马文娟在本书翻译过程中所做出的繁杂工作和突出贡献。

相信本书的出版必将推动我国环境与儿童健康领域的教学、研究及临床工作的开展,给广大准父母和儿童家长提供与环境相关的备孕和养育知识指导,也将引起相关人士及政府对环境保护的重视,促进我国环境污染的控制和改善,保障儿童健康成长。

颜崇淮

2017年儿童节于上海

译者序 二

我与《环境与儿童健康》一书颇有情缘。记得2004年我率队到墨西哥坎昆参加第24届国际儿科大会，会议期间我走到美国儿科学会(AAP)图书的展台前，猛然间见到《环境与儿童健康》第2版，卖书的老太太见我感兴趣，又是发展中国家的学者，于是将书赠送我。一路上我开始阅读此书，立刻被其内容所吸引，爱不释手，恨不得介绍给大家分享。回来后立刻组织同去开会的十几位专家进行翻译，但是非常遗憾我们没能获得中文简体字版权。颜崇淮教授是国内少有的研究儿童环境健康的资深专家，2年前他邀我参与《环境与儿童健康》第3版翻译，说能拿到版权出版，我欣然答应，非常感谢崇淮教授给我这个学习机会。

近年来，环境污染已经成为媒体上频频出现的话题。不久前，前央视调查记者柴静带来了对中国雾霾情况的深度调查《穹顶之下》，观众虽褒贬不一，但就关注程度而言史无前例，也将雾霾相关的话题再度推到了公众视线焦点。诚然，近几十年来，随着我国经济的持续快速发展，社会转型的加速进行，工业化和城市化进程不断推进，环境问题日益严重。除了雾霾，还有如全球气候变化、臭氧层破坏和损耗、生物多样性减少、土地荒漠化、森林植被遭破坏、水资源危机、海洋环境破坏、酸雨污染、生活污染等全球环境问题。然而，面对环境污染，儿童是最脆弱的特殊人群，最易受到环境污染的伤害。

如何减少儿童受到环境污染物的伤害，已经成为全社会关注的焦点。而且，随着自媒体时代的发展，有关环境污染对儿童健康的影响的信息很多，但由于不同来源的相关信息碎片化，存在很多误区，给关注儿童健康的人士反而带来很多困惑。而健康专业人士由于受到传统生物医学模式的影响，在医学院校学习及实习期间很少涉及有关环境危险因素及其与疾病关系方面的知识。一般的医学教科书对环境因素所致的疾病也不够关注，关于因环境危险因素引起儿童健康危害的知识很零散地分布于那些科普性读物、公共卫生及其他专业杂志上，一般家长、教师、甚至临床医生都很难系统了解到相关知识，而且儿童环境健康的循证医学证据不多，国内更少。

在全社会高度关心环境污染的情况下，《环境与儿童健康》第 3 版中文版问世了，其中很多知识可以借鉴，是中国儿童的幸事。本书具有以下特点：

第一是权威性：本书首次出版于 1999 年，主要提供给儿科医生及那些对预防儿童在婴儿期、儿童期和青少年期暴露于环境危害感兴趣的人。在国际上是第一本系统介绍各种环境影响因素对儿童生长发育、疾病及健康相关的高级参考书，也是美国儿科学会推出的环境对儿童健康危害的预防和处理指南。本书自 1999 年第 1 版出版以来，受到美国及世界各国儿科学及公共卫生学者的推崇。第 2 版开始已经对所有 43 个章节做了修正。本书第 3 版已经在前 2 版基础上修订，并增加了许多内容，第 3 版的内容超过第 1 版 2 倍。在这一版中，根据最新的科学文献更新了环境对儿童危害的证据，新增加了 22 个章节，内容涉及主题如出生缺陷、全球气候变化、增塑剂以及预防原则。

第二是实用性：本书优先选择那些对儿童健康影响较大的以及家长更关注的内容。希望本书能促进儿童照看者对环境与健康知识的了解。幼儿家长对于环境对儿童健康的影响有着强烈的兴趣。他们可能从儿科医生那里得到指导，了解怎样评价新闻报道中提及的空气、水和食物对儿童健康的潜在危险。面对越来越多的研究证据，担忧的家长该如何对待呢？在某种暴露可能影响儿童健康的第一个研究结果发表后，就立刻谨慎地避免该暴露因素？在什么情况下，儿科医生应提倡具体行动？每个有害的暴露都应与儿童及相关可获得的经济、感情及知识资源综合考虑。

第三是科普性：本书系统地介绍环境污染物对儿童健康影响及其防治知识，力求给读者提供准确、可靠的信息，减少儿童环境污染物暴露，防治环境污染相关疾病，同时每章的最后都有普通百姓常见问题提问和解答，以提高本书的可读性，也更加贴近老百姓生活，真正提高儿童生活质量，让儿童健康成长。

本书的读者对象主要是儿科临床医生、儿童保健医生，妇幼卫生、环境卫生工作者，公共卫生职业医生、营养师、健康管理师、育婴师等健康服务相关产业工作人员、医学专业本科生及研究生，以及广大家长及准家长们。

由于该书涉及专业词汇量非常大，而且该领域系统研究成果不多，参考资料较少，难免有疏漏和不足之处，恳请广大读者予以批评指正。我们保留原版图书的参考资料部分，以方便读者查阅原版资料，但愿本书能起到抛砖引玉的作用，唤起更多人士和机构关注环境污染，关爱儿童健康，让儿童能在更好的环境中健康成长。

最后在此书中文版出版之际感谢露丝 · A. 埃策尔博士一直以来的帮助，并将此书奉献给所有关心儿童环境健康的同道，祝愿儿童健康成长。

李廷玉

2016 年 7 月

注：两篇译者序仅针对世界图书出版公司出版的简体中文版，序言没有出现在美国儿科学会出版的英文版本中。

中文版序

医学在过去60年中发生了巨大的变化。与内科医生相比，当今的儿科医生在儿童健康方面面临着非常不一样的挑战。由于各种疫苗的问世，许多原本可能导致儿童死亡的感染性疾病已经非常罕见或者已经被根除，但随着儿童哮喘、发育障碍、孤独症和儿童肥胖的发病率增加，儿童慢性疾病的临床处理已经成为儿科实践中的主要焦点。

儿童生活、成长、学习和玩耍的环境已经改变。有史以来第一次，世界上居住在城市和乡镇的人口多于农村。居住在城市的人经常食用加工食品，呼吸被污染的空气和饮用被化学物质污染的水。许多大城市的街道交通堵塞，加重室外空气污染。儿科医生已经意识到环境污染对儿童健康会造成影响。大量疾病和病症与儿童在污染环境中的暴露有关。世界卫生组织估计26%的5岁以下儿童死亡是由环境因素变化导致的。

尽管我们不能改变儿童的遗传组成，但我们可以改善儿童居住的环境。这就是为何现在许多儿科医生致力于改变环境的社会活动中，以防止儿童的有害暴露。家长们已经知道去关注决定孩子健康清洁的空气、水和食物是非常重要的，而儿科医生必须准备好回答他们对如何确保空气、水和食物干净的相关问题。因此这本书将帮助他们。

这一版《环境与儿童健康》是对环境污染相关的儿童疾病和病症的诊断、治疗和预防知识的及时更新。我相信《环境与儿童健康》中文版会成为对环境与儿童健康感兴趣的中国医生的重要参考书。

露丝·A. 埃策尔博士（Dr. Ruth A. Etzel）

《环境与儿童健康》执行主编

2016年7月

2010—2011 年

环境健康委员会执行委员

本届委员会主席

海伦·J. 宾斯，医学博士，公共卫生硕士（Helen J. Binns，MD，MPH）

本届执行委员会成员

海瑟·L. 布伦伯格，医学博士，公共卫生硕士（Heather L. Brumberg，MD，MPH）

约尔·A. 福尔曼，医学博士（Joel A. Forman，MD）

凯瑟琳·J. 卡尔，医学博士，哲学博士（Catherine J. Karr，MD，PhD）

凯文·C. 奥斯特豪特，医学博士，微软认证工程师（Kevin C. Osterhoudt，MD，MSCE）

杰罗姆·A. 鲍尔森，医学博士（Jerome A. Paulson，MD）

梅根·T. 桑德尔，医学博士，公共卫生硕士（Megan T. Sandel，MD，MPH）

詹姆斯·M. 萨尔茨，医学博士，公共卫生硕士（James M. Seltzer，MD）

罗伯特·O. 赖特，医学博士，公共卫生硕士（Robert O. Wright，MD，MPH）

前任主席

迈克尔·W. 香农*，医学博士，公共卫生硕士（Michael W. Shannon，MD，MPH）

前任执行委员会成员

戴娜·贝斯特，医学博士，公共卫生硕士(Dana Best, MD, MPH)

克里斯汀·L. 约翰逊，医学博士(Christine L. Johnson, MD)

林内特·J. 马祖尔，医学博士，公共卫生硕士(Lynnette J. Mazur, MD, MPH)

詹姆斯·R. 罗伯茨，医学博士，公共卫生硕士(James R. Roberts, MD, MPH)

有关联络代表

美国国家疾病控制与预防中心/美国国家环境卫生中心

玛丽·E. 莫滕森，医学博士，理学硕士(Mary E. Mortensen, MD, MS)

美国环境保护署

彼得·格莱维特，哲学博士(Peter Grevatt, PhD)

美国国家癌症研究所

莎伦·A. 萨维奇，医学博士(Sharon A. Savage, MD)

美国国家环境卫生科学研究所

瓦尔特·J. 罗根，医学博士(Walter J. Rogan, MD)

美国儿科学会工作人员

保罗·斯皮瑞(Paul Spire)

(颜崇淮 译)

* 已故

序　言

《环境与儿童健康》第3版的出版反映了我们对环境相关疾病病因、诊断、管理以及预防方面的理解不断深入。环境健康领域迅速发展，知识更新日新月异。家长几乎每个星期都能读到一篇环境对儿童健康影响方面的文章，并极有可能就此向他们的儿科医生咨询。2011年3月份以来，有关日本大地震和随之而来的核危机报道一直是新闻的主要内容。这些事件使环境问题成为关注的焦点，并借此机会教育儿童认识到这些环境问题，使大家关注预防和补救措施。儿童生活的许多不同的"环境"也成为关注的焦点，包括卧室、住宅、家庭、学校、邻里、社区或城镇、国家以及世界，从某种程度上说，这些不同的环境是一个整体。虽然如日本的灾难性地震和海啸这样的大规模事件会让我们警惕环境威胁对儿童及其家庭成员有重要的生理和心理影响，但人们仍然容易忽略那些不易察觉(或不可察觉)的环境威胁对儿童及其家人生理和心理的影响。作为儿科医生，我们必须参与其中。本书将为我们了解这个领域提供基础。

本书首次出版于1999年，主要提供给儿科医生及那些对预防儿童在婴儿期、儿童期和青少年期暴露于环境危害感兴趣的人。在这一版中，我们根据最新的科学文献更新了环境对儿童危害的证据。最新添加了22个章节，涉及主题如出生缺陷、全球气候变化、增塑剂以及预防原则。第2版开始已经对所有43个章节做了修正。美国环境保护署和美国国家环境卫生科学研究所建立儿童环境健康与疾病预防研究项目以来，关于儿科实践方面的知识、研究和信息呈指数增长。环境与儿童健康的新型联系不断被发现，现有知识不断被完善和补充。儿科环境健康领域在不断发展，更多研究成果的发表可能会带来指南的修改。

虽然本书65位作者均来自北美地区，但本书大部分内容也适用于世界其他地区。在比北美地区工业化程度低的地区，儿童对某些污染物的暴露水平可能会更高；尽管如此，本书仍可以作为临床医生的可靠资料，用于为家长和社区提供实际的建议。比如书中有一章节是有关发展中国家儿童的环境健康问题，就为北美地区的儿科医生列出一系列在各种国际环境下儿童成长的问题。

这本书很实用，既可指导临床诊疗，也可为临床医生准备讲座提供资料以及为政府立法提供依据。本书每个章节均由多名作者共同完成。尽管第 3 版的内容超过第 1 版的 2 倍，但仍有许多环境健康方面的内容没有被涉及。编写委员会优先选择那些对儿童健康影响较大的以及家长更关注的内容。我希望本书能促进儿童照看者对环境与健康知识的了解。

幼儿家长对于环境对儿童健康的影响有着强烈的兴趣。他们可能从儿科医生那里得到指导，了解怎样评价新闻报道中提及的空气、水和食物对儿童健康的潜在危险。然而，如同二手烟对儿童的危害一样，这些暴露对儿童健康的危害在达成共识前已经进行了多年的流行病学和实验室研究。面对越来越多的研究证据，担忧的家长该如何对待呢？在某种暴露可能影响儿童健康的第一个研究结果发表后，人们就立刻谨慎地避免该暴露因素？在什么情况下，儿科医生应提倡具体行动？显然，这些问题并不容易回答。因为涉及价值问题、科学认识和经济成本。每个有害的暴露都应与儿童及相关可获得的经济、感情及知识资源综合考虑。在充分了解事实和各种不确定性后，儿科医生可能会选择不同的方式来应对越来越多的证据。

我要感谢各位对本书的贡献。首先，要感谢为本书第 1 版所有 33 个章节和第 2 版 43 个章节做出重要贡献的作者们，因为他们的出色工作为本书第 3 版的修订和补充提供了很好的基础。共有美国儿科学会的 41 个理事会、委员会及分部为本书进行审查并对新增及修订章节提供意见。我要特别感谢保罗·斯皮瑞(Paul Spire)，他以坚持不懈的热情联系各位作者并处理错综复杂的各种要求，非常努力地保证本书编辑正常运行，并感谢资深医疗文字编辑珍妮弗·肖(Jennifer Shaw)和出版制作服务部经理特雷沙·韦纳(Theresa Weiner)，他们在本书的出版过程中给予了巨大的帮助。非常感谢副主编、医学博士索菲·J. 鲍克(Sophie J. Balk)，她密切关注确保本书对复杂的问题给予清楚地解释并为临床医生提供了关键的行动步骤。还要感谢环境健康理事会主席、公共卫生硕士、医学博士海伦·J. 宾斯(Helen J. Binns)强有力的领导,及理事会各位委员为本书新增及修订章节的审查所付出的辛勤劳动。还要特别感谢美国儿科学会理事会委员及I区主席卡萝尔·E. 艾伦(Carole E. Allen)博士,她在本次工作期间手臂骨折,但仍细致全面地审阅本书,以确保与美国儿科学会提出的政策保持一致。

特别荣誉属于2位在儿童环境健康领域做出巨大贡献的令人尊敬的儿科学者:医学博士、公共卫生学博士罗伯特·W. 米勒(Robert W. Miller)和医学博士、公共卫生硕士迈克尔·W. 香农(Michael W. Shannon)。米勒博士是美国国家癌症研究中心著名的流行病学家,1970—2004年担任委员,1973—1979年任委员会主席。他是首位强调胎儿和儿童对环境化学物有特殊易感性的学者。1973年,他组织了在美国威斯康星州布朗湖举行的关于胎儿和儿童对化学污染物易感性的会议。这次会议揭示了一个严峻的问题:没有任何一个联邦卫生机构负责针对胎儿和儿童的特定暴露及胎儿和儿童易感性的研究。米勒博士一生致力于向儿科医生普及环境与儿童健康方面的知识,他所做的努力和贡献,对影响政府制订有关儿童健康方面的决策起到了关键性作用。鉴于他作为环境与儿童健康研究领域的奠基人以及其所作出的卓越贡献,米勒博士享有"环境与儿童健康之父"的盛誉,他所培养的学生(包括已辞世的)均是该领域各方面的杰出专家。

香农博士是哈佛医学院国际知名的儿科医生、毒理学家和急诊科医师,于1997—2007年担任学会委员,2003—2007年任主席。他也在美国儿科学会备灾工作中起着举足轻重的作用,同时还是一个多产作家、教育家,在药物和化学品对儿童影响领域值得同行和学生信赖的导师。他原本要担任《环境与儿童健康》第3版的副主编,但2009年3月他突然离世。谨以此书纪念这些尊敬的同事们。

露丝·A. 埃策尔博士(Dr. Ruth A. Etzel)

《环境与儿童健康》执行主编

(颜崇淮 译　徐　健 校译)

贡 献 者

美国儿科学会(AAP)非常感谢以下人员对这一版《环境与儿童健康》的宝贵协助。他们的专业知识,评论性的综述和大力协助对本手册的编写至关重要。

我们努力公示每一个对此做出重大贡献的人;若有遗漏我们深表遗憾。

在每个人后面标注了单位或机构主要是为了便于识别。

凯利·J. 艾斯,哲学博士,法学博士(Kelly J. Ace, PhD, JD);美国佐治亚州亚特兰大市缺陷与残疾研究所

特瑞·艾德瑞姆,医学博士,公共卫生硕士(Terry Adirim, MD, MPH);美国马里兰州洛克维尔市卫生资源与服务部

卡萝尔·E. 艾伦,医学博士(Carole E. Allen, MD);美国德克萨斯州阿林顿市

马克·A. 安德森,医学博士,公共卫生硕士(Mark A. Anderson, MD, MPH);美国佐治亚州亚特兰大市国家环境卫生中心美国疾病控制与防治中心

索菲·J. 鲍克,医学博士(Sophie J. Balk, MD);美国纽约州布朗克斯区爱因斯坦医学院蒙特菲奥儿童医院

辛西娅·F. 贝尔,医学博士,哲学博士(Cynthia F. Bearer, MD, PhD);美国马里兰州巴尔的摩市马里兰大学医学院

南希·博得特,理学硕士,工业卫生师(Nancy Beaudet, MS, CIH);美国华盛顿州西雅图市华盛顿大学

戴娜·贝斯特,医学博士,公共卫生硕士(Dana Best, MD, MPH);美国马里兰州银泉市

海伦·J. 宾斯,医学博士,公共卫生硕士(Helen J. Binns, MD,

MPH)；美国伊利诺伊州芝加哥市美国西北大学芬伯格医学院

伊丽莎白·布莱克伯恩，注册护士(Elizabeth Blackburn, RN)；美国华盛顿哥伦比亚特区美国环境保护署

爱丽丝·布洛克·于特内，医学博士(Alice Brock-Utne, MD)；美国加利福尼亚州诺瓦托市马林社区诊所

海瑟·L. 布伦伯格，医学博士，公共卫生硕士(Heather L. Brumberg, MD, MPH)；美国纽约州瓦尔哈拉市纽约医学院

伊莲娜·布卡，医学学士，外科医学士，加拿大皇家医学院院士(Irena Buka, MB, ChB, FRCPC)；加拿大埃德蒙顿市阿尔伯塔大学

埃文·R. 布克斯鲍姆，医学博士，公共卫生硕士(Evan R. Buxbaum, MD, MPH)；美国加利福尼亚州市福图纳红木儿科组

陈爱民，医学博士，哲学博士(Aimin Chen, MD, PhD)；美国俄亥俄州辛辛那提市辛辛那提大学医学院

莫莉·邱圣志，医学博士(Molly Droge, MD)；美国密苏里州帕克维尔市

露丝·A. 埃策尔，医学博士，哲学博士(Ruth A. Etzel, MD, PhD)；美国华盛顿哥伦比亚特区华盛顿大学公共卫生学院和健康服务

约尔·A. 福尔曼，医学博士(Joel A. Forman, MD)；美国纽约州纽约市西奈山医学院

劳伦斯·J. 福特斯，医学博士，理学硕士(Laurence J. Fuortes, MD, MS)；美国爱荷华州爱荷华市美国爱荷华大学医学院

罗伯特·J. 盖勒，医学博士(Robert J. Geller, MD)；美国佐治亚州亚特兰大市埃默里大学医学院

乔治·P. 贾克亚，医学博士(George P. Giacoia, MD)；美国马里兰州贝塞斯达市尤尼斯肯尼迪施莱弗国家儿童健康与人类发展研究所

林恩·R. 高德曼，医学博士，公共卫生硕士(Lynn R. Goldman, MD, MPH)；美国华盛顿哥伦比亚特区华盛顿大学公共卫生学院与健康服务

潘妮·格兰特，医学博士(Penny Grant, MD)；美国纽约州布朗克斯市蒙蒂菲奥里儿童医院

彼得·格莱维特，哲学博士(Peter Grevatt, PhD)；美国华盛顿哥伦

比亚特区美国环境保护署

哈洛德·E.霍夫曼，医学博士，加拿大皇家医学院院士（Harold E. Hoffman, MD, FRCPC）；加拿大阿尔伯塔省埃德蒙顿市阿尔伯塔大学

奥尔森·赫夫，医学博士（Olson Huff, MD）；美国北卡罗来纳州阿什维尔

克里斯汀·约翰逊，医学博士（Christine L. Johnson, MD）；美国加利福尼亚州圣地亚哥市圣地亚哥海军医学中心

凯瑟琳·J.卡尔，医学博士，哲学博士，理学硕士（Catherine J. Karr, MD, PhD, MS）；美国华盛顿州西雅图市华盛顿大学医学院

尼哈·考尔，理学硕士（Neha Kaul, MSc）；美国纽约州纽约市纽约大学

珍妮丝·J.金姆，医学博士，公共卫生硕士（Janice J. Kim, MD, MPH）；美国加利福尼亚州列治文市加利福尼亚公共卫生部

凯茜·金，理学硕士，哲学硕士（Kathy King, MSc, MPhil）；美国纽约州纽约市纽约大学

史蒂芬·E.克鲁格，医学博士（Steven E. Krug, MD）；美国伊利诺伊州芝加哥市西北大学芬伯格医学院

菲利普·J.兰德里根，医学博士，理学硕士（Philip J. Landrigan, MD, MSc）；美国纽约州纽约市西奈山医学院

玛莎·利内特，医学博士（Martha Linet, MD）；美国马里兰州贝塞斯达市美国国家癌症研究中心

凯瑟琳·麦克金南（Kathleen MacKinnon）；华盛顿哥伦毕业特区美国环境保护署

康纳德·R.马迪森，医学博士，理学硕士（Donald R. Mattison, MD, MS）；美国马里兰州贝塞斯达市尤尼斯肯尼迪施莱弗国家儿童健康与人类发展研究所

林内特·J.马祖尔，医学博士，公共卫生硕士（Lynnette J. Mazur, MD, MPH）；美国德克萨斯州休斯敦市圣地兄弟会儿童医院

玛丽·安妮·麦卡弗里，医学博士（Mary Anne McCaffree, MD）；美国俄克拉荷马州俄克拉荷马市俄克拉荷马健康科学中心大学

西奥恩·麦克纳利，医学博士，公共卫生硕士（Siobhan McNally,

MD，MPH)；美国马萨诸塞州皮茨菲尔德市巴克夏郡社区保健工作组

马克·D. 米勒，医学博士，公共卫生硕士(Mark D. Miller，MD，MPH)；美国加利福尼亚州奥克兰市加州环境保护局

玛丽·E. 莫滕森，医学博士，理学硕士(Mary E. Mortensen，MD，MS)；美国佐治亚州亚特兰大市国家环境卫生健康中心疾病控制与预防中心

利亚姆·R. 奥法隆，文学硕士(Liam R. O'Fallon，MA)；美国北卡罗来纳州三角公园研究中心国家环境卫生科学研究所

凯文·C. 奥斯特豪特，医学博士，微软认证工程师(Kevin C. Osterhoudt，MD，MSCE)；美国宾夕法尼亚州费城市费城儿童医院

杰罗姆·A. 鲍尔森，医学博士(Jerome A. Paulson，MD)；美国哥伦比亚特区华盛顿国家儿童医疗中心

戴文·C. 佩恩－斯特奇斯，公共卫生博士(Devon C. Payne-Sturges，DrPH)；美国华盛顿哥伦比亚特区美国环境保护署

辛西娅·佩莱格里尼(Cynthia Pellegrini)；美国华盛顿哥伦比亚特区美国畸形儿基金会

苏珊·H. 波拉克，医学博士(Susan H. Pollack，MD)；美国肯塔基州列克星敦市肯塔基大学肯塔基损伤预防与研究中心

特拉维斯·利德尔，医学博士，公共卫生硕士(Travis Riddell，MD，MPH)；美国密西西比州杰克逊市华盛顿大学医学院

詹姆斯·R. 罗伯茨，医学博士，公共卫生硕士(James R. Roberts，MD，MPH)；美国南卡罗来纳州查理斯顿市南卡罗来纳州医科大学

瓦尔特·J. 罗根，医学博士(Walter J. Rogan，MD)；美国北卡罗来纳州研究三角公园国家环境卫生科学研究所

I. 莱丽思·罗宾，医学博士，公共卫生硕士(I. Leslie Rubin，MD，MPH)；美国佐治亚州亚特兰大市莫尔豪斯医学院缺陷与残疾研究院

梅根·T. 桑德尔，医学博士，公共卫生硕士(Megan T. Sandel，MD，MPH)；美国马萨诸塞州波士顿市波士顿大学医学院

莎伦·A. 萨维奇，医学博士(Sharon A. Savage，MD)；美国马里兰州贝塞斯达市国家癌症研究所

大卫·J. 肖菲尔德，医学博士(David J Schonfeld，MD)；美国俄亥俄

州辛辛那提市辛辛那提儿童医院医学中心

詹姆斯·M. 萨尔茨，医学博士，公共卫生硕士（James M. Seltzer, MD MPH）；美国马萨诸塞州伍斯特市法伦诊所

迈克尔·W. 香农，医学博士，公共卫生硕士（Michael W. Shannon, MD, MPH）；美国马萨诸塞州波士顿市哈佛大学医学院

凯瑟琳·M. 谢伊，医学博士，公共卫生硕士（Katherine M. Shea, MD, MPH）；美国北卡罗来纳州北卡罗来纳大学教堂山分校全球公共卫生学院

佩里·E. 谢菲尔德，医学博士，公共卫生硕士（Perry E. Sheffield, MD, MPH）；美国纽约州纽约市西奈山医学院

吉娜·所罗门，医学博士，公共卫生硕士（Gina Solomon, MD, MPH）；美国加利福尼亚州旧金山市加州大学旧金山医学院

保罗·斯皮瑞（Paul Spire）；美国伊利诺伊州埃尔克格罗夫村美国儿科学会

朱恩·泰斯特，医学博士，公共卫生硕士（June Tester, MD, MPH）；美国加利福尼亚州奥克兰市奥克兰儿童医学研究中心

大卫·A. 特科特，理学博士，理学硕士（David A. Turcotte, ScD, MS）；美国马萨诸塞州洛厄尔市马萨诸塞大学洛厄尔分校

尹恩·凡·狄恩泽（Ian Van Dinther）；美国伊利诺伊州埃尔克格罗夫村美国儿科学会

阿尔瓦罗·奥索尔尼奥·瓦格斯，医学博士，哲学博士（Alvaro Osornio Vargas, MD, PhD）；加拿大阿尔伯塔省埃德蒙顿市阿尔伯塔大学

大卫·瓦林卡，医学博士，公共管理硕士（David Wallinga, MD, MPA）；美国明尼苏达州明尼阿波利斯市美国农业与贸易政策研究所

迈克尔·L. 威茨曼，医学博士（Michael L. Weitzman, MD）；美国纽约州纽约市纽约大学朗格尼医学中心

恩塞杜·欧博特·威瑟斯普，公共卫生硕士（Nsedu Obot Witherspoon, MPH）；美国华盛顿哥伦比亚特区儿童环境健康网络

翠西·J. 伍德拉夫，哲学博士，公共卫生硕士（Tracey J. Woodruff, PhD, MPH）；美国加利福尼亚州旧金山市加利福尼亚大学旧金山分校生殖健康与环境项目组

艾伦·D.伍尔夫，医学博士，公共卫生硕士（Alan D. Woolf, MD, MPH）；美国马萨诸塞州波士顿市哈佛大学医学院

罗伯特·O.赖特，医学博士，公共卫生硕士（Robert O. Wright, MD, MPH）；美国马萨诸塞州波士顿市哈佛大学医学院

（颜崇淮 译）

目　录

背景：初级卫生保健中环境健康问题的解决

环　境

食物和水

化学及物理暴露

专　　题

环境健康中的公共卫生问题

附　　录

背景：初级卫生保健中环境健康问题的解决

第 1 章

前　言

■■■■■■

环境危害是许多家长最关心的儿童健康问题之一[1,2]。儿科医生们在医学院学习和培训时花在研究环境危害与儿童疾病之间关系上的时间非常少[3-5]。在临床实践中，许多儿科医生认为他们并不能充分地调查儿童的环境接触史或解答家长们关注的儿童环境问题[6-9]。常规的医学或儿科学教科书很少提及环境因素可诱发的疾病。而这些儿童环境健康方面的相关信息更常出现在儿科医生不常阅读的流行病学、毒理学和环境健康学术期刊中[10]。

从美国儿科学会（AAP）成立第一届环境健康委员会开始，已经过去54 年了。在这段时间里，对环境因素在儿童期和青少年期疾病中的作用的认识已经取得了实质性的进展。环境相关疾病从传统的水源性或食源性疾病已经扩展到了化学毒物和其他伴随着工业和技术快速发展的导致的环境危害所致的疾病[11]。

本书是《环境与儿童健康》第 3 版，由美国儿科学会环境健康委员会编写，适用于儿科医生及其他专业的医生。《环境与儿童健康》第 1 版由美国儿科学会于 1999 年出版，第 2 版于 2003 年出版[12,13]。本书分为七个部分。第一部分介绍背景信息。第二、第三和第四部分集中介绍特定的环境危害、来自食物和水的危害，以及化学和物理学方面的暴露。第五部分针对各种特定主题展开。第六部分提供有关公共卫生领域的环境健康知识，第七部分附录为儿科医生及其他医生提供一些参考资料。

大多数介绍化学和物理危害的章节内容包括以下部分：污染物描述、暴露途径、累及的系统、临床表现、诊断方法、处理以及暴露预防，还包括解答儿科医生可能碰到或家长可能询问的问题。参考资料部分为读者提供其他可能用到的知识。

美国儿科学会环境健康委员会认为儿童环境健康是还处于刚起步的一个专业领域。这一领域的某方面的知识正在快速更新，但在另一些方面，更多问题还没有答案。委员会及本书编辑力图使读者了解到该领域的学术争议及信息空白。本书的目的是为临床医生提供最准确的信息，为家长和儿童面对 21 世纪的特定污染物及状况提供建议。

（颜崇淮 译　徐　健 校译）

参考文献

[1] Stickler GB, Simmons PS. Pediatricians' preferences for anticipatory guidance topics compared with parental anxieties. *Clin Pediatr (Phila)*. 1995;34(7):384-387.

[2] US Environmental Protection Agency. *Public Knowledge and Perceptions of Chemical Risks in Six Communities: Analysis of a Baseline Survey*. Washington, DC: US Environmental Protection. Agency; 1990. Publication No. EPA 230-01-90-074

[3] Pope AM, Rall DP. eds. *Environmental Medicine: Integrating a Missing Element into Medical Education*. Washington, DC: National Academies Press; 1995.

[4] Roberts JR, Gitterman BA. Pediatric environmental health education: a survey of US pediatric residency programs. *Ambul Pediatr*. 2003;3(1):57-59.

[5] Roberts JR, Balk SJ, Forman J, et al. Teaching about pediatric environmental health. *Acad Pediatr*. 2009;9(2):129-130.

[6] Kilpatrick N, Frumkin H, Trowbridge J, et al. The environmental history in pediatric practice: a study of pediatricians' attitudes, beliefs, and practices. *Environ Health Perspect*. 2002;110(8): 823-871.

[7] Trasande L, Schapiro ML, Falk R, et al. Pediatrician attitudes, clinical activities, and knowledge of environmental health in Wisconsin. *WMJ*. 2006;105(2):45-49.

[8] Trasande L, Boscarino J, Graber N, et al. The environment in pediatric practice: a study of New York pediatricians' attitudes, beliefs, and practices towards children's environmental health. *J Urban Health*. 2006;83(4):760-772.

[9] Trasande L, Ziebold C, Schiff JS, et al. The role of the environment in pediatric practice in Minnesota: attitudes, beliefs, and practices. *Minn Med*. 2008;91(9):36-39.

[10] Etzel RA. Introduction. In: *Environmental Health: Report of the 27th Ross Roundtable on Critical Approaches to Common Pediatric Problems*. Columbus, OH: Ross Products Division, Abbott Laboratories; 1996:1.

[11] Chance GW, Harmsen E. Children are different: environmental contaminants and children's health. *Can J Public Health*. 1998;89(Suppl 1):S9-S13.

[12] American Academy of Pediatrics, Committee on Environmental Health. *Handbook of Pediatric Environmental Health*. Etzel RA, Balk SJ, eds. Elk Grove Village, IL: American Academy of Pediatrics; 1999.

[13] American Academy of Pediatrics, Committee on Environmental Health. *Pediatric Environmental Health*. 2nd ed. Etzel RA, Balk SJ, eds. Elk Grove Village, IL: American Academy of Pediatrics; 2003.

第 2 章

儿童环境健康研究的历史与发展

美国儿科学会儿童环境健康研究的历史

1954 年，美国在位于太平洋马绍尔群岛的比基尼环礁进行了核试验，其余波产生的β射线引起了邻近岛民的急性烧伤。随后，2 名小于 1 岁的幼儿暴露于放射性尘埃之后发生了严重的甲状腺功能减退。18 名在 10 岁之前暴露于放射性尘埃的孩子中，发生甲状腺瘤 14 例(13 例良性和 1 例恶性)，另外还有 1 例白血病[1]。同时，因内华达州核试验弥漫到犹他州西南部的放射性尘埃引起了羊患病，而那些曾受到辐射的人们也担心着辐射对健康的远期影响。1956 年，美国国家科学院的专家委员会和英国医学研究理事会报道了电离辐射对人体的生物学效应。这些报道显著降低了用于良性疾病的不必要的放射治疗和透视检查。因此，在 1957 年，基于对核试验放射性尘埃的担忧和对核战争的恐惧，美国儿科学会(AAP)遵循一贯地促进儿童健康研究和倡导儿童健康的主旨，建立了辐射危害和先天畸形研究委员会来探讨应对儿童电离辐射的相关政策。这是现在的环境健康理事会的前身。

1961 年，随着委员会所涉的研究领域的扩大，其更名为环境危害委员会。1966 年，环境危害委员会组织了一个辐射对儿童健康影响的专家论坛——探讨关于非战争时期放射性沉降物对儿童的健康效应[2]。参会者包括儿科医生、放射生物学家、政府卫生部门的科学家。本杰明·斯波克(Benjamin Spock)博士做了一个关于放射性尘埃对儿童心理影响演讲。

由于意识到人造化学物质越来越多地渗入到环境中，委员会于 1973 年在威斯康星州布朗湖组织了一次会议，探讨胎儿和儿童对化学污染物的易感性[3]。参会者包括熟悉化合物的环境效应但不了解儿童健康的科学家，以及熟悉儿童健康问题但不了解化合物的环境效应的儿科医生，学科交汇产生了许多新思路。这次会议促使儿科专家和关注环境的联邦机构有更多互动，共同讨论环境对儿童健康的可能影响。

1981 年，劳伦斯·芬伯格(Laurence Finberg)博士和罗伯特·W. 米勒博士(Robert. W. Miller)主持了化学物和辐射对儿童危害的专家讨论会。这次会议促进了与儿科专家的交流[4]，并与委员会和联邦环境健康机构形成了更深层次地互动。儿科研究理事会呼吁政府机构的会议里应有儿科医生和其他委员会参与，共同制定政策或者商议对国家具有重要意义的环境问题。为了与其他团体加强交流，美国儿科学会环境危害委员会除了原有的每年 2 次的例行会议外，决定每年与其他环境研究组织额外举办一次会议，比如与美国环境保护署(EPA)、美国国家环境卫生科学研究所(NIEHS)、凯特林实验室、国家儿童健康与人类发展研究所等机构。

1991 年，为了强调预防，环境危害委员会更名为环境健康委员会。2009 年，这个委员会被再次命名为环境健康理事会，负责向儿科学会的理事会就儿童健康与环境的政策事务以及为儿科医生编写教材提供建议。

美国儿童环境健康研究的发展

1981—1993 年，一些学术和健康组织对环境与婴幼儿和儿童健康效应问题更加感兴趣。1992 年，儿科门诊协会成立了儿童环境健康特别小组，反映了儿科医生对这个问题越来越感兴趣。1993 年，美国国家科学院出版的一份题为《婴儿和儿童饮食中杀虫剂》(*Pesticied in the Diets of Infants and Children*)的报告[5]，对强调环境对儿童的独特性危害和环境暴露与儿童健康效应关系信息的相对缺乏很有帮助。1995 年 10 月，时任美国环境保护署行政主管的卡罗尔·布劳纳(Carol Browner)指挥该机构制定新的国家政策，第一次要求将环境危害造成的婴幼儿和儿童健康风险纳入环境风险评估[6]。

1996 年，《食品质量保护法》立法。这个法案要求美国环境保护署在风险评估中当对儿童的健康风险不确定时，要增加一个额外的安全系数。

1997 年 4 月 21 日，克林顿总统发布 13045 号行政命令，以保护儿童免受环境健康风险和安全风险，这个法案指导卫生机构保证各卫生政策、项目、活动以及标准能体现儿童遭受的过渡环境健康风险和安全风险。1997 年，美国环境保护署建立了儿童健康保护办公室，使得保护儿童健康成为美国公共卫生和环境保护的基本目标。建立了一个由美国卫生和人类服务部部长和环保署的官员担任联合主席的专责小组，这个小组旨在负责推荐保护儿童健康的美国联邦环境卫生和安全政策、优先事项和活动。

自从 1998 年以来，美国环境保护署和美国国家环境卫生科学研究所已经建立了很多儿童环境卫生和疾病预防研究中心。结合其研究及其应用，这些中心形成一个全国性的网络来探讨环境暴露导致的儿童疾病及其结局的问题，包括生长发育障碍、神经发育障碍以及呼吸功能障碍。中心的调查人员与社区、卫生保健工作者、研究人员和政府官员密切合作，在这些领域内开展研究以预防和减少儿童疾病的发生。

儿童环境卫生专业单位成立于 1998 年，由美国毒物与疾病登记署(ATSDR)以及美国环境保护署通过职业和环境诊所协会资助这个机构的成立，旨在提高卫生保健工作者和卫生机构官员对儿童环境卫生问题的关注度和知识水平。这个机构是儿童环境健康信息的重要来源地，且对于辅助临床评估如指导如何利用生物或环境测试及如何解释测试结果，具有重要作用。

美国儿科学会的《环境与儿童健康》第 1 版于 1999 年 10 月出版[7]。该书发给了 27 000 多名儿科医生和儿科住院医生，并且在美国和其他国家被广泛用作环境污染物对儿童健康效应的教材。

2000 年，环境健康委员会在儿科学会的年度会议上首次为新的住院总医生发起了以儿童环境健康为主旨的 4 个系列年度研讨会中的第一个研讨会。这项工作由美国环境保护署的儿童健康保护室提供资助。在同一年，美国儿科学会还成立了环境健康中心，它作为美国儿科学会的一部分，对环境健康问题感兴趣的医生开放，并为美国儿科学会设计和组织教育项目。该中心已在 2009 年合并到环境健康委员会。在许多州的美国儿科学会分会，环境健康委员会都为美国儿科学会分会会议开展了一些有教育意义的活动和项目。

2001 年 3 月，在美国毒物与疾病登记署的资助下，环境健康委员会主持了一场研讨会，这一会议汇聚了美国儿科学会不同分会的儿科医生和各联邦机构(包括美国毒物与疾病登记署和美国环境保护署)地方部门的儿童环境与健康方面的专家。这次会议记录发表在《儿科学》杂志(*Pediatrics*)的特刊上[8]。2002 年,儿科门诊协会(后更名为儿科研究学会)第一次正式启动了儿童环境健康的培训项目。这个为期 3 年的培训项目的目的就在于培养儿科医生在儿童环境健康领域的科研、教学、倡导方面的能力[9]。儿童环境健康的培训在波士顿、纽约、辛辛那提、匹茨堡、温哥华、洛杉矶、西雅图举行[10]。

《环境与儿童健康》第 2 版在 2003 年 10 月出版[11],发给了美国及其他国家的 24 000 多名儿科医生和儿科住院医生。在 2003 年,还出版了第一本关于环境对儿童健康影响的教科书[12]。

2000 年,美国国会授权全国儿童调查项目的策划和实施。这项研究由联邦合作联盟领导,该联盟包括美国卫生和人类服务部(包括 Eunice Kennedy Shriver 儿童健康和人类发展国家研究所、美国国家环境卫生科学研究所、美国疾病控制与预防中心),美国环境保护署以及美国教育部[13]。

国家儿童队列研究旨在通过对 100 000 名来自美国各个不同地区的儿童从出生前到 21 岁的随访,来研究环境因素对健康与发育的影响。这一研究致力于改善儿童的健康和福祉。研究者会分析环境暴露、遗传因素以及心理因素如何相互影响,它们对于儿童健康又有哪些有益或有害的影响。通过研究儿童不同时期的生长和发育特点,研究者将对这些因素在影响儿童健康、疾病方面的作用有更深的认识。

最初的 7 个国家儿童队列研究点被称为"先遣组",这些研究点在 2009 年就已开始招募相关家庭进入研究计划[14]。这一研究最终期望在全美能有 40 个研究中心,105 个调查地点招募来自全美国范围内的志愿者。

国际儿童环境健康研究的发展

1999 年,世界卫生组织(WHO)为保护儿童的环境健康设立了一个特别小组。它的目的就在于,预防化学和物理因素暴露所致的疾病和伤残,考虑环境中的生物性风险,重视社会和心理因素对儿童健康的影响。这一特别小组推动开发环境与儿童健康的培训材料,并呼吁制定环境政策保护儿童健康[15,16]。

2002 年，世界卫生组织在泰国曼谷举办了第一届环境对儿童健康威胁的国际会议，主题为——环境威胁和儿童易感性。这一会议面向社区、乡村、地区性、全球性行动和政策的实际需要，聚焦以科学为导向的问题、研究的需求以及能力培养。这次会议的重要成果就是“曼谷宣言”的提出，它为各项行动设置优先级，对环境与儿童健康领域的国内外活动达成共识[17]。2005 年，世界卫生组织出版了一本书，书名为：《从全球视角看环境与儿童健康》(*Children's Health and the Environment*: *A Global Perspective*)[18]。2005 年 11 月世界卫生组织在阿根廷布宜诺斯艾利斯举办了第二届环境与儿童健康的国际会议，主题为——健康的环境和健康的儿童：增长知识，采取行动。这一会议回应了对儿童环境健康采取行动的呼吁。这些呼吁由美国卫生与环境部长会议(2005 年 6 月)及美国最高级会议(2005 年 11 月)提出来的。2009 年 6 月世界卫生组织在韩国釜山举办了第三届国际会议，主题为——环境与儿童健康，从研究到政策和行动。表 2－1 列出了关于环境与儿童健康的相关会议及决议。

表 2－1　环境与儿童健康的相关会议及决策

1989	**联合国儿童权利会议** www. unicef. org/crc
1990	**儿童生存、保护、发展宣言**(世界儿童高峰论坛) www. unicef. org/wsc/declare. htm
1992	**第 25 章第 21 议程**(联合国环境与发展大会) www. un. org/esa/sustdev/documents/agenda21/index. htm
1997	**关于儿童环境健康的八国环境领导人宣言** http://www. g7. utoron. ca/environment/1997miami/children. html
1999	**关于环境与健康的第三次欧洲部长级会议宣言** www. euro. who. int
2001	**联合国千年发展目标** www. who. int/mdg
2002	**联合国大会儿童特别会议** www. unicef. org/specialsession **曼谷宣言**(世界卫生组织国际会议) www. who. int. **世界持续发展高峰会议**：成立儿童健康环境联盟及首次提出儿童环境健康的指南 www. who. int/heca/en

（续表）

2003	**第四届政府间化学物质安全论坛关于儿童与化学物质的建议** www. who. int/ifcs/en
2004	**第四届环境与健康的部长级会议(欧洲)：** 欧洲儿童与环境健康行动计划(CEHAPE) www. euro. who. int
2005	**儿童环境健康国际会议：布宜诺斯艾利斯合约** www. who. int
2006	**国际化学品管理战略方针(SAICM)** www. saicm. org
2007	**纪念高水平会议宣言：致力于追踪儿童特别会议的成果** www. un. org/ga/62/plenary/children/highlevel. shtml
2009	2009 年 4 月，八国集团环境部长会议在意大利锡拉库扎举行 www. g8ambiente. it/? costante-pagina = programma&id-lingua = 3 2009 年 6 月，第三届世界卫生组织关于环境与儿童健康的国际会议在韩国釜山举行 www. who. int/ceh/3rd conference/en/index. html

2007 年，国际儿科学会与世界卫生组织合作，在美国环境保护署儿童环境健康保护办公室资助下，共同成立了国际儿童环境健康领导研究所。作为研究所的一部分工作内容，儿童健康与环境方面的培训在以下地方举行：肯尼亚的内罗毕，印度的新德里和海地的太子港[19]。这一培训使用世界卫生组织的医疗保健工作人员培训包，其中有一系列模块涉及了主要的儿童环境健康问题[20]。受训人员需要完成社区项目，在他们各自医院发表演说，并用病历上的“绿表”记录儿童环境相关的疾病。完成以上任务后才有资格参加考试获取证书。儿童环境健康的第一场资格考试于 2007 年 8 月在希腊的雅典进行。第二场于 2010 年在南非的约翰内斯堡进行。

这些及另外的一些活动应该在全球范围内促进了儿科医生对儿童环境健康问题的理解。

（徐　健 译　颜崇淮 校译　宋伟民 审校）

参考文献

[1] Merke DP, Miller RW. Age differences in the effects of ionizing radiation. In: Guzelian PS, Henry CJ, Olin SS, eds. *Similarities and Differences Between Children and Adults: Implications for Risk Assessment*. Washington, DC: International Life Sciences Institute; 1992:139-149.

[2] American Academy of Pediatrics, Committee on Environmental Hazards. Conference on the Pediatric Significance of Peacetime Radioactive Fallout. *Pediatrics*. 1968;41(1):165-378.

[3] American Academy of Pediatrics, Committee on Environmental Hazards. The susceptibility of the fetus and child to chemical pollutants (special issue). *Pediatrics*. 1974;53(5 Spec Issue):777-862.

[4] Finberg L. *Chemical and Radiation Hazards to Children: Report of the Eighty-fourth Ross Conference on Pediatric Research*. Columbus, OH: Ross Laboratories; 1982.

[5] National Research Council. *Pesticides in the Diets of Infants and Children*. Washington, DC: National Academies Press; 1993.

[6] US Environmental Protection Agency. *Environmental Health Threats to Children*. Washington, DC: US Environmental Protection Agency; 1996. Publication No. EPA 175-F-96-001.

[7] American Academy of Pediatrics, Committee on Environmental Health. *Handbook of Pediatric Environmental Health*. Etzel RA, Balk SJ, eds. Elk Grove Village, IL: American Academy of Pediatrics; 1999.

[8] Balk SJ. A partnership to establish an environmental safety net for children. *Pediatrics*. 2003;112(Suppl):209-264.

[9] Etzel RA, Crain EF, Gitterman BA, et al. Pediatric environmental health competencies for specialists. *Ambul Pediatr*. 2003;3(1):60-63.

[10] Landrigan PJ, Woolf AD, Gitterman B, et al. The Ambulatory Pediatric Association fellowship in pediatric environmental health: a 5-year assessment. *Environ Health Perspect*. 2007;115(10):1383-1387.

[11] American Academy of Pediatrics, Committee on Environmental Health. *Pediatric Environmental Health*. 2nd ed. Etzel RA, Balk SJ, eds. Elk Grove Village, IL: American Academy of Pediatrics; 2003.

[12] Wigle DT. *Child Health and the Environment*. New York, NY: Oxford; 2003.

[13] Branum AM, Collman GW, Correa A, et al. The National Children's Study of environmental effects on child health and development. *Environ Health Perspect*. 2003;111(4):642－646.

[14] Scheidt P, Dellarco M, Dearry A. A major milestone for the National Children's Study. *Environ Health Perspect*. 2009;117(1):A13.

[15] European Environment Agency. *Children's Health and Environment: A Review of Evidence. A Joint Report From the European Environment Agency and the WHO Regional Office for Europe*. Echternach, Luxembourg: Luxembourg Office for Official Publications of the European Communities; 2002. Environmental Issue Report No. 29.

[16] United Nations Environment Programme, United Nations Children's Fund, World Health Organization. *Children in the New Millenium: Environmental Impact on Health*. Nairobi, Kenya: United Nations Environment Programme; New York, NY: United Nations Children's Fund; and Geneva, Switzerland: World Health Organization; 2002.

[17] The Bangkok Statement. A Pledge to Promote the Protection of Children's Environmental Health. International Conference on Environmental Threats to the Health of Children: Hazards and Vulnerability, Bangkok, Thailand, 3－7 March 2002. Available at: http://ehp. niehs. nih. gov/bangkok/. Accessed August 2, 2010.

[18] World Health Organization. *Children's Health and the Environment: A Global Perspective. A Resource Manual for the Health Sector*. Pronczuk-Garbino J, ed. Geneva, Switzerland: World Health Organization; 2005.

[19] International Pediatric Association. Available at: http://www. ipa-world. org/Program_Areas/Children_Environmental_Health/Pages/International health. aspx. Accessed August 2, 2010.

[20] World Health Organization. Training Package for Health Care Providers. Available at : http://www. ipa-world. org/Program_Areas/Children_Environmental_Health/Pages/TrainingPackageHealthCareProviders. aspx. Accessed August 2, 2010.

第 3 章

儿童是环境危害的独特易感群体

本章讨论儿童对环境危害具有独特脆弱性的科学依据。从物理、生物和社会环境方面描述了成人与儿童以及儿童不同生长阶段对环境危害易感性的差异。从而解释了为什么儿童不应该被当作“小大人”来对待。儿童生长发育可分为 6 个发育性阶段：胎儿期（虽然有多个胎儿发育阶段）、新生儿期（出生至 2 月龄）、婴幼儿期（2 个月～2 岁）、学龄前期（2～6 岁）、学龄期（6～12 岁）、青春期（12～18 岁）。

脆弱性的“关键时间窗”

发育中的胎儿和儿童对某些药物和环境毒物（“毒物”是指一种化学物质；“毒素”被适当地用于生物物质）有特殊易感性。大量流行病学研究已证实产前和儿童早期环境毒物暴露与胎儿和儿童各种健康问题之间有因果关系[1]。大家熟知的胎盘暴露造成胎儿发育产生的不良后果事件包括沙利度胺对胎儿肢体发育的影响，酒精对胎儿大脑发育的影响和己烯雌酚对胎儿生殖系统的影响。铅的神经毒性影响已经被反复证明与产前以及儿童早期暴露有关[2]。胎儿和儿童发育很快，很容易受影响。暴露时间对发育结局而言是一个非常重要的概念。在胚胎或胎儿阶段，一些“暴露时间窗”——器官形成的高度敏感期，已经非常明确[3]。比较而言，儿童期已知的实际“暴露时间窗”仍然非常少。因为数据缺乏，所以环境毒物对儿童的诸多影响有明显的不确定性。这个领域有着非常具有调研价值的主题。有关“暴露时间窗”的一些文章发表在《环境与健康展望》杂志（*Environmental Health Perspetives*）的增刊上。

人类环境

儿童生活的环境可分为物理环境和社会环境两个部分。这两部分与儿童独特的生物学特点共同影响着儿童健康。儿童的身体对环境毒物的吸收、分布及代谢方式不仅由儿童的遗传代码决定,而且很强烈地受到儿童发育阶段的影响。物理环境由与机体接触的任何事物组成。如空气,它与肺和皮肤持续接触,是物理环境的一大部分。为了更准确地定义物理环境,可能有必要将一个大环境("宏观"环境)划分为更小的单位("微观"环境)。例如,宏观环境可以是底特律这样一个城市;微观环境也可以是底特律市一所房子的厨房地板。大人和儿童接触到的微观环境大大不同。例如,一个被汞污染的房间,空气中的汞蒸气可能不会均匀地分散在整个房间,地面附近的汞蒸气比靠近天花板的汞蒸气的浓度高[4]。躺在地板上的婴儿与站立的成人所接触的环境是不同的。社会环境包括生活环境和影响生活的各种社会规则。

暴露:物理环境

一天中,儿童的暴露是几种环境暴露的总和,包括家庭、学校、儿童看护中心,以及游乐区。对儿童暴露的评估通常是回顾性的,因为研究幼儿的活动和暴露通常比较困难。即使 2 个儿童暴露于某毒物的量是相同的,但是不同的暴露模式可能对健康有不同的影响。例如,摄取井水中硝酸盐可能会导致血红蛋白还原成高铁血红蛋白[5]。然而,如果摄取硝酸盐的速率足够慢,足以使酶将高铁血红蛋白氧化成血红蛋白就不会对健康造成不利的影响。这是阈值效应的一个例子,体内的毒物没有达到一定的水平就不会对健康造成影响。

从母亲孕期到青少年期的暴露

在大多数情况下,胎儿暴露缘自孕妇暴露。早产儿在新生儿重症监护病房待几个月受到的暴露与健康足月婴儿有很大的不同(暴露于噪声、光线、压缩气体、静脉注射液、增塑剂、诊断辐射等)[6,7]。新生儿、婴儿、幼儿、学龄前儿童、学龄儿童和青少年的环境暴露因物理场所、呼吸区域、耗氧量、食物消耗的数量和种类、正常的行为发育这些因素的不同而不同[8,9]。

物理场所

物理场所随着成长而改变。新生儿的暴露通常与母亲受到的暴露相似。然而,新生儿经常是在单一环境中度过,比如婴儿床。因为婴幼儿经常被放置在地板、地毯或草坪上,他们更加容易暴露于这些物体表面的化学物质,如农药残留物。生物监测数据经常显示儿童身体里的化学物质负荷更多。例如,杀虫剂的代谢残留物,在6～11岁儿童群体中比成人高出将近2倍的量[10]。此外,无法行走或爬行的婴儿可能会持续暴露于某种特定的物质,因为他们没法自行移动离开那种环境(例如,长时间暴露在阳光下)。学龄前儿童一天中可能会有部分时间在不同环境的儿童看护中心度过,包括一些户外活动时间。在高速公路边的学校可能会使学龄儿童暴露于某些毒物(如暴露于机动车尾气)。青少年的生活环境除了学校,他们也开始选择其他的物理环境,但经常误判或忽视所选环境的危险因素。例如,经常听很响的音乐,可能会导致永久性听力受损。青少年也可能在危险的物理环境中做兼职工作[11,12]。儿童可能参加放学后的体育活动,这些活动经常是在户外和下午后半段臭氧水平高的时间段进行[13]。这会使哮喘儿童的发病风险增加。

呼吸区域

成人的呼吸区域一般为离地板1.2～1.8 m(4～6 ft)高的地方。儿童的呼吸区域更接近地板,一般与儿童的高度和移动能力有关。在较低的呼吸区域,比空气重的化学物质(如汞)浓度相对较集中[14]。来自地毯或地板的挥发性化学物质在靠近地板的区域也有较高的浓度。

耗氧量

儿童体型比成人小，相对于他们的个体大小而言他们的代谢率是高的。因此，儿童每千克体重的耗氧量比成人多，每千克体重产生更多的二氧化碳（CO_2）。增加的二氧化碳产量需要更高的每分通气量。新生儿和成人的每分通气量分别大约为 400 ml/（kg・min）和 150 ml/（kg・min）[15,16]，因此，当调整了体质指数时，儿童受到的空气污染物量大于成人。

食物消耗的数量和种类

儿童每千克体重消耗的食物量高于成人，不仅是因为儿童需要更多的卡路里来维持身体稳态，也是因为儿童在生长。图 3－1 显示了每日每千克体重消耗的食物克数。未满 1 岁的婴儿与成人间这种差距有 3 倍。遗憾的是，尚缺乏对儿童进一步细分的数据（如新生儿与 6 个月婴儿的比较）。

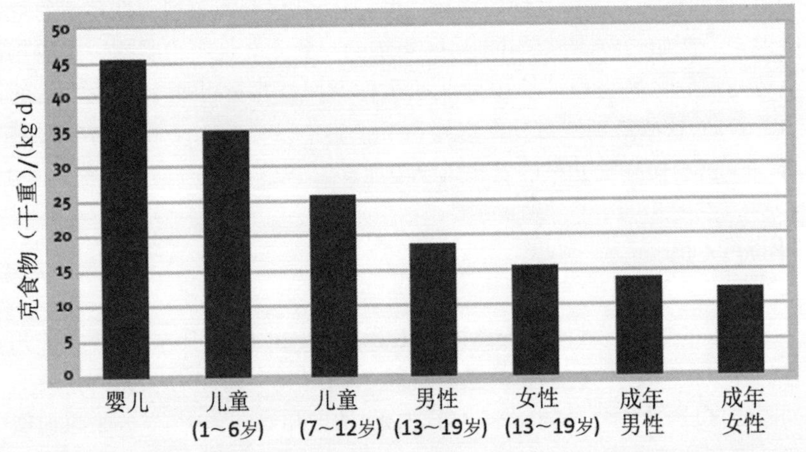

图 3－1　每日每千克体重消耗的食物克数（干重）*

* 来源于 Plunkett LM，Turbull D. Rodricks JV[16]。

此外，儿童食用不同种类的食物，而且他们食用的食物多样性远小于成人。新生儿的饮食一般限于母乳或婴儿配方奶。与成人的膳食相比，儿童的膳食一般含有较多的奶制品、某些水果和蔬菜[16]。图3－2显示了不同年龄人群所需要的苹果、牛肉和马铃薯的差别。

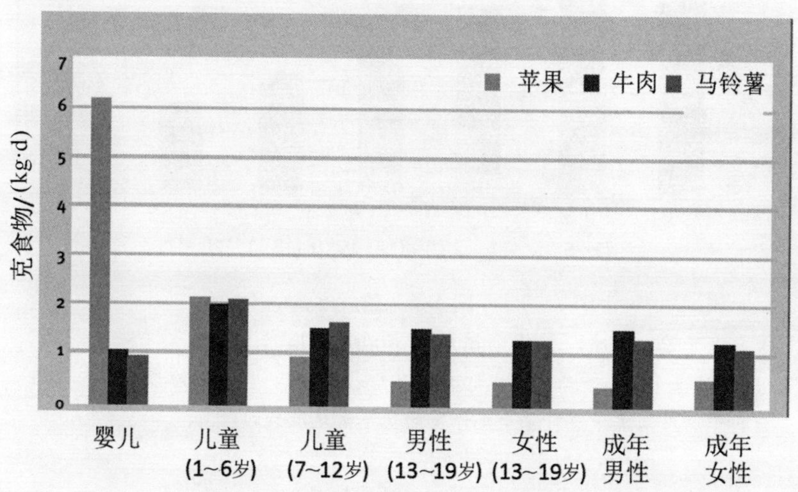

图3－2　不同年龄人群所需要的苹果、牛肉和马铃薯的差别*

* 来源于 Plunkett LM，Turbull D. Rodricks JV[16]。

水

新生儿平均每千克体重消耗约0.17 kg[6 oz，180 ml/(kg · d)]母乳或配方奶粉[这相当于成年男性每日饮用35罐0.34 kg(12 oz)的饮料]。如果一个新生儿饮用配方奶粉调制的奶，用来冲调配方奶粉的水是单一的自来水水源，新生儿就会暴露于该水里面的所有污染物。图3－3显示了不同年龄人群耗水量的差别。如果水或液体中含有污染物，相对于自身的体型大小而言，儿童可能会比成人受到更多的水污染[16]。

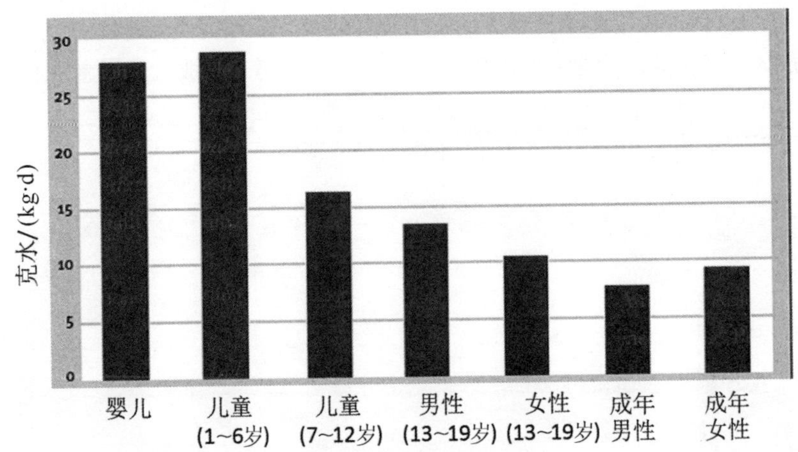

图 3-3　不同年龄人群耗水量的差别*

*来源于 Plunkett LM, Turnbull D. Rodricks JV[16]。

注:每日每千克体重所消耗水的克数在此表中被低估了,因为母乳不包括在分析中。在本文中每日每千克体重的耗水量是准确的。

单位体重的体表面积更大

新生儿单位体重的体表面积是成人的 3 倍;儿童是成人的 2 倍。因此,婴幼儿会比成人吸收更多的污染物[9,16]。

正常的行为发育

婴幼儿会经历一个强烈的口腔探索的发育阶段。这种正常的口腔探索行为可能会使儿童处于危险之中,如儿童身处高浓度铅尘环境中。一些游乐场设施会使用含砷[如铬化砷酸铜(CCA),参见第 22 章]和杂酚油的木材,当儿童的嘴直接接触这些木材或者将接触过木材的手放入口中的时候,儿童就可能暴露于这些污染物。此外,儿童往往缺乏经验或认知能力来识别危险情况。

室外活动的孩子可能会受到过度的紫外线照射,因为他们无法意识到这种危险。由于青少年的活动相对自由,家长对于他们的保护会相对少一些，因此他们暴露危险的机会相对增加。虽然青少年的体力和耐力都处于发育的高峰阶段，但他们的抽象推理能力还在发展中，往往不能考虑前因后果，尤其是缺乏对延迟效应的预判。因此，青少年会比成人遇到更大的风险。

吸收、分布、代谢和靶器官的易感性：生物学环境

吸收

吸收主要通过以下4条途径：胎盘、皮肤、呼吸道和胃肠道。吸收也可以经由静脉注射发生。吸收也可能会通过黏膜表面，甚至会通过眼睛接触而吸收。

胎盘

许多有毒物质很容易通过胎盘。这些物质主要包括低分子量化合物，如一氧化碳、脂溶性化合物和特定的元素，如钙和铅。由于一氧化碳(CO)对胎儿血红蛋白的亲和力比对成人更高，所以胎儿的碳氧血红蛋白浓度比孕妇的高[17,18]，因此，减少了运送氧到组织的水平。而亲脂性化合物，如多环芳烃(烟草中含有)、甲基汞和乙醇，很容易到达胎儿血液循环，所以胎儿甲基汞的水平也比母亲高[19]。

皮肤

皮肤在发育过程中会发生巨大的变化，导致其在吸收等属性方面发生变化。经皮肤吸收的路径对脂溶性化合物来说特别重要。尼古丁、可替宁等化学物质已经在羊水中被发现[20,21]，但尚未有经胎儿皮肤吸收的研究。胎儿皮肤缺乏外部的角质层，这是皮肤发育完全后的主要皮肤屏障之一。角蛋白在婴儿出生后3～5天形成。因此，新生儿直至出生后2～3周皮肤仍然可以吸收物质[22]。由于皮肤吸收化学物质导致的新生儿疾病，包括因擦洗碘伏时导致碘吸收过量引起的甲状腺功能减退症，使用消毒剂六氯酚导致的神经毒性[23,24]，和接触到清洁医院设施的酚类消毒剂而导致的高胆红素血症[25]。2岁前婴幼儿皮肤的吸收和其他属性可

能不同于成人皮肤[26,27]。皮肤吸收差异的另一个因素是新生儿、婴儿与年龄较大的儿童和成人相比单位体重的体表面积更多。

呼吸

肺发育主要包括肺泡和毛细血管的增殖，这个过程要持续到5～8岁。此后肺发育主要是肺泡的膨胀[28]。青春期肺功能的发育仍在继续，并对暴露于空气污染物有其脆弱性。有研究发现，青春期暴露于目前观察到浓度的有害空气污染物中，与18岁时的一秒用力呼气量(FEV1)的降低具有统计学意义的关联[29]。

胃肠道

胃肠道在发育过程中经历了许多变化。某些杀虫剂以及来自烟草烟雾的化学品存在于羊水中[21]，但目前还不知道胎儿是否通过吞咽羊水来吸收它们。婴儿出生后，胃酸分泌相对低，但数个月后可以达到成人水平，显著地影响着化学品在胃里的吸收。如果酸度水平过低，细菌在小肠和胃过度生长，可能导致可吸收的化学物质的形成。例如，美国爱荷华州的几个高铁血红蛋白血症的婴儿被追查到摄入了受硝酸污染的井水经肠细菌转化成亚硝酸盐[5]。

小肠可以吸收某些化学物质到血液，并且可因营养需要，增加特定的营养物质的吸收。例如，与成人相比，婴儿和儿童的肠道能从食物中吸收更多的钙。而铅可以代替钙被吸收，也会被更大程度地吸收：成人对铅的吸收率为5%～10%，而1～2岁儿童对铅的吸收率可高达50%[30]。

分布

随着身体构成的变化，如脂肪和水含量的变化，体内化学物质的分布也会产生相应的变化，这会随着发育阶段的变化而变化。例如，动物模型显示，幼年动物的脑铅含量比成年动物的脑铅含量要高[31]。铅也可以更迅速地在儿童的骨骼内蓄积[32]。

代谢

一种化学物质的代谢可能导致其活化或失活[33]。这些代谢途径中每个步骤的活性是由儿童的发育阶段和遗传易感性来决定的。因此，某些儿童在遗传上对某些暴露的不良效应更加易感。例如，患有葡萄糖-6-磷酸脱氢酶缺乏症(G6PD)的儿童(或成人)如果暴露于某些化学物质，如萘，会增加患溶血性贫血的风险。在不同的发育阶段，酶的活性也存在差异。同一种酶的活性可依儿童的年龄不同而增强或减弱。两个典型的例子是参与外源性物质如茶碱和咖啡因代谢的细胞色素P450家族的酶，和将乙醇转换为乙醛的乙醇脱氢酶[35]。

在儿童和成人代谢之间的差异可能会损害儿童或防止儿童受到环境或药物的危害。比如对乙酰氨基酚。在成人中，高水平的对乙酰氨基酚可产生导致肝衰竭的代谢产物。孕妇含有高水平的对乙酰氨基酚会导致所诞婴儿体内也有高水平的对乙酰氨基酚，但不会导致婴儿的肝损伤，因为婴儿的代谢途径尚未发育完全，还不能产生有害的对乙酰氨基酚代谢产物[36-40]。

靶器官易感性

在儿童生长发育期间，其器官可能受到暴露于有害化学物的影响[40]。随着细胞增殖，单个细胞通过两个步骤成为成年细胞:分化和迁移。当细胞在体内接收到特定的任务时就会发生分化。触发分化的可能是激素，因此类激素的化学物质可能会改变一些组织的分化。由于儿童的器官系统(包括生殖系统)持续分化，类激素的化学物质可能对这些器官系统的发育产生影响。例如，越来越多的证据记载了邻苯二甲酸酯暴露对人和动物的内分泌产生干扰[41]。

细胞迁移是某些细胞到达目的地所必需的活动。例如，神经元起源于脑中心附近的一个结构，然后向大脑的许多层中的一层的固定位置迁移。而化学物质可能对这个过程产生深远的影响(例如，乙醇暴露可以造成胎儿酒精综合征)。

出生后头2年神经突触迅速生长[42]。在整个生命历程中随着学习持续进行，大量的突触会形成。树突修剪是主动去除突触的一个过程。一个2岁儿童的大脑中有比任何其他年龄段儿童更多的突触。这些突触被修剪成更特异的神经网络。数据表明，低剂量的铅暴露可能会干扰突触修剪过程[43]。

一些器官需要持续发育好几年，增加了这些器官的易感性。例如，在成人，经常使用放射疗法来治疗脑肿瘤，放射治疗会产生不适的但可逆的影响。然而，在婴幼儿，放射治疗需要避免，因为放射疗法会对中枢神经系统造成深远和永久的影响。同样，铅和汞会影响儿童的大脑和神经系统。到接近 2 周岁时，儿童的大脑大小达到成人大脑大小的 4/5[44]。到青少年时期，大脑的形态不会有大的改变[44]。然而，脑电图和其他研究表明大脑仍处于神经发育的成熟过程中[44]。磁共振成像的数据证实，在低端躯体感觉和视觉皮质形成后，高端皮质一直处于成熟过程中，这带来脑的改变，直到近 20 岁和 20 岁刚出头的时候为止[45]。

暴露于二手烟会损害肺部发育。暴露于二手烟雾的儿童的肺功能发育速率比没有暴露的儿童慢。暴露于二手烟雾的儿童的 FEV1 值比那些没有暴露儿童的 FEV1 值要低[46]。青少年对烟草依赖的易感性增加（参见第 40 章）是“关键时间窗”概念的一个很好的例子。研究表明，与成人相比，青少年的中枢神经系统更容易对尼古丁产生依赖。青少年经常在日常吸烟之前就很容易依赖尼古丁[47,48]。

生长和分化过程中的组织对癌症特别易感，因为细胞生长过程中 DNA 修复时间缩短和 DNA 内部发生变化。阴囊癌广泛流行于维多利亚时代的英国青少年烟囱清洁工，说明阴囊在这个发展阶段可能对烟尘中的化学物质有较高的易感性[49]。虽然那个时代职业暴露于化学致癌物，如烟灰，在很多职业都普遍存在，但阴囊肿瘤是很罕见的，除了发生在年轻的男性烟囱清扫工。儿童和青少年对电离辐射特别易感，如 1986 年乌克兰切尔诺贝利的核反应堆事件显示的影响。此事件导致该地区的钚、铯和放射性碘重度污染；近 1 700 万人遭到过量辐射。4 年后青少年和儿童中开始出现大量的甲状腺癌患者，凸显了幼年期对放射性碘暴露特别易感[50]。

法律法规：社会环境

监管政策通常不会将儿童的发育特征、物理环境和生物环境结合起来考虑，而这种结果会将儿童置于危险之中。大多数法律法规是建立在对平均体重 70 kg 的成年男性研究的基础上，因此，旨在保护成年男性。

然而，改变法规以保护儿童已经取得进展。例如，1996 年的美国《食品质量保护法》声明，农药"耐受量"（法律允许留在收获的农作物表面或内部的农药的量）必须基于保护婴幼儿的健康的水平来设定。在美国，消除香烟自动售货机的规定使得美国儿童比那些普遍使用香烟自动售货机国家的儿童更少接触到烟草。美国 2009 年 9 月颁布的烟草禁令是立法保护儿童，使儿童避免暴露于环境毒物的另一例子。2008 年《消费品安全改进法案》特别注意到儿童的特殊易感性，对儿童使用产品中的有害物质，如铅，实行了特别的限制。

一个医生如何才能将儿童发育的特殊易感性信息整合到他或她的日常工作中？教育者、研究者和倡导者的作用是非常重要的。最重要的干预是对家长、儿童和其他人员进行暴露相关的教育。在适当开展后，预防工作可以产生最大的影响。家长、子女、教师、社区领导者和政策制定者将从医生的有关儿童对环境污染易感性的教育中受益。临床医生作为研究者的作用也很重要。环境因素造成的大多数疾病已被警觉的临床医生诊断出来，病例报道的发表使这些疾病得到进一步阐明。最后，临床医生还必须教导儿童。除了每日办公室工作时向每个患儿倡导安全和健康，医生也可能有机会确保法律、法规充分考虑到儿童对环境污染物的独特的易感性。

（颜崇淮 译　徐　健 校译　宋伟民 审校）

参考文献

[1] Wigle D, Arbuckle T, Turner M, et al. Epidemiologic evidence of relationships between reproductive and child health outcomes and environmental chemical contaminants. *J Toxicol Environ Health B Crit Rev*. 2008;11(5-6):373-517.

[2] Bellinger D. Teratogen update: lead and pregnancy. *Birth Defects Res A Clin Mol Teratol*. 2005;73(6):409-420.

[3] Selevan SG, Kimmel CA, Mendola P. Identifying critical windows of exposure for children's health. *Environ Health Perspect*. 2000;108(Suppl 3):451-455.

[4] Agocs MM, Etzel RA, Parrish RG, et al. Mercury exposure from interior latex paint. *N Engl J Med*. 1990;323(16):1096-1101.

[5] Lukens JN. Landmark perspective：the legacy of well-water methemoglobinemia. *JAMA*. 1987;257(20):2793－2795.

[6] Lai TT，Bearer CF. Iatrogenic environmental hazards in the neonatal intensive care unit. *Clin Perinatol*. 2008;35(1):163－181.

[7] Calafat A，Needham L，Silva M，et al. Exposure to di-(2-ethylhexyl) phthalate among premature neonates in a neonatal intensive care unit. *Pediatrics*. 2004;113(5):e429－e434.

[8] Moya J，Bearer CF，Etzel RA. Children's behavior and physiology and how it affects exposure to environmental contaminants. *Pediatrics*. 2004;113(4 Suppl):996－1006.

[9] US Environmental Protection Agency. *Child-Specific Exposure Factors Handbook (Final Report)* 2008. Washington，DC：US Environmental Protection Agency；2008. Publication No. EPA/600/R－06/096F

[10] Centers for Disease Control and Prevention. *Fourth National Report on Human Exposure to Environmental Chemicals*. Atlanta，GA：Centers for Disease Control and Prevention；2009. Available at：http://www.cdc.gov/exposurereport. Accessed February 16，2011.

[11] Runyan CW，Schulman M，Dal Santo J，et al. Work-related hazards and workplace safety of US adolescents employed in the retail and service sectors. *Pediatrics*. 2007;119(3):526－534.

[12] Runyan CW，Dal Santo J，Schulman M，et al. Work hazards and workplace safety violations experienced by adolescent construction workers. *Arch Pediatr Adolesc Med*. 2006;160(7):721－727.

[13] McConnell R，Berhane K，Gillialand F，et al. Asthma in exercising children exposed to ozone：a cohort study. *Lancet*. 2002;359(9304):386－391.

[14] Foote RS. Mercury vapor concentrations inside buildings. *Science*. 1972;177(48):513－514.

[15] Snodgrasss WR. Physiological and biochemical differences between children and adults as determinants of toxic response to environmental pollutants. In：Guzelian PS，Henry CJ，Olin SS，eds. *Similarities and Differences Between Children and Adults：Implications for Risk Assessment*. Washington，DC：ILSI Press；1992：35－42.

[16] Plunkett LM，Turnbull D，Rodricks JV. Differences between adults and children affecting exposure assessment. In：Guzelian PS，Henry CJ，Olin SS，eds. *Simi-*

larities and Differences Between Children and Adults: Implications for Risk Assessment. Washington, DC: ILSI Press; 1992:79－94.

[17] Longo LD, Hill EP. Carbon monoxide uptake and elimination in fetal and maternal sheep. *Am J Physiol*. 1977;232(3):H324－H330.

[18] Longo LD. Carbon monoxide in the pregnant mother and fetus and its exchange across the placenta. *Ann N Y Acad Sci*. 1970;174(1):312－341.

[19] Sakamoto M, Murata K, Kubota M, et al. Mercury and heavy metal profiles of maternal and umbilical cord RBCs in Japanese population. *Ecotoxicol Environ Saf*. 2010; 73(1):1－6.

[20] Jauniaux E, Gulbis B, Acharya G, et al. Maternal tobacco exposure and cotinine levels in fetal fluids in the first half of pregnancy. *Obstet Gynecol*. 1999;93(1):25－29.

[21] VanVunakis H, Langone JJ, Milunsky A. Nicotine and cotinine in the amniotic fluid of smokers in the second trimester of pregnancy. *Am J Obstet Gynecol*. 1974;120(1):64－66.

[22] Holbrook KA. Structure and biochemical organogenesis of skin and cutaneous appendages in the fetus and newborn. In: Polin RA, Fox WW, eds. *Fetal and Neonatal Physiology*. Philadelphia, PA: WB Saunders; 1998:729－752.

[23] Clemens PC, Neumann RS. The Wolff-Chaikoff effect: hypothyroidism due to iodine application. *Arch Dermatol*. 1989;125(5):705.

[24] Shuman RM, Leech RW, Alvord EC Jr. Neurotoxicity of hexachlorophene in the human: I. A clinicopathologic study of 248 children. *Pediatrics*. 1974; 54(6): 689－695.

[25] Wysowski DK, Flynt JW Jr, Goldfield M, et al. Epidemic neonatal hyperbilirubinemia and use of a phenolic disinfectant detergent. *Pediatrics*. 1978; 61(2): 165－170.

[26] Nikolovski J, Stamatas G, Kollias N, et al. Barrier function and water-holding and transport properties of infant stratum corneum are different from adult and continue to develop through the first year of life. *J Invest Dermatol*. 2008; 128(7):1728－1736.

[27] Giusti F, Martella A, Bertoni L, et al. Skin barrier, hydration, ph of skin of infants under two years of age. *Pediatr Dermatol*. 2001;18(2):93－96.

[28] Dietert RR, Etzel RA, Chen D, et al. Workshop to identify critical windows of exposure for children's health: immune and respiratory systems work group sum-

mary. *Environ Health Perspect*. 2000;108(Suppl 3):483－490.

[29] Gauderman W, Avol E, Gilliland F, et al. The effect of air pollution on lung development from 10 to 18 years of age. *N Engl J Med*. 2004;351(11):1057－1067.

[30] US Environmental Protection Agency. *Review of the National Ambient Air Quality Standards for Lead: Exposure Analysis Methodology and Validation*. Washington, DC: Air Quality Management Division, Office of Air Quality Planning and Standards, US Environmental Protection Agency; 1989.

[31] Momcilovic B, Kostial K. Kinetics of lead retention and distribution in suckling and adult rats. *Environ Res*. 1974;8(2):214－220.

[32] Barry PS. A comparison of concentrations of lead in human tissues. *Br J Ind Med*. 1975;32: 119－139.

[33] Faustman EM, Silbernagel SM, Fenske RA, et al. Mechanisms underlying children's susceptibility to environmental toxicants. *Environ Health Perspect*. 2000;108(Suppl 1):13－21.

[34] Nebert DW, Gonzalez FJ. P450 genes: structure, evolution, and regulation. *Annu Rev Biochem*. 1987;56:945－993.

[35] Card SE, Tompkins SF, Brien JF. Ontogeny of the activity of alcohol dehydrogenase and aldehyde dehydrogenases in the liver and placenta of the guinea pig. *Biochem Pharmacol*. 1989;38(15):2535－2541.

[36] Byer AJ, Traylor TR, Semmer JR. Acetaminophen overdose in the third trimester of pregnancy. *JAMA*. 1982;247(22):3114－3115.

[37] Kurzel RB. Can acetaminophen excess result in maternal and fetal toxicity? *South Med J*. 1990;83(8):953－955.

[38] Rosevear SK, Hope PL. Favourable neonatal outcome following maternal paracetamol overdose and severe fetal distress. Case report. *Br J Obstet Gynaecol*. 1989;96(4):491－493.

[39] Stokes IM. Paracetamol overdose in the second trimester of pregnancy. Case report. *Br J Obstet Gynaecol*. 1984;91(3):286－288.

[40] World Health Organization. Environmental Health Criteria 237: *Principles for Evaluating Health Risks in Children Associated with Exposure to Chemicals*. Geneva, Switzerland: World Health Organization; 2006. Available at: http://www.who.int/ipcs/publications/ehc/ehc237.pdf. Accessed February 16, 2011.

[41] Swan S. Environmental phthalate exposure in relation to reproductive outcomes and other health endpoints in humans. *Environ Res*. 2008;108(2):177－184.

[42] Adams J, Barone S Jr, LaMantia A, et al. Workshop to identify critical windows of exposure for children's health: neurobehavioral work group summary. *Environ Health Perspect*. 2000;108(Suppl 3):535-544.

[43] Goldstein GW. Developmental neurobiology of lead toxicity. In: Needleman HL, ed. *Human Lead Exposure*. Boca Raton, FL: CRC Press; 1992:125-135.

[44] Behrman RE, Kleigman RM, Jenson HB. *Nelson Textbook of Pediatrics*. 18th ed. Philadelphia, PA: WB Saunders; 2007.

[45] Gogtay N, Giedd JN, Lusk L, et al. Dynamic mapping of human cortical development during childhood through early adulthood. *Proc Natl Acad Sci U S A*. 2004;101(21):8175-8179.

[46] Tager IB, Weiss ST, Munoz A, et al. Longitudinal study of the effects of maternal smoking on pulmonary function in children. *N Engl J Med*. 1983;309(12):699-703.

[47] DiFranza JR, Savageau JA, Rigotti NA, et al. Development of symptoms of tobacco dependence in youths: 30 month follow up data from the DANDY study. *Tob Control*. 2002;11(3):228-235.

[48] DiFranza JR, Rigotti NA, McNeill AD, et al. Initial symptoms of nicotine dependence in adolescents. Tob Control. 2000;9(3):313-319.

[49] Nethercott JR. Occupational skin disorders. In: LaDou J, ed. *Occupational Medicine*. Norwalk, CT: Appleton & Lange; 1990.

[50] American Academy of Pediatrics, Committee on Environmental Health. Radiation disasters and children. *Pediatrics*. 2003;111(6 Pt 1):1455-1466.

第 4 章

个体对环境毒物的易感性

■■■■■■

对一定剂量的任何一种环境毒物，不同个体对其反应有实质的差异。这种差异效应呈现钟形曲线分布。特定个体在曲线上的定位不是随机的，很大程度上由个体易感性决定的。最近几年，环境健康科学越来越关注易感性差异的原因。更好地理解这种易感性的差异使我们能够鉴别哪些患者对某种毒物致病的风险较高，并提示能够减轻毒物暴露的负荷（如潜在治疗方法）。

这一章讨论了一些概念，这些概念对化学物质易感性差异的理解十分必要。同时探索了 3 个重要的领域：遗传易感性、社会易感性及营养易感性，这 3 方面特定地修改了环境毒物暴露及对身体健康影响之间的关系。个体的年龄及发育阶段在决定易感性方面也有重要作用（参见第 3 章）。同儿童、青少年及成人相比，胎儿及婴幼儿经常（并不总是）被认为受环境危险物影响的风险较高。

尽管这些概念适用于多种环境疾病，但本章重点介绍两种研究广泛且典型的儿科环境健康问题：哮喘及铅中毒。

概念及定义

易感性是指两个或多个危险因素中至少有一个，预先存在于个体中，并能增强机体对其他危险因素的敏感性。易感性导致人群在暴露剂量恒定时产生健康效应变化。流行病学家把这种现象称为“效应修饰”，在统计模型中通常指“交互作用”。内科医生可能更熟悉“协同性”，在概念上是一样的。

效应修饰与生物学上协同作用和拮抗作用相似。如慢性感染的患者（如患囊性纤维化），病原对 2 种独立使用的抗生素抵抗，但当同时使用 2

种抗生素时,病原体就被很好地控制。这2种抗生素的效果就是协同的——即同时作用的效果大于2种单独作用的效果之和。效应修饰也可表现为拮抗。如草本疗法金丝桃草会诱导口服避孕药的代谢,降低它的作用,有时会导致突破性出血而致避孕失败[1]。当两者同时使用时,口服避孕药的效果会变差。葡萄糖-6-磷酸脱氢酶(G6PD)缺乏是对化学物质(本例中是氧化剂)遗传易感性的基本例子。对于未携带此X连锁障碍等位基因的个体,有轻度氧化剂特性的药物不会导致其溶血,但同样的药物会使携带有此基因的个体发生严重溶血。

效应修饰同广泛熟知的流行病学概念"混杂"之间有极大的不同。混杂发生在当两个因素独立地影响一个结果,人们暴露于其中一个因素也不对称地受另一个因素影响。如一项研究发现,喝咖啡与注意力问题相关。吸烟也与注意力问题相关,而且吸烟的人更倾向于喝更多的咖啡,但如果不测量吸烟引起注意力问题,那么我们可能会认为是喝咖啡引起了注意力问题,而实际上,喝咖啡是吸烟——真实原因的替代测量因素。在我们的例子中,喝咖啡和吸烟的联合并不是引起注意力问题的必需条件。喝咖啡与注意力问题之间没有内在的生物学联系,只不过它们被观测到正好同时发生了。但是,效应修饰因子是内在地(即生物学)相互作用以产生有趣结果。如个体必须有葡萄糖-6-磷酸脱氢酶缺失的基因型,并服用氧化剂药物才可导致溶血。像这样,效应修饰物有极大的重要性及潜力。理解修饰环境暴露和毒物效应结果间关系的各种因素,可引出对机制理解的新认识,可鉴定受环境毒物严重影响的个体,也可以提示缓解暴露效应的干预方法。

遗传易感性

基因和环境的交互作用屡见不鲜。实际上,所有的"基因疾病"都有重要的环境成分,反之亦然。将此概念带入临床角度,苯丙酮尿症(PKU)就被定义为遗传疾病。这是一种常染色体隐性遗传病,几乎所有的病例都与12q24.1染色体上编码的苯丙氨酸脱氢酶基因发生突变相关[2]。PKU是由苯丙氨酸过量堆积引起的神经发育损伤,苯丙氨酸是一种经苯丙氨酸脱氢酶代谢的必需氨基酸。PKU患儿若发现得早,并严格控制饮食，可正常发育[3]。本例中，两个因素（一个是环境，一个是基因）为PKU发生所必需。个体必须有此基因型，且不加限制的暴露于苯丙氨酸，才可发病。PKU被视为一种遗传病，是因为对苯丙氨酸的暴露很常见，但PKU基因突变却很罕见。但是，如果相反的情况发生会怎样——即所涉及人群此基因突变很普遍，且食用限制剂量的苯丙氨酸。对此氨基酸不加限制的新暴露对此人群来说是毁灭性的。此种情形下，苯丙氨酸将被视为一种神经毒物（像铅），对包含此氨基酸食物的过量饮食是有毒性的。也就是说，PKU则会被视为一种环境疾病。

同样的，越来越多的研究发现，有强烈环境触发因素的疾病也有遗传因素。这些遗传因素与传统概念上的遗传学不同。比如，遗传因素并不像囊性纤维化的等位基因一样“引起”疾病的发生，而是增加了发病风险。最出名的此种遗传风险因素是E4等位基因、载脂蛋白E基因上的变体。这个等位基因与阿尔茨海默病的发生相关。有该等位基因1个拷贝数的个体发生阿尔茨海默病的风险增加2～5倍。如果有2个拷贝的E4等位基因，发病风险增加10倍。但是，半数以上的此等位基因纯合子个体并不发病[4]。此等位基因是危险因素，不是孟德尔遗传病（如囊性纤维化）中的致病方式。更恰当地理解是，E4是个危险因素，就像吸烟和饮食中的胆固醇是心脏病发作的危险因素一样。

儿童疾病中也存在遗传危险因素，其中许多还有修饰环境危险因素的效应。强有力的证据显示哮喘的发病机制中有基因和环境的交互作用。如2006年至少有10个基因被认为同哮喘或过敏相关，每个基因至少有10项研究支持[5]。

基因与环境暴露间的关系很复杂，比如CD14/－159多态性和室内灰尘内毒素间的关系。当暴露于高水平室内灰尘时，CD14/－159 T等位基因的个体特异性反应较高（测血清免疫球蛋白IgE浓度）；但是，暴露于低水平室内灰尘时，C等位基因的个体IgE浓度较高[6]。因此，根据基因组成的不同，室内灰尘内毒素可能引发儿童哮喘及过敏，也可能成为保护因素。过去几年不同研究者的这种发现[7-10]是我们对遗传性过敏疾病中环境和基因的复杂关系理解的关键。一些个体中内毒素的保护性效应直接支持了“卫生假设理论”——生命早期暴露于微生物中对后来的遗传性过敏疾病的发生有防御作用。在适当基因组成的个体中，这种情况是存在的[11,12]。但是，仍有一些个体，早期暴露对其并不是保护性的，这种差异可能由于遗传易感性不同。这可能解释为何卫生假设理论——关于环境危险因素的理论——证实起来非常困难。这个理论可能只适用于特定基因背景的个体。

基因、环境和疾病间还有另一层复杂关系。环境毒物，比如金属，可能通过表观遗传机制改变基因表达。表观遗传学(字面意思“在基因上”)是一个研究在基因序列不变的情况下基因表达的可遗传改变的领域[13]，也包括基因程序化变化但并不一定产生可遗传的效应。

环境因素可改变表观遗传的“标志”(遗传序列之外的物质，可调节基因表达，不改变 DNA 序列的前提下改变基因功能)。基因表达部分地受多种表观遗传标志的控制，这种控制发生在 DNA 本身或 DNA 结合蛋白(组蛋白)上。

研究最广泛的表观遗传标志是 DNA 甲基化。DNA 序列中胞嘧啶甲基化在胞嘧啶-鸟嘌呤重复序列中发生甲基化修饰。这种序列在调节基因表达的启动子区域很常见。这种甲基化模式可改变 DNA 的三维结构。甲基化的胞嘧啶导致 DNA 紧密缠绕的三维结构，进而隐藏盘绕结构中基因的启动子区域。“去甲基化”胞嘧啶构成更开放的结构，使得转录因子与 DNA 结合，并启动基因表达。

特定 DNA 序列与甲基化结构结合的紧密程度是决定细胞分化的首要因素。改变 DNA 甲基化模式的临床影响越来越明确。大脑中改变了 DNA 甲基化系统可导致临床综合征，如智力迟缓、孤独症[14]。环境中化学物质可改变 DNA 的甲基化模式，当这种改变发生在配子细胞时，可遗传给后代。

作为环境疾病发病机制的 DNA 甲基化及其他表观遗传标志引起了研究人员的广泛兴趣。几项研究证实了 DNA 甲基化同环境金属——包括镍、镉、砷、铅——相关[15-17]。这可能是源于金属引起的氧化应激。研究显示，暴露于特定金属可导致广泛的 DNA 低甲基化以及/或者基因特异性的 DNA 高甲基化[18]。在动物模型中，DNA 低甲基化可改变神经元的功能及存活[19]。

总之，这些发现提示环境中的化学物质改变 DNA 表达并最终导致毒性的新途径。也有可能通过特定的方式改变这些标志来治疗环境引起的疾病，包括某种癌症。

社会易感性

众所周知，社会因素——特别是社会经济状态——可影响大部分的健康结局，与多种疾病的总体发病率和死亡率相关。社会因素在神经发育中有重要作用，这也是与儿童期毒物暴露相关的一种结局。社会经济地位低的个体对多种环境毒物暴露的风险增加（参见第 52 章）。除了作为混杂因素，社会因素也可改变环境暴露与健康结局间的关系。

低收入（或贫穷）本身无毒性，却是与贫穷（化学物质暴露、社会压力、暴力、社交孤立等）相一致的因素的标记。正是这些因素（通常是不可测量的）导致了贫穷的健康效应。传统意义上，贫穷是化学毒物（如铅）的潜在混杂因子，将贫穷的测量指标放入评估模型中，再解释化学毒物对发育结果的独立影响。最近几年兴起一种新的算法，研究者们也正在研究贫穷可能不是一个混杂因子，而是铅中毒的修饰因子。在这种计算中，环境毒物与同贫穷相关的因素间有协同关系。要了解铅暴露对认知功能的生物影响途径，需要考虑多种因素，图 4－1 列出了这些因素。

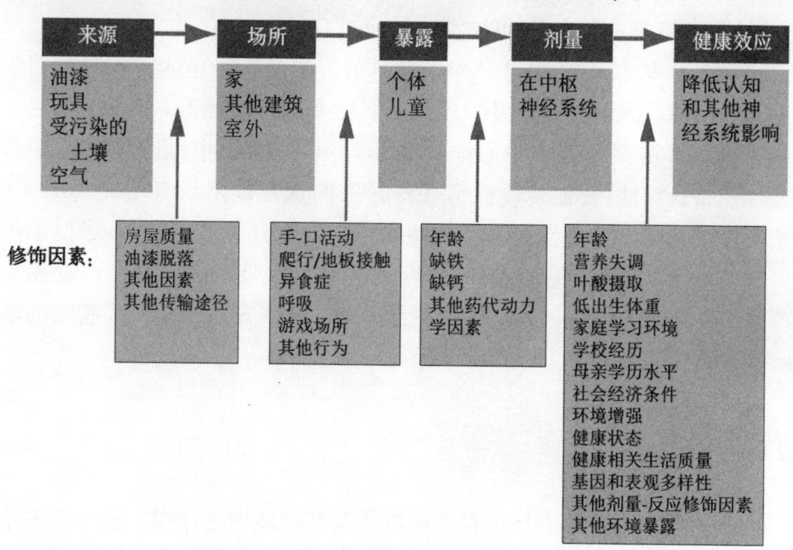

图 4－1　铅对认知功能的生物影响途径

对铅中毒的典型例子，本图列举了可能改变个体易感性的众多因素。

比如,劳赫(Rauth)[20]等人证实了二手烟(SHS)和贫困之间交互作用,以及对纽约市24月龄的有色人种儿童的认知发育的影响。在他们的研究中,产前暴露于二手烟的儿童发生严重发育迟缓的可能性增加1倍。对于那些母亲不能满足基本生活需求的儿童,二手烟对其认知功能的影响会显著加重。产生这种交互作用的原因尚不明确,但提出了几种理论。经济条件较好的母亲能通过提供积极的发育支持——增加社会互动、改善发育环境、改善产前及产后营养,或减少与贫穷有关的其他发育神经毒素的暴露——更好地抵消二手烟的毒性影响。研究最彻底的发育神经毒物——铅,儿童期铅暴露对认知的影响也受社会因素的修饰。在一项墨西哥城开展的儿童队列研究中,母亲较高的自尊心可减少儿童铅暴露,并降低24月龄儿童的认知发育的不利影响[21]。

一项动物研究证实,改善环境可逆转铅暴露的神经学影响。吉拉尔提(Guilarte)等人[22]将小鼠暴露于具有神经毒性的高铅环境中,随后将它们随机分至标准化笼子及丰富环境中——共用笼子、每只鼠活动空间增大、有互动物品。在丰富环境中的小鼠显示更好地空间学习能力,且海马中基因表达——尤其是与铅神经毒性有关的基因——恢复更好。实际上,社会环境是一种有效的治疗铅中毒的"疗法"。

许多专家认为,铅中毒对神经发育的影响是不可逆的。有儿童期铅暴露病史的成人脑容量较小[23],儿童期铅暴露浓度越高,与成年早期的犯罪率升高相关[24]。多中心研究显示,急性儿童铅中毒的主要治疗方法——螯合疗法,对逆转慢性铅暴露导致的认知缺陷没有明显效果[25]。螯合疗法仍是治疗急性重度系统性铅中毒的首选方法。但是,吉拉尔提等人的发现(还需在人类群体中证实)提示,与慢性"低水平"铅中毒相关的发育影响可部分通过社会干预来缓解。这个发现对本来极为暗淡的治疗前景带来了希望。

营养易感性

营养因素可能影响环境毒物的吸收及其在体内的作用。这一点在重金属中得到了证实。缺铁性贫血可独立地负面影响早期发育[26],与随后的铅中毒也相关[27]。铁缺乏的患儿会从消化道吸收更多的铅,可能是由于缺铁环境下，胃肠道上皮细胞中常见的铁受体上调[28]。类似的，钙吸收增加与较低的血铅浓度相关[29,30]。同样的，低钙饮食增加铅的吸收，也可能使铅移至骨皮质沉积[31]。

一项对菲律宾乡村儿童的研究显示了铅与叶酸浓度间的交互作用对认知功能的影响[32]。在这些家庭普遍较穷且营养不良的儿童中，较高的叶酸浓度能抵抗铅的神经毒性作用。这种关系的发生机制尚不明确，但明确的是，叶酸在神经发育中有重要的作用，同时由于其在 DNA 甲基化中发挥不可替代的作用而影响 DNA 的表达。已知 DNA 甲基化调节基因表达，这可由铅诱导的受叶酸代谢修饰的基因表达改变来解释。

总之，这些发现提示，增加了营养可能减弱铅暴露产生的后果。印度一项试验中，为学龄儿童补充含铁 - 叶酸大米膳食，降低了血铅浓度，但此种干预对认知的影响并未明确[33]。美国的一项随机试验中，为铅暴露儿童补充钙，并未发现有助于降低铅中毒的风险[34]。

营养在儿童健康尤其是神经发育中有极为重要的、独立的作用。这些发现提示以特定微量营养素的方式改善营养可能对防御环境毒物有额外的好处。其他营养元素也能帮助抵抗毒物暴露带来的影响。如多项有关多氯联苯(PCBs)暴露的研究显示，母乳喂养可减轻婴儿神经发育负面影响结局[35-38]。这种影响是由于母乳的营养价值比以牛乳为基础的婴儿配方奶更高，还是由于母乳喂养本身增加了母亲与婴儿间的社会互动所致还不是很明确。

结论

基因易感性、社会环境及营养水平都可能影响儿童个体对环境毒物的易感性。环境暴露与健康结局并不呈线性关系，而是，每一个暴露的个体都有相互联系、相互依赖的各种因素构成的复杂网络。

这些影响易感性的因素对指导临床上暴露于环境毒物儿童的护理有重要意义。处理环境健康威胁最有效的方式就是做好避免暴露的初级预防。因此，无论是由于遗传、环境还是营养方面的危险因素在易感个体中尤其要强调初级预防。

当初级预防不能实现且暴露已发生时，治疗是最好的选择。尽管易患病的基因型没法改变,但营养状态及社会环境可改变。上述数据显示,社会及营养干预对环境健康结局有真实的作用。在我们铅中毒的例子中,螯合治疗——急性高剂量铅中毒的首选疗法——并不与改善铅暴露后的发育结局相关。社会干预(如早期干预计划)和营养补充在改善发育结局方面可能有效。

社会和营养干预不需要很复杂,可能就有效。儿科医生每天都会面对这样的家长,他们担心孩子持续暴露于现代环境中的种种毒物。如果说丰富社会环境、完善营养就可减缓这些暴露带来的结局,这将是多么有力的信息。这并不是说铅或其他环境毒物不令人担忧,也不是说不归咎于化学物质(或引起暴露的污染物)的毒性而归咎家长。要告诉家长,尽管需要极大的努力,儿童也许能克服部分或不少化学暴露的毒性作用,拥有长久而丰富多彩的生活。考虑到环境暴露常见于不发达社区,许多这样的问题——尤其是营养及社会环境——可被视为环境公平问题。处理环境污染物通常应包括处理儿童常见的社会和营养问题。

(李　斐 译　沈理笑 校译　宋伟民　徐　健 审校)

参考文献

[1] Hall SD, Zaiqui W, Huang S, et al. The interaction between St John's wort and an oral contraceptive. *Clin Pharamacol Ther*. 2003;74(6):525-535.

[2] Erlandsen H, Stevens RC. The structural basis of phenylketonuria. *Mol Genet Metab*. 1999;68(2):103-125.

[3] Koch R, Azen C, Friedman EG, et al. Paired comparisons between early treated PKU children and their matched sibling controls on intelligence and school achievement test results at eight years of age. *J Inherit Metab Dis*. 1984;7(2):86-90.

[4] Myers RH, Schaefer EJ, Wilson PW, et al. Apolipoprotein E epsilon4 association with dementia in a population-based study: The Framingham study. *Neurology*. 1996;46(3):673-677.

[5] Ober C, Hoffjan S. Asthma genetics 2006: the long and winding road to gene discovery. *Genes Immun*. 2006;7(2):95-100.

[6] Martinez FD. CD14, endotoxins, and asthma risk: actions and interactions. *Proc Am Thorac Soc*. 2007;4(3):221-225.

[7] Baldini M, Lohman AC, Halonen M, et al. A polymorphism in the 5' flanking region of the CD14 gene is associated with circulating soluble CD14 levels and with total serum immunoglobulin E. *Am J Respir Cell Mil Biol*. 1999;20(5):976-983.

[8] Eder W, Klimecki W, Yu L, et al. Opposite effects of CD14/-260 on serum IgE levels in children raised in different environments. *J Allergy Clin Immunol*. 2005;116(3):601-607.

[9] Martinez FD. Gene-environment interactions in asthma and allergies: a new paradigm to understand disease causation. *Immunol Allergy Clin North Am*. 2005;25(4):709-721.

[10] Simpson A, John SL, Jury F, et al. Endotoxin exposure, CD14, and allergic disease: an interaction between genes and the environment. *Am J Respir Crit Care Med*. 2006;174(4):386-392.

[11] Liu AH, Leung DY. Renaissance of the hygiene hypothesis. *J Allergy Clin Imunol*. 2006;117(5):1063-1066.

[12] Schaub B, Lauener R, van Mutius E. The many faces of the hygiene hypothesis. *J Allergy ClinImunol*. 2006;117(5):969-977.

[13] Bollati V, Baccarelli A. Environmental epigenetics. *Heredity*. 2010; 105: 105-112.

[14] Shahbazain MD, Zoghbi HY. Rett syndrome and MeCP2: linking epigenetics and neuronal function. *Am J Hum Genet*. 2002;71(6):1259-1272.

[15] McVeigh GE, Allen PB, Morgan DR, et al. Nitric oxide modulation of blood vessel tone identified by waveform analysis. *Clin Sci*. 2001;100(4):387-393.

[16] Dolinoy DC, Weidman JR, Jirtle RL. Epigenetic gene regulation: linking early developmental environment to adult disease. *Reprod Toxicol*. 2007;23(3):297-307.

[17] Bleich S, Lenz B, Ziegenbein M, et al. Epigenetic DNA hypermethylation of the HERP gene promoter induces down-regulation of its MRNA expression in patients with alcohol dependence. *Alcohol Clin Exp Res*. 2006;30(4):587-591.

[18] Wright RO, Baccarelli A. Metals and neurotoxicology. *J Nutr*. 2007;137(12):2809-2813.

[19] Jacob RA, Gretz DM, Taylor PC, et al. Moderate folate depletion increases plas-

ma homocysteine and decreases lymphocyte DNA methylation in postmenopausal women. *J Nutr*. 1998;128(7):1204-1212.

[20] Rauh VA, Whyatt RM, Garfinkel R, et al. Developmental effects of exposure to environmental tobacco smoke and maternal hardship among inner city children. *Neurotoxicol Teratol*. 2004;26(3):373-385.

[21] Surkan PJ, Schnaas L, Wright RJ, et al. Maternal self-esteem, exposure to lead, and child neurodevelopment. *Neurotoxicology*. 2008;29(2):278-285.

[22] Guilarte TR, Toscano CD, McGlothan JL, et al. Environmentalenrichment reverses cognitive and molecular deficits induced by developmental lead exposure. *Ann Neurol*. 2003;53(1):50-56.

[23] Cecil KM, Brubaker CJ, Adler CM, et al. Decreased brain volume in adults with childhood lead exposure. *PLoS Med*. 2008;5(5):e112.

[24] Wright RO, Dietrich KN, Ris MD, et al. Association of prenatal and childhood blood lead concentrations with criminal arrests in early adulthood. *PLoS Med*. 2008;5(5):e101.

[25] Rogan WJ, Dietrich KN, Brody DJ, et al. The effect on chelation therapy with succimer on neurophychological development in children exposed to lead. *New Engl J Med*. 2001;344(19):1421-1426.

[26] Lozoff B, Jimenez E, Wolf AW. Long-term developmental outcome of infants with irondeficiency. *N Engl J Med*. 1991;325(10):687-694.

[27] Wright RO, Tsaih SW, Schwartz J, et al. Association between iron deficiency and blood lead level in a longitudinal analysis of children followed in an urban primary care clinic. *J Pediatr*. 2003;142(1):9-14.

[28] Barton JC, Conrad ME, Nuby S, et al. Effects of iron in the absorption and retention of lead. *J Lab Clin Med*. 1978;92(4):536-547.

[29] Mahaffey KR, Gartside PS, Gluek CJ. Blood lead levels and dietary calcium intake in 1 to 11 year old children: the Second National Health and Nutrition Examination Survey, 1976 to 1980. *Pediatrics*. 1986;78(2):257-262.

[30] Lacasana M, Romieu I, Sanin LH, et al. Blood lead levels and calcium intake in Mexico City children under five years of age. *Int J Health Res*. 2000;10(4):331-340.

[31] Morris C, McCarron DA, Bennett WM. Low-level lead exposure, blood pressure, and calcium metabolism. *Am J Kidney Dis*. 1990;15(6):568-574.

[32] Solon O, Riddell TJ, Quimbo SA, et al. Associations between cognitive func-

tion, blood lead concentration, and nutrition among children in the central Philippines. *J Pediatr*. 2008;152(2):237-243.

[33] Zimmerman MB, Muthayya S, Moretti D, et al. Iron fortification reduces blood lead levels in children in Bangalore, India. *Pediatrics*. 2006;117(6):2014-2021.

[34] Sargent JD, Dalton MA, O'Connor GT, et al. Randomized trial of calcium glycerophosphate-supplemented infant formula to prevent lead absorption. *Am J Clin Nutr*. 1999;69(6):1224-1230.

[35] Jacobson JL, Jacobson SW. Intellectual impairment in children exposed to polychlorinated biphenyls in utero. *N Engl J Med*. 1996;335(11):783-789.

[36] Patantin S, Lanting C, Mulder PGH, et al, Effects of environmental exposure to PCBs and dioxins on cognitive abilities in Dutch children at 42 months of age. *J Pediatr*. 1999;134(1):33-41.

[37] Walkowiak J, Wiener J, Fastabend A, et al. Environmental exposure to polychlorinated biphenyls and quality of the home environment: effects on psychodevelopment in early childhood. *Lancet*. 2001;358(9293):1602-1607.

[38] Jacobson JL, Jacobson SW. Prenatal exposure to polychlorinated biphenyls and attention at school age. *J Pediatr*. 2003;143(6):780-788.

第 5 章

采集环境历史并提供前期指导

■■■■■■

20 世纪的大部分时间里，出诊是医生的日常工作，医生们可以观察儿童或青少年的家庭环境。如今，出诊已不再是标准行医的一部分。因此，今天的儿科医生必须通过询问来了解儿童或青少年的家庭环境以及其他的信息，诸如生活、作息时间、学习和玩耍场所的环境。这些环境问题是全面了解儿童健康与病史的基础，得出的答案可以帮助儿科医生了解儿童的物理环境并提供恰当的指导，防止和减轻可能的有害暴露。问题可被纳入卫生监督（针对健康儿童和青少年）访视和对已知环境因素所致疾病的访视中。当出现罕见的、持续的症状或当家庭（或儿童看护机构、学校等场所）内多人患有类似症状时，询问环境相关问题也是合适的。

重要的是要记住，在采集环境历史时，家长可能在改造家庭环境方面面临重要的挑战。例如，租房者可能不知道房子的年龄或者没能进行真菌调查。儿科医生应该认识到，由于生活成本或缺乏对房东的影响等因素，提出的建议可能难以或者不被执行。当建议家长要求其家庭成员不要在家里吸烟时，可能会对“也太大惊小怪了”的答复感到不适应。此外，因为家庭的文化信仰和习惯可能与儿科医生不同，建议也可能不会被采纳。

铭记这些注意事项。本章将综述儿科环境历史的重要领域并提出可能预防或减轻暴露的建议。因为完整的环境历史包括诸多事项，忙碌的医生将不太可能有时间询问一切。但是，似乎至少应建议儿科医生询问患儿年龄、家庭条件、二手烟（SHS）暴露、吃鱼导致的汞暴露、紫外线辐射暴露和家长的职业。考虑到诸如儿童年龄、社会经济地位、地理位置以及社区内已知的危害等因素，也可以根据家长的个人情况问一些其他问题。收养来自或到访过发展中国家的儿童，与没有前往过这些地区的儿童相比，可能有更高的暴露于某些环境因素的风险。

生物样本[如血液或尿液(参见第 6 章)]和/或环境样本[包括空气、水、土壤,或灰尘(参见第 7 章)]的实验室检测,可以帮助临床医生评估儿童潜在的环境暴露风险或环境相关疾病。

卫生监督访视

在美国,卫生监督访视是关爱婴儿、儿童和青少年的关键元素[1]。许多地区必须经过完善的访视审查。然而,对大多数行医者来讲,时间限制是大家遇到的共同挑战。为了使病史采集过程更加方便,制订了环境健康历史筛查表格[2]。在使用电子健康记录(EHRs)的儿科行医中,可以选择定制电子健康记录以将儿童和青少年的环境问题包括进去。

下列是关于儿童和青少年环境问题的基本内容[3]:

1. 物理环境。
2. 家庭成员的二手烟暴露和烟草使用情况。
3. 水源。
4. 食物暴露。
5. 日光和其他紫外线辐射暴露。
6. 由家庭成员的职业和业余爱好活动引起的暴露。

在获取病史时,患儿的发育阶段是一个重要的考虑因素。表 5-1 表

表 5-1 何时引入环境问题 *

主　题	建议时间
家庭环境,包括一氧化碳(CO)、家庭整修、真菌、二手烟(SHS)、水源、食用鱼类、家庭成员职业暴露	产前访视、新生儿访视新患儿
二手烟、日光照射、真菌	2 月龄
化学品和杀虫剂中毒风险、铅中毒	6 月龄
木制玩具和野餐桌、工艺品暴露	学龄前期
职业暴露、业余爱好暴露、日光浴店	青少年期
草坪和花园产品、草坪服务业、预定的化学品应用、日光照射	春季和夏季
木材炉灶和壁炉、燃气灶具	秋季和冬季

* 此表改编自 Balk SJ et al[3]。

明何时引入环境问题。表 5－2 给出了卫生监督访视的环境健康问题总结以及在书中可找到的其他信息。

表 5－2　卫生监督访视的环境健康问题总结 *

领域	问题	更多信息参见相关章节
环境 —家庭	你的孩子居住在什么类型的建筑环境中？	儿童看护机构、室内空气污染、铅
	你家房子的房龄和状况怎样？有铅、真菌或石棉吗？	石棉、室内空气污染、铅
	正在实施或计划实施房屋整修吗？	石棉、铅
	你有一氧化碳(CO)探测器吗？	一氧化碳
	你家里使用什么类型的加热(通风)系统？	室内空气污染
	你在哪里以及如何储存化学品和农药？	杀虫剂
	你在花园里使用化学品或用农药喷洒草坪吗？	杀虫剂
	你测试过家中的氡吗？	氡
	你认为你生活在高铅土壤地区吗？	铅
	你有用处理过的木材制成的玩具或野餐桌吗？	砷
—在学校	你担心孩子学校的环境吗？	学校
—在社区	在你的社区内有污染源吗？	环境权益、室内空气污染、室外空气污染、废弃物场
烟草烟雾暴露	你抽烟吗？你被允许在车内吸烟吗？ 其他家庭成员或孩子的看护人吸烟吗？ 他们是否被允许在家中或汽车内吸烟吗？	哮喘、烟草使用和二手烟暴露
水源	你使用自来水或井水吗？	铅、硝酸盐、水、砷
食物暴露	你吃鱼吗？ 你的孩子吃鱼吗？ 哪种鱼？多久吃一次？	汞、多氯联苯
阳光和其他紫外线辐射暴露	你的孩子免受过度日晒吗？ 你去日光浴店吗？	紫外线辐射
家长和青少年的职业和业余爱好活动造成的暴露	家庭成员从事何种工作？ 家庭成员的业余爱好是什么？	工艺品、学校、铅

* 此表改编自 Balk SJ et al[3]。

1. 环境

家庭

儿童有80%～90%的时间是在自己家中，或在亲戚家中，或在儿童看护机构内。这些环境可能包含有害因素。

有关家庭的重要问题包括：

■你的孩子住在什么类型的建筑中？

■你家房子的房龄和状况怎样？有铅、真菌或石棉吗？

■正在实施或计划实施房屋整修吗？

■你有一氧化碳(CO)探测器吗？

■你家里使用什么类型的加热(通风)系统？

■你在哪里以及如何储存化学品和农药？

■你在花园里使用化学品或用农药喷洒草坪吗？

■你测试过你家里的氡吗？

■你是否生活在高铅土壤并让人担心的地区？

■你的孩子是否在木制玩具上面玩耍或使用木制野餐桌？

你的孩子居住在什么类型的建筑中？

你的房子是独栋房屋、公寓、移动房屋，还是临时住所？

在独栋房屋或公寓的地下室或较低楼层，可能有高浓度的氡或脆性石棉。移动房屋可能使用刨花板和复合木板产品等材料建造，这些材料中含有对呼吸道和皮肤具有刺激性的甲醛。

你家房子的房龄和状况如何？有铅、真菌或石棉吗？

铅：直到20世纪70年代末，铅涂料可能仍被用于房屋建筑。

1950年之前建造的房屋最有可能使用含铅涂料，这些涂料可能已经剥落、变成碎屑或者粉末了。铅尘可从维护很差的建筑表面通过摩擦释放，这种情况在窗户处就可发生。

建议：美国联邦法律要求符合医疗补助计划的儿童在1～2岁时进行测试。其他儿童应根据州或地方的指导方针进行测试[4]。

真菌和潮湿：被水淹过的、管道或屋顶漏水的房屋都可能有真菌生长。经常暴露于真菌会导致呼吸道症状。潮湿或发霉的气味表明有真菌存在。无效的和未使用过的通风设备有导致真菌生长或潮湿。真菌可引发过敏；它可以触发，并可能引起哮喘。暴露于葡萄穗霉（又称为纸葡萄穗霉）与婴儿急性肺出血的发生有关。虽然潮湿和急性肺出血之间存在因果关系，但发霉的室内环境是否与之有关仍尚未完全确认。在有真菌存在的情况下，暴露于二手烟可增加婴儿患急性肺出血的风险[5]。

建议：应对漏水和浸水的源头进行修理，将真菌生长的地方清除。测量面积≤0.84 m^2(9 ft^2)的可见霉斑可使用氯漂白剂稀释溶液（1份氯加入10份水）[6]或家用洗涤剂清除。如果使用漂白剂，重要的是要有充分的通风空间。婴儿、幼儿、有呼吸道疾病的人应远离该区域，直到真菌被清除干净。如果发霉的地方＞0.84 m^2或者需要清除建筑材料的话，建议使用受过培训的真菌清除公司进行专业清除[6]。坚硬物体表面的真菌可以擦拭干净；衣服上的可见真菌可尝试干洗；可渗透的和半渗透的材料，如软垫家具和地毯，如有真菌生长应该丢弃。在清洁区域的表面重新使用之前，应该用高效空气微粒（HEPA）真空吸尘器进行清扫。真菌是无处不在的，创建一个完全“无真菌”环境的期望是不现实的。然而，健康的环境应该是干燥的和除了真菌正常出现（如浴室真菌）以外无可见真菌生长的。儿童（特别是婴儿）和其他人不应该暴露在发霉的环境中。

清洁被水淹过房屋的信息可从美国环境保护署（EPA）的官网：http://www.epa.gov/iaq/flood/flood_booklet_en.pdf 获得。

石棉：几十年前，石棉常用于锅炉和管道的绝缘层、天花板、地板瓷砖和其他领域。石棉覆盖物会损坏；或者，如果在改造或其他工作中被翻动的话，石棉可以释放到空气中。经空气传播的石棉可被吸入肺中，暴露多年后可能导致间皮瘤或肺癌。

建议：可以通过电话联络认证检查员或通过联系产品制造商对石棉进行鉴定。未损坏的石棉最好别去管它。状况不好的石棉（超过很小的量）必须由注册的石棉承包商清除[7]。

正在实施或计划实施房屋整修吗？

为了准备婴儿诞生或随着孩子成长而更新房间的装饰、对卧室进行整修是常见的。改造过程不当可能会使孕妇、胎儿或孩子暴露于铅或其他粉尘、石棉和真菌等。新铺的地毯可以释放刺激性或有毒气体。

建议:改造期间如果有可能接触铅和其他污染物的话,孕妇和幼儿应该从房屋搬出。只有注册的石棉承包商才能进行包括清除铅或石棉在内的整修活动。建议通风以减少刺激性或有毒气体的接触。

你有一氧化碳(CO)探测器吗?

每年一氧化碳意外中毒导致美国数百人死亡。

建议:每年应对烟囱进行检查和清理。燃烧设备必须根据制造商的使用说明正确安装、维护和排放。美国消费品安全委员会建议家长在每一个睡眠区安装符合美国安全检测实验室(UL)最新标准的一氧化碳探测器,而且永远不要忽视一氧化碳探测器发出的警报。注意:当一氧化碳探测器警报响起时,孩子可能已经因为过量的一氧化碳而出现症状了。

你家里使用什么类型的加热(通风)系统?

木头炉灶和壁炉排放出呼吸道刺激物[二氧化氮(NO_2)、可吸入微粒和多环芳烃],尤其是当通风不良和维护不当时。超过一半的美国家庭使用可能产生二氧化氮的燃气灶具。当燃气灶具用于取暖时,呼吸道症状可能发生。木头炉灶、壁炉和其他燃烧设备可能是一氧化碳的来源。

建议:应该建议家长妥善维护和清洁供暖系统。当儿童患有哮喘或其他慢性呼吸道疾病时,不鼓励使用燃烧木材的设备。使用木头炉灶对健康影响的信息,以及安装更清洁、更高效炉灶的信息,可从美国环境保护署获得[8]。

你在哪里以及如何储存化学品和农药?

农药和其他化学品可导致急性中毒和死亡,还可导致亚急性和慢性中毒。

建议:鼓励家长在防治害虫时选择使用最低毒性的治理方式。有害生物综合治理(IPM)整合了化学和非化学方法,可为害虫防治提供最低的毒性选择。有害生物综合治理使用定期监测(而不是预定的化学应用程序),以确定是否及何时需要处理。如果使用有毒化学物质,他们应该放在孩子们够不到的地方。化学品应储存在原装容器中,一定不要放入汽水或果汁瓶等容器内。

你在花园里使用化学品或用农药喷洒草坪吗?

当孩子们在刚喷洒过农药的户外表面(如草坪和花园)或室内表面(如室内装潢品或地毯)爬行或玩耍时,就可能吸入和吸收农药残留物。

残留的农药也可能黏附在毛绒玩具上。

建议：用农药喷洒或“轰炸”型施药是危险的，特别是当孩子还小或当妇女怀孕的时候。儿科医生应该阻止为了美化环境而在家里或花园使用农药。还没有明确规定刚喷杀虫剂的草坪和花园在多长时间内家长必须禁止孩子们进入。如果家长使用的是除草剂，那合理建议是在孩子接触草坪前至少 24～48 小时喷洒。与用于杀死植物的化合物相比，杀虫剂对动物的毒性通常更大。因此，合理建议是在应用杀虫剂后更长时间，如 48～72 小时避免与之接触[3]。

你测试过家中的氡吗？

在美国，大约有 10%的肺癌归因于氡，一种可以避免的暴露。

建议：美国环境保护署和美国卫生总署建议对三楼以下的房屋进行氡检测[9]。美国环境保护署建议在房屋买卖之前进行氡检测[9]。

你认为你生活在高铅土壤地区吗？

当油漆碎屑从旧建筑脱落并与土壤混合后，铅就会污染土壤。在美国，直到 20 世纪 70 年代，汽油中一直有铅的存在。因为铅一旦沉积后就几乎不移动，所以来源于汽车排放或脱落油漆的铅可存在于土壤中。在城市地区，建筑地基周围土壤中的铅水平是最高的。

建议：如果怀疑土壤含有高浓度的铅，又有孩子在那里玩耍，应建议家长进行土壤测试。用低铅土壤混合（或覆盖）高铅土壤，或做景观处理，或物理上移除土壤，可使土壤中的铅水平下降[10,11]。

你有用处理过的木材制成的玩具或野餐桌吗？

户外木制玩具和野餐桌有可能使用防腐剂铬化砷酸铜（CCA）进行处理，以保护木材防止腐烂。儿童手 - 口行为可能导致暴露于从铬化砷酸铜浸出的砷。直到 2003 年 12 月 31 日，制造商与美国环境保护署才达成一项自愿协议，停止生产铬化砷酸铜处理的木材用于大多数消费者产品。一些在那之前处理的木材存货预计被放在货架上，直到 2004 年中期。而禁令之前制造的成千上万的游戏设施、面板和桌子，现在仍在使用。

建议：如果有 2003 年之前制造的木制玩具、面板或野餐桌，家长可叫厂家来确定是否包含铬化砷酸铜。面板、游戏设施或野餐桌中的铬化砷酸铜应使用干净的密封剂每 6 个月～1 年处理一次，以减少木材中砷的浸出量。家长或者可以选择将设备或桌子安全拆除。铬化砷酸铜处理的木材不应该燃烧或锯开，因为这将增加砷的释放量。如果家长留着一整套玩具，他们应在孩子户外玩耍之后，立即用肥皂和水给他们洗手，特别是在吃饭之前。在铬化砷酸铜处理的游乐设施上玩耍时，孩子们不应进食。吃饭之前，用一块布盖在铬化砷酸铜处理的野餐桌上是明智之举。

在学校

你担心孩子学校的环境吗？

许多学校环境中发现的危害因素与家里发现的相似。此外，从事工艺美术活动的儿童可能会遇到潜在的危害，如签字笔（含芳香烃）和油基涂料。带有某些残疾的儿童可能对毒性暴露有更高的风险。在一个工程附近生活的视障儿童或患有哮喘的儿童可能会受到烟雾的影响。无法遵守安全防范措施的孩子可能导致皮肤污染或将艺术材料放入口中。一些被情绪困扰的儿童可能会滥用艺术材料，危害自己和他人。

建议：应该鼓励那些担心孩子在学校里可能有毒性暴露因素的家长作为孩子环境安全的倡导者。儿科医生在宣传过程中有时也会给予他们帮助。

在社区

在你的社区内有污染源吗？你住在主干道或高速公路附近吗？

有毒的危险可能存在于街道或社区。暴露来源包括受污染的湖泊和溪流、工厂和废弃物场。如果孩子们生活在铅冶炼厂的下风处，那么他们可以接触到铅；如果住在农场或城乡接合处，则可以接触到杀虫剂或其他化学物质。主干道 300 米范围内的房屋和建筑物周围的空气质量往往较差。低收入社区和有色人种社区更有可能面对有毒危害，称为“环境差异”或“环境不公”（参见第 52 章）。

一个孩子或青少年可能已经暴露于从前发生的一次灾难，例如飓风“卡特里娜”或世界贸易中心灾难。暴露于这种剧烈的环境事件可能会对身心健康产生长期影响。

社区的其他方面也可能影响健康，例如，社区是否有安全的地方进行散步和锻炼。

建议：应该鼓励那些担心社区内有毒物暴露可能的家长作为他们家

庭环境安全的倡导者，儿科医生在其宣传过程中起到帮助作用。如果一个家庭正计划迁居，考虑新家邻近的交通污染情况可能是有意义的，这主要是因为高速公路附近的空气质量会受到影响。如果孩子患有呼吸系统疾病，这就显得尤为重要。

2. 烟草烟雾暴露

■你抽烟吗？你对戒烟感兴趣吗？

■其他家庭成员或孩子的看护人抽烟吗？

■你家里或孩子看护人家里无烟吗？即使在孩子不在的情况下也无烟吗？

■你的汽车（机动车）无烟吗？即使在孩子不在的情况下也无烟吗？

暴露于二手烟（也称“环境烟草烟雾”）可将受暴露的个体置于很高的发病率和死亡率的风险之中。“三手烟”这一术语用于描述粘在吸烟者头发、衣服以及房间里家具和地毯上的气体和颗粒的混合物。在房间里的二手烟已经清除之后，三手烟可能会长时间存在[12]。

建议：如果家长或者其他看护人吸烟，儿科医生应该建议他们戒烟，并提供帮助。教育家长关于二手烟和孩子疾病之间的联系可能会帮助他们戒烟。还可以告知家长，如果家长吸烟的话，孩子更容易开始吸烟。美国公共卫生署建议临床医生在每一次门诊谈话时询问吸烟情况，在每次访问中向吸烟者提供至少一次简短（1～3 分钟）干预[13]。戒烟咨询电话，全国可用，可有效地帮助吸烟者戒烟。然而，不管家长是否选择戒烟，他们都应该在家里和汽车里推行和实施严格的禁烟令。如果他们一直吸烟，家长和其他人应该在与孩子交流之前洗手和换衣服。家长应该尽量避免让孩子暴露于任何含有烟草烟雾的环境。儿科医生应该与学龄儿童和青少年讨论吸烟的危害。

应建议吸烟的青少年戒烟。即使他们不吸烟，也应该问及青少年二手烟暴露情况，因为他们可能由于家人或朋友吸烟而受到暴露。

3. 水源

■你使用自来水或井水吗？

值得特别关切的影响美国婴儿和儿童健康的水污染物是铅和硝

酸盐。

铅:用来冲调婴幼儿配方奶粉的自来水可能受到铅污染[14]。大多数大型市政供水的铅水平保持在低于 15 μg/L 的美国环境保护署标准。大多数供水系统的铅水平都是可接受的。直到 20 世纪 80 年代末,铅焊料被广泛用于连接铜管;管路装置也可能含有铅。铅有可能从供水系统的含铅组件中浸出[15]。水添加剂的变化可能会增加铅的浸出[16]。

建议:为了减少含铅管道和焊料污染的可能性,应该把潴留在管道中的隔夜水放掉,直到水变得尽可能清凉,然后再使用。应该建议家长仅使用来自冷水龙头的水,用于饮用、烹饪,尤其是调制婴儿配方奶粉。热水可能含有较高水平的铅[17]。根据孩子的年龄、住房情况以及其他风险因素,对其进行血铅检测。家长也可以选择对水中的铅含量进行测试。尽管瓶装水贵但也是可以接受和选择的。某些净水过滤器和应用于水龙头的过滤器可以除去铅。

硝酸盐和大肠菌群:婴儿暴露于井水中高水平的硝酸盐,患高铁血红蛋白血症的风险会增加,这可能导致其死亡。井水也可能含有大肠杆菌。水中高浓度的硝酸盐或大肠菌群表明可能有农药存在。

建议:购买房屋时,家长应对私人水井中的硝酸盐、大肠菌群、无机化合物(总溶解固体、铁、镁、钙、氯)和铅的含量进行检测。硝酸盐和大肠菌群的检测应该每年进行。如果已知一个新的污染源(例如,如果一个邻居在他或她的井里发现新的污染物),应考虑重复检测其他污染物[18]。当地卫生或环境部门可以对检测提出建议[19]。

在提供给婴儿饮用之前,井水应做硝酸盐和大肠菌群检测。硝酸盐或大肠菌群含量高的水不应给婴儿。沸水冲调婴儿配方奶粉几乎没有必要。为冲调婴儿配方奶粉而将水过分煮沸会使铅和硝酸盐浓缩。将水煮沸 1 分钟可杀死微生物,如隐孢子虫,但不会降低铅和硝酸盐的浓度[20]。

4. 食物暴露

■你吃鱼吗?

■你的孩子吃鱼吗?

■哪种鱼? 多久吃一次?

虽然鱼肉是蛋白质很好的来源,还含有 ω- 3 脂肪酸,但是某些鱼类可能受到过量的汞或多氯联苯(PCBs)污染。暴露于这些污染物可能会有不利影响,特别是对胎儿和学龄前儿童。

建议:购买市售鱼类的家庭应该选择汞和其他污染物含量低的鱼类。孕妇、育龄妇女、哺乳期妇女和儿童应该完全避免食用汞含量高的鱼(鲛鱼、鲨鱼、旗鱼和方头鱼),并限制其他鱼类的消费。应要求那些自己捕鱼吃的家庭遵循美国各州和地方卫生部门出具的鱼类报告,以确定哪些鱼可以安全食用。

5. 阳光和其他紫外线辐射暴露

■你的孩子免受过度日晒吗?

■你去日光浴店吗?

一个人18岁之前的日光暴露大约占一生暴露总量的1/4。早期暴露于紫外线辐射会增加患皮肤癌的风险。日光浴店的青少年越来越多,从而也增加了他们患皮肤癌的风险。

建议:关于防晒的建议包括,用服装和帽子遮阳,规定儿童活动时间以避免日照高峰,了解紫外线指数,使用防晒霜并根据需要频繁再使用,戴墨镜。青少年不应该去日光浴店。

6. 家长和青少年的职业和业余爱好活动造成的暴露

■家长和青少年从事何种工作?

■家长和青少年的业余爱好是什么?

对于儿童来讲,家长的职业可能对其健康产生危害。工作场所的污染物可能会粘在衣服、鞋子和皮肤表面被携带到家里[21]。铅蓄电池工人的孩子出现铅中毒的症状[22],船厂工人的家庭成员中发现与石棉相关的肺部疾病[23],水银温度计工厂工作者的孩子汞含量增高[24]。从事艺术品材料工作的家长,可能会使孩子在家里暴露于毒物,如焊料、陶瓷釉料、彩色玻璃中的铅。工作可以帮助青少年开发技能和培养责任感、赚钱,但工作也可能给他们带来毒物暴露或受伤的风险。环境暴露包括:户外工作中的紫外线辐射,在餐厅和酒吧接触的二手烟,来自草坪修剪和农场工作的农药,以及操作设备的噪声。工作也可能干扰青少年的教育、睡眠和社会行为。美国联邦和各州的童工法对年龄小于18岁儿童的就业有明确规定。这些法律提出了一般和特定类型职业的最低年龄，每日和每周允许的最大工作时间，还提出了禁止在夜间工作，禁止某些类型的职业，以及未成年人就业登记[25]。

业余爱好活动可能对学龄儿童和青少年构成危害。室内靶场射击可能导致铅暴露[26]。各种模型小组做模型时使用胶水可能会接触甲苯和其他有机溶剂。如果青少年的活动环境中有胶水，他们则可能特别容易试图吹干（吸入），导致更加容易暴露有机溶剂。

建议：采集家庭组成和家族史时，可能会获取职业历史信息。根据美国联邦有关“知情权”和“风险沟通”法律，暴露于有毒物质的工人在法律上有权被告知受到暴露。使用有毒物质工作的家长回家后应该淋浴，如果可能的话，下班前换衣服和鞋子。在家里，不应允许孩子们待在家长使用有毒物质的房间里。

问诊疾病：在鉴别诊断中考虑环境病因

二手烟是与呼吸道疾病（如哮喘、复发性上、下呼吸道疾病）和持续性中耳积液相关的最常见毒物。铅中毒可能会出现复发性腹痛、便秘、易怒、发育迟缓、癫痫或原因不明的昏迷症状。购自其他国家的食物和药品可能是铅和其他重金属的来源。急性和慢性暴露于由取暖时通风不良排放产生的一氧化碳、甲醛和工作中使用各种的化学品等暴露可能会导致头痛。治疗婴幼儿急性肺出血时，儿科医生应该询问家里的真菌和水管损害情况。

环境引起的疾病可能并不明显[27]。因为大多数环境或职业疾病表现为常见的医学问题或没有特异的症状，所以，除非获取暴露史，否则可能会漏诊。如果疾病非典型或对治疗无反应，这就更显得特别重要。以下问题可以为一种疾病是否与环境有关提供信息。

1. 在特定场所（如家里、托儿所、学校或某些房间）症状减轻或加重吗？

2. 症状在特定的时间减轻或加重吗？在一天的特定时间？在工作日还是周末？在特定的一周或季节？

3. 症状在某项特定活动中加重吗？当孩子在外面玩耍，或从事业余爱好活动，如使用工艺品时加重吗？

4. 兄弟姐妹或其他孩子也存在类似的症状吗？

5. 关于症状发生的原因，家长的想法是什么？

以下三个案例说明如何将环境健康病因整合入鉴别诊断中：

案例 1：哮喘

一名 5 岁男孩来到你的办公室随访。他在大部分时间里有轻微的间歇性哮喘。他知道喘息发作的触发因素是寒冷天气和上呼吸道感染。你需要知道什么呢？

可能引发哮喘的环境诱因包括：

■二手烟

■真菌

■尘螨

■蟑螂

■动物过敏原

■氮氧化合物

■气味

■挥发性有机化合物，如甲醛

大多数触发因素都是经得起环境干预措施检验的。询问环境暴露和建议减少暴露的方法可能会减轻症状。

案例 2：发热和皮疹

一名 3 岁男孩有 1 周的发热史，还有皮疹且行走困难。他的既往史没有特别之处。体格检查显示孩子易怒，体温 40℃，有结膜充血、咽部充血、手脚肿胀和红斑皮疹。你的鉴别诊断是什么？

鉴别诊断包括：

■川崎病

■麻疹

■猩红热

■幼年型类风湿关节炎

■肢体疼痛症

尽管本案例中描述的患儿最终诊断为川崎病，但是鉴别诊断包括肢痛症（“粉红病”），这是一种罕见的主要发生在儿童的对汞超敏反应。以前，暴露于含汞的乳牙粉末后，肢体疼痛症曾被报道过。最近，暴露于含汞的尿布冲洗液及乳胶涂料后，肢体疼痛症也被报道过。其主要症状是厌食、全身疼痛、感觉异常和冷漠。体检显示肢端皮疹，该皮疹主要是粉红色的丘疹，伴有痒感，可能发展为脱屑和张力减退。其他特点还包括易怒、颤抖、发汗、高血压和心动过速[1]。

案例 3：癫痫[改编自凯尼(Khine)等人[28]]

在一次全面性强直－阵挛发作后，一名 3 岁有癫痫发作史的西班牙裔女孩来到急诊室。在来急诊室之前，她在家里接受了地西泮(安定)灌肠。她醒着但很累。她没有发热，身体检查也正常。这名孩子的既往史值得注意，在 3 月龄时被诊断为病因不明的癫痫发作。2 年前做的大脑磁共振血管造影/磁共振成像和脑电图(EEG)都是正常的。鉴别诊断是什么？

鉴别诊断包括：

■病因不明的癫痫

■感染

■脑瘤

■毒物摄入

■其他毒物暴露

血清毒理学筛查未检测到酒精、对乙酰氨基酚、阿司匹林和铁。尿毒理学药物滥用筛查结果阴性。

最近的一份报告呼吁，对发生在接触樟脑的儿童中的癫痫予以关注。樟脑是已知的导致癫痫发作的原因，已有报道在摄入、吸入和皮肤吸收樟脑后可导致癫痫发作[28]。在某些人群中，樟脑(西班牙语称为“臭丸”)常被用于自然疗法。专门询问樟脑使用情况时，母亲透露在癫痫发作前的几个小时，她正用樟脑软膏在孩子的上胸部、额头和背部频繁摩擦以缓解她的感冒症状。母亲也曾将含有樟脑的产品用于其他各种方式，如放入蒸发器中，放入婴儿床下的水碗中，将内有樟脑片的编织布挂在婴儿床的柱子上，在家里撒碾碎的药片以控制蟑螂。该母亲的其他 2 名孩子也患有癫痫疾病，都经过评价和常规影像学检查。他们先前在祖母的公寓住了 1 年，那时其他兄弟姐妹没有患癫痫。那时祖母不允许使用樟脑。这个家庭家用樟脑产品被停止使用，儿童抗惊厥药物也被停止使用。在本次发作10周后的随访中，未发现任何一名孩子有癫痫发作。

在一些药用产品中，美国食品药品监督管理局（FDA）将樟脑含量限制在不到11%。用作农药的樟脑产品必须在美国环境保护署注册。然而，许多进口的含有樟脑的产品未能达到美国食品药物监督管理局和美国环境保护署关于标签和含量的要求。这个案例说明，当一个孩子有癫痫发作时询问樟脑使用情况的重要性，以及教育家庭懂得使用樟脑存在风险的重要性。

参考资料

National Environmental Education Foundation（NEEF）

http://www.neefusa.org/health

NEEF is a national nonprofit organization with several educational initiatives related to pediatric environmental health, including a Pediatric Environmental History Initiative. Resources include history forms for taking a general environmental history and for a child with asthma.

Canadian Association of Physicians for the Environment（CAPE）

http://www.cape.ca/children/history.html

Contains detailed information about the pediatric environmental health history.

Agency for Toxic Substances and Disease Registry（ATSDR）

http://www.atsdr.cdc.gov/csem/exphistory/ehcover_page.html

Elements of an environmental history are reviewed in "Taking an Exposure History," one of many monographs in the Case Studies in Environmental Medicine series available from the ATSDR. The history is geared to adults in the workplace but the examples used and principles illustrated can be helpful to pediatricians.

http://www.atsdr.cdc.gov/emes/subtopic/pediatrics.html

ATSDR-PSR Environmental Health Toolkit. ATSDR's Division of Toxicology and Environmental Medicine (DTEM), the Greater Boston Physicians for Social Responsibility (PSR), and the University of California-San Francisco Pediatric Environmental Health Specialty Unit (PEHSU) teamed up to develop an environmental health anticipatory guidance training module with downloadable tools for use in clinical practice.

（郭保强 译　阚海东 校译　宋伟民　徐　健 审校）

参考文献

[1] Kliegman RM, Behrman RE, Jenson HB, et al. *Nelson's Textbook of Pediatrics*. 18th ed. Philadelphia, PA: Saunders Elsevier; 2007.

[2] National Environmental Education Foundation. Pediatric Environmental History Forms. Available at: http://www.neefusa.org/health/PEHI/HistoryForm.htm. AccessedSeptember 22, 2010.

[3] Balk SJ, Forman JA, Johnson CL, et al. Safeguarding kids from environmental hazards. *Contemp Pediatr*. March 2007;64-81.

[4] American Academy of Pediatrics, Committee on Environmental Health. Lead exposure in children: prevention, detection, and management. *Pediatrics*. 2005;116(4):1036-1046.

[5] American Academy of Pediatrics, Committee on Environmental Health. Spectrum of noninfectious health effects from molds. *Pediatrics*. 2006;118(6):2582-2586.

[6] National Environmental Education Foundation. Mold/mildew and asthma. In: *Environmental Management of Pediatric Asthma: Guidelines for Health Care Providers*. Washington, DC: National Environmental Education Foundation; 2005:23. Available at: http://www.neefusa.org/pdf/AsthmaDoc.pdf. Accessed September 22, 2010.

[7] US Environmental Protection Agency. An Introduction to Indoor Air Quality. Available at: www.epa.gov/iaq/asbestos.html#Steps%20to%20Reduce%20Exposure. Accessed September 22, 2010.

[8] US Environmental Protection Agency. Choosing Appliances. Available at: http://www.epa.gov/burnwise/appliances.html. Accessed September 22, 2010.

[9] US Environmental Protection Agency. A Citizen's Guide to Radon: The Guide to Protecting Yourself and Your Family From Radon. Available at: http://www.epa.gov/radon/pubs/citguide.html. Accessed September 22, 2010.

[10] Green Net Chicago. Information for Community Gardeners on Lead Contamination. Available at: http://www.greennetchicago.org/pdf/GreenNet_Lead_Feb_2005.pdf. Accessed September 22, 2010.

[11] Children's Memorial Research Center. *A Field Guide to Safer Yards: Protecting Your Children*. Chicago, IL: Children's Memorial Research Center, Safer Yards Project; 2002. Available at: http://www.childrensmrc.org/uploadedFiles/Re-

search/Pediatric_Practice_Research_Group_(PPRG)/Resources/lead/SY_Brochure_6－3. pdf? n＝6191. Accessed September 22，2010.

[12] Winickoff JP，Friebely J，Tanski SE，et al. Beliefs about the health effects of "thirdhand" smoke and home smoking bans. *Pediatrics*. 2009;123(1):e74－e79.

[13] Agency for Healthcare Research and Quality. Treating Tobacco Use and Dependence：2008Update. Available at：http://www. ahrq. gov/path/tobacco. htm. Accessed September 22，2010.

[14] Baum CR，Shannon MW. The lead concentration of reconstituted infant formula. *J Toxicol ClinToxicol*. 1997;35(4):371－375.

[15] National Safety Council. Lead in Water. Available at：http://www. nsc. org/resources/issues/articles/lead_in_water. aspx. Accessed September 22，2010.

[16] Edwards M，Triantafyllidou S，Best D. Elevated blood lead in young children due tolead-contaminated drinking water：Washington，DC：2001－2004. *Environ Sci Technol*. 2009;43(5):1618－1623.

[17] US Environmental Protection Agency. Lead in Drinking Water. Available at：http://water. epa. gov/drink/info/lead/index. cfm. Accessed September 22，2010.

[18] American Academy of Pediatrics，Committee on Environmental Health and Committee on Infectious Diseases. Drinking water from private wells and risks to children. *Pediatrics*. 2009;123(6):1599－1605.

[19] Centers for Disease Control and Prevention，Division of Parasitic Diseases. Well Water Testing Frequently Asked Questions. Available at:http://www. cdc. gov/ncidod/dpd/healthywater/factsheets/wellwater. htm. Accessed September 22，2010.

[20] US Environmental Protection Agency. Office of Ground Water and Drinking Water. Guidance for people with severely weakened immune systems. Internet：http://water. epa. gov/aboutow/ogwdw/upload/2001_11_15_consumer_crypto. pdf. Accessed September 22，2010.

[21] Chisolm JJ. Fouling one's own nest. *Pediatrics*. 1978;62(4):614－617.

[22] Whelan EA，Piacitelli GM，Gerwel B，et al. Elevated blood lead levels in children of construction workers. *Am J Public Health*. 1997;87(8):1352－1355.

[23] Kilburn KH，Lilis R，Anderson HA，et al. Asbestos disease in family contacts of shipyard workers. *Am J Public Health*. 1985;75(6):615－617.

[24] Hudson PJ，Vogt RL，Brondum J，et al. Elemental mercury exposure among children of thermometer plant workers. *Pediatrics*. 1987;79(6):935－938.

[25] Pollack SH. Adolescent occupational exposures and pediatric take-home exposures. *Pediatr Clin North Am*. 2001;48(5):1267-1289.

[26] Goldberg RL, Hicks AM, O'Leary LM, et al. Lead exposure at uncovered outdoor firing ranges. *J Occup Med*. 1991;33(6):718-719.

[27] Goldman LR. The clinical presentation of environmental health problems and the role of thepediatric provider. What do I do when I see children who might have an environmentally related illness? *Pediatr Clin North Am*. 2001;48(5):1085-1098.

[28] Khine H, Weiss D, Graber N, et al. A cluster of children with seizures caused by camphor poisoning. *Pediatrics*. 2009;123(5):1269-1272.

第 6 章

体液和组织的医学检验

医学检验是帮助临床医生评估儿童是否暴露于可能的环境污染物或患有与环境相关疾病的重要手段。在解释体液和组织中环境污染物毒理学检测结果时，需要谨慎考虑每个病例的临床评估和环境评价状况。当已接触过环境污染物或者想找到儿童出现症状的原因时，家长可能会要求进行体液或组织的特殊医学检验。通常，限于临床实验室的检测能力，这些请求无法实现。尽管医学检验常作为一个重要的手段帮助临床医生评估、管理和预防儿童患环境相关疾病，但是这种测试常常有明显的局限性。虽然研究机构开发出越来越多的实验室检测方法，但很少可以应用于临床。

在进行医学检验前应该考虑什么？

儿童可能因环境相关疾病或因暴露过环境污染物来看儿科医生。无论哪种情况下，应该如第 5 章所描述的那样，详细询问其环境暴露史。

儿童在呼吸、吃、喝、玩的时候都可能暴露于化学污染物。只有极少数的潜在暴露可以被鉴定出是哪种污染物，甚至被准确地定量。因为儿童通常会在污染物暴露很久以后才来评估和处理其环境相关疾病，因此一般不可能确定环境化学污染物是否对诱发他们的疾病有特定作用。当涉及评价环境化学物暴露如何影响儿童的健康时，医学检验的实用性和有效性会大打折扣。漫无目的地检测多种环境污染物毫无用处。仅仅当有特定的环境暴露史的提示，或者实验室检测结果会影响患儿治疗时才应该进行环境污染物水平的检测。

多种化学污染物对儿童造成影响可能出现在暴露的同时、之后或者出现暴露的协同效应。暴露的结果将取决于诸多因素，包括暴露量、儿童的年龄、遗传易感性[如代谢(解毒)酶的遗传多态性、癌症易感性[1]、细胞因子的基因多态性如肿瘤坏死因子 α(TNF-α)和哮喘易感性[2]]，以及其他环境影响因素，如心理、社会经济、伦理、文化、饮食和其他因素[3](参见第 4 章)。

在评估儿童可能的化学物暴露时要考虑以下几个重要因素。暴露相关信息(可包括化学物的物理状态，如气态、液态、固态、灰尘、蒸汽)、暴露途径(如吸入、食入、皮肤接触)、暴露日期，同时暴露于其他污染物情况以及特定的暴露剂量。暴露剂量需要根据不同途径来源的化学物的暴露量、频率和暴露时间得到。如果能得知特定化学物在环境和人体中的动力学过程也十分有用。凡是涉及询问暴露史和进行医学实验室检测时，上述因素都至关重要。

消费产品通常可通过材料安全数据表(material safety data sheets)提供产品的有效基本信息。包括以下内容：

1. 产品名称、化学名称、通用名称
2. 物理性状和化学特性
3. 物理危险性(如可燃性)
4. 健康问题和致癌性
5. 暴露途径(如吸入、摄入、皮肤接触、眼睛接触)
6. 暴露限值
7. 处理和控制措施以及应急措施的预警
8. 责任方的联系方式

能获得环境介质(如空气、水、土壤)的检测数据通常也有用。医生有时需要与工业卫生专家合作，鉴定和评估环境污染物暴露情况及其通过各种环境介质中的暴露途径。尽管传统上工业卫生专家只专注于职业环境，但是如果找到一位在非职业环境中也有一定经验的工业卫生专家，将有利于评估儿童受环境污染物影响的情况(参见第 7 章)。工业卫生专家可以着手环境介质样本采集事宜，建议环境样品的采集时间和方法。虽然许多化学污染物在多种环境介质中都可以检测出，但临床实验室只能在体液或组织中检测出极少数化学物。当然，环境健康研究实验室也可以检测体液和组织中部分化学污染物，例如亚特兰大疾病预防控制中心的国家环境卫生中心的环境健康研究实验室[4]。

进行医学检验前要先对患有环境相关疾病的儿童进行评估

在评估儿童的健康问题，包括头痛、反复的腹痛、睡眠障碍、哮喘、过敏和神经发育障碍时，询问环境暴露史十分重要。环境暴露史会帮助儿科医生决定是否申请实验室检测或是否进行与环境暴露相关的测试。问题包括：

- 健康问题是什么？
- 健康问题与环境污染物暴露相关吗？
- 如果是的话，那可疑的环境污染物是什么？
- 是否在健康问题产生之前暴露于可疑的污染物？
- 医学检验是否可以帮助确认何种污染物暴露？
- 医学检验可以检测出污染物的毒性吗？
- 是否有其他共存的环境污染物或健康状况影响了健康问题？

在对可疑的环境污染物的暴露调查中医学检验应该做什么？

如果临床症状提示有某种环境污染物暴露，有相关标准化检测方法，并且检测结果可以帮助确定合适的治疗方案时，儿科医生就应该申请医学检验。当儿童出现头痛时，如果头痛发生在早上并且儿童睡在靠近壁炉的卧室，在鉴别诊断时应该考虑是否暴露于一氧化碳（CO）。怀疑是一氧化碳中毒时，可以检测碳氧血红蛋白（COHb）水平。临床医生评价儿童神经发育障碍时应该考虑测定血铅浓度[5]。实验室检测方法的选择以及检测结果受到很多因素的影响，如环境制剂或化学物的吸收（通过各种途径）、代谢、消除；暴露的持续时间；暴露停止后的时间范围（如果有的话）等。一些有毒化学物可以在体液中直接测量，然而，儿童体内该物质的总量不一定能通过检测特定体液而确定。例如，血铅浓度可以反映铅暴露后铅在儿童血液循环中的量。当儿童脱离了铅暴露环境后的几周甚至几年里,依据蓄积暴露剂量水平,血铅还可能维持在较高水平。在急性暴露后,儿童血液中的铅会在体内再分配,达到软组织铅和骨组织铅的分布平衡。人体内铅主要蓄积于骨骼中(70%),而骨铅很难检测。如果能做骨X射线荧光测定的话,这种测定能更准确地反映体内真实的铅负荷或内源性暴露剂量,但骨铅测定还没有在临床实际应用。砷,数小时内即从血液中清除,但通过呼吸或消化系统吸收后,需要1~2天时间才能从尿中排完,因此可以检测其在尿中浓度。尿砷是反映近期暴露的可靠指标,然而,如何解析低剂量砷暴露目前还不明确。

在安排医学检验前,儿科医生最好要和实验室临床顾问或环境健康专家交流,讨论如何选择检测方法、样本收集、实验室分析,以及解释说明。

临床服务实验室

实验室为了临床目的而进行检测时,要求有长期的质量控制和正规认证。一些研究型实验室也许能检测大量化学物,但是大多数实验室不具有做临床检测或解释检测结果的资质。医学实验室必须具备可靠的操作流程和质量控制、认证,以及能对结果进行有效报告。美国所有的实验室(包括研究型实验室)必须有政府认证才可以使用人体样本进行诊断性测试。根据《临床实验室改进修正案》(CLIA)[6]的要求(实验室操作的最低要求),微量元素实验室必须具有符合规定要求的检测能力、质量控制、质量保证、患者测试管理、人员、证书和视察。也有许多实验室寻求专业认证机构的额外认证,如美国病理学家协会(College of American Pathologists)[7]。

想得到可靠的体液毒理学评价结果,必须要事先计划。要选择合适的样品(如是检测随机尿液、24小时尿液还是血液)。收集样本的容器和人员都要准备好,对于特殊样本需要考虑用特殊容器以及暴露之后合适的采样时间,以便实验室有充裕的处理时间(如COHb检测需要在暴露之后立即采血才能准确,因为一旦患者接触氧气或空气后体内的COHb浓度就很快下降了)。期望得到有效的结果,就必须正确地收集样本并及时处理。样本收集在容器中可能会发生变化,过夜之后变化可能更大。如果样本的检测不能就地进行,则需要保证标本的正确运输。一些金属(如汞、砷、镉、铝、铜、硒)可以通过检测其在尿液中的排泄情况,倘若能收集 24 小时尿液而不是单个时点的尿液来检测,那么结果将更准确。检测砷时,在检测前 3 天应该避免摄入海鲜,因为海鲜中含有机砷,它虽无毒但是会使体内总砷浓度增加。

家长可能会要求解释特殊检测的结果

家长可能会花很多钱到有资质的实验室进行测试,然后把结果带到儿科医生的办公室。解释这些结果是很困难的,因为有许多实验室在检测时是没有获得相关认证的,其结果难以验证。某些化学物质的参考浓度范围可能也没有。在这种情况下,实验室可以建立自己的参考值范围,不同实验室之间会有差异,这是因为使用的标准不统一,例如,实验室的检出限,即最低检出量;正常范围,即 95%健康受试者的范围;人群的参考范围,即根据日常生活暴露或人群的背景水平所得到的范围。一些实验室会用到毒理学的阈值(如观察到有害作用的最低剂量)。因此,要解释这些测试结果时,常常令儿科医生十分困惑。如果检测结果与临床评价结果不一致时,儿科医生需要重新审视和评估该儿童。

评估和解释患儿体内化学污染物的机体负荷很难,到目前为止能做的非常有限。

检测头发

虽然某些物质(例如,甲基汞)可以从头发中检测[8],但这种检测主要应用于研究。临床评估单个患者时并不完全准确。因为潜在的外部污染(如洗发水、染发剂、空气中的污染物)可能会改变测试结果。

常见问题

问题　我的孩子检测了血液中某化学物的浓度,已经有了结果。我听说它是一种致癌物质。这是不是意味着我的孩子会得癌症?

回答　不是这样。超过 300 种环境化学物都可以在人体体液中检测到。这些化学物质可能会具有某些毒性作用，包括致癌。人体有许多机制来预防癌症。肿瘤发生过程涉及诸多复杂步骤，需要很多年。某些物质，如存在于许多水果蔬菜中的抗氧化剂，能保护身体不发生癌症。只有少数人暴露于致癌物会得癌症。健康的饮食习惯和避免接触已知致癌物，特别是烟草，将有助于保护人们远离癌症。

问题 我花很多钱去检测孩子血液中是否存在有毒化学物质。结果表明，我的孩子体内真的存在有毒化学物质。我怎样才能清除我孩子体内的这些有毒化学物？

回答 在大多数情况下，不需要采取特殊的方法来清除体内有毒化学物质。人体有方法通过代谢和排泄使有毒化学物质失活并从体内排出。此外，找到和消除有毒有害化学品的暴露源十分重要。你应该咨询你的儿科医生，或者必要时咨询儿童环境健康专家，来明确孩子的健康问题是否与化学物暴露有关，并且这些化学物能否在实验室中检测出来。要知道，正规实验室往往测试不了那么多化学物，也没有参考范围，因此，往往是解释不了的。

问题 我听说实验室可以检测我孩子血液中许多有害的化学物质。你能为他提供所有可能的检测吗？

回答 不能。这些检测不能很好地应用于临床，因为我们还不知道结果代表什么意思。由于缺乏参考值范围以及与有害效应相对应的水平等有效信息，没有办法解释结果。只有极少数化学物可以被准确测量和解释。

（高　宇 译　余晓丹 校译　徐　健 审校）

参考文献

[1] Dong LM, Potter JD, White E, et al. Genetic susceptibility to cancer: The role of polymorphisms in candidate genes. *JAMA*. 2008;299(20):2423-2436.

[2] Gao J, Shan G, Sun B, et al. Association between polymorphism of tumour nec-

rosis factor alpha-308 gene promoter and asthma: a meta-analysis. *Thorax*. 2006;61(6):466－471.

[3] Irigaray P, Newby JA, Clapp R, et al. Lifestyle-related factors and environmental agents causing cancer: an overview. *Biomed Pharmacother*. 2007;61(10):640－658.

[4] Centers for Disease Control and Prevention. Fourth National Report on Human Exposure to Environmental Chemicals. Atlanta (GA): Centers for Disease Control and Prevention; 2009. Available at: http://www.cdc.gov/exposurereport/. Accessed February 17, 2011.

[5] Hussain J, Woolf AD, Sandel M, et al. Environmental evaluation of a child with developmental disability. *Pediatr Clin North Am*. 2007;54(1):47－62.

[6] Hoffman HE, Buka I, Phillips S. Medical laboratory investigation of children's environmental health. *Pediatr Clin North Am*. 2007;54(2):399－415.

[7] College of American Pathologists. Available at www.cap.org. Accessed February 17, 2011.

[8] Agency for Toxic Substances and Disease Registry. Hair Analysis Panel Discussion. Summary report: hair analysis panel discussion: exploring the state of the science. Atlanta, GA: Agency for Toxic Substances and Disease Registry; December 2001. Page VII. Available at: http://www.atsdr.cdc.gov/HEC/CSEM/pcb/lab_tests.html. Accessed February 17, 2011.

第 7 章

环境监测

■■■■■■

本章介绍了环境暴露监测的评价工具，儿科医生利用这些评价工具进行环境暴露特征的调查及环境暴露监测结果的评价，可更好地解决环境暴露问题(空气、水、土壤和粉尘污染等)。基本的环境监测知识可以帮助临床医生了解环境暴露评价的重要性，尤其是评价的时间和方法对于疾病管理和暴露预防等方面的重要性。如检测活动板房中的挥发性甲醛(“释放性气体”)，农村饮用水中的燃料油污染，以及家庭装修导致的铅污染。

尽管临床医生怀疑患儿的疾病可能与环境因素有关，但这种假设常因暴露信息不充分而不能确认。在某些情况下，可通过环境接触史来确认相关暴露(参见第 5 章)。而在另一些情况下，由于对一些复杂而潜在的环境暴露问题缺乏充分的了解，暴露信息很模糊，如无气味或无其他警示标示的化学物质。此外，医生、患儿及其亲属可能也会受到个人信仰、媒体报道和心理因素等多方面因素的影响。环境暴露监测数据的缺乏在一定程度上限制了儿科医生诊断和治疗环境暴露所致相关疾病的能力。通过检测普通住宅、儿童看护机构、学校或其他场所等，可识别出重要的暴露源，从而提高临床诊疗水平。

生物材料检测，如血液或尿样的检测，可通过特定物质的吸收剂量确认可疑暴露(参见第 6 章)。生物检测结果包括环境毒物经所有途径进入人体的量(经口摄入、经呼吸道吸入、经皮肤和胎盘吸收)，在临床实践中有很好的应用，但目前生物材料检测仅适用于少量环境毒物，并且缺乏儿童参考值范围(因为成人参考值难以类推应用于儿童)。此外，当多种暴露源同时存在时，生物材料检测结果不能确认最主要的暴露源。如血铅水平升高可能来源于家庭涂料、粉尘、饮用水，或家长从工作场所“带回家”的铅。而识别主要暴露源对防治措施的制订尤为重要。

临床医生需要对环境监测结果进行解释。家长希望儿科医生了解并能解释环境暴露评估报告的结果，同时根据已检测到的暴露对孩子的健康风险进行评价。此外，还可能要求临床医生对实施干预措施减少暴露后或清除暴露源后的生物样本检测结果进行解释。家长可能会有一些问题咨询医生，如什么时候让孩子回到经过整治后的环境中活动是安全的？然而在一些情况下，暴露信息的缺乏可能会影响预防措施的制订。

环境暴露评估

检测环境中化学物质的几种适宜方法。

环境监测和参考值

如果缺乏标准化的暴露评估方法和正常参考值，那么对环境监测数据的收集、分析和解释通常都是有争议的，因此不建议应用于临床实践。已发表的一些研究报告可能描述了样本收集和分析方法，但因为没有进行标准化，来源于某个实验室的结果可能同其他实验室的结果不具有可比性。另外，即使是同一实验室，不同批次结果的准确性也有差异。一旦获得暴露数据，便有必要对数据进行解释并提供相关健康风险的信息，但如果缺乏正常参考值，便很难对样本结果进行解释。不同专家的解释也可能不同，现有文献也只能提供一些结果解释的思路。即使有参考值，最新的研究结果也可能修正解释的思路。

由美国毒物与疾病登记署（ATSDR）出版的《毒理学概要》（*The Toxicological Profiles*）是一份包括各种特殊物质有关法规和建议的综合列表（http://www.atsdr.cdc.gov/toxprofiles/index.asp）。这份列表包含约 175 种常见的环境污染物，法规部分包括相关的法规目录和指南两部分，主要针对空气、水、土壤和食品污染。污染物目录主要选自：世界卫生组织（WHO）、国际癌症研究机构（IARC）、美国职业安全和健康管理局（OSHA）、美国环境保护署（EPA）、美国食品药品监督管理局（FDA）和美国政府工业卫生学家会议。参考值和暴露结果可以用质量浓度（mg/kg）

和体积浓度(mg/L)为单位。表 7－1 列举了检测液体、固体和气体污染物时所采用的单位。

表 7－1　环境样本监测采样单位

样本性质	百万分之一(10^{-6})	10 亿分之一(10^{-9})
土壤、房屋粉尘或其他固体	mg/kg＝污染物含量(mg)/固体样本质量(kg)	μg/kg＝污染物含量(μg)固体样本质量(kg)
水或其他液体	mg/L＝污染物含量(mg)/液体样本体积(L)	μg/L＝污染物含量(μg)/液体样本质量(L)
气体	mg/m^3＝100 万单位气体中所含 1 单位化学物质	$\mu g/m^3$＝10 亿单位气体中所含 1 单位化学物质

化学品安全说明书

美国职业安全和健康管理局要求化工企业对工作场所使用的化学品编制一份化学品安全说明书(MSDS)。化学品安全说明书为健康和安全信息手册,用于识别配方中质量浓度≥1%的有害化学成分(致癌物质量浓度≥0.1%时必须加以识别)。化学品安全说明书还描述了化学物质的健康危害,包括接触后可能出现的体征和症状,与健康相关的暴露源、接触限值和其他相关信息。哮喘诱发物,如芳香族类化合物,只有当其浓度≥1%时才会被列入化学品安全说明书中。当产品配方需保密时,只有依法通过职业安全和健康管理局才能公开其产品配方。

化学品安全说明书通常适用于一些家庭日常用品,如清洁剂、涂料、染料、黏合剂和杀虫剂等。美国国家医学图书馆家庭日常用品数据库(见参考资料)提供了数百种家庭日常用品的化学品安全说明书。公众可以从生产厂家的网页上获得化学品安全说明书,也可以直接与生产厂家或当地供应商联系。

环境咨询人员

需要由知识渊博、经验丰富的专家对环境监测数据进行分析,这些专家能准确识别暴露源,选择正确的监测方法和制订合理的监测方案,确保适当的抽样时间，并对结果进行专业地解释。工业卫生专家接受过如何预测、识别、评价和控制工作场所、住宅和其他场所各种化学性、物理性和生物性有害因素的专业培训，他们在暴露评估中会综合考虑所有的潜在暴露源，并运用专业知识进行样本选取、资料分析、结果解释和制订预防措施。

在环境健康调查过程中，工业卫生专家会利用视觉、嗅觉和其他感官线索，以及居民出现的症状等相关信息。尽管职业卫生领域历来主要关注于职业环境，但其暴露评估的思路同样适用于儿童的环境暴露评估。其他有环境科学专业人士在获得对儿童环境暴露能有效评估的资格后也可以开展咨询工作。

室外污染物

美国环境保护署联合州政府共同对室外（周围）空气污染进行监测。第 21 章将详细介绍主要空气污染物的监测，包括各类工矿企业、机动车或其他来源的臭氧、颗粒物、铅、硫氧化物（SO_X）、氮氧化合物（NO_X）、一氧化碳（CO）和其他约 185 种来源于小型作坊、大型工厂、汽车尾气等排放的有毒化学物质。这些监测数据有时很难应用于个体病患的环境评估中，因为这些患者的居住地可能离最近的监测点或当地的工厂有一定的距离，风向、地理条件等因素也可能限制这些数据应用于个体评估。如果对某工业场所的排放物感兴趣，可与政府负责空气质量监测的机构联系获得相关监测数据。

虽然美国环境保护署《应急预案和公众知情权法案》[Emergency Planning and Community Right-to-Know(Act)]要求美国环境保护署有毒物质排放清单[Toxics Release Inventory(TRI)]公开储存和/或排放到空气、水、土壤中的有毒化学物质。这项法案旨在化学物质泄漏或排放事件的应急处理。公开与否的标准基于储存或排放到空气、水、土壤中的污染物的量，而不是取决于室外空气中污染物的浓度。因此，数据的有效性和特异性在卫生保健中的作用是有限的。很难利用有毒物质排放清单证实慢性、低剂量暴露与工业排放相关。尽管化学物释放报告可根据邮政编码来生成编码（见参考资料），除了在特殊的环境释放化学物质排放的情况下，所提供的信息不足以应用于患者诊疗。美国环境保护署国家空气污染物评估项目根据有毒物质排放清单、全州污染目录、本地污染目录及其他数据库所收集的全部数据，预测了 1999 年约 90 种有毒空气污染物的室外平均浓度。

建立社区化学物质暴露参考标准和分析方法时应将化学物质的性质与工业污染源或其他相关污染源结合起来考虑。工作场所化学性污染物的检测方法并不一定适用于检测社区污染物。一般情况下，社区污染物浓度和工业场所污染物浓度通常呈数量级的差别，且仅有少量的社区污染物浓度标准。职业卫生标准是对每天工作 8 小时，每周工作 40 小时并持续工作 30 年的正常成人进行保护，而社区暴露标准是对每天 24 小时，每周 7 天并终身暴露的敏感人群进行保护。由于缺乏对样本的严格筛选，或缺乏社区低浓度空气污染物的分析方法，或缺乏校正参考值，因此一般不推荐检测社区空气污染物浓度，因为很难解释个体疾患和环境暴露之间的联系。

室内污染物

与室外污染不同，目前没有对室内污染进行监测。室内空气污染包括二手烟(参见第 40 章)、燃烧产生的一氧化碳、真菌繁殖产生的真菌孢子、建筑材料和家具释放的气体(参见第 20 章)。工业废气或地下水污染物也可以影响室内空气质量，如工业废气直接进入室内，或是地下水中的有毒物质渗入到儿童房间。检测空气中化学物质的常用仪器有显示数字的仪表(“可直接读数仪”)，化学检测比色管，配备有专门介质的采样泵。表 7－2 总结了空气污染物的检测方法和费用。

表 7－2　空气污染物的检测方法和费用

空气污染物	推荐方法和注解	费用
一氧化碳(火炉或其他燃烧源)	如果有可疑一氧化碳暴露，立即离开住所并联系当地消防部门。 使用检测水平＜9 mg/m^3 的被动或主动采样(有手泵)比色管检测。	每盒(10 支装)主动或被动比色管＜100 美元 手泵费用 425 美元 (租赁价每周＜60 美元) 咨询费 300 美元以上

（续表）

空气污染物	推荐方法和注解	费用
汞(元素)	直读仪，需联系当地的消防部、卫生部或雇佣专业人员。 打破单个日光灯或水银温度计通常不需要进行检测，只要事后依照清理指南进行处理。	属于当地政府资源，如果符合条件，很可能节省超过 1 000 美元的咨询费。
氡	去州卫生部门（或当地卫生部门）或私人实验室进行检测。 氡空气检测试剂盒	<30 美元
铅或石棉	雇佣专业人员	>200 美元
室内真菌和真菌相关问题	雇佣专业人员	>1 200 美元 （由采集的样本数量决定）
汽油蒸气，燃油蒸气	雇佣专业人员 联系当地生态部门或卫生部门(参考) 更换被动吸收管费用 更换 Summa 真空吸收盒费用	专家劳务费>1 000 美元 被动吸收管费用>400 美元 Summa 真空吸收盒费用 250 美元
真菌毒素	无推荐采样方法 尚无标准化的采样和分析方法 未建立统一的参考标准 无现成的商业化检测方法	不详
过敏原(粉尘螨、猫、狗、鸟、昆虫、啮齿动物等)	无推荐采样方法 尚无标准化的采样和分析方法 未建立统一的参考标准 无现成的商业化检测方法	不详

直读仪可提供污染物的瞬时浓度，适用于各种类型污染物的检测。如消防部门通常使用一氧化碳检测仪评估熔炉和其他燃烧源一氧化碳的浓度。一些仪器的“数据日志”功能可在选定的平均窗口期(几秒、几分和

几小时)或更长时间(几天或几周)测定和记录污染物浓度。数据日志提供了暴露数据的平均值、最大值和最小值。此外,数据日志及时将污染物"峰值"浓度与相关事件相联系,如清洁窗户与氨和乙二醇丁醚的相关性(乙二醇丁醚为一种化学清洗剂),这有助于污染源的识别。这些仪器通常由经过培训的专业人员操作,但同样适用于普通老百姓,一般情况下,仪器自带说明书。租赁价格根据仪器的型号和租用时间不同而有所差异。

颜色扩散或剂量计管适用于气体和蒸汽等化学物质的检测,每盒10支装售价一般在100美元之内。钢笔大小的小型被动显色管是依靠空气携带底物中目标污染物扩散通过介质,当污染物和管内物质反应时开始变色,根据颜色变化通过玻璃管外部的刻度进行读数。操作者必须严格按照说明书操作,因为刻度由采样时间决定的。误差为±25%时,被动比色管可作为检测污染物时的筛查工具。选择特殊采样管时需注意,因为许多比色管为检测工作场所高浓度污染物的专用检测管。为了选择合适的采样管,首先应查阅社区空气标准或相关文献,预测污染物浓度;然后仔细检查比色管检测范围,确定其检测范围是否适用。臭氧和一氧化碳是两种可用比色管检测其浓度的代表性化学物质。

检测室内空气中甲醛或其他挥发性有机化合物时需要用被动采样器,样本收集后,需送到相关实验室进行分析。被动采样费用较高,其中单个甲醛样本最低为50美元(不包括实验室检测费用),其他挥发性有机化合物价格更高。

主动显色扩散管的样品是通过一个连接有比色管的手动校正泵收集。手动校正泵售价为425美元,一周的租赁价格低于60美元,每盒10支的比色管的售价低于100美元。因为采集了更多的空气,所以主动采样比色管较被动比色采样系统更适用于低浓度污染物的检测。

有许多环境污染物不能用被动比色采样管或直读仪进行检测。在这些情况下,工业卫生专家或其他环境学专家一般使用小型空气泵收集样本检测污染物浓度。小型空气泵以一定速率将采样气体泵入采样器中,被检测的目标污染物经过滤膜或吸附管后被聚集,以便进行分析。如果有经过验证的适宜方法,便可准确检测普通住宅、学校或其他儿童经常玩耍的场所低浓度的污染物。评估费用通常起价为1 000美元，包括咨询、采样设备、实验室样本分析，及报告撰写和结果解释等费用。

真菌

真菌的环境评价通常包括仔细观察室内外肉眼可见的真菌，水渍，导致浸水的环境和散发的霉味。虽然通过肉眼可见可识别真菌的存在和室内空气质量不良，但仍需要经常收集空气、拭子、胶带和/或大块样本，分析真菌和室内相关的污染物。如果检查结果表明有大量的肉眼可见真菌生长和/或室内发霉区域，则需检查水的渗透或空气湿度，建议清除真菌。除了有关环境调查的专题研究，一般情况下不需要扩大样本量去鉴别特殊真菌的种类或计数孢子。

一般需要专业人员确认是否有真菌并进行相应的结果解释，如有资质的工业卫生专家。住宅或建筑物中真菌评价费用起价约1 200美元，并根据样本量的增加而增加。不推荐使用家用检测试剂盒(如"平板沉降"法)，因为检测结果变化很大，难以解释，而且经常不准确。在重度污染环境中采样时需要佩戴呼吸防护用品，遵守其他安全注意事项，告知未撤离居民存在的健康风险。

空气样本采集

常见的两种空气样本采集方法为孢子捕捉法和培养法(或活菌法)，孢子捕捉法能计数所有活孢子和死孢子总数。培养法是将一定体积的空气直接倾注在培养基上，然后培养一定的时间。有经验的技术人员可鉴别和计数出真菌菌落。报告结果规定单位为每立方米空气样本中菌落总数(CFU/m^3)。活菌样本的主要优点是可以提高对一些真菌的鉴别能力，但活菌样本不能检测可能含有有毒物质和致敏原的死孢子，所以不能充分代表经空气传播的真菌种群。

失活样本或孢子捕捉法，是将一定体积的空气通过黏性表面，孢子和其他微粒吸附在黏性表面进行分析。有经验的技术人员可鉴别、计数样本中的孢子、纤维、花粉、头皮屑、表皮细胞和其他微粒。结果报告为每立方米样本空气中所含孢子、纤维或其他微粒的数量。孢子捕捉法的优点有:①可计数活跃、老化和死亡的孢子，提供更准确的有代表性的总暴露水平。②可识别并计数导致室内环境质量不良的非真菌颗粒，如表皮细胞、纤维丝和花粉等。③可识别孢子链，孢子链显示周围有活跃的真菌生长点。失活样本通过形态学来鉴别真菌孢子。由于一些真菌有相似的外形，所以失活样本的鉴别不如活菌样本精确。例如，青霉菌（penicillium）和曲霉菌（aspergillus）的鉴别就不能采用失活样本。

样本采集时采集有问题的室内空气作为实验组，同时采集室外空气作为对照组，有时还会采集无问题的室内空气样本作为另一对照组，对照组和实验组采样时间应相同。建议将所有的真菌样本送去有资质的环境微生物学实验室进行分析。经环境微生物学实验室认可程序（EMLAP）认证的实验室是由美国工业卫生协会（AIHA）按照严格的程序和标准认证的实验室。

大块、拭子和胶带样本采集

大块、拭子和胶带样本均可提供物体表面真菌的信息。大块样本是从肉眼可见的真菌生长的区域采样。通常在发霉的墙面或其他材料上采集一角硬币大小（或更小）的样本，也可直接采集一大块真菌。样本采集后送到实验室，使用在显微镜下进行鉴别和分析。拭子采样是用沾湿的无菌棉签擦拭被测物表面收集样本，采样后，进行培养鉴别。胶带样本是将干净的透明胶带轻轻地压在被测物表面进行采样，然后，将采样后的透明胶带放在标准载玻片上直接在显微镜下观察。

真菌检测结果的解释

解释真菌检测数据是一项具有挑战性的工作。目前没有室内真菌生长（或“扩增”）和真菌暴露计数的正式统一标准。因此，即使是有经验的专业人士在解释相同结果时，也可能对室内真菌的暴露源得出不同结论[1]。空气样本结果解释的基本原则是在有问题室内空气实验组、室外空气对照组和/或无问题室内空气对照组间进行比较，对比特征性真菌菌落或孢子计数。室外对照组孢子计数通常要高于室内组，往往反映了室内外相相同的真菌。一般来说，如果某一特定真菌的室内计数超过室外计数，则可能为该种真菌大量繁殖引起。若某区域真菌计数高于该种真菌的生长期望值，或室内样本被某一特殊真菌污染时也可能出现类似情况。真菌检测很复杂，经常出现特殊情况。掌握各种真菌典型特征的相关知识有助于结果的解释，如熟练鉴别孢子、了解常见孢子的户外含量、知晓孢子生长环境所需湿度、生长所需水分、常用培养基和易于孢子繁殖的条件等。

真菌孢子的释放类型多样[2]，一天中重复检测真菌生物气溶胶样本可能会使结果有数量级的差异[3]，主要混杂因素为采样时间。真菌采样时间≤15 分钟，与检测环境中化学物浓度时持续采样 8 小时或 24 小时(甚至更长)的采样方法有很大差别。在典型真菌调查中，每个采样点只有 1 个或最多 2 个样品，并不足以说明 1 天或 2 天内真菌孢子的变化情况。孢子的季节性释放也是很重要的因素[4]。另外，空气中可能存在有某些种类的真菌孢子或细菌，但它们不能在调查时选用的培养基上竞争养分而生长，因此很少被发现[5]。

大块样本的解释

因为缺乏参考值或对照(如室外空气样本)，大块、拭子和胶带法采样的实用性比较受限。拭子和胶带法重复采集清洁表面的样本，可很好地反映最近的孢子沉积情况。如果用拭子和胶带法采集几乎未清洁过的区域，如门框顶端，反映的是一段时间段内(数月或数年)的孢子沉积情况，这限制了结果的实效性。采集暖气管道、空调和通风系统中的样本实用性较好，因为它们可以很好地反映与室内环境污染相关的生物气溶胶的集聚和扩散。

氡

美国环境保护署推荐所有房屋应使用空气检测试剂盒检测氡(参见第 39 章)。

涂料、粉尘和土壤中的铅

住宅中铅的潜在危害将在第 31 章详细介绍，包括室内外油漆、室内粉尘、室外土壤、含铅釉陶、玩具和其他家居用品、饮用水、香料和草药中的铅危害。有铅检测资质的实验室可检测土壤、水、油漆、室内粉尘或其他材料中铅的含量，每个样本的费用在 50 美元以内。

当油漆正在剥落、脱皮或损坏时采样相对容易些。样品必须包含涂在木板上所有的漆层，因为在较底层和表面层都发现有铅。也可选用能直接读数的X射线荧光(XRF)分析仪。便携式X射线荧光扫描仪使用非破坏性方法检测不同厚度和涂层的油漆铅含量，它也适用于检测玩具和其他物体表面的铅。X射线荧光的精度必须经检测后才能适用于铅检测。因X射线荧光扫描仪含放射源，需要由经过培训、经验丰富的技术人员操作。

可用表面拭子样品检测室内粉尘中铅含量，确认铅污染或铅尘清理工作是否有效。样品的采集和分析应由与房屋装修或翻新的施工方无关的第三方机构负责。采样时应戴手套，用蒸馏水沾湿的棉签擦拭60 cm ×60 cm的区域(事先用卷尺和模板勾画好的区域)，然后将棉签样本装入密封贮样盒，提交给实验室进行分析(详见美国职业安全和健康管理局，铅表面拭子采样法，www. cdc. gov)。从地板、窗户底座和拉槽中可采集沉降的粉尘样本(上述采样点的铅参考标准见表7-3)。有铅检测资质的实验室可提供铅表面检测试剂盒，包括湿巾、密封贮样盒、蒸馏水、手套。

若想详细了解土壤中铅检测的具体方法，请访问网页：http://player-care. com/lead_handbk-2a. pdf。为降底费用，多个样本可以一起检测。不同样本铅参考值见表7-3。

表7-3　不同样本铅参考值表

含铅物质	标　　准	参考值
含铅油漆的定义	铅>1.0 mg/cm^2(XRF)或 铅含量>0.5% (实验室油漆碎片分析)	EPA TSCA403[a]
铅尘危害的定义	地板40 μg/ft^2(擦拭取样) 窗户内部底座250 μg/ft^2 (擦拭取样)	EPA TSCA403 40 CFR Part745[a] HUD 35.1320
铅清除要求	地板40 μg/ft^2(擦拭取样) 窗户内部底座250 μg/ft^2 窗框400 μg/ft^2	EPA TSCA403 40 CFR Part745[a]

(续表)

含铅物质	标　准	参考值
室外土壤	儿童玩耍区域裸露土壤含铅:440 mg/kg 非儿童玩耍区域裸露土壤含铅 1 200 mg/kg	EPA TSCA403 40 CFR Part745[a]
居民饮用水	静水和流动水样品 活动水平:0.015 mg/L=15 μg/L	《饮用水安全法》:铅和铜的规定,56 FR 26460[b]
学校饮用水(当地标准可能更低)	静水和流动水样品 活动水平:0.020 mg/L=20 μg/L	饮用水安全法:铅和铜的规定,56 FR 26460[b]

XRF:X 射线荧光光谱分析;TSCA,美国《有毒物质控制法案》。

a http://www.epa.gov/lead。

b http://www.epa.gov/safewater。

为确保实验室检测结果的准确性,最好选择有铅检测资质的实验室。美国环境保护署提供目前各个州有铅检测资质的实验室名单(www.epa.gov/lead),其中包括参与国家铅检测资质认证程序项目的实验室。已取得资质的实验室需定期参加包括能力测试在内的评估,一些州还进行铅的平行样本检测或开展其他实验室认证程序项目,这些认证的专门实验室用于一些特定场所铅的检测。一些州有接受由公民自己采集的样本的环境实验室。实验室普遍使用采样试剂盒(包括采样说明书、样本贮存器和采样操作程序)。

不推荐非专业人士使用家用铅检测试剂盒检测油漆、粉尘、土壤、珠宝、乙烯基塑料和其他物体表面的铅含量。尽管在五金店有现成的试剂盒出售,但研究显示这些试剂盒的检测结果并不准确,干扰物质可能会导致假阴性或假阳性结果[6,7]。目前已有 3 种由专业人员使用的油漆中铅的检测试剂盒取得了美国环境保护署的认可。美国环境保护署有这些经认证的试剂盒名单,并介绍了试剂盒的检测范围(见参考资料)。

饮用水

饮用水的检测要求样本采集后提交给有资质的实验室进行分析。

美国环境保护署网站上有某些地区有资质的实验室名单。通过该网站可以搜索某些州有资质分析环境样本的所有实验室。美国环境保护署门户网站上有资质的实验室必须遵守包括能力测试在内的程序标准，这样有助于确保测试结果的准确性。建议选择可提供采样试剂盒的实验室进行水样检测，采样试剂盒通常包括采样说明书、贮样器(包括样本预处理贮存器和/或样本防腐剂)、样品存放运输指南和其他为了确保检测结果准确的信息。例如，检测水中铅含量时，所使用的贮存器皿均需泡酸处理；检测硝酸盐时，则需使用防腐剂。除邮费外，通常分析费用中包括采样试剂盒费用。

如果涉及管道污染物，则应在使用频率高的用水点(如厨房水槽)采集静水和流动水样品。饮用水中污染物的参考值可在网页中查询(http://www.epa.gov/safewater/contaminants/index.html)。

公共设施必须监测饮用水源中的各种污染物。实验室能分析井水和其他水源水中的污染物。无机污染物和其他污染物如硝酸盐、亚硝酸盐、氟化物、金属和细菌等的分析费用均不低于 50 美元/次。单个有机化合物的分析费用较高，定量分析三卤甲烷、汽油、取暖油、合成有机化合物或杀虫剂的费用在 60～200 美元，其他化合物的费用可能更高。饮用水中氡含量的检测价格约 50 美元/次。表 7－4 总结了饮用水中污染物的检测方法和费用。

表 7－4　饮用水中污染物的检测方法和费用

水中污染物	推荐方法和注解	费用(美元)
铅、镉、铜、铁及其他重金属；砷(井水)；硝酸盐	从县、州或私人实验室购买含有采样说明书、贮样器及样本储存和运输指南的采样试剂盒	<50
氡	从县、州或私人实验室购买含有采样说明书、贮样器及样本储存和运输指南的采样试剂盒	<50
微生物	从县、州或私人实验室购买含有采样说明书、贮样器及样本储存和运输指南的采样试剂盒	20

（续表）

水中污染物	推荐方法和注解	费用(美元)
有机化学制剂：汽油痕迹（fingerprint）；燃油痕迹（fingerprint）；三卤甲烷；氯胺	从县、州或私人实验室购买含有采样说明书、贮样器及样本储存和运输指南的采样试剂盒	>60（依有机混合物种类而定）
杀虫剂	从县、州或私人实验室购买含有采样说明书、贮样器及样本储存和运输指南的采样试剂盒	常见杀虫剂：70～200

食品添加剂、调味剂、化妆品和食品中杀虫剂的检测

通常检测草药、食品添加剂、调味剂、糖果及其他食品和化妆品中的金属(如铅、汞)、杀虫剂和其他污染物。有资质的当地实验室可提供检测费用、采样事项和样本提交的指南。表 7－5 总结了混合污染物的检测方法和费用。

表 7－5　混合污染物的检测方法和费用

混合污染物	推荐方法	费用(美元)
调料、非传统药物、茶、草药中铅、汞和其他重金属的含量	从县、州或私人实验室购买含有采样说明书、贮样器及样本储存和运输指南的采样试剂盒	<50
可能含石棉材料	雇佣专业人员	>200
食物、草坪、娱乐场和玩具中残留的杀虫剂	从县、州或私人实验室购买含有采样说明书、贮样器及样本储存和运输指南的采样试剂盒	150
鱼类所含污染物：汞、PCBs、DDT	无推荐采样方法；查询当地鱼类检测报告；食用鱼肉后频繁致病，应向美国环境保护署和其他鱼类检测数据库核实相关水域污染物水平	不详

（续表）

混合污染物	推荐方法	费用（美元）
PCBs、二噁英、母乳中的PBDEs	除特殊暴露外，无推荐的采样方法；尚无标准化的实验室检测方法；未建立统一的参考标准； 研究方法未投入实际商业应用	不详
粉尘中真菌毒素	无推荐的采样方法 无标准采样和分析方法 未建立统一的参考标准 无现成的商业化检测方法	不详
粉尘过敏原（尘螨、猫、狗、鸟、昆虫、啮齿动物等）	无推荐的采样方法 无标准采样和分析方法 未建立统一的参考标准 无现成的商业化检测方法	不详
内分泌干扰物： 双酚A 邻苯二甲酸盐（塑料储存容器渗透进入食物和水）	无推荐的采样方法 无标准采样和分析方法 未建立统一的参考标准 无现成的商业化检测方法	不详

PCBs：多氯联苯；DDT：二氯二苯三氯乙烷；PBDEs：多溴联苯醚。

常见问题

问题　我们家正在进行房屋翻新，现为施工的最后阶段。最近我们了解到像我们家这种修建于1978年之前的房屋可能使用了含铅油漆。在将孩子搬回翻新后的房屋之前，我们应该做些什么呢？

回答　您可与您的装修施工方讨论铅尘污染问题。从2010年4月开始，美国环境保护署要求装修施工方具有铅作业安全资质，在翻新、修缮、粉刷1978年以前修建的住宅、学校和幼儿园时应预防铅尘污染。规定要求装修施工方需提供在施工过程中控制粉尘扩散的方法，并确保施工完成后，工作区域拭子样本和参考标准图谱比对达到外观清洁标准。这种方法的灵敏性还在评估中，一些州出台了更严格的标准，需采集表面粉尘拭子样本，送去实验室进行分析。如果拭子样本结果超过美国环境保护署规定标准：地面 40 μg/ft²，窗台内侧 250 μg/ft²，则必须使用带有高效空气过滤器（HEPA）滤头的吸尘器吸尘，用湿巾擦拭所有表面，进行深度清洁。清洁完毕后，再由有资质且经验丰富的人员采样并进行分析，以确认清洁和整治的效果。如果房屋内有强力供暖系统，则必需湿润火炉内部和管道。毯子、材质柔软的家具和多层套管的内管道一般很难评估和净化，需要进行仔细清理。

经济条件有限的屋主可以不雇佣有资质的专业人士，自己采集分析样本，但需注意的是铅分布可能不均衡，某一区域污染物浓度低并不能确保其他区域浓度也低。详细资料见美国环境保护署关于房屋翻新、修缮和油漆铅污染的网页（www. epa. gov/lead）。

早在 1986 年以前就在住宅天花板、塑料地板或地面瓷砖表面覆盖物、绝缘材料或其他材料中发现石棉。如果含石棉的材料有破损，则需启动风险控制程序以预防住宅内石棉污染。联系美国环境保护署当地办公室可获得更多石棉相关信息。

问题 2 周前，我们女儿所在的幼儿园有人在铺有地毯的地板上打碎了一只小型节能灯（CFL）。我们当时使用吸尘器清理了垃圾。现在是否还需要检测幼儿园空气中的汞含量？

回答 目前，小型节能灯打破后并不推荐检测空气中汞的含量。最大程度减少汞暴露的方法见参考资料。

参考资料

Agency for Toxic Substances and Disease Registry（ATSDR）Toxicological Profiles

http://www. atsdr. cdc. gov/toxprofiles/index. asp

EPA Accredited Laboratories

http://www. epa. gov/lead/pubs/nllaplist. pdf

EPA Ambient PM and Ozone Web portal AIRNow

http://airnow. gov

EPA Emergency Planning and Community Right-to-Know Act（EPCRA）Web Portal

http://www. epa. gov/oem/content/lawsregs/epcraover. htm

EPA Fish Advisories Web page

http://www.epa.gov/waterscience/fish/states.htm

EPA Lead Paint Test Kits for Use by Professionals

http://www.epa.gov/lead/pubs/testkit.htm

EPA Lead in Paint，Dust and Soil Web Portal

http://www.epa.gov/lead/index.html

EPA Mercury Releases and Spills

http://www.epa.gov/mercury/spills/#fluorescent

EPA Mold Site

http://www.epa.gov/mold

EPA Mold Remediation in Schools and Commercial Buildings（also applies to residences）

http://www.epa.gov/mold/publications.html

EPA National Air Toxics Assessments Program

http://www.epa.gov/ttn/atw/nata1999/mapconc99.html

EPA Toxic Air Pollutants Web Portal

http://www.epa.gov/air/toxicair/newtoxics.html

EPA Toxics Release Inventory（TRI）Program Chemical Release Report queries

http://www.epa.gov/triexplorer

Maine Department of Environmental Protection Compact Fluorescent Lamp Study

http://www.maine.gov/dep/rwm/homeowner/cflreport.htm

Maine Department of Environmental Protection CFL breakage clean-up guidelines

http://www.maine.gov/dep/rwm/homeowner/cflreport/appendixe.pdf

National Library of Medicine Household Products Database

http://householdproducts.nlm.nih.gov

SKC Comprehensive Catalog and Sampling Guide 2009

http://skcinternational.com/products/product_page_3a.asp

（程淑群 译　李朝睿 校译　宋伟民　赵　勇 审校）

参考文献

[1] Johnson D，Thompson D，Clinkenbeard R，et al. Professional judgment and the

interpretation of viable mold air sampling data. *J Occup Environ Hyg*. 2008;5(10):656－663.

[2] McCartney HA, Fitt BDL, Schmechel D. Sampling bioaerosols in plant pathology. *J Aerosol Sci*. 1997;28(3):349 － 364.

[3] Flannigan B. Air sampling for fungi in indoor environments. *J Aerosol Sci*. 1997;28(3):381－392.

[4] Chao HJ, Schwartz J, Milton DK, et al. Populations and determinants of airborne fungi in large office buildings. *Environ Health Perspect*. 2002;110(8):777－782.

[5] Hugenholtz P, Goebel BM, Pace NR Impact of culture－independent studies on the emerging phylogenetic view of bacterial diversity. *J Bacteriol*. 1998;180(18):4765－4774.

[6] Cobb D, Hatlelid K, Jain B, et al. *Evaluation of Lead Test Kits*. Washington, DC: US Consumer Product Safety Commission; 2007.

[7] Rossiter WJ Jr, Vangel MG, McKnight ME, et al. *Spot Test Kits for Detecting Lead in Household Paint: A Laboratory Evaluation*. National Institute of Standards and Technology; 2000. Publication No. NISTIR 6398. Available at: http://www. fire. nist. gov/bfrlpubs/build00/PDF/b00034. pdf. Accessed February 17, 2011.

第 8 章

孕前和孕期暴露

■■■■■■

与不良健康有关的有害环境暴露可能发生在卵子和精子结合之前(即孕前暴露),也可能发生在怀孕之后。随着越来越多的妇女进入劳动力市场,职业和环境暴露对于胎儿的风险变得日益重要。根据美国劳工部劳工统计局的数据,2008 年职业妇女占女性总人数的 56.2%(约 6 800 万妇女),其中育龄妇女(16～44 岁)占 65.1%(约 3 900 万妇女)。劳工统计局公布的数据证实,在 2008 年,身为母亲的职业妇女占 51.7%,其中孩子小于 1 岁的妇女有 170 万。随着如此多的育龄妇女进入劳动力市场,孕前和孕期暴露与健康的关系日益密切。

卵子或精子在孕前暴露于环境污染物可能导致畸胎的发生。此外,妇女暴露于污染物也可能导致未来怀孕时腹中生长的胎儿延迟暴露,即使母体内这种污染物正在被逐步清除(即胎儿继发暴露)。由于初次暴露发生在怀孕之前,可见这种暴露与妊娠不是同时发生的。某些化学物质,例如有机卤化物[如多氯联苯(PCBs)可在体内蓄积并持续存在多年],无论孕期或非孕期暴露均可影响胎儿的生长。

考虑到胎儿期暴露是基于对发育的特定时期,即"关键窗口期"的认识,胎儿在这个时期比其他时期更容易受到暴露因素的影响。一个典型的例子就是沙利度胺暴露导致短肢畸形。此外,回顾性观察研究发现沙利度胺暴露还与儿童孤独症障碍发病率较一般人群轻度增高有关[1]。妊娠第 10～17 周是最容易受到电离辐射影响的时期;该段时期电离辐射暴露可能导致小头畸形[2]。大多数暴露并没有明确的关键窗口期。来源于从孕前及孕期环境因素暴露所产生的健康效应(如神经发育方面的影响或癌症)可能要延迟到儿童期、青春期或成年期才会出现。

本章描述了孕前和孕期暴露,以及已知的与家长职业和环境暴露有关的不良结局。具体药物的更多详细信息,参见相应的章节。

孕前暴露

卵子的暴露

可生成胎儿的卵子在母亲本身处于胎儿早期的阶段进行发育,然后停止在细胞分裂早期直到排卵,该过程可持续到 50 岁之后。卵母细胞对环境暴露的影响抵抗力弱,母亲随着年龄增长,发生染色体异常导致唐氏综合征等疾病的概率增加也说明这一点[3]。这也提示长期的环境暴露可能是危险因素。那些可能影响排卵的环境污染物现已可以在人卵泡液(和精浆)中进行检测[4]。

最容易测量的结局是不孕。科学证据足以证明母亲主动吸烟与延迟受孕之间存在因果关系[5]。但是,由于这类跨代的研究需要很长的时间来观察暴露和结局,因此只有很少的研究结果报道了环境暴露导致不孕或其他不良结局。其中一个例外是母亲孕期使用过己烯雌酚(DES)的儿童,母亲 DES 暴露会留下印迹。与无暴露的胎儿相比,女孩在子宫内暴露 DES 更可能发生阴道透明细胞腺癌和其他生殖器官疾病以及生殖方面的不良影响。而男孩则更容易发生非恶性的附睾囊肿。DES 暴露的跨代效应[祖母在孕期使用 DES 会对孙辈(即 DES 孙辈)产生效应]也已得到证实,包括 DES 孙子发生尿道下裂和 DES 孙女发生卵巢癌的概率均增高[6]。

精子的暴露

与对卵子的效应相比,对精子的效应可以通过相对简单的方法在下一代中进行检测。因此有更多的证据提示,女性受孕前丈夫的职业暴露可能对胎儿有风险。例如肥胖等疾病、电离辐射暴露和烟草、酒精暴露与精子数量减少或男性不育有关[7,8]。精子本身易受诱变剂的影响;而成熟精子 DNA 损伤后不能自行修复。因此精子可能是致癌剂的作用靶标。父亲职业与后代患癌症风险之间的关联已被广泛研究,并得出多种结论。2008 年一篇关于父亲暴露与儿童癌症的综述发现各研究之间存在不一致性,部分原因是暴露程度测量不准确,无法确定父亲暴露与儿童癌症发生之间的直接相关性。[9]。

关于父亲职业与出生缺陷关联方面研究的综述，发现该类研究也存在与父亲职业和癌症研究一样的限制[5,7,8]。但是，有限的证据表明某些出生缺陷与父亲职业暴露有关联（例如，神经管缺陷与含2,3,7,8-四氯代二苯并二噁英为主的苯氧基除草剂或其他未知有机溶剂的暴露之间有关联）[4,5]。2008年一个研究发现年龄较大的父亲生出的孩子，发生某些出生缺陷的机会略微增加（例如，心脏缺陷和气管食管瘘/食管闭锁）[9]。该研究还发现父亲的年龄小于25岁与后代发生数种选择性出生缺陷的风险轻度增高有关；因此，父亲年龄与出生缺陷的关系仍然不清楚。父亲年龄较大与孩子健康结局关联最强的是软骨发育不全[10]。

继发胎儿暴露：母亲体内负荷

胎儿暴露可能来源于孕前母亲身体中蓄积的化学物持续排泄或动员。这种动员有时被称为"非即时性"胎儿暴露。脂肪组织和骨组织是已知的多种化学物质的蓄积处。例如，多氯联苯（PCBs）就是蓄积在脂肪组织中的持续性有机污染物。在中国台湾地区PCBs中毒事件之后，在母亲暴露PCBs事件发生6年之后出生的孩子，发生的发育异常（发育迟缓、轻度行为障碍和活动水平增高），与母亲暴露1年之内出生的孩子类似[11,12]。无论何时测量这些孩子，发育迟缓都持续存在。因此，母亲在孩子出生前6年发生的PCBs暴露，对这些孩子仍有明显效应。

人体内铅主要蓄积在骨骼，铅在骨骼中的半衰期长达数年至数十年[13]。长期铅暴露可能导致铅在骨骼中的严重蓄积。在孕期，体内钙的明显流失会增加蓄积在骨骼中铅的动员[13,14]。由于母体中铅负荷增加会导致孩子发生先天性铅中毒，这可由2例由于母亲治疗不足导致生出的孩子铅中毒的病例所证实[15,16]。母亲骨骼中的铅动员是胎儿铅暴露的主要来源，并对儿童的神经发育产生危害[17]。

孕期母胎同时暴露

出生前胎儿的环境污染物暴露还来自母亲孕期的暴露，这包括母亲所从事的职业性暴露，及间接性职业暴露（如来自第三方的暴露，例如配偶或家庭成员具有职业性暴露），以及母亲孕期接触空气、水和饮食等的暴露。

评估孕妇暴露风险的网上资源可见于“毒理学数据网”(TOXNET, http://toxnet.nlm.nih.gov)中,其中包括了“发育和生殖毒理学数据库”。

母亲孕期职业暴露

数种母亲职业均会增加不良妊娠的风险。工作环境暴露和不良生殖结局(例如自发性流产、早产和出生缺陷)之间的关系,已在铅、汞、有机溶剂、乙烯氧化物和电离辐射中被发现[5](参见第44章)。美国职业安全和健康管理局网站(http://www.osha.gov/SLTC/reproductivehazards/index.html)也提供了许多关于生殖的危害相关资料。

母亲暴露于有机溶剂与出生缺陷发生已引起关注,主要是由于大量的妇女加入到计算机芯片工厂或在类似的工作条件下工作。一项大规模多中心的病例对照研究显示,与无畸形儿童的母亲比较,先天性畸形患儿的母亲可能接触过乙二醇乙醚的比率多出44%[比值比为1.44;95%可信区间(CI)为1.10~1.90][18]。在另一个研究中,对32个母亲职业暴露于有机溶剂的婴儿与28个无暴露的婴儿,在色觉和视力方面进行对比[19]。有机溶剂暴露的孩子与无暴露组相比,在红-绿和蓝-黄色识别中,错误率明显增高,并且视力更差。暴露组32个儿童中有3人出现临床红-绿色觉缺陷,而非暴露组无人出现。

职业暴露于辐射在航空和医疗技术领域很常见。对怀孕的空勤人员可接受的电离辐射暴露量的建议,与飞行时间长度和飞行高度有关。

孕期间接性职业暴露

间接性职业暴露发生在父亲或其他家庭成员将工作场所中的化学品污染物带回家的时候,这时家庭本身就变成了类似的一个职业环境;或者发生在有意将工业化学品带回家使用的时候。

空气

空气污染是妊娠妇女和胎儿的重要暴露源。例如,目前已知母亲暴露于二手烟(即环境烟草暴露)与后代发生早产、低出生体重、婴儿猝死综合征风险增加[4,20,21]以及肥胖均有关联[22]。2008年的一篇综述表明,有限的证据支持母亲暴露于室外空气污染与早产、低出生体重和心脏缺陷有关联[5]。不过，关于孕妇暴露于世贸中心灾难的研究发现，母亲暴露于特定的空气污染物与胎儿宫内生长受限[23]、低出生体重和小头畸形、妊娠时间缩短[24]等风险增加均有明显的关联。二手烟和多环芳烃[PAHs，通过检测脐带血中苯并(a)芘(BPA)-DNA 加合物得到]的交互作用与暴露胎儿的贝利婴儿发育量表(Bayley Mental Development)评分降低有关[25]。

水

由于胎儿的生长经历多个短暂的重要时期，孕妇饮用水的质量是需要关注的日常问题；年平均污染量不超标不足以保护生长中的胎儿。统一供水和井水的水质，在一年中可能发生巨大变化。2008 年的一篇关于胎儿化学物质暴露与生殖、妊娠结局的综述，考量了饮用水污染与不良妊娠结局之间的关系[5]。该文得出结论，虽然证据有限，但结果表明，暴露于含氯饮用水消毒剂的副产物(例如三氯甲烷)与自发性流产、死胎、小于胎龄儿和神经管缺陷的风险增加有关[5]。

饮食

饮食中的污染物可能导致重要的暴露。在 20 世纪 50 年代的日本水俣湾，新日本氮肥公司乙醛生产车间排出的甲基汞污染了食物链[26]。虽然沿岸渔村的孕妇只有轻微短暂的感觉异常或完全没有症状，但生出的婴儿神经功能却严重受损。由于汞污染，目前建议孕妇避免食用鲨鱼、剑鱼、鲭鱼和方头鱼，并限制食用其他一些鱼类，例如金枪鱼(参见第 32 章)[27]。

营养状况对妊娠结局很重要。例如，怀孕前和怀孕期间摄入叶酸能降低神经管缺陷的风险。但是，大多数育龄妇女每日摄入叶酸少于必需量 400 μg[28]。在妊娠期间，每日应增加摄入叶酸至 600 μg[28]。妊娠肥胖与糖尿病、高血压、不孕、死胎，诸如神经管畸形、巨大儿、产伤等先天性异常，以及增加剖宫产的风险有关[28]，但是难以区分肥胖和糖尿病对妊娠结局的影响，因为通常两者之间存在关联。

母亲的药物和膳食补充也是一种可能的暴露来源。血管紧张素转化酶(ACE)抑制剂会对胎儿产生不良效应就是一个广为人知的例子。在妊娠中期和晚期服用血管紧张素转化酶抑制剂可对胎儿肾脏发育有不良影响[29]。对于在妊娠期或哺乳期使用许多其他的处方药和非处方药的风险，目前知之甚少。

胎儿暴露的途径

依赖胎盘的途径

依赖胎盘到达胎儿的化学物质，必须首先进入母亲的血流中，然后大量地通过胎盘屏障，并非所有的环境毒物都可以通过胎盘屏障，能通过胎盘的化学物质具备3个特点：低分子量、脂溶性，并与能特异性转运入胎盘的营养物质相似。关于不同的化学物质通过胎盘的能力可以在"毒理学数据网"(http://toxnet.nlm.nih.gov)查到，该网站包含了"发育和生殖毒理数据库"和查阅材料安全数据表单。

一个低分子量化合物的例子是一氧化碳(CO)。一氧化碳是一种可导致窒息的气体，因为它取代氧与血红蛋白结合，形成碳氧血红蛋白(COHb)。如果血液循环中的碳氧血红蛋白聚集足够多，细胞代谢就会由于氧的运输、传递和使用被阻止而受损。胎儿中的碳氧血红蛋白蓄积比母亲的碳氧血红蛋白更缓慢，但是会增加到比母亲血液循环中高出约10%的水平，并保持稳定状态。因此，对母亲不致命的一氧化碳中毒可能对胎儿致命。

易于通过胎盘的脂溶性化学物有乙醇和多环芳烃，包括苯并(a)芘这种存在二手烟中的致癌物。酒精会导致胎儿酒精谱系障碍(fetal alcohol spectrum disorders)，这是一种最严重的胎儿酒精综合征。孕期饮酒被认为是导致孩子精神发育迟缓的一个重要的原因。给怀孕的母羊静脉滴注乙醇，会导致胎儿血液中的酒精含量与母亲的一样[30]。胎儿和母亲血液中检测到的PCBs水平基本一致[31]。

钙是一种靠主动转运通过胎盘的营养素，在妊娠晚期每天需供给胎儿100～400 mg/kg的钙。现认为铅是通过钙转运体运输进入胎盘的。据估计，母亲骨骼中的铅动员进入血液，而胎儿脐带血中的铅浓度大约是母亲血铅水平的79%[14]。补钙降低母亲骨骼中的钙再吸收，继而降低母亲骨骼中的铅动员，而这些动员的铅可能会进入胎儿体内[14]。一项在墨西哥城开展的随机对照试验显示，孕期每日补充碳酸钙 1 200 mg 的妇女体内的铅含量适度降低[32]。这一效果在体内铅含量基线较高的孕妇及妊娠中期孕妇中更明显。

不依赖胎盘的途径

不依赖胎盘而危害胎儿的因素包括电离辐射、热、噪声和可能接触的电磁场。电离辐射是明确的致畸因素(参见第 30 章)。我们对辐射后果的了解大多来源于对广岛和长崎原子弹爆炸幸存者的研究[33]。

电离辐射与小头畸形等出生缺陷及癌症有关[34]。低剂量暴露于钴-60 电离辐射与妊娠时间延长有关[35]，但并非所有形式的电离辐射都对胎儿有害。氡和紫外线都不会影响到胎儿。

热可能透过母体影响到胎儿；妊娠早期热暴露与胎儿神经管缺陷有关[36]。噪声是一种声波，可能会传给胎儿。噪声与某些出生缺陷、早产和低出生体重有关[37]。

现在对宫内编程和表观遗传现象的关注越来越多。当环境因素通过 DNA 甲基化和染色体重塑来改变基因表达时就会发生这种现象；这些改变可能会持续影响未来若干代[38]。一个例子就是母亲孕期吸烟与儿童肥胖的风险增加有关[39]。另一个关注的焦点是早期暴露于双酚 A 等内分泌干扰物与发生成人期肥胖等慢性疾病的关系[38,39]。

疾病谱

生长发育的过程——从受精卵到胎儿出生，再到成人完成发育——是非常复杂的。化学物质和辐射的影响点非常多。子宫内暴露于辐射或化学物质可能导致广泛的表型效应，而这些效应通常并不认为是致畸作用。表 8－1 列举了一些可见的表型效应谱。

环境与出生缺陷有高度关联性。一项对 371 933 名妇女的研究，研究了有出生缺陷孩子的兄弟姐妹发生类似出生缺陷的相对危险度[40]；该相对危险为 11.6(95％可信区间为 9.3～14.0)，如果母亲在 2 次妊娠之间改变了生活环境，该危险会降低 50％以上。

表 8-1　表型效应谱

■不孕	■认知功能障碍
■自发性流产/流产	■行为障碍
■早产	■肺功能障碍
■宫内生长受限	■失聪
■小头畸形	■内分泌功能障碍
■严重和轻度畸形	■影响视觉
■变形	■癌症
■代谢紊乱	

发育中的神经毒性特别值得一提。中枢神经系统的发育需要在特定细胞群中在特定的关键窗口期表达特定的蛋白。引人关注的是这些细胞群的损伤可导致神经发育异常，例如弱智、孤独症谱系障碍、阅读障碍和注意缺陷多动障碍（ADHD）。据估计，美国每年 400 万新生儿中有 3%～8%的孩子患有神经发育障碍[41]。一些是由于遗传异常所致（如唐氏综合征、脆性 X 综合征），一些是围生期缺氧或脑膜炎，还有一些原因是药物暴露（如酒精、可卡因）。但是，绝大多数神经发育障碍的原因是未知的。如铅、烟草、多氯联苯和汞等环境化学物质是目前已知的发育神经毒物。每年美国生产或进口的化学品超过 45 万 kg，而只有不到 10%接受了检测，看其是否会导致发育损害[42]。在 2006 年，美国环境保护署（EPA）管理的全部化学品中，只有 112 种接受了发育毒性检测[43]。因此，出生后发现的神经发育障碍可能与子宫内暴露于一种或多种化学品有关。

暴露预防

对于计划怀孕的妇女，职业和环境暴露史可在孕前或孕中的健康访问中获得。由于一半的怀孕是计划外发生的[44]，获得每个妇女育龄期间的暴露史尤为重要。仅知道妇女的职业是不够的。临床医生必须询问她的工作性质、配偶的工作性质、他们的习惯和家庭活动、家庭或其他地方的二手烟暴露情况，以及他们的居住环境和社区的特点[27]。其他询问的范畴还包括饮食组成和烟草、酒精及街头毒品的使用情况[28,29]。临床医生应当询问孕期使用药物的情况（处方药、非处方药和天然药物/替代药物/草药）。美国疾病控制与预防中心孕期健康和保健小组创建了一个网站（www.beforeandbeyond.org）"孕期、孕中和孕后"，包含了针对卫生保健提供者的孕前课程。

职业妇女有权利了解她们工作相关的化学品，她们也有权利受到保护，避开有害的暴露。应向任何有需要的雇员提供材料安全数据表。该表提供的信息与潜在的生殖危害有关。如有需要，应提供个体防护服，并制定增加监测潜在暴露的制度。在某些情况下，临时调换工作可以防止暴露。

常见问题

问题　我要怎样做才能分娩一个健康足月的宝宝？

回答　有一个健康宝宝的第一步是保证母亲要健康，从母亲怀孕之前的健康状况开始。如果你是一个到了生育年龄的妇女，那么每天补充叶酸。每天摄取叶酸0.4 mg（400 μg）将防止胎儿的某些类型的出生缺陷，尤其是神经系统缺陷。孕妇每日应增加摄入叶酸至0.6 mg（600 μg）。由于很多妇女是计划外怀孕的，可能直到孕早期才知道自己怀孕，因此所有育龄妇女均应补充叶酸。叶酸作为补充多种维生素中的一部分。确保你在孕期服用的所有药物都是安全的。不要饮酒、抽烟，并尽量远离二手烟。避免食用含有大量汞的4大掠食性鱼类（旗鱼、鲨鱼、方头鱼和鲭鱼），并限制食用金枪鱼。在孕前和孕期继续规律食用其他海产品[每周至少2次，每次给85 g（oz）]是很重要的，特别是富含脂肪酸并含汞低的海产品（例如鲑鱼、鳕鱼、扇贝），以保证获得足够的必需脂肪酸二十二碳六烯酸（DHA）和二十碳五烯酸（EPA），以确保胎儿大脑发育的需要[45]。如果你的工作接触化学品，尽量知晓这些化学品对胎儿可能产生的危害，并采取必要的预防措施。记住，环境危害不仅存在于工作环境，也可能在家里，甚至是其他家庭成员暴露所致。意识到潜在的环境暴露很重要，这可能发生在为宝宝的到来做准备的过程中，例如装修婴儿房。

问题　对于在美发和美甲店工作的妇女，是否有关于化学暴露与风险的信息吗？

回答　在美甲和美发店的暴露涉及多种物质。美发店可能使用的化学品，例如芳香胺（染发剂）或以甲醛为主的消毒剂。美甲店使用有机溶剂，例如丙酮或甲苯，以及丙烯酸酯。由于这些物质所含的成分多、通风和暴露时间有差异，难以确定其对生殖健康的真实风险。并且，极少研究测定了多种物质的暴露及与人健康风险的关系。目前对理发师的建议包括每周工作少于 35 小时、戴手套、避免长时间站立、确保通风良好、封存好不使用的商品和垃圾，以及保持饮食区与工作区分开。对美甲店也有相似的建议。对美甲店工作者的建议包括确保通风良好、封存好不使用的商品和垃圾、勤倒垃圾、磨指甲时戴合适的防尘口罩、戴手套，以及分区就餐。还建议避免使用含有液体甲基丙烯酸甲酯（MMA）的商品，主要是因为动物研究发现，暴露于甲基丙烯酸甲酯对呼吸道和肝有不良影响。关于美甲店工人防护的内容可以在美国环境保护署“美甲店项目”中找到相关材料（http://www.epa.gov/opptintr/dfe/pubs/projects/salon/index.htm）。补充内容可以通过“畸胎信息专家组织”（http://www.otispregnancy.org/othereducation-materials-and-links-s13109）中找到。

参考资料

The March of Dimes

www.marchofdimes.com/professionals/19640.asp

Offers education for professionals about preconception issues.

Toxicology Data Network (TOXNET)

http://toxnet.nlm.nih.gov

A cluster of databases covering toxicology, hazardous chemicals, environmental health, and related areas. It is managed by the Toxicology and Environmental Health Information Program (TEHIP) in the Division of Specialized Information Services (SIS) of the National Library of Medicine (NLM). *One such database on TOXNET is Developmental and Reproductive*

Toxicology Database (*DART*)—References to developmental and reproductive toxicology literature—http://toxnet.nlm.nih.gov/cgi-bin/sis/htmlgen? DARTETIC.

Organization of Teratology Information Specialists (OTIS)

www.otispregnancy.org

Provides fact sheets on different hazards and links to medical providers in the United States and Canada.

Occupational Safety and Health Administration (OSHA)

Reproductive Hazards

www. osha. gov/SLTC/reproductivehazards

Information relevant to reproductive hazards in the workplace.

Center for the Evaluation of Risks to Human Reproduction, National Toxicology Program, Department of Health and Human Services

http://cerhr. niehs. nih. gov/index. html

Information about risk of exposure to individual chemicals.

National Institute for Occupational Safety and Health, Reproductive Health

www. cdc. gov/niosh/topics/repro

（张　军译　王伟业校译　许积德　徐　健审校）

参考文献

[1] Miller MT, Stroland K, Ventura L, et al. Autism associated with conditions characterized by developmental errors in early embryogenesis: a mini review. *Int J Dev Neurosci*. 2005;23(2-3):201-219.

[2] Yamazaki JN, Schull WJ. Perinatal loss and neurological abnormalities among children of the atomic bomb. Nagasaki and Hiroshima revisited, 1949 to 1989. *JAMA*. 1990;264(5):605-609.

[3] Sherman SL, Lamb NE, Feingold E. Relationship of recombination patterns and maternal age among non-disjoined chromosomes 21. *Biochem Soc Trans*. 2006;34(Pt 4):578-580.

[4] Younglai EV, Foster WG, Hughes EG, et al. Levels of environmental contaminants in human follicular fluid, serum, and seminal plasma of couples undergoing in vitro fertilization. *Arch Environ Contam Toxicol*. 2002;43(1):121-126.

[5] Wigle DT, Arbuckle TE, Turner MC, et al. Epidemiologic evidence of relationships between reproductive and child health outcomes and environmental chemical contaminants. *J Toxicol Environ Health, Part B*. 2008;11(5-6):373-517.

[6] Newbold RR. Prenatal exposure to diethylstilbestrol (DES). *Fertil Steril*. 2008;89 (Suppl 1):e55-e56.

[7] Frey KA, Navarro SM, Kotelchuck M, et al. The clinical content of preconcep-

tion care: preconception care for men. *Am J Obstet Gynecol*. 2008;199(Suppl 2): S389－S395.

[8] Cordier S. Evidence for a role of paternal exposures in developmental toxicity. *Basic Clin Pharmacol Toxicol*. 2008;102(2):176－181.

[9] Yang Q, Wen SW, Leader A, et al. Paternal age and birth defects: how strong is the association? *Hum Reprod*. 2007;22(3):696－701.

[10] Rousseau F, Bonaventure J, Legeai-Mallet L, et al. Mutations in the gene encoding fibroblast growth factor receptor-3 in achondroplasia. *Nature*. 1994; 371(6494):252－254.

[11] Chen YC, Guo YL, Hsu CC, et al. Cognitive development of Yu-Cheng ("oil disease") children prenatally exposed to heat-degraded PCBs. *JAMA*. 1992;268(22):3213－3218.

[12] Chen YC, Yu ML, Rogan WJ, et al. A 6-year follow-up of behavior and activity disorders in the Taiwan Province Yu-Cheng children. *Am J Public Health*. 1994; 84(3):415－421.

[13] Hu H, Shih R, Rothenberg S, et al. The epidemiology of lead toxicity in adults: measuring dose and consideration of other methodologic issues. *Environ Health Perspect* 2007;115(3):455－462.

[14] Gulson BL, Mizon KJ, Korsch MJ, et al. Mobilization of lead from human bone tissue during pregnancy and lactation—a summary of long-term research. *Sci Total Environ*. 2003;303(1－2):79－104.

[15] Shannon MW, Graef JW. Lead intoxication in infancy. *Pediatrics*. 1992;89(1): 87－90.

[16] Thompson GN, Robertson EF, Fitzgerald S. Lead mobilization during pregnancy. *Med J Aust*. 1985;143(3):131.

[17] Hu H, Téllez-Rojo MM, Bellinger D, et al. Fetal lead exposure at each stage of pregnancy as a predictor of infant mental development. *Environ Health Perspect*. 2006;114(11):1730－1735.

[18] Cordier S, Bergeret A, Goujard J, et al. Congenital malformation and maternal occupational exposure to glycol ethers. Occupational Exposure and Congenital Malformations Working Group. *Epidemiology*. 1997;8(4):355－363.

[19] Till C, Westall CA, Rovet JF, et al. Effects of maternal occupational exposure to organic solvents on offspring visual functioning: a prospective controlled study. *Teratology*. 2001;64(3):134－141.

[20] American Academy of Pediatrics, Committee on Environmental Health, Committee on Substance Abuse, and Committee on Native American Child Health. Policy statement—tobacco use: a pediatric disease. *Pediatrics*. 2009;124(5):1474-1487.

[21] American Academy of Pediatrics, Committee on Environmental Health, Committee on Native American Child Health, Committee on Adolescence. Secondhand and prenatal tobacco smoke exposure. *Pediatrics*. 2009;124(5):e1017-e1044.

[22] Oken E, Levitan EB, Gillman MW. Maternal smoking during pregnancy and child overweight: systematic review and meta-analysis. *Int J Obes*. 2008;32(2):201-210.

[23] Berkowitz GS, Wolff MS, Janevic TM, et al. The World Trade Center disaster and intrauterine growth restriction. *JAMA*. 2003;290(5):595-596.

[24] Lederman SA, Rauh V, Weiss L, et al. The effects of the World Trade Center event on birth outcomes among term deliveries at three lower Manhattan hospitals. *Environ Health Perspect*. 2004;112(17):1772-1778.

[25] Perera F, Deliang T, Rauh V, et al. Relationship between polycyclic aromatic hydrocarbon-DNA adducts, environmental tobacco smoke, and child development in the World Trade Center cohort. *Environ Health Perspect*. 2007;115(10):1497-1502.

[26] Harada M. Methyl mercury poisoning due to environmental contamination ("Minamata disease"). In: Oehme FW, ed. *Toxicity of Heavy Metals in the Environment*. New York, NY: Marcel Dekker; 1978:261.

[27] McDiarmid MA, Gardiner PM, Jack BW. The clinical content of preconception care: environmental exposures. *Am J Obstet Gynecol*. 2008;199(Suppl 2):S357-S361.

[28] Gardiner PM, Nelson L, Shellhaas CS, et al. The clinical content of preconception care: nutrition and dietary supplements. *Am J Obstet Gynecol*. 2008;199(Suppl 2):S345-S356.

[29] Dunlop AL, Gardiner PM, Shellhaas CS, et al. The clinical content of preconception care: the use of medications and supplements among women of reproductive age. *Am J Obstet Gynecol*. 2008;199(Suppl 2):S367-S372.

[30] Clarke DW, Smith GN, Patrick J, et al. Activity of alcohol dehydrogenase and aldehyde dehydrogenase in maternal liver, fetal liver and placenta of the near-term pregnant ewe. *Dev Pharmacol Ther*. 1989;12(1):35-41.

[31] Bush B, Snow J, Koblintz R. Polychlorobyphenyl (PCB) congeners, p,p'-DDE, and hexachlorobenzene in maternal and fetal cord blood from mothers in upstate New York. *Arch Environ Contam Toxicol*. 1984;13(5):517-527.

[32] Ettinger AS, Lamadrid-Figueroa H, Téllez-Rojo MM, et al. Effect of calcium

supplementation on blood lead levels in pregnancy: a randomized placebo-controlled trial. *Environ Health Perspect*. 2009;117(1):26－31.

[33] Blot WJ. Growth and development following prenatal and childhood exposure to atom radiation. *J Radiat Res* (*Tokyo*). 1975;16(Suppl):82－88.

[34] Brent RL. Saving lives and changing family histories: appropriate counseling of pregnant women and men and women of reproductive age, concerning the risk of diagnostic radiation exposures during and before pregnancy. *Am J Obstet Gynecol*. 2009;200(1):4－24.

[35] Lin CM, Chang WP, Doyle P, et al. Prolonged time to pregnancy in residents exposed to ionising radiation in Co-60 contaminated buildings. *Occup Environ Med*. 2010;67(3):187－195.

[36] Milunsky A, Ulcickas M, Rothman KJ, et al. Maternal heat exposure and neural tube defects. *JAMA*. 1992;268(7):882－885.

[37] American Academy of Pediatrics, Committee on Environmental Health. Noise: a hazard for the fetus and newborn. *Pediatrics*. 1997;100(4):724－727.

[38] Grandjean P, Bellinger D, Bergman Å, et al. The Faroes statement: human health effects of developmental exposure to chemicals in our environment. *Basic Clin Pharmacol Toxicol* 2008;102(2):73－75.

[39] Trasande L, Cronk C, Durkin M, et al. Environment and obesity in the National Children's Study. *Environ Health Perspect*. 2009;117(2):159－166.

[40] Lie RT, Wilcox AJ, Skajaerven R. A population-based study of the risk of recurrence of birth defects. *N Engl J Med*. 1994;331(1):1－4.

[41] Weiss B, Landrigan PJ. The developing brain and the environment: an introduction. *Environ Health Perspect*. 2000;108(Suppl 3):373－374.

[42] Goldman LR, Koduru S. Chemicals in the environment and developmental toxicity to children: a public health and policy perspective. *Environ Health Perspect*. 2000;108(Suppl 3):443－448.

[43] Makris SL, Raffaele K, Allen S, et al. A retrospective performance assessment of the developmental neurotoxicity study in support of OECD test guideline 426. *Environ Health Perspect*. 2009;117(1):17－25.

[44] Finer LB, Henshaw SK. Disparities in rates of unintended pregnancy in the United States, 1994 and 2001. *Perspect on Sex Reprod Health*. 2006;38(2):90－96.

[45] Institute of Medicine. *Seafood Choices: Balancing Benefits and Risks*, 2006. Available at: http://www. iom. edu/Reports/2006/Seafood-Choices-Balancing-Benefits-and-Risks. aspx. Accessed February 24, 2011.

环　　境

第 9 章

建筑环境

"建筑环境"这一术语既指家庭、街道、学校和社区的物理结构，又指其社会文化特征。儿科医生处于一个独特的位置，能与城市规划者和决策者合作，帮助促进儿童健康的社区和街道的设计[1]。

20 世纪，许多美国家庭大批从城市移往郊区，同时对现代交通工具的依赖，从根本上改变了许多美国儿童的生活[2]。因为这些让人们免受工业有毒气体侵害的分区法律的执行、单个家庭单元式住宅盛行，以及城市设计战略要求的额外土地的初衷，商业区往往远离居民区，人们更多的时间被花在长途汽车中。购物区设计在停车场附近，而不是连接人行道。土地面积没有被优先设计成公园和运动场，因此，许多公园太远，孩子们骑自行车或步行不容易到达。学校选址规定的面积要求导致了从街道学校向社区边缘学校的大规模转变，因为那里的土地比较便宜。这些城市设计影响了儿童游戏和活动能力、增加了孩子们的久坐时间，也可能导致心理健康问题，已对儿童的健康产生了影响。

在过去一个世纪里，建筑环境设计的转变方向被设定在儿童慢性疾病（如肥胖、哮喘和精神疾病）惊人增加的背景下。特别是肥胖的流行病学调查，让我们思考 21 世纪我们的生活都发生了哪些变化，从而导致了 1/3 的美国儿童超重或肥胖，也更有可能患包括糖尿病和高血压在内的"成人病"。对于精神心理障碍，建筑环境可以影响儿童与自然互动的机会，这可能会对其心理健康产生重要影响。学校和社区的设计能够以某种方式促进（或抑制）社会互联性，这也会影响心理健康。

建筑环境和体育活动

显而易见，一个世纪以前建筑环境与健康之间的联系更加明显。生活在黑暗、通风不良、拥挤的住房内增加了患肺结核和其他疾病的风险。污染的水源使人们易患水源性疾病，如霍乱。随着条件的改善，住宅法规和卫生基础设施完善，将人们和环境中的有毒元素分开了（人们被保护起来），健康也得到改善[3]。在新世纪初期我们面临不同的卫生挑战。今天，人们罹患某一种传染病机会变小，而更可能发展出慢性疾病，如冠心病、糖尿病、癌症，或其他与压力相关疾病。随着时间的推移，儿童变得越来越处于这些诸多的不良健康结局之中，这很大程度上是因为肥胖的急剧增加[4]。根据这一点，在过去 10 年里健康专家对建筑环境的兴趣已经有了改观，这很大程度上是由我们的建筑环境导致了体育活动缺乏而引发。

理论上讲，儿童有各种机会进行体育活动，可以在家里、在娱乐中心，在街区公园玩耍，在去学校的路上。体育活动包括自由游戏、运动、和朋友步行或骑自行车上学。然而，建筑环境的特点，如社区如何设计，学校和娱乐中心的选址，都会对孩子的体育活动造成影响。遗憾的是，不是所有美国儿童都获得相同的机会来进行体育活动，对很多人来讲，建筑环境阻碍了体育活动。

步行或骑车上学

步行或骑自行车是有规律的体育活动的重要来源。在过去的半个世纪里，这种形式的体育活动已有所下降。1969—2001 年，全国小学生的主动到校率从 41%下降至 13%[5]。不论男孩还是女孩，步行或骑车上学都有所减少。虽然有一些种族变化趋势（总的来说，更多的西班牙裔和黑人孩子走路上学），但总体下降趋势还是显著的。学校政策、社区安全项目和学校选址对促进儿童健康有重要的作用，如果忽略会起到意想不到的负面影响。

步行或骑车上学显著下降的部分原因是家离学校的距离较远。儿童住的离学校越近，就越有可能步行或骑车上学。1969 年，66%的学生住在学校 4.83 km(3 mi)范围内。到 2001 年，只有 49%的学生如此。然而，距离并不能完全解释步行上学的下降。在过去的 30 年里，家和学校之间的距离在儿童是否步行或骑车上学方面似乎扮演了一个越来越不重要的角色。1977 年，居住地离学校 3.1 km(1.9 mi)的孩子与离学校 1.6 km

(1 mi)的孩子相比,步行或骑车上学的概率下降50%。2001年,概率仅下降21%[5],这强调了考虑其他影响孩子步行或骑车因素的重要性。

学校位置与住宅区的关系也能影响步行或骑车上学。从历史上看,小街道学校充当社区内"锚"的角色,是课外辅导、社会和休闲聚会场所,还是避难所[6]。然而,20世纪50年代以后,许多州制定了影响学校选址的学校建筑大小和位置的有关政策。根据这些方针,为了接受州立资助,学校需要一个最小面积(如小学至少需要40 000 m^2),而更多的学生则意味着需要更大的学校操场(例如,每100名学生需要额外4 000 m^2)[7]。因为满足这些标准的尚未开发的面积通常在市区边缘,所以街区学校(通常只有8 000~32 000 m^2 大小)被频繁拆除或关闭,取而代之的是更大的位于郊区的学校。教育设施规划者国际委员会(CEFPI)在2004年对学校大小的建议予以修订[8],且不再推荐最小占地面积。人们对规模较小的学校越来越感兴趣,但学校土地大小的政策变化却发生缓慢。

当学校远离学生居住地时,学生走路上学减少,乘坐汽车或公共汽车增多。车辆里程的增加不仅会影响体育活动水平,而且还会影响当地的空气质量。因此,"学校扩张"不仅会影响"热量燃烧",而且也会加重呼吸系统疾病,如哮喘。儿科医生对其工作社区的认识和了解那里给孩子们带来的健康风险,使他们处于一个向政策制定者、城市规划者和开发人员提出忠告的独特位置[9]。

安全

家长对犯罪和交通安全的认识可能会影响儿童是否步行或骑车上学。在一项对澳大利亚儿童的研究中,81%的10~12岁儿童的家长表达了对陌生人的强烈担心,78%的人表示强烈关注道路安全。47%的家长报告没有灯光或交叉路口,42%的家长报告孩子需要过几条马路才能到达学校[10]。道路安全问题是与10~12岁的孩子步行或骑车去学校相关最密切的因素。繁忙的道路没有隔离墩、没有灯光或交叉口,陡峭的道路没有栅栏,家离学校的距离大于800 m,这些都与更少的步行或骑车有关。在该地区缺少其他孩子也会减少步行或骑车的机会。当美国儿童的家长被问及在儿童步行上学途中存在哪6种可能的障碍时,50%的受访者认为是距离远,40%的人说是交通危险;24%的人说是不良天气条件;

18%的人说是犯罪危险，7%的人反对学校政策。16%的家长说没有障碍。他们的孩子更有可能每周6次步行或骑自行车去学校。

安全和体育活动之间的关系是复杂的。虽然道路安全在孩子们步行到校中发挥着作用，但来自犯罪的安全作用却不太好理解。预感到和确实存在的社区犯罪可能影响体育活动。预防犯罪战略本身可能会无意中减少体育活动，例如用栅栏等障碍物限制下班后到访娱乐区域或操场，还有就是家长对犯罪的恐惧而限制孩子们的活动[12]。

可行走性

可行走性原则用于描述建筑环境如何与行走行为相关。正如走路去学校会受到建筑环境的影响一样，出于其他功利性原因和娱乐目的的行走，也会受到影响。居住密度、邻近和易于前往非住宅用地、街道连通性、步行或骑车设施、美学、行人交通安全和犯罪安全，这些都在可行走性中都发挥着重要作用[13]。上学途中是否有山坡、是否有专用的人行道和离学校距离的远近均影响可行走性[14]。街道可行走性的升高会增加步行到学校孩子的数量[15]。

在观察街道如何设计时，一个突出的特点是住宅之间的距离。例如，一些郊区街道划分为许多大块，每一块有一户家庭。每一户家庭可能差不多1 347 m^2(1/3英亩)大。在更多的城市街区，经常有尺寸较小的多户住宅毗邻而建。房屋越紧密地靠在一起，孩子们走的路也越多[16]。

街道的地理特性可以对行走有正面或负面的影响，这取决于个人行走是出于有目的的还是休闲的。例如，尽管门前的小山会降低出于移动目的的行走，但是山(还有人行道的存在)似乎会增加出于娱乐目的行走的比率。以附近的杂货店或公园为目的地也可以增加行走。

对于青少年，可行走性也会受到街道社会特征的影响。当青少年更有可能和邻居交谈或向之挥手时，他们也更愿意以步行作为交通工具[17]。

娱乐中心

公园、体育馆、操场、运动场为体育活动提供重要的娱乐(学校之外)机会进行体育活动，随着在学校参加体育活动的孩子越来越少，这方面也显得越来越重要。1991—2001年，参加日常体育活动的班级从41.6%下降到 32.2%[2]。

对于 4～7 岁和非超重的 8～12 岁儿童来讲，体育活动与人均公园面积的增加有关[18]。尤其是对有色人种人群来说，进入公园就预示着体育活动[19]。然而，在贫穷街区和有色人种较多的街区，可使用的体育活动中心明显少得多。在一项对 20 000 名 7～12 年级孩子的研究中，来自低教育水平和高比例有色人种街区的孩子，有一半的可能性进入体育活动中心（学校、公园、体育馆或基督教青年会）[20]。街道体育活动中心越多，体重超标的孩子越少。

获得健康食物

建筑环境可以通过水果和蔬菜的可及性和便利性影响营养。反过来，这与是否吃健康或不健康的食品有关。经常前往大超市购买食物会增加水果和蔬菜的摄入量，而如果只在便利店购买食物则会减少水果和蔬菜的摄入量。低收入、有色人种和农村街区的超市和健康食物少，但便利店多，而缺乏营养、高热量的食物通常会出现在这些食品店里[21]。在一项针对底特律街区的研究中，进入超市增多会使成人的水果和蔬菜日供应量增加 0.69 份。当一个大杂货店出现于街区时，白人、黑人和西班牙裔成人会摄入更多的水果和蔬菜，其中西班牙裔成人消费最高。而便利店显著减少了西班牙裔成人水果和蔬菜的摄入量[22]。

随着获得健康食品的重要性越来越被人们认可，创新食品项目正在日渐普及。社区花园、城市农场、后院菜园与当地食品库的合作都为新鲜水果和蔬菜的供应不足提供了解决方案。城市和国家土地利用政策可影响此类项目的成功。这些项目对儿童健康的最终影响，特别是对弱势群体，还有待观察。

建筑环境和心理健康

研究人员开始探索建筑环境与儿童（或成人）心理健康的潜在关系。然而，文献库才刚刚建立。建筑环境可能会影响心理健康的一条途径是恢复，一种从压力中复原，恢复注意力和焦点的能力。已有记录显示，暴露于急性和慢性压力对身体健康具有影响，如免疫功能降低和疲劳。一旦出现疲劳，个体则越来越难以集中注意力和抑制冲动。在没有注意力缺陷的基础疾病的人群中，注意力不集中和易冲动的症状在人们处于自然环境和景观中逐渐减少[23,24]。因此，建筑环境可能具有帮助人们从压力中恢复的作用。

在一项区域性研究[25]和一项全国性研究[26]中，注意缺陷多动障碍(ADHD)儿童的家长报道称，与在建造的户外设施（例如停车场、主城区）或户内设施内活动相比，在绿色的户外设施活动后，孩子的注意力和行为症状改善了许多。这提示暴露于自然环境对注意缺陷多动障碍儿童来讲具有潜在的治疗好处。

个人控制

个人控制是一个理论概念，它描述人们对环境的控制程度或影响的信念。当人们可以控制环境时，他们会有明显的幸福感[27,28]。暴露于实验室设置的严重噪声、拥挤和恶臭污染物，让参与者表现出“习得性无助”行为①。即使去除损害影响，不良行为仍会继续，就像损害依然存在一样。机场噪声严重损害学生的执行任务能力，如完成拼图游戏[29,30]。另外的研究调查了个人居住环境的其他方面，如空间拥挤[31,32]和走廊设计[33,34]同样出现无助行为表现。有更多报道显示生活在低劣建筑环境（例如，住房内部管道泄漏、厨房设施无法使用、厕所故障、人行道崎岖不平、建筑物外部破旧不堪）的街区与终身抑郁和过去 6 个月抑郁有关[35]。

社会支持

建筑环境可以改变人们彼此接触的社会联系的程度和性质。

到目前为止，唯一一项观察城市扩张和心理健康的研究发现，虽然城市扩张程度与慢性病、较低的健康生活质量指数有关，但是与精神健康疾病的相关性却不显著[36]。

---

① “习得性无助”是美国心理学家塞利格曼 1967 年在研究动物时提出的，他用狗做了一项经典实验，起初把狗关在笼子里，只要蜂音器一响，就给以难受的电击，狗关在笼子里逃避不了电击，多次实验后，蜂音器一响，在给电击前，先把笼门打开，此时狗不但不逃而是不等电击出现就先倒在地开始呻吟和颤抖，本来可以主动地逃避却绝望地等待痛苦的来临，这就是“习得性无助”。——译者注

社会资本

“社会资本”是指一个社区在社会网络、社会参与、信任和互惠水平等方面的互联性。邻里之间的信任和互惠可能部分解释从一个街道到另一个街道的健康差异[37]。一项针对芝加哥342个街区的研究发现，邻居彼此的信任程度与健康结局有关，如总死亡率，因心脏病所致的死亡，白人、黑人男性和女性的“其他”死因[38]。

结论

当我们要设计促进孩子们步行或骑车到校、改善公园空间和绿地、改善营养食物、改善社会关系、促进街区步行、提高社区信任的政策和项目时，应考虑到儿童健康。通过儿科医生、决策者、开发人员和设计师之间的协作进行创新设计和规划，有着巨大的潜力。

常见问题

问题　在选择一个临近街区生活时，儿科医生应该给家长哪些推荐，应该建议家长寻找哪些信息？

回答　考虑孩子们是否能步行或骑车去学校。寻找最近的新鲜水果和蔬菜。看看到商店和活动中心的距离，考虑这些地方是否足够近到可以步行或骑自行车去。询问未来的邻居怎样友好地与邻居之间彼此联系。询问未来的邻居是否看到街道里的孩子走路或骑自行车上学。找到最近的公园，考虑是否在步行距离之内。

问题　儿科医生如何参与到社区里，以促进健康的建筑环境？

回答　社区服务的示例是以社区董事会为服务机构，其目标是改进健康食物的获取，建立社区成员之间的信任，和社区组织间的合作，与促进步行或骑车上学的学校合作，与推动社区花园建设的学校合作。

参考资料

The Children and Nature Initiative of the National Environmental Education Foundation（NEEF）

Phone：(202) 833－2933

Web site：http://www.neefusa.org/health/children_nature.htm

NEEF's Children and Nature Initiative addresses preventing serious health conditions，including obesity and diabetes，and reconnecting children to nature. The Initiative educates pediatric health care providers about prescribing outdoor activities to children. The program also connects health care providers with local nature sites.

（郭保强 译　阚海东 校译　许积德　徐　健 审校）

参考文献

[1] Allender S，Cavill N，Parker M，et al. 'Tell us something we don't already know or do!'-The response of planning and transport professionals to public health guidance on the built environment and physical activity. *J Public Health Policy*. 2009;30(1):102－116.

[2] Brownson R，Boehmer T，Luke D. Declining rates of physical activity in the United States：What are the contributors? *Ann Rev Public Health*. 2005;26:421－443.

[3] Buck C，Liopis A，Najera E，et al. *The Challenge of Epidemiology：Issues and Selected Readings*. Washington，DC：Pan American Health Organization；1988.

[4] Ogden C，Carroll M，Flegal K. High body mass index for age among US children andadolescents，2003－2006. *JAMA*. 2008;299(20):2401－2405.

[5] McDonald N. Active transportation to school：trends among U. S. schoolchildren，1969－2001. *Am J Prev Med*. 2007;32(6):509－516.

[6] Passmore S. *Education and Smart Growth：Reversing School Sprawl for Better Schools and Communities：Translation Paper*. Coral Gables，FL：Funder's Network for Smart Growth andLivable Communities；2002.

[7] Beaumont CE，Pianca EG. *Why Johnny Can't Walk to School*. Washington，DC：

National Trustfor Historic Preservation; 2002.

[8] *Creating Connections: The CEFPI Guide for Educational Facility Planning*. Scottsdale, AZ: Council of Educational Facility Planners International; 2004.

[9] Tester JM. The built environment: designing communities to promote physical activity in children. *Pediatrics*. 2009;123(6):1591 - 1598.

[10] Timperio A, Crawford D, Telford A, et al. Perceptions about the local neighborhood and walking and cycling among children. *Prev Med*. 2004;38:39 - 47.

[11] Centers for Disease Control and Prevention. Barriers to children walking to or from school—United States, 2004. *MMWR Morb Mortal Wkly Rep*. 2005;54(38):949 - 952.

[12] Foster S, Giles-Corti B. The built environment, neighborhood crimeand constrained physical activity: an exploration of inconsistent findings. *Prev Med*. 2008;47(3):241 - 251.

[13] Moudon AV, Lee C, Cheadle AD, et al. Operational definitions of walkable neighborhood: theoretical and empirical insights. *J Phys Activity Health*. 2006;3(Suppl 1):S99 - S117.

[14] Lee C, Moudon AV. Correlates of walking for transportation or recreation purposes. *J Phys Activity Health*. 2006;3(Suppl 1):S77 - S98.

[15] Kerr J, Rosenberg D, Sallis JF, et al. Active commuting to school: associations with environment and parental concerns. *Med Sci Sports Exerc*. 2006;38(4):787 - 793.

[16] Roemmich JN, Epstein LH, Raja S, et al. The neighborhood and home environments: disparate effects on physical activity and sedentary behaviors in youth. *Ann Behav Med*. 2007;33(1):29 - 38.

[17] Carver A, Timperio AF, Crawford DA. Neighborhood road environments and physical activity among youth: the CLAN study. *J Urban Health*. 2008;85(4):532 - 544.

[18] Roemmich JN, Epstein LH, Raja S, et al. Association of access to parks and recreational facilities with the physical activity of young children. *Prev Med*. 2006;43(6):437 - 441.

[19] Cohen D, McKenzie TL, Sehgal A, et al. Contribution of public parks to physical activity. *Am J Public Health*. 2007;97(3):509 - 514.

[20] Gordon-Larsen P, Nelson MC, Page P, et al. Inequality in the built environment underlieskey health disparities in physical activity and obesity. *Pediatrics*. 2006;

117(2):417－424.

[21] Larson NI, Story MT, Nelson MC. Neighborhood environments: disparities in access to healthyfoods in the U. S. *Am J Prev Med*. 2009;36(1):74－81.

[22] Zenk SN, Lachance LL, Schulz AJ, et al. Neighborhood retail food environment and fruit and vegetable intake in a multiethnic urban population. *Am J Health-Promot*. 2009;23(4):255－264.

[23] Kaplan S. The restorative benefits of nature: toward an integrative framework. *J Environ Psychol*. 1995;15:169－182.

[24] Kaplan R, Kaplan S. *The Experience of Nature*. New York, NY: Cambridge University Press; 198925. Faber Taylor A, Kuo FE, Sullivan WC. Coping with ADD: the surprising connection to greenplay settings. *Environ Behav*. 2001;33(1):54－77.

[25] Faber Taylor A, Kuo FE, Sullivan WC. Coping with ADD: the surprising connection to greenplay settings. *Environ Behav*. 2001; 33 (1) : 54－77.

[26] Kuo FE, Faber Taylor A. A potential natural treatment for attention-deficit/hyperactivity disorder: evidence from a national study. *Am J Public Health*. 2004;94(9):1580－1586.

[27] Bandura A. *Self Efficacy*. San Francisco, CA: W. H. Freeman; 1987.

[28] Taylor SE, Brown JD. Illusions and well-being: a social psychological perspective on mentalhealth. *Psychol Bull*. 1988;103(2):193－210.

[29] Cohen S, Evans G, Stokols D, et al. *Behavior, Health, and Environmental Stress*. New York,NY: Plenum; 1986.

[30] Bullinger M, Hygge S, Evans G, et al. The psychological cost of aircraft noise for children. *Zentralblatt Hygeine Umweltmedizin*. 1999;202(2－4):127－138.

[31] Fleming I, Baum A, Weiss L. Social density and perceived control as mediators of crowdingstress in high density neighborhoods. *J Pers Soc Psychol*. 1987;52:899－906.

[32] Evans GW, Lepore SJ, Sejwal B, et al. Chronic residential crowding and children's wellbeing:an ecological perspective. *Child Dev*. 1998;69(6):1514－1523.

[33] Baum A, Valins S. Architectural mediation of residential density and control: crowding and the regulation of social contact. In: Berkowitz L, ed. *Advances in Experimental Social Psychology*. New York, NY: Academic; 1979:131－175.

[34] Baum A, Gatchel R, Aiello J, et al. Cognitive mediation of environmental stress. In: Harvey J, ed. *Cognition, Social Behavior, and the Environment*. Hillsdale,

NJ：Erlbaum；1981：513－533.

[35] Galea S，Ahern J，Rudenstine S，et al. Urban built environment and depression：a multilevel analysis. *J Epidemiol Community Health*. 2005；59(10)：822－827.

[36] Sturm R，Cohen D. Suburban sprawl and physical and mental health. *Public Health*. 2004；118(7)：488－496.

[37] Chavez R，Kemp L，Harris E. The social capital：health relationship in two disadvantaged neighbourhoods. *J Health Serv Res Policy*. 2004；9(Suppl 2)：29－34.

[38] Lochner KA，Kawachi I，Brennan RT，et al. Social capital and neighborhood mortalityrates in Chicago. *Soc Sci Med*. 2003；56(8)：1797－1805.

第 10 章

儿童看护机构的设置

■■■■■■

在美国不管家长的工作状况如何，每日约有 1 200 万名学龄前儿童（其中包括 600 万名婴幼儿），处于非家长看护状态[1]，其中有近一半为 6 岁以下儿童。家长工作时这些儿童的主要看护机构为保育中心（22%）、家庭式托儿所（17%）、家庭成员（22%）、亲戚（29%）或非亲属关系的在家保育人员（3%）[1]。孩子 6 月龄大时即可进入保育中心，进入小学前，孩子都可以在那里被看护，每周可以待 40 小时甚至更多时间[1]。数以百万的学龄期儿童参加课外或者夏令营活动，但也有超过 600 万的儿童只能孤单地待在家中[1]。

儿童看护场所多为单独家庭住宅，或者专门为儿童看护设计的建筑，或是在商务楼、学校、教堂、商场和健康俱乐部内。美国公共卫生协会（APHA）和美国儿科学会（AAP）建议上述看护场所均应达到相关的标准，此标准发表在《关爱我们的孩子：国家健康和安全实施标准——户外儿童照料方案》（*Caring for Our Children*: *National Health and Safety Performance Standards—Guidelines for Out-of-Home Child Care Programs*）中[2]。不管是全日制或非全日制保育，这些标准适用于所有的看护场所及环境健康方面。

美国各州都建立并执行儿童看护机构许可的规定，包括健康与安全方面要求。不同州实施的广度及强度有所区别，例如，绝大多数州并未对诸如亲属或家庭保姆等保育人员进行立法规定[3]。相对于家庭式托儿所、钟点计时的保育场所以及地区或学前班（尤其是非全日制性质的机构），国家对托儿中心在安全及健康方面的规定及监督更为严格。法规的执行度通常取决于保育人员对规定的认同度以及监管的质量及频度。法规的监管和实施是非常重要的，这些监管包括上岗人员的身份背景调查、监督随访，惩罚以及岗位培训等[3]。

儿童看护环境中发生的危险千变万化，主要受以下因素的影响：

■保育类型

■资质许可

■地点、年龄以及建筑房屋情况

■土地或建筑物的既往使用情况

■建筑物中其他部分的使用情况

■看护中成人的行为及活动

■社区伤害事件的发生率

儿童看护场所中的危险还包括食物以及和食物分配相关的事件，如食物污染及食物过敏的风险，这些将在第 18 章进行详述，而与应用有毒工艺品材料导致的危害主要在第 42 章详述。关于洗手、玩具的安全使用、设施的选择与维护，活动场所如何防止窒息、坠落、勒死，在《关爱我们的孩子：国家健康和安全实施标准——户外儿童照料方案》中均有提及[2]。

儿童看护场所中发生的伤害会对不少孩子造成不利影响。当然，如果控制或减少这些因素的发生则会让更多的儿童受益。例如，如果儿童在家中经常暴露于二手烟(SHS)环境、氡、铅涂料等，可将儿童放置于无上述危害因素的保育场所来减少他们的每日总暴露时间。

儿童看护场所中发生的环境危害类似于其他环境(表 10－1)。关于儿童看护场所发生的环境危害研究很少，室内空气质量、二手烟、铅污染及杀虫剂等是研究者主要关注的问题(分别参见第 20 章、第 40 章、第 31 章及第 37 章)。

表 10－1　儿童看护场所中可能的环境危害

环境危害因素	室内来源	室外来源
一氧化碳	■因设施故障或燃料不充分燃烧，如火炉、烤箱、壁炉、烘干机、烧水机器，及取暖器等 ■室内供热系统缺乏维护，如火炉未清理或管道堵塞	■活动场所靠近交通繁忙路段或靠近建筑物的排风口 ■车库、附近公路或停车场里的汽车、卡车或公共汽车废气

（续表）

环境危害因素	室内来源	室外来源
二手烟	■在儿童看护场所吸烟 ■儿童不在看护场所时允许其他人吸烟 ■带有吸烟区的混用建筑物，通风系统不良	■进风口靠近室外吸烟区，或孩子们玩耍的地方靠近吸烟场所的排风口
真菌及其他生物性污染物	■管道或屋顶渗漏，潮湿环境利于真菌或其他生物污染物生长	■河水或者污水泛滥
挥发性有机化合物(VOCs)	■建筑材料及家具（甲醛）、涂料、清洁剂，或地板涂料	
铅及其他重金属	■含铅的粉尘或油漆，尤其地板、窗台、墙壁等，1978年前老房屋的翻新 ■家具或玩具上含铅的涂料、含铅的陶瓷餐具、管道、药品等来源 ■某些玩具、工艺美术品、颜料、餐具和铅管等	■铅污染的土壤，或含铅涂料的建筑物外体、围栏、遮蔽物或游乐设施 ■附近设施翻新时用料不规范 ■以前该区域有工业或地质矿产污染了土壤 ■儿童接触了有害的黏土、游乐玩具或储藏设施
草坪或花园的化学杀虫剂、除草剂、杀虫剂、灭鼠剂、灭菌剂、消毒剂	■在儿童看护场所不适当的储存、标签、处理或使用杀虫剂，尤其在以下地区风险更大：换尿布区、食物准备和储存区、地毯覆盖的区域、洗衣间、仓库、儿童饮食、玩耍，或其他害虫活动区域 ■害虫横行的食品储存区、卧室、洗衣房，由于防护原因造成的空间下沉、水渗漏，及与外界联通的开口 ■工业强度的清洁物品及室内使用除臭剂	■在儿童活动区域附近不适当的储存、标签、处理或使用化学物品，尤其是无防护的小棚屋 ■害虫滋生的游乐场所和仓库、小棚屋、残骸，或周边杂草丛木的区域

（续表）

环境危害因素	室内来源	室外来源
其他有害因素		
药品	■不适当的储存、标签、处理或使用药物	
清洁剂或其他化学品	■在儿童活动区域附近不适当的储存、标签、处理或使用化学物品，尤其在无相应防护的储藏室	
石棉	■用于绝缘的材料、屋顶、地板或管道中暴露的石棉 ■翻新时无石棉防护	■灾难（如世贸大厦的坍塌）
双酚 A（BPA）	■一些日用品如奶瓶、吸管杯子、玩具、罐装食品内的防护涂层、个人护理用品	
汞	■摄入一些鱼肉、破损的日光灯、温度计	■工业过程中的释放如挖矿及煤炭燃烧
噪声	■造成声音放大的室内设计或者材料	■靠近高速、机场，或工业噪声
氡	■地基裂缝或开发性途径导致地下的氡进入屋内	
邻苯二甲酸盐	■含乙烯的地板、塑料服装（雨披）、清洁剂、黏合剂、个人护理品（香氛、指甲油、肥皂）、含乙烯（聚乙烯）或塑料制品（玩具、塑料包）	
紫外线辐射		■过度暴露于日光下（未作合理的防护，未用防晒衣物、帽子和防晒霜）

室内空气质量

儿童 80%～90%的时间是在室内活动（家中、保育中心、学校、校外托管所等），因此室内空气质量是非常重要的健康问题（参见第 20 章），这促使联邦政府制定了一系列的政策：室内空气质量：学校工具（*Indoor Air Quality*：*Tools for Schools*[4]），家庭/农场自我评价系统（*Home* A* Syst/Farm* A* Syst*）[5]和学校健康环境评估系统（HealthySEAT）[6]。影响室内空气质量的主要污染物包括二手烟、真菌及其他的生物制品、铅及其他重金属、杀虫剂、除菌剂、消毒剂、燃烧物的废气及挥发性有机化合物（VOCs）。一项针对加拿大魁北克地区 91 家保育中心室内空气质量的研究显示：90%的室内二氧化碳浓度水平超过了规定的办公楼标准。室内二氧化碳浓度与该房间的儿童数量有关，当二氧化碳浓度超过 1 000 mg/m^3 (0.1%)可以粗略地作为通风系统工作效率以及室内空气污染的指标[7]。儿童看护场所的空气流通应为每人 0.42～0.56 m^3/min，这样每小时就能达到 4 倍以上的空气交换量。二氧化碳的浓度，对于判断空气的通风系统非常有效，在使用了 4～6 小时的房间内，其值应控制在 1 000 mg/m^3(0.1%)以下[参见第 11 章及可接受的室内空气质量 Ventilation for Acceptable Indoor Air Quality (www.ashrae.org)]。还有一项研究是在北卡罗来纳州 2 个乡村的 89 家儿童保育中心进行的，调查了 7 种室内空气过敏原，结果发现绝大多数的环境设施中都存在过敏原[8]。这项研究提出儿童及其专业的保育人员可通过环境设施暴露于这些室内过敏原中。另外一项在新加坡的研究，评估了随机选取的 104 家儿童保育中心的 346 间教室的室内空气质量，并明确了通气系统的类型。相对于空调化的建筑，自然通风建筑物中的有害物质及二氧化碳浓度均较低，并且儿童中呼吸系统疾病的发生率也相对较低[9]。有研究明确指出室内空气污染对儿童产生不利影响[10]。在纽约乡村地区的室内空气质量研究显示，在儿童看护场所中发现了一系列高浓度的污染物如铅、氡、一氧化碳、石棉及真菌等。因此，建议降低低收入的儿童保育中心的有害因素暴露水平[11]。

二手烟

美国儿科学会（AAP）强烈建议儿童保育中心应是无烟环境。美国一些州还制定了相关法律，避免儿童在商业型和家庭型儿童保育中心中暴露于二手烟。截至 2007 年 12 月 31 日，34 个州制定了法律禁止在商业型儿童保育中心吸烟，但仅有 8 个州同时禁止在商业型和家庭型儿童保育中心中吸烟，11 个州对此类吸烟行为无任何相关法律规定。33 个州禁止在家庭型儿童保育中心吸烟。一些州则允许上述儿童保育中心有特定的吸烟区，还有些州则是在儿童保育中心有特定的吸烟时间。二手烟中的有害物质可以停留在物体表面，然后再悬浮于空气中，进而导致所谓的“三手烟”暴露。因此，哪怕吸烟的时候孩子不在现场，他们也会暴露于这些有害物质中。有数据显示，就儿童不在场时的吸烟问题，法律对家庭型保育中心比对商业保育中心更为宽容[12]。此外，当儿童和吸烟者位于同一幢建筑，且使用同一个通风系统时，儿童也处于二手烟环境下。如果在乘坐的轿车、校车、卡车等上下保育中心的途中有吸烟者，儿童也处于二手烟环境。这些交通工具应该在任何时候都处于无烟状态。保育人员和司机必须从不吸烟。幼托机构的工作人员，如果在保育中心外或休息时吸烟，应该要求在开始工作前更换衣服或者穿上外套。全时段限制吸烟和禁止在保育中心吸烟是避免儿童暴露于二手烟的唯一途径。

铅

关于儿童保育中心中铅暴露风险的研究相对较少。铅暴露在家庭型保育中心和社区中的家庭是一样的。一项对华盛顿州内学校、幼儿园、保育中心的调查显示，在 75 个建造于 1979 年前的机构中，62％存在含铅涂料，31％存在铅超标的土壤和灰尘[13]。2005 年发表的针对保育中心的第一次国家环境健康调查中，随机抽检了 168 个注册保育中心的土壤和灰尘中的铅含量，28％被调查的保育中心中存在含铅涂料，14％的保育中心有一种或多种显著的铅暴露风险。在主要为黑人儿童的保育中心中，含铅涂料暴露的伤害是以白人儿童为主设施的近 4 倍[14]。

日常监测项目通常忽视了儿童保育中心的铅暴露情况。当 1 名儿童铅中毒时，通常会去检测并明确中毒来源是否是家中的含铅涂料，而常常忽视了家庭以外的环境（比如保育中心）。两项对生活在高铅水平环境（涂料、灰尘、土壤）保育中心儿童的研究发现，只有 1 名儿童血铅浓度超过 100 μg/L（120 μg/L）[15]。然而，这些结果并不适用于所有的保育中心。在这 2 项研究中，参加者的平均年龄接近 5 岁，其中 1 项研究的参与率较低[13]。这两项研究发现，持续地监测、高频率地洗手（平均每小时 1 次）、标准清洁方式（包括每天湿擦地板）就已经减少了儿童的铅暴露。当卫生习惯较差、保育中心清洁维护工作不充分，以及房屋改建时没有进行恰当地监测及含量评估时，幼儿铅暴露风险就增加了。

另外一个潜在的铅暴露源头是自来水管中的饮用水。2004 年，美国环境保护署（EPA）要求州立环境与健康机构提供关于儿童铅暴露情况的检测信息及防护情况，尤其是在学校及保育中心的情况。全美 49 个州以及波多黎各、纳瓦霍部落将开展合作，努力减少儿童饮用水及居住环境的铅暴露[16]。目前联邦法律尚未要求对学校及保育机构的饮用水进行取样，定期对保育机构的水进行监测是一项重要的预防措施。

联邦政府对于儿童铅暴露的问题目前主要强调的是儿童的家庭，联邦政府用于补救铅暴露伤害的基金只能运用在家庭而不能运用在儿童保育机构。

杀虫剂及其他潜在的有毒物质

杀虫剂

杀虫剂的副作用更容易对儿童造成影响（参见第 37 章）。对儿童在保育中心内的杀虫剂暴露情况的第一次全国调查显示，63％的被调查中心检测出杀虫剂，每个中心使用杀虫剂的数量从 1～10 个不等，使用频率则在每年 1～107 次。最常用的杀虫剂是合成除虫菊酯，其次是有机磷[17]。在另外一项对 89 名北卡罗来纳州的儿童保育工作者的调查发现，绝大多数人回应有高风险杀虫剂的使用[18]。1/4 的受访者表示使用有害生物综合治理（IPM）（参见第 37 章）；而那些抗虫害的承包者则较少运用综合虫害管理[18]。

社区环境中，郊区儿童的杀虫剂暴露危险逐渐增加。与此同时，随着学校、家庭、保育中心为了控制蟑螂、老鼠和其他害虫而广泛使用杀虫剂，城市中儿童的杀虫剂暴露危险也在上升。由于幼儿进食时散落的食物会吸引害虫，并且很多儿童保育中心的建筑较陈旧、其他防虫措施维持较差，杀虫剂在儿童保育中心的使用很常见。有些情况下，中心内并无明显的病虫害问题，却定期使用杀虫剂，而不是采用更好的方式，如病虫害综合管理，或者想办法减少吸引害虫。儿童可能通过以下途径暴露于杀虫剂：

■室内或室外杀虫剂残留（室内空气、家具表面、灰尘、土壤/悬浮物）。
■通过抗跳蚤药物治疗的宠物。
■食物上的残留。
■操场上经过防腐剂（如铬化砷酸铜）处理的木质器材。
■草地和花园使用的杀虫剂类产品。
■驱虫剂。

杀虫剂中毒或者其他产品（如药物、手工艺品材料、有毒植物、石油产品）中毒多发生于儿童自己家中[19]。在保育中心的儿童在一定程度上受到了保护，因为通常他们都有一名成人看护，装备设施都是为儿童设计的，经过许可批准程序，并且有公共卫生检查来协助评估风险。然而，在儿童保育中心仍然存在杀虫剂中毒风险。在科罗拉多州，卫生检查人员在保育中心获得卫生许可后 2 周进行检查，结果发现 68％的中心仍然能发现有毒化学物质[20]。对于杀虫剂一类的产品，或许可以直接用于杀虫，但在保育中心使用仍然不安全[21]。儿科医生应该鼓励家长询问儿童保育中心内使用的杀虫剂品种及使用的其他化学物品，并且了解已知的对儿童可能造成的潜在健康影响的危险因素。

清洁产品

清洁和消毒是保育中心保证儿童卫生和健康的重要措施。人们可能因清洁、消毒、除菌这三个词语的互换使用而困惑，从而导致清洁程序并不高效[2]。

清洁的目的是使用家用肥皂或温和的洗涤剂用物理的方法去除可见的污垢和污染[2]。消毒则是在表面去除污垢之后的一个步骤，是指最大程度的减少可能导致疾病的病原菌的数量。消毒通常使用的方式是加热或者化学方法，如：家用漂白剂来消毒表面，消毒能有效地去除 99.9％与公共卫生相关的重要致病微生物（但不是全部）。一些家用洗碗机使用热处理的方式来完成消毒就是一个很好的例子。家用洗碗机有效地使用热水来清洁碗碟和器皿，也可以用来清洁和消毒塑料玩具的表面。然而，使用洗碗机消毒玩具时应小心使用加热烘干程序，以免融化软塑料玩具。一些洗碗机可以在使用消毒步骤的过程中关闭加热烘干程序。儿童保育工作人员可以要求制造厂商在使用说明书上增加相应的说明。凡是和儿童口唇和食物接触的表面（如婴儿床栏杆、接触儿童口的玩具、碗碟、高椅托盘）都应该消毒。除菌比消毒更为严格，除菌是指运用加热或者化学方法从物体表面去除几乎所有的微生物。公共卫生中的重要病原菌和几乎所有的其他微生物都被去除，这是普通消毒无法达到的水平。尿布台和柜子的顶部都应该除菌。《关爱我们的孩子：国家健康和安全实施标准——户外儿童照料方案》中有更多细节[2]。尽管儿童保育机构普遍使用上述三项清洁程序，但应尽可能地避免使用过于刺激的产品。保育机构应对使用的产品多加斟酌，如果使用漂白溶液来对物品表面进行消毒或杀菌，那么使用者必须正确使用产品所建议的漂白剂和水的配比方案。

塑料

2008 年，由于双酚 A（BPA）对人类生长发育的潜在影响，《国家卫生研究院国家毒理学计划》（*National Toxicology Program of the National Institutes of Health*）开始关注孕妇和儿童的双酚 A 暴露情况[22]。2010 年 1 月，美国食品药品监督管理局（FDA）开始重视双酚 A 暴露对胎儿、婴儿和儿童大脑、前列腺的可能影响，并更加关注双酚 A 对行为的影响[23]，很多科学研究得以实施。现有的研究表明低剂量双酚 A 暴露和癌症、肥胖、早熟、多动和糖尿病有关[22]。现实生活中双酚 A 被广泛使用，如婴儿奶瓶、吸管水杯、水瓶和微波炉使用的塑料容器[22]。应该鼓励家长和儿童保育工作者购买不含双酚 A 的奶瓶、杯子和其他容器[22]。双酚 A 可以从划痕中漏出，因此应该丢弃有划痕或者磨损的含双酚 A 的奶瓶和杯子。含双酚 A 的容器不能用于盛放非常热的水，并且在使用微波炉加热食物和液体时应该检查容器上是否有可微波炉使用的标记以确保安全。为迎合广大消费者的消费要求，六大奶瓶制造商已经生产不含双酚 A 的婴儿奶瓶，加拿大已经禁止在儿童用品中使用双酚 A[24]。

药物

秉承“正确用药五项原则”：即确定的孩子、恰当的时间、正确的药物、准确的剂量、正确的给药途径，这五项原则可以防止用药错误而导致的意外中毒。在儿童保育中心，给药者应该知晓政府药物管理部门的用药指南。指南包括清晰的用药指导、药物应放在儿童不能接触到的容器里、从家长或监护人那里得到管理药物的许可。药物的存储流程包括：评估药物是否需要放在冰箱内保存、确保能方便地获取急救药物。未使用的药物应该归还于家长从而得到安全的处置。

可能增加儿童看护机构发生危害的因素

儿童保育设施的特点可能影响其环境质量。首先，薪资低（一名儿童保育员的年薪因所在州不同波动于 14 100～22 780 美元）[25]，福利差会导致保育员流动性增高。由于每年有大约 1/3 的保育员离职，儿童保育中心必须不断培养新的保育员[26]，这对保育中心是一个重大的挑战。大约有 230 万人从事 5 岁以下儿童的照顾和教育，其中 120 万人在正式的儿童保育机构工作，其余 110 万从业者则是雇佣于亲戚、朋友或邻居[27]。此外，全美有 36 个州对幼儿保育从业者不要求培训，这增加了这些志愿者继续教育的必要性[28]。研究报道显示，保育员的教育、稳定和薪酬是衡量儿童保育质量的最佳指标[29]。其次，儿童保育行业的利润通常很低。家庭型儿童保育中心的预算大部分用于支付员工薪资。公共援助资助的学费金额通常是有限而固定的，这样一来用于预防环境危害的资金就十分有限，如维护通风设备、治理铅污染、设施重建或者翻新。为了采取措施，减少或者消除环境危害而暂时关闭儿童保育中心将变得十分困难。最后，当儿童保育中心位于更大的建筑环境内，如教堂、办公楼等，那么设施内其他部门的活动可能也会对儿童保育中心产生危害。

儿童看护机构环境危害的预防和控制措施

《关爱我们的孩子：国家健康和安全实施标准——户外儿童照料方案》，此标准制订了环境危害的预防和控制措施[2]。这里我们对其中一部分展开讨论。执行这些标准应该考虑到设施的具体情况，并在相关活动中降低环境引起的伤害。经常洗手是预防环境危害的一个重要方法。保育员应该鼓励儿童勤洗手或使用洗手液洗手，尤其是便后、户外活动后及进餐或点心前。

初级预防

选址

儿童看护机构的选址、新建建筑物或原建筑物翻新前，应该从儿童和成人两方面进行环境审核。审核内容至少包括以下几项评估：①土地使用史，以明确土壤中是否潜在有毒或有害垃圾成分，如以前是否有汽油储存；②旧建筑物中是否有霉变、铅、石棉；③是否有潜在虫害、噪声、空气污染和毒物暴露风险；④儿童活动场地与水塘、马路、工业废物排放点和建筑物废气排放口的相对位置；⑤是否有安全的饮用水（公共的或私人的）、公用下水道或经认可的化粪池及其他公用资源，如电。尽管地质因素提示可能存在氡暴露风险，但目前尚没有可靠的方法可以在施工前检测氡水平。

建筑设计和建筑材料

在不同气候条件的地区，现代家居房屋和建筑物都能做到密闭性更好，制冷和加热系统也十分普遍。成千上万种新材料被用作商品、装饰和陈设，导致室内污染增加[30]。从建筑设计和建筑材料的角度出发，良好的室内空气质量主要取决于以下几个方面：①杜绝污染物（污染源管理——包括清除、替换和封装）；②通风系统能够供应新鲜的室内空气；③废气排放系统和空气净化器的良好性能；④控制污染物暴露，如清洁产品，注意其使用时间、使用位置[31]。室内污染预防和控制措施包括确保经常进行空气交换和充分与室外通风；打开部分窗户以更好地交叉通风，尤其是浴室、换尿布的地方和厨房；适当纳入新鲜空气，防止汽车、建筑物系统产生的废气达到有害水平。将门窗封闭和使用幕帘可减少杀虫剂的使用。选择低毒性的建筑材料、涂料、清洁剂和其他产品均可降低有毒物质的水平[30]。

儿童看护机构的管理和监督

在施工、重建或改造前,咨询环境卫生专家(如当地卫生部门的专业人员)对环境危害的预防至关重要。儿童看护机构应该由执有相关许可证的专业人士监督施工或改建,儿童看护机构开业前、常规运行期间审查及投诉调查也应由他们负责。不仅仅是和食物有关的区域,儿童看护机构的所有区域都应该接受检查,以及时发现潜在的环境危害,执行相应的预防措施。表10-2列出了儿童看护机构设施健康和安全例行检查中的关键性环境健康问题。保育人员可以参考《关爱我们的孩子:国家健康和安全实施标准——户外儿童照料方案》制订综合的标准和理论[2]。国家或地方卫生部门应进一步制定针对儿童保育设施的环境卫生法规。

表10-2 评估儿童看护机构设施健康和安全的关键性环境健康问题

- 是禁烟的吗?有相关的禁烟政策吗?儿童不在场时允许吸烟吗?在看护场所周围允许吸烟吗?
- 设施是干净的、维修良好的吗?有没有浸水的地方、设施表面有没有剥脱和碎裂的油漆?
- 有明显的水渍或霉斑吗?发生过淹水或管道的问题吗?有霉味吗?
- 房间有充分的通风吗?
- 儿童看护场所经过氡检测了吗?
- 有使用燃料炉、火炉或其他类似设备吗?
- 药物和化学物品都被合适地储藏在儿童接触不到且不会污染食物的地方了吗?工作人员都接受过安全使用化学物品和药物的培训了吗?
- 手工艺品都是不含有害物质的吗?是按照美国测试与材料协会(American Society for Testing and Materials)的要求贴标签的吗?
- 厨房和浴室区的设置符合卫生部门的条例吗?
- 洗手措施是否得以实施,有跟踪监测吗?是否随时提供肥皂和干净的毛巾?相比毛巾,在儿童看护场所放置纸巾更为合适。干净的毛巾可重复用于多名儿童,但必须经常更换。
- 为防儿童接触,室内及室外的储藏室是锁着的吗?确保儿童接触不到所有的维护设备、草坪护理及其他有害设备和化学物质(例如,汽油、油漆、杀虫剂和清洁剂等)。
- 是否配置一氧化碳检测器?一氧化碳检测器运行良好吗?

（续表）

- 1978 年前建造的建筑通过铅涂料、粉尘和土壤危害等相关检测了吗？1978 年前建造的房屋可能会含铅，其中 1950 年前建的房屋含铅最高。如果正在进行改建修复工作，那么检测过铅和石棉危险性了吗？对于潜在的有毒物质，有针对儿童的相关保护措施吗？
- 场所周围是否有死水？
- 是否有完善的治虫措施？
- 户外是否有足够荫凉的地方供孩子玩耍？

教育

在瑞典，对儿童保育相关人员进行继续教育被证实可降低儿童保育中心的安全隐患[32]。接受过相关培训的人员更善于教育儿童，增强他们的早期读写能力及提高早期学习能力[33]。通过美国健康儿童保健组织(Healthy Child Care America)［1995 年由美国卫生部下属的母婴卫生局和儿童保健局(US Department of Health Human Service's Maternal and Child Health Bureau and Child Care Bureau)创办的全国性组织］，许多州建立了健康咨询系统，以满足对保育相关人员健康及安全的教育。这个系统的工作人员通常是由当地环境危险、传染病、疾病控制、营养、环境卫生和/或安全问题方面的专家构成的。提供儿童监护咨询意见的专业人员可协助儿童保育中心人员来评定环境危险因素，理解影响健康的危险因素及施行预防措施。儿童保育人员通常直接咨询社区儿科医生和其他专业人员。更多关于培训、咨询和政策制定的信息可查看《促进幼儿健康和安全的儿科医生的角色》(*The Pediatrician's Role in Promoting Health and Safety in Child Care*)详情请访问网页：www. healthychildcare. org/PedsRole. html。

为预防环境危害因素，所有的人员(包括维修人员)都必须接受相关的继续教育。应该定期监督门卫和保管人员以确保安全。美国职业安全和健康管理局(OSHA)要求化学品的使用、合理操作、存储过程和有害物质暴露后的应急措施都应分类归档，员工也可按照材料安全数据表来选择无毒的化学物质。家长有权要求按照此数据表来选择儿童保育设施的材料。

儿童保育人员可能没有使用药品的知识或经验。为确保保育人员掌握儿童用药的剂量，儿科医生在处方时可以考虑使用小剂量的药物，或者改变用药时间。如果一个儿童必须要在儿童保育中心用药，那么一定要在一张单独的纸上写上如何用药，并在药瓶上做好标签。对于按需使用的药物来说这样的指导尤其重要。另外，处方药、非处方药和局部制剂(包括防晒霜)都需要标明用法。

儿童监护项目的政策和程序

儿童保育人员需要能对环境危害因素做出正确、快速和恰当地反应。通过制定儿童监护政策，更加安全地操作可成为日常规范。例如，①无论儿童是否在场都应禁止吸烟(儿童监护家庭的非保育人员也要执行)；②管道泄露、房屋泄露及渗水应在24小时内处理，浸湿的区域需要用清洁剂和水清理，以防真菌和其他微生物污染；③应制订针对危险品事故和化学/生物/放射威胁的应急措施；④相关人员应接受使用药品、化学物品的培训。一些州对此有相应的法规和培训。药物管理培训项目可查看网页：http://www.healthychildcare.org/HealthyFutures.html。

二级预防

对儿童保育人员和其他相关人员进行如何识别和正确处理意外的培训(例如储存和使用化学物质)可避免很多意外的发生。其他的危险因素可能需要更加昂贵和复杂的措施来应对。例如，当发现大量真菌时，在完善地处理之前需要临时的控制措施。修复程序需要符合相关的标准和法规。如果儿童保育中心存在潜在的危险因素，根据情况可以关闭这个中心。当中心没有足够的财力支持时，环境卫生监管机构在确保儿童健康中就应发挥作用，这需要整个社区的合作来减轻负担。

儿童在非家庭的保育机构生病或死亡

当儿童的疾病或症状是由环境因素引起时，家长、健康护理人员和公众健康调查员需要评估儿童家庭环境和室外环境的潜在危险因素。有报道称在户外儿童护理环境中婴儿猝死综合征(SIDS)的发生风险上升,但具体原因仍不清楚[34]。儿童看护场所的环境暴露应归为死亡现场调查的一部分。

常见问题

问题　对于哮喘患儿,如何使儿童护理设施更加安全?

回答　在儿童看护场所避免儿童哮喘发生有 2 个重要因素:禁烟和保持设施无真菌和其他微生物污染。在美国一项针对 1 300 万 5 岁及以下儿童的健康调查显示,约有 140 万儿童患有哮喘(约 1∶11)[35]。儿童健康研究需要每位哮喘儿童提供特定的信息(由家长或监护人和家庭医生提供)。这些信息包括儿童哮喘的已知诱因,药物及使用方法,当哮喘加重时的症状以及紧急处理。美国哮喘与过敏基金会(The Asthma and Allergy Foundation of America)-新英格兰分会(New England Chapter)有"哮喘护理检查表"(Asthma-Friendly Child Care Checklist),被翻译成英语、西班牙语、海地克里奥尔语和葡萄牙语,里面信息包含如何为哮喘及过敏儿童提供安全的生活环境。美国国家心脏、肺和血液学研究所(The National Heart, Lung, and Blood Institute)有一份相似但更加简短的手册"让哮喘变得友好的护理设置"(How Asthma-Friendly Is Your Child-Care Setting?),被翻译成英语和西班牙语,内容包括为儿童护理者提供的详细资料,详情请访问网页:http://www. nhlbi. nih. gov/health/public/lung/asthma/child_ca. htm. 。

问题　沙箱与沙子对儿童是否安全?

回答　如果沙箱是由合适的材料制作与填充并被正确保存那它就是安全的。沙箱的边框有时使用廉价的铁路轨枕制作而成,这样就有可能碎裂并浸满木馏油(一种致癌物)。我们推荐无毒的建筑木料或非木质箱子。

在 1986 年,一项研究首先提出一些商场上可买到的玩具沙子包含一种透闪石,它是一种在被压碎的石头和大理石中发现的纤维材料(参见第

23章)。人们猜测长期暴露于此透闪石的影响与暴露于石棉是一样的。尽管有这些研究,美国消费品安全委员会仍否决了禁止生产该产品的提议,美国消费品安全委员会目前仍未制订关于沙子的来源与成分的标准或者规则。

家长和产品制造商可能很难确定哪款沙子是安全的。他们只能去买河道里或海滩上的沙子,应避免那些从碎石灰石、碎大理石、碎晶石(石英)或者那些明显的垃圾中提取出来的产品。当有疑问时,家长可以将样本送到实验室以确定沙子中是否包含透闪石或者二氧化硅。关于可靠的实验室信息参见第23章参考资料。

在制造沙箱时应做好动物粪便和寄生虫污染的防护措施。沙子应该有一个耙子可以将垃圾去除及烘干,沙耙应比花园中的耙子效果更好。

问题 *在儿童看护机构推荐使用什么样的化学消毒剂和清洁剂?*

回答 尽管化学消毒剂和清洁剂在控制儿童传染病中是必不可少的,但是它们对儿童是有潜在危险的,尤其是浓度较高的时候更加危险。这些产品必须在指定的容器中存放并且不可被儿童接触。喷雾瓶中稀释的消毒剂及清洁剂必须贴上标签并且不可被儿童接触到。当儿童在附近时不可喷这些产品以避免吸入及皮肤和眼睛的接触。

在使用任何化学品前,儿童保育者应该阅读产品标签及制造商的材料安全说明,他们应该咨询公共安全人员。按照标签说明去做是非常重要的。选择清洁剂时的问题包括:与有机物质接触是否会失活?会被硬水影响吗?是否有残留?是否有腐蚀性?是否对眼睛、皮肤及呼吸道有刺激?是否有毒(通过皮肤、消化道或者呼吸道吸收)?被稀释后效果如何?家用漂白剂(次氯酸钠)可对抗大多数的微生物,包括细菌孢子,依据不同的浓度可被作为消毒剂及清洁剂使用。我们可以得到各种浓度的漂白剂。家庭用或洗衣房的次氯酸钠漂白质量浓度为5.25%。超浓型只是稍微被浓缩并且使用的时候需要稀释,但使用方法与普通的家用漂白剂相同。更高浓缩的工业用漂白剂在儿童看护机构中并不适用。详见表10-3关于用水稀释漂白剂的说明。

表 10－3　漂白剂的稀释方法

物体或表面类型	家用漂白剂∶水量	质量浓度(mg/L)
清洁嘴唇和食物接触的表面，例如婴儿床栏杆、玩具、盘子、厨房用具和高脚托盘	1 汤匙漂白剂加入 3.79 L(1 us gal)水中	100
消毒环境中的物体，例如门把手、柜台面；尿布更换台和厕所	1/4 杯漂白剂加入 3.79 L(1 us gal)水中 1 汤匙漂白剂加入 0.946 L(1 qt)水中	500～800

家用漂白剂有效、经济、方便并且容易在商店中获得。它能腐蚀一些金属、橡胶和塑料。漂白剂的效果会随着时间的推移而有所减弱，所以每天都要准备新鲜的溶液，并且库存的溶液必须每几个月更换一次。在儿童看护机构中，漂白剂溶液一般放在特定的喷雾瓶中用，喷雾瓶上需贴上溶液名字与稀释浓度的标签。接触的时间是很重要的，在儿童看护环境中“喷洒和擦拭”是需要特别关注的。漂白剂在被擦拭前需要被留置至少 2 分钟。它可以自然风干，因为它不留任何残余。

漂白剂可被用于清洁盘子及厨房用具，不过这个过程中使用的氯化物浓度明显少于消毒其他物品时的氯化物浓度。有人认为清洁盘子及厨房用具后无须消毒，因为这些物品通常只被一个人弄脏并且会在消毒之前彻底清洗。如果有些物品常常被很多人弄脏，并且清洗也没那么彻底，从而导致潜在的更严重、更多样的微生物污染，那就应该消毒处理。

问题　*使用含有消毒成分的清洁剂是否有益？*

回答　如果把清洗和消毒两个步骤分开实施，你就能减少化学消毒剂的使用。污染的物体或表面会影响消毒剂或杀菌剂的效果。因此，在消毒或清除物体表面的细菌时要求表面必须是干净的(使用肥皂或者洗涤剂并用水清洗)。因为漂白剂(消毒剂/杀菌剂)和氨水(洗涤剂)混合后会产生一种有毒的气体，所以两者决不可混合。不是所有的物品和表面都需要清洁或消毒。关于洗涤、杀菌及消毒的指南可参考《关爱我们的孩子：国家健康和安全实施标准——户外儿童照料方案》。

问题　什么是可替代的或低毒性的家庭自制清洁产品？它们是否安全？

回答　可替代的或低毒性的清洁产品是由多种原料混合制成的，例如苏打粉、液体肥皂和醋。例如，用2汤匙的肥皂液或者洗涤剂和3.79 L (1 gal)的热水就可以制作成一种有效的地板清洁剂。许多原料并不昂贵，所以你可以省下不少钱。不过你可能需要花费更多的劳动进行清洗，尽管家庭制作清洁用品更加安全(例如苏打粉用来清洗，醋用来去除油脂)，但不是所有的都是无毒的。你必须像用其他清洁用品一样小心谨慎。

问题　若某保育中心无禁烟规定，我是否可以将孩子安置在此儿童保育中心？

回答　不，美国儿科学会(AAP)规定，在学校、儿童保育中心等面向儿童的场所，无论其中是否有儿童，其建筑内及建筑周围禁止吸烟[36]。儿童不能接触二手烟，禁烟规定需强制标示或告知，并由主管部门负责人及家长监督执行。

问题　我知道地毯与孩子的健康息息相关，我应当注意哪些方面？

回答　理想的地面应该是触感温和、防滑、易于清理、耐潮、无毒、不产生静电的[30]。最能实现这些的是硬质的地面材料，而地毯容易聚集生物污染物(如真菌及尘螨)、铅粉尘及杀虫剂残留。相对于贴近墙角的全覆盖地毯，更值得考虑的是将固定不可滑动的小片地毯用于坚硬的地面，这种地毯相对于前者更易于清理。地毯、衬垫及黏合剂等会释放出挥发性有机化合物，儿童、老年人、肺部疾病患者、过敏症者及过敏体质者接触微量这类化合物就可引起诸如头痛、恶心、眼鼻喉部刺激及呼吸困难等问题。如需铺设新地毯，应使用低挥发性有机化合物释放的地毯及无毒的黏合剂及衬垫。要求商家或安装者将地毯在仓库或储存处通风放置24～48小时，铺设时保证室内通风良好，铺设后确保室内通风72小时后再使用该房间。其他预防措施包括：每日用有良好过滤设施的吸尘器清理地毯；不要将屋外穿过的鞋子穿入室内；选择易于清理的地毯；在用水清洁地毯时勿使其湿透，并确保24小时内使其干燥；使用不含或含少量化学溶剂的清洁产品。沾染水的地毯应于 24 小时内彻底清洁并干燥或将地毯去除重新铺设。须知有些地毯在购买铺设前已进行抗菌处理，如非必要，避免在地毯上使用杀虫剂[37]。

问题　带臭氧生成功能的空气净化器在儿童保育中心中使用是安全有效的吗？

回答　不是。带臭氧生成功能的空气净化器其实就是臭氧生成器，生产厂家和商家常常把使用"活性氧"或"纯净空气"等字眼将臭氧推荐为一种健康的氧气[38]，其实臭氧是一种有毒气体。更多的资讯可以参见美国环境保护署官网(www. epa. govl)有关室内空气质量的相关介绍。

问题　宠物是否能饲养在儿童看护机构？

回答　许多儿童保育人员在有宠物的家中看护儿童，许多保育中心将宠物作为一项儿童教育项目。然而除服务用犬外，动物在学校及儿童看护机构是被禁止或限制的[39]。

如果宠物被用于儿童看护场所，我们需要制订相关的保护安全和健康，避免危险的指南，与此相关的儿童安全健康问题包括过敏、伤害(如被猫、狗咬伤等)以及感染(如由鸡、鬣鳞蜥、乌龟等动物携带的细菌引起的沙门菌感染等)。华盛顿儿童健康管理机构推出了一份简要说明，"动物和家养宠物"(2007)，(Animals and Domestic Pets)详情请访问网页：www. healthychildcare-wa. org。

问题　我的邻居告诉我，她愿意将她家的操场设施捐给我的儿童看护机构。我有一份关于美国消费品安全委员会(CPSC)的公共游乐场安全手册(http://www. cpsc. gov/cpscpub/pubs/playpubs. html)，她的操场设施似乎不符合相关指南，但我不是很确定。我该怎么办？

回答　操场是造成儿童伤害的主要场所，许多伤害与死亡发生于家庭操场设施[40]。自 1981 年，美国消费品安全委员会致力于强化操场设施安全的指导与标准[40]。如果您不确定操场设施是否符合美国消费品安全委员会的指南，并希望得到专业的指导，你可以联系就近的公园或娱乐管理部门，或者访问国家娱乐和公园协会(National Recreation and

Park Association)官网(www. nrpa. org),他们将会派有资质的操场检查员到相关场地。检查员会评定相关设施的安全,并会根据你看护机构和活动场所内儿童的年龄需求提供相关设施类型的最佳建议,还会告诉你这些游玩设施周围所需的防撞地垫材料的类型和数量。

参考资料

American Academy of Pediatrics and American Public Health Association.

Caring for Our Children: National Health and Safety Performance Standards—Guidelines for Out-of-Home Child Care Programs, 2nd ed. This resource is available in electronic format at the National Resource Center for Health and Safety in Child Care's Web site at http://nrc. uchsc. edu and in hard copy through the American Academy of Pediatrics and the American Public Health Association. Child care regulations for every state are posted on the federally funded National Resource Center for Health and Safety in Child Care's Web site at http://nrc. uchsc. edu. This site also has a search engine for accessing specific child care topics by state. The 3rd edition of *Caring for Our Children* is scheduled for release in 2011.

Healthy Child Care America Campaign, American Academy of Pediatrics

http://www. aap. org/advocacy/hcca/network. htm

This includes a list of state contacts and resource materials and links.

The Eco-Healthy Child Care Program

http://www. cehn. org/ehcc

This national program for child care providers throughout the United States works with child care professionals to eliminate or reduce environmental health hazards found in and around child care facilities. The Eco-Healthy Child Care Program was created in 2010 through a merger of the Oregon Environmental Council's eco-healthy child care program, which began as an Oregon-based initiative in 2005 and the Healthy Environments for Child Care Facilities and Preschools program, created by the Washington, DC-based Children's Environmental Health Network.

(沈理笑 译　李　斐 校译　许积德　徐　健 审校)

参考文献

[1] Children's Defense Fund. *Child Care Basics. Children's Defense Fund Issue Basics: April* 2005. Washington, DC: Children's Defense Fund; 2005. Available at: http://www.childrensdefense.org/child-research-data-publications/data/child-care-basics.pdf. Accessed February 28, 2011.

[2] American Public Health Association, American Academy of Pediatrics. *Caring for Our Children: National Health and Safety Performance Standards. Guidelines for Out-of-Home Child Care Programs*. 2nd ed. Washington, DC: American Public Health Association; and Elk Grove Village, IL: American Academy of Pediatrics; 2002.

[3] General Accounting Office. *Child Care: State Efforts to Enforce Safety and Health Requirements*. Washington, DC: General Accounting Office; 2000. Available at: http://www.gao.gov/new.items/he00028.pdf.

[4] US Environmental Protection Agency, Indoor Environments Division. *IAQ Tools for Schools Action Kit*. IAQ Coordinator's Guide. Available at: http://www.epa.gov/iaq/schools/tools4s2.html. Accessed February 28, 2011.

[5] Home * A * Syst. *Help Yourself to a Healthy Home: Protect Your Children's Health*. Available at: http://www.uwex.edu/homeasyst/text.html. Accessed February 28, 2011.

[6] US Environmental Protection Agency, Healthy School Environments. *Healthy School Environments Assessment Tool (HealthySEAT)*. Available at: http://www.epa.gov/schools/. Accessed February 28, 2011.

[7] Daneault S, Beausoleil M, Messing K. Air quality during the winter in Quebec day-care centers. *Am J Public Health*. 1992;82(3):432-434.

[8] Arbes Jr S, Sever M, Mehta J, et al. Exposure to indoor allergens in day-care facilities: results from 2 North Carolina counties. *J Allergy Clin Immunol*. 2005;116(1):133-139.

[9] Zuraimi MS, Tham KW, Chew FT, et al. The effect of ventilation strategies of child care centers on indoor air quality and respiratory health of children in Singapore. *Indoor Air*. 2007;17(4):317-327.

[10] Roberts JW, Dickey P. Exposure of children to pollutants in house dust and indoor air. *Rev Environ Contam Toxicol*. 1995;143:59-79.

[11] Laquatra J, Maxwell LE, Pierce M. Indoor air pollutants: limited-resource households and child care facilities. *J Environ Health*. 2005;67(7):39－43.

[12] Centers for Disease Control and Prevention. National Center for Chronic Disease Prevention and Health Promotion. State Smoke-Free Indoor Air Fact Sheet: Day Care Centers. Available at: http://www.portal.state.pa.us/portal/server.pt?open=18&objID=446198&mode=2. Accessed February 28, 2011.

[13] Washington State Department of Health. *Environmental Lead Survey in Public and Private School Preschools and Day Care Centers*. Olympia, WA: Washington State Department of Health; 1995:1－20.

[14] Fraser A, Marker D, Rogers J, et al. First National Environmental Health Survey of Child Care Centers, Final Report, July 15, 2003. Volume I: Analysis of Lead Hazards. Washington, DC: U.S. Department of Housing and Urban Development, Office of Healthy Homes and Lead Hazard Control; 2003.

[15] Weismann DN, Dusdieker LB, Cherryholmes KL, et al. Elevated environmental lead levels in a day care setting. *Arch Pediatr Adolesc Med*. 1995; 149(8): 878－881.

[16] US Environmental Protection Agency. *Controlling Lead in Drinking Water for Schools and Day Care Facilities: A Summary of State Programs*. Washington, DC: US Environmental Protection Agency; 2004. Available at: http://www.epa.gov/safewater/lcrmr/pdfs/report_lcmr_schoolssummary.pdf. Accessed February 28, 2011.

[17] Tulve NS, Jones PA, Nishioka MG, et al. Pesticide measurements from the first national environmental health survey of child care centers using a multi-residue GC/MS analysis method. *Environ Sci Technol*. 2006;40(20):6269－6274.

[18] Strandberg J, Karel B, Mills K. Toxic Free North Carolina. *Avoiding Big Risks for Small Kids. Results of the 2008 NC Child Care Pest Control Survey*. Available at: http://www.toxicfreenc.org/informed/pdfs/avoidingbigrisksforsmallkids-web.pdf. Accessed February 28, 2011.

[19] Gunn WJ, Pinsky PF, Sacks JJ, et al. Injuries and poisoning in out-of-home child care and home care. *Am J Dis Child*. 1991;145(7):779－781.

[20] Aronson SS. Role of the pediatrician in setting and using standards for child care. *Pediatrics*. 1993;91(1 Pt 2):239－243.

[21] Fenske RA, Black KG, Elkner KP, et al. Potential exposure and health risks of infants following indoor residential pesticide applications. *Am J Public Health*.

1990;80(6):689－693.

[22] California Childcare Health Program. Risks Associated with Bisphenol A in baby bottles. San Francisco, CA: California Childcare Health Program; September 2008. Available at: http://www. ucsfchildcarehealth. org/pdfs/factsheets/BisphenolEn0908. pdf. Accessed February 28, 2011.

[23] US Food and Drug Administration. Bisphenol A (BPA). Update on Bisphenol A (BPA) for Use in Food: January 2010. Available at: http://www. fda. gov/newsevents/publichealthfocus/ucm064437. htm. Accessed January 28, 2011.

[24] Heightened Concern Over BPA [editorial]. *New York Times*. January 21, 2010: A38. Available at: http://www. nytimes. com/2010/01/21/opinion/21thur2. html. Accessed January 28, 2011.

[25] National Association of Child Care Resource and Referral Agencies. What Child Care Providers Earn. 2006 Annual Mean Wage. Available at: http://www. naccrra. org/randd/childcare-workforce/provider_income. php. Accessed February 28, 2011.

[26] Bank H, Behr A, Schulman K. *State Developments in Child Care, Early Education, and School-Age Care*. Washington, DC: Children's Defense Fund; 2000: 57. Available at: http://www. childrensdefense. org/pdf/2000_state_dev. pdf. Accessed February 28, 2011.

[27] Center for the Child Care Workforce. Estimating the Size and Components of the U. S. Child Care Workforce and Caregiving Population. May 2002. Available at: http://www. naccrra. org/randd/child-care-workforce/cc_workforce. php. Accessed March 28, 2011.

[28] National Child Care Information Center. Center Child Care Licensing Requirements. August 2004. Available at: http://www. naralicensing. org/associations/4734/files/1005_2008_Child%20Care%20Licensing%20Study_Full_Report. pdf. Accessed March 28, 2011.

[29] National Association of Child Care Resource and Referral Agencies. Child Care Workforce. 2006. Available at http://www. naccrra. org/randd/child-care-workforce/cc_workforce. php. Accessed February 28, 2011.

[30] Olds AR. *Child Care Design Guide*. New York, NY: McGraw-Hill; 2001.

[31] US Environmental Protection Agency. *IAQ Design Tools for Schools*. Washington, DC: US Environmental Protection Agency; 2001. Available at: http://www. epa. gov/iaq/schooldesign. Accessed February 28, 2011.

[32] Sellstrom E, Bremberg S. Education of staff—a key factor for a safe environment in day care. *Acta Paediatr*. 2000;89(5):601-607.

[33] National Association of Child Care Resource and Referral Agencies. *Building a National Community-Based Training System for Child Care Resource and Referral*. Arlington, VA: National Association of Child Care Resource and Referral Agencies; 2005:7.

[34] Kiechl-Kohlendorfer U, Moon RY. Sudden infant death syndrome (SIDS) and child care centres (CCC). *Acta Paediatr*. 2008;97(7):844-845.

[35] Asthma and Allergy Foundation of America, New England Chapter. *For Child Care Providers*. Available at: http://www.asthmaandallergies.org/N_Childcare%20Providers.htm. Accessed January 28, 2011.

[36] American Academy of Pediatrics Committee on Environmental Health, Committee on Substance Abuse, Committee on Adolescence, and Committee on Native American Child Health. Policy statement—tobacco use: a pediatric disease. *Pediatrics*. 2009;124(5):1474-1487.

[37] Vermont Department of Health. *An Air Quality Fact Sheet on Carpet*. Burlington, VT: Vermont Department of Health. Available at: http://www.state.vt.us/health/_hp/airquality/carpet/carpet.htm. Accessed February 28, 2011.

[38] US Environmental Protection Agency. *Ozone Generators that are Sold as Air Cleaners: An Assessment of Effectiveness and Health Consequences*. Washington, DC: US Environmental Protection Agency. Available at: http://www.epa.gov/iaq/pubs/ozonegen.html. Accessed February 28, 2011.

[39] American Academy of Pediatrics Committee on School Health, National Association of School Nurses. *Health, Mental Health, and Safety Guidelines for Schools*. Taras H, Duncan P, Luckenbill D, et al, eds. Elk Grove Village, IL: American Academy of Pediatrics; 2004.

[40] US Consumer Product Safety Commission. *Home Playground Equipment-Related Deaths and Injuries*. Washington, DC: US Consumer Product Safety Commission; 2001. Available at: http://www.cpsc.gov/library/playground.pdf. Accessed January 28, 2011.

第 11 章

学　　校

■■■■■■

就学龄儿童而言，每年大约有 1 170 个小时是在学校度过的，那么从幼儿园到高中毕业的 13 年中，每个孩子在学校的时间大约有 2 300 多天[1]。如果他们参加课后辅导或课外活动的话，这个时间还要增加数千小时。本章节主要阐述学校环境对儿童生理、营养和社会心理，以及身心健康的影响，并探讨环境卫生在学校相关的健康因素中的重要性，及如何提高学校的安全、健康和舒适性。如果你想得到更多具体的指导，请登录网站：www. nationalguidelines. org 获得《学校健康、心理健康和安全指南》(*Health*, *Mental Health and Safety Guidelines for Schools*)。

学校环境的硬件设施

学校建筑

大多数美国学校在 1984 年以前建造，并且从那时起就没有进行过大型的修整[2]。正因如此，这些建筑很可能含有石棉(参见第 23 章)、铅(参见第 31 章)等有害物质。不论是建筑修整中还是年久失修(这在市中心和资源匮乏的农村地区都是常见的)，儿童暴露于这些有害物质的风险都非常大。为了发现潜在的危险，对学校建筑和建筑场地的例行评估是非常重要的。

高性能学校

高性能学校建筑是安全、可靠、积极和健康的，它能够有效利用能源、水和材料，他们十分注重建筑的选址和设计，同时也需要调试，这是一个系统的过程以确保建筑能够交互发挥作用，并在一定程度上与设计意图和操作需求相一致。高性能学校和国家教育设施资源中心将协作提供有关设计和高成效学校调试的信息。请关注高性能学校的合作项目（The Collaborative for High-Performance Schools）网址是：www. chps. net 和美国国家教育设施中心（the National Clearinghouse for Educational Facilities）网址是：www. edfacilities. org。由美国环境保护署（EPA）研发的健康学校环境评估工具（Healthy SEAT V2）是可免费下载的程序，这一程序可以系统地追踪和处理有关学校条件的信息和学校对政府条例的依从性，以及民办学校的需求。

空间利用

要了解学校环境，就要评估学校空间的利用情况。学校主要是为了给孩子提供教育，此外，还可能发挥其他一些社区功能。学校经常作为课前、课后儿童看护和学习、娱乐、成人教育、艺术表演及公众集会的场所。学校大多设有保健室和社会服务站。发生灾难和其他紧急事件时，学校经常作为避难所或指挥所。学校的这些用途使我们更加关注其安全性及是否能够保证我们免受有害环境的伤害。学校是学术、健康、社会服务、社区发展和社区投入的焦点，要了解其优势和挑战请登录网站：www. communityschools. org。

拥挤现象

客观上，拥挤是指人们生存的空间超过其承受能力或者人均空间过小而产生的现象。主观上，拥挤是指个体感觉到与他人的正常交往受到妨碍或其他人干扰了自身的活动时产生的现象。拥挤可增加传染病的传播；拥挤会给人带来很大的压力；拥挤可以对人造成过度刺激，干扰其注意力，滋生社会摩擦及加剧激惹情绪；会干扰儿童的学习并增加其行为问题，尤其是孤独症谱系障碍（ASD）、注意缺陷多动障碍（ADHD）或其他注意力障碍、感觉统合失调及学习障碍的儿童。在拥挤的环境中，老师需要在课堂纪律和管理上花更多的时间，这可能使他们倍感压力。

声学和噪声

不良的教室声学环境可干扰儿童的学习和交流[3]。噪声可干扰学生的注意力、学习的积极性和记忆力。噪声尤其是特别吵闹和持久的噪声，可给人带来压力，会导致高血压[4]。感觉障碍、听觉处理障碍、ADHD 和 ASD 儿童对噪声可能特别敏感[5,6]。许多情况下，简单的干预措施就可以改善教室声学环境和减少噪声，如重新摆放陈设、规定“保持安静”的区域、更换嘈杂的照明设备和改变日程安排（如错开午餐时间以减少教学期间的走廊人流）。某些情况下，隔音材料和其他建筑改造是必要的。如果你想了解更多关于教室声学和减少噪声的信息，请登录美国声学学会（Acoustical Society of America）的网站：http://asa. aip. org/classroom. html 和安静的教室（Quiet Classrooms）的网站：www. quietclassrooms. org。

学习环境和活动

由于学习场所或学习材料和设备本身的特点，某些学习活动可能会对健康构成危险。

■很多工艺作品往往有潜在的毒性化学物质。学生应该对此知情，并被告知如何避免暴露。车间里通常有工具和设备，这些可能造成切割伤、擦伤、烧伤、起重伤害，甚至更严重的伤害，如截肢。学生可能会暴露于噪声、飞行物体、化学烟雾、酷热及尖锐物品；对于这些潜在的危险，适当的防护（如护目镜、耳塞、手套、口罩）是必要的。在木材车间，可以考虑使用防护性口罩，否则空气中的灰尘和木屑可能会导致哮喘发作。

■某些工艺作品中使用的材料具有潜在毒性（参见第 42 章）。我们应该尽可能使用美国艺术与创造性材料学会（Art & Creative Materials Institute）认证过的无毒材料，可登录网站：www. acminet. org。窑炉排放的化合物可能会导致呼吸系统疾病的发生，因此充分通风至关重要。

■化学、生物教室和实验室可能有潜在毒性材料，这些材料通常需要恰当的储存和处理。要了解管理这些风险的信息和工具，请关注美国环境保护署（EPA）引导的学校化学清洗运动（School Chemical Cleanout Campaign）。其他潜在的伤害包括烧伤和切割伤。接触动物时，可能会造成咬伤、抓伤、过敏反应或者感染人畜共患传染病[7]。学校应该将动物小心圈养在适宜、清洁、独立的场地，并仅限于必要的课堂学习时接触[8]。

■体育课和需要运动的娱乐活动时，学生很可能发生外伤。充分的监管和空间可以降低这种风险。学校应该定期维护、清洁地板和设备,并妥善维护室内游泳池,保证通风良好。

浴室和更衣室

在浴室和更衣室,学生有微生物,如真菌暴露的风险,尤其是水管漏水或厕所堵塞溢出的情况下。学生可能通过接触污染物或与其他学生接触而感染传染性病原体。学校应该确保垃圾桶、肥皂和纸巾使用的便利。学校应该鼓励学生勤洗手或使用洗手液洗手,尤其是便后、户外活动后和进食前。下水道气体、抽烟、空气清新剂、发胶和香水可能会导致浴室的空气质量下降,所以一定要保证卫生间区域通风良好。为了降低意外滑倒受伤的风险,应该确保淋浴区和疏水区具有良好的照明和防滑措施,而水温则应控制在适宜的温度,以免发生烫伤。

食品的制作、储存和服务区

除去食品相关区域的虫害尤其重要。餐饮服务人员和参与食物准备或服务的学生都应该接受培训,掌握正确的食品储存和处理方法以减少传染病的传播、食品的污染和腐败。应该定期清洁和维护设备以减少微生物污染或非食用物品对食物的污染。此外,充分清洁设备对避免交叉污染引起的食物过敏至关重要。要了解更多最新信息,请关注国家食品安全学校联合会(National Coalition for Food-Safe Schools, www. foodsafeschools. org)和美国环境保护署的网站(www. epa. gov)。

照明

照明质量的好坏直接影响学生观察和处理视觉信息的能力。如果环境光线不足、不平衡(显著的明暗差异)或昏暗,可能会使学生难以参加学习。光线过强则很容易引起乏力、眼疲劳和头痛。自然光线下,学生的表现更好,现代学校的灯光设计大多倾向于更好地融合自然光线,这可能是因为自然光线对学生的心情和行为产生了微妙、积极的影响[9]。

有视觉损害、学习障碍、感统失调、ADHD 和 ASD 的儿童通常对光线环境非常敏感。强光或照明设备故障(闪烁、嗡嗡响)会让他们感到烦躁、被干扰、压抑,进而导致其学习时分神或产生行为问题。学校可以通过维修或更换照明设备、合理使用窗帘、重新摆放教室陈设及调整学生座位到教室最佳光线区等措施进行干预。

人体工效学

人体工效学是设计和使用实物或设备时将人体特点纳入考虑的科学。由于要考虑到儿童体格、身体比例和生长速度的显著差异，提供方便儿童使用的座椅、操作台、设备和陈设显得尤其具有挑战性。此外，那些使用康复器械或有某方面困难或缺陷的儿童更是增加了挑战的难度。要了解更多关于背包、计算机和其他学校相关物品的工效学信息，请关注健康计算(Healthy Computing)、康奈尔大学人体工学网(Cornell University Ergonomics Web)网址是：http://ergo. human. cornell. edu/MBergo/schoolguide. html 和人体工效学四校网(Ergonomics 4 Schools) http://ergonomics4schools. com。要了解检验和整改露天看台降低受伤风险的信息，请关注美国消费品安全委员会网站(US Consumer Product Safety)：www. cpsc. gov。

环境温度

温度、相对湿度和风速是环境的重要部分(参见第 26 章)。环境温度可影响霉菌的生长，也可以影响化学、生物学制剂向空气中的释放量。相对很小的环境温度变化就会影响到学生的舒适感。如果学生感到不舒服，就不能够很好地学习。控制环境温度，应该考虑到学生的穿着、活动量、发热设备的热辐射(如计算机)、季节、气流、取暖通风和空气调节(HVAC)设备工作状态、阳光强度及建筑构造等因素。

外部空气通风国家共识标准是美国供暖、制冷和空调工程师协会(ASHRAE)制订的。标准 62.1－200，通风可接受的室内空气质量可上网(www. ashrae. org)查询，同时相关的补遗也已经出版。这一标准通常被纳入国家和地方建筑法规，它规定学校不同区域必须有自然风或是经过空气净化处理的新风，这些区域包括教室、体育馆、厨房及其他特定区域。学校的气流量应该维持在每人 0.42～0.56 m^3/min，以保证每小时内空气换新 4 次以上[10,11]。二氧化碳含量，可以用来检验通风是否充分，一个房间使用 4～6 小时后，二氧化碳浓度应该维持在 0.1%以下[12]。大多教室最佳温度应该是 21～23℃[13]，相对湿度应该在 30%～50%。高温尤其是同时相对湿度低的环境，可增加对眼睛、皮肤和黏膜的刺激，也可能导致疲倦、嗜睡、注意力不集中和头痛。相对湿度高通常表现为潮湿感，可刺激细菌和真菌生长、尘螨增殖，因此也是不利于健康的，这在简易教室尤其明显。真菌是哮喘发作的首要诱发因素。洪水、湿地毯、浴室通风不足和厨房产生的蒸汽都可以引起空气湿度增高。湿气的其他来源有加湿器，除湿器、空调和冰箱冷却线圈下的盛液盘。合理维护取暖通风和空气调节(HVAC)设备系统、高湿度环境下使用抽湿机(如厨房、水池区)、修理泄露水管和及时烘干或转移湿地毯这些方法都可以降低空气湿度。定期排查和安全检测有助于在造成伤害前识别这些安全隐患。

空气质量

对儿童来讲，糟糕的学校空气质量不仅会产生短期和长期的健康问题，而且会对他们的学习和行为造成消极的影响。2006 年学校健康政策和项目研究(School Health Policies and Programs Study)的调查发现，51.4%的学校有一套正规的室内空气质量管理项目，相对于另一部分没有管理项目的学校，他们更会积极地采取措施改善室内空气质量[14]。

室外空气污染

学校周围的空气质量取决于当地的交通模式、附近的工业活动、与垃圾站的距离、当地除草剂和杀虫剂的使用、大气条件和地理等因素。户外空气污染与儿童呼吸系统疾病密切相关，包括肺功能不全、咳嗽、喘息、反复呼吸道疾病和哮喘发作(参见第 21 章)。户外空气污染对儿童的影响主要是在上下学、户外活动时。污染物也可能通过门窗、通风孔和排水沟进入室内。有些学校靠近繁忙的公路或公共汽车、货运卡车或客运汽车站，长此以往来源于汽车尾气的污染物，如一氧化碳(参见第 25 章)、二氧化氮和微粒在空气中的含量就会升高。为了减少和交通有关的污染物排放的接触，学校工作人员可以通过避免车辆空载、改善学校相关交通、使用从美国环境保护署发起的清洁校车项目(Clean School Bus USA)提供的免费工具等措施(详情请访问网页：www. epa. gov/otaq/schoolbus)。学校安排休息、运动及其他户外活动时应该考虑到户外空气质量。学校可以通过当地媒体和美国环境保护署即时空气质量发布网站(http://

airnow.gov)了解臭氧水平、雾霾警报等信息。

室内空气质量

室内空气质量受多种因素影响(参见第20章),不同教室之间甚至是同一间教室内的空气污染物水平也会有所不同。此外,室内空气污染物水平也因室内活动(如手工艺活动时水平较高)和气流(如开窗后)而异。

花粉、烟尘、玻璃纤维、粉笔灰、铅和空气中的其他微粒都可以引起呼吸系统和其他健康问题。校园内或学校所属区域内包括运动场和露天看台,应该禁止吸烟。若设定吸烟区则会造成二手烟暴露(参见第40章)。

有毒气体会影响空气质量。虽然有些有毒气体有特殊的气味可以被我们嗅到,但是也有些毒性气体无味,需要使用专门的设备来检测。在美国,大约19.3%的学校至少有一间教室氡浓度≥4pCi/L[15]。甲醛可刺激口腔、咽喉、鼻腔和眼睛;加重哮喘症状;引起头痛、恶心。尤其是使用复合木材产品(如胶合板、刨花板)的简易教室[16],更可能导致学生毒性气体暴露。与呼吸系统及其他健康问题有关的挥发性有机化合物(VOCs)有油漆、黏合剂、地毯清洁产品和建筑材料。简易教室的挥发性有机化合物超标问题尤其普遍,高温下这些气体释放会增加,这在最初使用的几年里尤为明显[16]。

糟糕的室内空气质量可能导致一种与建筑相关的疾病或病态建筑物综合征,建筑物相关疾病是指可归因于某个特定建筑物的化学或物理因素的疾病[17]。病态建筑物综合征是指同一建筑物中的几个居住者出现相似的无明显病因的急慢性症状的一种现象,症状看起来与某一特定建筑物或建筑物内某个区域有关。病态建筑物综合征与生物化学污染、取暖排风系统的设计和维护不良、温度过高和潮湿有关[18,19]。某些低水平污染物和其他物理因素协同或联合作用可能引起病态建筑物综合征[20]。通常情况下,离开相应的建筑环境后,病态建筑物综合征和建筑物相关疾病的症状就会消失。病态建筑物综合征的部分症状与多种化学物质过敏(参见第55章)的症状重叠[21,22]。

和学校室内空气质量相关的信息可通过美国环境保护署的学校网络工具网站(www.epa.gov/iaq/schools)免费获得。

每个学校都能发现一定程度的生物性空气污染物,尤其在过度暴露的情况下，这些污染物会导致中毒或过敏反应。这些污染物的来源包括室外空气、动物、人类活动、昆虫和储水物体(如加湿器)。

●在温暖、潮湿的气候下，真菌迅速滋生，并将孢子释放到空气中，易感人群的过敏反应与此有关，对有过敏倾向的健康人群则会引起哮喘加重、咳嗽、喘息和上呼吸道症状。真菌毒素则会导致头痛和疲乏[23]。

●猫、狗及其他动物的毛皮屑可能是来自课堂宠物、实验动物、服务类动物(如导盲犬之类的)，这些宠物和害虫，可通过儿童的衣物被携带到学校。这样的话，虽然有些儿童家中没有宠物或没有直接接触动物，但是如果教室的过敏原达到了足够高的水平，就会引起其发生过敏反应或哮喘发作。除了服务犬，学校和幼托机构内应该尽量避免或限制儿童接触动物[8]。

●尘螨过敏原可能通过空气传播，并引起易感个体哮喘发作、鼻炎或特应性皮炎。校园内的尘螨聚集区有家居装饰、枕头、地毯和书本。

●蟑螂过敏原可能是儿童哮喘发生和加重的一个重要因素[24]。

如果儿童的临床主诉与环境有关，那么我们就应该考虑进行适当的有关过敏和心理方面的咨询。学校的病毒性呼吸道感染患病率最高，其中哮喘儿童发生病毒性呼吸道感染时，症状更为多种多样。学校里的真菌孢子和动物皮屑可引起过敏体质儿童发生吸入性过敏症状，适当的临床评估可发现这些问题，而这些问题通常是可治疗的。对于治疗失败的个别儿童，可能需要特殊处理。

虽然消除害虫至关重要，但是在建筑物内外常规喷洒杀虫剂可严重影响室内空气质量，通过消化道摄入或经皮肤吸收又会造成有毒物质残留(参见第 37 章)。为了更为环保和经济地控制虫害，许多学校采取了有害生物综合治理(IPM)。有害生物综合治理主要是指谨慎使用杀虫剂，并结合具体的防虫害知识及其与环境的相互作用而制订的相关策略。为了达到最佳效果，最好根据虫害的生命周期(如繁殖、产卵)，定时使用化学制剂。如果需要更多关于学校有害生物综合治理的材料可登录美国环境保护署网站：www. epa. gov/pesticides/ipm，全美学校 IPM 信息源(the National School IPM Information Source)网站：http://schoolipm. ifas. ufl. edu，和美国国家虫害管理协会(the National Pest Management Association)网站：www. pestworld. org。

清洁材料和操作

正确使用清洁和维护校园的相关产品，会使儿童的生活舒适而健康，但使用不当则会危险健康[25]。清洁、消毒和灭菌是保护人们免受病毒和细菌危害的有效方法。清洗是指使用肥皂或洗涤剂和水物理性清除表面肉眼可见的污垢。消毒则是清洗之后的一个步骤。消毒可以大大减少病原体数量，这样就不会引起疾病。灭菌，比消毒更严格，多采用持续高温或化学试剂彻底消除物体表面几乎所有的微生物。

常规程序因地而异，可能包括对经常接触的物体表面进行灭菌。如果你想了解更多关于清洗、消毒和灭菌的信息，参见第 10 章。

用于清洁地板、桌椅的许多化学试剂，具有潜在的毒性。使用拖把清洁浴室地板可能会促进污染源向无污染区传播。尽管清洗对去除地板、地毯和其他物体表面的微粒很重要，但是许多清洁步骤，像抹布除尘和使用带布袋的真空吸尘器，这些只是使微粒重悬，并没有将其消除。学校清洁人员应该定期使用带有高效(HEPA)或近高效的空气过滤器的构造良好的吸尘器进行清扫。抹布的材质最好易于吸尘，而不是简单地掸尘。

许多学校采用了“绿色”清洁计划，不仅环保，而且可以将清洁材料对健康的影响降到最低。“绿色”清洁计划强调恰当使用和合理储存清洁材料，包含健康、环保的政策、程序和培训。更多信息请关注健康学校运动(Healthy Schools Campaign)网页：www. healthyschools. org、美国国家教育设施所(the National Clearinghouse for Educational Facilities)网页：www. edfacilities. org 及健康学校清洁工具组织(The Cleaning for Healthy Schools Toolkit)网页：www. cleaningforhealthyschools. org。

水质量

在学校里，铅污染(参见第 31 章)可能是与水有关的一个重要问题。一项研究发现，57%以上的费城公立学校，其水中铅水平超过美国环境保护署规定的 20 μg/L[26]，其中 28%平均铅水平超过 50 μg/L。铅大多是从水管材料和设备中渗出，在管道中随水流动，最终进入饮用水[27]。夜间、周末和假期时，水停留在管道中，随时间流逝铅可在水中积累达到高水平。学校应该符合甚至超越联邦和州法律中铅和其他水质管理措施的要求。私人水井供应的水应该定期接受细菌和化学污染物检测。更多有关水质的信息请关注美国环境保护署安全饮用水规划(Safewater program)网站:www. epa. gov/safewater。

室外环境

操场、运动场和绿化带为儿童玩耍、运动、社交和休闲(参见第 9 章)提供了场地,使孩子们可以接触自然界,方便认识当地的野生动植物。不过万事有利有弊,虽然有这些优势,但儿童会面临空气污染、紫外线辐射、污染的土壤、污染的地下水,以及接触游戏场地地面和设备,接触鸟、兽和更大范围的人群带来的潜在风险。

过度的紫外照射会增加儿童皮肤癌和其他严重的健康问题的风险(参见第 41 章)[28]。学校可以将儿童的户外活动时间安排在紫外线最强的前后几个小时(如,避免在上午 10 点—下午 4 点之间安排户外活动)。学校应制订策略并鼓励儿童在户外活动时,穿防护服、戴帽子、戴太阳镜和涂防晒霜。学校还可以实行教育计划,如美国环境保护署的学生防晒安全知识普及规划(EPA's SunWise Program),鼓励和加强预防举措详情请访问网页:www. epa. gov/sunwise。更多关于户外防晒策略的信息还可参考美国学校防晒计划(Shade Planning for America's Schools),访问其官网:www. cdc. gov。

学校附近的土壤和地下水可能存在毒性物质,尤其是空气污染严重或工业废物污染的地区。由于涂料剥落和堆积,学校院墙附近可发现高浓度的铅。如果学校靠近铅污染源,如冶炼厂或蓄电池制造厂,那么整个学校范围均可发现高浓度的铅(参见第 31 章)。使用含有多氯联苯(PCBs)填缝材料的建筑物附近可检测到高水平的多氯联苯[29]。如果儿童过度暴露于使用除草剂和杀虫剂的学校操场,不仅会刺激皮肤和眼睛,还会引起腹痛和呕吐。

学校车道、停车场和其他出行道路有可能会增加孩子们受伤的风险,尤其是天气原因导致道路湿滑或难以行走的时候,学校更应清楚地标记这些区域,并确保光线充足、维护良好。学生上下车的地方,除了避免交通意外和控制汽车尾气外,学校还应该提供多方面充分的保护。在交通高峰期间,更多的安全措施,诸如交通指挥和改变交通灯等候时间,可以减少发生事故的风险。行人和自行车信息中心(Pedestrian and Bicycle Information Center)网址是:www. pedbikeinfo. org,网上可以提供更多有关加强自行车和行人安全的信息。美国疾病控制与预防中心的儿童步行上学计划[The Centers for Disease Control and Prevention (CDC)'s KidsWalk-to-School program]网址是:www. cdc. gov/nccdphp/dnpa/kidswalk 和国家划定的上学安全通道(the National Center for Safe Routes to School)网址是:http://www. saferoutesinfo. org 鼓励儿童步行和骑自行车上下学。

步行、骑自行车或乘坐公交的儿童可能会遭遇街头犯罪。如果学校附近有公园、商店、废弃的建筑物或诱人的小树林时,学生更容易产生逃学、犯罪或危险的行为。学校应该慎重地调查附近区域,像建设用地、工业用地和水体,以发现任何潜在的危险。

操场和户外运动场

活动场地的设计和维护应该满足包括残疾儿童在内的所有学生的需求。这方面信息可以参考《可访问的游乐区:游乐区的可及性指引摘要》(*Accessible Play Areas: A Summary of Accessibility Guidelines for Play Areas*)。登录网站:www. beyondaccess. org 可以得到更多相关材料。

在学校里,操场是经常发生严重伤害的地方。1996—2005 年期间,在美国因为操场设施伤害而看急诊的有 210 万例[30]。最常见的是骨折(35%)、挫伤或擦伤(20%)和撕裂伤(20%)。除了铺设减震安全层以外,更改操场设备和布局通常也可以减少这类伤害的发生。要了解更多信息请关注游乐场安全国家计划(National Program for Playground Safety)的官网:www. playgroundsafety. org 和美国消费品安全委员会制订的 (CPSC)公共游乐场安全手册(Public Playground Safety Handbook developed)。

如果空间不足,那么在运动场地上的身体伤害(如石头、坑洞、尖锐物体、动物粪便)就会增加,坚硬、松散或不平坦的地面也会增加学生运动伤害的风险。人造草坪可能含有毒性物质,可增加某类伤害和感染的风险[31]。学校应该做好运动场地的标记,并使用网和其他屏蔽物以保护观众免受飞出的球或其他相关的运动危害。

学校的营养环境

大多数儿童每日都在学校就餐或吃点心。虽然一些食物和饮料是从家里带来的或外面买的，但是很多还是从食堂或校内自动售货机上买来的。学校对儿童的膳食摄入、进餐习惯和营养知识可能有巨大的影响。食物是学校生活（如募集资金、班会活动）的一个重要组成部分，食物不应作为行为表现良好的奖品。食物和营养信息与日常生活密切相关，如健康、科学、家政和职业课程。儿童的进食习惯可能会影响其在同龄人中的地位，如一个孩子是吃学校午餐还是从家里带午餐、吃的是什么、餐盒是自己带来的还是午餐时间家里人送来的、是否独自一人进餐、如果有人陪伴那么在哪和谁共进午餐，如果环境不允许足够的时间那么儿童就会匆忙进餐或不吃午餐[32]。学生，尤其是女生，可能会迫于压力而养成不健康的饮食习惯或进食有潜在危险的食物添加剂。还有些学生会因为感觉在学校有压力或在家时饮食被限制，而导致他们在学校吃得更多。

尽管有关方面已经努力提高学校提供的食物的营养价值，但某些食物可能还是高热量而营养价值不高，从而增加学生罹患肥胖和糖尿病的风险。低收入家庭的孩子膳食更是缺乏营养，其患肥胖和糖尿病的风险也更高。理论上，学校应该遵照公立学校午餐和早餐计划（National School Lunch and Breakfast programs）中联邦政府制订的学校营养指南，为学生提供饮食。儿童某些普遍存在的疾病往往与学校提供的饮食有关[33]。

由于要考虑到预算的限制、散装食物购买政策、食物过敏问题、儿童食物偏好这些因素，因此饮食计划的开展非常具有挑战性。要了解更多有关学校营养援助计划、学校饮食计划和营养的信息请关注美国农业部的食品和营养服务（The US Department of Agriculture's Food and Nutrition Services）网站：www. fns. usda. gov/fns 和美国学校营养协会（the School Nutrition Association）其网址是：www. schoolnutrition. org。要了解更多有关改善学校营养环境和鼓励体育运动的信息请关注为了孩子们的健康行动（Action for Healthy Kids）其网址是：www. actionforhealthykids. org 和健康学校活动（the Healthy Schools campaign）其网址是：www. healthy-schoolscampaign. org。

学校环境的心理维度

以往，环境卫生研究和实践多集中在毒物和物理性危害。如今，我们应该从更全面的角度出发，认识心理因素的重要影响。在学校，儿童可以发展社会技能、建立友谊、学习团队精神、形成归属感及建立积极的自我形象，但学校也是容易产生仇恨的地方，儿童身心容易受到其他学生、老师、帮派或团体的伤害。

学校暴力和恐吓

校园暴力犯罪威胁学生的健康幸福。据报道，2005—2006 学年，有 62.8 万起校园暴力犯罪，包括性犯罪和 14 起凶杀案[34]。许多学生的校园生活充斥着暴力问题[35]。2005 年学校犯罪对国家犯罪被害调查的补充(School Crime Supplement to the National Crime Victimization Survey)发现，超过 12%的 12～18 岁被调查对象感觉在学校不安全。有色人种中有超过 49%的学生觉得不安全。市区学校里有 1/3 的学生参与他们学校的帮派。郊区或农村学校里参与学校帮派的学生较少，但也分别有 21%和 16%。据报道，在过去的一年里 9～12 年级的学生中有 10%的男生和 6%的女生受到过校园持械威胁或伤害。在过去的 6 个月中，有 6%的学生曾因为害怕被袭击或伤害而逃课或逃避课外活动、避开校园的某些地方或待在家里。在过去的 30 天内，6%的学生有校园持械行为。

全美犯罪被害调查(The National Crime Victimization Survey)还发现 12～18 岁的学生中有 11%的学生因他们的种族、民族、宗教、残疾、性别或性取向而被别人恶语相加，38%的学生在校园内看到过与仇恨相关的涂鸦，过去的 6 个月里，28%的学生在学校被欺负过[35]。其中 53%遭遇过 1～2 次欺负，25%每个月遭遇 1～2 次欺负，11%每星期遭遇 1～2 次欺负，8%几乎每日就要遭遇 1～2 次欺负。这些欺负行为中大约有 9%涉及推、挤、绊或吐唾沫，每当这些欺负行为发生，大约有 1/4 的学生受到伤害。网络恐吓(通过电子邮件、短信或网站)的发生率目前尚不清楚。

物质滥用

校园内有物质使用和滥用的发生。一项调查显示过去的30天内，有4%的12～18岁学生在校园内至少喝过1次酒。约1/4(25.7%)的学生至少有1天抽纸烟、雪茄、小雪茄、微型雪茄或使用嚼烟、鼻烟或dip(一种无烟烟草制品)[36]。要了解更多有关青少年烟草使用的信息请关注美国疾病控制与预防中心(CDC)青少年危险行为监测系统(YRBSS)，详情请访问网页：http://www.cdc.gov/HealthyYouth/yrbs/，以及青少年烟草调查(YTS)，详情请访问网页：http://www.cdc.gov/tobacco/data_statistics/surveys/yts/index.htm。全美犯罪被害调查报道，1/4的调查对象说在过去的12个月里校园内曾有人向他们提供、贩卖或给他们违禁药物。

过去的30天里，1/4的学生诉说使用过大麻，20%的调查对象在这期间是在学校里使用大麻的。由于学生有机会接触胶水、记号笔、油漆、溶剂及其他致幻性物质，因此校园内吸入剂的使用也是一个问题。要了解更多有关青少年物质滥用的信息，请关注美国国家药物滥用研究所(the National Institute on Drug Abuse)的网站(www.drugabuse.gov)和美国国家防吸入剂联盟(the National Inhalant Prevention Coalition)的网站(www.inhalants.com)。

积极的影响和作用

在学校，儿童可以学习知识、发展生活技能，他们还可以在这里学习如何提问、解决问题、联系、交流、有责任心和起模范带头作用。在学校，许多孩子的学习障碍、情绪和行为问题、社交困难或被虐待首次被发现和解决。学校还可以成为那些家庭生活混乱的孩子的临时避难所。

许多孩子遇到给他们激励、鼓励和支持的老师和其他正面人物。他们除了可以培养和发现自己的艺术、运动和智能方面的天赋，还有机会培养好奇心、发展广泛的兴趣。学校通常是产生美好回忆和深厚友谊的地方。这些积极的方面有助于孩子们心理健康、增强适应能力，也是成就其将来健康的成人关系和个人成功的基础。

学生是学校环境卫生工作的积极参与者

学生在促进健康的学校环境中发挥积极的作用。如，他们可以参与学校值日，发现潜在的健康危害、发起和推进环保回收计划、帮助建设校园野生动物栖息地[参考佐治亚州野生动物联盟提供的指南（http://www.gwf.org）]和实施反欺凌运动。环境健康展望科学教育计划（Environmental Health Perspectives Science Education Program）网址是：www.ehponline.org/science-ed-new，国家环境教育基金会（the National Environmental Education Foundation）网址是：http://www.neefusa.org，国家环境健康科学研究所（National Institute of Environmental Health Sciences）网址是：http://www.niehs.nih.gov/health/scied，以及美国环境保护署教学中心（the EPA Teaching Center）网址是：http://www.epa.gov/teachers/teachresources.htm 提供的材料和课程可以激发学生对学校环境卫生的兴趣。

儿科医生在学校环境卫生中的作用

采集学校环境健康的病史

如果儿童出现呼吸系统问题、无法解释的疾病和非特异性毒物暴露症状、感统失调、注意缺陷多动障碍（ADHD）或孤独症谱系障碍相关的行为和社会问题时，采集学校环境卫生病史就变得非常重要。病史对诊治像肥胖、哮喘、糖尿病、高血压和情绪障碍这些多系统性慢性疾病也很有价值。病史采集的过程也是对儿童、家长和教育工作者健康教育的过程，还可以了解学校环境是如何增强或危害儿童的身心健康。

让学生描述一下他们一周的活动和互动情况，有助于了解学校环境卫生。虽然年幼的儿童可能很难提供详尽的信息，但由于是从他们的视角来看学校，因此还是可以为我们提供一些有价值的物理环境情况。年长儿童的日程安排可能更为复杂，因为他们的活动可能每日都是不同的。

儿科医生除了关注个体儿童的健康，还应专注于促进社区儿童的健康、发育和快乐。儿科医生的专业知识、技能、兴趣和关注点，使其可以参与学校很多工作，如参与学校建筑、场地和活动设备的现场监督，促进学校提供有营养的食物，增加学生的体育活动，教导家长、儿童和学校工作人员使用防护服和设备，鼓励学生在日常学习和生活中探索和关注自然和环境（参见附录B），帮助学校委员会为学生提供健康、快乐和应急准备服务，并支持学校护理工作从而更有利于社区儿童健康，进而改善学校环境。

常见问题

问题 最近，我孩子所在学校的天花板中发现了石棉。学校应该做什么？我的孩子需要拍胸片吗？她会得癌症吗？

回答 20世纪70年代以前，在学校建设中，石棉被广泛用作绝缘材料。由于石棉释放是呈偶发性的（如整修过程中材料断裂时），所以通常空气采样检测不到，为确定石棉风险的性质要求做肉眼检查。所有的学校都要有一个石棉管理计划并每3年做一次系统检查。正常情况下，没有必要消除石棉，除非儿童可能会直接接触到石棉或将要进行建筑物整修。大多情况下，只是石膏板、吊顶或其他附件中含有石棉纤维。联邦法律规定，你有权利索要你孩子学校的石棉管理计划的复印件，了解其石棉去除和控制活动及相关建筑检查信息。短暂的暴露引发肺癌或间皮瘤的风险非常低。石棉不会造成肺部急性改变，所以拍胸片是没有意义的。

问题 我如何知晓我们的学校是否存在铅污染问题？

回答 建于20世纪70年代以前的学校，墙壁、门框、楼梯、窗框和窗台可能含有含铅材料。其他来源包括老化的涂料、铅制管道、铅管水冷却器、水设备和含铅艺术品。你可以向学校相关工作人员索要任何检验或测试结果的复印件。你也可以向有关健康部门人员了解铅危害的相关规章制度。

问题 我还可以从哪里获得更多有关学校卫生的信息？

回答 有关各种学校健康的信息可以从美国儿科学会（AAP）学校健康网站上获得，此网站由美国儿科学会学校健康委员会（www. aap.

org/sections/schoolhealth)、美国学校健康协会(www. ashaweb. org)、美国疾病控制与预防中心青少年和学校健康司(www. cdc. gov/HealthyYouth/index. htm)、学校的健康和保健中心(www. healthinschools. org)和国家学校护士协会(www. nasn. org)维护。

参考资料

Healthy Schools Network, Inc.

Advocates for the protection of children's environmental health in schools.

Web site: www. healthyschools. org

(沈理笑 译　李　斐 校译　许积德　徐　健 审校)

参考文献

[1] Silva E. On the Clock: Rethinking the Way Schools Use Time. Washington, DC: *Education Sector*; 2007.

[2] National Center for Education Statistics. How Old Are America's Public Schools? Washington, DC: National Center for Education Statistics; 1999.

[3] Shield BM, Dockrell JE. The effects of noise on children at school: a review. Building Acoustics. 2003;10(2):97－106.

[4] Evans GW, Lercher P, Meis M, et al. Community noise exposure and stress in children. J Acoust Soc Am. 2001;109(3):1023－1027.

[5] Alcántara JI, Weisblatt EJ, Moore BC, et al. Speech-in-noise perception in high-functioning individuals with autism or Asperger's syndrome. J Child Psychol Psychiatry. 2004;45(6):1107－1114.

[6] Dobbins M, Sunder T, Soltys S. Nonverbal learning disabilities and sensory processing disorders. Psychiatric Times. August 1, 2007: 24(9). Available at: http://www. psychiatrictimes. com/display/article/10168/54261 #. Accessed September 23, 2010.

[7] Pickering LK, Marano N, Bocchini JA, et al; American Academy of Pediatrics, Committee on Infectious Diseases. Exposure to nontraditional pets at home and to animals in public settings: risks to children. Pediatrics. 2008;122(4):876－886.

[8] American Academy of Pediatrics, Committee on School Health; National Association of School Nurses. Health, Mental Health and Safety Guidelines for Schools. Taras H, Duncan P, Luckenbill D, et al, eds. Elk Grove Village, IL: American Academy of Pediatrics; 2004.

[9] Heschong Mahone Group. Daylighting in Schools: An Investigation into the Relationship Between Daylighting and Human Performance. HMG Project No. 9803. San Francisco, CA: Pacific Gas and Electric Company; 1999.

[10] Etzel RA. Indoor air pollutants in homes and schools. Pediatr Clin North Am. 2001;48(5): 1153-1165.

[11] US Environmental Protection Agency. Heating, Ventilation, and Air-Conditioning (HVAC) Systems. Codes and Standards. Available at: http://www.epa.gov/iaq/schooldesign/hvac.html # Codes and Standards. Accessed September 23, 2010.

[12] American Society of Heating, Refrigerating and Air-Conditioning Engineers Inc. Standard 62 - 2007, Ventilation for Acceptable Indoor Air Quality. Atlanta, GA: American Society of Heating, Refrigerating and Air-Conditioning Engineers Inc; 2007.

[13] Jaakkola JJK. Temperature and humidity. In: Frumkin H, Geller R, IL Rubin, et al, eds. Safe and Healthy School Environments. New York, NY: Oxford University Press; 2006:46-57.

[14] Everett Jones S, Smith AM, Wheeler LS, et al. School policies and practices that improve indoor air quality. J Sch Health. 2010;80(6):280-286.

[15] US Environmental Protection Agency. Radon Measurement in Schools (Rev Ed). EPA Publication 402-R-92-014. Washington, DC: US Environmental Protection Agency; 1993. Available at: http://www.epa.gov/radon/pdfs/radon_measurement_in_schools.pdf. Accessed September 23, 2010.

[16] Jenkins PL, Phillips TJ, Waldman J. California Portable Classrooms Study Project: Executive Summary. Final Report, Vol. III. Sacramento, CA: California Department of Health Services; 2004. Available at: http://www.arb.ca.gov/research/indoor/pcs/leg_rpt/pcs_r2l.pdf. Accessed September 23, 2010.

[17] Menzies D, Bourbeau J. Building-related illnesses. N Engl J Med. 1997;337(21):1524-1531.

[18] Gammage RB, Kaye SV. Indoor Air and Human Health. Chelsea, MI: Lewis-Publishers; 1985.

[19] Reinikainen LM, Jaakkola JJK. Effect of temperature and humidification in the office environment. Arch Environ Health. 2001;56(4):365-368.

[20] US Environmental Protection Agency. Indoor Air Facts No. 4: Sick Building Syndrome (Rev). Washington, DC: US Environmental Protection Agency; 1991. Available at: http://www. epa. gov/iaq/pdfs/sick_building_factsheet. pdf. Accessed September 23, 2010.

[21] Salvaggio JE. Psychological aspects of "environmental illness," "multiple chemical sensitivity," and building-related illness. J Allergy Clin Immunol. 1994;94(2 Pt 2):366-370.

[22] Ryan CM, Morrow LA. Dysfunctional buildings or dysfunctional people: an examination of the sick building syndrome and allied disorders. J Consult Clin Psychol. 1992;60(2):220-224.

[23] Institute of Medicine. Damp Indoor Spaces and Health. Washington, DC: National Academy of Sciences; 2004.

[24] Gruchalla RS, Pongracic J, Plaut M, et al. Inner City Asthma Study: relationships among sensitivity, allergen exposure, and asthma morbidity. J Allergy Clin Immunol. 2005;115(3):478-485

[25] American Academy of Pediatrics. Red Book: 2009 Report of the Committee on Infectious Diseases. Pickering LK, Baker CJ, Long SS, McMillan JA, eds. 28th ed. Elk Grove Village, IL:American Academy of Pediatrics; 2009.

[26] Bryant D. Lead-contaminated drinking waters in the public schools of Philadelphia. J Toxicol Clin Toxicol. 2004;42(3):287-294.

[27] US Environmental Protection Agency. 3Ts for Reducing Lead in Drinking Water in Schools: Revised Technical Guidance. Washington, DC: US Environmental Protection Agency; 2006. Available at: http://www. epa. gov/safewater/schools/pdfs/lead/toolkit_leadschools_guide_3ts_leadschools. pdf. Accessed September 23, 2010.

[28] Balk SJ; American Academy of Pediatrics, Council on Environmental Health and Section on Dermatology. Technical Report—ultraviolet radiation: a hazard to children and adolescents. Pediatrics. 2011;127(3):e791-e817.

[29] Herrick RF, Lefkowitz DJ, Weymouth GA. Soil contamination from PCB-containing buildings. Environ Health Perspect. 2007;115(2):173-175.

[30] Vollman D, Witsaman R, Comstock RD, et al. Epidemiology of playground equipment related injuries to children in the United States, 1996-2005. Clin Pe-

diatr (Phila). 2009;48(1):66-71.

[31] Claudio L. Synthetic turf: health debate takes root. Environ Health Perspect. 2008;116(3):A116-A122.

[32] Thorne B. Unpacking school lunch: structure, practice, and the negotiation of differences. In: Cooper CR, ed. Developmental Pathways Through Middle Childhood: Rethinking Contexts and Diversity as Resources. Philadelphia, PA: Lawrence Erlbaum; 2005:63-87.

[33] Centers for Disease Control and Prevention. Outbreaks of gastrointestinal illness of unknown etiology associated with eating burritos—United States, October 1997-October 1998. MMWR Morb Mortal Wkly Rep. 1999;48(10):210-213.

[34] Dinkes R, Cataldi EF, Lin-Kelly W. Indicators of school crime and safety: 2007. Washington, DC: National Center for Education Statistics; 2007. NCES Publication 2008-021/NCJ 219553.

[35] DeVoe JF, Peter K, Noonan M, et al. Indicators of School Crime and Safety: 2005. Washington, DC: US Departments of Education and Justice; 2005. NCES Publication 2006-001/NCJ 210697.

[36] Centers for Disease Control and Prevention. Youth Risk Behavior Surveillance—United States, 2007. MMWR Surveill Summ. 2008;57(SS-4):1-131.

第 12 章

废 弃 物 站

美国环境保护署(EPA)指出,“对人类健康和环境有危害或有潜在危害的废弃物为有害废弃物[1]。”未受管控的有害废弃物站指威胁到个人或/和生活环境健康及安全的堆积了有害废弃物的区域。全球普遍存在有害废弃物站未受管控的现象,而那些存放有害废弃物的场所和区域则可能成为家庭和关注健康的专业人士所担忧的源头。隶属于美国卫生和福利部的美国毒物与疾病登记署(ATSDR)估计全美有 300 万~400 万儿童生活在离有害废弃物场所 1.6 km(1 mi)的范围之内[2]。此外,根据 1 255 所有害废弃物站的数据,美国毒物与疾病登记署估计有 1 127 563 名 6 岁以下儿童居住在离废弃物站 1.6 km 范围之内[3]。

根据危害的严重程度,有 1 245 所废弃物站被列为国家优先治理污染场地顺序名单(National Priorities List,NPL)。这份优先治理污染场地顺序名单是关于一份重度污染的有害废弃物站名单,这些废弃物站需要长期整治,并需要超级基金项目(the Superfund program)(联邦项目:查明、调查并清理最严重的未受管控和废弃的有害废弃物站)[4]的基金支持。美国环境保护署通过正式的评审程序把符合条件的废弃物站列入国家优先治理污染场地顺序名单。除北达科他州外,其他所有州至少有一个废弃物站列于国家优先治理名单中;其中,加利福尼亚州、密歇根州、新泽西州、纽约州和宾夕法尼亚州 5 个州的有害废弃物站总和占全美有害废弃物站总数的 36%,其儿童和青少年(从出生到 17 岁)的数量占全美的 29%[5,6]。在美国,大多数(65%~70%)未受管控的有害废弃物站是垃圾存储/处理设施(包括垃圾填埋)或废旧的工业设施[7]。这些工业设施许多已经被废弃,其中多数含有一种以上对人体健康造成严重威胁的化学物质。正在使用中,或被闲置,或已被废弃的废弃物回收设施和矿区在列表中较少出现。

在未受管控的有害废弃物站中常见的物质为重金属(如铅、铬和砷)和有机溶剂(如三氯乙烯、苯)[7]。新版和旧版的国家优先治理污染场地顺序名单中所列的废弃物站中,有1 000多所废弃物站被检测出砷[8]。砷在美国毒物与疾病登记署以及美国环境保护署优先治理的有害化学物质名单中均排列首位。而居住在城市地区的儿童接触有害废弃物的风险可能更大,因为他们更靠近"棕色地带"。"棕色地带"指因工业用途开发后被污染和停用的大片土地,之后被二次开发用于商业和/或住宅重建的区域。另一类有害废弃物站为联邦政府相关设施,尤其是军事设施和核能综合设施。表12-1为美国关于废弃物站和意外排放的相关法规。美国国家研究委员会(The National Research Council)证实1 855所军事设施中有17 482个被污染的场所,500所核设施中有3 700个被污染的场所[9]。其中一些场所占地面积大,并为复杂的混合物所污染。

表12-1 美国关于废弃物站和意外排放的相关法规

1980	1980年,根据美国《综合环境反应、赔偿和责任法》(The Comprehensive Environmental Response, Compensation, and Liability Act, CERCLA)建立美国毒物与疾病登记署作为一个公共健康服务机构,并授予以下权力:①建立国家暴露与疾病登记署(National Exposure and Disease Registry);②创建与健康相关的有害废弃物信息清单;③创建已关闭和不对公众开放的废弃物站清单;④在有害物质突发事件发生时提供医疗援助;⑤确定有害物质暴露与疾病的关系。
1984	1984年修订的《资源保护和回收法案》(The Resource Conservation and Recovery Act, RCRA),委托美国毒物与疾病登记署与美国环境保护署进行以下合作:①识别新出现的有害废弃物站并施行管控;②对美国环境保护署要求调查的RCRA站点进行健康评估;③处理公众或国家或州对有关健康评估的请愿书。
1986	1986年,超级基金修正案和再授权法案(The Superfund Amendments and Reauthorization Act, SARA)扩大了ATSDR在公共卫生领域中健康评估、毒理学数据库的建立与维护、信息宣传和医学教育的责任范围。

在全美不同地区,废弃物站的类型和其主要的化学污染物分布不同。在新英格兰州,许多废弃物站与老经济产业有关,如机床厂、镭钟厂、金属电镀厂和皮革厂,常见污染物有铅、砷、铬、镭和汞。而美国西南部的几个

州则主要是与炼油、石化、木材加工、采矿和冶炼行业相关的废弃物站，常见污染物为挥发性有机化合物（VOCs）、五氯苯酚、铅、砷和木榴油[10]。

国家优先治理污染场地顺序名单（NPL）

美国环境保护署将某废弃物站列入国家优先治理污染场地顺序名单后，超级基金法案（the Superfund Act）（1980 年通过 * ；1986 年修订 ** ）则为整治（清理）该废弃物站提供资金，并在附近社区进行一系列的公共卫生行为干预。同时，超级基金法案作为潜在责任方并负有相关法律责任。美国毒物与疾病登记署通过对社区居民面临的潜在健康危害进行公共卫生评估。在这些居民中，有些生活在现有或旧版 NPL 清单所列的废弃物站附近；有些居民出于个人意愿，强烈要求美国毒物与疾病登记署评估其社区附近潜在的健康危害。多数情况下，由州健康部门开展的评估工作由美国毒物与疾病登记署资助和审核。依据专业判断和权威标准确定废弃物站的健康危害等级。1993—1995 年的 3 年内，利用该方法已确定 49％的废弃物站存在健康危害，4％的废弃物站存在紧急危害（urgent hazard）[7]。需要开展专门的现场流行病学调查或其他类型的调查来证实其对健康的实际危害。在 1 371 所废弃物站开展的公共卫生评估中，建议 60％～70％的废弃物站采取包括搬迁以切断暴露途径的一系列干预措施。这些干预措施还包括提供备用饮用水、发布鱼类消费信息公告、张贴警示标识、限制废弃物站通道，以及迁移社区居民（极少情况）等。

* 1980 年《综合环境反应、赔偿和责任法》。

** 1986 年 3 月有毒废物堆场污染清除《超级基金修正案和再授权法案》。

暴露途径和暴露源

有毒物质主要经口摄入、经呼吸道吸入和经皮肤吸收进入人体。儿童可能的暴露途径有：接触被污染的地下水、地表水、饮用水、空气、地表土壤、沉积物、粉尘和动植物消费品等。

儿童对废弃物站总是充满好奇，他们可能会忽视或没有注意到警示标牌，找到围栏缺口，或打开一个缺口，或用其他方式，进入废弃物站及其周边被限制的区域玩耍[11]。通常情况下，暴露水平因气候、季节和一天时段的不同而不同。

由于意识到儿童接近废弃物站的行为可能是他们的重要健康危害因素之一，美国毒物与疾病登记署启动了一个项目：定期收集国家优先治理污染场地顺序名单所列废弃物站附近的人口及人口学特征信息，利用地理信息系统来确定有害废弃物站 1.6 km 范围内生活的居民数量及儿童数量，并提示调查人员应特别关注儿童的情况。

临床效应

接触有害物质对婴儿和儿童健康影响的程度与污染物性质、接触总量、最大剂量、物质毒性和个体易感性有关。

由于目前一些流行病学研究的结果不一致和方法学的限制，难以评估有害废弃物站对人群健康的总体影响[12]。许多研究结果为“阴性”，是指没有发现有统计学差异的健康损害作用。这些调查结果可能真实地反映了无明显的健康损害作用，也可能是因为实验设计缺陷或样本量不足没有观察到真实的健康损害作用。例如，在许多没有发现对健康有影响(或即使是有一定发现也是夸大了其危害作用)的研究中，只是简单地基于距废弃物站的直线距离而不根据环境和暴露途径来确定目标人群。同理，结果为“阳性”的研究可能反映了真实的健康效应，也可能是存在其他类型的研究设计缺陷所致，如对暴露的错误分类或选择了不恰当的对照组。改进研究方法，如使用计算机地理信息系统测绘工具建立实时暴露模型，通过该模型将健康不良影响与废弃物站污染物暴露相联系可获取更多信息。

关于废弃物站对健康的不良影响已有一些相关报道，但并不都是针对有害废弃物站周边社区的调查[12,13]。健康不良影响包括非特异性症状(如头痛、乏力和皮疹)[14]、先天性心脏病[15]和神经行为缺陷[16]。大多数研究针对学龄儿童，仅有少数研究重点关注对婴幼儿的健康影响。在这些研究中，很难知晓健康不良影响是因为毗邻废弃物站还是其他一些因素所致。一些研究由政府机构资助并实施，这些研究结果并未公开发表，一般很难获得这些资料。以下为一些有“阳性”结果发现的研究案例。

■ 在含持久性有机污染物(POPs)废弃物站附近居住的儿童，因哮喘和呼吸道传染病的住院率增加[17]。

■ 在华盛顿州，居住在含杀虫剂废弃物站 1.6 km 范围内的女性其胎儿死亡的风险会增加[18]。

■在华盛顿州，孕妇孕期居住在城市废弃物站 1.6 km 范围内与婴儿各种类型的畸形相关[19]。

■在纽约州，根据邮编地址，其住所毗邻含多氯联苯（PCBs）废弃物站的妇女生产低体重男婴的风险会增加[20]。

■有报道在 5 个州 15 个不同的废弃物站附近居住的儿童，因暴露于含三氯乙烯的饮用水，其言语和听觉障碍的增多[21]。

■在加利福尼亚州，少数种族新生儿神经管缺陷与孕妇孕期居住在有害废弃物站调查区域有关。与出生缺陷联系最密切的毒物依次为：细胞色素氧化酶抑制剂、硝酸盐或亚硝酸盐、其他未分类的无机化合物、杀虫剂和挥发性有机化合物[22]。

■在华盛顿州，汉福德（Hanford）原子能研究站的^{131}I 暴露与孕妇早产有关[23]。

■妊娠期妇女暴露于含高氯酸盐污染物的饮用水，与新生儿甲状腺功能降低有关[24]。

■曾经暴露于冶炼厂铅污染的儿童，在暴露 15～20 年后，成年时检测发现其神经行为功能和周围神经功能均低于对照组人群[25]。

■居住在城市垃圾焚烧点附近的儿童患下呼吸道疾病的风险高出对照人群 3 倍[26]。

有需要的人可以直接获得 275 种有毒物质对健康危害的一系列相关信息。这些信息以多种多样的形式提供给不同人群。《毒理学概要》（*The ATSDR Toxicological Profiles*）特别从毒理学、药物代谢动力学、流行病学、暴露途径、自然环境和物质转运等多个方面进行了系统的介绍。其中，专门介绍了对儿童健康和发育有影响的最常见的物质。各种物质的信息概要可在图书电子文件和网站（http://www.atsdr.cdc.gov/toxprofiles/index.asp）中查询。

有害物质排放可导致社区文化和日常生活改变。例如，由于室内汞蒸气居高不下，当局被迫将居民从污染的公寓迁出并重新安置住处[27]。这些汞来源于同一幢建筑物的一个工厂液态金属池，该厂在几十年前技术革新时留有一个浓缩液态金属池，这个金属池一直释放汞蒸气。社区居民因社区附近存在污染源的而产生的环境风险和危害意识经常会导致其忧虑和压力的增加。

诊断方法

暴露于废弃物站的婴儿或儿童可能无任何临床症状，或出现非特异性症状，或出现与其他常见疾病相似的症状和体征。由于可能出现不同的临床表现，在寻找原因不明的症状的病因时，应注意接触史的采集。可使用标准化方法采集接触史[28,29]。

个体评估

在其他方面的医学诊断中可根据接触史指导实验室检查。当儿童出现临床表现，且近期有明确接触史时(如儿童翻越围栏，在含有某已知毒物的废弃物站玩耍)，才采用血液或尿液检查辅助疾病诊断。通常，无体征和症状表现时，不建议通过实验室检测来证实是否接触有害物质，但能表明儿童可能接触铅的诊断性血液检查和接触其他已知危害作用的特定污染物的诊断性检查除外。

社区研究

正式的流行病学研究中，实验室生物材料检测可能有助于确定暴露与健康危害的关系。

接触生物性标志物提供了一种可行的，用于检测一段时间内机体内某物质负荷水平的检测方法，通常采用药物代谢动力学确定体内物质的含量。一般可检测血液(铅)、尿液(汞和砷)或组织样本。目前已有一些有害废弃物站常见物质的分析方法和人群参考值范围。在一些情况下，可用特殊年龄组参考值范围解释婴儿和儿童体内物质负荷水平，但因没有相应的儿童参考值范围，很难对结果进行解释。

流行病学研究采用高灵敏的标准化的系列医学试验来评估与非癌疾病相关的亚临床和临床器官损伤或功能障碍，如免疫功能紊乱[30]、肾功能障碍[31]、肺部和呼吸系统疾病[32]、神经毒性疾病[16]等。因为这一系列试验特异性较低，所以不能用于正式研究的社区外环境暴露评价。

治疗

接触有害废弃物站一种或多种物质引起的急性中毒的治疗方案取决于所接触物质的理化特性、接触途径、剂量、接触时间和出现的症状或不良反应[33]。通常需毒理学家或儿童环境健康专家会诊进行治疗。

"ATSDR 社区挑战"的视频为急诊医疗服务人员和医院急诊部提供了如何处理人体接触有毒物质时的基本方法。这部视频一共 2 集，内容包括：

- I：有害物质反应和紧急医疗系统
- II：有害物质反应和医院急诊部

咨询

当有可疑有害物质接触史且这些接触会导致不良结果的情况时应进行相关的咨询。现已形成北美儿童环境健康专门机构网络，该网络可提供与接触毒物和其他环境健康危险因素相关的疾病的相关信息、接待转诊、提供诊断和治疗培训（参见本章参考资料）。

暴露预防

在美国，根据《超级基金修正案和再授权法案》（the Superfund Act）美国环境保护署负责废弃物站的清理。毗邻数百个废弃物站的社区，积累的经验已证明早期、大规模社区参与的作用和重要性。政府机构在以下方面已取得了很大的进展，如建立社区援助小组，提供政府津贴补助，开发有效的评估方法，加强健康风险沟通，扩大社区服务范围。这些方法提升了政府机构对社区投入价值的认知能力，强调了社区需求，并将注意力集中在那些需要的地区[10]。表 12－2 罗列了预防或减少接触废弃物站污染物的措施。

表 12－2　预防或减少暴露的措施

个人预防措施
遵守公告(例如,当食用鱼或在特定水域游泳时,注意警示标识)。
确认供水安全。
建造带围栏的娱乐区域,减少潜在的土壤污染暴露。
工程控制措施
通过焚烧、化学或生物反应方法处理污染物。
将污染物转移到安全区域。
切断暴露途径(如提供备用水源或修建围栏)。
清扫过程中通过防尘或其他方法保护作业人群和附近人群。
制订工程方案消除那些相对较小但紧急的问题(拆除措施)。
制订"治理措施"和包括工程技术措施在内的详细计划,从根本上解决复杂的废弃物站问题。
行政管理控制措施
暂时或永久性的居民搬迁。
行为限制(如限制废弃物站所在地将来被开发用于住宅或儿童保育设施的建设)。
颁布法令控制将来的土地使用。
健康咨询。

常见问题

问题　我听说暴露于废弃物站会影响儿童健康,但听到的很多信息说法不一,这使我感到困惑。您能将问题详细说明一下吗?

回答　暴露于废弃物站的健康风险取决于暴露的数量、类型、时间和所涉及的化学品种类,但是很难知道儿童暴露于废弃物站的准确信息,因此难以精确估计其风险的大小。此外,许多化学物质的暴露效应在儿童阶段并不明确,只能通过动物实验的结果来估计其毒性作用。

问题　暴露于废弃物站会导致孩子生病吗?若我有一个孩子的疾病与暴露于废弃物站相关,我其他的孩子也会得同样的疾病吗?

回答　很难证明一个孩子的疾病是由暴露于某一个废弃物站所引

起。大多数疾病可能由接触有毒化学物质引起，但这仅是其中一个可能的原因。同理，并不是每一个有暴露史的孩子都会生病。如果在同一时间段、同一地点，有相同暴露史的几个儿童（或成人）都发病，那么他们的发病则可能与暴露有很大的关联。

问题　我的孩子暴露于废弃物站会得癌症吗？

回答　虽然在废弃物站发现的一些化学物质具有致癌性（包括确认致癌物和可疑致癌物），但目前认为暴露于废弃物站而得癌症的概率很小。如果孩子暴露于一种或多种致癌物，孩子患癌症的风险取决于暴露量、持续时间，及致癌物类型和其他因素。大多数专家认为暴露于废弃物站不会引起癌症，除非暴露时间很长（参见第 45 章）。

问题　我孩子的学习障碍（注意缺陷多动障碍）是与暴露于废弃物站有关吗？

回答　在废弃物站发现的许多化学物质都可能影响神经系统，包括儿童神经系统发育。这些化学物质有重金属（如铅和汞）、有机溶剂（如甲苯），及某些类型的杀虫剂（如氨基甲酸酯和有机磷酸酯）。废弃物站对儿童的健康风险大小取决于儿童的暴露时间、暴露时儿童的年龄、暴露程度，及儿童的遗传易感性。

问题　我该如何保护我的孩子，避免今后暴露于有害废弃物场站？

回答　最好远离那些土壤被有害废弃物污染的区域。向孩子解释警示标志中警示语的含义及重要性，告诫孩子远离禁区。不要让孩子在已被污染的小溪和其他水体中游泳。这些标识通常会张贴出来，如果有疑问，请联系当地卫生部门。知晓你家庭的供水水源情况，如果怀疑水源被污染，一定要进行检测。儿童、孕妇和其他人都应避免食用污染水域中捕获的某些鱼类。垂钓许可证宣传册应列出哪些鱼是可以安全食用的。如果家长或其他监护者在废弃物站工作，禁止将污染的工作服带回家中。粉尘对儿童来说也是一种暴露源。在预防措施制订和实际实施过程中，应提高警惕，确保粉尘控制和其他安全措施到位。

问题 我家靠近废弃物填埋场。我的孩子会有健康风险吗?

回答 靠近废弃物填埋场的健康风险大小取决于废弃物中所含化学物质的类型和数量,以及暴露的时间。因为很难精确确定暴露的性质,所以很难估计您小孩的实际风险大小。此外,需要了解在废弃物填埋场中发现的化学物质的更多信息,例如,化学物质在废弃物填埋场中如何降解,及如何影响儿童健康。最好让您的孩子远离废弃物站,限制他们可能接触有毒化学物质的活动,定期检测周围水质。调查一下您的社区是否设有家庭有害废弃物收集日。设立有害废弃物收集日有助于预防有毒化学物质进入市政污水和垃圾填埋场。在家中使用低毒或无毒产品,使家人使用有毒化学品减少到最低程度,并在所住的社区内倡导这些健康的行为。

更多信息,请参见第 17 章和第 45 章。

参考资料

Agency for Toxic Substances and Disease Registry (ATSDR)

Educational materials, medical management guidelines for acute toxicity, toxicity information for individual chemicals, Toxicological Profiles, publications, and information: www. atsdr. cdc. gov

Phone: 888 - 42 - ATSDR (888 - 422 - 8737) or 404 - 498 - 0110;

Chemical emergencies and accidental releases: 770 - 488 - 7100

(*information available* 24 *hours a day*).

The ATSDR provides 24 - hour technical and scientific support (emergency response hotline: 770 - 488 - 7100) for chemical emergencies (including terrorist threats) such as spills, explosions, and transportation accidents throughout the United States. The ATSDR also provides health consultations for people exposed to individual substances or mixtures. The 3 - volume reference text, *Managing Hazardous Materials Incidents*: *Medical Management Guidelines for Acute Chemical Exposures*, contains the following information:

- **Volume I**: Emergency Medical Services: A Planning Guide for the Management of Contaminated Patients.
- **Volume II**: Hospital Emergency Departments: A Planning Guide for the Management of Contaminated Patients.
- **Volume III**: Medical Management Guidelines for Acute Chemical Exposures.

In particular，ATSDR has addressed issues related to children with respect to the prehospital（Volume I）and hospital（Volume II）management of children who may be chemically contaminated. Appropriate revisions，including pediatric updates，also are included in Volume III，which addresses medical management of patients who have been exposed to specific chemicals. Other resources provided by ATSDR include：

—— Cases Studies in Environmental Medicine

（information for clinicians on specific exposures）

www. atsdr. cdc. gov/csem/csem. html

—— Chemical Mixtures Program

（information about the human health effects of chemical mixtures）

www. atsdr. cdc. gov/mixtures. html

—— ToxFAQs

（Frequently Asked Questions about Contaminants Found at Hazardous Waste Sites）

www. atsdr. cdc. gov/toxfaqs/index. asp

—— Public Health Statements

（a series of summaries about hazardous substances）

www. atsdr. cdc. gov/PHS/Index. asp

Association of Occupational and Environmental Clinics

Web site：www. aoec. org

Phone：202－347－4976；Toll free：1－888－347－2632

Center for Children's Environmental Health and Disease Prevention Research at the Harvard School of Public Health

Web site：www. hsph. harvard. edu/children

Chemical poisoning emergencies

Web site：www. disastercenter. com/poison. htm

Dartmouth Toxic Metals Research Program

Web site：www. dartmouth. edu/～toxmetal

EPA Superfund Program（general description）

Web site：www. epa. gov/superfund

EPA Search Engine（for finding toxic waste sites in your community）

Web site：http：//cfpub. epa. gov/supercpad/cursites/srchsites. cfm

Harvard NIEHS Center for Environmental Health— Metals Core

Web site：www. hsph. harvard. edu/research/niehs/research-cores metals-research-core/

National Library of Medicine TOXNET

(a collection of toxicology and environmental health databases)

Web site：http://toxnet. nlm. nih. gov/cgi-bin/sis/htmlgen? TOXLINE.

National Center for Environmental Health (NCEH)

Government agency that addresses diverse environmental health issues

Web site：www. cdc. gov/nceh

Pediatric Environmental Health Specialty Units

Web site：www. aoec. org/PEHSU. htm

Poison Control Centers

Web site：www. aapcc. org/dnn/About/FindLocalPoisonCenters/tabid/130/ Default. aspx

National toll-free phone：1－800－222－1222

附加信息

Superfund Record of Decision System

Web site：www. epa. gov/superfund/sites/rods/index. htm

US Environmental Protection Agency-Oil Spills and Chemical Spills

Phone：800－372－9473

Web site：www. epa. gov/epaoswer/non-hw/reduce/wstewise/index. htm

Chemical spills，oil spills，threats

Phone：800－424－8802

Web site：www. epa. gov/oilspill/oilhow. htm

（程淑群 译　李朝睿 校译　宋伟民　赵　勇 审校）

参考文献

[1] US Environmental Protection Agency. *Wastes-Hazardous Waste*. Available at：

http://www.epa.gov/osw/hazard/index.htm. Accessed August 2, 2010.

[2] Amler RW, Smith L, eds. *Achievements in Children's Environmental Health*. Atlanta, GA: US Department of Health and Human Services, Agency for Toxic Substances and Disease Registry; 2001.

[3] Agency for Toxic Substances and Disease Registry. Case Studies in Environmental Medicine. Pediatric Environmental Health. 2002. ATSDR Publication number ATSDR-HECS-2002-0002. Page 10. Available at: http://www.atsdr.cdc.gov/csem/pediatric/docs/pediatric.pdf.

[4] US Environmental Protection Agency. Final National Priorities List (NPL) Sites-by State. Available at: http://www.epa.gov/superfund/sites/query/queryhtm/nplfin.htm. Accessed August 2, 2010.

[5] US Environmental Protection Agency. *National Priorities List (NPL)*. Available at: http://www.epa.gov/superfund/sites/npl/index.htm. Accessed August 2, 2010.

[6] US Census Bureau. *State Population Estimates as of July* 2006. Available at: http://www.census.gov/popest/states/asrh/. Accessed August 2, 2010.

[7] Agency for Toxic Substances and Disease Registry. *Report to Congress*, 1993, 1994, 1995. Atlanta, GA: US Department of Health and Human Services, Public Health Service, Agency for Toxic Substances and Disease Registry; 1999.

[8] Chou CH, De Rosa CT. 2003. Case studies—arsenic. *Int J Hyg Envir Health*. 2003;206(4-5):381-386.

[9] National Research Council. *Ranking Hazardous-Waste Sites for Remedial Action*. Washington, DC: National Academies Press; 1994;29, 37.

[10] Amler RW, Falk H. Opportunities and challenges in community environmental health evaluations. *Environ Epidemiol Toxicol*. 2000;2:51-55.

[11] Agency for Toxic Substances and Disease Registry. *Healthy Children-Toxic Environments: Acting on the Unique Vulnerability of Children Who Dwell Near Hazardous Waste Sites. Report of the Child Health Workgroup, Board of Scientific Counselors*. Atlanta, GA: US Department of Health and Human Services, Public Health Service, Agency for Toxic Substances and Disease Registry; 1997.

[12] Elliott P, Briggs D, Morris S, et al. Risk of adverse birth outcomes in populations living near landfill sites. *BMJ*. 2001;323(7309):363-368.

[13] Johnson BL. *Impact of Hazardous Waste on Human Health*. Boca Raton FL:

Lewis Publishers;1999.

[14] Brender JD, Pichette JL, Suarez L, et al. 2003. Health risks of residential exposure to polycyclic aromatic hydrocarbons. *Arch Environ Health*. 2003;58(2):111-118.

[15] Savitz DA, Bornschein RL, Amler RW, et al. Assessment of reproductive disorders and birth defects in communities near hazardous chemical sites. I. Birth defects and developmental disorders. *Reprod Toxicol*. 1997;11(2-3):223-230.

[16] Amler RW, Gibertinin M. *Pediatric Environmental Neurobehavioral Test Battery*. Atlanta, A: US Department of Health and Human Services, Public Health Service, Agency for Toxic Substances and Disease Registry; 1996.

[17] Ma J, Kouznetsova M, Lessner L, et al. Asthma and infectious respiratory disease in children—correlation to residence near hazardous waste sites. *Paediatr Respir Rev*. 2007;8(4):292-298.

[18] Mueller BA, Kuehn CM, Shapiro-Mendoza CK, et al. 2007. Fetal deaths and proximity to hazardous waste sites in Washington State. *Environ Health Perspect*. 2007;115(5):776-780.

[19] Kuehn CM, Mueller BA, Checkoway H, et al. Risk of malformations associated with residential proximity to hazardous waste sites in Washington State. *Environ Res*. 2007;103(3):405-412.

[20] Baibergenova A, Kudyakov R, Zdeb M, et al. Low birth weight and residential proximity to PCB-contaminated waste sites. *Environ Health Perspect*. 2003;111(10):1352-1357.

[21] Agency for Toxic Substances and Disease Registry. *National Exposure Registry Trichloroethylene (TCE) Subregistry Baseline Technical Report (Revised)*. Atlanta, GA: US Department of Health and Human Services, Public Health Service, Agency for Toxic Substances and Disease Registry; 1994.

[22] Orr M, Bove F, Kaye W, et al. Elevated birth defects in racial or ethnic minority children of women living near hazardous waste sites. *Int J Hyg Environ Health*. 2002;205(1-2):19-27.

[23] US Department of Energy Office of Health Studies. *Agenda of HHS Public Health Activities (For Fiscal Years 2005-2010) at US Department of Energy Sites*. Washington, DC: US Department of Energy Office of Health Studies and US Department of Health and Human Services; 2005.

[24] Brechner RJ, Parkhurst GD, Humble WO, et al. Ammonium perchlorate con-

tamination of Colorado River drinking water is associated with abnormal thyroid function in newborns in Arizona. *J Occup Environ Med*. 2000;42(8):777 - 782.

[25] Agency for Toxic Substances and Disease Registry. *A Cohort Study of Current and Previous Residents of the Silver Valley: Assessment of Lead Exposure and Health Outcomes*. Atlanta, GA: US Department of Health and Human Services, Public Health Service, Agency for Toxic Substances and Disease Registry; 1997.

[26] Agency for Toxic Substances and Disease Registry. *Study of Effect of Residential Proximity to Waste Incinerators on Lower Respiratory Illness in Children*. Atlanta, GA: US Department of Health and Human Services, Public Health Service, Agency for Toxic Substances and Disease Registry; 1995.

[27] Centers for Disease Control and Prevention. Mercury exposure among residents of a building formerly used for industrial purposes—New Jersey, 1995. *MMWR Morb Mortal Wkly Rep*. 1996;45(20):422 - 424.

[28] Agency for Toxic Substances and Disease Registry. *Case Studies in Environmental Medicine: Taking an Exposure History*. Atlanta, GA: US Department of Health and Human Services, Public Health Service, Agency for Toxic Substances and Disease Registry; 2000. ATSDR Publication ATSDR-HE-CS-2001-0002. Available at: http://www.atsdr.cdc.gov/csem/exphistory/ehcover_page.html. Accessed August 3, 2010.

[29] Agency for Toxic Substances and Disease Registry. *Case Studies in Environmental Medicine: Pediatric Environmental Medicine. Principles of Environmental Medical Evaluation*. Atlanta, GA: US Department of Health and Human Services, Agency for Toxic Substances and Disease Registry; 2003:24.

[30] Straight JM, Kipen HM, Vogt RF, et al. *Immune Function Test Batteries for Use in Environmental Health Field Studies*. Atlanta, GA: US Department of Health and Human Services, Public Health Service, Agency for Toxic Substances and Disease Registry; 1994.

[31] Amler RW, Mueller PW, Schultz MG. *Biomarkers of Kidney Function for Environmental Health Field Studies*. Atlanta, GA: US Department of Health and Human Services, Public Health Service, Agency for Toxic Substances and Disease Registry; 1998.

[32] Metcalf SW, Samet J, Hanrahan J, et al. *A Standardized Test Battery for Lungs and Respiratory Diseases for Use in Environmental Health Field Studies*. Atlanta, GA: US Department of Health and Human Services, Public Health

Service, Agency for Toxic Substances and Disease Registry; 1994.

[33] Agency for Toxic Substances and Disease Registry. *Managing Hazardous Materials Incidents: Medical Management Guidelines for Acute Chemical Exposures*. Atlanta, GA: US Department of Health and Human Services, Public Health Service, Agency for Toxic Substances and Disease Registry; 2001.

第 13 章

工 作 场 所

大多数人可能认为青少年的主要职业是“学生”，但是在美国，3/4 来儿科医院就医的高中生都有工作。尽管工作对青少年发育有益，但每年都有成千上万的小于 18 岁的工人受伤，数十人死亡[1]。虽然青少年冒险行为经常被认为是工伤的主要原因，但 2007 年加拿大调研结果表明，工作条件、职业期望和职业暴露等造成的伤害比青少年个人行为的伤害更重要。更多存在于工作场所的危险、工作节奏加快的压力，以及少数族群的地位都与伤害有关。第一次参加工作的人风险会增加[2]。卫生保健服务人员很少关注青少年接触危险器械的暴露机会和危险化学品。成人职业卫生专业人员也很少关注到青少年，而儿科医生通常不涉及青少年患儿的职业健康和安全问题。鉴于许多青少年伤亡，儿科医生需要在他们的社区倡导和教育患儿改善工作场所的健康和安全，特别是倡导制定政策。虽然迫切需要解决急性中毒和安全问题，但也须考虑慢性或迟发性的健康危害。

本章讨论了青少年的职业性有害因素的暴露，特别是化学品的暴露。其他职业性有害因素还包括源于那些大型工业（如农业、建筑业、林业和一些服务行业）和小型工业（如渔业、罐头制造业、零售业、食品服务行业）危险设备的使用。虽然工作场所暴力也极为重要，但不在本章讨论。

青少年工人

在美国，大约 1/4 的八年级学生和 3/4 的高中生会在课后、周末以及寒暑假从事一份正式带薪的工作。在 2007 年，有 260 万的 15～17 岁的青少年在工作，其中 37%在餐饮服务业；24%在零售业[1]。虽然低年龄的青少年也在工作，特别是在农业和家族企业，但无法获得这些青少年工作的官方数据。许多青少年也做保姆、清洁、割草等工作。约20%的青少年从事的工作是违规的，例如在工资、工作时间及安全法规等方面，官方也无法获得这些青少年的数据。

在美国，青少年工人数每年都在变化，并且没有任何明显的趋势。还不很清楚近年来的经济衰退(2009—2010)对青少年就业影响的统计数据。虽然政府支持的暑期工作越来越少，2000—2004年16岁和17岁青少年的工作小时数也减少了，但在这个时期内个体经营的青少年数量增加了，有关报道表明，仍然有学生继续工作。

为那些有典型和特殊需求的学生提供各种从学校向工作过渡的措施，导致了更多的青少年进入工作场所。基于学校的职业技术教育往往要模拟就业状况，可能涉及一些有害因素，包括化学品暴露。有人担心，残疾高中生可能去做卑微的工作，他们很少甚至没有在学校受过培训，这可能会增加他们暴露于化学性和生物性危害的风险。国家赋予志愿者社区参与的优先权力，支持青少年参与无偿工作(如旧房改造)，他们所面临的风险与他们做类似的有偿的工作所面临的风险是一样的。

对青少年就业时间和风险的监管

1938年的美国《公平劳动标准法案》(FLSA)保留了主要的联邦法律，规定了工作年龄不能低于18岁[6]。这部法案包括两部分：通过规定每日和每周的工作时间进行保护教育；并通过禁止使用危险禁令(列表指定的危险品)上列的危险机器或危险化学品来保护青少年健康和安全。《公平劳动标准法案》禁止18岁以下青少年在非农业企业从事与有害化学品有关的工作[7]。对于农业化学工作的禁令仅限于16岁，并且儿童和青少年在自己家庭的农场工作也被限制[8]。在美国国家职业安全卫生研究所(NIOSH)网站上可以找到有关工作时限和禁止从事的职业清单(参见参考资料)。

美国许多州也有关于童工的法律，如果州法律严于联邦法，那么州法律可以取代联邦法律。联邦法律或州法律没有涉及许多企业，特别是小型企业；如何判定小企业或农业雇佣青少年工，往往是复杂的。当前，劳动合同工(不是公司的雇员，而是被录用去完成特定任务的人)的数量有增加趋势，尤其是报纸派送员和清洁工都是有问题的，因为不清楚谁负责他们的监督、教育、健康和安全。

另一个法律免责是职业/技术培训。因为这样的培训是有监督的，而且培训环境是安全的，否则其培训资质会被取消。如果没有系统的监督各种暴露危险因素，那么，就会导致疾病或损伤，这种情况会发生在以学校为主的学习场所或工作场所，但有关对车间工伤与职业性中毒控制中心的电话研究表明，我们应该关注这类问题[9,10]。据报道，1992—1996年，有 1 008 名 7～12 年级的犹他州孩子在车间受伤。在 7 人（全是高中生）受伤严重到需要住院的人中，6 人因使用台锯受伤，1 人因使用汽车清洗液受伤，其面部和上肢遭受二度烧伤[9]。

《公平劳动标准法案》除了在 2005 年有一条更新外，从 1938 年开始基本上保持不变。在 2010 年，美国劳工部工资和工时部门公布了最终条例，其目的是更好地保护童工，使他们远离危险。同时，最终条例去掉那些过时的限制，并承认安全工作对儿童及其家庭的重要性[11]。主要变化是针对 14 岁和 15 岁的非农业就业者的伤害问题，但这对青少年风险暴露有 3 个潜在的影响。首先，最终规则规定在 2004 年允许 14 岁和 15 岁的儿童受雇于竹木工艺制品企业（使亚米希人从农业转向木工）。这一变化使青少年工存在因吸入木屑导致呼吸问题的风险。第二，最终条例允许 15 岁的孩子在游泳池和水上公园做救生员；此前，允许年龄是 16 岁。这种变化会增加青少年暴露于池中化学品（如氯）的风险，因为水池维护通常与水质检测和净化处理有关。第三，最终条例禁止 16 岁以下的青少年沿街叫卖和上门推销，这可能使更多的青年免受机动车和人际暴力的风险，还可能使青少年免受性虐待和由此产生的性病感染的风险。条例针对在非农业产业就业的 16 岁和 17 岁的孩子的大部分改变是关于工伤预防和在扑救森林火灾中预防烟雾和灼热风险。

工作许可

美国大约一半的州，青少年在找工作时或开始工作时都必须取得学校出具的工作许可证。有些州要求医生需开具青少年身体健康适合就业的证明。这给在工作中的青少年的预期安全指导提供了机会。

儿童劳动法的执行

儿童劳动法由联邦政府和州的劳动部门实施。劳动检查员负责执行关于工资、工时和所有工人的安全法律。通常有家长或偶尔有业务人员控诉时，大多数童工才会被审查。可执行童工法的检查人员很少，而且历史上对违法行为的罚款也很少。工时违规问题包括使青少年在上学的晚上工作超时，或工时正常却不付工资。

违反儿童劳动法的最关键的方面主要涉及安全问题，因为安全违法行为和恶性事故之间密切相关。如果一个雇主不遵守关于工资和工时的法律，那么他可能违反了保护青少年健康和安全的法律[12,13]。雇用青少年接触有潜在危险的材料，在工作中可能会违反法律，由于企业规模或生产或主要职位以外的工作(尤其是清洁工作)，法律可能没有涉及这些工作。家族企业(特别是农业)不成比例地出现儿童工伤恶性事件，包括 14 岁以下的儿童，表明这些企业中的风险也很重要[14]。当前的经济压力可能使青少年工人面临更多风险：在拒绝执行危险任务或被禁止的任务方面可能会很困难，因为如果拒绝就会影响就业，特别是如果孩子知道家庭困难需要工作时。

职业死亡、工伤，职业性有害物的暴露与职业病

在 20 世纪 90 年代，法律旨在保护青少年工人，但每年至少有 70 名 18 岁以下的儿童青少年因工作死亡。从 1998—2007 年，青少年工人(15～24 岁)的致死率下降了大约 14%[17]。然而，1992—1997 年的职业性死亡人数和 1998—2002 年的相比，14～15 岁的死亡人数增加了 34%。[5]在 2007 年，38 名 18 岁以下儿童青少年职业性死亡；其中有一半年龄小于 16 岁。在 2008 年，37 名年龄小于 18 岁的青少年死于工伤，其中 15～17 岁的男性工人占死亡人数的 90%；其中 65%是白人，5%是黑人，27%是西班牙裔。西班牙裔青少年的职业性病死率超过其他人群。交通事故几乎占了所有青少年工职业性死亡的一半，包括 14～15 岁的青少年，他们一般禁止在车辆上或车辆附近工作。接触有害物质或环境(包括电击)死亡人数是 40 人(11%)[17]。

很少有研究记录青少年在工作场所发生的疾病或死亡，大量研究记

录的是成人的职业性伤害。每个研究包含关于少量暴露于有害物质的信息。职业暴露相关死亡的信息增加了人们对于职业暴露的担忧[18-24]。在每年 70 人以上的青少年工人死亡中，大约 3%是由于中毒而不是伤害。北卡罗来纳州法医报告的青少年职业性死亡率是 4%[25]，纽约州是 7%，这个比率是变化的[19]。1991—1996 年，马萨诸塞州毒物控制中心的咨询调查包括 124 例 14～17 岁青少年的职业暴露。这些青少年中有 18 人是中度至重度受伤，而几乎一半的人与腐蚀剂或清洗剂有关[26]。

美国在 20 世纪 90 年代每年有 6.5～7 万个儿童和青少年在工作中受伤，严重的需要急救[20]。在 2007 年，估计有 48 600 个 15～17 岁的青少年因工作相关损伤和疾病到医院急诊抢救。因为工作相关损伤的人中只有约 1/3 到急诊室就诊，据此推算，每年工作相关的损伤和疾病约 146 000 人[17]。这些数字可能仍然低估了问题的严重性，因为很多人认为一个孩子或青少年的职业是“学生”，从不询问或记录更多有关职业的信息。有些员工可能不希望别人知道他们的职业信息。目前的趋势是，当报道包括 18 岁和 19 岁的“青少年工人”的伤害和死亡时，统计结果很难分离出 18 岁以下员工的真实情况，因为他们当中的大多数人仍然在学校而不是全职员工。

临床效应

美国没有儿童职业暴露的监控系统。除噪声外，有一些对临床治疗和预防干预的研究，还有[27]收集的零碎的临床效果信息。5 个主要数据来源是：①致命工伤普查项目（CFOI），其中包括职业暴露导致的死亡；②国家电子伤害监测系统-职业补充（NEISS-Work）；③来自文献和青少年职业伤害研究的暴露和急性中毒的病例报告；④相关暴露的成人医学文献，这些暴露可以类推到从事类似工作的青少年；⑤基于化学毒理学知识和青春期生长、发育、生理学和解剖学知识考虑安全风险。

暴露途径

青少年做工可能会面临多种类型的风险或暴露于来自多种途径的同

一种化学物(例如吸入农药或从手摄入)。应分别检查每种途径。

皮肤

有些化学品通过皮肤或皮肤上的伤口吸收。例如,在打理草坪和从事农业工作时容易吸收农药[28],收割烟草时易吸入尼古丁[29],印刷商店[30]、皮革商店和汽车车身美容店易沾染使用的溶剂。布手套和鞋子不能提供足够的保护,如果衣服被化学品浸湿,不及时清除的话可能会被腐蚀。

虽然一般认为辐射和阳光照射会导致损伤而不是风险暴露,但是它们也很重要,因为它们会增加未来患癌症的风险。

触电通常被认为是损伤而不是风险暴露,但它意味着皮肤暴露于电流的危害。50%以上的触电包括接触电线,它是 1980—1989 年间 16～17 岁孩子职业死亡的第三大原因[31]。从 1998—2002 年,触电占 14～18 岁的农场工人死亡的 5%,这比 5 年前增加了 1 倍。与此形成对比的是,在缺氧环境和火灾/爆炸中窒息而导致的职业性死亡反而减少了[5]。

吸入

吸入化学烟雾、颗粒物或真菌可能会导致吸入性损伤,其对人群健康的影响包括急性症状和慢性症状。

■作为学校课程一部分,青少年参与新家园的建设,可能会接触到窗户上的喷涂泡沫[32]。他们也可能接触车身漆和虫胶中的铅和异氰酸酯,它们是肺致敏物质。

■在允许吸烟的餐馆,二手烟(SHS)对工人来说是一种危害[33]。

■农场环境可能有一些哮喘过敏原有关,如动物皮屑、真菌和粮食粉尘。

■学校建筑物屋顶漏水会导致空调被真菌污染,学生发生过敏和呼吸道疾病,学校管理部门让空调维修的学生帮忙打扫卫生。学生们戴着面具,穿着防护服等。学校认为学生们是安全的。然而,当地专业人士说他们处理真菌问题的防护标准包括全面防护口罩、防护服、塑料密封和负压以防止真菌毒素的污染。[34]

■ 2010 年 5 月，一个已经解散的提供就业培训的加利福尼亚非营利组织的几个高管被指控在 2005—2006 年间故意让几十个青少年从事石棉暴露的工作[35]。所有暴露的学生在今后的生活中患肺癌和间皮瘤的风险增加(参见第 23 章)。类似的问题也出现在农药暴露的农村青年中[36]。

■在青少年期(11～20 岁)而不是在成年后搬到农场，罹患原发性颅内神经胶质细胞瘤的风险更高[37]。

■在工作场所(快餐店或一般商店)做清理工作可能会吸入具有神经毒性和肝毒性的溶剂[26]。

■吸入加热混合清洗溶剂可能导致致命性心律失常。

■已证明吸入黏合剂和一般的清洁剂会增加医护人员哮喘的发病率[38]。

■美国职业安全和健康管理局(OSHA)正在将成人职业医学中常见的闭塞性细支气管炎规范化。工人暴露于制造爆米花的食品香精双乙酰(黄油香精)会导致闭塞性细支气管炎(“爆米花肺”)。因此[39-41]在电影院糕点柜台主要负责准备爆米花工作的青少年可能会患这种病。

摄入

铅和其他重金属可能被摄入。已发现汽车车身美容店存在铅暴露风险[42]。儿童的功能年龄比生理年龄小，他们往往表现出更多的经口摄入行为，这可能增高他们摄入毒物的风险。在美国，这样的孩子通常优先纳入职业教育，规划布局时必须考虑这些风险。

急性中毒和其他急性暴露的案例

1988—1991 年的 1.7 万多例华盛顿州青少年工人(11～17 岁)赔偿金的研究数据中，接近 900 例(4.9%)是毒物暴露赔偿金[6]。马萨诸塞州和肯塔基州的 18 个案例表明青少年中发生急性职业暴露；最常见的暴露是清洗工作，最常见的工作场所是餐饮服务[10,43]。一个典型的例子是一个十几岁的青少年在一家快餐店的柜台工作，但在换班后负责清洗工作。清洗涉及多种化学品，有时还需要将这些化学品混合。青少年通常没有训练如何安全处理或使用这些化学品，结果可能危及生命。这类案例数明显被低估了，因为许多青少年没有死亡或病情不足以上报中毒控制中心或工人补偿系统。

受雇于农场或草坪护理公司的青少年也可能存在危险暴露的风险。1989 年一项针对 50 名在纽约州工作的 18 岁以下的外来农民工的调查发现，尽管童工法禁止使用有毒化学品，但仍有 11％的青少年在使用。他们[36]除了手套，没有其他的防护用品，目前尚不清楚该手套是否不可渗透。调查显示 15％以上的青少年符合有机磷中毒的症状，却很少有人寻求医疗救治。40％以上的青少年在有农药的湿田里工作，违反了化学品制造商建议的次数，40％的青少年被给作物喷洒农药的飞机直接污染，或通过飞机或拖拉机带来的农药间接污染。同样，在 323 个北卡罗来纳州学生中也观察到类似的结果，他们当中 69％是在亲戚的农场里工作。报道显示有 59％的女孩和 29％的男孩使用杀虫剂或其他农业化学品。3％的女生和 11％ 的男生患有与杀虫剂或其他化学品有关的疾病[44]。

慢性暴露的案例

噪声

威斯康星州高中积极参与农场工作的学生相比同龄的不在农场工作的学生而言，发生早期噪声性听力损失的风险要高 2 倍[27,45]。噪声暴露与听力损伤程度之间密切相关。在农场工作的学生存在更大的噪声暴露，有证据表明 74％至少有一只耳朵有听力损伤。只有 9％的在农场工作的学生使用听力保护装置。

重复运动

虽然关于青少年的研究数据很少，但根据一项调查年龄稍大的女性超市收银员的自我报告的研究表明，她们普遍存在的腕关节症状(62.5％)，这与使用激光扫描仪、多年从事收银员工作和每周的工时有关[46]。这个问题值得关注，因为很多女性青少年从事超市收银员工作，并且在学校或闲暇时经常使用电脑，这增加了潜在的反复性运动问题[35]。

诊断方法

当青少年不明原因出现某一症状，就需要一个完整的病史（包括职业史）和体格检查。如果允许，应检查患儿是否暴露于重金属或其他物质（例如，翻新老房子时暴露于铅）。当无法测量所暴露的物质时，可以测量暴露对终末器官的影响（如溶剂暴露后的肝功能）。在急性事件中，如果有需要应保存分析物质和其原来的容器。

临床治疗

治疗范围包括确定和消除慢性低剂量暴露的来源，以及急性中毒后的高级心脏生命救护。应具备正确的救助知识，尤其是如果受害者是首次在缺氧或有毒化学环境中，如在 2010 年有 2 名青少年死亡[47,48]。美国中毒控制中心的儿科毒理学人员可提供关于治疗的具体信息。

暴露预防

基于社区的策略

预防包括训练和工程控制的结合。应该知道物质的使用知识和潜在的暴露途径。合理的人体工程学有利于预防重复性运动障碍。负荷的大小正好与青少年匹配可以预防一系列问题。

以证据为基础的预防方案在起步阶段。威斯康星州的一个项目说明了安全文化如何影响青少年的职场行为，并可能有助于他们形成安全工作的习惯。在威斯康星州农场为期 4 年的对开拖拉机的青少年佩戴听力保护装置来防止噪声引起的听力损失是有效的。在 375 个参与研究的学生中，计划以后使用听力保护装置的学生从 23％增加到 81％，但在对照组只从 24％增加到 43％[27]。

表 13-1　职业暴露举例

■汽车制动和旧楼拆迁改造中的石棉暴露
■车间的木粉尘和家具生产加重哮喘
■抽气时苯暴露
■在疗养院或医院血源性病原体暴露
■在餐馆、疗养院或学校清洁剂暴露
■寒冷地区的寒冷天气和户外工作，在高湿度条件下热损伤更快（在加油站、建筑工地、滑雪场的工作等）
■化妆品和染料
■在夏季或炎热的气候下从事洗碗或户外工作导致热暴露
■汽车车身美容或用新型屋面材料盖屋顶导致异氰酸酯（肺增敏剂）暴露
■汽车车身美容、家居装修油漆和石膏散热器等导致铅暴露
■烟草收割时尼古丁暴露（绿烟病）
■在农场或工厂工作时因噪声导致听力损伤
■草坪护理工作，农活和喷洒的农药暴露
■服务员工作时的二手烟暴露
■在T恤筛选时的溶剂暴露
■从事救生员工作、农场工作和其他户外工作时的阳光照射
■在农场或兽医诊所工作时的破伤风和其他生物/传染危害（过敏性肺炎）
■从事焊接工作导致眼部烟雾暴露

基于办公室的策略

作为好的诊疗和其他诊疗的一部分，例如体检和诊疗工作中，儿科医生应该找出患儿的职业工作、工作职责、使用的化学品和设备的类型，以及青少年是否接受过有关化学品和设备安全使用的工作培训。因为75%以上的青少年会在一年中的某个时候工作，每个青少年都需要询问其潜在危害（表13-1）的职业史。这个职业史包括询问无偿工作（如在一个家庭农场或非农业公司帮忙），在学校商店和其他课堂的职业培训，和学校相关的工作、学习或其他现场实习。儿科医生应该询问青少年是否是自愿参加夏季住房改造等工作，因为这类工作可能有健康风险。对有学习障碍、发育迟缓或智力残疾的青少年应该记录其职业史。询问青少年是否有成年监护人在场是很重要的，就像询问在场懂得急救的人一样。虽然一些工作场所不遵守《公平劳动标准法案》，但从法律上讲，职工有权了解他们工作中使用的化学品。讨论这些问题可能始于一个患儿报告表。尽管讨论可能很简短，但它给儿科医生提供了一个教育青少年有

关职业安全和职业健康的机会。

美国儿科医生应该熟悉州童工法。各州劳动部门提供一张总结工作时间、工资和不同年龄段青少年允许的职业的海报。这张海报必须张贴在每一个工作场所的醒目位置，并可张贴在青少年区的训练场地和诊所。在有些州，美国劳工部办公室也可以提供信息。儿科医生也应该对州工人赔偿法有一定的了解，因为青少年可能有资格获得医疗费、工资损失，以及因职业性疾病耽误时间的赔偿。

虽然，儿科医生不应该成为职业卫生专家，但是，如儿童乘客安全须知那样，儿科医生应该知道职业卫生的基本信息，以及到哪里去寻求专业建议。美国儿童环境卫生专业单位是由儿科医生和职业卫生专家组成的。关于暴露的信息也可以从工业卫生、工会、企业健康安全人员，以及地方委员会职业安全卫生组得到。州职业安全和健康管理局的培训可能是有帮助的。雇主有告知工人化学品的风险和使用方法的法律责任。

在招聘青少年时应考虑他的疾病。例如，长期疲劳制作丝屏罩的青少年，如果在通气不足的地方工作或睡觉，更可能出现慢性溶剂中毒。青少年的就业应该考虑对已知疾病的管理（例如，在允许吸烟的餐馆工作的青少年，他以往控制好的哮喘可能复发）。

儿科医生可以给患有慢性疾病的青少年提供职业选择指导。他们的就业机会比同龄人少，所以这些就业机会对他们的发展和未来的职业很重要。

应激励儿科医生设计与患儿年龄相适应的康复治疗方案以及进行工伤的随访。虽然往往不包括农业相关伤害，但工人因工伤或者职业危害暴露导致的康复治疗应得到赔偿。

儿科医生应该在青少年安全工作方面帮助家长做出明智的决定

儿科医生应该告诉家长和监护人有关青少年就业环境存在的潜在风险和益处。许多人没有意识到伤害或化学暴露的风险以及青少年接受安全培训的必要性。儿科医生的指导可以帮助其降低风险。家长应该知道青少年生长发育的正常模式，对青少年发育阶段的期望要适当。年龄小的青少年，尤其是那些做农活的青少年，可能不适合用成人的防护设备，如果使用成人的防护设备可能会有风险。年龄稍大的青少年在认知或情感上可能不成熟，因此需要一个经验丰富的成人对儿童能否从事相应的工作或任务做出判断。家长有保护青少年的安全责任意识，所以需要帮助他们做出有利于安全的决定。面对孩子及其朋友的压力，家长可能会怀疑自己的决定是否明智。家长确保孩子的安全和适当限制青少年的独立一样重要。

应该鼓励家长树立重视安全的榜样。例如家长是农民或工人，就可以给青少年展示和讨论如何安全使用、处理、存储和清理化学品。应该鼓励家长讨论噪声和灰尘的风险，分享保护措施和最大限度地减少风险的信息。

带回家的风险

“带回家的风险”是指孩子接触（或其他家庭成员）由家长从工作场所带回家的化学品、纤维、金属或粉尘。这些暴露可能导致中毒。例如铅是已知的最典型的例子：一个从事修桥、汽车蓄电池修理、绘画或在靶场工作的家长可能无意中将衣服上的铅尘带到家里，导致孩子铅中毒（参见第31章）。其他的已知的带回家的风险包括汞、农药、玻璃纤维、石棉等。在评价已知的重金属中毒的孩子时，应考虑家长的职业。

家庭里的风险

家长或其他人在家中的工作可能使孩子处于危险中。厨房装配的雷达探测器含有浸铅的电线，这可能有中毒的危险。在后院从事汽车电池相关工作可能造成家里或邻近的儿童铅中毒[49]。

在家里秘密制造甲基苯丙胺（冰毒）是一个普遍的新危害（参见第49章）。[54]当家中生产冰毒时，孩子有由爆炸造成死亡、受伤或烧伤的风险。他们也因严重摄入腐蚀性材料而有死亡的风险。与生产冰毒有关的化学品毒性非常大，执法人员处理这些危险品需要做好保护措施[54]。

常见问题

问题 我的孩子有哮喘，她每日需要吃药。她想做兼职，我可以让她去工作而不会让她的哮喘发作吗？

回答　青少年需要询问雇主他们将要做的事情及其是否会接触化学品。对患有哮喘的青少年来说，在允许吸烟的餐厅工作不是明智的选择。应该给从事客户服务或出纳工作的青少年提供一个更好的呼吸环境，或患哮喘的青少年可以在一个不吸烟的冰激凌店工作，只要他不需要使用呼吸道刺激性的清洁材料。家长对任何工作都要考虑到成人监督、岗位培训和安全教育。家长应该参观工作场所。考虑到一个需要个人防护设备的工作意味着可能存在风险。在职业教育、车间、工作学习和志愿者工作中都应考虑到潜在的化学品暴露。

问题　青少年会因为年轻和健康而在工作场所不易遭受风险吗？我们年轻的时候，工作都没有这些保护。

回答　风险可以很小，也可以危及生命，这取决于所暴露的化学品。青少年和儿童易遭受封闭空间的健康风险。像成人一样，他们会死在缺氧的环境中，例如在一个充满化学品的罐里做清洗工作。从理论上讲，如果化学品在代谢时毒性降低，因为青少年的代谢比成人更快更好，结果可能是其对青少年工作者的毒性更低。如果代谢产物本身是有毒的，青少年中毒的风险可能增加。因为一个人不可能提前知道任何给定的化学品的适用量，在测试时可能导致疾病或死亡。因此，预防暴露是最好的方法。

问题　青少年是否会因为生理系统（特别是免疫系统）尚未发育成熟而比成年人更容易暴露？

回答　一个青少年在某些方面可能更容易暴露，但并不是因为他们的免疫系统。虽然目前没有确切的数据来回答这个问题，但我们知道在青春期免疫系统基本上发育成熟，所以它不会更容易暴露。当强调青少年职业健康和安全时，不要夸大风险的存在；因为这可能会降低我们对真正的风险存在的可信度。

然而，如果我们知道暴露对成人有害，我们应该假定它可能对青少年也有害，因此要防止他们暴露。青少年暴露于可能的人类致癌物（癌基因）和可能产生出生缺陷的物质（致畸物）可能会增加其的风险。生命早期暴露于导致潜伏期很长的致病物质(特别是致癌物)会增加青少年的风险。如果一种物质在体内积累很长时间,其效果可能与剂量有关,青少年工作者可能有危险,因为他们在生命早期已经开始暴露。在青春期的快速生长期暴露于潜在致癌物质可能增加癌症风险。因为青春期是一个内分泌变化时期,更容易受内分泌干扰物(包括某些农药)的影响。且青春期处于生育年龄,应关注急性和有潜在的生殖影响的化学物质。

问题 一个仍在生长的青少年做重体力劳动是否安全?

回答 我们有关年轻体操运动员和棒球选手的职业性后背伤害和过度使用受伤器官的事实表明,快速生长时期会严重增加慢性肌肉损伤的风险,特别是有大量重复运动时[55]。这对从事农场工作、出纳工作和任何重复运动工作的青少年都有影响。

参考资料

National Institute for Occupational Safety and Health (NIOSH)

Phone: 800－356－4674

Web site: www. cdc. gov/niosh/homepage. html

The Web site of this federal agency contains information on hours and safety regulations, hazards, and how to protect against them, including a sheet for teenagers. The Division of Safety Research in the Morgantown, WV, NIOSH office (phone: 304－285－5894) has expertise in the scientific, research, and educational aspects. The NIOSH office in Cincinnati, OH, works on exposures in vocational/technical education settings. In May 1995, NIOSH published *Alert-Request for Assistance in Preventing Deaths and Injuries of Adolescent* Workers. This booklet (Department of Health and Human Services Publication No. 95－125, available from NIOSH) has background information and a tear-out page to post in the office or to copy for adolescent patients and their parents or for community work. NIOSH funds educational resource centers and academic departments of occupational medicine.

Labor Departments

Each state Department of Labor has information on child labor laws; wages; hours of work; safety regulations, including Hazard Orders that prohibit specific types of hazardous exposures; and problems with any of those areas. A poster summarizing child labor law often is available. In some states, a caller will be told to call the local office of the US Department of Labor.

Youthwork E-mail List

Web site: www.youthwork.com/ywnetlists.html

This mailing list for professionals and volunteers working with youth addresses programs and issues relating to work. Questions are posted, as are information and opinions from the federal, state, university, and front-line sources on issues pertaining to health and safety.

Occupational Safety and Health Administration (OSHA)

Phone: 800－321－OSHA (6742)

Web site: www.osha.gov

This federal agency deals with regulatory and enforcement issues. If a teenager has a question about a specific hazard, the teenager or parent (with permission) can call OSHA for assistance. This can be done anonymously, but sometimes an employee may be identifiable. Pediatricians should consider this agency especially when there is concern about imminent danger to other adolescents in that workplace. OSHA offices can be found in local phone directories.

Committees on Occupational Safety and Health (COSH)

Most community-based COSH groups maintain staff capable of answering questions about occupational exposures. The New York Committee for Occupational Safety and Health publishes an update every few days of current worker health and safety issues including those relevant to employed adolescents.

Poison Control Centers

Information on toxicity of specific chemicals and clinical guidance is available. Poison control centers provide expertise and treatment advice by phone. All poison control centers can be reached by calling the same telephone number: 1－800－222－1222.

North American Guidelines for Children's Agricultural Tasks

Web site: www.nagcat.org/nagcat

The North American Guidelines for Children's Agricultural Tasks (NAGCAT), published by the Marshfield Clinic Research Foundation, were developed to assist parents in assigning farm jobs to their children 7 to 16 years of age, living or working on farms. The NAGCAT can help answer questions from parents and professionals about the role of their child in agricultural work.

Child Labor Coalition

Web site：www. stopchildlabor. org/index. html

This is a coalition of diverse organizations and individuals (including the American Academy of Pediatrics，consumer groups，medical professionals，universities，unions，and religious organizations) interested in international and US child labor. They organize conferences，meet monthly，and maintain one of the most up-to-date watches in the nation on federal and state child labor law changes.

National Child Labor Committee

Phone：212 - 840 - 1801

Web site：www. kapow. org/nclc. htm

The committee，founded in 1904，has historical and legal information and continues to advocate for the safe employment of adolescents.

(李廷玉　赵　勇 译　关思齐　徐晓阳 校　宋伟民 审校)

参考文献

[1] National Institute for Occupational Safety and Health，Centers for Disease Control and Prevention. *Young Worker Safety and Health*. Available at：http://www. cdc. gov/niosh/topics/youth/. Accessed March 1，2011.

[2] Breslin FC，Day D，Tompa E，et al. Non-agricultural work injuries among youth—a systematic review. *Am J Prev Med*. 2007;32(2):151 - 162.

[3] American Academy of Pediatrics Committee on Environmental Health. The hazards of child labor. *Pediatrics*. 1995;95(2):311 - 313.

[4] Windau J，Meyer S. Occupational injuries among young workers. *Monthly Labor Review*. October 2005:11 - 23.

[5] Institute of Medicine，Committee on Health and Safety Implications of Child Labor. *Protecting Youth at Work：Health，Safety and Development of Working Children and Adolescents in the United States*. Washington，DC：National Academies Press；1998.

[6] Fair Labor Standards Act，29 USC 201，CFR 570 - 580 (1938).

[7] US Department of Labor. *Child Labor Requirements in Nonagricultural Occupa-*

tions Under the Fair Labor Standards Act. Child Labor Bulletin 101. Washington, DC: Employment Standards Administration, Wage and Hour Division; 1985.

[8] US Department of Labor. *Child Labor Requirements in Agriculture Under the Fair Labor Standards Act*. Child Labor Bulletin 102. Washington, DC: Employment Standards Administration, Wage and Hour Division; 1984.

[9] Knight S, Junkins EP Jr, Lightfood AC, et al. Injuries sustained by students in shop class. *Pediatrics*. 2000;106(1 Pt 1):10 - 13.

[10] Woolf AD, Flynn E. Workplace toxic exposures involving adolescents aged 14 to 19 years: one poison center's experience. *Arch Pediatr Adolesc Med*. 2000;154(3):234 - 239.

[11] US Department of Labor, Wage and Hour Division. Youth Rules. Available at: http://www. youthrules. dol. gov/index. htm. Accessed March 1, 2011.

[12] Suruda A, Halperin W. Work-related deaths in children. *Am J Ind Med*. 1991;19(6):739 - 745.

[13] Dunn KA, Runyan CW. Deaths at work among children and adolescents. *Am J Dis Child*. 1993;147(10):1044 - 1047.

[14] Derstine B. Youth workers at risk of fatal injuries. Presented at: 122nd Annual Meeting of the American Public Health Association; November 1, 1994; Washington, DC.

[15] Castillo DN, Malit BD. Occupational injury deaths of 16 and 17 year olds in the US: trends and comparisons with older workers. *Inj Prev*. 1997; 3 (4): 277 - 281.

[16] Centers for Disease Control and Prevention. Work-related injuries and illnesses associated with child labor—United States, 1993. *MMWR Morb Mortal Wkly Rep*. 1996;45(22):464 - 468.

[17] Centers for Disease Control and Prevention. occupational injuries and deaths among younger workers—United States, 1998 - 2007. *MMWR Morb Mortal Wkly Rep*. 2010;59(15):449 - 455.

[18] Miller M. *Occupational Injuries Among Adolescents in Washington State*, 1988 - 91: *A Review of Workers' Compensation Data*. Olympia, WA: Safety and Health Assessment and Research for Prevention, Washington State Department of Labor and Industries; 1995. Technical Report No. 35 - 1 - 1995.

[19] Bellville R, Pollack SH, Godbold JH, Landrigan PJ. Occupational injuries among

working adolescents in New York State. *JAMA*. 1993;269(21):2754－2759.

[20] Brooks DR, Davis LK, Gallagher SS. Work-related injuries among Massachusetts children: a study based on emergency department data. *Am J Ind Med*. 1993;24(3):313－324.

[21] Bush D, Baker R. *Young Workers at Risk: Health and Safety Education and the Schools*. Berkeley, CA: Labor Occupational Health Program; 1994.

[22] Cooper SP, Rothstein MA. Health hazards among working children in Texas. *South Med J*. 1995;88(5):550－554.

[23] Banco L, Lapidus G, Braddock M. Work-related injury among Connecticut minors. *Pediatrics*. 1992;89(5 Pt 1):957－960.

[24] Parker DL, Carl WR, French LR, et al. Characteristics of adolescent work injuries reported to the Minnesota Department of Labor and Industry. *Am J Public Health*. 1994;84(4):606－611.

[25] Loomis DP, Richardson DB, Wolf SH, et al. Fatal occupational injuries in a southern state. *Am J Epidemiol*. 1997;145(12):1089－1099.

[26] Woolf AD. Health hazards for children at work. *J Toxicol Clin Toxicol*. 2002;40(4):477－482

[27] Knobloch MJ, Broste SK. A hearing conversation program for Wisconsin youth working in agriculture. *J Sch Health*. 1998;68(8):313－318.

[28] Curwin B, Sanderson W, Reynolds S, et al. Pesticide use and practices in an Iowa farm family pesticide exposure study. *J Agric Saf Health*. 2002;8(4):423－433.

[29] Gelbach SH, Williams WA, Perry LD, et al. Green-tobacco sickness. An illness of tobacco harvesters. *JAMA*. 1974;229(14):1880－1883.

[30] Horstman SW, Browning SR, Szeluga R, et al. Solvent exposures in screen printing shops. *J Environ Sci Health Part A Tox Hazard Subst Environ Eng*. 2001;36(10):1957－1973.

[31] National Institute of Occupational Safety and Health. *Alert-Request for Assistance in Preventing Deaths and Injuries of Adolescent Workers*. Washington, DC: US Department of Health and Human Services; 1995. DHHS (NIOSH) publication No. 95－125.

[32] Hosein HR, Farkas S. Risk associated with the spray application of polyurethane foam. *Am Ind Hyg Assoc J*. 1981;42(9):663－665.

[33] Husgafvel-Pursiainen K, Sorsa M, Engstrom K, et al. Passive smoking at work:

biochemical and biological measures of exposure to environmental tobacco smoke. *Int Arch Occup Environ Health*. 1987;59(4):337－345.

[34] WVLT-TV. Students Used to Help Fix Mold Problem. Knoxville, TN: WVLT-TV, reported on September 14, 2004.

[35] Nonprofit execs indicted on health risks to teens. *Associated Press*. November 11, 2010. Available at: http://www. signonsandiego. com/news/2010/nov/11/non-profit-execs-indicted-on-healthrisks-to-teens/. Accessed March 1, 2011.

[36] Pollack S, McConnell R, Gallelli M, et al. Pesticide exposure and working conditions among migrant farmworker children in western New York State [abstr 317] In: Proceedings of the 118th Annual Meeting of the American Public Health Association; September 30－October 4, 1990; New York, NY.

[37] Ruder AM, Waters MA, Carreon T, et al. The Upper Midwest Health Study: a case-control study of primary intracranial gliomas in farm and rural residents. Brain Cancer Collaborative Study Group. *J Agric Saf Health*. 2006;12(4):255－274.

[38] Arif AA, Delclos GL, Serra C. Occupational exposures and asthma among nursing professionals. *Occup Environ Med*. 2009;66(4):274－278.

[39] Egilman D, Mailloux C, Valentin C. Popcorn-worker lung caused by corporate and regulatory negligence: an avoidable tragedy. *Int J Occup Environ Health*. 2007;13(1):85－98.

[40] van Rooy FGBGJ, Smit LAM, Houba R, et al. A crosssectional study of lung function and respiratory symptoms among chemical workers producing diacetyl for food flavourings. *Occup Environ Med*. 2009;66:105－110.

[41] US Department of Labor, Occupational Safety and Health Administration. OSHA National News Release: US Secretary of Labor Hilda L. Solis announces convening of rulemaking panel on worker exposure to food flavorings containing diacetyl. Washington, DC: US Department of Labor; April 28, 2009. National News Release: 09－431－NAT.

[42] Enander RT, Gute DM, Cohen HJ, et al. Chemical characterization of sanding dust and methylene chloride usage in auto refinishing: implications for occupational and environmental health. *AIHA J (Farifax, VA)*. 2002;63(6):741－749.

[43] Pollack SH, Scheurich-Payne SL, Bryant S. The nature of occupational injury among Kentucky adolescents. Presented at: Occupational Injury Symposium; February 24－27, 1996; Sydney, Australia.

[44] Cohen LR, Runyan CW, Dunn KA, et al. Work patterns and occupational hazard exposures of North Carolina adolescents in 4-H clubs. *Inj Prev*. 1996;2(4):274－277.

[45] Broste SK, Hansen DA, Strand RL, et al. Hearing loss among high school farm students. *Am J Public Health*. 1989;79(5):619－622.

[46] Margolis W, Krause JF. The prevalence of carpal tunnel syndrome symptoms in female supermarket checkers. *J Occup Med*. 1987;29(12):953－956.

[47] Newschannel 3, Barry County, Michigan. Families remember two teens who died in silo accident. Aired July 13, 2010. Available at: http://www.wwmt.com/articles/silo-1378978-josevictor.html. Accessed March 1, 2011.

[48] Lynch Ryan. Two farmworking teens killed in silo; media is mystified, blog on Workers' Comp Insider. July 13, 2010. Available at: http://www.workerscompinsider.com/2010/07/twofarmworking.html. Accessed March 1, 2011.

[49] Gittleman JL, Engelgau MM, Shaw J, et al. Lead poisoning among battery reclamation workers in Alabama. *J Occup Med*. 1994;36(5):526－532.

[50] Piacitelli GM, Whelan EA, Ewers LM, et al. Lead contamination in automobiles of lead-exposed bridgeworkers. *Appl Occup Environ Hyg*. 1995;10:849－855.

[51] Gerson M, Van den Eeden SK, Gahagan P. Take-home lead poisoning in a child from his father's occupational exposure. *Am J Ind Med*. 1996;29(5):507－508.

[52] Piacitelli GM, Whelan EA, Sieber WK, et al. Elevated lead contamination in homes of construction workers. *Am Ind Hyg Assoc J*. 1997;58(6):447－454.

[53] Whelan EA, Piacitelli GM, Gerwel B, et al. Elevated blood lead levels in children of construction workers. *Am J Public Health*. 1997;87(8):1352－1355.

[54] Willers-Russo LJ. Three fatalities involving phosphine gas, produced as a result of methamphetamine manufacturing. *J Forensic Sci*. 1999;44(3):647－652.

[55] Hutchinson MR, Ireland ML. Overuse and throwing injuries in the skeletally immature athlete. *Instr Course Lect*. 2003;52:25－36.

第 14 章

发展中国家的儿童环境健康

全世界的儿童大部分生活在发展中国家，其中有些国家的环境状况对儿童健康可造成不利影响。通过关注世界范围内其他地方环境健康状况，有利于展现非营利性机构、国际组织在推动全球儿童健康方面的重要性。

此外，美国的儿科医生可能会为那些不是出生于本国的患儿提供检查和治疗，这种情况在市区或有大量移民的地区尤其明显。每年大约有 17 000 名世界各地的儿童被美国家庭收养，对来自发展中国家的儿童，留意其生活方式、文化和环境差异对健康的影响是非常重要的。

本章主要包括：①回顾全球儿童环境健康状况；②讨论来自发展中国家的收养儿、难民和移民的照护过程中，应注意哪些关键暴露因素。

全球儿童环境健康：人口、关键问题和相关机构

虽然对发展中国家尚无统一定义，《剑桥国际英语词典》(*Cambridge International Dictionary of English*)对此给出的解释为："世界范围内相对贫困的国家，包括非洲、拉丁美洲和亚洲很多国家，其工业化程度更低。"[1] 世界贸易组织(WTO)则未界定哪些是"发达"或"发展中"国家，而是由成员国自行申明[2]。

全世界 18 亿 14 岁以下儿童约 91%生活在发展中国家[3]。全球总人口数预计将从目前的 67 亿增加至 2050 年的 93 亿，且人口的增长基本上发生在发展中国家，城市地区赤贫人群尤为集中[4]。

世界卫生组织(WHO)估计发展中国家疾病负担中约 1/3 可归因于环境因素，比发达国家高出 2～3 倍[5]。发达国家与发展中国家儿童相

比，因大气、土壤和食物污染导致的疾病负担是不同的（图 14－1）。那些更为贫穷的国家因卫生服务条件更差，这种疾病负担的差距还会进一步拉大。

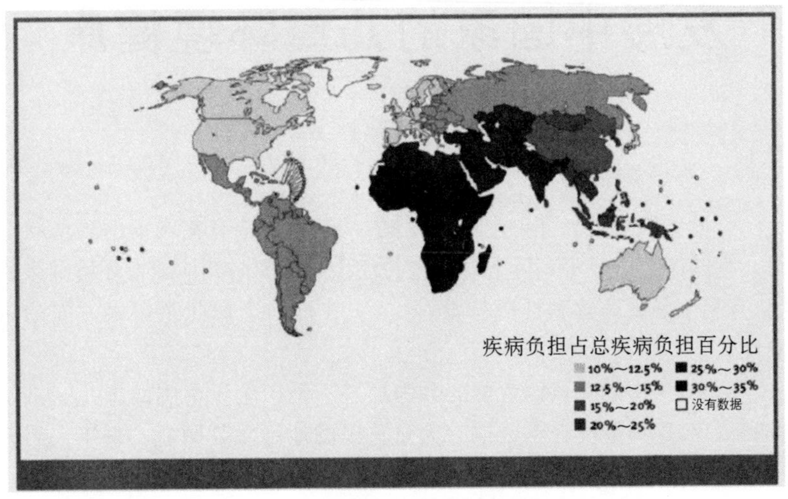

图 14－1　全球环境因素所致疾病负担

经世界卫生组织允许转载© 2005. http:/www.who.int/heli/risk/en/ebdtotal.pdf. 2011 年 8 月 3 日

在贫穷国家，城市化、工业规划无序、人口增长和迁移、资源紧张的压力增加无疑更加凸显环境危害。为了寻求经济发展，减少环境污染的措施经常被抛之脑后。在发展中国家，医疗和公共卫生基础建设和财政不足、实验设备和技术人员短缺、公众对政府机构缺乏信任等，成为儿童环境保护工作主要障碍。

联合国（UN）设置了核心机构以监测趋势变化，明确当务之急，旨在推动改进发展中国家儿童环境健康的各项计划和活动。作为联合国公共卫生分支机构世界卫生组织负责维持着儿童环境健康项目，主要提供发展中地区的国家情况介绍和追踪健康指标。此外，也在开展与发展中国家相关的能力建设活动和资源开发。国际儿科协会（International Pediatric Association）作为国际性学术组织开展了一个基于环境健康的项目。儿童健康、环境与安全国际网络（International Network for Children's Health, Environment and Safety）、国际医生环境学会（International Society of Doctors for Environment)也都在积极参与这项活动(参见参考资料)。

本章梳理并简要介绍了以下有关全球儿童健康与环境的主要内容。多数情况下将同时介绍原因和解决措施：

■不清洁水源，卫生设施条件差

■虫媒病

■室内空气污染

■吸烟和二手烟

■交通工具引起的污染和交通意外

■工业化进程和有害材料

■杀虫剂

■气候变化

不清洁水源，卫生设施条件差

世界上仍有近 11 亿人没有足够的安全饮用水[6]。其中 42%生活在东亚太地区，25%位于撒哈拉以南，19%在南亚[7]。在发展中国家的贫困农村地区，安全饮用水的供给尤其缺乏。还有近 24 亿人(包括一半亚洲人口)缺少足够的卫生设施来处理排泄物[6]。

随着卫生设施和措施的改善，提供安全饮用水，可使腹泻发生率降低 22%，因腹泻导致的死亡可降低 65%[8]。然而，发展中国家城市飞速扩张对宜居的住房、饮水和卫生设施提出了严峻挑战。考虑到 5 岁以下儿童因腹泻引起的死亡占 12%，改进卫生设施和保证安全饮用水对儿童健康至关重要。而且改善卫生条件和提供安全饮用水也将有助于根除麦地那龙线虫病、钩虫病、血吸虫病以及其他水源性疾病。这些疾病严重影响着发展中国家儿童健康和生长，尤其在非洲撒哈拉以南地区。

在许多农村地区，饮水中硝酸盐、砷、氟等化学性污染相当严重。包括中国(台湾地区和内地)、印度、孟加拉国、墨西哥、阿根廷、智利和罗马尼亚等 10 多个发展中国家和地区在内，砷的天然本底水平相当高，影响着近 4 500 万人口的健康[9]。在孟加拉国，1 630 名受到砷毒性暴露的成人中，约有 57.5%出现皮肤损害[9]。慢性氟中毒是饮用了氟含量过高的饮水而导致的对身体严重损害的一种疾病[10]。这些国家的地下水或燃煤中天然状态下即存在高含量的氟[11]。慢性氟中毒这种地方病至少在25个国家存在，包括印度、墨西哥、中国和孟加拉国。农用杀虫剂和除草剂污染也相当普遍，因为发展中国家约有80%人口在从事农业劳动[8]。所有发展中国家的供水中均检测到持久性有机污染物[12]。

虫媒病

环境恶化可导致虫媒病增加。除了上述水源性疾病外，设计不合理的灌溉和供水系统，废物排放和蓄水设施落后可引发疟疾、登革热、利什曼病。疟疾每年都会夺走120万条生命，大部分是5岁以下的非洲儿童[13]。登革热及登革出血热是世界范围内增长最为迅速的虫媒病[13]。

联合国环境计划(The UN Environment Programme)已经明确了疟疾增长与环境条件恶化间存在着诸多联系[14]。采矿和其他采掘业的扩张与疟疾发病增加有关。例如，在斯里兰卡的宝石矿区矿工们留下的浅水坑成了蚊虫产卵的理想场所。巴西的研究发现小规模金矿开采中使用的水银可影响机体免疫系统，从而增加了人们罹患疟疾的易感性。森林砍伐和修建道路破坏了森林和河流体系，无形中为携带疟疾的蚊虫提供了更多滋生地。工人迁至以前不能到达的区域也会增加他们患病的危险性。此外，世界卫生组织最近估计近25年来世界范围内发生的疟疾病例中有6%与气候变化有关。

室内空气污染

在发展中国家，室内空气污染是导致疾病和死亡重要危险因素[15]。这是因为在低收入国家有90%为农村家庭，发展中国家近2/3的家庭靠未经处理的生物燃料(植物材料和动物粪便)来烹调或取暖[16]。这些材料包括木柴、畜粪、作物残茬，都是在室内明火燃烧或在通风不良的火炉中燃烧。结果会导致气体和颗粒污染混合物水平比通常规定的限量标准高出数倍[17]。据世界卫生组织健康风险定量比较研究(Comparative Quantification of Health Risk Study)结果推测，全球疾病负担的3.6%可归因于固体燃料造成的室内空气污染[18]。

按照传统习俗，一般家庭由育龄期女性负责做饭。母亲们通常都是把孩子背在身后，结果导致她们连同自己的婴儿、小孩成了室内空气污染暴露水平最高的人群。不仅在家里，儿童在学校也会暴露于室内空气污染，因为学校也经常使用生物燃料。据估计，室内空气污染可通过引发急性下呼吸道感染导致 100 万婴幼儿死亡[19]。

某些国家将煤油作为一种替代资源，因为煤油看起来燃烧得“更加清洁”。其实与生物燃料一样，在室内燃烧煤油也会积累大量可吸入有机物和多环芳烃。在可替代燃料十分有限的贫困农村地区正在开展一系列改进炉灶的干预研究。这些研究表明污染水平能够得到显著降低[20]。

吸烟和二手烟

吸烟是目前全世界主要死因之一，每年可导致 1/10 成年人(540 万人)死亡。如不采取紧急措施，预计到 2030 年每年因吸烟死亡的人数将超过 800 万，其中 80%发生在发展中国家。而烟草所致疾病和死亡的受害者不仅限于烟民，二手烟(SHS)同样具有严重和潜在的致命健康损害[21]。

二手烟包括侧流烟(指从烟草燃端飘出的烟)和呼出的烟(吸烟者吐出的烟气)。美国卫生局长 2006 年报告中指出，二手烟引起的健康损害不存在无风险剂量：即使很少量的二手烟也有损人体健康。这份报告显示，美国 3～11 岁儿童中近 60%在吸二手烟。这些儿童面临多种健康风险，包括哮喘、呼吸道感染、肺部发育和运动耐受力受损、婴儿猝死综合征等。学前儿童二手烟的来源主要是家长或看护者在家中吸烟，而儿童在家与家长近距离相处的时间更长，因此这种情况对幼儿健康的影响尤其严重，因为他们肺发育尚未成熟，而有效减少二手烟的方法就是营造一个无烟环境[22]。

接近 2/3 的烟民集中在 10 个国家。低收入国家人口增长迅速的同时烟草消费也快速增长，因为烟草公司正在将目光从管理越来越严苛的美国和欧洲市场转向这些国家。中国因拥有 3.5 亿烟民当之无愧成为吸烟大国。中国烟民每年会消耗 1.7 万亿支香烟，近 5.4 亿中国人会吸到二手烟。中国烟民 61%为男性，儿童吸入的二手烟有 60%是来自父亲吸烟；98%的烟民会在家中吸烟[23]，约 43%的中国人是在家庭以外的地方接触二手烟。

印度是继中国和巴西第三大烟草生产国，且大部分产品在国内消费。印度拥有 11.5 亿人口，占全球人口总数的 17%。印度人口中吸烟比率较高，男性为57%，女性为3%；印度儿童在家中二手烟的接触率约为26.6%，家庭以外场所接触率为40%[23]。

虽然不同国家和地区吸烟行为存在较大文化差异，世界卫生组织《控烟框架公约》(WHO Framework Convention on Tobacco Control)是一个多边协议，已获得173个成员单位批准。该公约为各国控制烟草流行和营造无烟世界制订了蓝图。美国虽已签订该框架公约，但未得到参议院批准，所以美国尚不在这个协议成员单位之列。为了帮助成员国更好地履行公约，世界卫生组织拟订了一项名为“MPOWER”的一揽子计划，包括六条重要而有效的控烟政策，实践证明对降低烟草消费和二手烟危害是行之有效的，即提高烟草税收和价格；禁止烟草广告，烟草公司不得向运动赛事提供赞助；保护人们免受二手烟毒害；警示公众吸烟的危害；为打算戒烟的烟民提供帮助；密切监测流行情况和预防政策[21]。

交通工具引起的污染和交通意外

交通工具燃料燃烧和发电生产成为越来越多城市地区大气污染的罪魁祸首(参见第21章)。在亚洲、非洲和拉丁美洲的一些迅速扩张的大城市里，大气污染的浓度达到甚至超过了20世纪早期发达国家的纪录[24]。由于车辆驱动类型的原因，发展中国家室外空气污染状况日趋严重。在东南亚和其他发展中国家，两轮或三轮交通工具甚为普遍，包括摩托自行车、摩托车、小型摩托和自动黄包车。这些交通工具采用的二冲程发动机技术更易造成城市地区的污染。

由于发展中国家仍在使用含铅汽油，很多交通工具没有安装催化式排气装置，因而不能有效降低一氧化碳和烃类物质的排放。含铅汽油导致的铅污染一直以来也是困扰发展迅速国家的一个严重问题。目前除9个国家外，所有国家都已经淘汰含铅汽油[25]。

根据世界卫生组织对已发布的儿童血铅监测数据所做的总结发现，全世界儿童中有40%血铅水平超过50 μg/L，20%超过100 μg/L[26]。这些血铅水平增高的儿童90%生活在发展中国家。近10%的儿童血铅水平甚至超过了200 μg/L，他们中99%都来自发展地区。

发展中国家车祸意外日益增多与城市化进程有关，世界卫生组织在2003年度报告中对此做了总结[27]。世界卫生组织指出，90%的车祸死亡发生在发展中国家和中等收入国家，其死亡率是发达国家的 2 倍，且在发展中国家（尤其是亚洲地区）增速明显。预计到 2020 年，车祸死亡在印度增长 147%，其他国家平均增长也在 80%的水平。发达国家发生的车祸伤亡对象主要是驾驶者，而在发展中国家情况却完全不同，伤亡比率更高的人群主要为行人、骑自行车或其他非机动车者、驾驶摩托车和电动车者以及卡车和公交巴士乘客。

工业化进程和有害材料

在中东欧国家和其他地区，因监管不力或缺乏环境影响消除规程，燃煤工厂、钢铁厂和采矿作业已对大气、水体和土壤造成了严重污染。世界上 60%的冶炼厂分布在发展中国家[28]。这些工厂生产过程中释放的污染物包括汞蒸气、二氧化硫、氮氧化合物、颗粒物、铅、铬、砷、镉、锌、铜和矿渣中的重金属。

金矿开采排出的汞和铀矿中其他重金属污染是一个严重问题，因为这些废渣都是任意倾倒在露天垃圾场。在这里捡拾垃圾已经形成了一种家庭手工业，尤其是儿童也参与其中，已成为年轻人的一条谋生手段。很多发展中国家出现了采矿和电池回收一类的小规模产业[29]。特立尼达和多巴哥（Trinidad and Tobago）地区被电池回收排放的废物所污染，生活在当地的儿童血铅平均水平为 721 μg/L，[30]。在拉丁美洲、亚洲和非洲，至少有 25 个国家存在小规模金矿开采加工引起的汞污染问题[31]。

杀虫剂

在发展中国家，杀虫剂的使用十分广泛，其中还包括已经被许多发达国家禁用的品种。监管和保护措施以及宣传教育的缺失无疑增加了严重暴露的风险。儿童接触杀虫剂可能通过以下途径：家庭成员使用农药后带进了家里，附近喷洒农药飘散而来，粮食和庄稼叶片上残留的农药，农药污染水体，职业接触或在住宅内使用农药。

虽然发达国家杀虫剂销售量相对还高一些，但杀虫剂中毒却经常发生在发展中国家[32]。发展中国家市场上约 30%的杀虫剂达不到国际可接受的质量标准，常常含有在其他地区被禁用或严格限制使用的危害性高的物质或杂质[33]。拉丁美洲 12%～13%的工人至少有过一次急性杀虫剂中毒的经历[32]。全球范围内杀虫剂中毒的资料较难获得，即便是在发达国家监测工作也是有限的。针对儿童杀虫剂暴露水平和中毒的全球性资料几乎没有。大多数区域的估计结果都来自住院记录或严重案例的代表性资料。世界卫生组织一个工作组估计每年会发生 100 万例严重意外中毒，另有 200 万属于服用农药自杀而中毒入院治疗（全年龄组）。据估计因农药中毒发生的死亡 99％集中在发展中地区[32]。根据亚洲地区自己上报的轻微农药中毒调查结果显示，发展中国家每年约有 2 500 万农民发生农药中毒[34]。

气候变化

气候变化对公共卫生的影响主要包括导致热应激增加、空气质量下降、虫媒病疫情变化以及极端天气（参见第 54 章）。发展中国家由于资源匮乏等原因，无论从社会、技术手段还是经济水平各方面均难适应改变，因而对气候变化带来的健康影响更显脆弱。而发展中国家经济的快速发展连同城市化进程也会加重这一公共卫生问题，虽然目前它们的温室气体排放总量还很低，但有关气候变化对健康造成的影响，世界卫生组织在一份尽可能全面的、并经同行评议的分析报告中指出，自 20 世纪 70 年代中期以来，气候变化已导致每年 15 万人死亡，约 500 万伤残调整生命年（DALYs）损失。这些损失主要来自发展中国家出现的腹泻（仅温度效应所致）、疟疾和营养不良发病率不断增加[35]。受气候变化影响最为严重的地区包括太平洋沿岸、印度洋沿岸和非洲撒哈拉以南。受“城市热岛效应”影响，那些无序发展的大城市也较易出现气候变化所致健康问题。非洲地区面临着非常严重的气候变暖导致的感染性疾病增加的风险[36]。

发展中国家移民和收养儿童环境健康状况的含义

儿科医生除了进行常规的筛查外，应以婴幼儿以前所处环境条件、文化特征以及经历为指导，对移民或收养儿童环境健康状况进行评估并制订预防措施[37]。表 14－1 总结了移民人群应重点考虑的环境暴露因素。环境史有助于发现一些潜在的危害因素暴露，如居住地靠近废弃物场、金矿开采作业及涉铅暴露的家庭作坊，食用具有潜在污染危险的鱼类，或自行在家使用可能含重金属的治疗偏方等。如果儿科医生发现存在潜在危害因素暴露但又不熟悉其毒性和合适的评估方法，则应向儿童环境卫生专家寻求咨询。

表 14－1　移民人群中环境毒性暴露来源

毒性物质	潜在暴露来源
铅	进口香辛料 草药、传统医药、进口药物 进口的或传统化妆品 铅电池回收相关工作 餐具和水晶制品中的铅釉料
汞	污染的鱼类 紧邻金矿开采区或参与加工 仪式(如萨泰里阿教仪式)
砷	进口香辛料 草药、传统医药、进口药物 地下水污染
酒精	胎儿期暴露
辐射	居住地靠近废弃物站，泄漏
有害废弃物	居住地靠近废弃物站，泄漏
烟草、二手烟	胎儿期暴露，出生后暴露 在烟草地工作

由于来自发展中国家的移民、难民和收养人群中血铅水平升高十分常见，对该高危人群进行血铅的筛查值得提倡。美国疾病控制与预防中心(CDC)已经发布了一个移民和难民儿童血铅筛查指南(详情请访问网页：http://www.cdc.gov/nceh/lead/Publications/RefugeeToolKit/Refugee_Tool_Kit.htm)。

不同国家饮酒方式千差万别。虽然东欧和俄罗斯经常被认为是胎儿酒精综合征的高发国家[37]，但有关各国胎儿酒精暴露和相关死亡率的资料却非常有限。在体检或危害因素暴露评估过程中，如果因具有相关表现或特征而被怀疑的话，应建立胎儿酒精综合征及效应的评估方案加以确定。

对那些生活在可能存在汞污染环境中的儿童（如金矿开采处理），或怀疑其摄入了污染的鱼类、药物时，应进行汞暴露的生物学评价。

有的部族人群可能通过治疗偏方接触到有毒物质。这些偏方包括：墨西哥人或墨西哥裔美国人使用的阿扎康（Azarcon）和格里塔（Greta），前者是一种橘色粉末，后者是一种黄色粉末，均含铅；赫蒙人（Hmong people）使用的佩卢阿（Pay-loo-ah）为含铅和砷的橘色粉末；部分美洲印第安人使用的棕色的哈萨德（Ghasard）、黑色的巴拉利（Bala goli）和红色的坎康（Kandu），均为含铅的粉末；有些印度草药（属于印度传统医药体系）含砷，能引起特征性的皮肤改变。在举行某些仪式时也可能会接触到环境污染物。例如，拉美西班牙裔人们在举行萨泰里阿教仪式时会在房屋里撒汞，可能会导致室内空气汞浓度的升高。

随着关注度的提高和监测强度的加大，被确认受到砷污染地下水影响的人数在不断上升。虽然需要数年慢性砷暴露才有可能出现皮肤改变（且一般需要很高的暴露水平），但如果体检过程足够仔细的话，也可发现砷暴露的特征表现（如手掌和/或脚底过度角化性皮损）。由于机体排除砷的速度较快，评价砷暴露量的生物学标志物很有限。一般测定尿砷有助于评价砷暴露，但仅限于暴露数天内测定才可行，所以多数情况下测定尿砷意义不大。如果怀疑有砷暴露，最好咨询儿童环境卫生专家以优化风险评估，也需要增加与家庭进行交流（参见第 22 章）。

全球儿童环境健康发展方向及需求

在很多中、低收入中国家，有关具体污染物、疾病发生率和生物学监测的资料还很匮乏，因此有必要在儿童环境健康风险测评、制定政策计划以缓解暴露风险、加大处理问题的力度等方面多作努力。同时，对儿科医生和儿童看护人进行更深入的教育，以提高对儿童环境健康危害的认识和防治能力。

参考资料

World Health Organization (WHO) Children's Environmental Health

Web site: www. who. int/ceh/en

Links to publications and resources regarding national profiles, fact sheets, workshops, and statistics.

International Network for Children's Health, Environment and Safety

Web site: www. inchesnetwork. net

International Pediatric Association

Web site: www. ipa-world. org

International Society of Doctors for the Environment

Web site: www. isde. org

The site provides links to environmental topics and international programs within each topic area.

Foreign adoption medicine resources

www. aap. org/sections/adoption/default. cfm

Many universities and hospitals have specialty international adoption medicine clinics that can provide specialty expertise for caring for foreign adoptees. The American Academy of Pediatrics Section on Adoption and Foster Care can help locate the closest resource.

（李继斌 译　练雪梅 校译　宋伟民　赵　勇 审校）

参考文献

[1] *Cambridge International Dictionary of English*. Cambridge, United Kingdom: Cambridge University Press; 2001.

[2] World Trade Organization. *Who are the developing countries in the WTO*? Available at: http://www. wto. org/english/tratop_e/devel_e/d1who_e. htm. Accessed September 27, 2010.

[3] Baris E, Yurekli AA. World Bank Data 2000. Available at: http://www1.

worldbank. org/tobacco/presentations/ETSFinlandEditedFinalVersionSept03. ppt #14. Accessed September 27, 2010.

[4] United Nations Population Fund. *Population Trends: Rapid Growth in Less Developed Regions*. Available at: http://www. unfpa. org/pds/trends. htm. Accessed September 27, 2010.

[5] World Health Organization. *Health and Environment Linkages Initiative. Priority Environmental and Health Risk*. Available at: http://www. who. int/heli/risks/en/. Accessed September 27, 2010.

[6] World Health Organization. *Global Water Supply and Sanitation Assessment* 2000 *Report*. Geneva, Switzerland: World Health Organization; 2000. Available at: http://www. who. int/docstore/water _ sanitation _ health/Globassessment/GlobalTOC. htm. Accessed September 27, 2010.

[7] UNICEF. *Progress Since the World Summit for Children: A Statistical Review. New York, NY: UNICEF; 2001*. Available at: http://www. unicef. org/specialsession/about/sgreport-pdf/sgreport_adapted_stats_eng. pdf. Accessed September 27, 2010.

[8] UNICEF. *We the Children: Meeting the Promises of the World Summit for Children. New York, NY: UNICEF; 2001*. Available at: http://www. unicef. org/specialsession/about/sgreport-pdf/sgreport_adapted_eng. pdf. Accessed September 27, 2010.

[9] Yanez L, Ortiz D, Calderon J, et al. Overview of human health and chemical mixtures: problems facing developing countries. *Environ Health Perspect*. 2002; 110(Suppl 6):901－909.

[10] UNICEF. *State of the Art Report on Fluoride and Resulting Endemicity for Fluorosis in India*. New York, NY: UNICEF; 1999.

[11] UNICEF. Water, Sanitation, and Hygiene. New York, NY: UNICEF; 2002. Available at: http://www. unicef. org/wash/index_water_quality. html.

[12] European Environment Agency. *Children's Health and Environment: A Review of Evidence. A Joint Report from the European Environment Agency and the WHO Regional Office for Europe*. Environmental Issue Report No. 29. Copenhagen, Denmark: European Environment Agency; 2002. Available at: http://www. eea. europa. eu/publications/environmental_issue_report_2002_29. Accessed September 27, 2010.

[13] World Health Organization. Health and Environmental Linkages Initiative: Vec-

tor-Borne Disease. Available at: http://www.who.int/heli/risks/vectors/vector/en/index.html. Accessed September 27, 2010.

[14] United Nations Environment Programme. *Geo YearBook* 2004/5: *An Overview of Our Changing Environment*. Nairobi, Kenya: United Nations Environment Programme; 2005. Available at: http://www.unep.org/GEO/pdfs/yearbook04/EmergingChallenges.pdf. Accessed September 27, 2010.

[15] World Health Organization. *World Health Report* 2002. *Reducing Risks, Promoting Healthy Life*. Available at: http://www.who.int/whr/2002/en/whr02_en.pdf. Accessed September 27, 2010.

[16] Chapter 10. Rural Energy in Developing Countries. Goldemberg J, ed. Available at: http://www.undp.org/energy/activities/wea/pdfs/chapter10.pdf. Accessed September 27, 2010.

[17] Samet J, Tielsch J. Commentary: Could biomass fuel smoke cause anaemia and stunting in early. *Int J Epidemiol*. 2007;36(1):130－131. doi:10.1093/ije/dyl278.

[18] Smith KR, Mehta S, Maeusezahl-Feuz M. Indoor air pollution from household use of solid fuels. In: Ezzati M, Lopez AD, Rodgers A, Murray CJL, eds. *Comparative Quantification of Health Risks: Global and Regional Burden of Disease Attributable to Selected Major Risk Factors*. Geneva: World Health Organization; 2004:1435－1493.

[19] Rinne ST, Rodas EJ, Rinne ML, et al. Use of biomass fuel is associated with infant mortality and child health in trend analysis. *Trop Med Hyg*. 2007;76(3):585－591. Available at: http://www.ajtmh.org/cgi/reprint/76/3/585.pdf. Accessed September 27, 2010.

[20] Bruce N, McCracken J, Albalak R, et al. Impact of improved stoves, house construction and child location on levels of indoor air pollution exposure in young Guatemalan children. *J Expo Anal Environ Epidemiol*. 2004; 14(Suppl): S26－S33.

[21] World Health Organization. WHO Report on the Global Tobacco Epidemic, 2008. The MPOWER Package. Geneva, Switzerland: World Health Organization; 2008. Available at: http://www.who.int/tobacco/mpower/mpower_report_full_2008.pdf. Accessed September 27, 2010.

[22] Centers for Disease Control and Prevention. *The Health Consequences of Involuntary Exposure to Tobacco Smoke: A Report of the Surgeon General*. Atlanta,

GA: US Department of Health and Human Services, Centers for Disease Control and Prevention, Coordinating Center for Health Promotion, National Center for Chronic Disease Prevention and Health Promotion, Office on Smoking and Health; 2006.

[23] Wipfli H, Avila-Tang E, Navas-Acien A, et al, FAMRI Homes Study Investigators. Secondhand smoke exposure among women and children: evidence from 31 countries. *Am J Public Health*. 2008;98(4):672－679.

[24] Krzyzanowski M, Schwela D. Patterns of air pollution in developing countries. In: Holgate ST, Koren HS, Samet JM, Maynard RL, eds. *Air Pollution and Health*. San Diego, CA: Academic Press; 1999:105－113.

[25] World Health Organization. *Childhood Lead Poisoning*. Geneva, Switzerland, 2010, page 37, available at: http://www. who. int/ceh/publications/leadguidance. pdf. Accessed September 27, 2010.

[26] World Health Organization. *Quantifying Environmental Health Impacts. Annex 4. Estimating the Global Disease Burden of Environmental Lead Exposure*. Available at: http://www. who. int/ quantifying_ ehimpacts/publications/en/9241546107ann4－5. pdf. Accessed September 27, 2010.

[27] World Health Organization. Chapter 6: Neglected Global Epidemics: three growing threats. Road Traffic Hazards: Hidden Epidemics. In: *The World Health Report* 2003. *Shaping the Future*. Geneva, Switzerland: World Health Organization; 2003. Available at: http://www. who. int/whr/2003/chapter6/en/index3. html. Accessed September 27, 2010.

[28] International Lead and Zinc Study Group. Lead and Zinc New Mine and Smelter Projects, 2011. Available at: http://www. ilzsg. org/generic/pages/list. aspx?table = document&ff_aa_document_type = B&from = 1. Accessed September 27, 2010.

[29] Heath RGM. Small scale mines, their cumulative environmental impacts and developing coutnries best practice guidelines for water management. *J Water Environ Technol*. 2005;3(2):175－182. Available at: http://www. jstage. jst. go. jp/article/jwet/3/2/175/_pdf. Accessed September 27, 2010.

[30] Romieu I, Lacasana M, McConnell R. Lead exposure in Latin America and the Caribbean. *Environ Health Perspect*. 1997;105(4):398－405.

[31] United Nations Environment Programme. *Global Mercury Assessment. Draft*. Geneva, Switzerland: United Nations Environment Programme; 2002.

[32] McConnell R, Henao S, Nieto O, et al. Plaguicidas. In: *Epidemiologia Ambiental: Un Proyecto para America Latina y el Caribe*. Mexico City, Mexico: PAHO; 1994:153-210.

[33] World Health Organization. FAO/WHO amount of poor quality pesticide in developing countries alarmingly high [press release] Geneva, Switzerland: World Health Organization; February 1, 2001.

[34] Jayaratnam J. Acute pesticide poisoning: a major global health problem. *World Health Stat Q*. 1990;43:139-144.

[35] McMichael AJ, Campbell-Lendrum D, Kovats S, et al. Global climate change. In: Ezzati M, Lopez AD, Rodgers A, Murray CJL, eds. *Comparative Quantification of Health Risks: Global and Regional Burden of Disease Attributable to Selected Major Risk Factors*. Geneva, Switzerland: World Health Organization; 2004:1543-1649.

[36] Patz JA, Campbell-Lendrum D, Holloway T, et al. Impact of regional climate change on human health. *Nature*. 2005;438(7066):310-317.

[37] Jenista JA. The immigrant, refugee, or internationally adopted child. *Pediatr Rev*. 2001;22(12): 419-443.

食 物 和 水

第 15 章

母　　乳

■■■■■■

母乳喂养对婴儿有好处。在本书的上一版和美国儿科学会(AAP)相关的政策申明中[4]，世界卫生组织(WHO)[1,2]，美国卫生总署(US Surgeon General)[3]，以及美国儿科学会已考虑到母乳中的环境污染问题并继续推荐母乳喂养。大量的研究结果证明了母乳喂养对婴儿、母亲、家庭及社会具有广泛而绝对的优势。这些优势包括婴儿的免疫优势、低肥胖率，更好的认知发育以及对哺乳期母亲的各种健康优势。尽管大量环境污染物通过母乳很容易传递到婴儿，但是母乳喂养的优势几乎在任何情况下仍旧大大超过了其潜在的风险。迄今为止，尽管相关的专题文献报道有 50 多年了，但是鲜有实例来描述婴幼儿因母乳中的化学污染物而患病。如果有的话，也是由更常见且研究彻底的化学物质引发的疾病，这是一个很好的证明。这个章节将讨论那些人们所熟知的，出现在母乳中的化学物质。

1951 年，劳格(Laug)和其同事[5]报道了母乳中含有持久性农药二氯二苯三氯乙烷(DDT)。DDT 或者它的一种衍生物，通常是非常稳定的代谢物二氯二苯二氯乙烯(DDE)，被发现存在于世界各地几乎所有的母乳脂质中。六氯代苯、环戊二烯类杀虫剂，如狄氏剂、七氯和氯丹(所有有机氯杀虫剂)；化工原料，如多氯联苯(PCBs)和类似化合物，已经成为并且某些情况下仍是常见的污染物。这些残留物出现在没有职业暴露或其他特别暴露的妇女乳汁中(表 15 - 1)[6]。伴随着旨在减低这些化合物暴露的规定，多氯联苯和持久性杀虫剂的水平降低了。然而，阻燃剂多溴联苯醚的水平却升高了[7]。婴儿配方奶粉没有这些残留物，因为脂质来自椰子或其他低食物链来源。奶牛没有太多的暴露；另外，一头奶牛一生会产出大量的牛奶，这使得单位体积的牛奶保持一个低的污染物浓度。

表 15-1 母乳中可能发现的污染物

化学制剂	
DDT(二氯二苯三氯乙烷), DDE(二氯二苯二氯乙烯)	高氯酸盐 PBDEs(多溴联苯醚)
PCBs(多氯联苯), PCDFs(多氯代二苯并呋喃) PCDDs(多氯代二苯并二噁英)	PFOS(全氟辛烷磺酸), PFOA(全氟辛酸)
氯丹	邻苯二甲酸盐
七氯	挥发性有机化合物
六氯苯	金属
尼古丁和烟草烟雾其他成分	防晒霜(紫外线过滤)

对幼儿来讲,母乳是这些稳定污染物的主要食物来源。污染物传递的总量使母乳喂养的儿童数年内体内仍可检测到较高的污染物残留[8]。事实上,母乳中相对高浓度的脂肪意味着脂溶性物质将在那里浓缩。因为成熟奶(相对于初乳)被报道有较高的脂肪浓度(大约 4%或更多),相较初乳(大约 2.5%)而言,或许脂溶性污染物在成熟奶中将有更高的浓度。这里讨论的持久性脂溶性物质是研究最多的母乳污染物,但是有机烃类、邻苯二甲酸盐、金属和有机金属化合物也可以污染母乳,尽管通常这些物质的浓度比持久性脂溶物的毒性浓度更低。在母乳中没有发现石棉纤维或空气微粒子污染物。2002 年 6 月的《环境与健康展望》(*journal Environmental Health Perspectives*)杂志中一个小专题对这种物质进行了回顾。也有一些持续更新的网络资源——例如自然资源保护委员会(Natural Resources Defense Council),详情请访问网站:www. nrdc. org。

特殊物质

二氯二苯三氯乙烷(DDT)和二氯二苯二氯乙烯(DDE)

DDT,是一种有机氯杀虫剂,在美国曾经被广泛使用,在全球大量应用 40 多年后于 1972 年被禁止生产。除了其他方面的原因,这项决定基于它对人体组织的广泛影响及对野生动物的影响,尤其是影响远洋鸟类(那些生活在公海或海洋而不是陆地附近的水中)的繁殖。其代谢产物

o,p'-DDT 和 DDE 是较弱的雌激素。DDE 的雌激素样作用(例如,缩短泌乳期)见于两项研究,一项在北卡罗来纳州;另一项在墨西哥[9]。虽然类似程度的作用在密歇根州的妇女身上被发现[10],但在北部纽约州研究[11]和另一项墨西哥的研究[12]没有发现 DDE 和断奶之间的关联。DDE 干扰泌乳性能或者具有其他毒性(和早产的关联已经被报道)[13]的可能性使人们对 DDT 有助于控制疟疾上重新产生了兴趣[14]。在发展中国家需要可以负担和有效的方法来控制传疟媒介,如果 DDT 被认为是最适当的控制疟疾的制剂,将使公共卫生呈现进退两难的局面,因为 DDT 有发生早产和早期断奶从而增加死亡率的潜能[15]。一份来自加泰罗尼亚[16]的出生队列研究的结果表明产前 p,p'-DDE 暴露和 13 月龄时延迟的智力和精神运动发育有关联;加利福尼亚一项以移民妇女为主的研究显示了类似的发育延迟,但是结果与 DDT、母体化合物有关[17]。尽管通过母乳暴露于这些化学物质中,但两项研究中均发现长期的母乳喂养有利于神经发育。

多氯联苯(PCBs)、多氯代二苯并呋喃(PCDFs)、多氯代二苯并二噁英(PCDDs)

暴露于普通等级的 PCBs 和低发育/智商测验分数相关,包括从新生儿期到 2 岁低精神运动得分,7 个月～4 岁的短时记忆缺陷,42 个月～11 岁的低智商,以及其他影响。产前通过母亲的身体负荷而非母乳暴露于 PCBs,似乎解释了大多数的调查结果[18]。

多氯代二苯并呋喃是部分氧化的 PCBs,受到高热或爆炸出现在 PCB 的混合物中。他们是一些毒性反应的原因,这些毒性反应见于那些清理办公楼变压器火灾[19]的工人和由受污染的食用油[20]引发的 2 次亚洲 PCB 中毒事件(参见第 35 章)。在该亚洲中毒事件中,婴儿似乎通过母乳暴露而受到了影响[21,22]。多氯代二苯并呋喃暴露的原因很可能主要来自饮食,特别是受污染的鱼类[23]。

多氯代二苯并二噁英与 PCBs 以及多氯代二苯并呋喃类似,它们有 2 个具有不同数目氯的相连接的苯基环,二噁英在苯基环之间有 2 个氧分子。现在被认为是一种缺乏控制的条件下,这些化合物在生产六氯酚、五氯苯酚、苯氧酸除草剂 2,4,5 三氯苯氧乙酸(橙剂的一种成分,在越战期间用作脱叶剂)和三氯苯氧丙酸的过程中形成。他们也形成于纸张漂白和垃圾焚烧的过程,尽管产量非常低。一种二噁英同属物,2,3,7,8-四氯代二苯并二噁英,可能是已知的最毒的合成化合物[24]。

氯丹

1970 年,氯丹(一种有机氯杀虫剂)无意中被注入了一个军人家庭的加热管道,当启用加热设备的时候导致了大气污染。美国空军在差不多 500 个住宅进行研究,发现尽管大部分家庭空气中只有非常少氯丹,但是偶尔其数值也会高达 260 $\mu g/m^3$。当进行恰当的处理后,症状减轻并且空气也变得干净了[25]。在这些居住于处理过氯丹的住宅的妇女中,母乳中的氯丹水平在接下来的 5 年中都有增加[26]。还没有归因于这种暴露的患病率报道。

七氯

农业用的七氯,一种有机氯环戊二烯类杀虫剂,导致了 2 次重大的灾难,一个在夏威夷(Hawaii),另一个在阿肯色州(Arkansas)。1982 年 1 月,夏威夷州卫生部在牛乳的常规分析中发现了异常剂量的环氧七氯,一种稳定的代谢物。这次污染被追溯到喂养奶牛"绿色饲料"的习惯,"绿色饲料"是菠萝植物的多叶部分。在这个事件中,为控制菠萝植物蚜虫而使用七氯,并且很快被收割。绿色饲料样本的回顾性试验表明七氯的出现早在 1981 年 1 月。先前夏威夷妇女的母乳中环氧七氯相当低;在这个事件中,其水平上升了 3 倍但介于美国本土报道的量的范围[27]。1986 年,阿肯色州的牛奶被发现受到污染。这次,以粮食发酵生产添加到汽油中的乙醇的剩余物作为饲料喂养奶牛。暴露过的 942 个样本被收集并进行分析,阿肯色州母乳中的环氧七氯浓度看起来并不高于临近的东南各州[28]。现在为止,还没有归因于这些暴露的患病率报道,但是在夏威夷的研究仍在继续[29]。

六氯苯

母乳中的杀真菌剂六氯苯已引起幼儿患病。在土耳其(1957—1959 年)六氯苯中毒的疫情后,在成人看来,母乳喂养的孩子得的不是成年人患的卟啉病，而是粉色疮(pembe yara)，其特点是乏力、抽搐，以及环形丘疹。该病病死率约为 95%，许多孩子在村庄死去。化学制剂存在于母乳中，但当时没有定量。20 年后，对当时分析过的 20 个样品再检测，发现六氯苯的平均浓度是 230 μg/L[30]。如果按每克乳脂肪中的六氯苯含量，在距离原中毒事件 20 年后，中毒的水平仍约为背景水平的 15 倍。

尼古丁和烟草烟雾其他成分

尼古丁、可替宁[31]、硫氰酸(一种存在于烟草的氰化氢化合物)[32]，烟草烟雾[33]的其他成分出现在吸烟者的乳汁中。吸烟者的婴儿往往更早断奶，但是否由吸烟引起的还不明确[34]。没有证据表明，母乳中烟草的成分对孩子有影响。事实上，有一些证据表明，6 个月的母乳喂养可以预防吸烟者的婴儿其下呼吸道感染增加现象。第 40 章包含了关于烟草的更多信息。

高氯酸盐

高氯酸盐是母乳中的常见污染物，因为它通常存在于水和食物。它与碘相竞争而阻碍碘被吸收到甲状腺，从而干扰甲状腺激素的生成[35]。一项研究发现，13 个母乳喂养婴儿中有 9 个婴儿的高氯酸盐摄入量均超过美国国家科学院推荐的参考剂量(每日口服暴露剂量估计值可能在人的一生中对健康没有明显的不利影响)，13 个婴儿中有 12 个婴儿没有摄入足够多美国医学研究所定义的碘量[32]。为获得足够的碘，哺乳期妇女应鼓励使用碘盐。

多溴联苯醚和持久性的全氟化合物

多溴联苯醚(参见第 35 章)是阻燃化合物，广泛用于全世界消费产品中。近 20 年来，发现母乳中含有多溴联苯醚，而北美的浓度是最高的。在实验中，这些化合物具有神经或发育毒性，关于充分暴露是否会产生毒性尚处于争论中[36]。

持续性的全氟化合物，如全氟辛烷磺酸(PFOS)和全氟辛酸(PFOA)，在母乳中被发现。人造有机化学原料在实验室动物中有发育毒性。它们是否对人类的婴幼儿有影响还有待研究[37,38]。

邻苯二甲酸盐

邻苯二甲酸酯是增塑剂，可在地板、个人护理产品、医药设备，以及一些食品包装袋中发现。在实验室研究中，一些邻苯二甲酸盐已经被证实是抗雄激素；丹麦一项隐睾症男孩的研究，在男孩3个月时，测了母乳中邻苯二甲酸酯和内源性性激素的含量。虽然患隐睾症的男孩与对照组男孩两者的邻苯二甲酸酯没有发现任何差异，但母亲的母乳中邻苯二甲酸盐含量高的男孩，血清睾酮浓度较低和黄体酮激素浓度较高[39]。这一发现的临床意义尚不清楚，它还没有被再次证明。邻苯二甲酸酯在第38章中将作进一步讨论，内分泌干扰物在第28章中讨论。

挥发性有机化合物

因为已在一位麻醉师的母乳中检测到氟烷[40]，推测在接受麻醉的时候使用了氟烷会使哺乳母亲暴露于氟烷中。类似于麻醉气体，挥发剂可能通过呼出的空气排出体外，一旦暴露停止其在母乳中的浓度应迅速下降。许多其他常见的挥发性有机化合物，如苯、氟利昂和二氯甲烷，已在母乳中被发现，但没有临床意义[41]。

金属

母乳中铅浓度都低，并且没有现代报道显示，由一个无症状的母亲母乳喂养的孩子会产生铅中毒。工作中常与铅接触的女性其孩子会产生铅中毒。几十年前，罐装配方奶粉和炼乳比母乳含更多的铅，因为是用铅来焊接封罐。目前配方奶的铅水平是相当低；配方奶必须使用无铅水来冲调(参见第16章、第17章)。有异常高铅暴露的女性，如在国外出生的女性，职业性铅暴露的女性和有异食癖的女性，其母乳中含铅可能是一个问题。美国关于儿童铅中毒预防的疾病控制与预防中心咨询委员会(Centers for Disease Control and Prevention's Advisory Committee on Childhood Lead Poisoning Prevention)就这个问题出版了指南[42]。镉、砷和金属汞的在母乳中含量低。尽管甲基汞是相对非极性的，但与蛋白质有相关性，且母乳中甲基汞的浓度比血清中低。1972年在伊拉克，甲基汞处理的小麦种子，不经意用于面包制作，使母乳中甲基汞质量浓度达到约

200 μg/L，这是背景暴露的 50～100 倍。有成千上万的病例（参见第 32 章），包括一些只由母乳暴露造成的病例[43]。儿童甲基汞暴露的上限在塞舌尔群岛[44]和法罗群岛[45]已被研究，这些群岛居民从海洋鱼类和哺乳动物中获取相对较高的膳食暴露；但这些研究结果不一致，有些影响可在法罗群岛的暴露出现，但在塞舌尔岛却没有类似结果。两项研究中都看不到母乳暴露的影响。

防晒霜（紫外线过滤）

欧洲的研究人员调查哺乳母亲是否使用含有二苯甲酮－2、二苯甲酮－3，3－亚苄基樟脑、4－甲基苄亚甲基樟脑（4-MBC）、甲氧基肉桂酸辛酯（OMC）、胡莫柳酯、奥克立林和对氨基苯甲酸（PABA）的防晒霜和防晒化妆品。问卷调查的结果显示，78.8 %妇女使用含防晒霜成分的产品；76.5 %的母乳样本中含有这些化学物质。有报道称母亲使用这些化学品与其母乳中的所含化学物质浓度有很高的相关性。除了唇膏（其摄取可能是重要的），作者指出他们的结果支持动物和人类的皮肤对防晒品的吸收的研究结果。考虑到部分上述化学品在动物体内能激活内分泌系统，学者建议，如果哺乳母亲在婴儿敏感期不使用这些产品，那么母乳中化学物质的浓度会减少[46]。

诊断方法

许多实验室都有设备测量母乳中的一些或所有的污染物残留。然而，任何类似分析必须当成研究，因为没有标准的质量控制方法，没有确定的正常值，而且有证据表明（至少对于 PCBs 而言）：不同实验室检测结果的变异性太大，难以解释单个样本。母乳中这些化学物质的分析在临床上并没有使用。

条例

母乳中化学污染物的检测没有条例规定。尽管人们会想到使用婴幼儿配方奶粉的参数，但风险受益情况没有可比性。也可能没有这样的物质作为无污染的母乳。最难的情况存在于脂溶性的物质，如多氯联苯，因为它们在母乳中的水平已经接近或高于婴幼儿配方奶粉或婴儿食品的标准。对于其他环境污染物，母乳中的含量相对较低。

最重要的是减少接触这些有持久性生物累积的有毒化学物质。DDT、所有的环二烯和大多数多氯联苯，在美国已经停止生产和使用，但不是所有国家。因为美国的食品25%是进口的，全球行动是必要的。

常见问题

问题 我应该对自己的母乳进行化学污染物测试吗？

回答 不需要。许多化学物质残留可以在母乳中被发现；进行定量测定是困难的，而且没有任何方案，以保证质量控制。即使一个非常良好的实验室产生的结果，也没有被接受的标准或安全值来评价他们。

问题 我孩子生病是由我的母乳污染物造成的吗？

回答 如果一个襁褓中的婴儿已经被有化学污染物的母乳所侵害，大多数情况下，母亲自己也病了。这种现象是非常罕见的。调查这种情况要当成学术研究。

问题 当我哺乳时饮食，因为相同量的污染物会被溶解到更小量的脂肪中，我的饮食会增加我体内污染物的含量吗？如果我减肥，这些污染物会从脂肪中出来，进入母乳吗？

回答 没有人检测在减肥过程中母乳化学污染物的含量变化。大量报道显示，长期母乳喂养的母亲每年的平均减重是4.4 kg[47]，而没有哺乳的女性减重2.4 kg。其他研究发现，哺乳母亲很少或没减少体重[48]。哺乳期超重妇女通过运动和限制热量减重更快，而且大部分以脂肪的方式[49]。理论上，因为等量的化学物质将存储在4.4 kg以下组织中，主要是脂肪，而体重减轻可能会使脂溶性污染物的浓度增加约25%。

母乳喂养确实减少母亲体内污染物的量。母亲减少身体脂肪会使每单位母乳的污染物浓度升高，但是除此之外不应该有“动员”。没有证据表明，污染母乳的背景暴露会使婴儿产生任何不良影响。另一方面，有合理的证据表明，肥胖的母亲确实会使儿童产生不良影响。为此，当母亲在哺乳期时，也要遵循合理的饮食和锻炼。

问题　如果我吸烟，我应该给孩子哺乳吗？

回答　不管母亲是否抽烟，母乳是婴儿的最佳食品。然而，出于一些原因，需要建议的是怀孕的母亲不要吸烟，哺乳期的母亲也不要吸烟，因为尼古丁、硫氰酸盐，以及其他毒物会通过母乳进入婴儿体内。另一个不吸烟的理由是吸烟的乳母使婴儿在较早年龄断奶。如果母亲继续吸烟，不应该边吸烟边母乳喂养，因为高浓度的烟雾会接近婴儿。在哺乳前，也不建议吸烟[34]。

问题　对于受辐射(如辐射灾难)影响的妇女有什么建议？

回答　放射性碘和碘化钾会进入母乳中。对于哺乳期妇女及他们的婴儿，专家顾问坚决建议，受暴露母亲不应该喂养婴儿，因为母乳放射性碘的暴露使婴儿存在暴露的风险。暴露母亲应该暂停哺乳，除非没有替代品。

（李　斐 译　沈理笑 校译　许积德 审校）

参考文献

[1] Consultation on assessment of the health risks of dioxins; re-evaluation of the tolerable daily intake (TDI): executive summary. *Food Addit Contam*. 2000; 17(4):223-240.

[2] Pronczuk J, Moy G, Vallenas C. Breast milk: an optimal food. *Environ Health Perspect*. 2004; 112(13): A722-A723.

[3] US Department of Health and Human Services, Office on Women's Health. *HHS Blueprint for Action on Breastfeeding*. Washington, DC: US Department of Health and Human Services; 2000. Available at: http://www.womenshealth.gov/pub/hhs.cfm. Accessed September 29, 2010.

[4] American Academy of Pediatrics, Committee on Environmental Health. PCBs in breast milk. *Pediatrics*. 1994;94(1):122-123.

[5] Laug EP, Kunze FM, Prickett CS. Occurrence of DDT in human fat and milk. *Arch Ind Hyg Occup Med*. 1951;3(3):245-246.

[6] Solomon GM, Weiss PM. Chemical contaminants in breast milk: time trends and regional variability. *Environ Health Perspect*. 2002;110(6):A339-A347.

[7] Noren K, Meironyte D. Certain organochlorine and organobromine contaminants in Swedish human milk in perspective of past 20-30 years. *Chemosphere*. 2000;40(9-11):1111-1123.

[8] Longnecker MP, Rogan WJ. Commentary: persistent organic pollutants in children. *Pediatr Res*. 2001;50(3):322-323.

[9] Gladen BC, Rogan WJ. DDE and shortened duration of lactation in a Northern Mexican town. *Am J Public Health*. 1995;85(4):504-508.

[10] Karmaus W, Davis S, Fussman C, et al. Maternal concentration of dichlordiphenyl dichloroethylene (DDE) and initiation and duration of breast feeding. *Paediatr Perinat Epidemiol*. 2005;19(5):388-398.

[11] McGuiness B, Vena JE, Buck GM, et al. The effects of DDE on the duration of lactation among women in the New York State Angler Cohort. *Epidemiology*. 1999;10(4):359.

[12] Cupul-Uicab LA, Gladen BC, Hernandez-Avila M, et al. DDE, a degradation product of DDT, and duration of lactation in a highly exposed area of Mexico. *Environ Health Perspect*. 2008;116(2):179-183.

[13] Longnecker MP, Klebanoff M, Zhou H, et al. Association between maternal serum concentration of the DDT metabolite DDE and preterm and small-for-gestational-age babies at birth. *Lancet*. 2001;358(9276):110-114.

[14] Roberts DR, Manguin S, Mouchet J. DDT house spraying and re-emerging malaria. *Lancet*. 2001;356(9226):330-332.

[15] Longnecker MP. Invited commentary: why DDT matters now. *Am J Epidemiol*. 2005;162(8):726-728.

[16] Ribas-Fito N, Julvez J, Torrent M, et al. Beneficial effects of breastfeeding on cognition regardless of DDT concentrations at birth. *Am J Epidemiol*. 2007;166(10):1198-1202.

[17] Eskenazi B, Marks AR, Bradman A, et al. In utero exposure to dichlorodiphenyltrichloroethane (DDT) and dichlorodiphenyldichloroethylene (DDE) and neurodevelopment among young. Mexican American children. *Pediatrics*. 2006;118(1):233-241.

[18] Schantz SL, Widholm JJ, Rice DC. Effects of PCB exposure on neuropsychological function in children. *Environ Health Perspect*. 2003;111(3):357-376.

[19] Schecter A, Tiernan T. Occupational exposure to polychlorinated dioxins, polychlorinated furans, polychlorinated biphenyls, and biphenylenes after an electrical panel and transformer accident in an office building in Binghamton, NY. *Environ Health Perspect*. 1985;60:305-313.

[20] Rogan WJ, Gladen BC, Hung KL, et al. Congenital poisoning by polychlorinated biphenyls and their contaminants in Taiwan. *Science*. 1988;241(4863):334-336.

[21] Harada M. Intrauterine poisoning: Clinical and epidemiological studies and significance of the problem. *Bull Inst Constit Med*. 1976;25(Suppl):1-66.

[22] Yu ML, Hsu CC, Gladen BC, et al. In utero PCB/PCDF exposure: relation of developmental delay to dysmorphology and dose. *Neurotoxicol Teratol*. 1991;13(2):195-202.

[23] Wang RY, Needham LL. Environmental chemicals: from the environment to food, to breast milk, to the infant. *J Toxicol Environ Health Part B Crit Rev*. 2007;10(8):597-609.

[24] Baarschers W. *Eco-Facts and Eco-Fiction: Understanding the Environmental Debate*. New York, NY: Routledge; 1996:221.

[25] Lillie TH. *Chlordane in Air Force Family Housing: A Study of Houses Treated After Construction*. Brooks Air Force Base, TX: USAF Occupational and Environmental Health Laboratory, Brooks Air Force Base; 1981. Report No: OEHL 81-145.

[26] Taguchi S, Yakushiji T. Influence of termite treatment in the home on the chlordane concentration in human milk. *Arch Environ Contam Toxicol*. 1988;17(1):65-71.

[27] Pesticide HAP. *Hepatochlor Epoxide in Mother's Milk, Oahu, August 1981-November* 1982. Manoa, HI: University of Hawaii at Manoa; 1983.

[28] Mattison DR, Wohleb J, To T, et al. Pesticide concentrations in Arkansas breast milk. *J Ark Med Soc*. 1992;88(11):553-557.

[29] Maskarinec G. The difficulties in detecting effects of population-based exposures: the heptachlor contamination episode in Hawaii as an example. *Epidemiology*. 2006;17(6):S313.

[30] Cripps DI, Peters HA, Gocmen A, et al. Porphyria turcica due to hexachlorobenzene—a 20 to 30 year follow-up-study on 204 patients. *Br J Dermatol*. 1984;

111(4):413－422.

[31] Dahlstrom A, Ebersjo C, Lundell B. Nicotine exposure in breastfed infants. *Acta Paediatrica*. 2004;93(6):810－816.

[32] Dasgupta PK, Kirk AB, Dyke JV, et al. Intake of iodine and perchlorate and excretion in human milk. *Environ Sci Technol*. 2008;42(21):8115－8121.

[33] Zanieri L, Galvan P, Checchini L, et al. Polycyclic aromatic hydrocarbons (PAHs) in human milk from Italian women: influence of cigarette smoking and residential area. *Chemosphere*. 2007;67(7):1265－1274.

[34] Counsilman JJ, MacKay E. Cigarette smoking by pregnant women with particular reference to their past and subsequent breast feeding behavior. *Aust N Z J Obstet Gynaecol*. 1985;25(2) 101－107.

[35] Ginsberg GL, Hattis DB, Zoeller RT, et al. Evaluation of the U. S. EPA/OSWER preliminary remediation goal for perchlorate in groundwater: focus on exposure to nursing infants. *Environ Health Perspect*. 2007;115(3):361－369.

[36] Costa LG, Giordano G. Developmental neurotoxicity of polybrominated diphenyl ether (PBDE) flame retardants. *Neurotoxicology*. 2007;28(6):1047－1067.

[37] von Ehrenstein OS, Fenton SE, Kato K, et al. Polyfluoroalkyl chemicals in the serum and milk of breastfeeding women. *Reprod Toxicol*. 2009;27(3－4):239－245.

[38] Kärrman A, Ericson I, van Bavel B, et al. Exposure of perfluorinated chemicals through lactation: levels of matched human milk and serum and a temporal trend, 1996－2004, in Sweden. *Environ Health Perspect*. 2007;115(2):226－230.

[39] Main KM, Mortensen GK, Kaleva MM, et al. Human breast milk contamination with phthalates and alterations of endogenous reproductive hormones in infants three months of age. *Environ Health Perspect*. 2006;114(2):270－276.

[40] Cote CJ, Kenepp NB, Reed SB, et al. Trace concentrations of halothane in human breast milk. *Br J Anaesth*. 1976;48(6):541－543.

[41] Pellizari ED, Hartwell TD, Harris BS, et al. Purgeable organic compounds in mothers' milk. *Bull Environ Contam Toxicol*. 1982;28(3):322－328.

[42] Centers for Disease Control and Prevention. *Guidelines on the Identification and Management of Lead Exposure in Pregnant and Lactating Women*. Atlanta, Georgia: 2010. Available at: http://www.cdc.gov/nceh/lead/publications/LeadandPregnancy2010.pdf.

[43] Bakir F, Damluji SF, Amin-Zaki L, et al. Methylmercury poisoning in Iraq. *Sci-*

ence. 1973;181(96):230－241.

[44] Clarkson TW, Magos L, Myers GJ. The toxicology of mercury—current exposures and clinical manifestations. *N Engl J Med*. 2003;349(18):1731－1737.

[45] Grandjean P, Weihe P, White RF, et al. Cognitive deficit in 7-year-old children with prenatal exposure to methylmercury. *Neurotoxicol Teratol*. 1997;19(6): 417－428.

[46] Schlumpf M, Kypkec K, VÖktd CC, et al. Endocrine active UV filters: developmental toxicity and exposure through breast milk. *Chimia* (*Aarau*). 2008;62: 345－351).

[47] Dewey KG, Heinig MJ, Nommsen LA. Maternal weight-loss patterns during prolonged lactation. *Am J Clin Nutr*. 1993;58(2):162－166.

[48] Schauberger CW, Rooney BL, Brimer LM. Factors that influence weight loss in the puerperium. *Obstet Gynecol*. 1992;79(3):424－429.

[49] Lovelady CA, Garner KE, Moreno KL, et al. The effect of weight loss in overweight, lactating women on the growth of their infants. *N Engl J Med*. 2000;342 (7):449－453.

第 16 章

婴儿配方奶粉中的植物雌激素和污染物

■■■■■■

前言

美国儿科学会(AAP)建议母乳喂养,但配方奶粉仍广泛用于婴儿喂养。2003 年美国大约有 30%的新生儿和 60%的 6 月龄婴儿食用配方奶粉。虽然其他配方奶粉用于特殊目的,几乎所有在美国销售的配方奶粉都是从牛奶或大豆中提取蛋白质;大豆配方奶粉占据大约 25%的美国市场[1]。大豆配方不含乳糖,适合半乳糖血症、原发性乳糖酶缺乏综合征(一种非常罕见的疾病)和一些继发性乳糖酶缺乏的婴儿[1]。大豆配方蛋白质与牛奶蛋白质不同,很多对牛奶蛋白质过敏的孩子可以食用。

大豆配方含有异黄酮类植物雌激素。植物雌激素是在许多食品包括豆腐和大豆牛奶中发现的植物性化合物,能够产生部分或全部雌激素样作用。这些化合物的存在,导致大豆配方的推广,可以缓解成人更年期和其他症状。染料木黄酮和黄豆苷元是大豆配方中最高浓度的异黄酮,结构类似于 17－β 雌二醇,能与雌激素受体结合并能减弱雌激素的影响。以体重为单位计算,大豆婴儿配方奶粉喂养的婴儿日常接触的异黄酮总量是女性摄入大豆蛋白质影响月经周期功能的剂量的 6～11 倍[3]。英国、澳大利亚、新西兰和以色列发表声明,建议限制使用大豆婴儿配方奶粉[4]。这种担心主要源于动物实验和体外实验的研究结果。美国儿科学会营养委员会关于大豆婴儿配方的声明为美国婴幼儿提供了相对有限的适应证[1]。大豆婴儿配方奶还包含结合铁和锌的肌醇六磷酸,目前的大豆婴儿配方奶富含铁和锌。通过加热大豆蛋白质分离,大豆蛋白酶抑制剂已经大部分被去掉。虽然动物实验证明大豆暴露有生殖和发育毒性[5]，但在过去 50 年大豆配方用于婴儿喂养相对安全。大豆配方临床或亚临床作用的研究很少。目前没有足够的证据来确定大豆婴儿配方奶是否对生殖、发育、甲状腺激素或免疫功能有任何不利影响[1,2]。

本章主要关注大豆婴儿配方奶中的异黄酮，简要阐述存在或来源于大豆配方奶或牛奶配方奶里的其他污染物(即铝、锰、细菌、三聚氰胺和婴儿奶瓶中的塑化剂)，部分污染物将在第 18 章、第 38 章中阐述。

接触途径

大豆配方婴儿食品中的异黄酮的接触途径是口入。摄入母乳或牛奶的婴儿每日摄取的异黄酮量比摄入大豆配方奶粉的婴儿每日摄取的异黄酮量的 1/200 th 还要少。婴儿和成人食用豆制品可以吸收异黄酮。

累及的系统和临床效应

流行病学研究大豆婴儿配方奶粉的影响

研究已经证实正常足月婴儿喂养大豆婴儿配方奶可以正常生长[1]。早产儿不推荐大豆配方奶喂养，因为对大豆配方奶喂养的低出生体重(＜1 500 g)婴儿的研究表明，最初几个月的增长率、白蛋白浓度和骨矿化降低[1, 5]。大豆配方奶对人类的不良反应的研究很少，因此不足以得出明确的结论。大豆配方奶对乳房过早发育(早期乳房发育)、持久性的乳蕾、月经、甲状腺功能、过敏和免疫功能的研究，因为研究设计和样本大小的限制，结果都不确定。表 16－1 总结了这些研究。使用大豆配方奶短期和长期效应仍有待于通过精心设计的、大规模的流行病学研究来决定。

表 16－1　人类食用大豆配方奶粉的研究

结果	作者，出版的年代	方法和主题	发　现
乳房早发育	Freni-Titulaer et al, 1986[6]	120 名乳房早发育的女孩和 120 名匹配的对照的病例对照研究。	使用大豆配方奶乳房早发育的风险增加

(续表)

结果	作者,出版的年代	方法和主题	发　现
生殖发育	Giampietro et al，2004[8]	48 名大豆配方奶喂养的儿童和 18 名对照。	在女孩中没有性早熟的迹象或在男孩中没有男性女乳症的迹象
乳核持续存在	Zung et al，2008[9]	92 名大豆配方奶喂养和 602 名母乳或牛奶喂养的女婴的横断面研究。	在第二年大豆配方奶组比牛奶组有更高的乳蕾发生率(≥1.5 cm),第一年没有发现。
成年期生殖	Strom et al,2001[11]	婴儿期控制而不是随机喂养,后续在成年早期随访,喂养大豆配方奶的 120 名男性和 128 名女性，喂养牛奶配方奶的 295 男性和 268 女性。	大豆配方奶使用增加月经出血的持续时间和月经不适,但并不影响青春期、月经周期长度或规律性
自身免疫性甲状腺疾病	Fort et al,1990[13]	病例对照研究,59 名自身免疫性甲状腺疾病儿童,76 名健康同胞兄弟姐妹,和 54 名没有血缘关系的健康对照儿童。	自身免疫性甲状腺疾病患儿的比率:大豆配方奶喂养(31%);健康同胞(12%);健康对照组(13%)
免疫功能	Ostrom et al,2002[15] Cordle et al,2002[16]	随机喂养研究 94 名大豆配方奶添加核苷酸喂养的婴儿和 92 名大豆配方奶粉没有添加核苷酸喂养的婴儿,加上非随机组的 81 名母乳或牛奶配方奶喂养的婴儿。	免疫球蛋白 G 总浓度相似。大豆配方奶喂养的婴儿 H 嗜血杆菌抗体浓度较高和脊髓灰质炎中和抗体的浓度较低。大豆配方奶喂养的婴儿有更多医生报告的腹泻。免疫细胞(自然杀伤细胞 B、T)状态相似,大豆喂养婴儿 $CD57^+$,自然杀伤 T 细胞较低。

生殖影响

波多黎各的一份研究报道发现，食用大豆配方奶与女孩 2 岁前乳房早发育有关[6]。然而,其他因素包括母亲卵巢囊肿的病史和食用新鲜的鸡肉也被提到[6]。这项研究结果没有被重复,因此食用大豆配方奶和乳房早发育之间的关系仍然悬而未决。邻苯二甲酸酯暴露也被其他研究人员考虑过。另一项研究试图比较大豆配方奶喂养的儿童与其他配方奶喂养的儿童性早熟的差异,但是样本量非常小。以色列的研究发现,喂养大豆配方奶粉的女孩在生后第二年有更高的乳腺早发育的患病率,表明婴儿乳房组织的长期存在[9]。在一个非常小的试点研究中,6 个月喂养大豆配方奶粉的女孩更有阴道上皮细胞雌激素化(棉签拭子收集阴道口脱落细胞)的倾向,作者强调这种方法潜在评估雌激素暴露效用而不是配方奶的影响[10]。

唯一的针对婴儿时期使用大豆配方奶的成年人的流行病学研究显示婴儿期大豆配方喂养的女性月经出血时间延长,也更可能会造成女性月经不适,但没有发现大豆配方与初潮年龄、月经周期长度或规律性之间有关联[11]。这一研究样本量不够大,不能说明大豆配方对生殖的安全性,也没有类似有关成人生殖和怀孕的更大的样本研究。

甲状腺功能

1959 年前,有报道大豆配方奶粉喂养会造成甲状腺肿大[12],但其发病率在大豆配方奶粉添加了碘后就消失了。使用甲状腺素治疗大豆配方喂养的婴儿的先天性甲状腺功能减退时,有治疗不敏感的案例报告,切换到牛奶配方喂养时治疗效果提高。也许是因为大豆蛋白中分离的肌醇六磷酸酯会干扰碘代谢和甲状腺激素合成[5]。自身免疫性甲状腺疾病的病例对照研究(桥本甲状腺炎或甲状腺功能亢进)显示与健康同胞或其他对照组儿童相比,病例组中喂养大豆配方的比例更高[13]。目前尚不清楚这是否可以用有过敏倾向的婴儿喂养大豆配方的可能性更大来解释,而这些婴儿体内有相关抗体。目前,还缺乏大豆婴儿配方奶粉的食用和促甲状腺激素(TSH)和甲状腺激素之间关系的研究。

免疫功能

有充分的证据表明,大豆婴儿配方奶不预防过敏性疾病[14]。尽管一些老的大豆配方可能干扰免疫反应[2],最近的研究发现大豆配方奶喂养的婴儿对接种疫苗有正常的免疫反应[15,16]。在这些新研究中,大豆配方奶喂养的婴儿总免疫球蛋白(Ig)G,IgA,抗白喉免疫球蛋白 G 和抗破伤风免疫球蛋白 G 浓度类似喂母乳或牛奶配方的婴儿。然而，大豆配方奶粉喂养的婴儿在 7 个月和 12 个月时，与牛奶配方和母乳喂养的婴儿相比，有较高浓度的流感 b 型嗜血杆菌抗体。12 个月时脊髓灰质炎病毒抗体较低（但仍在正常范围内）[15]。大豆配方奶粉喂养的婴儿除了 12 个月时 $CD57^+$，自然杀伤 T 细胞的比例较低，免疫细胞计数类似牛奶配方奶粉或母乳喂养的婴儿[16]。

其他影响

一项研究比较母乳、牛奶配方奶粉、大豆配方奶粉喂养的 4 个月的婴儿胆固醇分子合成率，这是内源性胆固醇合成的一个指标[17]。大豆配方奶粉喂养的婴儿胆固醇分子合成率最高，可能是因为大豆配方成分缺少胆固醇含量。母乳喂养的婴儿胆固醇分子合成率最低，补充胆固醇的大豆配方奶粉分子合成率低于未补充的大豆配方奶粉。有研究探讨大豆配方的婴儿奶粉对 1 型糖尿病和儿童认知功能的影响，但这些研究样本量都相对较小或为其他研究目的而设计[18,19]。

大豆婴儿配方奶粉影响的实验研究

关于大豆婴儿配方奶粉对生殖和发育影响的动物实验研究较少，因此较难直接观察大豆配方的不利影响。动物实验经常摄入或注射染料木黄酮。虽然吸入注射染料木黄酮可能不能直接推断大豆婴儿配方奶粉对人类的影响，动物实验研究的目的是确定大豆婴儿配方奶粉对人类可能的相关影响，补充人体实验研究的不足。在动物实验模型和体外研究中，大豆配方奶粉的不良作用包括降低新生儿睾丸激素浓度、多囊卵巢、子宫腺癌、乳腺腺瘤或腺癌及甲状腺过氧化物酶浓度下降。

生殖影响

一项用近似大豆配方奶粉来喂养雄性狨猴双胞胎的动物实验发现，大豆配方奶粉喂养的猕猴新生儿睾丸激素浓度增加[20]。下丘脑－垂体－睾酮轴的早期激活是雄性灵长类动物包括人类的特征。这可能与青春期的成熟、性和社会行为及生育能力有关。

后续跟踪研究至青春期和成年期，然而没有发现大豆配方奶粉和牛奶配方奶粉喂养的狨猴持续的血清睾酮浓度差异[21]。大豆配方喂养的猕猴青春期启动、进展和成年生育都没有受到影响。大豆配方奶粉喂养的狨猴睾丸重量更重，滋养层和睾丸间质细胞更多，这可能意味着某种程度的“补偿遭破坏的睾丸间质细胞[21]”。大豆配方奶粉对男性生殖激素水平、生育能力和睾丸功能的影响还需要进一步研究确认。

与男性生育能力相比，染料木黄酮暴露对女性生育功能的影响受到了更多的关注。在皮下注射染料木黄酮素的啮齿动物的研究中发现卵巢中多囊卵泡的数量增加[22]。注射剂量 0.5～50 mg/kg 染料木黄酮，反应存在剂量依赖的模式。其他内生和合成雌激素[17－β 雌二醇、己烯雌酚(DES)、双酚 A(BPA)]也会导致多囊卵巢。尽管多囊卵巢对生殖的影响还没有明确定义，但可能意味着卵巢分化的永久改变和生育能力的降低。染料木黄酮也可能影响下丘脑－垂体－性腺功能，破坏性欲周期，并降低生育能力。新生儿接触染料木黄酮可致子宫腺癌。0.001 mg/kg 的己烯雌酚和 50 mg/kg 染料木黄酮含有相同剂量的雌激素，在实验动物模型中造成相似的子宫腺癌发病率(～30%)[23]。美国国家毒理学计划(NTP)的最新研究也发现，雌性老鼠喂食染料木黄酮 2 年以上，存在更高的乳腺腺瘤或腺癌，以及脑垂体腺瘤或癌的风险[24]。其他染料木黄酮接触对生殖的影响包括加速阴道张开，减少肛门与生殖器的距离，并引起子宫和卵巢组织病理学改变。

甲状腺功能

实验研究发现，染料木黄酮抑制大鼠血清甲状腺过氧化物酶和碘塞罗宁，但没有影响甲状腺素和促甲状腺激素(TSH)浓度。人类没有类似的研究。

免疫功能

染料木黄酮的免疫毒性动物实验研究结果不一致[25]。啮齿动物的早期研究发现降低胸腺重量和减少胸腺细胞的数量，但是大豆配方奶粉喂养双胞胎狨猴的饲养研究没有发现胸腺重量差异[21]。在一些研究中发现染料木黄酮抑制体液免疫和细胞免疫反应，但是另外一些研究没有发现这样的影响[27]。异黄酮对免疫功能的影响可能因年龄、性别、物种和给药方案的不同而不同。

关于大豆婴儿配方奶中异黄酮影响的争论

大豆配方奶对婴儿是否造成潜在的健康风险一直有争论。大豆配方奶已经使用大约 50 年，对婴儿或儿童潜在的健康风险的研究较少。然而，许多环境暴露的影响只能被精心设计的流行病学研究所揭示，如二手烟和铅暴露。高水平的异黄酮摄入和染料木黄酮在动物实验中毒性的有力证据引发合理的担忧，明确建议大豆配方奶在婴儿使用需要相关的进一步研究。实验动物的研究发现高剂量的染料木黄酮能破坏生殖和发育。然而人类和实验动物之间有生理差异，暴露内容的差异（大豆配方和染料木黄酮），接触途径的差异（摄入和注射）以及剂量差异（按需喂养和重复高剂量）。将人类研究和动物实验结果融合在一起是不可能的。仍需要更好地评估异黄酮的雌激素样作用，因为这有关雌激素对人类作用的强度。相比雌激素受体 α，染料木黄酮对雌激素受体 β 具有较高的亲和力。这两种雌激素受体在体内是不均匀分布的；因此雌激素的影响随组织不同而有差异。体外和体内的研究显示雌激素样作用的效能估计相对于雌二醇而言，在 10^{-5}～10^{-1}间变动。这种雌激素样作用如何转化为对人类的影响还是未知的。对婴儿期使用大豆配方奶喂养的儿童缺乏大规模的流行病学和临床观察使得这一问题更加复杂化。澳大利亚、新西兰和欧洲一些咨询委员会建议如有其他替代品，限制大豆配方奶粉在婴儿使用[4]。2006 年，美国国家人类生殖风险的毒理项目中心（the National Toxicdogy Program Center of Risk to Human Reproduction）评估了染料木黄酮和大豆配方奶的生殖和发育毒性。专家组发现提纯染料木黄酮可以在啮齿动物产生生殖和发育毒性[25]，但大豆配方奶因为实验数据不足，对人类和实验动物的影响还无法确定[2]。2008 年，美国儿科学会营养委员会回顾了现有的对大豆异黄酮配方和儿童健康的研究，没有发现确凿的证据表明食用大豆异黄酮可能影响人类生育、生殖或内分泌功能[1]。2009 年，美国国家人类生殖风险的毒理项目中心召集了一个专家小组，重新评估大豆配方奶的生殖和发育毒性。专家小组认为大豆配方奶喂养对婴儿的发育影响很小[28]。

诊断方法

食用大豆配方奶可以通过询问婴儿喂养史了解。血浆样本中异黄酮浓度已经可以被量化[29]。尿布上的尿液和唾液样本可以用来分析婴儿的异黄酮排泄[30,31]。然而这些分析方法目前都只能在研究中使用。

治疗和临床表现

目前定义大豆配方奶中异黄酮引发的临床症状数据不足。然而,如果异黄酮引起任何症状,切换到牛奶配方奶粉可能缓解症状。

预防接触

使用大豆配方奶喂养婴儿是自愿的(由婴儿的家长权衡决定)。为了防止异黄酮摄入,家长可以决定使用母乳或牛奶配方奶。母乳可能包含其他环境化学物质,如二氯二苯三氯乙烷(DDT)及其代谢物 (DDE)、多氯联苯(PCBs)、铅和甲基汞。然而目前的证据表明这些污染物与文献记录的母乳喂养的好处相比对婴儿的危害很小[32]。由牛奶蛋白质导致的肠下垂或小肠结肠炎的婴儿可以提供水解蛋白质或氨基酸配方奶粉。

婴儿配方奶由美国食品药品监督管理局(FDA)监管。美国食品药品监督管理局已对婴儿配方奶营养方面做出要求,但是它未管制大豆婴儿配方奶中异黄酮的含量。大豆异黄酮含量可以因为地理位置、气候和其他环境条件不同而有差异。根据婴儿配方奶异黄酮含量和每日消费量,婴儿从大豆婴儿配方奶中估计的总异黄酮摄入量(非结合的异黄酮等价物)在 2～12 mg/(kg ·d)。如果担心大豆配方奶中异黄酮的含量,以后可以努力减少大豆分离蛋白质中异黄酮的含量(如使用离子交换技术)。

婴儿配方奶中的其他污染物

铝和锰

1996 年,美国儿科学会营养委员会指出大豆配方奶含有相对大量的铝。大豆配方奶铝浓度(600～1 300 ng/ml)远高于母乳(4～65 ng/ml)。用于配方奶生产的矿物盐被认为是污染的来源。来自大豆配方奶的铝暴露对足月儿似乎没有实质影响。大豆配方奶喂养的婴儿比母乳喂养的婴儿食用了大量的锰,但锰对神经发育的影响没有被明确定义[33]。

细菌

一直有报道食用婴儿配方奶导致阪崎肠杆菌感染,40%～80%的感染婴儿会死亡[34]。2003 年,2.4%的婴幼儿配方奶样本中发现阪崎肠杆菌,但最近的一项评估发现感染侵袭性阪崎肠杆菌的病例很罕见(从 1958—2005 年只有 46 例报道)[34]。婴幼儿配方奶中也发现其他细菌。如果使用受污染的水或者脏的瓶子和器具,配方奶粉也可能在加工过程中受到污染。

双酚 A

配方奶喂养的婴儿经常使用含有双酚 A(BPA)的奶瓶,双酚 A 是一种弱雌激素化合物。双酚 A 可以从瓶子转移到它所装有的液体中,特别当液体是热的时候。反复洗、煮、刷会增加双酚 A 的转移[35]。美国国家毒理学项目组的一份报告估计人工喂养的婴儿每日暴露 1～11 μg/kg 的双酚 A[36]。啮齿动物低剂量暴露双酚 A 会引起生殖和神经发育变化。美国国家毒理项目组认为当前双酚 A 的暴露水平可能会对婴儿和儿童的大脑、行为和前列腺发育造成影响[36](参见第 38 章)。

三聚氰胺

曾经爆发过食用三聚氰胺污染奶粉的婴儿出现肾结石和肾衰竭事件,导致至少 3 人死亡,13 000 人住院[37]。三聚氰胺是一种工业原料,不允许使用在食品添加剂中,2007 年在美国宠物体内发现其衍生物三聚氰酸与肾功能衰竭有关[38]。这种故意添加三聚氰胺至原料奶中以增加检测时的蛋白质浓度，导致婴儿的肾脏毒性，受污染配方奶和其他乳制品在大规模国际市场中被召回。这样的婴儿配方奶没有进口到美国市场。实验研究中三聚氰胺和三聚氢酸产生显著的肾损害和肾单位晶体[38]。婴儿食用三聚氰胺污染的配方奶粉产生的不良反应的报道已经出版[39-42]。

常见问题

问题 我女儿有乳糖不耐受，可以转换到大豆配方奶吗？大豆配方奶中的异黄酮对她会有影响吗？

回答 当考虑给婴儿选用婴儿配方奶时，有一点非常重要，就是要考虑这个婴儿是否有乳糖不耐受。乳糖不耐受，如果进一步发展，通常在童年晚期出现症状。许多婴儿食用大豆配方奶，因为大豆蛋白质配方不含有乳糖。脱脂和降低乳糖含量的牛奶配方奶也可以食用。大豆配方奶的异黄酮水平远远高于母乳和牛奶配方奶。动物实验研究发现高水平司巴丁(异黄酮类化合物之一)可以对生殖和发育造成不利影响。然而使用大豆配方奶的实验动物的研究没有明确性结论。目前对大豆配方奶中异黄酮对婴儿的影响有一些研究数据，但这方面还需要更多地研究[43]。

问题 大豆中的植物雌激素与性早熟相关吗？

回答 大豆婴儿配方奶含有植物雌激素，一种弱雌激素的化合物。然而大豆配方中含有异黄酮，它有雌激素的作用，数量级可能低于人类自然的雌激素雌二醇。有报告关于食用大豆婴儿配方奶粉和年龄小于2岁的女孩乳房早发育有关，但这个研究样本量小，结论不确定。女孩8岁之前，男孩9岁之前出现早熟可能是由于外源激素暴露，大豆配方奶粉的作用尚未得到明确的证实。

问题 有可能减少大豆婴儿配方奶粉中的异黄酮含量吗？

回答 大豆异黄酮含量取决于地理位置和气象条件。这种变化可以被利用来生产含有浓度较低的异黄酮的大豆分离蛋白质。制造商以后可以考虑修改流程，改变大豆分离蛋白质中异黄酮含量。异黄酮含量目前不标注在大豆婴儿配方奶的包装上。

问题　奶瓶中的双酚 A 对奶粉喂养的婴儿有害吗?

回答　动物实验研究发现,暴露于相对较低水平的双酚 A(BPA),这可能是婴儿暴露的水平,会影响生殖和发育[44]。需要进一步研究澄清类似不良影响是否发生在人工喂养的婴儿。许多婴儿奶瓶含有双酚 A,这可能是家长的一个担心。

问题　冲调婴儿配方奶有什么推荐方法?

回答　用于冲调婴儿配方奶的水必须来自州或地方卫生部门规定的安全水源。如果你担心或者不确定自来水的安全,你可以使用瓶装水或自来水煮沸 1 分钟(不要更长),然后冷却到室温,30 分钟之内使用。温水使用前应该测试其温度,以确保它对婴儿不是太热。最简单的测试温度的方法是滴几滴到你的手腕上。或者在喂奶前可以准备一个瓶子,添加奶粉和来自净水器的温水。这种方法可以直接喂奶,不需要额外地制冷或者加热。准备好的配方奶在婴儿食用后 1 小时内必须丢弃。准备好的配方奶在婴儿食用前,可以在冰箱里储存 24 小时以防止细菌污染。用开放的容器盛放准备要喂食的奶,浓缩配方奶或由浓缩配方准备而来的配方奶都应该覆盖、冷藏,48 小时内如果不食用就要丢弃。

参考资料

National Institute of Environmental Health Sciences

Web site：www. niehs. nih. gov

Available publications include Final CERHR Expert Panel Report on Soy Infant Formula (http://cerhr. niehs. nih. gov/evals/genistein-soy/ SoyFormulaUpdt/FinalEPReport_508. pdf) and NTP-CERHR Expert Panel Report on the Reproductive and Developmental Toxicity of Genistein

(http://www. ncbi. nlm. nih. gov/pmc/articles/PMC2020434)

US Food and Drug Administration

Web site：www. fda. gov

Frequently Asked Questions about FDA's Regulation of Infant Formula：

http://www. fda. gov/Food/GuidanceComplianceRegulatoryInformation/GuidanceDocuments/InfantFormula/ucm056524. htm

（王　瑜 译　欧阳凤秀 校译　许积德　徐　健 审校）

参考文献

[1] Bhatia J, Greer F. American Academy of Pediatrics, Committee on Nutrition. Use of soy protein-based formulas in infant feeding. *Pediatrics*. 2008;121(5):1062－1068.

[2] Rozman KK, Bhatia J, Calafat AM, et al. NTP-CERHR expert panel report on the reproductive and developmental toxicity of soy formula. *Birth Defects Res B Dev Reprod Toxicol*. 2006;77(4):280－397.

[3] Chen A, Rogan WJ. Isoflavones in soy infant formula: a review of evidence for endocrine and other activity in infants. *Annu Rev Nutr*. 2004;24:33－54.

[4] Agostoni C, Axelsson I, Goulet O, et al. Soy protein infant formulae and follow-on formulae: a commentary by the ESPGHAN Committee on Nutrition. *J Pediatr Gastroenterol Nutr*. 2006;42(4):352－361.

[5] Simmen R C. Inhibition of NMU-induced mammary tumorigenesis by dietary soy. *Cancer Lett* 2005;224, 45－52..

[6] Freni-Titulaer LW, Cordero JF, Haddock L, et al.. Premature thelarche in Puerto Rico. A search for environmental factors. *Am J Dis Child*. 1986;140(12):1263－1267.

[7] Colon I, Caro D, Bourdony CJ, et al. Identification of phthalate esters in the serum of young Puerto Rican girls with premature breast development. *Environ Health Perspect*. 2000;108(9):895－900.

[8] Giampietro PG, Bruno G, Furcolo G, et al. Soy protein formulas in children: no hormonal effects in long-term feeding. *J Pediatr Endocrinol Metab*. 2004;17(2):191－196.

[9] Zung A, Glaser T, Kerem Z, et al. Breast development in the first 2 years of life: an association with soy-based infant formulas. *J Pediatr Gastroenterol Nutr*. 2008;46(2):191－195.

[10] Bernbaum JC, Umbach DM, Ragan NB, et al. Pilot studies of estrogen-related physical findings in infants. *Environ Health Perspect*. 2008;116(3):416－420.

[11] Strom BL, Schinnar R, Ziegler EE, et al. Exposure to soy-based formula in infancy and endocrinological and reproductive outcomes in young adulthood. *JAMA*. 2001;286(7):807 - 814.

[12] Shepard TH, Pyne GE, Kirschvink JF, et al. Soy bean goiter: report of three cases. *N Engl J Med*. 1960;262:1099 - 1103.

[13] Fort P, Moses N, Fasano M, et al. Breast and soy-formula feedings in early infancy and the prevalence of autoimmune thyroid disease in children. *J Am Coll Nutr*. 1990;9(2):164 - 167.

[14] Osborn DA, Sinn J. Soy formula for prevention of allergy and food intolerance in infants. *Cochrane Database Syst Rev*. 2006;(4):CD003741.

[15] Ostrom KM, Cordle CT, Schaller JP, et al. Immune status of infantsfed soy-based formulas with or without added nucleotides for 1 year: part 1: vaccine responses, and morbidity. *J Pediatr Gastroenterol Nutr*. 2002;34(2):137 - 144.

[16] Cordle CT, Winship TR, Schaller JP, et al. Immune status of infants fed soy-based formulas with or without added nucleotides for 1 year: part 2: immune cell populations. *J Pediatr Gastroenterol Nutr*. 2002;34(2):145 - 153.

[17] Cruz ML, Wong WW, Mimouni F, et al. Effects of infant nutrition on cholesterol synthesis rates. *Pediatr Res*. 1994;35(2):135 - 140 Chapter 16: Phytoestrogens and Contaminants in Infant Formula 223.

[18] Fort P, Lanes R, Dahlem S, et al. Breast feeding and insulin-dependent diabetes mellitus in children. *J Am Coll Nutr*. 1986;5(5):439 - 441.

[19] Malloy MH, Berendes H. Does breast-feeding influence intelligence quotients at 9 and 10 years of age? Early Hum Dev. 1998;50(2):209 - 217.

[20] Sharpe RM, Martin B, Morris K, et al. Infant feeding with soy formula milk: effects on the testis and on blood testosterone levels in marmoset monkeys during the period of neonatal testicular activity. Hum Reprod. 2002;17(7):1692 - 1703.

[21] Tan KA, Walker M, Morris K, et al. Infant feeding with soy formula milk: effects on puberty progression, reproductive function and testicular cell numbers in marmoset monkeys in adulthood. Hum Reprod. 2006;21(4):896 - 904.

[22] Jefferson WN, Couse JF, Padilla-Banks E, et al. Neonatal exposure to genistein induces estrogen receptor (ER) alpha expression and multioocyte follicles in the maturing mouse ovary: evidence for ER-beta-mediated and nonestrogenic actions. Biol Reprod. 2002;67(4):1285 - 1296.

[23] Newbold RR, Banks EP, Bullock B, et al. Uterine adenocarcinoma in mice trea-

ted neonatally with genistein. Cancer Res. 2001;61(11):4325－4328.

[24] National Toxicology Program. NTP Toxicology and Carcinogenesis Studies of Genistein (CAS No. 446－72－0) in Sprague-Dawley Rats (Feed Study). Natl Toxicol Program Tech Rep Ser. 2008;(545):1－240.

[25] Rozman KK, Bhatia J, Calafat AM, et al. NTP-CERHR expert panel report on the reproductive and developmental toxicity of genistein. Birth Defects Res B Dev Reprod Toxicol. 2006;77(6): 485－638.

[26] Chang HC, Doerge DR. Dietary genistein inactivates rat thyroid peroxidase in vivo without an apparent hypothyroid effect. Toxicol Appl Pharmacol. 2000;168(3):244－252.

[27] Cooke PS, Selvaraj V, Yellayi S. Genistein, estrogen receptors, and the acquired immune response. J Nutr. 2006;136(3):704－708.

[28] National Toxicology Program, Center for Evaluation of Risks to Human Reproduction. Final CERHR Expert Panel Report on Soy Infant Formula. Research Triangle Park, NC: 2010. Available at: http://cerhr. niehs. nih. gov/evals/genistein-soy/SoyFormulaUpdt/FinalEPReport_508. pdf.

[29] Setchell KD, Zimmer-Nechemias L, Cai J, et al. Exposure of infants to phytooestrogens from soy-based infant formula. Lancet. 1997;350(9070):23－27.

[30] Irvine CH, Shand N, Fitzpatrick MG, et al. Daily intake and urinary excretion of genistein and daidzein by infants fed soy- or dairy-based infant formulas. Am J Clin Nutr. 1998;68(6 Suppl):1462S－1465S.

[31] Cao YA, Calafat AM, Doerge DR, et al. Isoflavones in urine, saliva, and blood of infants: data from a pilot study on the estrogenic activity of soy formula. J Expo Sci Environ Epidemiol. 2009;19(2):223－234.

[32] Berlin CM Jr, LaKind JS, Sonawane BR, et al. Conclusions, research needs, and recommendations of the expert panel: technical workshop on human milk surveillance and research for environmental chemicals in the United States. J Toxicol Environ Health A. 2002;65(22):1929－1935.

[33] Golub MS, Hogrefe CE, Germann SL, et al. Neurobehavioral evaluation of rhesus monkey infants fed cow's milk formula, soy formula, or soy formula with added manganese. Neurotoxicol Teratol. 2005;27(4):615－627.

[34] Bowen AB, Braden CR. Invasive Enterobacter sakazakii disease ininfants. Emerg Infect Dis. 2006; 12(8): 1185 － 1189Pediatric Environmental Health3rd Edition224.

[35] Brede C, Fjeldal P, Skjevrak I, et al. Increased migration levels of bisphenol A from polycarbonate baby bottles after dishwashing, boiling and brushing. Food Addit Contam. 2003;20(7):684-689.

[36] Center for the Evaluation of Risks to Human Reproduction, National Toxicology Program. NTP-CERHR Monograph on the Potential Human Reproductive and Developmental Effects of Bisphenol A. Research Triangle Park, NC: National Toxicology Program, US Department of Health and Human Services; 2008. NIH Publication No. 08-5994.

[37] World Health Organization. Outbreak news. Melamine contamination, China. Wkly Epidemiol Rec. 2008;83(40):358.

[38] Dobson RL, Motlagh S, Quijano M, et al. Identification and characterization of toxicity of contaminants in pet food leading to an outbreak of renal toxicity in cats and dogs. Toxicol Sci. 2008;106(1):251-262.

[39] Guan N, Fan Q, Ding J, et al. Melamine-contaminated powdered formula and urolithiasis in young children. N Engl J Med. 2009;360(11):1067-1074.

[40] Ho SS, Chu WC, Wong KT, et al. Ultrasonographic evaluation of melamine-exposed children in Hong Kong. N Engl J Med. 2009;360(11):1156-1157.

[41] Wang IJ, Chen PC, Hwang KC. Melamine and nephrolithiasis in children in Taiwan, China. N Engl J Med. 2009;360(11):1157-1158.

[42] Langman CB. Melamine, powdered milk, and nephrolithiasis in Chinese infants. N Engl J Med. 2009;360(11):1139-1141.

[43] Nielsen IL, Williamson G. Review of the factors affecting bioavailability of soy isoflavones in humans. Nutr Cancer. 2007;57(1):1-10.

[44] Ingelfinger JR. Melamine and the global implications of food contamination. N Engl J Med. 2008;359(26):2745-2748.

第 17 章

水

水安全对儿童的健康至关重要。水可以直接饮用，烹煮食物以及冲调婴幼儿配方奶粉。污染水源灌溉的庄稼或污染水源内养殖的鱼类和贝壳类等均可污染供应的食物。水可用于沐浴、游泳。如果儿童在这些活动中有吞咽或皮肤接触了污染的水，那么就会造成污染物的暴露。在发展中国家，接触的水源安全与否是儿童能否健康成长的重要因素之一(参见第 14 章)。在美国 1～14 岁儿童中，溺水是第二大意外伤害死亡原因[1]。河流和水库既可以提供安全清洁的水源，同时也是造成儿童溺水死亡的主要原因。

地球约 70%的面积由水覆盖，但淡水总量却不足地球总水量的 3%；若扣除其中 2/3 无法取用的冰川和冰盖，人类可使用的淡水实际不到地球总水量的 1%。淡水分为地下水(如地下蓄水层，占地球总水量 0.7%)和地表水(如江河湖泊，占地球总水量 0.3%)，故仅有不到一半的液态淡水是人类真正能够利用的[2]。在美国，约一半的饮用水来自地下水，另一半来自地表水或地下、地表混合水。充足的、品质保证的淡水供应是公共卫生和生态完整性的基础；然而，由于人口压力、工业、农业产品增长等带来的污染，使淡水资源受到严重威胁。

根据污染的来源，水污染分为点源污染和非点源污染。前者包括市政污水处理厂的排放物或工业废水排放入地表水。非点源污染的来源更难以识别和控制，包括农业径流、城市径流、土壤污染和大气沉积等。污染物可直接污染地表水或土壤，也会渗入地下含水层进一步污染地下水。

受污染的饮用水已被确认对公众健康构成潜在威胁。此认识形成已久，最早可追溯至史前，古罗马帝国通过构建饮水净化系统从而向城内提供安全的饮用水。水污染物一般分为以下三类：生物类、化学类和放射性核素类(表 17－1)。水中可存在数以百计的生物性污染和成千上万的化学性污染。我们尚不清楚众多水污染物对人类健康的长期影响。直到1974年，美国《安全饮用水法案》(Safe Drinking Water Act)通过，美国联邦水法规开始实施；该条例仅针对一小部分已确定的水污染物。联邦标准适用于服务25户或更多住户的社区供水；有些州还设置小型饮水供应标准，但是私人水井不受监管。全球范围内，许多其他国家也存在类似的饮用水监管系统。此外，世界卫生组织(WHO)也已制订饮用水质量相关指南[3]。现代化的水净化设施能够消除大部分以水为媒介的传染病以及由铅或其他有害物质造成的污染，从而保证世界绝大多数国家饮用水的安全。然而，在美国的许多地区，饮用水供应仍受到污染物的威胁。虽然饮用水污染造成的实际后果难以估算，然而据不完全统计，美国每年有数以百万计的疾病是由微生物污染导致。即使在水净化设施完备地区，违反政府水净化和配送、水源污染、净化工厂不足及由于供水主干道爆裂引发的小侵扰都可能导致饮用水出现问题[4]。

本章的讨论将限于水污染物每项分类中的几种代表性范例。虽然饮用水生物污染对全世界人类健康威胁最大，然而此章节中，我们并未过多讨论。对该内容有兴趣的读者可以参考美国儿科学会(AAP)《红皮书》(*Red Book*)内感染性腹泻病相关信息[5]。关于特定污染物的详细介绍，读者们可以在该书其他章节找到。

暴露途径和来源

儿童每千克体重的摄水量多于成人。例如，6～12个月大的婴幼儿单位体重的摄水量为成人的4倍。饮用水可以通过多种形式被机体摄入：作为饮水；作为婴儿配方奶粉、果汁浓缩物、果汁或其他饮料的添加成分；烹饪食物。婴儿一般食用母乳或其他饮料(如鲜奶、果汁、预混的配方奶和苏打水等)，因此他们对家庭的自来水消耗减少。

家庭日常用水可引发污染物吸入暴露。如果日常用水中存在挥发性物质(如有机溶剂)或气体(如氡气)，它们可通过淋浴、洗澡及其他活动扩散至室内。据估计，饮用水中约50%的挥发性有机化合物通过上述途径被吸入。

水还可经由其他途径暴露。使用污染水灌溉农作物时，农作物也会被污染(参见第18章)。污染的淡水或海水养殖的鱼类、贝类，也是污染物暴露的重要来源；通常情况下，污染物会在鱼类、贝类体内富集。人们洗澡过程中误吞，或皮肤直接接触污染水，亦会使人体暴露于污染物。洗澡时，年幼儿会比年长儿和成人吞入更多水，因此，他们暴露于污染物的风险更高。洪灾中，儿童会与金属（如洪水泛滥区土壤中的铅和镉）接触[6]，这会对人体健康造成诸多不利影响。

若孕妇摄取污染物富集鱼类、贝类时，也会使胎儿暴露于污染物。其中，鱼体内的甲基汞和多氯联苯（PCBs）尤为特殊，它们在体内蓄积后不易排出，因此暴露多年后，鱼体内仍可能存在上述物质。

水内污染物

生物污染物

微生物

饮用水和洗澡水可能含有大量的致病菌，它们有在水中存活不同阶段的能力。我们将一些微生物列于表 17－1。一些微生物（如一些寄生

表 17－1　一些水污染物、常见来源、累及的系统例子

污染物类别（特例）	常见来源	累及的系统/健康效应
生物污染物		
细菌		
空肠弯曲菌	排泄物：人、动物	胃肠道
大肠杆菌	排泄物：人、动物	胃肠道
沙门菌属	排泄物：人、动物	胃肠道
志贺菌属	排泄物：人	胃肠道
霍乱弧菌	排泄物：人、动物	胃肠道
病毒		
杯状病毒	排泄物：人	胃肠道
肠道病毒	排泄物：人	胃肠道、神经系统
甲型肝炎病毒	排泄物：人	胃肠道（肝）
轮状病毒	排泄物：人	胃肠道

（续表）

污染物类别（特例）	常见来源	累及的系统/健康效应
寄生虫		
结肠小袋纤毛虫	排泄物:人、动物	胃肠道
隐孢子虫	排泄物:人、动物	胃肠道
痢疾阿米巴	排泄物:人	胃肠道
肠贾第虫	排泄物:人、动物	胃肠道
天然毒素		
微囊藻素	蓝藻细菌	胃肠道、神经系统
费氏藻毒素	噬鱼费氏藻	神经系统、皮肤
浮游植物（鞭毛藻）毒素	亚历山大坎特雷拉尖刺拟菱形藻	神经系统
化学污染物		
无机物		
砷	矿石、冶炼、杀虫剂	肺、肾，皮肤癌；心血管疾病；神经系统发育
铬	矿石、钢铁、纸浆	癌症（六价铬）
铅	管道、焊接、土壤	神经、心血管疾病
汞（无机物）	垃圾焚烧、煤炭燃烧、汞使用、火山	肾脏损害、神经系统
硝酸盐	氮肥、腐烂物、污水；自然沉积物侵蚀	婴儿高铁血红蛋白症
有机化合物		
苯，其他有机化学物质	汽油储罐泄漏	白血病、再生障碍性贫血
杀虫剂	农业用途、城市径流	多种
多氯联苯	变压器、工业	多种
三氯乙烯	脱脂、干洗	癌症

（续表）

污染物类别（特例）	常见来源	累及的系统/健康效应
消毒剂及消毒剂副产品		
氯胺	水加氯处理	眼刺激，上、下部气道刺激，胃部不适，贫血
氯	水加氯处理	眼、鼻刺激，胃部不适
二氧化氯	水加氯处理	贫血、神经系统影响
卤代乙酸	饮用水消毒副产品	增加癌症危险
三卤甲烷	饮用水消毒副产品	增加癌症危险
放射性核素		
氡	天然铀	肺癌

虫）形成能够通过标准过滤器的小囊孢，并对消毒剂具有很强的抵抗力。水源性疾病通常引起轻度胃肠炎伴腹泻，但也可能引起非胃肠道疾病。即使供水系统完全符合联邦和地方法规，散发或流行性的疾病仍有发生[4]。即使用最先进的设备进行处理，在避免婴幼儿、免疫功能低下者接触病原体如隐孢子虫等方面，还是应引起足够重视。在美国，即使是在生活用水质量没有保障区域，由霍乱弧菌或伤寒杆菌引起的严重痢疾或伤寒也比较罕见。病毒性上呼吸道感染和胃肠道感染可由污染的洗澡水引发。各种病原体引发的疾病症状详见《红皮书》（*Red Book*）[5]。

天然毒素

天然毒素可引发急、慢性疾病及多种临床症状。在一定条件下，池塘、湖泊水及市政、娱乐用水，可能含有蓝藻细菌[蓝绿藻（如铜绿微囊藻）]或浮游植物。它们能够产生毒素，导致贝类中毒。一些蓝藻毒素（如微囊藻素）属化合物，具肝毒性和神经毒性[7]。巴西一处透析中心因使用未处理的、蓝藻大量生长的湖泊水，导致许多接受血液透析的患者肝功能严重衰竭甚至死亡，此事件的发生与蓝藻释放的微囊藻素有关；事实上，许多水净化系统并不能有效去除蓝藻毒素[8]。流入美国东海岸切萨皮克湾或西北太平洋贻贝种植区的河流水，可能周期性的含有鞭毛藻类（噬鱼费氏藻、尖刺拟菱形藻)，它们也能产生神经毒素[9]。产毒微生物的污染速度尚不明确，但这种污染较罕见。

化学污染物

人们生产和使用的许多化学制剂沉积在水和水中沉淀物中。美国每年生产超过 15 000 种化学制剂，每种化学制剂超过 4 535.923 7 kg (10 000 lb)；同时，每年有数以千计的新型化学制剂投入使用。然而很少有人去评估这些化学制剂对人体健康的影响。其中的 2 800 种化学制剂每年的使用量在百万磅级别；然而一半以上的制剂，人们并未检测其对人体产生毒副作用[10]。数以千计的有机合成化学制剂被用于农业、工业生产过程。例如，如果饮用水供应点靠近天然气生产基地，天然气水力压裂过程，即从页岩抽取天然气过程，会对饮用水造成污染。水力压裂过程消耗大量水，内含泥沙和一些强毒性化学物质。通过极端压力将水泵入地下深处；其中大部分的水从未收回；而被回收的水需通过一些"安全"方式进行处理。上述过程重复进行。

据美国地质调查局报告，许多工业化学制品、抗生素、其他药物(包括雌激素)和杀虫剂等经常出现在美国水域，特别是工厂、城市的下游水域[11]。

无机物

砷

砷，是一个无处不在的金属元素，以有机和无机形式存在于环境中，砷的常见价态有 0 价、三价和五价。饮用水和食品是人体砷的主要来源。砷的临床效应在第 22 章中述及，砷可引发皮肤癌、肺癌、周围神经病变(成人)、角化过度皮损和慢性肺病(成人)等。砷是一种已知致癌物；砷在饮用水中天然存在，且去除饮用水砷花费昂贵，因此与其他致癌物相比，美国环境保护署(EPA)对饮用水砷含量的控制相比其他致癌物宽松些[12]。越来越多研究表明，饮用水中高浓度的砷会影响个体神经系统发育，如智商评分降低等[13,14]。

铬

人们对饮用水中铬含量进行调控，主要是防止人体暴露于六价态的铬，这是一种致癌物(参见第 24 章)。

氟化物

2011 年，美国卫生及公共服务部(HHS)和美国环境保护署设定的饮用水氟化物质量浓度为 0.7 mg/L，这是现有标准(0.7～1.2 mg/L)的下限。这个新标准的实行预期能够降低氟中毒发生率[15]。

铅

饮用水是铅暴露的潜在来源之一。在过去的 20 年中，大量法规和监管措施的出台最大限度保障市政供水免受铅暴露。然而，美国一些家庭和学校饮用水内铅浓度仍超过可接受标准。芝加哥、波士顿等城市历来使用 100 %铅管连接自来水总管道和家庭用水管道；如今，数以百万计的含铅连接器仍存在。此外，20 世纪 80 年代之前，连接铜管的含铅焊料也被广泛使用。饮用水，特别是“软”(即低钙或镁)水，或酸性 pH 值水，能够使铅从管道连接器、焊接接头，或含铅固定装置中分离出。铅暴露的临床效应将在第 31 章述及。饮用水中铅含量取决于水的腐蚀性(即水将铅从上述材料中分离的能力)，只有通过移除铅管或铅焊料才能彻底去除水中的铅。近几年，一些古老的含铅管道中的铅饮用水内含铅量明显上升，该现象与低爆炸性氯胺消毒剂替代氯气有关[16]。

甲基汞

鱼体内的汞来自自然界(如火山)和物质燃烧后将汞释放到空气，如生产电力的火力发电站和焚烧垃圾的市政废物焚烧炉[17]。大气中的汞经历降尘、下雨、下雪后，最终沉积于江河湖泊。在水生环境中，汞被沉积细菌转化为甲基汞，通过被鱼类直接从水中摄取或通过水生食物链，甲基汞富集于鱼类肌肉组织。汞暴露的临床效应参见第 32 章。尽管饮用水很少被汞污染，进食被污染的鱼类(通常是长寿鱼类，如旗鱼和鲨鱼)是多数儿童暴露于甲基汞最主要的来源。

有机化合物

汽油及其添加剂

随着时间推移，储存在地下的汽油罐可能发生泄漏，从而引起有毒化学制品迅速侵入地下水，最终污染饮用水。汽油中毒性最大的成分是苯。汽油溅出或储罐内汽油泄漏渗入地下或其他工业来源的苯，连同其他汽油成分(其中一些也有很强的毒性)进入水中。人体暴露于苯会引发白血病，高剂量苯暴露亦会造成再生障碍性贫血。汽油内还有成千上万毒性不明的其他类型化合物。其中一种在饮用水被发现的石油有毒化合物是甲基叔丁基醚(MTBE)[18]。美国环境保护署已经颁布关于饮用水内甲基叔丁基醚的公告，公告建议当饮用水有难闻的气味或味道(甲基叔丁基醚质量浓度为 20～40 μg/L)时不要食用。加利福尼亚州除了根据味道和气味(5 μg/L)对甲基叔丁基醚加以控制，(参见第 29 章)还把它列为一种致癌物质(13 μg/L)。

硝酸盐

水中的硝酸盐主要来自城市或农业氮肥径流，同时动物粪便经细菌作用亦会形成硝酸盐。硝酸盐本身对人体没有毒性，但其可通过肠道细菌作用后转变为有毒性的亚硝酸盐。若饮用水中硝酸盐质量浓度高于 10 mg/L，婴儿摄食该饮用水后可引发致死性的高铁血红蛋白症(参见第 33 章)。

杀虫剂

杀虫剂可能无法通过常规的饮用水处理办法去除(参见第 37 章)。随着检测技术的日益进步，低浓度的杀虫剂、除草剂或杀真菌剂在饮用水中被检查出[11]。一些古老杀虫剂(如 DDT)在环境中长期存在，并分布在全球范围的水和土壤里。新型农药降解较为迅速，但它们仍会污染水，并可能较长时间的污染地下水。水中杀虫剂浓度往往与农业地区农作物生长季节或城市的雨季相一致。私人井水更易受到农药污染，尤其是沙质土壤和高水位的高危险农业地区。美国环境保护署在制订食品杀虫剂标准时，需考虑饮用水内杀虫剂污染所导致的危害。

多氯联苯和二噁英

多氯联苯和二噁英在水中的溶解度极低，因此饮用水中不存在。然而它们很容易在野生动物的脂肪内积聚，不易降解，因此能够在环境中持续存在几十年。许多江河湖泊的沉积物内存在多氯联苯和/或二噁英。受到污染的沉积物作为点源污染，常是鱼类和野生动物体内多氯联苯和二噁英的主要来源。一些二噁英和多氯联苯与癌症和发育毒性有关[19,20]（参见第 35 章）。

三氯乙烯

1986 年，研究者发现美国马萨诸塞州沃本市儿童白血病的发生和两口市政水井提供的饮用水存在相关性[21]。1964—1983 年，沃本市儿童白血病发病率为美国儿童白血病发病率的 2 倍。一些使用了几十年的化学处置坑，被怀疑为三氯乙烯（一种氯化产物）和其他氯化化学制剂的来源。当人们发现这两口水井受到污染后立即将其关闭，然而这些致癌物暴露已经发生多年。动物实验强有力的证据和相对较弱的人类流行病学证据均提示三氯乙烯是一种致癌物[19]。

消毒剂及消毒剂副产品

20 世纪 70 年代，人们发现含较高的天然有机物质（如腐殖酸和单宁酸）的水的氯化作用可生成氯仿或另一种称为三卤甲烷的含氯化合物。一些消毒剂氯气或二氧化氯的残留也存在于自来水中。流行病学调查显示，摄取含三卤甲烷的饮食水和直肠及膀胱癌发生呈正相关[22]。基于美国更广泛的饮用水测试结果，已知化合制剂的癌症风险分析和 1981 年的一项提示性的流行病学研究，美国环境保护署颁布饮用水三卤甲烷的上限浓度。有研究发现，三卤甲烷和自然流产、出生缺陷相关；然而在美国目前允许的范围，能够证实该关联的证据仍不充分[23,24]。一致的结论是，饮水消毒处理可减少水源性疾病的发生，它带来的好处远远大于消毒过程副产品造成的影响。游泳池水加氯消毒也是一种常见的做法。尽管一些研究提示儿童哮喘与游泳池内氯胺之间可能存在相关性，然而最近的一项综合分析不能证实两者间存在因果关系[25]。

放射性核素

氡

氡气是铀的放射性衰变的产物，可以在自来水使用的过程雾化侵入供水系统。氡进一步经过一系列衰变先后变成不同的放射性元素“子体”，最终变成稳定的元素铅。氡气严重危害人体健康，个体洗澡过程中可出现氡气的吸入。氡气“子体”的吸入与成年期肺癌的发生有关[26]。若读者想进一步了解氡气的危害(参见第39章)。

暴露预防

20世纪，流行性霍乱和伤寒得以消除，该事实充分证明在管理饮用水和娱乐用水中预防有重要作用。纵观历史，水和垃圾管理是地方政府的责任。在70年代的环保运动中，美国国会制订统一标准，从而生产出高质量的饮用水和娱乐用水。

公共供水

美国环境保护署和政府机构规定，只要市政或商业供水商服务对象超过25人，就要满足1974年《安全饮用水法案》及其修正案(表17-2)的所有安全标准。工业、商业和市政设施必须满足《水污染控制法案》(1972)和《资源保护和回收法案》(1976)的标准，以防止地表和地下水的污染。由于在地下水和地表水中发现有农药成分，美国环境保护署和国家环保机构要求市政供水要满足农药检测标准。某些渗透到水中的农药已经被限制使用。

表17-2　选定的国家主要饮用水条例[a]

污染物	标准类型[b]	标　　准
微生物污染物		
隐鞭孢子虫	TT	99%去除[c]

（续表）

污染物	标准类型[b]	标　准
兰伯贾第虫	TT	99.9%去除/灭活
异养菌平板计数（HPC）[d]	TT	≤500 细菌聚落/ml
军团菌	TT	没有限制，但美国环境保护署认为，如果去除/灭活了鞭毛虫和病毒，军团菌也会被控制
总大肠杆菌群（包括粪大肠菌群和大肠杆菌）	MCL	≤5.0%每月的样品被允许包含的粪大肠菌群和大肠杆菌
浑浊度[e]	TT	绝不能超出 1 个浊度单位；95%的每日样品中（每月）应< 0.3 个单位
病毒（肠道）	TT	99.99%去除/灭活
无机化合物		**标准（mg/L）**
锑	MCL	0.006
砷	TT	0.010
石棉（纤维>10 μm）	MCL	700 万纤维/ L
钡	MCL	2
铍	MCL	0.004
镉	MCL	0.005
铬（合计）	MCL	0.1
铜	TT	1.3
氰化物	MCL	0.2
氟化	MCL	4.0
铅	TT	致病阈值＝0.015
汞（无机）	MCL	0.002
硝酸（测量氮）	MCL	10
亚硝酸盐氮（测量氮）	MCL	1
硒	MCL	0.05
铊	TT	0.002

（续表）

污染物	标准类型[b]	标　准
有机化合物		
丙烯酰胺	TT	如果使用，用 1 mg/L 的浓度稀释成 0.05%的比率
甲草胺	MCL	0.002
阿特拉津	MCL	0.003
苯	MCL	0.005
苯并芘	MCL	0.000 2
呋喃丹	MCL	0.04
四氯化碳	MCL	0.005
氯丹	MCL	0.002
氯苯	MCL	0.1
2,4 －D	MCL	0.07
Dalapon	MCL	0.2
1,2－二溴－3－氯丙烷(DBCP)	MCL	0.000 2
邻二氯苯	MCL	0.6
对二氯苯	MCL	0.075
1,2－二氯乙烷	MCL	0.005
偏二氯乙烯	MCL	0.007
顺式－1,2－二氯乙烯	MCL	0.07
反式－1,2－二氯乙烯	MCL	0.1
二氯甲烷	MCL	0.005
1、2－二氯丙烷	MCL	0.005
己二酸氢盐(2 －乙基己基)	MCL	0.4
邻苯二甲酸二(2－乙基己基)酯	MCL	0.006
地乐酚	MCL	0.007
二噁英(2、3、7、8－TCDD)	MCL	0.000 000 03

（续表）

污染物	标准类型[b]	标　　准
敌草快	MCL	0.02
桥氧酞钠	MCL	0.1
异狄剂	MCL	0.002
环氧氯丙烷	TT	如果使用,用 20 mg/L 的浓度稀释成 0.01%的比率
乙苯	MCL	0.7
二溴化乙烯	MCL	0.000 05
草甘膦	MCL	0.7
七氯	MCL	0.000 4
环氧七氯	MCL	0.000 2
六氯代苯	MCL	0.001
六氯环戊二烯	MCL	0.05
林丹	MCL	0.000 2
甲氧滴滴涕	MCL	0.04
氨基乙二酰	MCL	0.2
多氯联苯	MCL	0.000 5
五氯苯酚	MCL	0.001
毒莠定	MCL	0.5
西玛津	MCL	0.004
苯乙烯	MCL	0.1
四氯乙烯	MCL	0.005
甲苯	MCL	1
毒杀芬	MCL	0.003
2,4,5－涕丙酸	MCL	0.05
1,2,4－三氯苯	MCL	0.07
1,1,1－三氯乙烷	MCL	0.2

（续表）

污染物	标准类型[b]	标　准
1,1,2-三氯乙烯	MCL	0.005
三氯乙烯	MCL	0.005
氯乙烯	MCL	0.002
二甲苯(总)	MCL	10
消毒剂/消毒剂副产物		
溴酸盐	MCL	0.01
氯胺(如 Cl_2)	MRDL	4.0
氯(如 Cl_2)	MRDL	4.0
二氧化氯(如 ClO_2)	MRDL	0.8
亚氯酸盐	MCL	1.0
卤乙酸	MCL	0.06
总三卤甲烷	MCL	0.08
放射性核素		
阿尔法粒子	MCL	15 pCi/L
β粒子和光子	MCL	4 mrem/y
镭-226和镭-228(结合)	MCL	5 pCi/L
铀	MCL	30 μg/L

a 来自美国环境保护署(EPA)[33](http://water.epa.gov/safewater/contaminants/index.html)。

b MCL 表明最高污染物允许水平；TT，处理技术；MRDL，最大残留消毒剂水平；pCi，皮居里；mrem，毫雷姆。

c http://www.epa.gov/envirofw/html/icr/gloss_path.html.

d 异养菌平板计数(HPC)：HPC 对健康没有影响，是一种分析方法被用来检测各种在水中常见的细菌。在水中细菌的浓度越低越好。

e 浑浊度：衡量水浑浊的程度，用于确定水质和过滤效果。高浊度水平往往意味着高的致病微生物。

私人水井

私人水井并不受联邦政府的监管。美国环境保护署估计 15%～

20%的美国人口从私人水井获得饮用水。婴幼儿可能在家喝井水，此外他们在旅游度假，或者是在儿童保育中心或其他位置也可能饮用井水。如果水井很浅，位于多孔土壤，年久失修，或接近漏水的化粪池、农田的下坡处或靠近牲畜棚，那么井水很容易受到污染。极端天气引发的洪水也可以携带污染物进入私人水井。每个州都有不同的测试程序，有时测试只是在土地所有权转移中才进行。私人水井的检测是个体业主的责任，不过在一些州如果有健康保健供应商的推荐，那么由卫生部执行的检测是不需要花钱的。在农村地区，医生可以询问患者在过去的一年中，当地或县卫生部门工作人员是否检测他们水井中大肠杆菌和硝酸盐的含量。对私人业主来说，进行水测试和水处理的指导可以从威斯康星州[27]和美国儿科学会(AAP)[28]网站上得到。美国环境保护署的指导也在其网站上(www. epa. gov)，包括洪水后应该怎么做?

在农业地区，如果硝酸盐或大肠菌群高于正常水平，可能提示水内存在杀虫剂。如果是这样，家长可以联系国家卫生和环保部门，以确定他们的井水是否需要进行特定的农药检测。国家机构可以进行免费的检测或委托私人实验室检测。因为检测成本高且农药污染事件不多见，所以政府并不鼓励大规模的农药检测。

家用净水处理系统

用来去除铅、氯副产物、有机化合物残留，以及细菌的家用过滤和净化系统正日益流行。这些系统，可以附加到水龙头的端部，它们提供的健康保障通常有限。大多数饮用水源的污染物都低于美国环境保护署标准和国家标准。此外，小的、终端水龙头过滤系统或水壶型滤波器并不能高效地去除微量物质[29]。如果没有好好保养，用过的活性炭罐可能为细菌的生长提供载体。除非碳过滤器频繁更换，否则每日早晨水龙头流出的水中所含的细菌远远超出正常的水平。尽管有潜在的缺点，一些家庭水过滤系统可以有效地去除铅和其他有毒物质。然而这些系统不能去除氟化物。

家庭饮用水处理系统或过滤器不应被鼓励，除非一些化学问题得到解决。即使如此，在社区范围的基础上，由市政或商业供水人员根据法律规定处理这个问题比私人家庭来承担这个责任更有效。

然而，如果有家庭乐意用水净化系统，应确保净化系统能够有效去除污染物且系统维护良好不被污染。

环境史应包括儿童的饮用水（私人水井或市政供水）来源问题和是否使用家用水过滤系统。

鱼类中的污染物

住在多氯联苯或汞污染公告的渔业区的医生，应询问患儿是否按照联邦和国家公告的内容摄入鱼类。淡水鱼通常比咸水鱼有较多的污染物。咸水鱼是在市场上购买的主要鱼类，一般较少污染物。然而，一些海鱼可能比淡水鱼含有更高水平的污染物。包括剑鱼、鲨鱼、鲭鱼、金枪鱼和方头鱼在内的一些寿命较长的食肉性鱼类，会产生甲基汞生物累积。关于鱼的甲基汞含量更详细的信息请参见第32章的内容。

为了减少食用鱼类带来的危害，告知家长：

- 吃食草性鱼，而不是吃食肉性鱼类（如鲨鱼、旗鱼、金枪鱼）。
- 吃小的鱼，而非大的鱼。
- 少吃富含脂肪的鱼（马鲛鱼、鲤鱼、鲶鱼、淡水鳟鱼），这些鱼中易积累更多的化学毒物。
- 应当处理鱼的皮肤和脂肪部分，这些部位容易积累如多氯联苯和二氯二苯污染物（注：处理脂肪部分对消除积聚在鱼肌肉中的甲基汞，没有任何作用）。
- 对育龄妇女、孕妇、哺乳期妇女和儿童应有食用鱼类的建议。
- 应注意由国家卫生、环境保护部门提供的联邦及州的鱼类食用建议。

常见问题

问题 水壶型净水器能否去除铅？

回答 水壶型过滤器因为性价比高，在市场上很普遍。大多数水壶型过滤器使用粒状活性炭和树脂结合吸附污染物。这些过滤器在改善水的味道同时，也能够减少铅和其他污染物的水平。具体除去污染物能力因型号而异。碳过滤器有使用期限，应根据制造商的说明定期更换(http://water. epa. gov/aboutow/ogwdw/upload/2005_11_17_faq_fs_healthseries_filtration. pdf)。

问题　游泳池中的化学物质是否会影响健康?

回答　游泳池上方积累的化学物质对健康的影响受到人们越来越多的关注，从水扩散到空气中的"脱气"被游泳者或游泳池工人吸入。游泳池使用的化学品会刺激眼睛、皮肤和上下呼吸道。暴露于这些化学物质中可能会使有过敏倾向的儿童发展为哮喘[30]。经常在通风不良的室内游泳池游泳或运动风险更高[31,32]。游泳是一种流行的对儿童健康有益的运动形式。游泳前淋浴洗去身上的有机物(如汗、污垢和润肤露)，防止有机物与泳池中的化学物质发生反应形成氯胺。合理地消毒、通风可以减少有害接触。

问题　我应该购买瓶装水吗?

回答　除非饮用水确定有污染的问题，不鼓励家庭购买瓶装水。瓶装水并不比自来水的标准高，花费却是自来水 500～1 000 倍之多。瓶装水是由美国食品药品监督管理局(FDA)监管，有关详细信息，请访问网站：www. fda. gov。

问题　我应该煮沸婴儿喝的水或使用家用净水系统吗?

回答　如果一个家庭使用符合标准的公共供水，家长不需要煮沸婴儿的饮用水或使用家用水净化系统，除非饮用水被污染。只有当水供应商或健康、环保等机构有指示，水才需要煮沸。美国疾病控制与预防中心和美国环境保护署表示有特殊健康需求的人(如免疫功能低下)不妨煮沸或处理他们的饮用水。自来水沸腾 1 分钟可以灭活或破坏微生物活性，但水沸腾超过 1 分钟会聚集污染物质。终端过滤器也可以考虑，但只有当它们被清楚地标示为可去除 1 μm 或更小直径的颗粒才使用。除非家用水净化系统维护良好或固定时间更换，否则一般是无效的，甚至还会导致水中细菌暴露的问题。

问题 联邦和各州立法是否是真的可以确保饮用水的安全?

回答 联邦和州法律对供应至少25个家庭配水的服务系统有监督。虽然在大多数情况下,法规可以保证水是非常安全的,但是仍然有10%左右的人喝的水不符合规定。其中供水不到1 000人的系统违例更高。一些标准(如隐孢子虫的标准)仅适用于为超过10万人供水的系统。关于饮用水质量和违法行为的信息,可以从水的供应商或国家健康和环保机构获取。即使水的质量符合所有标准也可能含有对人体有害的污染物。从公共供水机构的年度书面消费者信心报告中,消费者可以了解违反规定的案件。许多公共供水企业会在网站上公布实时的监测信息。私人水井不受监管,所以为确定从这些来源的水安全,水井业主还需要多注意。

问题 我家的水需要进行检测吗?

回答 在大多数情况下,是没有必要对饮用水进行检测的。如果当地水源不能达到标准,应对政治家施压解决问题,而不是让人们测试他们自己的水。家庭若使用不到15 m深的私人水井,或家庭拥有化粪池系统,应该每年测试井水大肠菌群(表17-2)作为预防措施。若使用私人水井,推荐第一年每季度进行一次水质量检测,如果每季度测试结果正常,之后每年进行一次硝酸盐检测。

问题 将未使用的处方药倒马桶是否可行?

回答 在水中发现了含有微量的避孕药、抗抑郁药、止痛药、洗发水和许多其他的药品和个人护理产品残留。这些化学物质通过污水处理厂流进河流中或从化粪池系统渗透进地下水。能够在水中发现这些物质,可能反映了更好的识别技术。这些物质对健康的影响目前尚不得而知。

在许多情况下,这些化学物质是在人们排泄或淋浴时被排入水中。然而,有些化学物质,是在当人们处理过期或没有使用过的药物的时候冲进管道里的。最近的联邦准则规定,处方或非处方药不应该冲下马桶或水槽,除非明确倾倒的这些药品是安全的。

大众应按照下面的法规来正确处理这些产品:

——首先,询问当地警察部门,看看他们是否有药物回收计划。

——其次，请咨询你所在的社区，日常的危险废物回收程序（他们必须有执法人员证明）。

——最后，如果没有回收选项存在，请按照下列步骤操作：

□ 清理掉处方药瓶上所有能够识别的个人信息；

□ 将所有未使用的药物与咖啡渣、猫砂，或其他不需要的物质混合在一起；

□ 将上述混合物密封在容器中再丢进垃圾桶。

参考资料

Agency for Toxic Substances and Disease Registry, Information Center

Web site: www. atsdr. cdc. gov

US Environmental Protection Agency

Web site: www. epa. gov/ost/fish

EPA Safe Drinking Water Hotline: 800/426 - 4791. Regional offices are listed in the local telephone book.

US Environmental Protection Agency: Private Drinking Water Wells

Web site: www. epa. gov/privatewells/publications. html

US Fish and Wildlife Service, Department of the Interior

Web site: www. fws. gov

US Food and Drug Administration

FDA Regulates the Safety of Bottled Water Beverages Including Flavored Water and Nutrient-Added Water Beverages

Web site: www. fda. gov/Food/ResourcesForYou/Consumers/ucm046894. htm

Wisconsin Department of Natural Resources

Information for Homeowners with Private Wells

Web site: www. dnr. state. wi. us/org/water/dwg/prih2o. htm

（李　斐 译　邓世宁 校译　许积德 审校）

参考文献

[1] Borse NN, Gilchrist J, Dellinger AM, et al. *CDC Childhood Injury Report*:

Patterns of Unintentional Injuries among 0 – 19 Year Olds in the United States, 2000 – 2006. Atlanta, GA: Centers for Disease Control and Prevention, National Center for Injury Prevention and Control; 2008. Available at: http://www.cdc.gov/safechild/images/CDC-ChildhoodInjury.pdf. Accessed March 2, 2011.

[2] Okum D. Water quality management. In: Last JM, Wallace RB, eds. *Maxcy-Rosenau-Last Public Health and Preventive Medicine*. 13th ed. East Norwalk, CT: Appleton & Lange; 1992;619 – 648.

[3] World Health Organization. *Guidelines for Drinking-Water Quality. Incorporating First Addendum. Vol 1, Recommendations*. 3rd ed. Geneva, Switzerland: World Health Organization; 2006.

[4] Reynolds KA, Mena KD, Gerba CP. Risk of waterborne illness via drinking water in the United States. *Rev Environ Contam Toxicol*. 2008;192:117 – 158.

[5] American Academy of Pediatrics. *Red Book: 2009 Report of the Committee on Infectious Diseases*. Pickering LK, Baker CJ, Kimberlin DW, et al, eds. 28th ed. Elk Grove Village, IL: American Academy of Pediatrics; 2009.

[6] Albering HJ, van Leusen SM, Moonen EJC, et al. Human health risk assessment: a case study involving heavy metal soil contamination after the flooding of the river Meuse during the winter of 1993 – 1994. *Environ Health Perspect*. 1999;107(1):37 – 43.

[7] Codd GA, Morrison LF, Metcalf JS. Cyanobacterial toxins: risk management for health protection. *Toxicol Appl Pharmacol*. 2005;203(3):264 – 272.

[8] Pouria S, de Andrade A, Barbosa J, et al. Fatal microcystin intoxication in haemodialysis unit in Caruaru, Brazil. *Lancet*. 1998;352(9121):21 – 26..

[9] Friedman MA, Levin BE. Neurobehavioral effects of harmful algal bloom (HAB) toxins: a critical review. *J Int Neuropsychol Soc*. 2005;11(3):331 – 338.

[10] Goldman LR, Koduru S. Chemicals in the environment and developmental toxicity to children: a public health and policy perspective. *Environ Health Perspect*. 2000;108(Suppl 3):443 – 448.

[11] Focazio MJ, Kolpin DW, Barnes KK, et al. A national reconnaissance for pharmaceuticals and other organic wastewater contaminants in the United States—II. Untreated drinking water sources. *Sci Total Environ*. 2008402(2 – 3):201 – 216.

[12] National Research Council, Committee on Toxicology. *Arsenic in Drinking Water: 2001 Update*. Washington, DC: National Research Council.

[13] Calderon RL, Abernathy CO, Thomas DJ. Consequences of acute and chronic ex-

posure to arsenic in children. *Pediatr Ann*. 2004;33(7):461－466.

[14] Wang SX, Wang ZH, Cheng XT, et al. Arsenic and fluoride exposure in drinking water: children's IQ and growth in Shanyin county, Shanxi province, China. *Environ Health Perspect*. 2007;115(4):643－647.

[15] Centers for Disease Control and Prevention. Community Water Fluoridation: Questions and Answers. Available at: http://www.cdc.gov/fluoridation/fact_sheets/cwf_qa.htm. Accessed March 2, 2011.

[16] Miranda ML, Kim D, Hull AP, et al. Changes in blood lead levels associated with use of chloramines in water treatment systems. *Environ Health Perspect*. 2007;115(2):221－225.

[17] Goldman LR, Shannon MW. Technical report: mercury in the environment: implications for pediatricians. *Pediatrics*. 2001;108(1):197－205.

[18] Moran MJ, Zogorski JS, Squillace PJ. MTBE and gasoline hydrocarbons in ground water of the United States. *Ground Water*. 2005;43(4):615－627.

[19] US Department of Health and Human Services, National Toxicology Program. *Report on Carcinogens, 11th ed*. Research Triangle Park, NC: US Department of Health and Human Services, Public Health Service; 2005.

[20] Jacobson JL, Jacobson SW. Prenatal exposure to polychlorinated biphenyls and attention at school age. *J Pediatr*. 2003;143(6):780－788.

[21] National Research Council. *Environmental Epidemiology: Public Health and Hazardous Wastes*. Washington, DC: National Academies Press; 1991.

[22] Villanueva CM, Fernandez F, Malats N, et al. Meta-analysis of studies on individual consumption of chlorinated drinking water and bladder cancer. *J Epidemiol Community Health*. 2003;57(3):166－173.

[23] Savitz DA, Singer PC, Herring AH, et al. Exposure to drinking water disinfection by-products and pregnancy loss. *Am J Epidemiol*. 2006;164(11):1043－1051.

[24] Nieuwenhuijsen MJ, Toledano MB, Eaton NE, et al. Chlorination disinfection byproducts in water and their association with adverse reproductive outcomes: a review. *Occup Environ Med*. 2000;57(2):73－85.

[25] Goodman M, Hays S. Asthma and swimming: a meta-analysis. *J Asthma*. 2008;45(8):639－647.

[26] Bean JA, Isacson P, Hahne RM, Kohler J. Drinking water and cancer incidence in Iowa. II. Radioactivity in drinking water. *Am J Epidemiol*. 1982;116(6):924－932.

[27] Wisconsin Department of Natural Resources. Information for Homeowners with Private Wells. Available at: http://www.dnr.state.wi.us/org/water/dwg/prih2o.htm. Accessed March 2, 2011.

[28] American Academy of Pediatrics, Committee on Environmental Health and Committee on Infectious Diseases. Policy statement—drinking water from private wells and risks to children. *Pediatrics*. 2009;123(6):1599－1605.

[29] NSF International. *Home Water Treatment Devices*. Available at: http://www.nsf.org/consumer/drinking_water/dw_treatment.asp? program = WaterTre. Accessed March 2, 2011.

[30] Bernard A, Carbonnelle S, de Burbure C, et al. Chlorinated pool attendance, atopy, and the risk of asthma during childhood. *Environ Health Perspect*. 2006; 114(10):1567－1573.

[31] Centers for Disease Control and Prevention. Ocular and respiratory illness associated with an indoor swimming pool—Nebraska, 2006. *MMWR Morb Mortal Wkly Rep*. 2007;56(36):929－932.

[32] Jacobs JH, Spaan S, van Rooy GB, et al. Exposure to trichloramine and respiratory symptoms in indoor swimming pool workers. *Eur Respir J*. 2007;29(4): 690－698.

[33] US Environmental Protection Agency, Office of Ground Water and Drinking Water. *List of Drinking Water Contaminants and MCLs*. Washington, DC: US Environmental Protection Agency; updated January 2011. http://www.epa.gov/safewater/contaminants/index.html. Accessed April 12, 2011.

第 18 章

食 品 安 全

■■■■■■

本章节将讲述一系列食物中的污染物，包括细菌、朊病毒、农药、某些食品添加剂和真菌毒素。同时，本章节也将阐述食品辐射和有机食品。食物中的铅污染和汞污染分别在第 31 章和第 32 章中讲述。

病原危害

尽管美国是世界上最安全的食品供应国之一，但每年依然有 7 600 万人次罹患食源性疾病，并且导致每年大约 32.5 万人次住院和 5 000 人死亡，其中大部分是老年人和年幼者[1]。美国儿科学会(AAP)《红皮书》(*Red Book*)详细说明了食源性疾病的诊断和治疗方法[2]。食物中的污染物包括如下。

■病毒　如甲型肝炎病毒、诺如病毒和轮状病毒。

■细菌　如沙门菌属、志贺杆菌属、弯曲杆菌属、大肠杆菌、霍乱弧菌、弧菌、小肠结肠炎耶尔森菌、布鲁菌属和李斯特菌属。

■细菌毒素　包括金黄色葡萄球菌、蜡样芽孢杆菌、产气荚膜梭菌、肉毒杆菌和 O157:H7型大肠杆菌所产生的毒素。

■真菌产生的毒素　如黄曲霉毒素和呕吐毒素。

■寄生虫　如刚地弓形虫、隐孢子虫、环孢子虫属、肠兰伯鞭毛虫、绦虫属和旋毛虫。

■鱼类和贝类食物链中的累积产物　如鲭鱼贝类毒素、鱼肉毒素、河豚毒素和软骨藻酸。

■朊病毒　疯牛病和其他传染性海绵状脑病的病原。

美国医学协会(AMA)、美国疾病控制与预防中心(CDC)、美国食品安全检验局(FSIS)和美国食品药品监督管理局(FDA)一起为医生们编写了说明这些食源性疾病诊断和管理的入门书籍[3]。

感染性微生物在环境中无处不在,可以通过多种途径进入供应的食品中。感染了沙门菌属的鸡在鸡蛋壳形成之前感染病原体,或通过排泄病原体污染的粪便而污染蛋壳。贝类和其他海鲜可以被病原体污染,如通过粪便和污水感染甲肝病毒,以及寿司中的简单异尖线虫(鲱鱼虫、蛔虫)。动物粪便可以通过被污染的灌溉用水、不安全的处理粪便方式和不卫生的生产加工活动污染食物。食物可因零售设施、机构设施以及家庭不适当的处理方式而受污染。除了人类使用的抗生素,动物食品生产占据了抗生素使用的主要方面。每年约有数百万英镑价值的抗生素以非治疗剂量用于健康动物,导致人类的抗生素耐药性增加(参见第56章)。

食品生产系统正变得更加集中和全球化,增加了食源性病原体暴露的复杂性。例如,在美国,出现过因食用覆盆子引起的环孢子虫大暴发感染[4,5]。大量调查后发现是危地马拉的覆盆子种植区受到了环孢子虫污染水的灌溉所致。由O157:H7型大肠杆菌污染的汉堡肉导致的严重的溶血性尿毒症综合征(HUS)和死亡的暴发,其原因是该国不同地区的肉类的混合运输,这些肉有的被运输到离污染源很远的地方[6,7]。近些年广泛暴发的沙门菌病,可追踪到被污染的花生产品(鼠伤寒沙门菌)和受污染的进口墨西哥胡椒(圣保罗沙门菌)[8]。

自1996年以来,美国疾病控制与预防中心已经使用FoodNet系统跟踪食源性感染的发病率和趋势。从2003—2008年,没有观察到由弯曲杆菌属、隐孢子虫属、环孢子虫属、李斯特菌属、O157:H7型大肠杆菌、沙门菌属、志贺杆菌属、弧菌属和耶尔森菌属引起的感染发病率的改变。通常这些感染的发病率在4岁以下儿童中是最高的[8]。许多病原体对儿童来说有特殊的毒性。沙门菌、李斯特菌属、环孢子虫、隐孢子虫、O157:H7型大肠杆菌、志贺杆菌和弯曲杆菌都是对儿童造成风险的食源性病原体[1]。在2007年FoodNet监测的10个州中,18岁以下儿童有77例发生过腹泻后溶血性尿毒症综合征(0.73例/10万儿童)。大部分病例(68%)是5岁以下的儿童(1.75例/10万儿童)[8]。美国食品安全检验局建立了肉类、家禽和蛋制品的病原体标准,美国食品药品监督管理局也对其他食物制订了标准。国家公共卫生机构和地方公共卫生官员监测食源性疾病的发生率，美国环境保护署（EPA）管理污染物向水体的排放，因为这些污染物可能造成食品污染。

婴儿配方奶粉并非无菌产品，也有可能受细菌污染。在 2001 年，奶粉污染出现阪崎肠杆菌引起的流行疾病，包括在田纳西州发生 1 例新生儿脑膜炎的致死病例[9]。

朊病毒，是引起传染性海绵状脑病的病原，它并不是病毒或细菌，而是一种异常形态的普通糖蛋白。朊病毒疾病包括牛海绵状脑病（疯牛病），羊痒病，鹿和麋鹿的慢性消耗病，人类克雅二氏症和新型克雅病[10]。在英国，在疯牛病的流行后暴发了新型克雅病[11]。在美国有 1 例新型克雅病病例已被确认，患者于 1979 年出生在英国，在 1992 年移居美国[12]。这个病例与美国的其他克雅病病例是有区别的，这例病例继发于注射了从感染者的脑垂体中提取的垂体生长激素。这些情况导致了脑垂体来源的生长激素退出了市场，所以现在只有重组生长激素是可用的。

毒物危害

食品中有毒化学物质可以大体上被分成以下大类。

■粮食作物或储存、加工食品中的农药残留。

■食品加工过程中添加的色素、香料和其他化学物质（直接食品添加剂），以及接触食物材料的物质包括黏合剂、染料、涂料、纸张、纸板、聚合物（塑料），这些物质可能会接触到食品包装或加工设备的一部分，但不会直接添加到食品中（间接食品添加剂）。

■无意或有意进入食品供应的污染物，如黄曲霉毒素、亚硝酸盐、多氯联苯（PCBs）、二噁英、金属包括汞、持久性农药残留，如二氯二苯三氯乙烷（DDT）和呕吐毒素。

农药

饮食是儿童接触农药的一个重要途径，其他接触途径在第 37 章描述。

在世界各地，农药广泛应用于粮食作物。超过 400 种不同的杀虫活性成分制成了数以千计的农药产品。农药在食品生产的所有阶段用来防止害虫，甚至在运输和存储中也都有使用。在 2007 年，美国使用的农药超过 11

亿磅[13]。美国环境保护署制订了食品中允许使用的农药水平标准，被称为“允许值”。在美国，农药在销售之前必须在环保署和州登记。美国食品药品监督管理局和食品安全监督服务局对供应食品中的农药残留进行监测。

1996年《食品质量保护法》（The Food Quality Protection, Act）要求，当对儿童的毒性风险不确定的时候，美国环境保护署将提供额外的安全范围，也称为不确定性因素，以充分避免儿童接触过多农药。《食品质量保护法》的要点如表18－1所示（参见《食品质量保护法》在第37章文本框）。

表18－1　1996年的《食品质量保护法》

健康标准
新标准的“绝对无危害性”，有专门考虑儿童接触和暴露于化学农药的特殊敏感性。
儿童额外的安全范围
美国环境保护署要求，当婴儿和儿童的数据有限时，应当使用一个额外的10倍安全范围设定食品农药标准，来说明出生前和出生后暴露。当有足够的数据来评估出生前及出生后的风险时可以使用小于10倍的安全范围。
儿童饮食
需要使用适合孩子年龄的饮食评估来制订儿童饮食模式中农药的允许水平。
考虑所有暴露
在建立食品中可接受的农药水平时，美国环境保护署必须考虑通过其他途径可能发生的暴露，如饮用水和住宅农药的应用。
累积的效应
美国环境保护署必须考虑所有拥有共同作用机制的杀虫剂的累积的效应。
标准重新评估
所有现有的农药食品标准必须在10年时间内重新评估，以确保他们满足新的健康标准。
内分泌干扰物测试
美国环境保护署增加了需要进行内分泌测试的条款，也拥有新的权力要求化学产品制造商提供数据，包括对潜在内分泌的影响数据。
注册更新
要求美国环境保护署定期评估农药注册，目标是建立以15年为一个周期，确保所有农药满足更新的安全标准。

不同商品中的农药残留量差异较大。在过去，美国环境保护署规定残留量水平以确保平均水平是安全的。然而，在 1992 年，美国环境保护署发现，即使农作物的农药平均水平满足美国环境保护署标准，也有可能个别食品(如马铃薯和香蕉)有足够高水平的农药残留量使孩子患病。这些病例是零星的，因此，并没有被疾病监测部门检测出[14]。《食品质量保护法》颁布以来，美国环境保护署已完成重新评估了 1996 年的 9 721 种食品农药标准；这涉及了一些集中对儿童常吃的食物中杀虫剂的研究。

食品添加剂

一些食品添加剂可能导致儿童的不良反应。柠檬黄(也称为 FD&C，食用色素和着色剂黄 5 号)是一种用于食品和饮料的染料。蛋糕材料、糖果、罐头蔬菜、奶酪、口香糖、热狗、冰激凌、橙子饮料、沙拉酱、调味盐、饮料和番茄酱都可能含有柠檬黄。估计有 0.12%的人群对柠檬黄是不耐受的。在柠檬黄敏感的人中，柠檬黄可能引起荨麻疹和哮喘急性发作。

谷氨酸单钠(MSG)与所谓的“中国餐馆综合征”有关，其表现为头痛、恶心、腹泻、大汗、胸闷和沿颈后部的烧灼感。这似乎只是因为食用了大量谷氨酸单钠，在任何使用高浓缩度谷氨酸单钠作为增味剂的食品中均可出现，而不仅仅是在中国食物中。

亚硫酸盐可以用来保存食物及清洁发酵饮料的容器。亚硫酸盐也可能出现在汤粉、冷冻和脱水马铃薯、干水果、果干、罐头和脱水蔬菜、加工海鲜产品、果酱和果冻、开胃小菜和一些面包店产品中。一些饮料，如苹果酒、葡萄酒、啤酒、也含有亚硫酸盐。因为亚硫酸盐可能导致亚硫酸盐敏感患者哮喘急性加重，美国食品药品监督管理局裁定，如果食品包含超过 10mg/kg 的亚硫酸盐，食品包装要进行标示。

食品接触性物质

间接食品添加剂可通过食品生产、填充、包装、运输，或保存而进入供应的食品中，甚至添加剂本身并非为了改善食品产生工艺。超过 3 000 种此类物质被美国食品药品监督管理局认可，一类称为“食品接触性物质”，其中包括包装材料[黏合剂和涂料的化合物、纸和纸板产品、聚合物、佐剂(用于提高产品的效果)]、生产辅助物和其他多种材料。

最近，某些塑料制品中的成分因为与食品接触受到了越来越多的关注。一个是双酚 A(BPA)，由丙酮和苯酚结合产生，是全球化工生产销售量最高的化学物质。双酚 A 有微弱的雌激素作用。它主要用于生产环氧树脂，是金属罐和硬塑料的生产材料。婴儿硬塑料奶瓶、水瓶和许多其他食品容器中都发现有双酚 A。美国食品药品监督管理局已批准其使用；然而，关于双酚 A 新的科学数据越来越多。在 2003—2004 年美国国家抽样检查中，双酚 A 的平均摄入量大约是低于健康指导值 50 μg/(kg・d)三个数量级的量，儿童和青少年摄入量比老年人水平更高[15]。

邻苯二甲酸酯是另一类可能接触到食物的增塑剂。邻苯二甲酸酯用于软塑料[16]。邻苯二甲酸酯是弱雌激素和抗雄激素(雄激素阻断)的化学物质。邻苯二甲酸酯有大量的工业用途(食品包装中的工业塑料、油墨、染料和黏合剂)、消费者使用用途(例如，在化妆品和服装中的乙烯树脂类)和医疗使用用途(作为聚氯乙烯静脉输液管的柔软剂、血液袋和透析设备)。多年来，邻苯二甲酸酯化合物用于安抚奶嘴、婴儿奶瓶奶嘴、塑胶玩具，后来美国消费品安全委员会(CPSC)禁止将邻苯二甲酸酯化合物用于这些用途中。

截至 2009 年 2 月，美国《消费品安全改进法案》规定，对任何人制造出售、标价出售、贸易分发，或者进口到美国超过 0.1%浓度的邻苯二甲酸酯[邻苯二甲酸二(乙基已基)辛酯(DEHP)、邻苯二甲酸二丁酯(DBP)或邻苯二甲酸丁苄酯(BBP)]的任何孩子的玩具或儿童保健的物品都是非法的。对任何人制造出售、标价出售、贸易分发，或者进口到美国超过 0.1%浓度的邻苯二甲酸二异壬酯(DINP)、邻苯二甲酸二异癸酯(DIDP)和邻苯二甲酸二正辛酯(DnOP)的任何可放入口内的儿童玩具或儿童保健的物品也是非法的。

美国食品药品监督管理局允许在接触食品的包装中使用邻苯二甲酸盐，以前发现其暴露风险非常低。美国疾病控制与预防中心在追踪邻苯二甲酸酯在人群中的分布水平变化趋势。双酚 A 和邻苯二甲酸酯在第 38 章进一步讨论。

真菌毒素

真菌毒素，是由特定真菌产生的毒素，目前在许多农产品中存在，如花生、玉米和小麦[17]。最著名的真菌毒素——黄曲霉毒素，是由曲霉属真菌产生的。其他真菌毒素还有棒曲霉素、橘霉素、玉米烯酮、呕吐毒素、单端孢霉烯族毒素类。

人体接触黄曲霉毒素主要通过食物。国际癌症研究机构(IARC)从肝细胞癌高发病率地区的研究基础上得出结论，黄曲霉毒素是一种致癌物质[18]，例如亚洲，慢性乙型肝炎病毒感染的发生率也高。黄曲霉毒素 B_1 在人类肝细胞癌的发展中是一个重要的危险因素[19-21]。

呕吐毒素，是玉米和小麦产品中的一种常见污染物，会在食用受污染食物的几个小时内导致呕吐，但通常是自限性的[22]。

二噁英和多氯联苯

二噁英和呋喃会在某些化学物质的生产和焚烧中产生。多氯联苯是被用作阻燃剂和在变压器、电容器中使用的。二噁英和多氯联苯是持久性和生物累积性的化学物质，发现在受污染地区的鱼类体内水平最高。他们还可以通过动物饲料进入供应的食品中。美国在 1998 年和比利时在 1999 年，都有过由于动物饲料掺假导致很大比例供应的食品(美国的鸡、鸡蛋和鲶鱼以及比利时的鸡和鸡蛋)被二噁英污染[23,24]。2001 年，欧盟委员会建立了每周饮食中可耐受摄入二噁英和多氯联苯的标准量[25]。在美国没有这些化合物在食物中含量的监管标准(参见第 35 章)。

三聚氰胺

三聚氰胺是一种单体化学物质，当聚合后可作为硬质材料被塑造成餐具或容器或用作层压板。聚合物也被称为三聚氰胺。每个分子的三聚氰胺包含 4 个氮原子。三聚氰胺最近被认定为非法添加剂，由于发现来自中国的某些食物中含有三聚氰胺，包括婴幼儿配方奶粉、牛奶和含牛奶的各种产品，以及狗和猫的食物。三聚氰胺的问题是 2007 年首次在中国发现，发现有猫和狗出现难降解的尿路结石、肾衰竭并死亡。经过调查发现，各种各样的宠物食品中存在三聚氰胺，并最终追溯到蛋白质粉这样一个单一来源[26]。

食品辐照

食品辐照是食物通过暴露于定量电离辐射来源延长保质期和减少粮

食损失，降低微生物危害，和/或减少化学熏蒸剂和添加剂的使用程序。它可以用来减少粮食、香料、干货或者新鲜水果蔬菜的虫害；抑制块茎和鳞茎的发芽；延缓采后水果成熟；灭活在肉类和鱼类中的寄生虫；消除新鲜水果和蔬菜中的腐败微生物；延长家禽、肉类、鱼类、贝类的保质期，净化家禽肉和牛肉；消毒食品和饲料[29]。

电离辐照的剂量决定食品的辐照效应。通常食品按照处理目标，辐照水平从 50 Gy 到 10 kGy(1 kGy ＝ 1 000 Gy)不等。低剂量辐照(至多 1 kGy)主要用于延迟农产品成熟，杀死或使可能感染新鲜食品的昆虫及更高级生物体不育。中等剂量辐照(1～10 kGy)减少食品中病原体和其他微生物的数量，延长保质期。高剂量辐照(＞10 kGy)消毒食品[30]。

食品辐照在许多国家被认为是一个“处理过程”。美国国会在 1938 年联邦《食品、药品和化妆品法案》的基础上，于 1958 年在《食品添加剂修正案》明确将辐照来源定为“食品添加剂”[31]。因此，除非辐照符合指定的联邦法规，否则辐照食品进入市场将被定义为掺假和非法。必须明确辐照对食物的技术效果、剂量大小和进入环境的控制，并且符合联邦《食品、药品和化妆品法案》的要求。设备对环境的影响也必须通过测试，以符合 1969 年《国家环境政策法案》。保证营养充足以及放射、毒理和微生物安全，必须保证符合美国食品药品监督管理局法规。

在美国出售的所有辐照食品必须标注有国际辐照食品标识符(图 18－1)。当前标签的规定中不需要标明照射的剂量和辐照的目的[32]。因此，对消费者来说是不可能知道经过辐照的食品是为了减少病原体还是仅仅为了延长保质期。此外，现行食品服务行业规范中也不需要特别标注食品辐照剂量及辐照目的。

图 18－1　国际辐照食品标识符

在考虑辐照食品的安全性的时候，会考虑放射学、毒理学、微生物学、营养学以及适口性方面的因素。在放射安全性方面，无论是食物还是包装材料都会因为经过辐照具有放射性[33]。批准使用的可用于食品辐照的仅限于那些产生能量过低不会形成放射活性复合物或放射活性原子种类的放射源。虽然在理论上，辐照可能导致食品化学物质的不良反应和有毒化合物的产生，但数以百计的研究并未能确定辐照（与罐装、冷冻、干燥等）期间产生的任何独特的有毒化合物数量足够大到能造成伤害。饲养研究和分析化学建模研究也未能识别任何与辐照相关的不寻常的毒性[34]。此外，热加工的食品中发生变化的分子是辐照食品中的 50～500 倍[35]。辐照食品的微生物安全主要与相对耐辐射的病原体相关。食品中的微生物包括那些有意加入用于生产发酵，以及导致食物腐败、使口味变差的细菌、病原体，包括侵入性的产毒素的细菌、产毒素的真菌、病毒和寄生虫[30]。辐射杀死微生物主要通过裂解 DNA。病毒、孢子、包囊、毒素和朊病毒非常耐受辐照的影响，因为它们含有很少或根本没有 DNA，而且/或者它们处在高度稳定休眠状态。一般来说，辐照食品在致病之前早就已经变质[36]。然而，产毒细菌孢子大约比非孢子耐辐射程度大 10 倍。比如说，在鱼和海鲜中发现的肉毒梭状芽孢杆菌 E 型，可以在为了延长保质期的非消毒剂量辐射下生存。当在 10℃或更高温度冷藏足够长时间时，毒素会形成。因此，在食物明显腐败之前，就有可能由于含有肉毒杆菌毒素而有毒[37]。人们已经充分认识到在食物腐败之前可以产生毒素的条件，如制冷不足，因此管理时应减少此类事件发生。这个问题也适用于其他非消毒食品加工技术，如热加工，热加工时产孢子细菌也相对耐受。对真菌毒素也存在同样的担忧。实验数据并不一致，但一些研究显示照射后真菌毒素增加[38]。

辐照会对一些营养物质有影响，与烹饪、装罐和其他加热处理导致的影响类似。辐照会导致主要的多不饱和脂肪酸的少量损失，但作为这些营养素的主要来源的脂肪和油，往往经过辐照会变得腐臭，因此并不适合辐照[39]。维生素损失是食品辐照最大的缺点。完整的食物会对维生素有保护作用，因为大部分的辐射剂量会被大分子吸收（蛋白质、碳水化合物和脂肪）。辐射的损失可以在低温、低剂量，消除氧气和光线时达到最低[30]。在纯溶液研究中，对辐照最敏感的水溶性维生素是维生素 B_1、维生素 B_6 和维生素 B_2。对辐照敏感的脂溶性维生素是维生素 E 和维生素 A[35]。辐照后 50％以上的维生素 B_1（存在于肉类、牛奶、全谷类和豆类中）可能会丢失[35]。如果维生素 B_1 的食品全部摄取自辐照食品，维生素 B_1 缺乏的情况会发生，但这在美国不太可能发生。同样，维生素 E 在辐照后也损失显著，特别是经过烹饪后[35]。许多维生素 E 的来源——谷粒、种子油，花生、大豆，牛奶脂肪和萝卜蔬菜不太可能接受辐射，因此应该作为平衡和多样化饮食的维生素 E 的替代来源。一般来说，辐照食品是有营养的。只要平衡饮食和选择多种多样的食物，营养缺乏就会很少。

风味——味道、质地、颜色和气味会受到食品辐照的影响，尤其是高脂肪含量的食品。改变条件，如除去周围气体中的氧气、降低温度、避光、减少水分，或降低辐射剂量，可以减少或消除这些变化。这些改变也可减少维生素的损失。

只要遵循最佳的管理惯例，辐照食品是安全、营养的和不具有毒性的。然而，辐照并不能代替从农场到餐桌对食品的谨慎处理[38]。食品辐照的广泛使用将依赖美国和其他国家的辐照设施建设。应充分讨论推广运用该技术的好处和风险。儿科医生也应该参加讨论。与任何技术一样，可能有很多种不可预见的后果。因此，仔细监测和持续评估食品辐照技术和所有食品加工技术是谨慎的预防措施。

有机食品

有机农业应避免使用合成化学物质、激素、抗生素、基因工程和辐照的方法来种植庄稼和饲养牲畜。为了应对《有机食品生产法》(http://www.ams.usda.gov/AMSv1.0/getfile?dDocName=STELPRDC5060370&acct=nop-geninfo)，美国农业部(USDA)实施了“国家有机认证计划”(http://www.ams.usda.gov/AMSv1.0/nop)。“国家有机认证计划”设定的食品标签标准自 2002 年 10 月以来开始实施。“国家有机认证计划”有机食品生产标准包括对作物和牲畜的许多具体要求。为了符合有机资格，作物必须在收割之前种植在符合要求的农场，这些要求包括在收获前 3 年避免使用大多数化学合成农药，避免除草剂和化肥，有足够的缓冲区来减少邻近土地引起的污染。有机饲养牲畜不能使用抗生素、生长激素，可以进入户外和满足其他需求。美国农业部有机产品根据这些指导方针进行认证。有机生产的农民必须申请认证，通过一个测试，并支付费用。美国“国家有机认证计划”需要每年进行检查，以确保持续符合这些标准。

尽管一些消费者认为有机食品更有营养，研究并没有证实这一观点。

2009 年的一项大型系统回顾发现，292 篇有相关标题的文章中，只有不到 20%的文章符合质量标准，最后仅仅评估了 55 项研究。由于各种文章中的营养物质种类繁多，作者将营养素分了几大类别。他们发现除了常规生产的高氮和有机农产品中高可滴定酸度和磷外，大多数营养没有显著差异[40]。

儿童接触农药的主要形式是通过饮食摄入[41]。有机生产相对常规种植的农产品有持续较低水平的农药残留[42]。几项研究也清楚地表明，有机饮食可以预防农药接触，而农药在传统农业生产中很常用。一项小纵向队列研究证明，经常使用传统农业产品的儿童，当他们摄入有机农产品的饮食 5 天后，尿液中农药残留降低到检测阈值以下（如马拉硫磷二羧酸从 1.5 μg/L 降到 0.3μg/L）[43]。还不清楚暴露减少是否与临床相关。

对消费者来说有机食品的一个主要问题是其价格较高。有机产品成本通常的比相同的传统生产的农产品高 10%～40%。有许多因素会导致这些成本更高，包括高价有机饲料、低生产率和由于依赖手工除草增加的劳动力成本。潜在的问题是，有机水果和蔬菜的价格较高可能导致消费者减少摄入这些食物，降低了摄入水果和蔬菜的应有的健康益处。

性类固醇和牛生长激素

牛可能被注射性类固醇来增加肌肉质量，以促进肉类产量。有假说认为，食物中的雌激素摄入可能导致性早熟和增加患乳腺癌的风险。一项对 39 000 名妇女长达 7 年的纵向研究评估了她们中学时吃的食物，研究提示那些回忆吃更多红肉的妇女患绝经前乳腺癌的风险相对增加（相对风险＝1.34）。然而，研究结果有局限性，因为研究依赖有限数量的受试者对中学时期食物的长期记忆，而且缺乏激素暴露的直接测定数据[44]。

检查牛奶营养成分时必须说明奶牛的繁殖情况和奶牛的食品补充剂。一般来说，有机和常规饲养奶牛的奶有相同的蛋白质、维生素、矿物质含量和脂质。另一个需要考虑的是使用牛生长激素（即重组牛生长激素）的潜在影响，通过注射到奶牛体内以增加牛奶产量。没有证据表明牛奶总成分因为牛生长激素注射而改变，也没有任何证据表明，牛奶的维生素和矿物质含量随着生长激素注射而改变。大约有 90%的牛生长激素在牛奶巴氏灭菌中失效。没有证据表明传统的牛奶相对有机牛奶含有显著增加的牛生长激素。生长激素通过口服进入胃肠道时被消化分解，因此必须通过注射保留生物活性。此外，牛生长激素是物种特异性的，在人体内不具有生物活性。正因为如此，任何牛生长激素的食品对人类没有生理影响[45]。

预防食品污染

在粮食生产和准备时必须注意，防止病原体和其他污染物引入到食品供应链中。当在生产过程中使用时，这些方法被称为危害分析和关键控制点系统。这些系统要求食品制造商识别可能发生污染的点并实施控制措施防止污染发生。同样重要的措施还包括防止抗生素耐药性；控制杀虫剂和食品添加剂使用；防止环境污染的食物；消费者健康教育，如何适当地制作和储存食品（包括巴氏灭菌、辐照食品），保护动物健康，预防病菌和含氮的废弃物排放水体以及其他的工作。

避免食品污染最好的方法是应用适当的农业和生产实践。综合病虫害管理，使用害虫生物学信息来控制害虫，是一种减少杀虫剂使用和风险的手段（参见第 37 章）。

实施食品安全法律在各级预防都很重要。监管和执法涉及复杂网络结构的联邦、州和地方法律法规。一些执法工作涉及的常规监测和监测食品供应；其他涉及应对问题和事件的报告。儿科医生在向国家和地方公共卫生机构报告食源性疾病时有重要作用。例如，医生报告的 O157∶H7型大肠杆菌引发的溶血性尿毒症综合征暴发导致执法力度更强有力，确保食品如汉堡肉和苹果汁的消费安全。表 18－2 列出了减少食品中病原体导致食源性疾病的可能性的步骤。

使用生物技术开发的食品

通过生物技术开发的食品现在很常见。通过基因工程，独有的特征基因可以被插入到植物和动物的基因，从而导致机体可以预见性表达新特征。这种技术非常有争议。许多人认为,新表达的特征是无害的,选择性表达的性状已经存在了几个世纪。其他人认为,新技术有太多的不确定性,用于监管的科学信息是不确定的。

虽然争论还在持续,由于新产品的开发和批准,转基因食品可能会在美国持续存在。转基因食品包括玉米、大豆、大米、马铃薯、牛奶以及约十几种其他的产品。转基因食品商业化之前,美国食品药品监督管理局,美国环境保护署和美国农业部进行科学审查,以确保这些产品的安全性。具体地说,美国食品药品监督管理局在食品上市前会通知消费者并进行生物工程食品安全审查,以确保它们满足联邦食品安全标准,符合联邦《食品、药品和化妆品法案》。如果修改农作物的基因用以针对昆虫或用于疾病控制,美国环境保护署将负责进行严格的科学审查过程,确保产品不会导致对人或环境的不利影响。为了确保新技术不危及现有的植物或动物,美国农业部在上市前会进行评论(表 18－2)。

表 18－2　减少食品中病原体导致的食源性疾病的措施

■用水彻底清洗水果和蔬菜以去除一些病原体和许多农药残留。去皮前清洗水果和蔬菜。不要去掉通常不需要去掉的皮。没有必要使用肥皂或化学剂清洗食物。
■不能吃生鸡蛋、鱼和肉,不应食用未经高温消毒的牛奶产品。
■彻底煮熟肉类、家禽和蛋类,确保杀死所有病原体。对于汉堡包,插入中心的温度计读数应该到 71.1℃。
■处理好家禽之后,手和砧板以及接触家禽的工具都应该用肥皂和热水清洗。家禽的内脏应该单独烹调而不应烹调整只家禽。
■适当地储存食物。冷冻的食物可以防止许多导致食物中毒的微生物增长。
■使用肥皂和水洗手并清洗食物,以防止病原体的传播。此时,掺入化学药剂的高脚托盘、砧板和类似的器具在预防食源性感染中没有作用。在家里没必要使用化学消毒剂洗手,肥皂和水是很有效的。

确定食品是否是转基因食品较困难。虽然有简单而廉价的测试程序可以识别转基因玉米,却没有简单地测试可用于许多其他使用生物技术生产的食品。由于产品特征不同,基因改造也不尽相同,测试方案需要精确的基因序列的识别和复杂的设备。为了扩大测试能力,应开发各种各样的产品(如测试试纸),以检测转基因物质的存在。

尽管政府监管和生物技术的科学信息在不断发展和改善，这些产品仍然存在安全问题。政府、科学和医学部门保持警惕来监控可能的不利影响是很重要的，因为可以确保用生物技术生产食品的安全。

常见问题

问题 商店中的新鲜蔬菜中含有农药吗？

回答 商店的水果和蔬菜中通常发现含有农药。因为不需要标签，监测者和其他消费者无法分辨哪些水果和蔬菜含有农药。甚至有机水果和蔬菜也可能含有农药。监测者建议用自来水清洗所有水果和蔬菜以去除表面颗粒残留。水果和蔬菜对孩子有好处，因为它们提供维生素、矿物质和粗纤维。由于这些营养素有益健康，孩子们应长期食用各种各样的水果和蔬菜，特别是应季生长的水果和蔬菜。

问题 商店中购买的婴儿食品中含有农药吗？

回答 加工食品含有的农药残留通常低于新鲜水果和蔬菜，部分原因是联邦标准对加工食品更严格。一些婴儿食品制造商自觉地保证他们的产品无农药残留，尽管他们不会广而告之。

问题 孩子可能会因为农药暴露而导致癌症吗？

回答 许多因素会导致癌症，包括遗传学、病毒接触和饮食。还需要更多的研究来确定如何以及为什么儿童期会发生癌症。食品杀虫剂暴露和儿童癌症并不能建立因果关系。高剂量杀虫剂暴露可以导致实验动物肿瘤，也和农场工人的癌症相关。

问题 有机食品比其他食品更安全吗？

回答 目前尚不清楚有机食品是否比其他食品安全。然而，根据美国“国家有机认证计划”制订的标准，有机食品必须满足更多要求。他们必须不使用农药和化肥种植，他们不得使用生物技术繁殖植物。销售的有机食品中的农药残留应该是很低的(在标准制订出之前也是如此)。

问题　关于花生酱的问题有哪些？

回答　有几个问题。第一个问题是，许多孩子对花生过敏。花生是最常见的食物过敏原，对一些人来说，即使是 1 分钟的花生接触也可以导致严重甚至致命的过敏反应。因此，重要的是，对花生过敏的孩子应严格避免花生酱；这意味着其他与对花生过敏孩子有密切接触的儿童也不应该接触或者食用花生酱（或其他含有花生的食物），因为孩子们经常分享食物。对花生有过敏反应的孩子应随身携带肾上腺素自动注射设备。第二个问题是，花生含有更高水平的致癌的黄曲霉毒素。在美国，有黄曲霉毒素标准；然而，花生酱不受到监控。第三个问题是类似于 2009 年在美国发生的由沙门菌污染花生产品的可能性。第四个问题，过去有人担忧含砷的杀虫剂用于其他作物时会漂流到花生种植区域，因此，会污染到花生酱。现在的美国已严格执行农药法，以解决这种情况。最后，花生酱的另一个重要的问题是引起窒息的潜在可能性。类似珍珠乳胶球、花生酱会顺应气道形状，形成黏性强的气道密封物，在气道中难以逐出或抽出。

问题　农药在食品中对儿童的危害是成人 10 倍吗？

回答　许多科学家认识到，与成人相比，孩子可能更容易受到杀虫剂和其他化学品的影响。考虑到这种差异，虽然没有具体量化，食品中农药标准通常规定 10 倍安全范围。

问题　听说热狗可导致儿童脑癌。孩子们应该避免食用热狗吗？

回答　亚硝酸钠可以防止肉制品中肉毒梭状芽孢杆菌的生长。在 20 世纪 90 年代初，有报道亚硝酸盐腌的热狗的消费与加州孩子的脑癌相关。虽然需要进行更多的研究来证实这种联系，厂商一直在努力减少含亚硝酸盐的腌肉产品。孩子应该吃均衡的饮食，偶尔也可以食用热狗，但是不应经常给孩子食用热狗，因为有窒息的危险。

问题　我能做些什么来阻止孩子吃朊病毒污染的产品（疯牛病病原）吗？

回答　避免食用大脑或含有神经组织的任何食物。在美国虽然没有牛海绵状脑病（疯牛病）的病例报道，但是在西部和中西部各州有慢性消耗性疾病——鹿和麋鹿的海绵状脑病病例确诊。避免给儿童食用从已知患有慢性消耗性疾病的地区生产的鹿和麋鹿肉类产品。

问题 生物工程食品需要贴标签标注吗？

回答 不需要。美国食品药品监督管理局并不要求贴标签标注食物或某种食物成分是否是生物工程产品。目前，对于希望自愿标记其生物工程食品的公司，美国食品药品监督管理局也有相应指导。

问题 我担心无营养的人造甜味剂会导致癌症，但是我也担心糖类会增加孩子体重，那么我应该做什么呢？

回答 在美国，美国食品药品监督管理局批准了5个营养性甜味剂。这些物质的甜度是糖的数百倍，所以甜食中只需要微量甜味剂。没有研究发现使用非营养性甜味剂和癌症之间的联系。在20世纪70年代大鼠中进行的一项研究发现膀胱癌与使用糖精有关系；然而，老鼠接触糖精发展为癌症的机制可能并不适用于人类。在食品供应中有许多种营养和非营养性甜味剂，可以混合使用来保持儿童营养性甜味剂的摄入量远低于可接受的每日摄入量，减少过多的热量或其他负面影响。白开水是人工甜饮料的一个很好的替代。

问题 如果两三分熟的汉堡包被辐照过了，我可以安全地喂给我的孩子吗？

回答 不可以。不要喂给孩子这样的汉堡包。食品标签通常不需要标明辐照剂量或辐照目的，所以辐照食品在受到了非常低辐射剂量辐照的时候可以合法地贴上辐照标签，这样的辐照只是为了延长保质期而不是为了减少病原体的负载。辐照永远替代不了谨慎的食品处理和合适的烹饪。孩子（和其他人）不应食用未煮熟的汉堡。

问题 辐照食品中会产生对孩子危险的有毒化学物质吗？

回答 在早期的对辐照食品的安全检验中，美国食品药品监督管理局用“独特的辐射分解产品”这个词来描述理论上食品辐照过程中可能生成独特分子[46]。现已经弃用这个说法，因为任何通过食品辐照产生的物质最终都可在食品的传统加工方法中发现。

问题 辐照可不可以用来掩盖食物已经变质的事实，并允许变质的食物卖给公众？

回答 变质食物的结构发生了不可逆的变化，包括味道、气味和颜色。辐照不能掩盖这些。

问题 当食物在包内被辐照，包装上的化学物质会进入食物中吗？这对孩子是危险的吗？

回答 辐照的一个最大的好处是，它可以在食品打包后，防止后续污染。辐照会使包装的分解迁移到食品中。包装迁移到食品中的组分物质被美国食品药品监督管理局分类为间接食品添加剂。如果预期的暴露水平超过监管限制，就必须进行间接食品添加剂的毒理学测试[47]。这些暴露水平是为成人计算的，对婴儿和儿童可能不安全。此外，辐照后的间接食品添加剂的评估基于 10～30 年前可用的包装材料。辐照效应在现代食品包装材料中的研究正在进行。

问题 增加使用食品辐照会产生可能导致人类疾病的耐药或突变细菌和病毒吗？

回答 当微生物反复暴露于辐射时就会产生新的防辐射的微生物种群[48,49]。在任何食品处理过程中细菌和其他微生物都会发生突变；电离辐射并不通过独特机制产生突变。由于任何原因引起的突变都可以导致比原生物体更大的，更小的或者类似水平的突变。尽管理论上是有这样的风险，但几个主要的国际杂志并没有报道过食物辐照引起新的病原体[50]。

问题 食品辐照技术的好处值得去冒这个技术带来的风险吗？

回答 对这项技术的支持者和批评者来说，这是讨论的核心问题[51,52]。对大多数食品和大多数人口来说，在美国有足够的替代食品辐照的生产、处理、存储和准备方法。那些反对核能技术的人可以很容易地和安全地避免辐照食品的消费。

问题 辐照会消除食源性疾病吗?

回答 不会。大多数食源性疾病(约67%)是由病毒引起,而不是由于食品辐照。在所有归因于食源性传播的疾病中,只有大约30%是由细菌引起的,约3%是由寄生虫引起的。因此,估计只有33%的食源性疾病(由于细菌和寄生虫引起)能被食物辐照阻止[53]。

问题 辐照能杀死朊病毒吗?

回答 不能。辐照并不能杀死作为疯牛病病原体的朊病毒。

参考资料

Gateway to Government Food Safety Information：Food Irradiation

Web site：www. foodsafety. gov/～fsg/irradiat. html

International Atomic Energy Agency

Web site：www. iaea. org/programmes/nafa/d5/index. html

Facts about food irradiation：www. iaea. org/icgfi/documents/foodirradiation. pdf

Iowa State University

Web site：www. extension. iastate. edu/foodsafety/rad/irradhome. html

US Department of Agriculture

Meat and Poultry Hotline：800－535－4555

Web site：www. usda. gov

(余晓丹 译　高　宇 校译　许积德 审校)

参考文献

[1] Mead PS, Slutsker L, Dietz V, et al. Food-related illness and death in the United States. *EmergInfect Dis*. 1999;5(5):607－625.

[2] American Academy of Pediatrics. *Red Book*: *2009 Report of the Committee on Infectious Diseases*. Pickering LK, Baker CJ, Kimberlin DW, Long SS, ed. 28th ed. ed. Elk Grove Village, IL:American Academy of Pediatrics; 2009.

[3] American Medical Association, Centers for Disease Control and Prevention, Food

and Drug Administration, Food Safety and Inspection Service. *Diagnosis and Management of Foodborne Illnesses: A Primer for Physicians*. Chicago, IL: American Medical Association; 2004.

[4] Herwaldt BL, Beach MJ. The return of *Cyclospora* in 1997: another outbreak of cyclosporiasisin North America associated with imported raspberries. *Cyclospora* Working Group. *Ann InternMed*. 1999;130(3):210－220.

[5] Ho AY, Lopez AS, Eberhart MG, et al. Outbreak of cyclosporiasis associated with imported raspberries, Philadelphia, Pennsylvania, 2000. *Emerg Infect Dis*. 2002;8(8):783－788.

[6] Slutsker L, Ries AA, Maloney K, et al. A nationwide case control study of *Escherichia coli* O157:H7 infection in the United States. *J Infect Dis*. 1998;177(4):962－966.

[7] Tuttle J, Gomez T, Doyle MP, et al. Lessons from a large outbreak of *Escherichia coli* O157:H7 infections: insights into the infectious dose and method of widespread contamination of hamburger patties. *Epidemiol Infect*. 1999; 122(2):185－192.

[8] Centers for Disease Control and Prevention. Preliminary Food Net Data on the incidence ofinfection with pathogens transmitted commonly through food—10 states, 2008. *MMWR MorbMortal Wkly Rep*. 2009;58(13):333－337.

[9] Centers for Disease Control and Prevention. *Enterobacter sakazakii* infections associated with the use of powdered infant formula—Tennessee, 2001. *MMWR Morb Mortal Wkly Rep*. 2002;51(14):297－300.

[10] American Academy of Pediatrics, Committee on Infectious Diseases. Technical report: transmissible spongiform encephalopathies: a review for pediatricians. *Pediatrics*. 2000;106(5):1160－1165.

[11] Spencer MD, Knight RS, Will RG. First hundred cases of variant Creutzfeldt-Jakobdisease: retrospective case note review of early psychiatric and neurological features. *BMJ*. 2002;324(7352):1479－1482.

[12] Centers for Disease Control and Prevention. Probable variant Creutzfeldt-Jakob disease in aU. S. resident—Florida, 2002. *MMWR Morb Mortal Wkly Rep*. 2002;51(41):927－929.

[13] Aspelin AL, Grube AH. *Pesticide Industry Sales and Usage: 2006 and 2007 Market Estimates*. Washington, DC: US Environmental Protection Agency, Office of Chemical Safety and Pollution Prevention; February 2011. Report No.

EPA 733-R-11-001.

[14] Goldman LR. Children—unique and vulnerable. Environmental risks facing children and recommendations for response. *Environ Health Perspect*. 1995; 103 (Suppl 6):13－18.

[15] Lakind JS, Naimanb DQ. Bisphenol A (BPA) daily intakes in the United States: estimates fromthe 2003－2004 NHANES urinary BPA data. J Expo Sci Environ Epidemiol. 2008;18(6):608－615.

[16] Shea KM; American Academy of Pediatrics, Committee on Environmental Health. Pediatricexposure and potential toxicity of phthalate plasticizers. *Pediatrics*. 2003;111(6 Pt 1):1467－1474.

[17] Morgan MR, Fenwick GR. Natural foodborne toxicants. *Lancet*. 1990; 336 (8729):1492－149518. International Agency for Research on Cancer. Aflatoxins: naturally occurring aflatoxins(group 1). Aflatoxin M1 (group 2B). *IARC Monogr*. 2002;82:171.

[18] International Agency for Research on Cancer. Aflatoxins: naturally occurring aflatoxins(group 1). Aflatoxin M1 (group 2B). IARC Monogr. 2002;82:171.

[19] Alpert ME, Hutt MS, Wogan GN, et al. Association between aflatoxin content- of food and hepatoma frequency in Uganda. *Cancer*. 1971;28(1):253－260.

[20] Yeh FS, Yu MC, Mo CC, et al. Hepatitis B virus, aflatoxins, and hepatocellular carcinoma in southern Guangxi, China. *Cancer Res*. 1989;49(9):2506－2509.

[21] Yeh F. Aflatoxin consumption and primary liver cancer: a case control study in the USA. *J Cancer*. 1989;42:325－328.

[22] Etzel RA. Mycotoxins. JAMA. 2002;287(4):425－427.

[23] Bernard A, Hermans C, Broeckaert F, et al. Foodcontamination by PCBs and dioxins. *Nature*. 1999;401(6750):231－232.

[24] Hayward D, Nortrup D, Gardiner A, et al. Elevated TCDD in chicken eggs and farmraised catfish fed a diet containing ball clay from a Southern United States mine. Environ Res. 1999;81(3):248－256.

[25] European Commission. Commission Press Release: Dioxin in food. Byrne welcomes adoptionby Council of dioxin limits in food [press release] Brussels, Belgium: European Commission;November 29, 2001. Report No. IP/01/1698.

[26] Melamine adulterates component of pellet feeds. J Am Vet Med Assoc. 2007;231 (1):17.

[27] Zhang L, Wu LL, Wang YP, et al. Melamine-contaminated milkproducts in-

duced urinary tract calculi in children. World J Pediatr. 2009;5(1):31－35.

[28] Chen JS. A worldwide food safety concern in 2008—melamine-contaminated infant formulain China caused urinary tract stone in 290,000 children in China. Chin Med J (Engl). 2009;122(3):243－244.

[29] American Academy of Pediatrics, Committee on Environmental Health. Technical report: irradiation of food. Pediatrics. 2000;106(6):1505－1510.

[30] Murano E. Food Irradiation: A Source Book. Ames, Iowa: Iowa State University Press; 1995.

[31] Derr D. International regulatory status and harmonization of food irradiation. J Food Prot. 1993;56:882－886, 892.

[32] US Food and Drug Administration. Irradiation in the production, processing, and handling offood. Fed Regist. 1999;64:7834－7837.

[33] Urbain W. Food Irradiation. Orlando, FL: Academic Press Inc; 1986.

[34] World Health Organization. High-Dose Irradiation: Wholesomeness of Food Irradiated With Doses Above 10 kGy. Report of a Joint FAO/IAEA/WHO Study Group. Geneva, Switzerland: WorldHealth Organization; 1999. Report No. WHO Technical Report Series 890.

[35] Diehl J. Safety of Irradiated Food. 3rd ed. New York: Marcel Dekker; 1999.

[36] US Food and Drug Administration. Irradiation in the production, processing, and handling offood. Fed Regist. 1997;62:64107－64121.

[37] Farkas J. Microbiological safety of irradiated foods. Int J Food Microbiol. 1989; 9(1):1－15.

[38] Thayer D. Food irradiation: benefits and concerns. J Food Qual. 1990;13:147－169.

[39] World Health Organization. Safety and Nutritional Adequacy of Irradiated Food. Geneva,Switzerland: World Health Organization; 1994.

[40] Dangour AD, Dodhia SK, Hayter A, et al. Nutritional quality of organicfoods: a systematic review. Am J Clin Nutr. 2009;90(3):680－685.

[41] National Research Council. Pesticides in the Diets of Infants and Children. Washington, DC: National Academies Press; 1993.

[42] Baker B, Benbrook C, Groth III E, et al. Pesticide residues in conventional, IPM grownand organic foods: Insights from three U. S. data sets. Food Addit Contam. 2002;19(5):427－446.

[43] Lu C, Barr DB, Pearson MA, et al. Dietary intake and its contribution to longi-

tudinal organophosphorus pesticide exposure in urban/suburban children. Environ Health Perspect. 2008;116(4):537－542.

[44] Linos E, Willett WC, Cho E, et al. Red meat consumption duringadolescence among premenopausal women and risk of breast cancer. Cancer Epidcmiol Biomarkers Prev. 2008;17(8):2146－2151.

[45] Food and Drug Administration. Report on the Food and Drug Administration's Review of the Safety of Recombinant Bovine Somatotropin. Available at: http://www. fda. gov/Animal Veterinary/SafetyHealth/ProductSafetyInformation/ucm130321. htm. Accessed March 3, 2011.

[46] Lagunas-Solar M. Radiation processing of foods: an overview of scientific principles and currentstatus. J Food Prot. 1995;58:186－192.

[47] Food and Drug Administration, Center for Food Safety and Applied Nutrition, Office of Premarket Approval. Guidance for Submitting Requests Under Threshold of Regulation for Substances Used in Food-Contact Articles. Washington, DC: US Department of Health and Human Services;2005. Report No. 21 CFR 170. 39.

[48] Corry JE, Roberts TA. A note on the development of resistance to heat and gamma radiation inSalmonella. J Appl Bacteriol. 1970;33(4):733－737.

[49] Davies R, Sinskey AJ. Radiation-resistant mutants of Salmonella typhimurium LT2:development and characterization. J Bacteriol. 1973;113(1):133－144.

[50] World Health Organization. Wholesomeness of Irradiated Food. Report of a Joint FAO/IAEA/WHO Study Group. Geneva, Switzerland: World Health Organization; 1981. Report No. WHO Technical Report Series 659.

[51] Tauxe RV. Food safety and irradiation: protecting the public from foodborne infections. EmergInfect Dis. 2001;7(3 Suppl):516－521.

[52] Louria DB. Counterpoint on food irradiation. Int J Infect Dis. 2000; 4 (2): 67－69.

[53] Etzel R. Epidemiology of foodborne illness—role of food irradiation. In: Loaharanu P, ThomasP, eds. Irradiation for Food Safety and Quality. Lancaster PA: Technomic Publishing Co;2001:50－54.

第 19 章

草药、膳食补充剂和其他疗法

■■■■■■

膳食补充剂可以被定义为一种产品(除了烟草),其中包含一种或多种下列成分:维生素、矿物质、草药、其他植物性药材或氨基酸;一种补充正常饮食的膳食物质;一种浓缩液、代谢物、组分、提取物,或上述成分的组合(表 19-1)[1]。本章将不会涉及咖啡因或用来改变感觉中枢的如大麻或鼠尾草这类的草药。

流行和趋势

美国人对草药和膳食补充剂的使用正在增多。1997 年,一项针对成人的电话调查发现,估计有 1 500 万美国成人(5 个成人中就有 1 人回应说正在吃处方药)同时服用处方药物、草药和/或大剂量维生素[2]。美国草药和膳食补充剂的销量继续在加速增加——到 2003 年,总销售额超过 188 亿美元,在不到 10 年的时间里增长超过了 100%[3]。这些产品正在销售给家长以治疗他们的孩子。一项调查显示,在蒙特利尔大学诊所就医的 1 911 个家庭中,11%的家庭都为孩子的疾病寻求过替代疗法[4]。一项针对在儿科医生办公室接受采访的来自华盛顿特区的 348 个家庭的研究揭示,21%的家长曾为孩子的健康问题使用过替代疗法。其中,25%的家庭使用过营养补品或饮食,40%的家庭使用草药治疗他们的孩子[5]。一项对 1 013 个家庭进行的调查显示,密歇根州底特律儿童使用补充和替代药品的比率为 12%[6]。其中,最常使用的疗法包括草药(43%),高剂量维生素和其他营养补品(34.5%),以及民间/家庭疗法(28%)。大多数家庭没有向初级保健医生说明过使用补充和替代药品,家长使用补充和替代药品是孩子使用补充和替代药品的最强预测指标[6](表 19－1)。

表 19－1　膳食补充剂种类＊

膳食补充剂这一术语是指

1. 一种产品(除了烟草),旨在补充饮食,具有(或包含)下列一种或多种饮食成分:
   - ■维生素
   - ■矿物质
   - ■草药或其他植物性药材
   - ■氨基酸
   - ■一种补充正常饮食的膳食物质
   - ■一种浓缩液、代谢物、组分、提取物,或上述成分的组合
2. 一种产品,即:
   - ■为了摄取
   - ■不用作传统食品或饮食中的唯一项

＊美国食品药品监督管理局(FDA),食品安全与应用营养中心[1]。

青少年使用草药产品增加。一项针对 1 280 名青少年全国在线调查发现,46.2%的青少年都使用过膳食补充剂, 29.1%的人上个月使用过[7]。另一项对纽约州门罗县的青年进行的研究发现,超过 25%的高中生使用过草药[8]。在这项研究中,青少年使用草药与物质滥用相关。

孩子有慢性病(如孤独症或囊性纤维化)的家庭,可能特别易于使用膳食补充剂作为治疗方案的一部分。美国儿科学会(AAP)发表了与家长讨论此类问题的指南[9]。

“天然”产品的广告暗示它在起源方面不是合成的,“有机”则意味着生长过程中没有使用激素、农药和其他化学物质。然而,消费者经常搞不懂“天然”或“有机”这些术语和“安全”之间的关系。“天然”士的宁,提取自马钱子植物的坚果,仍然具有相同的潜在致命毒性。这些定义是模糊的,因为这些术语被食品和膳食补充剂制造商、消费者、科学家和政策制定者在不同的语境中使用。不管起源如何,它们的化学结构没有改变。合成的抗坏血酸与橙汁或玫瑰果中发现的抗坏血酸具有相同的结构。在以药片或胶囊的形式进行的草药销售中,使用诸如“安全”或“天然”的术语可能会误导消费者。一项刊登在流行健康和健身杂志的膳食补充剂广告的调查显示,大约 60%的广告产品成分在同行评审的科学文献中没有

可用的人类毒理学数据[10]。含有咖啡因的草药也被以“安全”饮食助手和提高警觉性的能量来源的名义进行销售。含有咖啡因、氨基酸、蛋白质或肌酸等成分的草药和膳食补充剂的供应商声称能提高成绩，学生运动员可能会因此而受到影响。青少年和年轻人特别容易成为这种营销策略的目标。

定义

药用草本植物有各种各样的形式。一种植物的活性部分可能包括叶、花、茎、根、种子和/或浆果，以及精油[11]。它们可能被制成液体、胶囊、片剂或粉末；溶解成药酒或糖浆；或放在茶、浸剂和汤剂中煮。虽然几乎没有产品可作为直肠栓剂，但是各种各样的物质，特别是草药产品，都被用于“灌肠治疗”的溶液中。表 19－2 列出了一些用于草药治疗背景下各种制剂的定义。

表 19－2　各种制剂的定义

制剂	定义
堕胎药	诱发流产的药剂。
芳香疗法	吸入挥发油以治疗某些疾病。
祛风剂	帮助从胃肠道排出气体的药剂。
媒介油	向固定油（非挥发性、长链脂肪酸，如红花油）内加入几滴强有力的精油，稀释后局部使用。
汤液	一种稀释水提取物，将草药放入水中煮沸，过滤出液体，类似于输液用液体。
学科特征	历史术语表明，植物的外观为其医疗价值提供了线索（例如，金丝桃的提取物是红色的，因此它被认为对血液系统疾病有修复作用）。
酏剂	一种很甜的口服水醇溶液。
调经剂	影响月经的药剂。
精油	挥发油类，提取自植物，由复杂的碳氢化合物（多为萜烯、生物碱和其他大分子量化合物）组成。
赋形剂	另一种成分，如黏合剂或填料，用来制造补充产品。

（续表）

制　剂	定　义
提取物	天然物质的浓缩形式，可以是粉末、液体或酊。浓度变化从1∶1(液体提取物)到1∶0.1(酊)不等。
“天然”产品	“天然”这一术语公然违背准确定义，因为严格来说，一切都是来自于大自然。在平常使用时，它是为了暗示一种物质不是合成的或在生长过程中不使用农药或其他化学物质。
膏药	用于皮肤、头皮或黏膜的药膏。
树脂	发现于植物分泌物中的固体或半固体有机物质，掺入霜剂或软膏里局部使用。
发红剂	通过使局部皮肤血管舒张而使皮肤温暖和变红的药剂。

治疗效果

为了给患儿和家庭提出更好的建议，儿科医生应该了解产品中有效成分的药理活性，还应了解论证效果是来自动物研究还是人类研究[12]。在临床研究中，一些草药已经显示出不错的效果。例如，与氯喹相比，艾属物种更有利于治疗某些类型的疟疾[13]，黄芪提取物能提高免疫抑制小鼠的抗体反应[14]，含有洋甘菊的草本茶似乎对婴儿肠绞痛具有有益效果[15]。表19-3描述了一些儿科常用草药的研究情况。

表19-3　儿科常用的草药

膳食补充剂	科学研究	潜在的不良反应和禁忌证
紫锥菊 (拉丁名： *Echinacea*)	一项针对上呼吸道感染儿童的试验表明，紫锥菊对症状或持续时间没有显著影响[17]	过敏反应
德国洋甘菊 (拉丁名： *Matricaria recutita*)	洋甘菊/果胶组合对腹泻有积极作用[18,19]。洋甘菊结合其他草本植物有治疗小儿疝气的效果[15,20]	对菊科(豚草、菊花)过敏的个体可能对洋甘菊过敏[21]。洋甘菊可以引起特异性和接触性皮炎，以及罕见的过敏反应[22]

（续表）

膳食补充剂	科学研究	潜在的不良反应和禁忌证
姜 （拉丁名： *Zingiber officinale*）	临床试验表明，姜对治疗术后恶心和呕吐具有良好效果[23]。生姜可以帮助治疗妊娠剧吐[24]	胃灼热 禁忌证：胆结石患者（姜的利胆作用）
蜜蜂花 （拉丁名： *Melissa officinalis*）	临床试验显示，蜜蜂花/缬草组合可适度提高睡眠质量[25-27]	过敏反应
缬草 （拉丁名： *Valeriana officinalis*）	参见上面的“蜜蜂花”类	过敏反应、头痛、失眠

表格修改自加德纳（Gardner）和莱利（Riley）[16]。

民族疗法

儿科医生应该从文化角度胜任来自不同种族背景的家庭孩子的诊断和治疗，这些人对健康的信仰和实践可能不同于西方医学。例如，“儿童慢性消化不良性腹泻”被描述为一种食物、唾液或其他物质“堵塞”在肠子里的疾病，这在解释胃肠道症状的病因时可被一些西班牙裔人接受，还能在各种家庭疗法[如格里塔（Greta）或阿扎康（Azarcon）]中以及拜访传统治疗师时使用[28]。在华盛顿州西雅图的一个初级保健诊所的东南亚血统患儿中，一半以上都使用一种或多种传统医学，如艾灸、拔火罐、压印、芳香精油或按摩[29]。医生、家长和孩子治疗联盟的形成需要对家庭的背景和兴趣具有敏感性，还要以优化通信和推动在儿童临床护理中使用团队工作法为目标。例如，波多黎各社区使用的民族医学疗法可能存在一些医疗风险，但却对减少哮喘症状具有相当大的好处[30]。刮痧或用硬币摩擦皮肤以缓解疾病症状，是一种无害的越南传统做法，遗憾的是被一些西方医生混淆为创伤性滥用，导致实行它的人不信任和逃避医疗保健的情况出现[31]。某些加勒比黑人和西班牙人的做法，如暴露于元素汞蒸气，可能有毒性风险[32]。儿童慢性消化不良性腹泻的一些治疗方法，如格里塔（Greta）或阿扎康（Azarcon），被大量的铅污染。表 19－4 列出了一些可以产生毒性作用的常见偏方。政府人员建议用教育和扩大社区服务范围的方法以使潜在的有害做法产生变化。通过认真聆听家族的基本原理、信仰和关切，儿科医生可以帮助对可能用于治疗孩子的传统做法进行评估。在建立治疗联盟的过程中，儿科医生可以有见识地建议他们了解这些民族疗法可能带来的好处和/或不利或有害的影响，包括与目前其他处方药的交互作用。

表 19－4　某些民族药品及膳食补充剂毒性举例

产品/药品	毒物	不良反应	参考文献
阿育吠陀(Ayurvedic)疗法	铅、砷	铅中毒，砷中毒(体重下降、肌痛、神经病变、休克、死亡)	[33]
阿扎康(Azarcon)	铅	铅中毒	[34]
哈萨德(Ghasard)、巴拉戈利(bala goli)、坎度(kandu)	铅	铅中毒	[35]
甘油溶液阿魏乳剂(Glycerite Asafoetida)	萜烯	高铁血红蛋白血症	[36]
格里塔(Greta)	铅	铅中毒	[34]
佩卢阿(Pay-loo-ah)	铅、砷	铅中毒，砷中毒	[37]
萨泰里阿(Santeria)、帕罗(palo)、巫术(voodoo)、通灵术(espiritismo)	汞	皮疹、神经病变、癫痫发作	[38]
舌头粉末	铅、金属	铅中毒	[39]

不良反应

天然产品经常向消费者推销说没有不良反应。然而，许多特效药物都是来自天然产品(如麦角生物碱、鸦片、洋地黄、雌激素)，而另外一些天然物质和植物是有毒的(如乌头、某些类型的真菌和蘑菇、蛇毒、铁杉)。有时，草药搜寻者会错误地收集一种植物，把它与另一种混淆。如果这样的话，那可是一个致命的错误，例如，水芹被误认为野生人参而被采集然后被人们食用[40]。表 19－5 提供了另外一些例子，这些例子是某些草药和民族疗法中出现的强效化学物质，以及其潜在用途、毒性和/或药物－草药交互作用。

表 19－5　已知草药成分及其相关的毒性作用

草药产品	毒物	作用或靶器官	参考文献
洋甘菊 (*Matricaria chamomilla Anthemis nobilis*)	过敏原： 菊科植物	过敏反应、 接触性皮炎	[41]
灌木丛 (*Larrea divericata Larrea tridentate*)	去甲二氢愈创木酸	恶心、呕吐、 嗜睡、肝炎	[42,43]
肉桂油 (*Cinnamomum spp*)	肉桂醛	皮炎、口腔炎、 滥用综合征	[44,45]
款冬 (*Tussilago farfara*)	吡咯里西啶类	肝静脉阻塞病	[46－50]
紫草科植物 (*Symphytum officinale*)	吡咯里西啶类	肝静脉阻塞病	[46－50]
巴豆	吡咯里西啶类	肝静脉阻塞病	[46－50]
紫锥菊 狭叶紫锥菊 (*Compositae spp*)	多糖	哮喘、特异反应性、过敏、荨麻疹 血管性水肿	[51]
桉树 (*Eucalyptus globules*)	1,8 桉树酚	嗜睡、共济失调、癫痫、昏迷、恶心、呕吐、呼吸衰竭	[52,53]
大蒜 (*Allium sativum*)	大蒜素	皮炎、化学烧伤	[54]
石蚕 (*Teucrium chamaedrys*)		肝毒性	[55]
人参 (*Panax ginseng*)	人参皂苷	人参滥用综合征：腹泻、失眠、焦虑、高血压	[56]
阿魏甘油酸酯	氧化剂	高铁血红蛋白血症	[36]
千里光 *Senecio longilobus*	吡咯里西啶类	肝静脉阻塞病	[46－50]

（续表）

草药产品	毒物	作用或靶器官	参考文献
青莲，灯台草 天芹菜（*Heliotropium*）属 （*Crotalaria fulva* *Cynoglossum officinale*）	吡咯里西啶类	肝静脉阻塞病	[46－50]
金不换 千金藤（*Stephania*）属 紫堇（*Corydalis*）属	L－四氢化甘油棕榈酸酯	肝炎、嗜睡、昏迷	[57,58]
醉椒根 （*Piper methysticum*）	醉椒素，麻醉椒苦素	肝衰竭、“醉椒症”、神经毒性	[59,60]
苦杏仁苷	氰化物	昏迷、癫痫、死亡	[61]
甘草 （*Glycyrrhiza glabra*）	甘草酸	高血压、 低钾血、 心律失常	[62]
麻黄 （*Ephedra sinica*）	麻黄碱	心律失常、 高血压、 癫痫、卒中	[63,64]
附子 （*Aconitum napellus* *Aconitum columbianum*）	乌头	心律失常、 休克、癫痫、 虚弱、昏迷、 感觉异常、呕吐	[65,66]
肉豆蔻 （*Myristica fragrans*）	肉豆蔻醚、丁子香酚	幻觉、呕吐、 头痛	[67,68]
士的宁 （*Nux vomica*）	马钱子碱	癫痫、腹痛、呼吸抑制	[69]
薄荷（*Mentha pulegium* 或 *Hedeoma*）	胡薄荷酮	肝小叶中心坏死、 休克、胎儿毒性、癫痫、流产	[70－72]
千里光（金色） （*Senecio jacobaea*，*Senecio aureus* 或 *Echium*）	吡咯里西啶类	肝静脉阻塞病	[46－50]
艾蒿	催柏酮	癫痫、痴呆、 震颤、头痛	[73,74]

随着收获和销售植物的部位不同、收获时植物的成熟度不同、收获的季节不同，植物的活性成分及其他化学物质的浓度也会发生变化。植物生长的地理和土壤条件；土壤成分及其污染物；土壤酸度、水、天气和其他生长因子的不同变化，都会影响草药中有效成分的浓度。由于草药产品成分的这种变化，实际使用的活性成分的剂量往往是多变的、不可预测的，或者简直就是未知数。与成人相比，儿童体型小解毒能力低，因此，他们特别容易受到这些剂量因素的影响。对于一些草药，比如包含吡咯里西啶生物碱的植物（如款冬、紫草科植物、红樱花、金美狗舌草），对儿童来讲可能没有安全剂量。使用时间是另一个考虑因素，草药治疗疗程较长会使患儿暴露于更高的急性和累积，或慢性不良反应的风险之中。

食用膳食补充剂带来的不利影响可能涉及一个或多个器官系统。在某些情况下，一种成分可有多种不良反应。人们可能同时食用一种以上的膳食补充剂，而许多产品可能包含不止一种生理活性成分。植物含有由萜烯、糖、生物碱、皂苷和其他化学物质组成的复杂混合物。例如，在茶树油中发现有超过 100 种的不同化学物质[75]。与药物一起使用时，某些草药和膳食补充剂可能会导致意想不到的反应。对药物的药代动力学影响可能是明显的，还可能造成毒性反应或治疗无效。例如，金丝桃能诱导肝细胞色素，可能会降低某些药物，如茚地那韦[76]、地高辛[77]、环孢素[78]的血液水平，从而导致它们失效。在伴随使用某些草药或膳食补充剂时，口服抗凝血药、心血管药物、抗精神病药、糖尿病药物、免疫抑制药物、用于艾滋病病毒的抗逆转录病毒药物的患儿，可能会出现药物功效的严重降低[79]。

草药产品的污染物和添加剂可有药物活性，还可产生意想不到的毒性。例如，婴儿接触从其他国家带进美国的香料会发生严重的铅中毒[80]。草本植物可能采集自被污染的土壤或清洁不当，以致含有致病微生物或土壤污染物。

人们已经知道污染的阿育吠陀药物可以导致儿童铅中毒（阿育吠陀医学或“阿育吠陀”是一个医学体系，在印度实践已经超过 5 000 年）。沙佩尔（Saper）和他的同事对美国市售的来自印度的阿育吠陀疗法传统药物进行了检测，发现 20％的药物都被重金属污染，如铅、镉、砷和汞[81]。

亚洲专利药物含有保泰松、巴比妥类、苯二氮䓬类药物或华法林样化学物质，以及铅、镉、砷等污染物。加州卫生部对260种进口中药进行的分析发现，几乎一半都有高水平的污染物[82]。

家长可能会根据产品广告、杂志或网站的信息、朋友或亲戚的建议，而不是在科学指导下，禁不住诱惑而给孩子使用草药产品。这种实验的代价是昂贵的，有将孩子暴露于有害影响的风险。在没有任何已知的基本原理的情况下，草药产品的剂量过高或组合太过随意。一些销售产品是10种或更多种植物、维生素、矿物质等的混合物。多种不同草药的"叠加"增加了来自其中一种或多种草药混合后的毒性风险。

植物的潜在致敏性是众所周知的。婴幼儿可能对他们首次接触到的草药和膳食补充剂中的化学物质特别敏感。临床表现可能包括皮炎、哮喘、鼻炎、结膜炎、喉咙发痒等过敏症状。婴儿过敏也可能会出现非特异性症状，如易怒、肠绞、食欲不振或胃肠道功能紊乱。当归和芸香，其中包含补骨脂素型呋喃香豆素类化合物，与金丝桃的活性成分金丝桃素，都能引起光敏反应[83]。

在某些物质的吸收和排毒方面，儿童与成人不同。然而，他们的神经和免疫系统正在发育，这可能使之对草药的不利影响更为敏感。例如，一些草药如鼠李、番泻叶、芦荟是已知的泻药，而有些草药茶和杜松油含有强大的利尿化合物[83,84]。它们的作用可能会导致婴儿或幼儿在临床上出现明显的脱水和快速的电解质紊乱。

虽然草药中的化学物质可能有致癌作用，但有关这一方面的研究还不充分。一些植物中发现的化学物质是已知的致癌物，例如吡咯里西啶(聚合草、款冬、千里光)、黄樟油精(黄樟)、马兜铃酸(野生姜)和儿茶素单宁(槟榔)[84]。儿童特别脆弱，因为他们的器官系统正在发育、他们的生命跨度很长允许肿瘤诱导有长时间的潜伏期，但这些化学物质是否会对儿童构成威胁，仍未可知。

草药毒性对男性或女性生殖系统的影响引起人们的关注，但有关这一方面的研究仍然有限。例如，体外细胞培养研究表明，一些精油具有细胞毒性或导致细胞性状转化的能力[85]。在许多情况下，草药对胚胎和胎儿的影响仍未可知。草药中的化学物质可能通过胎盘运输，对敏感的发育胎儿造成毒性影响。例如，罗莱特(Roulet)及其同事[49]报道了新生婴儿病例，在此病例中，新生婴儿的母亲在怀孕期间每日喝含有千里光宁碱的草药茶（千里光宁碱是一种吡咯里西啶生物碱，与肝静脉损伤有关），婴儿出生时患有肝静脉阻塞疾病，随后死亡。动物研究已经证实了一些草药的致畸性（例如，东欧流行的香茶属灌木）[86]。草药和膳食补充剂中的化学物质排泄到母乳中引起了儿科医生的关注，因为一些亲脂性成分可能会在母乳中浓缩，尽管几乎没有数据来证实或反驳这一点。

1994 年《膳食补充剂健康与教育法》

- ■美国食品药品监督管理局对一种草药或膳食补充剂的批准过程，不需要上市销售前的测试或监督保护。
- ■并不强制使用对儿童安全的草药或膳食补充剂容器或安全包装。
- ■草药或膳食补充剂标签上或营销中的营养支持主张不需要美国食品药品监督管理局的批准。
- ■药物活性物质可以作为饮食物质销售，未提供未经证实的主张，即这些物质制造的产品能治疗特定的疾病或用于特殊情况。
- ■只有在“对公共卫生或安全构成迫在眉睫的危险”时，美国卫生与人类服务部部长才会被授权采取行动以清除膳食补充剂。
- ■没有监管规定对使用草药或膳食补充剂的不良健康影响进行强制性报告。

监管和不利影响报告

临床医生可以在识别、报告和防止膳食补充剂的不利影响方面发挥重要作用。遗憾的是，草药产品和膳食补充剂几乎不受监管。国会通过了法案，1994 年的《膳食补充剂健康与教育法》，其中并不包括所有的用于药物和一般只对死亡结果才做出响应的消费者保护条例[1]。药物活性物质，如褪黑激素、育亨宾和脱氢表雄酮，可以作为膳食补充剂销售，但治疗声明中却没有说是由这些物质制成的。

在命名植物时没有国际公约，存在许多令人困惑的同义词。根据地理区域的差异，植物和草药的常用名可以是陈旧的、多变的。例如，根据一个人生活地方的不同，升麻可以指几种不同种类的植物。在草药和膳食补充剂的生产、质量、纯度、浓度或标签要求等方面没有规定。标签错误可能是疏忽，然而，故意贴错标签也一直成问题。例如，一项研究显示，作为人参售卖的产品实际上含有莨菪碱和利血平等替代品[87]。

临床医生在识别草药产品和膳食补充剂的相关毒性方面可能起着至关重要的作用。一项由美国食品药品监督管理局执行的特殊医疗观察计划项目，专门针对涉及此类产品的不良事件。向美国食品药品监督管理局报告不良反应的医疗观察计划项目的电话号码：800 - FDA - 1088，传真号码：800 - FDA - 0178。消费者可以通过消费者热线：888 - INFO - FDA 向美国食品药品监督管理局报告不良事件。美国地方或区域毒药控制中心也是一个报告膳食补充剂不良影响信息的宝贵资源，可以通过：800 - 222 - 1222 联系到。

给家长的建议

有些儿童的家长可能会寻求补充和替代疗法，对这些儿童的评估需要推行医师、家长和孩子之间互相作用的治疗战略。医生和其他卫生专业人员应该询问使用膳食补充剂、矿物质、维生素或草药的有关情况，以及使用这些产品的原因或健康状况[88]。有些患儿的家长可能会寻求涉及补充和替代医学的解决方案，对这类患儿进行评估的从业者，人们已经提出了指导方针[89]。在此对这些建议进行修改，以使它们对儿科医生的需求更加具体。

■进行全面的医疗评估。

■探索传统治疗方法——与家长建立对话，内容包括：在你看来，什么是最好的治疗条件；什么可能是已经确定的或未经测试的选择。保持开放的思想，研究家长可能会给评估带来什么信仰。

■询问未问的问题——了解家长当前的信仰，以及家庭和儿童当前使用的任何替代疗法、草药或其他补救措施。在一项研究中，50%的使用补充和替代疗法的家庭并没有将这些内容透露给他们的初级保健医生。

■根据需要获得咨询——如果孩子有频繁的尚未解决的耳部感染，建议家长在尝试草药前，咨询把孩子介绍给耳鼻喉科专家的推荐人。

■医疗记录中补充替代疗法，或拒绝治疗的文档要求。

■如果你不同意这个计划，讨论为什么并用文件记录你的不同意见。

孩子的最佳利益总是最重要的。当儿科医生不同意家庭的预期行为时，这些分歧以及背后的原因应该表达出来。在其他情况下，当伤害的风险很低时，儿科医生可以且应支持家长追求草药或膳食补充剂的决定，受惠的可能性是由科学证据支持的，而且家长可以遵循一种照顾孩子的综合方法。所有这些假设，即儿科医生已经充分了解关于草药和膳食补充剂健康方面的问题，且这些信息都来自可靠的资源。

常见问题

问题　*传统药物有许多不良反应。我不应该对已知的不良反应有更多的担心吗？*

回答　传统医药产品已经通过制造商进行了大量的安全性和有效性测试，而且已经通过了美国食品药品监督管理局的审查过程。通过这一过程，不良反应和患病率已被确定，而且在药品说明书或可用资源上列出来。人们对儿童使用某些草药和膳食补充剂的不良反应所知较少，因为它们不需要接受上市销售以前的详细审查。

问题　*我的孩子需要额外的维生素/膳食补充剂吗？它们不会帮助我的孩子成长、吃和学习得更好吗？*

回答　能够提供足够热量和在所有主食组中均衡的饮食，通常会给健康成长的孩子提供足够的营养。如果婴幼儿只喝不加氟的瓶装水或井水，或生活在没有加氟公共水源的社区，那么通过补充氟化物，他们可能获得牙科方面的益处。额外的维生素或膳食补充剂可能是儿童维生素 D 摄入达到推荐量所必需的。美国儿科学会（AAP）的指南建议母乳喂养的婴儿、人工喂养的婴儿、儿童和每日消耗小于 1 000 ml 维生素 D 加强型配方奶粉或牛奶的青少年，每日应该补充总量 400 IU 的维生素 D[90]。美国医学研究所的新指南建议，1 岁及以上的孩子每日可从食品和补充来源获得总共 600 IU 的维生素 D[91]。人们也应遵循补充铁、锌和其他必需营养素的指南[92]。

问题　*美国食品药品监督管理局没有批准草药和膳食补充剂吗？*

回答　1994 年颁布的立法使得膳食成分不再需要美国食品药品监

督管理局上市销售前的批准，这些批准适用于药品和食品添加剂。制造商不再必须证明某一种成分是安全的。如果美国食品药品监督管理局认为有风险，那么它就需要证明某种成分是有害的。

问题 可以给我的孩子洋甘菊茶或绿薄荷茶吗？

回答 尽管没有证据表明，由洋甘菊或绿薄荷的叶子和花制成的淡茶会对儿童健康有明显好处，但这些茶可能会对儿童健康产生微不足道的不利影响。家长应该记住，儿童及成人可能会对任何植物源性产品，如薄荷（薄荷属）和洋甘菊（菊科植物）产生过敏反应。

问题 锌对治疗上呼吸感染有价值吗？

回答 锌是一种对健康有益的必需金属，锌缺乏会降低免疫活性。最近发现，补锌可提高小于胎龄儿的生存率。它在治疗儿童上呼吸道感染中的价值仍需在规范的研究中加以证明。

问题 不需处方就可以出售的药草对治疗我孩子的感冒有价值吗？

回答 许多实验室或某些草药（如紫锥菊或黄芪）的动物性研究显示，它们对免疫系统有显著的影响。然而，这样的结果可能不一定暗示对患儿的管理有好处。随机对照试验表明，紫锥菊对治疗儿童感冒没有任何好处。应该警告家长，一些草药（如樟脑或桉树油）如果吸入的话可以起到舒缓作用，但也会产生包括癫痫发作或昏迷在内的不良影响。

参考资料

American Botanical Council

Web site：www. herbalgram. org

Center for Food Safety and Applied Nutrition

Web site：http://vm. cfsan. fda. gov/～dms/dietsupp. html

Consumer Federation of America

Web site：www. quackwatch. org

Dr Duke's Phytochemical and Ethnobotanical Databases

Web site：www. ars-grin. gov/duke

Drug Interactions Center

Web site：www. druginteractioncenter. org

Herb Research Foundation

Web site：www. herbs. org

National Center for Complementary and Alternative Medicine

Web site：www. nccam. nih. gov

National Certification Commission for Acupuncture and Oriental Medicine

Web site：www. nccaom. org

National Council Against Health Fraud

Web site：www. ncahf. org

Slone-Kettering Cancer Center

Web site：www. mskcc. org/aboutherbs

US Department of Agriculture Food & Nutrition Information Center：

Web site：www. nal. usda. gov/fnic

（郭宝强 译　阚海东 校译　许积德　徐　健 审校）

参考文献

[1] Dietary Supplement Health and Education Act of 1994. Available at：http://www. fda. gov/food/dietarysupplements/default. htm. Accessed March 7，2011.

[2] Eisenberg DM，Davis RB，Ettner SL，et al. Trends in alternative medicine use in the United States，1990－1997：results of a follow-up national survey. *JAMA*. 1998;280(18):1569－1575.

[3] Bardia A，Nisly NL，Zimmerman B，et al. Use of herbs among adults based on evidence-based indications：findings from the National Health Interview Survey. *Mayo Clin Proc*. 2007;82:361－366.

[4] Spigelblatt L，Laine-Ammara G，Pless IB，et al. The use of alternative medicine by children. *Pediatrics*. 1994;94(6 Pt 1):811－814.

[5] Ottolini MC，Hamburger EK，Loprieato JO，et al. Complementary and alterna-

tive medicine use among children in the Washington, DC area. *Ambul Pediatr*. 2001;1(2):122-125.

[6] Sawni-Sikand A, Schubiner H, Thomas RL. Use of complementary/alternative therapies among children in primary care pediatrics. *Ambulatory Pediatr*. 2002;2(2):99-103.

[7] Wilson KM, Klein JD, Sesselberg TS, et al. Use of complementary medicine and dietary supplements among U. S. adolescents. *J Adolesc Health*. 2006;38(4):385-394.

[8] Yussman SM, Wilson KM, Klein JD. Herbal products and their association with substance use in adolescents. *J Adolesc Health*. 2006;38(4):395-400.

[9] American Academy of Pediatrics, Committee on Children with Disabilities. Counseling families who choose complementary and alternative medicine for their child with chronic illness or disability. *Pediatrics*. 2001;107(3):598-601.

[10] Philen RM, Ortiz DI, Auerbach SB, et al. Survey of advertising for nutritional supplements in health and bodybuilding magazines. *JAMA*. 1992; 268 (8): 1008-1011.

[11] Woolf A. Essential oil poisoning. *J Toxicol Clin Toxicol*. 1999; 37 (6): 721-727.

[12] Angell M, Kassirer JP. Alternative medicine—the risks of untested and unregulated remedies. *N Engl J Med*. 1998;339(12):839-841.

[13] White NJ, Waller D, Crawley J, et al. Comparison of artemether and chloroquine for severe malaria in Gambian children. *Lancet*. 1992;339(8789):317-321.

[14] Zhao KS, Mancini C, Doria G. Enhancement of the immune response in mice by*Astragalus membranaceus* extracts. *Immunopharmacology*. 1990; 20 (3): 225-233.

[15] Weizman Z, Alkrinawi S, Goldfarb D, et al. Efficacy of herbal tea preparation in infantile colic. *J Pediatr*. 1993;122(4):650-652.

[16] Gardiner P, Riley DS. Herbs to homeopathy—medicinal products for children. *Pediatr Clin North Am*. 2007;54(6):859-874.

[17] Taylor JA, Weber W, Standish L, et al. Efficacy and safety of echinacea in treating upper respiratory tract infections in children: a randomized controlled trial. *JAMA*. 2003;290(21):2824-2830.

[18] Becker B, Kuhn U, Hardewig-Budny B. Double-blind, randomized evaluation of clinical efficacy and tolerability of an apple pectin-chamomile extract in children

with unspecific diarrhea. *Arzneimittelforschung*. 2006;56(6):387 - 393.

[19] de la Motte S, Bose-O'Reilly S, Heinisch M, et al. [Double-blind comparison of an apple pectin-chamomile extract preparation with placebo in children with diarrhea] [Article in German.] *Arzneimittelforschung*. 1997;47(11):1247 - 1249.

[20] Savino F, Cresi F, Castagno E, et al. A randomized double-blind placebo-controlled trial of a standardized extract of Matricariae recutita, Foeniculum vulgare and Melissa officinalis (ColiMil) in the treatment of breastfed colicky infants. *Phytother Res*. 2005;19(4):335 - 340.

[21] Paulsen E. Contact sensitization from Compositae-containing herbal remedies and cosmetics. *Contact Dermatitis*. 2002;47(4):189 - 198.

[22] Gardiner P. Complementary, holistic, and integrative medicine: chamomile. *Pediatr Rev*. 2007;28(4):e16.

[23] Chaiyakunapruk N, Kitikannakorn N, Nathisuwan S, et al. The efficacy of ginger for the prevention of postoperative nausea and vomiting: a meta-analysis. Am J Obstet Gynecol 2006; 194: 95 - 99.

[24] Borrelli F, Capasso R, Aviello G, et al. Effectiveness and safety of ginger in the treatment of pregnancy-induced nausea and vomiting. *Obstet Gynecol*. 2005;105(4):849 - 856.

[25] Bent S, Padula A, Moore D, et al. Valerian for sleep: a systematic review and meta-analysis. *Am J Med*. 2006;119(12):1005 - 1012.

[26] Koetter U, Schrader E, Kaufeler R, et al. A randomized, double blind, placebo-controlled, prospective clinical study to demonstrate clinical efficacy of a fixed valerian hops extract combination (Ze 91019) in patients suffering from non-organic sleep disorder. *Phytother Res*. 2007;21(9):847 - 851.

[27] Muller SF, Klement S. A combination of valerian and lemon balm is effective in the treatment of restlessness and dyssomnia in children. *Phytomedicine*. 2006;13(6):383 - 387.

[28] Pachter LM. Culture and clinical care. Folk illness beliefs and behaviors and their implications for health care delivery. *JAMA*. 1994;271(9):690 - 694.

[29] Buchwald D, Panwala S, Hooton TM. Use of traditional health practices by Southeast Asian refugees in a primary care clinic. *West J Med*. 1992;156(5):507 - 511.

[30] Pachter LM, Cloutier MM, Bernstein BA. Ethnomedical (folk) remedies for childhood asthma in a mainland Puerto Rican community. *Arch Pediatr Adolesc*

Med. 1995;149(9):982-988.

[31] Yeatman GW, Dang VV. Cao gio (coin rubbing). Vietnamese attitudes toward health care. *JAMA*. 1980;244(24):2748-2749.

[32] Forman J, Moline J, Cernichiari E, et al. A cluster of pediatric metallic mercury exposure cases treated with meso-2,3 dimercaptosuccinic acid (DMSA). *Environ Health Perspect*. 2000;108(6):575-577.

[33] Moore C, Adler R. Herbal vitamins: lead toxicity and developmental delay. *Pediatrics*. 2000;106(1):200-202.

[34] Risser A, Mazur LJ. Use of folk remedies in a Hispanic population. *Arch Pediatr Adolesc Med*. 1995;149(9):978-981.

[35] Centers for Disease Control and Prevention. Lead poisoning-associated death from Asian Indian folk remedies—Florida. *MMWR Morb Mortal Wkly Rep*. 1984;33(45):638-664.

[36] Kelly KJ, Neu J, Camitta BM, et al. Methemoglobinemia in an infant treated with the folk remedy glycerited asafoetida. *Pediatrics*. 1984;73(5):717-719.

[37] Centers for Disease Control and Prevention. Folk remedy-associated lead poisoning in Hmong children—Minnesota. *MMWR Morb Mortal Wkly Rep*. 1983;32(42):555-556.

[38] Riley DM, Newby CA, Leal-Almeraz TO, et al. Assessing elemental mercury exposure from cultural and religious practices. *Environ Health Perspect*. 2001;109(8):779-784.

[39] Woolf AD, Hussain J, McCullough L, et al. Infantile lead poisoning from an Asian tongue powder: a case report and subsequent public health inquiry. *Clin Toxicol (Phila)*. 2008;46(9):841-844.

[40] Centers for Disease Control and Prevention. Water hemlock poisoning—Maine, 1992. *MMWR Morb Mortal Wkly Rep*. 1994;43(13):229-231.

[41] Benner MH, Lee HJ. Anaphylactic reaction to chamomile tea. *J Allergy Clin Immunol*. 1973;52(5):307-308.

[42] Grant KL, Boyer LV, Erdman BE. Chaparral-induced hepatotoxicity. *Integrative Med*. 1998;1:83-87.

[43] Centers for Disease Control and Prevention. Chaparral-induced toxic hepatitis—California and Texas. *MMWR Morb Mortal Wkly Rep*. 1992;41(43):812-814.

[44] Miller RL, Gould AR, Bernstein ML. Cinnamon-induced stomatitis venenata. Clinical and characteristic histopathologic features. *Oral Surg Oral Med Oral*

Pathol. 1992;73(6):708－716.

[45] Perry PA, Dean BS, Krenzelok EP. Cinnamon oil abuse by adolescents. *Vet Hum Toxicol*. 1990;32(2):162－164.

[46] Huxtable RJ. Herbal teas and toxins: novel aspects of pyrrolizidine poisoning in the United States. *Perspect Biol Med*. 1980;24(1):1－14.

[47] Ridker PM, Ohkuma S, McDermott WV, et al. Hepatic veno-occlusive disease associated with the consumption of pyrrolizidine-containing dietary supplements. *Gastroenterology*. 1985;88(4):1050－1054.

[48] Mattocks AR. Toxicity of pyrrolizidine alkaloids. *Nature*. 1968; 217(5130): 723－728.

[49] Roulet M, Laurini R, Rivier L, et al. Hepatic veno-occlusive disease in the newborn infant of a woman drinking herbal tea. *J Pediatr*. 1988;112(3):433－436.

[50] Bach N, Thung SN, Schaffner F. Comfrey herb tea-induced hepatic veno-occlusive disease. *Am J Med*. 1989;87(1):97－99.

[51] Mullins RJ, Heddle R. Adverse reactions associated with echinacea: the Australian experience. *Ann Allergy Asthma Immunol*. 2002;88(1):42－51.

[52] Tibbalis J. Clinical effects and management of eucalyptus oil ingestion in infants and young children. *Med J Aust*. 1995;163(4):177－180.

[53] Webb NJR, Pitt WR. Eucalyptus oil poisoning in childhood: 41 cases in south-east Queensland. *J Paediatr Child Health*. 1993;29(5):368－371.

[54] Tarty BZ. Garlic burns. *Pediatrics*. 1993;91(3):658－659.

[55] Larrey D, Vial T, Pauwels A, et al. Hepatitis after germander (*Teucrium chamaedrys*) administration: another instance of herbal medicine hepatotoxicity. *Ann Intern Med*. 1992;117(2):129－132.

[56] Siegel RK. Ginseng abuse syndrome. Problems with the panacea. *JAMA*. 1979; 241(15):1614－1615.

[57] Centers for Disease Control and Prevention. Jin bu huan toxicity in children—Colorado 1993. *MMWR Morb Mortal Wkly Rep*. 1993;42(33):633－635.

[58] Horowitz RS, Feldhaus K, Dart RC, et al. The clinical spectrum of Jin Bu Huan toxicity. *Arch Int Med*. 1996;156(8):899－903.

[59] Russman S, Lauterburg BH, Helbling A. Kava hepatotoxicity. *Ann Intern Med*. 2001;135(1):68－69.

[60] Escher M, Desmeules J, Giostra E, et al. Hepatitis associated with Kava, a herbal remedy for anxiety. *BMJ*. 2001;322(7279):139.

[61] Hall AH, Linden CH, Kulig KW, et al. Cyanide poisoning from laetrile ingestion: role of nitrite therapy. *Pediatrics*. 1986;78(2):269－272.

[62] Walker BR, Edwards CRW. Licorice-induced hypertension and syndromes of apparent mineralocorticoid excess. *Endocrinol Metab Clin North Am*. 1994;23(2):359－377.

[63] Samenuk D, Link MS, Homoud MK, et al. Adverse cardiovascular events temporally associated with Ma Huang, an herbal source of ephedrine. *Mayo Clin Proc*. 2002;77(1):12－16.

[64] Haller CA, Benowitz NL. Adverse cardiovascular and central nervous system events associated with dietary supplements containing ephedra alkaloids. *N Engl J Med*. 2000;343(25):1833－1838.

[65] Fatovich DM. Aconite: a lethal Chinese herb. *Ann Emerg Med*. 1992;21(3):309－311.

[66] Chan TYK, Tse LKK, Chan JCN, et al. Aconitine poisoning due to Chinese herbal medicines: a review. *Vet Human Toxicol*. 1994;36(5):452.

[67] Abernethy MK, Becker LB. Acute nutmeg intoxication. *Am J Emerg Med*. 1992;10(5):429－430.

[68] Brenner N, Frank OS, Knight E. Chronic nutmeg psychosis. *J Roy Soc Med*. 1993;86(3):179－180.

[69] Katz J, Prescott K, Woolf AD. Strychnine poisoning from a traditional Cambodian remedy. *Am J Emerg Med*. 1996;14(5):475－477.

[70] Sullivan JB Jr, Rumack BH, Thomas H Jr, et al. Pennyroyal oil poisoning and hepatotoxicity. *JAMA*. 1979;242(26):2873－2874.

[71] Anderson IB, Mullen WH, Meeker JE, et al. Pennyroyal toxicity: measurement of four metabolites in two cases and review of the literature. *Ann Intern Med*. 1996;124(8):726－734.

[72] Gordon WB, Forte AJ, McMurtry RJ, et al. Hepatotoxicity and pulmonary toxicity of pennyroyal oil and its constituent terpenes in the mouse. *Toxicol Appl Pharmacol*. 1982;65(3):413－424.

[73] Arnold WN. Vincent van Gogh and the thujone connection. *JAMA*. 1988;260(20):3042－3044.

[74] Weisbord SD, Soule JB, Kimmel PL. Poison on line-acute renal failure caused by oil of wormwood purchased through the Internet. *N Engl J Med*. 1997;337(12):825－827.

[75] Carson CF, Riley TV. Toxicity of the essential oil of *Melaleuca alternifolia* or tea tree oil. *J Toxicol Clin Toxicol*. 1995;33(2):193 - 194.

[76] Piscitelli SC, Burstein AH, Chaitt D, et al. Indinavir concentrations and St John's wort. *Lancet*. 2000;355:547 - 548.

[77] Johne A, Brockmoller J, Bauer S, et al, Roots I. Pharmacokinetic interaction of digoxin with an herbal extract from St John's wort (*Hypericum perforatum*). *Clin Pharmacol Ther*. 1999;66(4):338 - 345.

[78] Ruschitzka F, Meier PJ, Turina M, et al. Acute heart transplant rejection due to Saint John's wort. *Lancet*. 2000;355(9203):548 - 549.

[79] Gardiner P, Phillips R, Shaughnessy AF. Herbal and dietary supplement-drug interactions in patients with chronic illnesses. *Am Fam Physician*. 2008;77(1):73 - 78.

[80] Woolf AD, Woolf NT. Childhood lead poisoning in two families associated with spices used in food preparation. *Pediatrics*. 2005;116(2):e314 - e318.

[81] Saper RB, Kales SN, Paquin J, et al. Heavy metal content of Ayurvedic herbal medicine products. *JAMA*. 2004;292(23):2868 - 2873.

[82] Kaltsas HJ. Patent poisons. *Altern Med*. 1999;Nov:24 - 28.

[83] Toxic reactions to plant products sold in health food stores. *Med Lett Drugs Ther*. 1979;21(7):29 - 32.

[84] Saxe TG. Toxicity of medicinal herbal preparations. *Am Fam Physician*. 1987;35(5):135 - 142.

[85] Pecevski J, Savkovic D, Radivojevic D, et al. Effect of oil of nutmeg on the fertility and induction of meiotic chromosome rearrangements in mice and their first generation. *Toxicol Lett*. 1981;7(3):239 - 243.

[86] Pages N, Salazar M, Chamorro G, et al. Teratological evaluation of*Plectranthus fruticosus* leaf essential oil. *Planta Med*. 1988;54(4):296 - 298.

[87] Siegel R. Kola, ginseng, and mislabeled herbs. *JAMA*. 1978;237:25.

[88] Ang-Lee MK, Moss J, Yuan CS. Herbal medicines and perioperative care. *JAMA*. 2001;286(2):208 - 216.

[89] Eisenberg DM. Advising patients who seek alternative medical therapies. *Ann Intern Med*. 1997;127(1):61 - 69.

[90] Wagner CL; Greer FR; American Academy of Pediatrics, Section on Breastfeeding and Committee on Nutrition. Clinical report—prevention of rickets and vitamin D deficiency in infants, children, and adolescents. *Pediatrics*. 2008;122(5):

1142 - 1152.

[91] Institute of Medicine. *Dietary Reference Intakes for Calcium and Vitamin D*. Washington, DC: Institute of Medicine; November 30, 2010. Available at: http://iom. edu/Reports/2010/Dietary-Reference-Intakes-for-Calcium-and-Vitamin-D. aspx. Accessed June 2, 2011.

[92] American Academy of Pediatrics, Committee on Nutrition. *Pediatric Nutrition Handbook*. Kleinman RE, ed. Elk Grove Village, IL: American Academy of Pediatrics; 2009.

化学及物理暴露

第 20 章

室内空气污染

■■■■■■

室内空气质量常常影响儿童健康。最近几年，能源成本过高导致建筑设计减少了空气交换，这引发了人们越来越多的关注。家具制造中新型合成材料的运用也越来越广泛。而且，预计儿童有 80%～90%的时间在室内度过，如在家、儿童保育机构或学校中。室内环境包括一系列空气污染物，如颗粒物、燃气、蒸汽、生物材料和纤维，这些都可能对健康有负面影响。在家中，空气污染物的常见来源包括烟草烟雾、煤气炉、木材炉，以及可能释放有机气体和蒸汽的家具和建筑材料。过敏原和生物制剂包括动物皮屑、住宅内尘螨和其他昆虫的排泄物、真菌孢子和细菌（参见第 43 章）。如颗粒物的污染物可能通过自然或机械通风而被从室外空气带入室内环境。家中可能喷洒农药以减少昆虫侵扰。本章主要叙述来自燃烧产物、氡、挥发性有机化合物（VOCs）和真菌的室内空气污染。书中的其他章节则关注室外空气污染（参见第 21 章）、石棉（参见第 23 章）、一氧化碳（参见第 25 章）、氡（参见第 39 章）和二手烟（参见第 40 章）。

燃烧产生的污染物

暴露途径和来源

燃烧产生的污染物通过吸入而暴露。家中燃烧污染物的增高主要来自煤气灶（尤其是当其出现故障或被用作局部取暖器时）以及不适当排放的木材炉和壁炉。

天然气燃烧导致二氧化氮（NO_2）和一氧化碳（CO）的排放。家中二氧化氮水平通常在冬季升高，因为这时人们为了节省能源而减少通风。

在冬季，使用燃气厨灶的家中二氧化氮平均室内浓度为室外水平的 2 倍。一些将炉灶作为局部取暖器的家庭中已测量到最高的室内二氧化氮水平。住宅的一氧化碳水平通常较低。使用木材做饭或加热可导致液体（悬浮液滴）、固体（悬浮颗粒物）和诸如二氧化氮和二氧化硫（SO_2）等气体的排放。极细固体和液体颗粒的气溶胶混合物或"烟"包含可吸入范围内（直径小于 10 μm）的颗粒物。在美国进行的室内环境木材烟雾的测量显示，与不使用木材炉的家庭相比，可吸入颗粒物的浓度在使用木材炉的家庭中更高。取决于使用木材做饭或加热的频率和持续时间以及通风是否足够，可吸入颗粒物浓度可能超过室外空气标准。然而，如通风足够，使用木材炉或壁炉可能不会对室内空气质量造成负面影响。

累及的系统

眼睛、鼻子、喉咙和呼吸道黏膜会受到影响。

临床表现

由暴露引起的临床症状一般是急性和短暂的，并且通常会随着暴露的消除而停止。暴露于高水平的二氧化氮和二氧化硫可能产生急性皮肤黏膜刺激和呼吸道影响。二氧化氮相对低的水溶性使其对上呼吸道黏膜的刺激极低；其毒性作用位点主要在下呼吸道。如果哮喘患儿同时或循序地暴露于二氧化氮和一个气源性过敏原，则对该过敏原发生超常反应的风险会增加[1]。二氧化硫的高水溶性使其对眼睛和上呼吸道均产生极大刺激。暴露于房屋内相对低水平的此种气体是否与健康效应相关还有待确定。

暴露于木材烟雾的可吸入颗粒物可能引起上、下呼吸道的刺激和炎症，并最终导致鼻炎、咳嗽、气喘和哮喘加重[2]。

诊断方法

如果怀疑一氧化碳中毒，全家人应立刻从房屋撤离，并立即检测碳氧血红蛋白水平（参见第 25 章）。

对于与室内空气污染相关的呼吸系统疾病，可能不容易找到明确的病因。因为大部分的症状和体征都是非特异的，只有在有明显的暴露史时才可能会想到。低剂量的暴露影响可能较轻，判断起来也更困难。而且，儿童和婴儿的症状和体征可能不典型。某一情况下可能会涉及多种污染物。对于已确诊的呼吸道疾病患儿，要找到其环境病因是很复杂的，因为其表现与过敏、呼吸道感染的表现相似。临床医生应询问家中是否有人吸烟，是否有其他人患病，是否儿童的症状在离开家后消除返回后又复发。医生还应询问家庭是否在木材炉或壁炉中燃烧木材。使用局部取暖器、煤油灯或加热器、煤气炉灶等家庭加热设备时，应对燃烧产物暴露加以关注，特别是当有迹象表明该用具可能没有向室外适当排放或出现损坏时。

暴露预防

对最小化暴露可能有帮助的措施包括：周期性专业检查与维修炉灶、燃气热水器和干衣机；保持这类设备直接向室外通风；定期清洁和检查壁炉和木材炉。不要在室内、帐篷内或野营车内燃烧木炭（火盆或烤架中）。

指南

尽管美国没有室内空气质量标准，但 2005 年世界卫生组织（WHO）对空气质量指南发布了全球更新。无论在哪里（室内和室外）都建议执行表 20－1 的空气质量指南，以显著减少污染对健康的不良影响[3]。

氨

氨是许多常见家庭清洁产品（如玻璃清洁剂、马桶清洁剂、金属磨光剂、地板脱漆剂及除蜡剂）的主要组分。

暴露途径和来源

氨的暴露途径是吸入。人们在使用日用品时会频繁暴露于氨。家用氨水溶液通常含有 5%～10%的氨。氨可在嗅盐和猪圈中被发现。它在尼龙、丝绸、木材和三聚氰胺燃烧时被释放出来，并应用在炸药、药物制剂、农药、纺织品、皮革、阻燃剂、塑料、纸浆和纸制品、橡胶、石油产品和氰化物中。居住在农场、牛饲养场、禽舍或其他动物密集区附近的人们可能会暴露于高水平的氨。在封闭的动物圈舍中，氨吸附在灰尘颗粒上，被直接运送至肺内。

表 20-1 世界卫生组织空气质量指南

污染物	空气质量参考值	平均时间
一氧化碳	100 mg/m^3	15 min
	60 mg/m^3	30 min
	30 mg/m^3	1 h
	10 mg/m^3	8 h
二氧化氮	200 μg/m^3	1 h
	40 μg/m^3	1 y
臭氧	100 μg/m^3	8 h，每日最大值
颗粒物		
$PM_{2.5}$	10 μg/m^3	1 y
	25 μg/m^3	24 h
PM_{10}	20 μg/m^3	1 y
	50 μg/m^3	24 h

$PM_{2.5}$——直径小于 2.5 μm 的颗粒物。
PM_{10}——直径小于 10 μm 的颗粒物。

累及的系统

呼吸道和眼睛会受到影响。

临床表现

症状包括流鼻涕、喉咙瘙痒、胸闷、咳嗽、呼吸困难和眼睛刺激，通常在 24～48 小时内缓解。据报道，在进入动物圈舍几分钟内症状就会出现。未有报道称典型环境氨浓度会对普通人群造成不良健康影响。然而，低水平的氨可能对哮喘患儿和其他敏感个体有损害[4]。

诊断方法

如果儿童呼吸系统症状的病因不明显，关于使用含氨日用品和暴露于动物圈舍的问题应被包含在环境史中。

暴露预防

对于家庭清洁来说，较低毒性的含氨日用品的替代物为醋、水溶液或小苏打水。如果使用氨，不可将其与漂白剂混合，因为这样可以释放出有毒的氯胺而引起肺损伤。

挥发性有机化合物

挥发性有机化合物是在室温和正常大气压下容易产生蒸汽的化学物。

暴露途径和来源

挥发性有机化合物通过吸入和皮肤接触而暴露。许多日用家具和产品都能释放挥发性有机化合物（“废气”）。这些化学物质包括脂肪族和芳香族烃类（包括含氯的烃类）、醇类和酮类，它们存在于抛光剂、地毯、炉灶清洁剂、绘画颜料和涂料、除漆剂等产品中。

产品标签可能不会总是明确指出挥发性有机化合物的存在，因此，产品使用者究竟暴露于何种特定的化学物质，可能难以辨别。超过正常室温范围时，挥发性有机化合物会以气体或蒸汽的形式从家具或消费品中释放出来。表 20－2 列出了一些常见的挥发性有机化合物，以及它们的用途和室内暴露来源。

对居民楼和非居民楼的检测显示，挥发性有机化合物的暴露是广泛分布和高度可变的。一般而言，与老旧的建筑相比，挥发性有机化合物的水平在新建成或翻修过的建筑中可能会更高。挥发性有机化合物排放的废气，在含有挥发性有机化合物的材料尚新时最多，并随着时间的推移而减少。一旦建筑物相关的排放减少，消费品（包括烟草）可能依然是挥发性有机化合物的主要暴露来源。室内挥发性有机化合物的浓度（使用个人检测器测量）高于室外；一个人的呼吸水平与呼吸区内空气暴露的关联性比与室外空气等级的关联性更好，并且，吸入暴露占许多挥发性有机化合物暴露的 99%以上。

表 20－2　常见的挥发性有机化合物(VOCs)

挥发性有机化合物(VOC)	用　　途	室内暴露来源
1,1,1－三氯乙烷	用作干洗剂、蒸气脱脂剂和推进燃料	穿干洗过的衣服、使用喷雾剂和织物保护剂
1,3－丁二烯	用于生产合成橡胶	吸入烟草烟雾、汽车尾气或木材燃烧烟雾
1,4－二氯代苯	用作空气除臭剂和杀虫剂	使用空气清新剂、卫生球和厕所除臭块剂
2－丁酮	用作溶剂,用于表面涂料工业、合成树脂制造业中	吸入烟草烟雾、使用绘画颜料和胶水、吸入汽车尾气
丙酮	用作生产润滑油的溶剂、药物和农药的中间产物	使用家用化学品、指甲油和油漆,吸入香烟烟雾
乙醛	用于黏合剂、涂料、润滑剂、墨水、卸甲油、室内空气除臭剂中	吸入烟草烟雾、木材烟雾,使用房间空气除臭剂、卸甲油、涂料黏合剂、润滑油、墨水
苯	汽车燃料的成分,油脂、墨水、汽油、绘画颜料、塑料和橡胶的溶剂;还用于洗涤剂制造、药物、炸药和颜料中	吸入烟草烟雾、汽车尾气
四氯化碳	用来制造制冷液和喷罐推进剂	使用工业强度清洁剂
氯苯	用于颜料和农药制造业中	居住在含有氯苯的垃圾场附近
三氯甲烷	用作溶剂,广泛分布于大气和水中	淋浴
乙苯	用作制造苯乙烯相关产品的溶剂;来自汽车加油站、机动车排放的蒸气	吸入汽车尾气
甲醛	存在于木屑板、绝缘层(醛泡沫树脂 UFFI)、拖车住房、毛毯、临时教室中	吸入烟草烟雾,居住在拖车住房或去临时教室上学,使用木屑板家具

（续表）

挥发性有机化合物（VOC）	用　途	室内暴露来源
间二甲苯，对二甲苯，邻二甲苯	用作溶剂，绘画颜料、罐头涂料、清漆、墨水、染料、黏合剂、水泥和航空液体的成分；也用于香水、驱虫剂、药物制造和皮革工业中	使用绘画颜料、黏合剂；吸入汽车尾气
萘	存在于卫生球和除臭饼中；来自木材、烟草或化石燃料的燃烧	食用樟脑球、除臭饼或密切接触存放在樟脑球中的服装或毛毯
全氯乙烯	用在干洗中	穿干洗过的衣服
苯乙烯	在高温下成为塑料制品，用于树脂、聚酯、绝缘体和药物的制造中	吸入汽车尾气、烟草烟雾；使用复印机
甲苯	用于制造苯，作为绘画颜料和涂料的溶剂，以及汽车和航空燃料的成分	使用绘画颜料，吸入汽车尾气
三氯乙烯	用作蒸气脱脂的溶剂，从咖啡中提取咖啡因、干洗剂，且是生产农药、蜡、树胶、树脂、焦油和绘画颜料的中间产物	使用木材着色剂、清漆抛光剂、润滑油、黏合剂、打字机修正液、油漆清除剂、清洁剂

苯

室内空气中的苯主要来自吸烟和消费品（包括刨花板释放的“废气”）。有连接式车库的家庭，其苯水平要比有独立式车库的家庭更高。

甲醛

甲醛是最常见的室内空气污染物之一，主要来源于建筑材料和家庭陈设。它被应用在数百种产品中，如脲醛树脂和酚醛树脂（用来黏合叠层木板产品和刨花板中的木片）、纺织品染色和纸制品生产中的载体溶剂、抗硬化剂和地板上物品（如地毯和油毡）的防水剂。作为甲醛的另外一种来源，尿素甲醛泡沫隔离剂只是在 20 世纪 80 年代早期被用于房屋建设，其后再未被使用过。家中安装新家具提高了室内甲醛浓度。拖车住房和教室由于活动空间较窄、空气交换率较低、刨花板家具较多,可能会比其他类型的房屋和教室具有更高浓度的甲醛。甲醛还可从制作防污防皱服装的甲醛树脂中释放出来。烟草烟雾也是甲醛和其他挥发性有机化合物的重要来源,包括丙烯腈、1,3-丁二烯、丙烯醛和乙醛。

萘

室内空气中的萘来自卫生球、未排气的煤油加热器和烟草烟雾。

微生物挥发性有机化合物

一些真菌可释放挥发性有机化合物,后者被称为微生物挥发性有机化合物。

累及的系统

暴露于挥发性有机化合物主要对呼吸系统、皮肤及黏膜产生影响。某些化合物暴露也可能会导致癌症。

临床表现

根据主要化合物的种类、吸收途径和暴露水平的不同,症状和体征可能会包括上呼吸道和眼部刺激、鼻炎、鼻塞、皮疹、瘙痒、头痛、恶心和呕吐等[5]。症状多为非特异性,因此可能不足以对致病化合物进行识别。一些挥发性有机化合物(包括苯和甲醛)可使人类致癌[6,7],另外一些(1,3-丁二烯、苯乙烯和萘)可使动物致癌、并可能使人类致癌[8,9]。已有文献报道,家用油漆和溶剂暴露与白血病之间存在关联性[10-12],而挥发性有机化合物和肺功能损害之间也存在关联性[13]。一些常见挥发性有机化合物的临床表现将在下面的章节中介绍。微生物挥发性有机化合物将在霉菌部分进一步讨论。

苯

苯暴露的效应在第 29 章介绍。国际癌症研究机构(IARC)和美国环境保护署(EPA)都将苯定为最高癌症等级,分别为 1 类("对人类致癌”)[6]和A类(“已知人类致癌物”)[14]。流行病学研究提供了苯暴露和白血病、急性非淋巴细胞性白血病,可能还包括慢性非淋巴细胞性白血病和慢性淋巴细胞白血病存在因果关联的确切证据[14]。偶尔也有关于苯加大了人类血液或淋巴系统癌变风险的报道,包括霍奇金和非霍奇金淋巴瘤,以及骨髓增生异常综合征[14]。

甲醛

甲醛,闻起来像咸菜,甚至检测不到气味时也可对健康产生影响。暴露于空气源性甲醛可能导致结膜和上呼吸道刺激(如眼睛、鼻子和喉咙的烧灼或刺痛感),这些症状是暂时的并随着暴露的停止而消除[15]。儿童对甲醛引起的呼吸系统毒性作用可能比成人更敏感[16,17]。2004年,国际癌症研究机构决定,有足够证据推断甲醛可致人类鼻咽癌并将其划为1类,即已知人类致癌物(以前分类为:2A类——对人类致癌性证据有限,但动物实验证据充足)[7]。国际癌症研究机构还报道,推断甲醛暴露引起鼻腔和鼻腔旁癌的证据有限,另外,有“强有力但不充足”的证据表明甲醛暴露与白血病存在联系[7,18]。

萘

暴露于大量的萘可能导致溶血性贫血,使得葡萄糖-6-磷酸脱氢酶缺乏症(G6PD)的儿童出现黄疸和血红蛋白尿,并可能引起恶心、呕吐、乏力和腹泻。新生儿也可能对萘引起的溶血表现出易感性,这可能是由于结合和排泄萘代谢产物的能力较低。萘是可能的人类致癌物(2B类——对人类致癌性证据有限,动物实验证据也不充分)[19,20]。

诊断方法

当出现呼吸系统症状时,以下一些问题可能对确认潜在的暴露因素有帮助:家中有人吸烟吗?是否有连接式车库?家庭是居住在拖车住宅或有许多纸板的新房中吗?家中有用纸板做的新家具吗?是否使用卫生球?家庭成员最近常从事工艺品和图画工作吗?家中大量广泛地应用化学清洁剂吗?家中最近改建过吗?最近有人在家中使用油漆、溶剂或喷雾杀虫剂吗?家长在家中存放绘画颜料或其他化学品吗?浸泡材料和溶剂被合适地处理了吗？孩子的症状是否离开房屋后就消失，而回家后又出现呢？除了对潜在环境暴露因素的评价，有持久呼吸系统症状的儿童也需要对可能的感染、过敏、哮喘、异质体或其他呼吸系统症状的原因进行评价。

治疗

如果认为挥发性有机化合物是引起症状的原因，应该查明其来源，如果可能的话将其去除。通常不需要对空气中挥发性有机化合物的水平进行检测。

暴露预防

减少家中挥发性有机化合物浓度的一个最重要的措施是禁止室内吸烟。另一个重要的预防策略是修改建筑规程以要求独立式车库。通过关闭门廊、封闭结构，以及确保车库和其他室内空间有适当的气压差，将连接式车库与生活和工作空间隔离开来。

安装过新材料或经过翻修的家庭或教室需要更多的室外空气通风。在建筑完工的最初几个月内，通风设备应该每日24小时、每周7天运行。安装新产品或翻新工作在以下情况进行更好：空间空闲，并在最强的挥发性有机化合物废气排放前保持空闲。应采取措施把相对湿度降低到30%～50%，以减少真菌和微生物挥发性有机物的增长。家长应避免在家中存放已打开但未使用完的油漆和类似材料，并应合适地处理浸泡材料和溶剂。

如果无法除去甲醛污染源（如大量的压制木产品），可通过橱柜涂层、镶板隔离，或使用含聚氨基甲酸酯或其他无毒密封剂的家具，同时增加建筑的通风量来减少暴露。一般产品在出厂一年后，其甲醛浓度会急速下降。甲醛树脂涂层的纺织品（帷帐和一些免烫服装）在使用前应首先清洗。纺织品的甲醛水平在每次清洗后大幅下降。

不应将婴儿暴露于使用含萘的卫生球驱虫剂并长时期存放的纺织品（衣服/卧具）。如果家庭使用含萘卫生球驱虫剂，该材料应被密封在容器中以防止蒸气溢出，且要使儿童不可触及。使用含萘卫生球存放的毛毯和服装，应在室外晾风以去除萘的气味并在使用前进行清洗。

指南

在空气样品中测量的挥发性有机化合物的总量称为总挥发性有机化合物。其在空气中的浓度以 μg/m³ 表示。建筑或家中的总挥发性有机化合物浓度是污染水平升高与否的良好指示物。基于德国家庭的数据，研究者建议总挥发性有机化合物浓度不应超过 300 μg/m³（该研究的平均值）[21,22]。

目前，美国没有总挥发性有机化合物标准。欧洲共同体已拟定总挥发性有机化合物目标参考值为 300 μg/m³，且其中任何一项挥发性有机化合物不能超过总挥发性有机化合物浓度的 10%[22]。高于此污染水平可能会对一些居民产生刺激。然而，低污染水平在特定的有毒物质或气味存在下也可出现问题[23]。欧盟的 INDEX 项目提出，由于其已知的致癌性，室内苯和甲醛浓度应该尽可能地保持在低水平。该项目还提出萘的长期参考值是 10 μg/m³[24]。

真菌

真菌有超过 200 000 个品种，包括霉菌、酵母菌和蕈类。100 000 以上的真菌种属已被发现。霉(mildew)是浴室瓷砖和浴帘上一种常见的真菌。

暴露途径和来源

真菌是通过吸入被污染的空气，以及皮肤接触沉积在物体表面的真菌后进入人体的。真菌在室外环境无处不在，可以通过门、窗、空调系统、取暖器和通风系统进入室内。

真菌在过度潮湿的环境中可以增生，例如水管、屋顶、墙壁的渗漏处，以及宠物尿液和花盆中。室内最常见的真菌有分支孢子菌属、青霉菌属、曲霉菌属和链格孢霉菌[25]。

如果建筑物在长时间内非常潮湿，其他对水分要求更高的真菌，包括葡萄穗霉属和木霉菌属就可以生长[25]。

累及的系统

暴露于真菌可使眼、鼻、喉和呼吸道受到影响，也可对皮肤和神经系统产生影响。

临床表现

接触真菌后可能导致感染、过敏或中毒反应。美国儿科学会（AAP）《红皮书》（*Red Book*）给出了真菌感染指南[26]。医学研究院和美国儿科学会发表了潮湿和真菌的健康效应谱综述[27-29]。儿童接触真菌与持续的上呼吸道症状（如鼻炎、打喷嚏、眼部刺激）以及下呼吸道症状（如咳嗽和哮喘）的风险升高有关[27-30]。医学研究院和美国儿科学会都推断建筑物内的潮湿与儿童哮喘加剧有关。世界卫生组织最近的指南也发现有足够的证据推断真菌暴露与哮喘的发生存在关联[31]。

真菌的毒作用可能是由于吸入了容易经呼吸道吸收的脂溶性毒物——真菌毒素引起的。产生真菌毒素的真菌包括镰刀菌属、木霉属和葡萄穗霉属。一种真菌可产生几种不同的真菌毒素，一种特定的真菌毒素也可能由不止一种真菌产生。另外，产毒素真菌在不同生长条件下不一定都会产生真菌毒素，毒素的产生依赖于底物、温度、水分含量和湿度[33]。暴露于极度发霉的住宅与成人多发性脉络膜炎有关[34]。

葡萄穗霉（反式维 A 酸）和其他真菌暴露与多地区婴幼儿急性肺出血有关，这些地区包括美国俄亥俄州的克利夫兰市[35-39]、密苏里州的堪萨斯城[40]、特拉华州[41]以及新西兰的一些地方[42]。木霉属和其他真菌暴露与北卡罗来纳州的婴儿急性肺出血有关[43]。

雄性大鼠急性气管内暴露的研究证实葡萄穗霉属代谢物可致肺组织损伤。该研究推断肺细胞损伤更可能归因于真菌毒素，而不是真菌细胞壁成分[44-47]。

居住在发霉环境中与多种神经病学症状相关，包括疲劳、难以集中注意力和头痛[32]。虽然对儿童的研究开展很少，但是在生物学上这些症状与真菌暴露有关似乎是合理的。从孢子、真菌碎片和真菌地区的尘埃中分离到的真菌毒素有明显毒性。体内、体外研究证实了其不良影响，在暴露于特定的毒素、细菌、真菌及其产物后会产生包括免疫毒性、神经病学、呼吸系统和皮肤在内的反应。很多纯微生物毒素，例如镰刀菌属（伏马菌素 B_1，脱氧雪腐镰刀菌烯醇）、葡萄穗霉属（葡萄穗霉毒素 G）、曲霉属（赭曲霉毒素 A）和青霉菌属（赭曲霉毒素 A，被疣青霉素）的产物，都在体内、体外试验中表现出神经毒性[48-53]。在室内环境中，具有多种多样的、波动不定的致炎性和毒性潜力的微生物制剂与其他空气源化合物同时存在，这不可避免地产生了交互作用。这样的交互作用甚至在低浓度下也可能会导致无法预测的反应[31]。

诊断方法

儿科医生必须有质疑精神，因为真菌是一个"优秀的伪装者"。以下关键问题，可能会对鉴别疾病是否由真菌暴露引起有一定帮助。包括家中是否遭受过洪水的袭击？房中有没有被水浸湿的木材或厚硬纸板？屋顶或管道有没有漏水？住在房屋里的人有没有发现过真菌生长或闻到过霉味？家中还有其他人生病吗？孩子的症状是否在离开房屋后消失，而回家后又出现呢？康涅狄格大学卫生中心（University of Connecticut Health Center）发布了《识别和处理室内真菌暴露和潮湿相关的健康效应临床医生指南》[55]。表 20－3 列出了在缺乏其他解释情况下可能提示真菌或潮湿暴露的标志性健康状况。"标志性状况"的概念在职业和环境卫生领域有很大用处。诊断与特定环境暴露有关的"标志性"疾病的个体可能提示这种暴露也会对其他人产生有毒危害[56,57]。

表 20－3　特定环境暴露标志性状况

在缺乏其他解释情况下可能提示真菌或潮湿暴露的症状和体征	
应注意的状况	**先驱状况**
新发哮喘	黏膜刺激征
哮喘加剧	反复的鼻炎/鼻窦炎
间质性肺部疾病	反复的声音嘶哑
过敏性肺炎	
结节病	
婴儿肺出血	

经康涅狄格州法明顿市康涅狄格大学卫生中心同意后转载，来自《识别和处理室内真菌暴露和潮湿相关的健康效应临床医生指南》(*Guidanle for Clinicians on the Recognition and Management of Health Effects Rclated to Nold Exposve and Moisture Indoors.*)。见网站 www. oehc. uchc. edu.

对环境中的这类已知暴露进行干预是一级预防的一个机会。

一般没有必要检测环境中的特殊真菌[58,59]。进行检测后，因为没有统一的标准结果可能很难解释。但是有一些经验法则评估室内空气中的真菌孢子数量。一些研究人员按照可培育的平均真菌计数水平将其分成 5 组[60]。

1 组:低[<100 菌落形成单位(CFUs/m^3)]
2 组:中等(101～300 CFUs/m^3)
3 组:高(301～1 000 CFUs/m^3)
4 组:很高(1001～5 000 CFUs/m^3)
5 组:非常高(>5 000 CFUs/m^3)

为了研究目的,已经开发出尿液中特定真菌毒素或其加合物的检测方法[61,62]。加合物(来自拉丁语 adductus,"接近"),是由两种物质(通常是分子)以配位键结合形成的一种产物。目前,临床上没有人体组织中真菌毒素的诊断试验。由于来自相关生物体的抗原交叉反应,检测真菌抗原的抗体可能没有帮助。

真菌产生的微生物挥发性有机化合物是真菌散发特征性气味的原因,这些气味常被描述为腐败味、泥土味或霉味。微生物挥发性有机化合物包括某些不典型地从建筑材料中释放出来的醛类、醇类或酮类。经常被发现的微生物挥发性有机物包括土味素、己酮和辛醇,其中一些对人类具有刺激性并可导致不良建筑物综合征(参见第 11 章)。空气中的微生物挥发性有机物在很低的水平即可被容易地检测到,并且其存在是真菌污染的标志。因为真菌经常在墙壁中或其他不可及的区域中被找到,微生物挥发性有机化合物的测量有时可作为确认和查找真菌污染的方法。

暴露预防

预防措施包括遭受洪水或屋中漏水后 24 小时内清理干净积水,移走所有被水浸湿的物品(包括地毯)。这样做真菌就不会有机会生长。减少湿气和真菌的干预措施已证明可减少儿童的哮喘发作[63]。预防真菌暴露的指南来自美国工业卫生协会(American Industrial Hygiene Association)[58]。

指南

世界卫生组织提供了室内空气质量指南[31]。

常见问题

问题 为了保护孩子免受室内空气污染,我能做的最重要的事情是什么？

回答　确保你家中的每层卧室都有一台一氧化碳检测器，并且每台仪器都处于良好工作状态。不要吸烟，也不要允许家中任何人吸烟。防止儿童暴露于二手烟是非常重要的。保持室内干燥并迅速修补好所有漏水处。如果家中有连接式车库，确保车库和房屋之间的门紧闭，以减少进入室内的苯含量。木材炉和壁炉需要每年请专业人员来检查以确保它们是清洁的并有效运转。不应使用煤气炉来提供辅助供暖。儿童不应接触到卫生球，因为它们含有危险的化学物质。空气清新剂不会提升空气质量，而只是用人工化学品来提供香味。

问题　空气清新剂有危害吗？

回答　使用空气清新剂的潜在健康效应资料有限。一项研究将血液1,4-二氯苯水平与成人肺功能降低联系起来，前者是一种经常用在空气清新剂中的挥发性有机化合物，其长期效应还没有经过研究。香味蜡烛也排放挥发性有机化合物的废气。

问题　我的孩子一直流鼻涕，这可能是我们上个月铺的新地毯引起的吗？

回答　孩子的症状可能是由病毒、细菌、过敏原或鼻子中的异物引起，也可能与孩子周围环境中的某种东西有关，如二手烟或新地毯中释放的化学物。有时难以做出准确的诊断。真菌引起的症状是暂时性的，并且一旦刺激物被消除，由环境刺激物引起的症状便会趋向好转。如果可能的话，让你的孩子在另一个房间玩耍和睡觉，看看症状是否好转。需要花一些时间来确定孩子症状的起因。

问题　卫生球暴露有什么影响？

回答　对二氯苯和萘这两种产品被用作驱虫剂。可找到有关卫生球有效成分的职业暴露的报道。记录住宅暴露的健康效应研究有限。卫生球的活性成分通常是对二氯苯。暴露于对二氯苯可引起眼睛、鼻子和喉咙刺激、眼睛周围肿胀、头痛以及流鼻涕，这些症状通常在暴露结束24小时后减轻。长期对二氯苯职业暴露可导致食欲不振、恶心、呕吐、体重减轻和肝损伤。可考虑用雪松产品替代卫生球。

问题 能做什么来降低木材炉和壁炉的颗粒物水平?

回答 降低木材炉颗粒物的措施包括:确保炉灶放在有足够通风的房间里并可正常地直接排放到室外。较新式的炉灶被设计成向空气中排放更少的颗粒物。改进的木材炉资料可访问美国环境保护署官网(http://www.epa.gov/burnwise)。

问题 什么是离子发生器和其他产生臭氧的空气净化器?可以使用它们吗?

回答 离子发生器通过对房间内的粒子充电使它们被墙壁、地板、桌面、布帘或居住者吸附。摩擦可使这些粒子再悬浮在空气中。在某些情况下,这些设备含有一个收集器来吸引带电粒子而回到装置中。尽管离子发生器可移除小颗粒(比如二手烟中的颗粒),但是它们无法去除气体或气味,可能特别不能移除大颗粒物,比如花粉和家庭灰尘过敏原。臭氧发生器经特别设计以释放臭氧来净化空气。臭氧可由离子发生器、一些电子空气净化器间接产生,由臭氧生成器直接产生。虽然间接的臭氧生成应受注意,但直接和有目的地向室内空气引入臭氧才应引起更大的关注。不管一些卖家如何声称,室外烟雾中的臭氧和臭氧发生器产生的臭氧没有区别。在某种情况下,这些设备可产生对儿童有害的足够高的臭氧水平。产生臭氧的空气净化器也对室内甲醛浓度有贡献。它们不被推荐在家中或学校中使用。

问题 其他空气净化器有帮助吗?

回答 其他空气净化器包括机械过滤器、电子过滤器(比如静电滤尘器)以及使用两种或以上技术的混合空气净化器。任何空气净化器的价值体现在它的效率、对要清除的污染物的适当选择性、正确的安装以及适当的维护上。缺点包括对污染物的清除不足、污染物再扩散、虚假掩盖而不是清除掉污染物、产生臭氧以及不能接受的噪声水平。美国环境保护署和消费品安全委员会(CPSC)还未表明立场支持或反对这些设备的应用。

有效地控制污染源是关键。空气净化器并不是解决方案,但却是控制污染源和足够通风的辅助物。加利福尼亚州政府(California)管理空气净化器生产标准。加州空气资源委员会(California Air Resources Board)列出了被认证的符合州空气净化器管理检验和发证要求的空气净化器模型。

问题 我家正要买一个新的吸尘器。我应该买带有高效空气过滤器(HEPA)的吗?

回答 高效空气过滤器在你使用真空吸尘器时通过捕获细小微粒、不让它们扩散到空气中来减少灰尘。尽管做了可在哮喘或过敏儿童家中使用的大量广告,但仍不清楚高效空气过滤器是否能减少哮喘儿童的症状或用药。使用高效空气过滤器不应替代其他的减少过敏原的措施。一些吸尘器做广告说含有高效空气过滤器,但这并不表示它们具备有效的空气过滤系统。除非过滤器被装进一个不透气的密封室内,否则污浊空气还是能从吸尘器中逃逸。查找一个被指定为"真正的 HEPA"系统,应该要明确的是表明整个系统(而不仅是过滤器)符合 HEPA 标准。

问题 当我把衣服从干洗店拿回家,衣服释放的化学物对我的孩子有危险吗?

回答 四氯乙烯是在干洗中应用最广泛的化学物。实验室研究已显示它可以使动物致癌。最近的研究指出,人们在存放干洗物品的家中和穿着干洗衣物时都会呼吸到低水平的四氯乙烯。干洗店在干洗过程中回收四氯乙烯,以便可以重复利用而省钱,并在熨烫和最后整理过程中去除了更多的此种化学物。然而,有些干洗店却没有尽力地去清除四氯乙烯。采取措施,尽量减少你对这种化学物质的接触是审慎的做法。如果在你拿取干洗物品时有很强的化学气味,则须在它们确实晾干后再接收。如果随后还是还给你带有化学气味的物品,则要尝试换一家干洗店。

更需要关心的是,您的家是否位于干洗店的正上方或邻近。如果是的话,每日暴露量可能足以产生不良的健康效应。

问题 接触来自地毯的化学物会使人生病吗?

回答 新地毯可释放挥发性有机化合物,诸如安装地毯伴随的黏合剂和填料之类的产品也会释放。有人报道过,包括眼睛、鼻子、喉咙刺激,头痛、皮肤刺激，呼吸短促或咳嗽以及疲劳等症状，都可能与安装新地毯有关。地毯也可以作为包括农药、尘螨、真菌等在内的化学和生物污染物的“藏身槽”。

买新地毯的人可以向零售商进行信息咨询，这能够帮助他们选择挥发性有机物释放量更少的地毯、填料和黏合剂。安装新地毯之前，零售商应铺开地毯并将之在干净、通风良好的地方风晾。打开门窗能降低释放的化学物水平。安装新地毯时通风系统应在正常运转状态，并在安装好之后 48～72 小时保持工作。

问题 植物可以控制室内空气污染吗?

回答 室内装饰性植物产业代表所做的媒体和促销报道将植物描绘成“大自然的空气净化器”，并声称美国航空航天局(NASA)的研究表明植物可清除室内空气污染物。尽管植物的确能清除空气中的二氧化碳、植物去除某些水中的其他污染物的能力也是一些污染控制措施的基础，但植物控制室内空气污染的能力并没有得到很好地确认。仅有的一项在真实建筑物中使用植物控制室内污染的研究也没能确定有任何好处。作为控制污染的实际手段，植物清除污染物的机制与常用的通风和空气置换率相比可能不是那么重要。过度潮湿的植物土壤条件反而可能促进真菌的生长。

问题 我应怎样保持壁炉的安全?

回答 下面方框中列出了增加壁炉安全性的方法。

壁炉安全

1. 如果可能的话，在火焰燃烧时保持窗户敞开。
2. 确认点火之前气闸或排气道是打开的。在火熄灭后仍保持气闸或排气道打开可将烟气带出房屋。可用手电筒从烟囱向上看来检查气闸是否打开。
3. 使用干燥和足年的木材。潮湿或新木材产生更多烟气并有助于烟囱内煤烟堆积。
4. 较小块的木材放在壁炉格栅上燃烧得更快且产生更少的烟气。
5. 壁炉基底部的烟灰水平应被控制在 2.5 cm 以下，因为较厚的烟灰层限制木材的空气供给，导致更多烟气产生。
6. 应每年请专业人员检查烟囱。尽管不打扫烟囱，但检查动物巢穴或其他可能防止烟气溢出的阻塞物还是十分重要的。

问题 烧香有潜在的问题吗?

回答 在家中烧香可释放颗粒物以及挥发性有机化合物,诸如苯、二氧化氮和一氧化碳等。烧香导致的一氧化碳水平可以达到9.6 mg/m^{3}的峰值浓度。根据房间容积、通风率和香的燃烧量,该值可能超过美国环境保护署的国家环境质量空气标准10 mg/m^{3}的8小时平均值。在烧香频繁的文化中,烧香可能是室内空气污染的重要贡献者,比如人们在宗教典礼中烧香。

问题 你有什么关于溶剂处置的建议吗?

回答 为了避免溶剂处置的问题,应考虑使用更安全的替代品,如醋和水。如果你要购买一种有害材料如溶剂,那就少买一点,这样你很可能一次就把它用光了。

阅读正确存放和处理该产品的标签。要始终遵从制造商的指示,不仅仅在使用时,使用后也一样。你的社区内可能有人募集有害的家用产品。许多当地的废弃物公司每年提供好几次这样的服务。考虑联系从电话簿或网上找到的废弃物公司来获取更多选择。把产品放入它的原包装内并紧密封存。这样会防止有害物质污染其他东西,还能一直保持标签的完整性,甚至在丢弃空的容器时也有完整的标签。问一下邻居和朋友,看他们是否需要使用你可能有的多余产品,免得将未使用的部分处理掉。为防止意外中毒,把产品放在小孩子可触及的范围之外。

参考资料

American Lung Association

Phone:800-LUNG-USA.

Web site:www. lungusa. org

US Environmental Protection Agency

Indoor Air Quality Information Clearinghouse

Phone:800-438-4318

Web site:www. epa. gov/iaq

Additional resources from the EPA include EPA regional offices and state and local departments of health and environmental quality. For regulation of specific pollutants, contact the EPA Toxic Substances Control Act Assistance Information Service: 202 - 554 - 1404.

Care for Your Air: A Guide to Indoor Air Quality

Understand indoor air in homes, schools, and offices.

Web site: www. epa. gov/iaq/pubs/careforyourair. html

Indoor Air Quality Scientific Findings Resource Bank

Web site: www. iaqscience. lbl. gov

US Consumer Product Safety Commission

Phone: 800-638-CPSC

Web site: www. cpsc. gov

Provides information on particular product hazards.

National Center for Healthy Housing, Pediatric Environmental Home Assessment

Web site: www. healthyhomestraining. org/Nurse/PEHA. htm

（阚海东　刘　聪 译　郭保强 校译　宋伟民　徐　健 审校）

参考文献

[1] Hansel NN, Breysse PN, McCormack MC, et al. A longitudinal study of indoor nitrogen dioxide levels and respiratory symptoms in inner-city children with asthma. *Environ Health Perspect*. 2008; 116(10):1428 - 1432.

[2] Robin LF, Less PS, Winget M, et al. Wood-burning stoves and lower respiratory illnesses in Navajo children. Pediatr Infect Dis J. 1996; 15:859 - 865.

[3] World Health Organization. Air Quality Guidelines: Global Update 2005. Geneva, Switzerland: World Health Organization; 2006. Available at: http://www. euro. who. int/__data/assets/pdf_file/0005/78638/E90038. pdf. Accessed March 7, 2011.

[4] Agency for Toxic Substances and Disease Registry. Toxicological Profile for Ammonia. Atlanta, GA: Agency for Toxic Substances and Disease Registry; 2004. Available at: http://www. atsdr. cdc. gov/toxprofiles/tp. asp? id = 11&tid = 2. Accessed March 7, 2011.

[5] Mendell MJ. Indoor residential chemical emissions as risk factors for respiratory and allergic effects in children：a review. Indoor Air. 2007;17(4):259－277.

[6] International Agency for Research on Cancer. IARC Monographs Supplement 7. Benzene. 1987. Available at：http://monographs. iarc. fr/ENG/Monographs/suppl 7/Suppl7-24. pdf.

[7] International Agency for Research on Cancer. IARC Monograph on the Evaluation of CarcinogenicRisks to Humans. Lyon，France：International Agency for Research on Cancer；2006. Available at：http://monographs. iarc. fr/ENG/Monographs/vol88/index. php. Accessed March 7，2011.

[8] International Agency for Research on Cancer. IARC Monograph on the Evaluation of Carcinogenic Risks to Humans. Vol 82. Some traditional herbal medicines，some mycotoxins，naphthalene and styrene. Lyon，France：International Agency for Research on Cancer;2002. Available at：http://monographs. iarc. fr/ENG/Monographs/vol82/index. php. Accessed March 7，2011.

[9] International Agency for Research on Cancer. IARC Monograph on the Evaluation of Carcinogenic Risks to Humans. Vol 97. 1,3 butadiene，ethylene oxide and vinyl halides. Lyon，France:International Agency for Research on Cancer；2008. Available at：http://monographs. iarc. fr/ENG/Monographs/vol97/index. php. Accessed March 7，2011.

[10] Freedman DM，Stewart P，Kleinerman RA，et al. Household solvent exposures and childhood acute lymphoblastic leukemia. Am J Public Health. 2001;91(4)：564－567.

[11] Lowengart RA，Peters JM，Cicioni C，et al. Childhood leukemia and parents' occupational and home exposures. J Natl Cancer Inst. 1987;79(1):39－46.

[12] Scélo G，Metayer C ，Zhang L，et al. Household exposure to paint and petroleum solvents，chromosomal translocations，and the risk of childhood leukemia. Environ Health Perspect. 2009;117(1):133－139.

[13] Elliott L，Longnecker MP，Kissling GE，et al. Volatile organic compounds and pulmonary function in the Third National Health and Nutrition Examination Survey，1988－1994. Environ Health Perspect. 2006;114(8):1210－1214.

[14] US Environmental Protection Agency. Integrated Risk Information System (IRIS) on Benzene. Washington，DC：US Environmental Protection Agency，Center for Environmental Assessment，Office of Research and Development；2002. Available at：http://www. epa. gov/iris/subst/0276. htm. Accessed

March 7, 2011.

[15] Wantke F, Demmer CM, Tappler P, et al. Exposure to gaseous formaldehyde induces IgE-mediated sensitization to formaldehyde in school-children. Clin Exp Allergy. 1996;26(3):276－280.

[16] McGwin G, Lienert J, Kennedy JI. Formaldehyde exposure and asthma in children: a systematic review. Environ Health Perspect. 2009;118(3):313－317.

[17] Smedje G, Norback D, Edling C. Asthma among secondary school children in relation to the school environment. Clin Exp Allergy. 1997;27(11):1270－1278.

[18] Zhang L, Steinmaus C, Eastmond DA, et al. Formaldehyde exposure and leukemia: A new meta-analysis and potential mechanisms. Mutat Res. 2009;681(2－3):150－168.

[19] Dobson CP, Neuwirth M, Frye RE, Gorman M. Index of suspicion. Pediatr Rev. 2006;27(1): 29－33.

[20] Athanasious M, Tsantali C, Trachana M, et al. Hemolytic anemia in a female newborn infant whose mother inhaled naphthalene before delivery. J Pediatr. 1995;130(4):680－681.

[21] Seifert B. Regulating indoor air. In: Walkinshaw DS, ed. IndoorAir '90. Proceedings of the 5th International Conference on Indoor Air Quality and Climate. Vol 5. Toronto, Canada, July 29-August 3, 1990:35－49.

[22] European Commission Joint Research Centre. European Collaborative Action 'Indoor Air Quality and Its Impact on Man'. Total Volatile Organic Compounds (TVOC) in Indoor Air Quality Investigations. Report No 19. EUR 17675 EN. Luxembourg: Office for Official Publications of the European Community; 1997.

[23] Health Canada. Indoor Air Quality in Office Buildings: A Technical Guide. Available at: http://www. hc-sc. gc. ca/ewh-semt/pubs/air/office_ building-immeubles_bureaux/organic-organiqueseng. php. Accessed March 7, 2011.

[24] Kotzias D, Koistinen K, Kephalopoulos S, et al. The INDEX Project. Critical Appraisal of the Setting and Implementation of Indoor Exposure Limits in the EU. Ispra, Italy: European Commission, Institute for Health and Consumer Protection, Physical and Chemical Exposure Unit; 2005:1－50. Available at: http://ec. europa. eu/health/ph_projects/2002/pollution/fp_ pollution_2002_frep_02. pdf. Accessed March 7, 2011.

[25] Centers for Disease Control and Prevention and US Department of Housing and Urban Development. Healthy Housing Reference Manual. Atlanta, GA: US De-

partment of Health and Human Services; 2006.

[26] American Academy of Pediatrics. Red Book: 2009 Report of the Committee on Infectious Diseases. Pickering LK, Baker CJ, Kimberlin DW, Long SS, eds. 28th ed. Elk Grove Village, IL: American Academy of Pediatrics; 2009.

[27] Institute of Medicine. Damp Indoor Spaces and Health. Washington, DC: National Academy of Sciences; 2004.

[28] American Academy of Pediatrics, Committee on Environmental Health. Policy statement: spectrum of noninfectious health effects from molds. Pediatrics. 2006;118(6):2582－2586.

[29] Mazur LJ; Kim JJ; American Academy of Pediatrics, Committee on Environmental Health. Technical report: spectrum of noninfectious health effects from molds. Pediatrics. 2006;118(6):e1909－e1926.

[30] Antova T, Pattenden S, Brunekreef B, et al. Exposure to indoor mould and children's respiratory health in the PATY study. J Epidemiol Community Health. 2008;62(8):708－714.

[31] World Health Organization. Guidelines for Indoor Air Quality: Dampness and Mold. Copenhagen, Denmark: World Health Organization; 2009. Avaliable at: http://www. euro. who. int/_ data/assets/pdf _ file/0017/43325/E92645. pdf. March 7,2011.

[32] Croft WA, Jarvis BB, Yatawara CS. Airborne outbreak of trichothecene toxicosis. Atmos Environ. 1986;20(8):549－552.

[33] Burge HA, Ammann HA. Fungal toxins and B(1－3)-D-glucans. In: Macher J, ed. Bioaerosols: Assessment and Control. Cincinnati, OH: American Conference of Governmental and Industrial Hygienists; 1999:24－1－24－13.

[34] Rudich R, Santilli J, Rockwell WJ. Indoor mold exposure: a possible factor in the etiology ofmultifocal choroiditis. Am J Ophthalmol. 2003,135(3):402－404.

[35] Dearborn DG, Smith PG, Dahms BB, et al. Clinical profile of 30 infants with acute pulmonary hemorrhage in Cleveland. Pediatrics. 2002;110(3):627－637.

[36] Montaña E, Etzel RA, Allan T, et al. Environmental risk factors associated with pediatric idiopathic pulmonary hemorrhage and hemosiderosis in a Cleveland community. Pediatrics. 1997;99(1):e5.

[37] Etzel RA, Montaña E, Sorenson WG, et al. Acute pulmonary hemorrhage in infants associated with exposure to Stachybotrys atra and other fungi. Arch Pediatr Adolesc Med. 1998;152(8):757－762.

[38] Centers for Disease Control and Prevention. Update：pulmonary hemorrhage/hemosiderosis among infants—Cleveland，Ohio，1993－1996. MMWR Morb Mortal Wkly Rep. 2000;49(9)：180－184.

[39] Jarvis BB，Sorenson WG，Hintikka EL，et al. Study of toxin production by isolates of Stachybotrys chartarum and Memnoniella echinata isolated during a study of pulmonary hemosiderosis in infants. Appl Environ Microbiol. 1998;64(10)：3620－3625.

[40] Flappan SM，Portnoy J，Jones P，Barnes C. Infant pulmonary hemorrhage in a suburban home with water damage and mold (Stachybotrys atra). Environ Health Perspect. 1999;107(11):927－930.

[41] Weiss A，Chidekel AS. Acute pulmonary hemorrhage in a Delaware infant after exposure to Stachybotrys atra. Del Med J. 2002;74(9):363－368.

[42] Habiba A. Acute idiopathic pulmonary haemorrhage in infancy：case report and review of the literature. J Paediatr Child Health. 2005;41(9－10):532－533.

[43] Novotny WE，Dixit A. Pulmonary hemorrhage in an infant following twoweeks of fungal exposure. Arch Pediatr Adolesc Med. 2000;154(3):271－275.

[44] Yike I，Rand T，Dearborn DG. The role of fungal proteinases in pathophysiology of Stachybotrys chartarum. Mycopathologia. 2007;164(4):171－181.

[45] McCrae KC，Rand TG，Shaw RA，et al. DNA fragmentation in developing lung fibroblasts exposed to Stachybotrys chartarum (atra) toxins. Pediatr Pulmonol. 2007;42(7):592－599.

[46] Kovácikovά Z，Tátrai E，Pieckovά E，et al. An in vitro study of the toxic effects of Stachybotrys chartarum metabolites on lung cells. Altern Lab Anim. 2007;35(1):47－52.

[47] Pieckova E，Hurbankova M，Cerna S，et al. Pulmonary cytotoxicity of secondary metabolites of Stachybotrys chartarum (Ehrenb) Hughes. Ann Agric Environ Med. 2006;13(2):259－262.

[48] Rotter BA，Prelusky DB，Pestka JJ. Toxicology of deoxynivalenol (vomitoxin). J Toxicol Environ Health. 1996;48(1):1－34.

[49] Belmadani A，Steyn PS，Tramu G，et al. Selective toxicity of ochratoxin A in primary cultures from different brain regions. Arch Toxicol. 1999; 73 (2)：108－110.

[50] Kwon OS，Slikker W Jr，Davies DL. Biochemical and morphological effects of fumonisin B(1)on primary cultures of rat cerebrum. Neurotoxicol Teratol. 2000;22

(4):565－567.

[51] Islam Z, Harkema JR, Pestka JJ. Satratoxin G from the black mold Stachybotrys chartarum evokes olfactory sensory neuron loss and inflammation in the murine nose and brain. Environ Health Perspect. 2006;114(7):1099－1107.

[52] Islam Z, Hegg CC, Bae HK, et al. Satratoxin G-induced apoptosis in PC-12 neuronal cells is mediated by PKR and caspase independent. Toxicol Sci. 2008;105(1):142－152.

[53] Stockmann-Juvala H, Savolainen K. A review of the toxic effects and mechanisms of action of fumonisin B1. Hum Exp Toxicol. 2008;27(11):799－809.

[54] Etzel RA. What the primary care pediatrician should know about syndromes associated with exposures to mycotoxins. Curr Probl Pediatr Adolesc Health Care. 2006;36(8):282－305.

[55] Storey E, Dangman KH, Schenck P, et al. Guidance for Clinicians on the Recognition and Management of Health Effects Related to Mold Exposure and Moisture Indoors. Farmington, CT: University of Connecticut; 2004. Available at: http://oehc. uchc. edu/images/PDFs/MOLD%20 GUIDE. pdf. Accessed March 7, 2011.

[56] Rossman MD, Thompson B, Frederick M, et al. HLA and environmental interactions in sarcoidosis. ACCESS Group. Sarcoidosis Vasc Diffuse Lung Dis. 2008;25(2):125－132.

[57] Taskar V, Coultas D. Exposures and idiopathic lung disease. Semin Respir Crit Care Med. 2008;29(6):670－679.

[58] American Industrial Hygiene Association. Recognition, Evaluation, and Control of Indoor Mold. Prezant B, Weekes DM, Miller DM, eds. Fairfax, VA: American Industrial Hygiene Association; 2008.

[59] Government Accountability Office. Indoor Mold. Washington, DC: Government Accountability Office; September 2008.

[60] Platt SD, Martin CJ, Hunt SM, et al. Damp housing, mould growth, and symptomatic health state. BMJ. 1989;298(6689):1673－1678.

[61] Yike I, Distler AM, Ziady AG, et al. Mycotoxin adducts on human serum albumin: biomarkers of exposure to Stachybotrys chartarum. Environ Health Perspect. 2006;114(8): 1221－1226.

[62] Hooper DG, Bolton VE, Guilford FT, et al. Mycotoxin detection in human samples from patients exposed to environmental molds. Int J Mol Sci. 2009;10(4):

1465 – 1475.

[63] Kercsmar CM, Dearborn DG, Schluchter M, et al. Reduction in asthma morbidity in children as a result of home remediation aimed at moisture sources. Environ Health Perspect. 2006;114(10):1574 – 1580.

第 21 章

室外空气污染

■■■■■■

室外空气污染由环境(室外)空气中污染物的复杂混合物组成[1,2]。室外空气污染可以来自多个污染源,包括大型工业设施;较小的运营商,如干洗店或加油站;自然源,如野火;高速公路车辆;以及其他污染源如飞机、火车和割草机。这些不同污染源的相对重要性在每个社区之间都不相同,取决于该地方和附近的污染源、一天中的时间和天气情况。室外空气污染形成的潜在健康风险取决于混合物的浓度和组成、暴露时间以及暴露个体的健康状况和遗传基因组成。美国环境保护署(EPA)已经建立了6个主要污染物的全国空气质量标准,即"标准"污染物:臭氧、可吸入颗粒物、铅、硫化物、一氧化碳和氮氧化合物[1,2]。另外,美国环境保护署还监测其他毒性化学物或汽车、工业设施、木材燃烧、农业活动和其他来源排放到空气中的"有害空气污染物"。在美国,已经建立起了这些标准污染物的全国监测网络。全国有较少数(大约300个)监测点提供一些其他有害空气污染物的数据。从1980—2007年,全国标准污染物平均水平显示国家空气质量普遍上升[1]。然而,美国有些地区的空气质量在近几年有所下降,近期的研究提示一些过去认为是"安全"的污染物水平也会对健康产生影响[2]。

特定的空气污染物

臭氧

臭氧是最普遍的室外空气污染物之一。臭氧和其他光化学氧化剂,比如过氧乙酰硝酸酯,是在阳光和热量充足的条件下,挥发性有机化合物

(VOCs)和二氧化氮发生化学反应形成的存在于大气中的二次污染物。尽管化工厂、炼油厂的碳氢化合物排放,以及汽油和自然源的蒸发性排放也对它们的形成有"贡献",但这些前体化合物的主要来源是汽车尾气和发电厂。这些前体污染物经大气运动可在污染源的下风向几百公里外产生臭氧。臭氧是城市烟雾的主要成分,即夏季在城市上空常见的褐色阴霾。通常在高温、干燥、空气欠流通的夏季,臭氧浓度较高,到夏季午后其浓度增至最高。气候模式的改变能够年复一年地改变臭氧浓度。室内臭氧浓度在室外臭氧水平的10%~80%之间波动,其水平取决于进入室内的新鲜空气含量。大多数个体暴露出现在室外。

颗粒物

颗粒物是由固体微粒和液滴构成的空气源性混合物的统称。这一术语用于描述随着化学组分和物理结构的改变而改变的污染物。颗粒大小是决定颗粒物是否会沉淀在下呼吸系统的主要因素。空气动力学直径在10 μm以上的颗粒由于过大而不能通过鼻腔吸入。然而,儿童习惯频繁用口呼吸,从而使其得以逃脱鼻腔的清除机制。

空气动力学直径在10 μm以下的颗粒物被称为PM_{10}。如此大小的颗粒不能被肉眼所见,但是当乌云和薄雾降低了空气能见度的时候便能看见它们在大气中的存在。空气动力学直径小于2.5 μm的颗粒是"细颗粒物",也就是$PM_{2.5}$。它来自汽车燃料燃烧、发电厂和工业活动以及有机材料在壁炉和木材炉中的燃烧。空气动力学直径在2.5 μm和10 μm之间(甚至更大)的颗粒被称作"粗颗粒物"。粗颗粒物包括由固体物质(如岩石、土壤和灰尘)机械坍塌所形成的土尘和风尘。与粗颗粒物相比,细颗粒物可以在大气中悬浮更长时间并传播更远的距离。因此,细颗粒物更倾向于均匀分布在大城市空间,而粗颗粒物则更多地集中于其发生源附近。尽管细颗粒物和粗颗粒物都与不良健康效应有关,但细颗粒物可能比粗颗粒物对儿童呼吸系统有更强的影响[2,3]。颗粒物很容易从室外进入室内,各种周围环境测量是很好的个体整体暴露的代表。

已经建立了细颗粒物和粗颗粒物的空气质量标准。另外,研究空气污染的科学家最近关注于一系列非常小的细颗粒物,它们被称为"超细颗粒物"(空气动力学直径≤100 nm;1 nm = 0.001 μm),随后可结合形成

“细”颗粒物。超细颗粒物的主要来源包括汽车尾气(特别是柴油)、发电厂、火灾和木材炉。超细颗粒物由许多毒性混合物和反应性氧化剂组成，因此当它们被吸入时,可引起局部和全身炎症反应。

铅

在美国使用无铅汽油以前,机动车所使用的含铅汽油是儿童铅暴露的重要来源。如今,油漆和土壤通常是美国儿童铅暴露的最常见来源(参见第31章)。然而,工业生产如铁冶炼厂、非铁冶炼厂、电池生产厂和其他可释放铅的产业都有造成周围社区空气铅污染的潜在危害。在一些国家,仍在继续使用含铅汽油(参见第14章)。

硫化物

含硫化合物包括二氧化硫、硫酸(H_2SO_4)气溶胶和硫酸盐颗粒。二氧化硫主要来自煤和含硫石油的燃烧;因此,二氧化硫的主要排放源包括燃煤发电厂、冶炼厂、纸浆厂及造纸厂。大气中的二氧化硫在潮湿的条件下氧化形成硫酸气溶胶。生产或使用酸的工厂均可释放硫酸。大气中的硫酸盐颗粒是由硫酸和氨发生化学反应形成的,可按细颗粒物成分测量($PM_{2.5}$硫酸盐)。二氧化硫除了可对呼吸系统造成短期和长期的不良健康效应外,还会导致酸雨的形成。

一氧化碳和二氧化氮

机动车除了产生细颗粒物和光化学污染外,还会增加室外一氧化碳和二氧化氮水平。氮氧化合物的另一个重要来源是发电厂燃料的燃烧。燃烧释放的氮氧化合物除了参与二氧化氮的形成外,还参与臭氧及含氮粒子(硝酸盐和硝酸)的形成。在室外,交通拥挤和气温较低的区域一氧化碳含量较高。室内来源比室外产生更高水平的一氧化碳和二氧化氮(参见第20章和第25章)。

有毒空气污染物

有毒空气污染物也被称为毒气或有害空气污染物。它是一个庞大的物质体系，包括：挥发性有机化合物、重金属比如汞、溶剂和氧化副产物（如二噁英）。以上这些物质已确定或被怀疑有致癌或造成其他严重健康影响的可能性。目前《清洁空气法案》（the Clean Air Act）规定排放的有害空气污染物名单中有 188 种物质。一些有毒空气污染物如苯、1,3－丁二烯和柴油机尾气，主要来自轿车或卡车之类的移动污染源。其他有毒空气污染物主要来自大型的固定工业设备。某些小型设备（如甩干机）和室内设备同样也能释放有毒空气污染物。11 种常见挥发性有机化合物的室内浓度通常超过室外，而纯粹工业来源（如化肥厂）的有毒空气污染物在人均接触的毒性物质总量中只占很小的一部分（参见第 20 章）。

交通相关污染物和柴油机尾气

在大多数城区，与交通相关的排放是空气污染的主要来源。交通相关污染物的浓度在交通拥挤的道路附近或下风向最高[4]。交通排放物中含有很多呼吸刺激物和致癌物，实验室和临床研究显示交通污染的成分可引起气道和全身炎症和气道反应性增加[5]。过去 10 年，美国和欧洲的很多流行病学研究发现呼吸系统症状（如气喘、支气管炎）、哮喘症状和哮喘住院率的增加与居住在交通拥挤地段之间存在某种联系[6-8]。另外，儿童呼吸系统健康的队列研究发现，居住在交通拥挤的道路附近的儿童比那些居住在远离交通的儿童肺功能损害更多，且有更高发生哮喘的危险性[9-10]。

由于交通污染物是一种复杂的混合物，因此并不完全清楚与健康效应有最强关联的成分是什么。流行病学研究发现，柴油机尾气也许对儿童健康尤其有危害[7]。柴油机尾气颗粒可能会增加对抗原产生过敏反应和炎症反应的危险性[11]。柴油机尾气可能会增加儿童过敏性鼻炎和哮喘的症状。在美国，大部分校车使用柴油做燃料；一个乘坐校车儿童接触的柴油机尾气量是一个乘坐轿车儿童接触量的 4 倍[12]。美国环境保护署（EPA）的清洁校车计划（网址：www. epa. gov/cleanschoolbus）授权当地校区改装和更换大巴车以减少污染。

气味

化学物质的气味有时很难确定。空气污染物的气味有一些共同的来源，包括污水处理厂、垃圾填埋场、家畜饲养场、堆肥场、纸浆厂、地热发电厂、废弃咸水湖、制革厂和炼油厂等。有些混合物的气味在其低于被认为会对健康造成危害的水平时能被检测到，但是这样的气味也会对人们的生活质量造成负面影响，并会增加对气味敏感者的健康隐患[13]。硫化氢是一种普遍存在的空气污染物，它来源于包括石油精炼、木浆制造、废水处理、动物饲养、地热发电和垃圾填埋等生产生活过程。硫化氢也被称为下水道气体，有类似臭鸡蛋的气味。

暴露途径

空气污染暴露的主要途径是吸入。释放到大气中的物质能随着大气扩散和沉降进入水循环，污染水体生态系统。同样，泥土中也会有悬浮颗粒物的沉积。那些源于大气的污染物可以通过污染水体、土壤、植物和鱼类等被摄入人体。一些有毒空气污染物[如汞、铅、多氯联苯（PCBs）和二噁英]降解得非常缓慢，或根本不降解，因此可持续存在或蓄积于湖泊、溪流的土壤或沉积物中（参见第17章和第18章）。

累及的系统

大多数常见的室外空气污染物对呼吸系统有刺激作用，其中臭氧的刺激性最强。现已知某些有毒空气污染物可对其他系统产生影响（如致癌或造成神经系统发育的不可逆损伤），其他毒性混合物（铅、汞、一氧化碳、二噁英、挥发性有机化合物等）对健康的特定危险性请参见其他相关章节。

临床表现

儿童被认为特别易受室外空气污染损害，这有以下几个原因[2]。儿童在室外的时间比成人多，且经常进行身体活动，因此暴露于污染物的机会也相应增加。无论是静息状态还是玩耍时，儿童的呼吸频率总是比成人快，因此他们每千克体重会吸入更多的污染物。另外，儿童的呼吸道较成人狭窄，在污染物的刺激下更容易引起相应的气道阻塞。与成人不同的是，儿童即使是在发生支气管痉挛的时候也不会停止到室外激烈活动。

从毒理学角度来看，室外空气污染物的重要特征是它们的化学和物理特性以及浓度。空气污染物可同时出现，比如，若空气中臭氧水平较高，那么细颗粒物和酸性气溶胶的水平也会相应提高。然而，流行病学方法可被应用来尝试梳理出不同污染物的相对贡献率。多个污染物的联合作用尚不清楚，但已知这种联系能产生协同效应。

在儿童中，与室外空气污染（包括臭氧和颗粒物）相关的急性健康效应包括呼吸系统症状的高发性，如气喘和咳嗽，短暂的肺功能衰减，更严重的下呼吸道感染，以及由呼吸系统疾病导致的学校旷课率增加[2,14]。

由于哮喘儿童具有气道高反应性，空气污染物对他们呼吸系统的影响更加明显。医院急诊室的入诊量随着空气污染水平的增高而增加，该现象通常出现在大城市[15,16]。有研究表明哮喘儿童在高水平颗粒物污染下出现更多的呼吸道症状、使用额外的药物以及引起慢性咳痰[17,18]。另外，症状没有得到很好控制和事先暴露于其他污染物的哮喘儿童更易受哮喘发作影响。

大多数由室外空气污染引起的呼吸系统症状，如咳嗽、呼吸短促、肺功能下降都被认为是可逆的，但是最近的研究表明，儿童长期暴露于室外空气污染（颗粒物和相关协同污染物，还可能包括臭氧）与肺功能下降有关[19,20]。空气污染严重的地区，成人慢性阻塞性肺部疾病的患病率相应较高，这与其在儿童时期接触空气污染物有关。颗粒物污染与低出生体重、早产、婴儿死亡率[21]以及成人心血管疾病的增加有关[2,5]。

尽管有大量证据显示大气污染会加重已有的哮喘，但是与哮喘发生的关联还未建立，这主要是因为几乎没有使用大量暴露数据进行的前瞻性研究。然而在过去的几年内，已经出现一些有限的数据支持空气污染或接近交通与哮喘发生之间存在联系[5,10,22]。

空气污染引起不良反应的机制很复杂；遗传和环境的交互作用有可能很重要。臭氧和大气颗粒物是高反应性的氧化剂，有证据显示控制炎症反应和氧化应激系统的基因变异可增加儿童对空气污染产生不良反应的易感性[23,24]。机制、临床和流行病学研究表明，抗氧化剂和营养状况可修饰空气污染对呼吸系统的健康效应[25]。需要进行进一步研究寻找补救措施，以预防生活在大气污染严重地区的儿童产生空气污染相关效应。

治疗和临床效应

儿科医生在评估儿童呼吸系统症状起因时，除了应考虑室内空气质量，大气质量在评价呼吸系统症状或功能时也是十分重要的。

暴露预防

根据《清洁空气法案》，美国环境保护署有权力为保护具有特定敏感性人群（包括儿童和哮喘儿童）的健康设定空气污染物标准（表21-1）[26]。目前美国国家环境空气质量标准在表21-2中显示。尽管这6个污染物的环境浓度在过去10年里有所降低，但仍有大量人群依然暴露于其潜在的有害健康水平。

表21-1　《清洁空气法修正案》[26]

设立标准空气污染物指南

首次制订的以健康为基础的标准（以科学为本的指南）将一些常见的空气污染物规定为设定可容许水平的基础。一组限定值（一级标准）用来保护健康；另一组限定值（二级标准）用来预防环境和财产损失。标准空气污染物是指臭氧、可吸入颗粒物、硫化物、铅、一氧化碳和氮氧化合物。

规定未达标地区

未达标地区是指其空气质量不符合旨在保护公众健康的联邦空气质量标准的地理区域。未达标地区按照该区域空气污染问题的严重性来划分。对于臭氧，这些分类包括“临界的”“中等的”“严重的”和“极端严重的”。环境保护署将每个未达标地区划为这些分类中的一个，从而提出该地区为了达到臭氧标准而必须遵守的不同要求。不符合联邦一氧化碳和颗粒物健康标准的区域也有类似的做法。

规定移动污染源

汽车和卡车是一半以上的产生臭氧的污染来源，也是城市地区多达90%一氧化碳排放的来源。已制订了更严格的标准以减少排气筒排放和控制燃料质量。在臭氧问题最严重的城市要求使用新配方汽油，同时在冬季一氧化碳超标的地区引进含氧燃料。

减少有毒空气污染物

有毒空气污染物是指那些虽然对人体健康或环境有害的但在《清洁空气法案》另一部分又没特别涵盖的污染物。减少有毒空气污染物的排放通过对每个主要的排放源类设定“最大可行控制技术”标准来实现。

表 21-2 美国国家环境空气质量标准

污染物	环境空气浓度限值	平均时间
臭氧	0.15 mg/m^3	8 h
PM_{10}^{*}	50 $\mu g/m^3$ 150 $\mu g/m^3$	年算术平均数 (24 h)
$PM_{2.5}^{\dagger}$	15 $\mu g/m^3$ 35 $\mu g/m^3$	年算术平均数 (24 h)
二氧化硫	0.37 mg/m^3 0.078 mg/m^3	年算术平均数 (24 h)
二氧化氮	0.1 mg/m^3	年算术平均数
一氧化碳	10 mg/m^3 40 mg/m^3	8 h 1 h
铅	1.5 $\mu g/m^3$	每季度

* 空气动力学直径 10 μm 以内的颗粒物。

† 空气动力学直径 2.5 μm 以内的颗粒物。

美国环境保护署分别在 2006 年和 2008 年修订了颗粒物和臭氧国家大气质量标准。就颗粒物而言，新标准保留了目前的 PM_{10} 浓度 50 $\mu g/m^3$ 的年标准，但是为 $PM_{2.5}$ 设立了新的 15 $\mu g/m^3$ 的年标准和新的 35 $\mu g/m^3$ 的 24 小时标准(24 小时空气测量)。臭氧采用了新的 0.15 $\mu g/m^3$ 的 8 小时标准。应注意每个污染物都使用了不同的平均时间。美国最高法院支持了修订这一标准的科学基础。

《清洁空气法修正案》也授权环境保护局制订以科技为本的 189 项有害气体污染物的排放标准。尽管这些标准被设计来保护公众健康，但它们是基于现有的排放控制技术。

大部分大城市要求定期按照一项或多项国家环境空气质量标准来监测空气质量。空气质量监测结果以污染物标准指数来表示，后者也常被称作空气质量指数(AQI)。空气质量指数将 5 个特定的污染物(臭氧、一氧化碳、二氧化氮、二氧化硫和颗粒物)浓度转换成一个数字，范围是 0～500。AQI 值 100 相当于短期国家环境空气质量标准；因此，AQI 值大于 100 表示一个或多个污染物浓度超过国家标准。与不同 AQI 值对应的描述术语如下：0～50是“良好”；51～100是“中等”；101～150是“对敏感人群不健康”；151～200是“不健康”；201～300是“很不健康”；301～500是“危险”。表21－3给出了空气污染指数的其他信息[27]。

空气质量差的时候，根据空气质量指数表提供的指南（表21－3），儿童应该减少户外活动（详情请访问网页：http://www.airnow.gov）。

最后，预防空气污染暴露是环境公平问题。住在拥挤街道和工业污染源附近的儿童更可能在社会和经济上处于不利状态[28]。

表21－3　空气质量指数（AQI）、相关的一般健康影响及警告声明[27]

指数值	AQI描述	一般健康影响	警告声明
0～50	良好	对普通人群无影响	没有要求
51～100	中等	对普通人群有少量或没有影响。$PM_{2.5}$†升高可能使得患有心肺系统疾病患者和老年人的心脏病或肺病加剧。	显著敏感人群应考虑限制长时间户外活动
101～150	对敏感人群不健康	易感人群呼吸系统症状轻度加剧。	患呼吸系统疾病（如哮喘）和心肺疾病的活跃儿童及成人应限制长时间户外活动
151～200	不健康	心脏病和肺病患者症状显著加剧，运动耐受力降低。普通人群可能会出现呼吸系统影响。	呼吸系统和心血管疾病的活跃儿童及成人应避免长时间户外活动。其他人，尤其是儿童，应该限制长时间户外活动。
201～300	很不健康	敏感群体症状逐渐加重，呼吸受损。普通人群出现呼吸系统影响的可能性增加。	呼吸系统和心血管疾病的活跃儿童及成人应该避免长时间户外活动。其他所有人应限制户外活动。
301～500	危险	敏感人群产生严重呼吸系统影响，呼吸受损；患心肺疾病患者及老年人存在提前死亡风险。普通人群严重呼吸系统影响增加。	老年人和已患呼吸系统和心血管疾病的人应停留在室内。所有人应避免户外体力活动。

†空气动力学直径2.5 μm以内的颗粒物。

常见问题

问题 怎样能知道我居住社区的空气污染水平?

回答 社区的空气质量信息常可在当地报纸的天气版面找到,也可在互联网(详情请访问网页:http://www.airnow.gov)上找到。

问题 当我的孩子想去并需要去室外玩耍时,我能做什么来保护他们不受空气污染?

回答 室外空气污染造成的潜在危害取决于污染物的浓度,它每天都不相同,甚至在一天的各个时段里也不相同。尽管不能完全避免室外空气污染物暴露,但可以通过限制儿童在空气质量差时室外度过的时间,尤其是从事紧张体力活动的时间来减少暴露。比如,夏季臭氧水平一般在下午的中、后段时间里最高。在臭氧水平被预期或报道为很高的日子,下午的室外活动应该被限制或重新安排到早晨进行,尤其是针对那些对高水平空气污染物已表现出敏感的儿童。在很多地区,当地无线电台、电视新闻节目和报纸通常会定期提供空气质量状况的有关信息。

问题 在清晨进行锻炼的建议常常与儿童体育活动安排的现实相冲突。已经安排好的体育活动应在空气质量差时取消吗?

回答 应鼓励儿童参加体力活动,因为锻炼与很多健康效益有关。在大多数情况下,体力活动的健康效益很可能比间歇或少量的空气污染造成的潜在损害更重要。然而,在气温和烟雾水平都很高的炎热夏季,这个平衡应该被转换,尤其是对于少年儿童来讲,减少或取消户外体力活动可能是明智的。当儿童患有哮喘时,医生和家长要力求最佳的哮喘控制,以便孩子可以参加正常的户外体育活动,甚至在空气质量差的日子里也是这样。当哮喘不稳定时,儿童需要减少体力活动直到哮喘再次得到控制。有证据表明,剧烈活动(参加 3 种或更多体育活动)以及居住在臭氧污染水平高的社区内的儿童与不做体育活动的儿童相比,可能存在更高的哮喘发生风险[22]。

问题　我家住在室外空气污染暴露风险高的地区，该怎样帮助我患哮喘的孩子？

回答　家长与孩子的医生讨论他们对于空气污染和其他可能的哮喘诱发物的担心是非常合适的。应该评价孩子的整体环境（包括家、学校、操场）是否存在可能的哮喘诱发物。改进儿童哮喘医学管理和对儿童家中过敏原、刺激物的暴露控制在预防哮喘加剧方面可能十分有效。如果家长或医生认为某个特定设施的排放物对哮喘儿童有害，则应将此信息与当地或州立的有权管理运营和采取强制措施的环境代理机构分享。

问题　当空气污染水平很高时，面部防尘口罩可以保护我的孩子吗？

回答　防尘口罩和其他形式的呼吸防护，大都是按成人而不是儿童的尺码设计的，并不推荐来预防室外空气污染。不仅尺寸不适合以及不确定的依从性限制了潜在的效益，而且大部分简单的防尘口罩都不含有能够滤过有害挥发性有机化合物或臭氧的材料。

问题　城市烟雾中的臭氧和平流层中的臭氧有什么关系？

回答　两者是不相关的。对流层中或地面水平的臭氧是城市烟雾和危害呼吸系统健康的主要成分。地面水平臭氧的形成不依赖上层大气（平流层）中的臭氧。平流层臭氧提供一个能吸收有害紫外线（UV）辐射的防护罩。平流层臭氧过少则会增加紫外线所致皮肤癌和眼部损伤的风险。

问题　为什么哮喘在增加？

回答　科学家和公共卫生官员对哮喘患病率的明显增加表示关切。哮喘增加的解释还未找到，但是看起来最可能与复杂因素的相互作用有关。这些复杂因素包括环境过敏原和室内刺激物暴露增加；复杂环境污染物暴露增加，如二手烟、柴油机废气以及生后早期接触刺激性气体；感染或感染性物品暴露改变而导致的免疫应答成熟延迟；饮食因素；以及社会心理因素，如压力和贫困[29,30]。科学研究的新证据表明，长期暴露于空气污染和靠近交通污染可能导致一些人出现哮喘，尤其是那些有遗传易感性的人群[10,15,22-24]。

问题 猪圈的气味对孩子有害吗?

回答 气味是存在化学排放的指示物。猪圈的排放物包括挥发性有机化合物、硫化氢、氨、内毒素和有机粉尘。有充分证据表明在足够的浓度下持续一段时间,这些化学物可引起疾病。还不清楚猪圈排放物的暴露水平和持续时间是否会对儿童健康产生危害[31]。然而我们的确知道,这些气味可通过社会心理学机制影响人们,从而导致呼吸系统症状增加并出现其他生活质量指标的下降[13]。

问题 如果我居住在空气质量良好的地区,那住所靠近高速公路还需要担心吗?如果是的话,我该怎样减少孩子交通污染的总暴露量呢?

回答 交通污染水平在交通拥挤的道路上最高,特别是当车走走停停的时候。即使你住在空气质量良好的地方,在繁忙的高速公路周围污染水平还是会很高,而且高水平污染与呼吸系统症状增加的风险有关,包括哮喘[6-10]。需要采取多层面的措施来减少儿童的总暴露量。可能的话,避免站在发动机空转的机动车辆旁边。在走路或玩耍时,选择远离交通的区域;即使是100~200 m的距离也是有差别的。在交通高峰时关上门窗并将空调设定在室内循环状态。鼓励学校在接送区域实施无空转条例,并提倡为校车队换用无柴油燃料车。支持减少机动车排放的联邦或州立举措。如果学校或新住宅区建在繁忙街道附近,一些州或当地政府已经通过法律限定或要求缩减策略。

参考资料

American Lung Association

Phone:212-315-8700

Local Associations phone:800-LUNG-USA

Web site:www.lungusa.org

The Health Effects Institute

Phone:617-886-9330

Fax:617-886-9335

Web site:www.healtheffects.org

US Environmental Protection Agency, Office of Air Quality Planning and Standards

Mail Code E143－03

Research Triangle Park, NC 27711

Fax: 919－541－0242

Web site: http://airnow.gov

（阚海东 译　郭保强 校译　宋伟民　徐　健 审校）

参考文献

[1] US Environmental Protection Agency. National Air Quality-Status and Trends through 2007. Washington, DC: Office of Air Quality Planning and Standards, US Environmental Protection Agency; 2008. EPA Publication No. 454/R-08-006. Available at: www.epa.gov/air/airtrends/2008/.

[2] American Academy of Pediatrics, Committee on Environmental Health. Ambient air pollution: health hazards to children. *Pediatrics*. 2004;114(6):1699－1707.

[3] Schwartz J, Neas LM. Fine particles are more strongly associated than coarse particles with acute respiratory health effects in school children. Epidemiology. 2000;11(1):6－10.

[4] Zhu Y, Hinds WC, Kim S, et al. Concentrations and size distribution of ultrafine particles near a major highway. J Air Waste Manag Assoc. 2002; 52(9): 1032－1042.

[5] Gilmour MI, Jaakkola MS, London SJ, et al. How exposure to environmental tobacco smoke, outdoor air pollutants, and increased pollen burdens influences the incidence of asthma . Environ Health Perspect. 2006;114(4):627－633.

[6] Delfino R. Epidemiologic evidence for asthma and exposure to air toxics: linkages between occupational, indoor, and community air pollution research. Environ Health Perspect. 2002;110(Suppl 4):573－589.

[7] Brunekreef B, Janssen NA, de Hartog J, et al. Air pollution from truck traffic and lung function in children living near motorways. Epidemiology. 1997;8(3): 298－303.

[8] Kim JJ, Huen K, Adams S, et al. Residential traffic and children's respiratory health. Environ Health Perspect. 2008;116(9):1274－1279.

[9] Gauderman WJ, Vora H, McConnell R, et al. Effect of exposure to traffic on

lung development from 10 to 18 years of age: a cohort study. Lancet. 2007;369(9561):571－577.

[10] McConnell R, Berhane K, Yao L, et al. Traffic, susceptibility, and childhood asthma. Environ Health Perspect. 2006;114(5):766－772.

[11] Diaz-Sanchez D, Garcia MP, Wang M, et al. Nasal challenge with diesel exhaust particles can induce sensitization to a neoallergen in the human mucosa. J Allergy Clin Immunol. 1999;104(6):1183－1188.

[12] Natural Resources Defense Council. No Breathing in the Aisles: Diesel Exhaust Inside School Buses. San Francisco, CA. National Resources Defense Council; 2001.

[13] Shusterman D. Odor-associated health complaints: competing explanatory models. Chem Senses. 2001;26(3):339－343.

[14] Bates DV. The effects of air pollution on children. Environ Health Perspect. 1995;103(Suppl 6):49－53.

[15] Tolbert PE, Mulholland JA, MacIntosh DL, et al. Air quality and pediatric emergency room visits for asthma in Atlanta, Georgia USA. Am J Epidemiol. 2000;151(8):798－810.

[16] American Thoracic Society, Committee of the Environmental and Occupational Health Assembly. Health effects of outdoor air pollution. Am J Respir Crit Care Med. 1996;153(1):3－50.

[17] Ostro B, Lipsett M, Mann J, et al. Air pollution and exacerbation of asthma in African-American children in Los Angeles. Epidemiology. 2001; 12(2): 200－208.

[18] White MC, Etzel RA, Wilcox WD, et al. Exacerbations of childhood asthma and ozone pollution in Atlanta. Environ Res. 1994;65(1):56－68.

[19] Gauderman WJ, Gilliland GF, Vora H, et al. Association between air pollution and lung function growth in southern California children: results from a second cohort. Am J Respir Crit Care Med. 2002;166(1):76－84.

[20] Tager IB. Air pollution and lung function growth: is it ozone? Am J Respir Crit Care Med. 1999;160(2):387－389.

[21] Woodruff TJ, Parker JD, Schoendorf KC. Fine particulate matter (PM2.5) air pollution and selected causes of post-neonatal infant mortality in California. Environ Health Perspect. 2006;114(5):786－790.

[22] McConnell R, Berhane K, Gilliland F, et al. Asthma in exercising children ex-

posed to ozone: a cohort study. Lancet. 2002;359(9304):386-391.

[23] London SJ. Gene-air pollution interactions in asthma. Proc Am Thorac Soc. 2007;4(3):217-220.

[24] Salam MT, Gauderman WJ, McConnell R, et al. Transforming growth factor-1 C-509T polymorphism, oxidant stress, and early-onset childhood asthma. Am J Respir Crit Care Med. 2007;176(12):1192-1199.

[25] Romieu I, Castro-Giner F, Kunzli N, et al. Air pollution, oxidative stress and dietary supplementation: a review. Eur Respir J. 2008;31(1):179-197.

[26] US Environmental Protection Agency, Office of Air Quality Planning and Standards. The Plain English Guide to The Clean Air Act. Washington, DC: Environmental Protection Agency; 2007. Publication No. EPA-456/K-07-001. Available at: http://www.epa.gov/air/peg/peg.pdf. Accessed March 9, 2011.

[27] US Environmental Protection Agency. Air Quality Index: A Guide to Air Quality and Your Health. Washington, DC: Environmental Protection Agency; August 2003. Publication No. EPA-454/K-03-002. Available at: http://airnow.gov/index.cfm? action=aqibroch.index. Accessed March 9, 2011.

[28] Jerrett M. Global geographies of injustice in traffic-related air pollution exposure. Epidemiology. 2009;20(2):231-233.

[29] Plopper CG, Fanucchi MV. Do urban environmental pollutants exacerbate childhood lung diseases? Environ Health Perspect. 2000;108(6):A252-A253.

[30] Gergen PJ. Remembering the patient. Arch Pediatr Adolesc Med. 2000;154(10):977-978.

[31] Merchant JA, Kline J, Donham KJ, et al. Human health effects. In: Iowa Concentrated Animal Feeding Operation Air Quality Study, Final Report. Ames, IA: Iowa State University and the University of Iowa Study Group; 2002:121-145. Available at: http://www.public-health.uiowa.edu/ehsrc/CAFOstudy.htm. Accessed March 9, 2011.

第 22 章

砷

砷(As)是地壳中第 20 位最丰富的元素。作为一种重金属——密度大于 5 g/cm^3——有着许多潜在用途的宝贵元素,同时对从昆虫到人类的所有动物都有很高毒性的元素,砷已被认识了几个世纪。近年来,人们接触砷的范围(以及相关的健康影响)促使一些为保护公众免受过度砷暴露相关的联邦法律条文加以制定。

儿童体形小以及手-口动作多使其较成人暴露于砷的风险更高。由于器官发生和器官成熟的许多方面发生在儿童时期,且砷有抗代谢和致癌的性质,因此砷暴露对儿童的影响更大。

砷在自然界以无机砷和有机砷两种形式存在。无机砷有三价(亚砷酸盐)和五价(砷酸盐)形式。三价砷比五价砷毒性和致癌性更强。大多数工业用途用的砷化物一般是三价的形式。

有机砷也有几种形式,包括甲基胂酸和 二甲基胂酸[1]。一般天然的有机砷被认为是无毒的,但已经开发为农药的有机砷化物(如二甲基胂酸)毒性很大。

暴露途径

砷可从消化道摄入或呼吸道吸入,也可以通过胎盘吸收,但通过皮肤吸收的砷很少。

暴露来源

自然因素

砷在地球上的分布是离散的或"呈脉络状"分布。在美国的西南部州，密歇根州东部和新英格兰部分地区[2]，砷在地质中有着更高的浓度。基岩中的“大脉”砷可以污染附近不含或含少量砷的泥土。与受污染的泥土接触的地下水可能含有高浓度的砷，可导致井水的污染。地壳中的砷也能进入海水中，被海洋生物摄取，从而进入食物链（一般为无毒的有机形式）。

人为因素

砷在工业中有着多种用途，包括害虫防治、半导体、炼油和采矿/冶炼行业[2]。砷稳定的毒性作用广泛应用在农药和杀虫剂中。在更安全的替代方案被发现之前，砷常常被用于治疗梅毒、锥虫病和其他感染[3]及皮肤感染（福勒疗法）。在 1991 年美国环境保护署（EPA）禁止使用含砷杀虫剂之前，砷杀虫剂作为家用杀虫剂一直被广泛应用。在 1991 年的禁令之前，砷酸钠（Terro）是一种常见的家用杀蚁剂。值得注意的是，有一种没有被禁止的含砷杀虫剂是铬化砷酸铜（CCA），其为一种木材防腐剂（参见第 37 章）。直至 2003 年被停用前，铬化砷酸铜一直被用于浸渍压合板以防止白蚁和其他害虫加速木材的腐烂。砷在铬化砷酸铜中占 22％的比重，一段 3.66 m（12 ft）铬化砷酸铜处理过的木材大约含有 0.028 kg（1 oz）的砷[4]。砷化镓，砷的另一种形式，是一种半导体，经常用来代替硅[1]。最后，砷也可能存在于替代药物中，包括中国特有的药物和中草药[5]。

人为的使用使得砷在环境中广泛分布。例如，在美国毒物与疾病登记署和美国环境保护署所列的 1 598 种国家优先整治毒物名单中，有 1 014 种含砷[6]。

由于砷在自然界中广泛存在，并在工业生产中被广泛使用，人类可以广泛接触到砷。工业排放，如焚烧，可使砷释放到大气中。水，尤其是未处理的井水，可能会有明显的无机砷污染[7]。而许多小型供水系统和私人水井并没有安装砷滤过装置。由于净化技术的效率不同，即使处理过的水中也可能会有残留的砷。

食品，尤其是海鲜，可含有大量有机砷；贝类（如牡蛎和龙虾）可含有很高浓度的有机砷（可达 120 mg/kg，而鱼仅有 2～8 mg/kg）[3]，但有机砷是无毒的，所以不必担心食用这类食物会导致砷中毒。

尽管含砷杀虫剂几乎已被完全禁止，食物仍可因含砷杀虫剂以往的使用或误用而被污染。此外，含无机砷的杀虫剂有时仍被用于农业。例如，鸡饲料中可能添加少量杀虫剂作为驱虫剂。含有无机砷杀虫剂的食物毒性很强，因此食用这样的食物是非常不安全的，尤其对儿童。美国食品药品监督管理局（FDA）估计，一个 6 岁的孩子平均每日在食物中要摄入 4.6 μg 无机砷。虽然水中无机砷水平变化较大，但据估计每日从水中摄入无机砷可高达 4.5 μg[4]。

砷污染的土壤（例如，来源于附近的采矿、有害废物回收点和农业使用）可使在附近玩耍的儿童暴露于砷，并且砷可沾染在儿童的衣服上从而被带进家中。在锯或燃烧铬化砷酸铜处理的木材时，可致儿童暴露于砷。有病例报道称由于暴露于燃烧铬化砷酸铜处理的木材所释放的烟雾，一家庭中 8 位成员轻度砷中毒（参见第 37 章）[8]。

毒物代谢动力学及生物过程

砷在被吸入或摄入后很容易被吸收。在动物模型中，机体缺铁时胃肠道对砷吸收增加。一旦被吸收，砷在血液中的半衰期是 10 个小时。血中的砷可以穿过胎盘，导致新生儿的血砷浓度升高，甚至胎儿死亡[1]。人类能够通过将少量吸收的无机砷转化为有机砷来解毒，包括转化为亚砷酸盐，二甲基砷酸或三甲基砷酸等有机砷形式。相较于成人，儿童的砷甲基化能力更弱，因此无机砷的毒性持续更久[4]。

砷几乎仅通过肾脏排出，只有 10%通过胆汁排出。尿砷的平均浓度一般低于 25 μg/L。砷暴露 2～4 周内，体内残存砷一般存在于头发、皮肤和指甲[1]。

累及的系统

砷会影响每个器官，其主要作用是作为一种抗代谢物。砷的毒性机制包括其替代三磷腺苷中的磷酸分子（加砷酸解）以及对关键酶的强抑制效应，包括硫胺素焦磷酸。砷已被证明有干扰内分泌的作用，抑制糖皮质激素介导的转录[9]，但该发现的临床意义目前仍然不明。砷影响的主要靶器官是胃肠道和皮肤（因为这是体内新陈代谢最活跃的组织）。另外，有证据显示砷暴露会增加患糖尿病的风险[9]。

临床效应

急性和慢性砷暴露导致砷中毒的特点并不相同。短时间大剂量接触无机砷(大于 3～5 mg/kg)会影响到所有主要器官,包括胃肠道、大脑、心脏、肾脏、肝脏、骨髓、皮肤和周围神经系统。大量摄入在 30 分钟内导致的胃肠道损伤表现为恶心、呕吐、吐血、腹泻、腹部绞痛。紧接着可发生难治性休克[10]。低剂量暴露则是个旷日持久的过程:最开始为胃肠道不适,接着骨髓抑制(全血细胞减少)、肝功能障碍、心肌抑制伴传导异常和周围神经病变[11]。砷的周围神经病变是感觉运动型的,通常累及下肢的情况比上肢多,病变范围通常成袜子和手套样分布。早期迹象为逐渐增加的感觉异常,紧接着失去本体感觉,感到麻木与乏力,类似格林－巴利综合征。严重的中枢神经系统功能障碍少见。以上许多病变可能是永久性的。急性砷暴露的一个特征是指甲出现米氏线(一般中毒几周后,指甲上出现横向白色纹路)。

慢性砷暴露通常会导致疲劳和不适感,有可能发生低级别的骨髓抑制。其他并发症包括营养不良、身体虚弱和感染风险增加,尤其是肺炎。

胎儿和儿童早期砷暴露与成年早期的支气管扩张症的发生有相关性。分析的数据来自智利安托法加斯塔的一个历史性队列研究,该地由于人口增长市政府将砷污染的水引入供水系统。数据显示胎儿期和儿童早期砷暴露,其成年期(30～49 岁) 肺癌(6.1)和支气管扩张症(46.2)的标准化死亡率(实际死亡率与预期死亡率的比值)会大幅提高 [12]。

砷可影响儿童的智力[13,14]、肝功能及皮肤。砷中毒引起的皮肤改变包括湿疹样皮疹、角化过度及色素沉着异常。也可能引起脱发[1,3,6,11]。

砷被美国国家毒理学规划署[15]及国际癌症研究机构(IARC)[16]归为已知的人类致癌物。在剂量反应关系中,慢性砷暴露增加了膀胱癌、肺癌及皮肤癌的发生风险[15]。儿童早期或胎儿期饮用水中的砷暴露明显增加青壮年死于肺癌的风险[17]。砷还能增加患急性髓系白血病、再生障碍性贫血及肾癌和肝癌等疾病的风险[18]。10%的调查对象因长期饮用浓度为 500 mg/L 砷污染的水发展成肺癌、膀胱癌和皮肤癌。饮用水砷浓度为

50 μg/L时，估计癌症死亡率为0.6%～1.5%[19]。饮用水砷浓度为10 μg/L时，患膀胱癌或肺癌风险为1‰～3‰，美国环境保护署自2006年以来规定的饮用水砷标准是10 μg/L。即使砷浓度为3 μg/L，终身患膀胱癌及肺癌的风险也可达0.4‰～1‰[15]。虽然联邦政府对环境致癌物浓度已设定在致癌风险为1/100万的范围，该标准对于砷的允许量来说仍是异常高的。

由于砷可经胎盘传输至胎儿，女性长期暴露于砷污染水源可增加自然流产、死胎及早产的风险[20]。尽管无机砷对动物有致畸性，但还没有明确对人类也有致畸性[1]。

诊断方法

由于大多数砷随着尿液排出，所以诊断检测需收集尿标本[11]。对于成人患者，通常检测单次尿标本中砷浓度，并以尿肌酐浓度进行调整。由于这种"单次"尿液检测的砷浓度还没有在儿童群体中很好地被验证，因此一般不推荐用于儿童砷中毒的诊断。对于诊断儿童砷中毒推荐收集8～24小时尿液。最常用的测量尿液砷含量的方法不能将有机砷同有毒的无机砷区分开。因此，区分砷的存在形式是很重要的，儿科医生应该要求对尿液砷的形式做进一步的分离。或者，为了确定无机砷中毒的诊断，患者在收集尿液前至少5天内不得摄入任何海鲜。因血液中砷的半衰期比较短，不推荐检测血砷。

毛发及指甲分析已经被用来诊断砷暴露。然而，就如用于分析其他环境因素的毛发分析一样，这个测试的有效性尚未建立[11]。虽然头发分段检测以及阴毛砷含量检测可以提高毛发分析的可靠性，但毛发不应该是诊断砷中毒的唯一标本来源。同样，指甲分析对于砷中毒的诊断也不够敏感。因此，不推荐毛发及指甲分析来诊断砷中毒[1,21]。

治疗

如果已诊断为严重的砷中毒，应进行螯合治疗。二巯丙醇、D－青霉胺及二巯基丁二酸已被证明能加速砷的清除速率[7]。与所有金属中毒一样，只有在毒理学家的指导下才能进行砷的螯合治疗。

暴露预防

公共卫生政策主要集中在水中砷含量的控制。根据《安全饮用水法案》，美国环境保护署需要对水中污染物浓度进行调控，包括砷。自 1947 年以来，水中砷的浓度应不超过 50 μg/L。后经美国医学研究院推荐，环境保护署将水砷标准值降至 10 μg/L。有建议将标准降至 3 μg/L，但在此浓度下癌症死亡风险仍超过 0.1‰[19]。然而，在合理的成本消耗及现有的技术下，要求市政系统将水中砷浓度降至 3 μg/L 以下还不可能实现。

世界卫生组织（WHO）建议水砷浓度临界值为 10 μg/L[2]。其他公众指南也建议对所有饮用水水井进行砷浓度检测[7]。在有大规模供水系统的区域，自来水公司或供应商应对水进行砷浓度检测。当饮用水不符合饮用水标准时，水供应商应该告知消费者。在饮用水砷浓度超标的地区，应配备家庭水处理设备；然而，水处理设备消除砷的功效上存在差异。使用瓶装水是一种选择。水煮沸和使用木炭过滤不会去除水中的砷。

根据制造商和美国环境保护署（EPA）达成的一项协议，美国住宅在 2003 年停止使用铬化砷酸铜作为防腐剂处理的木材。然而，现有的住宅仍旧是砷的潜在来源，并且在停止使用日期前已经制造的铬化砷酸铜加压处理的木材仍旧会在市场出售。

常见问题

问题 *应该采取什么措施以防止孩子接触铬化砷酸铜木材所制的设施及游乐设施呢？*

回答 铬化砷酸铜是一种杀虫剂，被用在加压处理的木板中以延长木板的使用期限。处理过的木材通常用于装饰、打入地下的电线杆、花园中抬高的培养床及游乐场设施。随着木头的老化及水的浸泡，砷可能会释放，出现在木材表面、平台下的土壤中或用砷酸铜处理的木材制造的花园床上。儿童接触到含砷木头或砷污染的土壤继而进行手口动作，这可使儿童明显暴露于砷这种已知的人类致癌物[22,25]。在一些国家已经禁止或严格限制使用铬化砷酸铜，已有相应的替代物。目前，此种用化学物质处理过的木材在美国使用范围是非常有限的[24]。每年用密封胶涂一次处理过的木材(按照木材制造商的建议)将会减少砷的浸出[25]。减少儿童砷暴露的措施包括：

1. 可能的情况下，使用新型材料代替铬化砷酸铜处理的木材，包括使用耐腐蚀性木材。

2. 避免孩子和宠物接触可能有砷浸出的木平台。

3. 不要用加铬砷酸铜木材建花园，不要在用铬化砷酸铜木材处理的平台周围栽种蔬菜。

4. 一定不要燃烧经铬化砷酸铜处理的木材。

5. 保证孩子在接触铬化砷酸铜处理的物品表面后洗手，尤其在吃东西之前。

6. 用塑料纸铺在铬化砷酸铜木材制成的野餐桌上后再放置食物。

问题　什么类型的涂料能最有效降低铬化砷酸铜处理的木材浸出砷?

回答　一些研究表明定期(依涂料性质和天气情况每年一次或每2年一次)使用某些渗透性涂料(如油性的，半透明染色剂)可能会降低用铬砷酸铜处理过的木材中防腐剂的浸出。最终选择时消费者应该意识到，某些情况下平台和篱笆等户外设施，并不推荐“成膜性”非穿透性染色剂(如乳胶半透明、乳胶不透明和油性不透明染色剂)，因为这些染料不持久。在购买适于所需区域的涂料前可以征询五金店或油漆店店员的意见。

问题　我孩子所在的儿童看护机构有大型的用加压处理过的木材所制的设施并且最近发现该看护机构土壤砷质量浓度达到80 mg/L。对于这种情况我应该担心吗?

回答　美国环境保护署(EPA)和联邦政府的指南中已经确定了土壤中砷含量的清除标准。根据土壤中已有的砷含量，各州的指南变化很大，砷清除标准浓度范围从10～1 000 mg/L不等。在保守的风险评估的基础上，孩子经常玩耍的区域土壤中砷含量超过20～40 mg/L时，应该进行修复。具体的修复办法要依据土壤中具体砷浓度而定，包括替换地面覆盖物（比如增添土壤）或者去除已污染土壤。如果砷来源确定为某设施，那么儿童看护机构应该考虑经常使用木材密封剂或者其他屏蔽物，并且最终考虑移除该设施。

问题 由于可能的砷污染我需要限制孩子食用海产品吗？对于砷有没有像针对汞及多氯联苯而指定的鱼类食用建议？

回答 海产品中砷为有机砷，无毒性。因此，家长无需限制孩子食用海产品来避免砷毒性。

（徐 健 译 颜崇淮 校译 宋伟民 审校）

参考文献

[1] Dart R. Arsenic. In: Sullivan J, Krieger G, eds. *Hazardous Materials* Toxicology: Clinical *Principles of Environmental Health*. Baltimore, MD: Williams & Wilkins; 1992:818 - 824.

[2] Breslin K. Safer sips: removing arsenic from drinking water. Environ Health Perspect. 1998;106(11):A548 - A550.

[3] Malachowski M. An Update on arsenic. Clin Lab Med. 1990;10(3):459 - 472.

[4] Environmental Working Group. Poisoned Playgrounds. Washington, DC: Environmental Working Group; 2001. Available from: http://www. ewg. org/reports/poisonedplaygrounds. Accessed March 21, 2011.

[5] Espinoza E, Mann M, Bleasdell B. Arsenic and mercury in traditional Chinese herbal ball. N Engl J Med. 1995;333(12):803 - 804.

[6] Agency for Toxic Substances and Disease Registry. Arsenic. Atlanta, GA: Agency for Toxic Substances and Disease Registry; 2001.

[7] Franzblau A, Lilis R. Acute arsenic intoxication from environmental arsenic exposure. Arch Environ Health. 1989;44(6):385 - 390.

[8] Peters H, Croft WA, Woolson EA, et al. Seasonal arsenic exposure from burning chromium-copper-arsenate-treated wood. JAMA. 1984;251(18):2393 - 2396.

[9] Kaltreider R, Davis AM, Lariviere JP, et al. Arsenic alters thefunction of the glucocorticoid receptor as a transcription factor. Environ Health Perspect. 2001;

109(3):245－251.

[10] Levin-Scherz J, Patrick JD, Weber FH, et al. Acute arsenic ingestion. Ann Emerg Med. 1987;16(6):702－704.

[11] Landrigan P. Arsenic—state of the art. Am J Ind Med. 1981;2(1):5－14.

[12] Smith AH, Marshall G, Yuan Y, et al. Increased mortality from lung cancer and bronchiectasis in young adults after exposure to arsenic in utero and in early childhood. Environ Health Perpect. 2006; 114(8):1293－1296.

[13] von Ehrenstein OS, Poddar S, Yuan Y, et al. Children's intellectual function in relation to arsenic exposure. Epidemiology. 2007;18(1):44－51.

[14] Wang SX, Wang ZH, Cheng XT, et al. Arsenic and fluoride exposure in drinking water: children's IQ and growth in Shanyin county, Shanxi province, China. Environ Health Perspect. 2007;115(4):643－647.

[15] National Toxicology Program. 10th Report on Carcinogenics. Research Triangle Park, NC: National Toxicology Program; 2002. Available at: http://ehp.niehs.nih.gov/roc/toc10.html. Accessed March 21, 2011.

[16] International Agency for Research on Cancer. Overall Evaluations of Carcinogenicity. International Agency for Research on Cancer. Vol Suppl 7. Lyon, France: International Agency for Research on Cancer; 1987.

[17] Liaw J, Marshall G, Yuan Y, et al. Increased childhood liver cancer mortality and arsenic in drinking water in northern Chile. Cancer Epidemiol Biomarkers Prev. 2008;17(8):1982－1987.

[18] Khan MM, Sakauchi F, Sonoda T, et al. Magnitude of arsenic toxicity in tube-well drinking water in Bangladesh and its adverse effects on human health including cancer: evidence from a review of the literature. Asian Pac J Cancer Prev. 2003;4(1):7－14.

[19] National Research Council. Arsenic in Drinking Water: 2001 Update. Washington, DC: National Academies Press; 2001. Available at: http://www.nap.edu/books/0309076293/html/. Accessed March 21, 2011.

[20] Ahmad SA, Sayed MH, Barua S, et al. Arsenic in drinking water and pregnancy outcomes. Environ Health Perspect. 2001;109(6):629－631.

[21] Hall A. Arsenic and arsine. In: Shannon MW, Borron SW, Burns M, eds. Haddad and Winchester's Clinical Management of Poisoning and Drug Overdose. New York, NY: Elsevier Inc; 2007:1024－1027.

[22] California Department of Health Services. Evaluation of Hazards Posed by the

Use of Wood Preservatives on Playground Equipments. Sacramento, CA: California Department of Health Services, Office of Environmental Health Hazard Assesment; 1987.

[23] Stilwell D, Gorny K. Contamination of soil with copper, chromium, and arsenic under decks built from pressure treated wood. Bull Environ Contam Toxicol. 1997;58(1):22－29.

[24] Fields S. Caution—children at play: how dangerous is CCA? Environ Health Perspect. 2001;109(6):A262－A269.

[25] Consumer Reports. Exterior deck treatments test: all decked out. Consumer Reports. 1998;63:32－34.

第 23 章

石　　棉

■■■■■■

石棉是一种纤维状矿物材料，包括6个品种：铁石棉、温石棉、青石棉、呈纤维状的透闪石、阳起石和直闪石。世界范围内某些地区的岩石在形成过程中天然含有石棉，可开采并作为商业用途。大理石和蛭石矿中也可能存在少量石棉。石棉纤维长短不一，形状有直有曲，可进行梳理、编织、纺作织物，可作为主材使用也可与其他材料混合使用，如沥青或水泥。

石棉性质稳定，具有耐热、耐火和耐酸的特性。因为具有以上特性，石棉被广泛应用于制成品的生产，包括隔热材料、屋顶石棉瓦、天花板或地板、纸制品、石棉混凝土、离合器、刹车和传动装置、纺织品、包装材料、密封圈以及涂层等。在20世纪20～70年代期间，美国有数百万吨石棉被用于家庭、学校、公共建筑，主要作为隔热和防火材料。

在很多环境设施中都能找到石棉的污染。目前，美国已经几乎全面禁止在新建项目中使用石棉。然而，一些老建筑中还留有大量石棉，尤其是在学校，继续对儿童青少年及成人健康构成威胁。其他国家，尤其是发展中国家还在新修建筑中继续使用石棉。所以，如何找到一个系统合理的应对措施，减少学校和其他建筑中石棉的危害以保护儿童健康，成为美国儿科医生、公共卫生官员、学校负责人的一项重要挑战。

1980年（最后一次国家统计汇编），美国环境保护署（EPA）估计全国范围内有8 500多所学校存在破损的石棉材料，约300万学生（另还有超过25万教职员工）面临着石棉的暴露风险[1]。随后的现场调查发现这些学校约10%的石棉正经历破损的过程，容易被儿童接触，对其健康构成了直接威胁。其余90%因未发生破损不会被儿童所接触，因而不会立刻对其健康造成危害[2]。

暴露途径

最主要的暴露途径是吸入空气中微小的石棉纤维。存在于空气中的石棉纤维会有损健康[3]。而牢牢固定于建筑材料中的石棉(如隔热板或天花板)或被遮盖住的石棉则不会对人体导致即刻损害。因此含有石棉的建筑材料在自然破损、重建或修复过程中,石棉纤维释放入空气中后,儿童和成人均有吸入石棉纤维的危险。

如果儿童居住在石棉矿开采和矿石加工区域,也会有暴露于石棉的危险。位于蒙大拿州利比(Libby)的蛭石山区在1924—1990年间一直在进行蛭石矿开采和粉碎作业。蛭石被广泛用于住所和商业场所等社区环境,也被分发到全国其他245个加工地点。利比出产的矿石含有石棉,影像学资料证实其对矿场、碾磨厂和提炼厂的工人健康造成了不良影响。矿工及家属中石棉相关疾病,包括间皮瘤的发病率都增加[4,5]。2002年,美国毒物与疾病登记署(ATSDR)报道指出,利比社区石棉肺死亡率较预期高出40～80倍,肺癌死亡率较预期值高20%～30%[6]。绝大部分患者为工人或其家庭密切接触者。儿童也可因居住区域有天然积存的石棉矿石而接触到石棉。加利福尼亚的一项病例对照研究结果发现居住地靠近天然石棉分布地区与间皮瘤之间存在剂量效应关系,这种关系不受石棉职业暴露因素影响[7]。

胃肠道石棉接触并不常见,通常发生在含石棉的水泥管道破损后石棉转移进入饮用水的情况。饮用水在流经含石棉纤维的岩石过程中,也可被石棉纤维污染。

累及的系统

石棉可导致肺、咽喉、胃肠道肿瘤。石棉导致的恶性肿瘤还可见于胸膜、心包膜和腹膜等。高剂量的职业暴露(当然很少发生在儿童)还可导致石棉肺,这是一种肺组织和/或胸膜纤维化疾病。

临床效应

石棉并不引起急性毒性。工人在工业生产中接触高剂量石棉可导致石棉肺。石棉长期暴露产生的损害一般会在首次接触石棉20～30年后才会出现。在石棉肺早期阶段主要表现为咳嗽和劳作性呼吸困难。疾病进展至后期，患者肺组织可发生广泛纤维化。儿童因难以接触高剂量石棉，因此很少发生石棉肺。

对儿童而言，石棉最主要的威胁是接触多年后可能引发癌症。最主要的两种癌症为肺癌和恶性间皮瘤，后者是一种可波及胸膜、心包膜和腹膜的恶性肿瘤。间皮瘤症状包括胸腔下部疼痛、咳嗽痛、气短、不明原因的体重下降。职业高暴露的成年人群中也可发生咽喉和胃肠道肿瘤。社区人群低剂量暴露与卵巢癌之间似乎也存在一定联系[8]。

在一些职业人群中最早发现石棉与癌症存在联系，如矿工、造船工人、隔热材料生产人员[9]。在这些人群中出现了数千例间皮瘤和肺癌，而且以往的职业接触还会使病例数继续增长。据估计美国将有30万工人最终会死于石棉相关疾病[10]，由于西欧地区制订保护性措施的时间还更晚了，预计在接下来的35年间将有25万工人死亡[11]。美国男性间皮瘤发病率在1990年达到最高然后逐渐回落，但是死亡率降至基础水平则需要等到2055年，那已经是在美国境内停止大规模使用石棉80年后的情况了[12]。发展中国家石棉暴露的情况还在持续，由此增加的伤亡人数目前尚未作精确统计。

肺癌

单是接触石棉即可导致肺癌。此外，还发现石棉和吸烟这两个因素之间存在致肺癌的协同效应[13]。接触石棉但不吸烟的成年人肺癌发病率是基础水平的5倍。然而既接触石棉又吸烟者肺癌发病率是基础水平的50倍。如此显著的协同效应，这就是为什么儿科医生要督促家长、儿童青少年远离烟草的理由了。

间皮瘤

恶性间皮瘤似乎只是因接触石棉所致。在间皮瘤发生过程中石棉和吸烟之间的交互作用并不显著。间皮瘤是在家或在学校接触过石棉的儿童中最值得注意的癌症，因其由低剂量暴露所致，而且可以在接触石棉50年后才迟迟出现。有些并不在石棉企业工作的女性，他们以前居住的地区附近有石棉矿或碾磨厂，因所处环境或在家中接触到石棉，其癌症死亡率也有所增高[8]。

剂量反应关系

患癌症风险与石棉接触剂量有关系，累计暴露量越高，风险也越大[14]。如果自己家里有孩子接触过空气源性低剂量石棉，应再次确保将石棉暴露致癌的风险降至很低。然而，只要接触石棉多少都会增加癌症风险；目前尚未确定接触石棉的安全阈值。例如，夫妻俩在接触石棉数十年后患间皮瘤；石棉工人通过工作服将石棉纤维带回家里，孩子也可患间皮瘤；从不吸烟也不在石棉企业上班的女性，但一辈子居住在魁北克石棉开采区，她们也患了间皮瘤。另外，生活在意大利靠近石棉混凝土厂一所小镇上的人们也出现间皮瘤[16]。

有的科学家和企业代表曾声称北美地区用于建筑的石棉种类（加拿大温石棉）是无害的。然而，来自临床、流行病学和毒理学广泛的资料均显示温石棉对实验动物具有致癌性，可引起人类肺癌和间皮瘤[17]。所有种类的石棉都有害和有致癌性。应将石棉接触量控制在最低水平[18]。

诊断方法

除了获取既往接触史外，目前还没有可靠的方法来衡量石棉暴露水平。不推荐那些接触过石棉的儿童进行胸部X射线透射检查，因为一次性的放射扫描并不能为是否存在石棉暴露提供有用信息。放射扫描发现在胸膜或心包膜存在斑状阴影（纤维化程度增高或伴有钙化）可提示此人既往接触过石棉。职业高暴露的成人从首次接触石棉发展到胸膜斑状阴影的潜伏期可长达10～40年[19]。1976—1980年开展的第二次国家健康与营养调查（National Health and Nutrition Examination Survey, NHANES）发现35～74岁的美国公民中，6.4%的男性和1.7%的女性检查出有斑状阴影，但缺乏来自儿童的相关资料[20]。

要确定儿童是否存在接触石棉的危险，或是否已经存在石棉暴露，应由合适的具有资质的检查人员对儿童居住、学习和玩耍的场所进行环境检查。应收集隔热材料或其他疑似材料的样本送至具有资质的实验室进行电子显微镜检查。如果建筑材料中的石棉正发生破损，且又可轻易接触到正在翻修的建筑物，儿童就存在接触石棉的危险。空气采样对评估在校儿童石棉暴露风险价值不大，因为石棉纤维一般是间断性地释放入空气中，因此采样也容易错过。

治疗

因为接触石棉并不引起急性症状，对短期暴露也无相应治疗措施。石棉纤维被吸入肺组织后则没有什么治疗办法能将其排出。如果已经接触过石棉，最重要的是讨论发生健康问题的风险(参见第 45 章)。虽然每一种危害因素多少都存在风险，但家长和接触石棉的儿童都应确保将短期低剂量暴露的风险降至最小[21]。在这样的讨论过程中也提供了健康教育的机会，即儿科医生应强调戒烟的必要性。吸烟每年会导致 40 万美国人死亡(参见第 40 章)。

暴露预防

预防石棉暴露最好的方法是在建筑修建或翻修中减少有害材料的使用。目前，美国、加拿大和西欧国家普遍接受这一方法，石棉材料在新修建筑中受到严格限制。拉马兹尼科学委员会(*Collegium Ramazzini*)是一个独立的环境与职业卫生专家组织，该组织已发出倡议呼吁在新修建筑中禁止使用石棉，尤其是仍在广泛使用石棉的发展中国家[22]。

在移除或翻修现有含石棉的建筑材料时可使石棉释放到空气中，从而增加了对健康的危害。小面积磨损的石棉隔热材料可用胶带小心地包裹起来。疏松的蛭石阁楼隔热材料是一种很轻的、棕色或金色的、形似鹅卵石子儿的产品，可能会有含量不等的石棉，应尽量避免破坏它。如果整修面积太大或需要去除石棉，应聘请具有处理石棉资质的承包商，并遵循美国环境保护署和国家所有相关规定。因为家中存在的石棉很隐秘，所以考虑到家人健康，重新装修或翻修住房的家庭可自行了解哪些物件含有石棉，不建议自己动手处理石棉。

预防在校儿童接触石棉需要全面遵循 1986 年美国联邦制订的《石棉公害应急措施法》(Asbestos Hazard Emergency Response Act，AHERA)。该法案要求由获得资质的检察员对每一所学校进行周期性检查，包括公立、私立和教区学校。法案设立了相关标准，规定何时可以就地采取安全管理，什么情况下必须去除石棉。如有必要去除石棉，整个过程须遵循州及联邦法律。AHERA 开展的所有检查结果必须由学校管理方对公众发布(参见第 11 章)。

常见问题

问题 我如何知道家里有石棉材料呢？

回答 在美国家庭、学校、公寓或公共建筑中，石棉一般难以找到。不过，20 世纪 70 年代前建造的房屋可能会存在石棉。

以下是家中可能存在石棉的地方：

— 管道、壁炉或炉灶周围的隔热材料(石棉最常见的地方)

— 墙体或天花板中使用的隔热材料，如喷涂或涂抹材料或蛭石阁楼隔热层(详情请访问网页：http://www.epa.gov/asbestos/pubs/insulation.html)

— 用于修补或填补材料，纹状涂料

— 瓦形屋顶和墙板

— 旧家电，如洗衣机和烘干机

— 旧的含石棉的地板砖

可通过以下步骤确定家里是否含有石棉：

— 检查家电和日常用具：可查阅产品标签或收据了解产品名称、规格号、生产日期。如能获得这些信息，生产商就能提供有关石棉含量的信息。

— 检查建筑材料：可聘请具有专业处理石棉资质的经理人(与受雇于学校的经理人类似)帮助检查家中是否存在石棉并给出适当的处理意见。

— 石棉检测：州及当地的健康机构、美国环境保护署地方办公室能提供具有资质的个人或实验室，能分析检测样本中石棉的含量(见参考资料)。

问题 如果家中有石棉怎么办?

回答 如果检查发现家中存在石棉,与学校石棉材料处理过程是一样的。多数情况下,最好是不去动这些含石棉的材料。如果隔热层、屋瓦和地板状况良好,儿童又接触不到的情况下,大可不必太担心。然而,如果含石棉的材料出现破损或你打算重新装修要动到这些材料时,最好在动工前确认材料中是否含有石棉;如有必要,妥善移除这些材料。移除过程中操作不当将使整个区域内的石棉散发出来引起严重的污染。家庭移除石棉材料必须由有资质的经理人进行。有资质的经理人名单可通过州及当地的健康机构、美国环境保护署地方办公室获取(见参考资料)。有很多经理人自称为石棉处理专家,但并未接受过专业训练。应聘请获得州政府特许培训学校或美国环境保护署资质的经理人,经理人也应出示书面的有效期证明。

不允许儿童到含有石棉建筑材料的区域玩耍。

要了解更多有关家庭石棉的内容,请查阅美国环境保护署网站(http://epa.gov/abestose/pubs/ashome.html),或致函美国环境保护署索取"家中的石棉"知识手册,可通过以下联系方式获得:Toxic Substances Control Act Assistance Information Service, Mail Code 7408M, 1200 Pennsylvania Ave NW, Washington, DC 20460; phone: 202-554-1404; e-mail: tsca-hotline@epamail.epa.gov。美国各州或当地部门也会有更多关于石棉的信息(见参考资料)。

问题 电吹风中含有石棉吗?

回答 过去生产的一些家电中含有石棉,其中就包括电吹风。然而,美国消费品安全委员会(CPSC)早在1980年就已经召回了含石棉的电吹风。目前美国境内生产的电吹风都已禁止使用石棉材料。

问题 滑石粉中含有石棉吗?

回答 和石棉一样,滑石(云母石)也是一种矿物材料。有些矿出产的云母石含有石棉,因此由这些云母石生产的滑石粉中也存在石棉纤维。由于未要求滑石粉在标签上注明是否含石棉纤维,所以家长最好不要给孩子们使用含滑石粉的产品。护理过程中应避免使用滑石粉的另一原因是预防滑石粉尘肺病,该病可因整盒滑石粉倾倒在婴儿面部而意外地吸入大量滑石粉所致。滑石粉尘肺病与一定数量的婴儿死亡率有关。

问题 孩子们玩的沙子中含有石棉吗?

回答 孩子们玩的沙子一般是天然来源的,如沙丘或海滩,一般不含石棉。然而,有的商业生产的沙子是采石场的岩石经碾磨制成,证据表明这种沙中含有石棉纤维。美国消费品安全委员会(CPSC)未要求标签上应注明沙子的来源,标签上也不要求注明是否含有石棉纤维。基于以上原因,儿科医生应建议家长避免孩子去玩沙,除非知道沙子的来源或证明沙子不含石棉纤维。

问题 我的配偶从事接触石棉的工作,我的孩子有危险吗?

回答 如果家中有从事接触石棉(或类似的玻璃纤维或陶瓷纤维)作业的家庭成员,他们可能会通过衣服、鞋、头发、皮肤和汽车带回这些纤维,造成家庭环境的污染,成为儿童接触来源[23]。

对石棉工人家庭的调查发现:家中灰尘存在严重的石棉污染,家庭成员中发生了间皮瘤、肺癌、石棉肺。且在多数情况下,这些疾病在暴露后数年甚至数十年后发生。

预防家庭石棉暴露十分有必要。接触石棉的工人(如建筑业或拆除作业人员以及刹车修理工)在上车或回家前必须彻底淋浴、更换衣服和鞋子。联邦职业卫生安全与健康法案要求强制执行上述程序,但经常未得到强化。工人常常是对石棉暴露毫无认识。只有将污染的工作服和鞋子留在工作场所才能预防家庭的石棉暴露。

接触石棉暴露风险的职业

- ■石棉矿开采和碾磨
- ■石棉制品生产加工
- ■建筑行业工作:包括金属板加工、木工、水暖工、隔热材料加工、空调、更换电线、电缆安装、填补作业、干式墙作业、拆除工作
- ■造船厂工作
- ■清除石棉工作
- ■消防作业
- ■保管和保洁工作
- ■刹车修理工作

问题 2001年“9·11”事件会带来石棉暴露风险吗？

回答 2001年9月纽约靠近世界贸易中心的社区，儿童低水平接触石棉或仅持续数天至数周的短期接触后并不是没有风险，但比起持续接触石棉，如从事工业生产的成人连续数年暴露的情况[24]，这种暴露的风险当然要低得多。

参考资料

Agency for Toxic Substances and Disease Registry

Phone：888－422－8737

Web site：www. atsdr. cdc. gov/Asbestos

US Environmental Protection Agency

Phone：202－272－0167

Web site：www. epa. gov/asbestos/index. html

State and local health departments also can provide information about asbestos.

（李继斌 译 练雪梅 校译 宋伟民 赵 勇 审校）

参考文献

[1] American Academy of Pediatrics，Committee on Environmental Hazards. Asbestos exposure in schools. *Pediatrics*. 1987;7(2):301－305.

[2] US Environmental Protection Agency. Asbestos-containing materials in schools：final rule and notice. *Fed Regist*. 1987;52:41826－41903.

[3] American Academy of Pediatrics，Committee on Injury and Poison Prevention. *Handbook of Common Poisonings in Children*. Rodgers GC Jr，ed. 3rd ed. Elk Grove Village，IL：American Academy of Pediatrics；1994.

[4] Agency for Toxic Substances and Disease Registry. *Asbestos Exposure in Libby，Montana，Medical Testing and Results Atlanta，GA：Agency for Toxic Substances and Disease Registry. Available at*：http://www. atsdr. cdc. gov/asbestos/sites/libby_montana/medical_testing. html. Accessed August 10，2010.

[5] Sullivan PA. Vermiculite，respiratory disease，and asbestos exposure in Libby，Montana：update of a cohort mortality study. *Environ Health Perspect*. 2007;115

(4):579－585.

[6] Agency for Toxic Substances and Disease Registry. *Summary Report: Exposure to Asbestos-Containing Vermiculite from Libby, Montana, at 28 Processing Sites in the United States*. Atlanta, GA: Agency for Toxic Substances and Disease Registry. Available at: http://www.atsdr.cdc.gov/asbestos/sites/national_map/Summary_Report_102908.pdf. Accessed August 10, 2010.

[7] Pan et al. Residential proximity to naturally occurring asbestos and mesothelioma risk in California. *Am J Respir Crit Care Med*. 2005;172(8):1019－1025.

[8] Reid A, Heyworth J, de Klerk N, et al. The mortality of women exposed environmentally and domestically to blue asbestos at Wittenoom, Western Australia. *Occup Environ Med*. 2008; 65(11):743－749.

[9] Selikoff IJ, Churg J, Hammond EC. Asbestos exposure and neoplasia. *JAMA*. 1964;188:22－26.

[10] Nicholson WJ, Perkel G, Selikoff IJ. Occupational exposure to asbestos: population at risk and projected mortality—1980－2030. *Am J Ind Med*. 1982;3(3):259－311.

[11] Peto J, Decarli A, LaVecchia C, et al. The European mesothelioma epidemic. *Br J Cancer*. 1999;79(3－4):666－672.

[12] Price et al. Mesothelioma trends in the United States: an update based on surveillance, epidemiology, and end results program data for 1973 through 2003. *Am J Epidemiol*. 2004;159(2):107－112.

[13] Selikoff IJ, Hammond EC, Churg J. Asbestos exposure, smoking and neoplasia. *JAMA*. 1968;204(2):106－112.

[14] Agency for Toxic Substances and Disease Registry. *Toxicological Profile on Asbestos*. Atlanta, GA: Agency for Toxic Substances and Disease Registry; 2001.

[15] Camus M, Siemiatycki J, Meek B. Nonoccupational exposure to chrysotile asbestos and the risk of lung cancer. *N Engl J Med*. 1998;338(22):1565－1571.

[16] Magnani C, Dalmasso P, Biggeri A, et al. Increased risk of malignant mesothelioma of the pleura after residential or domestic exposure to asbestos: a casecontrol study in Casale Monferrato, Italy. *Environ Health Perspect*. 2001;109(9):915－919.

[17] International Agency for Research on Cancer. *The Evaluation of Carcinogenic Risks to Humans*. IARC Monographs. Lyon, France: International Agency for Research on Cancer; 1987;Suppl 7:106－116.

[18] Landrigan PJ. Asbestos—still a carcinogen. *N Engl J Med*. 1998;338(22):1618－1619.

[19] Epler GR, McLoud TC, Gaensler EA. Prevalence and incidence of benign asbestos pleural effusion in a working population. *JAMA*. 1982;247(5):617－622.

[20] Rogan WJ, Ragan NB, Dinse GE. X-ray evidence of increased asbestos exposure in the US population from NHANES I and NHANES II 1973－1978. National Health Examination Survey. *Cancer Causes Control*. 2000;11(5):441－449.

[21] Needleman HL, Landrigan PJ. *Raising Children Toxic Free: How to Keep Your Child Safe From Lead, Asbestos, Pesticides, and Other Environmental Hazards*. New York, NY: Farrar, Straus and Giroux; 1994.

[22] Landrigan PJ, Soffritti M. Collegium Ramazzini call for an international ban on asbestos. *Am J Ind Med*. 2005;47(6):471－474.

[23] Chisolm JJ Jr. Fouling one's own nest. *Pediatrics*. 1978;62(4):614－617.

[24] Landrigan PJ, Lioy PJ, Thurston G, et al. Health and environmental consequences of the world trade center disaster. NIEHS World Trade Center Working Group. *Environ Health Perspect*. 2004;112(6):731－739.

第 24 章

镉、铬、锰、镍暴露

本章节讨论了镉、铬、锰、镍，这些金属元素对健康的影响正越来越为人们所知。

镉

镉(Cd)是存在于地壳中的一种重金属。镉由许多自然现象(岩石侵蚀、森林火灾、火山爆发)和人类活动(采矿、冶炼、含镉产品，如电池处理、垃圾焚烧)在环境中传播[1]。镉能通过植物(尤其是块根植物，如马铃薯和洋葱)和动物(尤其是肝脏和肾脏)进入食物链。由有害性垃圾和工厂导致的空气镉污染会导致吸入性镉暴露。镉是一种常见的工业化学材料，在珠宝首饰制作过程中，金银材料的焊接会产生含镉烟雾。烟草会吸收土壤中的镉，因此吸烟是较常见的镉污染源。在儿童的珠宝首饰中也发现了镉[2]。

暴露途径

镉能经由消化道摄入和呼吸吸入。儿童最主要的暴露途径是经由食物摄入。儿童可能因为误吞了一件含镉饰品而受到镉暴露。其他的暴露途径还有啃咬、吸吮或含着含镉饰品或接触含镉饰品后儿童通过手口动作接触[2]。二手烟(SHS)是镉吸入的污染源。经皮肤吸收进入体内的镉是可以忽略不计的。

暴露源

人群镉暴露主要潜在来源包括食物(叶类蔬菜、马铃薯、谷物、动物肝脏、肾脏)、烟草烟雾和职业暴露。土壤镉含量水平很高的区域,会通过当地种植的食物产生明显的镉暴露。

生物学转归

镉的吸收与暴露途径有关。吸入镉后镉能在肺中被大量吸收。一支香烟约含镉2.0 μg,其中2%～10%会挥发转化为主流烟[3]。主动吸烟时吸入的镉,约50%的镉经肺吸收进入循环系统[3-5]。吸烟者的血镉浓度要明显高于非吸烟者[6]。值得医生注意的是,吸烟者(以及被动吸烟的儿童)的尿镉浓度也较非吸烟者高[7]。消化道吸收镉的效率要低一些,成人消化道摄入的镉有1%～10%可被吸收[8]。然而,营养不良如铁缺乏,会增加镉吸收[7]。

镉在机体的肝脏和肾脏生物累积,约50%的机体总镉负荷蓄积在肝脏和肾脏。骨是仅次于肝脏和肾脏的第三个蓄积部位,镉对骨有直接毒性(通过结合到骨基质)和间接毒性(引起肾疾病和继发钙排出紊乱和维生素D代谢紊乱)。镉在这些组织中的半衰期长达10～20年。镉主要经尿液排出。镉的排出率低,部分原因在于镉和金属硫蛋白结合紧密,金属硫蛋白是锌、镉暴露时诱导机体产生的一种转运和结合蛋白,镉和金属硫蛋白结合能防止镉被排入肾小管。此外,大部分镉经肾小球滤过后会被肾小管重吸收。血镉浓度能反映近期镉暴露情况,尿镉浓度则能更准确地反映体内镉负荷情况。但是,肾也是镉毒性的主要靶器官,如果镉暴露引起肾损害,会导致尿镉排出率迅速增加,尿镉浓度不再反映机体的镉负荷。

累及的系统

镉暴露会累及机体的多个器官如肺、神经系统、骨和肾脏。某些暴露途径会决定毒性位点(例如,镉吸入引起肺损伤)。镉在体内的生物蓄积会增加慢性中毒的风险。

临床效应

急性镉暴露和短期效应

急性镉吸入会引起严重的肺炎。目前,已有几例严重致命的镉吸入性暴露的职业事故发生。大剂量的镉吸入对肺的毒性特别大，导致的肺炎已有详细描述，会有发热及明显的影像学改变。急性吸入后，起初症状相对轻微，但暴露数天内则会进展至严重的肺水肿和化学性肺炎，有时会发展成呼吸衰竭而诱发死亡。环境污染导致的镉暴露(例如被动吸烟)很少会产生急性毒性反应，但由于镉的半衰期以年为计，镉在人体内的生物蓄积可能会对身体产生慢性损害。

大量经口摄入镉会产生肾毒性。发生在日本 Jinzu 和 Kakehashi 河流域的大量含镉工业废水的排放，导致当地稻田被污染。该事件引起大范围的人群暴露，产生以肾损害和骨折表现的综合征，即痛痛病。患者大多是妇女[8-9]，可能因为妇女中铁缺乏的发生率更高，而铁缺乏会促进镉吸收。

慢性中毒

镉是公认的职业暴露中的有毒物。慢性职业镉暴露最常产生肾毒性，最早期表现是微量蛋白尿。慢性暴露还会引起骨质降低/骨质疏松和肺癌[10]。美国环境保护署(EPA)将镉归类为 B1 类或“可能的”致癌物；国际癌症研究机构(IARC)和美国国家毒理学计划(NTP)也将镉归类为已知的人类致癌物[11]。

一些流行病学研究表明镉暴露可能与儿童的神经发育不良有关。尽管有 2 个小的研究没有检测到发镉水平和智商(IQ)[14]、牙齿镉含量和儿童智能缺陷的关系[15]，但发镉水平与智能缺陷[12]和言语智商低下[13]相关已被报道。流行病学研究也表明了高发镉水平和学习障碍[16]和阅读困难明显相关[17]。

诊断

镉可以在全血或者尿中测定。因为镉在肾脏蓄积，尿镉浓度是反映累积性镉暴露的金标准；因此尿镉反映了机体的长期镉暴露水平。标准的做法是收集 24 小时尿，但随机尿镉水平用尿肌酐校正也可以用来评估镉暴露。成人 24 小时尿中尿镉肌酐校正值应在 10 μg/g 以下，尚没有确认镉中毒的儿童特异标准。国家健康与营养调查(NHANES)的数据显示美国 6～11 岁儿童的尿镉质量浓度的几何均数为 0.075 μg/g 肌酐。职业监测研究显示，一般成人尿镉质量浓度在 2 μg/g 肌酐时即会出现肾损害的早期迹象，包括检测到微量蛋白尿，尤其是尿液中检测到 β2 微球蛋白和 α1 微球蛋白。每一种微量蛋白都可以直接检测。当尿镉质量浓度达到 4 μg/g 肌酐时，尿中会出现 *N*－乙酰基－β－氨基葡萄糖苷酶，和更明显的肾小球的损伤迹象（如尿液中出现白蛋白和肾小球滤过率降低）。在镉肾病最后阶段，还会出现糖尿、钙磷流失、钙代谢紊乱，继而产生骨质疏松和骨软化，这些症状部分是由于镉对肾脏和骨的毒性引起的[18]。

预防

目前对镉中毒和镉暴露尚没有有效的治疗方法，因此预防很关键。现发现螯合疗法会促使组织中的镉迁移并且增加肾脏镉的蓄积水平，增加肾毒性。6 岁以下的儿童应避免让其接触廉价的金属饰品[2]。应尽可能避免在生活消费品中添加镉，尤其是儿童使用或接触的产品。减少儿童二手烟的暴露不仅减少镉暴露，对健康也有明显的益处。食用受镉暴露的动物的肝肾是潜在的镉暴露途径。环境中的镉暴露可以通过减少土壤中的镉、减少灌溉农作物水中的镉和饮水中的镉来预防。饮用水中的镉浓度应低于 1 μg/L。美国环境保护署（EPA）规定水中镉的参考剂量[RfD（有毒物质经口摄入的最大接受剂量）]为 0.5 μg/(kg・d)。同时也制订了水中镉的最高污染物水平（MCL）是 5 μg/L。

铬

铬元素（Cr）广泛存在于土壤、植物、动物和人体内。最常见的形式是元素（金属）铬、三价铬（Ⅲ）、六价铬（Ⅵ）[19]。自然状态下的三价铬，是人体必需的微量元素之一。铬能促进脂肪酸和胆固醇合成，并且在胰岛素代谢中起重要作用[20]。六价铬（铬酸盐）是对人体有毒的。

许多生活消费品中都含有铬，如含硫酸铬的鞣皮和不锈钢炊具。铬化砷酸铜（CCA）曾被用于木材防腐剂。现在含有铬化砷酸铜的加压处理木材可能仍出现在户外操场和其他建筑中（参见第 22 章）。现在木材有时还会用重铬酸铜处理。铬常用于工业生产过程，例如缓蚀剂、镀铬和颜料，可能会被有意或无意地释放到环境中。铬也存在烟草烟雾中[19]。

暴露途径

铬可以经饮食摄入、呼吸吸入和经皮肤吸收。六价铬还可以通过胎盘以及进入母乳。

暴露源

铬存在于许多食品和饮料中(例如肉类、奶酪、所有的谷物、蛋和一些水果蔬菜)。铬的适宜摄入量(AI，食品营养研究所医学委员会推荐摄入量)婴儿为0.2 μg/d，青少年男性35 μg/d，哺乳期妇女45 μg/d。

土壤、空气和水中的铬主要来源于工业排放的三价铬、六价铬。土壤中铬的质量浓度通常为400 mg/kg[21]，但范围可从1～2 000 mg/kg不等[22]。由于铬的广泛应用，在一半以上的美国国家优先处理超级危险废弃物站和在许多垃圾填埋场都能找到铬污染物[21]。空气中的铬以微尘颗粒存在，随后能进入土壤和水中[21]。多数大气铬污染来自化学燃料燃烧和钢铁生产[22]。大气中铬质量浓度在农村地区约0.01 $\mu g/m^3$，城市地区0.01～0.03 $\mu g/m^3$[21]。水体铬污染更加广泛，加利福尼亚约1/3的饮用水可检测出六价铬(Ⅵ)[23]。水中的铬可以随水迁移到远离原始污染区的地方[21]。自来水中的铬质量浓度是0.4～8.0 μg/L，河流和湖泊中的铬的浓度在1～30 μg/L之间[22]。声名狼藉的太平洋燃气电力公司非法排放有毒污水(在电影《永不妥协》中曝光)，水体中铬浓度达到580 μg/L，远远超过了所在州规定的50 μg/L的上限[21]。

儿童通常因为饮用污染的水，在有害废弃物放置地的附近玩耍而暴露于六价铬[19]。在局部严重铬污染地区，室内尘埃中也会发现铬。在使用铬的工厂里工作的工人的衣服和鞋子上会附着大量的铬和其他有害物质，并且会带回家中。儿童在铬铜砷处理过的木质建筑物上玩耍后，儿童的手上会检测到一定数量的铬和砷，但是没有文献表明这些铬会进入到血液中。因为燃烧或拆毁铬铜砷处理的木材导致的铬暴露水平似乎很低[24]。

生物学转归

人体对铬的吸收取决于铬暴露途径和铬元素的化合价态。吸入暴露后，元素铬和三价铬较难被吸收；但是六价铬较易溶于水，可以大量地在肺部被吸收。饮食摄入后，三价铬盐仅少量被消化道吸收（小于2%），但高达50%的六价铬盐可在消化道被吸收。很大一部分六价铬盐在肠道转化为水溶性较小的三价铬形式，在相当程度上减少了铬的吸收。皮肤接触的三价铬和六价铬都可被皮肤吸收；吸收量与皮肤情况和特定的化合物有关[19]。

铬能存在于体内所有组织，但是铬在体内的滞留时间不会很长。肾脏能在8小时内排出大约60%摄入的铬[22]，肾脏能排出80%的铬，胆汁和汗液也能排出少量铬。

累及的系统

急性铬暴露会损害许多器官包括皮肤、胃肠道、肾脏和肺。

临床效应

急性暴露和短期效应

六价铬是3种价态中毒性最大的，会产生急性和长期的效应。即使是短暂的皮肤暴露也会引起明显的皮肤刺激和过敏反应，持续的接触会产生过敏性接触性皮炎。在人体较容易接触到的几种金属元素中，铬仅次于镍，很容易引起过敏[21]。曾发现洗涤剂和漂白剂中含有高浓度的铬，因此铬曾被认为是引起“家庭主妇皮肤湿疹”的常见原因[21]。经常玩纸牌的人长期接触铬会导致皮肤湿疹皮炎，被称为“黑桃杰克病”(Blackjack disease)。误食入高剂量的六价铬可能会产生严重的胃肠道的症状（恶心、呕吐和吐血），这些症状可能会非常严重。另外，短期大量的摄入会产生急性肾衰竭。高剂量吸入会产生急性肺炎。其他的急性毒性表现还包括鼻黏膜症状、鼻涕分泌增多、常打喷嚏、鼻出血等，反复暴露会发生鼻中隔溃疡[19]。

慢性/长期效应

慢性吸入六价铬与鼻癌和肺癌风险增加相关[19]，特别是在铬工业工作的人们[21]。国际癌症研究机构、美国国家毒理学计划、世界卫生组织和美国环境保护署将六价铬归类为人类致癌物[19]。患肺癌的风险随暴露时间累积而增加，潜伏期为 13～30 年不等(尽管有病例表明 5 年就可致癌)[22]。随着工人职业暴露的减少，肺癌发生率也减低，表明了六价铬致癌存在阈值效应。目前尚未发现元素铬和三价铬具有致癌性。

尽管有证据表明六价铬会增加成人患其他癌症(骨癌、胃癌、前列腺癌、淋巴癌和白血病)的风险，却还没有足够的数据来支持这一论断。

六价铬有其他毒性。动物实验发现，慢性六价铬暴露会导致低出生体重、出生缺陷和其他生殖系统毒性[21]。铬暴露还会显著影响动物的精子生成[22]。

长期的皮肤接触通常会产生 IV 型过敏皮肤反应包括接触性皮炎和湿疹。例如，有 8%～9%的水泥工人发生铬过敏反应；24%的接触铬的汽车维修工人会发生铬过敏性反应[22]。慢性铬吸入还会产生慢性肺病(尘肺)。

诊断

铬可以在血和尿中检测到。正常的血清铬浓度在0.052～0.156 μg/L。因为只有六价铬能穿过红细胞膜，因此红细胞内的铬浓度比血清铬浓度更能准确地反映机体六价铬暴露的情况，而血清铬反映机体所有价态铬的暴露水平[22]。尿铬浓度则能反映机体 1～3 天前的铬吸收情况，尿铬浓度一般在 0～40 μg/L。头发中也可以检测到铬，虽然目前没有参考值。母乳样本中测得的铬平均浓度约 0.3 μg/L，但临床上这些检测用处不大。由于铬价态之间存在相互转换现象，尚没有一种生物标本对某一种特定价态铬(如六价铬)有足够的敏感性[21]。铬中毒的诊断主要依靠既往病史和环境暴露情况，机体生物样本内铬监测结果是辅助依据。

治疗

铬暴露(与锰和镍暴露一样)的任何治疗应该在专业的儿童环境健康或职业健康医师的指导下进行。目前还没有铬螯合剂。但是，鉴于铬能从人体较快和几乎完全的排出，并不需要使用螯合剂进行解毒。抗坏血酸(维生素 C)可以将体内的六价铬还原为不可溶的三价铬，因此认为在摄入六价铬后用维生素 C 治疗是有价值的。

铬暴露的预防

隔离有害区域和禁止儿童在含有铬废弃物的土壤周围玩耍，可以预防铬暴露。因为井水可能会被铬污染，在饮用井水之前可以考虑检测井水中的铬浓度。美国环境保护署将井水中的总铬（并不特指六价铬）浓度上限设定为 100 μg/L[25]。尚没有空气中铬浓度的规定，但相关的控制措施正在颁布；还需要制定环境法规来减少周围空气污染所致的铬暴露。

应严格控制铬摄入。三价铬的参考剂量（推荐的最大量）为每日不超过 1 mg/kg，六价铬的参考摄入量为每日不超过 5 μg/kg[22]。

锰

锰（Mn）是一种重量很轻、持久耐用的金属。无机锰主要用于钢铁合金、电池、玻璃和陶器、烟火、杀菌剂和有机物氯化的催化剂。高锰酸钾（锰氧化物）用于消毒剂和金属清洗、漂白、鲜花防腐和摄影技术中。有机锰化合物用于汽油、燃油添加剂和杀菌剂[26,27]。锰也是人体内的必需营养素。它在骨的形成和氨基酸、脂质和碳水化合物的代谢中起作用。许多酶需要锰：己糖激酶、黄嘌呤氧化酶、丙酮酸羧化酶、精氨酸酶、超氧化物歧化酶以及神经元特异的谷氨酰胺合成酶。

锰在自然界中以无机化合物和有机化合物的形式存在。无机化合物从 0～七价 7 种形式；七价化合物包括高锰酸盐，它是很强的氧化剂。重要的有机锰化合物有甲基环戊二烯三羰基锰（MMT），这是一种具有抗爆作用的汽油添加剂。

暴露途径

锰主要经呼吸道和消化道进入体内，锰可以透过胎盘以及进入母乳中。

暴露源

锰主要通过饮食和饮料摄取，每日摄入量 2～9 mg。素食者每日摄入量会更高一些，接近 20 mg[26]。含锰高的食物包含大麦、黑麦、小麦、胡桃、杏仁和多叶绿色蔬菜。其中坚果类食物含锰最高。茶是锰含量较高的饮品。母乳中锰含量很低(4～8 μg/L)，并且母乳中锰浓度随着哺乳月份不同而不同。牛乳和以牛乳为基础的配方奶中锰含量为 30～60 μg/L，而以大豆为基础的配方奶中锰含量是母乳中锰含量的 50～75 倍，但是母乳中的锰更容易被吸收。无配方的、不适合婴儿喂养的豆乳和米汤的锰含量可能更高，摄入这些食物会使 1～3 岁儿童每日的锰摄入量超过每日建议的锰摄入量的上限[28-30]。膳食补充剂或某些药物中也含有较多的锰，曾经有中国患者因采用中草药治疗出现锰中毒的报道[31]。

儿童非饮食来源的锰暴露主要来自于污染的空气、水和土壤[27]。城市地区的户外空气中锰浓度(0.02 μg/m^3)[32] 比农村地区高，并且逐渐在减低。空气中的锰来源于化石燃料的燃烧(20%)和工业排放(80%)。

甲基环戊二烯三羰基锰(含锰 25.2%)在 20 世纪 70 年代被加入汽油，用来取代铅作为汽油中抗爆剂，但现在已经很少使用了(参见第 29 章)。

水污染是另一个过量锰暴露的主要来源。淡水中锰含量在 1～200 μg/L。自然或人为原因致井水中锰污染相对多见，锰浓度可以达到更高的数量级(约 2 000 μg/L)。

自然情况和表面污染的土壤中均含有较高的锰。土壤中锰的浓度在 40～900 mg/kg 之间，平均浓度是 330 mg/kg；工厂附近的土壤中锰含量能达到 7 000 mg/kg[26]。与铅作为汽油添加剂的效应类似，发现越远离交通繁忙路段的土壤锰含量就越低[33]。

生物学转归

锰在肠道的吸收主要通过自我平衡机制来调节。铁和锰有共同的黏膜转运系统。仅少量的锰在胃肠道被吸收；膳食锰平均有 3%～5%被吸收[26]。而儿童调节锰吸收和排除的内平衡机制尚未成熟。缺铁和低蛋白摄入会增加锰的吸收，而饮食高钙和高磷则能减少锰吸收。锰从肠道吸收受广泛的基因调节，普遍受血色素沉着病基因调节。女性比男性更容易缺铁，因此会吸收更多的锰。锰进入血液后一部分与血浆蛋白(包括β-1-球蛋白转移蛋白)[34]结合，一部分进入红细胞中。血浆转铁蛋白在锰的转运中也起重要作用。锰主要经过胆汁排泄；经肾排泄的锰微乎其微。锰的半衰期约40天。动物实验表明中枢神经系统排除锰的速度比其他组织慢。

和胃肠道摄入的锰不同,经呼吸道吸入的锰被机体完全吸收;这种途径吸入的锰可以越过肝脏的初次解毒作用直接进入中枢神经系统[35]。

累及的系统

急性锰暴露能损害肺和皮肤。慢性锰暴露则会导致神经毒性,肺病和生殖系统毒性。

临床效应

急性暴露

锰氧化物的急性暴露会产生“金属烟雾病”或化学性肺炎的综合征[27]。这些症状与流感类似,例如发热、咳嗽、鼻塞、全身不适。急性锰暴露通常发生在工厂里焊接、切割金属的过程中。高锰酸钾溶液具有极强的腐蚀性。急性锰中毒的另一个后果是肝损害[26]。目前尚无急性锰中毒后中枢神经系统损害的报道,中枢神经系统症状一般是长期锰暴露所致。

慢性/长期效应

锰对中枢神经系统的毒性作用早在19世纪就被描述,当时第一次提出“锰疯”的概念[26]。锰中毒最早的症状是精神方面的,如情绪不稳、出现幻觉、神经衰弱、敏感易怒和失眠。慢性锰中毒最常见的是诱发类似帕金森样症状的神经系统损害,如面具脸、肢体齿轮样强直、震颤和动作笨拙。这些症状通常在过度锰暴露2～25年后出现,也有发现在严重暴露几个月内就观察到这些症状[26]。锰的神经毒性是逐步进展的并且会在终止锰暴露后继续加重[26]。产生神经毒性的细胞机制尚不清楚。锰可以和铁竞争转铁蛋白,因此,锰神经毒性可能与铁诱导的神经元氧化损伤增加有关[36]。动物研究表明,和年长的动物相比,刚出生的动物能将更多的锰转入中枢神经系统,引起神经毒性的阈值更低,更易在大脑中潴留[28]。缺铁会增加中枢神经系统的锰浓度。因此,婴幼儿、儿童和月经期妇女更容易出现锰的神经毒性。铁过量也会增加锰神经毒性的风险。病理改变包括苍白球和纹状体的退化，儿茶酚胺（尤其是多巴胺）和 5-羟色胺的活性降低[34]。与帕金森病不同的是，锰中毒时黑质-纹状体多巴胺能通路是完好的[28]。虽然锰神经毒性通常由慢性锰吸入所致，但饮用锰污染的水也会诱发锰神经毒性。队列研究表明，饮用锰污染的井水（锰含量 0.08～14 mg/L）后会出现神经发育损害[34]。一项儿童调查表明，长期饮用锰超标的水会导致学校表现不佳和神经行为功能衰退[37]。最近的数据也表明了锰暴露与智力衰退有关[38]。动物实验表明了妊娠期的锰暴露会在子孙后代中产生神经毒性。

长期吸入锰尘会产生肺病，表现为慢性呼吸道的炎症[27]。

慢性锰暴露还会引起男性生殖系统的毒性，动物的精子生成减少。流行病学调查显示，长期接触锰尘工人的儿童出生率明显下降[39]。在慢性暴露于过量锰的人群中，有死胎和出生缺陷的报道，包括唇裂、肛门闭锁、先天性心脏病和耳聋[27]。

诊断

锰浓度的正常范围在血液中为 4～15 μg/L，尿液中为 1～8 μg/L，血清中为 0.4～0.85 μg/L。锰暴露的生物监测十分困难[20,27]。锰在血液中与红细胞结合，因此血清中锰的浓度很低并且受溶血的影响。全血锰浓度不稳定，因此作为反映锰暴露状态的临床指标价值不大。同样，尿锰也不能反映既往锰暴露情况。母乳中的锰浓度范围很广（6.2～17.6 μg/L），与产后采集母乳的时间和其他可能的因素有关[27]。

治疗

治疗锰中毒主要采用螯合疗法。依地酸二钠钙（$CaNa_2EDTA$）能增加尿中锰的排泄，使一些严重的锰中毒病例获得临床好转。

预防

预防锰暴露的措施包括采取环保措施来减少室外空气污染并确保密切监测水源，特别是井水。美国环境保护署以成人精神心理功能的变化为基础，将大气锰浓度参考值［人们（包括敏感人群）在这个浓度下持续吸入锰，在整个人生阶段不会产生有害影响的风险］设定为 0.05 μg/m^3[40]。目前美国环保署限定水中锰含量不高于 50 μg/L。因为这个水中锰含量的限制值不是以健康效应为基础的标准，而仅仅基于外观或者表面避免在水管和洗涤的衣物上产生色斑而设定，所以我们应该尽一切努力来确保饮用水中锰的浓度持续低于这一浓度标准。美国环境保护署制订的日常饮食中的锰参考摄入量为每日 0.14 mg/kg，这一标准是根据成人锰的神经功能毒性的风险发生而制订的。美国医学研究所推荐的锰摄入量限值范围从婴儿的 3 μg/d 到青少年男性的 2.2 mg/d[20]。甲基环戊二烯三羰基锰不应在汽油中使用。

镍

镍（Ni）是一种白色磁性金属，常用于铜、铬、铁、锌合金中。这些合金用于燃料生产、首饰制作、服装配件、货币、家用炊具、医用假体、热交换器、各类阀门和磁铁。镍盐用于电镀、颜料、制陶、电池中，也是食品加工的一种催化剂。镍化合物，尤其是四羰基镍［$Ni(CO)_4$］是一种强致癌物，存在于二手烟雾中。

镍自然情况下存在于地壳中，可能从火山和岩石灰中散发出来。它是土壤的一种天然组成成分，随河流和水道流动[41,42]。加拿大蒙特利尔市曾报道其降雪中镍浓度为 200～300 μg/kg[43]。人为排放包括矿业和资源回收，钢铁冶炼以及区域垃圾焚烧[44]。以泥炭、煤、天然气和石油为燃料的发电厂也是镍化合物排放的来源。交通工具中含镍的金属零件的磨损以及含镍汽油的使用会使镍沿着道路沉积。工业废料经土壤扩散、填埋、海洋弃置和焚烧处理。镍可以通过气溶胶形式传播很远[44,45]。

暴露途径

镍可以通过呼吸道、消化道和皮肤进入人体。

暴露源

儿童暴露于镍主要通过接触含镍的空气，尤其是二手烟雾。还可能通过食物、饮水经消化道摄入或经皮肤吸收。此外，透析以及牙科和外科中的假牙或假肢都可能引起潜在的医源性暴露[42]。不锈钢的炊具可释放镍，特别是在沸腾温度的弱酸性条件下[44,46]。

含镍的食物来源有可可粉、坚果、大豆和燕麦。在镍含量高的河水中捕捞的牡蛎和三文鱼体内会富集高水平的镍。一些蔬菜例如豌豆、黄豆、卷心菜、菠菜和生菜中也含有较多的镍。一些植物和细菌中还发现了含镍的酶。目前不认为镍是人体的一种必需元素[41]。可诱导大鼠、小鸡、牛和山羊出现镍缺乏的情况，使这些动物出现生长迟缓、形态异常，及肝氧化代谢异常。镍作为配体因子还能促进胃肠道对三价铁的吸收[47]。

生物学转归

镍进入人体后，可溶性的离子镍可以直接被吸收，不溶性的镍化合物则被吞噬细胞吞噬。尽管硫化镍（Ni_3S_2）和氧化镍（NiO）溶解度小；但被呼吸道的巨噬细胞吞噬后能产生重要的致癌作用。来源于水和食物中的少部分可溶性镍化合物在胃肠道吸收后大部分未溶解的镍化合物通过粪便排出体外。可溶性的镍进入血液后累积在肾脏，也通过尿液排出[41,42]。另外，皮肤也可通过直接接触吸收镍。

临床表现

从事镍提炼加工的工人因吸入镍导致肺癌、喉癌和鼻咽癌的发病率增高[41,48]。工人吸入羰基镍会引起肾上腺、肝脏和肾脏损害，可致死亡。吸入硫酸镍会引起哮喘[49]。镍职业暴露可致自然流产、先天畸形[50]、染色体畸变的发生率增高[51]。

镍对儿童最常见的健康影响就是引起过敏。据统计，10%～20%的人群对镍过敏[41]。珠宝首饰、白金、腕表、衣服上的金属配件以及假牙中的镍是引起接触性皮炎最常见的原因。穿耳洞、腰带扣摩擦腹部皮肤，佩戴手链和项链都会引起镍过敏[52,53]。婴儿接触镍也会引起皮炎[54]。

曾经报道过一个 2 岁的儿童误食了硫酸镍（$NiSO_4$）晶体（含镍 570 mg/kg），在摄入 8 小时后死于心脏停搏[41]。

诊断

急性镍暴露患者尿液中镍浓度的正常范围上限值是 50 μg/L，急性镍暴露后超过该水平则认为是急性镍中毒。

治疗

急性镍中毒可以用螯合剂二乙基二硫代氨基甲酸盐治疗。双硫仑代谢产物是二乙基二硫代氨基甲酸盐，对镍中毒有很好的疗效。青霉胺用于镍化合物的急性中毒[41]。

相关规定

美国环境保护署将镍及其化合物列为有毒的污染物。美国环境保护署建议饮用水中的镍浓度不超过 0.1 mg/L。

世界卫生组织已将镍化合物归类为 1 类致癌物(明确有致癌性)，金属镍归类为 2B 类致癌物(可能的人类致癌物)[41]。1996 年，欧盟发布了一项规定限制镍的使用来减少镍过敏的发生。这项规定禁止在首饰尤其是耳洞的耳饰、腰带扣、衣服配件等能与皮肤长期直接接触的物件中使用镍[55]。

暴露预防

鉴于镍性皮炎的发生率很高而且许多人对镍过敏，我们要告知大众镍在首饰、衣服配件中广泛使用，提醒那些敏感人群避免与镍接触。对镍敏感的人群以及那些有敏感体质的人群也最好避免使用含镍的不锈钢炊具。

常见问题

问题 我需要担心硬币、炊具、衣服配件中的镍吗？孩子会因此发生癌症吗？

回答 现尚未发现金属镍导致儿童癌症的发生。儿童可能会因为长期皮肤接触金属镍而产生过敏性皮炎。从事镍提炼的工人，吸入大量镍尘会导致鼻咽癌和肺癌的发生率增加，而儿童基本上不会在室外接触到这种浓度的镍。

问题 我的孩子体重超重，患有黑棘皮症，血清胰岛素水平明显升高。她是否存在缺铬？我应该带她去检测一下吗？

回答 目前没有证据表明铬缺乏和胰岛素抵抗有关，因此，不需要测量铬水平，但这个问题是目前研究的热点。

（徐 健 译 颜崇淮 校译 宋伟明 审校）

参考文献

[1] Agency for Toxic Substances and Disease Registry. *Case Studies in Environmental Medicine: Cadmium Toxicity*. Atlanta, GA: Agency for Toxic Substances and Disease Registry; 1990.

[2] New York State Department of Health. *Cadmium in Children's Jewelry*. Available at: http://www.health.state.ny.us/environmental/chemicals/cadmium/cadmium_jewelry.htm. Accessed March 21, 2011.

[3] Mannino D, Holguin F. Urinary cadmium levels predict lower lung function in current and former smokers: data from the Third National Health and Nutrition Examination Survey. *Thorax*. 2004;59(3):194-198.

[4] Satarug S, Baker JR, Urbenjapol S, et al. A global perspective on cadmium pollution and toxicity in non-occupationally exposed population. *Toxicol Lett*. 2003; 137(1-2):65-83.

[5] Satarug S, Moore M. Adverse health effects of chronic exposure to low-level cadmium in foodstuffs and cigarette smoke. *Environ Health Perspect*. 2004; 121 (10):1099-1103.

[6] Jarup L, Hellstrom L, Carlsson MD, et al. Low level exposure to cadmium and early kidney damage: the OSCAR study. *Occup Environ Med*. 2000;57(10):668-672.

[7] Eltzer HM, Brantsaeter AL, Borch-Iohnsen B, et al. Low iron stores arerelated to higher blood concentrations of manganese, cobalt and cadmium in non-smoking, Norwegian women in the HUNT 2 study. *Environ Res*. 2010;110(5):497-504.

[8] Horiguchi H, Oguma E, Sasaki S, et al. Comprehensive study of the effects of age, iron deficiency, diabetes mellitus, and cadmium burden on dietary cadmium absorption in cadmiumexposed female Japanese farmers. *Toxicol Appl Pharma-*

col. 2004;196(1):114 – 123.
[9] Kobayashi E, Suwazono Y, Uetani M, et al. Estimation of benchmark dose as the threshold levels of urinary cadmium, based on excretion of total protein, β2-microglobulin and N-acetyl-β-D-glucosa minidase in cadmium nonpolluted regions in Japan. *Environ Res*. 2006;101(3): 401 – 406.
[10] Waalkes M. Cadmium carcinogenesis. *Mutat Res*. 2003;533(1 – 2):107 – 120.
[11] Agency for Toxic Substances and Disease Registry. *Case Studies in Environmental Medicine (CSEM). Cadmium Toxicity. How Does Cadmium Induce Pathogenic Changes*? Atlanta, GA: US Department of Health and Human Services, 2008. Available at: http://www. atsdr. cdc. gov/csem/cadmium/cdpathogenic_changes. html. Accessed March 21, 2011.
[12] Jiang HM, Han GA, He ZL. Clinical significance of hair cadmium content in the diagnosis of mental retardation of children. *Chin Med J (Engl)*. 1990;103(4): 331 – 334.
[13] Thatcher RW, Lester ML, McAlaster R, et al. Effects of low levels of cadmium and lead on cognitive functioning in children. *Arch Environ Health*. 1982;37(3): 159 – 166.
[14] Wright RO, Amarasiriwardena C, Woolf AD, et al. Neuropsychological correlates of hair arsenic, manganese, and cadmium levels in school-age children residing near a hazardous waste site. *Neurotoxicology*. 2006;27(2):210 – 216.
[15] Gillberg C, Noren JG, Wahlstrom J, et al. Heavy metals and neuropsychiatric disorders in six-year-old children. Aspects of dental lead and cadmium. *Acta Paedopsychiatr*. 1982;48(5):253 – 263.
[16] Pihl RO, Parkes M. Hair element content in learning disabled children. *Science*. 1997;198(4313):204 – 206.
[17] Thatcher RW, McAlaster R, Lester ML, et al. Comparisons among EEG, hair minerals and diet predictions of reading performance in children. *Ann N Y Acad Sci*. 1984b;433:87 – 96.
[18] Roels HA, Hoet P, Lison D. Usefulness of biomarkers of exposure to inorganic mercury, lead, or cadmium in controlling occupation and environmental risks of nephrotoxicity. *Ren Fail*. 1999;21(3 – 4):251 – 262.
[19] Agency for Toxic Substances and Disease Registry. *Draft Toxicological Profile for Chromium*. Atlanta, GA. Agency for Toxic Substances and Disease Registry; 2008. Available at: http://www. atsdr. cdc. gov/ToxProfiles/tp7. pdf. Ac-

cessed March 21, 2011.

[20] Institute of Medicine, Food and Nutrition Board. *Dietary Reference Intakes for Vita min A, Vita min K, Arsenic, Boron, Chromium, Copper, Iodine, Iron, Manganese, Molybdenum, Nickel, Silicon, Vanadium, and Zinc*. Washington, DC: National Academies Press; 2000. Available at: http://www. nap. edu/catalog. php? record_id=10026. Accessed March 21, 2011.

[21] Pellerin C, Booker SM. Reflections on hexavalent chromium: health hazards of an industrial heavyweight. *Environ Health Perspect*. 2000;108(9):A402－A407.

[22] Barceloux DG. Chromium. *J Toxicol Clin Toxicol*. 1999;37(2):173－194.

[23] Sedman RM, Beaumont J, McDonald TA, et al. Review of the evidence regarding the carcinogenicity of hexavalent chromium in drinking water. *J Environ Sci Health C Environ Carcinog Ecotoxicol Rev*. 2006;24(1):155－182.

[24] Wasson SJ, Linak WP, Gullett BK, et al. Emissions of chromium, copper, arsenic, and PCDDs/Fs from open burning of CCA-treated wood. *Environ Sci Technol*. 2005;39(22): 8865－8876.

[25] US Environmental Protection Agency. Basic Information about Chromium in Drinking Water. Available at: http://water. epa. gov/drink/conta minants/basicinformation/chromium. cfm. Accessed March 21, 2011.

[26] Barceloux DG. Manganese. *J Toxicol Clin Toxicol*. 1999;37(2):293－307.

[27] Agency for Toxic Substances and Disease Registry. *Toxicological Profile for Manganese*. Washington, DC: US Department of Health and Human Services, Public Health Service; 2000.

[28] Aschner M. Manganese: brain transport and emerging research needs. *Environ Health Perspect*. 2000;108(Suppl 3):429－432.

[29] American Academy of Pediatrics, Committee on Nutrition. *Pediatric Nutrition Handbook*. Kleinman RE, ed. Elk Grove Village, IL: American Academy of Pediatrics; 2009.

[30] Dobson AW, Erikson KM, Aschner M. Manganese neurotoxicity. *Ann N Y Acad Sci*. 2004;101(2):115－128.

[31] Pal PK, Samii A, Calne DB. Manganese neurotoxicity: a review of clinical features, imaging and pathology. *Neurotoxicology*. 1999;20:227－238.

[32] National Air Toxics Program. Integrated Urban Strategy. Report to Congress. Available at: http://www. epa. gov/airtoxics/urban/natpapp. pdf. Accessed March 21, 2011.

[33] McMillan DE. A brief history of the neurobehavioral toxicity of manganese: some unanswered questions. *Neurotoxicology*. 1999;20(2-3):499-507.

[34] Gilmore DA, Bronstein AC. Manganese and magnesium. In: Sullivan JB, Krieger GR, eds. *Hazardous Materials Toxicology—Clinical Principles of Environmental Health*. Baltimore, MD: Williams & Wilkins; 1992:896-902.

[35] Davis JM. Methylcyclopentadienyl manganese tricarbonyl: health risk uncertainties and research directions. *Environ Health Perspect*. 1998;106(Suppl 1):191-201.

[36] Verity MA. Manganese neurotoxicity: a mechanistic hypothesis. *Neurotoxicology*. 1999; 20(2-3):489-497.

[37] Zhang G, Liu D, He P. [Effects of manganese on learning abilities in school children.] *Zhonghua Yu Fang Yi Xue Za Zhi*. 1995;29(3):156-158.

[38] Szpir M. New thinking on neurodevelopment. *Environ Health Perspect*. 2006; 114(2): A100-A107.

[39] Lauwerys R, Roels H, Genet P, et al. Fertility of male workers exposed to mercury vapor or to manganese dust: a questionnaire study. *Am J Ind Med*. 1985;7(2):171-176.

[40] US Environmental Protection Agency. Manganese. Integrated Risk Information System IRIS. Available at: http://www.epa.gov/iris/subst/0373.htm. Accessed March 21, 2011.

[41] Agency for Toxic Substances and Disease Registry. *Toxicological Profile for Nickel (update)*. Washington, DC: US Department of Health and Human Services, Public Health Service; 1997.

[42] Snow ET, Costa M. Nickel toxicity and carcinogenesis. In: Rom WN, ed. *Environmental and Occupational Medicine*. 3rd ed. Philadelphia, PA: Lippincott-Raven Publishers; 1998:1057-1062.

[43] Landsberger S, Jervis RE, Kajrys G, et al. Characterization of trace elemental pollutants in urban snow using proton induced x-ray emission and instrumental neutron activation analysis. *Intern J Environ Anal Chem*. 1983;16:95-130.

[44] Australian Department of the Environment and Heritage. *Nickel & Compounds: Overview*. Canberra, ACT, Australia: Australian Department of the Environment and Heritage; 2006. Available at: http://www.npi.gov.au/substances/nickel/index.html. Accessed March 21, 2011.

[45] Bennett BG. 1984. Environmental nickel pathways in man. In: Sunderman FW

Jr, ed. *Nickel in the Human Environment. Proceedings of a Joint Symposium.* Lyon, France: International Agency for Research on Cancer; March 8 – 11, 1983:487 – 495. IARC Scientific Publication No. 53.

[46] Kuligowski J, Halperin KM. Stainless steel cookware as a significant source of nickel, chromium, and iron. *Arch Environ Contam Toxicol*. 1992; 23 (2): 211 – 215.

[47] Nielsen FH, Shuler TR, McLeod TG, et al. Nickel influences iron metabolism through physiologic, pharmacologic and toxicologic mechanisms in the rat. *J Nutr*. 1984;114(7):1280 – 1288.

[48] Goldberg M, Goldberg P, Leclerc A, et al. Epidemiology of respiratory cancers related to nickel mining and refining in New Caledonia (1978 – 1984). *Int J Cancer*. 1987;40(3):300 – 304.

[49] McConnell LH, Fink JN, Schleuter DP, et al. Asthma caused by nickel sensitivity. *Ann Intern Med*. 1973;78(6):888 – 890.

[50] Chashschin VP, Artunina GP, Norseth T. Congenital defects, abortion and other health effects in nickel refinery workers. *Sci Total Environ*. 1994;148(2 – 3): 287 – 291.

[51] Elias Z, Mur JM, Pierre F, et al. Chromosome aberrations in peripheral blood lymphocytes of welders and characterization of their exposure by biological samples analysis. *J Occup Med*. 1989;31(5):477 – 483.

[52] Larsson-Stymne B, Widstrom L. Ear piercing—cause of nickel allergy in schoolgirls? *Contact Dermatitis*. 1985;13(5):289 – 293.

[53] Rencic A, Cohen BA. Pro minent pruritic periumbilical papules: a diagnostic sign in pediatric atopic dermatitis. *Pediatr Dermatol*. 1999;16(6):436 – 438.

[54] Ho VC, Johnston MM. Nickel dermatitis in infants. *Contact Dermatitis*. 1986;15(5):270 – 273.

[55] Delescluse J, Dinet Y. Nickel allergy in Europe: the new European legislation. *Dermatology*. 1994;189(Suppl 2):56 – 57.

第 25 章

一 氧 化 碳

一氧化碳(CO)是因含碳燃料不完全燃烧产生的一种无色、无臭、无味的有毒气体。一氧化碳蒸气密度较空气略低。一氧化碳急性暴露对健康的损害包括非特异性的感冒样症状,如头痛、眩晕、恶心、呕吐、虚弱、意识模糊等;长时间或高浓度接触后可导致昏迷和死亡。胎儿、婴儿、孕妇、老年人、贫血患者,或有心脏呼吸系统病史者对一氧化碳反应可能更为敏感。有文献报道一氧化碳暴露可导致神经精神系统后遗症,并且恢复缓慢,但尚无明确的诊断和治疗方法。长期低剂量接触一氧化碳的健康效应是一氧化碳毒作用新的研究领域,目前诊断和治疗方法也未明确[1,2]。

1999—2004 年间,美国 400～500 人(全年龄组)因一氧化碳意外中毒死亡,同期还有超过 15 000 急诊病例[3]。在同一时期,美国中毒控制中心接到的电话也显著增加,这表明未导致死亡的一氧化碳中毒数量有所上升[4]。从最近获得的资料估计每年出院患者中约有 4 383 例与一氧化碳中毒有关[5]。在一项针对 3 034 例 10～19 岁人群中毒死亡病例的研究发现:38.2%是吸入一氧化碳中毒,其中 65.1%为自杀,34.9%为意外中毒。机动车排放占一氧化碳相关自杀的 84.4%,占一氧化碳意外中毒死亡人数的 65.6%[6]。15 岁以下儿童和老年人群中因燃烧产生一氧化碳而导致中毒的死亡率高于其他年龄组[7]。未导致死亡的一氧化碳意外中毒的发生率较难统计,因为从轻度到重度一氧化碳中毒的临床陈述都具有非特定性,比如有的临床陈述经常与流行性感冒相似,因而较难确诊[2,8-11]。一项研究显示,在冬季因流感样症状来急诊的 46 名儿童中,超过一半的患儿一氧化碳血红蛋白(COHb)浓度超过了 2%,有 6 名儿童甚至超过了 10%[8]。

暴露途径和来源

一氧化碳暴露途径主要为吸入。一氧化碳意外中毒大多是因吸入来自燃烧、机动车排放、燃气设施(使用天然气或液态石油的设施,包括取暖设备)安装不当或错误安装、固体燃料装置(如木柴炉灶)和吸烟所产生的烟雾。一氧化碳容易在空间狭小和通风不畅的地方聚集到较高甚至致命的浓度,如车库、露营车、帐篷、船舱中[1]。表 25-1 一氧化碳常见来源。

表 25-1　一氧化碳常见来源

一氧化碳常见来源
机动车尾气排放
汽艇
无通风的小型煤油或丙烷气体供暖器
烟囱或火炉泄漏
火炉倒烟柴炉和壁炉
炭烤架或丙烷烤架
燃气设备:燃气炉、烘干机、热水器
汽油发电机
汽油设备:溜冰场冰面休整器、割草机、地板抛光机、扬草机、吹雪机、压力式清洗机
吸烟

灾害事件后因为需要频繁使用汽油发电机来供电,一氧化碳暴露风险也会增加。例如,飓风"艾克"袭击过后,人们为了观看电视或玩电子游戏而使用发电机发电,导致 1 名儿童因一氧化碳中毒死亡和另外 15 名儿童出现中毒症状[13]。

累及的系统

一氧化碳被吸入后经弥散作用透过肺泡-毛细血管屏障,并能在血液中以碳氧血红蛋白(COHb)的形式被检测出来。由于一氧化碳与血红蛋白亲和力为氧气的 240～270 倍,因此,在一氧化碳浓度增高时可降低血液氧气运输能力。进入血液的一氧化碳可引起血红蛋白氧解离曲线发生左移，从而降低了组织氧供应。将一氧化碳中毒患者搬离一氧化碳暴露源有利于 COHb 的解离，促进一氧化碳经肺排出[14,15]。

婴幼儿基础代谢率更为旺盛，因此对一氧化碳毒性更加敏感。胎儿尤其容易受到损害。进入母亲体内的一氧化碳可通过胎盘进入胎儿体内。胎儿血红蛋白与一氧化碳亲和力较成人血红蛋白更高，因此胎儿清除 COHb 的半衰期更长。一氧化碳引起的正常氧合血红蛋白解离曲线左移将减少对胎盘的氧输入，最终导致胎儿氧供减少[16,17]。患有肺部疾病或血液病（如贫血）儿童因氧运输能力下降，与正常儿童相比，对较低水平一氧化碳暴露更为敏感[1]。

一氧化碳中毒导致的组织缺氧可影响多个器官系统。代谢率高、需氧量大的系统最易受损，因此，中枢神经系统和心血管系统首先受到影响[1,2,18]。根据神经系统成像技术研究显示，典型病理学变化为基底核双侧，包括尾状核、苍白球和壳核区域的坏死。图像改变还包括大脑半球白质弥散性均质状脱髓鞘反应[19,20]。心脏毒性可表现为心电图缺血改变、心律失常和梗死[18]。

最近的研究着重探索一氧化碳毒性可能的作用机制。其中就包括组织缺氧，一方面是因为氧供能力降低，另一方面也与心肌功能受损导致心输出量减少有关。其他正进行研究的机制还包括羟自由基和氮氧自由基的产生[2]。

临床表现

一氧化碳中毒临床表现多种多样，症状的严重程度与一氧化碳暴露量（暴露时间和浓度）以及与临床实验室检查结果（血中 COHb 浓度）关联度并不强。在人体内，一氧化碳有 4 种不同状态，这可部分解释上述重要现象。原来一氧化碳除了与血红蛋白结合外，也可与肌红蛋白和细胞色素 P450 酶系结合，并能以很低浓度的游离形式存在于血浆中，现认为后者在临床毒性作用中起着非常重要的作用。动物实验研究印证了这一说法：将含有高浓度 COHb 但游离一氧化碳却很低的血液输入受试动物体内，结果并未引起临床症状。严重中毒病例中也有 COHb 浓度很低的报道[2,8,10,14]。

一氧化碳中毒临床症状包括头痛、眩晕、疲倦、昏睡、乏力、嗜睡、恶心、呕吐、皮肤苍白、活动时呼吸困难、心悸、意识模糊、激惹、荒诞行为、意识模糊、昏迷甚至死亡。症状可表现为从轻微到非常严重(昏迷、呼吸抑制),但这并不与 COHb 浓度级别相关[18]。对一系列接受治疗的一氧化碳中毒患儿观察发现,昏睡和昏厥症状比成年中毒患者更为常见。出现这些症状时 COHb 浓度也比成人报道的浓度低[10]。在儿童和成人患者中均报道过一氧化碳中毒所致迟发性神经心理学后遗症。后遗症最早可出现在一氧化碳中毒后 24 小时内,包括记忆力、注意力和行为能力减退[21]。其他障碍还包括认知能力和人格改变、震颤麻痹、痴呆、精神错乱[10,16,18,22]。迟发性神经心理学后遗症发生率变动范围很大,据估计为 10%~30%。当然,在接受一氧化碳中毒治疗患者中,仅少数人完成了神经精神系统检测[22]。

诊断

详细了解病史、全面体格检查和较强临床指征对诊断一氧化碳中毒都是很有必要的。当同一家庭的其他成员也出现类似非特异性症状时,医生应考虑一氧化碳暴露的可能。除了上文所述非特异性症状和体征外,临床检查经常得不到有助于一氧化碳中毒诊断的结果。

通过脉搏血氧定量和动脉血气分析方法测定氧饱度对诊断一氧化碳中毒毫无作用。因为脉搏血氧测量仪通常会将 COHb 误判为氧合血红蛋白,导致仪器显示的氧饱度反而是增加的[23]。在一氧化碳中毒时患者动脉血氧分压(PaO_2)一般是正常的,因为 PaO_2 测定值来自溶解于血浆中的氧,而在一氧化碳中毒情况下溶解氧不会受到影响。然而,较严重的一氧化碳中毒时,血气分析可显示存在代谢性酸中毒。

血液中 COHb 的测定有助于判断是否存在一氧化碳暴露。如果 COHb 浓度升高,则能确诊为一氧化碳中毒,但浓度很低或仅轻度升高时,则应慎重解释,因为 COHb 浓度并非判断病情严重程度的指标。在解释 COHb 检测结果时应综合考虑以下情况:从一氧化碳暴露到进行实验室检查所花时间、是否接受过氧疗、是否吸烟等干扰因素。非吸烟者 COHb 基础浓度一般介于 3%~8%,不过也有报道更高的测定值[18,24,25]。

治疗

应立即将一氧化碳中毒患者从事发地转移。治疗包括氧疗、辅助呼吸和心律失常的监控。在室内空气环境条件下，COHb 清除半衰期约为 4 小时。采用 100％吸氧气作为矫正治疗时，可有效将 COHb 清除半衰期减少至 1 小时；而采用高压氧治疗则可进一步缩短至 20～30 分钟[14,15,18]。

高压氧治疗仍存争议[26-28]。在最近的 Cochrane 数据库系统综述中，分析了 6 项随机对照实验结果，其中有两项研究提示有助于治疗。从方法学质量看，仅两项获得最高分。这些实验是仅有的采用了双盲法进行的研究，其间使用了高压氧舱进行模拟治疗[29]。其中一项实验中观察了 16 岁及以上的一氧化碳中毒患者，在 24 小时内接受 3 次高压氧治疗后认知方面的后遗症较对照组更少[28]。这项实验未纳入 16 岁以下患者，所以尚无法将结果外推至儿童人群，但其他实验未发现类似效果[26]。在将所有实验结果进行汇总分析后，Cochrane 系统综述作出的结论是：高压氧治疗对减少神经系统后遗症发生的证据尚不充分。不过，在美国仍保留了自 1992 年以来采用高压氧治疗一氧化碳中毒的方法[4]。

如需考虑高压氧疗，应遵循以下标准：①COHb 浓度≥25％；②心绞痛或心电图显示心肌缺血；③明显神经系统障碍[15]。医生应根据患者临床表现判断中毒严重程度，并在此基础上选择个性化的治疗方法。使用高压氧疗还应额外考虑如下情况：距离最近的配有高压氧舱的治疗中心所处的位置，运送过程是否会耽误治疗。在照料一氧化碳中毒患者时，建议向熟悉治疗方案的儿科危重症专家咨询，包括高压氧疗。此外，高压氧疗必须做到个性化，医务人员也应向中毒控制中心或潜水急救网进行咨询（www. diversalertnetwork. org）。

暴露预防

一氧化碳中毒最主要的预防措施是减少已知的危险暴露。正确安装、维护和使用燃炉装置可降低过量一氧化碳排放。表 25-2 列出了预防一氧化碳中毒的建议[12]。

表 25-2　预防家庭或其他环境中一氧化碳中毒的措施

燃料装置
■每年由专业人员检查强力排风炉，或遵照生产商说明进行操作。指示灯可产生一氧化碳，应保持良好工作状态。
■所有燃料装置（如热水器、燃气炉、烘干机）应每年进行一次专业检查，或遵循生产厂商说明进行。
■燃气灶面和燃气烤炉不应作为额外取暖使用。
壁炉和柴炉
■壁炉和柴炉应每年由专业人员进行检查，或遵循生产厂商说明进行。确保燃料在燃烧过程中处于开放状态。建议妥善使用、检查和维护无通风壁炉（和小型供暖器）。
供暖器
■供暖器应每年由专业人员进行检查，或遵循生产厂商说明进行。
■根据生产商的说明，使用供暖器过程中应保持良好通风。
烧烤架/炭烤盆
■严禁在室内使用烧烤架和炭烤盆。
■不应在通风不良的环境中使用烧烤架和炭烤盆，如车库、露营车、帐篷等。
汽车/其他机动车
■建议定期检查和维护机动车排放系统。美国很多州均有机动车检查计划以保证此项内容。
■严禁在车库或其他封闭空间让汽车发动机持续发动；即便在车库门开放的情况下一氧化碳仍可积聚起来。
发电机/其他燃料驱动设备
■使用发电机或其他燃料驱动设备时要遵循生产厂商说明进行。
■严禁在室内操作发电机。
船只
■注意一氧化碳中毒的症状与晕船表现相似。
■按章定期检查和维护发动机排放系统。
■考虑在船上的起居舱内安装一氧化碳监测装置。
■不要在后甲板下或游泳平台下游泳，因为靠近排放口处一氧化碳会有较多积聚。

美国环境保护署（EPA）确定的一氧化碳危害水平分别为 57mg/m^3

(8 小时平均限值)、86mg/m³(4 小时平均限值)、143mg/m³(1 小时平均限值)。在该暴露条件下,人体 COHb 浓度可达到 5%～10%,并可导致敏感个体出现显著的健康损害。目前,大气中(室外)一氧化碳的质量标准为 8 小时平均限值 10mg/m³ 和 1 小时平均限值 40mg/m³,确保 COHb 浓度低于 2.1%,普通人群中敏感个体(如心血管疾病患者)也可得到保护[1]。

适当使用烟雾报警器或一氧化碳监测装置有助于早发现、早警示从而防止一氧化碳引起的意外死亡。一氧化碳监测装置会在环境中一氧化碳达到可能危及生命的水平时发出警报。一氧化碳监测装置可测定一定时间内一氧化碳累计量(以 mg/m³ 计),当 189 分钟内空气中一氧化碳累计量达到 80mg/m³ 时就会发出警报[30],相当于使 COHb 达到 5%的暴露量。以上原理是基于空气一氧化碳水平与成人血液 COHb 浓度关系推断得出。然而,对儿童而言,一氧化碳监测装置发出报警前可能暴露量就已经达到危险水平了[30]。

美国消费品安全委员会(CPSC)建议在家庭中在靠近每个单独卧室的走廊内安装一氧化碳监测装置。民用一氧化碳监测装置应符合最新修订的美国安全检测实验室(Underwriters Laboratories, UL)标准 2034 相关条款[31]。在因停电不能使用电热或炊具等家电而使用燃气装置或其他辅助加热设施(如壁炉)时,建议使用电池带动的一氧化碳监测装置。一氧化碳监测装置对预防中毒事件发生的效果尚未得到充分评价。

常见问题

问题　*我可以采取哪些措施减少家庭一氧化碳暴露量?*

回答　表 25－2 列出了在家庭或其他环境条件下预防一氧化碳相关问题的措施建议[12]。

问题　*使用一氧化碳监测装置是预防一氧化碳中毒的好方法吗?*

回答　各商场都可以买到一氧化碳监测装置,你可以考虑买来作为辅助措施,但并不能因此忽视燃烧装置的正确使用和维护(表 25－2)。虽然现在家庭使用的烟雾报警装置对烟雾的监测性能很好,但由于一氧化碳监测技术还在不断发展完善,市场上几种类型的一氧化碳监测装置没有这么高的可靠性。虽然有的监测器通过了实验室检测，但实际情况却有所差别。有的表现良好，有的在相当高的一氧化碳水平时无任何反应，有的却在不足以构成任何短期健康损害的低浓度条件下也发出警报。虽然使用烟雾警报器，你能轻易找到发出警报的原因，但由于一氧化碳无色无味，你很难判断警报是真是假。

消费者联盟(Consumers Union)、美国燃气协会(American Gas Association)、美国安全检测实验室(Underwriters Laboratories，UL)等组织已经为消费者发布了一些指南。你应查看一氧化碳监测装置上是否有 UL 证明。一直以来，一氧化碳监测装置的设计都应满足在一氧化碳浓度达到危及生命水平前做出报警，以后也将继续强调这一要求。UL 标准 2034(1998 年版)提出了更为严格的要求，监测装置/报警器必须在发出警报前满足标准中提出的要求。结果，出现乱报警的概率大大降低了。

问题 我应当在房车或其他休旅车中安装一氧化碳监测装置吗?

回答 美国消费品安全委员会(CPSC)指出，应该使用适用于船只和休旅车的一氧化碳监测装置。休旅车工业协会(Recreational Vehicle Industry Association)要求在有发电机或备有发电机的房车和其他牵引休旅车中安装一氧化碳监测设备。

问题 如果一氧化碳监测设备报警，我该怎么做?

回答 不要忽视一氧化碳监测装置/报警器发出的警报。如果一氧化碳监测装置开始报警，你应当：

— 确认是一氧化碳监测装备/报警器而不是烟雾报警器在报警。

— 检查家中成员是否出现中毒症状。

— 如果出现症状，立即将其移到屋外并拨打 911。在急诊室寻求医护人员的协助。告诉医务人员你怀疑是一氧化碳中毒。

— 如果家中成员没有任何症状，马上向屋内通入新鲜空气。关闭所有可能产生一氧化碳的来源，包括燃油或燃气炉、热水器、瓦斯炉、烤箱、烘干机、燃气或煤油供暖器、以及其他机动车或小型引擎。

— 请有资质的技术人员检查家中的燃料装置和烟囱，以确保其运行正常，且烟气排放通道未被堵塞。在重新运行前，必须检查所有可能产生一氧化碳的家用设施。

问题　最近发现我的壁炉存在一氧化碳泄露，虽然我感觉还好，但还是关心对身体是否有其他远期影响？

回答　目前没有资料显示一氧化碳长期暴露与远期后遗症存在联系。神经心理学后遗症等远期影响仅在确诊的严重急性中毒患者中发现。虽然你没有什么不良感受，但你和家人仍有必要暂时搬离住所，立即对壁炉问题进行评估并妥善修理。忽视这个问题有可能对你和你的家人构成生命威胁。

问题　我应在家中安装一氧化碳监测设备吗？

回答　很多州和自治市已经颁布了有关法案，要求在出租公寓或其他住所内安装一氧化碳监测设备。不过各州、镇的具体要求各异。

参考资料

Divers Alert Network

Web site：www. diversalertnetwork. org

Undersea and Hyperbaric Medical Society

Phone：301－942－2980

Web site：http://uhms. org

Underwriters Laboratories

Phone：847－272－8800

Web site：www. ul. com

US Consumer Product Safety Commission

Phone：800－638－2772

Web site：www. cpsc. gov

US Environmental Protection Agency Indoor Air Quality Information Clearinghouse

Phone：800－438－4318

Web site：www. epa. gov/iaq/iaqinfo. html

（李继斌 译　练雪梅 校译　宋伟民　赵　勇 审校）

参考文献

[1] US Environmental Protection Agency. *Air Quality Criteria for Carbon Monoxide*. Research Triangle Park, NC: Office of Health and Environmental Assessment, Office of Research and Development; 2000. EPA Publication 600/P-99/001F. Available at: http://www. epa. gov/NCEA/pdfs/coaqcd. pdf. Accessed August 10, 2010.

[2] Raub JA, Mathieu-Nolf M, Hampson NB, et al. Carbon monoxide poisoning—a public health perspective. *Toxicology*. 2000;145(1):1-14.

[3] Centers for Disease Control and Prevention. Carbon monoxide-related deaths—United States, 1999-2004. *MMWR Morb Mortal Wkly Rep*. 2007;56(50):1309-1312.

[4] Hampson NB. Trends in the incidence of carbon monoxide poisoning in the United States. *Am J Emerg Med*. 2005;23(7):838-841.

[5] Ball LB, MacDonald SC, Mott JA, et al. Carbon monoxide- related injury estimation using ICD-coded data: Methodologic implications for public health surveillance. *Arch Environ Occup Health*. 2005;60(3):119-127.

[6] Shepherd G, Klein-Schwartz W. Accidental and suicidal adolescent poisoning deaths in the United States, 1979-1994. *Arch Pediatr Adolesc Med*. 1998;152(12):1181-1185.

[7] Cobb N, Etzel RA. Unintentional carbon monoxide-related deaths in the United States, 1979 through 1988. *JAMA*. 1991;266(5):659-663.

[8] Baker MD, Henretig FM, Ludwig S. Carboxyhemoglobin levels in children with nonspecific flu-like symptoms. *J Pediatr*. 1988;113(3):501-504.

[9] Heckerling PS, Leikin JB, Terzian CG, et al. Occult carbon monoxide poisoning in patients with neurologic illness. *J Toxicol Clin Toxicol*. 1990;28(1):29-44.

[10] Crocker PJ, Walker JS. Pediatric carbon monoxide toxicity. *J Emerg Med*. 1985;3(6):443-448.

[11] Weaver LK. Carbon monoxide poisoning. *N Engl J Med*. 2009;360(12):1217-1225.

[12] American Thoracic Society. Environmental controls and lung disease. *Am Rev Respir Dis*. 1990;142(4):915-939.

[13] Fife CE, Smith LA, Maus EA, et al. Dying to play video games: carbon monox-

ide poisoning from electrical generators used after Hurricane Ike. *Pediatrics*. 2009;123(6):e1035－e1038.

[14] Vreman HJ, Mahoney JJ, Stevenson DK. Carbon monoxide and carboxyhemoglobin. *Adv Pediatr*. 1995;42:303－334.

[15] Piantadosi CA. Diagnosis and treatment of carbon monoxide poisoning. *Respir Care Clin North Am*. 1999;5(2):183－202.

[16] Koren G, Sharev T, Pastuszak A, et al. A multicenter prospective study of fetal outcome following accidental carbon monoxide poisoning in pregnancy. *Reprod Toxicol*. 1991;5(5):397－404.

[17] Kopelman AE, Plaut TA. Fetal compromise caused by maternal carbon monoxide poisoning. *J Perinatol*. 1998;18(1):74－77.

[18] Ernst A, Zibrak JD. Carbon monoxide poisoning. *N Engl J Med*. 1998;339(22):1603－1608.

[19] Bianco F, Floris R. MRI appearances consistent with haemorrhagic infarction as an early manifestation of carbon monoxide poisoning. *Neuroradiology*. 1996;38(Suppl 1):S70－S72.

[20] Hopkins RO, Fearing MA, Weaver LK, et al. Basal ganglia lesions following carbon monoxide poisoning. *Brain Injury*. 2006;20(3):273－281.

[21] Porter SS, Hopkins RO, Weaver LK, et al. Corpus callosum atrophy and neuropsychological outcome following carbon monoxide poisoning. *Arch Clin Neuropsychol*. 2002;17(2):195－204.

[22] Seger D, Welch L. Carbon monoxide controversies: neuropsychologic testing, mechanism of toxicity, and hyperbaric oxygen. *Ann Emerg Med*. 1994;24(2):242－248.

[23] Buckley RG, Aks SE, Eshom JL, et al. The pulse oximetry gap in carbon monoxide intoxication. *Ann Emerg Med*. 1994;24(2):252－255.

[24] Hausberg M, Somers VK. Neural circulatory responses to carbon monoxide in healthy humans. *Hypertension*. 1997;29(5):1114－1118.

[25] Hee J, Callais F, Momas I, et al. Smokers' behaviour and exposure according to cigarette yield and smoking experience. *Pharmacol Biochem Behav*. 1995;52(1):195－203.

[26] Scheinkestel CD, Bailey M, Myles PS, et al. Hyperbaric or normobaric oxygen for acute carbon monoxide poisoning: a randomized controlled clinical trial. *Med J Aust*. 1999;170(5):203－210.

[27] Juurlink DN, Stanbrook MB, McGuigan MA. Hyperbaric oxygen for carbon monoxide poisoning. *Cochrane Database Syst Rev*. 2000;(2):CD002041.

[28] Weaver LK, Hopkins RO, Chan KJ, et al. Hyperbaric oxygen for acute carbon monoxide poisoning. *N Engl J Med*. 2002;347(14):1057－1067.

[29] Judge BS, Brown MD. To dive or not to dive? Use of hyperbaric oxygen therapy to prevent neurologic sequellae in patients acutely poisoned with carbon monoxide. *Ann Emerg Med*. 2005;46(5):462－464.

[30] Etzel RA. Indoor air pollutants in homes and schools. *Pediatr Clin North Am*. 2001;48(5): 1153－1165.

[31] Underwriters Laboratories. *UL2034: Standard for Single and Multiple Station Carbon Monoxide Detectors*. Northbrook, IL: Underwriters Laboratories; 1992. Revised Standard 2034. Available at: http://ulstandardsinfonet.ul.com/scopes/2034.html and http://www.protechsafety.com/standard/ul2034.pdf. Accessed August 10, 2010.

第 26 章

冷 和 热

热和冷应激是环境危害。由于儿童独特的生理特点，他们更容易受到极端温度及其产生的健康效应的影响。最佳的身体功能需要约 37℃ 的体温。和恒温动物（通常产生热量使体温高于周围环境温度的有机体，亦称温血动物）一样，人类有多种机制来维持体温在较小范围内波动。这些机制起源于下丘脑温度调节中心，包括血管舒张和出汗（在热应激下）与立毛和寒战（在冷应激下）。一些无意识行为改变（例如决定穿凉爽或暖和的衣服），对体温控制而言可能是重要的[1]。和成人相比，儿童体温调节能力比较弱[2]。所以，当暴露在极端温度时，儿童更容易出现健康问题。

四个物理属性——对流、传导、辐射和蒸发，决定了环境与机体间温度的交互作用。对流是一种通过空气或水等介质进行热量交换的机制。空气是相对比较低效的介质；人类暴露在寒冷的空气中超过几个小时才会体温过低。水是一种更为有效的能量传递介质；冷水浸泡几分钟就可以使体温改变。传导是在接触的两种机体间的传热（例如肌肤接触）。辐射是在没有任何直接接触下，人体从周围的热物体（如热管道）获得热量和散发热量至冷物体（如冷金属表面）的过程。

自然或人为原因都会导致环境的极端温度。自然原因包括热浪、反季节的寒冷气候、冬季风暴等。导致极端温度的人为因素包括家庭取暖或降温设施不够完善，或在没有适宜穿戴的情况下长期暴露在极端天气中以及室内温度过高（如机动车里）等。如果看最近的烧伤和冻伤案例的类型，气候变化似乎起到十分重要的作用[3,4]。目前证据显示，人类活动是导致气候变化的重要因素，并且可以预测有关冷或热刺激的自然灾害将会继续增加。

严寒和酷热的天气对公众健康产生了很严重的后果，这在近几年发生的热浪效应中体现得最为明显[2,5]。在2003年欧洲的一次夏季热浪中，估计约有15 000人丧生[2,6]。在美洲西南部，近几年在环境温度长时间超过46℃的地区，也曾报道有大量的人员死亡。预计未来热浪有可能持续增多[2,7]。

冷

与热应激相比，人类代偿冷应激的能力要差得多[8]。与成人相比，儿童体温调节的能力较差。所以儿童暴露于寒冷环境时，会很快出现体温过低（即核心体温<35℃）。且由于儿童单位体重的体表面积较大，使得他们热量散失较快，故更容易受到体温过低的影响[9]。新生婴儿由于身体表面积较大，皮下脂肪少并且寒战能力减弱，非常容易出现体温过低。儿童体温过低的危险因素包括甲状腺功能减退、低血糖、摄取甲烷或是某些药物（如阿片类药物、吩噻嗪类药物）。体温过低可被分为轻度、中度和重度（表26－1）。

表26－1　体温过低的生理影响和临床表现

核心体温	生理反应
轻度 （32～35℃）	寒战 心动过速或心动过缓 意识模糊
中度 （28～32℃）	寒战消失 深部腱反射丧失，末梢性感觉缺失 心动过缓、血压过低 中枢神经系统抑制
重度 （<28℃）	严重的心动过缓 心律失常 昏迷

表 26-2　极端冷、热刺激的生理影响

人体系统	冷刺激	热刺激
神经系统	精神错乱 中枢神经系统抑制	昏厥 痉挛
心血管系统	心动过缓 心脏停搏	心动过速 心血管衰竭
骨骼肌系统	寒战	横纹肌溶解
新陈代谢系统	高血糖表现	代谢性酸中毒
呼吸系统	呼吸抑制	呼吸急促

一些特殊的原因可以引起冷暴露。如冬季风暴的骤然发生，可导致突然而又持续的低温。如果风暴使电源中断，室内会出现致命性的低温。引起冷暴露的另一个重要的原因是直接接触水。由于水的高效传导能力，人体冷水浸泡几分钟就会产生低体温。湿衣服也会使热量损失增加 5 倍[9]。

由于严寒天气引发的相关危害之一在于使用具有潜在危险的热源。家庭用户可能会使用煤气灶、壁炉、木材炉、小暖炉或是丙烷加热器，作为家庭取暖补充或用于停电时取暖替代，但这些电源会带来火灾隐患，产生室内空气污染物（在壁炉和木材炉维护不周的情况下），甚至导致一氧化碳中毒（在丙烷加热器和发电机使用不当情况下）（参见第 25 章）。

儿童和成人对严寒的反应机制是相同的（表 26-1 和表 26-2）[10]。当核心体温下降时，新陈代谢率会加快从而产生更多热量。当体温在 32～35℃时，患者开始发寒战，起“鸡皮疙瘩”，嗜睡并且心动过缓。当中度体温过低时（28～32℃），颤抖停止，出现定向障碍及木僵。当重度体温过低（＜28℃）时会产生严重的心动过缓和心律失常。神经传导速度减慢会引发麻木（感觉缺失），也会产生定向障碍。心电图可显示 J 波（Osborn 波），即严重体温过低的特征。

在严寒情况下，人体会出现一个反常的代偿机制，即潜水反射。也就是当浸泡在冷水中出现快速降温时，身体开始优先把血从胃肠道和肾脏等器官转移到脑和心脏。这使得中枢神经系统缺氧期显著延长，对大脑有显著的保护作用。在报道的案例中,那些浸泡长达 2 小时的人,其神经系统功能可以完全恢复。儿童的潜水反射比成人更为强大,这表明它是一个不成熟的反射。

冷损伤可以是轻微的或严重的,也可以是暂时的或永久性的。冻结伤是冷损伤最轻微的形式,包括冷暴露面的疼痛和苍白。通常发生于滑雪者、划雪橇者、溜冰者,及其他户外运动爱好者身上[8]。冻结伤通过加热患处治疗可以痊愈。慢性冷损伤(近乎冻伤)会导致一种罕见的疾病——冻疮(战壕足病)。与冻结伤和冻伤不同,冻疮更加严重,会导致永久性的组织损伤。寒冷造成的组织破坏可能引起患处的丧失,尤其是手指(或脚趾),耳朵和鼻子。通常不太可能通过初步评估来明确是冻结伤还是冻疮。

冷损伤的治疗方法主要是复温。儿童身体的受损部位应紧靠另一个人的身体部位。如果涉及手的冷损伤,受伤者可以将手放在自己的腋窝。如果不能做到,受损暴露部位应尽快放置在靠近热源的地方或热水中,但应注意避免烫伤。很重要的一点是不能揉擦患处,受伤部位(如手)应放在水中浸泡,而不应一起揉擦。只有在排除进一步冷暴露的可能时才进行复温;否则将会对受伤身体部位产生更大的损伤。受冷损伤影响显著的儿童,特别是当他们在行为上有明显变化或身体的某部分出现冰冷、僵硬、苍白时,应到儿科医生或急诊科就诊。

预防

预防极度寒冷的几个措施:

- ■穿适当的御寒衣物。
- ■谨慎选择冷暴露的时间周期。
- ■避开严寒。
- ■如果家里或住处不暖和要寻找替代住所。
- ■使用安全的室内热源。

热

近几年,和严寒一样,酷热的形式和流行发生了变化。这在某种程度上与气候变化尤其是温室效应有关[5]。主要是燃料产生的二氧化碳(CO_2)形成了一个大气层,阻止了由地球表面自然反射的太阳能(参见第 54 章)。

热浪是指环境温度连续 3 天超过 32.2℃[1]。在过去的 10 年间,全球热浪蔓延。酷热的一个重要继发后果是烟雾和其他环境污染的产生增加以及森林火灾和频发的电力故障[2]。

人为因素使得热损伤变得更为普遍。这些事件包括将房屋选址在酷热的地方以及对无法求助或者躲避热损伤威胁的儿童及老年人的监管力度不够。

和成人相比,儿童在户外进行游戏、运动、工作等活动的时间更长。例如,青少年会花较长的时间进行园林或农田劳作。户外工作者会发生严重甚至致命的热损伤[11]。

人体有多种机能。其中,血管舒张和排汗能帮助身体克服环境温度的大幅度变化,使其维持在一个正常的温度[1]。血管舒张使热量从经皮肤简单地辐射损失。这在人体降温功能中占到高达 60%的比率。排汗以及汗液蒸发则占据 25%的比率[2],但是高湿度环境会阻止水分的流失,进而导致降温功能下调,从而增加了体温过高的危险性。儿童比成人出汗少,这限制了他们的降温能力[4]。

其他引起儿童热相关疾病的危险因素包括慢性疾病(例如糖尿病、肥胖症、囊性纤维化)、药物(例如抗胆碱能类药物、兴奋剂类药物、阿片类药物、吩噻嗪类药物)以及活动量小(例如婴儿、残疾儿童)。

酷热会对儿童产生一些健康方面的影响,其中最普遍的就是脱水。脱水是无知觉的呼气失水和出汗相结合的结果。一般儿童出汗速率是 1 L/(h・m^2)。未适应气候的青少年在 1 小时的体力消耗中会有 1～4 L 水分的流失,同时伴有盐分的流失。

当机体不能代偿酷热时,核心温度会上升,产生高热。核心体温达到 37.8～41.1℃时,人体会产生发汗、心动过速和定向障碍等症状。当体温高于 41.1℃时,人体会出现兴奋、癫痫发作、室上性心动过速和代谢性酸中毒。体温高于 43.3℃会迅速导致心血管衰竭。

热损伤的类型

高温导致的损伤可分为热衰竭、热痉挛及中暑。如果热损伤的早期症状未能得到解决，则这些症状经常相继出现[12]。

热衰竭是持久高温与脱水相作用后的典型结果。儿童会出现乏力、极度疲劳、头疼，还可能出现发热和极度口渴的症状[12]。其他一些征兆与症状包括恶心、呕吐、过度换气及感觉异常。休息、液体疗法、饮用含有电解质的饮料有助于治疗热衰竭。

热痉挛最常发生在参与户外活动、工作或者玩耍的儿童身上，典型见于已经补水但并没有充分补充已消耗盐分的儿童。热痉挛通常在放松的时候起病，着凉会诱发热痉挛[1]。相比较上肢肌肉酸痛而言，儿童更常抱怨受伤的下肢肌肉酸痛。这种疼痛会较严重，也有可能是肌肉痉挛造成。导致热痉挛疼痛的机制并明确，但是部分机制归于体内电解质紊乱和乳酸的堆积。休息、降温、饮用含电解质的饮料是治疗热痉挛的方法。尽管电解质损耗似乎是一个危险因素，然而盐片也没有用。

中暑是一种自主发生的紧急脱水状况。典型的中暑可分为劳累性的和非劳累性的。劳累性的中暑倾向于发生在训练强度大的运动员、士兵和工人[12]，它是美国高中运动员最常见的死因之一[1,12]。非劳累性中暑是指发生于无体力活动者的中暑。在儿童中，非劳累性中暑病是儿童被独自留在汽车内所致的最常见的后果[12]。中暑的儿童会出现木僵、昏迷、心动过速、高血压或低血压，也会出现严重的横纹肌溶解，导致肌红蛋白尿和急性肾衰竭，以及一些可能致命的并发症。根据定义，中暑者会丧失出汗的功能。出汗是身体降温的基本机制；如果不能出汗，中暑者的核心体温会高于46℃。儿童一旦出现中暑的症状，应该立即送入拥有快速降温技术且能把儿童的体温恢复正常的医院。也需要静脉注射水合物和监测体液。诸如对乙酰氨基酚、布洛芬等退烧药对中暑引发的高热是无效的。

预防

因为孩子们更容易患热疾病，预防酷热尤为重要[13]。预防措施包括：

1. 对于没有安装空调的家庭，在热浪期，应该考虑家庭降温或寻找替代住所。

2. 家长以及看护人员勿将儿童单独留在车上，尤其是在高温天气。

车厢内的温度可达高于70℃。在30分钟内，车厢内的温度可升至其最高温的80%，即使敲碎车窗也不能明显地改变温度升高的速度[14]。

3. 针对运动员，应当有包括方便用水和休息时间的完善的条目计划。

4. 对于户外工作人员，雇主应当制订降温的管理计划[11]，应包括：

(1) 培训监督人员以及员工预防、识别以及治疗中暑。

(2) 制订和实施高温适应计划。

(3) 供应适当数量和种类的饮料。

(4) 在高温条件下，制订合适的工作/休息计划。

(5) 提供遮阳或者降温区域。

(6) 在高温条件下，监控环境以及工作人员。

(7) 对于出现中暑症状的工作人员，应该提供医疗协助。

在酷热期间，为运动团队提供类似的建议(表26-3)。运动员应该穿轻薄衣物。在天气炎热时，不要穿不吸汗的衣物(如防水外套)[12]。最后，社区应该制订热浪计划。在每年夏天，宣传并告知居民应对高温天气的方法[2]。同时，也应该建立避温预警系统。对于人造草坪和天然草坪，这些可能会有所不同，因为在同样的情况下，人造草坪由于吸收热量会导致其表面温度高于天然草坪的温度[15]。

表26-3　在不同气温下，建议限制的活动

湿球温度		对各种活动的限制
℃	℉	
<24	<75	所有活动都可参加，但在长时间的活动中，要警惕有前驱症状，以及与热相关疾病的迹象
24.0～25.9	75.0～78.6	在荫凉下多休息；每隔15 min加强饮水
26～29	79～84	不适应者及高风险的人应停止活动；其他人应限制活动(不允许长跑比赛，减少长时间的活动)
>29	>85	取消所有体育活动

转载自美国儿科学会[4]。

湿球温度是用来估算温度、湿度及太阳辐射对人影响的一个复合温度。

与此同时，当地公共卫生部门应当建立一个识别和联系高危人群的系统；这个系统应与社会服务，护工以及志愿机构相配套。

常见问答

问题 在过热的情况下，对于口服补液有什么建议？

回答 在过热的情况下，给运动员的建议已经在美国儿科学院上出版（表 26－3）[4]。在活动中，应强制间歇饮水，如每 20 分钟，即使没有感到口渴，一名重约 40 kg 的儿童需饮用 150 ml 冷的自来水或运动风味的电解质饮料，及重约 60 kg 的青少年也应饮用 250 ml。

问题 是不是高于某个温度，就不应让孩子参加户外运动？

回答 我们已经创设了热指数来识别由温度和湿度综合影响因素带来的健康风险。空气质量指数可能也包含在是否进行户外活动的决定因素中（参见第 21 章）。这些通常在报纸上刊登，电视或广播中播放，甚至在网络中出现。相似的，有代表性的冷指数通常有多种因素交互作用，包括环境温度及寒风；这些也可从当地天气预报上获得。

参考资料

Centers for Disease Control and Prevention

Heat-Related Illness Web site：www. bt. cdc. gov/disasters/extremeheat/faq. asp

Hypothermia Web site：www. bt. cdc. gov/disasters/winter/staysafe/hypothermia. asp

（徐晓阳 译　曾　媛 校译　宋伟民　赵　勇 审校）

参考文献

[1] Ewald M, Baum C. Environmental emergencies. In: Fleisher G, Ludwig S, eds. *Textbook of Pediatric Emergency Medicine*. Philadelphia, PA: Lippincott Williams & Wilkins; 2006:1017－1021.

[2] Kovats R, Hajat S. Heat stress and public health: a critical review. *Annu Rev Public Health*. 2008; 29:41－55.

[3] Davis R, et al. Changing heat-related mortality in the United States. *Environ Health Perspect*. 2003; 111(14):1712－1718.

[4] American Academy of Pediatrics, Committee on Sports Medicine and Fitness. Climatic heat stress and the exercising child and adolescent. *Pediatrics*. 2000;106(1 Pt 1):158－159.

[5] American Academy of Pediatrics, Committee on Environmental Health. Global climate change and children's health. *Pediatrics*. 2007;120(5):1149－1152.

[6] Bouchama A. The 2003 European heat wave. *Intens Care Med*. 2004;30(1): 1－3.

[7] O'Neill M, Ebi K. Temperature extremes and health: impacts of climate variability and change in the United States. *J Occup Environ Med*. 2009; 51:13－25.

[8] Jurkovich G. Environmental cold-induced injury. *Surg Clin North Am*. 2007;87(1):247－267.

[9] Kazenbach T, Dexter W. Cold injuries. Protecting your patients from the dangers of hypothermia and frostbite. *Postgrad Med*. 1999; 105(1):72－80.

[10] Centers for Disease Control and Prevention. Winter Weather: Hypothermia. Available at: http://www. bt. cdc. gov/disasters/winter/staysafe/hypothermia. asp. March 21, 2011.

[11] Centers for Disease Control and Prevention. Heat-related deaths among crop workers—United States, 1992－2006. *MMWR Morb Mortal Wkly Rep*. 2008;57(24):649－653.

[12] Jardine D. Heat illness and heat stroke. *Pediatr Rev*. 2007; 28(7):249－258.

[13] Centers for Disease Control and Prevention. Frequently Asked Questions About Extreme Heat. Available at: http://www. bt. cdc. gov/disasters/extremeheat/faq. asp. Accessed March 21, 2011.

[14] McLaren C, Null J, Quinn J. Heat stress from enclosed vehicles: moderate ambient temperatures cause significant temperature rise in enclosed vehicles. *Pediatrics*. 2003; 116(1):e109－e112.

[15] Claudio L. Synthetic turf: Health debate takes root. *Environ Health Perspect*. 2008;116(3): A116－A122.

第 27 章

电场及磁场

电磁场(EMFs)是由电荷产生的围绕电线、日常电器和其他电子设备而存在的无形的力线。人类一直暴露在包括地球自身磁力在内的天然电磁场当中。同时,电磁场也会由包括人类在内的活体生物产生。19 世纪后期,人们才开始广泛地使用电力,将电力应用于取暖、照明、交流与其他用途[1]。

最常见的供电方式是交流电(AC),美国交流电每秒电流方向会变换 60 次[2]。表示交替频率的单位称为赫兹(Hz)。当充电时电荷产生的电场处于静止状态,磁场处于运动状态。磁场的强度通常以高斯(Gs)或特斯拉(T)为单位进行计量(1 Gs=1 000 mG)。1 T 等于 100 万 μT;1 mG 与 0.1 μT 相等。

与电功率有关的电磁场是极低频磁场或功频磁场(分别是 59 Hz 或者 60 Hz)级别的,由手机和信号塔发射、接受的无线电频率和微波频率的电场和磁场,处于比输电线或许多日常电器更高频率的区域[800~900 和 1 800~1 900 MHz(1 MHz=100 万 Hz)][2]。

暴露源

住宅暴露

电力是在发电站中由煤或其他能源转换而成,之后经远距离高功率输电线输送将电流下发到住宅的变电站中[2]。电流后续会被运送到家庭、学校、工厂以及其他配电线路覆盖的地区。据估测仅有大约 1%的儿童居住在高压输电线附近[3]。儿童的低频暴露源主要是家庭中放置于儿童附近的电线和用电器(包括电吹风、电热板和电热毯)和其他不同距离暴露的电器(包括电视、微波炉、电脑显示器和手机)[2]在校期间和参加活动来回的路上,输电线也会使儿童受到不同程度的暴露。电场和磁场强度可以通过增加辐射源距离的方式大幅降低,将电器仅移动几米就可以使电磁场水平降低到环境水平(表 27 - 1),大约距离普通输电线 30.5 m (100 ft),距离高压输电线 91~150 m(300~500 ft)[2]。

通过测量携带每隔 30 秒就测量一次的电子测量仪的儿童在家和离家的 24 小时获得的数据,(得到)典型的家庭电磁场的平均测量值在 0.05~0.1 μT[3,4]。群体调查的结果确认了来自儿童的调查研究。接触电器估计承受电磁场暴露总量的 30%。儿童受到的电磁场暴露来源随年龄发生改变。例如,大部分幼儿磁场暴露的与家庭附近的输电线有关,只有少部分是来自家庭之外的暴露源。然而对稍大的儿童的调查显示,只有 40%的暴露来自于家附近的输电线,剩下的 60%则是家庭以外的其他来源[3,5]。

无线技术

微波炉和移动电话是儿童射频和微波暴露主要来源[6,7]。伴随着室内无线通信的到来,这些暴露明显发生改变了,比如无线监控婴儿床、无绳电话、无线电脑科技、儿童比较亲近的成人和儿童自己使用的手机[3]。现今,相对于极低频磁场与家用电器的关联,射频暴露的问题还没有被清晰地描述。这些技术[8]的快速发展以及测量射频暴露的困难对暴露和儿童健康方面的研究造成了极大的挑战。迄今为止,儿童典型的射频暴露没有如前所述的功频暴露一样被准确测量。年平均射频场暴露源和儿童日均暴露分钟数、周均暴露分钟数、月均暴露分钟数及年均暴露分钟数都还没有调查。

表 27 - 1 60 Hz 的家用电器产生的辐射水平(单位:μT) 根据家用电器的距离测定

主要种类	种类	距离			
		15.2 cm(6 in)	30 cm(1 ft)	60 cm(2 ft)	120 cm(4 ft)
浴室	电吹风	30	0.1	—	—
	剃须刀	10	2	—	—

（续表）

主要种类	种类	距离			
		15.2 cm(6 in)	30 cm(1 ft)	60 cm(2 ft)	120 cm(4 ft)
餐厅	搅拌机	7	1	0.2	—
	开罐器	60	15	2	0.2
	咖啡机	0.7	—	—	—
	洗碗机	2	1	0.4	—
	食品加工器	3	0.6	0.2	—
	微波炉[a]	20	0.4	1	0.2
	混合器	10	1	0.1	—
	电烤箱	0.9	0.4	—	—
	冰 箱	0.2	0.2	0.1	—
	面包器	1	0.3	—	—
起居室	吊 扇	NM[b]	0.3	—	—
	窗式空调	NM	0.3	0.1	—
	彩色电视	NM	0.7	0.2	—
	黑白电视	NM	0.3	—	—
换洗室	干衣器	0.3	0.2	—	—
	洗衣机	2	0.7	0.1	—
	熨 斗	0.8	0.1	—	—
	吸尘器	30	6	1	0.1
卧室	数字显示式时钟	NM	0.1	—	—
	模拟(表盘)时钟	NM	1.5	0.2	—
	婴儿监视器	0.6	0.1	—	—
工作室	电池充电器	3	0.3	—	—
	钻孔机	15	3	0.4	—
	动力锯	20	4	0.5	—

（续表）

主要种类	种类	距离			
		15.2 cm(6 in)	30 cm(1 ft)	60 cm(2 ft)	120 cm(4 ft)
办公室	视频显示终端（彩色显示器）	1.4	0.5	0.2	—
	电动削铅笔器	20	7	2	0.2
	日光灯	4	0.6	0.2	—
	传真机	0.6	—	—	—
	复印机	9	2	0.7	0.1
	空气清洁器	18	3.5	0.5	0.1

—表示磁场水平为环境水平或更低。

a 对于微波炉，在 60 Hz 的条件下产生的磁场水平为 15.24 cm(6 in)：10～30 μT；30 cm(1 ft)：0.1～20 μT；60 cm(2 ft)：0.1～3 μT；120 cm(4 ft)：0～2 μT。

b 未测定。

现代的儿童太早使用手机并且长时间与手机相处，这导致他们将会更长时间地接受手机的射频辐射，应该记录下这一点。值得一提的是，现代儿童将会比成人经历更长时间来自手机的射频场暴露，因为他们很小就开始使用手机并且在之后很长的生命周期中接受更多的手机暴露。

电磁场暴露的影响

60 Hz 的极低频场提供低脉冲能量，这种能量并不足以断裂化学键而引发不可逆的分子反应，比如 DNA 或身体组织[2]。由微波提供的低脉冲能量不能断裂 DNA，但是微波震荡能令水分子上的电荷“震动”[6,7]，而这种震动导致的摩擦可以产生足够的热量，基于此基本原理微波炉得以加热食物。相对于来自收音机和电视信号传送器或者手机的每秒交替数百万次的射频场，极低频或功频场每秒只交替 60 次[1,6,7]。

在高功率条件下，微波和射频暴露可以加热身体组织或者产生电流。当人很接近这些东西时可能会干扰心脏起搏器或是正常心传导系统。我们建议限制暴露以免高能级产生不良的生物影响，比如加热身体组织或是产生的电流干扰起搏器。

2004 年世界卫生组织会议评估了儿童期电磁场的暴露及其结果的相互关系，从而为进一步研究提出了建议，包括试验和流行病学对电磁场辐射以及儿童白血病的研究，调查儿童与青少年使用手机产生的辐射与影响，并改进了电场与磁场的测量方法[3]。虽然没有联邦标准来限制职业或是住宅受 60 Hz 电场磁场暴露，但是部分州制订了关于输电线电场的标准[2]。来自低频暴露源（比如电线、轨道交通和焊接设备）对心脏起搏器和植入式心脏除颤器的干扰与高频相同（如手机、寻呼机、公民波段无线电、无线电脑链接、微波信号、广播电视信号传送器）都是学科研究热点。

尽管联邦在 1971 年出台了无线电频率保护指南，不过这只是一份咨询参考而不是管理办法。1996 年联邦通讯委员会采纳了基于量化标准和特定吸收率的射频暴露安全范围标准，以此来衡量人体对射频能量的吸收率[7]。

与移动电话相似（功率很低），当信号电波从距离公众超过几米甚至更远的无线信号塔传来时[7]，这不太可能引起脑组织的间接加热[8,9]。60 Hz 的交流电产生的电磁场也是同理，并不具备足够的能量来断裂化学键或者加热身体组织[2]。一些物理学家指出，人体在客厅所受 60 Hz 交流电的弱电流影响实际上低于神经细胞传导产生的电流数千倍[9,10]。甚至电场相较人体内“布朗分子运动的飓风”产生的能量积累高了 10～50 倍。因此，很多物理学家表示受到低于 10 μT 交流电的电磁场影响而导致生理或病理问题是不可能的[9,11]。然而，其他物理学家认为可能会有一系列的分子或相互关联的细胞可以解决这种来自“杂音”的弱“信号”。

流行病学暴露研究

极低频电磁场暴露

自 20 世纪 70 年代末，极低频磁场开始被作为引起儿童白血病的主要原因之一进行研究。自那开始，已有 20 多个流行病学研究评估了这种潜在的风险。在这些研究的基础上，2002 年国际癌症研究机构（IARC）将极低频磁场划分为一种潜在的致癌因素[11,12]。这种分类是基于流行病学研究调查家庭环境磁场暴露与儿童期白血病风险关系的结果[12,13]。

早期研究表明电磁场的职业暴露与男性乳腺癌(一种罕见的疾病)[13-15]、成人白血病[15,16]和成人脑癌之间存在联系[16,17],但是综合1979—2000年的大约20个流行病学研究,几乎没有证据能够表明儿童脑瘤与家庭电磁场暴露有联系。

超过20个研究将儿童白血病与电磁场暴露联系在一起。这些研究集中在两种不同的理论中。其中一项研究发现受到大于0.3 μT暴露的儿童白血病合并相对危险度估计为受到小于0.1 μT的儿童的1.7倍。另一项研究使用更具体的入选标准,其综合风险评估表明受到0.4 μT以上辐射发病可能是受到0.1 μT以下辐射的2倍。

流行病学研究显示儿童白血病和家庭电磁暴露之间存在多种联系,包括:①住宅与电线之间的距离;②"线编码"基于电线型号(输电线或配电线路)的一种分级系统和线的距离;③诊断后所获得的估算儿童暴露量的测量(包括实时或30秒测量、24小时和48小时住宅测量、和个人测量);④估算诊断前后基于电流的历史记录和家庭与电线的距离所受到的电磁场辐射[1]。我们需要注意的是,这些研究大部分是回顾性的研究并受限于实际测量中存在的困难,存在一定的选择性和回忆性偏倚。此外,还有其他因素,比如交通密度、在电线附近农药的使用和其他潜在的风险,这使通过住宅电磁场暴露对潜在的风险进行全面解释变得困难。

5个研究评估了电器使用与儿童白血病和大脑神经系统肿瘤的风险关系[1]。对儿童白血病这一点在这些研究的2～3个研究中有提及,包括使用电吹风、电热毯和电视对发病可能的(性)有很微小的提升。

比较广泛的文献评估了成人职业性(但不是住宅)低频磁场暴露会使患脑部肿瘤和慢性淋巴白血病的可能性有小幅提升[1,19-21]。一些流行病学证据表明了男性和少部分女性患乳腺癌可能与职业(但不是与家庭因素有关)低频磁场和电场暴露有关,但是证据并不一致[1,13-15]。已有几个研究评估了住宅电磁场暴露与脑部肿瘤、白血病和乳腺癌之间的联系[1,3]。

总之,通过对以往主要研究的集中分析并未取得一致性的证据。住宅磁场暴露超过0.4 μT,会使儿童期白血病风险增加2倍以上,但是儿童期白血病风险不会随磁场水平的降低而不增加,脑瘤风险也与住宅电磁场无关。儿童期白血病的风险升高与高磁场水平住宅关系的机制是未知的[19,20]。对于儿童期白血病和脑瘤与产前或产后用电器暴露的关联性研究结果是不一致的。

射频和微波暴露

根据流行病学的评估结果，射频和微波暴露与严重的儿童疾病之间并无关系。1999 年发表的一篇关于人类癌症与射频暴露之间关系的综合批判性的文章报告的一些积极联系已经确定了这一点，但是结果并不一致，任何类型的癌症都在一直增加[21,22]。另外，有 4 个对照研究显示没有明确证据证明手机的使用会使成人脑瘤发病风险的升高级存在剂量反应关系[22,23]。最近，丹麦全国范围内共计 420 095 名手机用户参与了一项最长 21 年(平均 8.5 年)的实验，实验结果没有证明手机使用与肿瘤的关联[23,24]。这个研究只对成年人进行评估，未能发现脑肿瘤、听神经瘤、唾液腺瘤、眼肿瘤、白血病，或总体癌症患病率的升高。

一项名为丹麦国家出生队列的研究，对 1996—2002 年间登记分娩的母亲进行了使用手机的调研工作[25]。当孩子 7 岁的时候会下发一份问卷，该问卷设置了行为问题和妊娠期及产后的手机使用的问题。在妊娠期和产后使用手机，以及受到高暴露产妇的孩子们身上发现了更高的风险。然而，作者强调谨慎的解释结果，因为没有任何的生物学机制能解释这一现象。他们还指出由于混杂因素没有很好控制导致这结果可能并不具备因果关系。

关于手机的研究(在澳大利亚、加拿大、丹麦、芬兰、法国、德国、以色列、意大利、日本、新西兰、挪威、瑞典和英国的成年人中进行)评估了手机造成的辐射是否会导致恶性脑肿瘤、良性脑肿瘤或使头颈部其他肿瘤发病的概率提高。研究结果表示在所有的手机使用者中没有发现神经胶质瘤或脑膜瘤发病概率提高。然而，研究对象中有少部分长期处于通信状态，其神经胶质瘤的发病风险有所提高[26]。国际癌症研究机构根据长时间通话可能增加神经胶质瘤发病概率，将射频电磁场归为 2B 类(可能的人类致癌物)[27]。

实验室研究

极低频磁场暴露

由于 60 Hz 场和射频场在通常环境下不会断裂化学键或是加热身体

组织,所以普遍认为其对生物体系统不存在影响[9,10]。20 世纪 70 年代中期,一类细胞培养实验和动物实验研究表明这些磁场当达到几百甚至上千微特斯拉的强度时可以引发生物学改变。1997—2001 年报道的一系列综合研究表明,根据长期(长达 2.5 年)生物学鉴定、启动/促癌研究、调查转基因模型以及肿瘤生长研究,没有一致的证据证明极低频磁场辐射和啮齿动物的白血病或淋巴瘤发病之间存在联系。在 3 项大规模长期的生物致癌作用的研究中让大鼠或小鼠接受 2 年电磁场辐射,但未发现有乳腺癌风险提升,这使得功频电磁场不是啮齿动物的完全致癌物成为共识[10,11]。

然而,一项实验室得出了与此不同的结论,该实验表明:大鼠用化学致癌剂处理并经磁场促癌作用产生了乳腺癌,但这一结果未能被另外 2 个实验室所复制[10、11]。极低频磁场辐射可能通过褪黑色素通道调节乳腺癌是乳腺癌的一个特殊问题[28,29]。迄今为止,支持这一说法的实验文献相对较少[28,29]。

在电磁暴露对细胞改变相关过程的研究文献中,首先报道了用于区域电磁场暴露的设施提供了实验方法、细胞株和一些相关实验细节。总的来讲,没有发现磁场对基因表达的影响,尤其是那些可能参与癌变的基因;对共济失调毛细血管扩张患者的培养细胞有致死作用,这种细胞对化学毒物是高敏感的;细胞间隙通讯;钙离子通过细胞质膜涌入细胞内或改变细胞间的钙离子浓度;改变鸟氨酸脱羧酶(一种与肿瘤恶化有关的酶)的活性,或者其他可能的致癌作用的体外过程[10,11]。在一份基于 1990—2003 年间印刷发表的 63 篇实验研究文献的综述中,29 篇调查研究得到的结论在电磁场辐射后并未产生遗传损伤,而 14 篇研究则表示在电磁场辐射后有潜在遗传毒性。其他 20 篇文献认为这是不确定因素[28,30]。因此,大量证据表明电磁场辐射不具有致癌性和遗传毒性[10,11,28,30]。

射频和微波暴露

射频电磁场的室内来源包括微波炉、手机、报警器、电脑终端和电视。尽管有实验研究证明:射频电磁场可以加速某些肿瘤的发展,包括一个在转基因小鼠身上使淋巴癌发病率升高的案例[29,31]。然而,来自超过 100 组研究的全部数据对频率范围从 800～3 000 MHz 的分析表明这些辐射并不具有直接致突变性，也不是癌症的直接诱变剂。生物体受到高射频辐射的不良反应主要是高热，尽管一些研究表明它会明显影响细胞内鸟氨酸脱羧酶水平[30-33]。

常见问答

问题　我准备购置一套房产，但是在那附近有输电线（或是变压器），我应该买吗？

回答　这是一个只有家长能够做出的决定，考虑文献中电磁场暴露和癌症发病率方面仍有很多不确定性是很必要的。对于这种不确定性的考虑，应放在一个较低的个人风险和在其他位置类似的环境风险（如交通风险）水平上。时常在家中进行电磁水平测试，它可以告诉你尽管在电线附近，电磁场仍处于平均水平。

问题　我们的孩子患有白血病，并且有接触输电线或是电器。是由于接触电线或者家用电器而导致他们患有白血病吗？

回答　这些家长们把电线当做白血病的诱因，同时他们会将孩子的痛苦归咎于自己或是考虑到诉讼。很有必要探讨他们这么做背后的原因。

从客观的角度看，确定特殊情况下儿童期白血病的诱因，这是目前科学技术无法完成的任务。即使电离辐射等因素能够导致儿童期白血病是科学共识，它也无法确定一个特定的白血病是否由电离辐射造成的。甚至很多对于的电磁场问题证据之间的关联性都比较弱。

问题　有国家或州建立电磁场的标准吗？

回答　知识的缺乏阻碍科学家推行任何健康标准。国际癌症研究组织建议:决策者为公众和工人制订关于电磁场的指导方针，减少电磁接触是最低成本的措施。几个州已经采用了规定的生成 60 Hz 磁场的输电线。最初担心的是由强电场导致的电击风险［以（kV）每米计］。有些州（比如佛罗里达州的纽约市）出台了相关规定，阻止超过标准的新线路投入使用。这些标准为数百毫高斯不等。加州教育部要求新建学校需要远离输电线一定的距离。100 kV 的输电线要求 30 m(100 ft),345 kV 的要求 76 m(250 ft),这个距离是估计电场水平降低至环境水平的基础。在当前所有关于输电线路中的法规没有一个州采取了相关法规来管理分配线、变电站、电器、或其他来源的电场和磁场。

问题 我的孩子成年之前应该使用手机吗?

回答 流行病学研究尚未对儿童使用手机的风险进行评估,儿童使用手机吸收的能量级别堪比成人;然而,由于儿童体内有大量的离子,具体组织对手机能量的吸收速率可能更高。一些国家的专家表示不应该鼓励儿童广泛使用手机[3,32,34]。因为现在的儿童与成人相比,会经受一个更长期的手机暴露,在这方面进行进一步研究是很有必要的。与此同时,如果可能的话鼓励孩子在可能的时候用书信方式通讯以减少暴露,只用手机进行简短必要的电话,使用免提套件和有线耳机,并保持手机离头部 2.54 cm(1 in)或更远。开车时打电话或发短信会导致注意力分散并且增加交通事故的风险,而造成伤害和死亡。青少年和其他人都不应该在开车时通话或发短信。

问题 我理解科学的不确定性,但是我相信谨慎的做法是尽可能地避免磁场。我能采取何种低消耗或免费的做法吗?

回答 对大多数人而言,他们每天接触最多的电磁场是来自有马达、变压器或加热器等家用电器。那些很容易就可避免的辐射来自于这些电器。家长如果担心来自于家用电器的电磁场暴露,可以确定主要的辐射来源,并限制孩子们接近这些电器的时间[2]。制造商已经减少来自于电热毯(自 1990 年以来)和电脑(自 20 世纪 90 年代初期以来)的辐射。因为磁场随距离增加而迅速下降,一个很简单的方式是增加孩子和电器的距离。

提问 孕妇使用手机有什么需要注意的?

回答 丹麦国家出生队列发表了 3 个关于这个问题的研究。2 个研究表示妊娠期间使用手机与在校期间行为困难有关,如感情问题和多动症[25,35]。第 3 个关于妊娠期使用手机的研究没有发现在出生后 18 个月之内导致延迟发育[36]。我们需要更多的实验来证明这一问题。

参考资料

National Institute of Environmental Health Sciences

Phone：919－541－3345

Web site：www. niehs. nih. gov

Available publications include *Questions and Answers About EMF and Assessment of Health Effects from Exposure to Power-Line Frequency Electric and Magnetic Fields*, both available at http://www. niehs. nih. gov/emfrapid/booklet/home. htm.

National Research Council

Phone：800－624－6242

Web site：www. nationalacademies. org/nrc/index. html

Available publications include *Possible Health Effects of Exposure to Residential Electric and Magnetic Fields*.

National Cancer Institute

FactSheets：*Magnetic Field Exposure and Cancer*：*Questions and Answers* and *Cellular Telephone Use and Cancer*：*Questions and Answers* are both available at www. cancer. gov/cancertopics.

US Federal Communications Commission（FCC）

Web site：www. fcc. gov

The FCC licenses communications systems that use radio-frequency and microwave-frequency EMF（available at：http://www. fcc. gov/oet/info/documents/bulletins/＃56）.

US Food and Drug Ad ministration（FDA）

Phone：888－INFO－FDA（888－463－6332）

Web site：www. fda. gov

Information about cellular telephones can be found at：http://www. fda. gov/cellphones.

World Health Organization

Monograph No. 238，and Fact Sheet No. 322，available at http://www. who. int/peh-emf/en

（徐晓阳 译　曾　媛 校译　宋伟民　赵　勇 审校）

参考文献

[1] Feychting M，Ahlbom A，Kheifets L. EMF and health. *Annu Rev Public Health*. 2005;26:165－189.

[2] EMF RAPID Program. Electric and Magnetic Fields. Research Triangle Park，NC：National Institute of Environmental Health Sciences，National Institutes of Health；2002. Available at：http://www. niehs. nih. gov/emfrapid/booklet/home. htm. Accessed August 19，2010.

[3] Kheifets L，Repacholi M，Saunders R，et al. Th sensitivity of children to electromagnetic filds. Pediatrics. 2005;116(2):e303－e313.

[4] Friedman DR，Hatch EE，Tarone R. Childhood exposure to magnetic filds：residential area measurements compared to personal dosimetry. Epidemiology. 1996；7(2):151－155.

[5] Zaffnella L. Survey of Residential Magnetic Field Sources：Volumes 1 and 2. Palo Alto，CA：Electric Power Research Institute；1993. Available at:http://my. epri. com/portal/server. pt? space = CommunityPage&cached = true&parentname = Obj mgr&parentid = 2&control = SetCommunity &CommunityID = 404&RaiseDocID = TR－102759－V1&RaiseDocType = Abstract_id. Accessed August 19，2010.

[6] World Health Organization. Electromagnetic filds (300 Hz to 300 GHz). Geneva，Switzerland：World Health Organization；1993. Environmental Health Criteria No. 137.

[7] Cleveland RF Jr，Ulcek JL. Questions and Answers About Biological Effcts and Potential Hazards of Radiofrequency Electromagnetic Fields. 4th ed. Washington，DC：Federal Communications Commission；1999. OET Bulletin No. 56.

[8] International Commission on Non-Ionizing Radiation Protection. ICNIRP statement on EMF-emitting new technologies. Health Phys. 2008;94(4):376－392.

[9] Dimbylow PJ，Mann SM. SAR calculations in an anatomically realistic model of the head for mobile communication transceivers at 900 MHz and 1. 8 GHz. Phys Med Biol. 1994；39(10):1537－1553.

[10] American Physical Society. APS council adopts statement on EMFs and public health. APS News Online. 1995;4(7). Reaffied 2008. Available at：http://www. aps. org/publications/apsnews/199507/council. cfm. Accessed August 19，2010.

[11] Moulder JE. Th electric and magnetic filds research and public information dissemination (EMF-RAPID) program. Radiat Res. 2000; 153(5 Pt 2):613 - 616 Chapter 27: Electric and Magnetic Fields 401.

[12] International Agency for Research on Cancer. IARC Monographs on the Evaluation of Carcinogenic Risks to Humans. Volume 80. Non-Ionizing Radiation, Part 1: Static and Extremely Low-Frequency (ELF) Electric and Magnetic Fields. Lyon, France: International Agency for Research on Cancer; 2002.

[13] Schuz J. Implications from epidemiologic studies on magnetic filds and the risk of childhood leukemia on protection guidelines. Health Phys. 2007;92(6):642 - 648.

[14] Tynes T, Andersen A. Electromagnetic filds and male breast cancer. Lancet. 1990;336(8730):1596.

[15] Matanoski GM, Breysse PN, Elliott EA. Electromagnetic fild exposure and male breast cancer. Lancet. 1991;337(8743):737.

[16] Kheifets LI, Afi AA, Buffl PA, et al. Occupational electric and magnetic fild exposure and leukemia. A meta-analysis. J Occup Environ Med. 1997;39(11): 1074 - 1091.

[17] Kheifets LI, Afi AA, Buffl PA, et al. Occupational electric and magnetic fild exposure and brain cancer: a meta-analysis. J Occup Environ Med. 1995;37(12): 1327 - 1341.

[18] Ahlbom IC, Cardis E, Green A, et al. Review of the epidemiologic literature on EMF and health. Environ Health Perspect. 2001;109(Suppl 6):911 - 933.

[19] Greenland S, Sheppard AR, Kaune WT, et al. A pooled analysis of magnetic filds, wire codes, and childhood leukemia. Childhood Leukemia-EMF Study Group. Epidemiology. 2000;11(6):624 - 634.

[20] Kheifets L, Shimkhada R. Childhood leukemia and EMF: review of the epidemiologic evidence. Bioelectromagnetics. 2005;(Suppl 7):S51 - S59.

[21] Kheifets LI. Electric and magnetic fild exposure and brain cancer: a review. Bioelectromagnetics. 2001;(Suppl 5):S120 - S131.

[22] Elwood JM. A critical review of epidemiologic studies of radiofrequency exposure and human cancers. Environ Health Perspect. 1999;107(Suppl 1):155 - 168.

[23] Frumkin H, Jacobson A, Gansler T, et al. Cellular phones and risk of brain tumors. CA Cancer J Clin. 2001;51(2):137 - 141.

[24] Schuz J, Jacobsen R, Olsen JH, et al. Cellular telephone use and cancer risk: update of a nationwide Danish cohort. J Natl Cancer Inst. 2006;98(23):1707 - 1713.

[25] Divan HA, Kheifets L, Obel C, et al. Prenatal and postnatal exposure to cell phone use and behavioral problems in children. Epidemiology. 2008;19(4):523-529.

[26] INTERPHONE Study Group. Brain tumour risk in relation to mobile telephone use: results of the INTERPHONE international case-control study. Int J Epidemiol. 2010;39(3): 675-694.

[27] International Agency for Research on Cancer. IARC classifis radiofrequency electromagnetic filds as possibly carcinogenic to humans [press release] Lyon, France: International Agency for Research on Cancer; May 31, 2011. Available at: http://www.iarc.fr/en/media-centre/pr/2011/pdfs/pr208_E.pdf. Accessed July 14, 2011.

[28] Brainard GC, Kavet R, Kheifets LI. Th relationship between electromagnetic fild and light exposures to melatonin and breast cancer risk: a review of the relevant literature. J Pineal Res. 1999;26(2):65-100.

[29] Davis S, Mirick DK, Stevens RG. Residential magnetic filds and the risk of breast cancer. Am J Epidemiol. 2002;155(5):446-454.

[30] Vijayalaxmi, Obe G. Controversial cytogenetic observations in mammalian somatic cells exposed to extremely low frequency electromagnetic radiation: a review and future research recommendations. Bioelectromagnetics. 2005;26(5):412-430.

[31] Repacholi MH, Basten A, Gebski V, et al. Lymphomas in E mu-Pim1 transgenic mice exposed to pulsed 900 MHz electromagnetic filds. Radiat Res. 1997;147(5):631-640.

[32] Brusick D, Albertini R, McRee D. Genotoxicity of radiofrequency radiation. DNA/Genetox Expert Panel. Environ Mol Mutagen. 1998;32(1):1-16.

[33] Repacholi MH. Health risks from the use of mobile phones. Toxicol Lett. 2001;120(1-3): 323-331.

[34] Independent Expert Group on Mobile Phones. Mobile Phones and Health. Available at: http://www.iegmp.org.uk/report/text.htm. Accessed August 19, 2010.

[35] Divan HA, Kheifets L, Obel C, et al. Cell phone use and behavioural problems in young children. J Epidemiol Community Health. Epub ahead of print December 7, 2010.

[36] Divan HA, Kheifets L, Olsen J. Prenatal cell phone use and developmental milestone delays among infants. Scand J Work Environ Health. Epub ahead of print March 14, 2011. doi: 10.5271/sjweh.3157.

第 28 章

内分泌干扰物

内分泌干扰物是一种外源性合成的或天然的化学物质，具有模仿或者修饰内源性激素的作用。最初用于描述具有雌激素作用的物质，现在已扩展到描述具有干扰甲状腺激素、胰岛素和雄激素活性作用的物质，会影响多种激素共同作用的复杂过程，例如青春期的生长和发育。

农药会干扰脊柱动物的内分泌过程的概念的来源，可以追溯到观察到二氯二苯三氯乙烷(DDT)降低远洋鸟类(生活在开放海中而不是在沿海或内陆水域的鸟类)的卵的孵化率[1]。DDT 和其他杀虫剂，如甲氧氯和十氯酮[2]，以及工业化学品，如特殊的多氯联苯(PCBs)，在实验室试验中可以发挥雌激素作用。

除了合成的化学物质，动物食用的植物中的植物雌激素在足够高的浓度时，可以发挥雌激素作用(参见第 16 章)。

暴露途径

最主要的内分泌干扰物暴露途径是摄入，包括母乳喂养；胎儿可能通过胎盘暴露。

累及的系统和临床效应

很多的化学物质在一些生物系统中具有雌激素活性。使用最广泛的测试系统是一种有人类雌激素受体和报告基因的酵母。如果被测试的化学物质结合并激活这些受体，就会合成这些受体的基因产物(通常是一种磷光蛋白质)，并且很容易被检测。其他类型的激素活性存在类似的情况。现在已有报道，环境化学物质还具有其他的激素活性。DDT 有抗雄性激素的活性[3]，某些农药和多氯联苯同系物可占据甲状腺激素受体[4]，其他物质产生的症状（如不孕症的工人与接触十氯酮和二溴氯丙烷有关）极可能是干扰正常内分泌功能的结果，即使激素基础尚未建立。

影响环境的化学合成物可导致精子计数的长期趋势的改变（近期综述[5]）；睾丸癌[6]、隐睾症[7]、尿道下裂[8]等患病率变化以及整体人群中男性出生比例的下降[9]。尽管 DDT 已被研究，看似没有诱发儿童尿道下裂或隐睾症[10]或成人乳腺癌[11]，但是几乎没有研究在同样的个体或群体中检测得到特定结果及相关化学物质；因此，这些关联没有很好的证据支持[见罗根（Rogan）和拉根（Ragan）[12]的综述]。表 28－1 显示了儿科研究的一些可能的内分泌结果，在这些研究中环境化学物质可被检测或者其暴露可被合理推断。

在美国（北卡罗来纳州），当暴露于背景水平的多氯联苯和二氯二苯二氯乙烯（DDE），母亲产前暴露于越多的 DDE，出生的男孩在 14 岁时，身高更高、体重更重[13]。对青春期发动的年龄没有影响。产后（哺乳期）暴露于 DDE 没有明显的影响，暴露于多氯联苯也没有明显影响，但 DDE 的这一重大影响与另一项针对 304 个青春期男孩的前瞻性的研究结果不一致[14]。母亲孕期宫内经胎盘暴露于高水平的多氯联苯的女孩在 14 岁时，其体重比同年龄、同身高女孩重 5.4 kg，但这一差异仅限于白种人分析时有意义。尽管，一些研究证据表明，高水平多氯联苯暴露的女孩较早进入青春期早期阶段，但证据的数量较少，且对月经初潮的年龄似乎没有影响[13]。这些调查结果也没有被重复过。

已有研究分析了其他的几种物质，包括铅和邻苯二甲酸酯增塑剂对青春发动期的影响[12]。在几项研究中发现，高浓度的血铅与青春期发动延后有关，但这一影响与青春期骨量增加引起血液中铅浓度下降一致。在波多黎各，血中高浓度邻苯二甲酸酯与女性乳房过早发育有关，但没有报道证实这一强有力的效应[15]。一项研究发现，孕妇暴露于邻苯二甲酸酯与男性儿童的肛门与生殖器距离指数短有关（参见第 38 章）[16]。肛门与生殖器距离具有二态性，并被广泛应用于啮齿动物实验来评估雄激素拮抗剂。丹麦一项关于隐睾症男孩的研究，测量了 3 个月大母乳喂养的男婴内源性雄激素以及母乳中的邻苯二甲酸酯（表 28－1）。

表 28-1　儿科研究列表

化学物质	结果	年龄/暴露途径	选择的研究
多氯联苯	在青春期女性和/或青春期早期体重增重	出生以前	来自多项研究的结果不一致[13,34,35]
	甲状腺系统改变	大多数出生以前	来自多项研究的结果不一致[36]
DDT	青春期男性体重增加；对青春期发育没有影响	出生以前	在一项研究中出现[13]，在另一项研究中没有出现[14]
	哺乳期持续时间降低	在美国和墨西哥，母亲暴露于食品	来自多项研究的结果不一致[23-26,37]
高剂量多氯代二苯/多氯联苯并呋喃	青春期阴茎减小 青春期女性身高降低	产前孕妇因污染的食用油中毒	前瞻性队列研究，25名男性，104名女性[38]
	精子活力下降		前瞻性队列研究，12名暴露的男性[28]
高剂量二噁英（TC-DD）或多氯代二苯并呋喃	男性出生数量减少	孕前，父亲暴露于工业爆炸	历史性队列——239名男性，298名女性家长及328名男性，346名女童[29] 回顾性队列研究——50名男性，81名女童[30]
大豆异黄酮	改变婴儿的胆固醇代谢	婴儿配方奶粉	7名婴儿的临床试验[39]
	20～34岁女性出现轻微月经不规则		128名女性的临床试验随访[33]
多溴联苯	早发月经初潮	出生前	对327名暴露注册表上5～24岁女性后代参与者的调查[40]
邻苯二甲酸酯类	青春期乳房开始发育早	同期的身体负荷	41例病例对照研究[15]
	肛门生殖器指数下降	母亲暴露	134名男婴横断面研究[16]
	3个月男婴性激素水平下降	母乳喂养	16例隐睾病例对照研究[17]

虽然在隐睾症患儿和对照组男孩间没有区别，但如果男孩的母亲乳汁中有高浓度的某种邻苯二甲酸酯的话，男孩的血清睾酮浓度较低且黄体生成素浓度较高[17]。

在 2 项多氯联苯暴露与儿童发育的研究中，出生时肌张力减退与胎儿期暴露于多氯联苯[18]或母亲食用被多氯联苯污染的鱼的既往史有关[19]。这一发现提示多氯联苯对甲状腺激素有影响。已知多氯联苯对发育中的甲状腺有毒[20]。随后，一项研究发现肌张力减退伴随着高浓度的促甲状腺激素[21]，并且现在多个研究提供了参照数据[哈格玛尔(Hagmar)的综述[22]]。总体来说，各种甲状腺激素水平测量的关联微弱、不一致或无关联。这一假设有非常合理的实验依据，但可能需要进一步的创新性研究。

在北卡罗来纳州及墨西哥的 2 项研究中可见 DDE 的雌激素样作用(如哺乳的持续时间缩短)[23]，虽然在密歇根的妇女中可以看到类似的影响[24]，但在纽约上州的一项研究[25]及墨西哥[26]的一项研究中，表明 DDE 与断奶没有关联。

在中国台湾地区，曾因母亲染毒而在子宫内暴露于高水平的多氯联苯和多氯代二苯并呋喃的青年男性与对照组相比，有正常的青春发育分期过程，但阴茎相对较小。女孩子的青春期发育没有受影响[27]。这是一种复杂的效应，显然不是雌激素这一种物质起作用，而且其机制未知。基于该队列的另一个研究发现，与对照组相比，经受产前暴露的青少年精子质量降低[28]。

在意大利的塞维索地区，出生的女孩数量明显多于男孩，在那里爆炸释放出大量的 2,3,7,8－四氯代二苯并二噁英(TCDD)，它是一种有毒的卤代烃，但是这种影响仅在父亲被暴露时出现[29]。在中国台湾地区的一项对高暴露于多氯联苯和多氯代二苯并呋喃的人群研究中发现了相似的男性出生缺陷的现象，但是也仅在父亲被暴露时出现[30]。直到最近，日本研究出 TCDD 暴露的老鼠后，这一发现才得到实验证实[31]。在塞维索的男性暴露于 TCDD 后，精子数量和质量发生改变；其结果取决于什么时候暴露，并且其临床意义还未知[32]。

大豆及大豆婴儿配方奶粉中含有雌激素异黄酮。大豆配方奶粉在第 16 章中有详细讨论。在唯一一项具有随访数据的研究中，婴儿期喂养大豆配方奶粉的 128 名女性，在 20～34 岁时填写邮寄给她们的问卷；唯一与她们的配方奶粉雌激素作用相关的差异是月经出血周期更长，而且月经期更疼痛[33]。这一研究虽然是有用的，但是研究范围比较小，因此在这一领域需要更多地工作。

环境化学物质在内分泌干扰作用致病的过程中发挥何种作用，目前仍不清楚。许多对子宫内膜异位症、睾丸癌，青春期、新生儿时期雌激素处理和其他可能结局的研究正在进行中。然而，目前环境污染导致人类内分泌干扰仍然只是实验室证据的推断。虽然，现在有越来越多的关于儿童的研究，并且这一领域正在被积极地研究调查，但很少有研究结果能够在多个研究中重复，并且从任何一项研究得到的新发现都被认为是暂时性的。

规章

1996 年的美国《食品质量保护法》(FQPA)要求测试释放到环境中化学物质，因为它们可能有内分泌干扰作用，而且，美国环境保护署(EPA)现在在设计一个测试步骤。实施进度可以在美国环境保护署内分泌干扰物质网站(www. epa. gov/endo)上查到。最有可能是，该测试将为更深入地研究提供可选择的物质。它不会取代传统的一般毒性和致癌性测试。

常见问题

问题　*我的孩子睾丸未降到阴囊或尿道下裂是由于我在怀孕期间接触化学污染物吗?*

回答　没有对照研究表明这种关联性。一些证据表明这种情况一直在增加，但引起增加的原因仍未清楚。

问题　*我的女儿 10 岁就月经初潮了。这是化学品暴露引起的吗?*

回答　大约从 1840 年起，欧洲北部的白人女孩的初潮开始较早，可能是由于营养较好。尽管，月经初潮的年龄标准包括了黑人女孩的情况和她们总的来说更小的初潮年龄，但近来在美国月经初潮的年龄没有大的改变。一个专家小组最近的观点是女孩的青春期出现提前，但是到目前为止,男孩青春期提前的证据不足。越来越多的肥胖对月经提前起重要作用,但是环境化学物质是否是一种重要的原因还不清楚[41]。

问题 如果化学物质比如双酚 A 在实验室测试中是一种内分泌干扰物质,为什么还允许用于包装?

回答 致癌物质是唯一的毒理学定义的一类零容忍的化合物。《德莱尼条款》(Delaney Clause),首次引入 1958 年美国食品和药品的修正案,要求任何剂量对人类或动物致癌是零容忍的食品添加剂。但对于内分泌干扰物尚没有相关要求零剂量标准的立法。因此,它们通过证据权衡法,像任何其他潜在的毒物一样被管理。这种方法考虑所有可用的数据,并且可能不会因为它在一些测试系统中有内分泌活性而被禁止。就双酚 A 来说,实验室结果是复杂的,而且在一定程度上存在争议。尽管有数据显示人类暴露,但没有数据显示明确的毒性。尽管有不确定性,但最近加拿大禁止塑料制成的婴儿奶瓶含有双酚 A。

(张 军 译 王伟业 校 许积德 徐 健 审校)

参考文献

[1] Fry DM. Reproductive effects in birds exposed to pesticides and industrial chemicals. *EnvironHealth Perspect*. 1995;103(Suppl 7):165 - 171.

[2] Boylan JJ, Egle JL, Guzelian PS. Cholestyra mine: use as a newtherapeutic approach forchlordecone (kepone) poisoning. *Science*. 1978;199(4331):893 - 895.

[3] Kelce WR, Stone CR, Laws SC, et al. Persistent DDTmetabolite p,p-DDE is a potent androgen receptor antagonist. *Nature*. 1995;375(6532):581 - 584.

[4] Rickenbacher U, McKinney JD, Oatley SJ, et al. Structurally specific binding ofhalogenated biphenyls to thyroxine transport proteins. *J Med Chem*. 1986;29(3): 641 - 648.

[5] Hauser R. The environment and male fertility: recent research on emerging chemicals andsemen quality. *Se minReprod Med*. 2006;24(3):156 - 167.

[6] Liu S, Semenciw R, Waters C, et al. Clues to the aetiologicalheterogeneity of testicular se minomas and non-se minomas: time trends and age-period-cohortef-

fects. *Int J Epidemiol*. 2000;29(5):826－831.

[7] James WH. Secular trends in monitors of reproductive hazard. *Hum Reprod*. 1997;12(3):417－421.

[8] Paulozzi LJ, Erickson JD, Jackson RJ. Hypospadias trends in two US surveillance systems. *Pediatrics*. 1997;100(5):831－834.

[9] Davis DL, Gottlieb MB, Stampnitzky JR. Reduced ratio of male to female births in severalindustrial countries: a sentinel health indicator? *JAMA*. 1998; 279 (13):1018－1023.

[10] Longnecker MP, Klebanoff M, Brock JW, et al. Maternal serum level of 1,1-dichloro-2,2-bis(p-chlorophenyl)ethylene and risk ofcryptorchidism, hypospadias, and polythelia amongmale offspring. *Am J Epidemiol*. 2002;155(4):313－322.

[11] Laden F, Collman GW, Iwamoto K, et al. 1,1-Dichloro-2,2-bis(p-chlorophenyl) ethyleneand polychlorinated biphenyls and breast cancer: combined analysis of five U. S. studies. *JNCI*. 2001;93(10):768－775.

[12] Rogan WJ, Ragan NB. Some evidence of effects of environmental chemical on the endocrinesystem in children. *Int J Hyg Environ Health*. 2007; 210 (5): 659－667.

[13] Gladen BC, Ragan NB, Rogan WJ. Pubertal growth and development and prenatal andlactational exposure to polychlorinated biphenyls and dichlorodiphenyldichloroethene. *J Pediatr*. 2000;136(4):490－496.

[14] Gladen BC, Klebanoff M, Hediger ML, et al. Prenatal DDTexposure in relation to anthropometric and pubertal measures in adolescent males. *EnvironHealth Perspect*. 2004;112(17):1761－1767.

[15] Colón I, Caro D, Bourdony CJ, et al. Identification of phthalate esters in the serumof young Puerto Rican girls with premature breast development. *Environ Health Perspect*. 2000;108(9):895－900.

[16] Swan S, Main KM, Liu F, et al. Decrease in anogenital distance among male infants with prenatal phthalate exposure. *Environ Health Perspect*. 2005;113(8): 1056－1061.

[17] Main KM, Mortensen GK, Kaleva MM, et al. Human breast milk conta mination with phthalates and alterations of endogenous reproductive. hormones in infants three months of age. *Environ Health Perspect*. 2006;114(2):270－276.

[18] Rogan WJ, Gladen BC, McKinney JD, et al. Neonatal effectsof transplacental exposure to PCBs and DDE. *J Pediatr*. 1986;109(2):335－341.

[19] Jacobson JL, Jacobson SW, Fein GG, et al. Prenatal exposure to anenvironmental toxin: a test of the multiple effects model. *Dev Psychol*. 1984;20:523－532.

[20] Collins WT, Capen CC. Fine structural lesions and hormonal alterations in thyroid glandsof perinatal rats exposed *in utero* and by the milk to polychlorinated biphenyls. *Am J Pathol*. 1980;99(1):125－142.

[21] Koopman-Esseboom C, Morse DC, Weisglas-Kuperus N, et al. Effects of dioxins andpolychlorinated biphenyls on thyroid hormonestatus of pregnant women and their infants. *Pediatr Res*. 1994;36(4):468－473.

[22] Hagmar L. Polychlorinated biphenyls and thyroid status in humans: a review. *Thyroid*. 2003;13(11):1021－1028.

[23] Gladen BC, Rogan WJ. DDE and shortened duration of lactation in a Northern Mexican town. *Am J Public Health*. 1995;85(4):504－508.

[24] Karmaus W, Davis S, Fussman C, et al. Maternal concentration of dichlordiphenyldichloroethylene (DDE) and initiation and duration of breast feeding. *PaediatrPerinatEpidemiol*. 2005;19(5):388－398.

[25] McGuiness B, Vena JE, Buck GM, et al. The effects of DDE on the duration of lactationamong women in the New York State Angler Cohort. *Epidemiology*. 1999;10:359.

[26] Cupul-Uicab LA, Gladen BC, Hernandez-Avila M, et al. DDE, adegradation product of DDT, and duration of lactation in a highly exposed area of Mexico. *Environ Health Perspect*. 2008;116(2):179－183.

[27] Chen YC, Guo YL, Yu ML, et al. Physical and cognitive development of Yu-Chengchildren born after year 1985. In: Fiedler H, Frank H, Hutzinger O, Parzefall W, Riss A, Safe S, eds. *Organohalogen Compounds*. 14th ed. Vienna, Austria: Federal Environmental Agency; 1993:261－262.

[28] Guo YL, Hsu PC, Hsu CC, et al. Semen quality after exposure to polychlorinatedbiphenyls and dibenzofurans. *Lancet*. 2000;356(9237):1240－1241.

[29] Mocarelli P, Gerthoux PM, Ferrari E, et al. Paternal concentration of dioxin and sex ratio ofoffspring. *Lancet*. 2000;355(9218):1858－1863.

[30] Gomez I, Marshall T, Tsai P, et al. Number of boys born to men exposed topolychlorinated biphenyls. *Lancet*. 2002;360(9327):143－144.

[31] Ishihara K, Warita K, Tanida T, et al. Does paternal exposure to 2,3,7,8-tetrachlorodibenzo-p-dioxin (TCDD) affect the sex ratio of offspring? *J Vet Med Sci*. 2007;69(4):347－352.

[32] Mocarelli P, Gerthoux PM, Patterson DG, et al. Dioxin exposure, from infancy throughpuberty, produces endocrine disruption and affects human semen quality. *Environ Health Perspect*. 2008;116(1):70-77.

[33] Strom BL, Schinnar R, Ziegler EE, et al. Exposure to soy-based formula in infancy andendocrinological and reproductive outcomes in young adulthood. *JAMA*. 2001;286(7):807-814.

[34] Vasiliu O, Muttineni J, Karmaus W. In utero exposure toorganochlorines and age at menarche. *Hum Reprod*. 2004;19(7):1506-1512.

[35] Denham M, Schell L, Deane G, et al. Relationshipof lead, mercury, mirex, dichlorodiphenyldichloroethylene, hexachlorobenzene, andpolychlorinated biphenyls to ti ming of menarche among Akwesasne Mohawk girls. *Pediatrics*. 2005;115(2):e127-e134.

[36] Brouwer A, Longnecker M, Birnbaum L, et al. Characterization of potential endocrinerelatedhealth effects at low-dose levels of exposure to PCBs. *Environ Health Perspect*. 1999;107(Suppl 4):639-649.

[37] Rogan WJ, Gladen BC, McKinney JD, et al. Polychlorinated biphenyls (PCBs) anddichlorodiphenyldichloroethene (DDE) in human milk: effects on growth, morbidity, and duration of lactation. *Am J Public Health*. 1987; 77(10): 1294-1297.

[38] Guo YL, Lai TJ, Ju SH, et al. Sexual developments and biological findingsin Yucheng children. In: Fiedler H, Frank H, Hutzinger O, et al. eds. *Organohalogen Compounds*. 14th ed. Vienna, Austria: Federal Environmental Agency; 1993:235-238.

[39] Cruz ML, Wong WW, Mimouni F, et al. Effects ofinfant nutrition on cholesterol synthesis. *Pediatr Res*. 1994;35(2):135-140.

[40] Blanck HM, Marcus M, Tolbert PE, et al. Age at menarche and tanner stage in girls exposedin utero and postnatally to polybro minated biphenyl. *Epidemiology*. 2000;11(6):641-647.

[41] Golub MS, Collman GW, Foster PMD, et al. Public health implications of altered pubertyti ming. *Pediatrics*. 2008;121(Suppl 3):S218-S230.

第 29 章

汽油和汽油添加剂

■■■■■■

汽油是由原油蒸馏产生的挥发烃类化合物组成的一种复杂的混合物。汽油含有多达 1 000 种不同的化学物质[1]，包括烷烃、烯烃和芳烃。汽油成分随着原油来源、提炼过程、地理位置、季节和性能需求(辛烷值)的不同而变化。2005 年美国消耗超过 643.5×10^9 L(170×10^9 gal)汽油(相比过去 10 年增加 25%)[2]。2006 年，美国汽油消耗量占全球消耗总量的近 43%[3]。汽油燃烧是导致大气污染和全球气候变暖的一个重要因素[4]。在美国汽油经常污染饮用水[5]。本章回顾了汽油和汽油添加剂对健康的影响。暴露于汽车尾气(包括柴油废气)的健康危害在第 21 章中讲述。

汽油中的有毒和致癌成分包括苯、1,3-丁二烯、1,2-二溴乙烷、甲苯、乙苯、抗暴剂和增氧剂[1]。苯是一种多环芳烃，可导致白血病并可能导致多发性骨肉瘤[6-8]。苯在汽油中的比重是 4%，但在阿拉斯加州苯占汽油比重的 5%[6]。

在美国，四乙基铅是汽油中的主要防爆剂，直到 1976—1990 年才逐渐停止使用，这使得儿童的血铅水平下降了 90%[9]。汽油中使用四乙基铅的国家不断减少，截至 2010 年，联合国环境规划署(UNEP)报告只有 9 个国家仍在使用含铅汽油[10]。使用含铅汽油的国家的儿童的平均血铅水平要比美国儿童的血铅水平高 100～150 μg/L。关于这一问题的进一步讨论在第 31 章中论述。

已有人提出用甲基环戊二烯三羰基锰(MMT)替代四乙基铅作为汽油防爆剂[12]。锰的职业暴露可导致帕金森综合征已被熟知[13]。现有数据表明，汽油中 MMT 燃烧造成锰的社区暴露可能与亚临床神经功能损伤有关[13-15]。第 24 章对 MMT 和锰做了进一步讨论。

汽油中添加增氧剂，特别是在冬天，可以减少一氧化碳的排放[16,17]。

在美国，甲基叔丁基醚(MTBE)作为增氧剂被广泛应用，在汽油中的浓度达到总体积的15%[18]。MTBE燃烧产生甲醛等刺激性气体，这已经被认为与儿童呼吸道不适和哮喘发作密切相关[16,19]。在美国很多地区MTBE已渗入到地下水中，是美国饮用水中最常被检测到的挥发性有机化合物(VOCs)之一[5]。即使低至20 μg/L的浓度，MTBE也可造成不好的味道使得水不能饮用。在加利福尼亚州，基于味道和气味的要求，水中MTBE的污染限值为5 μg/L[20]。在商业使用之前，MTBE并没有经过毒理学检测[21]。而随后的实验动物研究显示它可以导致淋巴系统肿瘤和睾丸癌的发生[22]。鉴于这些研究发现，加利福尼亚州州长于1999年在美国第一个颁布了州命令，要求在2002年12月31日完全淘汰汽油中的MTBE[23]。到2009年，已有25个州完全或部分强制停止使用MTBE[24]。

在美国乙醇也被用作汽油的增氧剂，添加浓度高达总体积的10%。不管汽油中是否含增氧剂，人们在加油的过程中都会短暂暴露于汽油中低水平的已知致癌物和一些潜在的有毒化合物[25,26]。

暴露途径和暴露源

呼吸道吸入

在加油站、高速公路上或靠近石油加工厂和输油管道设施的社区，儿童可能会吸入挥发性汽油蒸气。儿童也会吸入汽油发动机排放的尾气。发动机尾气包含不完全燃烧的汽油和汽油完全燃烧产生的有毒产物，例如多环芳烃[27]。如果汽油中添加了四乙基铅或者MMT，尾气中将含有铅或者锰。暴露于汽油尾气的组成成分，如一氧化碳、氮氧化合物和可吸入颗粒，可能会引发健康问题。这些问题在第21章和第25章中详细叙述。儿童可能通过故意“嗅探”汽油，而导致急性暴露于高剂量的汽油蒸气，故意性汽油“嗅探”是吸入性药物滥用的一种形式[28,29]。

皮肤吸收

汽油是脂溶性的，可以通过皮肤而被吸收。

消化道摄入

儿童可能误食汽油。一个很常见的场景是儿童误食了储存在盛放食品或饮料的容器内的汽油，如盛放在苏打水瓶中的汽油。这可导致非常严重的毒性。儿童可能通过饮用被污染的水或用被污染的水洗澡而暴露于汽油的某些成分，如 MTBE 和苯。在幼儿中不常见大量摄食但是经常发生在青少年。20 世纪 70 年代，从停靠的汽车抽吸汽油是司空见惯的做法，这也是一种青少年潜在的暴露源。汽油在胃肠道吸收率低，因此只要不发生吸入，误吞汽油的毒性通常比较轻微。

累及的系统

大量摄入汽油可导致以下 3 种或以下 3 种中任一种急性系统综合征：①化学性肺炎；②中枢神经系统(CNS)毒性；③内脏损伤，包括肝脏毒性、心肌病变、肾脏毒性和肝脾肿大[30]。低浓度的汽油和汽油添加剂如 MTBE 对饮用水源的广泛污染，增加了人们对慢性低水平暴露的潜在健康影响的关注。慢性高水平暴露于汽油和汽油中某些成分如苯可能致癌。关于饮用水中 MTBE 暴露或者慢性环境暴露于汽油中的 MTBE 对人类的致癌性，目前尚缺乏研究数据。

肺

摄入液态汽油后会导致化学性肺炎[31,32]。吸入似乎是肺部暴露的主要途径，除特殊情况外(参见治疗部分)，当摄入汽油后，不应该采用催吐的处理方式。呼吸困难、呕吐和高热等症状可能会在暴露 30 分钟内出现，但症状也可能延迟至暴露 4 小时后才发生。2%～3%的患者可出现发绀。摄入汽油 48～72 小时后症状通常会加重，但之后 5 天～1 周即可恢复。只有少于 2%的患者发生死亡。

汽油导致的肺炎的肺部病理变化包括间质性肺炎、水肿和肺泡内出血。病理生理学并不完全清楚，但可能涉及对肺组织的直接损伤和表面活性剂层的破坏[32]。影像学改变包括肺门增大，基底浸润和融合。50%～90%的患者会发生这些变化。最初的放射影像学检查可以正常，与临床症状的严重程度和临床体检结果不完全一致。症状恢复后影像学变化仍然可持续几周。对幸存者进行长期随访显示一部分患者会出现支气管扩张症、肺部纤维化，以及很多患者(82％)虽然无症状但在肺功能检测时存在轻微异常[33]。

中枢神经系统

汽油的亲脂特性使得它可以通过血脑屏障。但是，汽油很少被胃肠道吸收，因此摄食汽油通常不会导致中枢神经系统症状。急性吸入高浓度的汽油蒸气具有麻醉作用，会发生眩晕、兴奋、麻木和意识丧失[34]。有少数关于惊厥和昏迷的病例报道，还有记载出现痴呆和脑干功能障碍。

心血管系统

心律不齐或者心功能不全的患者可在接触高浓度的汽油蒸气短短 5 分钟发生突发性吸入死亡综合征[29]。这是吸入剂滥用的主要死亡原因。慢性汽油嗅探可导致心肌病变但不常见。

肝脏

高剂量的汽油暴露可导致肝细胞损伤和肝脾肿大[6,20]。

肾脏

高剂量汽油暴露可导致肾小管损伤[6,20]。

致癌性

慢性职业性汽油暴露可能与肾细胞癌和鼻癌有关[1,35]。结合广泛暴露于零售加油站的汽油蒸气和美国肾癌率的上升，这可能是一个重要的公共卫生问题。动物实验也显示汽油暴露和肾癌之间存在关联[1,36]。汽油的几个组分被证实为可能的人类致癌物(表 29－1)。

表 29 - 1　汽油中的致癌物质

化学物质	相关癌症	确定的因果关系
苯	白血病、多发性骨髓瘤	白血病已证实，骨髓瘤可能[7,8]
1.3 - 丁二烯	淋巴瘤、白血病、骨髓化生	可能存在联系[37]
甲基叔丁基醚(MTBE)	睾丸癌、淋巴癌	在动物实验中强阳性[22]，人类中尚无数据

值得注意的是，要想通过流行病学研究确定汽油及其组分的致癌性存在固有局限性。这些局限包括：①过去汽油蒸气的暴露水平或其他物质的并行暴露，例如汽油或柴油发动机尾气，这些信息不够完整；②汽油不断变化的组分；③暴露于汽油的组分及随后出现的疾病之间的潜伏期较长，通常为许多年。

由于这些原因，流行病学研究往往低估毒物暴露与疾病之间关联的强度。实验动物的毒理学研究可以补充流行病学调查，就像流行病学研究补充实验动物研究一样。

诊断

急性，高剂量汽油暴露可根据病史和检测呼气中汽油的气味诊断。尽管 MTBE 及其分解产物——丁醇，可从呼气、血液和尿液中检测，但当前这些检测措施的可获得性以及临床效用是有限的。苯可从呼气和血液中检测。苯的某些代谢物，例如苯酚，可以在尿液进行检测。然而，这种检测并不是苯暴露水平的定量性指标，因为苯酚还有膳食等其他来源[38]。这种检测 MTBE 和苯的代谢物的方法在流行病学研究中比较适用，通常不在临床中应用。诊断通常根据暴露史来确定。

评估社区空气或地下水中汽油及其组分的暴露水平需进行专业的空气或水采样，采样通常由经过认证的环境科学家或政府机构，如州或县卫生部门或环境保护部门等来执行。社区暴露的数据的一个重要来源是美国环境保护署(EPA)的有毒物质排放清单(www. scorecard. org)。

治疗

急性高剂量汽油暴露所引起的化学性肺炎的治疗，需先对疾病的严重性进行临床评估及汽油摄入量的评估。许多儿童摄入少量汽油从未出现症状。当对这样的儿童进行医学评估时，需观察 4 小时，以判断其能否出院。因为大多数情况下，儿童仅摄入少量的汽油，如果儿童摄入汽油后 4 小时内无症状，门诊就诊及密切随访（取决于家庭的依从性）通常是足够的。有轻度症状（如咳嗽、呼吸急促、气喘或缺氧）的儿童应留院观察，以防病情恶化。更严重的病例需要住院，甚至入住儿科重症监护病房。

是否使用胃排空是长期争论的话题。目前，禁止通过催吐剂或洗胃进行胃排空，以防误吸[32,39]。类固醇在汽油性肺炎中作用不大。如伴有二次细菌感染，可用抗生素。有关预防性应用抗生素是否必要是长期争论的话题，尚未有答案。

最严重的进展性呼吸窘迫的病例，需进行机械通气。使用呼气末正压通气（PEEP），并使用极高的呼吸频率（220～260 次/ min）进行高频喷射通气。其他措施都无效时，需进行体外膜肺氧合[32]。

暴露预防

儿童和青少年应尽量减少暴露于汽油及其蒸汽，以防止出现迟发性的健康后果，尤其是癌症。年轻人不宜从事泵汽油或在加油站工作。

汽油不应存储在通常盛食品或饮料的瓶子或其他容器中，不应该放在年幼儿童容易拿到的地方或很容易吸引幼儿注意力的容器里。

靠近炼油厂、转运站和其他石油装卸设施而造成汽油蒸气暴露的社区，可能需要与社区居民合作、儿科医生和环境机构合作，采取协调一致的社区行动以促进原料改善。

需要在水龙头安装活性炭过滤器或换用瓶装水以预防汽油及其添加剂污染地下水。防止暴露于汽油中的毒性添加剂，如四乙基铅、MMT、MTBE 或苯，最好是通过政府法规来实现或逐步在汽油中停止使用这些化合物[9,23]。

常见问题

问题　当家长开车到加油站加油时，儿童短暂暴露于汽油蒸气的危害是什么？

回答　这个风险是很小的，但应尽量减少汽油暴露的时间，以使儿童发生迟发性健康问题的风险最小化，尤其如儿童吸入苯蒸气诱发的白血病。建议关闭车窗。给车辆加油的母亲不应抱着婴儿。虽然学习为汽车加油是一个必要的生活技能，但不建议年幼儿童这么做。美国有些州限定 16 岁及以上的儿童才能为汽车加油。

问题　加油站的地下储罐泄漏导致地下水污染，居住在此社区的儿科医生的责任是什么？

回答　最近几年发展的州和联邦法规强烈要求监测和减少地下储油罐的泄漏。如果发现此类问题，儿科医生应通报国家环境机构和/或美国环境保护署。饮用水被汽油污染的家庭应在其水龙头安装活性炭过滤器或改用瓶装水。当污染源不明或污染水平上升（尽管其水平仍然可能低于饮用水标准），或者虽然污染水平是稳定的，但高于饮用水标准时，应当积极采取以上措施（参见第 17 章）。

问题　一个家庭的供水有一些汽油组分但低于美国环境保护署标准。社区水务局表示，水质符合标准，为获得进一步的建议，他们应该联系他们的儿科医生。我该怎么告诉他们？

回答　美国环境保护署基于最佳的健康风险的估计和“公共供水系统通过适当的处理技术检测和处理污染物的能力”，建立了一个“强制执行标准”或最高污染物允许水平（MCL）[40]。符合美国环境保护署标准的水被认为对健康的风险最小或没有。如果一个家庭还是担心汽油污染的风险，那么安装活性炭过滤器，将消除构成汽油的成分如苯和其他芳香族成分。所有的过滤系统需要维护和保养。社区供水可一过性超标。如果水质明显超标，过滤是一种短期的解决方案，但是记录过滤器的效力是一个问题。被汽油污染的私人水井提出了严重的整治问题，因为这种污染通常代表了超出了房主控制的广泛地下水污染。活性炭过滤或反渗透过滤可能是必要的,但可能很难使水再达到饮用标准。

问题 汽油嗅探对儿童和青少年的长期风险是什么?

回答 智力退化和神经系统的慢性损伤是滥用溶剂的主要健康危害,包括汽油[28,41]。可导致注意力、记忆力和解决问题能力的障碍,以及肌肉乏力、震颤和平衡问题。慢性暴露者的情绪变化如痴呆也会发展。对肾功能的影响包括肾炎和肾小管坏死。慢性汽油嗅探还会诱发某些癌症。汽油嗅探是儿童或青少年尝试或滥用其他药物风险很大的一个标志。

问题 儿科医生应该关注添加 MMT 作为汽油抗爆剂的建议吗?

回答 是的。锰是一种已知的神经毒物。目前美国汽油中不使用 MMT。加拿大从 1976 年起使用 MMT 提高辛烷值并作为抗暴剂。其他一些国家,如澳大利亚和南非,仍在使用 MMT。无论高或低剂量暴露,其神经毒性作用已显而易见,涵盖从高暴露的帕金森症状到亚临床神经行为功能损害。允许汽油添加 MMT 是不明智的。这可能会增加广泛的亚临床神经毒性的风险(参见第 50 章)

问题 减少汽油消耗,并帮助应对全球气候变化,儿科医生有什么可以做的呢?

回答 儿科医生应支持开发安全、高效的公共交通工具,这将减少大气排放及汽车对儿童造成的危险。如果可能,应该鼓励孩子们步行或骑自行车上学或活动,儿科医生应带头鼓励建设社区的人行道和自行车道。这一策略的一个额外的好处是减少儿童的肥胖。在社区,儿科医生应倡导土地利用规划,鼓励步行、骑自行车,利用大众交通工具,减少对汽车驾驶的依赖。

(颜崇淮 译　徐　健 校译　宋伟民 审校)

参考文献

[1] Dement JM, Hensley L, Gitelman A. Carcinogenicity of gasoline: a review of epidemiological evidence. *Ann N Y Acad Sci*. 1997;837:53-76.

[2] Research and Innovative Technology Ad ministration, Bureau of Transportation Statistics. Fuel Consumption by Mode of Transportation in Physical Units. Available at: http://www. bts. gov/publications/national_transportation_statistics/html/table_04_05. html. Accessed September 29, 2010.

[3] US Energy Information Ad ministration. Petroleum Consumption by Type of Refined Petroleum Product: All Countries, Year 2005 for the International Energy Annual 2006. Available at: http://www. eia. doe. gov/emeu/international/oilconsumption. html. Accessed September 29, 2010.

[4] Intergovernmental Panel on Climate Change. *Climate Change* 2007: *Synthesis Report*. Geneva, Switzerland: Intergovernmental Panel on Climate Change; 2007. Available at: http://www. ipcc. ch/pdf/assessment-report/ar4/syr/ar4_syr. pdf. Accessed September 29, 2010.

[5] Carter JM, Grady SJ, Delzer GC, et al. Occurrence of MTBE and other gasoline oxygenates in CWS source waters. *American Water Works Association Journal*. Apr 2006;98(4):91.

[6] Agency for Toxic Substances and Disease Registry. *Toxicological Profile for Benzene*, *August* 2007. Available at: http://www. atsdr. cdc. gov/toxprofiles/tp3. html. Accessed September 29, 2010.

[7] Rinsky RA, Smith AB, Hornung R, et al. Benzene and leukemia. An epidemiologic risk assessment. *N Engl J Med*. 1987;316(17):1044-1050.

[8] International Agency for Research on Cancer. *The Evaluation of Carcinogenic Risk to Humans*: *Occupational Exposures in Petroleum Refining*: *Crude Oil and Major Petroleum Fuels*. IARC Monographs. Vol. 45. Lyon, France: International Agency for Research on Cancer; 1989.

[9] Centers for Disease Control and Prevention. Update: blood lead levels—United States, 1991-1994. *MMWR Morb Mortal Wkly Rep*. 1997;46(7):141-146.

[10] United Nations Environmental Programme. *The Global Campaign to Eli minate Leaded Gasoline*: Available at: http://www. unep. org/pcfv/PDF/LeadReport. pdf. Accessed September 29, 2010.

[11] Landrigan PJ, Boffetta P, Apostoli P. The reproductive toxicity and carcinogenicity of lead: a critical review. *Am J Ind Med*. 2000;38(3):231-243.

[12] Needleman HL, Landrigan PJ. Toxins at the pump. *New York Times*. March 13, 1996:A19.

[13] Gorell JM, Johnson CC, Rybicki BA, et al. Occupational exposures to metals as risk factors for Parkinson's disease. *Neurology*. 1997;48(3):650-658.

[14] Mergler D. Neurotoxic effects of low level exposure to manganese in human population. *Environ Res*. 1999;80(2 Pt 1):99-102.

[15] Mergler D, Baldwin M, Belanger S, et al. Manganese neurotoxicity, a continuum of dysfunction: results from a community based study. *Neurotoxicology*. 1999;20(2-3):327-342.

[16] Mehlman MA. Dangerous and cancer-causing properties of products and chemicals in the oil refining and petrochemical industry—Part XXII: health hazards from exposure to gasoline containing methyl tertiary butyl ether: study of New Jersey residents. *Toxicol Ind Health*. 1996;12(5):613-627.

[17] Mannino DM, Etzel RA. Are oxygenated fuels effective? An evaluation of ambient carbon monoxide concentrations in 11 Western states, 1986 to 1992. *J Air Waste Manage Assoc*. 1996;6:20-24.

[18] Ahmed FE. Toxicology and human health effects following exposure to oxygenated or reformulated fuel. *Toxicol Lett*. 2001;123(2-3):89-113.

[19] Joseph PM, Weiner mg. Visits to physicians after the oxygenation of gasoline in Philadelphia. *Arch Environ Health*. 2002;57(2):137-154.

[20] *Office of Environmental Health Hazard Assessment*. Water—Public Health Goals [memorandum]. Available at: http://www. oehha. org/water/phg/399MTBEa. html. Accessed September 29, 2010.

[21] Mehlman MA. MTBE toxicity. *Environ Health Perspect*. 1996;104(8):808.

[22] Belpoggi F, Soffritti M, Maltoni C. Methyl-tertiary-butyl ether (MTBE)—a gasoline additive—causes testicular and lymphohaematopoietic cancers in rats. *Toxicol Ind Health*. 1995;11(2):119-149.

[23] Schremp G. Staff Findings: Timetable for the Phaseout of MTBE From California's Gasoline Supply. California Energy Commission; 1999.

[24] US Environmental Protection Agency. *State Actions Banning MTBE (Statewide)*. EPA420-B-07-013. August 2007. Available at: http://www. epa. gov/mtbe/420b07013. pdf. Accessed September 29, 2010.

[25] Backer LC, Egeland GM, Ashley DL, et al. Exposure to regular gasoline and ethanol oxyfuel during refueling in Alaska. *Environ Health Perspect*. 1997;105(8):850－855.

[26] Moolenaar RL, Hefflin BJ, Ashley DL, et al. Blood benzene concentration in workers exposed to oxygenated fuel in Fairbanks, Alaska. *Int Arch Occup Environ Health*. 1997;69(2):139－143.

[27] International Agency for Research on Cancer. *Diesel and Gasoline Engine Exhausts and Some Nitroarenes*. IARC Monographs. Vol 46. Lyon, France: International Agency for Research on Cancer; 1989.

[28] Cairney S, Maruff P, Burns C, et al. The neurobehavioural consequences of petrol (gasoline) sniffing. *Neurosci Biobehav Rev*. 2002;26(1):81－89.

[29] Williams JF, Storck M, and the Committee on Substance Abuse and the Committee on Native American Child Health. Inhalant abuse. *Pediatrics*. 2007;119(5):1009－1017.

[30] Reese E, Kimbrough RD. Acute toxicity of gasoline and some additives. *Environ Health Perspect*. 1993;101(Suppl 6):115－131.

[31] Eade NR, Taussig LM, Marks MI. Hydrocarbon pneumonitis. *Pediatrics*. 1974;54(3):351－357.

[32] Shih RD. Hydrocarbons. In: Goldfrank L, ed. *Goldfrank's Toxicologic Emergencies*. 6th ed. Stamford, CT: Appleton & Lange; 1998:1383－1398.

[33] Gurwitz D, Kattan M, Levinson H, et al. Pulmonary function abnormalities in asymptomatic children after hydrocarbon pneumonitis. *Pediatrics*. 1978;62(5):789－794.

[34] Burbacher TM. Neurotoxic effects of gasoline and gasoline constituents. *Environ Health Perspect*. 1993;101(Suppl 6):133－141.

[35] Lynge E, Andersen A, Nilsson R, et al. Risk of cancer and exposure to gasoline vapors. *Am J Epidemiol*. 1997;145(5):449－458.

[36] Mehlman MA. Dangerous and cancer-causing properties of products and chemicals in the oil refining and petrochemical industry: part I. Carcinogenicity of motor fuels: gasoline. *Toxicol Ind Health*. 1991;7(5－6):143－152.

[37] Landrigan PJ. Critical assessment of epidemiological studies on the carcinogenicity of 1,3-butadiene and styrene. In: Sorsa M, Peltonen K, Vainio H, et al. eds. *Butadine and Styrene: Assessment of Health Hazards*. Lyon, France: International Agency for Research on Cancer; 1993:375－388. IARC Scientific Publica-

tion No. 127.

[38] Agency for Toxic Substances and Disease Registry. *ToxFAQs*. Available at: http://www. atsdr. cdc. gov/toxfaqs/index. asp. Accessed September 29, 2010.

[39] Vale JA; Kulig K; American Academy of Clinical Toxicology; European Association of Poisons Centres and Clinical Toxicologists. Position paper: gastric lavage. *J Toxicol Clin Toxicol*. 2004;42(7):933-943.

[40] US Environmental Protection Agency. *Consumer Factsheet on*: *Benzene*. Available at: http://www. epa. gov/ogwdw/conta minants/dw_contamfs/benzene. html. Accessed September 29, 2010.

[41] Burns TM, Shneker BF, Juel VC. Gasoline sniffing multifocal neuropathy. *Pediatr Neurol*. 2001;25(5):419-421.

第 30 章

电离辐射(不包括氡)

■■■■■■

辐射是指一切以波的形式在空间或一些介质中传播的能量,包括表现为颜色的光线,表现为热量的红外线以及我们能通过收音机和电视收听到的电波。我们通常不能感知短波长的辐射,如紫外线、X 射线和伽马射线。具有最短波长的 X 射线和伽马射线拥有巨大的能量并对固体物质具有很强的穿透力。这些能量会在组织中引起电离作用,驱使原子外层电子脱离其原有运行轨道。而这些产生的自由电子会与生物体内的其他分子反应,导致组织损伤。图 30-1 给出了不同类型辐射的波长[1]。

暴露途径

人体可经吸入、进食和皮肤暴露在辐射中。人体也可能在医学治疗中被注入放射性核素。胎儿会由于母亲的暴露而受到影响,婴幼儿则可能通过母乳而暴露。

暴露源

辐射暴露可能来源于外界环境,如宇宙的背景辐射,氡和医用 X 射线;也可能是内源性的,例如放射性沉降物和医用放射性核素。这些放射源可以来源于自然界,也可以是人造的。电离辐射的能量足够使电子从原有的轨道上移位,也可使化学键断裂。这种将环境中大量的能量传递给人体的过程必将对人体健康造成不利的影响[1,2]。X 射线传播的路径很窄,然而中子由于质量大,因此其传播路径更宽一些。

波长（m）		频率（Hz）	能值（eV）
	X-射线		
10^{-9}		3×10^{-17}	1.2×10^{3}
	紫外线		
	可见光		
	红外线	3×10^{-11} 3×10^{-8}	1.2×10^{-6} 1.2×10^{-8}
10^{-3}			
	微波		
1			
	无线电波		
10^{5}		3×10^{3}	1.2×10^{-14}
	极低频	←电源频率（50～70 Hz）	
	静电		

图 30－1　不同类型电磁辐射或者电磁场的波长、频率和能值的近似范围。Hz 表示赫兹；eV 表示电子伏。

衡量辐射大小有多种方式，包括直接的、间接的和不同的单位。直接的方式是测量患者所接收的辐射。被吸收的辐射剂量，以前被定义为“辐射吸收量(radiation absorbed dose，rad)”，现在用戈瑞(Gy)来衡量。1 Gy ＝ 100 rad。1 Gy 表示对每千克物体传递 1 J 能量。这种测量方法存在一些问题：不同形式的辐射产生效应不同（例如，每一单位吸收剂量的阿尔法粒子比单位剂量 X 射线更容易引起染色体异常），不同组织和器官产生伤害的可能性和严重性也不同。

这即是引入等效效应剂量这些概念的原因。等效剂量是通过吸收剂量和加权因子得出来的。单位是希沃特或西弗(Sv)。以前以伦琴(roentgen equivalent man，rem) 命名；1 Sv＝100 rem。等效剂量指集中在一个特定器官的辐射能量，而效应剂量是指身体所有组织暴露辐射中的总剂量。对于各个组织，加权因子取决于其对辐射的敏感性(图 30－2)。

总体来讲，美国居民平均每年接收的等效辐射剂量是 0.006 Sv(0.6 rem)，其中 37％来自于氡，13％来自于自然界，24％来自于电子计算机断层扫描,12%来自于核医学,7%来自于介入性荧光镜检查,5%来自于医用 X 射线,2%来自于人造辐射源[2]。

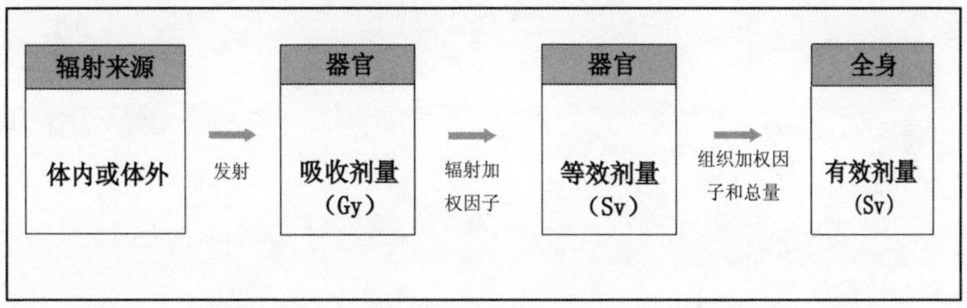

图 30-2　辐射的等效剂量和有效剂量。Gy 表示戈瑞,Sv 表示希沃特。

电离辐射可以是瞬间的(原子弹),慢性的(铀矿工人),间断的(放疗),或者是局部的。对于一个给定剂量,整个机体都暴露通常比某一部位暴露带来的危害更大。放射性核素随着时间衰变而逐渐变成稳定的元素,不同放射性核素具有不同的物理半衰期,从几秒钟到几百万年不等。放射性核素也有生物半衰期,生物半衰期与机体的清除率有关。

累及的系统及生物学过程

受电离辐射的原子或分子可以通过形成复合物的方式获得稳定性,而这些复合物将影响细胞的生物学过程。发生在细胞中的电离辐射,有可能导致 DNA 链破坏或者基因突变。如果这个损伤没有被修复,那么这个细胞将死亡或变成癌细胞。

急性效应

电离辐射不管是以何种粒子或者射线形式发射出去都会产生相同的效应。区别在于数量而不是质量。过量暴露会在数小时到数天时间内产生急性放射病(恶心、呕吐、腹泻、白细胞数量减少、血小板数量减少、脱发甚至死亡)。表 30-1 列出了不同辐射剂量的典型效应。

表 30-1 急性辐射暴露下各健康效应的估计阈剂量

健康影响	器官	吸收剂量	
		rad	Gy
暂时性不育	睾丸	15	0.15
血细胞生成减少	骨髓	50	0.50
48 小时内 10%的人群出现恶心呕吐	肠胃	100	1
女性,永久性不孕	卵巢	250～600	2.5～6
暂时性脱发	毛囊	300～500	3～5
男性,永久性不育	睾丸	350	3～5
红斑	皮肤	500～600	5～6

编自〈美〉国家辐射防护与测量委员会[3]。Gy 表示戈瑞。

延迟效应

一般来说,评价电离辐射剂量与迟发型反应最好的研究对象是日本原子弹爆炸事件的幸存者,他们经历了一次单独的,瞬间的全身暴露;但这个研究也可能有混杂因素,例如这些幸存者由于战争遭受过营养不良。迟发型反应主要包括致突变、致畸和致癌作用。

暴露的剂量越小,发生远期效应的概率越小,但值得注意的是,暴露于电离辐射与出现临床表现可能有一段潜伏期,特别是致癌过程(参见致癌一节)。

儿童比起成人暴露于辐射中的危险性更大,更容易受到影响[4,5]。儿童的组织对放射线更加敏感,而且还有更长的生命历程,导致出现临床症状的可能性更大。女婴的风险几乎是男婴的 2 倍[6]。

致突变作用

电离辐射的危害是由于其对 DNA 的损伤造成的。其基因毒性表现为 DNA 突变、DNA 链断裂和整条染色体的断裂。体细胞(如淋巴细胞,皮肤成纤维细胞)中的染色体断裂可能在暴露数十年后才能被检测出来[7],并且也可以解释儿童或成年期的暴露会导致癌症发生率增加。基因毒性的大小取决于暴露等级以及机体对辐射源能量的吸收和产生离子的浓度(图 30－3)。

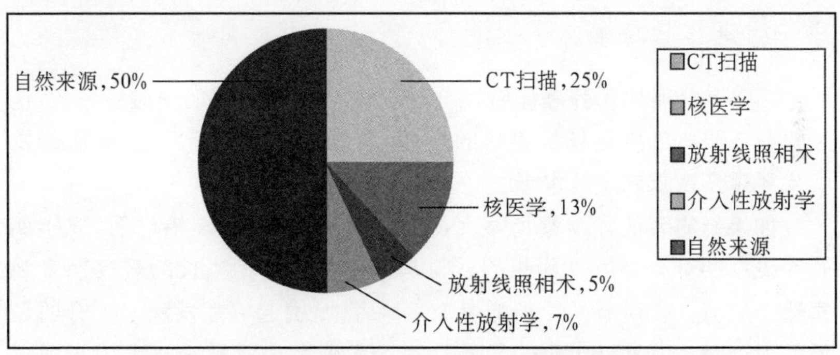

图 30－3　美国当地辐射暴露剂量估计值。人均总平均辐射剂量估计为 6 mSv。本图表和百分比均来自 Fred A. Mettler et al[18]。mSv 表示毫西弗。

对于单亲或者双亲经历过原子弹爆炸的儿童的研究,并没有显示出高于常人的直接性基因效应。这些研究开始于临床观察,后来还包括了细胞遗传学、生物化学和分子生物学的研究。在日本,科学家评估了那些在宫内时期就受到原子弹爆炸影响的个体,他们接受研究时已经 40 多岁了[8]。研究发现他们的染色体异位的频率并未随着胚胎期在子宫内接受的辐射剂量的增长而增长。在另一项研究中,1986 年切尔诺贝利(Chernobyl)核电站事故中暴露于电离辐射的儿童染色体损伤率高于平均水平[9]。这可能是由于其在胚胎时期接受了较小剂量的电离辐射。

致畸作用

潜在致畸物危害的大小取决于暴露时的孕周和吸收剂量的大小。很多有关电离辐射急性暴露致畸作用的研究都是基于广岛(Hiroshima)和长崎(Nagasaki)原子弹爆炸幸存者相关研究[10,11]。子宫内的电离辐射暴露会导致小脑症或者严重智力落后。严重智力落后的敏感期是在怀孕第 8～15 周,有些会出现在第 16～25 周。原子弹爆炸电离辐射导致严重智力落后的最低剂量为 0.6 Sv。妊娠 4～17 周,出现小脑症但不出现严重智力落后的辐射剂量为 0.1～0.19 Sv。电离辐射导致的智力障碍机制可能是由于干扰了神经元的增殖,以及阻断了神经元从大脑实质到皮质的迁移。

致癌作用

原子弹爆炸暴露

广岛和长崎原子弹爆炸后，幸存者中很快出现大量的白血病患者，这是辐射造成体细胞损伤最直接的证据[12]。爆炸近 30 年后，白血病的发病率才逐渐恢复到基线水平。

如果暴露者的样本量足够大，童年时期暴露于电离辐射后，成年期癌症概率的升高是可以预测的。同时也需要一个相当长的观察期来观察这个效应。在所有的原子弹爆炸幸存者中，引起癌症发病率上升的最低辐射剂量为 0.05 Sv(5 rem)[13]。对 807 位宫内暴露于日本原子弹爆炸的幸存者的初步调查显示：他们在儿童时期的癌症发病率没有明显上升[11]。

然而，随后的一项对宫内暴露于日本原子弹爆炸中 2 452 名成年受试者的实体瘤发生率的调查中发现了 94 名癌症患者，高于一般人群的期望值[14]。这是在核爆炸 50 年后得出来的结论。这项研究同时调查了15 338名在核爆炸当时年龄小于 6 岁的儿童，其实体肿瘤的发生率也有所上升[14]。流行病学研究显示，儿童期的辐射暴露后遗症的潜伏期更长。甲状腺肿瘤本身在儿童中的发生率很低，但是经历了原子弹爆炸的儿童在 11 岁以后甲状腺肿瘤发生率高于平均值[14]。30 岁以后的乳腺癌发生率也有所上升(30 岁是一般人群早发乳腺癌发生的惯常年龄)[15]。

核电厂泄漏事故

当一个核电厂没有正常运转[就像发生在 2011 年 3 月，被地震和海啸破坏的日本福岛(Fukushima)核电站的情形一样]，其周围的个体、土地和建筑物都会暴露在反应器内形成的放射性混合物，也就是所谓的“核裂变反应物”中。最具有健康风险的放射性核素主要是放射性核素碘和放射性核素铯。

1986 年的切尔诺贝利核电站事故之后，乌克兰(Ukraine)、白俄罗斯(Belarus)、俄罗斯(Russia)等地居民都暴露在大范围的放射性同位素的危险之中。除了急性暴露,个体还会通过食物、牛奶和饮水接受长期暴露。一些研究发现,甲状腺肿瘤在儿童和成人中发病率都有显著的升高[16]。可发现成人在暴露于电离辐射长达20年后甲状腺肿瘤发生率升高。在儿童和参与核电站清理工作的人员中并没有观察到白血病发病率的上升[17],可能由于这些研究的统计检验效能有限所致。大约有20万名高辐射地区居民移民到了纽约市,因此从2008年,纽约市会通过全国肿瘤登记系统(National Tumor Registry)跟踪这些移民的健康状况。

诊断性辐射

近些年来,与环境因素相比,医学诊断辐射和放射治疗已成为更大的辐射源。1980年,美国人均暴露的医疗辐射为0.54 mSv(mSv = 0.001 Sv),这个数值从1982—2006年增加了600%,达到3 mSv。目前估计医疗辐射占美国辐射暴露总量的一半(表30-3)。

尽管儿童肿瘤的危险因素并未得到确认,但由于辐射能诱导DNA损伤效应,因此被公认为儿童肿瘤的危险因素(第45章中也有提及)。50年前已开始的一项研究显示,如果母亲在怀孕期间接受过腹部X射线检查,那么其子女在10岁前各种肿瘤的发病率是一般人群的1.6倍[5],后续的流行病学研究也进一步证实了这一结论,当然也有研究未得出类似结论[19,20]。因此,基于这些研究结果,目前几乎禁止在孕期进行X射线检查。

目前对于出生后进行放射性诊断时的辐射暴露是否存在潜在的致癌效应的研究较少[20]。大规模的儿童阶段医疗放射源辐射暴露资料的收集工作开始于20世纪90年代中期。迄今为止,鲜有证据表明出生后的放射性检测会增加儿童期患癌风险。可能的例外是:如果青少年阶段反复接受诊断性脊柱侧凸检查,可能增加成年后乳腺癌的患病风险[21.22]。

在儿科疾病的诊断中,越来越多地用到计算机断层扫描(CT)。CT扫描较传统的放射性照相术的暴露量更高[23]。此外,儿科介入治疗和荧光镜成像技术也会使儿童暴露在高剂量电离辐射之下。迄今为止,还没有确切的证据证明反复的CT扫描或荧光镜技术会增加儿童患癌风险,但由于尚缺乏大规模的调查研究结果，因此还是要谨慎的尽可能减少医疗诊断的辐射暴露[24-29]。

特殊易感性和暴发流行

特殊易感性

患有遗传综合征的儿童由于DNA修复机制的缺陷对电离辐射的敏感性增加。毛细血管扩张性共济失调综合征（AT）是由ATM基因的突变，导致患儿DNA修复异常。这些患儿有严重的渐进性的共济失调，容易发展为淋巴瘤。当使用常规剂量的淋巴瘤放射性治疗时，他们很容易产生急性放射性反应，甚至死亡[30,31]。另一种遗传性DNA修复异常的疾病是范可尼贫血，由于存在多种基因突变，这些患者对于包括电离辐射和化疗在内的各种DNA损伤尤其敏感[32]。

暴发流行

宫内或者儿童期暴露于放射尘后，伽马射线（外辐射）和放射性核素（内辐射）在人群中引起了延迟辐射效应的流行。原子弹爆炸的暴露会导致发育损伤和癌症；马歇尔岛（Marshall Island）居民中由于核武器测试的放射尘暴露出现了2例甲状腺缺失的婴儿和一些甲状腺肿瘤患者[33]；由于切尔诺贝利核电站事故中的放射尘导致乌克兰和白俄罗斯地区出现数百例甲状腺癌患儿[34]。

诊断方法

辐射诱导的疾病与发生在普通人群中的疾病并不容易区分开来。是否为辐射发生的作用只能通过①剂量效应关系；②排除其他可能的病因（例如吸烟）；③暴露与效应之间的关系具有一定的生物学意义等流行病学调查来证实。在临床实践中，如果怀疑存在电离辐射的大量暴露（如事故性泄露），可以咨询放射专家，进行生物放射量的测定。生物剂量测定法不会直接测定放射量；它测量的是临床或实验室替代指标，通过这些指标与辐射剂量的相关性来估计产生这些效应对应的辐射剂量。估计辐射剂量有着重要的临床意义，其一，它可以帮助临床医生选择合适的预防和治疗措施；其二，有助于医生判断预后，尤其是在大规模伤亡情况下而资源有限时；其三，它可以帮助选择并转移重患者至专门机构，在专家配合下预防严重急性辐射综合征的发生。生物剂量测定法可以根据红细胞中染色体易位和血型糖蛋白 A 的细胞突变的发生估计出高于 0.2 Gy (20 rad)的暴露剂量。

治疗和临床表现

对于切尔诺贝利核电站事故引起的急性辐射疾病，经过细胞因子，如粒细胞集落刺激因子和促红细胞生成素的治疗，患者的血细胞数可趋于稳定。这些细胞因子有利于白细胞和红细胞的生长，但细胞因子治疗仅限于重症患者。其他的主要是对症治疗。对于辐射延迟效应的治疗同于非辐射暴露的患者。所谓辐射疾病的预防药物有着潜在的不良反应，它的安全性和有效性都是未知的[35,36]。辐射损伤治疗网是一个包含骨髓移植中心、捐赠中心、脐带血库的志愿者联盟，专门为应对辐射事件而制订计划[37]。

暴露预防

放射性尘埃(内辐射)

核电厂故障、核武器爆炸或者恐怖事件，都可能会引起放射性核素的释放。这些放射性核素能够被人体吸入或摄入。暴露区的人群应当特别禁饮鲜乳制品。如果食物在放射尘产生之前就已收获或加工成型，则是可以食用的。

放射性碘就是一种在上述任一事故发生后都可能会释放的放射性核素。迅速补充碘化钾(KI)对于保护甲状腺有很好的疗效。美国核管理委员会(NRC)建议州政府和地方政府应当在组织疏散和避难核电厂周围 16 km(10 mi)内的所有居民的同时提供碘化钾补充剂[38,39]。2001 年

12 月，美国核能管理委员会要求 31 个州对发电厂半径 16 km 内的每位居民提供 2 粒碘化钾片剂。美国食品药品监督管理局(FDA)也已公布了在辐射紧急事件中碘化钾的使用指南[40,41]，这份指南强调了联邦政府、州政府及地方政府在辐射应急事件中的责任，而这些都是基于 1986 年切尔诺贝利核电站事故发生后收集整理的数据而制订的。这场灾难导致 ^{131}I 及其他半衰期更短的放射性核素的大量释放。而这些短半衰期的放射性核素比 ^{131}I 更能增加儿童甲状腺癌发生的危险性。

碘化钾的保护效应能够持续约 24 小时，每日一次直到吸入或者摄取的风险不再出现，这样能够提供最佳的预防效果。尽快采取行动是至关重要的。碘化钾最好是在暴露前就已经服用，当然它在暴露后 3～4 小时服用也是有保护作用的(表 30 - 2)。

表 30 - 2　碘化钾服药指南[ab]

患　　者	暴露剂量[Gy (rad)]	碘化钾剂量(mg)
>40 岁	>5 (500)	130
18～40 岁	⩾0.1 (10)	130
12～17 岁 青少年[c]	⩾0.05 (5)	65
4～11 岁 儿童	⩾0.05 (5)	65
1 月龄～3 岁 儿童[d]	⩾0.05 (5)	32
出生至 1 月龄	⩾0.05 (5)	16
孕期或者哺乳期妇女	⩾0.05 (5)	130

Gy 表示戈瑞。

a. 编自美国食品药品监督管理局(FDA)、美国药品审评和研究中心(CDER)。

b. 碘化钾仅对于放射性碘的暴露有效。对于孕期妇女和新生儿，碘化钾只允许服用一次，除非其他保护性措施(疏散、收容和食物供应的管理)无法利用。

只有在公共卫生部门的允许下，才可使用重复剂量。

c. 体重大于 70 kg 的青少年，应当按照成人剂量(130 mg)服用。

d. 以片剂或者饱和溶液形式的碘化钾可以在水中稀释并且混合于牛奶、配方食品、果汁、苏打水，或者糖浆。木莓糖浆遮掩碘化钾的味道效果最佳。碘化钾混合低脂巧克力牛奶、橙汁，或者碳酸饮料(比如可乐)也有较好的口味。低脂纯牛奶和水无法遮掩碘化钾的涩味。

美国食品药品监督管理局发布了如何用碘化钾片剂制备适合婴儿和

儿童食用的溶液的方法(表30-2,表30-3)。美国食品药品监督管理局批准了3种碘化钾产品可以作为非处方药在辐射紧急事件中作为甲状腺阻断剂直接出售给居民。他们是:Thyro-Block(Med Pointe Inc,Somerset, NJ),IOSAT(Anbex Inc,PalmHarbor,FL)和ThyroSafe(Pecip US, Honey Brook, PA)。IOSAT可通过拨打电话:866-283-3986和登录网站:www. nukepills. com订购;Thyro-Block可通过拨打电话:800-804-4147和登录网站:www. nitro-pak. com订购;Thyro-Safe可通过拨打电话:610-942-8972和登录网站:www. thyrosafe. com订购。

购买碘化钾也可拨打电话:727-784-3483或登录网站:www. anbex. com通过Anbex公司订购。该公司拥有美国食品药品监督管理局的批准,并且也有一些直营药房。关于辐射疾病的详细信息也可在2003年美国儿科学会(AAP)政策宣言"辐射灾害和儿童"(Radiation Disasters and Children)[43]。

表30-3　家庭制备碘化钾溶液指南*

2种可使用的片剂规格,130 mg和65 mg

■将1粒**130 mg**规格的碘化钾片剂放入研钵中,并用药匙背部将其研磨成细粉状。不允许有块状颗粒出现。

■加入4茶匙(20 ml)的水到碘化钾粉末中,用茶匙搅拌直至碘化钾粉末充分溶解。

■加入4茶匙(20 ml)的牛奶、果汁、苏打水,或者糖浆(如木莓)到碘化钾/水混合物中。所得的混合物浓度为16.25 mg碘化钾/1茶匙(5 ml)

■基于年龄的剂量分组指南

— 新生儿至1月龄:1茶匙

— 1月龄～3周岁:2茶匙

— 4～17周岁:4茶匙

(如果儿童体重大于70 kg,给予1粒130 mg规格的片剂)

■将1粒**65 mg**规格的碘化钾片剂放入研钵中,并用药匙背部将其研磨成细粉状。不允许有块状颗粒出现。

■加入4茶匙(20 ml)的水到碘化钾粉末中,用茶匙搅拌直至碘化钾粉末充分溶解。

■加入4茶匙(20 ml)的牛奶、果汁、苏打水,或者糖浆(如木莓)到碘化钾/水混合物中。所得的混合物浓度为8.125 mg碘化钾/1茶匙(5 ml)

（续表）

■基于年龄的剂量分组指南
— 新生儿至1月龄:2茶匙
— 1月龄～3周岁:4茶匙
— 4～17周岁:8茶匙或者1粒65 mg规格的片剂
（如果儿童体重大于70 kg,给予2粒65 mg规格的片剂）
如何储存已制备好的碘化钾混合液
■碘化钾与以上提及的任一饮品混合,在冰箱中都可以冷藏至7天。
■美国食品药品监督管理局规定,碘化钾饮品混合液需每周新鲜制备,未使用的必须丢弃。

*编自美国食品药品监督管理局,美国药品审评和研究中心(CDER)[41]。

诊断性辐射

诊断性辐射导致的癌症发生风险很低,放射技术的运用不应该在需要正确诊断时被限制。任何医疗过程都是有风险的,放射诊断学也不例外。限制辐射剂量、屏蔽身体的敏感性部位(如甲状腺和生殖腺)、确认非妊娠状态都是良好医疗实践的组成部分。几十年来,在诊断影像学中,儿科放射科医生都严格遵循"辐射防护最优化原则"(ALARA)。在过去几年里,随着计算机断层扫描(CT)和其他诊断放射学方法使用的大量增加,执行ALARA原则的意义将更加深远[24]。鼓励审慎地应用辐射["温柔放射"(Image Gently)]的文章已经发表[24-29]。

曾有一篇报道指出,CT扫描辐射暴露会增加以后发生癌症的风险,因为在每年60万CT暴露的儿童中,大约有500例癌症病例[44]。因此需要进一步减少CT的应用。表30-4列出了一些检查程序中暴露剂量的估计值。

在孕妇诊断检查中,胚胎/胎儿的辐射剂量估计值已经整理出来,并显示出了相当大的变异度。这变异来源于成像模式、待检测身体部位和孕龄的差异(表30-4)。由于已有研究证实在孕期接受放射诊断会增加其子女发生癌症的风险,因此在临床可行时,可以采用其他的影像检查,如超声检测[24,29]。

表 30 - 4　放射诊断学中,对于儿童辐射剂量的估计

检测类型	剂量定量	儿童在不同暴露年龄下的剂量		
		1 岁	5 岁	成人
放射线照相术				
头颅正位	ESD(mGy)	0.60	1.25	2.3
头颅侧位	ESD(mGy)	0.34	0.58	1.2
胸部正位	ESD(mGy)	0.08	0.11	0.15
腹部平片	ESD(mGy)	0.34	0.59	4.7
骨盆正位	ESD(mGy)	0.35	0.51	3.6
口腔放射线照相术				
口腔内部	PED(mGy)		1.15 *	1.85
全景	DAP(mGy/cm^2)		70 *	70
荧光镜检查诊断程序				
膀胱尿道造影	DAP(mGy/cm^2)	483	740	9 260
吞钡检查	DAP(mGy/cm^2)	863	858	6 350
计算机断层扫描				
脑部	ED(mSv)	2.2	1.9	1.9
面骨/鼻窦	ED(mSv)	0.5	0.5	0.9
胸部	ED(mSv)	2.2	2.5	5.9
腹部	ED(mSv)	4.8	5.4	10.4
脊柱	ED(mSv)	11.4	8	10.1
核医学诊断				
碘(^{123}I)化钠(甲状腺吸收)	ED(mSv)	19	16	7.2
锝(^{99}Tcm) - 二巯基丁二酸(肾功能正常) *	ED(mSv)	0.7	0.8	0.8

mSv 表示毫西弗; mGy 表示毫戈瑞(1 毫戈瑞 = 0.000 1 戈瑞)。
数据来自于 Linet et al[20],即详细综述了不同年龄段的剂量估计值。
ESD 表示入射体表剂量;PED,患者入射剂量;DAP,剂量面积乘积;ED,有效剂量
* 来自于 Gadd et al[45]。

特殊人群,例如极低出生体重儿,在短期内可能进行了多次放射学检查。对于早产儿,荧光镜检查和 CT 扫描应当尽可能少的使用,特别是在其他成像技术可供选择的情况下。限制暴露次数可以减少累积的暴露剂

量。儿科医生应当使用最保守的诊疗过程。

规定

全美辐射防护和测量委员会和国际辐射防护委员会制订了有关辐射防护的推荐意见。美国核管理委员会负责管理和监控核设施，以及放射性核素在医疗/研究中的应用。

常见问题

问题 我的孩子接受多少剂量的X射线暴露是安全的?

回答 从效力与(最低)风险分析来看，只要是儿科医生认为诊断和随访必需的剂量都是安全的。由于某些诊疗程序(如CT扫描)的辐射剂量是很高的，因此儿科医生都被要求只有在特别必要时才使用CT检查，并且CT操作者要对儿童进行合理参数设定，方可使用(表30-4)。

问题 我的孩子进行了X射线检查，会影响到孙辈的健康吗?

回答 个体进行X射线检查，是不可能影响到他们的儿子辈或者是孙子辈的健康的。已证实日本原子弹爆炸当中的辐射是没有遗传效应的。美国医学研究所(Institute of Medicine)专家委员会在评估退伍军人后裔的研究中指出，父辈(如南太平洋军人)在武器测试中接受放射尘辐射的暴露剂量很少超过0.5 Sv(0.005 rem)[46]。委员会还表示，就算是将相对危险度的改变设定为最大值(即生殖毒性的危险性增加0.2%)，样本量要高达2.12亿，才有可能观察到暴露儿童与非暴露儿童患病风险的显著性差异。换句话说，在这50万暴露于原子弹爆炸中的退伍军人的后代当中，健康负效应的发生概率要增加150倍才提示与非暴露人群存在差异。

问题 我的孩子患白血病是因为曾经受辐射暴露而引起的吗?

回答 对于个体病患，这个是无法做出评判的。辐射诱发的疾病和一般人群的疾病是无法区分的。两者间的关系，只有建立在大样本流行病学调查的前提下，辐射组(如原子弹爆炸幸存者)显示出了较高的发病率。

问题　*对于那些暴露于切尔诺贝利核电站事故的已做甲状腺切除术的甲状腺癌症患者，会有后复发风险么？*

回答　是的，会有后复发风险存在，尤其是患有甲状腺癌的青少年。长期随访非常重要。经历过甲状腺切除术的年轻患者应该每年进行一次颈部超声，甲状腺功能检查，甲状腺球蛋白和抗-甲状腺球蛋白抗体测定。如果2年之后，所有结果都正常，随访周期可以加长[47]。应该安排甲状腺癌专家为患者提供咨询。

问题　*在核电站附近居住，应当注意并采取必要性预防性措施么？*

回答　核电站的设计和建立都会以公众安全为前提。一般来讲，公众自身是不需要针对工厂的辐射排放采取保护措施的。然而，如果你的居住地在距离核电站16 km(10 mi)以内，你应该能获取碘化钾片剂。在放射性碘异常排放的情况下，这些片剂会保护你，防止放射性碘在甲状腺的富集。碘化钾片剂应该在当地应急指挥人员的指导下服用。碘化钾片剂仅仅是保护你免受放射性碘的影响，对于其他放射性物质是无效的。

参考资料

National Cancer Institute, Radiation Epidemiology Branch

Web site: http://dceg.cancer.gov/reb

Phone: 301-496-6600

National Cancer Institute, Pediatric CT scan information

Web site: www.cancer.gov/cancertopics/causes/radiation-risks-pediatric-CT

National Council on Radiation Protection

Web site: www.ncrponline.org

Phone: 301-657-2652

Environmental Protection Agency, RadTown USA

Web site: www.epa.gov/radtown/index.html

This site has a wide-variety of topics related to all types of radiation.

RadiologyInfo：Radiology information resource for patients

Web site：www. radiologyinfo. org

American College of Preventive Medicine，Radiation Exposure from Iodine－131

Web site：www. iodine131. org

（练雪梅 译　李继斌 校译　宋伟民　赵　勇 审校）

参考文献

［1］Mettler FA Jr，Upton AC. *Medical Effects of Ionizing Radiation*. 2nd ed. Philadelphia，PA：WB Saunders Co；1995.

［2］Institute of Medicine，Committee to Assess Health Risks from Exposure to Low Levels of Ionizing Radiation，National Research Council. *Health Risks from Exposure to Low Levels of Ionizing Radiation*：*BEIR VII- Phase* 2. Washington，DC：National Academies Press；2006.

［3］National Council on Radiation Protection and Measurements. *Management of Terrorist Events Involving Radioactive Material*. Bethesda，MD：National Council on Radiation Protection and Measurements；2001. NCRP Report No. 138.

［4］Preston RJ. Children as a sensitive subpopulation for the risk assessment process. *Toxicol Appl Pharmacol*. 2004;199(2):132－141.

［5］Bithell JF，Stewart AM. Prenatal irradiation and childhood malignancy：a review of British data from the Oxford Survey. *Br J Cancer*. 1975;31(3):271－287.

［6］Delongchamp RR，Mabuchi K，Yoshimoto Y，et al. Cancer mortality among atomic bomb survivors exposed in utero or as young children. *Radiat Res*. 1997;147(3):385－395.

［7］Kodama Y，Pawel D，Nakamura N，et al. Stable chromosome aberrations in atomic bomb survivors：results from 25 years of investigation. *Radiat Res*. 2001;156(4):337－346.

［8］Ohtaki K，Kodama Y，Nakano M，et al. Human fetuses do not register chromosome damage inflicted by radiation exposure in lymphoid precursor cells except for a small but significant effect at low doses. *Radiat Res*. 2004;161(4):373－379.

［9］Fucic A，Brunborg G，Lasan R，et al. Genomic damage in children accidentally exposed to ionizing radiation: a review of the literature. *Mutat Res*. 2008; 658 (1−2):111−123.

[10] De Santis M, Di Gianantonio E, Straface G, et al. Ionizing radiations in pregnancy and teratogenesis: a review of literature. *Reprod Toxicol*. 2005; 20 (3): 323−329.

[11] Miller RW. Discussion: severe mental retardation and cancer among atomic bomb survivors exposed in utero. *Teratology*. 1999;59(4):234−235.

[12] Ichimaru M, Ishimaru T. Review of thirty years study of Hiroshima and Nagasaki atomic bomb survivors. II. Biological effects. D. Leukemia and related disorders. *J Radiat Res (Tokyo)*. 1975;(16 Suppl):89−96.

[13] Preston DL, Shimizu Y, Pierce DA, et al. Studies of mortality of atomic bomb survivors. Report 13: Solid cancer and noncancer disease mortality: 1950−1997. *Radiat Res*. 2003;160(4):381−407.

[14] Preston DL, Cullings H, Suyama A, et al. Solid cancer incidence in atomic bomb survivors exposed in utero or as young children. *J Natl Cancer Inst*. 2008; 100 (6):428−436.

[15] Land CE, Tokunaga M, Koyama K, et al. Incidence of female breast cancer among atomic bomb survivors, Hiroshima and Nagasaki, 1950 − 1990. *Radiat Res*. 2003;160(6):707−717.

[16] Ron E. Thyroid cancer incidence among people living in areas conta minated by radiation from the Chernobyl accident. *Health Phys*. 2007;93(5):502−511.

[17] Howe GR. Leukemia following the Chernobyl accident. *Health Phys*. 2007; 93 (5):512−515.

[18] Mettler FA Jr, Thomadsen BR, Bhargavan M, et al. Medical radiation exposure in the U. S. in 2006: preli minary results. *Health Phys*. 2008;95(5):502−507.

[19] Schulze-Rath R, Hammer GP, Blettner M. Are pre- or postnatal diagnostic X-rays a risk factor for childhood cancer? A systematic review. *Radiat Environ Biophys* 2008;47(3):301−312.

[20] Linet MS, Kim KP, Rajaraman P. Children's exposure to diagnostic medical radiation and cancer risk: epidemiologic and dosimetric considerations. *Pediatr Radiol*. 2009;39(Suppl 1):S4−S26.

[21] Hoffman DA, Lonstein JE, Morin MM, et al. III, Boice JD Jr. Breast cancer in women with scoliosis exposed to multiple diagnostic x rays. *J Natl Cancer Inst*. 1989;81(17):1307−1312.

[22] Ronckers CM, Doody MM, Lonstein JE, et al. Multiple diagnostic X-rays for spine deformities and risk of breast cancer. *Cancer Epidemiol Biomarkers Prev*. 2008;17(3): 605—613.

[23] Brody AS, Frush DP, Huda W, et al. Radiation risk to children from computed tomography. *Pediatrics*. 2007;120(3):677—682.

[24] Goske MJ, Applegate KE, Boylan J, et al. The 'Image Gently' campaign: increasing CT radiation dose awareness through a national education and awareness program. *Pediatr Radiol*. 2008;38(3):265—269.

[25] Strauss KJ, Kaste SC. ALARA in pediatric interventional and fluoroscopic imaging: striving to keep radiation doses as low as possible during fluoroscopy of pediatric patients—a white paper executive summary. *J Am Coll Radiol*. 2006;3(9):686—688.

[26] Strauss KJ, Goske MJ, Kaste SC, et al. Image gently: Ten steps you can take to optimize image quality and lower CT dose for pediatric patients. *AJR Am J Roentgenol*. 2010;194(4):868—873.

[27] Goske MJ, Applegate KE, Bell C, et al. Image Gently: providing practical educational tools and advocacy to accelerate radiation protection for children worldwide. *Semin Ultrasound CT MR*. 2010;31(1):57—63.

[28] Applegate KE, Amis ES Jr, Schauer DA. Radiation exposure from medical imaging procedures. *N Engl J Med*. 2009;361(23):2289.

[29] Bulas DI, Goske MJ, Applegate KE, et al. Image Gently: why we should talk to parents about CT in children. *AJR Am J Roentgenol*. 2009;192(5):1176—1178.

[30] Perlman S, Becker-Catania S, Gatti RA. Ataxia-telangiectasia: diagnosis and treatment. *Semin Pediatr Neurol*. 2003;10(3):173—182.

[31] Becker-Catania SG, Gatti RA. Ataxia-telangiectasia. *Adv Exp Med Biol*. 2001;495:191—198.

[32] Alter BP. Radiosensitivity in Fanconi's anemia patients. *Radiother Oncol*. 2002;62(3):345—347.

[33] Conard RA, Rall JE, Sutow WW. Thyroid nodules as a late sequela of radioactive fallout, in a Marshall Island population exposed in 1954. *N Engl J Med*. 1966;274(25):1391—1399.

[34] Tronko MD, Bogdanova TI, Komissarenko IV, et al. Thyroid carcinoma in children and adolescents in Ukraine after the Chernobyl nuclear accident: statistical data and clinicomorphologic characteristics. *Cancer*. 1999;86(1):149—156.

[35] Mettler FA Jr, Voelz GL. Major radiation exposure—what to expect and how to respond. *N Engl J Med*. 2002;346(20):1554—1561.

[36] Moulder JE. Report on an interagency workshop on the radiobiology of nuclear terrorism. Molecular and cellular biology dose (1—10 Sv) radiation and potential mechanisms of radiation protection (Bethesda, Maryland, December 17—18, 2001). *Radiat Res*. 2002;158(1):118—124.

[37] Weinstock DM, Case C Jr, Bader JL, et al. Radiologic and nuclear events: contingency planning for hematologists/oncologists. *Blood*. 2008; 111 (12): 5440—5445.

[38] US Nuclear Regulatory Commission. *Frequently Asked Questions about Potassium Iodide*. Washington, DC: US Nuclear Regulatory Commission; 2002. Available at: http://www.nrc.gov/what—we—do/regulatory/emer—resp/emer—prep/ki—faq.html. Accessed March 15, 2011.

[39] American Thyroid Association. *American Thyroid Association Endorses Potassium Iodide for Radiation Emergencies*. Falls Church, VA: American Thyroid Association; 2002. Available at: http://www.thyroid.org/professionals/publications/statements/ki/02_04_09_ki_endrse.html. Accessed March 15, 2011.

[40] US Food and Drug Ad ministration, Center for Drug Evaluation and Research. *Guidance Document Potassium Iodide as a Thyroid Blocking Agent in Radiation Emergencies*. Rockville, MD: US Food and Drug Ad ministration; Drug Information Branch; 2001. HFD-210. Available at: http://www.fda.gov/cder/guidance/4825fnl.htm. Accessed March 15, 2011.

[41] US Food and Drug Ad ministration, Center for Drug Evaluation and Research. *Home Preparation Procedure for Emergency Ad ministration of Potassium Iodide Tablets for Infants and Small Children*. 2006. Available at: http://www.fda.gov/cder/drugprepare/kiprep.htm. Accessed March 15, 2011.

[42] Christodouleas JP, Forrest RD, Ainsley CG, et al. Short-term and long-term health risks of nuclear-power-plant accidents. *N Engl J Med*. 2011;364(24):2334—2341.

[43] American Academy of Pediatrics, Committee on Environmental Health. Radiation disasters and children. *Pediatrics*. 2003;111(6 Pt 1):1455—1466.

[44] Brenner D, Elliston C, Hall E, et al. Estimated risks of radiation-induced fatal cancer from pediatric CT. *AJR Am J Roentgenol*. 2001;176(2):289—296.

[45] Gadd R, Mountford PJ, Oxtoby JW. Effective dose to children and adolescents

from radiopharmaceuticals. *Nucl Med Commun*. 1999;20(6):569–573.

[46] Institute of Medicine, Committee to Study the Feasibility of, and Need for, Epidemiologic Studies of Adverse Reproductive Outcomes in Families of Atomic Veterans. *Adverse Reproductive Outcomes in Families of Atomic Veterans: The Feasibility of Epidemiologic Studies*. Washington, DC: National Academies Press; 1995.

[47] Tuttle RM, Leboeuf R. Follow up approaches in thyroid cancer: a risk adapted paradigm. *Endocrinol Metab Clin North Am*. 2008;37(2):419–435.

第 31 章

铅

■■■■■■

儿童铅中毒被认识已经至少有 100 年了。早在 20 世纪 40 年代，许多人认为，儿童在急性铅中毒时如果没有死亡，铅对儿童是没有残留影响的。在发现急性铅中毒康复的儿童出现学习和行为障碍后，许多人认为只有症状明显的患儿才会出现神经行为缺陷，但在 20 世纪七八十年代，世界范围内的研究表明，无症状但血铅水平较高的儿童智商会较低[1,2]，有更严重的语言障碍[3]，注意力困难以及行为障碍[4,5]。随着流行病学研究的进展，对儿童有害的血铅水平的定义发生了显著改变。在 1968 年，当血铅水平下降到 600 μg/L 时，孩子们即可以出院[6]，而在 20 世纪 70 年代[7]，血铅含量要达 290 μg/L 才被认为对儿童身体没有损害。然而在随后的几年中，在越来越低的血铅水平，也发现了铅对儿童的影响。到目前为止，铅暴露对认知测试分数的长期影响还没有可靠的阈值。在对 20 世纪 90 年代几个国家进行的前瞻性研究的 2 个独立的汇总分析中[1,2]，记录着当血铅水平达到 100 μg/L 时出现智能损伤。更多的最新研究表明，测试时的血铅水平与儿童阅读和算术测试分数的降低之间的关系，即使在 6～16 岁的儿童身上也是明显的，包括血铅水平低于 50 μg/L 的儿童[8]。坎菲尔(Canfield)等人[9]报道，前瞻性追踪测量 172 名儿童的血铅水平，其中 101 名儿童的血铅水平从未大于 100 μg/L，当这些儿童长到 3～5 岁时，他们的血铅与智商之间依旧存在很强的负相关关系，这个结果随后被贝林杰(Bellinger)和尼德尔曼(Needleman)证实[10]。

自从 30 多年前在汽油和油漆中去除了铅，致命的铅中毒性脑病几乎消失了，并且症状性铅中毒现在也很罕见。然而，数以千计的儿童持续暴露在有含铅粉尘的老化的房子里，带来了公共健康问题。这种低水平的铅暴露没有可识别的临床症状，而美国大部分儿童铅中毒都是这种无症状的认知损伤。因此,焦点从有症状儿童的护理转向了铅暴露的初级预防,减少有高血铅和有亚临床症状的儿童的铅暴露。尽管对铅中毒高危儿童的管理是非临床的,但是儿科医生通常发现自己参与甚至引导这些活动。[11]

暴露源和暴露途径

儿童经常通过意外摄取含铅的颗粒而暴露于铅,比如油漆或土壤灰尘、水或异物。铅能以烟雾或可吸入颗粒物的形式被吸入,并被肺吸收。

铅(Pb)是自然存在的一种元素,但血铅水平在没有工业化活动时较低[12]。在美国,儿童主要接触的2种工业来源的铅是:空气铅,大多是由含四乙基铅的汽油燃烧产生的;铅片和粉尘,大多来自脱落的含铅油漆。

自1980年起,美国儿童暴露于空气铅的情况大大减少。20世纪70年代的美国联邦立法去除了汽油中的铅以及减少了冶炼厂和其他来源的铅排放量,引起了儿童的血铅水平下降。从1976—1980年,在立法产生充分的影响之前,美国1～5岁儿童的平均血铅水平为150 μg/L,其中88%儿童的血铅水平在100 μg/L或以上[13]。从1999—2004年,可以获得的最新数据显示,只有1.4%的1～5岁的儿童的血铅水平在100 μg/L或以上。虽然所有儿童的血铅水平都下降了,但黑人和贫穷家庭儿童的血铅水平仍相对较高。空气铅不再成为美国大多数社区的铅暴露来源。然而,在曾被空气铅严重影响的地区中,如在冶炼厂周围,即使污染源被关闭几十年后,土壤中的铅残留仍然是个问题[15]。

现在,大多数铅中毒儿童其暴露源是房屋内墙表面损坏脱落的含铅油漆碎片和灰尘。生活在有含铅油漆碎片脱落家庭的孩子,即使没有明显异食癖,其血铅水平也可达到至少200 μg/L[16]。这种暴露通常在儿童生活在铅尘污染环境中,因儿童正常发育过程中出现的手-口行为所导致的铅暴露增加。儿童可以从谷物中摄入含铅粉尘,例如,在吃饭时,粮食掉在地板上然后再捡起来吃掉,或者在吃香蕉前,用沾满尘土的手挤压香蕉,再吃掉[17]。孩子们可通过啃咬受污染的玩具摄入铅。

美国从1978年开始停止在室内表面使用含铅油漆。然而，美国1998年在有1名或多名6岁以下孩子的1 640万户家庭中，仍有27%的家庭遭受明显的含铅油漆的危害（含铅油漆破损脱落的情况下可发生铅暴露）[18]。尘埃也是过去汽油产生的空气铅的最后的停留地，而且城市土壤中的铅可以再污染干净的房子[19]。

儿童可能暴露于由下列因素引发的含铅烟雾或呼吸性粉尘中，如研磨或加热旧油漆，燃烧或熔化汽车电池，或者因为爱好或工艺熔化铅。一些玩具饰品是铅做的，2006年，一个孩子因摄入铅做的挂坠而死于铅中毒[20]。一些美国制作的旧玩具和一些进口玩具涂有含铅涂料，一些塑料玩具和PVC塑料中也添加铅作为柔软剂。美国消费品安全委员会（CPSC）已要求召回部分这些玩具，并且正在与进口商和制造商协商，防止含铅过量的产品进一步进口到美国。虽然儿童能咀嚼或咽下这些产品，并且因此吸收了铅，但是，目前还不清楚多少玩具和塑料制品造成了儿童的铅暴露。

含铅水管（拉丁语“plumbus”指的是铅）已污染饮用水几个世纪。2003—2004年期间，华盛顿部分自来水铅含量超过美国环境保护署（EPA）规定的标准。认为是由于水的消毒程序变化，增加了水中铅的溶解度使自来水总管道与老房子室内管道的连接处有更多铅浸出到自来水中。这个问题的严重程度在华盛顿和其他城市还不清楚。建议受影响的家庭饮用过滤水或瓶装水，直到管道被更换为止。不常见的暴露来源包括化妆品、民间偏方、陶器釉、带有焊接接缝的老旧或进口的罐头，以及被污染的维生素补充剂。

表31－1列出了铅暴露的危险因素及预防策略。

累及的系统

美国现在所见到的铅暴露，中枢神经系统（CNS）的亚临床效应是最常见的健康影响。研究最深入的影响是认知功能障碍，是通过智商测试来测量的。密切的相关性及时间依赖性是其特点，并且在几个国家已经有多个研究得到相似的结论[21]。

表 31-1　铅暴露的危险因素及预防策略

危险因素	预防策略
环境	
涂料	识别、评估和修复
粉尘	控制来源
土壤	限制玩耍区域，种植植物覆盖
饮用水	地方当局检查早上从水龙头出来的自来水；用冷水烹饪及饮用，特别是用自来水制做婴儿食物
民间偏方	避免使用
一些进口化妆品（例如，眼影粉或者眼线粉）	避免使用
古老的陶瓷或锡炊具、旧瓮/壶，来自墨西哥的装饰陶器以及来自中国的陶瓷	避免使用
一些进口玩具、蜡笔	避免使用
家长的职业（画家，使用含铅油漆）	淋浴和并且在下班之前脱掉工作服和鞋
爱好	适当的使用，注意贮藏和通风
家居装修	适当的控制，通风；孕妇和儿童离开处所直到工作完成，并且直到铅达到安全认证的标准才能返回
购买或租用一个新家	咨询铅危害，入住前寻找损坏的油漆，聘请正式的铅风险评估员评估风险并推荐控制措施
人	
手口活动（或异食癖）	控制来源；经常洗手
营养不良	足够的铁和钙
发育障碍	丰富成长环境

在大多数国家，包括美国，血铅水平约在 2 岁时达到峰值，然后不需干预便会下降。虽然峰值血铅和之后测得的智商水平有一定的关系，但是目前清楚的是，智商检测同时测得的血铅，即使是较低的，也与学龄智

商有更密切的相关性[21,22]。目前，美国疾病控制与预防中心(CDC)[23]和美国儿科学会(AAP)[11]推荐儿童血铅水平100 μg/L作为采取公共卫生行动的水平[24]。100 μg/L的血铅水平不应解释为一个阈值，尚未证实血铅对儿童健康的影响有阈值[24,25]。虽然铅是发育和行为问题的危险因素，它的影响有显著的个体差异，这种个体差异可能受发育儿童的社会心理环境和教育经历的影响[24]。很多因素会影响儿童的认知和行为。

中枢神经系统功能的其他方面也可能受铅影响，但是相关文献不多。对听力[26]和平衡能力[27]的亚临床影响可能在常见的血铅水平就会产生。一些研究测量了齿铅或骨铅水平，被认为可代表综合的血铅水平，可能是终生的铅暴露水平。教师的报道显示，齿铅水平高的学生注意力更不集中，过度活跃，做事没有条理，跟随指令的能力更差[3,28]。其中1个研究[3]进一步随访显示，齿铅水平高的学生有更高的高中肄业率，更高的阅读障碍率，而且在高中的最后一年有更多的缺勤[29]。骨铅水平高与注意力功能失调、攻击性与犯罪率增加相关[30]。

虽然有理想的低剂量铅暴露与认知行为效应的动物模型[31]，但铅影响中枢神经系统功能的机制仍不明确。铅改变非常基本的神经系统功能，如体外试验表明非常低的铅浓度会影响钙调节信号通路[32]。儿童2岁时，血铅水平达到峰值，而对发育有重要作用的各种事件中，树突间的联系也在这个年龄明显减少。因此，铅暴露在那时干扰了中枢神经系统一个关键发育过程似乎是合理的，但是，具体过程尚未确定。对儿童时期血铅水平高的成人进行脑成像研究，发现特定脑区灰质体积减小[33]，白质微观结构改变[34]，并且铅对与语言功能相关的脑重组有显著的影响[35]。

铅还具有重要的非神经发育的影响。肾脏是主要的靶器官；儿童时期铅暴露大大增加了成人患高血压的风险。铅对儿童肾脏的另一个影响是损害维生素D的1-α-羟化过程，这是激活维生素D的必需步骤。血铅含量大约为250 μg/L时会干扰血红素合成[36]。d-氨基酮戊酸脱水酶(一种早期阶段的酶)与铁螯合酶(使血红素环关闭)活性都被抑制。铁螯合酶抑制是以前铅中毒筛选试验的基础，该试验测定红细胞游离原卟啉，其为直接血红素前体。由于它对现在所关注的较低的血铅水平不敏感，该测试现在已被淘汰，不再使用。最近的一个横断面研究表明，环境铅暴露可能会使黑人和墨西哥裔美国女孩的生长和青春期发育延迟[37]。最后，重度铅中毒事件可引起长骨生长停滞，产生“铅线”。

临床效应

一些血铅水平大于 600 μg/L 的儿童可能会抱怨头疼、腹痛、食欲不振、便秘，或者完全没有症状。儿童表现出笨拙、躁动、活动减少以及嗜睡，是中枢神经系统受累的前驱症状，可快速发展为呕吐、昏迷和抽搐[6]。症状性铅中毒应该被视为急诊情况。虽然铅在职业暴露的成人中可引起腹部绞痛、周围神经病变和肾脏疾病，这些病变在儿童身上是罕见的。

诊断措施

铅中毒或铅吸收增加的诊断取决于血铅水平的测定。用静脉血来测定血铅是最好的，但是如果注意避免污染，指尖血血铅水平也可以用。因为儿童符合一些通常的合格标准，或者因为家长的关注，而不是因为孩子们表现出可能有铅中毒的症状，所以大多数初始的血铅测量方法现在被用作血铅筛查试验。

筛查

一直到 1997 年为止，美国儿科学会和美国疾病控制与预防中心建议，如果可能的话，所有儿童在 12 月龄能至少检测一次血铅水平，在 24 月龄的时候进行复查。因为血铅水平升高的发生率有较大幅度的下降，在 1997 年，美国疾病控制与预防中心建议卫生部门在其管辖范围内基于住房风险患病率和血铅水平≥100 μg/L 的儿童发生率确定铅筛查策略。然而，不管当地的推荐方案怎样，联邦政府要求所有接受医疗补助的儿童在 12 月龄和 24 月龄的时候接受血铅筛查，并且对之前没有接受过筛查的 36～72 个月龄儿童进行血铅筛查[38]。大多数血铅水平高的儿童有医疗补助资格。美国疾病控制与预防中心儿童铅中毒预防咨询委员会提出能豁免这项要求的标准[39]，但这些标准尚未实施。

血铅筛查和铅暴露的风险评估，根据区域，从普遍的血铅筛查到应用有针对性血铅检测有很大的不同，这是由风险评估工具决定的。临床医生应向市、县、或州的卫生部门咨询，以决定适合其辖区的合适建议。大部分州的这些信息在美国疾病控制与预防中心网站（www. cdc. gov/nceh/lead/programs. htm）上可以找到。没有医疗补助的儿童和居住在没有筛查政策的州的儿童应该与医疗补助的指南一致，进行血铅检测。个人风险调查问卷和其他测量血铅水平的替代方法的敏感性，因评估的人群不同而不同，常常是低得不能接受。

由于各年龄段的近期移民、难民或被收养的儿童的高（有时极高）血铅的发生率增加，因此，应该尽早筛查。那些6个月～6岁或者更大的儿童，为求保障，应该在入住长期居住地之后的3～6个月内再次进行血铅检测[25]。这些孩子可能在自己国家有铅暴露，也可能在他们抵达美国后，住在不合适的房屋内发生了铅暴露。美国疾病控制与预防中心的网站上有一个工具包，专门讨论了这些孩子的铅暴露风险。

由于铅对发育中的胎儿有影响，一些州已经制订了孕妇的铅筛查指南。美国疾病控制与预防中心最近出版了关于孕妇铅筛查，医疗和环境管理，以及母体血铅水平≥50 μg/L时母亲和婴儿随访的指南[40]。婴儿护理包括测量脐带血或新生儿血铅水平建立一个基线；进一步的管理指南取决于基线血铅水平。铅可通过母乳转移。然而，因为母乳是婴儿营养的最佳来源，并且与婴儿生长和发育的许多有益方面相关，指南呼吁只有当孕妇血铅水平≥400 μg/L时才中断母乳喂养；如乳母的血铅高于这个水平，乳母应该吸出并丢弃母乳，直到她们的血铅水平低于400 μg/L。这些母乳喂养的婴儿需要反复进行血铅评价和潜在的其他医学和环境的评价，来确保这些婴儿的血铅水平没有过度增加。

诊断试验

有经验的临床医生会为生长发育迟缓、言语和语言功能障碍、贫血、注意力或行为障碍的儿童测量血铅水平，尤其是其家长对铅或对环境化学物质导致的健康影响有特定兴趣的儿童。然而，即使儿童2岁时峰值血铅水平很高而且住房中的铅没有减少，血铅水平在入学年龄也持续升高是不同寻常的。因此，学龄儿童有相对低的血铅水平不能排除之前有铅中毒的可能性。如果目前出现了铅中毒的问题，做出诊断的唯一可靠的方法是测定血铅水平。发铅[41]或尿铅水平不能提供有用的信息，因此不应该被测量。

临床铅中毒患儿及低水平铅暴露儿童的管理

应对所有血铅水平为 100 μg/L 或更高的儿童提供管理[24]（表 31－2）。妥善地管理，包括发现和消除铅的来源，适当的卫生措施指导（个人和家庭），优化儿童的饮食和营养状况，并密切随访（表 31－3 和表 31－4）。因为大部分血铅较高的儿童，居住或经常逗留在有变质铅涂料的房屋，治疗是否成功取决于是否消除儿童的铅暴露。没有控制环境铅暴露的治疗方案都被认为是不够的。儿科医生应该委托中毒儿童的地方公共卫生部门对儿童的住所环境进行评估。公共卫生人员应对儿童的环境和家庭生活方式中铅的来源进行彻底调查。

老化的含铅油漆是铅暴露的最常见来源。然而，其他来源包括餐具，化妆品如眼线粉和眼影粉、偏方、钙膳食补充剂、自来水和家长职业等也应该考虑。有些儿童在没有接触含铅涂料的情况下出现持续高血铅水平。他们的暴露可能来自于表 31－1 中列出的一些来源。血铅水平应该在儿童 2 岁后降低，而经过那个年龄后，稳定或持续增加的血铅水平可能归因于持续的暴露。长期待在含铅环境中的儿童，血铅水平在停止暴露后下降较慢[42]，可能是因为骨铅储存量较大。

美国疾病控制与预防中心儿童铅中毒预防咨询委员会在 2002 年 3 月发布铅中毒儿童的病例管理指南[43]。需要时应参考这些指导方针。

虽然还没有研究发现可以将血铅水平降低到＜100 μg/L 的有效策略，但美国疾病控制与预防中心儿童铅中毒预防咨询委员会已经颁布了控制血铅水平＜100 μg/L 的可能指导方针[24]。因为营养不良会影响铅的吸收，并且营养不良本身与健康结局有着独立的关联，应特别注意鉴别和治疗缺铁，并保证足够的钙和锌的摄入量。

对血铅水平 200～440 μg/L 的儿童的螯合治疗可以降低血铅水平，但还没有被证明能扭转或减少铅暴露引起的认知功能障碍或其他行为或心理问题[44]。

表 31－2　根据血铅水平(BLL)推荐的随访行动 *

BLL(μg/L)	行　动
<100	持续监测 对于一个血铅水平接近 100 μg/L 的儿童，频繁的血铅筛查(即，多于每年 1 次)可能是适当的，特别是如果孩子年龄<2 岁，并且是在天气变暖的初期，血铅水平有升高趋势，或铅暴露风险增加时检测的血铅[24]
100～149	获得 1 个月内的确定的静脉血铅水平；如果仍然在此范围内： ■进行教育，以减少铅暴露 ■在 3 个月内复查血铅水平
150～199	获得 1 个月内的确定的静脉血铅水平；如果仍然在此范围内： ■得到一份详细的环境接触史 ■进行教育，以减少铅暴露和减少铅的吸收 ■在 2 个月内复查血铅水平
200～449	获得 1 个星期内的确定的静脉血铅水平；如果仍然在此范围内： ■完成一份完整的病史(包括环境评价和营养评估)和体格检查 ■进行教育，以减少铅暴露和减少铅的吸收 将患儿转诊至当地的卫生部门或提供病例管理，病例管理应包括有降低铅危害的详细的环境调查，和适当推荐支持性服务机构。目前不推荐将螯合剂用于血铅水平低于 450 μg/L 的患者
450～699	获得 2 天内的确定的静脉血铅水平；如果仍然在此范围内： ■完成一份完整的病史(包括环境评价和营养评估)和体格检查 ■进行教育，以减少铅暴露和减少铅的吸收 ■将患儿转诊至当地的卫生部门或提供病例管理，病例管理应包括有降低铅危害的详细的环境调查，和适当推荐支持性服务机构 ■咨询在铅中毒治疗方面有经验的医生后，开始螯合治疗
≥700 μg/L	患儿住院并开始治疗，包括胃肠外螯合疗法，立刻咨询在铅中毒治疗方面有经验的医生 ■立即获得确定的血铅水平 ■病例管理的其余部分应如血铅水平在 450～699 μg/L 的儿童的病例管理

* 改编自美国疾病控制与预防中心[43]。

表 31-3 临床评估*

病史
询问
■症状
■进育史
■经口摄入行为
■异食癖
■过去测量过的血铅水平
■家庭/母体的铅暴露史
环境史
油漆和土壤暴露
■住宅的年限和一般条件如何?
■在木制品、家具、玩具上有咀嚼或油漆剥落的证据吗?
■家庭在这个住宅生活了多久?
■家里最近有没有翻新或修理?
■儿童有没有长时间待在其他地方?
■室内游戏区有什么特征?
■户外活动区域包含的裸露的土壤是否可能被污染?
■家里是如何控制灰尘/污垢的?
孩子的相关行为特征
■儿童表现出的手口活动到了哪种程度?
■儿童是否表现出异食癖?
■儿童在吃饭和吃零食前洗手吗?
家庭成员的暴露和行为
■成年家庭成员的职业是什么?
■家庭成员的爱好是什么?(钓鱼、陶瓷或有色玻璃制作以及狩猎,这些是涉及铅暴露风险的兴趣的例子)
■在家用壁炉中是否焚烧过涂料或其他不寻常的材料?
其他问题
■家中是否含有海外制造并在 1997 年之前购买的塑料百叶窗?
■儿童是否接触进口食品、化妆品或民间偏方?
■是否将食物准备或存储在进口陶器或金属器皿中?
营养史
■记录过往饮食史
■使用适当的实验室检测方法评估儿童铁营养状况
■询问关于使用食品券或妇女、婴儿的特殊营养补充计划的历史,以及儿童节目(WIC)的参与情况
体格检查
■特别注意神经系统检查以及儿童的心理和语言发育的检查

* 改编自美国疾病控制与预防中心[43]。

表 31－4 随访血铅水平(BLL)检测的时间表*

静脉血铅水平（μg/L）	随访早期（确定血铅水平后最初的2～4次测试）	随访晚期（血铅水平开始下降后）
100～149	3个月	6～9个月
150～199	1～3个月	3～6个月
200～249	1～3个月	1～3个月
250～449	2星期～1个月	1个月
≥450	尽快	螯合后随访

*改编自美国疾病控制与预防中心[43]。

注意：存在血铅浓度的季节性变化，并且血铅水平的季节性变化在气候较冷的地区可能更明显。在夏季更多的暴露可能需要更频繁的随访。一些医生可能会选择让所有的新患儿在1个月内复查血铅，观察他们血铅的增加速度是否比预期的快。

如果血铅水平大于450 μg/L并且铅暴露源已经被控制，则应当开始治疗。应咨询在管理儿童铅中毒方面有经验的儿科医生——可以通过美国儿科学会环境健康委员会，参加二巯基丁二酸临床试验的医院[44]，儿科环境卫生专业单位，或通过州卫生部门的铅项目（详情请访问网页：http://www.cdc.gov/nceh/lead/grants/contacts/CLPPP%20map.htm）找到这些有经验的医生。详细的治疗指南由美国儿科学会在1995发表[45]。

常见问题

问题 我很担心，我孩子的血液中已经有可检测到的铅。我该如何消除铅暴露呢？

回答 对于低血铅水平的儿童，推荐方案必须不仅有效而且非常安全。一般来说，适用的建议包括：以环境史来确定铅暴露的潜在来源，检测儿童是否缺铁并及时补充，检测饮用水，检查任何儿童可能玩耍过的，存在油漆剥脱的旧建筑，然后参考美国住房和城市发展部关于对需要重新装修房子制订的指导方针进行处理。血铅水平为50 μg/L或100 μg/L的儿童应当是令人担忧的，但是，在这样低的水平，没有特定的安全和有效的药物治疗方法。

问题 我们有进口陶瓷餐具。使用它们是否安全呢?

回答 一些进口陶瓷含有铅。特别值得关注的是来自墨西哥的陶器和中国的陶瓷制品。在餐具磨损、碎裂或破裂时,铅从碟子浸出到食品中。在一些标记为“无铅”的进口碟子中,发现含有超标的铅。有许多安全的替代品,所以应避免使用这样的碟子。在20世纪80年代,美国食品药品监督管理局开始规范了美国制造的碟子釉彩里的铅,并且在20世纪90年代进一步加强了该法规。在这些法规生效前美国制造的碟子也可能含有铅。

问题 我们有塑料迷你百叶窗。我是否要丢弃它们?

回答 在20世纪90年代中期,发现一些进口的,无光泽的塑料迷你百叶窗中含有铅。儿童触摸这些百叶窗,并把手指放在嘴里会摄入少量的铅。阳光和热会使百叶窗分解,释放出含铅灰尘。如果你购买新的百叶窗,寻找标签上写有“新配方”或“无铅配方”的产品。如果旧的塑料百叶窗开始粉化或者老化,则必须被丢弃。

问题 罐头食品中是否仍旧含有铅?

回答 有焊接接缝的罐头可以增加食物中的铅。在美国,焊接罐已被无缝铝容器代替,但是一些进口罐头产品仍然有铅焊接接缝。

问题 水中的铅该如何测试?

回答 如果你使用自来水冲泡婴儿配方奶粉或果汁或存在地方性问题,你可能需要检测你所使用的水。为了帮助确定你使用的水中是否含有铅,拨打美国环境保护署饮用水安全热线:800-426-4791或者请当地的卫生部门来测试你使用的水。新的井应当检测其水中铅含量,并且应当在怀孕的妇女,婴儿和年龄小于18岁的儿童进入该家庭时再次检测;关于婴幼儿用水,请参考美国儿科学会关于私人井水的政策声明[46]。大部分水过滤器能移除铅。

问题 我该如何区分玩具是否有含铅漆或者是否是铅做的？

回答 不是所有的玩具都常规地进行含铅量检测。许多玩具是从安全规则执行不力的国家进口的，玩具公司在出售他们的玩具之前未进行检测。美国儿科学会建议家长关注消费品安全委员会网站公告上的召回内容并且避免购买杂牌的以及折扣店和私营供应商出售的玩具。应当检查旧的以及二手玩具的损坏和玩具来源的线索。如果玩具损坏或磨损或由一个之前缺乏产品检验措施的国家制造，最安全的方法是不再使用它。要特别注意服装饰品或其他可以吞下的小金属片。

问题 看到一个孩子摄入一块铅涂料时，应该遵循什么样的正确程序？

回答 当家长担心孩子摄入潜在的含铅物质时，要进行诊断性的铅水平检测。应立即进行检测，因为儿童可能在被人发现这一问题之前已经摄入类似物质。随着含铅物质的摄入，血铅水平会迅速上升(在几小时到几天之内)，并且在肠道内移动的过程中可以继续上升。一旦肠道中含铅物质被排出体外，下个月血铅水平会下降达到一个新的身体平衡。如果是儿童铅水平达到 450 μg/L 或更高，则需要用腹部 X 射线来评估含铅物质的存在。无需用长骨的 X 射线评估“铅线”(即生长停滞的密集干骺端线)。

这可能也是一个评估孩子铁状态的很好时机，因为铁缺乏症与铅在肠道内的有效吸收有关，并且异食癖行为有时与缺铁状态有关。低血清铁蛋白，即使没有贫血，平均红细胞体积(MCV)降低，或红细胞分布宽度(RDW)增加，都应给予治疗剂量的铁剂。

检查油漆是否存在铅也是明智的。1978 年前建成的房屋，除非检测并证明，否则油漆片应该被认为是含有铅的。你所在的地方或州卫生部门可以解答你关于房屋验收来检查铅的问题。

如果血涂片可以看到嗜碱性点彩红细胞，往往说明血铅水平特别高，远远高于现在的普遍状况。同时也要考虑维生素 B_{12} 和叶酸缺乏时也会出现嗜碱性点彩红细胞。

问题 是否应该规定铅水平 100～200 μg/L 的患儿使用铁剂？

回答　除非他们是铁缺乏。理论上来讲，铁能影响铅在肠道吸收。铅可以借助铁的吸收机制进行吸收，进而通过竞争性抑制减少铁的吸收。没有支持研究数据表明铁治疗对所有高铅儿童有疗效。除非铁缺乏（低铁蛋白或另一个指标），否则不应该进行铁治疗。

参考资料

National Lead Information Center

422 South Clinton Avenue

Rochester，NY 14620

Phone：1－800－424－LEAD

Fax：(585) 232－3111

Office of Healthy Homes and Lead Hazard Control，Department of Housing and Urban Development

Web site：www. hud. gov/offices/lead

US Environmental Protection Agency Federal Plan for Eliminating Childhood Lead Poisoning

Web site：http://yosemite. epa. gov/ochp/ochpweb. nsf/content/whatwe _ tf _ proj. htm

（徐　健 译　颜崇淮 校译　宋伟民 审校）

参考文献

[1] Schwartz J. Low-level lead exposure and children's IQ：a meta-analysis and search for a threshold. *Environ Res*. 1994;65(1):42－55.

[2] Pocock SJ，Smith M，Baghurst P. Environmental lead and children's intelligence：a systematic review of the epidemiological evidence. BMJ. 1994;309(6963)：1189－1197.

[3] Needleman HL，Gunnoe C，Leviton A，et al. Deficits in psychologic and classroom performance of children with elevated dentine lead levels. N Engl J Med. 1979;300(13):689－695.

[4] Bellinger D, Needleman HL, Bromfield R, et al. A follow up study of the academic attainment and classroom behavior of children with elevated dentine lead levels. Bio Trace Element Res. 1984;6:207－223.

[5] Chen AM, Cai B, Dietrich KN, et al. Lead exposure, IQ, and behavior in urban 5-to 7-year-olds: does lead affect behavior only by lowering IQ? Pediatrics. 2007;119(3):e650－e658.

[6] Chisolm JJ Jr, Kaplan E. Lead poisoning in childhood—comprehensive management and prevention. J Pediatr. 1968;73(6):942－950.

[7] Centers for Disease Control. Preventing Lead Poisoning in Young Children. Washington, DC: US Department of Health, Education, and Welfare; 1978.

[8] Lanphear BP, Dietrich KN, Auinger P, et al. Cognitive deficits associated with blood lead concentrations of <10 μg/dL in US children and adolescents. Public Health Rep. 2000; 115(6):521－529.

[9] Canfield RL, Henderson CR, Cory-Slechta DA, et al. Intellectual impairment in children with blood lead concentrations below 10 μg per deciliter. N Engl J Med. 2003;348(16):1517－1526.

[10] Bellinger DC, Needleman HL. Intellectual impairment and blood lead levels. N Engl J Med. 2003;349(5):500－502.

[11] American Academy of Pediatrics, Committee on Environmental Health. Screening for elevated blood lead levels. Pediatrics. 1998;101(6):1072－1078.

[12] Patterson CC. Natural Levels of Lead in Humans. Chapel Hill, NC: Institute for Environmental Studies, University of North Carolina at Chapel Hill; 1982.

[13] Pirkle JL, Brody DJ, Gunter EW, et al. The decline in blood lead levels in the United States. The National Health and Nutrition Examination Surveys (NHANES). JAMA. 1994; 272(4): 284－291.

[14]. Jones RL, Homa DM, Meyer PA, et al. Trends in blood lead levels and blood lead testing among US children aged 1 to 5 years, 1988－2004. Pediatrics. 2009; 123(3):e376－e385.

[15] von Lindern I, Spalinger S, Petroysan V, et al. Assessing remedial effectiveness through the blood lead: soil/dust lead relationship at the Bunker Hill Superfund Site in the Silver Valley of Idaho. Sci Total Environ. 2003;303(1－2):139－170.

[16] Charney E, Sayre J, Coulter M. Increased lead absorption in inner city children: where does the lead come from? Pediatrics. 1980;65(2):226－231.

[17] Freeman NC, Sheldon L, Jimenez M, et al. Contribution of children's activities

to lead conta mination of food. J Expo Anal Environ Epidemiol. 2001; 11(5): 407－413.

[18] Jacobs DE, Clickner RP, Zhou JY, et al. The prevalence of lead-based paint hazards in U. S. housing. Environ Health Perspect. 2002;110(10):A599－A606.

[19] Farfel MR, Chisolm JJ. An evaluation of experimental practices for abatement of residential lead-based paint: Report on a pilot project. Environ Res. 1991;55(2):199－212.

[20] Centers for Disease Control and Prevention. Death of a child after ingestion of a metallic charm—minnesota, 2006. MMWR Morb Mortal Wkly Rep. 2006;55(12):340－341.

[21] Lanphear BP, Hornung R, Khoury JC, et al. Low-level environmental lead exposure and children's intellectual function: an international pooled analysis. Environ Health Perspect. 2005;113(7):894－899.

[22] Chen A, Dietrich KN, Radcliffe J, et al. IQ and blood lead from 2 to 7 years: are the effects in older children the residual from high blood lead in 2-year-olds? Environ Health Perspect. 2005;113(5):597－601.

[23] Centers for Disease Control and Prevention. Screening Young Children for Lead Poisoning: Guidance for State and Local Public Health Officials. Atlanta: CDC; 1997.

[24] Binns HJ, Campbell C, Brown MJ. Interpreting and managing blood lead levels of less than 10 μg/dL in children and reducing childhood exposure to lead: recommendations of the Centers for Disease Control and Prevention Advisory Committee on Childhood Lead Poisoning Prevention. Pediatrics. 2007;120(5):e1285－e1298.

[25] Centers for Disease Control and Prevention. Elevated blood lead levels in refugee children—New Hampshire, 2003－2004. MMWR Morb Mortal Wkly Rep. 2005;54(2):42－46.

[26] Schwartz J, Otto D. Lead and minor hearing impairment. Arch Environ Health. 1991;46(5): 300－305.

[27] Bhattacharya A, Shukla R, Bornschein RL, et al. Lead effects on postural balance of children. Environ Health Perspect. 1990;89:35－42.

[28] Sciarillo WG, Alexander G, Farrell KP. Lead exposure and child behavior. Am J Public Health. 1992;82(10):1356－1360.

[29] Needleman HL, Schell A, Bellinger D, et al. The long-term effects of exposure

to low doses of lead in childhood: an 11-year follow-up report. N Engl J Med. 1990; 322(2):83 – 88.

[30] Needleman HL, Riess J, Tobin M, et al. Bone lead levels and delinquent behavior. JAMA. 1996;275(5):363 – 369.

[31] Rice D. Behavioral effects of lead: commonalities between experimental and epidemiologic data. Environ Health Perspect. 1996;104 (Suppl):337 – 351.

[32] Markovac J, Goldstein GW. Picomolar concentrations of lead stimulate brain protein kinase C. Nature. 1988;334(6177):71 – 73.

[33] Cecil KM, Brubaker CJ, Adler CM, et al. Decreased brain volume in adults with childhood lead exposure. PloS Med. 2008;5:e112.

[34] Brubaker CJ, Schmithorst VJ, Haynes EN, et al. Altered myelination and axonal integrity in adults with childhood lead exposure: a diffusion tensor imaging study. Neurotoxicology. 2009; 30(6):867 – 875.

[35] Yuan W, Holland S, Cecil KM, et al. The impact of early childhood lead exposure on brain organization: a functional magnetic resonance imaging study of language function. Pediatrics. 2006;118(3):971 – 977.

[36] McIntire MS, Wolf GL, Angle CR. Red cell lead and d-amino levulinic acid dehydratase. Clin Toxicol. 1973;6(2):183 – 188.

[37] Selevan SG, Rice D, Hogan KD, et al. Blood lead concentration and delayed puberty in girls. N Engl J Med. 2003;348(16):1527 – 1536.

[38] Centers for Disease Control and Prevention, Advisory Committee on Childhood Lead Poisoning Prevention. Recommendations for blood lead screening of young children enrolled in Medicaid: targeting a group at high risk. MMWR Recomm Rep. 2002;49(RR – 14):1 – 13.

[39] Wengrovitz AM, Brown MJ. Recommendations for blood lead screening of Medicaid-eligible children aged 1 – 5 years: an updated approach to targeting a group at high risk. MMWR Recomm Rep. 2009;58(RR – 9):1 – 11.

[40] Centers for Disease Control and Prevention. Guidelines for the Identification and Management of Lead Exposure in Pregnant and Lactating Women. Atlanta, GA: US Department of Health and Human Services, 2010. Available at: www. cdc. gov/nceh/lead/publications/LeadandPregnancy2010. pdf. Accessed March 22, 2011.

[41] Esteban E, Rubin CH, Jones RL, et al. Hair and blood as substrates for screening children for lead poisoning. Arch Environ Health. 1999;54(6):436 – 440.

[42] Manton WI, Angle CR, Stanek K, et al. Acquisition and retention of lead by young children. Environ Res. 2000;82(1):60－80.

[43] Centers for Disease Control and Prevention. Managing Elevated Blood Lead Levels Among Young Children: Recommendations from the Advisory Committee on Childhood Lead Poisoning Prevention. Atlanta, GA: Centers for Disease Control and Prevention; 2002.

[44] Dietrich KN, Ware JH, Salganick M, et al. Effect of chelation therapy on the neuropsychological and behavioral development of lead-exposed children following school entry. Pediatrics. 2004;114(1):19－26.

[45] American Academy of Pediatrics, Committee on Drugs. Treatment guidelines for lead exposure in children. Pediatrics. 1995;96(1 Pt 1):155－160.

[46] American Academy of Pediatrics, Council on Environmental Health and Committee on Infectious Diseases. Drinking water from private wells and risks to children. Pediatrics. 2009;123(6):1599－1605.

第 32 章

汞

■■■■■■

汞(Hg)以 3 种形式存在:金属元素(Hg^0、水银或元素汞)、无机盐(Hg^{1+} 或亚汞盐;Hg^{2+} 或汞盐)和有机化合物(甲基汞、乙基汞和苯基汞)。这 3 种形式的汞在溶解性、反应性、生物效应和毒性方面各不相同。汞被用于医学和工业已经超过 3 000 年。

天然汞来源包括朱砂(矿)和化石燃料,如煤和石油。采矿、冶炼和工业排放(主要是通过化石燃料燃烧)会导致环境污染。大气汞可导致当地和全球污染。湖泊和河流沉积物中的汞可以被细菌转化成有机汞化合物(如甲基汞),后者可随着食物链累积而浓度逐渐增加(即生物放大效应)。其结果是,某些海洋掠食鱼类(如鲨鱼、金枪鱼、箭鱼)或淡水掠食鱼类(如鲈鱼、梭子鱼、鳟鱼等)可能含有较高水平的汞。20 世纪 50 年代,由于工业汞排放到日本的水俣湾(Minamata Bay),导致了因食用鱼类而造成的甲基汞高水平暴露事件,受暴露孕妇所分娩胎儿的大脑发育受到了严重干扰。这一事件还造成了数千例急性成人甲基汞中毒,并导致约 20 万人出现慢性甲基汞暴露的神经病学表现[1]。为了减少大多数受高度污染的鱼类的消费,美国各州已经发布了关于当地捕鱼的消费通告,这些通告可能随着鱼类或水体的不同而不同,或在全州范围的基础上实施。美国环境保护署(EPA)与美国食品药品监督管理局(FDA)已经提出建议,限制摄入大型海洋鱼类,如金枪鱼、旗鱼、鲭鱼、方头鱼和鲨鱼。

甲基汞也被用作谷物种子的杀菌剂。一些发展中国家消费经过汞处理的谷物种子造成了大范围的汞中毒,这也是野生动物出现神经功能障碍的原因[2]。

元素汞被用于血压计、温度计和恒温器开关。牙科汞合金含有 40%~50%的汞、银和其他金属。荧光灯泡,包括荧光管和紧凑型荧光灯泡,以及圆盘(纽扣)电池也含有汞。这些物品的任意处置是环境汞污染的来源,例如将它们埋在垃圾填埋场或在废物焚化炉里焚烧,而不是回收利用。部分美国西班牙裔人群还用汞作为一些民间疗法,如萨泰里阿教徒(Santeria)[3,4]。

暴露途径

元素汞

元素汞在室温下呈液体,容易挥发为无色、无味的蒸气。当人体吸入时,元素汞蒸气容易通过肺泡膜而进入血液,主要分布于红细胞并被其带往全身各处组织,包括穿越血脑屏障。一旦进入细胞,汞会被氧化为 Hg^{2+},这阻碍了其排泄。大约 80%的吸入汞会被身体吸收。相比之下,胃肠道摄入后,只有不到 0.1%的元素汞被吸收,而皮肤接触后吸收的量最小[5]。

无机汞

虽然汞盐往往极具腐蚀性,但无机汞盐摄入后吸收甚少。

有机汞

一般来说,有机汞化合物是脂溶性的,可被胃肠道很好吸收。95%摄入的甲基汞可被吸收,这导致了人们对消费那些被甲基汞污染的鱼类的担忧[6]。甲基汞可通过胎盘在胎儿体内聚集,还可转移到母乳中。这种形式的汞吸入后也吸收良好。苯基汞摄入和皮肤接触后吸收良好。与其他有机汞化合物相比,苯基汞的碳-汞化学键相对不稳定,可释放出元素汞,后者吸入后可经肺泡膜吸收。

乙基汞发现于硫汞撒(硫柳汞)中,被用作抗菌剂、疫苗及其他药物治疗的防腐剂。按重量计算,硫汞撒含有 49.6%的汞。直到 1999 年秋天,许多疫苗在每个剂量中都含有 12.5～25 μg 的汞。1999 年,随着更多疫苗被添加到儿童常规推荐免疫方案中,人们意识到了增加汞暴露的可能性,于是美国儿科学会(AAP)、美国家庭医生学会(AAFP)、美国疾病控制与预防中心(CDC)的免疫实践咨询委员会和美国公共卫生署发表了一份联合建议,即尽快将硫汞撒从疫苗中去除[7,8]。自2001年以来,不含硫汞撒防腐剂的新儿童疫苗被美国食品药品监督管理局许可使用。除了多次剂量瓶中的流感疫苗,所有常规推荐给6岁以下儿童的疫苗都不含硫汞撒,或只含微量。流感疫苗的多次剂量瓶含有作为防腐剂的硫汞撒,但儿科定制使用的流感疫苗单剂量单位不含硫汞撒。脑膜炎球菌结合疫苗,可作为两种不同的无硫汞撒产品,是儿童和青少年的首选疫苗。第三种脑膜炎球菌疫苗的多次剂量瓶含有硫汞撒。

对人体各系统的影响和临床作用

元素汞

人体吸入高浓度汞蒸气时,可造成急性坏死性支气管炎和肺炎,这可能导致呼吸衰竭而死亡[9]。在通风不良的地方加热汞元素会造成事故[10]。

长期暴露于汞蒸气主要影响中枢神经系统(CNS)。早期非特异性症状包括失眠、健忘、食欲下降、轻微震颤,可能会被误诊为精神疾病。持续暴露可导致渐进性的震颤和异常兴奋,表现为红色手掌、情绪不稳定、高血压、视觉和记忆障碍[11-16]。多涎、过度出汗和血液浓缩是其伴随症状。汞也会累积于肾脏组织。肾毒性包括蛋白尿或肾病综合征,可单独出现,也可与其他汞暴露症状一起出现[17,18]。单独影响肾脏可能起源于免疫学机制。

来自于牙科汞合金的汞暴露引发了对亚临床或异常神经功能影响的担忧。挪威、芬兰、丹麦和瑞典的联邦政府都颁布了法规,要求牙科患者获得关于即将使用的牙科修复材料的知情同意信息。在美国,一些州政府也制定了针对接受牙科修复患者的知情同意立法[19]。虽然牙科汞合金是汞暴露的来源且与尿汞排泄略高相关联,但除了罕见的过敏反应以外,没有任何可测量的临床毒性作用的科学证据[20-25]。2个随机临床试验也没能证明暴露于牙科汞合金的儿童与没有暴露的儿童之间存在神经行为或神经心理的差异[26-28]。

无机汞

氯化汞(Hg^{2+})的通用名称对其进行了很好描述，即升汞。通常因误食或自杀意图而摄入，可迅速造成胃肠道溃疡或穿孔、出血，随后导致循环衰竭。肠道黏膜屏障的破坏导致大量的汞被吸收，并分布于肾脏。急性肾毒性作用包括近端肾小管坏死和无尿。

20 世纪 40 年代，肢体疼痛症（或儿童汞中毒）经常在暴露于含氯化亚汞的甘汞出牙粉的儿童中被报道[29,30]。在暴露于用作杀真菌的尿布清洗剂的苯基汞和暴露于来自室内乳胶漆的醋酸苯汞的儿童中，也有病例报道[32]。人们对儿童易患肢体疼痛症的机制了解甚少，但是患病儿童会出现斑状丘疹、四肢肿胀和疼痛、周围神经病变、高血压和肾小管功能障碍[33,34]。

有机汞

有机汞毒性发生于长期暴露后并能影响中枢神经系统。其症状进展过程为从感觉异常到共济失调，其次是全身乏力、视觉和听觉障碍、震颤和肌肉痉挛，然后昏迷和死亡。有机汞也是一个强有力的致畸剂，可破坏发育中大脑的正常神经细胞迁移模式和神经细胞的组织学结构。在吃受污染的鱼而导致的水俣湾事件与吃受污染的粮食种子而导致的伊拉克事件中，母亲没有表现出症状或仅有轻度中毒症状，然而她们生出的婴儿却受到了严重影响。通常，婴儿出生时看起来正常，但随着时间的推移会出现精神运动发育迟滞、失明、耳聋和癫痫发作[35]。

胎儿和婴儿更容易受到甲基汞神经毒性的影响，因此调查人员一直在寻找某些儿童中出现的亚临床表现，这些儿童母亲的饮食包括大量的含有甲基汞的鱼类和海洋哺乳动物，而且这些儿童的血汞水平高于美国常见水平。共有三个这样的纵向研究项目——一个在塞舌尔群岛（离非洲东海岸约 1 609.3 km 的印度洋群岛）；一个在法罗群岛（冰岛海岸的岛屿）；第三个在新西兰。大约 900 名法罗群岛儿童在 7 岁和 14 岁时进行评估；较高的母亲发汞含量与这些儿童的运动能力、注意力和语言测试结果的缺陷有关，而且这些缺陷在不同测试场合之间没有变化[36]。然而，尽管暴露情况相似，这种缺陷模式在被检测的 643 名塞舌尔群岛的 9 岁儿童中却不存在[37]。人们对来自以上三项研究的数据进行了评估，以估计出母汞和儿童智商(IQ)之间的剂量－反应关系；母亲发汞水平每增加1 mg/kg，儿童智商损失大约为0.18点(95%可信区间，0.009～0.378)[38]。这些研究的结果可能由于混杂因素的存在而有局限性，因为海产品中含有丰富的ω－3脂肪酸，这对胎儿的神经发育有重要的有益影响[39]。以适当的生物学标记、心理评估进行进一步研究，同时考虑汞代谢的生物学变化，可能是阐明其效果的必要措施[40,41]。

美国环境保护署(EPA)评估了甲基汞的毒性，以确定汞的参考剂量。参考剂量是一种化学物质的每日剂量，即便贯穿终身，也可能没有不利影响；它也为建立安全标准和指南提供基本原则。根据神经行为毒性的发育，美国环境保护署认为，为了实现脐血汞浓度<5.8 μg/ L(低于此浓度预计没有不利影响)，汞的参考剂量应设定为每日0.1 μg/kg[42]。在1999—2002年的全美国家健康和营养调查(NHANES，美国疾病控制与预防中心进行的针对美国人口的一系列健康和营养状况调查)中，估计6%的美国妇女的血总汞浓度≥5.8 μg/L[43]。然而，这些数据可能不能代表那些大量吃鱼的妇女，也没有考虑到胎儿的甲基汞浓度(3.5 μg/L的母亲血汞浓度预计会使胎儿血汞浓度达到5.8 μg/L)[44]。对1999—2004年国家健康和营养调查收集的成年妇女的数据分析发现，10.4%的妇女汞浓度超过3.5 μg/L，而4.7%的妇女汞浓度超过5.8 μg/L。生活在东北部地区、亚裔或收入较高的妇女，其血汞水平增加的风险最高[45]。

乙基汞，尽管可能与甲基汞有类似的毒性，但人们对其一直研究甚少。大量的医疗/制药产品(如耳和眼药水、眼药膏、鼻腔喷雾剂、痔疮软膏)可能含有作为防腐剂的硫柳汞(www.epa.gov/mercury for a list)。暴露于含硫柳汞非常高的产品会产生毒性，包括肢体疼痛症、慢性汞中毒、肾功能衰竭和神经病变[46-50]。通过鼓膜置管用硫柳汞冲洗儿童的外耳道会造成致命的汞中毒[51]。

人们一直担心，来自含硫柳汞疫苗和其他来源的有机汞暴露在孤独症发病率的增加方面发挥了作用。然而，大量的科学研究并不支持两者之间的因果关系[52-60]。

诊断方法

汞中毒的诊断通常是根据病史和体格检查。尿液和血液检测可以证明汞浓度升高。然而，血汞浓度正常也不能排除汞中毒。

元素汞

可以测量出使用牙科汞合金者的呼出气中汞蒸气浓度增加，但其生物学意义还不确定。另外，放置牙科汞合金后尿汞排泄有轻微增加，这一意义也不清楚。

无机汞

无机汞暴露可以通过尿汞测量来确定，最好使用 24 小时收集的尿液。结果大于 10～20 μg/d 证明暴露过度，浓度大于 100 μg/L 可能会出现神经系统症状。然而，尿汞浓度不一定与毒性作用的长期性或严重性相关，尤其是当汞暴露的强度是间歇性的或多变的时候。全血汞水平可以测量，但在无机汞暴露结束后的 1～2 天内，会倾向于回归到正常水平（< 0.5～1.0 μg/L）。

有机汞

有机汞化合物聚集在血红细胞中，所以全血可以用来诊断过度暴露。在 1999—2002 年美国人口的样本中，1～5 岁儿童血汞浓度的几何均数是 0.33 μg/L，16～49 岁女性血汞浓度的几何均数是 0.92 μg/L[43]。在未暴露人群中，血汞含量很少超过 1.5 μg/L。甲基汞也分布于生长的头发中，从而为研究项目提供一种无创方法以估计随着时间推移的身体负荷和血液浓度。在普通人群中，发汞浓度通常是 1 μg/g 或更少[61]。成人发汞（μg/g）与血汞（μg/L）的比率大约是 25%，但这一比值在儿童则根据年龄变化而各不相同[62]。尽管在科学研究中，测量发汞浓度已经作为一种完善的用于量化甲基汞暴露的检测方法，但临床不使用毛发作为常规检测汞含量的样本，特别是由外部机构如商业性实验室进行检测时。通常在上述情况下，汞暴露测量的基本原理不明，检测不考虑外部污染控制，且采集方案多为临时拟定[63]。目前尚未根据儿童发汞浓度设定临床毒性指标数值。因此，对外部实验室检测所得发汞浓度升高者，应进一步随访并检测血汞浓度，以确定其当前汞暴露水平。

治疗

最重要和最有效的治疗方法是确定汞的来源和结束暴露。汞积累在血液、中枢神经系统和肾脏组织中，机体清除非常缓慢。螯合剂被用来促进汞的清除，但螯合作用是否会降低毒性或加快中毒患儿的恢复，目前还不清楚。已有报道使用螯合剂[二巯基丙醇(BAL 油剂)，二巯基琥珀酸(DMSA，Succimer)和二巯基丙磺酸钠(DMPS)]用于严重的无症状的无机汞中毒[14-16,64-69]。美国食品药品管理局尚未批准通过任何用于甲基汞中毒的有效螯合剂。二巯基丙醇可能会增加脑汞浓度，因此不应用于甲基汞中毒病例[70]。二巯基丁二酸已被用于一些严重的有机汞中毒[71]。所有的汞中毒应在与有管理儿童汞中毒经验的医生协商后进行治疗。汞中毒儿童需要儿科医生定期进行神经系统检查随访和发育评估，可能还需要转诊以进行进一步的神经发育评估。

一些人提出，用于改善慢性汞暴露所致神经系统症状的螯合剂可用于治疗孤独症，参见第 46 章。然而，由于临床试验缺乏监控，这些螯合剂对儿童造成了一些严重的危害。因此，并不表示螯合剂可用于治疗孤独症，事实上，这可能还是非常危险的[72]。

暴露预防

在美国，许多汞化合物已不再出售。在医疗器材方面，电子设备取代了许多含汞的口腔温度计和血压计。此外，由于汞泄漏(甚至像打碎血压计一样看似微不足道的汞泄漏)后清除的成本是非常昂贵的，因此，消除汞可以显著节约成本。还拥有含汞设备的儿科医生应安全地排除使用它们，同时要鼓励家庭去做同样的事情[73]。学校设施里汞的来源也应该进行分类和安全处理。可使用当地规划方案来安全处理含汞设备。

有机汞杀菌剂，包括苯基汞（曾经用于乳胶油漆），不再许可用于商业用途。在牙科汞合金制备过程中，更新的汞合金填充物封闭方法可降低汞溢出和暴露的可能性。

温度计中汞的量很小，通常不足以产生临床意义上的汞暴露。如果水银温度计被打破，应该将元素汞珠小心地滚到一张纸上，然后放入罐子或密闭容器里再作恰当处理。要避免使用真空吸尘器，因为它会使元素汞蒸发于空气中，产生更大的健康风险[74]。如果温度计泄漏发生在地毯上，需要将受影响的地毯区域小心地清除和丢弃。了解破碎温度计造成汞泄漏的具体说明可访问相关网站（www. epa. gov/mercury）。在发生较大的元素汞泄露事件时，建议咨询当地卫生部门和认证的环境清洁公司[75]。

紧凑型荧光灯泡和其他荧光灯泡含有少量的汞。发生破损时，房间应该通风，并关闭强制热风供暖和空调系统 15 分钟。从坚硬表面和地毯清除碎片和汞的具体说明请访问美国环境保护署网站（www. epa. gov/mercury）。接触碎灯泡的衣服应该扔掉，但暴露于汞蒸气的衣服可以清洗。废旧荧光灯泡的当地安全处理程序可用于许多领域（www. epa. gov/mercury）。

大多数监管标准或公告与工作场所有关。美国环境保护署制订了饮用水（2 μg/L）的非职业标准，美国食品药品监督管理局制订了鱼（1 μg/g）和瓶装饮用水（2 μg/L）的非职业标准。

美国食品药品监督管理局设定了商业鱼中甲基汞的监管限制（1 μg/g）[76]。2001 年 3 月，美国食品药品监督管理局发布了一项公告，建议孕妇、育龄妇女、哺乳期妇女和儿童避免食用鲨鱼、鲭鱼王、旗鱼和方头鱼。对于其他类型的鱼，包括淡金枪鱼罐头，美国食品药品监督管理局建议儿童、孕妇和那些可能怀孕的妇女每周消耗在 340 g 以下。（长鳍和新鲜的金枪鱼罐比淡金枪鱼罐头的甲基汞含量大约高 3 倍）。来自鱼类的甲基汞暴露风险必须与吃鱼对健康的好处相平衡。鱼是优质蛋白质的重要来源，含有不饱和脂肪酸（包括ω－3 脂肪酸）和对儿童发育很重要的其他有益营养素。对某些人群来说，在当地捕鱼可能是能够获得营养饮食的唯一选择，但应该先咨询当地顾问，因为一些湖泊和溪流中的鱼类与商业鱼类相比含有的污染物浓度更高。孕期吃鱼（＞ 2 餐/周）对儿童智商的有利影响必须用鱼汞的负面影响加以权衡[77]。如果有汞含量较低的鱼，明智的做法是用它代替而不是吃掉那些有甲基汞报告的鱼。有许多甲基汞浓度较低的商业鱼类和贝类，其中一些（鲑鱼、鳕鱼、扇贝）也富含ω－3脂肪酸，它是胎儿大脑发育所需的至关重要的营养物质。不同商业海鲜产品中的汞含量，可以在美国食品药品监督管理局网站上找到（参表32－1）。

表32－1　入选商业海鲜的汞浓度*

海产品	海鲜平均汞浓度（μg/g）
	最高水平
方头鱼（墨西哥湾）	1.450
鲨鱼	0.988
箭鱼	0.976
鲭鱼	0.730
	中等水平
橘棘鲷	0.554
石斑鱼（所有物种）	0.465
智利鲈鱼	0.386
金枪鱼（新鲜或冷冻）	0.383
长鳍金枪鱼（罐头）	0.353
	最低水平
淡金枪鱼（罐头）	0.118
鳟鱼，淡水	0.072
螃蟹	0.060
扇贝	0.050
鲶鱼	0.049
青鳕	0.041
鲑鱼（新鲜或冷冻）	0.014
罗非鱼	0.010
蛤蚌	检测不到
鲑鱼（罐头）	检测不到
虾	检测不到

*所选资料来自 http://www.cfsan.fda.gov/～frf/sea－mehg.html. 其他污染物，如多氯联苯（参见第18章），可能会改变食用某些特定鱼类的安全性。

虽然商业鱼类的汞含量由美国食品药品监督管理局监管，但联邦政府并不监管体育运动中所捕获鱼类的汞水平。由于潜在的汞污染，各州已经发布公告，建议公众限制或避免食用从特定水体中捕获的鱼类。这些鱼类包括淡水物种，如鳟鱼、玻璃梭鲈、梭子鱼、北美狗鱼和鲈鱼，它们包含的汞水平可能会导致大量的汞摄入。鱼类消费报告的最新状态可以在美国环境保护署网站（www. epa. gov/OST/fish）上找到。

汞泄漏发生时，蒸发的汞可以污染家中的空气（例如，打破温度计或紧凑型荧光灯泡）。在泄漏事件中，美国毒物与疾病登记署建议，可接受的住宅空气汞含量不应超过 0.5 μg/m^3[78]。

常见问题

问题 *我的孩子吞下了口腔温度计中的汞，我该怎么办？*

回答 胃肠道对这些温度计中的元素汞吸收很少，不需要治疗。（碎玻璃片才是更值得关注的问题）。因为汞蒸气可以被吸收，在被金属汞污染的地毯上玩耍会出现偶发的儿童肢体疼痛症病例。清理从温度计泄漏的汞时应特别注意（http://www. epa. gov/mercury）；儿童和孕妇尤其不应帮助清理。同时，应打开受影响房间的门窗，并将其他房间的门窗关闭。

问题 *孕妇或计划怀孕的女性应避免吃鱼吗？*

回答 目前尚未发现已知的危险因素，其危害程度大于食用商业鱼类本身所带来的益处。为了尽可能降低可能怀孕的妇女、孕妇、哺乳期妇女和儿童的汞暴露，可访问美国环境保护署官网（www. epa. gov/mercury）以获取如何从吃鱼和贝类而得到积极健康益处的宣传册。建议包括：

— 避免吃鲨鱼、鲭鱼、方头鱼和旗鱼。

— 吃低汞鱼的限制为每周 340 g。长鳍金枪鱼（白色）应限于不超过每周 170 g。

— 从当地水域抓的鱼，每周消费不超过 170 g，其间不应吃其他鱼类。访问美国环境保护署官网（www. epa. gov/OST/fish）以查询你所处州的鱼类公告。

问题　我的孩子应该用无汞填充物补牙吗？含汞填充物应该被取代吗？

回答　汞齐合金是一种充填龋齿的耐用材料。虽然使用汞齐合金可能会发生汞暴露，但没有科学证据表明，这种常用的牙科材料会对儿童造成伤害。因此没有必要仅仅因为含有汞而舍弃汞齐合金；此外，去除汞齐合金会对坚固龋齿造成影响。

问题　有人把汞撒在了我孩子的学校，应该如何清理？

回答　即使学校里泄漏的汞量很小，也有必要请专家帮忙清理。清洁工不应使用吸尘器清理，因为这会使汞散布成气溶胶。当地卫生部门可以提供有汞清理专家的当地环保公司的名字。学校的孩子不应该玩泄露的汞或把它从学校带回家。

参考资料

State and local public health and environmental agencies

They may be of assistance if a mercury spill occurs, if clinically significant poisoning is suspected, or to evaluate possible environmental exposure sources.

US Environmental Protection Agency

Web site: www. epa. gov/mercury

This Web site provides a wide array of information on mercury, including a link to state fish advisories, a list of consumer products that contain mercury, handouts about fish consumption advisories for pregnant women and children, and household hazardous waste collection centers that accept mercury-containing equipment and used fluorescent light bulbs.

US Food and Drug Ad ministration

Web site: www. cfsan. fda. gov/～frf/sea-mehg. html

This Web site provides information on mercury content in commercial fish.

Institute of Medicine

Seafood Choices: Balancing Benefits and Risks

Web site: www. iom. edu/Reports/2006/Seafood-Choices-Balancing-Benefits-and-Risks. aspx

World Health Organization

Children's Exposure to Mercury Compounds (2010)

Web site: www.who.int/ceh/publications/children_exposure/en/index.html

（郭保强 译　唐德良 校译　宋伟民 审校）

参考文献

[1] Ekino S, Susa M, Ninomiya T, et al. minamata disease revisited: an update on the acute and chronic manifestations of methyl mercury poisoning. *J Neurol Sci*. 2007;262 (1-2):131-144.

[2] Clarkson TW, Magos L, Myers GJ. Human exposure to mercury: the three modern dilemmas. *J Trace Elem Exp Med*. 2003;16:321-343.

[3] Ozuah PO. Folk use of elemental mercury: a potential hazard for children? *J Natl Med Assoc*. 2001;93(9):320-322.

[4] Zayas LH, Ozuah PO. Mercury use in espiritismo: a survey of botanicas. *Am J Public Health*. 1996;86(1):111-112.

[5] Clarkson TW. The pharmacology of mercury compounds. *Annu Rev Pharmacol*. 1972;12: 375-406.

[6] US Environmental Protection Agency. Water quality criterion for the protection of human health: methyl mercury. Washington, DC: Office of Science and Technology, Office of Water, US Environmental Protection Agency; 2001. Publication No. EPA-823-R-01-001. Available at: http://www.waterboards.ca.gov/water_issues/programs/tmdl/records/region_1/2003/ref1799.pdf. Accessed March 28, 2011.

[7] American Academy of Pediatrics, Committee on Infectious Diseases, Committee on Environmental Health. Thimerosal in vaccines—an interim report to clinicians. *Pediatrics*. 1999;104(3 Pt 1):570-574.

[8] American Academy of Family Physicians, American Academy of Pediatrics, Advisory Committee on Immunization Practices, Public Health Service. Summary of the joint statement on thimerosal in vaccines. *MMWR Morb Mortal Wkly Rep*. 2000;49(27):622-631.

[9] Jaffe KM, Shurtleff DB, Robertson WO. Survival after acute mercury vapor poisoning. *Am J Dis Child*. 1983;137(8):749-751.

[10] Solis MT, Yuen E, Cortez PS, et al. Family poisoned by mercury vapor inhalation. *Am J Emerg Med*. 2000;18(5):599 - 602.

[11] Taueg C, Sanfilippo DJ, Rowens B, et al. Acute and chronic poisoning from residential exposures to elemental mercury—Michigan, 1989 - 1990. *J Toxicol Clin Toxicol*. 1992;30(1):63 - 67.

[12] Fawer RF, deRibaupierre Y, Guillemin MP, et al. Measurement of hand tremor induced by industrial exposure to metallic mercury. *Br J Ind Med*. 1983;40(2): 204 - 208.

[13] Smith PJ, Langolf GD, Goldberg J. Effect of occupational exposure to elemental mercury on short term memory. *Br J Ind Med*. 1983;40(4):413 - 419.

[14] Eyer F, Felgenhauer N, Pfab R, et al. Neither DMPS nor DMSA is effective in quantitative elimination of elemental mercury after intentional IV injection. *Clin Toxicol (Phila)*. 2006;44(4):395 - 397.

[15] Forman J, Moline J, Cernichiari E, et al. A cluster of pediatric metallic mercury exposure cases treated with meso-2,3-dimercaptosuccinic acid (DMSA). *Environ Health Perspect*. 2000;108:575 - 577.

[16] Michaeli-Yossef Y, Berkovitch M, Goldman M. Mercury intoxication in a 2-year-old girl: a diagnostic challenge for the physician. *Pediatr Nephrol*. 2007;22(6): 903 - 906.

[17] Agner E, Jans H. Mercury poisoning and nephrotic syndrome in two young siblings. *Lancet*. 1978;2(8096):951.

[18] Tubbs RR, Gephardt GN, McMahon JT, et al. Membranous glomerulonephritis associated with industrial mercury exposure. Study of pathogenetic mechanisms. *Am J Clin Pathol*. 1982;77(4):409 - 413.

[19] Edlich RF, Greene JA, Cochran AA, et al. Need for informed consent for dentists who use mercury amalgam restorative material as well as technical considerations in removal of dental amalgam restorations. *J Environ Pathol Toxicol Oncol*. 2007;26(4):305 - 322.

[20] Clarkson TW, Friberg L, Hursh JB, et al. The prediction of intake of mercury vapor from amalgams. In: Clarkson TW, Friberg L, Nordberg GF, Sager PR, eds. *Biological Monitoring of Toxic Metals*. New York, NY: Plenum Press; 1988:247 - 264.

[21] Eley BM. The future of dental amalgam: a review of the literature. Part 4: mercury exposure hazards and risk assessment. *Br Dent J*. 1997;182(10):373 - 381.

[22] Eley BM. The future of dental amalgam: a review of the literature. Part 6: possible harmful effects of mercury from dental amalgam. *Br Dent J*. 1997;182(10):455-459.

[23] Nur Ozdabak H, Karaoğlanoğlu S, Akgül N, et al. The effects of amalgam restorations on plasma mercury levels and total antioxidant activity [published online September 13, 2008]. *Arch Oral Biol*. 2008;53(12):1101-1106.

[24] Brownawell AM, Berent S, Brent RL, et al. The potential adverse health effects of dental amalgam. *Toxicol Rev*. 2005;24(1):1-10.

[25] Mitchell RJ, Osborne PB, Haubenreich JE. Dental amalgam restorations: daily mercury dose and biocompatibility. *J Long Term Eff Med Implants*. 2005;15(6):709-721.

[26] DeRouen TA, Martin MD, Leroux BG, et al. Neurobehavioral effects of dental amalgam in children: a randomized clinical trial. *JAMA*. 2006; 295(15): 1784-1792.

[27] Bellinger DC, Trachtenberg F, Daniel D, et al. A dose-effect analysis of children's exposure to dental amalgam and neuropsychological function: the New England Children's Amalgam Trial. *J Am Dent Assoc*. 2007; 138(9): 1210-1216.

[28] Bellinger DC, Caniel C, Trachtenberg F, et al. Dental amalgam restorations and children's neuropsychological function: the New England Children's Amalgam Trial. *Environ Health Perspect*. 2007;115(3):440-446.

[29] Cheek DB. Acrodynia. In: Kelley V, ed. *Brenneman's Practice of Pediatrics*. Vol I. New York, NY: Harper and Row Publishers; 1977;17D:1-12.

[30] Warkany J. Acrodynia—postmortem of a disease. *Am J Dis Child*. 1966;112(2):147-156.

[31] Gotelli CA, Astolfi E, Cox C, et al. Early biochemical effects of an organic mercury fungicide on infants: "dose makes the poison." *Science*. 1985;227(4687):638-640.

[32] Agocs MM, Etzel RA, Parrish RG, et al. Mercury exposure from interior latex paint. *N Engl J Med*. 1990;323(16):1096-1101.

[33] van der Linde AA, Lewiszong-Rutjens CA, Verrips A, et al. A previously healthy 11-year-old girl with behavioural disturbances, desquamation of the skin and loss of teeth. *Eur J Pediatr*. 2009;168(4):509-511.

[34] Weinstein M, Bernstein S. Pink ladies: mercury poisoning in twin girls. *CMAJ*.

2003;168(2):201.

[35] A min-Zaki L, Majeed MA, Elhassani SB, et al. Prenatal methylmercury poisoning. Clinical observations over five years. *Am J Dis Child*. 1979; 133(2): 172 - 177.

[36] Debes F, Budtz-Jørgensen E, Weihe P, et al. Impact of prenatal methylmercury exposure on neurobehavioral function at age 14 years. *Neuroxicol Teratol*. 2006; 28(3):363 - 375.

[37] Myers GJ, Davidson PW, Cox C, et al. Prenatal methylmercury exposure from ocean fish consumption in the Seychelles child development study. *Lancet*. 2003; 361(9370):1686 - 1692.

[38] Axelrad DA, Bellinger DC, Ryan LM, et al. Dose-response relationship of prenatal mercury exposure and IQ; an integrative analysis of epidemiologic data. *Environ Health Perspect*. 2007;115(4):609 - 615.

[39] Budtz-Jørgensen E, Grandjean P, Weihe P. Separation of risks and benefits of seafood intake. *Environ Health Perspect*. 2007;115(3):323 - 327.

[40] Spurgeon A. Prenatal methylmercury exposure and developmental outcomes: review of the evidence and discussion of future directions. *Environ Health Perspect*. 2006;114(2):307 - 312.

[41] Canuel R, de Grosbois SB, Atikessé L, et al. New evidence on variations of human body burden of methylmercury from fish consumption. *Environ Health Perspect*. 2006;114(2):302 - 306.

[42] National Academy of Sciences. *Methylmercury, Toxicological Effects of Methylmercury*. Washington, DC: National Academies Press; 2000.

[43] Jones, RL, Sinks T, Schober SE, et al. Blood mercury levels in young children and childbearing-aged women—United Status, 1999 - 2002. *MMWR Morb Mortal Wkly Rep*. 2004;53(43):1018 - 1020.

[44] Stern AH, Smith AE. An assessment of the cord blood-maternal blood methylmercury ratio: implications for risk assessment. *Environ Health Perspect*. 2003; 113(1):155 - 163.

[45] Mahaffey KR, Clickner RP, Jeffries RA. Adult women's blood mercury concentrations vary regionally in USA: association with patterns of fish consumption (NHANES 1999 - 2004) *Environ Health Perspect*. 2009;117(1):47 - 53.

[46] Axton JH. Six cases of poisoning after a parenteral organic mercurial compound (Merthiolate). *Postgrad Med J*. 1972;48(561):417 - 421.

[47] Fagan DG, Pritchard JS, Clarkson TW, et al. Organ mercury levels in infants with omphaloceles treated with organic mercurial antiseptic. *Arch Dis Child*. 1977;52(12):962－964.

[48] Lowell JA, Burgess S, Shenoy S, et al. Mercury poisoning associated with hepatitis-B immunoglobulin. *Lancet*. 1996;347(8999):480.

[49] Matheson DS, Clarkson TW, Gelfand EW. Mercury toxicity (acrodynia) induced by long-term injection of gammaglobulin. *J Pediatr*. 1980;97(1):153－155.

[50] Pfab R, Muckter H, Roider G, et al. Clinical course of severe poisoning with thiomersal. *J Toxicol Clin Toxicol*. 1996;34(4):453－460.

[51] Rohyans J, Walson PD, Wood GA, et al. Mercury toxicity following Merthiolate ear irrigations. *J Pediatr*. 1984;104(2):311－313.

[52] Stratton K, Gable A, McCormick MC, eds. *Immunization Safety Review: Thiomersal-Containing Vaccines and Neurodevelopmental Disorders*. Washington, DC: National Academies Press; 2001.

[53] Thompson WW, Price C, Goodson, et al. Early thimerosal exposure and neuropsychological outcomes at 7 to 10 years. *N Engl J Med*. 2007; 357 (13): 1281 －1292.

[54] Parker SK, Schwartz B, Todd J, et al. Thimerosal-containing vaccines and autistic spectrum disorder: a critical review of published original data. *Pediatrics*. 2004;114(3):793－804.

[55] Stehr-Green P, Tull P, Stellfeld M, et al. Autism and thimerosal-containing vaccines: lack of consistent evidence for an association. *Am J Prev Med*. 2003;25 (2):101－106.

[56] Madsen KM, Lauritsen MB, Pedersen CB, et al. Thimerosal and the occurrence of autism: negative ecological evidence from Danish population-based data. *Pediatrics* 2003;112(3 Pt 1):604－606.

[57] Hviid A, Stellfeld M, Wohlfahrt J, et al. Association between thimerosal-containing vaccine and autism. *JAMA*. 2003;290(13):1763－1766.

[58] Heron J, Golding J. Thimerosal exposure in infants and developmental disorders: a prospective cohort study in the United Kingdom does not support a causal association. *Pediatrics*. 2004;114(3):577－583.

[59] Andrews N , Miller E, Grant A, et al. Thimerosal exposure in infants and developmental disorders: a retrospective cohort study in the United Kingdom does not support a causal association. *Pediatrics*. 2004;114(3):584－591.

[60] Price CS, Thompson WW, Goodson B, et al. Prenatal and infant exposure to thimerosal from vaccines and immunoglobulins and risk of autism. *Pediatrics*. 2010; 126(4):656 – 664.

[61] McDowell MA, Dillon CF, Osterloh J, et al. Hair mercury levels in U. S. children and women of childbearing age: reference range data from NHANES 1999 – 2000. *Environ Health Perspect*. 2004;112(11):1165 – 1171.

[62] Budtz-Jørgensen E, Grandjean P, et al. Association between mercury concentrations in blood and hair in methylmercury-exposed subjects at different ages. *Environ Res*. 2004;95(2):385 – 393.

[63] Nuttall KL. Interpreting hair mercury levels in individual patients. *Ann Clin Lab Sci*. 2006;36(3):248 – 261.

[64] Garza-Ocanas L, Torres-Alanis O, Pineyro-Lopez A. Urinary mercury in twelve cases of cutaneous mercurous chloride (calomel) exposure: effect of sodium 2,3-dimercaptopropane-1-sulfate (DMPS) therapy. *J Toxicol Clin Toxicol*. 1997;35 (6):653 – 655.

[65] Hohage H, Otte B, Westermann G, et al. Elemental mercurial poisoning. *South Med J*. 1997;90(10):1033 – 1036.

[66] Gonzalez-Ramirez D, Zuniga-Charles M, Narro-Juarez A, et al. DMPS (2,3-dimercaptopropane-1-sulfonate, dimaval) decreases the body burden of mercury in humans exposed to mercurous chloride. *J Pharmacol Exp Ther*. 1998;287(1): 8 – 12.

[67] Risher JF, Amler SN. Mercury exposure: evaluation and intervention: the inappropriate use of chelating agents in the diagnosis and treatment of putative mercury poisoning. *Neurotoxicology*. 2005;26(4):691 – 699.

[68] To minack R, Weber J, Blume C, et al. Elemental mercury as an attractive nuisance: multiple exposures from a pilfered school supply with severe consequences. *Pediatr Emerg Care*. 2002;18(2):97 – 100.

[69] Torres AD, Rai AN, Hardiek ML. Mercury intoxication and arterial hypertension: report of two patients and review of the literature. *Pediatrics*. 2000; 105 (3):e34.

[70] Agency for Toxic Substances and Disease Registry. Mercury toxicity. *Am Fam Physician*. 1992;46(6):1731 – 1741.

[71] Bates BA. Mercury. In: Haddad LM, Shannon MW, Winchester JF, eds. *Clinical Management of Poisoning and Drug Overdose*. 3rd ed. Philadelphia, PA: WB

Saunders; 1998:750－756.

[72] Myers SM; Johnson CP; American Academy of Pediatrics, Council on Children with Disabilities. Management of children with autism spectrum disorders. *Pediatrics.* 2007;120(5):1162－1182.

[73] Goldman LR; Shannon MW; American Academy of Pediatrics, Committee on Environmental Health. Technical report: mercury in the environment: implications for pediatricians. *Pediatrics.* 2001;108(1):197－205.

[74] Bonhomme C, Gladyszacak-Kholer J, Cadou A, et al. Mercury poisoning by vacuumcleaner aerosol. *Lancet.* 1996;347(8994):115.

[75] Baughman T. Elemental mercury spills. *Environ Health Perspect.* 2006;114(2): 147－152.

[76] US Environmental Protection Agency. *What You Need to Know About Mercury in Fish and Shellfish. 2004 EPA and FDA Advice For: Women Who Might Become Pregnant, Women Who are Pregnant, Nursing Mothers, Young Children.* Publication No. PA－823－R－04－005. Washington, DC: US Environmental Protection Agency; March 2004. Available at: www. cfsan. fda. gov/～dms/admehg3. html.

[77] Oken E, Radesky JS, Wright RO, et al. Maternal fish intake during pregnancy, blood mercury levels, and child cognition at age 3 years in a US cohort. *Am J Epidemiol.* 2008;167(10):1171－1181.

[78] Agency for Toxic Substances and Disease Registry. *Preli minary Health Assessment, Olin Chemical Co, Charleston, TN.* Atlanta, GA: Agency for Toxic Substances and Disease Registry; 1988.

第 33 章

水中的硝酸盐和亚硝酸盐

氮是人体必需的营养素，主要由植物吸收土壤中的硝酸盐或者铵盐合成的。自20世纪50年代以来，美国乃至全世界，为增加粮食产量而导致含氮化肥的使用率普遍上升，在1990年左右达到顶峰[1]。现代化农业的发展和城市化进程的加快带来的潜在环境问题就是供水系统受到硝酸盐的污染。农业含氮化肥的使用、集约化畜牧业产生的大量动物粪便、不符合标准的私有化粪系统、城市污水排放处理都将导致某些地区的地表水和浅层地下水中的硝酸盐类浓度明显上升[2]。美国地质调查局的一项国家水质评估项目(Geological Survey National Water Quality Assessment Program)最近检测了33个农村和城市主要含水层的样本，其中4个含水层的硝酸盐含量升高[3]。农村建造的简陋浅水井受亚硝酸盐污染的风险最高。总的来说，亚硝酸盐并不像硝酸盐一样广泛存在于水中，因为在氧气和细菌的作用下，亚硝酸盐会迅速地转变为硝酸盐[4]。

水中高浓度的硝酸盐会对生态系统和公众健康造成潜在的影响。硝酸盐类和其他营养素与蓝藻的发生有关，而蓝藻可导致大量有毒细菌生长进而危害人类和野生动物[5-6]。婴儿饮用含硝酸盐的水可能引起高铁血红蛋白血症[7]。例如，2000年威斯康星州卫生部门报道了2例婴儿高铁血红蛋白血症(蓝婴综合征)，均因其饮用的配方奶粉的水来自私人水井，而这些水中硝态氮(NO_3-N)的浓度在22.9～27.4 mg/L[8]。饮水中硝酸盐污染是否导致高铁血红蛋白血症存在很大的个体差异。成人遗传性的还原酶缺陷是潜在危险因素，1～6月龄的婴儿风险较高，而小于1月龄的新生儿风险最高。同时伴有胃肠道的感染可能会显著增加患病风险。即使没有摄入含有高浓度的硝酸盐类的饮用水或食物，胃肠道感染、腹泻和/或呕吐也能够直接导致婴儿发生高铁血红蛋白血症[9]。

美国自来水中的硝酸盐

近年来,美国自来水供应系统水中的硝酸盐类含量普遍升高[10]。美国环境保护署(EPA)公布的饮用水标准中自来水供水最高污染物允许水平(MCL)NO_3-N为10 mg/L,亚硝酸盐为1 mg/L[11]。其中,最高污染物允许水平的设定考虑到了婴儿高铁血红蛋白血症。然而这些标准并不适用于私人水井,这些私人水井也不受纳瓦霍族地方政府环保机构设立标准的限制。在美国,大约有15%~20%的家庭用水来源于私人水井。然而,大多数州政府对私人水井的管理很少,仅水井的所有者对自己的水井负责。

据估计,1.2%的私人水井使用者(约150万人,包括22 500名婴儿)和2.4%公共水井使用者(约300万,包括43 500名婴儿)的饮用水中硝酸盐浓度都高于最高污染物允许水平[12]。1994年美国中西部水资源调查(Midwest Well Water Survey)收集了来自9个州共5 500个家庭水井的水样。其中,13.4%的水样中的硝酸盐浓度超过了最高污染物允许水平(10 mg/L),超标样品有24.6%来自堪萨斯州,20.6%来自爱荷华州[13]。调查还发现,如果附近有密集的农业活动,可加剧这类污染。1998年,北卡罗来纳州的一项研究收集了来自15个有集约化畜牧产业的县的水井水样,发现有10.2%的被检测水井的水样中硝酸盐量超过了10 mg/L[14]。水井中的硝酸盐常常作为地表污染的指示物,它同时提示水体受到了粪大肠杆菌、农药和其他农用品的污染。

暴露源和暴露途径

婴儿摄入硝酸盐的主要途径是饮用水。并没有证据证明乳母摄入高浓度(100 mg/L)的含NO_3-N的饮用水会导致其喂养的婴儿患高铁血红蛋白血症的风险上升,这是因为母乳中硝酸盐含量并不高[15],但是目前并不是很清楚硝酸盐是否能经胎盘屏障传递。获得性高铁血红蛋白血症与许多氧化剂的应用相关,包括:外用苯佐卡因、治疗烧伤用的硝酸银、洗衣液等[16]。

临床表现

硝酸盐类可以迅速被近端小肠吸收，被吸收的硝酸盐中 70%将在 24 小时内通过尿液排出。通常，摄入的硝酸盐都是被代谢并被排出体外，除非机体条件有利于将其还原为亚硝酸盐。尽管最新的数据较少，但 1945—1971 年，美国北部和欧洲报道了大约 2 000 例获得性高铁血红蛋白血症[10]。

虽然硝酸盐并不直接引起高铁血红蛋白血症，但它可被肠道细菌转化为亚硝酸盐。而亚硝酸盐可以将血红蛋白中的二价铁离子(Fe^{2+})氧化成为三价铁离子(Fe^{3+})，被氧化的血红蛋白就失去携带氧原子的能力，从而导致高铁血红蛋白血症。由于婴儿胃中 pH 值较儿童和成人高，因而肠道细菌的增殖会将更多的硝酸盐类还原为亚硝酸盐[7]。而婴儿将高铁血红蛋白还原为正常血红蛋白的能力只有成人的一半[17]。且 6 月龄后的婴幼儿才会开始合成与成人水平接近的血红蛋白还原酶，而小于 6 月龄的婴儿由于体内高铁血红蛋白还原酶(能将血红蛋白中的 Fe^{3+} 还原为 Fe^{2+}，使血红蛋白重获活性)的数量和活力都不如成人，这更使其成为高铁血红蛋白血症的高风险群体。因此，小于 6 月龄的婴儿喂食由含硝酸盐的井水冲兑的配方奶粉最易出现高铁血红蛋白血症。

高铁血红蛋白血症的典型临床表现是发绀。高铁血红蛋白呈深棕色，体内浓度仅达到 3%时就会出现明显的发绀，但是症状一般较轻微；当其浓度达到 20%的时候临床症状明显。通常，发绀是唯一的症状除非中毒太深。婴幼儿的黏膜呈现褐色，且其颜色会随着体内高铁血红蛋白浓度的上升而加深，同时伴随烦躁、呼吸急促、精神状态改变，年龄稍大的儿童会诉头痛。儿童出现发绀且吸氧治疗无效，并排除呼吸道疾病、心血管系统疾病、异常脉搏和血氧饱和度后可以诊断为高铁血红蛋白血症[18]。

高铁血红蛋白血症的治疗

卫生保健专业人员若怀疑儿童存在高铁血红蛋白血症时，应与当地中毒控制中心联系或咨询毒理学专家寻求解决办法。无临床症状的发绀儿童(即其体内高铁血红蛋白浓度在20%以下)不需要药物治疗,但需找到暴露源并予以排除。当高铁血红蛋白浓度高于30%时需采用亚甲蓝(1 mg/kg,静脉注射,几分钟内注射完)和纯氧解毒治疗。亚甲蓝作为磷酸己糖旁路途径的电子载体可将高铁血红蛋白还原为正常血红蛋白。随着亚甲蓝的应用,紫绀的症状会在1小时之内快速消失,但是如果患儿有红细胞葡萄糖-6-磷酸脱氢酶(G6PD)、烟酰胺腺嘌呤二核苷酸磷酸黄递酶缺乏或者患儿的高铁血红蛋白是由摄入其他有毒化学物质如苯胺或氨苯砜所引起的,则其症状不会消失。更多的诊断和治疗方法请阅读参考文献[16,17]。

高铁血红蛋白血症的预防

单靠临床治疗高铁血红蛋白血症是不够的,必须找出并切断外源性暴露因素的作用。具有胃肠道感染,脱水和/或酸中毒的婴幼儿更容易出现中毒。潜在的硝酸盐暴露评估包括询问家庭住址、职业、饮用水、食物的摄入,使用外用药物或偏方的情况。儿童暴露的场所可能在托儿所、学校、亲朋好友家中,或者在夏令营。产前和新生儿护理准备措施中应该推荐检查水井水源中硝酸盐类的浓度[19]。高硝酸盐浓度的水源不能作为小于1岁婴幼儿的食用水源也不能用以兑制配方奶。高硝酸盐的水井水源同时含有大量的杀虫剂和粪大肠杆菌。使用开水兑制配方奶粉时一定要注意,因为在煮沸的过程中会使得硝酸盐和其他一些化学物质浓缩。水煮沸1分钟足以杀死致病菌且不会引起硝酸盐类和其他化学物质的过度浓缩[22]。家庭有效去除硝酸盐的方法包括使用离子交换树脂和反渗透系统,但其价格较为昂贵。检测水中硝酸盐、粪大肠菌群和农药浓度的机构可以是公共卫生实验室或其他任何机构,但需要使用美国环境保护署认可的实验室方法。

慢性危害

流行病学的研究报告证实了饮用水中硝酸盐浓度升高可增加一些非

肿瘤类疾病如甲状腺功能亢进[21]和胰岛素依赖性糖尿病[22]的风险。一些研究还发现出生缺陷和供水中高硝酸盐浓度之间存在关联[22-25]。1991—1993年,印第安纳州有3名妇女共经历了6次反复自然流产,而这3位妇女居住地相互接近且使用的水来自同一个私人水井,其井水中含高浓度的 NO_3-N(19～26 mg/L)[26]。

使用高硝酸盐的饮用水的另一个潜在的公共健康问题是可能增加成年期癌症的风险。摄入的硝酸盐在唾液中细菌的作用下变成亚硝酸盐,而亚硝酸盐又可在胃、小肠、膀胱中与仲胺(常来源于食物和农药)反应生成N-亚硝基化合物[27]。而N-亚硝基化合物是已知的致癌物,可导致40多种动物包括高等灵长类动物的各种器官肿瘤。目前对饮用水中硝酸盐含量和癌症风险的流行病学研究结果并不一致[28]。一些研究证实其可能增加食管癌、结肠癌、鼻咽癌、膀胱癌、前列腺癌,以及非霍奇金淋巴瘤的发生风险[28,29]。在斯洛伐克、西班牙和匈牙利的胃癌病因学研究中发现,历史测量值和暴露水平接近或超过最高污染物允许水平与胃癌的发病率或和死亡率呈正相关[30-32]。斯洛伐克的研究还发现,人体暴露于高浓度的 NO_3-N(4.5～11.3 mg/L)的公共供水系统,其非霍奇金淋巴瘤和结肠癌的发病率显著升高。尽管水中硝酸盐浓度和癌症之间的关系并不是很明确,但由于摄入的硝酸盐和亚硝酸盐在某些条件下是内源性N-亚硝基化合物的前体,因此2006年国际癌症研究机构(IARC)将其确定为2A类(很可能的人类致癌物)[33]。

常见问题

问题　商业化的水处理系统能否充分防止亚硝酸盐的污染?

回答　水软化剂和木炭过滤器系统都不能显著降低硝酸盐的浓度。反渗透系统和离子交换树脂能去除硝酸盐但价格昂贵。

问题　食用含低浓度的硝酸盐的水是否也是癌症的危险因素?

回答　不能确定,目前已发表的关于两者关系的研究其结果并不一致,但是国际癌症研究机构已经确定摄入的硝酸盐类是人类癌症的危险因素。

问题 目前的最高污染物允许水平能最大限度地保护人群的健康吗？

回答 根据目前的最高污染物允许水平，绝大部分人群是可以免受高铁血红蛋白血症或者其他不良效应的危害。美国环境保护署制订的饮用水标准中硝酸盐(10 mg/L)和亚硝酸盐(1 mg/L)的浓度可以保护普通人群甚至高危人群的健康，但这些标准，目前仅在公共饮用水系统中执行。

问题 私人水井应该进行检测吗？多久检测一次呢？

回答 如果有生小孩的打算，或者最近水井受到破坏，再或者是居住区附近有已知的硝酸盐污染都应该对你自己的水井做测试。私人水井每使用1年就应该做硝酸盐和大肠菌群的检测。硝酸盐污染的高危因素主要有：浅水井和区域的硝酸盐污染。样品收集应选择潮湿的天气(如晚春初夏)，因为这时候径流和过剩的土壤水分会经过浅层地下水渗入到你的水井中去。不要在干燥天气或者地面冻结的时候做检测。

问题 我有一个小婴儿，我们计划外出度假几周。我不知道度假房的井水是否经过了检测？我能用井水兑制奶粉吗？

回答 供婴儿食用的井水必须经过测试。如果无法测试，建议包括婴儿在内的所有度假的人食用瓶装水更为安全和方便。

(练雪梅 译 李继斌 校译 宋伟民 赵 勇 审校)

参考文献

[1] Brown LR, Renner M, Flavin C. *Vital Signs* 1997: *The Environmental Trends That Are Shaping Our Future*. New York, NY: WW Norton & Co; 1997.

[2] Nolan BT, Ruddy BC, Hitt KJ, et al. A national look at nitrate contamination of groundwater. *Water Conditioning and Purification*. 1998;40:76 - 79.

[3] US Geological Survey. *The Quality of Our Nation's Waters: Nutrients and Pesticides*. Reston, VA: US Department of the Interior, US Geological Survey; 1999. US Geological Survey Circular 1225.

[4] Mackerness CW, Keevil CW. Origin and significance of nitrite in water. In: Hill M, ed. *Nitrates and Nitrites in Food and Water*. Chichester, England: Ellis

Horwood; 1991:77 – 92.

[5] Burgess C. A wave of momentum for toxic algae study. *Environ Health Perspect*. 2001;109(4):A160 – A161.

[6] Carmichael WW, Azevedo SM, An JS, et al. Human fatalities from cyanobacteria: chemical and biological evidence for cyanotoxins. *Environ Health Perspect*. 2001;109(7):663 – 668.

[7] McKnight GM, Duncan CW, Leifert C, et al. Dietary nitrate in man: friend or foe? *Br J Nutr*. 1999;81(5):349 – 358.

[8] Knobeloch L, Salna B, Hogan A, et al. Blue babies and nitrate-conta minated well water. *Environ Health Perspect*. 2000;108(7):675 – 678.

[9] Avery AA. Infantile methemoglobinemia: reexa mining the role of drinking water nitrates. *Environ Health Perspect*. 1999;107(7):583 – 586.

[10] Reynolds KA. The prevalence of nitrate conta mination in the United States. *Water Conditioning and Purification*. 2002; 44(1). Available at: http://www.wcponline.com/column.cfm? T=T&ID=1330&AT=T. Accessed August 25, 2010.

[11] US Environmental Protection Agency. National Primary Drinking Water Regulations: Final Rule, 40. CFR Parts 141, 142, and 143. *Fed Regist*. 1991;56(20): 3526 – 3597.

[12] US Environmental Protection Agency. *Another Look: National Pesticide Survey: Phase II Report*. Washington, DC: US Environmental Protection Agency; 1992.

[13] National Center for Environmental Health. *A Survey of the Quality of Water Drawn From Domestic Wells in Nine Midwest States*. Atlanta, GA: Centers for Disease Control and Prevention; 1995. Available at: http://www.cdc.gov/nceh/hsb/disaster/pdfs/A%20Survey%20of%20the%20Quality%20ofWater%20Drawn%20from%20Domestic%20Wells%20in%20 Nine%20Midwest%20States.pdf. Accessed August 25, 2010.

[14] North Carolina Division of Public Health. *Conta mination of Private Drinking Well Water by Nitrates*. Raleigh, NC: North Carolina Division of Public Health; 1998. Available at: http://www.epi.state.nc.us/epi/mera/iloconta mination.html. Accessed August 25, 2010.

[15] Dusdieker LB, Stumbo PJ, Kross BC, et al. Does increased nitrate ingestion elevate nitrate levels in human milk? *Arch Pediatr Adolesc Med*. 1996;150(3): 311 – 314.

[16] Wright RO, Lewander WJ, Woolf AD. Methemoglobinemia: etiology, pharmacology, and clinical management. *Ann Emerg Med*. 1999;34(5):646－656.

[17] Smith RP. Toxic responses of the blood. In: Amdur MO, Doull J, Klaassen CD, eds. *Casarett and Doull's Toxicology, The Basic Science of Poisons*. 4th ed. New York, NY: Pergamon Press; 1991:257－281.

[18] Agency for Toxic Substances and Disease Registry. *Case Studies in Environmental Medicine (CSEM). Nitrate/Nitrite Toxicity*. Available at: http://www.atsdr.cdc.gov/csem/nitrate/no3cover.html. Accessed June 11, 2011.

[19] Greer FR; Shannon M; American Academy of Pediatrics, Committee on Nutrition, Committee on Environmental Health. Clinical report: infant methemoglobinemia: the role of dietary nitrate in food and water. *Pediatrics*. 2005;116(3): 784－786. Reaffirmed April 2009.

[20] American Academy of Pediatrics, Committee on Environmental Health and Committee on Infectious Diseases. Policy statement: drinking water from private wells and risks to children. *Pediatrics*. 2009;123(6):1599－1605.

[21] Seffner W. Natural water contents and endemic goiter—a review [article in German] *Zentralbl Hyg Umweltmed*. 1995;196(5):381－398.

[22] Kostraba JN, Gay EC, Rewers M, et al. Nitrate levels in community drinking waters and risk of IDDM. An ecological analysis. *Diabetes Care*. 1992;15(11): 1505－1508.

[23] Arbuckle TE, Sherman GJ, Corey PN, et al. Water nitrates and CNS birth defects: a population-based case-control study. *Arch Environ Health*. 1988;43(2): 162－167.

[24] Scragg RK, Dorsch MM, McMichael AJ, et al. Birth defects and household water supply. Epidemiological studies in the Mount Gambier region of South Australia. *Med J Aust*. 1982;2(12):577－579.

[25] Croen LA, Todoroff K, Shaw GM. Maternal exposure to nitrate from drinking water and diet and risk of neural tube defects. *Am J Epidemiol*. 2001;153(4): 325－331.

[26] Centers for Disease Control and Prevention. Spontaneous abortions possibly related to ingestion of nitrate-conta minated well water—LaGrange County, Indiana, 1991－1994. *MMWR Morb Mortal Wkly Rep*. 1996;45(26):569－572.

[27] Walker R. Nitrates, nitrites and N-nitroso compounds: a review of the occurrence in food and diet and the toxicological implications. *Food Addit Contam*.

1990;7(6):717－768.

[28] Cantor KP. Drinking water and cancer. *Cancer Causes Control*. 1997;8(3):292－308.

[29] Ward MH, deKok TM, Levallois P, et al. Workgroup Report: Drinking-Water Nitrate and Health—Recent Findings and Research Needs *Environ Health Perspect*. 2005;113(11): 1607－1614.

[30] Gulis G, Czompolyova M, Cerhan JR. An ecologic study of nitrate in municipal drinking water and cancer incidence in Trnava District, Slovakia. *Environ Res*. 2002;88(3):182－187.

[31] Morales-Suarez-Varela MM, Llopis-Gonzalez A, Tejerizo-Perez ML. Impact of nitrates in drinking water on cancer mortality in Valencia, Spain. *Eur J Epidemiol*. 1995;11(1):15－21.

[32] Sandor J, Kiss I, Farkas O, et al. Association between gastric cancer mortality and nitrate content of drinking water: ecological study on small area inequalities. *Eur J Epidemiol*. 2001;17(5):443－447.

[33] International Agency for Research on Cancer. *IARC Monographs on the Evaluation of Carcinogenic Risks to Humans*. Volume 94: Ingested Nitrates and Nitrites, and Cyanobacterial Peptide Toxins. Lyon, France: International Agency for Research on Cancer; 2006. Available at: http://monographs. iarc. fr/ENG/Monographs/vol94/mono94－1. pdf. Accessed August 25, 2010.

第 34 章

噪　声

噪声是指使人感到厌烦或不需要的声音。声音由振动产生，在空气等介质中传播，可用频率（决定音调）、强度（决定响度）、周期和持续时间这 4 个变量来衡量。声音的频率是以每秒的周期数来表示的，单位是赫兹（Hz，1 Hz＝60 r/s）。人类的听力响应频率范围是 20～20 000 Hz，但是最灵敏的听力响应范围和语音频带是 500～3 000 Hz。

声音的响度是由帕斯卡（Pa）或分贝（dB）来度量的。人类的听觉范围是 0.000 02 Pa（一个敏锐的成年人耳可以听到的在安静的条件下最弱的声音）到 200 Pa（人能忍受的声音造成的疼痛最大值）。而分贝则是通过与某一标准值比值来缩小这个数值。声压级（sound pressure level，SPL）的常用单位是分贝，通常人类说话的声压级是 50 dB。

人所感知到的声音响度随频率变化。例如，同样一个频率为 1 000 Hz、声压级为 40 dB 的声音，在频率为 50 Hz 时的声压级高于 80 dB，而频率为 10 000 Hz 时的声压级则高于 60 dB。将这些点绘制成图后可形成 40 dB 的等响曲线，这个 40 dB 的等响曲线可以用来确定声级，又称为频率计权网络 A 或 A 计权声级[dB(A)]。声音的周期性指的是连续声或者脉冲声。持续时间是指暴露时间的长短。有关声音的特性和听力的产生详见其他综述[1,2]。

有关儿童噪声暴露现况的调查研究很少。目前能得到的有限数据表明儿童经常接触到的环境噪声高于美国环境保护署（EPA）于 1974 年颁布的 24 小时噪声暴露当量（Leq24）为 70 dB 的上限[3]。一项来自俄亥俄州的纵向研究表明，俄亥俄州近郊及乡村 6～18 岁儿童噪声暴露水平 Leq24 为 77～84 dB，男孩的暴露水平高于女孩[4]。

听力的产生

声波传到外耳道后引起鼓膜振动，然后，这种振动通过中耳的 3 块听小骨(锤骨、砧骨、镫骨)传递至卵圆窗，使得内耳的耳蜗流体震动。耳蜗基底膜上覆盖着柯蒂螺旋器，它是由毛细胞组成的。每一个毛细胞响应一个特定的振动频率，然后将这个频率信号转变为神经冲动。神经冲动再由耳蜗内的听觉神经传递给大脑，最终由大脑判定为乐音或噪声。外耳道、鼓膜、听小骨和中耳病变引起的听力损伤，即传导性听力损伤是可以治愈的。由于毛细胞或者中枢神经系统相关部位受损而引起的听力损伤叫做感音性听力损伤，通常是不可逆转的。

声音的振动也可以直接通过皮肤等被人感知，这里暂且不作讨论。

临床表现

噪声会影响听力，最终导致一些不良的心理和生理效应[5,6]。个体对噪声引起听力损伤的易感性存在较大的个体差异；一些人能忍受长时间的高噪声，但是在同等强度的情况下，另一些人可能会丧失部分听力[7]。吸烟等心血管疾病风险因素也会使噪声所致听力损伤的阈值降低[8]。

噪声暴露损伤耳蜗毛细胞进而引起听力损伤。长时间暴露于高于 85 dB 的声音对听力是有潜在危害的[9]。连续暴露于危险水平之上的噪声强度对耳蜗高频听力区域的影响是最大的。噪声所致听力损伤最先引起 4 000 Hz 左右的高频听力下降，随着暴露时间的延长，逐渐过渡到语音频段的受损。这种声音频率感知异常的损伤模式与噪声暴露的频率无关。脉冲噪声对机体的危害高于连续噪声是由于它避开了机体对噪声的自然保护机制，即面部神经对听小骨的抑制作用[10]。

暴露在噪声中可能会导致耳鸣和听力的灵敏度暂时降低，这种现象被称为暂时性听阈位移(tenmporary noise-induced threshold shift，NITS)。根据暴露的强度不同，NITS 一般持续数小时，随着暴露的时间延长和强度加剧，也可能造成永久性损伤。噪声引起的听阈位移可仅单侧耳出现，一项全国的调查数据显示 6～19 岁儿童青少年噪声所致单耳或双耳听阈位移的检出率为12.5%(约520万儿童受累)[11]。大部分受累儿童处于噪声所致听阈位移的早期阶段,表现为单耳及单一频率听力受损,但仍有4.9%的儿童存在中度到重度的听阈位移。噪声所致听阈位移是可以纠正的,但是持续过度的噪声暴露可使听阈位移逐渐加重、累及多个频率甚至不可逆转。农村儿童青少年听力损伤和噪声所致听阈位移的发生率更高[12]。音乐节的音乐声平均声压级为95 dB(A),36%的受访观众反映在音乐会结束后会出现耳鸣[13]。

如果噪声导致的这些可检测出的部分听阈位移进展为持续性感音性听力损伤,即便是轻微的损伤,造成的后果也是非常严重的。已有研究证实,学龄期儿童轻微的感音性听力损失与学习成绩落后、社会活动受阻和情感交流障碍密切相关[14]。

目前尚无足够证据证实儿童青少年的听觉器官对噪声所致听力损伤较成人更为敏感,但由于婴儿不能自行离开高噪声的环境,因此成为持续噪声污染的高危人群。

儿童的某些行为会导致其暴露于噪声的可能性增加,比如,放鞭炮、玩玩具枪等可产生的噪声为134 dB(A)[16](表34-1),都可能会引起其听力损伤[15]。青少年并不会意识到自身噪声暴露的危险性,以及这些暴露造成的影响可能是永久性的。大约60%的青少年暴露在高于87 dB(A)的噪声环境中却并不认为声音过大[17]。大学生通常将便携式音乐设备的音量设为中高音量,声压级(SPL)为71.6~ 87.7 dB[18],这通常不会影响听力,但是一旦将音量调得太高(高于97.8 dB)则会对听力造成影响[18]。

怀孕期间过度噪声暴露是否有可能导致新生儿高频听力损失目前尚无定论[19-20],但新生儿对声音尤为敏感。正是因为新生儿对噪声的生理反应促使新建或改建的医院育婴室应该设立一定的噪声容许标准[21]。通常情况下,这些场所的噪声水平是高于推荐值的[22,23]。对早产儿的看护环境进行个性化设计(如降低噪声),有利于减少其使用呼吸机的时间和用氧量[24,25]。针对如何降低新生儿监护病房噪声的策略已经出台[26]。

虽有报道孤独症儿童对声音存在非典型性反应,如难以滤除背景噪声,对声音不敏感或过度敏感。尽管如此,目前仅有的几项研究并没有证实孤独症儿童和正常儿童在听力方面存在差异[27,28]。

噪声对人体健康的影响

噪声可对人体造成压力。人体下丘脑－垂体－肾上腺轴对低至65 dB(A)噪声都很敏感，可以引起血浆中的17－羟皮质固醇浓度上升53%[29]。人体暴露于90 dB(A)的噪声30分钟后，肾上腺素和去甲肾上腺素的分泌量明显增多[30]。

噪声也可导致失眠[31,32]。噪声水平为40～45 dB(A)时使得脑电图(EEGs)记录的觉醒或唤醒转变增加10%～20%，噪声水平达到50 dB(A)左右时则增加25%[33]。

噪声还可导致不良的心血管效应。暴露于70 dB(A)以上的噪声，可使得血管收缩加剧，心率和血压上升。

据拉布拉多、加拿大、和德国的相关文献报道，在爆炸音过后，儿童会出现恐惧和慌张等急性应激反应[34]，尿中皮质醇浓度升高等生化指标改变也证实了应激反应的存在。大多数针对在校儿童的研究并没有发现高水平的飞机和交通噪声暴露会导致压力相关的生理指标改变，但是却发现其对认知障碍测试和阅读理解能力有负面影响[35]。

噪声对心理健康的影响

暴露于中等剂量的噪声会造成心理压力[36]。精神上的干扰、活动被干扰的烦恼，以及头痛、疲倦和易怒等症状都是噪声引起的常见心理反应。烦恼的程度与噪声的特性和个体的忍受能力有关。强烈的噪声可以导致性格改变，并且会导致应对能力降低。突然的、未曾预料的噪声，会使人受惊，同时引起生理应激反应的发生。

噪声也会影响工作能力。低水平噪声暴露可能提高个人完成简单任务的能力，然而完成需要智力的复杂任务的能力会受到影响。课堂环境噪声会使学生对语言的理解能力下降。根据学生年龄和其易感性制订的课堂噪声控制指南已经出台[37]。对于具备正常语言能力的学生，课堂环境噪声接受最大值推荐：12岁及以上儿童为40 dB(A)；10～11岁儿童为39 dB(A)；8～9岁儿童为34.5 dB(A)；6～7岁儿童为28.5 dB(A)。噪声环境下语言处理能力滞后的易感人群则需要更加安静的课堂环境[6～7岁课堂环境噪声最大值为21.5 dB(A)]。

诊断标准

如果家长担心孩子的听力、说话或语言能力有滞后，就有必要进行深入的评估[38]。噪声性听力损失的典型表现是听力测试显示4 000 Hz区域的听力阈值明显下降。如果就诊医院无法提供纯音听力测试，医生应告知家长该测试的重要性。包括纯音测试的听力学评估，将有助于诊断未出现急性或浆液性中耳炎，但是存在以下情况的儿童是否有听力损伤(由噪声或其他原因引起的)：

- 过多的环境噪声暴露，如长时间暴露于玩具枪或者“音响”。
- 学习成绩差。
- 注意力不集中。
- 有耳鸣、耳胀、听力模糊或者语言理解困难等。
- 语言发育的迟缓。

美国儿科学会(AAP)建议应对所有新生儿开展听力筛查，儿童至青少年阶段则应进行定期的听力筛查[39,40]。

临床治疗

尽管噪声引起的听阈位移可能是暂时的，但目前并没有可以逆转噪声所致听力损伤的治疗方案。儿童若出现这种听力损伤，应该进行恰当的听力评估，如有必要则配备合适的助听器。为了更加明确地量化听力，0 dB被定义为一个年轻的敏感人耳朵可以听到的最轻微的声音。因为分贝是一个对数值，每增加3 dB，代表声音强度增加1倍。每增加10 dB表示声音强度增加10倍，音量则增加2倍。也就是说一个80 dB的声音是70 dB声音音强的10倍，但是前者听起来比后者音量只高2倍。听力损失的分类包括轻度听力损失，即20～40 dB听力损失；中度听力损失，41～60 dB听力损失；严重听力损失，61～90 dB听力损失；深度听力损失，90 dB以上的听力损失。儿科医生应该向有听力损失的儿童和青少年以及他们的家长提供咨询，告知他们保持现有听力和防止听力出现进一步损失的方法。

预防措施

儿科医生应该注意在日常卫生监督访问过程中询问噪声暴露情况。为了减少暴露量,建议儿童青少年及其家长做到:

■尽可能避免噪声,特别是脉冲式噪声。

■不要使用会发出强烈噪声的玩具,特别是玩具枪(表 34 - 1)。如果家长自己都觉得玩具发出的声音太大,那么对儿童来说更是噪声。对于这些玩具,家长可以考虑把扬声器用胶带贴起来或者拆掉电池[41]。

表 34 - 1　常见不同玩具的噪声峰值平均值*

玩具	噪声峰值[dB(A)]
音乐盒	79
玩具手机	85
玩具消防车	87
激光玩具枪	87
音乐电话玩具	89
机器人士兵	94
拉线玩具龟	95
玩具警察机枪	110
没有拉环的玩具枪	114
有拉环的玩具枪	134

*改编自丹麦国家公共卫生研究所。

dB(A),采用 A 级计权。

(目前在美国,关于玩具的噪声值没有具体的规定,现行的噪声标准是由美国消费者产品安全委员会自行规定和执行的。)

■为保护听力和其他的伤害,避免使用烟花爆竹。

■电视、电脑、收音机和随身携带的音乐设备(iPod 等)的音量尽可能调小。

■不用电视、电脑和收音机的时候应关闭。

■小心使用耳机和耳塞。当用于收音机或者其他电子设备时音量应不影响正常的对话。

■若周围环境声音太大(如摇滚音乐会、舞会等)时可使用耳塞。如果感觉到该音量会使耳朵感觉到难受或疼痛，应该明智地选择离开。

■当乘坐飞机或者火车时，应考虑使用降噪耳机。降噪耳机通过完全覆盖外耳和自动识别环境中的噪声然后发射相应的频率来抵消噪声，阻断其传入。

■创建一个“激发潜力的避风港”，即选择在家里最安静的房间里和孩子玩耍互动[42]。

表34－2列出了通常环境中的噪声暴露。飞机产生的噪声大小随飞机的位置而改变，当飞机起飞时机舱靠后区域最高可达到90 dB(A)，飞行中平均噪声值在78～84 dB(A)之间[43]。

表34－2　通常环境声音的分贝数及其对人体的影响

示　　例	声压值[dB(A)]	影　　响
呼吸	0～10	最低听力的阈值
耳语，树叶沙沙的响声	20	非常安静
乡下安静的夜晚	30	
图书馆，轻柔的背景音乐	40	
安静的郊区(白天)、客厅的谈话声	50	安静
餐厅或办公室的谈话声、背景音乐、鸟叫声	60	具有干扰性
距离高速公路15 m处、真空吸尘器、嘈杂的办公室或聚会、电视音量	70	让人烦躁
垃圾倾倒车、洗衣机、普通工厂、距货运列车15 m处、食品搅拌机、洗碗机、游乐场	80	可能会引起听力损害
繁忙的城市街道、柴油货车	90	听力损害
电动割草机、ipod或其他MP3播放器，距摩托车8 m处、舷外马达、农场拖拉机、印刷厂、杰克锤、垃圾车、距飞机起飞305 m处、地铁	100	
汽车在1 m外鸣笛、贴近耳朵的立体音响、钢铁厂、铆接作业	110	

(续表)

示例	声压值[dB(A)]	影响
摇滚音乐会的前排、警笛声、运作的链锯、车内立体音响、雷电声、织布机、距飞机起飞 161 m 处	120	人耳产生疼痛的阈值
耳机声音开到最大、装甲运输车、距飞机起飞 100 m 处	130	
航空母舰的甲板	140	
玩具枪、烟花爆竹、距飞机起飞 25 m 处	150	鼓膜破裂

dB(A),采用 A 级计权;m,米。

如果无法降低环境噪声,如职业暴露,使用电动割草机修理草坪,或者非职业暴露比如音乐会,以及其他一些环境中的噪声暴露时,佩戴护耳设备就非常重要了。常见的听力保护设备有两种——耳塞和耳罩。耳塞的大小应适宜,所谓适宜是指需牵扯预留的小尾巴才能将其取出;各大小药店均可以买到。咀嚼时需检查耳塞,因为下颌的运动可能导致其松脱。耳罩是最有效的护耳器具,可以在大部分的五金商店买到。耳罩内衬吸音性能的材料,装有弹簧头箍或充油密封带以确保密封。

非常不幸的是,环境噪声通常不能被完全控制,降噪措施或者听力保护措施的实施也很困难。政府部门应该制订相关法规来维护家长,儿童和青少年的利益。如果工作场所的时间加权平均噪声水平(time-wighted average noise level)超过 85 dB(A),该工厂须提供听力保护措施,工作时必须佩戴听力保护器具,暴露值为 90 dB(A)时工作时间不超过 8 小时,95 dB(A)不超过 4 小时,100 dB(A)不超过 2 小时。工作场合不允许持续性噪声值高于 115 dB(A)及脉冲式噪声高于 140 dB(A)。非工作环境中,主要是用昼夜平均(噪)声级(day-night average sound level ,DNL)来评价。为保护公众健康,美国环境保护署(EPA)建议居民区白天和夜晚噪声声级分别为 55 dB 和 45 dB;医院分别为 45 dB 和 35 dB。1972 年,美国国会通过了《噪音控制法案》,统一由美国环境保护署进行规范管理,美国环境保护署因此成立了专门实施噪声控制的环保局办公室,但该办公室于 1982 年被撤销。目前,由美国州政府和地方政府负责处理大多数的噪声污染事件。

紧急情况时、警报、鸣笛，或者其他自动警报系统被激活时自然会产生噪声。应教导看护者和儿童在这种情况下尽快撤离或远离噪声区。如果不能实现（比如被锁住或者远离噪声是更加不安全的行为时），则需要儿科医生与托儿所、学校、医院或其他当地的设施管理人员一起在灾害应急预案中写明在适当的情况下，如何调小报警装置音量以及如何关闭报警装置。当然，也应该同时教会儿童及其监护人员辨别每个警报或者危险信号的含义。

常见问题

问题　*居住地旁有飞机场，而且飞机起飞和着陆都会直接飞过房子上方，这会对我的宝宝造成影响吗？*

回答　如果噪声已经能使家长耳朵感觉到不适，那么这种强度的噪声会对新生儿造成耳内疼痛。应该仔细地观察婴儿睡眠中断的情况和其对噪声的反应。美国联邦航空管理局（The Federal Aviation Administration）有关于机场噪声相容性规划项目，可以联系他们进行噪声评价和实施一定的降噪措施，详情请访问网站（http://www. faa. gov）可以查找参与这个政府项目的机场名单。噪声对成人和儿童都可以造成生理和心理的危害，为了家庭成员的健康，如果可能的话，可以考虑搬离机场到安静些的地方定居。

问题　*使用耳塞或耳机对健康有什么特别的危害？多大的声音可以称得上太大？*

回答　目前已有几例关于使用耳塞式和普通耳机收听个人音频设备造成听力损害的案例报道。尽管目前对于这类损害还没有定论，但儿童和青少年都应该接受相应的教育，即不管是听音乐会、参加舞会或其他社交活动，或者是使用耳机，高音量的音乐都可能对耳朵造成危害。个人数字音频播放器的音量应设定在最大值的60%左右（最大音量为100～110 dB），而且每日收听时间应限制在60分钟以内。使用耳机播放音乐时应保证能听到周围讲话声。耳塞式耳机比挂式耳机对耳道密封要紧密些，所以声音的传递效率更高。出现耳鸣或者耳胀痛肯定是由于声音音量太大所致。

参考资料

US Environmental Protection Agency，Office of Air and Radiation

Web site：www. epa. gov/air/noise. html

World Health Organization Regional Office for Europe

Night Noise Guidelines for Europe. Geneva，Switzerland：World Health Organization；2009. www. euro. who. int/__data/assets/pdf_file/0017/43316/E92845. pdf

（练雪梅 译　李继斌 校译　宋伟民　赵　勇 审校）

参考文献

[1] Philbin MK，Graven SN，Robertson A. The influence of auditory experience on the fetus，newborn，and preterm infant：report of the sound study group of the national resource center：the physical and developmental environment of the high risk infant. *J Perinatol*. 2000;20(8 Suppl):S1 - S142.

[2] Nave CR. Hyperphysics：Sound and Hearing. Available at：http://hyperphysics. phy-astr. gsu. edu/hbase/HFrame. html. Accessed March 28，2011.

[3] DeJoy DM. Environmental noise and children：a review of recent findings. *J Aud Res*. 1983;23(3):181 - 194.

[4] Roche AF，Chumleawc RM，Siervogel RM. *Longitudinal Study of Human Hearing，Its Relationship to Noise and Other Factors. III. Results From the First 5 Years*. Washington，DC：US Environmental Protection Agency/Aerospace Medical Research Lab；1982. Report No. AFAMRL-TR-82-68.

[5] Daniel E. Noise and hearing loss：a review. *J Sch Health*. 2007；77(5)：225 - 231.

[6] Evans GW. Child development and the physical environment. *Annu Rev Psychol*. 2006;57:423 - 451.

[7] Henderson D，Hamernik RP. Biologic bases of noise-induced hearing loss. *Occup Med*. 1995;10(3):513 - 534.

[8] Agrawal Y, Platz EA, Niparko JK. Risk factors for hearing loss in US adults: data from the National Health and Nutrition Examination Survey, 1999 to 2002. *Otol Neurotol*. 2009;30(2):139 - 145.

[9] Prince MM, Stayner LT, Smith RJ, et al. A re-examination of risk estimates from the NIOSH Occupational Noise and Hearing Survey (ONHS). *J Acoust Soc Am*. 1997;101:950 - 963.

[10] Jackler RK, Schindler DN. Occupational hearing loss. In: LaDou J, ed. *Occupational Medicine*. Norwalk, CT: Appleton and Lange; 1990:95 - 105.

[11] Niskar AS, Kieszak SM, Holmes AE, et al. Estimated prevalence of noise-induced hearing threshold shifts among children 6 - 19 years of age: the Third National Health and Nutrition Examination Survey, 1988 - 1994, United States. *Pediatrics*. 2001;108(1):40 - 43.

[12] Renick KM, Crawford JM, Wilkins JR. Hearing loss among Ohio farm youth: a comparison to a national sample. *Am J Ind Med*. 2009;52(3):233 - 239.

[13] Mercier V, Luy D, Hohmann BW. The sound exposure of the audience at a music festival. *Noise Health*. 2003;5(19):51 - 58.

[14] Bess FH, Dodd-Murphy J, Parker RA. Children with minimal sensorineural hearing loss: prevalence, educational performance, and functional status. *Ear Hear*. 1998;19(5):339 - 354.

[15] Segal S, Eviatar E, Lapinsky J, et al. Inner ear damage in children due to noise exposure from toy cap pistols and firecrackers: a retrospective review of 53 cases. *Noise Health*. 2003;5(18):13 - 18.

[16] National Institute of Public Health Denmark. *Health Effects of Noise on Children and Perception of the Risk of Noise*. Bistrup ML, ed. Copenhagen, Denmark: National Institute of Public Health Denmark; 2001:29.

[17] Mercier V, Hohmann B. Is electronically amplified music too loud? What do young people think? *Noise Health*. 2002;4(16):47 - 55.

[18] Torre P. Young adults' use and output level settings of personal music systems. *Ear Hear*. 2008;29(5):791 - 799.

[19] American Academy of Pediatrics, Committee on Environmental Health. Noise: a hazard for the fetus and newborn. *Pediatrics*. 1997;100(4):724 - 727.

[20] Rocha EB, Frasson de Azevedo M, Ximenes Filho JA. Study of the hearing in children born from pregnant women exposed to occupational noise: assessment by distortion product otoacoustic emissions. *Rev Bras Otorrinolaringol*. 2007; 73

(3):359-369.

[21] Philbin MK, Robertson A, Hall JW III. Recommended permissible noise criteria for occupied, newly constructed or renovated hospital nurseries. The Sound Study Group of the National Resource Center. *J Perinatol*. 1999;19(8 Pt 1):559-563.

[22] Darcy AE, Hancock LE, Ware EJ. A descriptive study of noise in the neonatal intensive care unit. Ambient levels and perceptions of contributing factors. *Adv Neonatal Care*. 2008;8(3):165-175.

[23] Lasky RE, Williams AL. Noise and light exposures for extremely low birth weight newborns during their stay in the neonatal intensive care unit. *Pediatrics*. 2009;123(2):540-546.

[24] Als H, Lawhon G, Brown E, et al. Individualized behavioral and environmental care for the very low birth weight preterm infant at high risk for bronchopulmonary dysplasia: neonatal intensive care unit and developmental outcome. *Pediatrics*. 1986;78(6):1123-1132.

[25] Buehler DM, Als H, Duffy FH, et al. Effectiveness of individualized developmental care for low-risk preterm infants: behavioral and electrophysiologic evidence. *Pediatrics*. 1995;96(5 Pt 1):923-932.

[26] Philbin KM. Planning the acoustic environment of a neonatal intensive care unit. *Clin Perinatol*. 2004;31(2):331-352.

[27] Tharpe AM, Bess FH, Sladen DP, et al. Auditory characteristics of children with autism. *Ear Hear*. 2006;27(4):430-441.

[28] Gravel JS, Dunn M, Lee WW, et al. Peripheral audition of children on the autistic spectrum. *Ear Hear*. 2006;27(3):299-312.

[29] Henkin RI, Knigge KM. Effect of sound on hypothalamic pituitary-adrenal axis. *Am J Physiol*. 1963;204:701-704.

[30] Frankenhaeuser M, Lundberg U. Immediate and delayed effects of noise on performance and arousal. *Biol Psychol*. 1974;2(2):127-133.

[31] Falk SA, Woods NF. Hospital noise—levels and potential health hazards. *N Engl J Med*. 1973;289(15):774-781.

[32] Cureton-Lane RA, Fontaine DK. Sleep in the pediatric ICU: an empirical investigation. *Am J Crit Care*. 1997;6(1):56-63.

[33] Thiessen GJ. Disturbance of sleep by noise. *J Acoust Soc Am*. 1978;64(1):216-222.

[34] Rosenberg J. Jets over Labrador and Quebec: noise effects on human health. *Can*

Med Assoc J. 1991;144(7):869－875.

[35] Clark C, Martin R, van Kempen E, et al. Exposure-effect relations between aircraft and road traffic noise exposure at school and reading comprehension: The RANCH Project. *Am J Epidemiol*. 2006;163(1):27－37.

[36] Morrison WE, Haas EC, Shaffner DH, et al. Noise, stress, and annoyance in a pediatric intensive care unit. *Crit Care Med*. 2003;31(1):113－119.

[37] Picard M, Bradley JS. Revisiting speech interference in classrooms. *Audiology*. 2001;40(5):221－244.

[38] American Academy of Pediatrics, Committee on Practice and Ambulatory Medicine and Section on Otolaryngology and Bronchoesophagology. Hearing assessment in infants and children: recommendations beyond neonatal screening. *Pediatrics*. 2003;111(2):436－440.

[39] Hagan JF, Shaw JS, Duncan PM, et al. *Bright Futures: Guidelines for Health Supervision of Infants, Children, and Adolescents*. 3rd ed. Elk Grove Village, IL: American Academy of Pediatrics; 2008.

[40] American Academy of Pediatrics, Joint Committee on Infant Hearing. Year 2007 position statement: principles and guidelines for early hearing detection and intervention programs. *Pediatrics*. 2007;120(4):898－921.

[41] Hear-it AISBL. Noisy toys are not for delicate ears. Available at: http://www.hear-it.org/page.dsp? area＝898. Accessed April 22, 2011.

[42] Wachs TD. Nature of relations between the physical and social microenvironment of the twoyear-old child. *Early Dev Parenting*. 1993;2:81－87.

[43] Torsten Lindgren T, Wieslander G, Nordquist T, et al. Hearing status among cabin crew in a Swedish commercial airline company. *Int Arch Occup Environ Health*. 2009;82(7):887－892.

第 35 章

持久性有机污染物——滴滴涕(DDT)、多氯联苯(PCBs)、多氯代二苯并呋喃(PCDFs)和二噁英

"持久性有机污染物"(POPs)一般是指含有一个或多个芳香环且部分氢原子被溴代或卤代的化合物。这类化合物降解缓慢或不完全降解,因此能在环境中长期残留。POPs为脂溶性,故不能随尿液排出;且蒸发压低,故不能通过肺部呼出。因此,当持久性有机污染物大量排放到环境中,通过食物链聚集,出现在高阶肉食者(包括人)组织中。典型的一个例子是一种有机氯农药——滴滴涕(DDT)。该物质曾在全球广泛使用40年之久,1972年被禁止生产。由于DDT在人体组织内广泛存在,DDT对野生动物——尤其是对远洋鸟类(这些鸟类生活在公海而非沿海或内陆水域)的生殖有不良影响[1]。近期,《斯德哥尔摩公约》(Stockholm Convention)更为详细地规定了持久性有机污染物更详细的用途。该国际公约于2001年获得通过,旨在通过消除和减少世界范围内环境有机污染物的生产、使用和排放,以保护人类健康和环境。《斯德哥尔摩公约》首先列入消除的是"dirty dozen"——12种广泛使用的有毒物质,被公认为毒性超过了继续使用带来的益处。2009年,《斯德哥尔摩公约》又列入其他9种化学物为持久性有机污染物。这些化合物很多仍在生产和使用。

本章我们将讨论"dirty dozen"中的4种——DDT及其衍生物,多氯联苯(PCBs)、多氯代二苯并呋喃(PCDFs)和多氯代二苯并二噁英(PCDDs),尤其是2,3,7,8-四氯代二苯并二噁英(TCDD)。第15章已讨论了氯丹、七氯、六氯代苯。其他的诸如艾氏剂、狄氏剂、异狄剂、灭蚁灵

和毒杀芬美国已不再使用，与之相关的临床问题也鲜有出现。除了“dirty dozen”，其他受到关注的持久性物质还包括多溴联苯（PBBs，参见第28章）和多溴联苯醚（PBDEs，参见第36章）。

多氯联苯包含2个相连的苯环以及数目不等的氯取代基。为澄清、不易挥发、疏水性的油状物。自20世纪30年代以来，总产量约150万吨。20世纪70年代后期，多氯联苯在美国及北欧被禁。既往生产的多氯联苯有很多还存在于环境中。多氯联苯主要应用于电气工业，作为绝缘体和电介质使用，特别用于有火灾隐患的电器，如重型变压器中。20世纪60年代，研究远洋鸟类体内DDT残留的分析化学家检出色谱图的背景峰是多氯联苯。从那时起，全世界的诸多研究都发现人体组织和母乳中可检出多氯联苯；除了DDT和其衍生物，多氯联苯是污染范围最广的是卤代烃[2]，另外多溴联苯醚的污染范围也与日俱增[3]。

多氯代二苯并呋喃（PCDFs）是多氯联苯被部分氧化的产物，并非有意生产，而是多氯联苯经高温、火烧或爆炸后的产物。多氯代二苯并二噁英——通常指二噁英，也是环境污染物。它们在六氯酚、五氯苯酚、苯氧羧酸除草剂2,4,5-三氯苯氧乙酸（越南战争期间的落叶剂橙剂的组分之一）和三氯苯氧丙酸的制造过程中被形成，而当时对这些物质的管控在现在看来并不严格。纸张漂白和垃圾燃烧也会产生二噁英，虽然量很低。在二噁英类化合物中，2,3,7,8-四氯代二苯并二噁英可能毒性最强[4]。

暴露途径和暴露源

儿童可由于摄入、吸入和皮肤接触而暴露。大多数人的暴露来源是摄入被污染的食物。由于这些化学物质不能被完全代谢或排出，因此即便每日摄入量极小，年复一年体内也会积累至可检出水平。最浓缩的来源是污染水域中钓到的鱼。持久性有机污染物的残留物会在鱼体内生物蓄积，而鱼处在食物链的较高位置，且常被人食用。生物蓄积也增加了北极原住民的暴露，他们喜食海洋哺乳动物鲸油，而这些哺乳动物本身就捕食鱼类[5]。在北极的某些地区，膳食摄入量超过现有的国家及国际指南标准[6]。在多氯联苯污染已成问题的地区，国家和地方卫生部门已发布公告,建议限制摄入受污染的鱼类。幼儿的主要膳食来源是母乳,他们会吸收并储存母乳中的这些化学物质(参见第 15 章)。

目前,这些化合物可知的职业暴露已很少,而更多可能是涉及有害废弃点的清洁或电气设施的修理。数十年前生产的重型电气设备仍在使用,火灾和爆炸中变压器可能泄露或损毁,因此可使工人暴露于多氯联苯和多氯代二苯并呋喃,或污染环境。除了电气设施,大量的多氯联苯仍存于旧的工业设施中,例如铁路。现代除草剂不含二噁英,虽然垃圾焚烧和纸张漂白存在暴露,但量很小。在有些国家,主要是撒哈拉沙漠以南的非洲,曾经或仍然使用 DDT 进行室内喷洒以控制疟疾。喷药工人以及居住在喷过药的房屋的居民暴露水平都很高,而这些工人有些也许移民来了美国。美国应该没有 DDT 的职业暴露,但是仍有质疑 DDT 在国际上仍用于农业,因此处理进口食品和棉纤的人可有职业暴露。移民美国的人原居住地可能已有暴露。

累及的系统及临床效应

在人群水平,暴露于多氯联苯常见水平与发育/IQ 评分降低有关:包括新生儿至 2 岁期间心理及运动评分[7],7 月龄[8]和 4 周岁[9]的短期记忆缺损,以及 42 月龄[10,11]和 11 周岁[12]的智商降低。孕期源自母体内蓄积的多氯联苯的暴露,而非通过母乳的暴露,似乎很大程度地解释了上述关联[11]。多氯联苯对新生儿的甲状腺功能可能有亚临床影响,但该研究结果并不一致[13](参见第 28 章)。

DDT,主要为 DDE[二氯二苯二氯乙烯,DDT 的一种降解产物],已有数个队列研究研究过,主要显示其对幼儿发育评分的影响[14]。加泰罗尼亚出生队列[15]的结果显示,孕期 p,p'-DDE 暴露与 13 月龄幼儿的精神和运动发育延迟有关;加利福尼亚一项以女性移民为主的研究发现了相似的发育迟滞,但与 DDE 的前体 DDT 有关[16]。尽管这些化学物可通过母乳摄入,但这 2 项研究都发现了长期母乳喂养有益于孩子的神经发育。表 35-1 按发生年龄列举了既往报道的症状和体征。

DDE 暴露与早产有关[24]。尽管一些研究观察到 DDE 的雌激素样效应,但尚不清楚此效应是否导致了更短的哺乳期[25-28](参见第 15 章)。

表 35-1 既往报道中 PCBs、PCDFs、PCDDs、TCDD 以及 DDT/DDE 暴露后的症状和体征(以发生年龄为序)

PCBs 孕产期低水平暴露	
新生儿	出生体重降低[17]
婴儿	出生至2周岁可测得运动发育迟缓[18]
7月龄	视觉识别记忆缺损[8]
42月龄	智商下降(或部分由出生后暴露所致)[10]
4周岁	短期记忆缺陷[9]
11周岁	认知发育迟缓[12]
PCBs/PCDFs 孕产期高水平暴露(亚洲中毒者)	
新生儿	低出生体重、结膜炎、胎生牙、色素沉积[19]
婴儿至学龄儿童	认知模块评分全面延迟;行为障碍;生长迟缓;毛发、指甲、牙齿发育异常;色素沉积;支气管炎的患病风险增加[20]
青春期	男孩阴茎短小但发育正常;女孩生长延迟但发育正常[21]
直接摄入高剂量的 PCBs/PCDFs	
任何年龄	氯痤疮、角化病、色素沉着;多种外周神经病变;胃炎[22]
皮肤暴露高浓度的 TCDD	
儿童	可能比成人吸收更多,氯痤疮,肝功能受损[23]
DDT/DDE 的低浓度暴露	
儿童	学龄前儿童精神运动评分延迟[14]

DDT,二氯二苯三氯乙烷;DDE,二氯二苯二氯乙烯;PCBs,多氯联苯;PCDFs,多氯代二苯并呋喃;PCDDs,多氯代二苯并二噁英;TCDD,2,3,7,8-四氯代二苯并二噁英。

亚洲的2次大规模中毒事件,由于疏忽,食用油中混入多氯联苯,加热分解,因此食用油被多氯代二苯并呋喃严重污染。1968年,日本九州省痤疮流行就是因为食用了这样的污染油。大约2 000人最终被诊断为油病(Yusho)[29]。暴露期有13名孕妇,其中1人死产,死胎色素沉着很深且面积很大(肤色像可乐一样的"可乐色"婴儿)。一些活产的孩子身材矮小,有高胆红素血症,色素沉着、结膜水肿、眼睑皮脂腺扩张。随访这些孩子至9岁，发现他们淡漠、昏睡、有软神经症候。出生时身材矮小，大约在4岁时才达到正常水平。1979年，在中国台湾地区暴发了非常相似的事件[30]。中国台湾地区117名儿童在食物污染事件期间或其后出生，因此暴露于母体过量的多氯联苯和多氯代二苯并呋喃；1985[24]年检查这些儿童并随访。他们出现了各种各样的外胚层缺陷，例如过度的色素沉着、龋齿、指甲形成不良和身材矮小；持久性的行为异常[31]和认知损害——智商平均下降约5～8分。此外，在多氯联苯暴露6年之内出生的孩子，这种延迟的严重程度与1979年出生的孩子相似。

1975年，意大利赛韦索一家化工厂发生爆炸，释放了数千克的TCDD。此次事故中，人血清TCDD浓度记录的最高值出现在污染最严重地区的儿童中[33]。爆炸附近地区的儿童出现了氯痤疮，尤其是体表未被衣服遮盖的部分[34]，一些孩子出现肝功能结果异常[23]。随访婴儿期及青春期暴露的男性继续随访，发现他们精子生成和性激素的改变[35]。在越南，越战期间喷洒橙剂导致TCDD污染物残留，仍能在母乳中检测出[36]。对于儿童的毒性报道很多，但缺乏系统的研究。橙剂暴露的越南男性老兵的后代，并未发现畸形的增多[37]；女性老兵的后代数据暂无。有研究评估了多氯联苯在动物和人体内的致癌潜力，但结果不一致[38]。然而，TCDD有强致癌性，已被国际癌症研究机构(International Agency for Research on Cancer)列为已知的人类致癌物[39]。

美国的一项研究表明孕产期DDE暴露与14岁男孩个子更高、体重更重有关[40]。但该结果在另一项304名青春期男孩的前瞻性队列中未能得到证实[41]。

诊断方法

尽管许多实验室能够测量DDT/DDE和多氯联苯，但缺乏质控和参考值，也没有实验室被正式授权来检测这些化学物质用于诊断或者治疗。因此，所有检测只能被视为科学研究，其解释也只能是基于研究项目的分析。多氯代二苯并呋喃和二噁英更加难以测定，且测定值无临床解释。由于任何一种该类化合物均可在母乳中出现，因此，临床检测这些物质偶尔也显得很有用。但是，有一定灵敏度的检测方法均可检测出大多数母乳样本中的DDE和多氯联苯。到目前为止，考虑这一主题的所有专业团体均推荐母乳喂养，而非建议检测母乳。

治疗

目前尚不清楚哪些药物可以降低体内这些化合物的浓缩，在亚洲，曾尝试的治疗方法包括口服考来烯胺，桑拿洗浴以及禁食，但是没有一种方法有效。母乳喂养可以降低母体中这些物质的浓度，每6个月的哺乳可以降低约20%。从理论上讲，这将相应地增加婴幼儿的风险，但是目前为止，因为这些暴露所致的患病率主要是源于孕期母体暴露，而非通过母乳暴露(参见第15章)。

监管

美国从1972年开始禁用DDT。全世界也在广泛禁止多氯联苯生产。任何一种废弃物，最常见的是废弃油污中，多氯联苯的质量浓度超过50mg/kg，则必须作为危险物质或危险废弃物处理。多氯联苯不可避免地污染着食物，因此，食品中也有一个暂时的“允许界值”，一旦食物中检测到的多氯联苯超过这个界值，美国食品药品监督管理局将会将该食品从市场中撤出。多氯联苯在婴幼儿和青少年食品中质量浓度按脂肪折算不超过为1.5mg/kg，在鱼类食品中质量浓度按脂肪折算不超过5mg/kg。多氯代二苯并呋喃和二噁英无可耐受浓度。

联合国粮农组织和世界卫生组织(WHO)发表了“每日允许摄入量”(ADI)。多氯联苯每日允许摄入量是6 μg/(kg·d)，这基本相当于一个纯母乳喂养5 kg婴幼儿的中位数水平。多氯代二苯并呋喃和二噁英尚不存在每日允许摄入值。还有“每日耐受摄入量”(TDI，反映数据的更多不确定性)4 Pg/(kg·d)有毒TCDD等价值。同样的，还有总DDT每日耐受摄入量为0.01 mg/(kg·d)。尽管母乳喂养的孩子摄入量一般超过这一水平，但世界卫生组织明确指出尽管含有污染化学物质，推荐母乳喂养的政策是不变的[42,43]。

“毒性当量”概念的提出是来自于规范这些物质所面临的难处。暴露于这类化合物中的某单一成分反而是不常见的。更多可能是,大多数人都暴露于数十种甚至更多种该类化学物质的混合物。除了 TCDD,很多多氯联苯、多氯代二苯并呋喃和二噁英具有相似于 TCDD 的毒性效应谱。但是,他们导致毒性效应的浓度不是同一个数量级,其中,以 TCDD 毒性最大。虽然不是全部,但是很多 TCDD 化合物一旦与芳香基碳氢羟化酶(Ah)受体结合就能发挥毒性。这种受体在结构上类似于类固醇激素受体,但没有明确的内源性配体。它广泛分布于哺乳动物组织中,并有可能进化为这类化合物的解毒通路的一部分。有方法可以测定 Ah 受体结合,因此,可以根据与受体结合能力强弱来鉴定某一个特定物质的毒性(相对于 TCDD 而言)。受体结合的比值可用作转换系数估计其相对于 TCDD 的毒性。将化合物量乘以其转换系数得出一个 TCDD“毒性当量”,该转化系数被称为“毒性等价系数”。它们还是可以计算出任何组分与 Ah 受体的亲和力。一种混合物的“毒性当量”可以将其中包含的每种成分的“毒性当量”相加推算估计。1998 年修订版本的可允许摄入量对 TCDD 的定义是首次提出的“毒性当量”,而不是 TCDD 的含量。这更有生物学意义,因为通常食品中包含更多种的“毒性当量”成分,尤其是多氯联苯,而不仅仅是 TCDD。因此,如果只考虑具有相似毒性化合物中某一部分物质的毒性是不合理的。另一方面,这些化合物有些还有其他毒性结构,比如神经毒性,这种毒性不是通过结合 Ah 受体而产生的,因而也不能通过“毒性当量”方式计算得出。尽管如此,使用“毒性等价值”来考虑具有相似毒性化合物的毒力已经朝着正确的方向迈出了一大步。不过,混合物的毒理学尚没有完全理解,还需要大量的研究。1998 年修订版本中关于 TCDD 每日耐受摄入量的推荐值的支持文件中,有更多关于“毒性等价量”的讨论[44]。

替代物

多氯联苯主要是被矿油取代。人们从未有意生产二噁英和多氯代二苯并呋喃,现在的商品也没有像 20 世纪 60 年代时的严重污染了。DDT 在农业中的用途已经被其他农药或改良的农用品所取代。对于控制疟疾,DDT 可用蚊帐或其他控制蚊子的方法取代。

常见问题

问题 我该担心咖啡过滤纸、尿布、卫生棉等物品中的二噁英吗?

回答 纸制品通常是用含氯漂白剂漂白的。氯与木质纤维中的木质素反应,产生许多复杂的氯代有机物,TCDD亦在其中。TCDD的量极少,且避免使用经氯漂白的产品也不可能产生可识别的健康效益。未漂白或经氧漂白的物品有时可用,能取代经氯漂白的物品,无污染物残留。

问题 我如何知道鱼或其他食物中含不含多氯联苯或二噁英?

回答 食物中这些物质的含量很微量。销售的食品是受管理的,故不应超过最高限量。在未被管制的食物中,垂钓者钓的鱼最可能成为较高浓度的暴露来源。这些化合物污染已成问题的各州,例如五大湖附近的州及州内卫生部门应该发布关于食用非购买鱼类的公告。

问题 既然20世纪70年代已经禁用了多氯联苯,且不再生产,为什么还存在问题?

回答 在多氯联苯及其相似的化合物使用和推广的时期,人们推崇它们持久性的特点,而其持久性的后果未被认识到。多氯联苯和DDT在环境中要么分解极慢,要么根本不分解。五大湖部分区域以及哈德逊河的烂泥仍被多氯联苯严重污染,而这些多氯联苯很可能是20世纪60年代生产的。持久性如此之强的化合物早已不再使用,以避免发生此类污染,但是在禁止时,环境中的量已足以导致污染物沉积数十年,结局至今仍不明了。

(欧阳凤秀 译 王 俞 校译 宋伟民 徐 健 审校)

参考资料

US Environmental Protection Agency (EPA)

Web site: www.epa.gov/OST/fish

This site lists EPA guidelines for states for the development of fish advisories for PCBs and other persistent contaminants.

World Health Organization (WHO)

Persistent Organic Pollutants: Impact on Child Health (2010).

www. who. int/ceh/publications/persistent_organic_pollutant/en/index. html

参考文献

[1] Rogan WJ, Chen AM. Health risks and benefits of bis(4-chlorophenyl)-1,1,1-trichloroethane (DDT). *Lancet*. 2005;366(9487):763-773.

[2] International Programme on Chemical Safety. *Polychlorinated Biphenyls and Terphenyls. Environmental Health Criteria* 140. Geneva, Switzerland: World Health Organization; 1993.

[3] Noren K, Meironyte D. Certain organochlorine and organobromine contaminants in Swedish human milk in perspective of past 20-30 years. *Chemosphere*. 2000; 40(9-11):1111-1123.

[4] Baarschers W. *Eco-Facts and Eco-Fiction: Understanding the Environmental Debate*. London, England: Routledge; 1996.

[5] Dewailly E, Ryan JJ, Laliberte C, et al. Exposure of remote maritime populations to coplanar PCBs. *Environ Health Perspect*. 1994;102(Suppl 1):205-209.

[6] Zung A, Glaser T, Kerem Z, et al. Breast development in the first 2 years of life: an association with soy-based infant formulas. *J Pediatr Gastroenterol Nutr*. 2008;46(2):191-195.

[7] Gladen BC, Rogan WJ. Effects of perinatal polychlorinated biphenyls and dichlorodiphenyl dichloroethene on later development. *J Pediatr*. 1991;119(1 Pt 1): 58-63.

[8] Jacobson SW, Fein GG, Jacobson JL, et al. The effect of intrauterine PCB exposure on visual recognition memory. *Child Dev*. 1985;56(4):853-860.

[9] Jacobson JL, Jacobson SW, Humphrey HE. Effects of *in utero* exposure to polychlorinated biphenyls and related contaminants on cognitive functioning in young children. *J Pediatr*. 1990;116(1):38-45.

[10] Patandin S, Lanting CI, Mulder PGH, et al. Effects of environmental exposure to polychlorinated biphenyls and dioxins on cognitive abilities in Dutch children at 42 months of age. *J Pediatr*. 1999;134(1):33-41.

[11] Walkowiak J, Wiener JA, Heinzow B, et al. Environmental exposure to polychlorinated biphenyls and quality of the home environment: effects on psychodevelopment in early childhood. *Lancet*. 2001;358(9293):1602－1607.

[12] Jacobson JL, Jacobson SW. Intellectual impairment in children exposed to polychlorinated biphenyls *in utero*. *N Engl J Med*. 1996;335(11):783－789.

[13] Brouwer A, Longnecker M, Birnbaum L, et al. Characterization of potential endocrine-related health effects at low-dose levels of exposure to PCBs. *Environ Health Perspect*. 1999;107(Suppl 4):639－649.

[14] Rosas LG, Eskenazi B. Pesticides and child neurodevelopment. *Curr Opin Pediatr*. 2008;20(2):191－197.

[15] Ribas-Fito N, Julvez J, Torrent M, et al. Beneficial effects of breastfeeding on cognition regardless of DDT concentrations at birth. *Am J Epidemiol*. 2007;166(10):1198－1202.

[16] Adeoya-Osiguwa SA, Markoulaki S, Pocock V, et al. 17 beta-Estradiol and environmental estrogens significantly affect mammalian sperm function. *Hum Reprod*. 2003;18(1):100－107.

[17] Fein GG, Jacobson JL, Jacobson SW, et al. Prenatal exposure to polychlorinated biphenyls: effects on birth size and gestational age. *J Pediatr*. 1984;105(2):315－320.

[18] Gladen BC, Rogan WJ, Hardy P, et al. Development after exposure to polychlorinated biphenyls and dichlorodiphenyl dichloroethene transplacentally and through human milk. *J Pediatr*. 1988;113(6):991－995.

[19] Miller RW. Congenital PCB poisoning: a reevaluation. *Environ Health Perspect*. 1985;60:211－214.

[20] Rogan WJ, Gladen BC, Hung KL, et al. Congenital poisoning by polychlorinated biphenyls and their contaminants in Taiwan. *Science*. 1988;241(4863):334－336.

[21] Guo YL, Lai TJ, Ju SH, et al. Sexual developments and biological findings in Yucheng children. In: Fiedler H, Frank H, Hutzinger O, et al. eds. *Organohalogen Compounds*. 14th ed. Vienna, Austria: Federal Environmental Agency; 1993:235－238.

[22] Kuratsune M, Yoshimura T, Matsuzaka J, et al. Epidemiologic study on Yusho, a poisoning caused by ingestion of rice oil contaminated with a commercial brand of polychlorinated biphenyls. *Environ Health Perspect*. 1972;1:119－128.

[23] Mocarelli P, Marocchi A, Brambilla P, et al. Clinical laboratory manifestations

of exposure to dioxin in children. A six-year study of the effects of an environmental disaster near Seveso, Italy. *JAMA*. 1986;256(19):2687－2695.

[24] Longnecker MP, Klebanoff M, Zhou H, et al. Association between maternal serum concentration of the DDT metabolite DDE and preterm and small-for-gestational-age babies at birth. *Lancet*. 2001;358(9276):110－114.

[25] Gladen BC, Rogan WJ. DDE and shortened duration of lactation in a Northern Mexican town. *Am J Public Health*. 1995;85(4):504－508.

[26] Karmaus W, Davis S, Fussman C, et al. Maternal concentration of dichlordiphenyl dichloroethylene (DDE) and initiation and duration of breast feeding. *Paediatr Perinat Epidemiol*. 2005;19(5):388－398.

[27] McGuiness B, Vena JE, Buck GM, et al. The effects of DDE on the duration of lactation among women in the New York State Angler Cohort. *Epidemiology*. 1999;10:359.

[28] Cupul-Uicab LA, Gladen BC, Hernandez-Avila M, et al. DDE, a degradation product of DDT, and duration of lactation in a highly exposed area of Mexico. *Environ Health Perspect*. 2008;116(2):179－183.

[29] Harada M. Intrauterine poisoning: Clinical and epidemiological studies and significance of the problem. *Bull Inst Const Med Kumamoto Univ*. 1976;25(Suppl):1－66.

[30] Hsu S, Ma C, Hsu SK, et al. Discovery and epidemiology of PCB poisoning in Taiwan. *Provimce Am J Ind Med*. 1984;5(1－2):71－79.

[31] Chen Y-CJ, Yu M-LM, Rogan WJ, et al. A six-year follow-up of behavior and activity disorders in the Taiwan Provimce Yu-Cheng children. *Am J Public Health*. 1994;84(3):415－421.

[32] Lai TJ, Liu X, Guo YL, et al. A cohort study of behavioral problems and intelligence in children with high prenatal polychlorinated biphenyl exposure. *Arch Gen Psychiatry*. 2002;59(1061):1066.

[33] Mocarelli P, Needham LL, Morocchi A, et al. Serum concentrations of 2,3,7,8-tetrachlorodibenzo-p-dioxin and test results from selected residents of Seveso, Italy. *J Toxicol Environ Health*. 1991;32(4):357－366.

[34] Caramaschi F, del-Corno G, Favaretti C, et al. Chloracne following environmental contamination by TCDD in Seveso, Italy. *Int J Epidemiol*. 1981;10(2):135－143.

[35] Mocarelli P, Gerthoux PM, Patterson DG, et al. Dioxin exposure, from infancy

through puberty, produces endocrine disruption and affects human semen quality. *Environ Health Perspect*. 2008;116(1):70－77.

[36] Schecter A, Dai LC, Thuy LT, et al. Agent Orange and the Vietnamese: the persistence of elevated dioxin levels in human tissues. *Am J Public Health*. 1995; 85(4):516－522.

[37] Erickson JD, Mulinare J, McClain PW. Vietnam veterans' risks for fathering babies with birth defects. *JAMA*. 1984;252(7):903－1012.

[38] Cogliano VJ. Assessing the cancer risk from environmental PCBs. *Environ Health Perspect*. 1998;106(6):317－323.

[39] International Agency for Research on Cancer. *Polychlorinated Dibenzo-para-dioxins and Polychlorinated dibenzofurans*. Lyon, France: International Agency for Research on Cancer; 1997.

[40] Gladen BC, Ragan NB, Rogan WJ. Pubertal growth and development and prenatal and lactational exposure to polychlorinated biphenyls and dichlorodiphenyl dichloroethene. *J Pediatr*. 2000;136(4):490－496.

[41] Gladen BC, Klebanoff M, Hediger ML, et al. Prenatal DDT exposure in relation to anthropometric and pubertal measures in adolescent males. *Environ Health Perspect*. 2004;112(17):1761－1767.

[42] Pronczuk J, Moy G, Vallenas C. Breast milk: an optimal food. *Environ Health Perspect*. 2004;112(13):A722－A723.

[43] World Health Organization. *Persistent Organic Pollutants: Impact on Child Health*. Geneva, Switzerland, World Health Organization; 2010. Available at: http://www.who.int/ceh/ publications/persistent_organic_pollutant/en/index.html. Accessed June 11, 2011.

[44] van den Berg M, van Birgelen APJM, Birnbaum L, et al. Consultation on assessment of the health risk of dioxins; re-evaluation of the tolerable daily intake (TDI): executive summary. *Food Addit Contam*. 2000;17:223－240.

第 36 章

持久性有毒物质

"持久性有毒物质(PTSs)"的同义词是"具有持续性生物蓄积性毒性物质(PBTs)"。持久性有毒物质与另一类环境有毒物质,"持久性有机污染物[POPs (参见第 35 章)]"有部分重叠。POPs 通常分成 12 种特定卤代化学物质(艾氏剂、氯丹、DDT、狄氏剂、异狄剂、七氯、六氯苯、灭蚁灵、多氯联苯(PCBs)、二噁英、呋喃、毒杀芬)。持久性有毒物质包括以下毒性特征:①降解缓慢甚至不随时间而降解,或者通过日照、水或其他机制缓慢降解;②具有经过大气或水介质长途传播到地球边远地区的潜在能力;③半衰期长,导致在人体或其他生物蓄积;④具有已知或强烈可疑的对人类的毒性。这些化学物包括一类范围极广的物质(表 36 - 1),比如有机成分(如五氯苯酚、聚芳碳氢化合物)、金属(如铅、汞)、农药(如林丹)和卤代化合物。持久性有毒物质的种类还在继续增加,相应地它们在消费产品生产中的应用也在增加。

由于它们在环境中的持久性,传播和生物蓄积,这类物质暴露引起关注,尤其是对胎儿、婴幼儿和儿童暴露的健康效应。

表 36 - 1　常见的持久性有毒物质*

	常见来源
有机分子	
甲基叔丁基醚(MTBE)	汽油添加剂
烷基酚类	服装处理剂
硫丹	杀虫剂
邻苯二甲酸盐	塑化剂

（续表）

	常见来源
金属和有机化合物	
铅和四乙基铅	油漆、汽油添加剂
汞和有机汞	空气、食物
镉	吸烟
有机化合物	船用漆、室外空气
甲基环戊二烯三羰基锰（MMT）	汽油添加剂
卤代化合物	
全氟化合物	聚四氟乙烯、思高洁、不黏锅
多溴联苯醚	阻燃剂、食物、水、室内空气、灰尘
高氯酸盐	食物、水
林丹	杀虫剂（虱子、疥螨）
五氯苯酚	木材防腐剂
阿特拉津	除草剂

“持久性有毒物质”指的是一系列名为“持久性有机污染物”（POPs）的化合物。12种持久性有机污染物均为氯代化合物，包括艾氏剂、氯丹、DDT、狄氏剂、异狄剂、七氯、六氯苯、灭蚁灵、多氯联苯（PCBs）、二噁英、呋喃、毒杀芬。

持久性有毒物质中，卤代化合物最受关注。氯代化合物被质疑的历史最长，不仅因为它们对健康的影响，而且由于它们对平流层臭氧层的削减，该层是吸收大量阳光中有害的紫外线辐射的一层保护毯。这种环境的破坏，加上卤代化合物的可疑毒性，导致去除冰箱、空调、喷雾罐和多剂量吸入器中的氯氟化碳。然而，使用氯代、溴代、氟代化合物生产的化学物仍广泛存在。本章综述了三种广泛使用的持久性有毒化学物——多溴联苯醚、高氯酸盐和全氟化合物[1]。用这些物质作为例子来说明相关类似污染物存在的问题。

多溴联苯醚

多溴联苯醚（PBDEs）是一种化学物的大家族［也被称为溴化阻燃剂

(BFRs)]主要用作阻燃剂。结构与多氯联苯相似,多溴联苯醚类以 1 个氧原子连接 2 个苯基环为基本结构。多溴联苯醚是一组溴原子数不等(4～10 个)和溴原子位置不同形成的联苯醚混合物,超过 200 多个同系物[2]。每个多溴联苯醚变体称为同类。有 3 种商业产品:五溴化联苯醚(c-pentaBDE)、八溴化联苯醚(c-octaBDE)和十溴化联苯醚(c-decaBDE),每种化合物包含了同系物的混合物。

多溴联苯醚的开发和使用曾经被欢呼为一个工业的进步,它显著减少家庭和企业因火灾引起的发病率和死亡率。在过去的 20 年中,含多溴联苯醚的阻燃剂挽救了生命,预防伤害,并降低了火灾的经济后果[2]。与此同时,它们逐年增多的使用导致了更多的环境污染。作为一个高产量的化学物质,多溴联苯醚每年生产超过 67 000 吨,超过 50%的全球使用量的多溴联苯醚是在美国。

由于强阻燃特性,多溴联苯醚在消费产品中已广泛存在。它们还被应用于建筑材料、家具、汽车、油漆、塑料、泡沫、床垫和衣服。消费品中一般浓度范围是 5%～30%[2]。由于立法中规定儿童服装需要具备防火特性,因此,它们还被应用于儿童服装。多溴联苯醚类似于其他持久性有害物质,因为它们在环境中消除半衰期长达 2 年之久(虽然部分化合物的半衰期仅 15 天)[3]。它们不同于其他持续性有毒物质,因为它们主要在室内(消费品)中使用,而不是在户外[3]。多溴联苯醚的处理方式与其他持续性有毒物质也有不同。其他消费性产品要求必须是可循环再利用的,或者因其有害成分必须作为有毒废物处理。含多溴联苯醚的产品可直接被丢弃,导致未被控制地排放到环境[4]。多溴联苯醚在野生动物,包括无脊椎动物、鱼类、鸟类和海洋哺乳动物中体内的浓度持续上升[5]。人类中的暴露浓度也在过去几十年中迅速增长,特别是在美洲[3]。从墨西哥农村最近移民到美国的妇女血液中多溴联苯醚浓度较低[6],这与多溴联苯醚在美国使用更加普遍以及现代化室内布置环境特点相一致。多溴联苯醚在美国成人血液中浓度比欧洲和日本人高 10～100 倍[7]。

多溴联苯醚在食物中很常见,罐装的沙丁鱼以及其他罐装的鱼类中含量最高,接下来是肉类和奶制品[4]。基于典型的食物消费结构,肉类是儿童和成人多溴联苯醚最高的一种食物来源。预计儿童每日从食物中摄取 2～5 ng/kg 多溴联苯醚,而成人摄取量为 1 ng/kg。

多溴联苯醚可在母乳中蓄积，导致其在母乳中其含量较高[8]。美国妇女乳汁中多溴联苯醚的浓度是欧洲妇女的75倍[4,9]。母乳中平均含有1 056 pg/g多溴联苯醚。因此，多溴联苯醚最高暴露发生在母乳喂养的孩子，其平均每日摄入307 ng/kg体重，而成人每日摄入为1 ng/kg体重(图36-1)。多溴联苯醚在儿童血液中平均浓度为24～114 μg/L，明显高于成人血液中的含量。与多氯联苯以及其他持久性的环境污染物相比较，多溴联苯醚浓度随年龄增加而下降。

食物摄入还不能完全解释多溴联苯醚在儿童和成人体内的量[4]，还存在饮水摄入和吸入暴露。在单一家庭研究中，多溴联苯醚含量9月份高于12月份，且在儿童体内含量高于成人[3]。首要暴露来源于室内灰尘，成人体内多溴联苯醚浓度较低，是因为成人对灰尘以及对其他特殊类型的多溴联苯醚暴露水平较低，这些化学物质中一部分半衰期很短。根据目前的估计，对初学走路的幼儿而言，室内灰尘占暴露来源的80%，成人只占到14%，灰尘暴露可导致学步幼儿体内多溴联苯醚含量增高近100倍[3]。

多溴联苯醚暴露对生殖和神经系统有潜在的毒性作用，同时也是一种基本的内分泌干扰物，影响到雌激素和甲状腺轴。据美国环境保护署(EPA)，多溴联苯醚对试验动物有明显的神经毒性，导致行为过度活跃以及其他行为改变[10]，动物模型中，其毒性与多氯联苯相似，包括内分泌失调、生殖和发育毒性，以及中枢神经系统影响[2,4]。它对下丘脑-垂体-甲状腺轴的影响也备受关注[6]。暴露组动物体内甲状腺激素浓度降低[2,6]；该中枢神经系统的作用归因于下丘脑-垂体-甲状腺轴多水平甲状腺激素信号失调。该结果促进了多溴联苯醚可改变胎儿和新生儿的神经形成的理论[6]。有研究报道脐带血多溴联苯醚的浓度与6周岁儿童神经发育水平负相关[11]。实验动物发现，暴露剂量小于302 ng/g脂肪时就可产生不良的生殖影响，而美国5%妇女达到了这一暴露剂量[7]。

基于生长发育的顾虑，已通过立法和法规来降低人们的暴露。美国环境保护署制订的多溴联苯醚参考剂量(通过科学评估，不会使人体产生健康不良效应的每日暴露水平，)为7 μg/(kg·d)。欧盟已经强制性分阶段禁用一些多溴联苯醚。2003年8月，加利福尼亚州宣布销售五溴联苯醚、八溴二苯醚非法，2008年1月宣布销售含有这2种物质的产品为非法。然而，十溴联苯醚及其他同类物质仍大量生产并使用[4]。

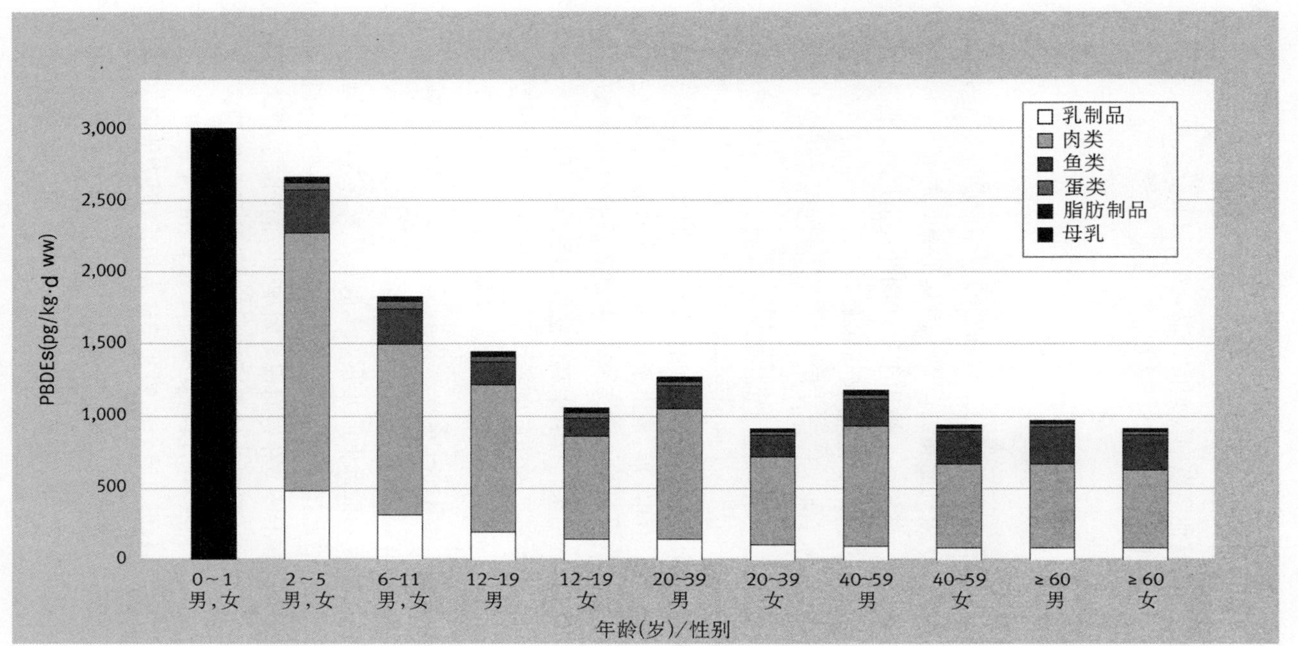

图 36－1　不同年龄段美国人的每日 PBDEs 经口摄入量（按食物类型划分）

PBDEs，多溴联苯醚；pg，10^{-12} g；ww，不同食物的湿重。图片转载自 Schecter et al[3]。

减少暴露的可能方法是限制家中的暴露源。因为许多消费品，例如枕头、床垫，必须依法做阻燃处理，在现行法规不变的前提下，使暴露最小化较难。使用任何其他阻燃剂处理的产品，必须权衡其风险和效益，并与使用多溴联苯醚相比较。

高氯酸盐

高氯酸盐即含有高氯酸根(ClO_4^-)的盐。一直到20世纪中叶，高氯酸盐都用来治疗甲状腺机能亢进[12,13]。因其是有效的氧化剂，高氯酸盐常常用于许多工业。高氯酸铵被用来生产固体火箭燃料、推进剂、炸药、汽车安全气囊、烟火剂(如烟花)以及爆破设备[14]。少量高氯酸盐是自然形成的。自然形成和工业上广泛使用导致了广泛的环境污染[15]。

在美国，水井及其他饮用水源的高氯酸盐污染已非常普遍。美国35个州1 100余万人的饮用水中高氯酸盐的浓度高于4 μg/L[12]。在这些水源中，高氯酸盐的浓度介于4～420 μg/L[13]。人们还通过食物接触。牛奶中的多氯酸盐，可追溯发现，是由于奶牛吃了多氯酸盐污染的水浇灌的庄稼所致。水果、蔬菜、谷物中也发现了多氯酸盐[14，15]。人类暴露大多是食物和水被污染的结果。母乳中高氯酸盐的平均浓度是0.5 μg/L。

暴露造成的最主要的健康问题是抑制甲状腺功能——主要是竞争性抑制碘化物的转运，使用于生成激素所需的碘化物不足[12]。在实验动物中，高氯酸盐暴露使中枢神经系统发育不良[14]；海马区神经解剖结构异常，在未出现明显神经毒性前即可发生[14]。这些效应也许与人神经发育相关。先天性甲状腺功能低下的儿童如未被及时发现并治疗则会发展为智力缺陷。如没有治疗，即使是轻微的亚临床甲减儿童也会有智力低下、注意缺陷多动障碍(ADHD)和空间视觉困难[14,16]的问题。严重的后遗症可能是孕早期高氯酸盐暴露的结果，此阶段胎儿依靠母体的碘和甲状腺激素；也可能是纯母乳喂养阶段高氯酸盐降低了乳汁中的碘[17]。由于高氯酸盐在母乳中蓄积，母乳喂养的婴儿颇让人担忧，因为他们完全依赖母乳摄入碘[14]。还有数据表明，基因也对甲状腺激素的合成有影响，那么，某些人群可能对环境致甲状腺肿物质(抑制甲状腺功能的物质)更易感，如高氯酸盐[17]。

尽管动物研究将孕期和产后高氯酸盐暴露与不良健康结局关联起来，人群流行病学研究发现儿童暴露与不良健康效应的关系并不一致。2005 年的一篇综述中，美国国家科学院（NAS）认为无明确证据显示高氯酸盐对人体有显著的毒性。基于该综述，美国国家科学院推荐的母乳中高氯酸盐的参考量为 0.000 7 mg/(kg·d)（或 0.7 μg/(kg·d)）[18]。其他科学家认为该浓度还不够低，未低到保护健康[19]。2006 年，美国疾病控制与预防中心（CDC）的科学家发现了美国女性中高氯酸盐水平与其体内甲状腺激素水平密切相关[15]。在该项研究中，高氯酸盐是成人甲状腺素（T_4）水平的负的预测因子。依据目前的理论，高氯酸盐单独致甲状腺肿的效应可能很低，但在有其他环境致甲状腺肿物质（例如烟草中的硫氰酸盐、井水中的硝酸盐）暴露的背景下，高氯酸盐暴露或对甲状腺轴有显著作用。在此联合效应理论中，流行病学调查或许忽略了高氯酸盐的离散效应。在环境致甲状腺肿物质中，高氯酸盐抑制甲状腺摄碘的作用比硫氰酸盐强 10 倍，比硝酸盐强 300 倍[17]。最近一项婴儿研究表明，在尿碘浓度更低的婴儿中，尿高氯酸盐浓度上升与促甲状腺激素（TSH）浓度增高有关[20]。

美国环境保护署制订的高氯酸盐官方参考剂量是 0.7 μg/(kg·d)，与美国国家科学院报告推荐的参考剂量相吻合[21]。美国环境保护署并未确定饮用水中高氯酸盐的国家标准，公共供水的允许或推荐量各州不同或缺如；私人水井未予监管。加强当地卫生部门对公共饮水或井水是否有高氯酸盐的监管或许在一些地区值得提倡，如土壤干旱、气候干燥的西部沙漠地区或任何有此污染问题的地区。此外，总的来说，母亲和儿童，特别是哺乳期妇女需要充足的碘，要么食用加碘盐，要么额外补充，因为缺碘会增加高氯酸盐介导的甲状腺疾病的易感性。

全氟化合物

全氟化合物（PFCs）是一类全氟化物，大量应用于工业和消费品中。全氟辛酸（PFOA）和全氟辛烷磺酸（PFOS）是这类物质的主要成员。全氟化合物的广泛应用导致了人的暴露[1]。例如毛毯、微波炉爆米花包装袋、防火泡沫、雨衣、颜料、室内装潢、家用清洁剂及特氟龙等消费品中均含全氟辛酸[1]。自20世纪70年代发明特氟龙以来,它就是全世界应用最广泛的化学物之一,因创造了不黏锅而使烹饪业发生变革。全氟化合物广泛应用于制造耐脏地毯,常见产品包括适悦(Stainmaster)和思高洁(Scotchguard)。

全氟辛酸、全氟辛烷磺酸以及其他全氟化碳的广泛应用导致了野生动物和人类大量暴露,及环境污染[1]。食物摄入、饮水、吸入室外空气、吸入或吞咽室内灰尘是人类全氟辛酸的主要暴露来源。微波炉爆米花包装袋内含一层全氟化碳以防止粘连,含全氟辛酸6～290 mg/L,这是全氟辛酸的重要来源之一[22]。使用新的不黏锅也会向环境中释放小剂量的全氟化合物[23]。全氟辛酸和其他全氟化合物也能进入牲畜和庄稼的食物链。

人类全氟辛酸的暴露很多,绝大多数美国人血液中均可检出[1]。2003—2004年全国健康与营养调查(NHANES)的数据显示98%以上的12岁以上美国人检出了全氟化合物;血清中全氟辛酸的平均浓度是3.5 μg/L。男性全氟辛烷磺酸浓度高于女性。全氟化合物职业暴露人群血清浓度在200～2 500 mg/L[24]。全氟辛酸、全氟辛烷磺酸以及其他全氟化合物可通过胎盘。

胎儿和儿童的全氟化合物暴露主要集中在神经毒性和潜在的致突变性。儿童体内全氟辛酸和全氟辛烷磺酸的浓度高于成人[25]。对于实验动物和人类,全氟化合物与胎儿生长缓慢有关[25]。日本的一项研究发现低水平宫内全氟辛烷磺酸暴露与出生体重负相关[26]。全氟辛酸与一系列的出生缺陷有关,且增加了癌症的风险[1]。美国环境保护署的科学顾问委员会建议全氟辛酸应该被列为人类疑似致癌物[27]。全氟辛酸还被发现具有其他毒性,如内分泌干扰作用[28]。高浓度的全氟辛酸和全氟辛烷磺酸与甲状腺疾病有关[29]。数项人群流行病学研究未发现与全氟化碳显著相关的健康效应。在一项孕妇研究中,未发现全氟辛酸或全氟辛烷磺酸暴露有不良神经肌肉或神经病学影响[25]。

尽管还没有全氟辛酸暴露的国家标准,暴露限制已有推荐。美国环境保护署最近建议饮用水健康指导标准为0.4 μg/L。

全氟辛酸和全氟辛烷磺酸的环境污染程度,以及对其健康效应的持续关注,已加速它的淘汰。2006年,全氟辛酸的主要制造商与美国环境保护署达成协议，到2010年消费品中减少95%的全氟辛酸，至2015年完全不用[30]。横断面数据显示，这一协议直接使得人体中全氟辛酸和全氟辛烷磺酸的浓度在下降[1]。

预防儿童全氟辛酸、全氟辛烷磺酸及相关全氟化碳暴露，首先要提倡从食物容器中去除这些产品，尤其是镀膜的盒子和微波炉爆米花包装袋。在这些产品完全离开出美国市场之前，人们应该在通风良好的环境中使用新不粘锅，直到新锅用旧，加热后全氟化合物释放最小化。

（欧阳凤秀 译 王 瑜 校译 宋伟民 徐 健 审校）

参考文献

[1] Calafat A, Wong L, Kuklenyik Z, et al. Polyfluoroalkyl chemicals in the U. S. population: data from the National Health and Nutrition Examination Survey (NHANES) 2003 – 2004 and comparisons with NHANES 1999 – 2000. *Environ Health Perspect*. 2007;115(11):1596 – 1602.

[2] Birnbaum LS, Staskal DF. Brominated flame retardants: cause for concern? *Environ Health Perspect*. 2004;112(1):9 – 17.

[3] Schecter A, Papke O, Harris TR, et al. Polybrominated diphenyl ether (PBDE) levels in an expanded market basket survey of U. S. food and estimated PBDE dietary intake by age and sex. *Environ Health Perspect*. 2006;114(10):1515 – 1520. doi:10.1289/ehp.9121.

[4] Athanasiadou M, Cuadra SN, Marsh G, et al. Polybrominated diphenyl ethers (PBDEs) and bioaccumulative hydroxylated PBDE metabolites in young humans from Managua, Nicaragua. *Environ Health Perspect*. 2008;116(3):400 – 408.

[5] Lema SC, Dickey JT, Schultz IR, et al. Dietary exposure to 2,2′,4,4′-tetrabromodiphenyl ether (PBDE-47) alters thyroid status and thyroid hormone-regulated gene transcription in the pituitary and brain. *Environ Health Perspect*. 2008;116(12):1694 – 1699.

[6] Bradman A, Fenster L, Sjodin A, et al. Polybrominated diphenyl ether levels in the blood of pregnant women living in an agricultural community in California. *Environ Health Perspect*. 2007;115(1):71 – 74.

[7] Fischer D, Hooper K, Athanasiadou M, et al. Children show highest levels of

polybrominated diphenyl ethers in a California family of four: a case study. *Environ Health Perspect*. 2006;114(10):1581 - 1584.

[8] Lind Y, Darnerud P, Atuma S, et al. Polybrominated diphenyl ethers in breast milk from Uppsala County, Sweden. *Env Res*. 2003;93(2):186 - 194.

[9] Lunder S, Jacob A. *Fire Retardants in Toddlers and Their Mothers*. Washington, DC: Environmental Working Group; 2008.

[10] Anonymous. Developmental exposure to low-dose PBDE-99: effects on male fertility and neurobehavior in rat offspring. *Environ Health Perspect*. 2005;113(2): 149 - 154.

[11] Herbstman JB, Sjodin A, Jurzon M, et al. Prenatal exposure to PBDEs and neurodevelopment. *Environ Health Perspect*. 2010;118(5):712 - 719.

[12] Buffler PA, Kelsh MA, Lau EC, et al. Thyroid function and perchlorate in drinking water: an evaluation among California newborns, 1998. *Environ Health Perspect*. 2006;114(5):798 - 804.

[13] Godley AF, Stanbury JB. Preliminary experience in the treatment of hyperthyroidism with potassium perchlorate. *J Clin Endocrinol Metab*. 1954; 14(1):70 - 78.

[14] Gilbert ME, Sui L. Developmental exposure to perchlorate alters synaptic transmission in hippocampus of the adult rat. *Environ Health Perspect*. 2008;116(6): 752 - 760.

[15] Blount BC, Pirkle JL, Osterloh JD, et al. Urinary perchlorate and thyroid hormone levels in adolescent and adult men and women living in the United States. *Environ Health Perspect*. 2006;114(12):1865 - 1871.

[16] Haddow J, Palomaki G, Allan W, et al. Maternal thyroid deficiency during pregnancy and subsequent neuropsychological development of the child. *New Engl J Med*. 1999;341(8):549 - 555.

[17] Scinicariello F, Murray HE, Smith L, et al. Genetic factors that might lead to different responses in individuals exposed to perchlorate. *Environ Health Perspect*. 2005;113(11):1479 - 1484.

[18] National Research Council, Committee to Assess the Health Implications of Perchlorate Ingestion. *Health Implications of Perchlorate Ingestion*. Washington, DC: National Research Council; 2005.

[19] Ginsberg G, Rice D. The NAS perchlorate review: questions remain about the perchlorate RfD. *Environ Health Perspect*. 2005;113(9):1117 - 1119.

[20] Cao Y, Blount BC, Valentin-Blasini L, et al. Goitrogenic anions, thyrotropin, and thyroid hormone in infants. *Environ Health Perspect*. 2010; 118 (9): 1332 - 1337.

[21] US Environmental Protection Agency, Federal Facilities Restoration and Reuse Office. Perchlorate. Available at: http://www.epa.gov/fedfac/documents/perchlorate.htm. Accessed March 29, 2011.

[22] Begley T, White K, Honigfort P, et al. Perfluorochemicals: potential sources of and migration from food packaging. *Food Addit Contam*. 2005;22(1):23 - 31.

[23] Sinclair E, Kim S, Akinleye H, et al. Quantitation of gas-phase perfluoroalkyl surfactants and fluorotelomer alcohols released from nonstick cookware and microwave popcorn bags. *Environ Sci Technol*. 2007;41(4):1180 - 1185.

[24] Olsen G, Mair D, Church T, et al. Decline in perfluorooctanesulfonate and other polyfluoroalkyl chemicals in American Red Cross adult blood donors, 2000 - 2006. *Environ Sci Technol*. 2008;42(13):4989 - 4995.

[25] Fei C, McLaughlin JK, Lipworth L, et al. Prenatal exposure to perfluorooctanoate (PFOA) and perfluorooctanesulfonate (PFOS) and maternally reported develepmental milestones in infancy. *Environ Health Perspect*. 2008; 116 (10): 1391 - 1395.

[26] Washino N, Saijo Y, Sasaki S, et al. Correlations between prenatal exposure to perfluorinated chemicals and reduced fetal growth. *Environ Health Perspect*. 2009;117(4):660 - 667.

[27] US Environmental Protection Agency. Perfluorooctanoic Acid (PFOA) and Fluorinated Telomers: Risk Assessment. Available at: http://www.epa.gov/opptintr/pfoa/pubs/pfoarisk.html. Accessed March 29, 2011.

[28] Jensen AA, Leffers H. Emerging endocrine disruptors: perfluoroalkylated substances. *Int J Androl*. 2008;31(2):161 - 169.

[29] Melzer D, Rice N, Depledge MH, et al. Association between serum perfluorooctanoic acid (PFOA) and thyroid disease in the U.S. National Health and Nutrition Examination Survey. *Environ Health Perspect*. 2010;118(5):686 - 692.

[30] Dooley EE. The Beat. PFOA to be eliminated. *Environ Health Perspect*. 2006; 114(4):A217.

第 37 章

农　　药

根据美国环境保护署(EPA)的定义,农药就是用于预防、消灭、驱赶或减少有害动植物的某一种物质或混合物。有害动植物指的是昆虫、老鼠及其他动物,不需要的植物(如杂草)、真菌及微生物(包括细菌和病毒)。农药的范畴除了杀虫剂还包括除草剂、杀真菌剂和其他控制有害动植物的物质。农药在环境中普遍存在。

农药杀灭有害动植物的机制包括细胞毒性作用和神经毒性作用,这也会引起人类中毒甚至死亡。据美国环境保护署估计,在 2000 年,74%的家庭在家里或直接接触的环境中使用了至少一种农药[1]。近年来美国环境保护署致力于减少在住宅中最易引起急性中毒的农药产品的使用,使得 1995—2004 年期间,严重农药中毒事件的发生率已下降超过 40%[2]。

农药有很多的益处。如果能正确使用农药来控制昆虫和啮齿类动物,那么就能有效预防或控制疾病的传播,农药还有助于增加农作物产量,但是同时,农药对成人和儿童有毒。农药遍布于食物、家庭、学校、公园中,导致儿童常接触到农药。家长为农民、农场主、园艺师、农药喷洒员的儿童,以及住在农业区附近的儿童的农药暴露风险更高[3,4]。家长在田里劳作时,儿童和青少年可能会在家长身边玩耍或工作,这样他们就可能会暴露于农药。在工作中使用农药的人也可能会在家中使用这些农业效果好的化学制剂[4]。不正确使用农药会增加农药的暴露并且引起疾病和死亡。

儿童可通过食物途径暴露于农药,这引起了公众的忧虑,为了应对这种忧虑,1996 年,议会通过了《食品质量保护法》(Pub L No. 104-170)[5]。这部法律有其特殊性,因为它明确要求美国环境保护署必须确保农药暴露"不会对婴儿及儿童造成危害",并且必须考虑与农药作用机制相似的化学物质的累积效应。通过食物途径慢性暴露于较低剂量农药的其他相关信息参见第 18 章。

1996 年《食品质量保护法》(FQPA)

《食品质量保护法》修正了《联邦杀虫剂、杀真菌剂和灭鼠剂法》以及联邦《食品、药品和化妆品法案》,从中产生的行为有:

- ■对食品中的农药建立了唯一的基于健康的标准。
- ■一般而言,利益不可凌驾于这个基于健康的标准。
- ■需考虑儿童出生前和出生后的效应。
- ■因婴儿和儿童有特殊的敏感性和暴露途径,在没有数据可以保证食品对婴儿和儿童的安全性时,必须在安全值中增加额外 10 倍的不确定系数。
- ■在建立化学物质的安全限值时必须考虑风险总和,即该化学物质的所有暴露之和。
- ■在建立化学物质的安全限值时必须考虑其累积风险性,以及与其作用机制相似的所有化学物质暴露之和。
- ■在评估安全性时需将内分泌干扰物包括在内。
- ■ 2006 年之前所有农药注册表都需评审。
- ■对于更安全的农药可以加快审批。
- ■需确定 1 年期暴露和终身暴露的风险。

本章主要关注农药暴露的急性和慢性效应及其预防措施。

杀虫剂

杀虫剂的主要类型有有机磷类、氨基甲酸酯类、除虫菊及拟除虫菊酯类、有机氯类、硼酸及硼酸盐类。

有机磷类杀虫剂

在美国,有机磷类杀虫剂是最常用的一种杀虫剂,大多数的急性农药中毒都是由有机磷类杀虫剂引起,毒性最强的两种有机磷类杀虫剂——毒死蜱和二嗪农分别于 2000 年及 2003 年被禁止在家庭中使用。有一些家用的有机磷类杀虫剂得以保留,包括用于灭蚤颈圈的杀虫畏,用于杀虫的敌敌畏,以及用于除头虱及一般用的马拉硫磷。马拉硫磷至今仍作为家用杀虫剂及花园杀虫剂而广泛使用。有机磷类杀虫剂广泛用于农业,因而有时会扩散到附近的社区，食物中也经常发现有机磷残余。此外，还有很多人仍然在家中储存这些杀虫剂产品，因此临床医生需警惕此类风险。

氨基甲酸酯类杀虫剂

氨基甲酸酯类杀虫剂与有机磷类似。毒性最强的氨基甲酸酯是用于粮食作物的涕灭威。西维因和残杀威在家庭中广泛使用，残杀威被用于一些灭蚤颈圈，因而在宠物皮毛上可能会有杀虫剂残留。西维因是一种广泛使用的花园杀虫剂，在2001年有91～181万kg西维因用于家庭。这些化学制剂毒性中等，残杀威被美国环境保护署认为是一种很可能的人类致癌物[6]。

除虫菊和拟除虫菊酯类杀虫剂

除虫菊是从干菊花中提取出来，由6种除虫菊酯类的杀虫剂成分构成。天然的除虫菊酯对光和热均不稳定，因而常常被作为室内喷雾杀虫剂和气溶胶杀虫剂使用。杀虱香波产品，比如A200和Rid中都含有除虫菊酯。拟除虫菊酯是以除虫菊的结构和生物活性为基础的合成化学物质，经修饰后增加了稳定性。拟除虫菊酯分为Ⅰ型和Ⅱ型（又称氰基拟除虫菊酯），总的来说Ⅱ型拟除虫菊酯毒性比Ⅰ型拟除虫菊酯更强。拟除虫菊酯被用于农业和园林业，也被用于家庭中以控制结构害虫，如白蚁、跳蚤，抵抗虱子和疥疮（氯菊酯，如氯杀螨）。二氯苯醚菊酯（permanone，duranon）主要以喷雾剂的形式销售，用以喷洒帐篷和衣物，或者用在含有杀虫剂的户外浸渍织物中[7,8]。除虫菊杀虫剂和拟除虫菊酯杀虫剂能够快速渗透入昆虫体内使其麻痹。自2002年起，随着家用有机磷杀虫剂的使用控制越来越严格，除虫菊素和拟除虫菊酯取而代之。2000—2005年，因有机磷中毒而呼叫毒物控制中心或前往医疗机构的发生率稳定下降，但因除虫菊杀虫剂和拟除虫菊酯杀虫剂中毒的发生率相应升高[9]。

有机氯类杀虫剂

自20世纪40年代，卤代烃开始被作为杀虫剂、杀真菌剂、除草剂使用。有机氯具有脂溶性，分子量轻，可长时间存在于环境中。DDT、氯丹及其他有机氯因其杀虫效果好和急性毒性低而获得了巨大的成功。

DDT的产品及大多数其他的有机氯化合物因难降解、在食物链中具有生物聚集性、对野生动植物会产生影响，以及长期暴露可能具有致癌性而引起人们的忧虑，因此于20世纪70年代在美国遭到禁止，但发展中国家仍然在使用有机氯，包括出口到美国的食品也有有机氯污染。尽管有了更安全的方法，但林丹仍然是治疗虱子和疥疮的处方药。若误食或使用不当，林丹会产生严重的中毒风险。根据美国食品药品监督管理局，只有当患者足量使用其他获批准的药剂无效时才考虑使用林丹，而对于体重低于49.9 kg(110 lb)的患儿更要谨慎[10]。自2002年1月，加利福尼亚州不再允许销售药用林丹[11]。一项对加利福尼亚州儿科医生的调查显示，这项禁令没有引起严重问题，同时它几乎消除了加利福尼亚州地区由林丹引起的中毒[12]。这项禁令也通过改进水处理设备杜绝了被林丹污染的水的排放。

硼酸及硼酸盐类杀虫剂

硼酸用于家用杀虫剂，多呈丸状或粉状。通常认为硼酸和硼酸盐在杀虫剂中毒性较低，在儿童常会出现的场所硼酸和硼酸盐正在逐渐取代有机磷农药的使用。尽管毒性较低，在20世纪五六十年代这类化学物广泛使用时，有报道发生过明显中毒，尤其是口服[13,14]。毒物控制中心收到小于6岁儿童摄入硼酸丸剂或粉剂的报道正在增加[15]。

控制跳蚤产品

儿童可能通过家用产品与农药产生直接接触。一些产品具有明显毒性却能被消费者轻易获得，应尽量避免这样的情况发生。另一些产品则毒性较低或没有毒性。控制跳蚤的产品在美国使用广泛。2/3的美国家庭拥有宠物，控制跳蚤的产品每年的市场额超过10亿美元。由于儿童常常和宠物亲密接触甚至可能和宠物睡在一起，因而儿童对此类产品的暴露引起人们很大的忧虑。

灭蚤项圈能够合法含有高毒性的有机磷类或氨基甲酸酯类杀虫剂，如杀虫畏和残杀威。这些项圈的设计就是缓慢释放杀虫剂至宠物的毛皮上，当儿童和宠物毛皮直接接触时，杀虫剂的残留物就会产生生物效应[16]。

宠物香波、膏及喷雾剂中多含有氯菊酯。尽管氯菊酯的毒性相对一些杀虫剂要小，美国环境保护署仍认为其为可能的人类致癌物[17]。吡虫啉或芬普尼的毒性更小，但这些产品仍具有一定神经毒性并且在儿童爱抚动物时可能会沾到儿童手上。这些较新的药剂会在本章另外讨论。司拉克丁，是一种植物性的杀虫剂及抗寄生虫药，为另一种植物性杀虫剂阿维菌素的衍生物，通常而言并不认为司拉克丁具有明显的健康危害，但这是一种相对较新的产品，和其他较老的同类产品相比它可参考的数据更少。

首选的跳蚤控制方式有定期梳理和清洗宠物的皮毛，定期用吸尘器清扫地毯，以及在热水中清洗宠物的寝具。如果有必要的话，可准备较全面的控制跳蚤的产品如虱螨脲，或一种昆虫生长调节剂如 S－烯虫酯、苯氧威或蚊蝇醚，这些是毒性最低的选择。

新烟碱类杀虫剂

新烟碱类杀虫剂可用来抑制宠物身上的跳蚤。这些杀虫剂越来越广泛地应用于农业领域。新烟碱类杀虫剂包括啶虫脒、噻虫啉和吡虫啉，其中吡虫啉是此类产品中最为常用的活性成分。它们的作用方式和烟碱型乙酰胆碱受体（nAChRs）的激动剂类似，其独特之处在于相对于哺乳动物，高度选择性激动昆虫的烟碱型乙酰胆碱受体。此外，新烟碱类杀虫剂可溶于水，因而难以透过哺乳动物的血脑屏障[18,19]。

氟虫腈类杀虫剂

氟虫腈是另一类相对较新的杀虫剂，最常见的是苯吡唑。氟虫腈也广泛用于宠物跳蚤控制以及草坪养护、农作物种植，还用于蟑螂、蚂蚁的毒饵。这些药剂抑制 γ－氨基丁酸（GABA）通道，导致细胞过度兴奋。尽管这种作用机制与有机氯的作用机制相似，但苯吡唑是选择性作用于 $GABA_A$ 通道，而有机氯是能抑制 $GABA_A$ 和 $GABA_C$ 通道[20]。

其他农药

除草剂

除草剂是用于除去位于农田、家里、草坪、花园、公园、学校操场以及儿童走路、玩耍、骑车的路边的杂草。每年大约 1 400 万的家庭使用除草剂。

草甘膦

草甘膦是一种广谱除草剂，用以去除生长在农田及园林中不需要的植物。它在美国家用农药中排名第二，据估计，2001 年在美国有 227～363 万 kg(500～800 万 lb)的草甘膦投入使用。

联吡啶

联吡啶类农药中百草枯及敌草快是非选择性除草剂。百草枯具有急性毒性，受到严密的控制，不允许家庭使用。敌草快是一种可供家庭使用的通用除草剂。

氯苯氧基类除草剂

氯苯氧基类除草剂包括 2,4－二氯苯氧乙酸(2,4－D)。2,4－D 是美国最常用的家用农药，每年有 363～499 万 kg(800～1100 万 lb)的 2,4－D 被施用于草坪、公园及运动场。2,4－D 和现在被禁止使用的氯苯氧基类除草剂 2,4,5－三氯苯氧乙酸的混合物就是橙剂，美军为了使植物脱叶曾在越南南部及柬埔寨使用这种混合物。这种混合物会产生一种杂质，即已知的人类致癌性毒物及发育毒物 2,3,7,8－四氯代二苯并二噁英。

杀真菌剂

杀真菌剂包括取代苯类、硫代氨基甲酸酯类、乙撑双二硫代氨基甲酸盐类、铜制剂、有机锡、镉化合物、元素硫及其他化合物如克菌丹、苯菌灵及乙烯菌核利。有机汞化合物因为其极强的毒性在美国已禁止使用。杀真菌剂用于防止粮食及易腐烂的农作物发霉，这些化学品还可作为种子处理剂用于观赏植物及土壤中。一些杀真菌剂可在商店中购买，用在花园植物上。杀真菌剂最常用的剂型为可湿性粉剂或颗粒状，也因此很难通过皮肤和呼吸道方式被人体吸收。

木材防腐剂

木材防腐剂包括五氯酚和铬化砷酸铜(CCA)。1987 年，这些防腐剂被美国环境保护署禁用于除了木材以外的领域。五氯酚作为木材防腐剂被用于电线杆、横梁及栅栏柱，是一种已知的致癌物。铬化砷酸铜曾被用于加压处理的木材上，此类木材广泛用于建造甲板、走廊以及运动场设施，但铜铬砷于2004年被禁止用于住宅(参见第9章)。较老的户外木材建筑仍可能含有砷，因此儿童的手可能会接触到。

杀鼠剂

美国家庭中常用的杀鼠剂是抗凝血剂或胆骨化醇。抗凝血剂阻碍维生素K依赖因子(II、VII、IX、X)的活化，常见的例子有华法林，效力是华法林10倍的茚满二酮以及效力大约是华法林的100倍的超级华法林，如溴鼠灵。胆骨化醇(维生素D)在高剂量下对啮齿类动物有毒。2008年美国环境保护署不再把效力更高的超级华法林列为可供消费者购买的产品，并且要求零售杀鼠剂产品不得以松散的丸状出售而必须做成具有儿童防护性的毒饵站。不再允许黄磷、士的宁、砷杀鼠剂登记注册，但由于还有部分库存，所以可能仍在使用中。

昆虫驱避剂

避蚊胺(DEET)是很多昆虫驱避剂产品中的有效成分。避蚊胺被用来驱赶昆虫，如蚊子及蜱，前者可传播病毒性脑炎(如西尼罗病毒)或疟疾，后者可引起莱姆病。避蚊胺从1956年起在美国市场上销售，每年美国超过1/3的人口都会使用避蚊胺。避蚊胺会以气溶胶、液体、洗液、黏附剂的形式存在许多商品中，或浸渍在腕带中，比如袖口。一些防晒配方中也会含有避蚊胺以便有便利的多功能。登记在册可直接施用到皮肤上的商品中包含4%～99.9%的避蚊胺，避蚊胺的浓度超过30%后不能再增加保护性。同时使用单独的避蚊胺和防晒产品是可行的，并不推荐使用两者的复合产品，因为在体力活动或游泳后需重新涂抹防晒霜，而蚊虫驱避剂并不需要重新涂抹，在重新涂抹蚊虫驱避剂的过程中毒性风险会增加。

避蚊胺的替代物包括派卡瑞丁及柠檬桉油。派卡瑞丁和避蚊胺在浓度相似时效力相近。根据所做的研究和所测试的蚊子类型的不同，派卡瑞丁和避蚊胺的预计保护时间不同，但大多数研究中两者的保护时间大约在 3～7 小时的范围内[21]。柠檬桉油的效力略低于避蚊胺和派卡瑞丁，接下来就是 2%的豆油。所有其他的昆虫驱避剂成分的效力都低于以上提到的几类[21]。

有效成分为香茅醛的昆虫驱避剂不像避蚊胺那样有效，因此若想要预防节肢动物为媒介的传染病不推荐使用含香茅醛的昆虫驱避剂。纯度较高的桉油(如精油)的安全性及效力尚未被测试，因此不应使用纯桉油作为昆虫驱避剂[7]。

农药助剂

尽管在美国只有大约 900 种农药登记使用，但实际出售的商业产品超过 20 000 种。每种产品包含一种或更多的有效成分(实际上起杀灭有害物作用的 1～2 种成分)及其他成分的混合物——其中包括"助剂"。一种典型的农药制剂可能大约含 2%的有效成分和超过 98%的助剂。这些额外的材料起到了分散剂、载体、溶剂、增效剂的作用，并且帮助农药成分附着到施用物体表面，保证农药成分不会很快降解。尽管被称为"助剂"，但这些材料本身可能会具有毒性。例如二甲苯(一些拟除虫菊酯农药配方中的农药助剂)是中枢神经系统抑制剂并具有生殖毒性。其他农药助剂可能具有呼吸道刺激性或皮肤刺激性，可能具有致敏性，也可能具有潜在的慢性毒性，如致癌性或生殖毒性。增效剂(延缓昆虫体内解毒过程的化学物质)，如增效醚和亚砜，基本上都具有低毒性。

农药助剂像有效成分那样被详细审核，但不一定接受过毒性检测。在农药产品标签上必须列有农药有效成分，但是很难得到农药产品中其他成分的任何相关信息。如果患者是因农药暴露而中毒，很重要的一点是要意识到致病物质可能是没有被列在产品标签上的其他成分。若临床医生治疗暴露于某种特定农药的患者，则可直接拨打产品标签上的生产商电话合法获取产品中其他成分的信息。

暴露来源

美国儿童几乎普遍暴露于农药，家庭农药和花园农药的使用使得城市和乡村环境中的农药暴露水平增加[22]。

由于处于发育期的器官敏感性高，此外行为，心理和饮食结构的特性，因此胎儿期及儿童出生早期的暴露危害性更显著。纽约的一项研究显示，所有参加测试的 20 名新生儿的胎粪中都存在有机磷农药的代谢物[23]。这表明儿童广泛暴露于此类物质，甚至是在胎儿期就开始了。

美国疾病控制与预防中心（CDC）对成人和 6 岁以上儿童体内的农药残留进行了常规的检测调查。2009 年出版的《全美第四次环境化学物人类暴露报告》显示美国非社会福利机构收容人口的尿液或血液中存在 45 种农药及农药代谢物[24]。大多数参与调查的儿童体内可检测到 26 种农药。总的来说，有机氯农药在成人体内浓度更高，不过 12 岁以下儿童并没有被抽样检测有机氯农药。一些农药在儿童体内的浓度显著高于在成人体内的浓度，这些农药包括有机磷杀虫剂和杀真菌剂/消毒剂邻苯基苯酚。人类体内检测到的农药浓度是否可以使人中毒，美国疾病控制与预防中心的这项研究没有提供相关信息，但这项研究确实为目前普遍人群（包括儿童）的特定农药的暴露水平提供了可供比较的范围。

暴露途径

儿童可通过呼吸道吸入、消化道摄入及皮肤吸收接触农药。

呼吸道吸入

以粉尘、气雾、喷雾或气体形式施用的农药可到达黏膜或肺泡，进而被吸收入血。随着飞机喷雾或烟熏，农药化学成分可能会随风飘入散布于农业区的郊区居民区。

相对而言，除杀虫剂以外的农药通过呼吸道被人体吸入的量较少，这是因为这些农药的挥发性较低，并且除了氯苯氧基类除草剂以外，这些农药很少通过飞机喷雾来散播。杀真菌剂在使用过程中可能会通过呼吸道吸入，但每次使用时的吸收较少。

消化道摄入

由消化道摄入农药可能会导致急性中毒。存放在食品容器（如软饮料瓶）中的农药会对儿童构成特殊的危害。一项美国环境保护署（EPA）

的调查显示，在有 5 岁以下儿童的美国家庭中，有近一半家庭的农药存放在儿童可以触及的地方[25]。

通过消化道摄取的农药主要来自于施过农药的食物，尤其是那些产自家庭花园的食物。婴儿和儿童可能会通过饮食摄入粮食作物上的残留农药(参见第 18 章)。人们也有可能通过食用受污染的土地中长出的农作物以及受污染的水中生长的鱼，暴露于低浓度的有机氯。在一些供水系统中也有可能发现农药：1999 年，美国环境保护署一项调查发现，10.7％的社区系统供水系统的井中包含一种以上不能被标准水处理系统技术处理掉的农药成分(参见第 17 章)[26]。

此外，小年龄段儿童会吃进一定量的泥土，有异食癖的儿童每日可摄入高达 100 g 的泥土，这些泥土可能含有持久性有机农药及重金属，如砷(表 37－1)。

经铬化砷酸铜处理过的木头是儿童砷暴露的可能来源之一。随着木材老化，砷可以渗出并富集在木材表面、操场设备下面的土壤里，以及用该方法处理过的木材制作的桌子里。年龄幼小的儿童通过手－口途径暴露于砷的风险尤其大。

上述化学物都可能被意外摄入，尤其是杀鼠剂。无论是通过呼吸道吸入还是消化道摄入，如对毒物控制中心的呼叫次数所显示，儿童频繁地严重暴露于农药。

表 37－1　2006 年因儿童农药中毒而呼叫毒物控制中心的次数[27]

农药	小于 6 岁	6～19 岁
慢性杀鼠剂	11 592	360
拟除虫菊酯	5 468	1 801
昆虫驱避剂	6 738	1 625
有机磷	1 096	429
硼酸/硼酸盐	3 447	131
草甘膦	1 133	321
氨基甲酸酯类农药	1 062	235
萘	1 042	106

皮肤吸收

许多农药都容易经皮肤吸收。儿童对农药的皮肤暴露风险较高，因为他们的皮肤表面积相对较大，并且由于在地上爬行和玩耍，他们会广泛接触草坪、花园和地板。林丹（外用治疗疥疮和虱子）及避蚊胺是通过皮肤吸收的。对除草剂和杀真菌剂的皮肤暴露通常会导致皮肤刺激，少数情况下会产生全身效应。

累及的系统及临床效应

家长及出生前暴露

家长的暴露及出生前暴露可以引起的效应包括胎儿宫内发育迟缓和早产[28]、出生缺陷[29]、死胎[30]及自发性流产[31]。想要进一步阐明这些关联之间是否存在因果关系需要更多的研究来证实。

急性效应

有机磷类杀虫剂

有机磷类杀虫剂通过磷酸化神经末梢的乙酰胆碱酯酶活性部分，不可逆地抑制其活性。乙酰胆碱在胆碱能受体（表现为毒蕈碱样作用）、横纹肌（包括膈肌）和自主神经节（表现为烟碱样作用）处积累，从而表现出有机磷急性中毒的症状。有机磷类杀虫剂在脑部蓄积会导致感觉及行为障碍、协调障碍、认知功能下降以及昏迷（表 37－2）。

表 37－2　常见农药种类的急性效应[32]

农药分类	举　例	作用机制，急性症状	诊断及治疗
有机磷	毒死蜱、二嗪磷、杀虫畏、甲基对硫磷、保棉磷、二溴磷、马拉硫磷、乙酰甲胺磷	不可逆地抑制乙酰胆碱酯酶；恶心、呕吐、分泌物增多、支气管收缩、头痛	检测胆碱酯酶水平；支持性治疗，阿托品，解磷定

（续表）

农药分类	举　例	作用机制，急性症状	诊断及治疗
氨基甲酸酯类	西维因、涕灭威、残杀威	可逆地抑制乙酰胆碱酯酶；恶心、呕吐、分泌物增多、支气管收缩、头痛	检测胆碱酯酶水平；支持性治疗，阿托品
除虫菊酯	除虫菊	过敏性反应、震颤、高剂量摄入引起共济失调	无诊断试验；如有需要使用抗组胺药或类固醇治疗过敏反应
拟除虫菊酯			
—I型	丙烯菊酯、氯菊酯、胺菊酯	震颤、共济失调、过敏、震惊反射增强	无诊断试验；清除毒物支持性治疗，对症治疗
—Ⅱ型	溴氰菊酯、氯氰菊酯、氰戊菊酯	手足徐动症、流涎、癫痫	皮肤接触可引起短暂强烈的不适；最好用维生素E油剂处理
有机氯	林丹、硫丹、三氯杀螨醇	抑制GABA受体；协调障碍、震颤、感觉障碍、头晕、癫痫	检测血液中水平；清除毒物，支持性治疗，使用考来烯胺清除肝肠循环
氯苯氧基化合物	2,4－二氯苯氧乙酸(2,4－D)	酸中毒、神经病变、肌肉病变、恶心、呕吐、肌痛、头痛、肌肉强直、发热	检测尿液中水平；清除毒物，强碱性利尿
联吡啶化合物	百草枯、敌草快(diquat)	生成自由基；肺水肿、急性肾小管坏死、肝细胞毒性	检测尿液中连二亚硫酸盐（比色分析）；清除毒物，禁止输氧，积极补水，血液灌流
抗凝血剂杀鼠剂	华法林、溴鼠灵、二苯香豆素，敌鼠、鼠完	拮抗维生素K、出血	PT升高；给予维生素K治疗

GABA代表γ－氨基丁酸；PT代表凝血酶原时间。

有机磷类杀虫剂通过呼吸道或消化道进入人体后会迅速分布到全身，通常会在暴露于杀虫剂的4个小时内发病，如果是通过皮肤暴露则会延迟至12小时。开始症状包括头痛、头晕、瞳孔缩小、恶心、腹痛及腹泻，患者会表现出明显的焦虑及坐立不安。肌肉抽搐、乏力、心动过缓、分泌物增多（汗液、唾液、鼻涕、支气管黏液）及重度腹泻的症状会逐渐加重。

中枢神经系统症状包括头痛、视物模糊、焦虑、思维混乱、情绪不稳、共济失调、中毒性精神障碍、眩晕、惊厥以及昏迷。脑神经麻痹也有报道[32]。

中毒更严重时可产生交感神经兴奋和烟碱样症状，出现肌无力和肌束震颤，包括抽搐（尤其是眼睑）、心动过速、肌痉挛、高血压和出汗。最后会发展为呼吸肌麻痹、骨骼肌麻痹及惊厥。儿童比成人更容易产生中枢神经系统症状，如昏迷和癫痫。

氨基甲酸酯类杀虫剂

与有机磷类杀虫剂类似，氨基甲酸酯类杀虫剂也能结合乙酰胆碱酯酶，但这种结合更容易逆转，两者中毒产生的临床症状也不易区分。有机磷农药中毒时乙酰胆碱酯酶水平会降低，而氨基甲酸酯类杀虫剂中毒时乙酰胆碱酯酶水平往往正常[32]。氨基甲酸酯类杀虫剂可能是高毒的，尽管它产生的效应较为短暂，如一些病例6～8小时内症状就有所减轻。

除虫菊和拟除虫菊酯类杀虫剂

除虫菊和拟除虫菊酯类杀虫剂经胃肠道和呼吸道吸收，只有少量会通过皮肤吸收。因为除虫菊酯在肝脏中代谢非常迅速，并且绝大多数的代谢物都是经肾脏排泄，所以除虫菊酯吸收毒性较低[32]。大多数的问题是关于过敏反应，主要表现为接触性皮炎、过敏反应及哮喘（表37-2）。

当液体或挥发性混合物接触皮肤时可能会引起感觉异常（常描述为刺痛、烧灼感或发痒），这种现象很少持续超过24小时[32]。吸收超大剂量可能偶尔会引起共济失调、眩晕、头痛、恶心及腹泻。曾有报道，一名儿童因为使用含有除虫菊酯的去跳蚤的香波为她的狗洗澡而引起致命性的哮喘发作[33]。

有机氯类杀虫剂

有机氯类杀虫剂的毒性主要作用于神经系统。有机氯类杀虫剂干扰阳离子通过神经细胞膜，引起神经功能异常和烦躁不安，有可能会导致癫痫。感觉障碍、协调障碍、心理功能失调是典型表现。林丹中毒表现为恶心、呕吐，以及中枢神经系统刺激或癫痫全身性发作。

硼酸和硼酸盐类杀虫剂

硼灰会刺激皮肤、上呼吸道及支气管。摄入硼酸盐可导致严重的肠胃炎、头痛、昏睡以及红斑皮疹，这种红斑皮疹表现严重，在外观上与葡萄球菌皮肤烫伤样综合征相似[34]，还可能出现代谢性酸中毒，严重的病例里还可出现休克。

新烟碱类杀虫剂

尽管有文献表明新烟碱类农药存在皮肤暴露，但大多数有中毒症状的病例都是源于消化道摄入。对新烟碱类中毒的报道大多数都是个案报道，目前有两个系列报道——一个回顾性研究及一个前瞻性研究[18,19]。新烟碱类中毒非特异性的症状有恶心、呕吐、头晕和出汗。还可能出现消化道溃疡，尤其是新烟碱类农药溶于 N－甲基吡咯烷酮（N－methyl－2－pyrrolidone，NMP）溶剂共同被人体吸收时。除此之外更严重的效应有吸入性肺炎、呼吸衰竭、昏迷及心律失常[18,19]。

氟虫腈类杀虫剂

迄今为止，大多数相关文献都表明人类氟虫腈中毒表现为自限性症状，包括恶心、呕吐及口腔溃疡。中毒严重的患者可能会出现精神状态改变及癫痫，但多数情况下这些症状仍然是自限性的，除了支持性治疗外无须长期治疗[35]。

除草剂

草甘膦

在一般暴露水平下，草甘膦的急性毒性较低。食入 3/4 杯或更多（通常是尝试自杀）会引起生命危险[36]。中毒症状有腹痛、呕吐、肺水肿、肾损伤及肾衰竭。在更常见的情况下，低剂量的草甘膦会引起皮肤及眼部刺激。加在除草剂中用来增加渗透性的表面活性剂牛脂胺聚氧乙烯醚，比活性成分草甘膦毒性还要高，两者的混合物（农达）会使毒性协同增加。

联吡啶（百草枯和敌草快）

通常认为联吡啶的急性毒性与氧自由基的产生及联吡啶对辅酶Ⅱ和还原性辅酶Ⅱ的干扰相关。百草枯和敌草快会腐蚀与之直接接触的组织。首先，百草枯的局部作用会导致皮肤和黏膜的灼伤。接着会出现包括肺水肿、肝损伤、肾损伤、心肌损伤、骨骼肌损伤在内的多系统损伤。在暴露后的 2～14 天，随着不可逆的肺泡纤维化，会导致渐进性呼吸衰竭。比起百草枯，敌草快对皮肤的损伤更小，并且敌草快不会在肺部蓄积。敌草快中毒的症状有强烈的恶心、呕吐和腹泻，接着会发生高血压、脱水、肾衰竭及休克。成人仅仅食入 10 ml 浓度 20％的百草枯就可能导致死亡，若摄入量超过 40 mg/kg 通常会导致死亡。通过皮肤吸收足够量的百草枯也可能产生全身毒性并导致死亡。

氯苯氧基类除草剂

氯苯氧基类除草剂主要有刺激性，导致咳嗽、恶心及呕吐。很少有大量摄入氯苯氧基类除草剂的报道。其中毒的症状包括昏迷、瞳孔缩小、发热、高血压、肌肉强直及心动过速，还可能出现肺水肿、呼吸衰竭及横纹肌溶解[32,37]。

杀真菌剂

由于杀真菌剂中使用了各种各样的化合物，因此受到影响的系统及产生的临床效应随着化合物的不同而变化。由于毒性较低，不易于吸收及使用方式的关系，杀真菌剂很少导致儿童急性中毒，但这些化学物质中有很多具有呼吸道刺激性及皮肤刺激性，一些与变应性致敏相关联，还有一些与慢性效应有关，如内分泌干扰效应[38]。通常杀真菌剂的急性暴露会导致皮疹、黏膜刺激及呼吸道症状。

杀鼠剂

抗凝血剂

抗凝血剂可导致出血，并且是 6 岁以下儿童因农药接触而呼叫毒物控制中心的首要原因，但是来自美国毒物与疾病登记署的数据显示并没有因摄入抗凝血剂而导致死亡的案例[39,40]。

驱虫剂

使用避蚊胺(DEET)很少会产生不良反应，总体而言其不良反应都是对皮肤和眼睛造成的短时刺激。部分涂抹在皮肤上的避蚊胺会吸收进入体内[41]。小鼠模型发现，同时使用防晒霜会促进避蚊胺的吸收[42]。1961年曾报道发生一例与避蚊胺相关的脑炎[43]，之后报道的避蚊胺其他不良反应包括发疹、发热、癫痫，还可能引起死亡(主要是儿童)[44,45]，每一个此类病例的主要特征都已经过审核[46]。尽管避蚊胺已经多年来在美国广泛使用，少有报道发生严重问题，但需要关注避蚊胺暴露可能引起神经系统症状。绝大多数中毒患者接触的避蚊胺浓度都在10%～50%，并且多因过量使用和误用。若儿童发生无法解释的脑病和癫痫，临床医生在评估时需考虑避蚊胺暴露的可能性[8,47]。派卡瑞丁于2005年被引入美国，但欧洲和澳大利亚自1998年就开始使用了。派卡瑞丁的使用不及避蚊胺普遍，尚未出现严重毒性的相关报道，动物实验也没有发现其皮肤、器官、生殖毒性和致癌性[48]。

亚临床效应

美国国家科学院委员会统计模拟结果显示，数以千计的儿童每日摄入某些农药的剂量超过了参考剂量(即某种非致癌物摄入后不足以引起健康危害的剂量)。一些儿童可能会表现出与农药暴露相关的轻微的注意力不集中，胃肠道症状和流感样症状[49]。不同来源(如食物、庭院、学校)的多重暴露可能会累积起来。

慢性全身效应

很多有机氯农药具有慢性毒性，如动物实验中观察到发育异常、癌症及内分泌干扰效应[50]。1岁以内暴露于农药和除草剂会增加5岁时患哮喘的风险[51]。

慢性神经毒性作用

据报道少数成人有机磷类杀虫剂中毒会产生慢性神经行为或神经功能异常。症状会持续数月或数年，这些症状包括头痛、视物困难、记忆力及专注力问题、精神错乱、异常的疲劳、易激惹及抑郁。在成人有机磷类杀虫剂重度中毒病例中，曾出现过有机磷类杀虫剂引起迟发性多发性神经病的相关报道，表现为腿的麻痹、感觉障碍和乏力。有一个记录全面的病例，一个肌张力过高的婴儿按照脑部瘫痪来进行诊断和治疗，随后发现其实是有机磷类杀虫剂导致其慢性中毒。在她出生前，她的家里曾经被没有资质的喷药工人喷过杀虫剂，一直到出生后9个月，她持续暴露于过量的化学物质[52]。

发育期中枢神经系统暴露于农药可导致迟发性神经毒性作用及慢性神经毒性作用。尽管发育中的婴儿和儿童神经系统具有可塑性，但在脑快速生长期暴露于毒物仍可能对大脑的结构与功能产生微妙而永久的影响。早年暴露于神经毒物可能会导致异常的行为特性，如多动症、注意力下降及神经认知缺陷。近期的研究认为，母亲体内DDE(DDT的一种降解产物)的负荷量与6～24个月的儿童神经发育结局异常有关联[53]。胎儿期暴露于毒死蜱(一种有机磷农药)已被证实与3岁儿童的精神发育指数、运动发育指数的下降、注意力问题、注意缺陷多动障碍(ADHD)、广泛性发育障碍相关(根据儿童行为量表进行鉴定)[54]。其他研究也发现胎儿期有机磷类杀虫剂暴露与发育迟缓之间存在类似的关联[55]。

动物实验已经证明了生命早期是对神经毒物暴露易感的时期。在脑快速生长期，单次、相对中等剂量的有机磷类杀虫剂、拟除虫菊酯类杀虫剂或有机氯农药的暴露可导致成年期永久性的大脑毒蕈碱受体水平改变及行为改变[56,57]。乙酰胆碱酯酶在轴突生长及神经元分化中起直接作用，可作为支持此类发现的证据[58]。广泛使用的有机磷类杀虫剂：毒死蜱和二嗪磷是可疑神经致畸物，并且已被美国环境保护署禁止在家庭中使用。成年大鼠仅在刚出生时暴露于氯菊酯，最终出现了纹状体(基底核的一部分)中多巴胺能活性的改变及行为改变[59]。这些发现支持了生命早期的农药暴露会增加帕金森病和其他老龄相关的神经系统疾病的患病风险的假说[60]。

致癌效应

一些有机磷类杀虫剂被认为是很可能的人类致癌物(如敌敌畏)或可能的人类致癌物(2B类,如马拉硫磷、杀虫畏)[61]。氯菊酯被美国环境保护署认为是可能的人类致癌物。多种杀真菌剂也被认为是可疑致癌物。流行病学研究已经发现了特定的儿童肿瘤(如脑肿瘤、非霍奇金淋巴瘤及白血病)与农药暴露之间存在关联[62-64],一个纳入了30个流行病学研究的综述认为农药可能在儿童白血病中起作用[65]。大多数的研究(但不是所有)都表明,若家长有农药职业性暴露或在家庭及花园中使用农药,则孩子患癌症的风险增高[66],有几项研究已经将家庭农药使用与儿童期脑肿瘤联系起来[67]。可能会增加脑肿瘤患病风险的行为有:使用喷雾剂或烟雾剂祛除跳蚤或蜱虫;烟熏除白蚁;使用灭蚤项圈、家庭喷雾杀虫剂、驱虫条及林丹香波。

内分泌干扰

20世纪90年代中期有证据表明环境中存在大量的化学物质可以模拟实验动物、野生动物及人类体内激素的作用。在过去的20年间,许多研究聚焦于这些被称为“内分泌干扰物”的物质。很多有机氯农药通过干扰内分泌机制而表现出毒性。比如,DDT具有雌激素活性,而它的代谢产物DDE具有抗雄激素活性。患有隐睾和尿道下裂的婴儿血液中检测到DDT、DDE、林丹及其他几种有机氯农药的水平比正常婴儿高2.5倍[68]。包括DDE和六氯苯在内的一些杀虫剂可以抑制婴儿体内甲状腺激素水平[69]。广泛使用的除草剂阿特拉津是一种芳香化酶激动剂,会刺激雄激素向雌激素的内源性转化[70]。这种农药已被发现与农业地区附近的两栖动物的两性异常有关。一些研究将阿特拉津与大鼠的乳腺肿瘤联系在一起[71]。即使只是低剂量的激素激活剂暴露也会对婴儿和儿童的健康产生威胁,因为在神经发育和性发育的关键期,激素功能的细微改变就可能会产生长期的效应。关于内分泌干扰作用参见第28章。

诊断方法

暴露史是非常重要的。在一项对 190 例急性农药中毒进行分析的综述中，实验室检查并未有助于诊断[72]。此外，农药暴露后出现的症状是非特异性的。有机磷或氨基甲酸酯农药中毒时，血浆丁酰胆碱酯酶浓度测定和血红细胞乙酰胆碱酯酶浓度测定方便迅速，并且对确诊有帮助，但由于人群的差异性，这些检查的灵敏度和特异度都不够，必须结合临床表现来考虑。

一些农药(有机磷类杀虫剂、拟除虫菊酯类杀虫剂、氯苯氧基类除草剂)的尿液代谢物是可测的，但是这些检查只有专业实验室才能做，因而只有在情况特殊时才能使用。有机氯农药及其代谢物可在血液中测得。人群调查显示普通人群中低剂量的农药残留广泛存在，美国疾病预防与控制中心的国家生物监测研究项目检测了 45 种农药和代谢物，并且根据不同年龄组、性别、种族制订了当前的参考值范围，此项调查仅包含 6 岁以上的儿童。只有在特殊情况下才应进行实验室检查，并且需谨慎解读检查结果，农药中毒诊断主要是依靠记录高度可疑毒物的名单以及翔实的暴露史。

治疗

当发生中毒事件时，应尽可能获得化学物质标签。很多农药的名字很接近，容易混淆，还有许多不同的有效成分在出售时使用的是相同的商品名。因此，确定任何一种可能有害产品的确切成分非常重要。美国环境保护署授权的产品标签上涵盖了一些简要的信息，包括特定的治疗指南、症状、标志，以及免费拨打的制造商帮助的电话号码。如果是农业暴露，则可从国家合作推广服务代理机构获得本地作物、化学物使用模式及施用方式的相关有价值信息。

地区毒物控制中心(Regional poison control centers)可以协助评估和管理病人，并且有毒理学家提供相关咨询。美国国家农药电信网络可以帮助解答一些问题，如农药鉴定、毒性、急慢性中毒的症状以及治疗(见参考资料)。

重度中毒的病例需按照临床毒理学家或地区毒物控制中心的指导进行处理。立即清除毒物非常重要。如果是摄入农药,那么可能会经消化道清除毒物。如果是经皮肤暴露于农药,那么应立刻解开衣物,用肥皂水清洗皮肤。护理人员应避免接触到有毒化学物,仅佩戴乳胶检查手套作为防护手段是不够的,因为许多农药能够透过手套。若患者受污染严重则可能需要抢救人员身着化学防护服在外面进行毒物清除。需小心辨认是否有其他儿童及成人可能受到了相同的农药暴露,是否需要对他们进行评估和治疗。消除一个污染源会防止新的暴露事件的产生[37]。

杀虫剂

有机磷类杀虫剂

应对患者进行毒物清除。对未表现出症状或仅有轻微症状表现的患者应该密切观察。表现出毒蕈碱样症状或其他有机磷中毒症状的患者应用阿托品治疗,要逆转毒蕈碱样症状可能需要很大剂量的阿托品。支气管黏液分泌过多及膈肌麻痹所导致的呼吸停止是有机磷类杀虫剂中毒最常见的危及生命的症状。用以判断阿托品使用是否足量是看支气管黏液分泌是否得到控制(没有分泌物及肺水肿消失)。心动过速并不是给予阿托品的禁忌证,因为在有机磷类杀虫剂急性中毒早期,自主神经节的烟碱型受体受到刺激后会激活交感神经通路,从而导致短暂的心动过速。最终,心脏的毒蕈碱型受体受刺激占主导地位而导致心动过缓。

解磷定(2－吡啶甲醛肟碘甲烷盐)能够打断磷酰化胆碱酯酶中的磷酰基结合,大多数临床症状明显的有机磷类杀虫剂中毒病例中都应采用解磷定作为解毒剂。解磷定会影响有机磷类杀虫剂的烟碱样作用及毒蕈碱样作用。中毒的 24 小时后,磷酰化胆碱酯酶中的磷酰基结合,会变成解磷定无法打断的不可逆的结合,因此早期使用解磷定非常重要,可预防不可逆键的形成,保存膈肌功能,避免插管。神经肌肉连接处是烟碱型受体,对阿托品无反应。若要检测血胆碱酯酶活性,那需在使用解磷定之前进行,因为解磷定会迅速再度活化胆碱酯酶。是否使用解磷定不应等待血液测试结果出来再做决定,而是应该基于患者的临床表现。

氨基甲酸酯类杀虫剂

与有机磷中毒相似，氨基甲酸酯类杀虫剂中毒可以用阿托品治疗。一般不需要用解磷定，有患者使用解磷定后发生了严重的反应以及猝死[73]。如果是有机磷和氨基甲酸酯类杀虫剂的混合中毒，或者是不明成分药剂导致的中毒，则应考虑谨慎使用解磷定。

除虫菊和拟除虫菊酯类杀虫剂

此类杀虫剂引起的中毒没有特殊的解毒剂，主要采用支持治疗。如果摄入剂量非常大，那么可能需要插管和洗胃。皮肤感觉异常应局部应用维生素E油剂。若出现癫痫则可以使用劳拉西泮来控制。出现过敏反应时，应进行干预随访，防止再次接触过敏源。仔细辨别中毒到底是由除虫菊和拟除虫菊酯类杀虫剂引起的还是由有机磷类杀虫剂引起非常重要，因为两者中毒的临床特征很相像，搞清楚可以避免不必要的解磷定及阿托品治疗。

有机氯类杀虫剂

没有特殊的解毒剂，主要采用支持性治疗，使用抗惊厥药治疗惊厥，采用全身支持性措施。不建议采用肾上腺素治疗有机氯中毒，因为心肌对儿茶酚胺的敏感性增加，可能导致危及生命的心律失常。

硼酸及硼酸盐类杀虫剂

清除皮肤、眼部、消化道的毒物是主要的治疗手段。积极补水、纠正代谢性酸中毒及吸氧是重要的支持性治疗手段。

新烟碱类杀虫剂

主要采用支持性治疗。尽管此类药剂也会影响到胆碱酯酶受体，但不需要使用解磷定或阿托品治疗，但在特定情况下，若患者表现出严重的毒蕈碱样症状，则阿托品治疗是有效的[19]。

氟虫腈类杀虫剂

没有特殊的解毒剂，主要采用支持性治疗。如果患者出现惊厥，则采用与其他杀虫剂中毒一样的治疗方法。

除草剂

草甘膦

草甘膦中毒没有特殊的解毒剂，采用支持性治疗。

联吡啶（百草枯及敌草快）

血液灌流不能减少联吡啶中毒的死亡率。百草枯中毒时，吸氧可能增加肺损害，因此如果可能应尽量避免吸氧。应密切监测患者的肾脏状况，尤其是敌草快中毒时，可能需要透析。

氯苯氧基类除草剂

没有特殊的解毒剂。中毒后应观察患者是否有惊厥及多器官功能障碍的迹象（如胃肠道刺激，肝、肾及肌肉损伤）。碱化尿液可加快体内的农药清除。

杀真菌剂

杀真菌剂中毒的治疗要依据所摄入混合物的特定成分而定。总而言之，清除毒物以及支持性治疗是主要的治疗原则。

杀鼠剂

抗凝血剂

咨询毒物控制中心可帮助确定严重程度。一般而言，6 岁以下儿童单次少量食入华法林类杀鼠剂或超级华法林类杀鼠剂不需要前往医院就诊，也不需要清除毒物及测定凝血酶原时间。家长应在家中观察孩子的后续症状，如果出现出血或瘀青那么建议告之内科医生。若中毒情况更严重的话，则应在食入抗凝血剂后的24～48小时内持续监测患者的凝血酶原时间。用维生素K（如叶绿醌或唛菲通）适合治疗华法林或超级华法林中毒。在一些超级华法林中毒的病例中，相关治疗需要持续3～4个月。

驱虫剂

驱虫剂中毒没有特殊的解毒剂。DEET中毒采用支持性治疗。

预防：减少农药相关风险

除了毒饵之外，大概只有1%室内使用的农药能够作用于目标害虫，其余的农药可能会污染室内空气或沾染在物体表面。室外使用农药则可能会落在非目标的生物体、植物、动物及室外设备和游乐场所。此外，室外环境中的物质可能会被带入室内，人们可能会通过灰尘、地板、地毯增加对农药的暴露[74]。这些物质还可能会污染地下水、河流及井水。

持久性化学物存在生物放大效应，这会导致食物链顶端的动物（包括人类）对这些物质的暴露浓度要比食物链底端的动物高几万倍。

暴露评估和关于安全行为的咨询应成为健康维护访问的一部分，尤其要注意农场工人、农药喷洒员等会在工作中接触到农药的人员的孩子。应强调家庭健康的安全防范。

有害生物综合治理

在长期控制病虫害的过程中，人们发现有能够有效减少农药使用的方法，那就是有害生物综合治理（Integrated pest management，IPM），它整合了化学及非化学性手段，提供了控制病虫害时毒性最小的替代方案。有害生物综合治理通过定期监测来决定是否需要进行治理及治理时间。治理策略中包括物理方法（如建立屏障、填塞缝隙）、机械方法（如清除粉虱）、农业方法（如选择适合种植地的农作物）、生物方法（如引入天敌和病原体来去除虫害，比如苏云金芽孢杆菌和其他天然存在的细菌）及教育方法(如教育人们清理厨房中可能会吸引蟑螂和蚂蚁的食物)。治理措施不是根据事先定好的时间表来进行的,而是根据监测情况来拟定,监测能够提示何时病虫害会在经济、医疗及观赏性角度引起超过承受范围的损失。为了让治理效果最大化,并尽可能减少对非目标生物及总体环境的危害,治理时要采用合适的治理措施和时间。有害生物综合治理项目已经成功地被全美的家庭、学校系统、城市和郡县(公园与道路)、园林以及农场所接受,并且往往能够大幅度地节省成本开支。美国家长教师协会还通过了一项决议,要营造无农药校园[76,77]。

研究已证实有害生物综合治理优于传统的病虫害控制方法。如果在孕期实施有害生物综合治理,则母体和胎儿对农药的暴露都会有所减少[78]。已有证据表明在公共单元房中实施有害生物综合治理能够有效控制病虫害,且性价比较高。

鼓励家庭避免不安全使用农药*

■若一个区域贴出标示表明此地使用了农药,那么除了穿防护服的工人外,其余人不要在农药扬尘落定、植物上的农药喷雾干涸前进入此区域。

■不要饮用排水沟及任何灌溉系统中的水,也不要将其用于清洗食物和衣物,不要在这些水中游泳、钓鱼。

■不要将午餐和饮料带入农药使用区域。

■不要将农药装在没有标示的容器里,也不要装在食物罐或饮料罐中。

■在住宅周围使用农药后不要把存放农药的容器拿回家,这些容器不安全。

■不要将农药包装袋作为燃料燃烧,这可能会产生有毒气体。

■不要将工作中使用的农药用于住宅周围。

鼓励家庭安全使用农药

■将工作服和其他衣服分开清洗。

■下次穿着工作服前要使用洗涤剂和热水清洗工作服。

■将工作服放入洗衣机后要清洗手和手臂。

■在抱孩子或和孩子玩耍前先要更换衣服并用肥皂和水清洗。

■若邻近的空中撒药或喷洒的农药有飘散到住处周围的可能,那么要让儿童和他们的玩具留在室内。

■儿童和青少年要避免涉及混配及喷洒农药的工作。

*摘录自INFO的信:环境与职业健康摘要[75]

能减少农药需求的简单方法

1. 种植可以在此区域生长良好的植物品种。可从本地区的推广代理机构或苗圃工作人员处获得建议。
2. 根据植物的需求来安排浇水施肥的时间。
3. 依照推荐的方式来割草及修剪植物。
4. 事先订下一个标准,即野草、昆虫、病害所造成的损失在什么程度范围内是可以接受的。除非损失超过了这个标准,不然不要采取控制措施。
5. 当必须采取控制措施时,优先考虑不需要化学剂的方法。例如,如果需要去除杂草,首先考虑锄草和拔草。

常见问题

问题 *我的草坪和花园里有一些病虫害问题,我是否应该请专业人员对草坪进行定期防护?*

回答 定期草坪处理使人们不必要地增加农药暴露,同时还有可能杀死那些控制病虫害的益虫,那就反而会需要使用更多的农药来控制。使用除草剂,尤其是含化肥成分和除草剂成分的复合产品,基本上都得不偿失,因为它们仅仅只是起到了美化的作用,却残留在草坪上,很有可能被引入室内而对儿童造成长期危害。如果对草坪进行专业防护,那么工作人员应该做到:①定期监测草坪的病虫害情况,只有当病虫害存在时才进行处理;②提供标准处理方法以外的备选处理方法;③在施用任何农药前都要进行提醒(包括对邻居),这样就能让人们有时间把家具蒙起来,将玩具和宠物食具收起来;④工作人员必须经过训练,有工作资质;⑤事先说明要使用的化学物种类及其对健康可能造成的影响;⑥避免在复杂天气条件下(如狂风)使用农药。

问题 *在我的孩子身上使用含有避蚊胺的驱虫剂安全吗?*

回答 当前含有避蚊胺的产品是最有效的防蚊产品[79]。避蚊胺对很多其他昆虫也有效,其中包括蜱。在昆虫叮咬可能会引起疾病的地区应该使用避蚊胺。在很可能遭受昆虫骚扰的时候也可以使用,比如在海滩上烧烤时。尽管使用避蚊胺通常不会引起任何问题，但是也有少部分人出现了不良反应，一般来说这些问题都是由于使用不当。文献中没有明确研究说明什么浓度范围的避蚊胺对儿童来说是安全的。避蚊胺的替代品包括派卡瑞丁及柠檬桉油。派卡瑞丁和避蚊胺在同等浓度时具有相似效力。

避蚊胺在产品中的浓度可能从不到10%～100%不等。避蚊胺的效力在浓度到达30%的时候不再升高，因此目前推荐婴儿和儿童使用的最大浓度就是30%。产品效力的主要区别就是作用时间不同，避蚊胺浓度在10%左右的时候有效时间大约在2小时，产品中避蚊胺的浓度越高，作用时间就越长。比如说浓度24%的产品平均可提供5小时的保护。

避蚊胺的安全性似乎与浓度没有关联，因此如果确保按照产品标签上的指示使用，那么浓度为30%的避蚊胺产品与浓度为10%的产品一样安全。

谨慎的做法是选择一个最低浓度，这个浓度刚好能保证可在室外停留时间内有效驱虫。普遍认为一天之内避蚊胺不应使用超过一次。

使用驱虫剂须注意方面

1. 使用产品前一定要仔细阅读使用说明并按照说明中的方法使用。不要让儿童自己使用驱虫剂，若要将其用于儿童，首先倒在你自己手上，再抹到孩子身上，不要倒在孩子手上。
2. 可能的话穿着长袖和长裤，然后将昆虫驱避剂用在衣物上 - 长袖，有舒适衣领和护腕的衬衫是最好的选择。衬衫下端应该系到腰带里，裤子下端要束到袜子或登山鞋或靴子里。
3. 暴露在外的皮肤和衣物上使用适量的驱虫剂，使用过多并不能增加效果。不要在衣物覆盖的里面使用。
4. 不要用于眼部和嘴部，耳部周围要少用。使用喷雾时不要直接喷在脸上，先喷在手上然后再涂到脸上。
5. 不要用在伤口和发炎的皮肤上。
6. 回到室内后用肥皂和水清洗喷涂过驱虫剂的皮肤和衣物。
7. 不要在封闭的区域使用喷雾，也不要在食物周围使用。
8. 如果使用后儿童身上出现了皮疹或其他明显的过敏反应，应立即停止使用，用温和型的肥皂和水将其清洗掉，呼叫儿科医生或当地的毒物控制中心寻求指导。

2岁以前的婴幼儿皮肤的一些特性可能和成人不一样[47]。有研究表明化学物质更易于透过娇嫩的肌肤，因此只有在必需使用时才应该少量使用避蚊胺，并且要仔细衡量患节肢动物传染疾病的风险和化学物吸收的风险孰轻孰重。目前还没有使用后婴儿与儿童血液中避蚊胺浓度的相关数据。

不应使用结合了防晒功能的驱虫剂中的避蚊胺。防晒霜可能在游泳时被冲刷掉，也可能被汗水冲掉，因而常常需要反复涂抹，但避蚊胺不是水溶性的，持续时间高达8小时。反复涂抹此类驱虫剂可能会增加毒性作用。防晒霜和驱虫剂可以按照指示作为2种独立的产品一起使用。

问题　我们的住宅里和住宅周围有啮齿动物，怎样才能安全地消灭它们？

回答　如今多数可购买到的家用杀鼠剂都是抗凝血剂华法林或超级华法林（香豆素类）以及茚满二酮。它们引起内出血从而杀死啮齿动物。儿童食入这些抗凝剂也可能会引起出血，因此需谨慎使用杀鼠剂。每年有超过10 000名儿童暴露于杀鼠剂，这使抗凝剂毒饵成为6岁以下儿童最常误服的农药。幸运的是，儿童服下的量通常不会引起严重的伤害。按照产品标签上的用法和常识来使用杀鼠剂可以避免中毒。2008年美国环境保护署采取了进一步的措施，旨在减少儿童误食杀鼠剂事件的数量。“一般零售剂量”的产品可能将不再含有溴鼠灵、噻鼠酮、溴敌隆及鼠得克（二代抗凝血剂）。使用内有固体毒饵且包装不可拆除的饵站可以减少儿童接触杀鼠剂产品的可能性，因此未来杀鼠剂将只允许用这种方式出售。由于杀鼠剂可以存放很久，第一代的杀鼠剂产品至今可能仍在使用。如果怀疑儿童可能摄入含有抗凝血剂的产品，应立即联系内科医生、毒物控制中心或者是临近医院的急诊科。除了使用杀鼠剂外，其余的防鼠手段有仔细封住墙上的裂缝，清理户外可能藏有老鼠的灌木丛和杂物，注意不要留下会吸引老鼠的食物残渣。机械陷阱也能有效控制小规模的鼠患。机械陷阱可采用鼠夹或黏鼠板。相对而言后者更不容易对可能碰到陷阱的幼儿造成伤害。

减少杀鼠剂暴露危险的措施

1. 将所有的杀鼠剂都放在包装不可拆除的饵料盒中，置于儿童以及非目标动物够不到的地方。在室外，将毒饵放在洞穴的入口内，然后堵住这个入口。
2. 安全地锁住或紧紧盖上所有饵料盒的盖子。
3. 使用固体毒饵并且将固体毒饵放在带有挡板的可封闭喂料盒里面，而不是放在盒子口。
4. 结合卫生措施及农药使用来阻止啮齿动物接近食物及保存食物的地方。与邻舍共同合作保护社区安全。如果仅仅只是使用毒饵而不配套使用卫生手段，那么每次停药时啮齿动物的数量都会回升。能够采用的卫生手段包括使用防鼠垃圾桶、小心储藏食物(包括将食物储藏在冰箱里)、经常清理花园中的垃圾(包括落下来的水果)。
5. 通过防鼠设备和环境布局改变其栖息地，让老鼠无处藏身。
6. 继续定期检查以确定啮齿动物没有再度泛滥。

问题　*解决蟑螂的最好方法是什么？*

回答　保持卫生是关键。蟑螂通常出没于有水和食物的地方，因此应尽量不要在厨房以外的地方吃东西。所有的食物都应该封闭包装，还应该堵住水龙头和管道部件附近的裂缝防止水外溢。应密封可能让蟑螂进入住宅的裂缝。

较为谨慎的方法是无论何时尽量减少暴露于杀虫喷雾剂。较为推荐的方法是使用单独的饵站，如果可能的话，饵站应该被放在住宅外面。硼酸被用来制作成杀虫剂，比起胆碱酯酶抑制剂和拟除虫菊酯来说毒性相对较小，能够被用在孩子触碰不到的区域的裂缝中。

如果以上方法都不奏效，那么就应该咨询专业的除虫专家。如果要在家中请专业人员进行驱虫，那么事先应确定所请的机构具有资质，并且弄清楚要用的杀虫剂及其毒性作用。在家中使用任何杀虫剂之前，所有的食物、碗碟、烹饪用具、孩子的玩具以及衣物都应该收拾起来以免被杀虫剂污染。在用过杀虫剂后，年幼的儿童和孕妇应该尽可能久地远离施用过杀虫剂的区域。人和宠物回房间前应该让房间充分对流通风4～8小时，直到房间被仔细吸尘过或用拖把拖过，可以确定婴儿可以接触到的地方没有农药，才能让爬行的婴儿进入房间。比如说，如果农药被用在了墙上，一个爬行的婴儿可以碰到墙或者在墙上擦手，这就会持续成为一个明显的暴露源。

家庭中应避免使用非处方的杀虫喷雾剂。内布拉斯加大学撰写的

《蟑螂控制手册》(*The Cockroach Cootrol Manual*)是一个很好的资源,它涵盖了病虫害综合治理的所有相关信息,其中就包括“毒性最小的方法”。

问题　控制猫狗身上跳蚤的最好方法是什么?

答案　现在有很多种控制跳蚤产品。最安全的跳蚤控制方法是避免使用任何农药。想做到这一点应至少每隔 1 周用普通的宠物香波给宠物洗澡一次,同时还要用热水和普通的洗衣粉清洗宠物的寝具。至少每周用吸尘器清理一次地毯也很重要。如果你的宠物在挠痒痒,那么用一把密齿的跳蚤梳给宠物仔细地梳一遍毛看看有没有“跳蚤污垢”和跳蚤成虫。跳蚤污垢是一种棕红色的颗粒,按在纸上的话看起来是锈红色的,这是跳蚤排出的含有血液的排泄物。如果常规的洗澡、吸尘、清洗寝具,以及用跳蚤梳梳毛还不能控制跳蚤的数量,那么最好的选择是使用口服药剂,如虱螨脲。去除跳蚤的产品还包括灭蚤项圈(主要包含杀虫畏或残杀威)以及氯菊酯香波。

问题　我房子里蚂蚁泛滥成灾,我能不能请除虫专家来喷杀虫剂?

答案　一般而言,喷散杀虫剂对蚂蚁来说是无效的。使用有害生物综合治理原则来控制蚂蚁的话相对而言容易一些。首先,找到蚂蚁是怎样进入住宅的非常重要。识别其出入口后,就要将其密封。如果密封不了,那么可以将蚂蚁毒饵放在那个地方,但要保证儿童接触不到毒饵。除了发现蚂蚁的入口外,将所有的食物用拉链密封袋密封也非常重要。要将蚂蚁通过的路径用洗洁精和水洗刷从而消除蚂蚁用来认路的气味。以上手段可以在几天内就将蚁患完全解决。如果需要请一个专业的病虫害控制公司,那么找一个经绿盾认证的公司,绿盾认证标准中就包含了有害生物综合治理原则(www. greenshieldcertified. org)。

参考资料

Extoxnet

Web site: http://ace. ace. orst. edu/info/extoxnet

A cooperative effort among the University of California at Davis, Oregon State University, Michigan State University, and Cornell University that provides updated pesticide information in understandable terms. It includes toxicology briefs and information on carcinogenicity, testing, and exposure assessment.

National Center for Environmental Assessment Publications and Information

Phone: 513-489-8190

Offers free fact sheets on lawn care, pesticide labels, and pesticide safety.

National Pesticide Telecommunications Network

Phone for health professionals: 800-858-7377; phone for general public: 800-858-7378

Web site: http://npic. orst. edu/index. html

A toll-free EPA and Oregon State University-sponsored information service.

Organophosphate Pesticides and Child Health: A Primer for Health Care Providers.

Online CME course: http://depts. washington. edu/opchild/

Texas Agricultural Extension Service, Physician's Guide to Pesticide Poisoning

Web site: www-aes. tamu. edu/doug/med/pgpp. htm

Toxnet

Web site: http://toxnet. nlm. nih. gov

A cluster of databases on toxicology, hazardous chemicals, and related areas.

University of Nebraska Cooperative Extension, Signs and Symptoms of Pesticide Poisoning

Web site: www. ianr. unl. edu/pubs/pesticides/ec2505. htm

US Environmental Protection Agency

Web site: www. epa. gov

■ *Recognition and Management of Pesticide Poisonings*. 5th ed. Available at: www. epa. gov/oppfead1/safety/healthcare/handbook/handbook. htm (available in English and Spanish)

■■ EPA online resources in case of suspected pesticide poisoning: www. epa. gov/oppfead1/safety/incaseof. htm

■■ EPA pamphlets

——*Citizen's Guide to Pest Control and Pesticide Safety*

——*Pest Control in the School Environment*

——*Healthy Lawn, Healthy Environment*

（高　宇 译　余晓丹 校译　宋伟民　徐　健 审校）

参考文献

[1] Kiely T, Donaldson D, Grube AH. *Pesticide Industry Sales and Usage*: 2000 *and* 2001 *MarketEstimates*. US Environmental Protection Agency, Office of Pesticide Programs; Washington, DC: US Environmental Protection Agency; 2004. Available at: http://www.epa.gov/oppbeadl/pestsales/01pestsales/market_estimates2001.pdf. Accessed October 12, 2010.

[2] Blondell JM. Decline in pesticide poisonings in the United States from 1995 to 2004 *ClinToxicol*. 2007;45(5):589-592

[3] Lu C, Fenske RA, Simcox NJ, et al. Pesticide exposure of children in an agriculturalcommunity: evidence of household proximity to farmland and take home exposure pathways. *Environ Res*. 2000;84(3):290-302.

[4] Fenske RA, Kissel JC, Lu C, et al. Biologically based pesticide dose estimates for childrenin an agricultural community. *Environ Health Perspect*. 2000;108(6):515-520.

[5] Food Quality Protection Act of 1996. Pub L No 104-170, 110 Stat 1489.

[6] Reregistration Eligibility Decision Fact Sheet. R. E. D. Facts. Propoxur. 1997. Available athttp: www.epa.gov/oppsrrdl/REDs/factsheets/2555fact.pdf. Accessed October 12, 2010.

[7] Centers for Disease Control and Prevention. Updated information regarding mosquitorepellents May 8, 2008. Available at: http://www.cdc.gov/ncidod/dvbid/westnile/resources/uprepinfo.pdf. Accessed October 12, 2010.

[8] Brown M, Hebert AA. Insect repellents: an overview. *J Am AcadDermatol*. 1997;36(2 Pt 1):243-249.

[9] Power LE, Sudakin DL. Pyrethrin and pyrethroid exposures in the United States: a longitudinal analysis of incidents reported to poison centers. *J Med Toxicol*. 2007;3(3):94-99.

[10] Food and Drug Administration. FDA Public Health Advisory: Safety of TopicalLindane Products for the Treatment of Scabies and Lice. Rockville, MD: Food and Drug Administration; 2009. Available at: http://www.fda.gov/Drugs/DrugSafety/PostmarketDrugSafetyInformationforPatientsandProviders/ucm110845.htm. AccessedOctober 12, 2010.

[11] California Health and Safety Code. State of California Assembly Bill 2318,

§111246 (2000).

[12] Humphreys EH, Janssen S, Heil A, et al. Outcomes of theCalifornia ban on pharmaceutical lindane: clinical and ecologic impacts. *Environ Health Perspect*. 2008;116(3):297-302.

[13] Goldbloom RB, Goldbloom A. Boric acid poisoning: report of four cases and a review of 109cases from the world literature. *J Pediatr*. 1953;43(6):631-643.

[14] Wong LC, Heimbach MD, Truscott DR, et al. Boric acid poisoning: report of 11 cases. *Can Med Assoc J*. 1964;90:1018-1023.

[15] Litovitz TL, Klein-Schwartz W, White S, et al. 1999 annual report of the AmericanAssociation of Poison Control Centers Toxic Exposure Surveillance System. *Am J Emerg Med*. 2000;18(5):517-574.

[16] Davis MK, Boone JS, Moran JE, et al. Assessing intermittentpesticide exposure from flea control collars containing the organophosphorus insecticidetetrachlorvinphos. *J Expo Sci Environ Epidemiol*. 2008;18(6)564-570. doi:10.1038/sj.jes.7500647.

[17] US Environmental Protection Agency. Permethrin Facts. Reregistration Eligibility Decision (RED) Fact Sheet. 2006. Available at: http://www.epa.gov/oppsrrd1/REDs/factsheets/permethrin_fs.htm. Accessed October 12, 2010.

[18] Mohamed F, Gawarammana I, Robertson TA, et al. Acute human self-poisoningwith imidacloprid compound: a neonicotinoids insecticide. *PloS One*. 2009;4(4):e5127.

[19] Phua DH, Lin CC, Wu ML, et al. Neonicotinoid insecticides: an emerging cause of acutepesticide poisoning. *ClinToxicol*. 2009;47:336-341.

[20] Ratra GS, Casida JE. GABA receptor subunit composition relative to insecticide potency andselectivity. *Toxicol Lett*. 2001;122(3):215-222.

[21] Fradin MS, Day JF. Comparative efficacy of insect repellents against mosquito bites. *N EnglJ Med*. 2002;347(1):13-18.

[22] Lu C, Knutson DE, Fisker-Andersen J, et al. Biological monitoring survey oforganophosphorus pesticide exposure among pre-school children in the Seattle metropolitanarea. *Environ Health Perspect*. 2001;109(3):299-303.

[23] Whyatt RM, Barr DB. Measurement of organophosphate metabolites in postpartum meconiumas a potential biomarker of prenatal exposure: a validation study. *Environ Health Perspect*. 2001;109(4):417-420.

[24] Centers for Disease Control and Prevention. *Fourth National Report on Human*

Exposure to Environmental Chemicals. Atlanta, GA: Centers for Disease Control and Prevention; 2009. Available at: http://www. cdc. gov/exposurereport. Accessed June 11, 2011.

[25] Whitmore RW, Kelly JE, Reading PL. *National Home and Garden Pesticide Survey: FinalReport, Volume* 1. Research Triangle Park, NC: Research Triangle Institute; 1992. PublicationRTI/5100/17 - 01F.

[26] US Environmental Protection Agency, Office of Water. *A Review of Contaminant Occurrencein Public Water Systems*. Washington, DC: US Environmental Protection Agency; 1999. EPAPublication 816 - R - 99 - 006.

[27] Bronstein AC, Spyker DA, Cantilena LR Jr, et al. 2006 Annual Report of the American Association of Poison Control Centers' National Poison Data System (NPDS). *ClinToxicol (Phila)*. 2007;45(8):815 - 917.

[28] Longnecker MP, Klebanoff MA, Zhou H, et al. Association between maternal serumconcentration of the DDT metabolite DDE and preterm and small-for-gestational-age babiesat birth. *Lancet*. 2001;358(9276):110 - 114.

[29] Garry VF, Schreinemachers D, Harkins ME, et al. Pesticide appliers, biocides, and birthdefects in rural Minnesota. *Environ Health Perspect*. 1996; 104(4): 394 - 399.

[30] Bell EM, Hertz-Picciotto I, Beaumont JJ. A case-control study of pesticides and fetal death dueto congenital anomalies. *Epidemiology*. 2001;12(2):148 - 156.

[31] Arbuckle TE, Lin Z, Mery LS. An exploratory analysis of the effect of pesticide exposureon the risk of spontaneous abortion in an Ontario farm population. *Environ Health Perspect*. 2001;109(8):851 - 857.

[32] Reigart JR, Roberts JR. *Recognition and Management of Pesticide Poisonings*. 5th ed. Washington,DC: US Environmental Protection Agency; 1999.

[33] Wagner SL. Fatal asthma in a child after use of an animal shampoo containing pyrethrin. *West J Med*. 2000;173(2):86 - 87.

[34] Tangermann RH, Etzel RA, Mortimer L, et al. An outbreak of afood-related illness resembling boric acid poisoning. *Arch Environ ContamToxicol*. 1992; 23(1):142 - 144.

[35] Mohamed F, Senarathna L, Percy A, et al. Acute human self-poisoning with theN-phenylpyrazole insecticide fipronil—a GABAA-gated chloride channel blocker. *J ToxicolClinToxicol*. 2004;42(7):955 - 963.

[36] Talbot AR, Shiaw MH, Huang JS, et al. Acute poisoning with a glyphosate-sur-

factantherbicide (Roundup): a review of 93 cases. *Hum Exp Toxicol*. 1991; 10:1－8.

[37] American Academy of Pediatrics, Committee on Injury and Poison Prevention. *Handbook of Common Poisonings in Children*. Rodgers GC Jr, ed. 3rd ed. Elk Grove Village, IL: American Academy of Pediatrics; 1994.

[38] Kelce WR, Monosson E, Gamcsik MP, et al. Environmental hormonedisruptors: evidence that vinclozolin developmental toxicityis mediated by antiandrogenic metabolites. *Toxicol Appl Pharmacol*. 1994;126(2):276－285.

[39] Litovitz T, Manoguerra A. Comparison of pediatric poisoning hazards: an analysis of 3. 8million exposure incidents. A report from the American Association of Poison Control Centers. *Pediatrics*. 1992;89(6 Pt 1):999－1006.

[40] Litovitz TL, Klein-Schwartz W, Dyer KS, et al. 1997 annual report of the American Association of Poison Control Centers Toxic Exposure Surveillance System. *Am J Emerg Med*. 1998;16(5):443－497.

[41] Selim S, Hartnagel RE Jr, Osimitz TG, et al. Absorption, metabolism, and excretion of N,N-diethyl-m-toluamide following dermal application to human volunteers. *Fundam Appl Toxicol*. 1995;25(1):95－100.

[42] Ross EA, Savage KA, Utley LJ, et al. Insect repellent interactions: sunscreens enhance DEET (N,N-diethyl-m-toluamide) absorption. *Drug MetabDispos*. 2004; 32(8):783－785.

[43] Gryboski J, Weinstein D, Ordway N. Toxic encephalopathy apparently related to the use of aninsect repellent. *N Engl J Med*. 1961;264:289－291.

[44] Centers for Disease Control and Prevention. Seizures temporally associat-ed with use of DEET insect repellent—New York and Connecticut. *MMWR Morb Mortal Wkly Rep*. 1989;38(39):678－680.

[45] Veltri JC, Osimitz TG, Bradford DC, et al. Retrospective analysis of calls to poison controlcenters resulting from exposure to the insect repellent N,N-diethyl-m-toluamide (DEET) from 1985 － 1989. *J Toxicol Clin Toxicol*. 1994; 32(1): 1－16.

[46] Roberts JR, Reigart JR. Insect repellents: does anything beat DEET? *Pediatr Ann*. 2004;33(7):443－453.

[47] Giusti F, Martella A, Bertoni L, et al. Skin barrier, hydration, Ph of skin of infants under two years of age. *PediatrDermatol*. 2001;18(2):93－96.

[48] Abramowicz M. Picaridin—a new insect repellent. *Med Lett Drugs Ther*. 2005;

47(1210):46－47.

[49] National Research Council. *Pesticides in the Diets of Infants and Children*. Washington, DC:National Academies Press; 1993.

[50] Vonier PM, Crain DA, McLachlan JA, et al. Interaction of environmental chemicals with the estrogen and progesterone receptors from the oviduct of the Americanalligator. *Environ Health Perspect*. 1996;104(12):1318－1322.

[51] Salam MT, Li YF, Langholz B, et al. Early life environmental risk factors for asthma: findings from the Children's Health Study. *Environ Health Perspect*. 2004;112(6):760－765.

[52] Wagner SL, Orwick DL. Chronic organophosphate exposure associated with transienthypertonia in an infant. *Pediatrics*. 1994;94(1):94－97.

[53] Fenster L, Eskenazi B, Anderson M, et al. In utero exposure to DDT and performance on the Brazelton neonatal behavioral assessment scale. *NeuroToxicology*. 2007;28(3):471－477.

[54] Rauh VA, Garfinkel R, Perera FP, et al. Impact of prenatal chlorpyrifos exposure on neurodevelopment in the first 3 years of life among inner-city children. *Pediatrics*. 2006;118(6):e1845－e1859.

[55] Eskenazi, Rosas LG, Marks AR, et al. Pesticide toxicity and the developing brain. *Basic ClinPharmacolToxicol*. 2008;102(2):228－236.

[56] Ahlbom J, Fredriksson A, Eriksson P. Exposure to an organophosphate (DFP) during a definedperiod in neonatal life induces permanent changes in brain muscarinic receptors and behaviorin adult mice. *Brain Res*. 1995;677(1):13－19.

[57] Ahlbom J, Fredriksson A, Eriksson P. Neonatal exposure to a type-I pyrethroid (bioallethrin) induces dose-response changes in brain muscarinic receptors and behaviour in neonatal and adult mice. *Brain Res*. 1994;645(1－2):318－324.

[58] Brimijoin S, Koenigsberger C. Cholinesterases in neural development: new findings and toxicologic implications. *Environ Health Perspect*. 1999;107(Suppl 1):59－64.

[59] Nasuti C, Gabbianelli R, Falcioni ML, et al. Dopaminergic system modulation, behavioral changes, and oxidative stress after neonatal administration of pyrethroids. *Toxicology*. 2007;229(3):194－205.

[60] Logroscino G. The role of early life environmental risk factors in Parkinson disease: what isthe evidence? *Environ Health Perspect*. 2005;113(9):1234－1238.

[61] US Environmental Protection Agency, Office of Pesticide Programs. List of

Chemicals Evaluated for Carcinogenic Potential. Washington, DC: US Environmental Protection Agency;2000. Available at: http://www. epa. gov/pesticides/carlist. Accessed October 12, 2010.

[62] Kristensen P, Andersen A, Irgens LM, et al. Cancer in offspring of parentsengaged in agricultural activities in Norway: incidence and risk factors in the farm environment. *Int J Cancer*. 1996;65(1):39 – 50.

[63] Alexander FE, Patheal SL, Biondi A, et al. Transplacental chemical exposure and risk of infant leukemia with MLL gene fusion. *Cancer Res*. 2001;61(6):2542 – 2546.

[64] Buckley JD, Meadows AT, Kadin ME, et al. Pesticide exposures in children with non-Hodgkin lymphoma. *Cancer*. 2000;89(11):2315 – 2321.

[65] Infante-Rivard C, Weichenthal S. Pesticides and childhood cancer: an update of Zahmand Ward's 1998 review. *J Toxicol Environ Health Part B*. 2007;10:81 – 99.

[66] Zahm SH, Ward MH. Pesticides and childhood cancer. *Environ Health Perspect*. 1998;106(Suppl 3):893 – 908.

[67] Davis JR, Brownson RC, Garcia R, et al. Family pesticide use and childhood brain cancer. *Arch Environ ContamToxicol*. 1993;24(1):87 – 92.

[68] Fernandez MF, Olmos B, Granada A, et al. Human exposure to endocrine-disrupting chemicals and prenatal risk factors for cryptorchidism and hypospadias: a nested case-control study. *Environ Health Perspect*. 2007;115(Suppl 1):8 – 14.

[69] Maervoet J, Vermeir G, Covaci A, et al. Association of thyroid hormone concentrations with levels of organochlorine compounds in cord blood of neonates. *Environ Health Perspect*. 2007;115(12):1780 – 1786.

[70] Fan W, Yanase T, Morinaga H, et al. Atrazine-induced aromatase expression is SF-1 dependent: implications for endocrine disruption in wildlife and reproductive cancers in humans. *EnvironHealth Perspect*. 2007;115(5):720 – 727.

[71] Cooper RL, Laws SC, Das PC, et al. Atrazine and reproductive function: mode and mechanism of action studies. *Birth Defects Res B Dev ReprodToxicol*. 2007; 80(2):98 – 112.

[72] Lessenger JE, Estock MD, Younglove T. An analysis of 190 cases of suspected pesticide illness. *J Am Board FamPract*. 1995;8(4):278 – 282.

[73] Kurtz PH. Pralidoxime in the treatment of carbamate in toxication. *Am J Emerg Med*. 1990;8(1):68 – 70.

[74] Nishioka MG, Lewis RG, Brinkman MC, et al. Distribution of 2,4-D in air and

on surfaces inside residences after lawn applications: comparing exposure estimates from various media for young children. *Environ Health Perspect*. 2001;109(11):1185－1191.

[75] INFO Letter: Environmental and Occupational Health Briefs. Vol. 9, No. 4. Piscataway, NJ: Environmental and Health Risk Communications Division; 1996.

[76] Child Proofing our Communities Campaign. *Poisoned Schools: Invisible Threats, Visible Actions*. Falls Church, VA: Center for Health, Environment, and Justice; 2001.

[77] Rose RI. Pesticides and public health: integrated methods of mosquito management. *EmergInfect Dis*. 2001;7(1):17－23.

[78] Williams MK, Barr DB, Camann DE, et al. An intervention to reduce residential insecticide exposure during pregnancy among an inner-city cohort. *Environ Health Perspect*. 2006;114(11):1684－1689.

[79] Fradin MS, Day JF. Comparative efficacy of insect repellents against mosquito bites. *N EnglJ Med*. 2002;347(1):13－18.

第 38 章

增 塑 剂

■■■■■■

引言

塑料由两类成分组成。其中主要成分是聚合物或树脂类，构成塑料的主体。例如聚氯乙烯（PVC），聚碳酸酯（PC），高密度聚乙烯（HDPE）和聚丙烯（PP）。第二类成分是添加剂。添加剂在塑料结构中所占比例小却十分重要。添加剂使塑料具有实用性，例如增加颜色、阻燃性、强度和柔韧性。在很大程度上，添加剂使塑料得以发挥其大多数功能。

“增塑剂”这一术语是用于描述某些添加剂，当其添加到聚合物或树脂后可增加柔韧性（如邻苯二甲酸酯）或使其更坚硬（如双酚 A）。本章重点介绍一些最常使用且研究较多的添加剂，这些添加剂可能对人体健康，尤其是儿童健康有影响。

邻苯二甲酸酯类

邻苯二甲酸酯类是一类常用增塑剂[1]。尤其是二辛酯（DOP）作为增塑剂广泛应用于聚氯乙烯。由于具有柔韧性且易获得，邻苯二甲酸酯类成为工业使用的理想化学品。邻苯二甲酸酯类可以迁移到塑料表面然后蒸发或渗入到周围环境。由于其使用广泛，邻苯二甲酸酯类已成为环境中存在量最多的工业污染物之一[2]。许多邻苯二甲酸酯类，包括邻苯二甲酸二辛酯（DEHP）在内，作为有毒化学物质被列入美国环境保护署（EPA）的有毒物质排放清单（TRI）。低分子量的邻苯二甲酸酯类，如邻苯二甲酸二乙酯（DEP）和邻苯二甲酸二丁酯（DBP），常常作为香料和颜色的稳定剂加入化妆品和个人护理用品中。在洗液、须后水、香水、指甲油和其他日常用品中均有发现。高分子量的邻苯二甲酸酯类，包括邻苯二甲酸二辛酯(DEHP)和邻苯二甲酸丁苄酯(BBP)。邻苯二甲酸二辛酯应用于聚氯乙烯产品，软质塑料和静脉注射(IV)管材中(表 38－1)。

表 38－1　邻苯二甲酸酯类的来源

邻苯二甲酸酯类化合物	可能的暴露源
邻苯二甲酸二辛酯(DEHP)	含有聚氯乙烯——包括医用针管、储血袋、医疗器械、食品污染、食品包装、室内空气、塑料玩具、墙纸、桌布、地板、家居装饰材料、浴帘、灌溉橡皮管、游泳池衬垫、雨衣、婴儿裤、娃娃、玩具、鞋、汽车装修、胶片、电线电缆的护套
邻苯二甲酸二乙酯(DEP)	化妆品、指甲油、除臭剂、香水/古龙水、乳液、须后水、医药/草药产品、杀虫剂
邻苯二甲酸二异壬酯(DINP)	儿童玩具
邻苯二甲酸二丁酯(DBP)	指甲油、化妆品、香水、须后水、药品/中药涂膏、化学发光棒
邻苯二甲酸二正辛酯(DnOP)	儿童玩具
邻苯二甲酸二正丁酯(DnBP)	药品、化妆品、醋酸纤维素塑料、橡胶黏合剂、指甲油以及其他化妆产品、纤维素塑料增塑剂、某些染料的溶剂
邻苯二甲酸丁苄酯(BBP)	乙烯基地板、黏合剂、密封剂、食品包装、室内装饰、乙烯基瓷砖、地毯、人造革、黏合剂
邻苯二甲酸二甲酯(DMP)	杀虫剂、室内空气、黏合剂、发用定型剂、洗发水、须后水

暴露途径

邻苯二甲酸酯类很容易从产品中渗出，因此，可通过吸入、摄入、皮肤吸收或静脉注射途径直接进入血液。儿童可通过多种来源和途径暴露于邻苯二甲酸酯类(表 38－2)。含邻苯二甲酸酯类浓度较高的塑料产品在加热时更容易渗出。

表 38－2　邻苯二甲酸酯对儿童健康影响的部分综述

健康结局	参考文献	研究类型和患者组别	结　果	研究存在的缺陷
内分泌/生殖	[10]	回顾性队列研究，研究19名在新生儿重症监护室经历过体外膜肺氧合（ECMO）的青少年（年龄14～16岁）	1. 与普通人群相比，19名青少年中有18名生长发育正常 2. 相对于青春期发育阶段，19名青少年的血清指标和激素水平检测结果均正常	1. 不能确定邻苯二甲酸酯真实暴露来源（19名青少年在住院期间可能并未使用含邻苯二甲酸酯的医疗针管） 2. 没有邻苯二甲酸酯的体内生物标志物 3. 研究的样本量小
	[3]	前瞻性队列研究，研究85对母婴（儿童年龄范围为2～36个月）	1. 研究发现母亲体内邻苯二甲酸酯浓度在妊娠最后3个月增高与婴儿的肛殖距缩短有关	1. 研究仅仅使用妊娠最后3个月的一次检测结果进行分析（与胎儿生殖发育发生在妊娠的前3个月相矛盾） 2. 研究的样本量小
	[4]	前瞻性队列研究，研究130对母婴（婴儿均为3个月）	1. 研究提示母乳中MEP和MBP的水平与血清性激素结合球蛋白浓度呈现正相关 2. 研究结果没有发现邻苯二甲酸酯浓度和隐睾的发病率之间的关系	1. 不清楚婴儿出生以后邻苯二甲酸酯的内暴露水平。而这一内暴露水平可能与所研究的结果有关联。 2. 研究中邻苯二甲酸酯暴露水平的检测可能受到了双酯的污染。
免疫/炎症	[11]	回顾性队列研究，研究了84名婴儿	1. 研究结果显示与脐带血中未能检出MEHP的婴儿相比，脐血中能够检出MEHP的婴儿分娩的孕周缩短1周	1. 研究提出貌似合理的假说？ 2. 研究不确定胎儿真实的暴露水平。 3. 研究存在分析方法的缺陷。 4. 研究的样本量小并且属于回顾性的队列研究。

（续表）

健康结局	参考文献	研究类型和患者组别	结果	研究存在的缺陷
免疫/炎症	[5]	病例对照研究，研究198名持续性过敏或哮喘的儿童与202例对照儿童	1. 研究发现与对照组家庭相比，病例组儿童家中室内灰尘含有较高浓度的BBP 2. 研究提示室内灰尘中BBP的水平与儿童过敏和湿疹症状均呈现剂量-反应关系 3. 研究发现室内灰尘中DEHP的水平与哮喘症状呈剂量-反应关系	1. 研究没有邻苯二甲酸酯内暴露的生物标志物。 2. 病例对照研究的特点决定其不能解释疾病发生过程中病理生理学的原因（如研究不能确定邻苯二甲酸酯是加剧过敏的状况还是能够真正地诱导过敏的发生）。
	[8]	前瞻性队列研究，研究404名母亲	1. 研究发现母亲妊娠最后3个月低分子量邻苯二甲酸酯暴露水平（每增加一个单位）与妊娠期延长0.97天及新生儿头围增加呈正相关	1. 研究不能确定妊娠最后3个月的单次尿液样本中的邻苯二甲酸酯的含量能否反映整个孕期邻苯二甲酸酯的暴露水平。 2. 研究结果可能是由于其他的人为因素造成的。
	[12]	前瞻性队列研究，研究283名母亲	1. 研究结果提示，在中期和晚期妊娠阶段，与DEHP暴露水平在第25百分位数的孕妇相比，DEHP暴露水平在第75百分位的孕妇妊娠期会延长2天。 2. 研究发现孕妇在中期和晚期妊娠阶段，MEHP和MEOHP暴露水平每增加一个log单位，剖宫产率及分娩时间延迟（孕周≥41周）的可能性增加。	1. 妊娠期增加2天的临床意义目前尚不明确。 2. 研究不能确定单次尿液样本中的邻苯二甲酸酯的含量是否能反映在整个孕期邻苯二甲酸酯的暴露水平。

（续表）

健康结局	参考文献	研究类型和患者组别	结　　果	研究存在的缺陷
免疫/炎症	[7]	前瞻性队列研究，研究295对母亲和新生儿	1. 研究发现母亲晚期妊娠阶段高分子量邻苯二甲酸酯暴露水平的总和与女性新生儿的定向水平（Brazelton新生儿行为评定量表）和警觉质量分数呈负相关。 2. 研究发现母亲妊娠晚期低分子量邻苯二甲酸酯暴露水平的总和与Brazelton新生儿行为评定量表中运动表现得分呈正相关。	1. 研究不能确定妊娠最后3个月的单次尿液样本中的邻苯二甲酸酯的含量能否反映在整个孕期邻苯二甲酸酯的暴露水平。 2. 研究仅在出生5天内进行1种新生儿行为测定方法的检测，并不能确定新生儿行为评定量表这种检测方法如何预测以后的行为发育。

ECMO：体外膜氧合；NICU：新生儿重症监护；MEP：邻苯二甲酸单乙酯；MBP：单丁酯；BBP：邻苯二甲酸丁苄酯；DEHP：邻苯二甲酸二辛酯；MEHP：邻苯二甲酸单(2-乙基己基)酯；MEOHP：邻苯二甲酸单(2-乙基-5-氧己基)酯。

累及的系统和临床表现

邻苯二甲酸酯作为一种内分泌干扰物被大家所熟知,它可通过多种作用机制影响内分泌系统功能(参见第 28 章)。邻苯二甲酸二辛酯和邻苯二甲酸二丁酯是邻苯二甲酸酯中对生殖系统毒性作用最大的物质。动物实验研究发现,邻苯二甲酸酯能够引起胎儿期和出生后早期的抗雄激素效应,导致男性生殖发育异常,出现睾丸未沉降、尿道下裂和生育能力下降,但是由于邻苯二甲酸酯在动物饲料、笼子和其他相关产品中无处不在,这也造成动物实验研究结果难以准确评估。人类邻苯二甲酸酯暴露产生影响的最敏感时期是在妊娠的第 10～13 周,因为自此期间胎儿的生殖系统发育迅速。研究发现在男婴中,孕妇妊娠最后 3 个月尿中邻苯二甲酸二辛酯浓度增加(尽管不能确定是否可以代替其早期暴露水平)与肛殖距缩短有关(肛殖距是胎儿对雄激素的敏感指标[3])。此外,文献指出男婴通过母乳摄入导致邻苯二甲酸酯的暴露增多与体内促黄体素、游离睾酮和性激素结合球蛋白的变化相关[4]。邻苯二甲酸酯的暴露与成人甲状腺激素水平改变有关,但没有研究检测胎儿或儿童邻苯二甲酸酯暴露和甲状腺激素水平的关系。

最近,研究发现邻苯二甲酸二辛酯和邻苯二甲酸丁苄酯暴露与免疫功能变化和炎症发生有关。在一个横断面研究中发现室内灰尘中的邻苯二甲酸丁苄酯的水平与学龄儿童过敏性鼻炎和湿疹的发病风险增加有关,而灰尘中邻苯二甲酸二辛酯则与哮喘风险增加有关[5]。有假说认为邻苯二甲酸二辛酯的水解产物可能在肺部诱导产生促炎症的前列腺素类和凝血恶烷类物质,导致呼吸系统症状增加。有学者在小鼠动物实验中发现邻苯二甲酸酯暴露可以和共过敏源(卵清蛋白)一起发挥辅助作用,从而导致类似异位性皮肤病变的增加[6]。而产前接触邻苯二甲酸酯与新生婴儿 Brazelton 评分的变化相关则提示邻苯二甲酸酯暴露与潜在的神经系统炎症有关联[7]。流行病学研究发现,产前接触邻苯二甲酸酯与胎龄的延长[8]和缩短[9]均有关,其中一个可能的机制是邻苯二甲酸酯通过前列腺素或其他炎症机制导致子宫收缩。

科研机构、宣传部门以及行业组织已经进行邻苯二甲酸二辛酯和邻苯二甲酸二异壬酯(DINP)文献报道的总结分析，但是关于其安全问题仍未得出一致结论。由于人类风险的评估必须从动物实验数据推断但动物的数据又受到物种差异、暴露途径以及暴露时间的影响，而人类暴露的数据则同样无法确定，从而导致争议一直存在。其中有一点十分重要，那就是动物实验的损伤通常是在高剂量下发生的，而这实际上是远远高于一般人群所暴露的水平。

预防

邻苯二甲酸酯在环境中是无所不在的，儿童同样普遍暴露。儿科医生可以告知家庭如何避免选择含有邻苯二甲酸酯的产品。知道暴露的来源(表 38－1)、其潜在的健康影响(表 38－2)以及如何避免暴露是十分重要的。比如避免加热塑料和使用安全的替代品(表 38－3)。举一个例子，儿科医生可以建议家长避免回收代码为 3 号的塑料(此类塑料属于聚氯乙烯或乙烯，可能含有邻苯二甲酸酯)。由于产品标签并不是由联邦法律规定，因此了解一个特定的产品是否含有邻苯二甲酸酯较为困难。2008 年 8 月，联邦政府颁布《消费品安全法案》，该法案使得邻苯二甲酸二辛酯、邻苯二甲酸二丁酯和邻苯二甲酸丁苄酯永久性禁止使用于 12 岁以下儿童的玩具和 3 岁以下儿童所有种类的护理产品。此外，该法案还实现了 3 个临时性地关于邻苯二甲酸二异壬酯、邻苯二甲酸二异癸酯(DIDP)、邻苯二甲酸二辛酯的禁令，直到有更多的关于其潜在的不良健康结果的研究出现。一些国家的机构也开始制定相关法案。总体来说，在科学依据能够明确低水平的邻苯二甲酸酯暴露是安全或者有害之前，避免邻苯二甲酸酯暴露还是明智的。

双酚 A

双酚 A 是一类大量生产的化学品，主要作用是使聚碳酸酯塑料和环氧树脂产品具有硬度。聚碳酸酯塑料的应用包括一些食品和饮料包装(水瓶和婴儿奶瓶)、光盘、抗冲击安全设施和医疗设备。环氧树脂则使用于金属产品的涂层漆，如食品罐、瓶盖和供水管道等。此外，一些牙科的封闭剂和复合材料也可能导致人体双酚 A 暴露(表 38－3)。

人们普遍暴露于双酚 A。自 1999 年以来,一系列的研究使用不同的分析技术检测出人血清中存在游离未结合的双酚 A,浓度范围为 0.2～20 ng/ml[13]。双酚 A 浓度在孕妇血清、脐带血以及胎儿血浆中相对较高表明双酚 A 是可以通过胎盘的。由美国疾病控制与预防中心(CDC)举办的 2003—2004 年第三次国家健康和营养调查(NHANES III)中也指出在 2 517 例具有代表性的美国 6 岁以上人群尿液样本中双酚 A 的检出率达到 93%[14]。

累及的系统和临床表现

包括双酚 A 在内的内分泌干扰物在体外的雌激素活性作用是可以通过实验技术进行分析测量的[15]。体内实验发现双酚 A 与雌激素受体结合的能力比天然雌激素 17β－雌二醇相对较弱。使用剂量 0.1～100 mg/kg 体重的双酚 A 对青春前期的 CD－1 小鼠染毒发现小鼠的子宫湿重增加、子宫内膜变厚以及雌激素诱导的乳铁蛋白表达增加[16]。还有一些证据指出双酚 A 可以与甲状腺激素受体结合。双酚 A 可通过阻止 T_3 结合而成为一种甲状腺激素拮抗剂。有研究发现双酚 A 对雌激素受体的亲和力比双酚 A 对甲状腺激素受体的亲和力高出好几倍[17]。

现阶段,仅有少量人类流行病学数据将双酚 A 暴露与儿童健康关联起来。为数不多的横断面研究数据显示双酚 A 暴露与成人性功能下降[18](例如卵巢功能障碍[19])、糖尿病和心脏病发病率增高[20, 21]以及其他潜在的不良健康结局[22]有关。有一些动物实验指出双酚 A 暴露可以影响胚胎和子代[23]。针对孕妇开展的一个小样本人群研究发现孕前暴露于双酚 A 与儿童行为改变有关[24]。

预防

关于如何减少婴儿和儿童双酚 A 暴露的指导建议详见表 38－3。

表 38-3　避免暴露于邻苯二甲酸酯和双酚 A 的小贴士

■看产品底部的回收代码，确认塑料制品的类型。
■避免使用回收代码为 3 号（邻苯二甲酸酯）、6 号（苯乙烯）和 7 号（双酚 A）的塑料制品。除非标签注明此 7 号制品是“生物基”或“绿色环保”的，是由谷物制成的、不含有双酚 A。
■回收代码为 1 号、2 号、4 号和 5 号的塑料制品是更安全的选择。
■不使用微波炉加热塑料包装的食物或饮料（包括婴幼儿奶粉）。
■不用微波或加热塑料保鲜膜。
■避免在洗碗机里放置塑料制品。
■如果可能，尽量使用替代品，例如玻璃制品。
■购买不含邻苯二甲酸酯或通过欧盟标准的玩具。

常见问题

问题　*为什么对于双酚 A 仍存在争议？*

回答　动物研究表明双酚 A 暴露可以影响内分泌功能。然而很少有研究显示双酚 A 暴露对婴儿或儿童有不良影响，所以双酚 A 暴露效应一直存在争议，但令人担忧的是儿童处于快速生长发育的阶段，可能更容易受到化学物质（例如双酚 A）的影响。由美国食品药品监督管理局开展进一步研究也许可以明确什么水平的双酚 A 暴露会引起的类似的人类健康效应。

问题　*家长可以采取什么预防措施以减少婴儿双酚 A 暴露？*

回答　避免使用回收代码 7 号和印有字母“PC”（表示“聚碳酸酯”）的透明塑料瓶或容器——这些制品中很多含有双酚 A。包括聚乙烯或聚丙烯在内的替代品是不含双酚 A 的。玻璃制品也是一种选择，但如果掉了或者摔碎则可能存在危险。因为加热可以使塑料中的双酚 A 释放出来，以下内容是家长应该审慎考虑的：

—不要煮沸聚碳酸酯瓶子

—不要用微波炉加热聚碳酸酯瓶子

—不要在洗碗机中清洗聚碳酸酯瓶子

问题 是否应停止使用罐装液态配方奶?

回答 罐头包装的内层可能含有双酚 A,因而避免罐头食品是减少暴露的一种措施。如果您正在考虑将液态奶改为配方奶粉,由于混合过程可能不同,所以要将配方奶粉配制成液体配方奶时要特别注意。

——如果您的宝宝在医疗状况下使用特殊的婴儿配方奶,您不要换成另外一种配方奶,因为更换所带来的已知风险可能会远大于双酚 A 所带来的潜在的风险。

——宝宝食用自制的浓缩配方奶、豆制品或者羊奶的风险远大于双酚 A 暴露可能造成的风险。

问题 母乳喂养是否会减少宝宝的双酚 A 暴露?

回答 虽然母乳中已被发现含有低浓度的双酚 A,但与塑料瓶或配方奶罐内层所释放出来的双酚 A 相比,母乳喂养是减少婴儿双酚 A 暴露的一种措施。美国儿科学学会建议母乳喂养至少至婴儿 4 个月,最好达到 6 个月。在婴儿 12 个月之前应继续母乳喂养并添加辅食,此后就只需根据母亲和婴儿双方的意愿。

问题 在投入市场前是否能采取一些措施进行化学品的安全检测?新的化学品往往在被投入到环境中以后,我们才发现其可能或已被确认存在危害。

回答 美国儿科学会以及其他组织已经倡导在化学品进入市场前,保护儿童、孕妇和一般人群免受化学品的危害。

生产者和患者可获取的资源

US Food and Drug Administration

Subcommittee Report on Bisphenol A (17 - page summary)

www. fda. gov/ohrms/dockets/ac/08/briefing/2008 - 4386b1 - 05. pdf

National Institute of Environmental Health Sciences (NIEHS)

fact sheet:

www. niehs. nih. gov/health/docs/bpa-factsheet. pdf

Pediatric Environmental Health Specialty Units (PEHSUs)

Health Care Provider Fact Sheet (English)

www. aoec. org/PEHSU/documents/physician_bpa_final. pdf

Health Care Provider (Spanish)

www. aoec. org/PEHSU/documents/physician_bpa_spanish_final. pdf

Patient Fact Sheet (English)

www. aoec. org/PEHSU/documents/patient_bpa_final. pdf

Patient Fact Sheet (Spanish)

www. aoec. org/PEHSU/documents/patient_bpa_spanish_final. pdf

(高　宇 译　余晓丹 校译　宋伟民　徐　健 审校)

参考文献

[1] Shea KM; American Academy of Pediatrics, Committee on Environmental Health. Pediatric exposure and potential toxicity of phthalate plasticizers. *Pediatrics*. 2003;111(6 Pt 1):1467 - 1474.

[2] Phthalates activate estrogen receptors. Sci News. 1995;148(3):47.

[3] Swan SH, Main KM, Liu F, et al. Decrease in anogenital distance among male infants with prenatal phthalate exposure. Environ Health Perspect. 2005; 113 (8):1056 - 1061.

[4] Main KM, Mortensen GK, Kaleva MM, et al. Human breast milk contamination with phthalates and alterations of endogenous reproductive hormones in infants three months of age. Environ Health Perspect. 2006; 114 (2):270 - 276.

[5] Bornehag CG, Sundell J, Weschler CJ, et al. The association between asthma and allergic symptoms in children and phthalates in house dust: a nested case-control study. Environ Health Perspect. 2004;112(14):1393 - 1397.

[6] Hill SS, Shaw BR, Wu AH. Plasticizers, antioxidants, and other contaminants found in air delivered by PVC tubing used in respiratory therapy. Biomed Chromatogr. 2003;17(4):250 - 262.

[7] Engel SM, Zhu C, Berkowitz GS, et al. Prenatal phthalate exposure and performance on the Neonatal Behavioral Assessment Scale in a multiethnic birth cohort. Neurotoxicology. 2009;30(4):522 - 528.

[8] Wolff MS, Engel SM, Berkowitz GS, et al. Prenatal phenol and phthalate expo-

sures and birth outcomes. Environ Health Perspect. 2008;116(8):1092 – 1097.

[9] Whyatt RM, et al. Prenatal di(2-ethylhexyl)phthalate exposure and length of gestation among an inner-city cohort. Pediatrics. 2009;124(6):e1213 – e1220.

[10] Rais-Bahrami K, Nunez S, Revenis ME, et al. Follow-up study of adolescents exposed to di(2-ethylhexyl) phthalate (DEHP) as neonates on extracorporeal membrane oxygenation (ECMO) support. Environ Health Perspect. 2004;112(13):1339 – 1340.

[11] Latini G, De Felice C, Presta G, et al. In utero exposure to di-(2-ethylhexyl) phthalate and duration of human pregnancy. Environ Health Perspect. 2003;111(14):1783 – 1785.

[12] Adibi JJ, Hauser R, Williams PL, et al. Maternal urinary metabolites of Di-(2-Ethylhexyl) phthalate in relation to the timing of labor in a US multicenter pregnancy cohort study. Am J Epidemiol. 2009;15;169(8):1015 – 1024.

[13] Vandenberg LN, Hauser R, Marcus M, et al. Human exposure to bisphenol A (BPA). Reprod Toxicol. 2007;24(2):139 – 177.

[14] Calafat AM, Ye X, Wong LY, et al. Exposure of the U. S. population to bisphenol A and 4-tertiary-octylphenol: 2003 – 2004. Environ Health Perspect. 2008;116(1):39 – 44.

[15] Soto AM, Maffini MV, Schaeberle CM, et al. Strengths and weaknesses of in vitro assays for estrogenic and androgenic activity. Best Pract Res Clin Endocrinol Metab. 2006;20(1):15 – 33.

[16] Markey CM, Michaelson CL, Veson EC, et al. The mouse uterotrophic assay: a re-evaluation of its validity in assessing the estrogenicity of bisphenol A. Environ Health Perspect. 2001;109(1):55 – 60.

[17] Moriyama K, Tagami T, Akamizu T, et al. Thyroid hormone action is disrupted by bisphenol A as an antagonist. J Clin Endocrinol Metab. 2002;87(11):5185 – 5190.

[18] Vandenberg LN, Maffini MV, Sonnenschein C, et al. Bisphenol-A and the great divide: a review of controversies in the field of endocrine disruption. Endocr Rev. 2009;30:75 – 95.

[19] Takeuchi T, Tsutsumi O, Ikezuki Y, et al. Positive relationship between androgen and the endocrine disruptor, bisphenol A, in normal women and women with ovarian dysfunction Endocr J. 2004;51(2):165 – 169.

[20] Lang IA, Galloway TS, Scarlett A, et al. Association of urinary bisphenol A

concentration with medical disorders and laboratory abnormalities in adults. JAMA. 2008;300(11):1303－1310.

[21] Melzer D, Rice NE, Lewis C, et al. Association of urinary bisphenol A concentration with heart disease: evidence from NHANES 2003/06. PLoS One. 2010;5(1):e8673.

[22] Lakind JS, Naiman DQ. Daily intake of bisphenol A and potential sources of exposure: 2005－2006 National Health and Nutrition Examination Survey. J Exp Sci Env Epidemiol. 2011;21(3):272－279.

[23] The National Toxicologic Program. Available at: http://cerhr. niehs. nih. gov/evals /bisphenol/ bisphenol. pdf. Accessed March 30, 2011.

[24] Braun JM, Yolton K, Dietrich KN, et al. Prenatal bisphenol A exposure and early childhood behavior. Environ Health Perspect. 2009;117(12):1945－1952.

[25] American Academy of Pediatrics, Council on Environmental Health. Policy statement: chemical-management policy: prioritizing children's health. Pediatrics. 2011; 127(5):983－990.

第 39 章

氡

■■■■■■

氡是一种无色、无味、具有放射性的惰性气体，是钍和铀自然衰变的产物，它非常常见，不同的岩石和土壤中自然产生的元素[1-3] ^{222}Rn 衰变为放射性元素，包括钋、铋和铅。这些衰变产物通常被称为"子体"。一些放射性产物（如^{218}Po 和^{214}Po）放出的 α 粒子可引起组织损伤。氡被美国环境保护署（EPA）列为 1 类（明确有致癌性）[2]，意味着它能致癌。空气中氡的测量单位是皮居里/升（pCi/L）；一个皮居里是 10^{-12} 居里。居里（Ci）是一个含有放射性物质的样品中放射性强度的单位。

来源和暴露途径

氡约占总背景辐射的 55%[4]。在户外，氡被稀释，危险性变小。在室内或通风不良的地方其浓度较高。土壤中的氡气可以通过混凝土地板和墙壁的裂缝、楼层排水渠、施工缝隙和空心砖墙的微小裂缝和空隙进入住宅和其他建筑物[2]。

氡气的主要暴露途径是吸入。美国环境保护署（EPA）估计，将近有 1/15 的家庭氡水平较高[2]，一个国家的不同地区地下含有不同水平的氡。美国环境保护署或美国各州氡气机构可以提供含有较高水平的氡气的地区分布信息。每个家庭与其邻居的氡的总量可由于通风、建筑和设计上的差异而不同。氡剂量最重要的成分来自于它的短暂衰变产物[5,6]。

氡本身是具有约 4 天的半衰期的惰性气体，并且几乎所有被吸入的氡气都可被呼出。然而，由于衰变产物为固态的放射性核素，并可能与空气中包括水蒸气等在内的气体结合。然后这些衰变产物沉积在呼吸道表面，由于其半衰期短（不到 30 分钟），它们将会在那里衰变并可能导致局部组织损伤。

氡是水溶性的，但它也具有高挥发性。因此，公共供水系统中的大部分氡可被清除[7]。水中氡浓度因地理位置和水源的不同而不同。如果饮用水中氡浓度较高，那人们通过饮水摄入就可能是一种重要的暴露途径[5,6]。摄入氡停留在胃里的时间长短或基于胃肠道中水和食物运输时间的研究而得出结论。通过(消化道)摄入来吸收氡的最重要器官似乎是胃壁[7]。剩余的氡通过胃到达小肠，被转运到血液然后迅速排出体外。在下阵雨的时候氡可能从水中冲走。在大多数情况下，通过水源进入家庭的氡健康风险较小。

对各系统的影响和临床作用

肺癌

大概在一个世纪以前，地下矿工肺癌患病率增加[1]。相关学者对来自世界各地的数千万矿工进行了长达 50 多年的独立流行病学研究。这些研究显示，即使控制了其他暴露因素，如吸烟、石棉、二氧化硅、柴油烟雾、砷、铬以及镍矿尘，地下矿工的肺癌率仍然不断增加[8-11]。实验室动物学研究者也发现老鼠接触氡后增加了肺癌、肺纤维化、肺气肿的发病率，并且寿命缩短。

然而，将氡的职业暴露的癌症风险估计转换成个人住宅暴露尚存在一些挑战。地下矿工比非矿工氡的暴露水平更高，可能有患癌症或肺部疾病的其他危险因素。然而，一些流行病学研究表明住宅氡的暴露增加了肺癌的风险[12-16]。美国环境保护署(EPA)、美国国家科学研究委员会(NRC)和世界卫生组织 (WHO)在共识会议中得出结论：氡是人类致癌物，每年导致大量人群死于肺癌[1-3]。估计美国每年大约 21 000 人的肺癌死亡是由氡气造成的[2]。吸烟会大大增加在特定水平的氡暴露引起肺癌的风险。

例如，在 4 pCi/L 的空气氡水平中，终身暴露其中的吸烟者患肺癌的比率估计是 6.2%，比不吸烟者的 0.7%几乎高出 9 倍[17]。表 39-1 展示了吸烟者和不吸烟者在不同水平终身氡暴露的风险。

表 39-1　因家庭氡暴露患肺癌死亡的终身风险(每人)[17],a

氡水平(PCI /L)[b]	从不吸烟者	当前吸烟者	总人群[c]
20	36‰	26%	11%
10	18‰	15%	56‰
8	15‰	12%	45‰
4	7.3‰	62‰	23‰
2	3.7‰	32‰	12‰
1.25	2.3‰	20‰	7.3‰
0.4	0.73‰	6.4‰	2.3‰

a. 美国环境保护署的家庭氡气风险评估的第 7 章讨论了估计的不确定性[17]。
b. 假设持续一生家庭暴露都在同一水平。
c. 包括吸烟者和不吸烟者。

氡是一种重要的可预防的致癌危险因素。在 2003 年,美国因氡造成(21 000 例)死亡,其对公众健康的危害可以与 2011 年的醉驾 (17 400 例)、家中跌倒 (8 000 例) 、溺水 (3 900 例)和家庭火灾 (2 800 例)等产生的影响相提并论[2]。

胃癌

胃癌的高发人群是原子弹爆炸的幸存者[18]和暴露在氡气中的矿工[19]。然而,对矿工的研究没有发现与剂量有关的死亡率趋势,对癌症和摄入含有氡的水的相关性研究很少。美国宾夕法尼亚一个市的一项生态研究报道称胃癌和含氡水平呈正相关[20]。生态研究寻找群体和广泛区域暴露数据,但不能联系到个体层面。而芬兰的一项病例队列研究并没有发现胃癌和氡暴露或其他放射性核素之间的关联证据[21]。

白血病

氡暴露对儿童健康的影响还不太清楚。氡暴露很可能会增加白血病风险,因为骨髓容易受到电离辐射的影响。到目前为止大多数研究侧重于住宅氡暴露对儿童白血病影响。12 个中有 11 个(生态) 研究表明儿童癌症风险增加可能与氡暴露有关[详见埃夫拉尔(Evrard)[22]和拉希·尼尔森(Raaschou Nielsen)等人[23]的综述]。在这类研究中,有些研究显示氡暴露对急性髓系白血病的影响高于对急性淋巴细胞白血病的影响。然而,到目前为止,7项病例对照研究显示的结果不一致;一些研究发现住宅氡和儿童白血病之间的关联,但是有些研究没有显示这种联系[详见埃夫拉尔[22]和拉希·尼尔森[23]等人的综述]。

总体来看,文献表明白血病和住宅氡暴露之间可能有关。不过,要彻底地了解这些风险还需要更大样本的前瞻性研究。

暴露的诊断和测量方法

美国环境保护署建议对所有的房屋进行氡测试,更多详细信息见美国环境保护署的官方网站和出版物《市民氡指南》(*A Citizen's Guide to Radon*[2])。一般有两种方法来测试房屋里的氡:短期试验和长期试验。测试通常应在地下室里或一楼,因为这些地方氡含量通常高于较高楼层。短期试验,一般2~90天。几种类型的探测器用于短期测试可以得到良好的结果,但因为氡水平每天都在变化,他们不能给出准确的全年估计。探测器最常见的形式是竹碳基。一项研究市售短期氡探测器的双盲研究指出,湿度增加和氡浓度的临时波动可能会对一些短期的探测器的准确度和精密度有负面影响[24]。

在家庭里超过90天的长期测试能够更好地估计一年以来家庭平均氡水平。任何人都能在没有专业人员的帮助下完成这些测试。测试套件通常是可靠的、价格低廉的,可随时通过美国各州氡办事处或者直接从供货商处获得。这些套件寄回公司的邮费是预付的,分析测试套件的时间是按天计算的。

暴露预防

美国环境保护署、世界卫生组织(WHO)和其他团体强烈建议要积极减少氡暴露[2,3]。美国一些城市需要用防氡的方式构建新家园,在售房时可进行氡测试,所有的学校都要进行氡测试。当发现氡的含量高于

4 pCi 时，应实施维修降低氡水平；在 2～4 pCi/L 之间应考虑采取补救措施。一般很难将氡控制在 2 pCi/L 之下。据估计，室内空气平均氡含量一般在 1.3 pCi/L。

一般情况下，可以通过增加通风和水涌入来减少氡暴露。这些维修并不算贵，和其他成本相同的常见室内装修的花费差不多。氡补救的关键因素包括：

- 调整现有的中央通风系统
- 在原有基础上密封裂缝
- 在地下室安装负压氡板土壤吸收系统
- 禁止使用含过量氡的建筑材料。

有关家庭氡消减更详细的信息可来自美国环境保护署官网(http://www.epa.gov/iaq/radon)。

最重要的是，儿科医生应告知家属有关氡暴露的危害，并且氡暴露的测试和补救都是方便且经济实惠的。此外他们还应该指出吸烟大幅增加氡诱发肺癌的危险性。

常见问题

问题　我应该检测我家里的氡含量吗？

回答　美国环境保护署建议所有的家庭应进行检测。一套并不昂贵的家庭检测装备可以从家具建材商店、美国国家安全局以及一些地方或州的氡项目组获得。这些样本应该送往获得认证的实验室进行分析。当氡超标 4 pCi/L 时考虑采取缓解措施，参考含量在 2～4 pCi/L。更多资料请阅读这一章的参考资料部分。

问题　氡暴露会给健康带来什么危害？

回答　氡暴露后不会立即患上病症，然而室内空气里的氡在美国造成了每年 21 000 例的肺癌死亡案例。一些研究表明氡暴露增加儿童患白血病的风险。目前也没有证据表明呼吸道疾病(如哮喘)是由氡暴露引起的。

问题 学校里的氡有什么危害?

回答 孩子们在学校里度过了一日中1/3甚至更多的时间,这使学校里的氡成了潜在隐患。美国环境保护署要求所有学校都测试氡含量。学校经常调整中央空气通风系统的设置来补救学校的氡问题。上文列出的方法也可以应用。更多的细节信息可以浏览环境保护署官网(www.epa.gov/iaq/schools/environmental.html)。

参考资料

US Environmental Protection Agency (EPA)

Web site: www.epa.gov/radon/pubs

This Web site has links to several EPA publications, information on home testing and remediation, and geographical maps of radon exposure.

US EPA Radon Hotline: 800-767-7236

State and Regional Indoor Environments Contact Information

Web site: www.epa.gov/iaq/whereyoulive.html

The International Radon Project

Web site: www.who.int/ionizing_radiation/env/radon/en/index.html

A World Health Organization Initiative to reduce lung cancer risk around the world.

(赵 勇 译 陈雅萍 徐晓阳 校译 宋伟民 审校)

参考文献

[1] National Research Council, Committee on Health Risks of Exposure to Radon. *The Health Effects of Exposure to Indoor Radon: BEIR VI*. Washington, DC: National Academies Press; 1998. Executive summary available at: http://epa.gov/radon/beirvi.html. Accessed August 25, 2010.

[2] US Environmental Protection Agency. *A Citizen's Guide to Radon: The Guide to Protecting Yourself and Your Family From Radon*. Washington, DC: US Environmental Protection Agency; 2009. Publication No. US EPA 402-K-07-

009. Available at: http://www.epa.gov/radon/pdfs/citizensguide.pdf. Accessed August 25, 2010.

[3] World Health Organization. *WHO Handbook on Indoor Radon: A Public Health Perspective*. Geneva, Switzerland: World Health Organization; 2009. Available at: http://www.nrsb.org/pdf/WHO%20Radon%20Handbook. Accessed August 25, 2010.

[4] National Research Council, Committee to Assess Health Risks from Exposure to Low Levels of Ionizing Radiation. *Health Risks from Exposure to Low Levels of Ionizing Radiation: BEIR VII Phase* 2. Washington, DC: National Academies Press; 2006.

[5] Kendall GM, Smith TJ. Doses to organs and tissues from radon and its decay products. *J Radiol Prot*. 2002;22(4):389-406.

[6] Kendall GM, Smith TJ. Doses from radon and its decay products to children. *J Radiol Prot*. 2005;25(3):241-256.

[7] Khursheed A. Doses to systemic tissues from radon gas. *Radiat Prot Dosimetry*. 2000;88(2):171-181.

[8] US Environmental Protection Agency. *A Physician's Guide-Radon*. US Environmental Protection Agency; 1999. Publication No. US EPA 402-K-93-008.

[9] Lubin JH, Boice JD Jr, Edling C, et al. Lung cancer in radon-exposed miners and estimation of risk from indoor exposure. *J Natl Cancer Inst*. 1995;87(11):817-827.

[10] Vacquier B, Caer S, Rogel A, et al. Mortality risk in the French cohort of uranium miners: extended follow-up 1946-1999. *Occup Environ Med*. 2008;65(9):597-604.

[11] Samet JM, Eradze GR. Radon and lung cancer risk: taking stock at the millenium. *Environ Health Perspect*. 2000;108(Suppl 4):635-641.

[12] Darby S, Hill D, Deo H, et al. Residential radon and lung cancer—detailed results of a collaborative analysis of individual data on 7148 persons with lung cancer and 14,208 persons without lung cancer from 13 epidemiologic studies in Europe. *Scand J Work Environ Health*. 2006;32(Suppl 1):1-83.

[13] Field RW. A review of residential radon case-control epidemiologic studies performed in the United States. *Rev Environ Health*. 2001;16(3):151-167.

[14] Lubin JH, Boice JD Jr. Lung cancer risk from residential radon: meta-analysis of eight epidemiologic studies. *J Natl Cancer Inst*. 1997;89(1):49-57.

[15] Neuberger JS, Gesell TF. Residential radon exposure and lung cancer: risk in nonsmokers. *Health Phys*. 2002;83(1):1-18.

[16] Pavia M, Bianco A, Pileggi C, et al. Meta-analysis of residential exposure to radon gas and lung cancer. *Bull World Health Organ*. 2003;81(10):732-738.

[17] US Environmental Protection Agency. *Report: EPA's Assessment of Risks from Radon in Homes*. Washington, DC: US Environmental Protection Agency; 2003. Publication No. US EPA 402-R-03-003.

[18] Preston DL, Shimizu Y, Pierce DA, et al. Studies of mortality of atomic bomb survivors. Report 13: Solid cancer and noncancer disease mortality: 1950-1997. *Radiat Res*. 2003;160(4):381-407.

[19] Darby SC, Radford EP, Whitley E. Radon exposure and cancers other than lung cancer in Swedish iron miners. *Environ Health Perspect*. 1995;103(Suppl 2):45-47.

[20] Kjellberg S, Wiseman JS. The relationship of radon to gastrointestinal malignancies. *Am Surg*. 1995;61(9):822-825.

[21] Auvinen A, Salonen L, Pekkanen J, et al. Radon and other natural radionuclides in drinking water and risk of stomach cancer: a case-cohort study in Finland. *Int J Cancer*. 2005;114(1):109-113.

[22] Evrard AS, Hemon D, Billon S, et al. Ecological association between indoor radon concentration and childhood leukaemia incidence in France, 1990-1998. *Eur J Cancer Prev*. 2005;14(2):147-157.

[23] Raaschou-Nielsen O. Indoor radon and childhood leukaemia. *Radiat Prot Dosimetry*. 2008;132(2):175-181.

[24] Sun S, Budd G, McLemore S, et al. Blind testing of commercially available short-term radon detectors. *Health Phys*. 2008;94(6):548-557.

第 40 章

烟草使用和二手烟暴露

■■■■■■

烟草使用和二手烟暴露(SHS)与儿科机构有特别的关系。儿童二手烟暴露最重要的来源是与其生活在一起的成人吸烟[1]。大多数烟草使用开始于 18 岁以前[2],烟草暴露受家长及同辈人的影响,以及电影和其他媒体中动人的描写,以儿童和青少年为目标的广告,还有其他环境的、社会的和文化因素等影响[2,3]。儿童和烟草使用有很大关系,在 1995 年,美国食品药品监督管理局(FDA)局长宣布吸烟是“儿科疾病”[4]。

二手烟是从烟草、雪茄和烟斗中呼出和冒出的动态混合烟雾。它包含 4 000 多种化合物,其中有许多是毒物[5]。吸烟是室内空气中颗粒物浓度的最重要决定因素,有吸烟者的家里小于 $PM_{2.5}$(直径 2.5 μm 的颗粒物,即进入下呼吸道的尺寸)颗粒物的浓度比无吸烟者家庭高 2～3 倍[6]。1992 年,美国环境保护署(EPA)宣布二手烟为一组 1 类致癌物质,这表明二手烟可导致人类患癌症[7]。

尽管烟草使用的流行和二手烟暴露有显著下降的趋势,但 2009 年美国20.6%的成人仍在使用烟草[8]。在 2007—2008 年期间,美国大约有 8 800 万 3 岁及以上的非吸烟儿童暴露于二手烟。其中,3 200 万为 3～19 岁,表明在儿童和青少年中有更高的暴露流行水平。53.6%的 3～11 岁儿童暴露于二手烟[9]。这些数字在美国以外的其他国家通常要高得多,在这些国家中,烟草使用是比较普遍的,人们可能不太清楚吸烟暴露的危害[10]。通过来自 192 个国家的数据,世界卫生组织估计了暴露于二手烟的全球疾病负担,总死亡率约为 1%,疾病的伤残调整生命年(DALYs)全球总负担为 0.7%[11]。

暴露途径和暴露源

暴露的主要途径是吸入，尽管一些暴露可以通过与胃肠道表面的颗粒物接触而发生，这些颗粒物停留在胃肠道表面，然后被胃肠道吸收[12]。

大多数孩子在家里暴露于二手烟，因为很多小孩在室内与他们的家人长时间相处[1]，他们的暴露可能更显著。因为烟源熄灭后烟的成分仍长时间留在空气中，所以吸烟者离开后仍可发生烟草暴露。儿童可能暴露的地方包括儿童保健部门、亲戚朋友家、餐厅、酒吧、机场的吸烟区，以及机动车上。青少年还能在工作场所暴露。

影响机制

二手烟含有 50 多种致癌物，包括多环芳烃、N－亚硝胺、芳香胺、醛，和其他有机（如苯）和无机（如重金属 ^{210}Po）的化合物。虽然这些化学物的致癌机制尚未确定，但已对包括儿童在内的所有暴露于二手烟的非吸烟者的尿液进行了检测。

由暴露于二手烟引起的呼吸道损伤的几个机制已被报道。产前暴露于尼古丁可引起气道组织变化，其可能是由于尼古丁乙酰胆碱受体引起的，这些受体大量存在于发育阶段的肺中。产后暴露诱导支气管高反应性，这可能是由于肺神经内分泌细胞增加，引起支气管收缩剂的合成和释放。其他机制包括改变神经控制呼吸道，引起支气管收缩，黏液分泌，微血管渗出。血清免疫球蛋白 E（IgE）浓度升高和免疫细胞功能较差已经在暴露儿童进行了描述。这些改变的免疫反应可能导致喘息和哮喘的发病率增加，巨噬细胞功能受损和黏液纤毛清除功能改变，细菌黏附增强，呼吸道上皮细胞的破坏。一氧化氮产物的改变造成支气管高反应性[13]。

暴露于二手烟的患婴儿猝死综合征（SIDS）的风险增加。虽然导致该风险增加的机制尚未完全清楚，但几个研究已经证明，缺乏心肺控制可能是由于尼古丁对外周和中枢神经系统烟碱受体的影响造成的。一些对神经系统功能的影响可能归因于在胎儿发育过程中母亲吸烟或暴露于二手烟所产生的变化[13]。

与二手烟暴露有关的心血管系统改变包括炎症反应，血管舒张，血小板活化，高密度脂蛋白（HDL）的水平降低，氧气输送受损，形成自由基，以及心率改变[13]。

临床影响

成年非吸烟者暴露于二手烟的影响包括一些癌症、心脏疾病、生殖和呼吸作用风险增加[5,7,13]。还有其他越来越多的对健康产生不利影响的证据。

儿童暴露于二手烟对健康的不利影响已经非常明确，许多研究人员认为，儿童比成人更容易受到这些健康因素影响[13]。短期影响主要是在呼吸道，包括增加上下呼吸道感染，分泌性中耳炎和哮喘发病率和严重性[5]。在美国，每年额外有 430 多人死于 SIDS；24 500 例婴儿出生时低体重；71 900 例早产；202 300 例哮喘发作；790 000 例分泌性中耳炎。可以归因于二手烟暴露[5]。

越来越多的证据表明，儿童时期的二手烟长期暴露，尤其是幼儿时期，导致肺功能下降，增加哮喘的发病率（包括成年期的哮喘）和癌症的发病率增加[13,15]。几位研究者已经证明这些及其他与二手烟暴露有关疾病的一种基因－环境的相关性[5,16,17]。暴露于二手烟的儿童更容易患龋齿[18]，在接受全身麻醉时容易出现呼吸道并发症[19]。在 4～16 岁的儿童中，过去一年里暴露与 6 天及以上的旷课显著相关[20]。生活在吸烟家庭的儿童因火灾受到伤害和死亡的风险更大[21]。每年 10 岁以下的孩子玩打火机或火柴造成大约 100 000 场火灾，并且导致 300～400 名儿童死亡[22]。

目前，正在对二手烟暴露对认知和行为的影响进行调查[23-26]，但大多数研究是有限的，因为它们不包括许多影响行为和认知的变量。

筛查方法

在临床筛查儿童二手烟暴露时一般通过询问儿童或随同的成人完成。格罗纳（Groner）等人[27]用头发中尼古丁含量来验证一系列的 3 个问题(①母亲吸烟吗？②其他人抽烟吗？③其他人在室内吸烟吗?)并且在临床上使用概率决策树。在临床上没有使用任何其他的问题验证研究。基于学校的研究中,包括了一个来自土耳其的研究和一个来自德国及荷兰的儿童研究。在土耳其的研究中,通过来自家长报告的"与孩子在同一房间吸烟"的情况,比较孩子尿中可替宁的浓度(灵敏性 39%,特异性 80%)[28]。在另一个来自德国和荷兰的儿童研究中,根据家长的报告,比较在起居室吸烟的时候,尼古丁的环境水平(灵敏度 61%～78%,特异性 81%～96%)[29]。一项对家长和 13～17 岁青少年的研究比较了接受电话采访时回应的唾液可替宁浓度;青少年对家长吸烟相关问题的回答的灵敏性和特异性分别为 43%和 93%。当家长和青少年的答复一致,敏感性和特异性分别为 85%和 90%[30]。

暴露预防

二手烟雾弥漫在任何吸烟环境中。奥特(Ott) 等人[31]在一间点着一支雪茄烟的 2 居室房子里证实了这种效果。在雪茄被熏房间(厨房)与相邻的客厅之间的门敞开 7.5 cm。测量是在卧室里进行,从起居室到卧室的门及卧室的窗户都被关闭,以减少卧室的空气交换。雪茄点燃大约 30 分钟后,卧室里一氧化碳(CO)的含量上升。

辅导家庭保持无烟家庭等环境

如果家长不能或不愿意戒烟,减少(但不消除)二手烟暴露的一个折中办法是建立和实施无烟规则。禁止在连接到家庭的任何地方或门窗开启范围或用于运送儿童的任何车辆内吸烟。因为二手烟的成分在烟源消失后数天仍然停留在环境中[12],即使孩子不在家也应执行无烟规则。

辅导家长戒烟

对家长而言,戒烟可能是消除孩子的二手烟暴露的最有效方式。儿科医生是为家长提供戒烟辅导的适合人选。由于许多家长缺乏医疗保险和获得初级卫生保健的机会,儿科医生可能是有些家长唯一定期拜访的医生,他们是作为家庭健康信息的主要来源[32,33]。正如儿科医生给家长提供饮食和安全建议一样，他们也可以给家长提供建议以减少儿童二手烟烟暴露。美国公共卫生服务指南，《治疗烟草使用和依赖》上建议临床医生询问家长烟草使用情况并为他们提供戒烟建议和帮助[34]。当一个孩子由于二手烟暴露导致身体状况恶化（如哮喘或复发性中耳炎）时正是“受教时刻”[35]。

尽管吸烟相关辅导和对家长行为的其他辅导对孩子的影响有相似之处，但很多儿科医生对他们在辅导家长戒烟上所起的作用表示担心。其中一个担心是他们要求家长改变行为会使他们与家长的关系疏远。但是一项针对家长的调查发现超过 50%的人认为儿科医生应该提醒家长戒烟；52%正在吸烟的人表示他们将欢迎关于戒烟的建议[36]。在对患有某种疾病的住院儿童的家长调查中发现暴露于二手烟会加剧病情，所有吸烟并且参与研究的家长认为，儿科医生应提供家长参加戒烟项目的机会[37]。儿科医生表示，其他有关帮助家长戒烟的困难包括缺乏时间、培训，以及相关经费[34]。辅导家长消除儿童二手烟暴露可以有效地增加家长戒烟的兴趣，尝试戒烟，以及这些尝试成功的可能性[38,39]。辅导家长关于暴露的危害和如何消除与儿童暴露有关的二手烟暴露[40]。

戒烟过程

在基线水平，没有辅导或任何其他干预的方法，每年约 4%～8%的烟草使用者戒烟[34]。随着每次尝试，戒烟成功会增加，以及干预措施如戒烟建议、辅导和药物治疗都会增加每次尝试戒烟的成功[34]。在所有接受医生咨询的人中，近 10%戒烟[34]。虽然这个比率看起来与个人实践关系不大，但它反映公共卫生体系对群体水平的巨大影响：在美国如果有10%的戒烟患者按照医生的要求去做，每年将有 200 万吸烟者戒烟[34]。随着时间的推移，医生的建议还可能会影响家庭成员，使他们完全戒烟，减少他们吸烟的数量，或者改变吸烟的场所（如从室内到室外）。

治疗成人烟草使用和依赖

在 2008，美国公共卫生服务更新了对烟草使用戒烟的咨询的临床实践指南[34]。除了全面分析烟草使用、戒烟策略的有效性，这个指南强烈建议所有医护人员在每次诊查时，定期评估烟草使用情况，无论就诊原因是什么。在每次就诊时，卫生保健专业人员提供咨询，并评估患者进行药物疗法的指征[34]。表 40－1 给出了更多咨询信息。

表 40－1　辅助家长和看护人戒烟的策略[34]

"5 项"戒烟方法包括以下内容： 1. 抓住每一个机会询问烟草使用，并评估使用者动机和对戒烟障碍的特定关注情况。 2. 建议烟草使用者戒烟。 3. 通过确定未来 2～4 周烟草使用者的戒烟准备来进行评估。 4. 协助烟草使用者戒烟。 5. 安排随访。 虽然这些步骤是相当简单的，但在儿童就医时的有限时间内提醒戒烟，当然，这种可行性也值得关注。虽然是儿科医生的简单意见，但是，可能对减少家长的烟草使用和复吸率产生积极影响。 一种替代 5 项的是"询问、建议，并参考"： 抓住每一次机会询问烟草使用情况。 建议烟草使用者戒烟，让儿童所处的环境中的烟雾和烟草都消失。 在适当的时候考虑处方药物疗法。 烟草使用者或家庭成员可参考戒烟热线或其他戒烟资源。
药物疗法 尼古丁具有高度成瘾性，药物疗法对戒烟起到了重要的作用。不幸的是，很多人不正确使用药物疗法，包括使用药物的时间太短。即使儿科医生不给患者的家属开医嘱，也应该了解药物疗法和正确使用的障碍。见美国科学院家庭医生处方指南。

家长戒烟咨询的计费

不幸的是，目前还没有关于家长戒烟咨询的经费报销，或当前医疗现行程序代码（CPT）编码。编码对诊断和治疗是重要一步，这将有利于在儿科机构中获取烟草依赖治疗好处的支持证据。2 个诊断代码非常有用：989.84（烟草毒性作用）和 V 15.89[其他指定的个人健康危险因素暴露史（二手烟暴露危害清单）][41]。同样，在保险理赔、死亡证明等文件中将二手烟暴露作为一个因素可能有助于评估二手烟对健康的影响和治疗二手烟暴露的经费报销需求。

尽管有很多障碍，但在繁忙的实践环境中有效地辅导家长是可能的，因为干预可以是非常简短的。简言之，当医疗团队中的一员说"你应该戒烟"会增加戒烟尝试和戒烟尝试的成功[34]。在额外辅导建议之后或转介到社区为基础的戒烟计划，其中包括"戒烟热线"（1-800-QUIT，通过电话提供免费咨询）跟进是很重要的下一步措施。因为二手烟暴露所造成的后果是如此之大，甚至短暂干预的效果是如此强大，一个繁忙的儿科医生可以而且应该向患者及其家属提供戒烟咨询。

针对青少年的策略

大多数吸烟者烟草使用开始于青少年时期，预防烟草的使用（包括"初吸实验阶段"）是儿科医生的一个重要目标。讨论媒体在烟草启动使用和维持方面的作用是非常重要的。尽管美国在 1998 年颁布了针对青少年的烟草广告禁令[42]，但仍然普遍存在烟草广告（包括咀嚼烟草、雪茄和鼻烟）[34]。针对青年烟草使用更隐匿的广告被描绘在电影和其他媒体中，多项研究表明，当儿童和青少年在电影中观看吸烟，他们更可能接受并开始使用烟草[3]。

早期识别关于青少年使用烟草的风险是很重要的。美国卫生和公众服务部已经确定了关于青少年烟草使用的 4 类风险因素[43]。

个人因素——认为使用烟草将使得青少年更好地适应社会。

行为因素——缺乏明确的教育目标，缺乏对学校和社交俱乐部的依恋。

社会经济因素——社会经济地位低。

环境因素——受到同龄人和/或家长使用烟草的影响，接触烟草产品和广告。

相对于成人，医生对青少年吸烟者的辅导效果较差。美国公共卫生服务指南建议青少年使用相同的辅导策略，这些策略已被证明对成人有效，但对青少年而言还需做出调整。主要可以强调吸烟的短期影响，如成本、口臭、衣服臭，身体功能下降和社会的不接受。提高青少年对烟草公司通过诱人的广告宣传活动引诱吸烟的企图是很有用。与儿童和青少年讨论二手烟暴露的影响也可能减少他们的暴露，并可不断增加他们家长的戒烟率[34]。

尼古丁替代药物已被证明对青少年是安全的，但青少年烟草依赖的药物疗法的有效性证据尚不足。因此,美国公共卫生服务不建议把他们作为儿科烟草干预的内容[43]。2009 年美国食品药品监督管理局(FDA)警告儿科医生特别关注安非他酮和伐尼克兰特。此警告指出,试图戒烟同时使用安非他酮和伐尼克兰的患者心情郁闷,情绪激动,行为改变,有自杀意念和行为。

有些儿科医生对青少年吸烟者考虑使用某些类药物产品。这样做时,儿科医生应确定在一般每日抽多少卷烟,依赖程度(使用标准的量表,例如尼古丁成瘾性量表打钩(表 40 - 2),任何禁忌证或考虑药物治疗,体重和少年戒烟的意图。保密性可能是个问题,尤其是当对青少年采用药物疗法时。由于大多数保险公司不包括戒烟咨询,有的不报销戒烟药物疗法,成本可能是一个问题[34]。表 40 - 3 提供了帮助青少年停止使用烟草的措施。

美国儿科学会(APP)发布了烟草使用和二手烟暴露的政策声明,“烟草使用:一种儿科疾病”(Tobacco Use: A Peeliatric Disease)[46],和 2 个技术报告,“二手烟暴露与产前烟草暴露”(Secondhand and Prenatal Tobacco Smoke Exposure)[47]以及“烟草作为滥用的物质”(Tobacco as a Substane of Abuse)[34]。读者可参考这些资料来了解有关青少年和烟草使用的更完整的讨论信息。

表 40 - 2　尼古丁成瘾量表(HONC)[45]

问题	否	是
你有过尝试戒烟但失败了的经历吗?	□	□
你因为戒烟太难而现在仍然吸烟吗?	□	□
你有没有觉得你沉迷于烟草?	□	□
你是否强烈渴望吸烟?	□	□
你有没有觉得你真的需要一根烟?	□	□
在不应该吸烟的地方,你是否很难控制自己不吸烟?	□	□
什么时候你会不吸烟或者什么时候你试图戒烟		
你觉得不吸烟就很难集中精力吗?	□	□
你觉得不吸烟更容易烦躁吗?	□	□

（续表）

问题	否	是
你是否强烈感觉需要吸烟?	□	□
你觉得不抽烟就会感到紧张,烦躁不安或焦虑吗?	□	□

评分

古丁成瘾值是由回答“是”的数目来计算。

二分法(是/否)得分:尼古丁成瘾值可以用作一个减少自主权的指标。

10 个问题都回答“否”的人尼古丁成瘾值得 0 分,他们在烟草使用上享有充分的自主权。因为由上所述量表测得的各症状尼古丁成瘾可以作为减少自主权的一个指标,如果有任何症状支持,那么一个吸烟者就会失去全部自主权。在学校和诊所,可以告知得分高于零的吸烟者他们已经上瘾了。许多年轻人在认为自己是烟民之前就已经对吸烟上瘾了,即使他们并不每一天都吸烟。研究表明,当尼古丁成瘾值用于预测吸烟的轨迹时,二分法评分是很有用的。

连续评分:尼古丁成瘾值可用于衡量减少自主权的程度。

一个人自主权的症状的数目衡量丧失自主权的程度。一些研究人员更喜欢在问卷项目中提供多项选择(例如,从未,有时,大多数时候,总是)。在某些情况下,这可以提高一项调查的统计特性。当尼古丁成瘾值这样做时,其性能并没有提高。具有多个选项会使计分复杂化,因为总得分与个体的症状的数目不一致。

因此,我们推荐有/无应答模式。希望测量频率和症状严重程度的研究者可以在有/无格式中增加有关吸烟者任一项目的附加问题。这里有一个例子:你有没有觉得你沉迷于烟草? 选中“是”的吸烟者接下来就回答:

——有多少次你觉得上瘾? 很少,偶尔,经常,常常。

——在从 1(几乎没有)到 10(非常)的范围里,你感觉上瘾的程度是怎样的?

表 40－3　帮助青少年戒烟的步骤

1. 让青少年考虑大多数在青少年时期开始吸烟的成人是希望他们在青少年时戒烟,并意识到烟草公司积极诱惑青少年尝试吸烟。
2. 请青少年列出戒烟原因,然后谈谈任何可能适用于他们的戒烟原因。
3. 指出一个人吸烟的时间越长,就越难戒掉。
4. 让不愿意戒烟的青少年承诺不会增加其吸烟量。
5. 询问声称烟草不是他们的问题的青少年,“在什么时候烟草会成为你的一个问题?”
6. 要求那些说自己没有上瘾的青少年做一个口头协议,并承诺 1 个月不使用烟草,通过电话随访。

（续表）

7. 一旦青少年承诺戒烟，儿科医生的任务是进行鼓励和教育。建议决心戒烟的青少年做到以下几点：
——思考支持戒烟的逻辑论证，包括健康的危害。
——学习戒烟的方法。
——思考他们如何吸烟和为什么吸烟。
——制订一个计划，以应付（或避免）某些强烈抽烟渴望的情况。
——做出承诺。
——寻求他们所需要的帮助（例如，药物疗法，戒烟门诊、戒烟伙伴）。
——制订一个戒烟计划，并坚持下去。
——预测和准备应对戒烟后较长时期的偶尔吸烟冲动。

青春期的策略

儿科医生应尽早开始传播“不要学吸烟”的信息并让家长甚至是在这一阶段吸烟的家长参与进来。一个使用烟草的家长可以传递出来这样一个有效信息：戒烟很难，我希望我当年不学吸烟。家长吸烟的青少年更有可能吸烟。他们初次开始吸烟的进程很快并且很快上瘾[43]。

减少初次吸烟

减少初次吸烟的有效措施包括：①增加烟草产品的单位价格；②大众传媒教育运动（结合其他干预措施）；③社区动员限制成人使用烟草产品（结合其他干预措施）。

针对烟草产品零售商的干预措施，包括法律，零售商教育或社会教育等，但都还没有被证明是有效的[48]。减少烟草初始使用的战略应该是“全国烟草控制计划[49]”中较大的一部分。烟草控制综合项目的最佳实施方案，包括：

1. 支持、实施和团结各组织、系统和网络的国家和社区的干预措施，鼓励和支持无烟行动。

2. 健康传播的干预措施是通过各种场合向各种团体传递支持青少年无烟行动的信息。

3. 戒烟干预措施以卫生保健体系为基础，但不限于卫生医疗保健系统；确保对所有的患者进行烟草使用筛查，接受短暂戒烟干预措施；并提供更多的服务和戒烟药物。

4. 定期监测与评估烟草有关的态度、行为和健康结局。

5. 提供经费给需要实施戒烟计划的优秀员工、高效的管理者和领导力强的政府和管理机构。

儿科医生工作场所控烟

加强控烟信息是重要的，办公室环境和工作人员对提供这些信息起着重要的作用（表 40－4）[34]。在一个有效措施中最重要的步骤是要筛查所有使用烟草和暴露在二手烟环境中的患者和家庭。系统化筛查过程可以很简单，如在每次访问收集的生命体征中加入"是否吸烟和是否接触二手烟"。信息应记录在患者图表上的标准位置。当开发或更新电子健康记录（电子病历）时，儿科医生应该确保电子病历的生命体征部分能够反映主动吸烟或是否暴露于二手烟。确保戒烟材料一应俱全，其中包括戒烟热线号码，那是另一重要步骤（表 40－4）。

表 40－4　工作场所的干预

1. 树立一个榜样

　　儿科医生应该树立榜样，不使用烟草。诊所及其相关区域应该禁烟，有相关禁烟声明，并有执行计划等。不要订阅有烟草广告的杂志或由烟草制造商做的广告杂志。

2. 系统评估家长的烟草使用状况和孩子接触二手烟的情况

　　应实施识别烟草使用者的系统策略，如贴上医疗记录或重要的符号形式，包括烟草使用情况。我们的目标是给与患者或任何烟草使用者有联系的人提供有关戒烟和无烟家庭的信息。询问家长和家庭成员的烟草使用状况在儿童的健康评估中是非常重要的。关于家长或家庭成员烟草使用的问题应该输入到问题列表，并在每次访问时解决。

3. 提供几名戒烟信息的工作人员

　　关于戒烟咨询教育方面的工作人员（如护士或健康教育者）可以扩大医生的工作，并提供有效的支持。

4. 作为一个"日程设置"

　　儿科医生可以作为家长戒烟的催化剂。儿科医生可以启动戒烟过程并且为戒烟和维持一个无烟的生活方式提供专业指导和资源。

5. 提供患者教育材料

　　材料可以从许多组织或互联网上免费或者低成本获得（参阅参考资料）。

6. 利用本地资源，大部分地区可提供当地资源

　　医生转介时应包括具体的机构或程序，电话号码和要求。自助材料可以从当地获取。戒烟药物疗法的供应商把自助程序辅助其产品。

该表信息来自于 Fiore[34]。

常见问题

问题 如果我抽烟，我能母乳喂养吗？

回答 无论是否吸烟，母乳都是最适合婴幼儿的。然而，我们强烈建议孕妇不要使用烟草，哺乳女性不应该吸烟，因为尼古丁和其他毒物可以通过母乳转移给婴儿。而且，吸烟女性通常使婴儿断奶的年龄较早。如果确实继续吸烟，吸的时候就不能哺乳，因为高浓度的烟雾会伤害婴儿。

问题 当客人来到我家，他们问能不能在另一个房间吸烟时，我应该怎么回答他们？

回答 有儿童的家庭应该是完全无烟的。即使吸烟者在一个单独的房间吸烟，烟雾缭绕的空气会蔓延整个家庭，在家里的每个人都暴露在二手烟中。客人到您家应该尊重你的禁烟要求。如果他们不能做到这一点，要坚持让他们到室外吸烟，并远离开着的门窗。另外，请记住：他们的衣服和他们的随身物可能会将残留烟释放的毒素带到你家。

问题 我现在不能戒烟。我怎样才能减少我孩子接触二手烟呢？

回答 因为如果你在家里抽烟，你的孩子一定会接触二手烟，请确保你只在室外抽烟，并从来不在有孩子乘坐的汽车或交通车辆中抽烟。选择关爱幼儿的无烟环境，避免把你的孩子带到允许吸烟的地方，如酒吧或餐厅（即使有一个单独的吸烟区）、机场吸烟室等。

问题 是否有充分的证据表明接触二手烟与引发幼儿哮喘有联系？

回答 是的，有足够的证据显示小孩接触二手烟和哮喘或喘息的发生之间有很强的关联。

问题 我们住在祖父母家，他们在其卧室吸烟。我怎么让他们到自己家外面抽烟呢？

回答 你依然可以阻止他们。如果你确信二手烟对你的孩子有害的想法告诉他们，你可以说，儿科医生要求建立无烟家庭。或者，如果你愿意，你可以让儿科医生写一张字条给他们，要求他们让自己的家无烟。这个做法可能同时有利于减少他们吸烟的数量和鼓励他们采取下一步措施去戒烟。

问题　我之前已经试过用口香糖和贴片来戒烟，但没有奏效，为什么现在我还应该尝试呢？

回答　每次尝试戒烟，你了解更多戒烟过程中的有效（或无效）方法以帮助你戒烟。大多数人多次尝试戒烟才成功。我建议你现在拨打戒烟热线，与可以帮助您规划下一步戒烟的辅导员谈谈。这项服务是免费的，并确实有效。

问题　我听说新药伐尼兰克，是真正有用的。你知道它们的相关信息吗？

回答　伐尼兰克能有效地帮助许多吸烟者戒烟，但某些使用者也担心它的安全问题。这是一个可以与你的医生或护士讨论使用这种药物的好处和风险的好想法。另一个很好的信息来源是戒烟热线。

问题　我们不抽烟，但我们生活在一个大的公寓楼，我们通过墙壁闻到烟味。这是不是很矛盾呢？如果是，我们能做些什么呢？

回答　最近的一项研究表明，在公寓的孩子比在独立屋的孩子有较高的尼古丁水平[50]。造成这种结果的原因可能是墙壁渗水或共用通风系统。你应该考虑在你的公寓楼设置禁烟警示。多单元住房的禁烟警示可以减少儿童接触烟草烟雾[51]。

临床医生的常见问题

问题　家长一直在问我关于三手烟的问题，那是什么？

回答　“三手烟”是熄灭的烟草的残留烟雾。研究表明，即使吸烟已经停止，家中烟草污染物持续高水平与在家中吸烟是有关联的。说明孩子还是暴露在二手烟环境中。毒素包括沉积在空气表面上的和弥散在家庭尘埃上的颗粒物质，在几天、几周，甚至几个月挥发有毒化合物“尾气”

到空气[52]。因此所有的家庭应禁止吸烟。

问题 如何在繁忙的实际环境中劝阻他人？

回答 简短的语句比如“你应该戒烟，”被证明能有效地增加尝试戒烟成功的次数。在治疗儿童哮喘或其他呼吸系统疾病时，大多数儿科医生已经用这些或类似的语句来建议家长。指导患者或者家长拨打“戒烟热线”或搜索另外的戒烟资源，仅几分钟就可以使得到很多有效信息。

问题 当辅导服务不包括在保险计划中时该怎样向儿科医生咨询？

回答 不幸的是，许多保险公司不报销预防服务咨询费用。由于接触二手烟的儿童与家庭带来的后果是如此之大，而需要传递一个简短的“停止使用烟草”的消息需要的时间很短，很多儿科医生提供了这一重要的服务。

参考资料

Agency for Health Care Research and Quality

Phone：800 - 358 - 9295

Web site：www. ahrq. gov

American Academy of Pediatrics，Richmond Center of Excellence

Phone：847 - 434 - 4264

Web site：www. aap. org/richmondcenter

American Cancer Society

Phone：800 - ACS - 2345

Web site：www. cancer. org

American Lung Association，Environmental Health

Phone：800 - LUNG - USA or 800 - 548 - 8252 or 202 - 785 - 3355

Web site：www. lungusa. org

Freedom From Smoking：www. ffsonline. org

Asthma and Allergy Foundation of America

Phone：800 - 7 - ASTHMA or 800 - 727 - 8462 or 202 - 466 - 7643

Web site：www. aafa. org

CEASE，Clinical Effort Against Secondhand Smoke Exposure

Web site：www. ceasetobacco. org

Centers for Disease Control and Prevention，Office on Smoking and Health

Phone：800 - CDC - INFO or 800 - 232 - 4636 or 770 - 488 - 5701

Web site：www. cdc. gov/tobacco

National Cancer Institute

Phone：800 - 4 - CANCER or 800 - 422 - 6237

Web site：www. nci. nih. gov

Nicotine Anonymous

Phone：415 - 750 - 0328

Web site：www. nicotine-anonymous. org

Smoke Free Homes

Phone：202 - 476 - 4746

Web site：www. kidslivesmokefree. org

US Environmental Protection Agency，Indoor Air Quality Publications

Phone：800 - 490 - 9198

Web site：www. epa. gov/iaq/pubs

US Environmental Protection Agency，Smoke-free Homes and Cars Program

Phone：866 - SMOKE - FREE or 866 - 766 - 5337

Web site：www. cpa. gov/smokefree

（赵　勇 译　徐晓阳 校译　许积德 审校）

参考文献

[1] Schwab M，McDermott A，Spengler J. Using longitudinal data to understand children's activity patterns in an exposure context：data from the Kanawha County Health Study. *Environ Int*. 1992;18:173 - 189.

[2] Centers for Disease Control and Prevention. *Preventing Tobacco Use Among Young People：A Report of the Surgeon General*. Atlanta，GA：US Department of Health and Human Services，Public Health Service，Centers for Disease Con-

trol and Prevention, National Center for Chronic Disease Prevention and Health Promotion, Office on Smoking and Health; 1994.

[3] Wellman RJ, Sugarman DB, DiFranza JR, et al. The extent to which tobacco marketing and tobacco use in films contribute to children's use of tobacco: a meta-analysis. *Arch Pediatr Adolesc Med*. 2006;160(12):1285－1296.

[4] FDA head calls smoking a "pediatric disease." *Columbia University Record*. March 24, 1995.

[5] California Environmental Protection Agency. *Proposed Identification of Environmental Tobacco Smoke as a Toxic Air Contaminant*. Sacramento, CA: Air Resources Board, Office of Environmental Health Hazard Assessment, California Environmental Protection Agency; 2005.

[6] Spengler JD, Dockery DW, Turner WA, et al. Long term measurements of respirable sulfates and particles inside and outside homes. *Atmosph Environ*. 1981; 15(1):23－30.

[7] US Environmental Protection Agency. *Respiratory Health Effects of Passive Smoking: Lung Cancer and Other Disorders*. Washington, DC: US Environmental Protection Agency, Office of Research and Development, Office of Air and Radiation; 1992.

[8] Centers for Disease Control and Prevention. Vital signs: current cigarette smoking among adults aged≥18 years—United States, 2009. *MMWR Morb Mortal Wkly Rep*. 2010;59(35):1135－1140.

[9] Centers for Disease Control and Prevention. Vital signs: nonsmokers' exposure to secondhand smoke—United States, 1999－2008. *MMWR Morb Mortal Wkly Rep*. 2010;59(35):1141－1146.

[10] The GTSS Collaborative Group. A cross country comparison of exposure to secondhand smoke among youth. *Tob Control*. 2006;15(Suppl 2):ii4－ii19.

[11] Oberg M, Jaakkola MS, Woodward A, et al. Pruss-Usten A. Worldwide burden of disease from exposure to second-hand smoke: a retrospective analysis of data from 192 countries. *Lancet*. 2011;377(9760):139－146.

[12] Matt GE, Quintana PJ, Hovell MF, et al. Households contaminated by environmental tobacco smoke: sources of infant exposures. *Tob Control*. 2004;13(1):29－37.

[13] US Department of Health and Human Services. *The Health Consequences of Involuntary Exposure to Tobacco Smoke: A Report of the Surgeon General*. Atlan-

ta, GA: US Department of Health and Human Services, Centers for Disease Control and Prevention, Coordinating Center for Health Promotion, National Center for Chronic Disease Prevention and Health Promotion, Office on Smoking and Health; 2006.

[14] Hecht SS, Ye M, Carmella SG, et al. Metabolites of a tobacco-specific lung carcinogen in the urine of elementary school-aged children. *Cancer Epidemiol Biomarkers Prev*. 2001;10(11):1109－1116.

[15] Chuang SC, Gallo V, Michaud D, et al. Exposure to environmental tobacco smoke in childhood and incidence of cancer in adulthood in never smokers in the European Prospective Investigation into Cancer and Nutrition. *Cancer Causes Control*. 2011;22(3):487－494.

[16] Palmer CN, Doney AS, Lee SP, et al. Glutathione S-transferase M1 and P1 genotype, passive smoking, and peak expiratory flow in asthma. *Pediatrics*. 2006; 118(2):710－716.

[17] Wang C, Salam MT, Islam T, et al. Effects of in utero and childhood tobacco smoke exposure and {beta}2-adrenergic receptor genotype on childhood asthma and wheezing. *Pediatrics*. 2008;122(1):e107－114.

[18] Aligne CA, Moss ME, Auinger P, et al. Association of pediatric dental caries with passive smoking. *JAMA*. 2003;289(10):1258－1264.

[19] Drongowski RA, Lee D, Reynolds PI, et al. Increased respiratory symptoms following surgery in children exposed to environmental tobacco smoke. *Paediatr Anaesth*. 2003;13(4):304－310.

[20] Mannino DM, Moorman JE, Kingsley B, et al. Health effects related to environmental tobacco smoke exposure in children in the United States: data from the Third National Health and Nutrition Examination Survey. *Arch Pediatr Adolesc Med*. 2001;155(1):36－41.

[21] Leistikow BN, Martin DC, Milano CE. Fire injuries, disasters, and costs from cigarettes and cigarette lights: a global overview. *Prev Med*. 2000;31(2 Pt 1): 91－99.

[22] Leistikow BN, Martin DC, Jacobs J, et al. Smoking as a risk factor for accident death: a meta-analysis of cohort studies. *Accid Anal Prev*. 2000; 32(3): 397－405.

[23] Yolton K, Khoury J, Hornung R, et al. Environmental tobacco smoke exposure and child behaviors. *J Dev Behav Pediatr*. 2008;29(6):450－457.

[24] Julvez J, Ribas-Fitó N, Torrent M, et al. Maternal smoking habits and cognitive development of children at age 4 years in a population-based birth cohort. *Int J Epidemiol*. 2007;36(4):825－832.

[25] Fagnano M, Conn KM, Halterman JS. Environmental tobacco smoke and behaviors of innercity children with asthma. *Ambul Pediatr*. 2008;8(5):288－293.

[26] Rückinger S, Rzehak P, Chen C-M, et al. Prenatal and postnatal tobacco exposure and behavioral problems in 10-year-old children: results from the GINI-plus prospective birth cohort study. *Environ Health Perspect*. 2010; 118 (1): 150－154.

[27] Groner JA, Hoshaw-Woodard S, Koren G, et al. Screening for children's exposure to environmental tobacco smoke in a pediatric primary care setting. *Arch Pediatr Adolesc Med*. 2005;159(5):450－455.

[28] Boyaci H, Etiler N, Duman C, et al. Environmental tobacco smoke exposure in school children: parent report and urine cotinine measures. *Pediatr Int*. 2006;48(4):382－389.

[29] Gehring U, Leaderer BP, Heinrich J, et al. Comparison of parental reports of smoking and residential air nicotine concentrations in children. *Occup Environ Med*. 2006;63(11):766－772.

[30] Lee DJ, Arheart KL, Trapido E, et al. Accuracy of parental and youth reporting of secondhand smoke exposure: the Florida youth cohort study. *Addict Behav*. 2005;30(8):1555－1562.

[31] Ott WR, Klepeis NE, Switzer P. Analytical solutions to compartmental indoor air quality models with application to environmental tobacco smoke concentrations measured in a house. *J Air Waste Manag Assoc*. 2003;53(8):918－936.

[32] Devoe JE, Baez A, Angier H, et al. Insurance + access not equal to health care: typology of barriers to health care access for low-income families. *Ann Fam Med*. 2007;5(6):511－518.

[33] Weissman JS, Zaslavsky AM, Wolf RE, et al. State Medicaid coverage and access to care for low-income adults. *J Health Care Poor Underserved*. 2008;19(1):307－319.

[34] Fiore M, Jaen C, Baker T, et al. *Treating Tobacco Use and Dependence: 2008 Update. Clinical Practice Guideline*. Rockville, MD: US Department of Health and Human Services, Public Health Service; 2008.

[35] McBride CM, Emmons KM, Lipkus IM. Understanding the potential of teacha-

ble moments: the case of smoking cessation. *Health Educ Res*. 2003;18(2):156－170.

[36] Frankowski BL, Weaver SO, Secker-Walker RH. Advising parents to stop smoking: pediatricians' and parents' attitudes. *Pediatrics*. 1993;91(2):296－300.

[37] Winickoff JP, Hibberd PL, Case B, et al. Child hospitalization: an opportunity for parental smoking intervention. *Am J Prev Med*. 2001;21(3):218－220.

[38] Winickoff JP, Buckley VJ, Palfrey JS, et al. Intervention with parental smokers in an outpatient pediatric clinic using counseling and nicotine replacement. *Pediatrics*. 2003;112(5):1127－1133.

[39] Winickoff JP, Hillis VJ, Palfrey JS, et al. A smoking cessation intervention for parents of children who are hospitalized for respiratory illness: the stop tobacco outreach program. *Pediatrics*. 2003;111(1):140－145.

[40] Sharif I, Oruwariye T, Waldman G, et al. Smoking cessation counseling by pediatricians in an inner-city setting. *J Natl Med Assoc*. 2002;94(9):841－845.

[41] American Academy of Pediatrics. Coding Corner. What diagnosis code should I use for parental smoke exposure? *AAP News*. 2003;23(1):31.

[42] National Association of Attorneys General. Master Settlement Agreement. *Settlement Documents*. Washington, DC: National Association of Attorneys General; 1998. Available at: http://www. naag. org/settlement _ docs. php. Accessed March 31, 2011.

[43] Sims TH; American Academy of Pediatrics, Committee on Substance Abuse. Technical report—tobacco as a substance of abuse. *Pediatrics*. 2009;124(5):e1045－e1053.

[44] US Food and Drug Administration. Information for Healthcare Professionals: Varenicline (marketed as Chantix) and Bupropion (marketed as Zyban, Wellbutrin, and generics). Available at: http://www. fda. gov/Drugs/DrugSafety/PostmarketDrugSafetyInformationfor Patient sand Providers/DrugSafetyInformationforHeathcareProfessionals/ucm169986. htm. Accessed March 31, 2011.

[45] DiFranza JR, Savageau JA, Fletcher K, et al. Wood C. Measuring the loss of autonomy over nicotine use in adolescents: The Development and Assessment of Nicotine Dependence in Youths (DANDY) Study. *Arch Pediatr Adolesc Med*. 2002;156(4):397－403.

[46] American Academy of Pediatrics, Committee on Environmental Health, Committee on Substance Abuse, Committee on Adolescence, Committee on Native Amer-

ican Child Health. Policy statement—tobacco use: a pediatric disease. *Pediatrics*. 2009;124(5):1474－1487.

[47] Best D; American Academy of Pediatrics, Committee on Environmental Health, Committee on Native American Child Health, Committee on Adolescence. Technical report—secondhand and prenatal tobacco smoke exposure. *Pediatrics*. 2009; 124(5):e1017－e1044.

[48] Centers for Disease Control and Prevention. *The Community Guide*. *Tobacco Use*. Atlanta, GA: The Community Guide, Epidemiology Analysis Program Office, Office of Surveillance, Epidemiology, and Laboratory Services, Centers for Disease Control and Prevention; 2003. Available at: http://www.thecommunityguide.org/tobacco/default.htm. Accessed March 31,2011.

[49] Centers for Disease Control and Prevention. *Best Practices for Comprehensive Tobacco Control Programs*—2007. Atlanta, GA: US Department of Health and Human Services, Centers for Disease Control and Prevention, National Center for Chronic Disease Prevention and Health Promotion, Office on Smoking and Health; 2007. Available at: http://www.cdc.gov/tobacco/stateandcommunity/best_practices/pdfs/2007/bestpractices_complete.pdf. Accessed June 19, 2011.

[50] Wilson KM, Klein JD, Blumkin AK, et al. Tobacco-smoke exposure in children who live in multiunit housing. *Pediatrics*. 2011;127(1):85－92.

[51] Kline RL. Smoke knows no boundaries: legal strategies for environmental tobacco smoke incursions into the home within multi-unit residential dwellings. *Tob Control*. 2000;9(2):201－205.

[52] Winickoff JP, Friebely J, Tanski SE, et al. Beliefs about the health effects of "thirdhand" smoke and home smoking bans. *Pediatrics*. 2009;123(1):e74－e79.

第 41 章

紫外线辐射

■■■■■■

太阳维持地球上的生命，是光合作用所需，提供温暖，带动生物节律，并增进幸福感。阳光是皮肤产生维生素 D 的必要条件。尽管阳光对身体有着诸多有利效应，但长期暴露于太阳光谱的紫外线（UV）会对人类健康产生许多不利影响。

太阳发出的电磁辐射是从短波高能量 X 射线到长波低能量无线电波。紫外线辐射（UVR，“紫色以上”）波长范围从 200～400 nm 不等。紫外线辐射波长比 X 射线长，比可见光（400～700 nm）和红外线辐射（＞700 nm，又称“红色以下”或“热辐射”）短。紫外线辐射可分为长波紫外线（UVA）、中波紫外线（UVB）和短波紫外线（UVC）。其中 UVA 波长 320～400 nm，可进一步细分为 UVA2（320～340 nm）和 UVA1（340～400 nm）[也称为黑色（不可见）光]；UVB 波长 290～320 nm；UVC 波长＜290 nm。UVC 能量最高，但几乎全被平流层臭氧吸收而没有到达地球的表面。因此，UVA、UVB、可见光和红外线生物学意义最大。

到达地球表面的太阳辐射包含约 95％的 UVA 和 5％的 UVB[1]。大多数 UVB 被平流层臭氧吸收[2]，但 UVA 没有被吸收。臭氧层厚度不均；臭氧浓度往往会向两极增加，但在一些地区会变稀薄[2]。臭氧损耗对到达地球的 UVB 量有重要影响[3]。

UVB 夏季强于冬季，中午强于清晨或傍晚，在接近赤道的地方比温带地区强烈，高海拔地区比海平面强。沙子，雪，混凝土和水可以反射出高达 85％的阳光，导致更强烈的紫外线暴露[4]。水并不是一个很好的光保护剂，因为紫外线辐射可以穿透 60 cm 的深度的水导致强烈的暴露。相比每日及全年变化的 UVB，UVA 是相对稳定的。

紫外线辐射可以通过人造灯（如日光灯）和工具（如焊接工具）产生，

但对于大多数人来说太阳是紫外线的最主要来源[5]。紫外线辐射几十年来一直用于治疗皮肤病，尤其是银屑病（牛皮癣）[1]。

暴露途径

当人们暴露于户外阳光下或暴露于人工源日光灯和日光灯浴床的紫外线辐射时，他们的皮肤和眼睛直接暴露于紫外线辐射。

累及的系统

皮肤、眼睛和免疫系统都会被影响。

临床效应

对皮肤的影响

皮肤是最易暴露于环境紫外线辐射的器官。

红斑和晒伤

红斑和晒伤是对过量紫外线辐射的急性反应。暴露于紫外线辐射会引起血管舒张，真皮血液量增加，进而导致红斑。红斑大小取决于多种因素，例如皮肤类型和厚度、黑色素在表皮的数量、日晒后表皮产生黑色素的能力和辐射的强度等。一个关于 6 种类型日光反应性皮肤分型的分类系统已经成熟，它考虑了每个个体的预期晒伤和晒黑的趋势（表 41－1）。

紫外线辐射导致红斑的能力取决于辐射波长，表示为红斑“光谱”。导致红斑和晒伤的光谱主要是在 UVB 范围[6]。

晒黑

晒黑是对太阳照射的一种保护性反应[7]。直接晒黑（或直接色素加深）是暴露于可见光和 UVA 之后现有黑色素发生氧化的结果。直接色素加深在几分钟内就可出现，通常在 1～2 小时内消退。当暴露于 UVB

时会形成新的黑色素，此时会发生延迟晒黑。延迟晒黑在暴露后2～3天出现，高峰在暴露后7～10天，可能会持续数周或数月。最近的证据表明，晒黑效应意味着皮肤发生DNA损伤[8]。

表41-1　菲茨帕特里克的日光反应性皮肤类型分类

皮肤类型	皮肤晒伤或晒黑的进程
Ⅰ	总是很容易晒伤，从不晒成棕褐色
Ⅱ	总是很容易晒伤，轻微晒黑
Ⅲ	有时晒伤、逐渐均匀晒黑(浅棕色)
Ⅳ	很少晒伤，总是黝黑色(中棕色)
Ⅴ	很少晒伤，明显晒黑(深棕色)
Ⅵ	不会晒伤，深色素(黑)

光毒性和光变态反应

化学光敏性指的是当一个人局部或全身使用某些化学物质或药物的同时暴露在紫外线辐射或可见光辐射下发生的一种皮肤不良反应。光毒性是一种化学性光敏性反应，它并不取决于免疫反应，因为第一次暴露于光化学性药物即可发生这种反应。大多数光毒性的药物在UVA的范围内(320～400 nm)被激活。与光毒性反应有关的青少年常用药物包括非甾体类抗炎药(NSAIDs)、四环素和维A酸，其他药物如吩噻嗪类、补骨脂素、磺胺类药、利尿剂、对氨基苯甲酸(PABA)酯。光过敏是一种由抗原抗体或细胞介导的获得性皮肤变态反应性的超敏反应[9]。光变应性反应包括由紫外线辐射引起的化学性或药物性免疫反应[9]。含有对氨基苯甲酸的防晒霜、香水、磺胺类药和吩噻嗪类都与光过敏反应有关[9]。

正在服用药物或使用局部药物敏化的人应避免阳光照射，如果可能的话，还应完全避免所有人为来源的UVA。暴露后可以导致不舒服，严重不适，甚至危及生命。

植物日光性皮炎是由阳光和光敏化合物的相互作用所产生的一种皮肤反应。最常见的光毒性化合物是呋喃香豆素类化合物(补骨脂素)，很多植物包含这种物质，如酸橙、柠檬、芹菜。

多达80%的系统性红斑狼疮患者有光敏性。紫外线阈值剂量触发皮肤或全身性反应的比率比晒伤低得多。很多患者都不知道耀斑与紫外线辐射暴露的联系，因为从暴露到皮疹出现的潜伏期从几天到3周不等[10]。

皮肤老化(光老化)

长期无防护措施暴露于紫外线辐射会减弱皮肤的弹性，导致脸颊下垂，出现更深层的面部皱纹，皮肤慢慢变色。光老化皮肤的特点是细胞成分和细胞外基质发生改变。

非黑色素瘤性皮肤癌

非黑色素瘤性皮肤癌(NMSC)包括基底细胞癌和鳞状细胞癌。在美国，成人非黑色素皮肤癌是迄今为止最常见的恶性肿瘤，每年超过200万例。非黑色素瘤性皮肤癌的病例数在美国并不精确，因为没要求医生登记这些癌症报告。非黑色素皮肤癌很少是致命的，除非不及时治疗。然而，美国癌症协会估计每年有2 000人死于非黑色素皮肤癌[11]。

一般来说非黑色素皮肤癌最容易发生于暴露在阳光下的皮肤白皙的人身上，黑人和其他天生色素沉着增多的人身上是不多见的。非黑色素皮肤癌更常见于50岁以上的人，因为在这个年龄段发病率迅速增加。非黑色素瘤性皮肤癌发病率也越来越年轻化[12]。日晒是导致非黑色素瘤性皮肤癌症的主要环境因素，长期累积性暴露导致的光损伤被认为是鳞状细胞癌的重要发病机制。非黑色素瘤性皮肤癌，所以对于儿童来说是极其罕见的。

黑色素瘤

黑色素瘤主要是一种皮肤疾病。主要在真皮外的组织包括眼睛、黏膜、胃肠道、泌尿生殖道、软脑膜和淋巴结，其中95%的黑色素瘤发生在皮肤[13]。

虽然没有非黑色素瘤性皮肤癌那么常见，但皮肤恶性黑色素瘤(以下称为“黑色素瘤”)是一个严重的公共卫生问题。在美国，黑色素瘤在男性最常见的癌症中排名第五位，在女性最常见的癌症中排名第六位[14]。在美国，黑色素瘤的发病率迅速增长。1935年，在美国一个人患浸润性黑色素瘤的终身风险是1/1 500。2007年，浸润性黑色素瘤的风险是1/63，包括在内的还有1/33的原位黑色素瘤。在世界范围内，黑色素瘤增长速度超过任何其他恶性肿瘤[15]。黑色素瘤占皮肤癌病例不到5%，但会导致大部分的皮肤癌症患者死亡。

美国癌症协会估计，在2009年有68 130人被诊断为黑色素瘤。据估计，大约有8 700人死于该病[16]。总的来说，白人一生中患黑色素瘤的风险大约是1/50，拉美裔人为1/200，黑人为1/1 000[16]。如果在早期发现，黑色素瘤预后良好，但黑色素瘤发生转移后预后较差。因此，必须预防和早发现。

黑色素瘤发病率增加的原因是复杂且不完全清楚的，但是它可能与服装样式变化导致更多皮肤暴露、氯氟化碳的广泛使用导致地球上平流层臭氧的保护减少、休闲活动增多，以及通过人工紫外线辐射来进行日光浴的人增多有关。

黑色素瘤多发生于男性。年龄增加也是导致黑色素瘤的一个危险因素，大多数黑色素瘤发生在50岁以上的人群中。家族史也会增加风险：如果一个人有一个或多个患黑色素瘤的直系亲属，那么他患黑色素瘤的风险就会增加。拥有浅色皮肤和眼睛以及容易晒伤的人患黑色素瘤的风险最高。黑色素瘤也发生在青少年和年轻的成人身上。对于20多岁的女性，这是居第二位的最常见的癌症，对于20多岁的男性，这是居第三位的最常见的癌症[17]。在15～39岁的年轻女性中黑色素瘤发病率呈增长趋势[18]。

虽然罕见，黑色素瘤也可见于儿童。费拉里（Ferrari ）等人对33名患了黑色素瘤的14岁的或更小的意大利儿童作了一个为期25年的调查。儿童的病变在黑色素瘤病变的成人中并不典型[19]。黑色素瘤病变在成人一般具有以下特征：它们是不对称的（asymmetric），有不规则边界（irregular borders）；有各种颜色（variegated color）；直径大于6 mm（diameter lager than 6 mm），铅笔橡皮擦大小；正在改变或发展（changing or evolving）。然而，在费拉里系列丛书中，许多儿童的病变无黑色素（粉红、粉红或红色）和倾向于突起的，有固定的边界。这些儿童的诊断关键在于识别黑色素瘤病变是不同于儿童的其他病变的[19]。

紫外线辐射致癌的证据

1992年,国际癌症研究机构(世界卫生组织的一部分)评估了太阳辐射有致癌性的证据。他们得出的结论是“有足够的证据显示太阳辐射对人类有致癌性。太阳辐射会导致皮肤恶性黑色素瘤和非黑色素皮肤癌”。从那时起,不断有更多的证据进一步证明阳光照射导致皮肤癌。

流行病学证据

1. 纬度或估计环境中太阳紫外线辐射 基底细胞癌和鳞状细胞癌随着环境中太阳紫外线辐射的增加而增加。非黑色素瘤性皮肤癌发病率和纬度有直接关系,越接近赤道的地方(阳光更强烈的地方)发病率越高[15]。比起非黑色素瘤性皮肤癌,黑色素瘤与纬度的关系并不明确[15]。

2. 种族和色素沉淀 基底细胞癌和鳞状细胞癌主要患病人群是白人。白人黑色素瘤的发病率和死亡率最高[20]。在一般情况下,世界上不同的国家皮肤癌发病率和皮肤色素沉着之间成反比关系。表皮黑色素可减少紫外线辐射。这可能防止角化细胞和黑色素母细胞诱发变化导致恶性转化[7]。

3. 阳光照射史 阳光照射的模式对于基底细胞癌、鳞状细胞癌、黑色素瘤的病因很重要。个人日晒通常表现为①总日晒时间过长;②职业暴露(标志着更长时间的接触);③非职业或休闲暴露(简称间歇日晒)[21]。鳞状细胞癌与总日照量和职业日晒暴露显著相关。现在认为长期暴露在紫外线下是导致鳞状细胞癌的主要环境因素。鳞状细胞癌似乎与总日照量最直接相关:这些肿瘤容易发生于皮肤,即最经常接触的地方(面部、颈部和手),紫外线的终身累积剂量会使其风险上升[22]。基底细胞癌、黑色素瘤与间歇性日晒暴露显著相关(即晒伤),但鳞状细胞癌未见这种关系。比起基底细胞癌,黑色素瘤与间歇性日晒暴露关系更为密切。

4. 儿童日晒 青少年时期往往被认为是易感期,即特别容易受毒物的影响的时期。据估计,人的一生中大约25%的日晒发生在18岁以前[23]。因为青少年的行为模式,所以青少年时期日晒和晒伤可能比晚年时期的更加强烈。人们通常认为,青少年时期的日晒与年纪更大些时日晒相比,长黑色素瘤的风险增大[24]。然而一些结论证明,在晚年过度的紫外线辐射与早年的紫外线辐射相比，有更大的风险患黑色素瘤[25]。

这在生理学上是讲得通的，早期的黑色素细胞有高敏感性。青少年时期痣的稳态采集表明黑色素细胞活动峰值发生在生命早期。长雀斑也是这个年龄段显著的现象，孩子经常在高强度的日晒后突然长雀斑，并且这些雀斑被认为是黑色素细胞突变。雀斑和黑色素瘤风险增大相关[7]。早期的黑色素细胞可能更容易受到太阳辐射的不利影响。阳光可能对黑色素细胞发展的早期和晚期都有影响(类似于癌症的开始，促进和发展)，启动黑色素瘤的阳光生物有效性是在黑色素细胞活动的最大峰值期间。相比在幼年时期低度暴露在阳光下的人群来说，高度暴露的人群中将会有更多的人开始出现黑色素细胞。当人们搬到一个不同的环境下时，这种“潜在的黑色素瘤”还是会被保留下来[24]。

5. 色素痣　急性的日晒与小孩色素痣的发展密切相关。随着年龄的增长，色素痣的数目也在增长，色素痣在暴露于阳光的皮肤区域更频繁发生，而且随着在幼年时期和青春期日晒总量的积累[26]，色素痣的数量也逐渐增加[27]。浅色皮肤的孩子更易晒伤而不只是晒黑，这些孩子在所有年龄段都长有更多的色素痣，并且晒伤越严重的孩子色素痣越多[26]。

黑色素痣的数目和种类与黑色素瘤发展之间存在着联系。先天性黑色素痣的存在[CNM(畸形色素细胞在妊娠期形成并在出生后不久显现)]也会增加风险。对14个随访案例研究的一项综述中，研究者发现先天黑色素痣引起的风险低于预期，只占黑色素瘤引起的全部风险的0.7%。黑色素瘤风险主要取决于先天黑色素痣的大小，混合痣(躯干上带有毛发的先天黑色素痣，最大直径>40 cm或在成年时期达到预期的这个尺寸)的风险最高[28]。发育异常的黑色素痣可能代表阳光损伤反应，被认为是前体病变，会增加黑色素瘤的风险[29]。遗传性发育异常色素痣综合征具有以下特点：①外观独特异常；②组织学特征独特；③常染色体显性遗传；④成纤维细胞和淋巴母细胞的超突变性[30]。患这种综合征的患者身上的成纤维细胞和淋巴母细胞对紫外线辐射损伤异常敏感，并且黑色素瘤发生的风险明显较高。某些家庭CDKN2A、CDK4和其他基因发生细胞突变会增加发育异常的色素痣和黑色素瘤发生的风险[31]。

6. 人工紫外线暴露　暴露在太阳灯浴床上和太阳灯下也和患基底细胞肿瘤、鳞状细胞肿瘤、黑色素瘤的风险增加有联系。

生物学证据

生物学证据也表明阳光照射在黑色素瘤的发病机制中很重要。老鼠实验表明部分长波紫外线光谱可能在黑色素瘤发病机制中发挥作用[32]。部分的长波紫外线和中波紫外线光谱促进癌在老鼠身上的发展[33]。黑色素瘤已被人类表皮移植到暴露于紫外线辐射的免疫耐受的动物身上[34]。经常发现着色性干皮病患者和有相关疾病的患者有黑色素瘤，这些患者的遗传基因受紫外线辐射和高风险的非黑色素瘤皮肤癌导致受损DNA修复的缺陷。

细胞研究

中波紫外线照射损害DNA，导致紫外线诱导的病变，主要是环丁烷嘧啶二聚体和嘧啶(6－4)嘧啶酮光产物[7]。DNA损伤不完全修复会导致突变[7]。长波紫外线导致的DNA氧化损伤，是一种潜在致突变物[7]。

对眼睛的影响

在成年人中，尽管一些紫外线辐射可到达视网膜，但超过99％的紫外线辐射被眼睛的前面部分吸收[35]。急性暴露于紫外线辐射下会导致光性角膜炎[36]。直接盯着太阳看(在日食期间同样可以发生)会导致视网膜局灶性烧伤(日光性视网膜病)[37]。长期暴露在太阳光中波紫外线下，患白内障风险会增加[38]。葡萄膜黑色素瘤是成年人最常见的眼内恶性肿瘤，它与肤色浅、金色头发和蓝色眼睛有关。

对免疫系统的影响

人们认为暴露在紫外线辐射下有两个后果：诱发皮肤癌和免疫抑制。人们越来越认为其对皮肤癌的发生有重要作用[39]。小鼠长期暴露于紫外线辐射的实验表明，紫外线辐射诱导的肿瘤有很强的抗原性，能识别和拒绝动物的正常免疫系统。然而，当移植到免疫系统受损的小鼠体内时，肿瘤会逐步增长[39]。暴露于紫外线辐射下会诱导“系统性”免疫抑制，因此，当抗原被没受辐射的某个远隔部位诱导时，会产生抑制免疫应答[39]。

患者使用免疫抑制药物后容易患皮肤癌。肾脏移植患者，需终身接受免疫抑制治疗,紫外线照射时有助保持充足的移植肾功能,同时导致免疫监视下降和各种癌症风险的增加,包括非黑色素瘤性皮肤癌。肾脏移植的患者黑色素瘤发生率也会增加[40]。因为缺乏持续的免疫监视作用,皮肤癌的患者接受器官移植很可能表现出排异反应,并伴随着较高的局部复发率,以及更高的侵袭性和转移性[41]。

人工紫外线来源

有特殊用途的太阳灯和太阳床是人工紫外线的主要来源。随着"日光日晒工业"的迅速增长,年收入 50 亿美元,高于 1992 年的 10 亿美元[42]。美国 5 000 座日光浴设施每年都接待 280 亿的服务人次[39]。在美国青少年中,尤其是女生,人工晒黑很常见[43,44]。

日光浴床主要发出长波紫外线辐射,尽管在中波紫外线范围内是一个很小的总量(<5%)[45]。就生物活性而言,强烈的长波紫外线辐射产生强大的晒黑单位,可能是正午太阳的 10～15 倍高。每年接受的频繁室内晒黑的长波紫外线剂量可能是接受阳光暴晒的 1.2～4.7 倍[42]。强烈的日光浴床照射是一种新的现象,并且无法在自然界中找到。

在人工紫外线辐射下暴晒一再被证明会诱发红斑和晒伤。在欧洲和北美,18%～55%的使用室内晒黑设备的用户有红斑和晒伤的经历[45]。尽管中波紫外线比长波紫外线更易导致晒伤,但高强度的长波紫外线照射能导致对阳光敏感的个体长红斑。容易晒黑的人暴露在日晒电器下将首先直接导致色素加深。随着暴晒的累积,会更持久的晒黑,这取决于个人的皮肤情况和目前日光浴灯中波紫外线光谱的总量。直接的色素加深对紫外线诱导的红斑或晒伤没有光保护作用。

其他频繁报道的人工晒黑的影响包括皮肤干燥、瘙痒、恶心、光药物反应、疾病恶化(如系统性红斑狼疮)和诱导疾病(如多形性日光疹)。长期的健康影响包括皮肤老化,对眼睛的影响(如白内障的形成)和致癌作用。一项病例对照研究表明,使用各种晒黑设备与鳞状细胞肿瘤和基底细胞肿瘤的发病率间的重要联系[46]。2006 年,国际癌症研究机构发布了一个更新的分析人工紫外线辐射对黑色素瘤、鳞状细胞肿瘤和基底细胞肿瘤的致癌性的研究[45]。以前使用的日光浴床与黑色素瘤呈正相关[总的相对风险是1.15;95%的信任区间(CI),1.00～1.31],尽管没有统一的剂量反应关系。7个研究表明,在35岁之前第一次暴露在日光浴床显著地增加黑色素瘤的风险(总相对风险,1.75;95%CI,1.35～2.26)。3个关于鳞状细胞肿瘤的研究显示风险增加。研究不支持基底细胞肿瘤的关联性。证据不支持使用日光浴床对后来的日晒皮肤损伤有保护作用。

2009年7月,国际癌症研究机构发现来自日光浴床的高紫外线辐射为1类致癌物质,即“明确有致癌性”。在1类致癌物中,日光浴床和钚元素、烟草、石棉是同一类别[47]。

因为关于人工紫外线辐射致癌性的证据越来越多,因此用法规来限制青少年使用日光浴设施已经得到广泛应用[45]。目前(2011年4月),美国超过60%的州对未成年人使用日光浴设施进行管理[48]。一些州完全禁止14岁以下的孩子进入沙龙,其他州禁止15岁或16岁以下的孩子进入。一些州要求有家长的书面同意书或书面同意家长陪同使用该设施,或有医生的处方。然而,这些法规往往不被执行[49]。

有证据表明,某些个体可能会对室内晒黑上瘾[50]。

治疗

儿科医生很少会遇到非黑色素瘤性皮肤癌或黑色素瘤的患者。高危患者,包括与着色性干皮相关病症以及那些具有大量痣和有家庭黑色素瘤病史的儿童,应积极与皮肤科医生合作。晒伤应予以冷敷和止痛治疗。应在晒伤时给出有关防止未来再度晒伤的指导。

暴露预防

儿科医生在有关预防从婴儿期到儿童后期的发育阶段(例如,当孩子开始走路,开始上学前,开始进入青春期)皮肤癌的家庭教育中都有重要作用。所有的家长和孩子应该接受有关预防紫外线辐射的建议。不是所有的孩子都容易晒伤,但人们所有肌肤类型都可能发生皮肤癌,皮肤老化和太阳给免疫系统带来的有关伤害。儿童应该受到特别的关注,包括那些具有着色性干皮(必须避免所有的紫外线辐射)和那些与家族性发育不良痣综合征、痣的数目过多或第一代的家庭成员患有黑色素瘤的儿童。儿童呈现出过多阳光暴晒迹象(如雀斑和/或痣)也应该得到特别的指导。作为一个完整的身体检查一部分,进行皮肤检查需要仔细、谨慎,而且提供一个具体的咨询机会。青春期前的孩子和青少年可能需要特殊关注,因为他们很容易受到社会关于美丽和健康的观念的影响。青少年心理咨询应包括建议不要以任何理由光顾日光浴美容院,包括渴望在度假前和毕业舞会前拥有古铜色皮肤。

一些主要机构(美国癌症协会[51]、美国疾病控制与预防中心[52]、全民健康组织[53]、全国皮肤癌预防委员会[54])已建议紫外线辐射保护行为包括:

1. 避免晒伤,避免日光晒黑。
2. 穿戴防护服和帽子。
3. 寻找荫凉处。
4. 靠近水、雪、沙等这些地域要格外小心。
5. 使用防晒霜。
6. 戴太阳镜。

避免日光

由于儿童和青少年持续晒太阳比率高,可以在日常走访和在其他时间给予有关避免日晒的建议[55],如当注意到孩子有褐色或呈现晒伤时。

年龄小于 6 个月的婴儿应尽量避免阳光直射。他们应该穿凉爽、舒适的衣服,戴有帽檐的帽子。只要可行,孩子们的活动可以有计划地避开正午的阳光(上午 10 点 ～下午 4 点)。建议应建立在提倡户外运动或其他身体活动,参观公园、动物园和其他自然环境的背景下。

服装和帽子

衣服往往是最简单但最实用的防晒手段。增强保护性因素,包括服装款式、纺织、化工等。衣服覆盖更多的身体提供更多的保护;太阳防护款式覆盖到颈部、手肘、膝盖。更严密的编织比一个松散的编织更能抵挡阳光。较深的衣服一般提供更多的保护。化学吸收剂或荧光增白剂(即在电磁的紫外线和紫色区域吸收光的染料和在蓝光区重新发射的光)制成的面料可增加紫外线辐射的防护性。

紫外线防护系数(UPF)是测量纺织物阻止紫外线辐射穿过该纺织物而到达皮肤的能力。该 UPF 分类:

从 15～50 以上:15～24 评定为“良好”;25～39 被评为“非常好”;而 40～50 以上被评为“优秀”UV 保护。面料的 UPF 可通过收缩、拉伸和湿度的影响而发生改变。收缩增加了 UPF,拉伸降低 UPF。棉织物如果被淋湿,UPF 降低。美国联邦贸易委员会监测部负责监督有关防晒服装的广告宣传[56]。

帽子提供对头部和颈部的保护,这取决于边缘宽度、材料和织法。宽檐帽[7.62 cm(3 in)]提供的防晒系数(SPF):鼻部为 7;脸颊为 3;颈部为 5;下巴为 2。中檐帽[2.54～7.62 cm(1～3 in)]提供的防晒系数:鼻部为 3;脸颊和颈部为 2。窄檐帽提供的防晒系数:鼻子为 1.5;很少保护下巴和颈部[4]。

荫凉

寻找阴影遮阳有些是有用的,但人们仍然可能因为光的散射和反射而晒伤。皮肤白皙的人坐在树下可以在 1 个小时内晒伤。缓解热度的遮阳配备,可能提供虚假的有关安全保护的紫外线辐射指数。云可以减少紫外线辐射的强度,但程度不一定相同,它们减少热强度的同时也可能导致紫外线过度暴露[4]。

车窗玻璃

标准明亮的窗户玻璃吸收波长低于 320 nm(UVB)。UVA、可见光、红外辐射可透过标准明亮的车窗玻璃[57]。

防晒霜

防晒霜是防晒最常用的方法。防晒霜减少表皮紫外线辐射的强度,从而防止红斑和晒伤。配制、测试和制作防晒产品标签由美国食品药物监督管理局(FDA)负责。美国食品药品监督管理局批准的大多数防晒霜成分是有机化合物,主要吸收波长在 UVB 范围的各种紫外线辐射,其他少数对 UVA 有效。也有一些防晒霜的药剂成分对 UVA 范围的紫外线不耐光,因光照而降解。所以将不同的化学成分组合起来以化学物质产品才能提供广泛的保护和提高耐光性[58]。美国食品药物监督管理局批准的另外两种物理性的防晒霜是氧化锌和二氧化钛，虽然没有选择性地吸收紫外线辐射的作用，但能反射和散射所有光。它们可用于光敏性患者和需要预防所有紫外线辐射的患者。由于物理防晒霜通常为白色或施用后着色，所以，它们不太可能被当作化妆品来使用。也有些较新的配方用在皮肤上不那么显眼，但可能不太有效[58]。

防晒系数（SPF）是根据皮肤的最低红斑剂量来量化分级的指数。SPF只用于UVB；SPF系数越高时，保护就越大。例如，一个通常在10分钟内会晒伤的人用SPF15防晒霜可以得到增加到约150分钟（10×15）的保护。SPF15的防晒霜理论上可阻止92%UVB（1/15）；SPF30防晒霜约可阻止97%UVB（1/30）。在实际使用中，SPF通常低于预期，因为实际所涂防晒霜的量往往少于推荐量的一半[59]。在大多数情况下用SPF15足够了。大多数使用者适当的使用和补用防晒霜比使用较高的SPF产品更重要。对一些人来说，推荐使用高防晒指数的产品，包括那些有皮肤癌的患者[60]。

美国食品药品监督管理局批准使用17种防晒霜化学物质。在欧盟批准的更多。在美国，四种在UVA范围有效的化学物质已被批准使用。1999年5月，美国食品药品监督管理局发布了防止UVB的户外防晒产品的最终条例。UVA的法规将被推迟，直到开发出可靠的测试方法。2011年6月，美国食品药品监督管理局发布了关于防晒产品标签的新规则。以前的规定几乎完全只与UVB防护有关。2011年美国食品药品监督管理局建立了广谱测试程序来衡量UVA辐射防护与UVB辐射防护的关系。防晒产品通过广谱防晒产品测试可以被贴上“广谱”，说明保护了UVA和UVB。关于“广谱”防晒霜，防晒指数也表明了提供保护的总体数量。

对于SPF值15或更高的广谱防晒霜，美国食品药品监督管理局允许制造商声称，这些配方不仅帮助防止晒伤而且还防止皮肤癌和早期皮肤老化，要在指导下使用并结合其他措施。

这些防晒措施包括限制在阳光下的时间，穿着防护衣服。对于标有SPF值但没有标广谱的防晒产品，美国食品药品监督管理局表示SPF值仅仅表示的是对晒伤的保护。新规则还规定，制造商不能在防晒霜上标注“防水”或“防汗”或定义他们的产品能阻挡阳光，因为这些说法夸大效果。在没有补用的情况下，防晒霜超过2小时之后不能提供防晒作用，在刚使用后也不提供防晒作用(例如广告宣传中的“及时防护”)。如果没有提交数据来支持这些说法，就不能够获得美国食品药品监督管理局的批准。基于标准测试，在游泳或出汗40分钟或80分钟后，产品的耐水性是否有效应该在前面的标签上标明。不防水的防晒霜必须有一个说明，指导消费者游泳或出汗使用防水的防晒霜。所有的防晒霜在背面或容器旁边都必须包括“有毒物质”信息。尽管消费者可能在更早的时候开始看到标签的变化，但这些规定在1年内不会生效（较小的防晒霜制造商要2年生效）[61]。目前美国食品药品监督管理局提出另一个规定是限制将防晒霜上SPF最大值标识为“50+”，因为美国食品药品监督管理局声称，和使用SPF值为50的产品相比，没有足够的数据表明使用SPF值高于50的产品能为使用者提供更多的保护[62]。

定期使用广谱防晒霜可预防日光性角化病和可发展变成鳞状上皮细胞癌的皮肤损伤[63,64]。一项随机临床试验表明，相比不定期使用防晒霜，常规使用防晒霜会使鳞状细胞癌的发病率下降[65]。然而，防晒霜在防止黑色素瘤和基底细胞癌方面的作用尚未完全阐明。一些研究表明防晒霜使用者患黑色素瘤和基底细胞癌的风险更高并且会长更多的痣[66]。这些观察导致使用防晒霜的人愿意花更多的时间在阳光下，因为他们觉得不会晒伤[67]。然而，这两个观点不支持防晒霜的使用和黑色素瘤风险增加之间的关系[68,69]。最近发表的一项随机试验的结果表明，在5年时间内定期使用防晒霜，试验停止后长达10年内新的黑色素瘤出现的发生率下降[70]。美国癌症协会(ACS)、美国皮肤病学会(AAD)和其他许多组织，推荐使用防晒霜作为降低紫外线辐射暴露的整体计划的一部分。

防晒霜可能系统地被吸收。在一项研究中，对防晒产品进行体外研究来评估用在锻炼的人皮肤上其吸收的程度。一半的产品是专门为儿童提供。产品中5种化学防晒成分中，只有二苯甲酮(二苯甲酮-3或BP-3)渗透到皮肤[71]。在另一份报告中显示，美国疾病控制与预防中心的研究人员检查了2003—2004年期间收集的超过2 500份的尿液样本中氧苯酮的含量。选择的样品代表了美国6岁及以上的人群，作为国家健康与营养调查(NHANES)的一部分，这是一个正在进行的调查，评估美国人群的营养健康水平。分析发现在这些样本中97%有氧苯酮[72]，表明人群有广泛接触。无论年龄大小，女性和非西班牙裔白人浓度最高。这个数据不适用于6岁以下的孩子。在母乳中也发现了防晒霜的成分[73]。

对老鼠的研究表明口服或经皮给予氧苯酮可以改变大鼠肝脏、肾脏和生殖器官[74]。一项调查对6种常用UVA和UVB防晒霜进行研究，以确定雌激素在体内和体外的活性。防晒霜的6种成分中有5种[二苯甲酮－3(BP-3)、水杨酸辛酯、4-甲基苄亚甲基樟脑(4－MBC)、甲氧基肉桂酸辛酯(OMC)和辛基二甲基苯甲酸]可使乳腺癌细胞增殖，第六种成分丁基甲氧(阿伏苯宗)是不活跃的。在体内分析中，给老鼠喂防晒霜的成分OMC、4-MBC和BP-3显示剂量依赖性子宫重量增加。在表皮应用其中的一个产品(4-MBC)也增加了子宫重量[75]。研究人员通过调查人类产前接触邻苯二甲酸和酚代谢物及其与出生体重的关系发现，孕产妇BP-3的高浓度与女孩出生体重下降有关，但男孩的出生体重显著增加[76]。

含有锌和钛氧化物的防晒产品越来越多的使用纳米技术，即在原子和分子水平上设计和使用材料。纳米粒子使用纳米测量。使用含锌和钛氧化物的纳米粒子产品几乎是透明的，这可增加化妆品的可接受性。然而，对纳米材料缺乏可靠安全信息的担忧出现了，包括皮肤晒伤。这些信息包括关于这些产品对婴儿和儿童的影响的可靠数据。游说团体呼吁美国食品药品监督管理局进行更多的测试和增加监管。

当一个孩子可能会晒伤时应该使用防晒霜。晒伤没有好处，应该避免。建议使用防晒霜以减少阳光照射和晒伤的已知风险，因为这两者都会增加患皮肤癌的风险。

防晒霜对于6个月以下的婴儿是否安全的问题是有争议的。有人担心，6个月以下婴儿的皮肤可能有不同的吸收特征，代谢和排泄的药物的生理系统可能还没发育完全[77]。这对早产儿需要特别关注，相比足月新生儿和成人，他们的表皮角质层更薄，并且有效屏障更少。然而，婴儿和儿童从防晒霜的成分中吸收的毒性还没有报道。在现有证据的基础上，可以告诉家长6个月以下婴儿使用防晒霜的已知安全性，并强调避免高风险暴露的重要性。在婴儿的皮肤没有被衣服充分保护的情况下，可以小范围应用防晒霜，例如脸和手背。

不应使用含有避蚊胺的防晒霜，因为它们可能导致避蚊胺的过度暴露(见第37章)。

紫外线(UV)指数

紫外线指数是1994年由美国国家气象咨询服务局与美国环境保护署(EPA)和美国疾病控制与预防中心联合提出。紫外线指数是在太阳的位置、云的运动、高度、臭氧数据和其他因素的基础上预测第二天紫外线的强度。这是在对皮肤类型影响的基础上保守计算易晒伤性。

比较高的指数数值代表了第二天中午的较高紫外线强度:0~2最小;3~4低;5~6温和;7~9高;10+ 非常高,建议避免在紫外线较高时进行活动(例如,如果紫外线指数为7或更高,则避免从上午10点~下午4点在户外暴露)。成千上万的城市可以访问网站:www. weather. com获得紫外线指数,许多日报的天气预报栏目会刊登,当地电台的天气预报、电视和气象站也会报道。

太阳镜

太阳镜可防止太阳强光和有害辐射。第一个太阳镜标准于1971年在澳大利亚出版,随后该标准在欧洲和美国被采用。最新的美国太阳镜标准由美国国家标准协会于2001年出版。这个标准是自愿执行的,而不是所有的制造商都遵守的[57]。

美国主要的视觉健康组织建议太阳镜吸收97%~100%[78]或99%~100%[36]的完整紫外线光谱(覆盖到400 nm)。昂贵的太阳镜不一定能提供更好的紫外线辐射保护。采购太阳镜的目标应该是满足防护紫外线辐射的安全标准。戴一顶有帽檐的帽子可以大大减少眼睛和周围皮肤的紫外线暴露。建议人们在户外工作、开车、参与运动、散步,或者跑步时戴太阳镜。太阳镜对婴儿和儿童也是可用的[79]。

维生素D

阳光照射和维生素D浓度密切相关。人类通过晒太阳、食物(如维生素D强化牛奶和鱼油类)及维生素补充剂获取维生素D。在皮肤合成维生素D取决于皮肤类型。一个容易晒伤的个体在第一次温和紫外线辐射暴露后将很快达到合成维生素D最大值。相比之下，深色皮肤的人会合成相对有限的维生素D[80]。因为紫外线辐射会被黑色素吸收而不能够到达其他靶细胞。

因为过剩的前维生素D_3或维生素D_3会被阳光破坏，因此阳光暴露不会引起维生素D中毒[81]。引起皮肤合成维生素D_3的作用光谱是在UVB的范围内[82]。

维生素D对正常生长和骨骼发育至关重要。越来越多的人了解到维生素D的作用不只是参与骨矿物质代谢[83]。许多儿童、青少年和成人维生素D不足或缺乏[83]。人们可以通过食物、补充剂以及晒太阳获得维生素D。

目前儿童和青少年的维生素D摄入水平可能达不到维生素D的标准，美国儿科学会建议母乳喂养的婴儿(以及每日消耗1 000 ml以下婴儿配方奶粉的婴儿，大一点的孩子和青少年)应每日补充400 IU的维生素D[84]。该医学研究所和其他人建议1岁以上孩子每日应补充600 IU的维生素D补充剂，1岁以下的婴儿每日应该补充400 IU[85,86]。

一些地区的一些孩子可能需要额外补充维生素D和实验室维生素D营养状况评估。过度暴露于阳光紫外线辐射和暴露于人工紫外线辐射会增加皮肤癌，光老化和其他不利影响的风险来源，这是应该避免的。

挑战

单凭儿科医生不能改变晒黑等于健康和美丽一样的社会观念。学校的课程和公共教育活动必须继续解决这个问题。

几个成功预防皮肤癌的挑战已被确定[87]。首先，避免或限制在高峰时间暴露于阳光的保护信息可能与促进体育活动的健康倡议相冲突。这种潜在的冲突可以通过向澳大利亚学习来解决，这个国家是世界上黑色素瘤的发病率最高的国家——穿上防晒衫，涂些防晒霜，戴顶遮阳帽。这些措施都可以在户外活动时有效防护紫外线的伤害。其次，对于合成维生素D需要多少阳光照射存有争论，可能导致过度暴露于阳光和故意暴露在人工紫外线辐射下。第三，据报道，皮肤癌危险行为可伴随其他危险行为，如吸烟和酗酒。更好地理解这些行为可以帮助高危人群进行干预。

最后，越来越有利可图的晒黑行业从无限制的卖紫外线辐射中获取利益。这些挑战表明，通过减少紫外线辐射保护的初级预防措施减少皮肤癌是否会成功仍然是不确定的。

常见问题

问题 为什么婴儿特别容易被晒伤？

回答 婴儿的皮肤比成人薄并且更容易晒伤，即使是黑皮肤的婴儿也有可能晒伤。如果婴儿觉得太热或者开始发烫的话，他们无法表达出来，没有成人的帮助他们也无法离开阳光下。婴儿还需要成人来适当地给他们穿衣服，并涂防晒霜。

问题 我要怎么做才能够保护我的孩子以免晒伤？

回答 6个月以下的婴儿应该远离阳光直射来避免中暑的风险。他们应该在树下、雨伞下或者童车棚下，尽管是在反射表面上，但一把雨伞或者童车棚便可以将紫外线暴露减少到只有50%。

为了避免晒伤，婴儿及儿童应当穿着凉爽、舒适的衣服，如T恤和棉质裤子，并且佩戴帽子。泳衣和其他拥有高UPF系数材料制成的服装在商店和网上都能够买到。防晒霜应该涂在暴露于太阳下的部分皮肤。家长在外出前应该涂抹大量防晒霜，涂抹的区域应该覆盖所有的暴露部位，尤其是小孩的脸、鼻子、耳朵、脚和手以及膝盖。即使在多云的天气也应该涂抹防晒霜，因为太阳射线能够穿透云层。在选择防晒霜时，家长应注意标签上的“广谱”标志，这意味着这种防晒霜能阻挡大部分的UVB和UVA射线。

在大多数情况下防晒指数15应该是足够的。重要的是出汗或游泳后要重新涂抹。同样重要的是要记住，使用防晒霜只是防晒措施的一部分。防晒霜应该被用来防止晒伤，而不是在阳光中停留更久的理由。6月龄以下婴儿没有被衣服和帽子覆盖的小面积皮肤可以使用防晒霜。

问题 服装的什么因素可以保护我们不被晒黑吗？

回答 一些面料的UPF值等级显示它们的防晒指数。即使面料没有UPF评级，它也可能具有很好的防晒作用。一些面料，如聚酯绉、漂白棉和黏胶纤维，在太阳紫外线辐射下非常透明，应该避免使用。其他纤维，如纯棉花，可以吸收紫外线辐射。高光泽聚酯纤维和更薄更光滑的丝绸可以提供更多的保护，因为他们反射了辐射。织物的编织也很重要，一般来说，编织或针织越紧密，保护越高。评估保护，家长可以把材料拿到窗口或灯下看有多少光线通过。深色衣服也通常提供更多的保护。当湿的时候，几乎所有的服装丧失约1/3的防紫外线能力。

问题　我担心孩子外出的时候使用防晒霜将导致维生素D缺乏。这是真的吗？

回答　维生素D能帮助人体吸收钙，所以婴儿、儿童、青少年和成人都需要它来保持骨骼健康。一些研究人员正在研究维生素D的其他作用。虽然皮肤直接暴露在阳光下可以生成维生素D，但是将皮肤暴露在太阳的紫外线射线下增加了患皮肤癌的风险。幸运的是，某些食物（如乳制品、鲑鱼和沙丁鱼）和维生素补充剂可以提供维生素D。因此，应该通过服装、帽子、防晒霜使婴儿和儿童免受太阳暴露的伤害。为了避免婴幼儿不患佝偻病（当维生素D水平非常低时发生的骨骼疾病），美国儿科学会建议所有母乳喂养的婴儿（以及每日喂养1 000 ml以下婴儿配方奶粉的婴儿）每日补充400 IU的维生素D。美国儿科学会建议年龄稍大的孩子和青少年每天也应补充400 IU的维生素D[84]。

该医学研究所和其他人推荐这些年龄组的人每日补充600 IU的维生素D[84]。为了增加维生素D的水平或其他原因而刻意日晒或使用晒黑沙龙会增加皮肤癌的风险，这种情况是应该避免的[85,86]。

问题　我听说一些防晒霜的成分被吸收入身体不是安全的，我该怎么做？

回答　科学研究表明，一些防晒霜的化学物质能被人吸收。对实验动物的研究显示，一些防晒霜的化学成分有激素样作用。有人担心维生素衍生物视黄醇和视黄醇棕榈酸酯添加到许多防晒霜中，会增加患癌症的风险。物理防晒霜钛氧化物和氧化锌越来越多地通过纳米技术制造，这是利用微小粒子的一个新方法。这些粒子有可能被吸收入儿童的身体，没有做关于这个技术的研究。

这些问题必须和已知的太阳暴露和晒伤的风险相权衡。记住这些优点和缺点，可以使用这些防晒霜防止晒伤，还可能减少某些皮肤癌的风险。使用防晒霜应该是减少太阳暴露措施中的一部分。

对儿童尤其要谨慎地避免使用含氧苯酮的产品，这是一种具有雌激素作用的化学物质[83,88]。

问题 晒黑沙龙是否安全？

回答 人使用日光灯或去日光浴沙龙主要暴露于UVA。晒成棕褐色皮肤是对有害太阳光的一个保护性反应。不论来自太阳的或人造光晒黑沙龙所产生的棕褐色皮肤都会发生皮肤损伤。晒黑沙龙导致的棕褐色皮肤会增加患皮肤癌的风险。晒黑沙龙是不安全的，青少年或其他人不应使用。美国儿科学会、世界卫生组织、美国皮肤病学会(AAD)、美国医学协会(AMA)敦促各州通过立法，禁止18岁以下未成年人光顾晒黑沙龙[83,88]。

问题 使用喷雾晒黑安全吗？

回答 “喷晒”，也被称为“阳光照射不到的”或“自助美黑”产品，有时被人们用来代替外出或光顾晒黑沙龙。没有阳光的晒黑厂商使用二羟基丙酮(DHA)与表层角质层(皮肤)的氨基酸形成褐黑色的化合物，是一种沉积在皮肤上的类黑色素。羟基丙酮是一种诱变剂，诱发某些特定的细菌菌株羟基丙酮链断裂，没有动物研究证明它是致癌的[89]。羟基丙酮是通过美国食品药品监督管理局作为鞣剂使用的唯一色素添加剂。含有鞣制剂的羟基丙酮可以应用于消费者裸露的皮肤上。古铜是水溶性染料，暂时污染皮肤。用肥皂和水很容易去掉。

羟基丙酮诱导的棕色1小时内变得明显，在8～24小时变得最暗。大多数用户报告，5～7天之后颜色消失了。因为无论是羟基丙酮还是类黑色素都具有非常重要的紫外线辐射保护作用，消费者必须知道晒伤和可能发生晒伤，除非他们使用防晒霜等防晒的方法。消费者还必须知道，在使用防晒产品几小时后可以防止紫外线辐射，在持续的人工晒黑期间必须使用额外的防晒措施。应该建议喷雾晒黑的潜在用户爱自己本来的皮肤会更健康，而不是寻求一个深色的外观。

问题 我如何为孩子选择太阳镜？

回答 政府没有规定紫外线辐射量的太阳镜必须禁用。美国食品药品监督管理局把太阳镜作为医疗设备，如果它们达到具体的标准可能被贴上紫外线防护的标签。家长应该寻找一个标签，表明镜片至少阻挡99%的 UVA 和 99%UVB 射线。

镜片上的一种化学涂料可以提供保护。镜片的颜色与紫外线保护无关。还推荐使用可防紫外线的滑雪镜和隐形眼镜。

即使是婴儿，也应该给孩子尽早戴太阳镜。镜片较大且合适，靠近眼睛眼球表面，能提供最好的保护。

参考资料

American Academy of Pediatrics

Web site：www. aap. org

The AAP provides a patient education brochure titled"Fun in the Sun. "

American Cancer Society

Web site：www. cancer. org

Centers for Disease Control and Prevention's Choose Your Cover Campaign

www. cdc. gov/ChooseYourCover

National Council on Skin Cancer Prevention

Web site：www. skincancerprevention. org

The council comprises organizations（including the AAP）whose staffs have experience，expertise，and knowledge in skin cancer prevention and education.

Skin Cancer Foundation

Web site：www. skincancer. org

The foundation is dedicated to nationwide public and professional education programs aimed at increasing public awareness，sun protection and sun safety，skin self-examination，children's education，melanoma understanding，and continuing medical education.

US Environmental Protection Agency SunWise Program

Web site：www. epa. gov/sunwise1/publications. html

World Health Organization（WHO）

Web site：www. who. int/en

Ultraviolet Radiation and Human Health：

www. who. int/mediacentre/factsheets/fs305/en/index. html

Sunbeds，tanning，and UV exposure：

www. who. int/mediacentre/factsheets/fs287/en/index. html

（赵　勇 译　徐晓阳　梁怀予 校译　宋伟民 审校）

参考文献

[1] International Agency for Research on Cancer. *IARC Monographs on the Evaluation of Carcinogenic Risks to Humans. Volume* 55. *Solar and Ultraviolet Radiation. Summary of Data Reported and Evaluation*. Lyon，France：World Health Organization； 1997. Available at：http://monographs. iarc. fr/ENG/Monographs/vol55/volume55. pdf. Accessed April 3，2011.

[2] Sparling B. *Basic Chemistry of Ozone Depletion*. Moffet Field，CA：NASA Advanced Supercomputing. Available at：http://www. nas. nasa. gov/About/Education/Ozone/chemistry. html. Accessed April 3，2011.

[3] Kullavanijaya P，Lim HW. Photoprotection. *J Am Acad Dermatol*. 2005;52(6)：937－958.

[4] Gilchrest BA. Actinic injury. *Annu Rev Med*. 1990;41:199－210.

[5] World Meteorological Organization. WMO UV Radiation Site. What is UV? Available at：http://uv. colorado. edu/what. html. Accessed April 3，2011.

[6] Diffey BL. Ultraviolet radiation and human health. *Clin Dermatol*. 1998;16(1)：83－89.

[7] Gilchrest BA，Eller MS，Geller AC，et al. The pathogenesis of melanoma induced by ultraviolet radiation. *N Engl J Med*. 1999;340(17):1341－1348.

[8] Woo DK，Eide MJ. Tanning beds，skin cancer，and vitamin D：an examination of the scientific evidence and public health implications. *Dermatol Ther*. 2010；23(1):61－71.

[9] Weston WL, Lane AT, Morelli JG. Drug eruptions. In:*Color Textbook of Pediatric Dermatology*. St Louis, MO; Mosby; 2002:287 – 297.

[10] Obermoser G, Zelger B. Triple need for photoprotection in lupus erythematosus. *Lupus*. 2008;17(6):525 – 527.

[11] American Cancer Society. How Many People Get Basal and Squamous Cell Skin Cancers? http://www. cancer. org/Cancer/SkinCancer-BasalandSquamousCell/OverviewGuide/skincancer-basal-and-squamous-cell-overview-key-statistics. Accessed April 3, 2011.

[12] Christenson LJ, Borrowman TA, Vachon CM, et al. Incidence of basal cell and squamous cell carcinomas in a population younger than 40 years. *JAMA*. 2005; 294(6):681 – 690.

[13] Markovic SN, Erickson LA, Rao RD, et al. Malignant melanoma in the 21st century, part 1: epidemiology, risk factors, screening, prevention, and diagnosis. *Mayo Clin Proc*. 2007;82(3):364 – 380.

[14] Jemal A, Siegel R, Ward E, et al. Cancer statistics, 2009. *CA Cancer J Clin*. 2009;59(4):225 – 249.

[15] Rigel DS. Cutaneous ultraviolet exposure and its relationship to the development of skin cancer. *J Am Acad Dermatol*. 2008;58(5 Suppl 2):S129 – S132.

[16] American Cancer Society. *How Many People Get Melanoma*? Available at: http://www. cancer. org/Cancer/SkinCancer-Melanoma/OverviewGuide/melanoma-skin-cancer-overview-keystatistics. Accessed April 3, 2011.

[17] Wu X, Groves FD, McLaughlin CC, et al. Cancer incidence patterns among adolescents and young adults in the United States. *Cancer Causes Control*. 2005;16(3):309 – 320.

[18] Purdue MP, Beane Freeman LE, Anderson WF, et al. Recent trends in incidence of cutaneous melanoma among us Caucasian young adults. *J Invest Dermatol*. 2008;128(12):2906 – 2908.

[19] Ferrari A, Bono A, Baldi M, et al. Does melanoma behave differently in younger children than in adults? A retrospective study of 33 cases of childhood melanoma from a single institution. *Pediatrics*. 2005;115(3):649 – 654.

[20] Surveillance Epidemiology and End Results (SEER). Cancer Stat Fact Sheets. Melanoma of the Skin. Available at: http://www. seer. cancer. gov/statfacts/html/melan. html. Accessed April 3, 2011.

[21] Armstrong BK, Kricker A. The epidemiology of UV induced skin cancer. *J Pho-*

tochem Photobiol B. 2001;63(1-3):8-18.

[22] de Gruijl FR, van Kranen HJ, Mullenders LH. UV-induced DNA damage, repair, mutations and oncogenic pathways in skin cancer. *J Photochem Photobiol B*. 2001;63(1-3):19-27.

[23] Godar DE, Wengraitis SP, Shreffler J, et al. UV doses of Americans. *Photochem Photobiol*. 2001;73(6):621-629.

[24] Whiteman DC, Whiteman CA, Green AC. Childhood sun exposure as a risk factor for melanoma: a systematic review of epidemiologic studies. *Cancer Causes Control*. 2001;12(1):69-82.

[25] Pfahlberg A, Kolmel K-F, Gefeller O. Timing of excessive ultraviolet radiation and melanoma: epidemiology does not support the existence of a critical period of high susceptibility to solar ultraviolet radiation-induced melanoma. *Br J Dermatol*. 2001;144(3):471-475.

[26] Gallagher RP, McLean DI, Yang CP, et al. Suntan, sunburn, and pigmentation factors and the frequency of acquired melanocytic nevi in children. Similarities to melanoma: the Vancouver Mole Study. *Arch Dermatol*. 1990;126(6):770-776.

[27] Holman CD, Armstrong BK. Pigmentary traits, ethnic origin, benign nevi, and family history as risk factors for cutaneous malignant melanoma. *J Natl Cancer Inst*. 1984;72(2):257-266.

[28] Krengel S, Hauschild A, Schafer T. Melanoma risk in congenital melanocytic naevi: a systematic review. *B J Dermatol*. 2006;155(1):1-8.

[29] Naeyaert JM, Brochez L. Dysplastic nevi. *N Engl J Med*. 2003;349(23):2233-2240.

[30] Clark WH Jr. The dysplastic nevus syndrome. *Arch Dermatol*. 1988;124(8):1207-1210.

[31] Tucker MA, Fraser MC, Goldstein AM, et al. A natural history of melanomas and dysplastic nevi: an atlas of lesions in melanoma-prone families. *Cancer*. 2002;94(12):3192-3209.

[32] Ley RD. Ultraviolet radiation A-induced precursors of cutaneous melanoma in Monodelphis domestica. *Cancer Res*. 1997;57(17):3682-3684.

[33] De Gruijl FR, Sterenborg HJ, Forbes PD, et al. Wavelength dependence of skin cancer induction by ultraviolet irradiation of albino hairless mice. *Cancer Res*. 1993;53(1):53-60.

[34] Atillasoy ES, Seykora JT, Soballe PW, et al. UVB induces atypical melanocytic

lesions and melanoma in human skin. *Am J Pathol*. 1998;152(5):1179–1186.

[35] American Optometric Association. Statement on Ocular Ultraviolet Radiation Hazards in Sunlight. St Louis, MO: American Optometric Association; 1993.

[36] American Optometric Association. UV Protection. Available at: http://www.aoa.org/uvprotection.xml. Accessed April 3, 2011.

[37] Wong SC, Eke T, Ziakas NG. Eclipse burns: a prospective study of solar retinopathy following the 1999 solar eclipse. *Lancet*. 2001;357(9282):199–200.

[38] American Academy of Ophthalmology. Cataracts. Available at: http://www.aao.org/eyesmart/know/cataracts.cfm. Accessed April 3, 2011.

[39] Ullrich SE. Sunlight and skin cancer: lessons from the immune system. *Mol Carcinog*. 2007;46(8):629–633.

[40] Hollenbeak CS, Todd MM, Billingsley EM, et al. Increased incidence of melanoma in renal transplant patients. *Cancer*. 2005;104(9):1962–1967.

[41] Ho WL, Murphy GM. Update on the pathogenesis of post-transplant skin cancer in renal transplant recipients. *Br J Dermatol*. 2008;158(3):217–224.

[42] Levine JA, Sorace M, Spencer J, et al. The indoor UV tanning industry: a review of skin cancer risk, health benefit claims. *J Am Acad Dermatol*. 2005;53(6):1038–1044.

[43] Demko CA, Borawski EA, Debanne SM, et al. Use of indoor tanning facilities by white adolescents in the United States. *Arch Pediatr Adolesc Med*. 2003;157(9):854–860.

[44] Cokkinides VE, Weinstock MA, O'Connell MC, et al. Use of indoor tanning sunlamps by US youth, ages 11–18 years, and by their parent or guardian caregivers: Prevalence and correlates. *Pediatrics*. 2002;109(6):1124–1130.

[45] International Agency for Research on Cancer Working Group on artificial ultraviolet (UV) light and skin cancer. The association of use of sunbeds with cutaneous malignant melanoma and other skin cancers: a systematic review. *Int J Cancer*. 2006;120(5):1116–1122.

[46] Karagas M, Stannard VA, Mott LA, et al. Use of tanning devices and risk of basal cell and squamous cell skin cancers. *J Natl Cancer Inst*. 2002;94(3):224–226.

[47] International Agency for Research in Cancer. Sunbeds and UV Radiation. Available at: http://www.iarc.fr/en/media-centre/iarcnews/2009/sunbeds_uvradiation.php. Accessed April 3, 2011.

[48] National Conference of State Legislatures. Tanning restrictions for minors. A state-by-state comparison. Available at: www. ncsl. org/programs/health/tanningrestrictions. htm. Accessed April 3, 2011.

[49] Mayer JA, Hoerster KD, Pichon LC, et al. Enforcement of state indoor tanning laws in the United States. *Prev Chronic Dis*. 2008;5(4). Available at: http://www. cdc. gov/pcd/issues/2008/oct/07_0194. htm. Accessed April 3, 2011.

[50] Mosher CE, Danoff-Burg S. Addiction to indoor Tanning. Relation to anxiety, depression, and substance use. *Arch Dermatol*. 2010;146(4):412-417.

[51] American Cancer Society. Skin Cancer Prevention and Early Detection. Available at: http://www. cancer. org/docroot/PED/content/ped_7_1_Skin_Cancer_Detection_What_You_Can_Do. asp? sitearea=&level. Accessed April 3, 2011.

[52] Centers for Disease Control and Prevention. Guidelines for school programs to prevent skin cancer. *MMWR Recomm Rep*. 2002;51(RR-4):1-16. Available at: www. cdc. gov/mmwr/preview/mmwrhtml/rr5104a1. htm. Accessed April 3, 2011.

[53] US Department of Health and Human Services. *Healthy People* 2020. Available at: http://www. healthypeople. gov/2020/topicsobjectives2020/objectiveslist. aspx? topicid=5. Accessed April 16, 2011.

[54] National Council on Skin Cancer Prevention. *Skin Cancer Prevention Tips*. Available at: http://www. skincancerprevention. org/Tips/tabid/54/Default. aspx. Accessed April 3, 2011.

[55] Geller AC, Colditz G, Oliveria S, et al. Use of sunscreen, sunburning rates, and tanning bed use among more than 10 000 US children and adolescents. *Pediatrics*. 2002;109(6):1009-1014.

[56] US Federal Trade Commission. *FTC Consumer Alert*. *Sun-Protective Clothing: Wear It Well*. May 2001. Available at: http://www. ftc. gov/bcp/edu/pubs/consumer/alerts/alt094. shtm. Accessed April 3, 2011.

[57] Tuchinda C, Srivannaboon S, Lim HW. Photoprotection by window glass, automobile glass, and sunglasses. *J Am Acad Dermatol*. 2006;54(5):845-854.

[58] A new sunscreen agent. *Med Lett Drugs Ther*. 2007;49(1261):41-43.

[59] Prevention and treatment of sunburn. *Med Lett Drugs Ther*. 2004;46(1184):45-46.

[60] The Skin Cancer Foundation. Sunscreens Explained. Available at: http://www. skincancer. org/sunscreens-explained. html. Accessed April 3, 2011.

[61] US Food and Drug Administration. Questions and Answers：FDA announces new requirements for over-the-counter (OTC) sunscreen products marketed in the U. S. Available at：http://www. fda. gov/Drugs/ResourcesForYou/Consumers/BuyingUsingMedicineSafely/UnderstandingOver-the-CounterMedicines/ucm258468. htm. Accessed June 22，2011.

[62] US Food and Drug Administration. Revised Effectiveness Determination；Sunscreen Drug Products for Over-the-Counter Human Use. Proposed Rule. Available at：http://www. gpo. gov/fdsys/pkg/FR－2011－06－17/pdf/2011－14769. pdf. Accessed June 22，2011.

[63] Thompson SC，Jolley D，Marks R. Reduction of solar keratoses by regular sunscreen use. *N Engl J Med*. 1993;329(16):1147－1151.

[64] Naylor MF，Boyd A，Smith DW，et al. High sun protection factor sunscreens in the suppression of actinic neoplasia. *Arch Dermatol*. 1995;131(2):170－175.

[65] Green A，Williams G，Neale R，et al. Daily sunscreen application and betacarotene supplementation in prevention of basal-cell and squamous-cell carcinomas of the skin：a randomised controlled trial. *Lancet*. 1999;354(9180):723－729.

[66] Autier P，Dore JF，Cattaruzza MS，et al. Sunscreen use，wearing clothes，and number of nevi in 6- to 7-year-old European children. European Organization for Research and Treatment of Cancer Melanoma Cooperative Group. *J Natl Cancer Inst*. 1998;90(24):1873－1880.

[67] Autier P，Dore JF，Negrier S，et al. Sunscreen use and duration of sun exposure：a double-blind，randomized trial. *J Natl Cancer Inst*. 1999;91(15):1304－1309.

[68] Huncharek M，Kupelnick B. Use of topical sunscreens and the risk of malignant melanoma：a meta-analysis of 9067 patients from 11 case-control studies. *Am J Public Health*. 2002;92(7):1173－1177.

[69] Dennis LK，Beane Freeman LE，VanBeek MJ. Sunscreen use and the risk for melanoma：a quantitative review. *Ann Intern Med*. 2003;139(12):966－978.

[70] Green AC，Williams GM，Logan V，et al. Reduced melanoma after regular sunscreen use：randomized trial follow-up. *J Clin Oncol*. 2010;29:257－263.

[71] Jiang R，Roberts MS，Collins DM，et al. Absorption of sunscreens across human skin：an evaluation of commercial products for children and adults. *Br J Clin Pharmacol*. 1999;48(4):635－663.

[72] Calafat AM，Wong L-Y，Ye X，et al. Concentrations of the Sunscreen Agent

Benzophenone-3 in Residents of the United States: National Health and Nutrition Examination Survey 2003 – 2004. *Environ Health Perspect*. 2008;116(7):893 – 897.

[73] Schlumpf M, Kypkec K, Vökt CC, et al. Endocrine active UV filters: developmental Toxicity and exposure through breast milk. *Chimia*. 2008;62:345 – 351.

[74] National Toxicology Program. NTP Technical Report on Toxicity Studies of 2 – 5Hydroxy-4-methoxybenzophenone (CAS Number: 131 – 57 – 7) Administered Topically and in Dosed Feed to F344/N Rats and B6C3F1 Mice. Research Triangle Park, NC: National Toxicology Program, National Institute of Environmental Health Sciences, US Department of Health and Human Services; 1992. Available at: http://ntp. niehs. nih. gov/ntp/htdocs/ST_rpts/tox021. pdf. Accessed April 3, 2011.

[75] Schlumpf M, Cotton B, Conscience M, et al. In vitro and in vivo estrogenicity of UV screens. *Environ Health Perspect*. 2001;109(3):239 – 244.

[76] Wolff MS, Engel SM, Berkowitz GS, et al. Prenatal phenol and phthalate exposures and birth outcomes. *Environ Health Perspect*. 2008;116(8):1092 – 1097.

[77] Mancini AJ. Skin. *Pediatrics*. 2004;113(4 Suppl):1114 – 1119.

[78] American Academy of Ophthalmology. This Summer Keep an Eye on UV Safety. Available at: http://www. aao. org/newsroom/release/20090601a. cfm. Accessed April 3, 2011.

[79] American Optometric Association. Shopping Guide for Sunglasses. Available at: http://aoa. org/documents/SunglassShoppingGuide0810. pdf. Accessed April 3, 2011.

[80] Gilchrest BA. Sun protection and vitamin D: three dimensions of obfuscation. *J Steroid Biochem Mol Biol*. 2007;103(3 – 5):655 – 663.

[81] Holick MF. Vitamin D deficiency. *N Engl J Med*. 2007;357(3):266 – 281.

[82] Lim HW, Carucci JA, Spencer JM, et al. Commentary: a responsible approach to maintaining adequate serum vitamin D levels. *J Am Acad Dermatol*. 2007;57(4):594 – 595.

[83] Balk SJ; American Academy of Pediatrics, Council on Environmental Health, Section on Dermatology. Technical report: ultraviolet radiation: a hazard to children and adolescents. *Pediatrics*. 2011;127(3):e791 – e817.

[84] Wagner CL; Greer FR; American Academy of Pediatrics, Section on Breastfeeding and Committee on Nutrition. Clinical report: prevention of rickets and vitamin

D deficiency in infants, children, and adolescents. *Pediatrics*. 2008; 122(5): 1142－1152.

[85] Institute of Medicine. *Dietary Reference Intakes for Vitamin D and Calcium*. Washington, DC: National Academies Press; 2011.

[86] Abrams SA. Dietary guidelines for calcium and vitamin D: a new era. *Pediatrics*. 2011;127(3):566－568.

[87] Weinstock MA. The struggle for primary prevention of skin cancer. *Am J Prev Med*. 2008;34(2):171－172.

[88] American Academy of Pediatrics Council on Environmental Health and Section on Dermatology. Policy statement. Ultraviolet radiation: a hazard to children and adolescents. *Pediatrics*. 2011;127(3):588－597.

[89] National Toxicology Program. Executive Summary Dihydroxyacetone (96－26－4). Available at: http://ntp. niehs. nih. gov/index. cfm? objectid = 6F5E9EA5-F1F6-975E-767789EB9C7FA03C. Accessed April 3, 2011.

专　　题

第 42 章

艺术品和手工艺品

游戏活动和创造性的项目对儿童发育起着非常重要的作用。本章着重讨论儿童活动中接触的工艺品材料潜在的危害以及如何减少有毒物质暴露的预防措施。一些简单的措施就能达到减少有毒物质暴露的效果，如洗手、不要边玩边吃、将工艺品材料仅放置于原先作有标记的容器中、保证室内通风等。

在家庭、托幼机构、学校、教堂、公园中的各种娱乐设施都存在较多的工艺品。目前对于成人艺术家的职业相关危害有部分个案报道或者综述[1-3]，但是对于儿童接触工艺品相关的有毒物质暴露却少有文献报道。事实上，儿童接触的许多工艺品材料均含有有毒物质，只有公开报道特殊工艺品材料的毒性危害后，人们对其才有更多的了解。家长、老师以及从事与儿童相关工作的成人可能并未意识到一些常见工艺材料对儿童的健康危害。在这些材料中可以发现的化学物质包括：铅、锰等重金属，有毒溶剂以及粉尘和纤维等物质[4]。

铅、汞、镉、钴等重金属元素可以在颜料、蜡笔、油墨、釉、搪瓷、焊料中发现[5]。在儿童日常活动可能接触到的绘画、陶瓷、印刷品、彩色玻璃中所应用的染料，法律并未禁止其应用铅和其他金属元素[2]。一些纸类产品，如杂志，也含有来自油墨的重金属元素。一些有害的有机溶剂，如松节油、煤油、松香水、二甲苯、苯、甲醇、甲醛等，被用于绘画染料、丝印以及清洁工具等材料中[6]。橡胶胶水、喷涂瓷釉以及固定液等是常见的含有此类有机溶剂的产品[7]。当使用彩笔、釉料、黏土等材料或者制作颜料粉的时候就会产生含有石棉、石英、滑石、铅、镉和汞等物质的粉尘或者纤维。

物理性的危害也可来自于噪声、危险的机械、电动工具、机械和材料的储存以及废物处理过程，这些工业化的艺术设备多遵循美国职业安全和健康管理局(OSHA)和美国环境保护署(EPA)的相关规定[8]。

暴露途径

由于儿童以及青少年接触的工艺品种类多样化，其暴露途径也较为广泛。暴露类型取决于儿童的年龄、从事娱乐活动种类、使用的材料以及环境条件，如通风状况。对于粉尘、纤维以及易挥发的有机溶剂，吸入是较常见的暴露途径。儿童在日常生活或者活动中就有可能暴露于这些有害物质，尤其是在室内通风不良或者并未采取合理、有效的保护措施情况下。利用嗅觉来体验新事物同样会增加暴露危险，例如嗅闻胶水时会暴露于高浓度的有毒物质，加热某些艺术品(如陶瓷釉)可能产生挥发性的金属物质。

如果常见艺术材料被不适当地放在未标记的或者空的食物器皿中，意外食入也是较常见的暴露途径，年龄较小或者发育迟滞的儿童甚至会误食有标记的艺术品。对于家中自制的食物或者饮料器皿，若被污染也会增加暴露的危险。对于儿童某些特异性的行为，例如咬指甲、吸吮拇指以及其他的手-口接触的行为也是常见的危险因素。另外，一个潜在的接触途径就是在蘸取染料之前用舌头舔笔刷。清洗过的笔刷仍然包含残留的染料，已有文献报道该途径暴露引起的毒性作用[6]。

当不适当处理绘画染料、意外的溅洒，或者刀割伤、皮肤的挫伤等情况，皮肤的吸收也是重要的染毒途径。染料的溢出、喷溅以及揉搓眼睛也可通过眼结膜吸收有毒物质。

雕刻品的电焊焊接同样会对人体产生毒害作用，例如结膜炎、呼吸道过敏以及可吸入性金属颗粒和金属烟热(吸入金属颗粒 24～48 小时后产生的流感样症状，多由锌引起)等。

非化学性暴露

物理性的因素可通过多种途径对人体产生伤害。目前对于成人工作环境的噪声水平已有既定的标准，但是中学工艺美术实习班的噪声可能已经超过了该标准，甚至能够引起儿童听力的丧失。应用潜在危险性的工具可能会有切割伤、挤压伤、骨折、针扎伤甚至截肢的危险。电动设备可能会引起电击伤、烧伤以及一氧化碳释放等。肢体反复的运动可能会引起肌腱炎、腕管综合征以及其他伤害。这些有害因素可以通过工业卫生学家的评估、工程检测以及个人采取保护性措施等而减少到最低。

累及的系统以及临床意义

尽管长期低水平的暴露于有害工艺材料对于儿童的影响目前了解较少，对于成人艺术家的健康的影响却有相关的报道和描述，例如过敏、哮喘、中枢或者外周神经的损害、精神和心理的改变、呼吸道和皮肤的损害甚至恶性肿瘤。

诊断方法和治疗

因毒性物质的暴露途径以及罹患疾病的特异性，其相应的诊断和治疗也有所不同。

暴露预防

采取预防措施可以明显减少工艺品暴露的危害。目前对于儿童长期低水平暴露引起的亚急性中毒并未有详细的研究和报道。尽管如此，采取有效的预防措施减少儿童对有害物质的暴露仍是必要的。有些措施要应用于所有儿童工艺品材料暴露的环境情况；有些措施则适用于特定的机构。美国加州环境健康危害评估办公室(OEHHA)已经制订儿童使用工艺材料的安全标准，其中包括不允许学龄儿童使用的一系列产品(见参考资料)。采取一些简单的行为措施(例如避免舔舐染料刷)或者有选择地应用工艺材料或许能够明显降低暴露风险。对于儿童，应该选择通过安全认证的材料(表42-1)。工艺材料应该有正确的标签，应购买近期生产的或者密封在原始容器上的有详细标注的产品，并且在使用时，应该按照厂商的说明在有成人监护的情况下使用。美国消费品安全委员会(CPSC)认为13岁以下或者小学及以下属于儿童。青少年通常能够更好地听从指导、小心使用、了解风险，所以青少年使用成人工艺材料以及技术时，安全性较高。

工艺品的安全性可以有多重标记方式。较熟悉的有:被认可产品标签(AP)、获认证产品标签(CP)以及由美国艺术与创造性材料学会(ACMI)标记的健康标签(HL)。这些标签说明任何人均可以使用此类产品而不会造成急性或者慢性损害,包括有认知障碍的成人和儿童。在美国市场中,80%的儿童用的工艺材料以及95%的精致工艺材料有安全标签。

表 42-1 如何为 13 岁以下儿童选择美术材料

- ■阅读工艺产品的所有标签和说明。
- ■仅购买标有“符合 ASTM D4236 标准”或者有美国艺术与创造性材料学会认证的AP、CP、HL 等标签标志的产品。
- ■不要使用标有“放置于儿童不能触及的地方”及“儿童禁用”标志的材料。
- ■不要使用标有“有毒”“危险”“警告”“小心”以及包含有毒物质标签的材料。
- ■不要随意使用捐献或者找到的材料,除非产品有原有包装保存并且有完整的标签。

美国测试与材料协会(ASTM)在 1983 年制订了国家推荐标准:ASTM D4236 用于工艺材料慢性健康危害的标签制订。该标准要求工艺材料必须由毒理学家评估,所需标签应遵循严格的标注要求,其中包括有毒有害成分、使用时可能产生的健康危害、避免危害的预防措施,发生意外时的急救措施以及进一步获取详细信息的来源。美国艺术与创造性材料学会认证的产品均遵循该标准。1990 年《危险艺术材料标签法案》(Labeling for Hazardous Art Materials Act)制订完成,由美国消费品安全委员会(CPSC)负责实施,使得 ASTM D4236 推荐标准强制性应用于在美国进口或者售卖的所有商品,要求包括艺术材料在内的有害健康的产品必须提示有“放置于儿童不能触及的地方”(对于急性健康损害的产品)和“禁止儿童使用”(对于慢性健康损害的产品)等信息。

在某些情况下,可购买的艺术材料并未恰当属实地标记,例如高铅含量的蜡笔却标注有“无毒产品”。家长在购买艺术材料时需查阅相关声明明确所购买产品已经由毒理学家评估,比如可能对健康具有慢性伤害的产品符合 ASTM D4236 标准,对同时具有急性和慢性健康损害的商品有美国艺术与创造性材料学会的认证标签[9]。

在进行工艺活动时务必保证室内良好的通风(参见第 20 章)。工艺材料的正确保存和清洁也非常重要，例如工艺材料最好仅储存在含有全部信息的原包装内，工艺课结束后注意妥善密封并摆放储存罐，清洗所有工具，擦拭工作台以及彻底地清洗双手。成人用艺术材料也应该有同样的标签并且放在儿童不能触及的地方，因为半数艺术家均在自家画室工作，居住于该处的儿童就有可能接触到这些有害的材料。

儿童在进行工艺活动的时候，成人的精心监护可以预防外伤或者中毒的风险、保证艺术材料的正确使用以及对不良反应的及时发现。在使用工艺品材料时不应该进食或饮水，伤口和擦伤部位如果有可能接触到工艺品应该进行包扎。

从选择最安全的材料开始预防暴露。在地区或国家级别的公立学校，以及其他一些大型机构，进行集中订购可促进选择安全材料。

在发生外伤、中毒或者过敏反应时也应该有相应的应急策略。当地的毒物控制中心的电话应标记在明显的位置，化学溶剂溅洒至眼中时能就近找到冲洗的设备。对于高中可能用到的所有工艺材料，其材料安全数据表应该能够在官网中随时可以获取。监护人也应该具备相应的急救和应急反应能力并接受一定的培训。

对所有的成年监护人和青少年进行工艺品安全教育是非常必要的。艺术活动在教堂学校、托幼机构、幼儿园、小学和初中学校、医院、慢性病护理机构、治疗场所以及艺术节时均较为常见。艺术老师应该就其在课堂中进行的技术操作进行相应的安全培训。特别脆弱的儿童应该被确定并且采取合适的措施保护其身体健康，风险更高的儿童包括哮喘和过敏儿童可能对多数儿童能够耐受的暴露特别敏感。对于生理、精神或者学习能力等残障儿童，需成人帮助其理解使用说明、正确使用实验设备，以及遵循相关的安全指南[10]。

工艺课程应该遵循美国职业安全和健康管理局、美国环境保护署以及国家对于室内通风、机械设备、防火系统、个人防护设备的相应指南要求。面对大龄儿童以及成人的工艺美术课应该有正式的健康与安全课程。

常见问题

问题　一般水溶性工艺用品是不是对人体没有伤害？

回答 一些水溶性冷水涂料为致敏剂，其对健康的长期影响目前并没有全面的研究。

误食少量的有机溶剂有可能引起生命危险，水溶性工艺用品因其不需要有机溶剂而较受欢迎。涂料和油墨中的着色剂含有重金属等毒性物质，所以使用完以后最好清洗双手，避免食入体内（例如舔舐涂料刷子）。

问题 我可以用涂釉陶瓷来盛装食物或者饮料吗？

回答 釉料可能含有重金属元素，尽管美国已限制餐盘釉料中的铅含量，但是工艺品项目中的一些釉料颜色中可能含有铅或者其他金属。这些釉料可能标注了不适合儿童使用。国外制造的陶瓷，尤其是来自中、低收入国家，可能含有铅和其他金属，已有报道来自墨西哥及中国的产品存在金属污染。热的食物或者酸性食物和饮料储存在这些陶瓷容器中可能会引起釉料中的重金属的析出，导致暴露。因此来自美国以外的涂釉陶制品或陶瓷工艺品仅能用于装饰而不能用以盛装食物或者饮料。

参考资料

American Industrial Hygiene Association

Phone：703 - 849 - 8888；fax：703 - 207 - 3561

Web site：www. aiha. org

E-mail：infonet@aiha. org

This organization gives guidance to institutions about designing and managing industrial arts facilities and programs.

Art & Creative Materials Institute（ACMI）

Phone：781 - 293 - 4100；fax：781 - 294 - 0808

Web site：www. acminet. org

The ACMI，an organization of art and craft manufacturers，develops standards for the safety and quality of art materials；manages a certification program to ensure the safety of children's art and craft materials and the accuracy of labels of adult art materials that are potentially hazardous；develops and distributes information on the safe use of art and craft materials；provides lists of certified products（those that are safe for children and adult art materials that may have a hazard potential）to individuals， to the US Consumer Products Safety Commission, state health agencies, and school authorities; and provides consultations for concerned individuals. The ACMI has access to toxicologists to answer questions about health concerns.

California Office of Environmental Health Hazard Assessment (OEHHA)

OEHHA has developed information to assist school personnel in selecting and using safe art and craft products in the classroom in a publication titled "Guidelines for the Safe Use of Art and Craft Materials" (updated October 2009). Available at: http://www. oehha. ca. gov/education/art/artguide. html

Public Interest Research Group (PIRG)

Phone: 202-546-9707; fax: 202-546-2461

Web site: www. pirg. org

E-mail: uspirg@pirg. org

Several state PIRGs have conducted surveys of art hazards in schools. Similar methodology was employed by all. Reports may be obtained from individual state groups.

US Consumer Product Safety Commission (CPSC)

Phone: 800-638-2772

Web site: www. cpsc. gov

The CPSC is responsible for developing and managing regulations to support the Labeling for Hazardous Art Materials Act and the Federal Hazardous Substances Act. The CPSC instigates actions on mislabeled products and/or misbranded hazardous substances (products whose labels do not conform to these acts). Actions may involve confiscations, product recalls, or other legal actions. The CPSC's Web site contains general product safety information and recent press releases. To report a dangerous product or product-related injury or illness, call CPSC's hotline at 800-638-2772 or e-mail info@cpsc. gov.

US EPA

Advice from EPA Region 2 on Arts and Crafts Safety Issues

www. epa. gov/Region2/children/k12/english/art-2of5. pdf

（余晓丹 译　高　宇 校译　许积德　徐　健 审校）

参考文献

[1] Dorevitch S, Babin A. Health hazards of ceramic artists. *Occup Med*. 2001;16

(4):563－575.

[2] McCann MF. Occupational and environmental hazards in art. *Environ Res*. 1992; 59(1):139－144.

[3] Ryan TJ, Hart, EM, Kappler LL. VOC exposures in a mixed-use university art building. AIHA J (Fairfax, Va). 2002;63(6):703－708.

[4] Amdur MO, Doull J, Klaassen CD, et al. Casarett and Doull's Toxicology: The Basic Science of Poisons. 7th ed. New York, NY: McGraw Hill; 2007.

[5] Babin A, Peltz PA, Rossol M. Children's Art Supplies Can Be Toxic. New York, NY: Center for Safety in the Arts; 1992.

[6] Lesser SH, Weiss SJ. Art hazards. Am J Emerg Med. 1995;13(4):451－458.

[7] McCann M, Artist Beware. New York, NY: Lyons and Burford Publishers; 1992.

[8] McCann M. School Safety Procedures for Art and Industrial Art Programs. New York, NY: Center for Safety in the Arts; 1994.

[9] Lu PC. A health hazard assessment in school arts and crafts. J Environ Pathol Toxicol Oncol. 1992;11(1):12－17.

[10] Rossol M. The first art hazards course. J Environ Pathol Toxicol Oncol. 1992;11 (1):28－32.

第 43 章

哮　喘

■■■■■■

哮喘是一种慢性呼吸系统疾病，主要表现为支气管高反应性、间歇性、可逆性气道阻塞以及气道炎症[1]。本章将回顾对哮喘发展有影响的因素，并重点分析儿童哮喘的环境诱发因素。

哮喘发作过程

基因及环境因素可影响哮喘的发病，而幼年早期暴露可能起重要作用。近年来儿童所处环境发生变化是哮喘患病率升高的重要原因。最新研究表明，新生儿免疫系统对特定的环境过敏原（如尘螨）会产生相应的过敏[免疫球蛋白 E（IgE）升高]反应。此反应有一部分是通过婴儿辅助性 T 细胞介导，T 细胞可释放一系列细胞因子，继而促进"过敏性"B 细胞（产生特异性 IgE）对特定的环境过敏原产生反应。T 细胞因子最终促发了 IgE 反应的被称为 Th2 反应。与 Th2 反应不同的是，随着免疫系统的成熟，初始 T 细胞会通过不同的途径发育，释放出混合细胞因子，从而对环境中的过敏原暴露产生反应，这促成了 Th1 反应。有假说认为，根据刺激的类型和/或个人的遗传倾向，幼年时期的环境过敏原暴露可能会使 Th2 反应延续，或者会改变两种反应方式的平衡，使其朝向 Th1 反应占优势的方向移动[1,2]。环境因素影响假说提出卫生条件改善，饮食改变，使用抗生素增多导致的肠道菌群改变、常规疫苗，居住条件及生活方式改变所导致的过敏原暴露增多，肥胖及运动减少，孕期环境改变等，促发 Th2 反应[3]。"卫生条件假说"认为，幼年早期感染（诱发 Th1 反应）发生的越来越少，这促发了持续的 Th2 反应失平衡[1,4]。调查发现，有兄长或姐姐及幼年期受到关爱与哮喘发病率下降有关，这支持了该假说的观点。

Th2(IgE)对环境污染物(例如家居尘螨、蟑螂、猫及犬身上的过敏原)的反应过程与儿童期哮喘的发展有着极强烈的联系[2,5]。幼年过敏原暴露及其致敏性的关系还不完全清晰。一些研究认为婴儿期宠物过敏原暴露可能有保护作用。总的来说,当下的一些数据表现出了混杂的结果,这些数据无法推出令人信服的结论[4,6,7]。

早期暴露于空气颗粒物或气体污染也和儿童期哮喘的发生、发展有一定的联系[8]。

哮喘的环境诱发物

哮喘的主要室内环境诱发物[9]包括被动性吸烟,也就是二手烟;挥发性有机化合物(VOCs)及香水(参见第 20 章)所导致的呼吸道刺激;动物及昆虫过敏原(如皮屑及蟑螂)、真菌(表 43 - 1)。虽然大部分加重儿童哮喘的物质会被吸入,但一般只有在一些特殊个人通过接触(乳胶)或摄入(花生)特殊物质时才会真正加重。

室外空气污染也与哮喘加重有密切联系(参见第 21 章)[10,11]。

室内环境诱发物

被动吸烟

虽然吸烟率及被动吸烟率已经显著降低,但 2009 年仍有 20%的美国成人吸烟[12]。儿童是受二手烟影响最严重的人群(参见第 40 章)。母亲吸烟的儿童出现喘息症状及下呼吸道疾病的概率比母亲不吸烟的儿童出现这些症状的概率更高[13]。母亲孕期和/或婴儿早期吸烟影响最大[14],因为在胎儿/婴儿肺快速发育时期,肺薄壁组织上受到炎症刺激,胎儿/婴儿长期近距离受到母体暴露。被动吸烟与哮喘发作频率升高,哮喘症状更容易发生,药物使用量增高,以及急性发作后恢复时间延长等相关[15,16]。已证明孕期每日半包或以上的吸烟量与儿童哮喘发生风险增加有关[14]。急性短期被动吸烟则被证明与支气管高反应性增加有关,在暴露后需要至少长达 3 周的时间才能恢复肺功能[17,18]。

表43-1　常见室内及室外哮喘诱发物

物　质	主要来源
室内	
二手烟	香烟、雪茄及其他烟草制品
柴烟	壁炉及使用木头作为燃料的火炉
真菌	洪水、屋顶漏水、水管漏水、潮湿地下室、空调机组
氮氧化合物	空间加热器、燃气灶
气味或芳香剂	喷雾剂、除臭剂、化妆品、家用清洁产品、农药
挥发性有机化合物	建筑保温材料、清洗剂、溶剂、农药、密封剂、黏合剂、燃烧产品、模具
尘螨	床上用品(枕头、床垫、弹簧床垫等床上用品)、地毯、软家具、窗帘、毛绒玩具
动物	猫和犬的皮屑和唾液、啮齿类动物的尿
蟑螂	厨房中的食物及浴室水
室外	
花粉	开花植物的季节性释放
真菌	生存于土壤中,在潮湿环境及腐烂有机物中增加(如木屑)
臭氧(O_3)	燃烧源(例如,机动车尾气、发电厂)
颗粒物(PM_{10}、$PM_{2.5}$、$PM_{1.0}$)	燃烧源(例如,柴油发电机、工业、木材燃烧)
二氧化硫(SO_2)	煤炭燃烧(燃煤发电厂,其他工业来源)

PM_{10}表示颗粒物空气动力学直径小于10 μm;$PM_{2.5}$表示颗粒物空气动力学直径小于2.5 μm;$PM_{1.0}$表示颗粒物空气动力学直径小于1 μm。

其他室内刺激物

其他常见的空气污染物即呼吸道刺激物,包括燃气灶、木炉、取暖器(气体或煤油),壁炉,以及释放的有机气体及蒸汽的装修建筑材料[19]。这些加重哮喘的污染物的流行病学资料有限,但都提示暴露与哮喘加重之间存在一定联系[19,20]。

煤气炉或烤炉能在室内产生大量二氧化氮气体,特别是在缺乏足够通风或以煤气炉作为辅助产热设备使用的情况下[21]。缺乏足量通风的壁炉会产生大量室内柴烟。

挥发性有机化合物及香水会诱发敏感个体急性哮喘发作[22]。其作用机制尚不明确，但主要认为是非特异性刺激诱发。很多消费品都可释放甲醛，包括新买的地毯、纸制品（如餐巾纸、毛巾、袋子），脲（甲）醛树脂泡沫绝缘材料，胶合板及人工密度压合板产品中的胶水等。甲醛是一种众所周知的办公场所中的呼吸道刺激物及常见的家居空气污染物（参见第 20 章）[19,23]。

过敏性沉淀物

动物过敏原

动物过敏原为糖蛋白，通常引发人类 IgE 反应。这些过敏原通常见于唾液、皮脂腺（狗和猫），也可见于尿液（啮齿动物）。奶牛毛或马毛过敏及相应的威胁都有报道，主要是由职业暴露引起的[19]。环境中的过敏原传播的研究主要在猫身上进行；其猫传播途径类似于其他家庭带毛动物[19]。猫源性过敏原物质干燥后可黏附到许多物体表面（如动物毛毯或假发，床上用品及衣服），并通过这些物体传播到其他环境。一旦动物进入室内，一些微小的空气传播过敏原分子（直径 $<5\ \mu m$）就能被检测出来。其可在空气中保持长达数小时。这些小分子一旦被吸入，就极易在呼吸道末梢沉淀下来。动物过敏原所导致的临床症状包括轻微皮肤表现，如荨麻疹、过敏性结膜炎，以及可能危及生命的支气管痉挛及过敏反应。

猫

猫所导致的过敏反应的严重程度比其他常见的家庭宠物所导致的过敏反应更加严重。超过 600 万的美国居民对猫过敏，并有高达 40%的特应性皮炎患儿表现出皮肤测试敏感阳性反应[24]。主要过敏原（Fel d I）在猫的唾液、皮脂腺和肛腺中有很高的浓度。猫的理毛动作会导致其皮毛上沾上大量的唾液，猫的过敏原会通过小颗粒空气传播[25]。养猫的儿童会将过敏原带到学校教室里去，这就会导致高敏感儿童哮喘发作[26]。一旦猫从室内环境中离开，其过敏原也可能在一些物体中持续存在，如床上用品。

犬

犬是美国最常见的驯化动物品种。5%～30%的特应性患儿对其主要过敏原 *Can f I* 会产生阳性皮肤反应，虽然很多患儿并不会表现出临床症状或支气管激发试验阳性反应[27]。患者临床敏感度因犬种类的不同而不同，研究人员同时也对种类特异性过敏原进行了研究[28]。和猫过敏原类似，在犬毛和皮屑中可发现高浓度的 *Can f I*[28]。

啮齿类动物

当啮齿类动物在家庭中作为害虫或宠物存在时，人体就会暴露于这些动物的过敏原中。大鼠及小鼠的过敏原最初出现在它们的尿液之中[19]。它们的毛屑中通常也包含大量过敏原。大鼠过敏原可在市中心的房子中广泛传播[29]。对居住于市中心的哮喘患儿调查发现，家中灰尘样本中的大鼠过敏原与人类对其过敏程度（特别是对用于皮肤测试的多重过敏原表现出特异反应的哮喘儿童）有很大的关联度。幼年期暴露与生长过程中较早出现喘息及特异性表现有关[30]。

鸟类

在职业环境中，过敏性肺炎可能与鸟类粪便抗原及鸟类排出的蛋白类粉尘有关。然而，有关鸟类是否会引起过敏及哮喘的问题现在仍存在疑问[19]。在羽毛中会有大量粉尘，而粉尘则是家中羽毛类制品中（如枕头、沙发、床以及羽绒服）最常见的过敏刺激物[19]。

蟑螂

蟑螂致敏反应的发生率与生活环境中的害虫侵袭严重程度有关，即使一些儿童家中无害虫侵袭，在一些非居住场所（如学校）也会发生过敏反应。蟑螂多见于温暖潮湿的环境，在这些环境中有稳定的食物来源。虽然过敏原多见于厨房中，但在卧室或电视区也可见蟑螂过敏原浓度的显著升高，特别是当食品在这些区域中食用时。

美国的蟑螂品种有很多,而3种主要品种都和IgE抗体有关。德国蟑螂(德国小蠊)是2个原始抗原(*Bla g* 1和*Bla g* 2)的主要来源。现认为蟑螂过敏原是过敏性鼻炎和哮喘的主要诱发原。高达60%的患哮喘的城市居民蟑螂抗原皮肤试验呈阳性。虽然蟑螂对人体很多部位都有致敏性,但其在全身及脸所引起的反应更大。蟑螂过敏原的传播方式类似于尘螨抗原;其可在短期内附着于大颗粒中,通过空气进行传播。儿童所在时间最长的地点的过敏原水平对儿童的影响是非常重要的。城市哮喘儿童,如果其卧室尘埃中有高水平的蟑螂过敏原,则此儿童喘息、旷课、急诊住院的频率将会高于无敏感性或无暴露的哮喘儿童[19,31]。除此以外,对过量蟑螂过敏原敏感的儿童的住院率约是低暴露和低敏感儿童的3倍。

家居尘螨(粉尘螨)

家居尘螨可能是引起敏感儿童哮喘及诱发哮喘加重的主要物质。尘螨抗原多见于人类毛发头屑中,其主要过敏原 - *Der p I* 和 *Der p II* - 可见于尘螨粪便颗粒的外层膜中。室内环境为粉尘螨的生长提供了优越的条件,如相对湿度大于55%,温度在22～26℃,尘螨也可在中等温度中继续生存。在合适的生存条件下,尘螨会在床垫表面、地毯、软垫家具上增殖,这些物体上都含有大量的人类毛屑,为尘螨的主要食物来源。1g尘土可能包含有1 000个尘螨及250 000颗粪便颗粒。颗粒直径10～40 μm,因此,其不易传播到下呼吸道。当鼻咽黏膜接近尘螨密集处(特别是床垫、枕头、地毯、亚麻布、衣物及玩具)或在打扫房子时抗原在空气中悬浮时,人体就暴露于尘螨中了。

真菌

虽然有些真菌也能够在相对干燥的地区生长,真菌多在湿度很高的气候环境中生长较快。常见的室内真菌种属(如曲霉菌属、青霉菌属、分子孢子菌属)的生长需要有足量的湿度,室内真菌的生长地点通常见于一些湿度较高的家庭日常生活区域(如地下室、爬行通道、地面、浴室以及有水残留区域,如空调冷凝器)和常被湿气损坏的区域。地毯,天花板和镶板或空心墙也是常见的生长密集区。

在室内出现肉眼可见的真菌,闻及发霉的气味,窗户玻璃上出现冷凝水(除了洗澡后或厨房做菜后出现的冷凝水),或使用加湿器后,都要考虑真菌生长的可能性。很多流行病学研究提示潮湿,室内真菌和哮喘症状有很大的关联[19,32-39]。因潮湿和肉眼可见的真菌生长能成为尘螨过敏原暴露的提示迹象,真菌和其他过敏原(如室内尘螨)的相对贡献孰大孰小并不完全清楚。然而,一些研究表明,在调节尘螨过敏原水平后,真菌和哮喘之间的联系依然存在[40-42]。

其他过敏原

乳胶

乳胶可能通过人体直接接触或吸入乳胶颗粒引起过敏反应,其症状有皮疹、喷嚏、支气管痉挛等过敏反应[43]。

乳胶手套的广泛使用及生产过程的改变,使得过敏原影响更加严重,从而导致报道病例数量升高。大多数过敏病例发生于医务人员、食品服务人员或环境清洁服务人员,接触气球、手套、安全套及一些特殊运动装备时也可能引发过敏反应。乳胶暴露量升高的儿童(如患有泌尿生殖系统畸形、大脑瘫痪及早产儿)发生乳胶过敏的风险就会升高。有研究报道,高达1/3的脊柱裂儿童乳胶过敏原皮肤试验呈阳性[43]。

食物

很多食物中都含有能够引发敏感个体哮喘或过敏性反应的过敏蛋白。花生、坚果、鱼、贝类、鸡蛋、牛奶是最常见的相关食物[44]。经口摄入食物可引起症状发作,这和雾化颗粒、油中含有可引起高敏感个体症状的过敏原有关。对少数个体来说,食品添加剂,包括亚硫酸盐及食物色素,特别是柠檬黄(一种合成的黄色染料)或胭脂红(一种由雌性胭脂虫体干燥粉制成的染料),也能引起过敏反应。出现食物过敏反应的儿童哮喘症状发生频率很高,但哮喘症状并不是其唯一表现。

室外环境诱发物

室外空气污染

现在,多达1.25亿美国人生活的地区至少有1种污染物未符合1997

年《国家环境空气质量标准》(NAAQS)。臭氧及颗粒物是最受关注的。这些空气污染物的水平很高,对哮喘患儿呼吸道是很大的威胁因素。

臭氧

环境中(室外)的臭氧主要是在稳定气候条件下由阳光照射于氮氧化合物及碳氢化合物发生作用产生的。其含量在温暖、晴朗、无风的天气中最高,在中午到下午可达峰值。

在温暖的季节,美国很多城市及乡村地区臭氧浓度可超过 NAAQS 标准,在大城市近郊区可达到最高水平。

臭氧是一种强力氧化剂及呼吸道刺激物。臭氧浓度较高的时候,哮喘发作住院及急诊率相应升高[45,46]。一项研究发现,生活于臭氧污染较重社区的体力活动剧烈的儿童的哮喘发生率也比较高[47]。

颗粒物

颗粒物是空气中颗粒的均匀混合物。在城市地区,汽车废气(特别是柴油),工业以及柴烟是颗粒物污染的重要来源。颗粒物是哮喘患儿哮喘加重及支气管症状发生的重要诱因。柴油颗粒可能会加重过敏反应。

二氧化硫

二氧化硫(SO_2)是一种呼吸道强烈刺激物,并能诱发哮喘发作。二氧化硫的主要来源包括燃煤发电厂、造纸厂、炼油厂及其他工厂。虽然美国大部分地区的环境二氧化硫水平低于 NAAQS 标准,离这些来源较近的区域二氧化硫水平也会升高。

更多室外空气污染物健康效应信息,参见第 21 章。

室外过敏原

室外空气包括各种过敏原,大部分来源于植物花粉和真菌孢子。春季及夏季的树木、草和豚草花粉会引发呼吸道症状,如使敏感儿童出现打喷嚏、鼻炎和支气管痉挛。真菌所释放的孢子(如链格孢属和曲霉菌属)多见于潮湿的木质较多地区,包括使用木块铺地的游乐场。这些过敏原也能够引发急性复发性哮喘加重[47,48]。婴儿哮喘加重与室外真菌孢子暴露有很大的关系[49,50]。雷暴天气时哮喘发作率升高主要与室外空气中真菌孢子水平升高有关[51]。

诊断

为了能够正确诊断哮喘，临床医生应详细了解病史。他们应仔细鉴别有气流梗阻或气道高反应性患儿的症状发展情况。应进行仔细的体格检查，重点应检查上呼吸道、胸部及皮肤。应仔细鉴别，排除其他诊断[3]。过敏性疾病及哮喘家族史是持续性哮喘的诊断标志。小于 5 岁的儿童的肺功能检查很少能重复。对支气管扩张剂治疗试验和/或消炎药物的反应情况对确诊很有帮助。胸部影像学检查可反映外周支气管变薄及膨胀的情况，有助于确诊疾病的慢性发病，同时也可以用于排除其他疾病，如先天性异常及异物。基线肺功能试验可能出现一秒用力呼气量(FEV_1)下降，以及呼气中期量($FEV_{25\sim75}$)下降。支气管扩张前及支气管扩张后肺活量测定法(FEV_1升高＞12％)，醋甲胆碱、运动或冷空气支气管激发试验(FEV_1降低≥20％)有助于有轻度症状患儿的哮喘诊断。每日或白天峰流量的测定也有一定帮助。

测定特应性程度有助于诊断哮喘。吸入抗原可导致皮肤划痕试验阳性，特殊食物也可助于确定可疑诱发物。酶联免疫吸附测定(ELISA)分析也可用于可疑患儿筛查，其敏感性相对皮肤划痕试验较低，但它更加稳定有效且易耐受(同时也更贵)。

治疗

美国国家卫生研究院(National Institutes of Health)提供了有关哮喘治疗各个方面的指南[3]。治疗目标包括减轻慢性及危重症状，保持肺功能正常，保持生活的正常品质，降低恶化的频率，并使急诊及住院率降低。药物治疗分为 2 种常见类型：①长期药物防治，使持续性哮喘得到控制及保持；②快速药物缓解，主要用于急性症状及恶化。哮喘的“阶梯疗法”强调初始治疗时高剂量，以控制症状，之后需要降低快速缓解药物的剂量。预防药物包括吸入性糖皮质激素和非甾体类药物，如白三烯受体拮抗剂和长效β受体激动剂。缓解药物则主要是吸入性快速起效肾上腺素能受体激动剂[3]。

未控制性哮喘是食物过敏原导致严重过敏反应的危险因素。哮喘作为过敏反应的症状之一,可肌肉内注射肾上腺素控制发作,而不应吸入肾上腺能激动剂[52]。

过敏原免疫治疗适用于很多过敏原,且效果较好[53]。免疫治疗不能完全替代控制过敏原,刺激物(如二手烟)及其他诱发物等暴露因素的预防措施。

哮喘环境诱发物的处理措施

减少吸入室内过敏原及刺激物能有效控制哮喘[3]。表 43-2 总结了减少过敏原暴露的方法。仅减少一种过敏原是无效的,需要采取多重方法[3]。多重家庭环境干预策略(包括社区健康评估和双亲教育)成本较低、效果较好,是城市社区有效公共健康教育的代表[3,54,55]。这些环境干预措施与控制哮喘症状时使用的糖皮质激素一样有效[3]。

过敏原及刺激物的控制措施

避免环境过敏原和刺激物是哮喘控制的主要措施之一。长期暴露于室内过敏原的持续性哮喘患儿应行皮肤试验或体外试验,并应了解如何正确控制环境因素[3]。

大多数控制措施主要是控制慢性哮喘的症状,并阻止哮喘加重[54,56,57]。现有很多减轻哮喘发展风险的干预措施方面的研究[3]。现已知,妊娠期及分娩后无过敏原饮食对降低哮喘发生率无明显作用。现有控制孕期及幼年尘螨对哮喘发生率影响的评估的随机对照实验[57]。哮喘的首要预防措施应包括减少儿童和青少年的二手烟吸入量。孕妇应禁止吸烟且避免暴露于二手烟。

完全控制环境过敏原是十分困难的,因此需要采用多重干预措施[3,19,57,58]。很多建议认为应该先控制过敏原来源。对于需要多重药物控制症状的儿童,过敏原密集处需要积极持续的关注。近期已有研究旨在评估低收入家庭哮喘儿童室内环境控制方面的困难[55]。

表 43－2　减少家庭、学校和幼托机构中的过敏原的措施*

环境诱发物	减少暴露的措施
动物皮屑	■室内不养动物；至少使儿童房间内无动物 ■不养动物或限制动物活动
家庭尘螨	建议： ■床垫铺上过敏原不透性床单 ■枕头铺上过敏原不透性枕套或每周清洗 ■每周用热水清洗儿童床上的床单或毛毯 ■水温高于 54℃以上才能使尘螨死亡；冷水或洗涤剂或漂白剂也能降低活尘螨及过敏原水平 ■长时间干燥或冷冻可以杀死尘螨，但不能消除过敏原 最佳： ■将室内湿度降低至 60％以下，理想湿度 30％～50％ ■移除卧室地毯 ■不躺在软垫家具上 ■清洁地毯 ■根据预防哮喘的功能选择学校和幼托机构地面覆盖物材料
蟑螂	■利用有毒诱饵或陷阱控制蟑螂；需经常清洁以减少蟑螂存活区域 ■不要使食物或垃圾暴露 ■采用全面的害虫管理办法
花粉（来自树、草或杂草）和室外真菌	■在花粉传播高峰期（通常是中午及下午）应尽量关闭窗户留在室内 ■开启空调通风循环模式 ■花粉或污染物水平过高时，学校和儿童保健单位应将体育活动安排在室内
室内真菌	■修复所有渗漏的地方，将水分渗漏量降低到最小 ■清理霉化物体表面，移除室内及相关的室外真菌密集物体 ■将室内湿度降低至 60％以下，理想湿度 30％～50％ ■地下室应除湿 ■确保湿度较高的区域（如卫生间及厨房）的排风扇及其他通风设施功能有效
二手烟	■劝说家长及家庭其他成员停止吸烟。在室外吸烟可减少儿童二手烟暴露，但不能完全消除 ■劝说青少年吸烟者停止吸烟或在室外吸烟 ■提倡无烟校园及无烟儿童保健机构

（续表）

环境诱发物	减少暴露的措施
室内/室外污染物或刺激物	■不使用木材作为燃料的火炉或壁炉 ■尽量使用不通风的燃气灶或热水器 ■避免其他刺激物（如香水、清洁剂、喷雾剂） ■减少挥发性有机化合物（VOCs）的来源，如新地毯、粉笔黑板、油画

＊摘自美国国家卫生研究院（NIH）发布的哮喘实践指南（2007版）[3]。

二手烟及其他室内刺激物

儿科医生应当询问儿童二手烟暴露量，并劝告家长停止吸烟（参见第40章）。现无证据显示通风及空气清洁器能够有效减少儿童的二手烟暴露量[19]。

使用室内燃烧工具（如汽油或煤油取暖器、燃气灶、燃烧木柴的壁炉）时必须有足够的通风。汽油或煤油取暖器，通常用于天气寒冷时，其使用时间较长[19]，因其可能产生一氧化碳中毒，因此不应该在不通风的环境下使用。密封剂涂层和覆盖物有时会加在含甲醛的材料上以减少其排放。家具、地毯以及建筑材料在出厂的第一个月所释放出来的挥发性有机化合物量是最多的，在家中安装这些物件后应给予足量的通风。市面上也有销售低释放量的地毯，黏合剂及建筑材料，但现还没有研究比较低释放量地毯与传统地毯对居家儿童哮喘加重的差别的临床研究。应使用无挥发性有机化合物或香水的代替产品，非气溶胶或无味清除剂。

室内过敏原

动物过敏原

动物过敏的首要防治措施是避免接触可引起过敏的动物。建议不养动物或在室外（如在车库中）养动物。如必须养动物，应努力减少过敏原密集的区域[59]。除服务犬外，动物应避免在学校或儿童保健机构出现[60]。

猫的主要过敏原 *Fel d I* 的控制比较困难。即使猫从家中移除，还是需要3个月的时间才能减少过敏原水平。彻底清洁(如移除地毯或洗墙和家具)可加快这个过程。很多对猫过敏的患者在他们家庭以外会暴露于猫过敏原中,因此应该避免接触这些设施。

如猫继续在家里生活,应采取措施使其在一个特定区域活动,并禁止猫进入儿童卧室以建立一个“安全房间”。致密滤过材料应放置于空气入口,以滤过空气中的颗粒过敏原。给猫洗澡可降低猫皮屑数量及环境中的干燥唾液[3,59]。

其他措施包括:移除地毯及重度污染物、使用高效空气过滤器(HEPA)、经常除湿、每周为猫洗澡、清洁猫所接触物体。这些方法可短期使空气中猫过敏原水平降低90%[50,61]。HEPA只有和其他措施合用时才对猫过敏原有效[19]。

应避免幼年儿童接触宠物,以避免致敏。然而,近期的一些研究表明,早期接触猫或犬可能更有效地阻止过敏原致敏[6,7,62]。而解决这些问题还需要更多的研究。

犬类过敏原会激发更明显的支气管高反应性,但与猫类相比,犬类过敏原诱发的致敏反应更少。反应减少可能与犬品种不同及过敏原(皮屑、毛发、唾液和血清提取物)中抗原不同所导致的,同时更多犬类生活在室外,犬对洗澡不抗拒也是原因之一。指南建议,减少犬类过敏原暴露应在减少猫过敏原暴露之后。

通过快速房间空气交换和高效微粒过滤器,大多数实验室环境中空气中的啮齿动物尿过敏原水平已经降低。关于家中害虫威胁和干预措施的研究至今尚无。

蟑螂

蟑螂可见于潮湿,温热及储存食物的地方[63]。为减轻虫害,开放物体表面应尽量少地放有机物。其他措施包括将所有食物储存于密封容器中,去除水源,只在厨房中饮食,每日处理垃圾,修补水龙头和管件上的裂缝,把蟑螂胶饵、毒饵放置在厨房和卫生间[3,64]。硼酸应该在儿童接触不到的地方使用。当考虑使用其他杀虫剂时,家庭应考虑蟑螂的风险、哮喘的严重程度和杀虫剂使用风险等因素的平衡。应采用害虫控制的最小毒物替代措施(如“有害生物综合治理”,参见表43-2及第37章)。家庭应该避免使用烟雾杀虫剂,因其可能导致毒性反应。

蟑螂过敏原主要存在于与尘螨过敏原大小相似的颗粒上。因此,蟑螂过敏原与积尘重新悬浮有关。厨房中蟑螂过敏原浓度比卧室中更高。推荐用于尘螨过敏原的物理屏障及清洁干预同样也可减少蟑螂过敏原暴露。减少蟑螂过敏原可减轻儿童哮喘症状及并发症[65]。

尘螨

降低尘螨暴露可减轻非特异性支气管高反应性的症状和程度[66]。因为尘螨主要通过大颗粒传播,因此其暴露主要与活动时吸入悬浮过敏原有关。使用过敏原无法渗透的覆盖物包裹的床垫、枕头及弹簧,是减少尘螨暴露的最主要措施。较为经济的选择是,使用塑料作为弹簧床的覆盖物,但可能在使用时不舒服。阻碍过敏原通路的透气覆盖物相对来说比较经济[57,58]。临床干预试验提示,通过尘螨过敏原清除方法,可减少大量过敏原,并改善哮喘症状[使用过敏原无法渗透的枕头及床垫,并每周使用热(>54℃)水清洗床单]。这个温度比美国儿科学会(AAP)所建议的49℃要高,若接触此温度,皮肤上可见有明显的烫伤。作为一种替代疗法,清洗床单时水温可适当升高(理想情况下应在儿童上学或睡觉时),清洗后应立即降温。一项研究认为,正常的洗涤(足够的空间,适度温暖的水以及不同的清洗液)能够将床上的大部分尘螨和猫过敏原去除[67]。通过不同方式洗涤后的临床结果是否不同还需要更加深入地研究。

杀死尘螨的热水洗涤代替措施包括在室外阳光中(尘螨对阳光敏感)干燥床上用品,或在滚筒式烘干机中以54℃至少20分钟烘干,软玩具可放置于冷冻冰箱中至少24个小时[3,55]。干燥清洁可杀死尘螨但不能有效去除过敏原[58]。

地毯是尘螨抗原增殖最常见的地方,因此应该将卧室中的地毯移除。单单采用吸尘器能使地毯表面尘螨减少35%,但能减少固体表面80%的尘螨。如果可能,应使用可清洗性乙烯基,皮革或木材材料替换软垫家具。应使用耐洗织物制作的窗帘或者百叶窗。清洗百叶窗应采用乙烯基。含有苯甲酸苄酯和单宁酸的杀螨剂(杀死尘螨的化学试剂)可降低地毯及软垫家具上的抗原水平,但其应每3周使用一次。移除地毯并用硬木或乙烯基材料覆盖物远比使用杀螨剂有效。因此,很多专家不再提倡使用杀螨剂作为控制过敏原的常规措施[3]。

因为尘螨过敏原可快速浮沉，因此空气清洁器很少有明显作用。含有 HEPA 过滤层或双厚袋的吸尘器可有效减少过敏原[58]。

可根据气候情况控制湿度以限制尘螨的生长[19,58]。在潮湿气候中(每年至少有 8 个月室外相对湿度≥50%)，控制尘螨生长密集处很关键。在潮湿气候地区(如美国东南部)室内除湿是十分困难的。利用空调保持室内相对湿度低于 50%需要有紧密不透风的房子，且其花费较大。也可考虑卧室空调。在一些中度潮湿或季节性潮湿的地区，尘螨的生长可能是季节性的，尘螨生长在房间里潮湿的地方更多。在干燥的季节时，每日打开窗户一小时可确保除湿[19]。在气候干燥的地区[如中西部，多山地区(海拔高于 1 524 m)]和美国西南部，室内几乎没有尘螨生长。

真菌

减少湿气来源是降低哮喘发病率的有效措施之一。因为真菌生长需要水分[68, 69]，所以减少水分可阻止并控制真菌生长。水的来源包括房顶或水管渗漏、洪水或雨水，以及墙壁内部或外部管道的冷凝水。为保持室内干燥，应经常使用厨房及浴室中的排气扇。在湿度长期较高的区域可使用除湿机，除湿目标为使相对湿度小于 50%。除湿机可有效降低环境湿度，但不能有效减少与地下水有接触的物体表面的真菌。

室外空气污染及过敏原

在一段时期内有臭氧水平升高的社区，儿科医生应该关注臭氧对哮喘患儿及其家长的健康影响。家长、体育老师、教练应根据臭氧浓度合理安排儿童运动时间(参见第 21 章)。

确定诱发患儿哮喘的季节性过敏原是十分重要的，这样更能方便医生选择使用预防性抗组胺药或抗感染治疗或空气调节治疗。午后不外出可改善症状。真菌(特别是链格孢属)在气温温暖的时候出现于室外，但在霜冻开始或反复出现零度时其数量会大幅降低。夏天时敏感个体应注意花粉水平升高时的污染程度。

常见问题

问题 对于哮喘患者，你是否建议使用高效空气过滤系统？

回答 冬季应少用空气加湿器并保持中央炉系统湿度低于50%。中央空调及中央炉上的过滤网应根据产品说明定期更换。升级到中效过滤器[0.3～10 μm颗粒有效去除率为20%～50%(MERV 8～12)]可有效改善空气质量且比较经济(MERV表示最小效率报告值。MERV值是比较空气过滤器效能的标准方法。MERV值越高，表示过滤器去除空气中颗粒的能力越强)。中央炉或空调系统中的静电过滤器/除尘器可有效去除空气颗粒，但只能开机后使用。不应使用产生臭氧的空气净化器(标签通常有“静电”)。

室内HEPA也可使用。然而，其只能在一个房间内使用，且其噪声较大。此过滤器首选在儿童卧室中使用，但不能明显减少二手烟暴露。

问题 对哮喘患儿，你是否建议使用特殊吸尘器？

回答 采用其他方法减少过敏原暴露是有益的。在坚硬地面使用可避免过敏原悬浮的吸尘器才有效果。有双厚袋和各部分紧密连接的吸尘器才能将过敏原渗漏控制在最小量。HEPA并不完全需要，主要依据吸尘器的设计决定。然而，现在没有经认证的说明来指导消费者。有文献对有效的真空吸尘器的重要特征进行了总结[58]。

问题 为预防哮喘发作，应如何更好地整理房间？

回答 禁止吸烟以消除儿童二手烟暴露。减少尘螨、蟑螂、除湿及去除真菌。不养使儿童过敏的宠物。如必须养宠物，应禁止宠物进入卧室并定期去除过敏原(吸尘、清洁枕头等减少过敏原聚集)。使用不会使过敏原悬浮的吸尘器(如带有HEPA过滤网的吸尘器)。

问题 烹调食物的气味是否会引发敏感患者的过敏反应(如哮喘)？

回答 在烹饪时，食物中的致敏性蛋白质可雾化被一些患者吸入导致过敏反应。例如，已知一名患者对花生过敏，则他可能对烹饪时使用的花生油雾化气体过敏。如某一食品诱发过敏表现[如皮肤划痕实验阳性或放射变应原吸附试验(RAST)结果阳性或IgE水平升高],并不需要禁食此食物,大约只有1/3的患儿吃入特殊食物后会有过敏反应。怀疑出现反应的患儿应由过敏性疾病专家评估。

问题　我是否应使用加湿器?

回答　应尽量避免使用加湿器。相对湿度高于50%时会使尘螨及真菌生长加快。如必须使用,则应经常清洁加湿器以防止真菌生长。

问题　对儿童来说,泡沫枕头是否安全?

回答　无论什么材质的枕头都是尘螨的密集生长区。过敏原不渗透性枕头套可作为枕头中尘螨和儿童之间的物理屏障。

问题　当家庭生活在公寓楼中,通过公共区域消灭害虫及禁烟来控制哮喘遇到障碍该怎么办?

回答　如果大多数家庭关心害虫、真菌及吸烟等问题,那么他们将组成一个团体,为孩子们的健康行动起来。

问题　我是否应该禁止我的孩子在氯化物消毒的游泳池中游泳?

回答　最近的一些研究表明,泳池中的氯化物副产物可能导致肺损伤[70]。除此之外,一些已出版的研究认为其可损伤儿童的呼吸系统健康。问题主要在于室内氯化游泳池。为明确这些问题,还需要长期地研究。

参考资料

American Lung Association

Phone：800-LUNG-USA

Web site：www. lungusa. org

Asthma and Allergy Foundation of America

Phone：202-466-7643

Web site：www. aafa. org

Allergy & Asthma Network-Mothers of Asthmatics, Inc

Phone：800 - 878 - 4403

Web site：www. aanma. org

California Indoor Air Quality Program

Infosheets：www. cal-iaq. org/iaqsheet. htm

Air cleaners：www. arb. ca. gov/research/indoor/aircleaners. htm

National Environmental Education Foundation

Phone：202 - 833 - 2933

Web site：www. neefusa. org

National Institutes of Health，National Heart Lung and Blood Institute

Web site：www. nhlbi. nih. gov

National Heart Lung and Blood Health Information Center

Phone：301 - 592 - 8573 (Public) or 1 - 800 877 - 8339 (Federal Relay Service)

Web site：www. nhlbi. nih. gov/health/infoctr/index. htm

US Environmental Protection Agency，Indoor Environments Division

IAQ Tools for Schools Program：www. epa. gov/iaq/schools

Asthma：www. epa. gov/asthma

US Environmental Protection Agency，Transportation

and Air Quality Division.

National Clean Diesel Campaign-Clean School Bus USA：www. epa. gov/cleanschoolbus

University of California

Residential，Industrial，and Institutional Pest Control. 2nd ed. Pesticide Application Compendium，Vol 2. Davis，CA：University of California；2006. Available at：www. ipm. ucdavis. edu/IPMPROJECT/ADS/manual_riipestcontrol. Html

（余晓丹 译　许积德 校译　徐　健 审校）

参考文献

[1] Busse WW，Lemanske RF Jr. Asthma. *N Engl J Med*. 2001;344(5):350 - 362.
[2] Holgate ST. Pathogenesis of asthma. *Clin Exp Allergy*. 2008;38(6):872 - 897.
[3] National Institutes of Health，National Asthma Education Program. *Expert Panel*

Report 3 (*EPR*-3): *Guidelines for the Diagnosis and Management of Asthma*. Bethesda, MD: National Institutes of Health, National Heart, Lung, and Blood Institute; 2007. Publication NIH 08－4051. Available at: www. nhlbi. nih. gov/ guidelines/asthma/asthgdln. htm. Accessed April 2, 2011.

[4] Bufford JD, Gern JE. The hygiene hypothesis revisited. *Immunol Allergy Clin North Am*. 2005;25(2):247－262.

[5] Platts-Mills TA, Blumenthal K, Perzanowski M, et al. Determinants of clinical allergic disease. The relevance of indoor allergens to the increase in asthma. *Am J Respir Crit Care Med*. 2000;162(3 Pt 2):S128－S133.

[6] Platts-Mills TA. Paradoxical effect of domestic animals on asthma and allergic sensitization. *JAMA*. 2002;288(8):1012－1014.

[7] Celedon JC, Litonjua AA, Ryan L, et al. Exposure to cat allergen, maternal history of asthma, and wheezing in first 5 years of life. *Lancet*. 2002;360(9335): 781－782.

[8] Gehring U, Wijga AH, Brauer M, et al. Traffic-related air pollution and the development of asthma and allergies during the first 8 years of life. *Am J Respir Crit Care Med*. 2010;181(6):596－603.

[9] Gaffin JM, Phipatanakul W. The role of indoor allergens in the development of asthma. *Curr Opin Allergy Clin Immunol*. 2009;9(2):128－135.

[10] Etzel RA. How environmental exposures influence the development and exacerbation of asthma. *Pediatrics*. 2003;112(1 Pt 2):233－239.

[11] Yu O, Sheppard L, Lumley T, et al. Effects of ambient air pollution on symptoms of asthma in Seattle-area children enrolled in the CAMP study. *Environ Health Perspect*. 2000;108(12):1209－1214.

[12] Centers for Disease Control and Prevention. Vital Signs: cigarette smoking among adults aged ≥18 years—United States, 2009. *MMWR*. 2010;59(35): 1135－1140.

[13] Ehrlich RI, DuToit D, Jordaan E, et al. Risk factors for childhood asthma and wheezing. Importance of maternal and household smoking. *Am J Respir Crit Care Med*. 1996;154(3 Pt 1):681－688.

[14] Martinez FD, Cline M, Burrows B. Increased incidence of asthma in children of smoking mothers. *Pediatrics*. 1992;89(1):21－26.

[15] Weitzman M, Gortmaker S, Walker DK, et al. Maternal smoking and childhood asthma. *Pediatrics*. 1990;85(4):505－511.

[16] Abulhosn RS, Morray BH, Llewellyn CE, et al. Passive smoke exposure impairs recovery after hospitalization for acute asthma. *Arch Pediatr Adolesc Med*. 1997; 151(2):135－139.

[17] Menon P, Rando RJ, Stankus RP, et al. Passive cigarette-smoke challenge studies: increase in bronchial hyperreactivity. *J Allergy Clin Immunol*. 1992;89(2): 560－566.

[18] American Thoracic Society, Committee of the Environmental and Occupational Health Assembly. Health effects of outdoor air pollution. *Am J Respir Crit Care Med*. 1996;153(1):3－50.

[19] Institute of Medicine. *Clearing the Air: Asthma and Indoor Air Exposures*. Washington, DC: National Academies Press; 2000.

[20] Delfino RJ. Epidemiologic evidence for asthma and exposure to air toxics: linkages between occupational, indoor, and community air pollution research. *Environ Health Perspect*. 2002;110(Suppl 4):573－589.

[21] Hansel NN, Breysse PN, McCormack MC, et al. A longitudinal study of indoor nitrogen dioxide levels and respiratory symptoms in inner-city children with asthma. *Environ Health Perspect*. 2008;116(10):1428－1432.

[22] Shim C, Williams MH Jr. Effect of odors in asthma. *Am J Med*. 1986;80(1): 18－22.

[23] McGwin G, Lienert J, Kennedy JI. Formaldehyde exposure and asthma in children: A systematic review. *Environ Health Perspect*. 2009;118(3):313－317.

[24] Wood RA, Eggleston PA. Management of allergy to animal danders. *Pediatr Asthma Allergy Immunol*. 1993;7(1):13－22.

[25] Luczynska CM, Li Y, Chapman MD, et al. Airborne concentrations and particle size distribution of allergen derived from domestic cats(*Felis domesticus*). Measurements using cascade impactor, liquid impinger, and a two-site monoclonal antibody assay for*Fel d I*. *Am Rev Respir Dis*. 1990;141(2):361－367.

[26] Almquist C, Wickman M, Perfetti L, et al. Worsening of asthma in children allergic to cats, after indirect exposure to cat at school. *Am J Respir Crit Care Med*. 2001;163(3 Pt 1):694－698.

[27] de Groot H, Goei KG, van Swieten P, et al. Affinity purification of a major and a minor allergen from dog extract: serologic activity of affinity-purified*Can f I* and of *Can f I*-depleted extract. *J Allergy Clin Immunol*. 1991;87(6):1056－1065.

[28] Lindgren S, Belin L, Dreborg S, et al. Breed-specific dog-dandruff allergens. *J*

Allergy Clin Immunol. 1988;82(2):196-204.

[29] Phipatanakul W, Eggleston PA, Wright EC, et al. Mouse allergen. I. The prevalence of mouse allergen in inner-city homes. The National Cooperative Inner-City Asthma Study. *J Allergy Clin Immunol*. 2000;106(6):1070-1074.

[30] Phipatanakul W, Celedon JC, Hoffman EB, et al. Gold DR. Mouse allergen exposure, wheeze and atopy in the first seven years of life. *Allergy*. 2008;63(11):1512-1518.

[31] Rosensteich DL, Eggleston P, Kattan M, et al. The role of cockroach allergy and exposure to cockroach allergen in causing morbidity among inner-city children with asthma. *N Engl J Med*. 1997;336(19):1356-1363.

[32] Peat JK, Dickerson J, Li J. Effects of damp and mould in the home on respiratory health: a review of the literature. *Allergy*. 1998;53(2):120-128.

[33] Bornehag CG, Blomquist G, Gyntelberg F, et al. Dampness in buildings and health. Nordic interdisciplinary review of the scientific evidence on associations between exposure to "dampness" in buildings and health effects (NORDDAMP). *Indoor Air*. 2001;11(2):72-86.

[34] Institute of Medicine. *Damp Indoor Spaces and Health*. Washington, DC: National Academies Press; 2004.

[35] American Academy of Pediatrics, Committee on Environmental Health. Policy statement: spectrum of noninfectious health effects from molds. *Pediatrics*. 2006;118(6):2582-2586.

[36] Mazur LJ; Kim J; American Academy of Pediatrics, Committee on Environmental Health. Technical report: spectrum of noninfectious health effects from molds. *Pediatrics*. 2006;118(6):e1909-e1926.

[37] Antova T, Pattenden S, Brunekreef B, et al. Exposure to indoor mould and children's respiratory health in the PATY study. *J Epidemiol Community Health*. 2008;62(8):708-714.

[38] Iossifova YY, Reponen T, Ryan PH, et al. Mold exposure during infancy as a predictor of potential asthma development. *Ann Allergy Asthma Immunol*. 2009;102(2):131-137.

[39] World Health Organization. *WHO Guidelines for Indoor Air Quality: Dampness and Mold*. Copenhagen, Denmark: World Health Organization; 2009.

[40] Nafstad P, Oie L, Mehl R, et al. Residential dampness problems and symptoms and signs of bronchial obstruction in young Norwegian children. *Am J Respir Crit*

Care Med. 1998;157(2):410－414.

[41] Dales RE, Miller D. Residential fungal contamination and health: microbial co-habitants as covariates. *Environ Health Perspect*. 1999;107(Suppl 3):481－483.

[42] Seltzer JM, Fedoruk MJ. Health effects of mold in children. *Pediatr Clin North Am*. 2007;54(2):309－333.

[43] Landwehr LP, Boguniewicz M. Current perspectives on latex allergy. *J Pediatr*. 1996;128(3):305－312.

[44] Sicherer SH, Sampson HA. Food allergy. *J Allergy Clin Immunol*. 2010;125(2 Suppl 2): S116－S125.

[45] White MC, Etzel RA, Wilcox WD, et al. Exacerbations of childhood asthma and ozone pollution in Atlanta. *Environ Res*. 1994;65(1):56－68.

[46] American Academy of Pediatrics, Committee on Environmental Health. Ambient air pollution: respiratory hazards to children. *Pediatrics*. 1993;91(6):1210－1213.

[47] McConnell R, Berhane K, Gilliland F, et al. Asthma in exercising children exposed to ozone: a cohort study. *Lancet*. 2002;359(9304):386－391.

[48] Licorish K, Novey HS, Kozak P, et al. Role of*Alternaria* and *Penicillium* spores in the pathogenesis of asthma. *J Allergy Clin Immunol*. 1985;76(6): 819－825.

[49] O'Hollaren MT, Yunginger JW, Offord KP, et al. Exposure to an aeroallergen as a possible precipitating factor in respiratory arrest in young patients with asthma. *N Engl J Med*. 1991;324(6):359－363.

[50] Targonski PV, Perskey VW, Ramekrishnan V. Effect of environmental molds on risk of death from asthma during the pollen season. *J Allergy Clin Immunol*. 1995;95(5 Pt 1):955－961.

[51] Dales RA, Cakmak S, Judek S, et al. The role of fungal spores in thunderstorm asthma. *Chest*. 2003;123(3):745－750.

[52] Simmons FER. Anaphylaxis: recent advances in assessment and treatment. *J Allergy Clin Immunol*. 2009;124(4):625－636

[53] Denning DW, O'Driscoll BR, Powell G, et al. Randomized controlled trial of oral antifungal treatment for severe asthma with fungal sensitization: The Fungal Asthma Sensitization Trial (FAST) Study. *Am J Respir Crit Care Med*. 2009; 179(1):11－18.

[54] Wu F, Takaro TK. Childhood asthma and environmental interventions. *Environ Health Perpsect*. 2007;115(6):971－975.

[55] Krieger JK, Takaro TK, Allen C, et al. The Seattle-King County healthy homes project: implementation of a comprehensive approach to improving indoor environmental quality for low-income children with asthma. *Environ Health Perspect*. 2002;110(Suppl 2):311 – 322.

[56] Etzel RA. Indoor air pollution and childhood asthma: effective environmental interventions. *Environ Health Perspect*. 1995;103(Suppl 6):55 – 58.

[57] Tovey E, Marks G. Methods and effectiveness of environmental control. *J Allergy Clin Immunol*. 1999;103(2 Pt 1):179 – 191.

[58] Platts-Mills TA, Vaughan JW, Carter MC, et al. The role of intervention in established allergy: avoidance of indoor allergens in the treatment of chronic allergic disease. *J Allergy Clin Immunol*. 2000;106(5):787 – 804.

[59] de Blay F, Chapman MD, Platts-Mills TA. Airborne cat allergen (Fel d I). Environmental control with the cat in situ. *Am Rev Respir Dis*. 1991;143(6):1334 – 1339.

[60] American Academy of Pediatrics Committee on School Health, National Association of School Nurses. *Health, Mental Health, and Safety Guidelines for Schools*. Taras H, Duncan P, Luckenbill D, et al, eds. Elk Grove Village, IL: American Academy of Pediatrics; 2004.

[61] Sulser C, Schulz G, Wagner P, et al. Can the use of HEPA cleaners in homes of asthmatic children and adolescents sensitized to cat and dog allergens decrease bronchial hyperresponsiveness and allergen contents in solid dust? *Int Arch Allergy Immunol*. 2009;148(1):23 – 30.

[62] Kerkhof M, Wijga AH, Brunekreef B, et al. Effects of pets on asthma development up to 8 years of age: the PIAMA study. *Allergy*. 2009;64(8):1202 – 1208.

[63] Call RS, Smith TF, Morris E, et al. Risk factors for asthma in inner city children. *J Pediatr*. 1992;121(6):862 – 866.

[64] O'Connor GT, Gold DR. Cockroach allergy and asthma in a 30-year-old man. *Environ Health Perspect*. 1999;107(3):243 – 247.

[65] Morgan WJ, Crain EF, Gruchalla RS, et al. Results of a home-based environmental intervention among urban children with asthma. *N Engl J Med*. 2004;351(11):1068 – 1080.

[66] von Mutius E. Towards prevention. *Lancet*. 1997;350(Suppl 2):SII14 – SII17.

[67] Tovey ER, Taylor DJ, Mitakakis TZ, et al. Effectiveness of laundry washing agents and conditions in the removal of cat and dust mite allergen from bedding dust. *J Allergy Clin Immunol*. 2001;108(3):369 – 374.

[68] Kercsmar CM, Dearborn DG, Schluchter M, et al. Reduction in asthma morbidity in children as a result of home remediation aimed at moisture sources. *Environ Health Perspect*. 2006;114(10):1574 – 1180.
[69] Burr ML, Matthews IP, Arthur RA, et al. Effects on patients with asthma of eradicating visible indoor mould: A randomised controlled trial. *Thorax*. 2007;62(3):767 – 772.
[70] Uyan ZS, Carraro S, Piacentini G, et al. Swimming pool, respiratory health, and childhood asthma: should we change our beliefs? *Pediatr Pulmonol*. 2009;44(1):31 – 37.

第 44 章

出生缺陷及其他不良发育结局

不良发育结局，包括死亡、结构改变（出生缺陷）、功能损害和生长受限[1]，都可由环境中的化学物质所导致，或者经父亲/母亲暴露所致[2-7]，如感染、药物使用、职业或者环境污染物，以及灾难性事件（如飓风“丽塔”、“卡特里娜”、“艾克”和世界贸易中心倒塌）[12]。

发育性疾病的发病率在出生时约为3%，1岁时约为6%，7岁时约为12%。发育性疾病[7]的病因分析可以加深我们对发育的理解（表44-1）。

表44-1 发育性疾病的病因分析

发育性疾病的病因	出生时患发育性疾病的儿童比率
原因不明	34%～70%
多因素相互作用	20%～49%
单基因疾病	8%～20%
染色体疾病	3%～10%
环境因素	2%～9%
母亲患糖尿病	0.1%～1.4%
药物因素	0.2%～1.3%
母亲患感染性疾病	1.1%～2.0%

大多数发育性疾病的病因不明（>34%）。在已知病因中，环境因素所占的比率也很小（<10%）。然而“多因素相互作用”在病因分类中排名第二（>20%），多因素相互作用指的是环境、社会和生物因素相互作用（表44-2），所以环境因素在发育性疾病中所发挥的作用可能被显著低估。

出生缺陷的起源

畸形

部分出生缺陷是因为胚胎或者胎儿发育异常，包括基因和染色体疾病(表 44－2)。对于某些畸形，环境因素暴露可能增加或者降低疾病风险。如孕前添加叶酸可以降低神经管缺陷的发病风险[13]。神经管缺陷的发病与遗传、营养性因素、药物、化学物质，以及环境毒素(如伏马菌素，一种在谷物中发现的真菌毒素)的暴露有关[14－19]。除叶酸缺乏外，神经管缺陷的病因还包括很多其他因素[20－23]。

表 44－2　环境、社会和生物因素相互作用导致的不良发育结局

环境因素	社会因素	生物因素	发育结局	参考文献
主动吸烟	社区支持和同伴压力	特定基因与吸烟共同作用增加唇腭裂的风险	唇腭裂	[29－31]
空气污染	因种族和社会经济状态而暴露的环境污染	营养因素、社会经济状态对出生体重有重要影响	出生体重、早产、死胎	[6,32,33]
叶酸缺乏和环境毒素暴露，如烟曲霉毒素	孕前状态、家庭社会经济状况、饮食喜好(烟曲霉毒素污染的谷物)	特定基因、肥胖、暴露于烟曲霉毒素、使用抗叶酸制剂药物	神经管缺陷	[13－17，20，34－39]

发育结局

环境暴露与出生缺陷及其他发育结局的相关性在表 44－3 中作了归纳。很多还不能揭示清楚，有些情况下相关性是矛盾的。表中也包括孕周，因为早产是一个重要的公共卫生问题，孕周可能因为某些环境因素暴露而改变。

死亡

染色体或者基因异常的结局之一是胚胎、胎儿或者新生儿死亡。当

表 44-3　环境暴露与出生缺陷及其他发育结局的相关性

环境或有毒物质	出生体重	孕周	结构或功能缺陷	死亡
农业工作[47-52]	×		所有的肺静脉回流异常、无脑畸形(家长均暴露)、眼部畸形、唇腭裂	× (自发流产)
苯[53]	×		神经管缺陷和心脏缺陷	
一氧化碳[54-56]	×			×
氯仿或三卤甲烷[57]	×		中枢神经系统缺陷、唇腭裂、主要的心脏缺损	
电子组装[26]	×			× (父亲暴露)
染发[58]			心脏缺损	
危险废弃物[59]	×	×	心脏或者循环系统缺损、神经管缺陷、尿道下裂、腹裂	
铅[44, 60]	×	×	所有的肺静脉回流异常、神经发育损害	×
甲基汞[28, 61,62]			中枢神经系统缺陷、脑瘫、唇腭裂	
涂漆/剥脱漆片[58]			所有的肺静脉回流异常、无脑畸形	
细颗粒物[63,64]	×	×		
杀虫剂[8,28,45,65-67]			神经发育障碍、儿童期肿瘤	
多氯联苯[5,28,60,68]	×		“Yusho”综合征、唇腭裂、神经系统发育障碍、甲状腺功能紊乱、运动缺陷	
焊锡[26]			心脏缺陷(父亲暴露)	
溶剂[69,70]	×		无脑畸形、腹裂、心脏结构畸形	
四氯乙烯[71]	×		唇腭裂	×
三氯乙烯[58,70,72]			中枢神经系统缺陷、神经管缺陷、唇腭裂	

怀孕的动物被施以血管紧张素转换酶(ACE)抑制剂(由于治疗高血压),胎儿死亡率将会增加。同样孕妇应用 ACE 治疗时胎儿的死亡率也会增加(考虑与肾脏血流减少有关)。部分先天畸形导致的死亡与父亲职业有关。此外,也有数据显示各种各样的环境暴露与胎儿和新生儿死亡相关。

结构畸形

大约 50 种化学物质和 15 种感染因素可以引起人类结构畸形,在经典的文献里已经作了深入细致的阐述[2-5, 29, 40,41]。

功能异常

功能异常可能与发育过程中不良因素的暴露有关。很多成年期的疾病病因源于胎儿期[42,43]。比如,宫内铅暴露可以导致长久的神经发育损害[44-46]。父亲或母亲的铅暴露可能增加自发流产的风险,影响胎儿生长发育和神经发育。孕妇骨骼里的铅在孕期可以释放出来,引起胎儿异常发育的暴露可能发生在怀孕前很多年[44]。第 31 章详细阐述了铅的相关问题。

生长

出生身长、出生体重、出生后生长速率都是反映孕期及生后发育受损的指标。因为生长受包括营养在内的很多因素影响,因此对生长指标进行监测被认为是反映化学物质暴露的敏感指标,但缺乏特异性。产前吸烟、酗酒增加胎儿生长迟缓及低出生体重的发生率[1,73,74]。

特定物质对人体发育影响

孕期是个特殊时期,因为母亲环境暴露常常影响到胎儿发育。因此了解胎儿暴露剂量及暴露时机对确定潜在风险至关重要。药物和化学物质暴露通常仅在关键期暴露才会影响生长发育,而在关键期以外的暴露可能不会引起发育性疾病[2,5,7,40,41]。

抗惊厥药物

孕期妇女抗惊厥药物的使用提示孕前咨询以及孕期抗惊厥药物使用

利弊评估的重要性[7,75]。在美国，大约有 800 000 名孕妇患有惊厥(0.3%～0.5%)，其中 95%的孕妇在怀孕期间仍在使用抗惊厥药物[75]。抗惊厥药物对胎儿发育的影响受到了广泛关注。然而在惊厥发作期间，母亲发生的变化也会对胎儿发育产生不良影响[75-77]。在母亲患有惊厥的孩子中，基因-环境的相互作用在发育性疾病的发生中可能起了重要作用。母亲患有惊厥而孕期未服用药物的孩子患发育性疾病的风险并没有增加。

由于癫痫不用药可能危及生命，因此大多数患有惊厥的孕妇在孕期仍需要服药控制惊厥。在孕期暴露抗惊厥药物的胎儿患发育性疾病的风险增加 2～3 倍。结构畸形的患病风险根据治疗各种类型的癫痫所使用的药物不同而不同。孕前 3 个月服用丙戊酸增加下一代患先天性心脏病的风险[78]。惊厥性疾病对胎儿发育的影响，结论还不一致[76,79]。患有癫痫的育龄妇女应该每日服用叶酸 0.4 mg[80](有些指南建议患有癫痫的妇女在准备怀孕前 3 个月就服用叶酸 5 mg/d)[81,82]。

抗凝药

华法林衍生物(香豆素、华法林钠)包括抗凝物质，能够破坏维生素 K 依赖凝血因子，可以用来治疗生育年龄妇女的凝血障碍疾病[83, 84]，后者不治可危及生命。凝血障碍疾病通常需要终身治疗，所以孕期必须服药，但华法林衍生物的使用会导致发育异常的风险增加，包括鼻部的异常发育、生长迟缓、脊柱畸形。而肝素通常没有华法林那样的致畸作用，所以凝血障碍的妇女在准备怀孕前都需换用肝素，并且在孕期持续使用。

孕期肿瘤

男性和女性在生育年龄期间接受肿瘤治疗都会担心一些问题，包括流产、遗传因素增加下一代患发育性疾病的风险，以及孕期治疗的必要性和风险性。放疗和化疗与女性的早绝经有关。在化疗期间或者化疗后短期内怀孕，胎儿患发育性疾病的风险增加。然而如果肿瘤治疗后保存生育能力，有足够的证据显示下一代患发育性疾病的风险不会高于普通人群[7,85]。

环境污染

环境污染来源于空气、水、食物、土壤、消费品和其他物质的污染，包括二手烟、机动车和工业设施所造成的空气污染，杀虫剂、重金属、增塑剂、阻燃剂、饮用水消毒产生的化学物质，饮用水处理过程中没有完全去除的药物和化学物。母亲的情绪和身体健康也包括在胎儿直接的环境之中。

担心胎儿暴露于环境危险物对发育造成不良影响，是因为胎儿在发育的某一关键期非常敏感。很多系统发育的敏感窗不同，包括呼吸、免疫、生殖、神经、心血管和内分泌系统。环境暴露可能引起生长迟缓或者远期的不良反应，比如儿童期或者成年期发生的肿瘤和其他成年期疾病[28,64,87]。

尽管胎儿期暴露经常被认为是来源于孕期母亲的暴露，但是胎儿期对某些物质的暴露和孕期母亲的暴露并非呈线性相关(参见第8章)。

对于二噁英、铅、有机氯杀虫剂这些持续存在的化学污染物来说，胎儿暴露可能来源于母亲怀孕前的暴露。父亲暴露可以通过精子的诱变或者表观遗传修饰的机制来增加胎儿发育性疾病的风险。有些情况下，精液中的化学污染物也可以使胎儿暴露。

尽管大多数环境暴露对发育潜在毒性的研究数据还很少，目前的流行病学调查方法可以用来评估暴露是否对发育存在风险。化学物质和相关暴露归纳见表44-4。

吸烟

许多研究表明，吸烟母亲分娩的婴儿体重小于那些不吸烟母亲分娩的婴儿。研究已表明母亲二手烟暴露可致早产[88]，母亲二手烟暴露也被认为是出生体重减轻的一个因素。研究表明出生前烟草暴露也能会引起永久性的大脑变化，会增加成年期尼古丁成瘾的风险。啮齿类和灵长类动物实验发现，出生前烟草暴露导致轻微的大脑改变可以持续到青春期。出生前烟草暴露与成年期吸烟和尼古丁成瘾有关[93,94]。人群研究也发现，出生前烟草暴露与早期吸烟[95]以及青春期、成年期吸烟有关[96,97]。烟草中含有上千种物质，包括颗粒物质、一氧化碳、多环芳香烃、铅、镉(参见第40章)。烟草也会产生环境污染物。

表 44 - 4　环境暴露与不良发育结局的相关性

环境暴露	观察到的发育结局	风险评估
吸烟[28, 98]	自发流产、生长停滞、出生体重、孕周、唇腭裂、婴儿猝死综合征(SIDS)、某种出生缺陷	明确的证据显示母亲吸烟可能降低出生体重和缩短孕周，也有证据支持母亲吸烟和 SIDS 相关。母亲二手烟暴露是否会降低出生体重和缩短孕周母亲还不清楚。有限的证据支持母亲吸烟和唇腭裂、心脏畸形、自发流产和死产。
颗粒物[6, 64]	出生体重、孕周、心脏缺损、唇腭裂	有证据支持颗粒物质与出生体重、孕周相关，有限的证据支持颗粒物质与心脏缺损、唇腭裂相关
杀虫剂[9, 28, 43, 99]	出生体重、孕期、神经发育影响、自发流产	目前研究证据还不能充分说明母亲或父亲暴露杀虫剂增加自发流产、生长停滞、早产或生长受限的风险。有数据支持父亲暴露杀虫剂与自发流产相关。有限的证据支持母亲的 DDT(DDE)水平与早产和生长受限有关。
伏马毒素(谷物或者谷物粉上的一种真菌)[14 - 17]	神经管缺陷	美国墨西哥边界的神经管缺陷与食用伏马毒素污染的谷物有关。在实验动物中，伏马毒素可以引起神经管缺陷(服用叶酸可以降低)
甲基汞[62,63]	脑损伤	在日本食用被污染的海产品的岛屿上，6%的婴儿表现出发育里程碑滞后和认知、运动、视觉、听觉受损。
缺氧[100,101]	生长受限、永久性动脉导管	在海拔高度>4 km 居住的孩子动脉导管功能性关闭延迟，也会出现无症状的肺动脉高压和肺血流动力学异常改变。
酒精[73,102]	脑损害，生长迟缓，心脏或关节缺损	明确的证据显示：30%的饮酒女性所生的婴儿会发生前述慢性酒精中毒症状。

颗粒物

颗粒物是空气中的固体颗粒和液滴的混合物。一些颗粒物直接由建筑工地、修路、田野、烟囱或者燃烧产生;另一些颗粒物来自大气中化学物质的反应,如来源于能源工厂、工业和汽车产生的二氧化硫、一氧化碳(参见21章)。

在颗粒物水平相对较高的国家有限的研究发现,颗粒物与生长迟缓相关。在捷克、中国、南加利福尼亚、宾夕法尼亚州、加利福尼亚州的早产儿研究发现,颗粒物暴露与早产相关。虽然统计学有显著差异,但相关性可能较小[28]。

杀虫剂

农业部门杀虫剂的用量占了全国用量的75%以上,提示从事农业工作或居住在农业地区的人们具有较高的风险[43,49]。

接触不同的杀虫剂与早产和胎儿低体重相关[28]。最近一项研究发现母亲接触有机磷杀虫剂与生长迟缓呈较强的正相关。这个结论也被中心城市和少数民族人群的研究所支持,这些人群主要暴露在室内接触杀虫剂。第一项研究中胎儿暴露毒死蜱与出生体重呈负相关[103]。第二项研究发现在美国环境保护署禁止居民使用毒死蜱这种杀虫剂以前,刚出生的婴儿有少量的接触,其出生体重与毒死蜱呈明显的负相关。在禁止使用毒死蜱杀虫剂后出生的婴儿,出生体重和毒死蜱没有显示相关性,其他研究显示有机磷代谢物和胎儿生长不具有线性相关。

接触三嗪或者其他除草剂,城市用水中包含的污染物,都可减慢胎儿生长。

甲基汞

当无机汞进入海水中,水生生物会将其代谢为甲基汞。甲基汞是汞的有机形式,脂溶性,可以在海洋动物的脂肪组织中贮存。当这些海洋动物被人类食用后,甲基汞在富含脂肪的组织中贮存,包括大脑。两个灾难性事件说明了人类甲基汞暴露对发育的影响[28]。一个是伊拉克的居民因为疏忽食用了撒有甲基汞的谷物(使用甲基汞来驱鼠);另一个是居住在水俣(Minamata)港湾的日本居民,食用了被甲基汞污染的海鱼和其他水生物。这个港湾被工业汞污染,其在水生物作用下转化成甲基汞。在宫内暴露甲基汞的儿童发育受到了明显的影响[62,63],参见第 32 章有关汞的详细信息。

低氧

孕期会出现几种类型的低氧。在海拔高的地区,氧含量会低于海平面。在这些地区可以观察到孕期和缺氧相关的并发症,严重程度取决于氧含量、缺氧持续时间和缺氧发生的时机。

一氧化碳暴露也会导致缺氧,通常是由于不正确的燃烧方式所致,比如在通风不良的空间使用燃烧型加热器。一氧化碳暴露所造成的影响,取决于一氧化碳的浓度和暴露时间,可以引起头痛、恶心和意识不清。当一氧化碳引起意识不清时,就会伤害胎儿影响胎儿的神经系统发育。

酒精

社交时饮酒已有数千年的历史,关于酒精对胚胎和胎儿发育的影响也曾提过,但是直到 20 世纪 70 年代,酒精对胎儿发育的影响才被明确肯定[102]。在社交场合酒精是被摄入人体的,广义上酒精是环境暴露。职业暴露通常发生在生产酒精或者含有酒精的产品。在多个物种包括人类中,酒精可以引起面部和中枢神经系统剂量依赖性的损害。目前还不清楚孕期酒精暴露的安全剂量和发育过程中暴露的最大安全剂量[102],在孕期引起智力迟缓的因素中,酒精最容易被预防。

结论

我们对出生缺陷和不良发育结局的理解一直在变化;我们开始认识到个体生长发育阶段的暴露对成年期所带来的影响[42,43]。出身缺陷是发育毒性的一个表现,其他还包括死亡、生长受限和功能异常。此外,我们还认识到父亲暴露对下一代的发育会产生不良影响[9-11]。

测试系统可以用来检测那些可能引起人类发育性疾病的因素,显然,只有通过在人群研究才能最高程度确定这些化学、物理或者生物因素引起发育性疾病。然而，人群研究的数据只有在暴露已经发生或者不良发育结局已经出现时才能被观测到，医学伦理不允许医生或者公共卫生从业者等在人群中评估可能出现的各种潜在毒性，而不去采取行动制止暴露或者防止接触。

虽然流行病学研究的数据过少，不足以支持具有发育毒性的化学物质的风险评估。但是，实验动物的研究数据、体外实验数据和理论数据可以用来有效地评估识别潜在的发育风险。

因此，可以初步得出结论，发育性疾病是由药物、环境化学物和生物因素所导致。

如果和某种发育性毒物相关的因素已经被检测在某个数量具有发育毒性，但人群暴露该因素却没有相关的毒性数据报告，可能是还有其他发育风险有待识别。

注：这篇文章的部分内容由以下文章改编：

（1） Mattison DR. Developmental toxicology. In：Yaffe SJ，Aranda JV，eds. *Neonatal and Pediatric Pharmacology*. 4th ed. Philadelphia，PA：Lippincott Williams and Wilkins；2010：130－143；

（2） Stillerman KP，et al.. Environmental exposures and adverse pregnancy outcomes：a review of the science. *Reprod Sci*. 2008；15(7)：631－650；

（3） Giacoia G，Mattison D. Obstetric and fetal pharmacology. In：The Global Library of Women's Medicine. *Fetal Physiology*. London，England：Sapiens Global Library Ltd；2008. Available at：http://www.glowm.com/index.html?p=glowm.cml/section_view&articleid=196. Accessed July 19，2011.

常见问题

问题 我可以做些什么来保证最健康的怀孕，减少孩子患出生缺陷的概率？

回答 在计划怀孕前和你的医生约次访谈，孕前健康保健是每一个打算怀孕的妇女需要做的保健，孕期保健是在怀孕期间做的保健。孕前访谈可以让你和你的医生识别并处理可能影响你怀孕的因素，这些因素包括高血压、糖尿病、抽搐和某种感染。这次访谈让你和医生有机会讨论一些重要问题，比如营养、体重、锻炼和放松身心，避免吸烟和二手烟暴露，避免饮酒，避免食用含汞量高的海鱼，避免可能引发风险的娱乐和职业暴露。这次访谈可以让医生帮你接种遗漏的疫苗，评价你现在服用的药物是否足够安全。

此外，还可以询问你的健康史，你的家人及伴侣的健康史。如果你或者伴侣有出生缺陷或者早产病史，或者你们中的一人有遗传性疾病的家族史、种族或者年龄特点，你的医生会建议你去看遗传咨询医生。

你的医生还会建议你每日服用 0.4mg 的叶酸来预防某类出生缺陷，如果你已经有个孩子患有出生缺陷或者你自己在服用某种药物，医生会建议你服用更高剂量的叶酸。

（王　瑜 译　欧阳凤秀 校译　颜崇淮　许积德 审校）

参考文献

[1] Stillerman KP. Environmental exposures and adverse pregnancy outcomes: a review of the science. *Reprod Sci*. 2008;15(7):631－650.

[2] Shepard TH, Lemire RJ. *Catalog of Teratogenic Agents*. 12th ed. Baltimore, MD: The Johns Hopkins University Press; 2007.

[3] Schardein JL. *Chemically Induced Birth Defects*. 3rd ed. New York, NY: Marcel Dekker; 2000.

[4] Friedman JM, Polifka J. *Teratogenic Effects of Drugs. A Resource for Clinicians (TERIS)*. 2nd ed. Baltimore, MD: The Johns Hopkins University Press; 2000.

[5] Kalter H. Teratology in the 20th century: environmental causes of congenital malformations in humans and how they were established. *Neurotoxicol Teratol*. 2003;25(2):131－282.

[6] Woodruff TJ, Parker JD, Darrow LA, et al. Methodological issues in studies of air pollution and reproductive health. *Environ Res*. 2009;109(3):311－320.

[7] Schaefer C, Peters P, Miller RK, eds. *Drugs During Pregnancy and Lactation*.

Treatment options and risk assessment Second Edition. Amsterdam, The Netherlands: Elsevier; 2007.

[8] Winchester PD, Huskins J, Ying J. Agrichemicals in surface water and birth defects in the United States. *Acta Paediatr*. 2009;98(4):664－669.

[9] Cordier S. Evidence for a role of paternal exposures in developmental toxicity. *Basic Clin Pharmacol Toxicol*. 2008;102(2):176－181.

[10] Anderson D, Brinkworth, M. eds. *International Conference on Male-Mediated Developmental Toxicity*. Male-Mediated Developmental Toxicity. 2007, RSC Publishing: Cambridge, UK.

[11] Anderson D. Male-mediated developmental toxicity. *Toxicol Appl Pharmacol*. 2005;207(2 Suppl):506－513

[12] Xiong X, Harville EW, Mattison DR, et al. Exposure to Hurricane Katrina, post-traumatic stress disorder and birth outcomes. *Am J Med Sci*. 2008;336(2):111－115.

[13] Rasmussen SA, Erickson JD, Reef SE, et al. Teratology: from science to birth defects prevention. *Birth Defects Res A Clin Mol Teratol*. 2009;85(1):82－92.

[14] Greene ND, Copp AJ. Mouse models of neural tube defects: investigating preventive mechanisms. *Am J Med Genet C Semin Med Genet*. 2005; 135C(1):31－41.

[15] Marasas WF, Riley RT, Hendricks KA, et al. Fumonisins disrupt sphingolipid metabolism, folate transport, and neural tube development in embryo culture and in vivo: a potential risk factor for human neural tube defects among populations consuming fumonisin-contaminated maize. *J Nutr*. 2004;134(4):711－716.

[16] Gelineau-van Waes J, Starr L, Maddox J, et al. Maternal fumonisin exposure and risk for neural tube defects: mechanisms in an in vivo mouse model. *Birth Defects Res A Clin Mol Teratol*. 2005;73(7):487－497.

[17] Missmer SA, Suarez L, Felkner M, et al. Exposure to fumonisins and the occurrence of neural tube defects along the Texas-Mexico border. *Environ Health Perspect*. 2006;114(2):237－241.

[18] Hernandez-Diaz S, Werler MM, Walker AM, et al. Folic acid antagonists during pregnancy and the risk of birth defects. *N Engl J Med*. 2000; 343(22):1608－1614.

[19] Hernandez-Diaz S, Werler MM. Neural tube defects in relation to use of folic acid antagonists during pregnancy. *Am J Epidemiol*. 2001;153(10):961－968.

[20] Heseker HB, Mason JB, Selhub J, et al. Not all cases of neural-tube defect can be prevented by increasing the intake of folic acid. *Br J Nutr*. 2008;102(2):1-8.

[21] Sayed AR, Bourne D. Decline in the prevalence of neural tube defects following folic acid fortification and its cost-benefit in South Africa. *Birth Defects Res A Clin Mol Teratol*. 2008;82(4):211-216.

[22] Mosley BS, Cleves MA. Neural tube defects and maternal folate intake among pregnancies conceived after folic acid fortification in the United States. *Am J Epidemiol*. 2009;169(1):9-17.

[23] Toepoel M, Steegers-Theunissen RP, Ouborg NJ, et al. Interaction of PDGFRA promoter haplotypes and maternal environmental exposures in the risk of spina bifida. *Birth Defects Res A Clin Mol Teratol*. 2009; 85(7):629-636.

[24] Tabacova S. Mode of action: angiotensin-converting enzyme inhibition—developmental effects associated with exposure to ACE inhibitors. *Crit Rev Toxicol*. 2005;35(8-9):747-755.

[25] Quan A. Fetopathy associated with exposure to angiotensin converting enzyme inhibitors and angiotensin receptor antagonists. *Early Hum Dev*. 2006;82(1):23-28.

[26] Sung TI, Wang JD, Chen PC. Increased risks of infant mortality and of deaths due to congenital malformation in the offspring of male electronics workers. *Birth Defects Res A Clin Mol Teratol*. 2009;85(2):119-124.

[27] Wong CM, Atkinson RW, Anderson HR, et al. A tale of two cities: effects of air pollution on hospital admissions in Hong Kong and London compared. *Environ Health Perspect*. 2002;110(1):67-77.

[28] Wigle DT, Arbuckle TE, Turner MC, et al. Epidemiologic evidence of relationships between reproductive and child health outcomes and environmental chemical contaminants. *J Toxicol Environ Health B Crit Rev*. 2008;11(5-6):373-517.

[29] Shepard TH, Brent RL, Friedman JM, et al. Update on new developments in the study of human teratogens. *Teratology*. 2002;65(4):153-161.

[30] Shi M, Wehby GL. Review on genetic variants and maternal smoking in the etiology of oral clefts and other birth defects. *Birth Defects Res C Embryo Today*. 2008;84(1):16-29.

[31] MacLehose RF, Olshan AF, Herring AH, et al. Bayesian methods for correcting misclassification: an example from birth defects epidemiology. National Birth Defects Prevention Study. *Epidemiology*. 2009;20(1):27-35.

[32] Maantay J. Mapping environmental injustices: pitfalls and potential of geographic information systems in assessing environmental health and equity. *Environ Health Perspect*. 2002;110(Suppl 2):161－171.

[33] de Medeiros AP, Gouveia N, Machado RP, et al. Traffic-related air pollution and perinatal mortality: a case-control study. *Environ Health Perspect*. 2009;117(1):127－132.

[34] Suarez L, Brender JD, Langlois PH, et al. Maternal exposures to hazardous waste sites and industrial facilities and risk of neural tube defects in offspring. *Ann Epidemiol*. 2007;17(10):772－777.

[35] Schwarz EB, Sobota M. Computerized counseling for folate knowledge and use: a randomized controlled trial. *Am J Prev Med*. 2008;35(6):568－571.

[36] Yang J, Carmichael SL, Canfield M, et al. Socioeconomic status in relation to selected birth defects in a large multicentered US case-control study. National Birth Defects Prevention Study. *Am J Epidemiol*. 2008;167(2):145－154.

[37] Brouns R, Ursem N, Lindemans J, et al. Polymorphisms in genes related to folate and cobalamin metabolism and the associations with complex birth defects. *Prenat Diagn*. 2008;28(6):485－493.

[38] Rasmussen SA, Chu SY, Kim SY, et al. Maternal obesity and risk of neural tube defects: a metaanalysis. *Am J Obstet Gynecol*. 2008;198(6):611－619.

[39] Kjaer D, Horvath-Puho E, Christensen J, et al. Antiepileptic drug use, folic acid supplementation, and congenital abnormalities: a population-based case-control study. *BJOG*. 2008;115(1):98－103.

[40] Brent RL. How does a physician avoid prescribing drugs and medical procedures that have reproductive and developmental risks? *Clin Perinatol*. 2007;34(2):233－262.

[41] Brent RL. Environmental causes of human congenital malformations: the pediatrician's role in dealing with these complex clinical problems caused by a multiplicity of environmental and genetic factors. *Pediatrics*. 2004;113(4 Suppl):957－968.

[42] Grandjean P. Late insights into early origins of disease. *Basic Clin Pharmacol Toxicol*. 2008;102(2):94－99.

[43] Hanson MA, Gluckman PD. Developmental origins of health and disease: new insights. *Basic Clin Pharmacol Toxicol*. 2008;102(2):90－93.

[44] Bellinger DC. Teratogen update: lead and pregnancy. *Birth Def Res A Clin Mol*

Teratol. 2005;73(6):409－420.

[45] Tyl RW, Crofton K, Moretto A, et al. Identification and interpretation of developmental neurotoxicity effects: a report from the ILSI Research Foundation/Risk Science Institute expert working group on neurodevelopmental endpoints. *Neurotoxicol Teratol*. 2008;30(4):349－381.

[46] Bjorling-Poulsen M, Andersen HR, Grandjean P. Potential developmental neurotoxicity of pesticides used in Europe. *Environ Health*. 2008;7:50.

[47] Weselak M, Arbuckle TE, Wigle DT, et al. Pre- and post-conception pesticide exposure and the risk of birth defects in an Ontario farm population. *Reprod Toxicol*. 2008;25(4):472－480.

[48] Gonzalez BS, Lopez ML, Rico MA, et al. Oral clefts: a retrospective study of prevalence and predisposal factors in the State of Mexico. *J Oral Sci*. 2008;50(2):123－129.

[49] Bretveld RW. Reproductive disorders among male and female greenhouse workers. *Reprod Toxicol*. 2008;25(1):107－114.

[50] Batra M, Heike CL, Phillips RC, et al. Geographic and occupational risk factors for ventricular septal defects: Washington State, 1987－2003. *Arch Pediatr Adolesc Med*. 2007;161(1):89－95.

[51] Rull RP, Ritz B, Shaw GM. Validation of self-reported proximity to agricultural crops in a case-control study of neural tube defects. *J Expo Sci Environ Epidemiol*. 2006;16(2):147－155.

[52] Lacasana M, Vázquez-Grameix H, Borja-Aburto VH, et al. Maternal and paternal occupational exposure to agricultural work and the risk of anencephaly. *Occup Environ Med*. 2006;63(10):649－656.

[53] Wennborg H, Magnusson LL, Bonde JP, et al. Congenital malformations related to maternal exposure to specific agents in biomedical research laboratories. *J Occup Environ Med*. 2005;47(1):11－19.

[54] Woodruff TJ, Darrow LA, Parker JD. Air pollution and postneonatal infant mortality in the United States, 1999－2002. *Environ Health Perspect*. 2008;116(1):110－115.

[55] Son JY, Cho YS, Lee JT. Effects of air pollution on postneonatal infant mortality among firstborn infants in Seoul, Korea: case-crossover and time-series analyses. *Arch Environ Occup Health*. 2008;63(3):108－113.

[56] Wang L, Pinkerton KE. Air pollutant effects on fetal and early postnatal devel-

opment. *Birth Defects Res C Embryo Today*. 2007;81(3):144－154.

[57] Bove FJ, Fulcomer MC, Klotz JB, et al. Public drinking water contamination and birth outcomes. *Am J Epidemiol*. 1995;141(9):850－862.

[58] Wilson PD, Loffredo CA, Correa-Villaseñor A, et al. Attributable fraction for cardiac malformations. *Am J Epidemiol*. 1998;148(5):414－423.

[59] Fielder HM, Poon-King CM, Palmer SR, et al. Assessment of impact on health of residents living near the Nant-y-Gwyddon landfill site: retrospective analysis. *BMJ*. 2000;320(7226):19－22.

[60] Mendola P, Selevan SG, Gutter S, et al. Environmental factors associated with a spectrum of neurodevelopmental deficits. *Ment Retard Dev Disabil Res Rev*. 2002;8(3):188－197.

[61] Rice DC. Overview of modifiers of methylmercury neurotoxicity: chemicals, nutrients, and the social environment. *Neurotoxicology*. 2008;29(5):761－766.

[62] Grandjean P. Methylmercury toxicity and functional programming. *Reprod Toxicol*. 2007;23(3):414－420.

[63] Wigle DT, Arbuckle TE, Walker M, et al. Environmental hazards: evidence for effects on child health. *J Toxicol Environ Health B Crit Rev*. 2007;10(1－2):3－39.

[64] Huynh M, Woodruff TJ, Parker JD, et al. Relationships between air pollution and preterm birth in California. *Paediatr Perinat Epidemiol*. 2006;20(6):454－461.

[65] Colborn T. A case for revisiting the safety of pesticides: a closer look at neurodevelopment. *Environ Health Perspect*. 2006;114(1):10－17.

[66] Weselak M, Arbuckle TE, Foster W. Pesticide exposures and developmental outcomes: the epidemiological evidence. *J Toxicol Environ Health B Crit Rev*. 2007;10(1－2):41－80.

[67] Infante-Rivard C, Weichenthal S. Pesticides and childhood cancer: an update of Zahm and Ward's 1998 review. *J Toxicol Environ Health B Crit Rev*. 2007;10(1－2):81－99.

[68] Yoshizawa K, Heatherly A, Malarkey DE, et al. A critical comparison of murine pathology and epidemiological data of TCDD, PCB126, and PeCDF. *Toxicol Pathol*. 2007;35(7):865－879.

[69] Thulstrup AM, Bonde JP. Maternal occupational exposure and risk of specific birth defects. *Occup Med (Lond)*. 2006;56(8):532－543.

[70] Watson RE, Jacobson CF, Williams AL, et al. Trichloroethylenecontaminated drinking water and congenital heart defects: a critical analysis of the literature. *Reprod Toxicol*. 2006;21(2):117-147.

[71] Beliles RP. Concordance across species in the reproductive and developmental toxicity of tetrachloroethylene. *Toxicol Ind Health*. 2002;18(2):91-106.

[72] Loffredo CA. Epidemiology of cardiovascular malformations: prevalence and risk factors. *Am J Med Genet*. 2000;97(4):319-325.

[73] Shea AK, Steiner M. Cigarette smoking during pregnancy. *Nicotine Tob Res*. 2008;10(2):267-278.

[74] Rasmussen SA, Erickson JD, Reef SE, et al. Teratology: from science to birth defects prevention. *Birth Defects Res A Clin Mol Teratol*. 2009;85(1):82-92.

[75] Uziel D, Rozental R. Neurologic birth defects after prenatal exposure to antiepileptic drugs. *Epilepsia*. 2008;49(Suppl 9):35-42.

[76] Battino D, Tomson T. Management of epilepsy during pregnancy. *Drugs*. 2007;67(18):2727-2746.

[77] Holmes LB, Harvey EA, Coull BA, et al. The teratogenicity of anticonvulsant drugs. *N Engl J Med*. 2001;344(15):1132-1138.

[78] Jentink J, Loane MA, Dolk H, et al. Valproic acid monotherapy in pregnancy and major congenital malformations. EUROCAT Antiepileptic Study Working Group. *N Engl J Med*. 2010;362(23):2185-2193.

[79] Bromfield EB, Dworetzky BA, Wyszynski DF, et al. Valproate teratogenicity and epilepsy syndrome. *Epilepsia*. 2008;49(12):2122-2124.

[80] Harden CL, Hopp J, Ting TY, et al. Practice parameter update: management issues for women with epilepsy—focus on pregnancy (an evidence-based review): obstetrical complications and change in seizure frequency: report of the Quality Standards Subcommittee and Therapeutics and Technology Assessment Subcommittee of the American Academy of Neurology and American Epilepsy Society. *Neurology*. 2009;73(2):126-132.

[81] Tomson T, Hiilesmaa V. Epilepsy in pregnancy. *BMJ*. 2007;335(7623):769-773.

[82] Walker SP, Permezel M, Berkovic SF. The management of epilepsy in pregnancy. *BJOG*. 2009;116(6):758-767.

[83] Cho FN. Management of pregnant women with cardiac diseases at potential risk of thromboembolism—experience and review. *Int J Cardiol*. 2008;136(2):

229 - 232.

[84] Shannon MS, Edwards MB, Long F, et al. Anticoagulant management of pregnancy following heart valve replacement in the United Kingdom, 1986 - 2002. *J Heart Valve Dis*. 2008;17(5):526 - 532.

[85] Meirow D, Schiff E. Appraisal of chemotherapy effects on reproductive outcome according to animal studies and clinical data. *J Natl Cancer Inst Monogr*. 2005(34):21 - 25.

[86] Selevan SG, Kimmel CA, Mendola P. Identifying critical windows of exposure for children's health. *Environ Health Perspect*. 2000;108(Suppl 3):451 - 455.

[87] Euling SY, Selevan SG, Pescovitz OH, et al. Role of environmental factors in the timing of puberty. *Pediatrics*. 2008;121(Suppl 3):S167 - S171.

[88] Office of the Surgeon General. *Women and Smoking: A Report of the Surgeon General*. Washington, DC: US Department of Health and Human Services, Public Health Service; 2001.

[89] Abreu-Villaça Y, Seidler FJ, Tate CA, et al. Prenatal nicotine exposure alters the response to nicotine administration in adolescence: effects on cholinergic systems during exposure and withdrawal. *Neuropsychopharmacology*. 2004;29 (5): 879 - 890.

[90] Abreu-Villaça Y, Seidler FJ, Slotkin TA. Does prenatal nicotine exposure sensitize the brain to nicotine-induced neurotoxicity in adolescence? *Neuropsychopharmacology*. 2004;29(8):1440 - 1450.

[91] Nordberg A, Zhang XA, Fredriksson A, et al. Neonatal nicotine exposure induces permanent changes in brain nicotinic receptors and behaviour in adult mice. *Brain Res Dev Brain Res*. 1991;63(1 - 2):201 - 207.

[92] Slotkin TA, Seidler FJ, Qiao D, et al. Effects of prenatal nicotine exposure on primate brain development and attempted amelioration with supplemental choline or vitamin C: neurotransmitter receptors, cell signaling and cell development biomarkers in fetal brain regions of rhesus monkeys. *Neuropsychopharmacology*. 2005;30(1):129 - 144.

[93] Ernst M, Moolchan ET, Robinson ML. Behavioral and neural consequences of prenatal exposure to nicotine. *J Am Acad Child Adolesc Psychiatry*. 2001;40(6):630 - 641.

[94] Slotkin TA, Tate CA, Cousins MM, et al. Prenatal nicotine exposure alters the responses to subsequent nicotine administration and withdrawal in adolescence:

serotonin receptors and cell signaling. *Neuropsychopharmacology*. 2006; 31(11):2462-2475.

[95] Cornelius MD, Leech SL, Goldschmidt L, et al. Prenatal tobacco exposure: is it a risk factor for early tobacco experimentation? *Nicotine Tob Res*. 2000;2(1):45-52.

[96] Al Mamun A, O'Callaghan FV, Alati R, et al. Does maternal smoking during pregnancy predict the smoking patterns of young adult offspring? A birth cohort study. *Tob Control*. 2006;15(6):452-457.

[97] Roberts KH, Munafo MR, Rodriguez D, et al. Longitudinal analysis of the effect of prenatal nicotine exposure on subsequent smoking behavior of offspring. *Nicotine Tob Res*. 2005;7(5):801-808.

[98] Malik S, Cleves MA, Honein MA, et al. Maternal smoking and congenital heart defects. *Pediatrics*. 2008;121(4):e810-e816.

[99] Eskenazi B, Rosas LG, Marks AR, et al. Pesticide toxicity and the developing brain. *Basic Clin Pharmacol Toxicol*. 2008;102(2):228-236.

[100] Ornoy A. Embryonic oxidative stress as a mechanism of teratogenesis with special emphasis on diabetic embryopathy. *Reprod Toxicol*. 2007;24(1):31-41.

[101] Penaloza D, Sime F, Ruiz L. Pulmonary hemodynamics in children living at high altitudes. *High Alt Med Biol*. 2008;9(3):199-207.

[102] Henderson J, Gray R, Brocklehurst P. Systematic review of effects of low-moderate prenatal alcohol exposure on pregnancy outcome. *BJOG*. 2007;114(3):243-252.

[103] Perera FP, Rauh V, Tsai WY, et al. Effects of transplacental exposure to environmental pollutants on birth outcomes in a multiethnic population. *Environ Health Perspect*. 2003;111(2):201-205.

[104] Whyatt RM, Rauh V, Barr DB, et al. Prenatal insecticide exposures and birth weight and length among an urban minority cohort. *Environ Health Perspect*. 2004;112(10):1125-1132.

[105] Berkowitz GS, Wetmur JG, Birman-Deych E, et al. In utero pesticide exposure, maternal paraoxonase activity, and head circumference. *Environ Health Perspect*. 2004;112(3):388-391.

[106] Eskenazi B, Harley K, Bradman A, et al. Association of in utero organophosphate pesticide exposure and fetal growth and length of gestation in an agricultural population. *Environ Health Perspect*. 2004;112(10):1116-1124.

[107] Dabrowski S, Hanke W, Polanska K, et al. Pesticide exposure and birth-weight: an epidemiological study in Central Poland. *Int J Occup Med Environ Health*. 2003;16(1):31－39.

[108] Villanueva CM, Durand G, Coutté MB, et al. Atrazine in municipal drinking water and risk of low birth weight, preterm delivery, and small-for-gestational-age status. *Occup Environ Med*. 2005;62(6):400－405.

第 45 章

癌　症

■■■■■■

本章重点介绍儿童时期特定环境暴露与罹患癌症风险之间的关系。儿童期癌症相对较少见，但在工业化国家，它却是儿童患病致死的最常见原因，也是导致儿童死亡的第二大常见原因（仅次于意外事故）。在美国，预计 2010 年 15 岁以下儿童新增癌症例数约为 10 700 例[1]。1992—2004 年，全美 20 岁以下患者中，癌症的总发病率为 158 例/百万人[2]。相比之下，美国每年在成年人中诊断出癌症的例数为 122 万（不包括非黑色素瘤皮肤癌），相当于所有癌症的年均发病率为 3 980 例/百万人。

儿科癌症最常见的类型是白血病（27%）和中枢神经系统（CNS）恶性肿瘤（18%）。急性淋巴细胞白血病占儿童白血病的 75%以上，同时占所有儿童癌症的 21%。其他儿童期肿瘤则由各种不同类型的恶性肿瘤组成，包括霍奇金（Hodgkin）病（7%）、非霍奇金淋巴瘤（6%）、神经母细胞瘤（5%）、骨肉瘤和软组织肉瘤（11%）、生殖细胞肿瘤（7%）、视网膜母细胞瘤（2%）、肾母细胞瘤（4%）以及其他类型肿瘤。儿童期癌症国际分类法在 2005 年进行了更新，包含 12 种主要的组织学亚型[3]。

目前，已经根据不同发病年龄、种族/人种和性别特征，对儿童期癌症的主要类型和亚型进行了评估[2]。例如，急性淋巴细胞白血病——最常见的儿童期癌症，其发病年龄高峰为 2～3 岁，在美国白人男童中更容易发病。与此相反，骨肉瘤——一种原发性骨癌，其发病年龄高峰则在青少年时期，且在美国黑人儿童中更为常见[4]。同样是在青春期和青少年期达发病高峰的尤文（Ewing）肉瘤则在黑人中极为罕见[2]。造成这种差别的重要原因可能是由于遗传差异导致致癌物体内代谢、人体免疫功能、肿瘤生长或其他的不同。某些类型的儿童期恶性肿瘤，其发病特点还具有性别差异，例如霍奇金病、室管膜瘤以及不同于其他中枢神经系统肿瘤的原始神经外胚层肿瘤。这些儿童期恶性肿瘤都表现为男性发病率大于女性[2]。然而甲状腺癌及恶性黑色素瘤的发病率，却在儿童期和青春期女性中占明显优势。

发病率和死亡率的逐年趋势

美国儿童期癌症发病率可能呈上升趋势，这已引起公众关注，目前已经开展了多个研究项目，对儿童期癌症发病率和死亡率的逐年趋势进行分析[2,5,6]。1975—1995 年，一项研究从 9 个人口登记注册表中选出 14 450 名 15 岁以下癌症儿童，就儿童期癌症发病趋势进行了详细地分析。研究结果显示，白血病发病率呈适度上升，这一上升趋势在很大程度上归咎于 1983—1984 年间的发病率猛增；1989—1995 年，白血病的发病率又转而呈下降趋势[5]。至于中枢神经系统肿瘤，1983—1986 年，尽管其发病率亦呈适度上升趋势(具有显著统计学差异)，但在此之后就趋于平稳。

1992—2004 年，根据上述研究结果，又开展了另一项关于儿童期癌症发病率趋势的研究[2]。此项研究的对象取自 13 个具有典型美国人群特征的人口登记注册表。结果显示，在此期间，所有儿童癌症的年均发病率呈适度、非显著性上升趋势。早期研究还提示，白血病发病率在 1992—2004 年间呈适度上升趋势(年均变异率为 0.7%)。此项研究中，中枢神经系统肿瘤的发病率较为稳定，而肝母细胞瘤和黑色素瘤的发病率则呈上升趋势。综上所述，1980—2004 年间，主要的儿童癌症在发病率上并没有实质性变化，且发病速率也保持相对稳定。

据美国癌症协会估计，2010 年将有约 1 340 名 15 岁以下儿童死于恶性肿瘤[1]。由于治疗水平的显著提高，所有儿童期癌症的 5 年生存率呈总体上升趋势，从 1975—1977 年的 58.1%，到 1996—2003 年的 79.6%。在美国，大约每 640 个 20～39 岁的成人中，就有 1 人是儿童癌症的幸存者[7]。

儿童期癌症风险的阐述性流行病学研究

试图评价环境暴露和癌症风险间关系的研究，在对其进行研究设计及阐述研究结果时是极具挑战性的，即便是对成人期发病的常见癌症来说也同样困难[8]。儿童期癌症的罕见性则使相关研究更具挑战意义。儿童期癌症为一组生物学特性和临床特性各异的疾病，这可能和机体环境暴露差异以及遗传风险因素有关。在设计和阐述儿童期癌症风险因素的研究时，必须对特定疾病类型进行明确定义。例如，急性淋巴细胞白血病和急性粒细胞白血病都属于白血病范畴，但两者发病年龄和临床表现却相去甚远。即使是在急性淋巴细胞白血病的各亚型中，其发病年龄、临床表现以及白血病细胞的染色体异常也各不相同。另外，这些不同的疾病亚型，还可能存在不同的病因。

迄今为止，儿童期癌症的主要病因学研究为相对较小样本的病例—对照研究。这类研究会受到统计效能、对照组选择和回忆偏倚的限制。纵向队列研究必须包含健康的人群，并对其进行为期几年甚至几十年的随访，然后再研究疾病的转归，这样才能真正揭示疾病的危险因素，但对于儿童期癌症这样的罕见病来说，这种研究方法是不可行的。举例来说，即便在总数为 100 万的儿童队列中，假设某疾病的发病率为 1/2 000（类似于急性淋巴细胞白血病的发病率），最终也只能得到 500 例左右的该种疾病。并且，其临床特性和生物学特性的不一致还会进一步降低发现具统计学意义关联的可能性。因此，来自全球的研究者创立了国际儿童期癌症队列联盟，希望能够借此从现有的出生队列中寻求可供儿童期癌症病因学研究的联合数据[9]。

在对病因学研究进行阐述时，还需要考虑暴露的评估方法。通常，我们只能得到粗糙的暴露评估数据。例如，只评估任意杀虫剂的暴露，而不是对某一特定杀虫剂的暴露效果进行研究。很多化学药品的代谢速度都很快，这对临床样本的评估来说是一种挑战。暴露时期（孕前、产前或产后）以及暴露和癌症发展间的潜伏期也是需要考虑的因素。如果缺乏环境或生物学检测数据，就很难说明儿童的暴露状况，而且儿童生长发育和行为的改变，也可能会导致暴露水平出现相应改变。最后值得一提的是，某些流行病学研究致力于观察大量儿童期癌症的潜在危险因素，结果就有可能会碰巧发现至少一个符合传统意义上“具显著统计学意义（$P<0.05$）”的危险因素。

儿童期癌症致癌作用的主要特征

尽管目前已经明确了许多与人类癌症风险相关的理化因素[10]，但大部分儿童期恶性肿瘤的病因仍尚未知晓。因此，环境暴露时与儿童癌症风险间的关系依然无法进行直接检测。然而，相对成人而言，儿童的潜在致癌暴露到癌症发病之间的潜伏期相对较短。女性在产前（例如孕妇暴露于诊断性 X 射线照射）或产后（例如使用表鬼臼毒素药物进行化疗）均有可能存在相对较短的致癌暴露潜伏期。在怀孕之前发生的致癌暴露（例如父亲吸烟），由于潜伏期相对较长，就可能会增加其后代罹患儿童期癌症的风险。导致成年期癌症的儿童期暴露，通常其潜伏期也比较长。环境因素可能会因为彼此的交互作用或受遗传影响，致使其致癌性加强或者减弱。

暴露途径

暴露于已知的致癌物质如放射线，可能会通过以下途径产生致癌作用：经皮肤直接吸收；经消化道摄取［源于放射性尘埃的^{131}I，如乌克兰（Ukraine）切尔诺贝利（Chernobyl）核电站核泄漏这一灾难性事件，以及福岛（Fukushima）核反应堆爆炸或核反应堆本身泄漏等意外事故］；经静脉注射（放射性同位素）；经呼吸道吸入（氡衰变产物）。化学性和生物性致癌物质也可以通过呼吸道吸入、消化道摄取或皮肤吸收的途径产生致癌效应。这些致癌物质蕴藏于污染物、烟草制品、日常饮食或药品之中。少数情况下，某些起初被认为是先进的治疗方法，最终也被证实具有致癌效应。因此，儿科医生必须保持警惕，避免由创新性治疗带来的潜在危害。除了外在因素，内源性反应也可导致成人及儿童癌症的产生。例如，机体消化吸收食物后产生的氧化反应或其他类型的新陈代谢。某些形式的外源性化学因子只有在经过一种或几种内源性化学反应之后，才会产生致癌作用。

较成人而言，儿童可能暴露于相对更高水平的环境污染物之中。幼儿会花更长时间在地板或地面上玩耍，并把更多东西塞进嘴里。同时，他们每单位体重摄入的食物和水的含量也更多。另外，儿童较成人的体表面积—容积比要大，因此会吸收更高比例含量的污染物。发育残障的年长儿可能会暴露于更高水平的环境污染物之中，因为这类儿童会在很长一段时间内持续将更多东西塞入口中，会因为无法行走以至于花更长时间待在地板上，会存在与年龄不相称的行为，或者根本不明白有些东西是具有危险性的。

生物学过程和临床效应

环境致癌物质可通过几种不同的机制来产生致癌作用。许多致癌物质，例如电离辐射和某些化疗药物会诱导 DNA 损伤[11]。机体通过细胞更新过程通常可以修复 DNA 损伤，但偶尔也会发生异常的细胞增殖和恶变。目前已发现两种主要类型的癌基因。一种是肿瘤基因，它是一类潜在的癌基因，一经活化就会将正常细胞转化为癌细胞；另一种主要类型的癌基因被称为肿瘤抑制基因，通常起调控器官生长发育的作用（如调控眼睛和肾脏的生长发育），一旦这类基因被灭活（突变），就不再调控器官的生长，从而导致癌症的发生（如视网膜母细胞瘤或肾母细胞瘤）。

致癌物质还可以通过破坏组织内正常细胞增殖来产生致癌作用，这种作用可发生在胎儿、儿童或成人中。外源性媒介因子通过干扰天然激素的代谢来破坏内分泌系统，从而造成异常的基因调节或活化[12,13]。由免疫抑制剂或感染引起的免疫失调同样会增加癌症风险。在这种情况下，免疫监视（负责破坏早期肿瘤细胞）会被削弱。如果在医药治疗、职业工作或大量意外暴露中，某种化学物质的剂量很高或暴露持久，其致癌效应就可以被侦测到。如果某致癌效应在高暴露时无法被监测到，那么在低暴露时也不可能被发现。

危险因素

表 45－1 列出了部分儿童期癌症主要类型（以及少量亚型）的特性。更多关于儿童期癌症类型和发病的细节可以查阅国家癌症研究所发表的专著以及 2008 年更新的儿童期癌症发病率[2,5]。尽管有关儿童期癌症的流行病学研究评估了大量的假定危险因素，但已知或可疑的致癌相关性

表 45-1　儿童期癌症主要类型和危险因素概览

癌症类型	发病年龄高峰	男性:女性比例	白人:黑人比例	发病率(每百万人)	已知危险因素	提示性危险因素
所有癌症		1.1	1.4	157.9		
血液系统						
一所有白血病		1.2	1.9	41.9	出生体重>4 000 g、电离辐射、同胞中患白血病、唐氏综合征、遗传性疾病[共济失调性毛细血管扩张症、遗传性骨髓衰竭综合征、布鲁姆(Bloom)综合征、多发性神经纤维瘤]、治疗另一肿瘤所采取的化疗	暴露于杀虫剂可能会增加风险
一急性淋巴细胞白血病	2～4岁	1.3	2.4	31.9		母亲流产,母亲怀孕年龄>35岁,初产
一急性粒细胞白血病	婴儿期	1.1	1.1	7.5		父亲职业暴露,如苯和杀虫剂
一其他/未分类		1.3	0.8	2.4		
霍奇金病	青春期	1.0	1.4	11.7	兄弟姐妹患病、EB病毒与某些类型有关	
非霍奇金病	青春期	1.2	1.2	10.4	免疫抑制治疗、先天性免疫缺陷综合征、HIV感染	
中枢神经系统						

（续表）

癌症类型	发病年龄高峰	男性:女性比例	白人:黑人比例	发病率(每百万人)	已知危险因素	提示性危险因素
—所有中枢神经系统肿瘤	婴儿期	1.2	1.3	27.6	电离辐射、遗传性疾病[神经母细胞瘤、结节性硬化征、痣样基底细胞综合征、透克(Turcot)综合征，李－费(Li-Fraumeni)综合征]	母亲孕期饮食(食用腌肉)、同胞或家长有脑肿瘤
—室管膜瘤		1.3	1.3	2.1		
—星形细胞瘤		1.1	1.4	13.3		
—原始神经外胚层肿瘤		1.4	1.5	6.6		
—其他神经胶质瘤		1.01	1.0	4.6		
—其他/未分类		1.4	1.2	0.9		
神经母细胞瘤	婴儿期	1.1	1.2	7.3		暴露于杀虫剂可能会增加风险，母亲用利尿剂或口服避孕药可能会增加风
骨肿瘤						
—骨肉瘤	青春期	1.34	0.9	4.7	癌症放疗、遗传性疾病[李－费(Li-Fraumeni)综合征、视网膜母细胞瘤、罗特蒙德－汤姆森(Rothmund-Thomson)综合征]	出生时超长、超重

（续表）

癌症类型	发病年龄高峰	男性:女性比例	白人:黑人比例	发病率(每百万人)	已知危险因素	提示性危险因素
—尤文氏肉瘤	青春期	1.6	9.7	2.3		暴露于杀虫剂可能会增加风险
软组织肉瘤						
—横纹肌肉瘤	婴儿期	1.3	0.8	4.4	至少一种先天性异常（近 1/3 患儿）遗传性疾病[李－费（Li-Fraumeni）综合征，多发性神经纤维瘤]	
—其他软组织肉瘤	各时期	1.1	1	6.6		
肾母细胞瘤	婴儿期	0.8	0.9	5.3	遗传性疾病[WAGR 综合征（肾母细胞瘤、虹膜缺失、泌尿生殖器异常、智力低下）、贝克威思－威德曼（Beckwith－Wiedemann）综合征、帕尔曼（Perlman）综合征、丹尼斯－德拉希（Denys－Drash）综合征]	父亲的职业是焊接工或机修工、暴露于杀虫剂可能会增加风险
肝脏 —肝母细胞瘤	婴儿期	1.2	2.3	1.4	遗传性疾病[贝克威思－威德曼综合征、偏身肥大、家族性腺瘤性息肉病、加德纳（Gardner）综合征]	
生殖细胞肿瘤	青春期	1.5	1.9	11.5		
甲状腺癌	青春期	0.2	3.4	5.6	电离辐射、遗传性癌症倾向综合征（多发性内分泌肿瘤、家族性息肉病）	

（续表）

癌症类型	发病年龄高峰	男性:女性比例	白人:黑人比例	发病率(每百万人)	已知危险因素	提示性危险因素
黑色素瘤	青春期	0.7	14.8	4.9	太阳紫外线辐射，人为来源(晒黑沙龙)，儿童期/青春期阳光灼伤，多痣/异常痣，遗传性疾病(着色性干皮病)	
视网膜母细胞瘤	婴儿期	1.0	1.0	3.4	遗传性疾病(视网膜母细胞瘤[RB]基因突变)	13q 缺失综合征

危险因素仍少之又少[14]。家族和遗传因素在不同类型儿童期肿瘤中占的比率似乎还不到5%～15%[15,16]。某些危险因素如暴露于电离辐射已被列为致癌因素。在中等至高剂量时，电离辐射可增加罹患某些儿童癌症的风险(包括急性淋巴细胞白血病、急性粒细胞白血病、中枢神经系统肿瘤、恶性骨肿瘤和甲状腺癌)。其他危险因素还与某些特殊形式的儿童期癌症有关。例如，在一部分儿童中，烷化剂药物治疗会增加其罹患急性粒细胞白血病的风险。还有一部分患有某些遗传综合征或先天性疾病的儿童，其罹患某些儿童期肿瘤的可能性也会增加。提示性数据或有限数据资料显示(后者未列入表格)，还有一些危险因素如母亲生殖因素、父亲职业暴露、住宅内使用杀虫剂、食用腌肉制品、父亲吸烟等也会增加某些类型儿童期癌症的发病风险。

物理因素

日光辐射和人工紫外线辐射

实际上几乎所有人类癌症都与皮肤有关。暴露于日光紫外线辐射(UVR)会诱导产生皮肤癌[17]。暴露于人工紫外线辐射，如青少年去“晒黑沙龙”，同样会增加黑色素瘤和其他皮肤癌症的患病风险。由于潜伏期很长，皮肤癌很少在儿童期发病，除非是在高易感人群，如存在遗传性DNA修复缺陷的着色性干皮病患儿，或是皮肤缺乏黑色素而不能抵抗UVR损伤的白化病患儿。普通人群通常都存在黑色素沉着，因此患皮肤癌的风险很低。癌症疾病谱显示，美国南部的恶性黑色素瘤发病率显著高于北部。黑色素瘤的发病率明显较其他大多数癌症上升迅速，儿童及青少年若反复暴露于日光灼伤将显著增加罹患皮肤癌的风险(参见第41章)[18,19]。

电离辐射

电离辐射(IR)是高能量辐射，因此足以造成电子移位和化学键断裂。这种暴露会产生基因毒性(因染色体链断裂或基因突变导致DNA损伤)，造成异常的细胞分裂和/或细胞死亡。电离辐射是已被详尽描述的致癌物质，其暴露类型从诊断性X射线检查到核电站意外泄漏事故，范围很广。若要了解更多细节请参见第30章。

源于 50 多年前的一些研究显示，如果母亲在怀孕时曾暴露于诊断性腹部 X 射线检查，那么她们的孩子在 10 岁之前，所有癌症的患病风险将增加 1.6 倍[20]。随后的一部分流行病学研究证实了上述结论，但也有其他研究未能证实[21,22]。有关产后诊断性放射线暴露潜在致癌效应的研究开展得很少[22]。儿科诊断性医疗放射线暴露的大规模数据收集始于 20 世纪 90 年代中期，有记载显示，那些因患有脊柱侧凸而需要反复暴露于诊断性放射线检查的青少年，成年后罹患乳腺癌的风险有所增加[23,24]。

最近几年，计算机断层扫描（CT）越来越多地被用于各种儿科疾病的诊断。CT 扫描[22,25]以及儿科介入治疗和荧光显像治疗都使患儿暴露于较 X 射线高得多的电离辐射之中。然而，没有确切数据表明反复多次 CT 扫描或荧光成像过程是否会增加儿童期癌症的发病风险。大规模研究也尚未开展。任何时候若需要进行诊断性放射线检查，相关人员都应小心谨慎，尽可能减少此类暴露的发生[25-27]。

放射性治疗会增加罹患二次原发肿瘤的风险。例如，治疗霍奇金病有可能会导致骨肉瘤、软组织肉瘤、白血病、皮肤癌以及乳腺癌的发生[28]。部分患有遗传疾病的儿童，例如遗传性视网膜母细胞瘤、痣样基底细胞癌综合征、毛细血管扩张症患者，其对放射源性癌症的易感性更高。

对原子弹爆炸后的日本幸存者进行的大量研究显示，最初发现这些幸存者中患白血病的比例非常高，直到爆炸后约 30 年，这一发病比例才又回到了基线位置[29]。一项针对 807 名宫内暴露的日本原子弹爆炸幸存者的初始研究显示，这一暴露未使儿童期癌症的发病有所增加[30]。然而，长期研究发现，在发生原子弹爆炸时未满 20 岁的青少年当中，到青年时期罹患乳腺癌的风险有所增加[31,32]。随后又有研究显示，在 2 452 名爆炸时处于宫内暴露的成人研究对象中，有 94 名罹患实体肿瘤，该数值超过了预计值[33]。该项研究还对爆炸时未满 6 岁的 15 388 名成人对象进行了评估，结果发现其罹患实体肿瘤的风险有所增加。

1986 年，乌克兰切尔诺贝利核电站发生部分垮塌，产生了大量含有放射性同位素的尘埃，主要影响到乌克兰和白俄罗斯、邻近国家以及全球范围内的少量区域。除了急性暴露外，人群还通过食物、牛奶和供水系统进一步经受暴露。几项研究发现，儿童甲状腺癌（这类肿瘤通常在儿童极为罕见)和成人甲状腺癌的发生率均有所增加[34]。该意外事故后,无论是在儿童中,还是在进行清理工作的核电站工作人员之中,白血病的发病率都没有升高[35]。

非电离辐射

非电离辐射是指电磁辐射不具有足够的能量造成活体组织中的电子移位和化学键断裂。非电离辐射包括静电磁场、低频电磁场、高频电磁场(参见第 27 章)和微波。

高频波通常用于全球通信网络,或在工业区作为加热能源。大量研究致力于寻找儿童期癌症发病和儿童居住在广播电视塔附近之间的关联,其中一些研究结果显示,这会稍微增加罹患白血病的风险[36]。关于儿童期癌症和电磁场之间关联的流行病学研究显示,和暴露于 0.1 μT (microtesla)电磁辐射量相比,暴露于 0.3 μT~0.4 μT 以上电磁辐射量时,会增加儿童罹患白血病的风险[36]。基于这些研究结果,电磁场被归为很可能的人类致癌物质。这类研究的主要缺点在于,目前缺乏动物研究实验数据来支持这些流行病学研究所观察到的结果。选择性偏移也是这类研究中需要关注的问题,如果研究对象的社会经济水平低下,就可能会暴露于相对较高的电磁场环境中,造成对上述关联的过高评估。然而,就算假定两者存在因果关系,因暴露于磁场而罹患儿童期白血病的比率也很低——在北美仅有 2%~4%。

石棉

暴露于石棉纤维会增加罹患肺癌的风险(尤其是在吸烟人群中),并且在经过长达 40 年的潜伏期后还可导致间皮瘤[38]。目前有关石棉致癌作用的确切机制仍处于研究中。包括 DNA 损伤在内的假设机制归结为石棉纤维产生的自由基、原癌基因/肿瘤抑制基因的改变以及病毒和宿主间的交互作用。20 世纪 50 年代期间,学校教室的天花板常规使用石棉进行喷刷,经过一段时间后就会产生变质。最近,公共卫生健康机构已经采取措施将学校的石棉铲除或隔开。但仍有人认为,与校内儿童一样,成人也可能会因此种暴露罹患间皮瘤,而那些吸烟的人群罹患肺癌的风险会更高(参见第 23 章)。

大气污染

大气污染由各种化合物混合而成，包括微粒污染物、化学制品（如苯）、一氧化氮、一氧化碳和臭氧（参见第21章）。暴露水平根据暴露地点、暴露的日间时段和季节的不同而有所变化。至少有15项已发表的研究是关注室外大气污染和儿童期癌症风险的。两项美国的小样本病例—对照研究都提到，大气污染使所有儿童期癌症、白血病和中枢神经系统肿瘤的发病风险增加了70%[39]。另有2项研究发现，交通密度和二氧化氮的暴露增加也会增加儿童期癌症的发病风险。然而，其他5项关于交通相关性暴露的大型研究并未证实上述结论。我们需要进行大型的前瞻性研究，其中需要包含改良的暴露评估方法、癌症亚型的特征性描述，并使偏移最小化。迄今为止，流行病学证据表明儿童在家内暴露于交通相关的大气污染时，不会增加其罹患儿童期癌症的风险。

烟草

主动吸烟是一种已被确认的致癌因素。有关二手烟(SHS)暴露健康效应的研究显示，非吸烟成年人长期慢性暴露于二手烟环境中，会引起肺癌发病率的增加。从生物学角度来看，这一效应存在合理性，因为烟草烟雾中确实含有已知的致癌物质。儿童时期，因家长抽烟而暴露于二手烟（即环境烟草烟雾）环境中，会使罹患肺癌的风险增加（参见第40章）[40]。无烟烟草会导致青少年罹患口腔癌[41]。部分高中生视职业运动员为榜样，养成了咀嚼烟草的习惯。美国医学协会科学事务委员会已推进制订相关条例，用以限制烟草广告中有关鼻烟和嚼烟的广告[42]。儿科医生有机会并且也有责任去预防烟草相关性癌症以及其他情况[43,44]。

环境化学品暴露

在住宅、学校、托儿所和其他环境中，儿童会接触到各种各样的化学制剂。特别值得关注的环境化学品包括N-亚硝胺和硝酸盐、内分泌干扰物、杀虫剂、饮用水污染物（如硝酸盐）、真菌毒素（如花生中的黄曲霉毒素），以及在住宅和其他环境中使用的碳氢化合物和溶剂。

N-亚硝胺和硝酸盐

N-亚硝胺和N-亚硝酸胺是构成N-亚硝基化合物(NOCs)的两个主要化学组分[45]。N-亚硝酸胺是烷基化的化合物,可导致DNA加合物的形成(当某种化学物与DNA结合或相互作用时产生的新分子),从而造成癌变。研究发现,N-烷基亚甲基脲(N-亚硝酸胺的一种类型)可诱导雌性啮齿动物和猴子的后代发生脑肿瘤。N-亚硝胺可诱导几种动物发生肿瘤。人类可通过饮食、烟草制品、药物,也可通过从事橡胶、皮革、金属加工等机械工业相关职业暴露于N-亚硝基化合物。

一部分儿童脑肿瘤的病例对照研究,致力于对母体孕期内摄入含高水平N-亚硝基化合物的腌肉制品进行评估。其中的2项研究结果显示,孕期内母体摄入大量腌肉制品与其后代脑肿瘤的发病风险存在相关性,且具有统计学意义,但另外2项研究则未能证实上述两者间存在具统计学意义的关联[46]。另有研究显示,母亲在怀孕期间使用同样含N-亚硝基相关化合物的染发剂,与其后代罹患儿童期脑肿瘤的风险没有相关性[47]。

由于饮用水中的硝酸盐与食管癌、胃癌、结肠癌、鼻咽癌、膀胱癌、前列腺癌和非霍奇金淋巴瘤发病风险间有关联(参见第33章),国际癌症研究机构(IARC)已经确定,摄入的硝酸盐或者摄入后在一定条件下可导致内源性亚硝化的亚硝酸盐是“很可能的人类致癌物”(IARC癌症分类2A组)[48]。

内分泌干扰物

内分泌干扰物被定义为:在生物体、后代和/或生物体亚群中,能改变内分泌功能并产生有害效应的外源性物质(参见第28章)[49]。己烯雌酚(DES)是一种内分泌干扰物,同时也是唯一明确的可通过胎盘的化学致癌物[50]。从20世纪40年代末到70年代,己烯雌酚作为人工合成雌激素用于预防流产。目前已经证实,年轻女性罹患阴道透明细胞癌风险的增加,与其母亲孕期使用己烯雌酚有关。此外,己烯雌酚还与男性和女性后代生殖器官畸形和功能障碍发生率的增加有关。

2,3,7,8-四氯代二苯并二噁英(TCDD)是一种剧毒的人造化合物,也是一种内分泌干扰物。TCDD是已知的人类致癌物,可增加所有癌症的罹患风险[12]。啮齿动物模型提示,乳腺发育改变和/或母体雌激素或催乳素水平异常,可能是TCDD的致癌机制。其他内分泌干扰物被评估为潜在的癌症风险因子;例如,用于医疗设备如医用导管的邻苯二甲酸二辛酯,最近被国际癌症研究机构评估和认定为"可能的人类致癌物"(IARC癌症分类2B组)[51]。

杀虫剂

杀虫剂由一组作用机制不同的异源性化学物质组成。截至1997年,IARC(国际癌症研究机构)对杀虫剂进行分类,将其中26种列为对动物致癌具充分证据,19种列为对动物致癌具有限证据。上述两类中,分别有8种和15种杀虫剂仍在美国注册使用[52]。其他国家使用的杀虫剂种类更多,其中最出名的是有机氯杀虫剂。杀虫剂暴露有各种来源,包括农业、制造业、住宅和花园(参见第37章)。

大多数关于儿童期癌症和杀虫剂暴露的研究都集中在白血病和脑肿瘤方面[52,53]。尽管这些病例-对照研究受样本数量、暴露评估和疾病异质性所限,但研究结果显示,白血病和脑肿瘤的发病风险随杀虫剂暴露的增加而略有增加。一项生态研究(即观察单位是人口或社区的研究),对美国中高度农业活动地区和低农业活动地区的儿童期癌症发生率进行比较,结果提示中高度农业活动地区的儿童期癌症患病风险有所增加[54]。由此推测,中高度农业活动地区儿童的杀虫剂暴露浓度较高。这项研究还提示,在高农业活动国家,儿童癌症的发病率也相应较高。然而,该实验未能进行有关杀虫剂实际暴露的直接评估。

将来,我们需要开展大样本的儿童队列研究,以进一步评估杀虫剂暴露可能导致罹患儿童期癌症的风险。在那之前,我们需要谨慎地持续降低甚至尽可能消除儿童的杀虫剂暴露问题。

碳氢化合物和溶剂

烃是一种有机化合物,存在于诸如汽油、涂料、溶剂、三氯乙烯等物质中。苯是一种已知的人类致癌物,主要由化石燃料不完全燃烧形成,常被用作汽车燃料(参见第29章)、黏合剂、塑料制造中的添加剂。在成人职业暴露中，现有研究已经确立了苯暴露和成人白血病(特别是急性粒细胞白血病)之间的剂量—效应关系[10]。

已有人针对家长职业、家长爱好以及使用含碳氢化合物和溶剂的油漆和塑料的家庭工程项目进行了几项研究[55]。其中一些研究结果提示，儿童期白血病患病风险随着上述暴露的增加而增加。然而，大多数研究因儿童暴露程度的信息不足，以及自我报告信息的精度不够而受到一定的限制。和许多其他化学品暴露一样，有关家长在受孕前、产前或产后所受的上述暴露，及其在后代儿童期癌症发展中所起的作用，目前仍存在大量的推测。

砷

砷是一种证据确凿的人类致癌物，与成年期皮肤癌、肺癌、膀胱癌、可能还有肝癌的发病有关(参见第 22 章)[56]。砷可诱导 DNA 氧化损伤。最近，它又被证实是一种内分泌干扰物。砷可通过胎盘，并与胎儿生长迟缓和孕母流产有关。目前，尚不清楚砷的长期暴露效应与儿童期癌症患病风险两者间的关系。

感染

感染性病原体也可能导致儿童期癌症[57]。除非婴儿在出生后不久就进行免疫接种，否则感染乙型肝炎病毒(HBV)的母体，很容易造成母婴间的病毒垂直传播。围生期感染 HBV 的婴儿，90%以上会发展成慢性 HBV 感染。婴幼儿感染 HBV 后，最终发展成 HBV 相关性肝细胞癌或肝硬化的比率达 25%。如果婴儿在出生后不久就接种乙型肝炎疫苗和乙型肝炎免疫球蛋白，随后再常规应用两次额外剂量的乙型肝炎疫苗，便可较好地预防慢性 HBV 感染及其相应后果[58]。

在儿童时期，EB(Epstein-Barr)病毒感染导致的 Burkitt 淋巴瘤是非洲部分地区的地方性流行病，但在北美和欧洲却十分罕见。这一现象提示，可能存在易感基因—环境间的交互作用。EB 病毒同时也与儿童霍奇金淋巴瘤、鼻咽癌及大多数移植后的淋巴组织增生性疾病有关。EB 病毒与其他病原体混合感染后，会增加成人相应癌症的患病风险。例如，与人类免疫缺陷病毒(HIV)混合感染会增加成人卡波西(Kaposi)肉瘤的发病率；与丙型肝炎病毒混合感染会增加成人肝癌的发病率；与幽门螺杆菌混合感染会增加成人胃癌的发病率。青年女性若感染人乳头瘤病毒（HPV）会增加宫颈癌的患病风险。HPV疫苗最早可用于9岁女童，目前广泛推荐女童和青年女性预防性应用该疫苗[58]。2009年，美国疾病控制与预防中心（CDC）免疫接种咨询委员会进行投票，建议美国疾病控制与预防中心批准许可四价HPV疫苗在9～26岁的男童和青年男性中进行预防接种，但终因缺乏在男性中广泛使用该疫苗的相关推荐而被驳回[59]。

一些研究发现，那些1岁以内普通感染（如上呼吸道感染）和社会接触（即通过托幼机构）较少的儿童，罹患儿童期白血病的风险将有所增加[57]。研究者假设，早期暴露于常见儿童期疾病会使免疫系统更加“成熟”，而免疫失调则可能增加儿童期白血病的患病风险。这些研究结果需要更多的数据来支持。

饮食

食品中的各种天然化学物质都可能会对人类产生致癌作用，这些物质包括黄曲霉毒素、黄樟、苏铁素和蕨菜（其天然成分都是致癌物）。它们可存在于花生、花生酱和其他多种食物中。并且，烹调这类食物时，其蛋白质裂解产物中也含有上述物质。食物中硝酸盐含量水平高与癌症患病风险存在相关性（见硝酸盐部分章节）。前期研究显示，孕妇食用含有DNA拓扑异构酶II抑制剂的食物（包括某些特定的水果和蔬菜、大豆、咖啡、酒、茶及可可）会增加婴儿罹患白血病的风险[60]。有些食物成分在实验动物身上可显示出预防癌症的作用，这些抗癌物质包括类胡萝卜素、膳食纤维，以及食物中含有的抗氧化剂[61]。

要想得到强有力的证据来证明食物中的某一单独成分能对人类产生致癌作用是非常困难的，因为诸如致癌潜伏期长、代谢转化和可能的交互作用等因素，均有可能增强或抑制该物质的致癌作用。动物实验和人类相关研究提示，暴饮暴食会导致子宫内膜癌，而乳腺癌和结肠癌则部分归因于肥胖[62]。饮食结构会影响肠道菌群，然后通过降解胆汁酸和胆固醇来产生致癌性代谢产物。高纤膳食可减少结肠癌的发病，这是由于高纤维素可以加快食物转运的速度，并借此减少膳食致癌物和小肠黏膜之间的接触。

从流行病学研究、临床观察和动物实验所得到的数据，不足以对特定饮食因素提出强有力的建议。然而，遵循某些医疗机构关于膳食和癌症的相关建议非但没有坏处，还会带来其他的健康益处。例如，将脂肪摄入热量（千焦）从40%减少至30%；日常饮食中摄入全麦谷物、柑橘类水果、绿色或黄色蔬菜；限制腌渍熏腊食品和含酒精饮料的摄入；以及保持理想的体重[61]。

家长职业

20世纪70年代中期以来，多种类型的儿童期癌症病因学研究涉及家长的职业暴露这一因素[14]，包括受孕、产前和产后的各个阶段。某些暴露因素如电离辐射、石棉、苯、杀虫剂等，已经在儿童期癌症的病因学研究中有所涉及。然而，大多数研究中用于评估暴露的策略存在局限性，仅仅通过出生或死亡证明上的职位头衔，或者从家长一方或双方处获得的工作史来确定职业暴露量是远远不够的。家长特定工种职业暴露和特定的儿童期癌症之间的相关性往往不一致。只有应用更新兴更精确的方法来确定暴露，才更有可能阐明特定职业暴露与特定儿童期癌症之间的关系。

如果观察到癌症群发该怎么办

癌症群发偶尔会碰巧出现在某一街区或校区内。癌症可以为环境所诱发（例如，受累人群的病史显示以某种药物或职业化学品的大剂量暴露为共同特征）[63,64]。在实践过程中，儿科医生可以对诱发特殊类型儿童期癌症的环境或其他因素进行全新的观察和思考。如果怀疑有癌症群发，儿科医生应向国家卫生部门报告。确定癌症的类型是否相同或相关极为重要。与不同类型的癌症相比较，相同类型的癌症更容易为环境致癌物所诱发。如果群发癌症案例中存在潜伏期过短，或所涉儿童在该地区居住、上学之前就已经发现肿瘤，或由该地区其他暴露因素造成癌症发生等情况，则应将这些案例剔除。如果剔除后依然判定为癌症群发，则应咨询国家卫生部门的环境流行病学专家。

两个事件间的相关性无须因果关系。建立因果关系可以通过呈列下述内容得以加强:①具有逻辑性的时间序列(如假定的原因发生在效应之前);②效应的特异性(如特定暴露导致一种而非多种癌症类型);③剂量—反应关系;④生物学合理性(如最新信息与既往知识相一致);⑤与他人观察到的因果关系相一致(如在判定脂肪摄入量与结肠癌发病率之间是否存在相关性时,确认其他国家已经证实两者间的关联);⑥分析时剔除伴随变量(其他释义);⑦当原因被剔除时效应随之消失。即使是对环境暴露效应进行最充分地研究,也无法做到对上述所有内容进行评估或保持其真实性。儿科医生的工作不在于建立疾病的因果关系,而是和流行病学家以及卫生部门一起评估疾病的状况[65]。

搜寻致癌因素的线索

寻找有关致癌因素的线索时,详细的病史可以提供重要信息,其中又以家族史最为重要。理想情况下,癌症患儿的病史应包含所有近亲血缘者信息,即每一位一级亲属(家长、同胞兄弟姐妹,以及始发病例儿童)的疾病和发病年龄,同时还要包含其他亲属的信息,如果他们患有癌症或其他潜在相关性疾病(如免疫系统疾病、血液系统恶病质或先天畸形)。其次,儿科医生应该询问家长的职业,母亲孕前和孕期包括吸烟在内的相关暴露情况,以及孩子的二手烟、化学品、辐射和异常感染的暴露情况。其他可能对判定病因起重要作用的疾病包括:共存疾病(如多发性先天性畸形),多灶性或双边配对器官癌症(遗传的可能线索),罕见组织学类型的癌症,罕见年龄的癌症(如儿童期成年型癌症),罕见部位的癌症或传统癌症治疗中出现的明显过度反应(例如,共济失调毛细血管扩张症患儿在淋巴瘤放疗时出现的急性反应)。这类信息,特别是家族史,可能与亲属间恶性肿瘤患病风险有关。流行病学家也可以使用此类信息,以获取儿童期癌症起源的新认知。

常见问题

问题　可以采取哪些措施预防我的孩子得癌症?

回答　大部分儿童期癌症的病因是未知的。癌症大多发生在成年期，我们至今仍不清楚该如何减少某些类型癌症在成年期的发生。应当鼓励孩子们不要吸烟或使用无烟烟草制品。应当鼓励成人戒烟，如果他们选择继续吸烟，那么为了防止家庭成员暴露于二手烟环境，就绝不能在室内或车内吸烟。儿童不应晒伤，应鼓励其在户外穿着防晒的衣服和帽子，并使用防晒霜。禁止青少年进入“晒黑沙龙”。其他重要的预防措施还包括测试家里的氡气，以及确保家中没有易碎石棉。

问题 为什么我3个月大的孩子会得神经母细胞瘤？

回答 在美国，几乎所有儿童期癌症都是随机发生的。一项募集500名儿童的研究结果显示，未能找到神经母细胞瘤的病因。最近，一项全基因组相关性研究识别出2号染色体上某段区域与神经母细胞瘤发病有关，能使其发病风险增加1.5～2倍。尽管我们知道神经母细胞瘤患儿1号染色体某一特定区域的DNA会发生损害，但我们不知道是什么原因导致了神经母细胞瘤或其他儿童期癌症的基因突变。遗传物质在正常重组时也可能出现基因突变。通常，机体会修复损伤的DNA，且不会产生癌症，但遗憾的是，这种损伤防御机制有时会被破坏。

问题 家里的猫病了，是不是因为病猫使我的孩子得了白血病？

回答 病毒可引起猫得相似的疾病，但病猫只会把疾病传染给其他猫而不会传染给人。鸡和牛也一样，患类白血病是由病毒感染引起的。没有任何证据表明宠物会把癌症传给人类。

问题 我们街区内有好几个孩子得了癌症，会是由相同的事物引起的吗？

回答 尽管大部分引起人类癌症的环境因素最初都是在群发病例中被确定的，但这类情况极其少见，并且通常都是因严重暴露于致癌物而导致的罕见癌症。在美国的居民区、学校、社会俱乐部、运动团体中，每年都会有多种类型（超过80种）的癌症造成数以千计的随机群发现象。若仅关注于病例发生的地理位置，一个原本随机分布的疾病群体就会被看似异常。无论如何，要建立某种疾病和其他事物间的因果关系，就必须得到除群体发病以外的更多证据，包括剂量—效应关系（剂量越大效应越频发),以及其他癌症相关知识的生物学合理性。在多数群发病例中,往往存在许多不同的癌症类型和不同的病因,而不仅仅是某个单一的病因。

问题　我的一个孩子得了癌症,会使我的其他孩子也患上癌症吗?

回答　癌症不是从一个人传给另一个人的。有时,对某种特定癌症的遗传易感性是由家长遗传给孩子的,这就可能会使家里的其他孩子也受到牵连。例如,视网膜母细胞瘤即存在家族聚集现象。通常,从遗传病家族史中,可以发现癌症遗传易感性的迹象。对处于疾病风险中的孩子来说,早期发现并进行治疗可以提高生存率和生活质量。因此,如今已经很少有儿童死于视网膜母细胞瘤。

问题　家庭成员抽烟会使我的孩子患癌症吗?

回答　没有任何证据表明儿童期癌症是由二手烟暴露引起的。15岁以下儿童的癌症与烟草诱发的癌症有着不同的微观类别。目前为止,没有任何证据表明,二手烟会诱导产生儿童癌症。另一方面,成人癌症如肺癌、白血病和淋巴瘤,均与患者在10岁前暴露于母亲吸烟的环境中有关。

问题　是否因为我在怀孕期间服用过药物,导致我的孩子得了癌症?

回答　己烯雌酚(DES)是一种目前唯一已知的能在母亲孕期服用后增加孩子癌症患病风险的药物。DES自20世纪70年代开始被禁用,主要是因为人们发现年轻女性罹患阴道透明细胞腺癌与其母亲怀孕期间服用己烯雌酚有关。没有证据显示,其他孕期常用的药物会对后代产生致癌作用。孕期应避免服用已被证实存在致畸或致癌风险的药物。

问题　我听说花生酱可能会致癌,这是真的吗?

回答　的确,花生常常会被真菌污染,而产生一种致癌物质——黄曲霉毒素。美国食品药品监督管理局(FDA)允许在坚果、种子和豆类中含低水平的黄曲霉毒素,因为它被认为是“不可避免的污染物”。如果一个特定批号的花生酱被检出黄曲霉毒素浓度超标,就会被勒令召回。

问题　儿童期癌症发病率是否有增长趋势?

回答 总体而言，自 20 世纪 80 年代中期以来，美国主要的儿童癌症发病率并无实质性变化。我们已经注意到某些特定类型的儿童癌症（包括白血病，脑/中枢神经系统癌症），其发病率呈适度增长趋势，这种短时期内出现的疾病增长类型和模式，提示可能是由诊断方法的改进和/或报告形式的改变所造成的。

问题 住在核电站周围，是否会使我的孩子患癌症的风险增加？

回答 德国的一项研究表明，在 5 岁以下的白血病患儿中，住在核电站 5 km 内的患病概率是居住在此范围之外的 2 倍[66]。目前尚不清楚这种关联是否存在因果关系。还需要更多地研究来阐明居住在核电站附近的癌症患病风险。

参考资料

National Cancer Institute

Phone：800-4-CANCER

Web site：www. cancer. gov

CureSearch，Children's Oncology Group

Web site：www. childrensoncologygroup. org

（唐德良 林 芊 曾 惠 译 郭宝强 校译 许积德 校 徐 健 审校）

参考文献

[1] American Cancer Society. What is childhood cancer? Available at：http://www. cancer. org/Cancer/CancerinChildren/DetailedGuide/cancer-in-children-childhood-cancer. Accessed April 4，2011.

[2] Linabery AM，Ross JA. Trends in childhood cancer incidence in the U. S.（1992－2004）. *Cancer*. 2008；112(2)：416－432.

[3] Steliarova-Foucher E，Stiller C，Lacour B，et al. International Classification of Childhood Cancer，third edition. *Cancer*. 2005；103(7)：1457－1467.

[4] Mirabello L，Troisi R，Savage SA. Osteosarcoma incidence and survival rates

from 1973 to 2004: data from the surveillance, epidemiology, and end results program. *Cancer*. 2009;115(7):1531–1543.

[5] Linet MS, Ries LA, Smith MA, et al. Cancer surveillance series: recent trends in childhood cancer incidence and mortality in the United States. *J Natl Cancer Inst*. 1999;91(12):1051–1058.

[6] Bleyer A, O'Leary M, Barr R, et al. *Cancer Epidemiology in Older Adolescents and Young Adults 15 to 29 Years of Age, Including SEER Incidence and Survival: 1975–2000*. Bethesda, MD: National Cancer Institute; 2006. NIH Pub. No. 06–5767.

[7] Hewitt M, Weiner SL, Simone JV. *Childhood Cancer Survivorship: Improving Care and Quality of Life*. Washington, DC: The National Academies Press; 2003.

[8] Linet MS, Wacholder S, Zahm SH. Interpreting epidemiologic research: lessons from studies of childhood cancer. *Pediatrics*. 2003;112(1 Pt 2):218–232.

[9] Brown RC, Dwyer T, Kasten C, et al. Cohort profile: the International Childhood Cancer Cohort Consortium (I4C). *Int J Epidemiol*. 2007;36(4):724–730.

[10] Belpomme D, Irigaray P, Hardell L, et al. The multitude and diversity of environmental carcinogens. *Environ Res*. 2007;105(3):414–429.

[11] Anderson LM. Environmental genotoxicants/carcinogens and childhood cancer: bridgeable gaps in scientific knowledge. *Mutat Res*. 2006;608(2):136–156.

[12] Birnbaum LS, Fenton SE. Cancer and developmental exposure to endocrine disruptors. *Environ Health Perspect*. 2003;111(4):389–394.

[13] Soto AM, Vandenberg LN, Maffini MV, et al. Does breast cancer start in the womb? *Basic Clin Pharmacol Toxicol*. 2008;102(2):125–133.

[14] Bunin GR. Nongenetic causes of childhood cancers: evidence from international variation, time trends, and risk factor studies. *Toxicol Appl Pharmacol*. 2004;199(2):91–103.

[15] Pakakasama S, Tomlinson GE. Genetic predisposition and screening in pediatric cancer. *Pediatr Clin North Am*. 2002;49(6):1393–1413.

[16] Stiller CA. Epidemiology and genetics of childhood cancer. *Oncogene*. 2004;23(38):6429–6444.

[17] Leiter U, Garbe C. Epidemiology of melanoma and nonmelanoma skin cancer—the role of sunlight. *Adv Exp Med Biol*. 2008;624:89–103.

[18] American Academy of Pediatrics, Committee on Environmental Health. Ultravio-

let radiation: a hazard to children and adolescents. *Pediatrics*. 2011;127(3):588-597.

[19] Strouse JJ, Fears TR, Tucker MA, et al. Pediatric melanoma: risk factor and survival analysis of the surveillance, epidemiology and end results database. *J Clin Oncol*. 2005;23(21):4735-4741.

[20] Bithell JF, Stewart AM. Pre-natal irradiation and childhood malignancy: a review of British data from the Oxford Survey. *Br J Cancer*. 1975;31(3):271-287.

[21] Schulze-Rath R, Hammer GP, Blettner M. Are pre- or postnatal diagnostic Xrays a risk factor for childhood cancer? A systematic review. *Radiat Environ Biophys*. 2008;47(3):301-312.

[22] Linet MS, Kim KP, Rajaraman P. Children's exposure to diagnostic medical radiation and cancer risk: epidemiologic and dosimetric considerations. *Pediatr Radiol*. 2009;39(Suppl 1):S4-S26.

[23] Hoffman DA, Lonstein JE, Morin MM, et al. Breast cancer in women with scoliosis exposed to multiple diagnostic x rays. *J Natl Cancer Inst*. 1989;81(17):1307-1312.

[24] Ronckers CM, Doody MM, Lonstein JE, et al. Multiple diagnostic X-rays for spine deformities and risk of breast cancer. *Cancer Epidemiol Biomarkers Prev*. 2008;17(3):605-613.

[25] Brody AS, Frush DP, Huda W, et al. Radiation risk to children from computed tomography. *Pediatrics*. 2007;120(3):677-682.

[26] Goske MJ, Applegate KE, Boylan J, et al. The 'Image Gently' campaign: increasing CT radiation dose awareness through a national education and awareness program. *Pediatr Radiol*. 2008;38(3):265-269.

[27] Strauss KJ, Kaste SC. ALARA in pediatric interventional and fluoroscopic imaging: striving to keep radiation doses as low as possible during fluoroscopy of pediatric patients—a white paper executive summary. *J Am Coll Radiol*. 2006;3(9):686-688.

[28] Curtis RE, Freedman DM Ron E et al eds. *New Malignancies Among Cancer Survivors. SEER Cancer Registries, 1973 - 2000*. National Cancer Institute; 2008. NIH Publication No. 05-5302.

[29] Ichimaru M, Ishimaru T. Review of thirty years study of Hiroshima and Nagasaki atomic bomb survivors. II. Biological effects. D. Leukemia and related disorders. *J Radiat Res (Tokyo)*. 1975;16(Suppl):89-96.

[30] Miller RW. Discussion：severe mental retardation and cancer among atomic bomb survivors exposed in utero. *Teratology*. 1999;59(4):234－235.

[31] Land CE，Tokunaga M，Koyama K，et al. Incidence of female breast cancer among atomic bomb survivors，Hiroshima and Nagasaki，1950 － 1990. *Radiat Res*. 2003;160(6):707－717.

[32] Miller RW. Delayed effects of external radiation exposure：a brief history. *Radiat Res*. 1995;144(2):160－169.

[33] Preston DL，Cullings H，Suyama A，et al. Solid cancer incidence in atomic bomb survivors exposed in utero or as young children. *J Natl Cancer Inst*. 2008;100(6):428－436.

[34] Ron E. Thyroid cancer incidence among people living in areas contaminated by radiation from the Chernobyl accident. *Health Phys*. 2007;93(5):502－511.

[35] Howe GR. Leukemia following the Chernobyl accident. *Health Phys*. 2007;93(5):512－515.

[36] Schuz J. Implications from epidemiologic studies on magnetic fields and the risk of childhood leukemia on protection guidelines. *Health Phys*. 2007; 92(6): 642－648.

[37] International Agency for Research on Cancer. *IARC Monographs on the evaluation of carcinogenic risks to humans，Vol 80；non-ionizing radiation，part 1：static and extremely low-frequency (ELF) electric and magnetic fields*. Lyon，France：International Agency for Research on Cancer；2002.

[38] Cugell DW，Kamp DW. Asbestos and the pleura：a review. *Chest*. 2004;125(3):1103－1117.

[39] Raaschou-Nielsen O，Reynolds P. Air pollution and childhood cancer：a review of the epidemiological literature. *Int J Cancer*. 2006;118(12):2920－2929.

[40] Boffetta P，Tredaniel J，Greco A. Risk of childhood cancer and adult lung cancer after childhood exposure to passive smoke：a meta-analysis. *Environ Health Perspect*. 2000;108(1):73－82.

[41] NIH State-of-the-Science Conference Statement on Tobacco Use：Prevention，Cessation，and Control. *NIH Consens State Sci Statements*. 2006;23(3):1－26.

[42] American Medical Association. Consolidation of AMA Policy on Tobacco and Smoking. Report 3 of the Council on Scientific Affairs (A04). Available at：http://www.ama-assn.org/ama/no-index/about-ama/13635.shtml. Accessed April 4，2011.

[43] Best DB; American Academy of Pediatrics, Committee on Environmental Health, Committee on Native American Child Health, and Committee on Adolescence. Technical report—secondhand and prenatal tobacco smoke exposure. *Pediatrics*. 2009;124(5):e1017 – e1044.

[44] American Academy of Pediatrics, Committee on Environmental Health, Committee on Substance Abuse, Committee on Adolescence, Committee on Native American Child Health. Policy statement—tobacco use: a pediatric disease. *Pediatrics*. 2009;124(5):1474.

[45] Brambilla G, Martelli A. Genotoxic and carcinogenic risk to humans of drug-nitrite interaction products. *Mutat Res*. 2007;635(1):17 – 52.

[46] Dietrich M, Block G, Pogoda JM, et al. A review: dietary and endogenously formed*N*-nitroso compounds and risk of childhood brain tumors. *Cancer Causes Control*. 2005;16(6):619 – 635.

[47] Holly EA, Bracci PM, Hong MK, et al. West Coast study of childhood brain tumours and maternal use of hair-colouring products. *Paediatr Perinat Epidemiol*. 2002;16(3):226 – 235.

[48] International Agency for Research on Cancer. *IARC Monographs on the Evaluation of Carcinogenic Risks to Humans. Volume* 94: *Ingested Nitrates and Nitrites, and Cyanobacterial Peptide Toxins*. Lyon, France: International Agency for Research on Cancer; 2010. Available at: http://monographs. iarc. fr/ENG/Monographs/vol94/mono94-1. pdf. Accessed April 4, 2011.

[49] US Environmental Protection Agency. Endocrine Disruptor Screening Program. Available at: http://www. epa. gov/endo/index. htm. Accessed April 4, 2011.

[50] Newbold RR. Lessons learned from perinatal exposure to diethylstilbestrol. *Toxicol Appl Pharmacol*. 2004;199(2):142 – 150.

[51] International Agency for Research on Cancer. *IARC Monographs on the Evaluation of Carcinogenic Risks to Humans. Volume 101: Some Chemicals in Industrial and Consumer Products, Some Food Contaminants and Flavourings, and Water Chlorination By-Products*. Lyon, France: International Agency for Research on Cancer; 2011.

[52] Zahm SH, Ward MH. Pesticides and childhood cancer. *Environ Health Perspect*. 1998;106 (Suppl 3):893 – 908.

[53] Infante-Rivard C, Weichenthal S. Pesticides and childhood cancer: an update of Zahm and Ward's 1998 review. *J Toxicol Environ Health B Crit Rev*. 2007;10

(1-2):81-99.

[54] Carozza SE, Li B, Elgethun K, et al. Risk of childhood cancers associated with residence in agriculturally intense areas in the United States. *Environ Health Perspect*. 2008;116(4):559-565.

[55] Schuz J, Kaletsch U, Meinert R, et al. Risk of childhood leukemia and parental self-reported occupational exposure to chemicals, dusts, and fumes: results from pooled analyses of German population-based case-control studies. *Cancer Epidemiol Biomarkers Prev*. 2000;9(8):835-838.

[56] Vahter M. Health effects of early life exposure to arsenic. *Basic Clin Pharmacol Toxicol*. 2008;102(2):204-211.

[57] Greaves M. Infection, immune responses and the aetiology of childhood leukaemia. *Nat Rev Cancer*. 2006;6(3):193-203.

[58] American Academy of Pediatrics, Committee on Infectious Diseases. Red Book Online. Available at: http://aapredbook.aappublications.org. Accessed April 4, 2011.

[59] Centers for Disease Control and Prevention. FDA licensure of quadrivalent human papillomavirus vaccine (HPV4, Gardasil) for use in males and guidance from the Advisory Committee on Immunization Practices (ACIP). *MMWR Morb Mortal Wkly Rep*. 2010;59(20):630-632.

[60] Ross JA. Maternal diet and infant leukemia: a role for DNA topoisomerase II inhibitors? *Int J Cancer Suppl*. 1998;11:26-28.

[61] Key TJ, Schatzkin A, Willett WC, et al. Diet, nutrition and the prevention of cancer. *Public Health Nutr*. 2004;7(1A):187-200.

[62] Gonzalez CA, Riboli E. Diet and cancer prevention: where we are, where we are going. *Nutr Cancer*. 2006;56(2):225-231.

[63] Kingsley BS, Schmeichel KL, Rubin CH. An update on cancer cluster activities at the Centers for Disease Control and Prevention. *Environ Health Perspect*. 2007;115(1):165-171.

[64] Benowitz S. Busting cancer clusters: realities often differ from perceptions. *J Natl Cancer Inst*. 2008;100(9):614-615.

[65] Hill AB. The environment and disease: association or causation? *Proc R Soc Med*. 1965;58:295-300.

[66] Kaatsch P, Spix C, Schulze-Rath R, et al. Leukaemia in young children living in the vicinity of German nuclear power plants. *Int J Cancer*. 2008;122(4):721-726.

第 46 章

重金属中毒的螯合治疗

■■■■■■

引言

本章将对所谓的重金属中毒所做的非必要螯合治疗作具体阐述。本章并非关于因铁吸收增加(地中海贫血)或慢性输血治疗导致的铁过载患者的螯合治疗。在这些情况下,螯合治疗是被认可的。

在儿科最常见螯合剂的滥用是将螯合剂用于治疗儿童神经发育缺陷,包括注意缺陷多动障碍(ADHD)、孤独症或其他病症等。这些病症难以诊断和治疗,家属和临床医生都为此感到沮丧。因此,家属就可能寻求通常的医疗体系之外的治疗或要求儿科医生进行重金属中毒的螯合治疗。很重要一点是我们需要理解和认识这些需求的基础。

重金属是一泛指的概念,即比重大于等于 5 的金属(尽管非金属有时也称为"重"),包括铜、铅、锌、镉、铬、砷、汞和镍[1]。重金属有时也用来指摄入或吸收后有毒的金属。螯合治疗用于重金属中毒,因螯合剂可与金属离子结合形成化学、生物、物理性质不同的复合物。与未形成复合物的金属相比,螯合后形成的复合物更易清除或排出体外[2]。理想的螯合剂是水溶性,能进入血流,性质稳定,能到达金属蓄积的生理部位,与金属形成无毒复合物,并能被排出体外而不产生毒性。大多数螯合剂对所有金属都有一定的亲和力;因此选择最合适的螯合剂能特异性与目标金属元素结合形成复合物,而不减少其他身体必需元素如钙、锌等是非常重要的[3]。

螯合剂主要按照它们对机体部位的亲和力分类。水溶性螯合剂可增加肾脏对金属的排泄,而不能穿过细胞壁;因此,它们对细胞内金属浓度的影响很有限。脂溶性螯合剂能减少细胞内重金属蓄积，但可能将有毒金属重新分布至其他亲脂性部位如大脑。水溶性和脂溶性螯合剂的排泄速率也有差异[2]。

螯合剂的规范使用

螯合剂用于铅中毒的治疗（血铅水平≥450μg/L）（参见第 31 章）。尽管美国食品药品监督管理局（FDA）批准螯合剂可用于血色素沉着症，但血色素沉着症选择的治疗是献血。随着环境铅污染源减少，用螯合疗法治疗血铅升高的频率大大减少了。因此，基层的儿科医生很少会遇到需要螯合治疗的儿童。强烈建议儿科医生在开始螯合治疗前咨询专家，权衡疾病和治疗的利弊。对特殊暴露及治疗，需咨询有处理儿童铅中毒临床经验的医生，也可通过美国儿科学会（AAP）环境与健康理事会或国家健康部门预防铅中毒计划找到相关信息（详情请访问页面：http://www.cdc.gov/nceh/lead/grants/contacts/CLPPP%20Map.htm）。

螯合治疗的不良反应

螯合治疗有相当的致病和致死风险[4]，并且，有越来越多的证据表明螯合治疗与相关的不利结果之间的联系。表 46－1 列出一般分类的螯合剂的不良影响。主要的指导原则是“第一，不造成伤害”；无论这一治疗的适应证是“说明书上的”还是“说明书外的”，螯合治疗前进行利弊分析是至关重要的。

虽然螯合物可以促进重金属的排泄，大多数螯合剂并不同步地降低体内重金属负荷[4,5]。一些剂型不能有效穿过血脑屏障；另一些不能进入细胞内。大多数能在血管内与金属有效结合，这可能会导致其他部位的金属释放，导致血液中靶金属的水平升高。从理论上讲，这种血液水平上升可以促进金属的额外排出。

早期用 2，3－二巯丙醇（BAL）治疗汞中毒小鼠的研究表明经治疗后汞在脑内的分布增多[6-9]。在某些情况下，螯合治疗实际上比不治疗引起更多损害。比如，只要钙的摄入量足够并且骨骼中钙未发生重吸收，那么骨骼中沉积的铅是相对无活性的。

表 46－1　螯合剂的毒性[2]

螯合剂及使用	毒　性	备　注
英国抗路易士毒气剂[BAL(2,3－二巯丙醇)],二巯丙醇及相关试剂，如 2,3－二巯基丙磺酸(DMPS) 钠、砷、金、汞、铅（与 $CaNa_2$ EDTA 相结合）	■ 50%受试者肌注 5 mg/kg 出现不良反应 ■ 收缩压、舒张压升高，特别是青少年（较明显），伴心动过速（在年幼儿更常见）；恶心、呕吐；头痛；口唇、口腔、喉咙烧灼感；喉咙、胸部或手压迫感；注射部位无菌脓肿；多核细胞百分比瞬间下降 ■ 患者经常出现发热，停止治疗后缓解 ■ 毒性与剂量相关 ■ 葡萄糖－6－磷酸脱氢酶缺乏症患者可引起溶血	■ 可发生金属－试剂复合物的离解，特别是像尿这样的酸性环境中。金属释放进入肾组织会增加毒性 ■ 剂量风险；需小剂量以避免高血浆药物浓度 ■ 应在暴露之后立即服用；防治抑制巯基酶比重新激活它们更有效 ■ 仅限肌注
去铁胺 铁、铝（透析患者）	■ 瘙痒、风团、皮疹、过敏性休克、排尿困难、腹部不适、腹泻、发热、腿抽筋、心动过速、白内障形成，包括视觉和听觉变化的神经毒性与长期、大剂量的使用药物有关(通常用于治疗重型地中海贫血) ■ 可能导致肾功能衰竭，特别是患者缺水时(首先形成水合物) ■ 若肾功能不全、无尿或妊娠，则禁忌	■ 肌注或静脉注射；急性铁中毒优先选择肌注，除非患者休克。休克患者选用静脉注射 ■ 不推荐治疗原发性血色素沉着症（放血疗法）
乙二胺四乙酸二钠（Na_2 EDTA）	■ 快速输液可产生低血钙抽搐 ■ 曾致死	
依地酸二钠钙（$CaNa_2$ EDTA） 铅、锌、锰、铁	■ 肾毒性、乏力、口渴、畏寒、发热、头痛、厌食、恶心、呕吐；短暂的收缩压、舒张压降低，凝血酶原时间延长，心电图 T 波倒置	■ 优先螯合骨铅，骨铅螯合后，软组织铅重新分配到骨 ■ 成功治疗需要肾功能足够良好 ■ 静脉注射(与血栓性静脉炎相关)，肌注有疼痛

（续表）

螯合剂及使用	毒　性	备　注
二乙基三胺五乙酸(DTPA)	■临床研究阶段	■因难以进入细胞内金属储存部位而致使用有限
青霉胺(D-β,β-青霉胺) 铜、铅、汞、锌、砷	■用于治疗青霉素过敏的患者具有潜在的过敏反应 ■长期使用与荨麻疹、斑丘疹反应,天疱疮皮疹,红斑狼疮,皮肌炎,胶原蛋白作用,皮肤干燥、脱落有关 ■淋巴细胞减少症,再生障碍性贫血(有时是致命的) ■肾毒性,有时致命 ■支气管肺泡炎 ■重症肌无力(长期治疗) ■恶心、呕吐、腹泻、消化不良、厌食，丧失甜、咸的味觉(添加铜可缓解)	■口服;食物,抗酸剂,铁吸收减少 ■用于治疗铜过载的威尔逊症(Wilson disease),胱氨酸尿症,类风湿关节炎
2,3-二巯基丁二酸(2,3二巯基琥珀酸)铅、汞、砷	■与2,3-二巯丙醇(BAL)相似 ■比BAL毒性少很多	■口服
曲恩汀[三乙烯四胺盐酸盐(一种螯合剂)]铜中毒[尤其是由威尔逊氏症(Wilson disease)引起的]	■与青霉胺相似,不良反应较少(效果也降低)	

没有证据表明螯合治疗能逆转铅中毒引起的神经损伤。在一项多中心,随机临床对照试验中,试验人员调查研究了 2,3－二巯基丁二酸(DMSA 或 Succimer)的螯合作用对血铅水平在 200～440μg/L(此水平并不建议用螯合剂)的 12～33 个月儿童神经发育的影响。经螯合治疗后,血铅水平降低,但是,在启动螯合治疗一年后,服用 2,3－二巯基丁二酸和安慰剂的 2 组儿童的血铅水平并没有明显差别。与之相似的是,经螯合治疗和未经治疗的儿童在 7 岁时也并未发现神经发育情况存在差异[10,11]。

螯合剂不能选择性螯合特定金属。缺乏选择性是螯合治疗最重要的不良反应——治疗的同时造成体内必需元素及矿物质的流失,特别是钙和锌的流失。钙与锌是人体的必需元素,消耗到临界值以下时,会对患儿的健康产生严重威胁。因此,应在螯合治疗前就明确螯合剂的潜在继发靶位点。最常见的与螯合相关的致死药物是 Na_2EDTA。这种药物的适应证是高钙血症和洋地黄中毒引起的室性心律失常。Na_2EDTA 禁用于儿童,因为有很高的风险导致低钙血症和致死性抽搐。$CaNa_2$EDTA 也可用于螯合治疗,与 Na_2EDTA 有类似的名称。虽然 Na_2EDTA 使用风险大,某些药房都备有这两种药物,但是这两种药物的混淆已至少导致一名儿童死亡[12]。另外,一个儿童在接受 Na_2EDTA 螯合治疗后死亡,给他治疗的内科医生常规使用 Na_2EDTA 治疗成人动脉粥样硬化。此儿童的死亡原因为急性脑缺血缺氧损伤伴有低钙血症引起的继发性脑坏死[12]。

螯合剂的非适应证使用

在美国,美国食品药品监督管理局(FDA)允许医生开处方药物以治疗除了说明书适应证以外的疾病,被称为“非适应证”使用。越来越多补充医学和替代医学的医生正在使用螯合剂治疗神经系统疾病,如孤独症谱系障碍。

暴露于高浓度的重金属如铅和汞,具有相当大的毒性(参见第 31、第 32 章);对低但升高了的浓度的重金属危害的了解是首要的。有研究记录儿童的血铅在 100μg/L 以下,神经认知功能有损伤——这也是美国疾病控制与预防中心(CDC)对儿童血铅的“关注水平”[13－16]。虽然针对食鱼量较高人群进行的回顾性研究显示,产前汞暴露水平与儿童的智商呈负相关，但尚缺少针对汞暴露水平低于美国环境保护署规定参考值儿童危害的类似研究[17]。

同样，我们对螯合疗法的利弊认识也是不完全的。螯合治疗能有效治疗神经疾病的证据还有限。尽管螯合剂能够降低体内的重金属负荷，减缓或消除目前的暴露风险，但是也没有证据表明它能够逆转已经造成的损伤[18-20]。螯合剂的损伤被研究得更透彻[21]。由于这个领域的伦理学约束，许多研究只限于动物研究或人群的个案报道。2008 年，由于伦理学的问题，在初步的研究表明螯合剂对大鼠大脑有损伤后，美国国家卫生研究院撤回了对孤独症儿童人群进行螯合治疗研究的支持[22]。伦理问题解决之前，研究继续受到限制。

孤独症谱系障碍与汞

硫柳汞（乙基汞硫代水杨酸钠，也叫雷硫汞），一种乙基汞有机化合物，自从 1928 取得专利，已被用在多剂量的疫苗瓶里用来防止细菌和真菌污染[23]。随着儿童用疫苗量的增加，人们关心多次使用含硫柳汞疫苗导致汞中毒的问题。随后，美国食品药品监督管理局回顾性分析了使用含硫柳汞疫苗的儿童病例，除了局部过敏反应外，并没有发现作为疫苗防腐剂的硫柳汞存在危害[23]。尽管没有发现硫柳汞疫苗危害的证据，但是美国公共卫生服务中心和美国儿科学会（AAP）建议尽量减少使用含有硫柳汞的疫苗，最终将硫柳汞从疫苗中移除[24]。2001 年以来，除了多剂量的灭活流感疫苗[23]，推荐 6 岁及以下的儿童使用不含有硫柳汞或只有“微量”或微不足道剂量的硫柳汞的疫苗（硫柳汞浓度≤0.0 002%），单一剂量的儿童流感疫苗的制剂是不含硫柳汞的。想了解更多信息，请登录：http://www.fda.gov/cber/vaccine/thimerosal.htm。

2001 年，《医学假说》杂志发表了一篇由一群儿童孤独症谱系障碍的家长撰写的文章，文章提出孤独症谱系障碍是“一种特殊形式的汞中毒”[25]，《医学假说》杂志（*Medical Hythese*）是一本非同行评议杂志，它声明：“……将刊登激进主义文章，只要他们合乎逻辑并表达清楚……”[26]随后其他的几篇文章都支持这种观点，许多文章来自原先的那批作者。作者推测孤独症谱系障碍是含硫柳汞疫苗中汞造成的汞中毒的一种表现。他们列举了一些证据，如汞中毒的临床症状和孤独症谱系障碍表现之间的相似性，孤独症谱系障碍的患病率的增加和儿童早期免疫接种的数量增加之间有时间上的关联性，孤独症谱系障碍患者的汞水平比非孤独症患者高[25]。在同行评议学术杂志上，这些主张受到同行的否定[27-29]。2001 年，美国医学研究所出版了一份广泛的审查结果，认为没有证据证明含硫柳汞疫苗和孤独症谱系障碍、ADHD、言语或语言发育延迟或其他神经发育障碍有关[30]。反对这种关联的一个论点是将硫柳汞从儿童疫苗中移除后，孤独症谱系障碍的流行率仍然持续增加[31]。

一些医生主张用螯合剂治疗孤独症谱系障碍儿童，排出儿童体内的"汞和其他金属"。持有这种主张的临床医生大多使用 $CaNa_2$ EDTA；另一种报道的螯合剂是膨润土，是一种自然形成的黏土，市场上作为螯合剂销售来治疗孤独症谱系障碍和其他儿童神经系统疾病和行为疾病。根据销售此黏土的网站介绍，该黏土与水混合后会形成一个带负电荷的"池"。带正电荷金属由于电荷吸引而被黏土吸收[32]。

使用螯合剂治疗儿童孤独症的医生引用个案研究，以认知功能的提高以作为疗效证据。一项发表于 2006 年的研究报道，此研究用醋酸亮丙瑞林（抗雄激素）和 2,3－二巯基丁二酸治疗 11 个（10 名男孩，1 名女孩）患有孤独症谱系障碍的孩子 2～7 个月[33]。然后用未非公认，只有一页的评估工具——"孤独症治疗评估量表"（出自美国圣地亚哥孤独症研究所）来评估治疗前后的言语、语言、沟通、社交能力、感觉和认知意识、健康和身体行为。结果出版同时，这些作者有正在申请孤独症谱系障碍的治疗专利。这项工作的致命缺陷在于，缺少对照组，同时使用 2 个未经证实疗效的治疗方法，和未经验证的评估工具。儿童的行为，包括有神经发育障碍的儿童的行为，往往随着年龄的增长而有所提高；没有对照组，年龄作为一个混杂因素，不能排除掉年龄因素对结果的干扰。在缺少对照组的情况下联合治疗，还提出了一种可能性，即抗雄激素影响孩子的行为发育。抗雄激素对儿童青春前期的长期影响是未知的。

孤独症与铅

从孤独症谱系障碍和铅病例研究的证据来看，不足以得出任何相关结论。一份报告[34]描述 2 名儿童铅暴露后，患上孤独症或类似症；2 名儿童都接受了螯合治疗。治疗数年后对 2 名孩子重新评估，发现他们有智力和功能障碍但不符合孤独症谱系障碍的诊断标准。另一个个案报道显示，一个患孤独症，注意缺陷多动障碍并且血铅水平为420μg/L(低于推荐螯合治疗的血铅水平)的儿童，螯合治疗过程中重复性动作减少，但一旦治疗停止，重复动作一如从前[36]。其他类似病例也有报道[37]。

激发试验

用于评估机体重金属负荷增加的一项技术称为“激发试验”。激发试验已经被用于检测使用螯合剂后尿中金属的排泄量，像依地酸二钠钙或者2,3-二巯基丁二酸；然而，儿童激发试验的标准尚未建立。激发试验背后的理论是复杂的：激发试验如果排出较多重金属，则表明被实验者身体内重金属负荷较高。运用这项技术的一项研究报告显示，与18例进行重金属暴露评估但没有接受螯合治疗的正常儿童的尿汞含量相比，221例孤独症儿童经螯合治疗后的尿汞浓度更高[38]。该研究报告由美国内外科医师学会发表在《美国内外科医师学会》杂志(*Journal of American Physicians and Surgeons*)上，美国内外科医师学会是反对免疫接种，反对政府监管医生，反对医疗保险的一个组织机构[39]。最近的研究并没有发现孤独症儿童在激发试验后重金属排泄增加[40]。

建议

儿科医生应该明确，合适的螯合治疗使用非常有限；第31章介绍铅中毒儿童螯合治疗的适应证。家长可能会询问儿科医生螯合剂对其适应证之外的慢性神经发育性疾病的疗效，如孤独症谱系障碍。螯合疗法治疗神经发育障碍的证据基础不足；许多推荐使用螯合治疗的医生所列举的研究本身设计不当，样本量小，并产生相互矛盾的结果。儿科医生认识到使用螯合剂治疗适应证之外的研究的量和质是非常重要的。

1. 如果有慢性健康问题的儿童的家长希望了解更多，儿科医生应做好准备讲解螯合剂和重金属中毒。

2. 简单地回复家长关于螯合治疗的问题是非常不谨慎的做法，因为他们可能正考虑为他们的孩子进行螯合治疗。保持沟通渠道的开放是非常重要的。

3. 询问螯合治疗——就像中草药产品、维生素和其他非处方药和治疗一样。

4. 了解错用螯合治疗的危害和螯合剂有限的治疗作用。

常见问题

问题　一个最近诊断出患有孤独症的 3 岁儿童家长问起使用螯合剂治疗重金属中毒。家长得到的信息表明，螯合治疗可以帮助他们的孩子。我该怎么告诉他们？

回答　感谢他们给你提出的问题。强调公开讨论他们为孩子考虑的治疗方案的重要性。对家长希望找到有效治疗方法的愿望表示支持，但要家长认识到目前医学还没有提供治愈这种疾病的方法。

探讨一些家长的愧疚感和对产前暴露可能导致孤独症的担忧问题。特别问问家长可能关心的环境暴露问题，包括疫苗、抗 Rho D 免疫球蛋白、饮食和精神压力。询问一些具体有关重金属的问题，并强调你采集的病史中可能的暴露史。儿童是否有重金属暴露史？当地是否有确定的污染源，如焚化炉或发电厂？儿童是否有异食癖？儿童是否有铅暴露史？患儿家庭是否大量吃鱼？经常都吃哪种鱼类？家长（或其他家庭成员）是否在有重金属暴露的地点工作过？

展现强有力的证据来表明重金属暴露和孤独症之间没有关联。通过讨论发现试验的一些不足。

如果合适的话，讨论螯合剂的治疗风险，包括确定的风险，如低钙血症、对智力的影响、药物毒性、静脉导管放置的潜在危害和其他危害等。应当指出，儿童包括孤独症儿童，随着年龄的增加会继续生长发育，而无对照组的研究得出的治疗可改善行为活动的结论，可能实际上是因年龄增加而发育促进的提高。

指出更深入的研究正在进行当中，并且你将来可以与家长讨论更新的治疗方案。

（颜崇淮 译　徐　健 校译　许积德 审校）

参考文献

[1] Duffus J. "Heavy Metals"—a meaningless term? *Pure Appl Chem*. 2002;74(5): 793-807.

[2] Goyer R. Toxic effects of metals. In: Klaassen C, ed. *Casarett and Doull's Toxicology: The Basic Science of Poisons*. 5th ed. New York, NY: McGraw-Hill; 1995:694-696.

[3] Klaassen C. Heavy metal and heavy-metal antagonists. In: Gilman A, Rall T, Nies A, Taylor P, eds. *Goodman and Gilman's The Pharmacological Basis of Therapeutics*. New York, NY: Pergamon Press; 1990:1592-1614.

[4] Risher JF, Amler SN. Mercury exposure: evaluation and intervention the inappropriate use of chelating agents in the diagnosis and treatment of putative mercury poisoning. *Neurotoxicology*. 2005;26(4):691-699.

[5] Stangle DE, Strawderman MS, Smith D, et al. Reductions in blood lead overestimate reductions in brain lead following repeated succimer regimens in a rodent model of childhood lead exposure. *Environ Health Perspect*. 2004; 112(3): 302-308.

[6] Agency for Toxic Substances and Disease Registry. *Toxicological profile for Mercury*. Atlanta, GA: US Department of Health and Human Services, Public Health Service; 1999.

[7] Berlin M, Lewander T. Increased brain uptake of mercury caused by 2,3-dimercaptopropanol (BAL) in mice given mercuric chloride. *Acta Pharmacol Toxicol (Copenh)*. 1965;22:1-7.

[8] Berlin M, Rylander R. Increased brain uptake of mercury induced by 2,3-dimercaptopropanol (BAL) in mice exposed to phenylmercuric acetate. *J Pharmacol Exp Ther*. 1964;146:236-240.

[9] Berlin M, Ullrebg S. Increased uptake of mercury in mouse brain caused by 2,3-dimercaptopropanol. *Nature*. 1963;197:84-85.

[10] Rogan WJ, Dietrich KN, Ware JH, et al. The effect of chelation therapy with succimer on neuropsychological development in children exposed to lead. *N Engl J Med*. 2001;344(19): 1421-1426.

[11] Dietrich KN, Ware JH, Salganik M, et al. Effect of chelation therapy on the neuropsychological and behavioral development of lead-exposed children after

school entry. *Pediatrics*. 2004;114(1): 19－26.

[12] Centers for Disease Control and Prevention. Deaths associated with hypocalcemia from chelation therapy—Texas, Pennsylvania, and Oregon, 2003－2005. *MMWR. Morb Mortal Wkly Rep*. 2006;55(8):204－207.

[13] Lanphear BP, Hornung R, Khoury J, et al. Low-level environmental lead exposure and children's intellectual function: an international pooled analysis. *Environ Health Perspect*. 2005;113(7):894－899.

[14] Canfield RL, Henderson CR Jr, Cory-Slechta DA, et al. Intellectual impairment in children with blood lead concentrations below 10 microg per deciliter. *N Engl J Med*. 2003;348(16):1517－1526.

[15] Canfield RL, Kreher DA, Cornwell C, et al. Low-level lead exposure, executive functioning, and learning in early childhood. *Neuropsychol Dev Cogn Sect C Child Neuropsychol*. 2003;9(1):35－53.

[16] Centers for Disease Control and Prevention. *Preventing Lead Poisoning in Young Children*. Atlanta, GA: Centers for Disease Control and Prevention; 2005.

[17] Axelrad DA, Bellinger DC, Ryan LM, et al. Dose-response relationship of prenatal mercury exposure and IQ: an integrative analysis of epidemiologic data. *Environ Health Perspect*. 2007;115(4):609－615.

[18] Rogan WJ, Dietrich KN, Ware JH, et al. The effect of chelation therapy with succimer on neuropsychological development in children exposed to lead. *N Engl J Med*. 2001;344(19): 1421.

[19] Chisolm JJ Jr, Rhoads GG; Treatment of Lead-Exposed Children Trial Group. Dietrich KN, Ware JH, Salganick M. Effect of chelation therapy on the neuropsychological and behavioral development of lead-exposed children following school entry. *Pediatrics*. 2004;114(1):19－26.

[20] Cao Y, Chen A, Jones RL, et al. Efficacy of succimer chelation of mercury at background exposures in toddlers: a randomized trial. *J Pediatr*. 2011;158(3): 480. e1－485. e1.

[21] American Academy of Pediatrics, Committee on Children With Disabilities. Technical report: the pediatrician's role in the diagnosis and management of autistic spectrum disorder in children *Pediatrics*. 2001;107(5):e85.

[22] Boyles S. Chelation Study for Autism Called Off. *WebMD Health News*. September 18, 2008.

[23] Center for Biologics Evaluation and Research, US Food and Drug Administration.

Thimerosal in Vaccines. Available at: http://www.fda.gov/cber/vaccine/thimfaq.htm. Accessed April 4, 2011.

[24] US Public Health Service, Department of Health and Human Services; and American Academy of Pediatrics. Thimerosal in vaccines: a joint statement of the American Academy of Pediatrics and the Public Health Service. *MMWR. Morb Mortal Wkly Rep*. 1999;48(26):563-565.

[25] Bernard S, Enayati A, Redwood L, et al. Autism: a novel form of mercury poisoning. *Med Hypotheses*. 2001;56(4):462-471.

[26] Aims and scope of the journal *Medical Hypotheses*. Available at: http://www.elsevier.com/wps/find/journaldescription.cws_home/623059/description # description. Accessed April 4, 2011.

[27] Nelson KB, Bauman ML. Thimerosal and autism? *Pediatrics*. 2003;111(3):674-679.

[28] Andrews N, Miller E, Grant A, et al. Thimerosal exposure in infants and developmental disorders: a retrospective cohort study in the United kingdom does not support a causal association. *Pediatrics*. 2004;114(3):584-591.

[29] Verstraeten T, Davis RL, DeStefano F, et al. Safety of thimerosal-containing vaccines: a two-phased study of computerized health maintenance organization databases. *Pediatrics*. 2003;112(5):1039-1048.

[30] Institute of Medicine, Immunization Safety Review Committee. *Immunization Safety Review: Thimerosal-Containing Vaccines and Neurodevelopmental Disorders*. Stratton K, Gable A, McCormick M, eds. Washington, DC: National Academies Press; 2001. Available at: http://www.nap.edu/openbook.php? isbn=0309076366. Accessed April 4, 2011.

[31] Schechter R, Grether JK. Continuing increases in autism reported to California's developmental services system: mercury in retrograde. *Arch Gen Psychiatry*. 2008;65(1):19-24.

[32] Fighting autism with calcium bentonite clay. Available at: http://www.squidoo.com/fighting_autism. Accessed April 4, 2011.

[33] Geier DA, Geier MR. A clinical trial of combined anti-androgen and anti-heavy metal therapy in autistic disorders. *Neuro Endocrinol Lett*. 2006; 27(6):833-838.

[34] Lidsky T, Schneider J. Autism and autistic symptoms associated with childhood lead poisoning. *J Applied Res*. 2005;5(1):80-87.

[35] Centers for Disease Control and Prevention. *Managing Elevated Blood Lead Levels Among Young Children: Recommendations from the Advisory Committee on Childhood Lead Poisoning Prevention*. Atlanta, GA: Centers for Disease Control and Prevention; 2002.

[36] Eppright TD, Sanfacon JA, Horwitz EA. Attention deficit hyperactivity disorder, infantile autism, and elevated blood-lead: a possible relationship. *Mo Med*. 1996;93(3):136–138.

[37] Accardo P, Whitman B, Caul J, et al. Autism and plumbism. A possible association. *Clin Pediatr (Phila)*. 1988;27(1):41–44.

[38] Bradstreet J, Geier D, Kartzinel JJ, et al. A case-control study of mercury burden in children with autistic spectrum disorders. *J Am Phys Surg*. 2003;8(3): 76–79.

[39] Association of American Physicians and Surgeons, Inc. Available at: http://www.aapsonline.org. Accessed April 4, 2011.

[40] Soden SE, Lowry JA, Garrison CB, et al. 24-hour provoked urine excretion test for heavy metals in children with autism and typically developing controls, a pilot study. *Clin Toxicol (Phila)*. 2007;45(5):476–481.

第 47 章

化学和生物恐怖主义

历史

所有形式的恐怖主义都以致人伤残死亡，造成恐慌，从而达到恐吓民众为目的。在近期爆发的恐怖主义事件中，儿童被作为袭击目标时有发生。2004 年，俄罗斯联邦－北奥塞梯共和国别斯兰市中学 1 100 名人质被恐怖分子劫持长达 3 天，其中就有 750 多名儿童。儿童受害者也常见于其他较大的恐怖主义事件中，包括 1995 年东京地铁沙林神经性毒剂事件，1995 年俄克拉荷马城联邦大楼轰炸案，和 2001 年发生的通过美国邮政服务邮寄含有炭疽病毒信件的事件[1]。

化学性和生物性致病因素对儿童、青少年以及他们所处环境都有巨大影响，除了危害其身心健康，还对儿童的生长发育造成伤害[1,2]。如果恐怖主义活动以儿童为直接目标，那将对尚未完善的儿内科紧急医疗服务系统和医院在医疗管理，快速部署能力，以及对患病和受伤儿童护理产生极大的挑战[3,4]。儿童暴露于化学性和生物性致病因素后，儿科医生需要考虑水和食品的安全供给，以及土壤和空气被污染所带来的临床问题。在化学性和生物性致病因素释放扩散后，我们必须以减少发病率和死亡率为原则，因此儿科学必然涉及多学科交叉，包括环境健康、急诊医学、重症监护、行为医学、基本卫生保健和传染病学。所以我们制订应急预案应着眼于识别、分诊、诊断和管理。此外，政府机构和儿科医生之间必须要建立有效的联系机制，以促进防备并尽量减少恐怖主义对儿童的影响。

潜在的“大规模杀伤性武器”包括化学试剂、生物制剂、放射性物质、核物质和易爆物[5]。化学试剂和易爆物作为“机会性武器”，需要限制规划或财政资源[1,6]。例如,有轨车上携带的危险化学品爆炸可能会导致附近的社区污染,造成重大经济和精神损失。

在应对生化试剂、放射性物质、核物质和易爆物等造成的危害事件,尤其是可涉及很多儿童时,社区规划、药物储备都对目前后勤提出严峻挑战。作为卫生应答网络的一部分,儿科医生通过问答辨认是否接触生化武器,了解第一线反应,并参与灾后规划确保儿童的需求得到满足[5]。本章不对生化恐怖主义本身作更多介绍,主要关注儿童环境健康等相关话题;如想了解更多信息,请参阅参考文献。

相关毒剂

化学毒剂

大量的化学毒剂可以用作恐怖主义武器。它们包括神经性毒剂、氰化物、发泡剂(能使皮肤起泡的化学试剂)和肺性毒剂(表47－1)[7-11]。

表 47－1　可用作恐怖主义武器的化学毒剂

类　型	例　子
神经性毒剂	塔崩 沙林 梭曼 维埃克斯
发泡剂	芥末气体 氮芥
刺激性药剂、腐蚀性药剂	氯气 溴 氨水
窒息剂	光气
氰化物	氢氰酸
失能性毒剂:中枢神经系统抑制剂、抗胆碱能药物、催泪剂	二苯羟乙酸－3－奎宁环酯(BZ),辣椒素,大麻素类,巴比妥类药物

引自美国儿科学会。[1,2]

日本发生的神经性毒剂沙林恐怖袭击事件表明化学试剂越容易分散，其危害性将越大[11]。沙林像所有的神经毒剂一样，比较容易制造，作用机理如同有机磷农药，通过抑制乙酰胆碱酯酶产生效果。因此，沙林暴露受害者呈现胆碱能过量症状。最常见的症状是瞳孔缩小、恶心和呕吐，更多暴露产生流泪、流涎、腹泻等病症。神经药物暴露通常刺激烟碱受体，导致肌颤及全身乏力。严重暴露则发生中枢神经系统毒性反应，表现为癫痫发作和昏迷。有呼吸衰竭或中枢神经系统的并发症则会导致死亡。沙林独有的化学性质还能增强其毒性。它的密度比空气大，易沉降接近地面儿童呼吸区。沙林具有黏性和油性，导致沉积在衣服和皮肤。它非常容易透过皮肤被吸收，并且能穿过医护人员的标准防护装备（如手术手套）。最后，由于在被去除前可以一直保持在衣物或皮肤上，沙林可以二次毒害不戴个人防护设备来处理受污染者的人员。沙林蒸气可以进入建筑物或医院的通风系统，进而毒害其内所有人员[12-14]。关于暴露于特定的化学武器的管理措施可以在一些综述中找到[5,6,8,15,16]。

生物毒剂

致病性微生物或它们的毒素已被用作武器。与化学毒剂通常伴随显而易见的快速人员伤亡不同，生物毒剂存在潜伏期，伤亡会几天后才出现，可能导致在识别和诊断显著延迟[17-19]。由于时间延迟，受害者发病时通常已远离暴露位点，生物毒剂释放的中心则很难辨认。在感染某些恐怖的病原体后，受害者又变成新感染源蔓延扩散到其他地方，比如严重急性呼吸综合征（SARS）。

据美国国家科学院报道，几十个致病性微生物或毒素可成为潜在生物武器[7]。美国疾病控制与预防中心（CDC）在确定这些为“A 类致病物”中指出：

- 可以很容易地传播或人对人传播。
- 死亡率高，具有潜在的重大公共健康的影响。
- 有引起公众恐慌和社会动荡的可能性。
- 要求公共卫生准备特别的关注。

6 种 A 类致病物是炭疽杆菌（炭疽）、鼠疫耶尔森菌（鼠疫）、重型天花（天花）、土拉热弗朗西斯菌（兔热病）、肉毒杆菌毒素、丝状病毒和沙状病毒(病毒性出血热)。公共卫生主要集中在控制 A 类致病物。医院和政府机构,以及儿科医生正在呼吁做好应急预案准备(例如,通过储存药物和出台抗生素,疫苗和解毒剂分配方案)。应急方案还需考虑由许多其他致病物所带来的潜在风险,包括 B 类和 C 类致病物,但本章暂不讨论。

表 47-2 潜在生物武器

A 类
炭疽(*Bacillus anthracis*)
天花 (*Variola major*)
土拉菌病 (*Francisella tularensis*)
瘟疫(*Yersinia pestis*)
肉毒杆菌 (*Clostridium botulinum* toxin)
病毒性出血热[丝状病毒(如埃博拉病毒、马尔堡病)和 沙状病毒(如拉沙病毒)]
B 类
Q 热 (*Coxiella burnetii*)
布鲁菌病(*Brucella* species)
鼻疽 (*Burkholderia mallei*)
类鼻疽 (*Burkholderia pseudomallei*)
病毒性脑炎 (甲病毒、委内瑞拉马脑炎、东方马脑脊髓炎、西方马脑脊髓炎)
斑疹伤寒 (*Rickettsia prowazekii*)
生物毒素(蓖麻毒素、葡萄球菌肠毒素 B)
鹦鹉热(*Chlamydia psittaci*)
食品安全威胁 (eg, *Salmonella* species, *Escherichia coli* O157:H7)
水安全威胁 (eg, *Vibrio cholerae*, *Cryptosporidium parvum*)
C 类
新兴安全威胁(如尼帕病毒、汉坦病毒)
耐多药结核病毒
蜱传脑炎病毒
蜱传出血热病毒
黄热病

引自美国儿科学会和美国疾病控制与预防中心。

表 47－3　儿童易感影响因素

因　素	毒　素
解剖学和生理学差异	
■较大的体表面积和容积的比率	■ T－2 毒素
■皮肤易穿透	■雾化剂
■更高的每分通气量	■密集雾化剂
■呼吸空气更贴近地面	
独特的易感性/严重程度	■天花，T－2 毒素，委内瑞拉马脑炎（VEE）
发育因素	
■依赖他人照顾，缺乏知识或独立寻求治疗能力，难以识别并避免危险	■所有毒素

儿科学含义

相对成人而言，儿童在解剖学和生理学上的差异和独特的行为特征使其特别容易受到生化毒剂伤害（表 47－3）[22,23]。因为婴儿和儿童具有更大体表面积，更强皮肤透过性，更高每分通气量，且呼吸区域更接近地面（其中一些致病物可以下沉），所以他们通常有更高的暴露风险和吸收更多致病物。儿童常需要不同的医疗对策，包括不同的剂型、抗生素或解毒剂。他们暴露在化学性和生物性致病因素下更易感染、脱水和休克。儿童通常需要他人照顾，他们的发育和认知水平可能阻碍其逃离危险。此外，他们不能轻易或迅速像成人一样去除污染。儿童具有独特的心理需求和脆弱性，所有在面对大量人员伤亡和疏散事件时需要制订专门的管理计划。出于上述原因，紧急救援人员、医疗专业人士和医疗保健机构都需要特殊的专业知识和培训，从而确保儿童获得最佳的医疗和心理护理。

与学龄儿童和成人相比，新生儿和婴幼儿免疫功能相对低下，显得更加脆弱。学龄前儿童有很多手－口活动，但不能像学龄儿童和成人那样注意保持个人卫生（如掩嘴咳嗽和洗手），从而促进某些致病物在同龄儿童中传播；学龄儿童和青少年更多是由危险行为而引发的高风险。

标志性事件的确认

与核污染、燃烧、化学污染和爆炸灾害形成鲜明对比，生物恐怖事件通常难以立即确认。生物性致病因素在隐蔽释放后，受害者可能会经过几天的医疗护理。在发病早期，儿童和成人可能会寻求非特异性就医。在临床表现变得更具特征以前容易误诊，受害人可能再传染他人（如果病情具有传染性）。因此培训临床医生识别能用作生物武器的致病因素以及其带来的疾病相关知识是建立有效预案的基石之一[24,25]。医生的一个重要职责是生物监测或症状监测；美国疾病控制与预防中心已经建立的基于人类健康的国家生物监测战略对儿科医生将有所帮助。

在生物恐怖事件后，急诊室、住院部和初级保健设置时，一个重要的管理原则是认识到儿科医生可能是初次受害者们最需要的。由于早期诊断和治疗将大幅度减少二次传染，所以儿科医生和其他照顾儿童的人必须掌握足够的知识来识别生物恐怖事件。例如，皮损出现于皮肤炭疽病例最初在 2001 年 10 月（含唯一患儿）被误认为是蜘蛛咬伤。所有医生必须熟悉最常见的生物性致病因素，包括炭疽、鼠疫、天花、肉毒杆菌和蓖麻毒素的特性[6]。在美国儿科学会《红皮书》[（*Red Book*） http://aapredbook.aappublications.org]上有许多关于生物性致病因素的详细描述。如果有医生怀疑生物疫情暴发应立即通知当地卫生部门，并要求进一步地帮助。

大规模伤亡管理措施

除了产生大量的人员伤亡，恐怖活动会更多地造成轻伤以及个体心理阴影。后者的群体可能会超过重伤或感染患者。比例通常高达 10∶1。由于婴幼儿无法进行有效沟通，这个比例在儿童人群中更大。因为担心孩子暴露，家长更倾向于就症状向卫生保健医生咨询，或者即使没有症状也要求进行全面的评估。根据各组受害者（心理受创、受伤、重伤）的数量，儿科办公室和应急部门就会不知所措。在日本神经毒剂沙林毒气事件后，患者来到急诊室的速度高达每小时 500 人次，迅速超过医院负荷[13]。此外，由于大多数患者通过步行、汽车或出租车到来，医院没有机会划分区域来区分感染患者与健康人群。该事件的主要教训是，按职位和医院为基础的应急计划必须包括管理大量受害人的应急预案（“浪涌容量”计划），特别注意儿童的需要。另外创建评估青少年、语前儿童状况也存在挑战。

去污、治疗和预防

生化武器爆发后，儿童暴露后处理和后暴露预防应对措施仍然发展缓慢。例如，一些化学毒剂推荐去污措施是用肥皂或稀释漂白剂淋洗 10 分钟[10]。这样的方案对儿童使用存在低温和严重的皮肤或眼睛刺激风险，通过使用热水和及时烘干、升温、并换衣服保暖可以解决。当儿童对救助者佩戴的个人保护装备不适应时，净化暴露儿童将会特别困难。如果有家长在现场陪同就能减轻孩子的焦虑和恐惧，净化过程则能够通畅进行。这些原则整合起来对制订相应的儿科去污措施非常重要[26,27]。

神经毒剂暴露治疗（包括支持治疗）促进了阿托品和解磷定解毒剂的管理。2 种药物的定量自动注射器挽救了更多生命，尤其是应对大批量暴露受害者和穿戴个人防护装备的急救员。在这种情形下，瓶装解毒剂很难及时和准确达到基于体重的药物剂量；静脉内给药在这样的情况下也不切实际。美国食品药品监督管理局（FDA）新近建立了解磷定的小儿推荐剂量和标签。但是，截至 2010 年底，两种药物（阿托品和解磷定）的快速给药自动注射器并没有被美国食品药品监督管理局批准用于儿童，这种儿童适量的自动注射器都没有在美国上市。美国食品药品监督管理局已采取措施鼓励生产这些设备和批准其上市，以解决燃眉之急。在此期间，一致推荐意见也可用于指导使用现有的自动注射器对患者使用[28]。

在生物武器爆发的情况下，虽然有一些对儿童和孕妇的建议，但对患儿的还远远不够[23]。美国疾病控制与预防中心网站（www. bt. cdc. gov）包含了用于炭疽病感染或接触的儿童及孕妇预防措施和治疗建议。

本地供应的抗生素、解毒剂，以及其他医疗用品可能在灾难中很快耗尽。根据国家战略储备计划，美国疾病控制与预防中心需监督物资快速运送到当地国家储备点。当一个事件发生时，国家公共卫生部门和政府其他机构通过应急预案迅速由美国疾病控制与预防中心国家战略储备分配所需药品和设备到各个相关医疗点。不幸的是,许多医疗对策尚未评估或批准用于儿童,儿科制剂或使用剂型都不存在于国家战略储备库内。

医院管理者必须考虑如何保护住院患者免受以空气为媒介的生化毒剂毒害。为保护环境免受以空气为媒介的生物性和化学性致病因素或放射性污染物攻击,我们同样需要做好相关指导[29]。

行为学和心理健康的影响

恐怖主义行为对人造成显著的心理困扰,包括恶作剧在内都会在生理康复后长时间影响健康,特别是大规模伤亡事件之后长期或永久情绪障碍更常见。"9・11"事件证明,发育期儿童存在显著和持续心理康复困难,包括急性应激反应和创伤后应激障碍,焦虑,抑郁和其他精神健康问题。在有死亡情况发生时,人们除了面对死亡更要承受丧亲之痛。恐怖事件发生后,心理康复困难主要表现为身体不适(如食欲改变、头痛、腹痛或不适);恐惧,焦虑,或回避去学校;悲伤或抑郁;注意力不集中和学习困难;倒退;宣泄或冒险,包括饮酒或酗酒或其他使用药物;情绪退缩或逃避以前喜欢的活动。睡眠问题包括失眠、易醒和噩梦(常见于儿童)[22,30-35]。恐怖事件发生后,儿科医生可以教育家长如何与孩子沟通并给他们支持,限制儿童接触媒体报道,同时认识和寻求康复治疗。社区级防灾包括开发精神卫生服务网络以解决心理需求,以开放的方式在学校等社区对大量儿童提供心理急救、哀伤辅导等支援服务[4,34]。

政府应急预案

迅速、有效地应对恐怖主义事件依赖于多个政府部门的联合行动。州和地方政府机构是应急预案中必不可少的合作者,特别是因为它涉及对灾害的第一反应。在州和联邦各级的灾害应急预案中必须考虑儿童和家庭的独特需求,并应包括儿科医生的相关建议。

根据事件的类型和影响,对应的联邦机构可能会包括国土安全部、美国联邦紧急事务管理署、美国卫生与人类服务部、美国疾病控制与预防中心、美国环境保护署、美国农业部和潜在的其他政府机构。应对恐怖主义事件不仅需要公共卫生系统参与,而且就如同应对犯罪行为一样,所有的执法力量，包括联邦调查局及州、地方警察的所有分支机构都要参与。相较于自然灾害(如地震)，应对恐怖主义事件需要以一种前所未有的方式使这些系统协同工作。根据需要，执法机构将与公共卫生机构以及医疗服务提供商合作以协助调查(如收集服装和样品作为证据，禁运敏感或机密资料，采访受害者)。这个过程将对儿科医生、急诊医生、护士和其他卫生保健提供者带来挑战。

社区应急预案

社区也需要制订相关应急预案，并基于彻底的危险漏洞分析，考虑社区的独特性堵上其漏洞。以自然灾害和恐怖主义威胁为基础的评估必须考虑当时儿童所处的位置(如学校)以及他们的需求，包括特殊儿童的医疗保健需求。灾害脆弱性分析和灾难应急预案应包括儿科医生的建议。

确定适当的儿童和家庭避难设施非常重要。如果局部区域变得不适宜居住，那么这些设施必须足够大以照顾大量受害者。备用站点应该为各种年龄人群准备提供至少2～3天的食品、水、洗漱用品和其他基本需求。预案应确保群众庇护环境安全，确保儿童安全并能获得相应的基本服务和用品，如婴儿配方奶粉和婴幼儿食品[4]。

学校和儿童看护机构必须包括到社区一级的预案中，因为儿童很多时间都待在这些机构里[1,30,32]。如同2004年在俄罗斯联邦别斯兰学校发生的人质危机，学校也可能是这类攻击的目标。学校在应对此类事件时，应急预案中需要建立就地掩蔽规程，锁门或儿童迅速撤离；确定的安全站点应该有即刻疏散设施；制订通知家长并尽快使他们与其孩子团聚的机制[36]；安排照顾家长丧失劳动能力或无法到达的孩子；提供急救；安排人员代替照顾家长一时无法到达前的孩子；探寻医疗如何可以合理地施用到儿童的对策；并规划孩子的灾后调整和恢复支持策略。

儿童应对恐怖事件预案

在接触恐怖事件后，儿童和青少年可能被带到儿科医生办公室或健康中心。在这些规划预案中，儿科医生需要做到以下7点：①必须熟悉致病物和其临床表现，并有助于生物监测；②及时判定生化毒剂对儿童健康影响(参见第 58 章)；③参与制订当地灾后儿童预防措施；④确保办事处有紧急护理计划，以及对受害人培训的资格，保护未受暴露患者，并评判是否需要个人防护设备；⑤制订应对“浪涌”人群能力的章程；⑥对惊慌失措的儿童提供心理急救和简短干预；⑦演习测试灾难应急预案，防止提供给患儿及家属的基本服务中断。对于其中的许多任务，儿科医生可以采用由联邦机构正在开发的章程或寻求美国儿科学会在儿童及灾害网上的指导。该网站提供有关评估和危急事件管理的链接，并对内容进行评论，提供儿童应对灾害时的相关准备和实践指导，并提供适合家庭的教材，利于准备书面防灾计划。

由于儿科医生没有这方面的丰富知识[37]，对他们的教育和培训可以通过包括医学院和儿科住院医生课程得到改善。儿科和儿科急诊医生在三级保健教学医院进行儿科灾害医学教育学习，参与者能够短期内获得适当的知识[38]。

参考资料

American Academy of Pediatrics

Children, Terrorism & Disasters Web site: www. aap. org/disasters; www. aap. org/disasters/terrorism-biological. cfm; and www. aap. org/disasters/terrorism-chemical. cfm

Markenson D; Reynolds S; American Academy of Pediatrics, Committee on Pediatric Emergency Medicine and Task Force on Terrorism.

Technical report: the pediatrician and disaster preparedness. *Pediatrics* 2006; 117 (2): e340 - e362

Centers for Disease Control and Prevention

Emergency Preparedness and Response: http://emergency. cdc. gov

(李朝睿 译　许积德　赵　勇 审校)

参考文献

[1] American Academy of Pediatrics, Committee on Environmental Health, Commit-

tee on Infectious Diseases. Chemical-biological terrorism and its impact on children. *Pediatrics*. 2006;118(3):1267－1278.

[2] American Academy of Pediatrics，Committee on Environmental Health，Committee on Infectious Diseases. Chemical-biological terrorism and its impact on children：a subject review. *Pediatrics*. 2000;105(3 Pt 1):662－670.

[3] Institute of Medicine，Committee on the Future of Emergency Care in the United States Health System. *Emergency Care for Children：Growing Pains*. Washington，DC：National Academies Press；2006.

[4] National Commission on Children and Disasters. 2010 *Report to the President and Congress*. Rockville，MD：Agency for Healthcare Research and Quality 2010. AHRQ Publication No. 10-M037. Available at：http://www. ahrq. gov/prep/nccdreport. Accessed April 6，2011.

[5] American Academy of Pediatrics. *Pediatric Terrorism and Disaster Preparedness：A Resource for Pediatricians*. Foltin GL，Schonfeld DJ，Shannon MW，eds. Rockville，MD：Agency for Healthcare Research and Quality；2006. AHRQ Publication No. 06(07)－0056.

[6] Macintyre A. Weapons of mass destruction events with contaminated casualties：effective planning for health care facilities. *JAMA*. 2000;283(2):242－249.

[7] National Research Council. *Chemical and Biological Terrorism：Research and Development to Improve Civilian Medical Response*. Washington，DC：National Academics Press；1999.

[8] US Army Medical Research Institute of Chemical Defense. *Field Management of Chemical Casualties Handbook*. Aberdeen Proving Ground，MD：US Army Medical Research Institute of Chemical Defense；1996.

[9] Dunn M，Sidell F. Progress in medical defense against nerve agents. *JAMA*. 1989;262(5)：649－652.

[10] Holstege C，Kirk M，Sidell F. Chemical warfare. Nerve agent poisoning. *Crit Care Clin*. 1997;13(4):923－942.

[11] Okumura T，Takasu N，Ishimatsu S，et al. Report on 640 victims of the Tokyo subway sarin attack. *Ann Emerg Med*. 1996;28(2):129－135.

[12] Okumura T，Suzuki K，Fukuda A，et al. The Tokyo subway sarin attack：disaster management，part 1：community emergency response. *Acad Emerg Med*. 1998;5(6):613－617.

[13] Okumura T，Suzuki K，Fukuda A，et al. The Tokyo subway sarin attack：disas-

ter management part 2: hospital response. *Acad Emerg Med*. 1998; 5(6): 618－624.

[14] Okumura T, Suzuki K, Fukuda A, et al. The Tokyo subway sarin attack: disaster management, part 3: national and international responses. *Acad Emerg Med*. 1998;5(6):625－628.

[15] *Pediatric Emergency Preparedness for Natural Disasters, Terrorism and Public Health Emergencies: A National Consensus Conference*. Markenson D, Redlener M, eds. New York, NY: National Center for Disaster Preparedness, Mailman School of Public Health, Columbia University; 2007. Available at: http://www.ncdp.mailman.columbia.edu/files/peds2.pdf. Accessed April 6, 2011.

[16] Shenoi R. Chemical warfare agents. *Clin Pediatr Emerg Med*. 2002;3:239－247.

[17] Christopher G, Berkowsky P. Biological warfare. A historical perspective. *JAMA*. 1997;278(5):412－417.

[18] Danzig R, Berkowsky P. Why should we be concerned about biological warfare? *JAMA*. 1997;278(5):431－432.

[19] Holloway H, Norwood AE, Fullerton CS, et al. The threat of biological weapons. Prophylaxis and mitigation of psychologic and social consequences. *JAMA*. 1997;278(5)425－427

[20] Chung S, Shannon M. Hospital planning for acts of terrorism and other public health emergencies involving children. *Arch Dis Child*. 2005; 90(12): 1300－1307.

[21] Centers for Disease Control and Prevention. Emergency Preparedness and Response. Bioterrorism Agents/Diseases. http://emergency.cdc.gov/agent/agentlist-category.asp. Accessed April 6, 2011.

[22] Schonfeld D. Supporting children after terrorist events: potential roles for pediatricians. *Pediatr Ann*. 2003;32(3):182－187.

[23] Cieslak T, Henretig F. Bioterrorism. *Pediatr Ann*. 2003;32(3):154－165.

[24] Henretig F, Cieslak T, Eitzen EJ. Biological and chemical terrorism. *J Pediatr*. 2002;141(3): 311－326.

[25] Henretig F. Medical management of the suspected victim of bioterrorism: an algorithmic approach to the undifferentiated patient. *Emerg Med Clin North Am*. 2002;20(2):351－364.

[26] Heon D, Foltin GL. Principles of pediatric decontamination. *Clin Pediatr Emerg Med*. 2009;10(3):186－194.

[27] New York City Department of Health and Mental Hygiene. *Pediatric Disaster Toolkit: Hospital Guidelines for Pediatrics During Disasters. Section 8-Decontamination of the pediatric patient. 2006*. Available at: http://www.nyc.gov/html/doh/html/bhpp/bhpp-focus-ped-toolkit.shtml. Accessed April 6, 2011.

[28] Pediatric Emergency Preparedness for Natural Disasters, Terrorism and Public Health Emergencies: A National Consensus Conference. Garrett A, Redlener M, eds. New York, NY: National Center for Disaster Preparedness, Mailman School of Public Health, Columbia University; 2009. Available at: http://www.ncdp.mailman.columbia.edu/files/peds_consensus.pdf. Accessed April 6, 2011.

[29] Centers for Disease Control and Prevention. *Guidance for Protecting Building Environments from Chemical, Biological, or Radiological Attacks*. Washington, DC: National Institute for Occupational Safety and Health; 2002.

[30] Hagan JF Jr; American Academy of Pediatrics, Committee on Psychosocial Aspects of Child and Family Health, Task Force on Terrorism. Clinical report: psychosocial implications of disaster or terrorism on children: a guide for the pediatrician. *Pediatrics*. 2005;116(3):787 – 795.

[31] Burkle FJ. Acute-phase mental health consequences of disasters; implications for triage and emergency medical services. *Ann Emerg Med*. 1996;28(2):119 – 128.

[32] American Academy of Pediatrics, Committee on Pediatric Emergency Medicine, Committee on Medical Liability, Task Force on Terrorism. The pediatrician and disaster preparedness. *Pediatrics*. 2006;117(2):560 – 565.

[33] Pynoos R, Goenjian A, Steinberg A. A public mental health approach to the postdisaster treatment of children and adolescents. *Child Adolesc Psychiatry Clin North Am*. 1998;7(1): 195 – 210.

[34] Schonfeld D, Gurwitch R. Addressing disaster mental health needs of children: Practical guidance for pediatric emergency healthcare providers. *Clin Pediatr Emerg Med*. 2009;10(3): 208 – 215.

[35] Schonfeld D. Helping children deal with terrorism. In: Osborn L, DeWitt T, First L, Zenel J, eds. *Pediatrics*. Philadelphia, PA: Elsevier Mosby; 2005: 1600 – 1602.

[36] Chung S, Shannon M. Reuniting children with their families during disasters: a proposed plan for greater success. *Am J Disaster Med*. 2007;2(3):113 – 117.

[37] Schobitz EP, Schmidt JM, Poirier MP. Biologic and chemical terrorism in chil-

dren: an assessment of residents' knowledge. *Clin Pediatr* (*Phila*). 2008;47(3):267－270.

[38] Cicero MX, Blake Eileen, Gallant N, et al. Impact of an educational intervention on residents' knowledge of pediatric disaster medicine. *Pediatr Emerg Care*. 2009;25(7):447－451.

第 48 章

发育障碍

■■■■■■

发育中的神经系统对环境因素非常敏感。环境因素影响中枢神经系统的发育,可以表现运动、认知、感觉、行为和社交功能障碍,构成发育障碍。本章详细阐述为什么中枢神经系统对环境因素敏感导致发育障碍;对儿童尤其是那些生活在那些社会经济条件较差家庭的儿童,环境因素中的化学、物理、教育和社会心理因素如何影响神经发育;几种发育障碍的临床特点;预防、降低和缓解与环境因素相关的发育障碍的措施。

发育障碍的定义

本章我们定义发育障碍为一种起源于生命早期的,因某种因素影响脑发育,造成了一个或多个脑功能区发育迟缓或者异常的神经状态。它需要及时发现、合理干预、药物治疗和社会心理支持,以确保儿童日后尽可能具有更佳脑功能。这个定义比在 1977 年《康复法案》(1028 节)中提出的更好,因为它阐述了病因、神经学特性和表现,并包含发育机制。

中枢神经系统发育和易感性

中枢神经系统在母亲怀孕后不久就形成,持续发育到成年期早期。所以,在相当长一段时间内,中枢神经系统对环境因素很敏感。通常发育中的大脑受到的损伤越早,程度越严重,后果就越明显。损伤的类型和阶段也是发育障碍的程度和性质的重要决定因素[1]。

在妊娠 18 天左右,神经板开始进入鞘中,8～10 天融合形成神经管。这时神经嵴细胞开始迁移,迁移受到破坏会产生多种不同的发育结局。

神经管不完全闭合会造成大脑和脊髓发育异常，包括无脑畸形、脑膨出和脊柱裂。在妊娠第4周左右，神经管开始分化成前脑、中脑和后脑。神经元开始增殖和迁移。这个时期发生的损害都会影响神经元的数量、定位和结构。

在妊娠6个月左右，轴突开始髓鞘化，在出生后和出生后第一年达到高峰，持续到成年期。这一时期的损害会影响神经网络中电冲动传导的速度和效率。

在妊娠中期脑组织开始形成，持续发育到25岁。这一过程不仅包括神经元的分化、突触生成，还包括通过遗传性程序性细胞死亡（凋亡）发生的神经元修剪。在出生前、出生后2年内、青春期前神经元增殖、修剪旺盛，并持续到青春期。这些过程中发生的紊乱会影响神经递质的生成、释放和再摄取，影响大脑处理应激和协调任务。

病因

发育障碍的病因可以大致归为两类：遗传和环境（“先天模式”和“后天模式”），但是多数情况病因不明确。人类是基因和环境相互作用的产物，所以考虑“后天影响先天”比较好[2]，也就是通常所说的遗传和环境相互作用[3]。

遗传影响

许多发育障碍是因为特定的基因或者染色体异常所致。常染色体隐性疾病，包括先天性代谢障碍（如氨基酸代谢缺陷、脂质沉积症、黏多糖贮存症）是较为严重的一类，因为这些疾病常常出现进行性的神经退行性病变。有些遗传性疾病是性连锁，如脆性X染色体综合征和雷特综合征。染色体数量异常的疾病包括唐氏综合征，由额外的一条21号染色体所致。微缺失异常包括心瓣面综合征，由22q11微缺失所致；史密斯·马盖尼斯（Smith-Magenis）综合征由17号染色体微缺失所致。线粒体DNA疾病，通过受精卵中的线粒体由母体传递，也可能导致多种神经系统疾病，在其他家庭成员中有不同程度的表现。

其他发育障碍似乎都有明显的遗传倾向，尽管具体的遗传机制还不清楚。脊柱裂可能有遗传倾向，但是摄入足够的叶酸可以预防。注意缺陷多动障碍和孤独症也属于这一类，因为这些疾病的发生也涉及一个或者多个基因与环境因素复杂的交互作用。

环境影响

一些环境因素影响发育障碍的表现。发育阶段、暴露剂量和持续时间和恢复程度是影响发育障碍性质和程度的因素。在出生前、出生时或者出生后检查这些因素对我们有帮助。

产前环境

发育中的中枢神经系统在胚胎和胎儿生命早期经历了显著变化。因此，它更容易通过胎盘血流受到不良物理、化学和传染性病原体的影响。

酒精

一系列神经和其他问题统称为胎儿酒精谱系障碍，是由产前接触酒精所导致。长期食用酒精和酗酒尤其可能对子宫内的中枢神经系统有不良影响，任何产前酒精暴露均可能导致中枢神经系统损害[4]。在美国，每年大约有 400 万名婴儿有出生前酒精接触，1 000～6 000 名婴儿被诊断为胎儿酒精综合征。胎儿酒精综合征是胎儿酒精谱系障碍中典型的和较严重的一种类型，表现为体格发育异常、发育障碍及严重的行为问题，这些问题在婴儿期或者童年早期可能会因为母亲的其他问题而加重（如家庭暴力、无家可归、家庭不和谐）。与其他发育障碍不同，胎儿酒精综合征很容易被预防。

吸烟

母亲在孕期吸烟是一种常见的和可预防的暴露。长期以来一直被认为与低出生体重、发育迟缓、认知障碍、儿童学习障碍和行为障碍有关。孕妇或者年幼的孩子吸入二手烟是另外一种常见的可预防性暴露，也与行为障碍有关（参见第 40 章）[5]。吸烟暴露与酒精暴露一样，严重程度可能有所不同，尤其当胎儿暴露于多种致畸物质时。

母亲服用毒品或药物

产前使用毒品，如可卡因、甲基苯丙胺、大麻，可导致儿童神经症状，包括注意力不集中、易冲动和认知障碍[6]。处方药物，包括抗惊厥药物苯妥英、丙戊酸，可能导致可识别的神经综合征[7]。

孕产妇疾病和慢性疾病

根据不同的感染类型，感染如风疹、弓形虫、巨细胞病毒、梅毒、疱疹和艾滋病毒，感染的后果不同。例如，宫内感染风疹所导致的先天性缺陷的风险与产妇感染时的胎龄负相关。在妊娠头3个月感染超过80%的婴儿发生先天性缺陷，在胎龄16周后感染，几乎没有婴儿被发现有任何出生缺陷。感染时胎儿的胎龄也会影响先天缺陷的种类，在妊娠头3个月感染更可能导致多种先天性缺陷，而在胎龄11～12周以后感染则更有可能导致耳聋或视网膜病[8]。调查人员研究了20世纪60年代流行的先天性风疹对发育行为的影响，发现患孤独症的儿童数量远远超过预期[9]。其他孕产妇疾病在怀孕期间也会影响胎儿的生长和发育。慢性疾病如糖尿病可能特别有问题，特别是血糖控制不好时。患苯丙酮尿症(PKU)的女性在孕期如果不严格遵守他们的饮食，生下患有神经障碍的婴儿的风险也会增高。产妇压力、营养不良、由于家庭暴力引起的身体创伤及疾病也可能对胎儿产生不利影响。

环境毒物暴露

铅很容易通过胎盘进入胎儿血液循环。因为怀孕母体骨骼更新明显增加，产前铅暴露不仅受母体当前的暴露环境的影响，而且通过动员孕母以往累积的骨铅释放而暴露。怀孕期间孕妇血铅水平升高可能导致对胎儿的影响。胎儿期铅暴露会影响胎儿DNA，进而可能影响长期的表观遗传编程和疾病易感性[10]。

怀孕期间暴露于一些常见的化学物质也可能导致发育障碍，通过直接引起中枢神经系统损伤或通过DNA修饰，进而使儿童更容易受到环境毒物的损害。产前接触杀虫剂如有机磷农药增加记忆缺陷、运动障碍和其他疾病的风险[11]。多氯联苯(PCBs)是含氯化合物的混合物,曾用做电子组件的冷却和绝缘液体。他们蓄积在生物脂肪,所以人类通过高脂肪食品继续暴露,包括母乳。产前接触(多氯联苯)可以影响神经功能,如规划效率、执行工作记忆、信息处理速度、语言能力和视觉识别记忆[12]。多环芳烃是分布广泛的空气污染物,由汽车燃料燃烧、燃煤电厂、吸烟、住宅取暖和做饭产生。这些公认的人类诱变剂和致癌物质水平过高可能对后代出生体重和认知发展带来不利影响[13]。

许多神经毒素可能通过饮用水摄入。虽然微量的锰对健康和正常发育是必要的,高水平的锰(参见第 24 章)会损害神经系统的发育[14]。产前和儿童早期暴露于砷(参见第 22 章)也可以影响智力功能[14]。

有限的产前护理

最重要的和更常见的是有限的产前护理的孕妇生出的孩子患发育障碍的风险特别高。产前护理,包括教育、筛查、适当的预防和孕产妇健康问题管理,可以帮助减少甚至消除许多风险。

围生期环境

最常见与发育障碍相关的两个围生期事件是缺氧缺血性脑病和脑出血。早产——经常与缺乏产前护理以及与孕产妇饮酒、吸烟和使用毒品有关——显著增加发育障碍的风险。

早产和低出生体重的婴儿比足月正常体重的婴儿更有可能患脑室周围白质软化和脑室内出血,可导致严重的神经损害[15]。早产儿由于难以维持正常体温、呼吸系统并发症、血流动力学流量、黄疸、易受感染、易受药物和环境毒物的影响,中枢神经系统并发症的风险也较高。

为了降低发病率和死亡率的可能性,怀孕风险较高的相关母亲和婴儿应该严密监控,在有产科专家和新生儿重症监护的地方接生。

产后环境

一系列产后损伤可能导致发育障碍。中枢神经系统损害可能是由于下述因素所致:中枢神经系统损伤可致感染(如脑膜炎、脑炎)、与高处跌落相关的损伤、机动车事故，由溺水造成不同结果或者儿童虐待，土壤、水和空气中的化学和物理因素。

生命早期重金属暴露可能与脑损伤有关。铅被认为是儿童的神经毒素已超过100年了。血铅水平100μg/L及以下已被证明对发育中的中枢神经系统产生轻微的影响，影响智商、学习和行为(参见第31章)。儿童暴露于二手烟与在校行为问题和学习障碍有关[16]。

遗憾的是，许多化学物质的神经影响的研究相当有限，所以安全暴露水平通常是未知的。正因为如此，一些规定已经实施，以减少大量化学物质对大脑发育的潜在影响。

营养和社会心理环境对出生后发育有重要影响。营养不良和虐待、早期获得感官刺激不足和照顾不足的儿童，发育迟缓和残疾的风险更高。儿童受虐和其他创伤性事件可能造成永久性中枢神经系统结构和功能的变化，可以表现为发育障碍(参见第52章)。

特定的发育障碍

发育障碍可以大致归类为运动、感觉、认知或行为(心理)障碍，尽管许多障碍涉及多个元素(图48－1)。

以前与行为或情绪有关的状况被视为"精神"或"心理"状况，而不是"身体"状况。近年来分子生物学和表观遗传学的研究已经开始揭示行为障碍如注意缺陷多动障碍、孤独症和双相情感障碍和精神分裂源于复杂的基因和产前或儿童早期环境的相互作用。

脑性瘫痪

脑性瘫痪(以下简称脑瘫)是由于胎儿期或婴儿期的大脑发育受损而导致的运动和姿势失调[18]。在美国，脑瘫的发病率大约为3.6‰[19]。虽然运动损伤和相关的矫形是脑瘫的标志，但脑瘫经常还伴有癫痫，感觉障碍，认知、沟通、感知和行为障碍。病因、受损的时机、大脑受损的部位、受损的严重程度决定每个脑瘫患儿临床表现的性质和严重程度。

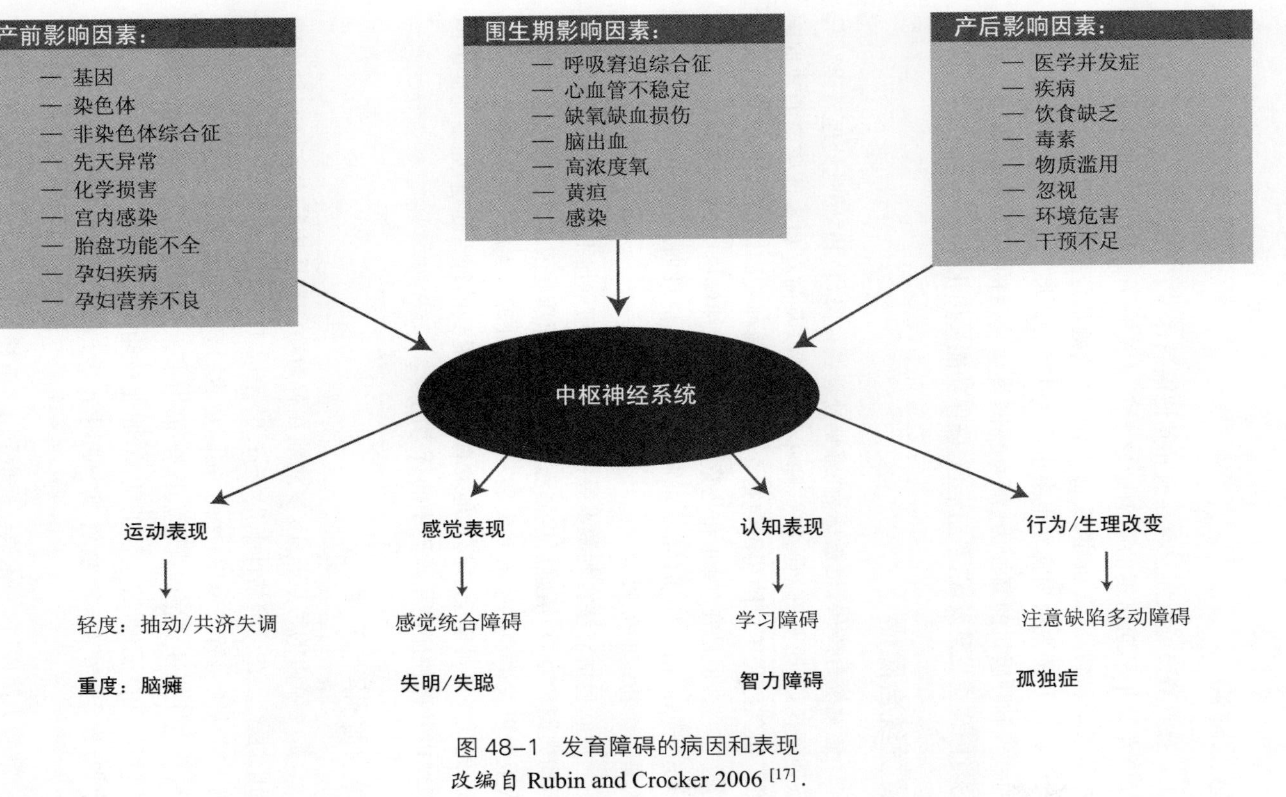

图 48-1　发育障碍的病因和表现
改编自 Rubin and Crocker 2006 [17].

感觉障碍

感觉障碍可以独立存在或和其他疾病伴发。约1.2‰的儿童有先天或者在童年早期出现的听力障碍[20]。儿童听力障碍可能是由于遗传或者是感染、高胆红素血症、头部外伤、接触氨基苷类抗生素或其他神经毒素引起。儿童视力损害发生率也约为1.2‰。早产儿由于暴露于高浓度的氧气和呼吸机的高压力，继发视网膜病变后的视觉障碍风险特别高。感觉障碍应尽早发现，早期干预，确保功能最优化。

感觉统合障碍

感觉统合障碍，也被称为“感觉处理调控障碍”和“感觉处理障碍”，导致处理视觉、听觉、触觉、嗅觉和味觉信息以及前庭和本体感受的数据困难。虽然感觉统合障碍不包括在当前的《精神疾病诊断与统计手册》(第4版)中[21]，但是在《婴儿和儿童早期心理精神健康》和《发育障碍的诊断分类》[22]和《格林斯潘(Greenspan)婴儿和儿童早期心理健康》[23]中被认为是一个特定的障碍。

症状包括对感官刺激不寻常的的反应；知觉加工困难；大运动和精细运动失调和障碍；情感反应高涨或低落；生理活动困难，如睡眠、饮食和个人卫生以及语言的学习和发展。因为感觉处理是大脑功能的一个基本方面，处理障碍可能会引起其他发育障碍中见到的行为问题，如多动症中的多动以及孤独症谱系障碍中的行为问题。

智力障碍

智力障碍的特点是18岁之前在智力功能和适应行为方面有很大的局限性[25]。在美国估计1.2%～1.6%的人口有智力障碍[26]。智商70或以下被认为是智力障碍；然而，实际功能如概念技能(语言、识字、时间、数字、自主性)，社交技能(沟通、社会解决问题、服从规则、个人边界、避免受害)和实践技能(日常生活的活动，职业技能、卫生保健、旅游指南/运输、计划/程序，安全、资金管理、使用电话)在诊断智力障碍前也需要考虑[25]。

“智力障碍”这一术语已经取代了“精神发育迟滞”，因为前者强调从生态的角度来看，侧重于个人与环境的交互作用，认识到系统应用个体化的支持可以提高人类功能"[27]。《精神疾病诊断与统计手册》(第4版文字修订版)[21]和《国际疾病分类》(第9版，临床修改版)[28]根据智商将智力障碍分成4类：轻度(50～55到70～75)；中度(35～40到50～55)；重度(20～25到35～40)；极重度(不到20～25)。在《精神疾病诊断与统计手册》(第5版)[29]这些分类可能会被废除(或至少被明显修改)。智力障碍通常与其他神经、医疗和功能障碍有关。病因决定障碍的模式和症状的严重程度，而模式和症状的严重程度又决定了对健康和生活质量的影响[17]。环境毒物影响认知功能的精确机制往往不清楚，特别是儿童受到多个风险因素影响时。

学习障碍

学习障碍(有时也称为"学习异常"或"学习挑战")的特点是阅读、数学或书面表达相关的障碍，显著影响学习成绩或日常生活活动[21]。

学习障碍通常与视觉感知、语言、注意力和记忆的认知处理过程缺陷有关。大约460万名3～17岁儿童(7.5%)被诊断至少有一种学习障碍[30]。

虽然在孩子很小的时候就有学习障碍，但是通常孩子到了入学年龄出现学习困难才被发现。如果一个孩子在学校学习有困难，他或她应该进行彻底的病史询问和体格检查，寻找任何可能会影响学习的医疗因素，比如阻塞性睡眠呼吸暂停与扁桃体和淋巴结肿大；视力和/或听力低下；环境接触铅或汞；或者情感因素，如家庭冲突或与同学相处困难。一旦处理好了医疗和情感因素，心理教育或神经心理测试可以用来评估孩子的学习优势和劣势，提出供家长和老师可以用来支持孩子的策略，并告知合适的个体化教育方案。

注意缺陷多动障碍(ADHD)

ADHD也许是最常见的神经行为发育障碍。估计学龄儿童社区样本中ADHD的发病率从2%～18%不等[31]。ADHD的基本特征是持久的注意力不集中、注意力分散、伴或不伴有冲动和多动，表现在多个环境中(例如家庭和学校)[32]。不同于简单的多动和偶尔分心。ADHD 表现在很多场合但不是全部。患有 ADHD 的儿童可能被家长和老师认为是懒惰、任性、情绪障碍、无纪律或缺乏能力,而不是被认为是可以治疗的神经性疾病,ADHD 儿童通常也有共患病,比如学习障碍。

适当的诊断和治疗至关重要,以确保每个孩子在家里、学校、社会达到发挥他或她的全部潜能。因为儿童有其他情感、社会心理和精神问题(如焦虑障碍)可能也会出现一些 ADHD 的症状,所以应该进行详细的体格检查和有关心理、学业和环境的病史询问。结合行为疗法、药物治疗主要症状非常有效,可积极影响相关的情感、社会和教育的表现。孩子和家庭的密切监测也至关重要,特别是当启动药物治疗和进行药物滴定时[32]。如果孩子对药物和行为治疗综合治疗没有反应,必要和合适的时候,应该推荐家庭到专门的儿科医生或专门从事发育障碍的中心或者合适的儿童心理医生那里。

家系研究显示多动症的遗传模式。某些情况下特定的基因与障碍有关[34]。环境因素包括母亲怀孕期间吸烟、早产、缺氧缺血性脑病、酒精接触、病毒感染、内分泌紊乱[35]。铅中毒可能是一个因素。孩子成长和生活的社会和经济不利环境,包括那些生活在破旧贫穷社区的孩子,患多动症的风险较高,因为他们铅暴露的风险增加以及社会心理和其他环境因素。因为在弱势儿童,多动症不太可能被正确诊断和治疗,他们也更可能经历长期、消极的心理和社会后果以及学业不良(例如高的留级率和辍学率)[37]。

孤独症谱系障碍/广泛发育障碍

孤独症谱系障碍,也称为广泛发育障碍,是一组神经发育的谱系障碍性疾病,发育和行为特点如下:

- 社会交往技能存在明显的质的缺损;
- 语言交流技能存在明显的质的缺损;
- 坚持刻板、重复、狭隘的行为、兴趣和/或活动[21,38]。

孤独症谱系障碍一直鲜为人知,直到 20 世纪 40 年代,由坎纳(Kanner)提出,用来描述那些只关注自我不关注社交的孩子。然而这个术语没有立即被精神学界广泛采用。在前两版的《精神疾病诊断与统计手册》(DSM)中,孤独症谱系障碍被认为是儿童精神病或精神分裂症的变异。

《精神疾病诊断与统计手册》(第3版)将孤独症诊断细化，将其作为一个独立的诊断。DSM-IV及其修订版增加了几个额外的广泛发育障碍[21]。阿斯伯格综合征区别于典型孤独症，没有早期语言发展的延迟或异常。(儿童)广泛发育障碍这一术语的发明，最初是为了区分典型孤独症和不典型表现。在当前命名法中“非特异型广泛发育障碍”(PDD-NOS)是用来诊断孩子表现出普遍发育异常，但不符合其他诊断标准[40]。术语还在继续发展，神经发育障碍的工作组考虑在即将出版的《精神疾病诊断与统计手册》第5版(DSM-V)中将孤独症、阿斯伯格综合征、“非特异型广泛发育障碍”(PDD-NOS)都归为孤独症谱系障碍。

由于分类和定义上的变化，了解孤独症谱系障碍的流行病学也较困难。孤独症的患病率近年来增加，在很大程度上是源于公众意识的增强和对孤独症谱系障碍的专业理解使得更多的病例被识别诊断。最近的一份报告给出了孤独症的患病率，大约每10 000个孩子中有110个孩子患有孤独症——相当于每90个孩子就有1个孤独症或者1.1%的发病率[41]。患病儿童数量凸显了探索孤独症谱系障碍病因的重要性，在儿童生命早期识别孤独症谱系障碍，并提供适当的、长期的治疗来改善预后。

许多人质疑环境因素可能导致孤独症谱系障碍的患病率增加。已经有很多科学文献和大众媒体报道关于孤独症和疫苗之间可能的联系。人们普遍关注孤独症是否由接触麻疹、腮腺炎和风疹联合病毒活疫苗(MMR)或暴露于硫柳汞引起——以前使用的几种儿童疫苗(但不是MMR疫苗)含有氯乙汞的防腐剂[42]。在2004年，美国医学研究所进行了一次广泛的文献回顾，得出的结论是目前没有证据支持MMR疫苗或硫柳汞和孤独症之间有因果关系，进一步的研究还是必要的[43]。还需要更多的研究来阐明环境因素和孤独症之间的关系，阐明可能的机制比如基因和环境的相互作用。

积累的双胞胎研究数据表明孤独症发病可能涉及遗传因素[45]。有趣的是，孤独症谱系障碍儿童详细的家族史，包括行为模式的问题和亲戚间的社交互动频繁显示孤独症样的特征有可遗传的趋势和倾向。研究揭示出特定基因与孤独症有关，但并没有一致性结果[46]。孤独症(孤独症谱系障碍)这一诊断包含一组具有相同发育和行为特性的异质性疾病。孤独症谱系障碍已经与几个基因相关综合征有关——尤其是脆性X染色体综合征，还有唐氏综合征、结节性硬化症等[47]。这表明孤独症谱系障碍是由多个基因、环境因素和基因－环境交互作用所致，而不是单基因或单个病原体。

当临床医生怀疑一个孩子有孤独症时，可以用筛查和诊断工具[38]。基因检测（包括脆性 X 染色体分析、扩展染色体分析和微阵列分析）也经常进行。如果临床需要，可以进行磁共振成像的神经学检查，脑电图和先天性代谢缺陷的检测。

评估多动症和孤独症谱系障碍儿童血铅水平，特别是对有异食癖的儿童，因为这些疾病可能会掩盖铅中毒的症状，与铅中毒同时存在。不推荐进行其他金属和神经毒素的检测，除非需要全面的环境健康史。当诊断资源有限时，怀疑有孤独症谱系障碍的儿童可以推荐到发育专家或者发育评估和治疗中心，直接进行适当的治疗。

社会和经济因素

生活在不良社会和经济环境的孩子更可能有发育障碍[48]。产妇危险因素包括贫困、低社会经济地位、心理疾病、药物滥用和生活在有很多环境危害物和资源有限的社区。产前和围生期危险因素，如早产、低出生体重、中枢神经系统异常和长期住院治疗，不仅消耗家庭资源还影响亲子联系，都可导致不良发育结局。

对许多孩子来说，生命早期有环境复合暴露风险。贫困仍然是最复杂和深远的危险因素之一，因为它会影响孩子生活的许多方面。2006 年在美国大约 1/5 的 5 岁以下儿童和 16%的 6～17 岁儿童生活在贫困中[49]。生活在户主仅为单个女户主家庭的各年龄段的孩子有 42%。在同一年，大约 17%的儿童（1 260 万）生活在粮食不安全家庭（定义为不能持续获得足够安全、营养、社会可接受的食物以过上健康和富有成效的生活）。贫困儿童血铅水平也更可能达到 100μg/L 或更高。贫困儿童低出生体重的发生率是非贫困儿童的 1.7 倍[48]。此外，生活在低收入地区的儿童获得适当的教育、卫生保健和康复服务的机会减少。通常孩子们和他们的家人被困在一个不利环境和障碍的周期中（图 48－2）很难逃脱，除非被外部社会力量（参见第 52 章）或依靠个人和家庭的非凡努力打破。

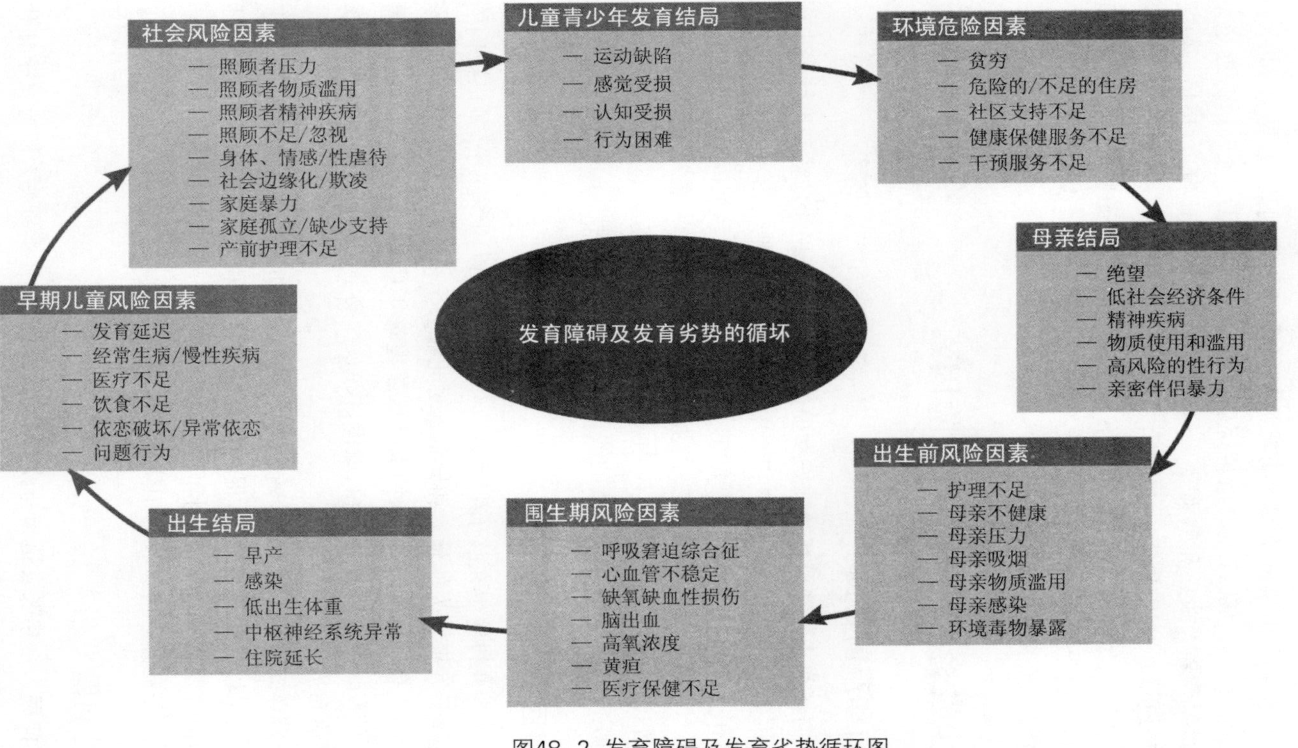

图48-2 发育障碍及发育劣势循环图

在低收入国家孩子们发育障碍的风险可能特别高(参见第 14 章)。主要危险因素包括特定的遗传疾病、更高频率的高龄产妇分娩、近亲结婚、微量营养素缺乏和感染[51]。尽管没有文献很好地报道,环境毒物暴露也是重要的风险因素。

由于自然和人为灾害(如战争)的位移可能会导致物理、化学和心理作用影响孩子的大脑发育和功能结局。遗憾的是,缺少流行病学、病因、筛查和干预服务的数据。

减少发育障碍的环境危险因素

孕前和产前咨询

向怀孕或可能要怀孕的妇女提供咨询的临床医生应该帮助她们识别风险因素,如使用烟草、喝酒和使用致畸药物或其他药物。临床医生应该强调在生育年龄每日摄入叶酸的重要性[53]。也应该询问这些女性接触农药、铅、和其他金属以及二手烟,霉菌和其他形式的空气污染。应该鼓励孕妇定期产前检查,提供有关睡眠、减轻压力、锻炼的建议,还应该告知她们关于营养和鱼的摄入量的饮食建议,以及母乳喂养的好处。

儿科医生的作用

因为儿科医生在孩子生后第一和第二年可以随访孩子,所以他们能确定孩子发育行为的延迟和异常。对儿科医生来说,询问家族疾病史、家长的职业和环境风险因素,特别是房屋建筑年代和吸烟史都是非常重要的。必要时转介去进行神经、遗传、代谢、毒物学的检测,以便进一步的发育评估和治疗。

发育问题的早期发现,随后转介去进行早期干预和其他服务,对孩子的发展可以产生积极影响,促进家庭的稳定与和谐。初级保健随访包括孩子正常发育的检测,识别和减轻存在的危险因素,适当地转介以及帮助协调服务资源。对家长的担忧做出恰当的安抚,非常重要。

常见问题

问题 当家长表达因为疫苗和孤独症之间可能的关系而为孩子接种

疫苗时产生担忧，我应该如何应对？

回答　首先，肯定家长的关心和希望尽自己最大的努力促进孩子的健康。第二，解释疫苗接种已知的好处和潜在的风险。家长可能没有理解潜在的严重后果，包括儿童接种疫苗可以预防死亡。许多人对科学方法不理解，可能难以权衡发表在同行评议期刊和发表在自助书籍或互联网上的信息的相对重要性。最终，家长必须做出对孩子医疗保健的明智决定。

问题　当家长询问孤独症的替代治疗我应该如何应对？

回答　家长去寻求孤独症的医学信息和非标准的治疗方法是很常见的。一些替代疗法可能有科学依据，但另外一些依赖未经证实的说法和来自个别家属对治疗效果的经验和评价，家长可能会要求孩子接受昂贵的"生物医学"或"环境"检测，以确定他们是否是因为一直暴露在环境危害物中而导致发育问题。通常情况下，这样的测试是由私人公司承担的，也销售未经研究证实有益处的特殊药物或补品。儿科医生通常应该熟悉这些替代治疗，帮助家长了解可能涉及的潜在风险，特别是未经证实的可能有潜在危险的治疗，如螯合剂(参见第46章)。与家长交谈重要的是避免评判，因为这可能会干扰医生－家庭的关系。

参考资料

ADHD assessment and treatment guidelines are available from the American Academy of Pediatrics (www. aap. org/healthtopics/adhd. cfm) and the American Academy of Child & Adolescent Psychiatry (www. aacap. org). Both organizations offer information for parents and teachers. Another excellent general resource is the Children and Adults with Attention-Deficit/Hyperactivity Disorder (CHADD) website, www. chadd. org.

Autism assessment and treatment guidelines are available on the AAP's Web site (www. aap. org/healthtopics/autism. cfm). An Autism Tool Kit for professionals is available through the site.

（王　瑜 译　欧阳凤秀 校译　许积德　徐　健 审校）

参考文献

[1] Rice D, Barone S. Critical periods of vulnerability for the developing nervous system: Evidence from humans and animal models. *Environ Health Perspect*. 2000; 108(Suppl 3):511－533.

[2] Ridley M. *Nature Via Nurture: Genes, Experience and What Makes Us Human*. New York, NY: Harper Collins; 2003.

[3] Centers for Disease Control and Prevention, Office of Genetics and Disease Prevention. Gene-Environment Interaction Fact Sheet. Atlanta, GA: Centers for Disease Control and Prevention; August 2000. Available at: http://www.ashg.org/pdf/CDC%20Gene-Environment%20 Interaction%20Fact%20Sheet.pdf. Accessed April 6, 2011.

[4] Bertrand J, Floyd RL, Weber MK. Guidelines for identifying and referring persons with fetal alcohol syndrome. *MMWR Recomm Rep*. 2005; 54(RR-11): 1－10.

[5] Herrmann M, King K, Weitzman M. Prenatal tobacco smoke and postnatal secondhand smoke exposure and child neurodevelopment. *Curr Opin Pediatr*. 2008; 20(2):184－190.

[6] Huizink AC, Mulder EJH. Maternal smoking, drinking or cannabis use during pregnancy and neurobehavioral and cognitive functioning in human offspring. *Neurosci Biobehav Rev*. 2006;30(1):24－41.

[7] Moore SJ, Turnpenny P, Quinn A, et al. A clinical study of 57 children with fetal anticonvulsant syndromes. *J Med Genet*. 2000;37(7):489－497.

[8] Maldonado YA. Rubella virus. In: Long SS, Pickering LK, Prober CG, eds: *Principles and Practice of Pediatric Infectious Diseases*. 3rd ed (rev reprint). New York, NY: Churchill Livingstone; 2009.

[9] Chess S. Autism in children with congenital rubella. *J Autism Child Schizophr*. 1971;1:33－47. Available at: http://www.neurodiversity.com/library_chess_1971.pdf. Accessed April 6, 2011.

[10] Pilsner RJ, Hu H, Ettinger A, et al. Influence of prenatal lead exposure on genomic methylation of cord blood DNA. *Environ Health Perspect*. 2009;117(9): 1466－1471.

[11] Rauh VA, Garfinkel R, Perera FP, et al. Impact of prenatal chlorpyrifos expo-

sure on neurodevelopment in the first 3 years of life among inner-city children. *Pediatrics*. 2006;118(6):e1845－e1859.

[12] Boucher O, Muckle G, Bastien CH. Prenatal exposure to polychlorinated biphenyls: a neuropsychologic analysis. *Environ Health Perspect*. 2009;117(1):7－16.

[13] Perera FP, Rauh V, Whyatt RM, et al. Effect of prenatal exposure to airborne polycyclic aromatic hydrocarbons on neurodevelopment in the first 3 years of life among inner-city children. *Environ Health Perspect*. 2006;114(8):1287－1292.

[14] Wright RO, Amarasiriwardena C, Woolf AD, et al. Neuropsychological correlates of hair arsenic, manganese, and cadmium levels in school-age children residing near a hazardous waste site. *Neurotoxicology*. 2006;27(2):210－216.

[15] Vohr BR, Wright LL, Dusick AM, et al. Kaplan neurodevelopmental and functional outcomes of extremely low birth weight infants in the National Institute of Child Health and Human Development Neonatal Research Network, 1993－1994. *Pediatrics*. 2000;105(6):1216－1226.

[16] Best DB; American Academy of Pediatrics, Committee on Environmental Health, Committee on Native American Child Health, and Committee on Adolescence. Technical report— secondhand and prenatal tobacco smoke exposure. *Pediatrics*. 2009;124(5):e1017－e1044.

[17] Rubin IL, Crocker AC. *Delivery of Medical Care for Children and Adults with Developmental Disabilities*. 2nd ed. Baltimore, MD: Paul H. Brookes; 2006.

[18] Bax M, Goldstein M, Rosenbaum P, et al. Proposed definition and classification of cerebral palsy, April 2005. Executive Committee for the Definition of Cerebral Palsy Proposed Definition and Classification of Cerebral Palsy. *Dev Med Child Neurol*. 2005;47(8):571－576.

[19] Yeargin-Allsopp M, Braun KV, Doernberg NS, et al. Prevalence of cerebral palsy in 8-year-old children in three areas of the United States in 2002: a multisite collaboration. *Pediatrics*. 2008; 121(3):547－554.

[20] Centers for Disease Control and Prevention. *Metropolitan Atlanta Developmental Disabilities Surveillance Program* (*MADDSP*). Atlanta, GA: Centers for Disease Control and Prevention; 2000. Available at: http://www.cdc.gov/ncbddd/dd/ddsurv.htm. Accessed April 6, 2011.

[21] American Psychiatric Association. *Diagnostic and Statistical Manual of Mental Disorders, Fourth Edition, Text Revision* (*DSM-IV-TR*). Washington, DC: American Psychiatric Association; 2000.

[22] Zero to Three. *Diagnostic Classification of Mental Health and Developmental Disorders of Infancy and Early Childhood, Revised (DC:0-3R)*. Washington, DC: Zero to Three; 2005.

[23] Greenspan SI, Wieder S. *Infant and Early Childhood Mental Health: A Comprehensive Developmental Approach to Assessment and Intervention*. Washington, DC: American Psychiatric Association; 2005.

[24] Belmonte MK, Cook EH Jr, Anderson GM, et al. Autism as a disorder of neural information processing: directions for research and targets for therapy. *Mol Psychiatry*. 2004;9(7):646 – 663.

[25] Luckasson R, Borthwick-Duffy S, Buntinx WHE, et al. *Mental Retardation: Definition, Classification, and Systems of Supports*. 10th ed. Washington, DC: American Association on Mental Retardation; 2002.

[26] Bhasin TK, Brocksen S, Avchen RN, et al. Prevalence of four developmental disabilities among children aged 8 years—Metropolitan Atlanta Developmental Disabilities Surveillance Program, 1996 and 2000. *MMWR Surveill Summ*. 2006; 55(SS-01):1 – 9.

[27] American Association on Intellectual and Developmental Disabilities. *FAQ on Intellectual Disability*. Available at: http://www.aamr.org/content_104.cfm. Accessed April 6, 2011.

[28] Centers for Medicare and Medicaid Services, National Center for Health Statistics. *International Classification of Diseases, Ninth Revision, Clinical Modification (ICD-9-CM)*. Washington, DC: Government Printing Office; 2010.

[29] Swedo S. *Report of the DSM-V Neurodevelopmental Disorders Work Group*. Washington, DC: American Psychiatric Association; 2009. Available at: http://psych.org/MainMenu/Research/DSMIV/DSMV/DSMRevisionActivities/DSM-V-Work-Group-Reports/Neurodevelopmental-Disorders-Work-Group-Report.aspx. Accessed April 6, 2011.

[30] Bloom B, Cohen RA, Freeman G. Summary health statistics for U.S. children: National Health Interview Survey, 2008. National Center for Health Statistics. *Vital Health Stat*. 2009;10(244):1 – 90.

[31] Rowland AS, Lesesne CA, Abramowitz AJ. The epidemiology of attention-deficit/hyperactivity disorder (ADHD): a public health view. *Ment Retard Dev Disabil Res Rev*. 2002;8(3):162 – 170.

[32] American Academy of Pediatrics, Subcommittee on Attention-Deficit/Hyperactiv-

ity Disorder and Committee on Quality Improvement. Clinical practice guideline: treatment of the schoolaged child with attention-deficit/hyperactivity disorder. *Pediatrics*. 2001;108(4):1033 - 1044.

[33] Pastor PN, Reuben CA. Diagnosed attention deficit hyperactivity disorder and learning disability: United States, 2004 - 2006. *Vital Health Stat*. 2008; 10 (237):1 - 14.

[34] Goos LM, Crosbie J, Payne S, et al. Validation and extension of the endophenotype model in ADHD patterns of inheritance in a family study of inhibitory control. *Am J Psychiatry*. 2009;166(6):711 - 717.

[35] Millichap JG. Etiologic classification of attention-deficit/hyperactivity disorder. *Pediatrics*. 2008;121(2):e358 - e365.

[36] Rowland AS, Umbach DM, Stallone L, et al. Prevalence of medication treatment for attention deficit - hyperactivity disorder among elementary school children in Johnston County, North Carolina. *Am J Public Health*. 2002;92(2):231 - 234.

[37] Eiraldi RB, Mazzuca LB, Clarke AT, et al. Service utilization among ethnic minority children with ADHD: a model of help-seeking behavior. *Adm Policy Ment Health*. 2006;33(5):607 - 622.

[38] Johnson CP, Myers SM. American Academy of Pediatrics, Council on Children With Disabilities. Identification and evaluation of children with autism spectrum disorders. *Pediatrics*. 2007;120(5):1183 - 1215.

[39] Kanner L. Autistic disturbances of affective contact. *Nervous Child*. 1943;2: 217 - 250 Chapter 48: Developmental Disabilities 735.

[40] Volkmar FR, Klin A. Issues in the classification of autism and related conditions. In: Vokmar FR, Paul R, Klin A, Cohen DJ, et al. *Handbook of Autism and Pervasive Developmental Disorders. Vol 1: Diagnosis, Development, Neurobiology, and Behavior*. 3rd ed. Hoboken, NJ: Wiley; 2005: 5 - 41.

[41] Kogan MD, Blumberg SJ, Schieve LA, et al. Prevalence of parent-reported diagnosis of autism spectrum disorder among children in the US, 2007. *Pediatrics*. 2009;124(5):1395 - 1403.

[42] Peacock G, Yeargin-Allsopp M. Autism spectrum disorders: prevalence and vaccines. *Pediatr Ann*. 2009;38(1):22 - 25.

[43] Institute of Medicine. *Immunization Safety Review: Vaccines and Autism*. Washington, DC: National Academies Press; 2004.

[44] Nishiyama T, Notohara M, Sumi S, et al. Major contribution of dominant inher-

itance to autism spectrum disorders (ASDs) in population-based families. *J Hum Genet*. 2009;54(12):721－726.

[45] Betancur C, Leboyer M, Gillberg C. Increased rate of twins among affected sibling pairs with autism. *Am J Hum Genet*. 2002;70(5):1381－1383.

[46] Geschwind DH. Autism: many genes, common pathways? *Cell*. 2008;135(3):391－395.

[47] Moss J, Howlin P. Autism spectrum disorders in genetic syndromes: implications for diagnosis, intervention and understanding the wider autism spectrum population. *J Intellect Disabil Res*. 2009;53(10):852－873.

[48] Institute of Medicine. *From Neurons to Neighborhoods: The Science of Early Childhood Development*. Shonkoff JP, Phillips DA, eds. Washington, DC: National Academies Press; 2000.

[49] Federal Interagency Forum on Child and Family Statistics. *America's Children in Brief: Key National Indicators of Well-Being*. Washington, DC: US Government Printing Office; 2008.

[50] Rubin IL, Nodvin JT, Geller RJ, et al. Environmental health disparities and social impact of industrial pollution in a community—the model of Anniston, AL. *Pediatr Clin North Am*. 2007;54(2):375－398.

[51] Durkin M. The epidemiology of developmental disabilities in low-income countries *Ment Retard Dev Disabil Res Rev*. 2002;8(3):206－211.

[52] Maulik PK, Darmstadt GL. Childhood disability in low-and middle-income countries: overview of screening, prevention, services, legislation, and epidemiology. *Pediatrics*. 2007;120(Suppl 1):S1－S55.

[53] Centers for Disease Control and Prevention. Recommendations to improve preconception health and health care—United States. A Report of the CDC/ATSDR Preconception Care Work Group and the Select Panel on Preconception Care. *MMWR Recomm Rep*. 2006;55 (RR-6):1－23. Available at: http://www.cdc.gov/mmwr/preview/mmwrhtml/rr5506a1.htm. Accessed April 6, 2011.

第 49 章

毒品(甲基苯丙胺)实验室

苯丙胺和甲基苯丙胺是中枢和交感神经系统兴奋剂。甲基苯丙胺(常称冰毒,化学名为脱氧麻黄碱)是安非他明的 N－甲基同系物。非法制造甲基苯丙胺(冰毒)往往发生在家中,家里的儿童就可能暴露于含有有毒化学物质的环境中。生活在秘密非法冰毒作坊的儿童可能遭遇火灾或爆炸,也有可能无意摄入甲基苯丙胺产生的有毒物质。儿童监护者的包括枪械、色情及社会问题的危险生活方式,使得儿童经常见证暴力,甚至遭受虐待、忽视和饥饿。有些儿童的居住环境可能是不合格的,可能缺乏管道系统,也可能有违规行为与危险情况。因此,当这些儿童从甲基苯丙胺生产作坊被解救出来后,他们需要医疗、社会工作和专业执法人员共同协调来帮助和关爱他们。儿科医生可能需要对类似家庭中的儿童作医学鉴定,鉴定范围甚至包括因使用甲基苯丙胺而不能照料孩子的家长。

安非他明最初于 1887 年合成,但直到 1910 年才进行动物实验。1931 年,安非他明的左、右旋外消旋体作为苯丙胺鼻腔喷雾剂第一次被商用。安非他明的片剂首次出现在 1937 年,被用于治疗嗜睡症,由于能使人感到欣快刺激,并抑制食欲,安非他明在 20 世纪三四十年代被广泛使用,并在二战中被国外军队使用[1]。

甲基苯丙胺最早在 1919 年由日本化学家合成。20 世纪 70 年代末,飞车党开始主要使用苯基－2－丙酮法制造冰毒;另一种方法,麻黄素还原法常见于农村地区的拖车住房和移动住房中。在美国中西部,临时凑合的“夫妻店”实验室生产少量的甲基苯丙胺,能生产超过 4.5 kg 甲基苯丙胺的实验室(“超级实验室”)多见于加州,这些实验室大都被加州和墨西哥的犯罪团伙控制[2]。贩毒组织掌控着甲基苯丙胺市场,目前甲基苯丙胺的主要来源地区是墨西哥,其次是加拿大。为了躲避执法部门,冰毒实验室是可移动的，单批次的甲基苯丙胺生产分为几个阶段，每个阶段的生产都在不同的实验室进行。实验室可以处于运行状态、预备状态、打包用于准备储存或运输，或者是“以前的实验室”，即实验室中所有设备已经转移了[3]。

甲基苯丙胺以粉末状类似颗粒状晶体，或石状的、被称为“冰”的形态存在，在20世纪80年代开始被吸食。甲基苯丙胺可以加热形成蒸汽，用以抽吸、鼻饲、口服或注射，能让大脑释放高浓度的多巴胺，使人兴奋。如果是吸食或注射，甲基苯丙胺几乎瞬时就能引起多巴胺的释放，鼻饲将在5分钟后引起多巴胺的释放，而口服是20分钟[4]。

安非他明的主要作用是使单胺从轴突终末端的储存点释放，增加突触间隙的单胺浓度。安非他明转运到神经元，进入神经递质存储囊泡，并阻断多巴胺转运进入这些囊泡，导致细胞内和囊泡间积累多巴胺。多巴胺可能会发生氧化，产生毒素或反应性代谢产物如氧自由基、过氧化物、和羟基醌。安非他明也引起血清素和去甲肾上腺素的释放[5]。甲基苯丙胺抑制去甲肾上腺素和多巴胺的再摄取，并阻止了血清素进入突触前末梢，从而导致过度刺激突触后的α和β受体[6]。

甲基苯丙胺的主要代谢器官为肝脏，代谢方式有芳族羟基化、N－脱甲基(以形成代谢物苯丙胺)和脱氨。酸性尿液增强排泄缩短半衰期，而正常尿液减慢排泄并延长半衰期[7]，消除的半衰期为12～34小时。

制造中涉及的化学物

秘密违法制造方法(“烹制”)，一般以伪麻黄碱或苯乙酸作为前体，并组合增加其他一些日用化工试剂，包括酸、碱和有机溶剂，以及锂、红磷或碘，具体用哪些试剂取决于不同的合成方法。老的汞合金法从苯基乙酸生成苯基－2－丙酮开始，开始时会用到乙酸铅，第二步用甲胺、氯化汞生成甲基苯丙胺，制毒过程会产生汞和铅污染[9]。

目前的利用麻黄素或伪麻黄素的化学还原法生产甲基苯丙胺氯化物，有3种常用的方法来实现这种还原，其中两种方法(红磷和次磷酸)都使用磷和碘；第三种方法是伯奇(Birch)还原法，或称无水氨法，常见于无水氨被用作肥料的农村地区。三种方法都利用硫酸和氯化钠(岩盐)产生的氯化氢气体，以沉淀甲基苯丙胺盐酸盐。上述甲基苯丙胺生产过程中所需的化学物和它们的主要有害影响列于表 49－1。

在缉毒署的《清扫秘密毒品实验室执法指南》(*Guidelines for Law Enforcement for the Cleanup of Clandestine Drug Laboratories*)中，有上述化学物的完整列表[10]。缉毒署估计，每生产 0.45kg(1 lb)甲基苯丙胺可能释放 2.27～2.72kg(5～6 lb)的有毒废料。

表 49－1　甲基苯丙胺实验室的化学成分及其危害

化学分类	暴露途径	有害影响
无水氨	吸入	眼、鼻、喉咙不适、呼吸困难、气喘、胸痛、肺水肿
	皮肤接触	皮肤灼伤、水疱、冻伤[11]
酸和碱	吸入	肺炎、肺水肿
	皮肤	烧碱灼伤
	摄入	胃穿孔、食管烧伤后狭窄、恶心、呕吐
溶剂	吸入和摄入	肝、肾损害、骨髓抑制、头痛
	吸入	呼吸道刺激、中枢神经系统抑制或过激[12]
碘	吸入	呼吸窘迫、黏膜刺激症状[13]
	摄入	腐蚀性胃炎
磷	摄入	胃肠道刺激症状、肝功能损害、少尿
红磷		易燃
可能:磷化氢气体	吸入	刺激眼部、恶心、呕吐、乏力、胸痛、头痛、致命的呼吸影响、癫痫发作、昏迷[14]

暴露途径

甲基苯丙胺及其生产过程中的化学品和副产物通常是通过吸入或皮肤接触产生暴露污染。青少年可能有意滥用甲基苯丙胺，儿童也可能在无意中摄取毒品实验室制造的甲基苯丙胺。

暴露源

儿童可能通过一级或二级来源暴露，这取决于儿童所处的“冰毒”实验室的运行状态。正在运作或近期使用过的实验室主要是通过吸入造成一级暴露污染。除去一级暴露源，二级来源包括溶剂泄漏和有软垫的家具、窗帘、地毯和墙板已吸收溶剂蒸气和挥发性污染物，在清扫的过程中可能会造成二次污染。非挥发性的化合物，如甲基苯丙胺盐酸盐，可能通过皮肤接触造成污染[15]。在一项研究中，研究人员在执法人员查封秘密违法制毒实验室后立即采样，并在这些停止运作的实验室中进行受控的毒品合成，以模拟甲基苯丙胺制造过程中产生的化学物质。在实验室在多种设备（如冰箱、微波炉和吊扇）表面检测出了甲基苯丙胺。使用无水氨法[16]，红磷法和次磷酸法“烹制”后，实验室设备表面都检测出了甲基苯丙胺。甲基苯丙胺颗粒（直径中位数小于 0.1 μm）能够渗透进入肺部和血液。红磷法合成结束后长达 24 小时的顺序抽样结果显示：单层房屋空气中甲基苯丙胺含量更高，且处于活性增长状态，行走和吸尘都会吸附这些甲基苯丙胺，可能会引起受污染物表面污染物的再悬浮过程[17]。红磷法和次磷酸法合成之后实验室设备表面检测到了碘。所有“烹制”方法都会释放盐酸，提取阶段释放到空气中的盐酸浓度接近 74.6 mg/m^3，按照美国国家职业安全卫生研究所的规定，这个浓度水平“直接危害生命和健康”。无水氨法结束后则检测出了氨的释放。

通过在酒店房间模拟吸入不同量的甲基苯丙胺的实验，研究者评估了在被动暴露于甲基苯丙胺的后果。研究人员认为，吸食甲基苯丙胺的人将吸收 67%～90%的毒品[18]，平均吸食约 100 mg 甲基苯丙胺，空气中的甲基苯丙胺浓度将达到 37～123 μg/m^3。这些可能导致吸食者附近的表面沉积的甲基苯丙胺浓度达到接近 0.07 μg/100 cm^2，如果吸食更多的甲基苯丙胺，浓度可能超过 5 μg/100 cm^2。

这些研究结果告诉我们在主动合成甲基苯丙胺和其他化合物的过程中和过程后，以及被动吸食和居住在以前的合成实验室中的暴露危险。

累及的系统

肺、中枢神经系统，皮肤受到的影响最大。

临床效应

急性效应

甲基苯丙胺生产过程中最大的健康风险是吸入和皮肤眼睛接触造成的大规模化学品暴露,从而引起的急性损伤。因此,突袭秘密毒品实验室时,队员们都戴着特殊的防护装备,包括自给式呼吸器和化学防护服、手套和靴子。报道称,秘密毒品实验室的事故最主要是通过吸入引起的暴露,成人中最先出现症状的是没有穿着防护装备的人,例如,没有戴防毒面具[3,19]。鲜有专门研究儿童以吸入或皮肤接触暴露的数据。

儿童的暴露最主要是非故意的("事故性的")甲基苯丙胺摄取引起的急性中毒,儿童一般被送到急诊科或报告给毒物控制中心,通常经过毒理学分析才能确定诊断。中枢神经系统及心血管系统的影响占主导地位,最常见的症状是激动烦躁。加州毒物控制中心报告 6 岁以下儿童 82% 表现出激动烦躁[20]。在另一项研究中[21],50% 的被送到城市急诊科的 13 岁以下儿童出现了激动烦躁症状,其中 89% 的患儿表现出了啼哭症状,他们平均年龄 19 个月(表 49－2)。

表 49－2　儿童急性甲基苯丙胺摄入的体征和症状

系　统	表　现
中枢神经:精神状态	易怒 激动烦躁 极度沮丧的哭泣或不哭泣 多动 精神错乱
中枢神经:运动	共济失调 持续运动 癫痫 头颈部无法控制的乱动,四肢和头部无意识地左右转动
眼部	眼球来回运动 皮质盲
中枢和周围神经	体温过高

（续表）

系　统	表　现
心血管	心动过速 高血压 心肌炎
胃肠道	呕吐 食管炎
呼吸道	呼吸窘迫 缺氧
骨骼	横纹肌溶解
皮肤/口面	嘴唇/舌头烧伤
新陈代谢	血清碳酸氢盐过低 高钾血症， 肝和肾衰竭

其他对中枢神经系统的影响表现包括易怒、癫痫发作或异常的举动；心血管系统症状包括心动过速和高血压，其他器官也可能受到影响（表49－2）。一名14岁的患儿在滥用甲基苯丙胺后，出现了多器官衰竭和继发性高热[22]。

慢性暴露

慢性暴露的数据仅见于滥用苯丙胺的成年人。慢性甲基苯丙胺滥用者可能会出现焦虑、困惑、失眠、情绪障碍和暴力行为，他们可能会表现出一些精神病特征，如偏执、幻视、幻听和妄想，如感觉昆虫在他们的皮肤上爬行；还可能出现重复动作、体重减轻、和严重的牙科问题[28]；手足徐动症、急性和慢性心肌病、急性主动脉夹层、动脉瘤、肺动脉高压、肝细胞损伤和急性肾衰竭也曾有报道[29]。暂无数据揭示长期暴露在被污染的家庭环境中的孩子的健康风险。

管理暴露于甲基苯丙胺实验室的儿童

从甲基苯丙胺的实验室里解救的儿童需要进行医疗、社会工作、发育和心理各方面的综合评估。关于虐待的评估包括可能的生理、性和感情的虐待;关于照顾的评估包括衡量他们的医疗、牙科、教育需求、以及衣食住的基本需求的满足情况。

全国拯救毒品危害儿童联盟成立于2000年,它制订了毒品实验室中儿童的医疗鉴定标准,以及参考事例的列表(参见 www. nationaldec. org)[30]。这些儿童的管理涉及去污染、医学评估和毒理学评价。

去除污染

如果已经出现了严重的化学物暴露,例如爆炸或火灾,那完全地去污染需要遵守标准化操作程序的指示(如果儿童的医疗状况稳定),基本生命防护措施优先于去除污染。救援人员应采取措施,以避免伤害到自己。如果发现了明显的化学物暴露(例如衣服上有化学物的气味或衣服上有化学物污渍),儿童应在现场除去被化学物污染的衣物,交给执法人员处理。确保不会造成创伤的情况下,儿童应立即用流动水和肥皂进行清洁。尽管从实验室解救的儿童不大可能对其他人产生明显危害,儿童的衣物越快移除越安全。尽管甲基苯丙胺和其他化学品不太可能大量地通过衣物转移,但可以在汽车座椅上放一块布隔离,玩具和其他东西应留在家中[31]。

医疗评估

如果儿童所在的制毒实验室发生爆炸,或者儿童出现呼吸窘迫、烧伤、嗜睡,必须送到最近的急诊室,去除污染可能需要在现场或在送诊过程中进行。拯救毒品危害儿童联盟建议的紧急评估标准重点关注儿童的呼吸状况,及常规的体温、血压、呼吸、脉搏等生理参数。

毒理学评价

美国物质滥用和精神健康服务管理局(Substance Abuse and Mental Health Services Administration, SAMSHA)是美国健康及人类服务部门的分支,是药品实验室和药品测试方案方面的权威。

测试急性甲基苯丙胺暴露的首选方法是检测尿液,最好在离开毒品实验室的8～12小时内留尿检测。免疫测定法来进行安非他明(甲基苯丙胺和苯丙胺)的初步筛选,常用的标准线是1 000 ng/ml,SAMSHA在

2010 年将这个标准修改为 500 ng/ml。

检测实验室应提前被告知样本是来源于儿童，否则可能由于浓度太低而无法检测到。如果检测出的量在标准线以上时，则建议和要求实验室用气相色谱-质谱分析法再次检测确认，排除可能存在的假阳性和假阴性。进一步的毒理学分析能够区分左旋异构体和在非法合成中更常见的右旋异构体[32]。

急性甲基苯丙胺中毒的治疗

因为没有甲基苯丙胺解毒剂，儿童甲基苯丙胺中毒是基于症状制订治疗策略，并向儿科毒理专家和毒物控制中心咨询。单独注射苯二氮平类药物或联合氟哌利多醇类药物，成功地治疗了一位在重症监护室中的儿童患者的激动烦躁症状[27]。氟哌利多醇类药物会延长 QT 间期，建议设置监视系统。如果患儿有癫痫发作的症状，则不建议使用氟哌利多醇。

补救措施

已废弃的临时毒品实验室可能有甲基苯丙胺的残留，会对以后的居住者造成危险。而清理整治的标准根据各州立法不同而互有差异，各州在衡量住宅的甲基苯丙胺污染时都基于甲基苯丙胺的检测极限。科罗拉多州评估了几个以州立技术标准为基础的清理标准[9]，最终选取了 $0.5\ mg/100\ cm^2$ 作为州定甲基苯丙胺的残留物清理标准。加利福尼亚州发表了 2 篇关于补救工作的文献：第一篇试图证实亚慢性的甲基苯丙胺每日参考剂量，衡量长期亚慢性暴露（暴露持续时间可长达一生寿命中 10%）中每日暴露剂量，该暴露剂量不会对大众人群产生有害作用，包括敏感的人群，如儿童群体（详情请访问网页：http://www.epa.gov/IRIS/help_gloss.htm#s）。论文通过详细的方法得出了亚慢性的甲基苯丙胺每日参考剂量为 0.3 μg/(kg · d)[33]；第二篇文章[15]参考第一篇的结论，建议甲基苯丙胺的清理标准为 $1.5\ \mu g/100\ cm^2$。华盛顿卫生署提供了关于补救的标准（详情请访问网页：www.doh.wa.gov/ehp/ts/CDL），名为 2007 年甲基苯丙胺补救研究法案，Pub L No. 110-143，该标准基于科学知识建立了对前甲基苯丙胺合成实验室清理补救的指导准则,还提出要对甲基苯丙胺合成实验室的前居民,特别是儿童所受到的影响进行研究[34]。

管理法规

1970年的《受控物质法案》限制了甲基苯丙胺的制造和获得途径。1988年《联邦化学物转移及贩卖管理法》将苯基-2-丙酮和其他一些化学品列为受管控物质,使苯基-2-丙酮合成法的前体物更难以获得。2008年美国"国家药品甲基苯丙胺毒品评估"指出,2004年以后美国甲基苯丙胺产量急剧下降。2004年4月,俄克拉荷马州颁布了2167号众议院法案,规范了伪麻黄碱的销售,其他各州纷纷效仿。2006年9月,2005年《联邦反甲基苯丙胺流行法案》生效,法案包括限制按克零售伪麻黄碱、麻黄碱和苯丙醇胺;在柜台后的指定位置摆放这些化合物;并建立销售记录日志。各州都对伪麻黄碱产品加强了管理,特殊情况下处方才能开具伪麻黄碱。这些行动和持续的执法压力减少了国内甲基苯丙胺的生产,然而2007年仍有5 080次甲基苯丙胺私密实验室事件的报道[34]。

从甲基苯丙胺实验室带走的儿童,他们的家长往往是甲基苯丙胺的慢性使用者,这些儿童是遭虐待和/或忽视的受害者。一些州已经建立了联盟来拯救毒品危及儿童(详情请访问网页:www. nationaldec. org/statesites. html),儿科医生可以向这些儿童提供家庭医疗,并帮助协调这些儿童需要的其他服务。

常见问题

问题 生活在甲基苯丙胺制造环境中的儿童将受到什么样的长期影响?

回答 目前没有长期影响的研究信息。主要的问题似乎是被照顾者忽略,我们需要完整的发育评估。

问题 如何确定我的居住地之前是不是甲基苯丙胺的合成实验室?

回答 美国缉毒局(DEA)有详细的甲基苯丙胺合成实验室地址列表。

问题 如果发现我的居住地是前甲基苯丙胺合成实验室，我应该如何评估孩子有没有受到影响？

回答 需要综合的儿科健康评估。需要儿科专家根据症状评估。需要联系当地办事处确定是否已经完全补救，将残留物清除干净。

给专业人员的参考资料

New York State Department of Health

Web site：www. nyhealth. gov/diseases/aids/harm_reduction/crystalmeth/docs/meth_literature_index. pdf.

Ongoing comprehensive site for methamphetamine literature references.

Drug Enforcement Agency：Guidelines for Law Enforcement for the Cleanup of Clandestine Drug Laboratories

Web site：www. usdoj. gov/dea/resources/redbook. pdf

Legislation

National Alliance for Model State Drug Laws (NAMSDL)

Web site：www. namsdl. org

Decontamination

National Jewish Research and Medical Center

Web site：http://health. utah. gov/meth/html/decontamination/AdditionalResources. html

给家长的参考资料

National Alliance for Drug Endangered Children

Web site：www. nationaldec. org

Parents can contact them directly with questions. Frequently asked questions can also be accessed at www. nationaldec. org/resourcecenter/faqs. html.

（王伟业 译 张 军 校译 宋伟民 徐 健 审校）

参考文献

[1] Beebe K，Walley W. Smokable methamphetamine (“ice”)：an old drug in a different form. *Am Fam Physician*. 1995;51:449 - 453.

[2] United States Department of Justice，National Drug Intelligence Center. *Methamphetamine Drug Threat Assessment*. Johnstown，PA：US Department of Justice; March 2005. Document ID No. 2005 - Q0317 - 009.

[3] Burgess JL，Barnhart S，Checkowar H. Investigating Clandestine Drug Laboratories：Adverse Medical Effects in Law Enforcement Personnel. *Am J Ind Med*. 1996;30(4):488 - 494.

[4] Rawson RA，Gonzalez RG，Brethen P. Methamphetamine：current research findings and clinical challenges. *J Subst Abuse Treat*. 2002;23(2):145 - 150.

[5] Sadock BJ，Sadock V. eds. *Kaplan and Sadock's Comprehensive Textbook of Psychiatry*. 8th ed. Philadelphia，PA：Lippincott Williams and Wilkins; 2005：1191 - 1192.

[6] Ruha AM，Yarema M. Pharmacologic treatment of acute pediatric methamphetamine toxicity. *Pediatr Emerg Care*. 2006;22(12):782 - 785.

[7] Huestis MA，Cone EJ. Methamphetamine disposition in oral fluid，plasma，and urine. *Ann N Y Acad Sci*. 2007;1098:104 - 121.

[8] Burgess JL，Chandler D. Clandestine drug laboratories. In：Greenburg MI，ed. *Occupational，Industrial and Environmental Toxicology*. 2nd ed. Philadelphia，PA：Mosby Inc; 2003:746 - 764.

[9] Hammon TL，Griffin S. Support for selection of a methamphetamine cleanup standard in Colorado. *Regul Toxicol Pharmacol*. 2007;48(1):102 - 114.

[10] US Drug Enforcement Administration. *Guidelines for Law Enforcement for the Cleanup of Clandestine Drug Laboratories*. Washington，DC：US Drug Enforcement Administration; 2005. Available at：www. usdoj. gov/dea/resources/redbook. pdf. Accessed October 13，2010.

[11] Centers for Disease Control and Prevention. Anhydrous ammonia thefts and releases associated with illicit methamphetamine production 16 states，January 2000-June 2004. *MMWR Morb Mortal Wkly Rep*. 2005;54(14):359 - 361.

[12] Amdur MO，Klassen CD，Doull J，et al. eds. *Casarett and Doull's Toxicology：The Basic Science of Poisons*. 4th ed. New York，NY：Pergammon

Press; 1991.

[13] Oishi, SM, West KM, Stuntz S. *Drug Endangered Children Health and Safety Manual*. Los Angeles, CA: The Drug Endangered Children Resource Center; 2000.

[14] Lineberry TW, Bostwick JM. Methamphetamine abuse: a perfect storm of complications. *Mayo Clin Proc*. 2006;81(1):77-84.

[15] Salocks CB. *Assessment of Children's Exposure to Surface Methamphetamine Residues in Former Clandestine Methamphetamine Labs, and Identification of a Risk-Based Cleanup Standard for Surface Methamphetamine Contamination*. Sacramento, CA: California Environmental Protection Agency; 2009. Available at: http://www.oehha.ca.gov/public_info/public/kids/pdf/ExposureAnalysis022709.pdf. Accessed October 13, 2010.

[16] Martyny JW, Arbuckle SL, McCammon CS Jr, et al. Chemical exposures associated with clandestine methamphetamine laboratories. *J Chem Health Safety*. 2007;14(4):40-52.

[17] VanDyke M, Erb N, Arbuckle S, et al. A 24-hour study to investigate persistent chemical exposures associated with clandestine methamphetamine laboratories. *J Occup Environ Hyg*. 2009;6(2):82-89.

[18] Martyny J, Arbuckle SL, McCammon CS, et al. Methamphetamine contamination on environmental surfaces caused by simulated smoking of methamphetamine. *J Chem Health Safety*. 2008; 15(5):25-31.

[19] Witter RZ, Martyny JW, Mueller K, et al. Symptoms experienced by law enforcement personnel during methamphetamine lab investigations. *J Occup Environ Hyg*. 2007;4(12):895-902.

[20] Matteucci MJ, Auten JD, Crowley B, et al. Methamphetamine exposures in young children. *Pediatr Emerg Care*. 2007;23(9):638-640.

[21] Kolecki P. Inadvertent methamphetamine poisoning in pediatric patients. *Pediatr Emerg Care*. 1998;14(6):385-387.

[22] Prosser JM, Naim M, Helfaer M. A 14 year old girl with agitation and hyperthermia. *Pediatr Emerg Care*. 2006;22(9):676-679.

[23] Gospe SM Jr. Transient cortical blindness in an infant exposed to methamphetamine. *Ann Emerg Med*. 1995;26(3):380-382.

[24] Nagorka AR, Bergensen PS. Infant methamphetamine toxicity posing as scorpion evenomation. *Pediatr Emerg Care*. 1998;14(5):350-351.

[25] Farst K. Methamphetamine exposure presenting as caustic ingestions in children. *Ann Emerg Med*. 2007;49(3):341-343.

[26] Horton KD, Berkowitz Z, Kaye W. The acute health consequences to children exposed to hazardous substances used in illicit methamphetamine production, 1996 to 2000. *J Child Health*. 2003;1:99-108.

[27] Ruha AM, Yarema M. Pharmacologic treatment of acute pediatric methamphetamine toxicity. *Pediatr Emerg Care*. 2006;22(12):782-785.

[28] National Institute on Drug Abuse. Research Report Series: *Methamphetamine Abuse and Addiction*. Bethesda, MD: National Institute on Drug Abuse; April 1998; Reprinted January 2002; Revised September 2006. NIH Publication No. 06-4210.

[29] Albertson TE, Derlet RW, Van Hoozen BE. Methamphetamine and the expanding complications of amphetamines. *West J Med*. 1999;170(4):214-219.

[30] National Alliance for Drug Endangered Children. *National Guidelines for Medical Evaluation of Children Found in Drug Labs*. Available at: http://www.nationaldec.org/goopages/pages_downloadgallery/download.php?filename=13258.pdf&orig_name=40.pdf. Accessed October 13, 2010.

[31] National Alliance for Drug Endangered Children. *Guidelines for Methamphetamine January 2006*. Available at: http://www.nationaldec.org/goopages/pages_downloadgallery/download.php?filename=9250.pdf&orig_name=6.pdf. Accessed October 13, 2010.

[32] Dasgupta A, ed. *Critical Issues in Alcohol and Drugs of Abuse Testing*. Washington, DC: American Association for Clinical Chemistry Press; 2009.

[33] Salocks C. Development of a Reference Does (RfD) for Methamphetamine. Sacramento, CA: California Environmental Protection Agency, Office of Environmental Health Hazard Assessment, Integrated Risk Assessment Branch; 2007. Available at: http://www.oehha.ca.gov/public_info/public/kids/meth022609.html. Accessed October 13, 2010.

[34] National Seizure System. Total of all meth clandestine laboratory incidents. Available at: www.usdoj.gov/dea/concern/map_lab_seizures_2007p.html. Accessed October 13, 2010.

第 50 章

新兴技术和材料

■■■■■■

新兴技术、新化学品，以及新发现塑造和改变着儿童的生活。不断地发现创造出新的产业或者重塑现有的产业。汽车和商业航空带领着运输行业革新。制冷技术使人们在冬天也能品尝到新鲜的水果。新型建筑材料和汽车燃料使现代城市及其郊区成为可能。微电子技术和物理学上的突破产生台式电脑和因特网技术。信息和通讯技术，生物技术和纳米技术的不断进步迅速改变着社会交流，医疗和数据评估策略的方法。

有些新兴技术深深地影响到儿童的健康。例如，疫苗和抗生素有助于控制主要传染病的传播，化疗药物使许多儿童癌症得以治愈。然而，新兴技术也带来了疾病、死亡和环境恶化。这些事件都导致了很多悲剧，并且在现今仍继续有力地塑造这样的儿童环境卫生状况。这些事件的两个后果是：①热情地引进和大范围地宣传数以千计的新技术，新化学物质和新产品；②随后发现，在它们被引进之前都没有想到，其中一些看似是有益的技术，却正在威胁着儿童的健康和环境。

经典例子包括那些最初被视为有益的技术、化学品和药物，后来发现它们能造成很大的伤害，包括在作画原料中增加铅，到后来的汽油（参见第 29 章）、石棉（参见第 23 章）、二氯二苯三氯乙烷（DDT）（参见第 35 章）、沙利度胺、多氯联苯（PCBs）（参见第 35 章）、己烯雌酚（DES）（参见第 44 章），以及破坏臭氧的氯氟烃（CFCs）。其中每个例子都表明了这些新技术、化学或药物的商业开发和广泛传播先于对它们潜在毒性的评估。

最近，化学品包括双酚 A（参见第 38 章），邻苯二甲酸盐（参见第 38 章），溴化阻燃剂和全氟化合物受到极大的关注，因为它们没有经过对潜在危害进行评估之前就已经在大量使用。所有这些材料的产量极高（表 50－1），并在无数的消费产品和儿童的环境中被广泛使用。而在它们被引进几十年以后，才开始被评估其对儿童健康有哪些危害。

表 50－1　新合成化学品产量

化学品	年产量(年份)
双酚 A	23 亿(2004)
邻苯二甲酸二辛酯	2 亿(2002)
溴化阻燃剂	1.2 亿(2001)
全氟化合物	400 万(2000)

新兴技术给儿童的健康和环境带来危害的早期警告经常被忽略。结果是，降低暴露进而减少儿童伤害的举措经常被推迟，有时甚至被推迟了数十年。在某些情况下，那些致力于通过保护有害化学品市场来获取商业利益的公司正在积极反对那些为了解和控制儿童暴露所做出的努力。这些公司都使用似是而非的虚假宣传以混淆视听，并已开始直接攻击那些关注新型技术风险的儿科医生和环境科学家。铅、汞和烟草的使用都是这种情况，现在正在发生的还有氯化溶剂和有机磷农药。

过去 50 年科学发现的速度已经超越了人类历史上的任一时段。在科学发现的时代里，成百上千的新技术，成千上万的新化学品和可造成环境中排放的数百万的新产品得以出现。

化工生产量在过去的半个世纪里在大幅度增加(图 50－1)。今天，有超过 80 000 种化学品在美国环境保护署(EPA)注册被允许商业使用。这些化学品大多数是新的合成物，而且近乎所有的都在过去的 50 年内被发现。它们以前本质上在自然界中并不存在。

儿童最容易暴露于年产量超过 453 592 kg(100 万 lb)的 3 000 种人工合成化学物质。美国环境保护署把这些归类于高生产量(HPV)化学品。高产量化学品在现代环境中广泛存在，能够在大量的消费品，化妆品，药品，汽车燃料和建筑材料中被发现，也能在美国的空气，食物和饮用水中被检测到。

可测量的成百上千的高生产量化学品已经在几乎所有美国人的血液和尿中被找到。检测到高生产量化学品的浓度在哺乳期妇女的乳汁和新生儿的脐带血中逐渐上升。

监管策略

在美国,新兴技术被应用到商业之前,一般对它们不作上市前的潜在毒性的评估。因此,大约只有 1 500 种高生产量化学品潜在毒性信息被公开,其中只有不到 20%的发育毒性或伤害婴儿和儿童的信息可以被查到。检测潜在毒性物质技术的缺乏会使儿童每日暴露在那些危害未知的技术当中。

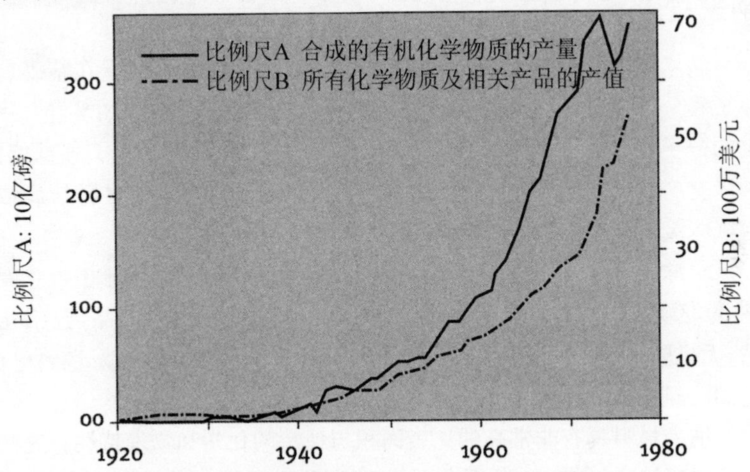

所有合成有机材料产品(排除焦油、焦油原油、石油和天然气的初级产品)。
所有材料和相关产品，年度增值。

图 50－1　1920～1980 年美国化工产品

获得戴维斯 DL 和麦基 BH 的转载许可,Cancer and industrial chemical prouduction . Science 1979; 2006(4425):1356,1358。

1976 年通过的《有毒物质控制法案》(TSCA),致力于要求所有新化学品上市前都要对其潜在毒性进行评估。而且,《有毒物质控制法案》还要求对那些已经存在的商业化学品进行追溯检测。然而,《有毒物质控制法案》从未实现这些意图,因为这部法案没有提供给美国环境保护署一种手段以获得关于化学品的安全或健康影响的足够信息,从而帮助美国环境保护署建立适当的监管。因此,由于可用信息的缺乏,现有的技术被认为是安全的,新兴的技术和材料也可能被释放,并推定为安全的。美国环境保护署已经公布了对化学品管理法规改革的一系列标准。

当前关注的新兴技术:两个案例研究

目前,在商业引进早期阶段的两种技术:纳米技术和作为燃料添加剂的甲基环戊二烯三羰基锰(MMT)。它们阐释和解决新技术潜在危险的优势和缺陷。

纳米技术

纳米技术是一种新颖的,迅速发展的新兴技术。它建立在精确地对原子和分子进行程序化装配的基础之上,来产生纳米颗粒,纳米管和一系列的分子大小的纳米器件,如泵和开关。1 nm 是 1/10 亿米。根据定义,纳米材料其长度必须至少是 100 nm 或更小。因此,纳米材料与病毒颗粒,DNA 和蛋白质分子有相同的大小范围。

全球纳米技术的投资已经在爆炸式的增长,并于 2008 年上报总额达到 80 亿美元。大约有 400 种以纳米技术为基础的消费产品,包括化妆品、无机防晒剂(氧化锌和二氧化钛)、医药品、电子产品,以及燃料电池,它们已经被引入市场。

纳米材料具有非常高的比表面积与独特的化学和物理特性。这些特点能提高纳米材料以新颖的方式与细胞和有机体产生相互作用的概率,这种特性不同于他们的母体材料。例如,碳纳米管似乎远比原料石墨更加危险。

关于纳米材料的潜在毒性的信息非常缺乏。人们对纳米材料对人类早期发展的毒性的了解几乎为零。然而,潜在毒性的提示渐渐浮出水面并引起人们的关注。例如,不断有数据表明,纳米颗粒可以通过其进入细胞的能力而产生毒性作用。它的小尺寸增加了其进入细胞的机会。这成为其毒性的主要决定因素。一旦在细胞内,纳米粒子能够通过几种机制造成伤害,包括氧化应激、脂质过氧化和蛋白质错折叠。蛋白质错折叠是令人关注的,因为它与神经元变性和胰腺中产生胰岛素的 β 细胞变性有关。相反的,碳纳米管因为主要是纤维状,它不进入细胞,而是留在细胞外间隙中,在那里它们可诱导慢性炎症的发生。在最近的一项小鼠试验性研究中,碳纳米管产生了类似于石棉所造成的致病作用。

这些信息表明,有必要谨慎采用纳米技术和将纳米材料引入到自然环境中。一些专家咨询小组呼吁在对纳米技术进行进一步传播之前需要对它们的潜在危害进行审慎的评估。

甲基环戊二烯三羰基锰(MMT)

MMT 是一种用锰作为燃料添加剂来代替四乙基铅的有机化合物。MMT 被加入到汽油中以提高辛烷值。全球国家范围内 MMT 被制造商广泛采用。在美国,虽然没有法律明令禁止,但目前 MMT 的使用已经达到了最少。自 1976 年以来,加拿大就在汽油中使用 MMT,但是因为预测到 MMT 的危害,政府试图限制 MMT 的使用。而在自由贸易协定的法律之下未能成功。MMT 上市前的毒性测试非常少。

关于 MMT 引起神经毒性的潜力逐渐受到关注。在职业暴露的成年人中,锰被认为是帕金森病的一个已知病因。产前暴露于饮用水中的锰已造成儿童延迟发育和对他们的神经发育产生毒性。很少有研究报道过在汽车燃料里的 MMT 燃烧释放的锰被排放到环境中,对全人群范围内暴露的可能性后果。MMT 暴露对孕妇和幼儿的潜在影响的了解尤其缺乏。

鉴于越来越多的证据表明,MMT 可能对人类健康和环境构成威胁,国际职业卫生委员会(ICOH)和拉马兹尼科学委员会,两个国际非政府机构,已经在所有国家中提倡在汽油中停止添加 MMT,直到对它的潜在危害进行进一步的评估。为了防止再次发生四乙基铅(参见第 31 章)的全球悲剧提出了禁止 MMT 使用的诉求。该建议已经说服了几个国家,特别是中国,推迟采用 MMT。

由这些案例研究可以看出,在引进新技术的同时,也会产生一系列与健康相关的重要问题。根据美国现行法规,社会已经承担太多的代价来评估化学安全,清除化学品造成的危险,并扶助那些被新技术伤害的人们。工业产品制造商需要做出转变,即他们有责任在他们的化学品或材料被投放到市场之前决定它们是否安全。这项证明化学品在投放到市场之前没有危害(或者好处大于坏处)的策略称为"预防原则"(参见第 57 章)。这项原则最近才被引入到国内和国际法律中[15]。而上述 MMT 的案例就是预防原则的一个应用。

2007 年，欧盟开始实施新的化学品监管体系，它被称为 REACH（欧盟《化学品的注册、评估、授权和限制》法规）。REACH 赋予企业评估和管理化学品风险的责任，进而使产品在进入市场之前需要提供安全方面的信息。此信息被放在由欧洲化学品管理局管理的中心数据库里。欧洲化学品管理局负责可疑化学品的进一步检测、监管和规范的实施。是否需要测试取决于化学品的生产量；用于消费类产品的大批量化学品比低产量的材料将会接受进行更严格的审查。欧洲 REACH 法规的成功实施使得那些有着不可接受风险的化学品在引进之前就被制止。不仅如此，减少其他化学品危害的策略将会发展，那些策略将被用来保护社会和个人的健康不受损害。

参考资料

***Technology Review* published by Massachusetts Institute of Technology**

（www. technologyreview. com）. Reviews emerging communications, biomedical, energy, and materials technologies.

（李朝睿 译　程淑群 校译　宋伟民　赵　勇 审校）

参考文献

[1] Gee D. Late lessons from early warnings: toward realism and precaution with endocrinedisrupting substances. *Environ Health Perspect*. 2006; 114 (S－1): 152－160.

[2] Michaels D. *Doubt Is Their Product: How Industry's Assault on Science Threatens Your Health*. London, England: Oxford University Press; 2008.

[3] Goldman LR. Chemicals and children's environment: what we don't know about risks. *Environ Health Perspect*. 1998;106(Suppl 3):875－880.

[4] Centers for Disease Control and Prevention. *Fourth National Report on Human Exposure to Environmental Chemicals*. Atlanta, GA: Centers for Disease Control and Prevention; 2009. Available at: http://www. cdc. gov/exposurereport. Accessed October 14, 2010.

[5] Environmental Working Group. *Body Burden—The Pollution in Newborns. A Benchmark Investigation of Industrial Chemicals, Pollutants and Pesticides in Umbilical Cord Blood*. Washington, DC. Environmental Working Group; 2005.

[6] American Academy of Pediatrics, Council on Environmental Health. Chemical-management policy: prioritizing children's health. *Pediatrics*. 2011; 127(5): 983－990.

[7] US Environmental Protection Agency. Essential Principles for Reform of Chemicals Management Legislation. Washington, DC: Environmental Protection Agency; 2009. Available at: http://www.epa.gov/oppt/existingchemicals/pubs/principles.html. Accessed March 12, 2011.

[8] Balbus JM, Maynard AD, Colvin VL, et al. Meeting report: hazard assessment for nanoparticles—report from an interdisciplinary workshop. *Environ Health Perspect*. 2007;115(11):1659－1664.

[9] Poland CA, Duffin R, Kinloch I, et al. Carbon nanotubes introduced into the abdominal cavity of mice show asbestos-like pathogenicity in a pilot study. *Nature Nanotechnol*. 2008;3(7):423－428.

[10] Howard CV. The anticipated spectrum of human disease from exposure to novel nanoparticles (abstr). Presented at Ramazzini Days 2008 Conference: New Chemicals, Nanotechnology and Health Protection: Confronting the Challenges of the 21st Century; Carpi, Italy; October 24－26, 2008.

[11] Walsh MP. The global experience with lead in gasoline and the lessons we should apply to the use of MMT. *Am J Ind Med*. 2007;50(11):853－860.

[12] Lucchini RG, Albini E, Benedetti L, et al. High prevalence of Parkinsonian disorders associated to manganese exposure in the vicinities of ferroalloy industries. *Am J Ind Med*. 2007;50(11):788－800.

[13] Wasserman GA, Liu X, Parvez F, et al. Water manganese exposure and children's intellectual function in Araihazar, Bangladesh. *Environ Health Perspect*. 2006;114(1):124－129.

[14] Landrigan P, Nordberg M, Lucchini R, et al. International Workshop on Neurotoxic Metals: lead, mercury, and manganese—from research to prevention. The Declaration of Brescia on prevention of the neurotoxicity of metals June 18, 2006. *Am J Ind Med*. 2007;50(10):709－711.

[15] Grandjean P, Bailar JC, Gee D, et al. Implications of the Precautionary Principle in research and policy-making. *Am J Ind Med*. 2004;45(4):382－385.

第 51 章

环 境 灾 难

■■■■■■

许多灾难性事件后可以积累各种环境健康问题。这些事件可以涉及自然灾害，如地震、洪水、飓风、龙卷风和野火等，以及人为灾害，如印度博帕尔的甲基异氰酸酯泄露、意大利塞维索的2,3,7,8－四氯代二苯并二噁英泄露，以及2010年数百万加仑原油流入墨西哥湾。2001年9月11日摧毁世贸大厦的恐怖袭击事件导致大量有毒物质泄露，造成很多现场急救员和居住在灾难发生地附近的居民罹患呼吸道疾病。在对包括现场急救员和儿童在内的受害者进行的随访调查中，揭示了这场史无前例的恐怖事件导致其长期患病的证据。无论是人为的或自然事件，环境灾难都可能会导致显著的发病率和死亡率。如飓风“丽塔”和“卡特里娜”、2010年的海地地震，以及2011年的日本地震和随后的海啸均表明，儿童和青少年往往会在灾难中受到不成比例的影响。

概述在响应过程中当地社区、州政府和联邦政府的角色

当地社区和州政府在防灾准备和救灾中发挥了最大的作用。然而要做到充足准备，美国联邦政府要为防灾准备活动投放大比例的资金。2008年发布的国家应对框架中提供了所有响应实体反应准备的指导原则，也提供了全国统一的应对最小事件到最大灾难的紧急情况应急预案[1]。

国家应对框架定义了灾难应对中响应实体的角色和结构，建立了请求和接收联邦援助必不可少的过程，并总结了关键功能和应急保障功能（表51－1）。应急保障功能与医疗响应最为相关，包括应急保障功能6，

指导美国联邦紧急事务管理署开展群体关怀、紧急援助及人性化服务相关活动；应急保障功能 8，指导美国卫生与人类服务部开展公共卫生和医疗响应；应急保障功能 9，主要强调城市搜索和救援活动，并联合美国国土安全部（包括美国联邦紧急事务管理署和美国海岸警卫队）、美国内政部、国家公园管理局和美国国防部/美国空军；应急保障功能 10，指导美国环境保护署（EPA）协调、整合和管理整个联邦的工作，探测、识别、控制、净化、清理、处置或尽量减少石油排放或有害物质的释放，或防止、减轻或尽量减少潜在泄露的威胁。但是，国家应对框架中没有任何条款专门针对儿童、孕妇或有孩子家庭的需求。

由于恐怖事件和自然灾害存在许多相似之处，“全危险方法”的原则已经成为应对任何类型突发事件的基础。在这种方法中，负责制订灾难应对方案的公共卫生和应急管理部门制订和实施适用于不可避免的人为灾害、恐怖事件（在美国极为罕见）或自然灾害的指导方针。可适应和可扩展系统的发展推动了效率、降低了成本，并且可以消除系统冗余。全危险方法的基础存在于事故指挥系统及其对应的医院与医院应急指挥系统。事故指挥系统在 20 世纪 70 年代首先被创建，以提高应对自然灾害，如火灾，并已逐渐成为应对灾害的统一机制。事故指挥系统以在任何类型的灾难中，应该具有一个固定的应对机制、固定角色和常用术语为原则，并且该系统已应用于全世界。建议所有可能被要求应对灾难的个人（包括现场急救员、医院工作人员和志愿者）均应获得事故指挥系统培训，以在灾难期间能够更有效地应对（参见参考文献）[2]。

灾难应对始于当地。当灾难发生时，由抵达现场的现场急救员向地方官员提供初步评估。该评估专注于事件的严重程度、伤亡人数、预计伤亡人数、财产损失和应对资源需求和转运受害者。由当地紧急医疗服务、当地卫生保健设施和服务，以及当地公共卫生机构处理医疗问题。当地政府设置一个紧急行动中心，并确定事件是否超过或预计将超过当地的应对能力。对于超出地方应对能力的事件，地方官员可以要求州内其他地方政府或者州政府的援助。斯塔福德法案规定，在重大灾难时可以向地方社区提供联邦支持。地方社区负责在预设灾难应对措施时确保所有计划或准备的完成，包括应考虑到儿童和家庭的需要[3]。

表51-1　术语

名　称	缩　写	职　责
国家应对框架	NRF	提供指导原则，应对所有响应实体，并提供全国统一的应对计划
美国联邦紧急事务管理署	FEMA	国土安全部的一部分，领导与民众保健，紧急援助，及公共事业相关活动
美国事故指挥系统	ICS	现场灾害指挥管理
美国医院事故指挥系统	HICS	在紧急和非紧急情况下使用而设计的医院事件指挥系统
灾难医疗救援队	DMAT	由专业团队和辅助人员组成，在灾难发生时提供快速反应的医疗服务
■美国国土安全部资助计划 ■美国城区安全倡议 ■美国都市医疗救治体系 ■美国国家健保准备计划	 UASI MMRS	资助风险规划和准备应急方案

州长负责激活该州紧急行动中心，州紧急行动中心评估损失程度和人员伤亡的范围，以确定应对需求是否已经超过该州的能力。如果超过，州长将通过应急管理援助契约或其他州际协议请求援助。州长可以请求总统发布声明，如果事件在预期情况下，如飓风，联邦政府可以对预期的受灾区进行物资的预部署。国家级的活动由作为卫生与公众服务部的一部分联邦紧急事务管理署协调。当总统宣布紧急情况或灾难时，联邦响应团队和其他资源都已部署，并成立一个联合办事处，以提供统一的协调应对资源。例如，美国环境保护署可能被要求评估和告知暴露于有毒污染物的可能性。联邦医疗物资能够提供给受灾地区，其中包括国家灾难医疗系统的灾难医疗援助队，可提供伤员在设备间转移的计划和过程。但是，这小组受限于部署和设置所需的大量时间，以及现有小组的数目。虽然大多数的灾难医疗援助队可能并没有接受过照顾或转运、儿童的专门培训，但是目前有2个儿科专属团队，并且美国儿科学会(AAP)与国家灾害医学系统共同确定了一个儿科训练机制。

灾害发生前，联邦政府支持许多州和地方的备灾活动。联邦政府通过资助项目，如国土安全资助项目、市区安全倡议、城市医疗应对系统及国家医疗应急程序提供财务资源通过资助项目，联邦政府设置要求并促进最佳的实践。联邦政府也指导各州和地区的备灾和应对活动，并资助医疗对策开发研究、检测和应对技术的发展，以及最佳实践。联邦政府还储备药品、设备和物资，以补充各州和地方的物资准备。[4]这些储备物资应该有足够的资源供孩子使用，但实际情况往往不令人满意。

灾害周期

尽管由于预报、严重程度、地理位置、社会经济条件和受灾人群的基本健康状况的差异使所有的灾害具有独特性，但它们都可以通过灾害周期模型进行描述。灾害周期以阶段发生："灾害间期"发生在灾害之间；"前驱期"发生在灾害即将发生时（如墨西哥湾的飓风）；但是，一些灾害没有任何预警（如地震），只存在一个"冲击"。不同事件的变化时间不同；冲击阶段过后是"营救阶段"，在此期间现场急救员们的行动是营救生命的关键；在"复苏阶段"，协调工作使人群恢复到正常状态[5]。

防灾和备灾措施出现在"灾害间期"阶段。这些措施可能包括转移活火山附近或已知易发生严重洪水地区的人群。以降低可能的灾害影响为目的的缓解措施可存在于该阶段，也可存在于其他阶段，旨在减少灾害可能造成的影响。缓解措施包括在地震多发区实行严格的建筑规范，在洪水区增强防洪堤，以及建立海啸预警系统[6]。

成功的响应取决于现场急救员是否受过足够的培训，加强应急指挥机构，以及紧急救援部门、公共卫生部门与卫生保健系统的有效协调。所有的灾难保持在局部范围内，直到当地社区不堪重负。在灾害周期的"灾害间期"阶段，当地社区承担强有力的规划和准备活动，以缓解灾害的影响是至关重要的。灾害后恢复依赖于充分的规划、社区基线弹性、基本服务的有效协调及心理健康服务的提供。

灾害实例

龙卷风和飓风

自然灾害在某种程度上是可预见，因为它们具有地理或时间倾向性。

例如，某些地理区域更易遭受龙卷风和飓风。在2011年春季，发生在美国南部的多个龙卷风造成超过300人死亡，在2011年5月，发生在密苏里州的一个龙卷风导致超过100人死亡。近年来，美国及其相邻国家也遭受了严重飓风的影响，包括飓风“卡特里娜”(2005年)和“安德鲁”(1992年)。两者都对受灾国家的基础设施造成毁灭性的破坏，并暴露了这些国家在抵御灾害中的缺陷，包括缺乏照顾儿童和青少年的准备。在“卡特里娜”飓风后许多家庭失去了居所，由联邦紧急事务管理署提供的居住拖车被用作飓风后遭受呼吸系统疾病患者的临时居所。一些拖车内甲醛水平升高，增加了居民对其暴露的担忧[7]。医疗保健基础设施经历了严重的长期破坏。许多学校建筑物被摧毁或严重破坏，因此很长一段时间无法重新使用。由于灾情不同程度地影响着穷人，环境公平问题在飓风过后出现，即社区内更脆弱的地区更加缺乏措施。由于这些问题和其他问题，儿童及青少年的生活会被打乱几个月至几年，这将对他们的生长和心理健康造成潜在影响。在灾害来临之前、灾害期间及灾害过后预计这些影响，并制订缓解措施。这是将来预防类似灾难的关键。

地震

地震可能是毁灭性的且耗费巨大，尤其对于发展中国家，没有制订保护居民建筑的规范。地震的等级和位置可以造成非常高的死亡率。在2008年中国四川省汶川地震中许多儿童丧生，部分原因是没有落实保护性建筑规范。在美国的很多地方，如加利福尼亚州、爱达荷州、犹他州、西北太平洋地区，以及中东地区地震都是一个潜在问题。在地震多发地区制订和实施特殊的建筑法规等缓解措施，这使建筑能够承受高冲击力并保持完整[8]。

最著名的地震，如2010年海地地震和2011年日本海岸地震，造成了数千至数十万人死亡及基础设施受损，带来了数十亿美元的经济损失[2]。地震破坏带来的危险，使受害者脱身的困难，以及寻找幸存者的时间限制都使得救援工作更加复杂。地震造成的主要伤亡来自于身体伤害，尽管这可以包括伤口的继发感染和长期残疾。额外发病率和死亡率可能由日本福岛核电站破坏后的核辐射泄露导致。

洪水

洪水可能是最常见的自然灾害，约占全球灾害的30%。2 500～5 000万美国人生活或工作在洪泛平原，另有1.1亿人生活在沿海地区。山洪暴发对生活在洪水易发区的人尤其危险，山洪造成的大多数死亡是溺水导致的。另外，洪水通常与丧生无直接关系，但可以造成大量的毁灭和破坏。并且由于洪水往往含有人类或动物粪便，能潜在地造成疾病的广泛传播。洪水也可能被已经储存于住宅和其他地方的有毒物质污染。未及时清除因洪水浸泡而损坏的物品可导致建筑内霉菌滋生和可能的呼吸系统疾病或慢性疾病问题[9-10]。洪水后获取清洁的饮用水成为一个主要问题，可通过煮沸或氯化消毒饮用水[8]。

世贸中心灾难

成千上万生活或者就读于曼哈顿下城或附近学校的儿童和青少年暴露于世贸中心的灾难所致的污染。纽约世界贸易中心恐怖袭击造成超过90 000 L喷气燃料的燃烧，温度高于1 000℃。这导致了大气污染和两座世界贸易中心大楼的倒塌，产生成千上万吨含有水泥粉尘、玻璃纤维、铅、石棉、多环芳香烃、多氯联苯(PCBs)、有机氯农药、多氯代二苯并呋喃和二噁英的颗粒物[11]。大量关于世界贸易中心相关健康影响的研究已经在经常暴露于高浓度残渣、灰尘、烟雾和烟的救援人员中开展。这些研究表现出呼吸道和胃肠道问题高发生率和高致残率。

被建立用于评估灾后生理和心理影响的世贸中心健康登记，收集了在2001年"9·11"事件中小于18岁的3 184名儿童的信息。许多儿童，特别是那些暴露于较高量毒物(如粉雾)的儿童，在事件后即出现了呼吸道症状[12]。与全国的估计相比，5岁以下儿童哮喘的患病率高于预期。在暴露于粉雾的儿童中，所有年龄组的新发哮喘都高于预期[13]。后续需要确定哮喘的增加是否会持续下去。登记儿童的其他常见症状包括胃灼热、下呼吸道症状和鼻窦问题[13]。

暴露于该灾难与出生结局的影响有关[14-16]。一项研究在袭击发生时或发生后立即对187名世界贸易中心内或附近的孕妇进行检查。与非暴露组相比，急性暴露者分娩出小于胎龄儿的危险性增加了2倍，但尚没有流产、早产或低出生体质量儿的增加。作者认为暴露于多环芳烃或颗粒物质可能促成不利影响[14]。

研究人员随访了一部分由暴露于世界贸易中心袭击事件的孕妇生育的儿童，并使用贝利婴儿发育量表（Ⅱ）评估儿童的认知和运动发育。在儿童 3 岁时，智力发育指数得分在多环芳烃 - DNA 加合物与子宫内二手烟暴露之间存在一个相互作用。既不单独暴露于加合物，也不单独暴露于二手烟都是认知发展的重要预测指标[17]。加合物是一类由两类物质（通常是分子）通过共价键结合形成的物质。

心理健康问题已经在暴露于世贸中心灾难的儿童中得到确认。纽约市一项学龄儿童的研究在袭击事件后 6 个月开展，研究发现调查的儿童约有 1/10（11%）有可能的创伤后应激障碍的症状、重度抑郁症的症状（8%），离别焦虑障碍的症状（12%）、无端恐惧症的症状（9%），而 15%有广场恐惧症的症状（害怕外出或者乘坐公共交通工具）[18]。受到灾难直接影响的儿童，家长受到直接影响，或者家长从前遭受过创伤后应激障碍或抑郁症的儿童，更容易出现这些症状。另外一项关于 115 名曼哈顿下城学龄前儿童的研究发现，在世贸中心灾难前有过创伤暴露史的儿童，随后经历世贸中心袭击相关的创伤，其明显行为问题的风险增加。这些结果表明，之前具有创伤暴露的儿童可能尤其需要心理健康服务[19]。2001 年“9・11”袭击后导致心理疾病的特别额外风险因素包括社区暴力和贫穷，不受政府保护感和社会心理资源缺失。

灾害中儿童的特殊易感性

儿童在灾难期间和灾后具有一些易感性。由于他们的身型、生理和生长发育，在灾难中具有特殊的身体易感性。因为儿童身型比成人更小，他们更容易在洪水中受伤和溺水，也更容易发生化学污染物的毒性反应，因为许多化学物质都比空气重，因此在近地面存在更高的浓度。核爆炸事件下的核辐射暴露情况相同。与成人相比，儿童单位体重的体表面积较大，因此每单位体质量可以通过皮肤吸收更多的毒物。儿童有较高的呼吸频率，这增加了他们对雾化或气化介质的暴露。由于儿童有更高的液体需求，他们脱水的风险增加。儿童往往特别容易感染，并且也可能成为流感和其他传播传染性疾病的易感人群。因为儿童发育不成熟，他们可能没有足够的运动技能以逃脱灾难，或缺乏使自己不受伤害的判断[21]。儿童对他们的环境也更加好奇，因此，更容易接触可能受污染的物体表面，以及把沾有污染物的物品或自己的手指放进嘴里。

儿童和青少年在灾难中可能与他们的看护人分离。在2005年的“丽塔”和“卡特里娜”飓风后，超过5 000名儿童与他们的家长或监护人分离。由于缺乏一个行之有效的用于重新团聚的制度，其中一些儿童受害者与他们的监护人分离长达18个月[22]。

供应设施中可能没有足够的儿科设备，用以照顾新生儿、婴儿、年龄较大的儿童及有特殊需求的儿童。救援资源可能无法按照儿童的意愿进行分配。这些灾难带来的其他后果都强调了在防灾计划中考虑儿童和青少年的重要性。美国国会通过立法以确保儿童和青少年的需求在灾后得到满足(如2007年《儿童灾后需求应对法案》)。

儿童和青少年受灾期和灾后的心理需求

在2006年，医学研究所发布了一个美国紧急护理状态的报告，得出的结论是，在灾后儿童和青少年具有高心理创伤危险性，包括明显的行为困难[21]。这些疾病包括广场恐惧症、分离焦虑症、行为障碍和抑郁症[23]。心理健康问题的危险因素包括心理健康疾病史、直接暴露于灾难、社会经济地位较低、丧失家庭成员，以及与有明显创伤后应激反应的家长生活在一起。

在灾难发生后，医疗急救人员和其他卫生保健服务者需要向儿童、青少年和家庭提供心理危机救助。此外，儿科和其他卫生保健提供者需要为存在心理调适问题和后续困难的其他危险因素进行一个简要的评估，以为心理健康问题提供快速、有效的分诊方法[24]。儿童或青少年对灾难的反应方式取决于多种因素，包括灾难的性质和程度，以及儿童或青少年的直接参与，先前存在的弱点和应对技能，年龄和发育/认知水平[25-26]。

灾后儿童常见即时反应包括[24]：

- 恐惧的发展。
- 忧虑和焦虑的发展。
- 悲伤和悲痛。

■退行性行为。

■社交能力退化。

■难以集中注意力和专心一致。

■躯体症状,如头痛或胃痛等。

■潜在障碍的恶化(尤其是应激障碍)。

急救人员和卫生保健服务者通过提供心理危机救助有助于部分缓解儿童心理危机,这应该广泛地提供给那些受灾难影响的儿童。心理危机救助是识别和回应受灾害影响者,对他们所处环境造成的紧张感提供帮助的行为[27]。

患儿经过治疗病情稳定后,建议医生立即对儿童进行心理评估以调整反应。心理危机救助包括提供情感支持,提供信息和教育,鼓励积极应对措施,对更多帮助需求的识别,以及协助人们获得额外的帮助。关键是识别长期存在心理健康问题风险的儿童。具有高风险的儿童包括那些失去家庭成员或朋友的儿童,已经暴露于伤害、死亡或破坏的儿童,感觉自己的生活处于危险之中的儿童,与家长或其他监护者分离的儿童,已经存在的心理健康问题的儿童,家长有应对困难的儿童。有分离焦虑症状、剧烈悲痛、灾难混乱导致的严重认知障碍、判断能力下降和明显的躯体化症状的儿童也有较高的风险[24]。

总结

儿童尤其容易在灾害中受到生理和心理伤害。儿科医疗服务提供者可以使自己接受有关备灾的学习并参与规划、灾害管理和恢复。

常见问题

问题　儿科临床医生在哪里可以学习更多的防灾知识,以及接受当地灾难事件行动的培训?

回答　美国疾病控制与预防中心具有临床推广和交流活动。临床医生可以注册接收电子邮件、参加电话会议,以及参与网上和其他类型的培训。此外,美国联邦紧急事务管理署运行应急管理学会(http://training.

fema. gov)也提供有关事故指挥系统和其他话题的在线和面对面的培训。

问题　儿科临床医生如何能在当地备灾中工作?

回答　许多当地卫生部门已建立了志愿医疗后备团队。医疗后备团队是社区依赖型的并以地方组织的方式发挥功能,并且利用想要奉献自己的时间和专业技术的志愿者去准备和应对突发事件,以及在全年促进健康生活。儿科医生可以与当地卫生部门和紧急行动中心配合,以确保儿童的需求被考虑到社区应灾计划中。他们还应该确保自己的实践和制度是有备的。

问题　儿科医生在哪里可以找到传授给家长的灾害信息?

回答　美国儿科学会灾难网站有临床医生可以与家长分享的材料(http://www. aap. org/disasters/index. cfm)。

问题　墨西哥湾漏油事件后,我可以在哪里找到有关石油对儿童长期影响的信息?

回答　目前关于墨西哥湾漏油事件的儿童潜在长期影响的确切资料尚少。

参考资料

American Academy of Pediatrics, Children and Disasters
Web site: www. aap. org/disasters/index. cfm

Centers for Disease Control and Prevention, Emergency Preparedness and Response
Web site: www. bt. cdc. gov

Federal Emergency Management Agency
Web site: www. fema. gov

National Commission on Children and Disasters
Web site: www. childrenanddisasters. acf. hhs. gov

Natural Disasters and Weather Emergencies-US Environmental Protection Agency
Web site: www. epa. gov/naturalevents

State Offices and Agencies of Emergency Management

Web site：www. fema. gov/about/contact/statedr. shtm

（李朝睿 译　程淑群 校译　宋伟民 审校）

参考文献

[1] Federal Emergency Management Agency，NRF Resource Center. Available at：http://www. fema. gov/emergency/nrf. Accessed April 6，2011.

[2] Federal Emergency Management Agency，NIMS Resource Center. Available at：http://www. fema. gov/emergency/nims. Accessed April 6，2011.

[3] Robert T. Stafford Disaster Relief and Emergency Assistance Act，as Amended and Related Authorities. FEMA 592，June 2007. Washington，DC：Federal Emergency Management Agency；2007. Available at：http://www. fema. gov/pdf/about/stafford_act. pdf. Accessed April 6，2011.

[4] Adirim T. Protecting children during disasters：the federal view. *Clin Pediatr Emerg Med*. 2009;10(3):164-172.

[5] Noji EK. *The Public Health Consequences of Disasters*. 1997；New York：Oxford University Press.

[6] Waeckerle JF. Disaster Planning and Response. *N Engl J Med*. 1991;324(12)：815-821.

[7] Centers for Disease Control and Prevention. FEMA-Provided Travel Trailer Study. http://www. cdc. gov/nceh/ehhe/trailerstudy/default. htm. Accessed April 6，2011.

[8] Agency for Health Care Research and Quality. Pediatric Terrorism and Disaster Preparedness. A Resource for Pediatricians. Available at：http://www. ahrq. gov/research/pedprep/resource. htm. Accessed April 6，2011.

[9] Hajat S，Ebi KL Kovats S，Meene B，et al. The human health consequences of flooding in Europe and the implications for public health：a review of the evidence. *Appl Environ Health Sci Public Health*. 2003;1(1):13-21.

[10] Janerich DT，Stark AD，Greenwald P，et al. Increased leukemia，lymphoma，and spontaneous abortion in Western New York following a flood disaster. *Public Health Rep*. 1981;96(4):350-356.

[11] Landrigan PJ，Lioy PJ，Thurston G，et al. Health and environmental conse-

quences of the World Trade Center disaster. *Environ Health Perspect*. 2004;112(6):731 – 739.

[12] Cone J, Perlman S, Eros-Sarnyai M, et al. Clinical guidelines for children and adolescents exposed to the World Trade Center disaster. The New York City Department of Health and Mental Hygiene. *City Health Information*. 2009;28(4):29 – 40.

[13] Thomas PA, Brackbill R, Thalji T, et al. Respiratory and other health effects reported in children exposed to the World Trade Center disaster of 11 September 2001. *Environ Health Perspect*. 2008;116(10):1383 – 1390.

[14] Berkowitz GS, Wolff MS, Janevic TM, et al. The World Trade Center disaster and intrauterine growth restriction. *JAMA*. 2003;290(5):595 – 596.

[15] Lederman SA, Rauh V, Weiss L, et al. Effects of the World Trade Center event on birth outcomes among term deliveries at three lower Manhattan hospitals. *Environ Health Perspect*. 2004;112(17):1772 – 1778.

[16] Perera FP, Tang D, Rauh V, et al. Relationship between polycyclic aromatic hydrocarbon-DNA adducts and proximity to the World Trade Center and effects on fetal growth. *Environ Health Perspect*. 2005;113(8):1062 – 1067.

[17] Perera FP, Tang D, Rauh V, et al. Relationship between polycyclic aromatic hydrocarbon-DNA adducts, environmental tobacco smoke, and child development in the World Trade Center cohort. *Environ Health Perspect*. 2007;115(10):1497 – 1502.

[18] Hoven CW, Duarte CS, Lucas CP, et al. Psychopathology among New York City public school children 6 months after September 11. *Arch Gen Psychiatry*. 2005;62(5):545 – 552.

[19] Chemtob CM, Nomura Y, Abramovitz RA. Impact of conjoined exposure to the World Trade Center attacks and to other traumatic events on the behavioral problems of preschool children. *Arch Pediatr Adolesc Med*. 2008;162(2):126 – 133.

[20] Calderoni ME, Alderman EM, Silver EJ, et al. The mental health impact of 9/11 on inner-city high school students 20 miles north of Ground Zero. *J Adolesc Health*. 2006;39(1):57 – 65.

[21] Institute of Medicine. *Emergency Care for Children: Growing Pains*. Washington, DC: National Academies Press; 2007. Available at: http://www.nap.edu/catalog.php?record_id=11655. Accessed April 6, 2011.

[22] American Academy of Pediatrics. Hurricane Katrina, children, and pediatric he-

roes: hands-on stories by and of our colleagues helping families during the most costly natural disaster in US history. *Pediatrics*. 2006; 117(5 Suppl): S355 – S460.

[23] Hoven CW, Duarte CS, Mandell DJ. Children's mental health after disasters: the impact of the World Trade Center attack. *Curr Psychiatr Rep*. 2003;5(2): 101 – 107.

[24] Schonfeld DJ, Gurwitch RH. Addressing disaster mental health needs of children: practical guidance for pediatric emergency care providers. *Clin Pediatr Emerg Med*. 2009;10(3):208 – 215.

[25] Madrid PA, Grant R, Reilly MJ, et al. Challenges in meeting immediate emotional needs: shortterm impact of a major disaster on children's mental health: building resiliency in the aftermath of Hurricane Katrina. *Pediatrics*. 2006;117(5 Pt 3):S448 – S453.

[26] Gurwitch RH, Kees M, Becker SM, et al. When disaster strikes: responding to the needs of children. *Prehosp Disaster Med*. 2004;19(1):21 – 28.

[27] American Red Cross. *Foundations of Disaster Mental Health*. Washington, DC: American Red Cross; 2006.

第 52 章

环境公平性

贫困和有色人种社区的儿童更容易受环境污染的影响。这些儿童常生活在空气污染严重的社区，房屋也不合标准，使得他们有更多机会暴露于多种环境污染物之中[1-8]。虽然这种暴露风险存在非常大的贫富差距，但不同经济水平的地区，其种族差异也常存在[9]。除此之外，贫困社区的人们相对缺少足够的影响力和资源，无法像富裕地区的人们那样去保护他们的孩子免受环境污染的影响。

相对白人或者整个美国而言，有色人种如非裔、亚裔、拉丁裔、泛太平洋岛国后裔和美洲土著所受到的疾病和死亡方面的不公平即使在美国政府采取应对措施之后依然存在。现有的研究指出，健康的不公平是由环境因素(如家庭、学校和工作场所等各种地点的物理、化学和生物因素)和社会因素(即个人和社区的一些特征，如社会经济状况、教育、心理压力、资源利用、支持系统、居住条件、文化以及种族和阶级的制度和政治因素)[9]共同作用的结果。除此之外，环境公平的提倡者也鼓励科学家和管理者用历史的眼光看待环境问题，考虑社会经济状况和其他社会因素对环境暴露和健康后果的影响。消除环境不公平性是“健康人类 2020”及美国今后 10 年及未来健康计划的主要目标[10]。实现这个目标则需要对环境中的社会因素和自然因素进行干预。公共健康的倡导者和当地健康部门也开始认识到自然环境和社会环境之间的联系。他们同时也更多关注健康的社会决定因素(如贫穷、种族等)，而非局限于个体水平的行为改变方法和手段。这样才能找到更好的策略以消除健康的不公平性，进而达成健康公平[11,12]。

疾病和死亡中的不公平

不同种族和民族的儿童在出生时的健康状况，以及疾病的流行和严重程度上存在差异，这已经得到广泛的认同。究其原因，这可能与有色人种和低收入人群环境污染物的暴露增加或者累积暴露增加有关；加之各种物资的匮乏、社会经济地位低下、心理和社会方面的压力，以及健康状况等方面的因素，使得他们更容易遭受环境相关的疾病和伤害，造成了可见的健康状况方面的不公平。尽管环境中的社会和自然因素如何发生作用，导致人种和民族间发生疾病和死亡差异的机制并不特别明确，但健康结果方面的差异与环境因素有关这一点应该毋庸置疑。最近的研究表明，社会因素会增加人对环境中有毒物质的敏感性，即社会因素可以调节环境污染暴露的效应(如提高毒物的毒性)[13,14]，这是环境与健康研究中的新领域。

婴儿死亡率

通常认为婴儿死亡率是反映社区健康水平的良好指标，代表着固有的生物因素和生活中各个方面广泛分布着的各种环境和社会因素作用的总体效果[15]。从 20 世纪初开始，美国非裔和印第安人的婴儿死亡率一直高于白人[16,17]。巨大的种族和民族不公平性仍在继续。非拉丁裔黑人、印第安和阿拉斯加土著婴儿的死亡率也一直高于其他种族和民族[18]。例如，2004 年非拉丁裔黑人婴儿的死亡率 13.6‰，印第安和阿拉斯加土著婴儿的死亡率是 8.4‰，均高于白人、非拉丁裔白人(5.7‰)、拉丁裔人(5.5‰)和亚太裔人(4.7‰)[18]。婴儿死亡率在同一种族和民族内部也不同，如 2004 年美国拉丁裔婴儿的死亡率范围是 4.6‰(古巴拉丁裔人)到 7.8‰(波多黎各拉丁裔人)[18]。种族之间的婴儿死亡率差异产生的原因仍不完全清楚。在有色人种中，婴儿死亡增加的主要原因是婴儿猝死综合征(SIDS)。婴儿猝死综合征导致的婴儿死亡比率在阿拉斯加土著人、印第安土著人和黑人中比较高。除了人种的原因，导致婴儿猝死综合征的环境因素包括睡眠姿势、母亲孕期吸烟、产后二手烟暴露，以及(可能)室外空气污染。

低出生体重

低出生体重是预测婴儿疾病和死亡的一个重要指标。非裔妇女产下低出生体重儿童的可能性是白人妇女的 2 倍，即使她们具有相同的教育程度（比如大学教育）[15,24]。缺乏教育和低收入水平也与低出生体重有关[25]。吸烟使得胎儿宫内发育受阻而影响出生体重[26,27]，但是这些因素和孕期其他危险因素仍然不能充分解释种族之间持续存在的差别[25,28]。环境污染物暴露同样会增加低出生体重婴儿的风险。好几个研究已经发现近地沉降物和其他地表污染物[29-32]、空气污染[33-37]和杀虫剂[38]与低出生体重有关。多个研究还表明多种污染物存在交互作用，包括多环芳烃、杀虫剂（毒死蜱）和二手烟与哈莱姆黑人区的非裔妇女（不吸烟）产下低出生体重、头围偏小和身长偏小的婴儿有关。康涅狄格州和马萨诸塞州进行的一项关于空气污染与妊娠结局的研究中发现，黑人婴儿的低出生体重的风险高于白人婴儿，且与空气中的细颗粒 $PM_{2.5}$ 有关[33]。

哮喘

在美国，波多黎各儿童、非裔黑人儿童和古巴籍儿童哮喘的患病率比白人儿童高，非裔儿童患哮喘的风险是白人儿童的 2 倍[39]。24 岁以下非裔黑人因哮喘住院的机会是白人的 3～4 倍。哮喘也是一种复杂的多因素疾病，其种族和民族上的差别可能与社会和经济状况、健康和保健的可获得性，以及环境诱发物的暴露有关[40]。据报道，大约有 13％的非拉丁裔黑人儿童患有哮喘，而非拉丁裔白人儿童哮喘现患率为 8％，拉丁裔白人儿童哮喘现患率为 9％。

这种差异在拉丁裔人内部也有差异，例如波多黎各籍儿童哮喘的现患率为 20％，而墨西哥籍儿童仅为 7％[41]。

新生儿肺出血

克利夫兰、芝加哥和底特律曾有地方性的新生儿肺出血案例报道[42-44]，大多数病例为黑人婴儿。目前还不清楚种族是否是肺出血的一个危险因素，或者人种之间的社会经济状况差别以及其他特定危险因素分布上的差别是否与肺出血的发生有关。在这种情况下，人种可能是这些潜在危险因素的一个标志物[45]。

暴露中的不公平

空气污染

有色人种儿童可能会更多地暴露于室内和室外空气污染。就室内而言，他们可能更多地暴露于二手烟、尘螨、霉菌孢子和蟑螂[46-47]。他们也可能更多地生活在空气质量不达标的社区。例如，美国50%的白人儿童居住在臭氧不达标的县，而60%的黑人儿童、67%的拉丁裔儿童和66%的亚太裔儿童生活在臭氧浓度不达标的县。同样，与白人儿童相比，有更大比率的黑人儿童、拉丁裔儿童和亚太裔儿童居住在 $PM_{2.5}$ 和一氧化碳超标的县(表52-1)[48]。

食品污染

有色人种因为饮食习惯的原因可能暴露于某些来自食品的特定污染物。印第安和阿拉斯加土著人、亚太裔人，以及以捕鱼为生的人可能会更多地暴露于水产品中的污染物[49-53]。例如，伯格(Burger)等人对纽约-新泽西港湾居民的捕鱼和消费鱼的行为的调查中发现，非裔黑人消费当地捕获的鱼最多，其次是拉丁裔人[50]。白人比其他人更多从事捕鱼，但他们很少吃自己捕获的鱼，鱼的消费也比较少[50]。印第安土著人传统的膳食结构中包括当地捕获的鱼和其他野生动物，因而也不同程度地暴露于环境污染物[52-55]。亚太裔人消费鱼贝类的数量可能是美国平均水平的10倍[56]。因此，美国亚太裔儿童比一般儿童可能更多暴露于海产品污染。最近的一个基于全国数据的研究发现亚太裔妇女体内汞的浓度在统计学上高于其他种族和民族的妇女[57]。因为在胚胎期暴露于甲基汞会导致胎儿的中枢神经系统损害，以及导致认知能力和运动功能的损害，这意味着儿童的健康也会因此受到影响[58]。这个结果也得到纽约州生物监测研究结果的证实，该结果表明亚洲人血液中汞浓度有人种上的差异，尤其是居住在纽约州的非本地出生成年中国人最高[59]。这个研究促使纽约健康与精神卫生中心发表了针对健康服务者的建议，要求他们鼓励患者安全消费鱼类食物，但如果缺乏食物中汞含量以及其他污染物含量的数据，尤其是缺乏一些只在专门商店销售的特殊食物和具有民族特色食物的数据，很难指导居民就良好健康的膳食做出明智的选择。

表 52-1　2005 年生活在空气污染超标地方的儿童的比率按民族和种族划分

	所有种族/民族（%）	非拉丁裔白人（%）	非拉丁裔黑人（%）	非拉丁裔印第安/阿拉斯加土著（%）	非拉丁裔亚太人（%）	拉丁裔白人（%）
臭氧（8 小时标准）	55.00	50.00	60.00	31.00	66.00	67.00
PM_{10}	5.90	4.90	4.00	7.30	10.00	9.60
$PM_{2.5}$	25.00	19.00	36.00	6.90	27.00	33.00
一氧化碳	0.02	0.02	0.14	0.20	0.16	0.12
铅	0.07	0.12	0.01	0.02	0.01	0.01
二氧化硫	0.00	0.00	0.00	0.00	0.00	0.00
二氧化氮	0.00	0.00	0.00	0.00	0.00	0.00
其他	60.00	37.00	66.00	33.00	76.00	71.00

PM_{10}表示空气中微粒的空气动力学直径小于 10 μm；$PM_{2.5}$表示空气中微粒的空气动力学直径小于 2.5 μm。

来源：美国环境保护署，空气和放射线办公室空气数据检索系统。

铅

最近这些年尽管血铅浓度有大幅度下降，血铅浓度依然存在种族、民族和收入方面的差异。居住在贫民区的黑人儿童血铅升高风险是非贫民区白人儿童的 4 倍。

大约有 17%的非拉丁裔黑人儿童、4%的非拉丁裔白人儿童和 4%的墨西哥籍儿童血铅水平≥50μg/L（图 52-1）[18]。2001—2004 年期间，非裔黑人儿童血铅浓度最高，是 25μg/L，而此时白人儿童为 15μg/L，墨西

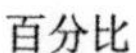

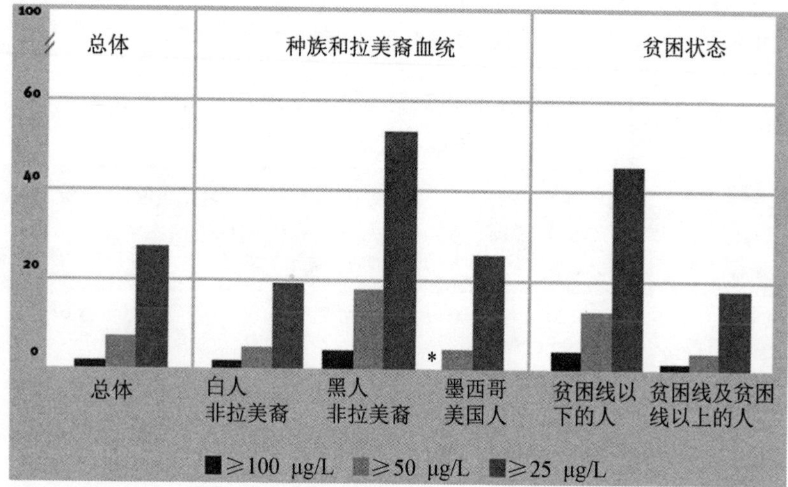

图 52－1　2001—2004 年 1～5 岁儿童达到特定血铅值的百分数构成(按种族和贫困状况划分)

引自跨机构论坛

＊数据未显示。估计值不可靠(相对标准误大于 40％)

注:2001—2004 年数据为合并数据

数据来源:美国疾病控制与预防中心、国家健康统计中心、国家健康与营养调查。网址为:http://childstats.gov/americaschildren/phenviro4.asp.

哥籍儿童为 16μg/L[48]。弱势人群的铅暴露与老的建筑标准有关(表 52－2)。尽管从 1978 年起禁止含铅油漆用于房屋,目前仍有 3 800 万间房屋刷有含铅油漆,这些房屋有较高的铅尘污染[60]。

一些拉丁裔家庭使用传统陶器烹饪和储存食物,这会使陶器釉彩的铅溶出进入到食物中。其他的一些途径包括含铅的民间药物,如墨西哥人传统医学中的泻药“Greta”,治疗胃不适的药物“Azarcon”,以及除臭剂“Litargirio”。一些主要供亚洲人、非洲人和中东人使用的进口化妆品,如“Surma”或“Kohl”,这些东西有时候也用于涂抹新生儿脐带残端。尽管传统上“Kohl”可能是由不含铅的原料手工制成,但商品化的“Kohl”可能含有很高的铅,因而会对健康造成严重的威胁。

表 52－2　1～5 岁儿童血铅大于 100μg/L 的百分比构成和权重几何平均数(按房屋建筑时间和其他选定指标划分)

特　征	房屋建筑时间			总　计	
	1946 年以前%	1946—1973 年%	1973 年以后%	%	血铅水平几何均数(μg/L)
肤色/种族					
黑人/非拉美裔人	21.9	13.7	3.4	11.2	43
墨西哥美国人	13.0	2.3	1.6	4.0	31
白人/非拉美裔人	5.6	1.4	1.5	2.3	23
收入					
低	16.4	7.3	4.3	8.0	38
中	4.1	2.0	0.4	1.9	23
高	0.9	2.7	0.0	1.0	19
城市规模					
人口≥100 万	11.5	5.8	0.8	5.4	28
人口<100 万	5.8	3.1	2.5	3.3	27
总计	8.6	4.6	1.6	4.4	27

数据来源:美国疾病控制与预防中心。更新:血铅水平－美国,1991—1994。MMWR (Morb Mortal Wkly Rep),1997;46(7):141－146.

有研究发现,导致苏丹学龄儿童血铅升高的潜在原因就是“kohl”[61],用“kohl”化妆可能是儿童铅暴露的一个重要来源,儿童用“kohl”涂抹她们的眼睛后通常会再舔舐他们的手指,导致了含铅“kohl”的摄入。

草药制品可能是铅暴露的另外一个来源,但其在各个民族之间的使用习惯不大一样。其中一个研究分析了波士顿市场上 70 种印度传统医学的药材(Ayurvedic 或者“ayurveda”是印度人拥有的一套传统的医疗体系,已经有超过 5 000 年的历史)近 20%含有铅,每个样品的铅含量从 5～37 000 μg/g 不等。大部分的草药制品中还含有一种或者多种对儿童及成人有害的重金属。

杀虫剂

早在 30 多年前,数个研究报道黑人体内(血液和脂肪组织)二氯二苯三氯乙烷(DDT)及其代谢产物高于白人[62]。在佛罗里达州的一个社区里，富裕人群血液中DDT和DDE(二氯二苯二氯乙烯，DDT的降解产物)的浓度明显小于低收入人群，包括黑人和白人[62]。

农场工人的儿童可能会随父亲去农田玩耍，住在被农药直接溅撒污染或者被邻近农田漂移过来的农药间接污染的房屋里，或者也会从事一些田间劳动[63,64]。农场工人还会因为皮肤、衣服帽鞋沾染农药，污染自己的孩子，或者污染食物和居家环境。加利福尼亚和华盛顿的研究表明农场工人的孩子比非农场工人的孩子更多暴露于某些农药。最近一项基于华盛顿地区的研究表明，果园农场工人(种植苹果和梨)的孩子尿液中二甲基杀虫剂代谢物的浓度与其父亲体内的浓度，以及房间灰尘中的农药总浓度相关[65]，作者认为这个研究为农场工人的孩子“农田－家庭”的农药暴露途径提供了证据支持。

对农药暴露的差异的担心不仅仅局限于农场，也包括城市贫困儿童。城市中高密度人口的贫民区通常会更频繁地使用更高浓度的杀虫剂。在破旧、多家合住的房屋内，杀虫剂的使用最为频繁[66]。在2004年，美国约有7.1万儿童杀虫剂中毒，其中6岁以下涉及鼠药中毒的儿童有1.5万人，许多中毒事件发生在城市里的低收入少数民族聚居区[67]。

在城区低收入人群聚集的房屋中，如果虫害泛滥，还将导致非法杀虫剂的使用。例如在纽约市，9%的家庭使用杀虫剂氟氯氰菊酯(Tempo)[68]。尽管氟氯氰菊酯可以合法用于农业生产，但不能在居家环境中使用，因为家庭中没有农业上使用的专门喷洒设备，也没有农业工人穿的防护服。在居家环境中不能使用的其他农药包括“Chinese chalk”和“Tres Pasitors”，因为这些农药含有对人，尤其是对儿童有毒的化学物质。

传统仪式

某些民族的传统仪式也可能是一种环境污染物的暴露途径。比如美国的一些拉丁裔人在过圣诞节时会在房间内撒水银，这可能导致室内空气水银浓度增加(参见第32章)。另外，在拉丁美洲和亚洲民间传统医学，比如印度传统医学中铅和其他有毒金属也用于药物，儿童也会使用这些药物(参见第19章)。

饮水污染

许多偏远的小山村没有安全的饮用水供应，对某些民族或者社会经济状况阶层而言，一些饮水污染问题的影响特别明显。如老建筑中的饮水管道和管道接缝的老化会导致铅的污染，化肥也会渗进农村地区的供水水源。联邦饮用水标准（有关水的处理和监测）其实并不适用于小的私人供水系统，它们很多是居民自家的水井。在美国，这种小的、私人的供水装置多分布在偏远的农村或者农业耕作区，为 4 350 万人提供饮水。这种饮水被含氮物质、粪便、杀虫剂和其他化学物质污染的风险可能会增加。无法常规收集私人供水系统的水质数据，极大地限制了对儿童水污染暴露情况的了解。

有害废物填埋场

有害废物的填埋场通常建在少数民族聚居地附近。教会联合会 1987 年的一个关于种族公平的报告指出，美国最大的 5 个有害废物填埋场中有 3 个在非裔黑人和拉丁裔人聚居地附近，这说明居住在有毒废物填埋场的少数民族人口的平均百分构成比例是非填埋场的 2 倍[69]。考虑到在低收入人群和社区中环境危险的不公平，1994 年克林顿政府发布了总统行政命令，以寻求环境的公平[70]，但教会联合会最新版本的种族公平报告不但确认了早先的结果，同时还指出更多的废物填埋场选择在少数民族和低收入地区，环境的不公平仍在加剧[71]。在 2000 年，商业化废物处置设施 3 公里范围的居民中，有 56％是少数民族，而非处置地人口中仅有 30％是少数民族。因此，废物处置地周围少数民族的人口百分构成是非处置地少数民族人口构成的 1.9 倍[71]。

对临床医生的实用性建议

贫困地区的儿童面临着一系列可怕的环境污染暴露问题的挑战，环境健康教育是取得环境公平和保护儿童必不可少的手段。儿科医生必须联手行动起来保护儿童，使他们免受环境污染的毒害，尤其是保护那些居住在低收入社区和有色人种社区的儿童。

为了推动有色人种儿童健康和福利，儿科医生需要知晓该社区特定的环境风险，即导致疾病最有可能的环境因素，且愿意同当地健康官员一起理清公共卫生问题，并给予恰当的建议。儿科医生应当考虑开展如下一些工作。

■建立网络，并通过网络来了解社区的环境问题，接触并建立与社区、县或州的环境卫生机构的联系。

■在工作中，积极了解影响不同人种和民族的环境相关疾病的历史。有些特定的健康问题在城乡之间、人种之间、民族之间是不一样的。明确你接触的患者中疾病和有害因素暴露的表现模式，帮助确定需要政策支持的地区。询问家长和社区负责人以了解他们对环境暴露和疾病的想法以及看法。

■为当地的环境现况、健康风险和健康关注点寻求环境中的历史原因。

■考虑当地风俗文化中可能导致环境暴露和增加疾病风险的行为，如在多氯联苯(PCBs)污染水域捕鱼为生行为，在烹调、房屋修建，以及偏方药物中使用一些不常见的物质的行为。

■为了儿童的利益，在当地、州或国家层面的各种组织中大声表达观点和看法。注意要特别强调以健康的公平性构建讨论问题的框架，不要把目标人群的个人行为看成健康问题的原因或者解决办法。

参考资料

Kaiser Family Foundation Health Disparities Report：A Weekly Look at Race，Ethnicity and Health

Web site：kaisernetwork. org/daily_reports/rep_disparities. cfm

DiversityData，Harvard School of Public Health

Web site：www. DiversityData. org

This Web site gives information about how people of different racial/ethnic backgrounds live includes comparative data about housing，neighborhood conditions，residential integration，and education.

Unnatural Causes

Web site：www. unnaturalcauses. org

A TV documentary series and public outreach campaign on the causes of socioeconomic racial/ethnic inequities in health.

National Association of County and City Health Officials

Roots of Health Inequity. Available at：www. naccho. org/topics/justice/roots. cfm

Hofrichter R，Bhatia R，eds. *Tackling Health Inequities Through Public Health Practice*：*Theory to Action*. 2nd ed. New York，NY：Oxford University Press；2010

National Center on Minority Health and Health Disparities，National Institutes of Health

Web site：ncmhd. nih. gov

National Alliance for Hispanic Health

Web site：www. hispanichealth. org

National Council of La Raza

Web site：www. nclr. org

African American Health Care and Medical Information

Web site：www. blackhealthcare. com

African American Health Network，National Medical Association

Web site：www. aahn. com

Asian American and Pacific Islander Web sites

Web site：www. asianamerican. net/org_main. html

Asian and Pacific Islander Health Forum

Web site：www. apiahf. org

South Asian Health Forum

Web site：www. sahf. net

The Coalition for Asian American Children and Families（CACF）

Web site：www. cacf. org

American Indian Health

Web site：www. americanindianhealth. nlm. nih. gov

Indian Health Service

Web site：www. ihs. gov

（张　勇 译　张　帆 校译　颜崇淮　宋伟民 审校）

参考文献

[1] Powell DL, Stewart V. Children. The unwitting target of environmental injustices. *Pediatr Clin North Am*. 2001;48(5):1291－1305.

[2] Dilworth-Bart JE, Moore CF. Mercy mercy me: social injustice and the prevention of environmental pollutant exposures among ethnic minority and poor children. *Child Dev*. 2006;77(2):247－265.

[3] American Lung Association. Urban air pollution and health inequities: a workshop report. *Environ Health Perspect*. 2001;109(Suppl 3):357－474.

[4] Perera FP, Rauh V, Tsai WY, et al. Effects of transplacental exposure to environmental pollutants on birth outcomes in a multiethnic population. *Environ Health Perspect*. 2003;111(2):201－205.

[5] Institute of Medicine. *Toward Environmental Justice: Research, Education, and Health Policy Needs*. Washington, DC: National Academies Press; 1999.

[6] Morello-Frosch R, Pastor M, Sadd J. Integrating environmental justice and the precautionary principle in research and policy making: the case of ambient air toxics exposures and health risks among schoolchildren in Los Angeles. *Annals AAPSS*. 2002;584:47－68.

[7] Evans GW, Kantrowitz E. Socioeconomic status and health: the potential role of environmental risk exposures. *Annu Rev Public Health*. 2002;23:303－331.

[8] Krieger J, Higgins DL. Housing and health: time again for public health action. *Am J Public Health*. 2002;92(5):758－768.

[9] Gee GC, Payne-Sturges DC. Environmental health disparities: a framework integrating psychosocial and environmental concepts. *Environ Health Perspect*. 2004;112(17):1645－1653.

[10] US Department of Health and Human Services. *Healthy People* 2020. *Disparities*. Available at: http://healthypeople.gov/2020/about/DisparitiesAbout.aspx. Accessed June 18, 2011.

[11] National Association of County and City Health Officials. *Tackling Health Inequities Through Public Health Practice: A Handbook for Action*. Washington, DC: National Association of County and City Health Officials; 2006.

[12] World Health Organization. *Commission on Social Determinants of Health*. Geneva, Switzerland: Interim Statement of the Commission on Social Determinants

of Health, World Health Organization; 2007.

[13] Rauh VA, Whyatt RM, Garfinkel R, et al. Developmental effects of exposure to environmental tobacco smoke and material hardship among inner-city children. *Neurotoxicol Teratol*. 2004;26(3):373 - 385.

[14] Weiss B, Bellinger DC. Social ecology of children's vulnerability to environmental pollutants. *Environ Health Perspect*. 2006;114(10):1479 - 1485.

[15] Kington RS, Nickens HW. Racial and ethnic differences in health: recent trends, current patterns, future directions. In: *America Becoming: Racial Trends and Their Consequences*. Washington, DC: National Academy of Sciences; 2003: 253 - 310.

[16] MacDorman MF, Atkinson JO. Infant mortality statistics from the linked birth/infant death data set—1995 period data. *Mon Vital Stat Rep*. 1998;46(6 Suppl 2):1 - 22.

[17] Grossman DC, Baldwin LM, Casey S, et al. Disparities in infant health among American Indians and Alaska Natives in US metropolitan areas. *Pediatrics*. 2002; 109(4):627 - 633.

[18] Federal Interagency Forum on Child and Family Statistics. *America's Children: Key National Indicators of Well-Being*. Washington, DC: Federal Interagency Forum on Child and Family Statistics, US Government Printing Office; 2007 http://www.childstats.gov/pdf/ac2007/body.pdf.

[19] Irwin KL, Mannino S, Daling J. Sudden infant death syndrome in Washington State: why are Native American infants at greater risk than white infants? *J Pediatr*. 1992;121(2):242 - 247.

[20] Oyen N, Bulterys M, Welty TK, et al. Sudden unexplained infant deaths among American Indians and whites in North and South Dakota. *Paediatr Perinat Epidemiol*. 1990;4(2):175 - 183.

[21] American Academy of Pediatrics, Task Force on Infant Positioning and SIDS. Positioning and SIDS. *Pediatrics*. 1992;89(2 Pt 1):1120 - 1126.

[22] MacDorman MF, Cnattingius S, Hoffman HJ, et al. Sudden infant death syndrome and smoking in the United States and Sweden. *Am J Epidemiol*. 1997;146(3):249 - 257.

[23] Woodruff TJ, Grillo J, Schoendorf KC. The relationship between selected causes of postneonatal infant mortality and particulate air pollution in the United States. *Environ Health Perspect*. 1997;105(6):608 - 612.

[24] Montgomery LE, Carter-Pokras O. Health status by social class and/or minority status: implications for environmental equity research. *Toxicol Ind Health*. 1993;9(5):729－773.

[25] Lu MC, Halfon N. Racial and ethnic disparities in birth outcomes: a life-course perspective. *Matern Child Health J*. 2003;7(1):13－30.

[26] Kramer MS. Determinants of low birth weight: methodological assessment and meta-analysis. *Bull World Health Organ*. 1987;65(5):663－737.

[27] Misra DP, Nguyen RH. Environmental tobacco smoke and low birth weight: a hazard in the workplace? *Environ Health Perspect*. 1999;107(Suppl 6):897－904.

[28] Fuller KE. Low birth-weight infants: the continuing ethnic disparity and the interaction of biology and environment. *Ethn Dis*. 2000;10(3):432－445.

[29] Baibergenova A, Kudyakov R, Zdeb M, et al. Low birth weight and residential proximity to PCB-contaminated waste sites. *Environ Health Perspect*. 2003;111(10):1352－1357.

[30] Elliott P, Briggs D, Morris S, et al. Risk of adverse birth outcomes in populations living near landfill sites. *BMJ*. 2001;323(7309):363－368.

[31] Shaw GM, Schulman J, Frisch JD, et al. Congenital malformations and birthweight in areas with potential environmental contamination. *Arch Environ Health*. 1992;47(2):147－154.

[32] Vrijheid M. Health effects of residence near hazardous waste landfill sites: a review of epidemiologic literature. *Environ Health Perspect*. 2000;108(Suppl 1):101－112.

[33] Bell ML, Ebisu K, Belanger K. Ambient air pollution and low birth weight in Connecticut and Massachusetts. *Environ Health Perspect*. 2007; 115(7): 1118－1124.

[34] Maisonet M, Bush TJ, Correa A, et al. Relation between ambient air pollution and low birth weight in the Northeastern United States. *Environ Health Perspect*. 2001;109(Suppl 3):351－356.

[35] Perera FP, Rauh V, Whyatt RM, et al. Molecular evidence of an interaction between prenatal environmental exposures and birth outcomes in a multiethnic population. *Environ Health Perspect*. 2004;112(5):626－630.

[36] Rogers JF, Thompson SJ, Addy CL, et al. Association of very low birth weight with exposures to environmental sulfur dioxide and total suspended particulates.

Am J Epidemiol. 2000;151(6):602 - 613.

[37] Wang X, Ding H, Ryan L, et al. Association between air pollution and low birth weight: a community-based study. *Environ Health Perspect*. 1997;105(5):514 - 520.

[38] Perera FP, Rauh V, Tsai WY, et al. Effects of transplacental exposure to environmental pollutants on birth outcomes in a multiethnic population. *Environ Health Perspect*. 2003;111(2):201 - 205.

[39] Akinbami LJ. The state of childhood asthma, United States, 1980 - 2005. *Adv Data*. 2006 Dec 12;(381):1 - 24.

[40] Asthma and Allergy Foundation of America and National Pharmaceutical Council. *Ethnic Disparities in the Burden and Treatment of Asthma*. Washington, DC: Asthma and Allergy Foundation of America; January 2005. Available at: www. aafa. org. Accessed August 25, 2010.

[41] Federal Interagency Forum on Child and Family Statistics. *America's Children: Key National Indicators of Well-Being*. Washington, DC: Federal Interagency Forum on Child and Family Statistics, US Government Printing Office; 2007.

[42] Centers for Disease Control and Prevention. Acute pulmonary hemorrhage/hemosiderosis among infants—Cleveland, January 1993 - November 1994. *MMWR Morb Mortal Wkly Rep*. 1994;43(48):881 - 883.

[43] Centers for Disease Control and Prevention. Acute pulmonary hemorrhage among infants—Chicago, April 1992 - November 1994. *MMWR Morb Mortal Wkly Rep*. 1995;44(4):67, 73 - 74.

[44] Pappas MD, Sarnaik AP, Meert KL, et al. Idiopathic pulmonary hemorrhage in infancy. Clinical features and management with high frequency ventilation. *Chest*. 1996;110(2):553 - 555.

[45] Dearborn DG, Smith PG, Bahms BB, et al. Clinical profile of 30 infants with acute pulmonary hemorrhage in Cleveland. *Pediatrics*. 2002;110(3):627 - 637.

[46] Sarpong SB, Hamilton RG, Eggleston PA, et al. Socioeconomic status and race as risk factors for cockroach allergen exposure and sensitization in children with asthma. *J Allergy Clin Immunol*. 1996;97(6):1393 - 1401.

[47] US Environmental Protection Agency. *National Survey on Environmental Management of Asthma and Children's Exposure to Environmental Tobacco Smoke*. Washington, DC: US Environmental Protection Agency; 2004. Available at: http://www. epa. gov/smokefree/healtheffects. html. Accessed August 25, 2010.

[48] US Environmental Protection Agency. Body burdens. In: *America's Children and the Environment* (*ACE*). Available at: http://www.epa.gov/envirohealth/children/body_burdens/bb_tables_2006.htm#B1. Accessed August 25, 2010.

[49] Arquette M, Cole M, Cook K, et al. Holistic risk-based environmental decision making: a Native perspective. *Environ Health Perspect*. 2002; 110(Suppl 2): 259-264.

[50] Burger J. Consumption patterns and why people fish. *Environ Res*. 2002;90(2): 125-135.

[51] Burger J, Gaines KF, Boring CS, et al. Metal levels in fish from the Savannah River: potential hazards to fish and other receptors. *Environ Res*. 2002;89(1): 85-97.

[52] Schell LM, Hubicki LA, DeCaprio AP, et al. Organochlorines, lead, and mercury in Akwesasne Mohawk youth. *Environ Health Perspect*. 2003; 111(7): 954-961.

[53] Fitzgerald EF, Hwang SA, Deres DA, et al. The association between local fish consumption and DDE, mirex, and HCB concentrations in the breast milk of Mohawk women at Akwesasne. *J Expo Anal Environ Epidemiol*. 2001; 11(5): 381-388.

[54] Harper BL, Flett B, Harris S, et al. The Spokane Tribe's multipathway subsistence exposure scenario and screening level RME. *Risk Anal*. 2002; 22(3): 513-526.

[55] Judd NL. Are seafood PCB data sufficient to assess health risk for high seafood consumption groups? *Hum Ecol Assess*. 2003;9(3):691-707.

[56] Judd NL. Consideration of cultural and lifestyle factors in defining susceptible population for environmental disease. *Toxicology*. 2004;198:121-133.

[57] Hightower JM, O'Hare A, Hernandez GT. Blood mercury reporting in NHANES: identifying Asian, Pacific Islander, Native American, and multiracial groups. *Environ Health Perspect*. 2006;114(2):173-175.

[58] US Environmental Protection Agency. *Health Effects of Mercury*. Washington, DC: US Environmental Protection Agency; 2007; Available at: www.epa.gov/hg/effects.htm. Accessed August 25, 2010.

[59] McKelvey W, Gwynn RC, Jeffery N, et al. A biomonitoring study of lead, cadmium, and mercury in the blood of New York City adults. *Environ Health Perspect*. 2007;115(10): 1435-1441.

[60] Jacobs DE, Clickner RP, Zhou JY, et al. The prevalence of lead-based paint hazards in U. S. housing. *Environ Health Perspect*. 2002;110(10):A599 - A606.

[61] Al-Awamy BH. Evaluation of commonly used tribal and traditional remedies in Saudi Arabia. *Saudi Med J*. 2001;22(12):1065 - 1068.

[62] Davies JE, Edmundson WF, Raffonelli A, et al. The role of social class in human pesticide pollution. *Am J Epidemiol*. 1972;96(5):334 - 341.

[63] Arcury TA, Grzywacz JG, Barr DB, et al. Pesticide urinary metabolite levels of children in eastern North Carolina farmworker households. *Environ Health Perspect*. 2007;115(8):1254 - 1260.

[64] Curwin BD, Hein MJ, Sanderson WT, et al. Pesticide dose estimates for children of Iowa farmers and non-farmers. *Environ Res*. 2007;105(3):307 - 315.

[65] Coronado GD, Vigoren EM, Thompson B, et al. Faustman EM. Organophosphate pesticide exposure and work in pome fruit: evidence for the take-home pesticide pathway. *Environ Health Perspect*. 2006;114(7):999 - 1006.

[66] Whyatt RM, Camann DE, Kinney PL, et al. Residential pesticide use during pregnancy among a cohort of urban minority women. *Environ Health Perspect*. 2002;110(5):507 - 514.

[67] American Association of Poison Control Centers. 2004 Poison Center Survey. Available at: http://www. aapcc. org/. Accessed August 25, 2010.

[68] New York City Department of Health and Mental Hygiene. Pests can be controlled... safely. *NYC Vital Signs*. 2005; 4 (3): 1 - 4. Available at: http://www. nyc. gov/html/doh/downloads/pdf/survey/survey-2005pest. pdf. Accessed August 25, 2010.

[69] Commission for Racial Justice, United Church of Christ. *Toxic Wastes and Race in the United States: A National Study of the Racial and Socioeconomic Characteristics of Communities with Hazardous Waste Sites*. Cleveland, OH: United Church of Christ; 1987.

[70] Presidential Executive Order 12898: Federal Actions to Address Environmental Justice in Minority Populations and Low-Income Populations. 59 FR 7629 (1994).

[71] Bullard R, Mohai P, Saha R, et al. *Toxic Wastes and Race at Twenty: 1987 - 2007. Grassroots Struggles to Dismantle Environmental Racism in the U. S.* Cleveland, OH: United Church of Christ, Justice and Witness Ministries; 2007.

第 53 章

环境健康研究中的伦理问题

环境健康研究涉及的伦理问题涵盖了所有的生物医学伦理问题，以及生物医学研究领域每个分支的伦理，也包括了与儿童研究相关的伦理。就研究范畴而言，公共卫生研究属于环境健康研究的一个组成部分，但就其伦理方面考虑，公共卫生研究涉及的伦理与生物医学研究是不相同的，因为后者涉及的无论是成人还是儿童都是个体研究。涉及儿童的研究有一个重要的原则：儿童是弱势群体，他们需要特别地考虑和照顾。尤其是儿童的认知和代表自己的能力取决于儿童的年龄，儿童对研究本质认识的程度和研究对他们的影响的认识程度都取决于儿童年龄，这会给研究的执行带来了特殊挑战。关于儿童暴露在有害环境中的风险有很多问题悬而未决，需要高质量符合伦理要求的研究来解决这些问题。美国有一个关于环境与儿童健康的大型前瞻性项目——国家儿童队列研究（www. nationalchildrensstudy. gov），该研究目前处于早期阶段，必须要用最高的伦理标准来规范该项研究或其他儿童健康相关研究，这一点极为重要。本章节列出了进行涉及儿童的环境健康研究，或判断涉及儿童的环境健康研究提案是否符合伦理学基础时遇到的一些必须处理解决的问题。其他资源则提供了更为全面的针对生物医学研究、公共卫生研究和涉及儿童的研究的伦理问题的观点[1-3]。

医学伦理的历史

关于医学伦理问题的讨论可以追溯到希波克拉底时代，对生物医学和公共卫生研究中伦理问题的思考是二战后出现的现象。

鉴于纳粹医疗战争罪行和美国不道德研究［如塔斯基吉（Tuskegee）梅毒研究中，对黑人梅毒患者未作治疗处理，也不告知他们；而维尔诺布鲁克(Willowbrook)肝炎研究将孩子安置在有肝炎传染源的环境中，以研究丙种球蛋白能否有效预防肝炎病毒感染)的结果，在1974年美国国会通过了国家研究法案，成立了国家委员会来保护人类生物医学和行为研究中的受试者[4-7]。国家委员会于1977年发表了一份报告，该报告建议在开展有儿童参与的研究时所必须遵循的伦理规范。儿童参与研究的条件是在道德许可的情况下，必须由儿童的监护人授权方可进行。1978年，美国全国委员会发布的题为《保护研究中人类对象的道德原则和指导方针》(*Ethical Principles and Guidelines for the Protection of Human Subjects of Research*)[9]贝尔蒙特(Belmont)报道，制定了《美国联邦法规・第45卷》(Title 45, Code of Federal Regulations)，法规第46章(45 CFR 46)是伦理问题的通用规则[10]，通用规则是“保护人类受试者的联邦政策“(The Federal Policy for the Protection of Human Subjects)的简称，它修改后包括了特别的儿童监管和特别的儿童研究获取权的内容(表53－1)[11]，并在1991年被多个联邦机构所采纳。此外，美国儿科学会(AAP)和学术儿科协会(APA)也对涉及儿童的研究提供了建议[12-15]。

因为要比较减少公寓单元住户的铅中毒风险的不同方法，而成立了马里兰州巴尔的摩市的肯尼迪克里格(Kennedy Krieger)研究所。该所工作人员承担的研究项目优先关注涉及儿童的环境健康研究的伦理问题。由于研究方案需要一些不能完全消除污染源的住宅，有人对研究人员和肯尼迪克里格研究所提起诉讼，指控他们在研究中使儿童遭受到了铅中毒或者承受了铅中毒的风险。2001年，马里兰州法院对格里姆斯与肯尼迪克里格研究所案件做出初步认定，认为对儿童的非治疗研究是不合适的。后来法院似乎做出让步，马里兰州立法机关也通过了允许非治疗性的儿童研究的政策[16-18]。

2004年，另一个争议引起广泛关注，该争议强调了环境与儿童健康研究的伦理问题需要更多的讨论和辩论。美国环境保护署(EPA)提出幼儿家庭暴露的纵向研究选择杀虫剂、邻苯二甲酸盐、溴化阻燃剂、全氟化学物作为研究重点，进行儿童健康环境暴露研究(CHEERS)[19]。研究提出追踪有年幼儿童的家庭的农药使用情况，由于多种原因，研究遭到了专业人士的严厉批评并搁浅——它似乎只关注贫困家庭，也有人认为这项研究将鼓励家庭使用杀虫剂，违背了美国环境保护署的指导方针。另一项批评指出，代表杀虫剂生产企业和其他化工企业的美国化学理事会为这项研究提供了部分资金。最终，这项研究没能开展。

调整结构

《美国联邦法规·第 45 卷》第 46 章(45 CFR 46)的 A 部分提供了联邦政府资助的研究和私人资助的研究都需要遵从的人类研究伦理指导方针(表 53-1，表 53-2)，美国机构伦理审查委员会(IRB)有责任确保具体的研究项目在指导方针范围内实施。伦理审查委员会通常是(有时也有例外)由当地科学家和非科学家组成的委员会成立，以保护研究项目受试者的权利和福利。《美国联邦法规》明确规定了美国机构伦理审查委员会

表 53-1　45 CFR 46 所允许的涉及儿童的研究

类别(CFR)	潜在风险	潜在益处	家长知情同意	儿童同意[a]
46.404	最低风险	不需要	一方	是
46.405	取决于潜在受益	足够判断风险	一方	是
	风险/利益的平衡至少如可以选择的方案呈现出的那样有利			
46.406	小幅超过最低风险	没有直接受益	双方	是
	干预或流程类似于受试者所在的原环境			
		可能产生至关重要的知识，帮助理解或改善研究的条件		
46.407[b]		没有其他支持，但满足以下两项条件： 1. 可潜在促进对严重影响儿童健康的问题的理解、预防和缓解； 2. 有牢固的伦理学基础	双方	是

CFR 指《美国联邦法规》。

迪克马(Diekema)2006 调整版[11]。

a 如果 IRB 判定有可能对儿童有利，并且这种益处只能通过研究获得；或者不能合理地咨询儿童，美国机构伦理审查委员会可以免除一定年龄段的儿童的同意。

b 这类研究也需要美国机构伦理审查委员会判定研究能够帮助进一步理解、防护和减轻严重影响儿童健康和福利的问题，并得到健康和人类服务部门的支持。

的性质、职责和程序要求，但是美国机构伦理审查委员会也有一定的权限修改或免除常规程序，如参与者风险最小的研究和满足其他特殊要求的研究可以被美国机构伦理审查委员会加快审核程序，包括免除知情同意书[10]，对于其他的研究，美国机构伦理审查委员会必须仔细审查和批准研究方案，以确保：

- 尽可能最小化参与者的风险。
- 理论上，参与研究带来的风险与潜在的好处相关联。
- 参与者能够公正地选择。
- 按照国家指导方针和联邦、州、地方法规获得知情同意书。
- 已经采取措施保护参与者的隐私。
- 如果研究涉及弱势群体(如儿童)，则需要实行额外的保护措施。

通用规则的 D 部分中有为孩子提供额外保障措施的指导准则，如果儿童在研究中存在暴露的可能，研究人员就必须更加警惕研究中的风险(表 53－2)。

表 53－2　判定涉及儿童环境健康研究道德基础的指南
(源于 45 CFR46 D 部分：)

合适的研究方案应考虑并公布以下事项：

1. 本研究的目的。
2. 受试儿童的预期持续参与时间。
3. 所有实验步骤的程序说明。
4. 任何可预见的受试者的不适或潜在风险的说明。
5. 任何可能的对受试者或他人的益处的说明。
6. 公开可能有利于受试者的替代步骤。
7. 研究记录的保密程度的说明。
8. 解释如果发生伤害，有什么样的补偿或治疗。
9. 说明研究中出现疑问与谁联系。
10. 声明报名是自愿的，并且如果拒绝参加或拒绝继续参加，将不会损失儿童应有的权力。
11. 提供受试者的风险或伤害本质的信息。
12. 如果在研究中发现可能影响受试者参与意愿的研究结果，保证将该研究结果告知受试者。
13. 如果受试者发现有未被告知的情况，有权终止参加研究。
14. 虽然补偿受试者在研究中的费用是恰当的做法，但必须注意，补偿受试者的不适或补偿受试者参与时间的费用不能过多，费用的额度应该不足以影响家长或儿童决定参与或不参与研究。

即使关于儿童的研究方案不太可能直接有利于参与的儿童，只要①它能产生医学疾病或状况的知识；②提供理解、预防、缓解严重危及儿童健康的状况的机会，伦理审查委员会也可以批准该研究方案[10]，这都是环境健康研究中可能的例外。更重要的是，知情同意书中必须包括家长中一方或双方，或监护人的允许；根据研究性质的不同，如果儿童年龄合适，还可能需要儿童的同意[1,20,21]。当研究涉及的风险没有超过最低限度的风险，仅有家长一方的许可就够了；当研究风险超过最低限度的风险，研究必须展示出直接有利于儿童的前景；如果研究超过最低限度的风险，又不会直接有利于参与者，则需要家长双方的许可[10]。确定好的研究步骤不仅要得到当地伦理审查委员会的同意，还要提交给健康和人类服务部门。在一定条件下，伦理审查委员会可以免除研究必须要家长签署的同意书的要求[10]。

虽然很多公共健康和环境健康的研究是关于社区或涉及社区的，但《美国联邦法规》没有规定社区范围内关于确保研究风险都公正地告知参与者和参与者被公正地选择的指导方针。在批准涉及社区的研究时存在一种保留给无法获得知情同意书（如外伤/复苏协议）的机制（参见随后关于社区参与和监督的讨论）。

环境研究往往探求有关生命早期暴露的信息，因此招募和保护可能怀孕、在招募时已经怀孕或招募后怀孕的妇女，这是另外一个伦理审查委员会需要考虑的问题。在涉及孕妇的非治疗性研究中，胎儿的暴露风险不能超过最低限度。此外，由于在研究中收集的数据和储存在样本库的组织可能会保存多年，环境研究应特别注意保护儿童的隐私权，直到他/她们成年。

机构伦理审查委员会

美国机构伦理审查委员会（The Institutional Review Board，IRB）与研究项目由同一个学术机构管理，在某种程度上确保了 IRB 能从当地的风土人情出发考虑科研计划是否合适。然而，在一些情况下，研究人员可能寻求一些不是当地的、独立于本学术机构的伦理审查委员会的批准，这对涉及社区的研究来说可能是一个特别重要的问题（本章后续部分讨论）。

通用规则规定，伦理审查委员会有解释联邦法规的职责，并应把相关法律恰当地应用于每个研究项目。伦理审查委员会必须先审查研究项目的方案和知情同意书，确保其符合所有联邦、州和地方的法律法规，通过审查的研究项目才能执行。伦理审查委员会有责任确保研究方案满足如前面所述的要求，包括研究项目符合伦理要求和研究方案将在符合道德规范的前提下进行。伦理审查委员会的成员总体上必须具备评估和监督研究的专业知识，包括儿童健康和环境健康研究的专业知识，因此典型的以大学为基础的伦理审查委员会，通常可以审核以大学为基础的研究，并不一定合适评价涉及社区的研究（社区顾问委员会或环境健康与社区审查委员会在随后讨论）。

儿童的知情同意：一种特殊的情况

针对纳粹非人性的人体实验的《纽伦堡法典》明确指出，知情同意对于研究伦理是“绝对必要的”，以确保研究受试者的参与并非是基于“暴力、欺诈、欺骗、胁迫，或其他不可告人形式的约束或强制”[22]。因为知情同意书是尊重研究参与者自主性的主要机制，所以儿童的知情同意呈现出独特的挑战，因为低于一定年龄，儿童不具有足够的理性完成这类知情同意，而且儿童的理性缺乏决定了儿童有限的法律权利，因此我们依靠儿童的家长或法定监护人的代表他们判断和许可，因为我们认为家长会为儿童的利益、价值观和承诺做出最佳的选择。

因此伦理审查委员会认为当儿童到达一定年龄、成熟度和心理状态后，研究人员除了需要征得家长的同意，还必须征求儿童的同意，同意是指“儿童肯定同意参加研究的意愿”[10]，就像家长的知情同意一样，儿童主观同意参与，而不是仅仅无法反对参与。

知情同意的形式取决于儿童不同的成熟度，如果参与项目没有希望直接受益，孩子有权保持异议，其他人要尊重儿童的决定。

隐私

出于研究目的收集的儿童信息可能需要超出常规的隐私保护，特别是纵向研究，直到妊娠完成或孩子成年，研究成果可能都不明显，已存的数据可能需要与后续收集的数据联合分析，在此之前它们不能被完全证实，因此数据分析结果需要长期的储存。考虑到不同的数据采集期，且儿童了解自己权利的能力逐步增强，应在纵向研究的适当研究阶段反复查看家长知情同意和儿童的同意，确保最好地保护儿童的隐私权[23,24]。研究人员还必须考虑是否及何时从实验中招募儿童，谁现在已满 18 岁，谁的数据将被持续收集和应用。

涉及社区的研究——社区"知情同意"

伦理审查委员会的主要责任是保护参与研究的个人。公众健康研究和一些环境健康研究涉及社区，通用规则没有特别指出哪些社区是参与者，这样的研究有可能伤害也有可能帮助其参与者，包括社区成员。有人建议设立社区咨询委员会或环境健康和社区审查委员会，以保护社区及其成员以及考虑社区作为研究对象的在研究中遇到的独特问题[26]。

环境健康和社区审查委员会结合了传统伦理审查委员会的基本职责和道德规范，并拓展出尊严、诚实、可持续性、公正和更重视社区的伦理结构(表 53－3)[25]。尊严融合了自主和知情的概念，受试者有权了解研究和研究成果；诚实性反映的透明度，表明所有相关事实都被公开，使社区决定哪些是好处，哪些可以避免他们受到伤害；可持续性指社区内的企业和个人都可能因为参与研究而蓬勃发展。在本文中，公正的概念被延展为包括社区，而又超出社区的个人和个体企业的利益。

报告结果

要不要向个体研究对象报道环境污染和身体健康状态有相当多的争议和不确定性。国家生物伦理咨询委员会[27]建议，只有研究结果经科学验证确定，对研究对象关注的健康问题有显著的影响，并且有减轻或治疗该问题的途径时，才能披露个体研究结果。然而一些伦理学家争辩道，为了尊重研究参与者，尤其在一些特殊情况下，需要研究人员提供个人研究结果。

表 53-3 建议进行涉及儿童的关于环境危害的随机对照试验的标准

1. 广泛传播和持久性污染物的测试问题；
2. 成人不能回答的问题；
3. 衡量未证实的环境干预的安全性和功效；
4. 衡量某种暴露和某种疾病的相关性；
5. 包括足够的样本量来检验假说；
6. 包括与参与者交流研究成果的机制；
7. 涉及和实施研究的社区；
8. 包括确保法定监护人和参与者充分了解研究动机的机制。

大多数环境卫生研究者和社区倡导者都同意，通常的临床测试结果或者生物标志物(如血液铅浓度和皮肤过敏试验结果)，如果符合国家生物伦理顾问委员会的标准，应及时向家属汇报。然而，还有部分不是在《临床实验室改进修正案》(CLIA)批准的实验室条件下检测的生物标志物或环境污染物样本，这些样本没有常规的临床检测，或者说具有不确定的临床适应证。通常情况下在非 CLIA 标准实验室进行的研究结果(结果没有明确的临床适应证)不反馈给参与者，研究人员必须坚持履行知情同意书中的承诺。

参考资料

Panel to Review the National Children's Study Research Plan. Ethical procedures and community engagement. In: *The National Children's Study Research Plan: A Review*. Washington, DC: National Academies Press; 2008:121-130.

Available at: http://www.nap.edu/catalog.php?record_id=12211. Accessed October 15, 2010

(王伟业 译 张 军 校译 宋伟民 徐 健 审校)

参考文献

[1] Institute of Medicine, Committee on Clinical Research Involving Children, Board

on Health Sciences Policy. *The Ethical Conduct of Research Involving Children*. Field MJ, Behrman RE, eds. Washington, DC: The National Academies Press; 2004.

[2] Ross LF. *Children in Medical Research: Access Versus Protection (Issues in Biomedical Ethics)*. Oxford, England: Oxford University Press; 2006.

[3] Kodish E. *Ethics and Research with Children. A Case-Based Approach*. Oxford, England: Oxford University Press; 2005.

[4] Advisory Committee on Human Radiation Experiments. *The Human Radiation Experiments*. Oxford, England: Oxford University Press; 1996.

[5] Faden RR. Human-subjects research today: final report of the advisory committee on human radiation experiments. *Acad Med*. 1996;71(5):482－483.

[6] Krugman S. The Willowbrook hepatitis studies revisited: ethical aspects. *Rev Infect Dis*. 1986;8(1):157－162.

[7] Rothman DJ. Research ethics at Tuskegee and Willowbrook. *Am J Med*. 1984;77(6):A49.

[8] National Commission for the Protection of Human Subjects of Biomedical and Behavioral Research. Report and Recommendations: Research Involving Children. Washington, DC: National Commission for the Protection of Human Subjects of Biomedical and Behavioral Research; 1977. Available at: http://bioethics.georgetown.edu/pcbe/reports/past_commissions/Research_involving_children.pdf. Accessed October 15, 2010.

[9] National Institutes of Health. Belmont Report on Ethical Principles and Guidelines for the Protection of Human Subjects of Research. Bethesda, MD: National Institutes of health, Office on Human Subjects Research; 1979. Available at: http://ohsr.od.nih.gov/guidelines/belmont.html. Accessed October 15, 2010.

[10] Department of Health and Human Services. Guidance Document for 45 CFR 46 (2005). Available: http://www.hhs.gov/ohrp/humansubjects/guidance/45cfr46.htm. Accessed October 15, 2010.

[11] Diekema DS. Conducting ethical research in pediatrics: A brief historical overview and review of pediatric regulations. *J Pediatr*. 2006; 149 (1 Suppl): S3－S11.

[12] American Academy of Pediatrics, Committee on Bioethics. Institutional ethics committees. *Pediatrics*. 2001;107(1):205－209.

[13] American Academy of Pediatrics, Committee on Bioethics. Informed consent, pa-

rental permission, and assent in pediatric practice. *Pediatrics*. 1995;95(2):314-317.

[14] American Academy of Pediatrics, Committee on Native American Child Health and Committee on Community Health Services. Ethical considerations in research with socially identifiable populations. *Pediatrics*. 2004;113(1 Pt 1):148-151.

[15] Etzel RA; Ambulatory Pediatric Association, Research Committee. Policy statement: ensuring integrity for research with children. *Ambul Pediatr*. 2005; 5(1):3-5.

[16] *Ericka Grimes v Kennedy Krieger Institute Inc* and *Myron Higgins, a minor, etc, et al v Kennedy Krieger Institute Inc*. Available at: http://www.courts.state.md.us/opinions/coa/2001/128a00.pdf. Accessed October 15, 2010.

[17] Phoenix JA. Ethical considerations of research involving minorities, the poorly educated and/or low-income populations. *Neurotoxicol Teratol*. 2002; 24(4): 475-476.

[18] Pinder L. Commentary on the Kennedy Krieger Institute lead paint repair and maintenance study. *Neurotoxicol Teratol*. 2002;24(4):477-479.

[19] US Environmental Protection Agency. Children's Health Environmental Exposure Research Study. Washington, DC: US Environmental Protection Agency; 2005. Available: http://www.epa.gov/cheers/. Accessed October 15, 2010.

[20] American Academy of Pediatrics, Committee on Drugs. Guidelines for the ethical conduct of studies to evaluate drugs in pediatric populations. *Pediatrics*. 1995;95(2):286.

[21] Wendler D. Protecting subjects who cannot give consent: toward a better standard for "minimal" risks. *Hastings Cent Rep*. 2005;35(5):37-43.

[22] National Institutes of Health, Office on Human Subjects of Research. Nuremberg Code. Available at: http://ohsr.od.nih.gov/guidelines/nuremberg.html. Accessed October 15, 2010.

[23] Fisher CB. Privacy and ethics in pediatric environmental health research—part I: genetic and prenatal testing. *Environ Health Perspect*. 2006;114(10):1617-1621.

[24] Fisher CB. Privacy and ethics in pediatric environmental health research—part II: protecting families and communities. *Environ Health Perspect*. 2006;114(10): 1622-1625.

[25] Gilbert SG. Supplementing the traditional institutional review board with an environmental health and community review board. *Environ Health Perspect*. 2006;

114(10):1626 - 1629.
[26] Institute of Medicine, Board on Children, Youth, and Families and Behavioral and Social Sciences and Education. *Ethical Considerations for Research on Housing-Related Health Hazards Involving Children*. Lo B, O'Connell ME, eds. Washington, DC: National Academies Press; 2005.
[27] National Bioethics Advisory Commission. *Research Involving Human Biological Materials: Ethical Issues and Policy Guidance. National Children's Study*. Rockville, MD: National Bioethics Advisory Commission; 2006. Available at: http://nationalchildrensstudy.gov. Accessed October 15, 2010.

第 54 章

全球气候变化

介绍

“目前已经观察到全球的平均大气温度和海洋温度正在上升，更多的冰雪正在消失，海平面平均高度也正在上升，全球气候正在变暖的事实已毋庸置疑”[1]。在全球变暖这个问题上，科学家们[1]和各国政府[2]也已取得了共识。全球气候变暖仍在加速，人类活动是气候变暖的主要原因。气候变暖的术语词汇表可以在网站上查阅（详情请访问网页：http://www. epa. gov/Climateehonge/glossary. htm/）。人们对全球气候变暖的健康危害和生态影响开展预测[3]，并着手对这些影响进行评估。就全球气候变暖对健康的直接和间接影响而言，儿童是最敏感的一个人群，受到的影响最大[4-8]。

温室效应对地球生物而言至关重要。如果没有这些能够“困住”热能的温室气体，比如水蒸气、二氧化碳，以及其他大气成分，地球就会成为一个被冻住的，没有任何生命迹象的星球。自从工业革命启动之后，人类活动大大地增加了大气中温室气体的数量，从而显著地增加了地球的温室效应。人类活动导致的温室效应增加中，88%与二氧化碳、甲烷、一氧化二氮这 3 种温室气体有关。从 1750 年（工业时代的起点）算起，二氧化碳、甲烷、一氧化二氮这 3 种温室气体在大气中浓度分别增加了 36%、155%和 19%[5]。大气中温室气体还在加速增加，在 1990—2007 年，温室气体增加了 22.7%。

二氧化碳是最重要的温室气体（图 54-1），人类活动所增加的温室气体中，63%是二氧化碳，最近 5 年所增加的温室气体中，91%是二氧化碳。

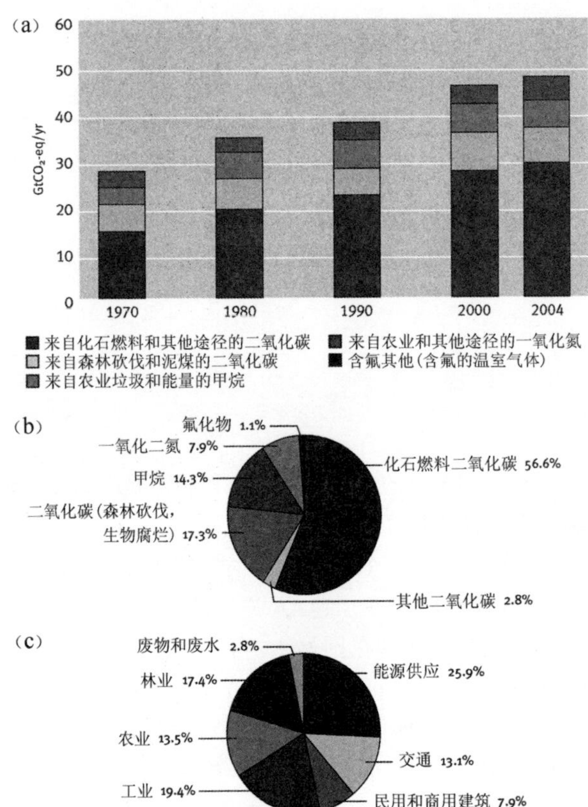

图 54－1　全球人类活动所释放的温室气体(GHG)

(a)1970—2004 年* 全球因人类活动所释放的温室气体(GHG)$GtCO_2$-eq/yr 表示 10 吨二氧化碳当量/年。(b)2004 年全球释放的温室气体中,不同种类气体的构成情况(按二氧化碳当量计)。(c) 2004 年全球释放的温室气体中,不同来源的构成情况(按二氧化碳当量计)。

* 只包括二氧化碳(CO_2),甲烷(CH_4),一氧化二氮(N_2O),氢氟碳化物(HFCs),全氟碳化物(PFCs)和六氟化硫(SF_6)这些气体均纳入了《联合国政府间气候变化专门委员会》公约框架(UNFCCC),这些气体的权重是根据其 100 年间对气候变暖的影响,其计算使用的数据来自《联合国政府间气候变化专门委员会》公约框架(UNFCCC)中的研究报告。

引自:IPCC,2007 年《气候变化 2007,综合报告。气候变暖多国政府委员会工作组 I 、II 和 III 第四次评估工作报告》。

二氧化碳排放绝大多数来自化石燃料，如煤、石油和天然气的燃烧。二氧化碳的升高也在一定程度上与森林的减少有关，因为森林是碳的储备库。碳储备库也叫做温室气体储备库，就像一个“水库”，它能吸收从其他碳循环过程中释放出来的碳。地球上4个主要的碳库为：大气、生态圈（包括森林和淡水系统）、海洋和沉积物。当前，大气中二氧化碳的浓度是0.38‰。相比之下，1750年大气中二氧化碳浓度大概是0.28‰高于65万年前[1]。大气中二氧化碳还在加速增加，增加速度从1990年每年增加0.001 5‰到2006年每年的0.002‰，主要是因为燃烧化石燃料所致[5]。

温室气体释放量级的重要性与释放的速度有关。在遥远的地质年代，大气中二氧化碳的浓度也曾如此高过，但这是通过几万年的积累，给缓慢的生物化学循环以机会去调节其增加速度。现在，大气中二氧化碳增加的速度是过去的300倍[9,10]。目前二氧化碳释放的量和速度一起导致了当前从未经历过的气候变化。尽管目前对全球气候变暖没有异议，但对气候变暖的速度和程度仍不清楚。

联合国政府间气候变化专门委员会（IPCC）作为一个国际化的科学组织，由世界气象组织和联合国环境项目建立，其任务是评估气候变化科学研究中的最新进展和项目效果。联合国政府间气候变化专门委员会建立于1998年，其科学家开发出了一套针对人类活动导致的全球气候改变中不同量级和适应情况下的预测模型。正因为这个工作，联合国政府间气候变化专门委员会的研究员和前美国副总统艾伯特·戈尔（Al Gore）获得了2007年的诺贝尔和平奖。联合国政府间气候变化专门委员会通过对科学问题的合议来开展工作，因此通常被认为其预测结果会相对保守。

联合国政府间气候变化专门委员会开发的预测模型认为，在整个21世纪，气温和海平面将继续增加。即使温室气体的释放突然降到零，地球在以后几十年间仍将继续变暖，直到储备在这个系统中的能量达到平衡[1]。当前气候变化趋势中出现突然、大范围、不可逆转的气候变化临界点的可能性使得当前的情况变得紧急和捉摸不定。在这种情况下，如何去理解和认识当前人类的活动对气候改变的加速，以及未来人类的活动如何改变气候变化的轨迹这两件事情显得至关重要。

气候变化的临界点和临界因素

临界点是一个指标的关键阈值，在阈值这个点上，一个微小的波动就会导致系统状态的巨大变化。临界因素是地球系统构成中规模较为庞大的某个要素，而这个要素可以跨过临界点。联合国政府间气候变化专门委员会第四次报告之后，根据最新文献综述分析结果和气候领域的专家的广泛意见，人们定义和明确了几种与政策相关的临界因素和它们的大致的临界点。在定义临界因素时，仅考虑了那些在100年时间跨度（人类最长的预期寿命和政策能预见范围）上受人类活动影响且政策干预可以纠正的因素，而且这些因素在1 000年（大多数文明的长度）的时间跨度上会极大地、不可逆转地造成全球气候变化。如北冰洋的冰盖消失和格陵兰岛冰川的瓦解这两个因素已经非常危险，即使还没跨过临界点，也已经接近临界点了。另外5个临界因素在21世纪内可能有中等程度的可能性会跨过临界值，它们分别是：南极冰川的消失、北温带森林的消失、亚马孙雨林的消失、厄尔尼诺现象加重、西非季风变强。除了西非季风[促进非洲部分地区植被生长和增加人口承载能力（即给定地域的自然资源能够养活的人口数）]，其他因素如果超过临界点，将使得地球变得更热，从而破坏现有生态系统，减少生物多样性，升高海平面，导致干旱，这将使得地球不那么适合人类居住。尽管第四次联合国政府间气候变化专门委员会共识认为气候变化最严重的后果可以避免，但前提是如果气温能稳定下来，不超过1990年的气温2～2.5℃。随后的一些估计认为，即使气温升高幅度不超过2℃，北冰洋的冰盖消失和格陵兰岛冰川的瓦解同样会发生。另外，使用联合国政府间气候变化专门委员会第四次报告中的数据所做的独立科学分析认为：即使能实现把温室气体释放的峰值控制在2015年，以及到2050年时减少80%的排放的时间表，不足以避免人类活动导致的气候变暖和因此引发的主要灾难[12]。

气候变化——对儿童的健康影响

因为儿童的体格、生理和认知并不成熟，他们对于环境中的有害因素导致的危害通常比成年人更敏感（参见第3章）。当气候改变，环境中已有的有害因素会更突出，甚至还会出现一些新的有害因素。

可以预测气候变化的直接健康影响包括：极端天气和气候灾难导致疾病发生率和死亡率增加；气候相关的感染性疾病发病增加；空气污染相关的疾病发病增加；夭折；中暑和高温导致的死亡[4]。就上述直接导致的疾病和死亡而言，儿童比其他人群更为敏感。我们将在下面讨论这些直接的健康影响，讨论将主要针对美国儿童。另外，气候的间接影响也会在随后简单提及。

气候的直接影响——与儿童有关的健康威胁

极端天气和气候灾难

联合国政府间气候变化专门委员会预计气候改变“可能”或者“非常可能”增加极端天气和气候灾难的发生次数和强度[1]。通常这些极端天气包括洪水、暴雨、干旱。洪水是最常见的与气候有关的灾害，占 1992—2001 年所发生的全部气候灾难的 43％。干旱的发生相对较少，但通常会引发饥荒，是最致命的气候灾难[3]。工业化国家如美国，通过开发海岸和冲击平原地区从而系统性地增加了遭受洪灾的人口数量。在美国，飓风和龙卷风通常是可见的、给人最深刻印象的气象灾难。证据表明，4～5 级的飓风的发生次数在过去 30 年有所增加，但因为 30 年的观察时间太短，还不能很确定地说飓风发生增多与海平面温度升高和气候变化有直接关系[13]。

与极端天气事件直接相关的健康后果包括死亡、伤害、感染性疾病增加，以及事件后的精神问题和行为改变，但鲜有研究专门评估上述气候事件对儿童的影响。就全球而言，在 1990—2000 年间，每年有 6 650 万儿童受自然灾害的影响[14]。各地的儿童在风暴和洪水中更容易遭受死亡和伤害。在工业化世界，传染性疾病通常会因为自然灾害后水的净化和卫生系统破坏，加之人群拥挤在临时的救助站时会出现暴发。与发展中国家相比，这类灾后传染性疾病的暴发在发达国家通常会得到较好的控制。而在发展中国家，这类感染通常是致命的。因为暴雨或者洪水之后留下大量的适合蚊虫繁殖的死水坑，蚊子传播的疾病和其他虫媒性疾病可能会增加。气象灾难后精神类疾病包括创伤后应激障碍、普遍性的睡眠障碍、攻击行为和物质滥用[4]。儿童也可能失去家庭或者流离失所，失去珍贵的或者喜欢的物品，甚至经历亲人受伤或者死亡。一些研究认为在经历同样的灾难后，儿童的心理症状比成人更顽固和更持久，不过还需要更多地针对儿童的研究来证明这样的影响。社区提供的心理支持服务，早期治疗性的干预和灾后心理咨询能够减少儿童中长期的精神压力。“卡特里娜”飓风的经验表明灾后追踪儿童下落，让儿童和照顾者待在一起，为住院儿童提供专门的医疗服务是一件困难的事情[15]。不同区域的规定和严格的财产保险条款可以影响人们重建和新建家园，这也是减少沿海风暴可能受灾的人口数量的一种办法。

传染性疾病

就全球而言，传染性疾病是导致儿童死亡的第二大原因。可以预测水源性胃肠炎将在全球变暖的情况下增加。世界卫生组织估计目前每年约有 162 万 5 岁以下儿童因水污染而死于腹泻[16]。尽管发达国家的儿童较少因水源性感染而死亡，但气候的改变会使腹泻和其他类型的感染性疾病发病率增加[4]。在全球越来越热的情况下，厄尔尼诺(周期性的太平洋亚热带区域水温和海平面改变导致的全球各地极端天气，如洪灾和干旱等)相关的天气事件常以几年为一个周期出现，可以作为了解全球变暖的一个分析模型。在厄尔尼诺事件中，儿童因腹泻而住院概率会增加。其中的一个研究中显示气温每提升 1℃，儿童腹泻住院率将增加 8%。

在美国，水源性疾病暴发的次数与过量降雨事件(这可能随全球变暖而增加)的次数是正相关的。在过去 45 年里，68%水源性疾病暴发事件都与降雨量超过第 80 百分位数的降雨事件有关。与环境温度有关的食源性疾病也可能会随全球气候变暖而增加[4,7,18]。

虫媒性感染同样受气候变化的影响。病原物的宿主(如鼠类、昆虫、蛇)和病原物(如细菌、病毒、寄生虫)对气候的变化都很敏感，如气温、湿度和降雨，但对气候变化相关疾病的预测能力会受地形、土地使用、城镇化、人口分布、经济发展水平、公共健康基础设施等影响[19]。因此没有一个简单的预测公式能有较高的可信度去预测气候变化导致的传染性疾病。许多国家正着手建立早期的预警系统帮助预测感染性疾病发生风险增加的情况。

两种虫媒性感染，即疟疾和登革热，已经对全球的疾病负担造成了显著的影响。这两种疾病在气候变暖的情况下发生率还将增加。疟疾和登革热对儿童危险比对成人更多。根据世界卫生组织的报道，每年有 2.5 亿人感染疟疾，其中 100 万人死于疟疾[20]。今天，有超过 30 亿人口生活在疟疾易感地区。当气候变暖，疟疾的宿主蚊子的栖息地扩大到高海拔和高纬度地区，同时疟原虫在蚊子体内的发育速度加快，这些都可能使得更多的人口置于疟疾易感地区[21-25]。由于对疟疾缺乏特异性免疫，儿童更容易患疟疾和出现死亡，通常75%的疟疾死亡为5岁以下的儿童。当前，登革热威胁到25亿人口，而且这个人口数量还会因为气候变暖和全球人口增长达到60亿[26]。当登革热病情进展到出血性发热阶段，未经治疗的死亡率约为20%，15岁以下的儿童对登革热所致死亡是最为敏感。

在美国，虫媒性疾病如莱姆病、西尼罗病毒、西部马脑炎、东部马脑炎被认为是受气候影响的疾病。在气候变暖的情况下，这些疾病的传播媒介分布范围和数量都会增加[27]。传播莱姆病的硬蜱属扁虱分布范围已经随气候的变化而扩大[28]。5～14岁儿童(也包括50～59岁成人)比其他人更容易患这种疾病。温暖的气温使得西尼罗病毒在其宿主蚊子体内增殖速度加快，而且进化为更具传染性的品种[29]。由于喜欢玩耍，儿童在室外的时间比成人更长，这将增加这种疾病的暴露机会。安装纱窗、空调，使用有效的驱虫剂，控制传播疾病的昆虫的项目等改造环境的手段能减少感染[30]。人类对环境的改造使得我们有能力显著减轻全球最终的疾病负担[26]。

空气污染

因为气温升高，空调和电扇等的使用导致更多的电力消耗，细微颗粒、氮氧化合物、硫氧化物、臭氧等空气污染加重。如果更多的电力消耗是通过燃烧更多的化石燃料来提供的话，环境(室外)空气污染会加重，温室气体释放也会增多。儿童因为肺处于生长和发育阶段，呼吸频率比成人更高，在室外兴致勃勃地玩耍的时间更长，他们对室外空气污染的短期和长期危害更为敏感[31]。空气污染将导致呼吸系统疾病，如哮喘住院、病假旷课、呼吸系统症状增多、肺功能下降等问题。

在气温升高的情况下，即使产生臭氧的化学反应缺乏属于初级污染的前体物质(包括可挥发的碳氢化合物和氮氧化合物)，臭氧浓度仍会增加[32]。如果室外臭氧浓度较高，在室外玩耍的儿童发生哮喘的风险会增加[31]。除此之外，不管是否伴发哮喘，空气中的颗粒物和其他污染物水平升高将影响肺的生长发育能力。空气中的颗粒物升高还会导致早产、低出生体重儿童,和婴儿死亡率增加。

伴随气温变化,空气质量变化的第二个方面是各种花粉和真菌孢子含量的增加[4,33]。气温增加使得花粉的数量增加,同样也会影响植物、真菌在空间的分布和密度。一些数据显示高浓度的二氧化碳和较高的环境温度使得植物花粉致敏性更高。这些改变可能相应地导致儿童哮喘、鼻炎和其他呼吸系统疾病的患病率、发病率和严重程度的变化[4,34]。一些研究人员认为当前全球儿童哮喘的发病增加可能是气候变暖所导致花粉暴露增加所致[35]。

热应激

联合国政府间气候变化专门委员会认为随着气候的变化,"事实上某种程度"我们拥有更暖和的白天和更暖和的夜晚,而这"非常可能"引发更多的热浪出现[1]。在更暖和的天气里,严寒导致的死亡人数预计会减少,但还不清楚这种减少是否能抵消酷热可能导致的死亡人数的增加[26]。居住在温带的人,如美国和欧洲人,在气候变化之初更可能遭受较严重的影响,因为在这个纬度上气候变暖会表现得更明显,这里的人口几乎没有时间去适应温度的变化。热浪和死亡关系的研究在过去几十年间均有报道,但最近由于 2003 年和 2006 年欧洲的热浪以及 2006 年北美的热浪袭击使得这个问题受到更多关注。酷热引发的住院和死亡主要发生在老年人中,另外一个研究发现因热浪死亡的儿童数量虽不多,但处于高风险人群的第二位[36],不过酷热对儿童的影响还缺乏充分的研究。除此之外,儿童在室外待的时间更长,主要在午后最热的情况下做一些体育运动,使得儿童中暑和热休克的风险增加[37]。在炎热的天气下增加户外时间也可能使得儿童发生紫外线所致的皮肤损伤的风险增加,包括基底细胞癌和黑色素瘤[38]。有一些数据显示,美国最近几年酷热所引起的死亡人数有所下降,这可能与空调房屋的比例增加有关。不过还需要更多的研究来明确改变生活条件和环境适应在减少酷热所致死亡方面的成本效益和有效途径。

气候变化对儿童健康长期、间接的影响

气候变化对儿童健康长期、间接的影响与未来几十年气候变化的程

度和现在所采取的防范措施和适应方法有关。温室气体的释放能在多久和多大程度上稳定下来并开始下降对气候变暖的速度和程度有显著影响，但即使在最乐观的估计中，到 21 世纪末气温仍将升高在 1～2℃[1]。食物供应可能会受到陆地和海洋食物生产模式转变的影响[39]。更多的食物可能会受到真菌毒素的污染[40,41]。水的供应也会发生变化，部分地区的供水会大幅度减少，包括依赖夏季降雨和冰雪融化的美国西海岸地区[42]。沿海居民将因海平面升高被迫转移，还可以预见到气候变化、自然灾害、资源匮乏导致的政治不稳定也将引发大规模人口迁徙。另外，据估计，全球人口在 2050 年会增加 50%，达到 90 亿，这会额外增加生态系统的压力以及对能源、淡水和食物的需求[43]。随着健康有关的长期和间接因素以及气候变化的进一步明晰，社会和政治团体需要采取更具进取心的减灾策略和弹性的应对措施来保障公众健康，尤其是保障敏感人群的健康。

气候变化的解决方案：减灾和灾害应对策略

针对气候变化带来的影响所采取的策略称为减灾和灾害应对策略。减灾目的是减少导致气候变化的原因，等同于儿童和公众健康的初级预防。具体的策略包括通过提升能源效率和使用可再生能源以减少排放[44]，通过保护森林和再造森林增加碳库，开发捕获和隔离温室气体的技术等(图 54－1)。灾害应对措施包括探索公共卫生策略使得可预见的气候变化所引起的健康危害最小化，这等同于儿童和公众健康的二级和三级预防。这些策略包括改进健康监测和报告系统，改进天气预报和早期预警系统，升级危机管理和充实防灾物资准备，开发和分发可用的疫苗和药物，增强公众健康教育和物资储备。

灾害应对措施肯定还会包括政策和法律行动、工程响应和个人行为的改变。

有效执行上述减灾和灾害应对策略涉及面很广，大到全球，小到当地的政府、企业、社区和个人。还有，气候改变是全球总体改变的一部分，还包括人口增长、土地利用、经济改变、科技发展；所有这些对个人和职业健康均会产生影响。任何针对气候改变的解决方案必须立足于全球可持续

表 54－1　减灾策略举例*

	国　际	国内和州内	社　区	商业，非营利组织，学术团体	个　人
减少排放和增加使用可再生能源	■通过国际协定制订碳排放限值 ■支持发展中国家使用清洁、可再生能源 ■支持研究、开发和使用清洁和可再生燃料 ■推广节能技术	■编制温室气体目录 ■在国家和州的层面上制订碳排放限值 ■推广太阳能、风能和高效生物燃料以及其他可再生能源 ■对开发使用清洁再生能源的研究投资 ■整体上提高机车平均燃油效率标准 ■推广节能技术 ■增加公共交通选择	■LEED[†]（绿色能源与环境设计先锋奖）对公共建筑进行认证 ■对所有公共建筑进行能源审查和革新 ■在公共区域安装节能灯 ■对节能的企业主和家庭进行奖励 ■最大化公共交通系统，对空载的车辆进行处罚，对私人停车场进行征税，开辟自行车道，强化多乘客车道 ■设立可持续发展奖 ■推广节能技术	■设立能源审查办公室 ■与 LEED 认证接轨 ■鼓励拼车，对使用公交系统和走路或骑车的员工进行鼓励 ■推广节能 ■购买有能源星的办公设备 ■鼓励远程办公和弹性工作时间 ■尽量使用视频会议或者电话会议 ■出差旅行是考虑认购碳抵用券[‡]	■减少开车，使用公共交通，拼车 ■使用低油耗机车 ■对家庭和单位进行能源审查并做出相应的改变 ■购买有能源之星的家用设备 ■购买当地的食物 ■加入节能活动 ■使用紧凑型荧光灯 ■减少浪费
增加（保护碳库）	■严惩破坏森林的人 ■恢复森林和荒地	■探明、保护和恢复碳库 ■保护国家森林和未开发地区	■植树 ■奖励绿色屋顶的建筑 ■修建公园和绿地	■增加绿地空间 ■在停车区域种植树和植物	■种树和灌木 ■爱护公园和林荫道

（续表）

	国　际	国内和州内	社　区	商业，非营利组织，学术团体	个　人
碳捕获和隔离	■支持研究和发展	■支持研究和发展	■支持研究和发展	■支持研究和发展	■通过个人投资进行支持

* 该表并不详尽，列举的许多措施有交叉重叠。更多信息可以访问以下网站：http://grida.no/climate/ipcc_tar/wg3/index.htm；http://epa.gov/climatechange/wycd/index.html，http://www.princeton.edu/～cmi/.

†绿色能源与环境设计先锋奖（LEED）绿色建筑评级系统是全国认可的有关建筑设计、修建和使用过程中环保的参考标准。LEED给房屋所有者和使用者的一套可以立刻对其建筑的运行产生可以评估的影响的工具。LEED通过认可对人和环境健康的5个关键方面：包括环境的合理利用、节水、节能、材料选择和室内环境质量，推广一种可持续的整体方案。

✣减少温室气体排放是可以通过购买碳抵用券，让个人或者企业以某个公司的名义支付减少消除温室气体碳排放所需费用来实现。比如一个公司如果同意购买10吨碳抵用券，卖出抵用券的公司将保证少向大气中排放少于10吨的碳。

引自Shea KM，美国儿科学会环境健康委员会。全球气候变暖和儿童健康。儿科杂志，207；120(5)：e1359－e1367。

发展的大背景之下(即当代人在使用资源满足当地的需求的同时也得保证子孙后代能够满足他们的需求)。保护当代人的健康和子孙后代的健康需要健康领域经历一次根本的思维转变;致力于儿童健康的儿科医生应该能够成为从传统上只关注疾病的预防转变到关注更宽泛的、高度整合的、与健康同义的环境可持续发展上。预防和减轻气候变化对儿童健康的影响已经超过了单个儿科医生的能力范围,但儿科医生能够以自己做出榜样表率,通过参与社区或者美国儿科学会分会,参与政治,或者参加公众集会等形式在当地、州和国家层面上扮演重要的公众角色,以支持环境的可持续发展(表 54-2)[45,46]。

表 54-2　应对气候变化:一份健康专业人员能够做的清单*

应对气候变化

在你的工作中

- ■ 让更多的儿童接受预防接种
- ■ 教育家庭成员学会使用测量温度、空气质量和紫外线辐射的装置
- ■ 明确和报告不常见的疾病和疾病模式

与当地健康官员合作

- ■ 参与制订救灾物资准备和反应计划
- ■ 采用低毒的方法防治虫媒传染病
- ■ 增加对气候相关感染性疾病的监测

在生活的社区/地区

- ■ 保护当地饮用水源
- ■ 支持当地的有机农业
- ■ 支持更环保的能源________

通过最小化温室气体的释放减少未来气候的变化

在你的工作中

■ 使办公室和医院更环保。如果修房子,采用针对健康机构的环保建议并考虑绿色能源与环境设计先锋奖(LEED)的证书

■ 制定政策奖励走路/骑自行车/拼车/使用公交系统上下班的同事(如与公交系统时间表相适应的更弹性的工作时间)

- ■ 制作关于减少温室气体排放的宣传材料和标识
- ■ 教育患者和家属可以减少气候变暖的行为
- ■ 教育医学生和住院医生气候相关的一些健康问题
- ■ 学会利用手机和电子化的方法做更多工作(医学继续教育、视频咨询)

（续表）

通过最小化温室气体的释放减少未来气候的变化
■ 意识到儿科医生通常被认为是值得信赖的专家，也是同事和患者的可持续生活方式的楷模
在家中
■ 如果可能，尽量使用紧凑型荧光灯和发光二极管灯
■ 家用电器不用时一定要关掉电源
■ 夏天把空调的温度设定高一些，冬天把空调的温度设定低一些
■ 应对气候变化
■ 通过最小化温室气体的释放减少未来气候的变化
■ 进行家电的能耗审查
■ 利用电脑具有的功能设定电脑在一段时间无操作后自动进入省电模式或者关机
■ 尽量选择当地、当季和食物链低端的食物
■ 减少红肉摄入，用植物蛋白质和鱼肉来替代
在旅行中
■ 尽量多走路和骑行
■ 选择购买更省油的汽车
■ 拼车
■ 考虑公共交通
■ 减少和合并长距离旅行
在生活的社区中
■ 就地宣讲减少温室气体排放的健康理由
■ 要求市长签署市长承诺书，成为塞拉俱乐部的“凉快的城市”
■ 提供专业的证据，撰写专栏评论文章和给编辑写信表达气候变化对健康的影响
■ 与医学生和住院医生一起参加保护地球的倡议活动
■ 参与一个公民可以参与的所有事情——投票、教育当选的官员、当志愿者、竞选公共职位

* 修订自 Shea KM，Balk SJ. 全球气候变暖和儿童健康：健康专业人员应该知道什么和可以为此做什么。

常见问题

问题　个人的行为对诸如全球气候变化这样巨大问题会产生什么样的影响？

回答　全球 45％的二氧化碳释放是个人行为和个人选择的结果，在美国，这个比率高达 60％。二氧化碳的释放来自生活和商业用电的生产和私家车。食物选择对二氧化碳的排放也有影响，而且也是可以改变的，比如选择牛肉，就会留下“碳脚印”。总体而言，通过节能提高能源效率而减少个人碳的释放不但对全球有影响，而且也是有效减少温室气体排放策略的必要组成部分。个人也可以告诉同伴和政策制定者有关气候变化对健康的影响以增加他们这方面的意识，个人还可以通过媒体、消费选择和投票发挥相应的影响。

问题 我们还有多少时间可以为避免气候改变或者气候大灾害做一些事情？

回答 没有人能够明确回答这个问题。但联合国政府间气候变化专门委员会的科学家的共识是温室气体的释放会在2015年达到高峰，在2050年时释放量减少至80%就可以避免气候变化最危险的结果。这是一些专家提出的一个比较紧迫的时间表。无论如何，任何层次和地区的行动应该在当下立即实施。

问题 为什么儿科医生应该参与到气候变化的问题中去？

回答 儿科医生是为一个很脆弱，且在政治上也没有影响力的群体，即儿童代言。儿童无法在现在采取必要的个人和政治上的行动去影响将来的气候及其健康。儿科学的历史是一个倡导儿童健康权利的历史，致力于预防和应对气候变化对健康的影响与其历史也是一致的。

国际共识:《京都协议书》和其他

《京都协议书》(Kyoto Protocol)是一个世界范围内的、国家间的关于限制温室气体排放的国际共识。京都协议书着眼于限制二氧化碳、甲烷、氢氟化碳、全氟化碳和六氟化硫的排放。该协议已于2005年生效，它要求55个工业化国家减少温室气体的排放，目标是比1990年水平少5.2%。如果这些国家不能达到目标，它们需要从其他低于目标排放量的国家购买排放指标。

2009年哥本哈根气候变化的磋商中，参会国家未能就限制气温升高不超过2℃达成有法律约束力的协议，但美国、中国、巴西、印度和南非同意设定一个限制温度升高不超过2℃的减灾目标，更重要的是也同意采取行动以实现这个目标。另外一次磋商2010年在墨西哥举行，此次会议设立了“绿色气候基金”(Green Climated Fund)，以便为发展中国家提供经费支持，同时建立登记以帮助发展中国家在它们的计划和项目中获得国际支持。气候改变的下一轮多国谈判于2011年在南非德班举行。

问题　儿科医生可以为气候变暖做些什么？

回答　表54-2和美国儿科学会政策声明“全球气候变暖和儿童健康”[47]中包含具体的行动清单和对儿科医生的建议。儿科医生和儿保专业人员可以在个人或者职业生活中做一些对减少温室气体排放有益的事情，也可以从政治上支持有益于改变或者减轻变暖的一些改革，以及和当地健康官员一起，建立一些重要的、适合当地情况的灾害应对策略以最大程度减轻气候变化带来的健康影响[48,49]。

问题　怎样把执业实践和对气候变化的担心整合起来？

回答　需要告知所有的患者及其家属与气候相关的健康情况，给予他们如何减少有害暴露风险的指导。例如，家长和儿童应该知晓如何获得、理解和使用当地空气质量和紫外线强度指数、每日的花粉计数以及对炎热气温应对建议等。应该鼓励家庭制订针对当地可能发生的极端天气事件和气候灾难的应对方案和计划。无论儿科医生是否把上述各种内容整合到预防性建议中去，他们都应该记住作为健康服务的提供者，他们同时是引领生活方式的重要楷模和榜样，他们在执业中的选择可被其他人所观察到，并能教育和影响他人的行为。

（张　勇 译　张　帆 校译　宋伟民　赵　勇 审校）

参考资料

CLIMATE CHANGE SCIENCE

Intergovernmental Panel on Climate Change

Web site：www. ipcc. ch

US Climate Change Science Program

Web site：www. climatescience. gov

CLIMATE CHANGE SOLUTIONS

Carbon Mitigation Initiative at Princeton University

Web site：www. princeton. edu/～cmi/resources/stabwedge. htm

Environmental Defense Fund

Fight Global Warming：What You Can Do：

www. fightglobalwarming. com/page. cfm? tagID=135

Green Guide for Health Care

Web site：www. gghc. org

Medical Alliance to Stop Global Warming

Web site：www. psr. org/environment-and-health/global-warming/medicalalliance-global-warming. html

National Resources Defense Council

Solving Global Warming：It Can Be Done：

www. nrdc. org/globalWarming/solutions/default. asp

Sierra Club

10 Things You Can Do to Fight Global Warming：

www. sierraclub. org/globalwarming/tenthings

Stop Global Warming

Take Action：www. stopglobalwarming. org/sgw_takeaction. asp

Union of Concerned Scientists

Global Warming：What You Can Do：Ten Personal Solutions：

www. ucsusa. org/global_warming/solutions/ten-personal-solutions. htm

US Environmental Protection Agency

Energy Star：Protect Our Environment for Future Generations：

www. energystar. gov

US Green Building Society

Leadership in Energy and Environmental Design：

www. usgbc. org/DisplayPage. aspx? CategoryID=19

World Health Organization

www. who. int/globalchange/en/index. html

World Wildlife Federation

What You Can Do to Switch off Global Warming：

www. panda. org/about_wwf/what_we_do/climate_change/what_you_can_do/index. cfm

参考文献

[1] Intergovernmental Panel on Climate Change. Climate Change 2007: Synthesis Report. Summary for Policy Makers. Available at: http://www.ipcc.ch/pdf/assessment-report/ar4/syr/ar4_syr_spm.pdf. Accessed April 7, 2011.

[2] G8 Summit Documents. Declaration of Leaders Meeting of Major Economies on Energy Security and Climate Change. Hokkaido Toyako, Japan. 7–9 July 2008. Available at: http://www.g8.utoronto.ca/summit/2008hokkaido/2008-climate.html. Accessed April 7, 2011.

[3] McMichael AJ, Woodruff RE, Hales S. Climate change and human health: present and future risks. *Lancet*. 2006;367(9513):859–869.

[4] Bunyavanich S, Landrigan CP, McMichael AJ, et al. The impact of climate change on child health. *Ambul Pediatr*. 2003;3(1):44–52.

[5] Shea KM; American Academy of Pediatrics, Committee on Environmental Health. Technical report: Global climate change and children's health. *Pediatrics*. 2007;120(5):e1359–e1367.

[6] Sheffield PE, Landrigan PJ. Global climate change and children's health: Threats and strategies for prevention. *Environ Health Perspect*. 2011;119(3):291–298.

[7] Tillett T. Climate change and children's health: Protecting and preparing our youngest. *Environ Health Perspect*. 2011;119(3):a132.

[8] Bernstein AS, Myers SS. Climate change and children's health. *Curr Opin Pediatr*. 2011;23(2):221–226.

[9] World Meterologic Organization World Data Centre for Greenhouse Gases. *Greenhouse Gas Bulletin: The State of Greenhouse Gases in the Atmosphere Using Global Observations up to December* 2006. No 3. November 2007. Available at: http://gaw.kishou.go.jp/wdcgg/products/bulletin/Bulletin2006/ghg-bulletin-3.pdf. Accessed April 7, 2011.

[10] National Climatic Data Center, National Oceanic and Atmospheric Administration. Global Warming: Frequently Asked Questions. Available at: http://www.ncdc.noaa.gov/oa/climate/globalwarming.html Accessed 27 October 2008. Accessed April 7, 2011.

[11] Lenton TM, Held H, Kriegler E, et al. Tipping elements in the Earth's climate system. *Proc Natl Acad Sci*. 2008;105(6):1786–1793.

[12] Hansen J, Sato M, Reudy R, et al. Dangerous human-made interference with climate: a GISS model E study. *Atmos Chem Phys*. 2007;7:2287 – 2312.

[13] Webster PJ, Holland GJ, Curry JA, et al. Changes in tropical cyclone number, duration and intensity in a warming environment. *Science*. 2005;309(5742):1844 – 1846.

[14] Penrose A, Takaki M. Children's rights in emergencies and disasters. *Lancet*. 2006;367(9511):698 – 699.

[15] Johnson C, Redlener I. Hurricane Katrina, children, and pediatric heroes. Hands-on stories by and of our colleagues helping families during the most costly natural disaster in US history. *Pediatrics*. 2006;117(Suppl 2):S355 – S460.

[16] World Health Organization. Water, Sanitation, and Hygiene Links to Health. Geneva, Switzerland: World Health Organization; 2004. Available at: http://www.who.int/water_sanitation_health/publications/facts2004/en/index.html. Accessed April 7, 2011.

[17] Kovats RS, Edwards SJ, Hajat S, et al. The effect of temperature on food poisoning: a time-series analysis of salmonellosis in ten European countries. *Epidemiol Infect*. 2004;132(3):443 – 453.

[18] Fleury M, Charron DF, Holt JD, et al. A time series analysis of the relationship of ambient temperature and common bacterial enteric infections in two Canadian provinces. *Int J Biometerol*. 2006;50(6):385 – 391.

[19] Sutherst RW. Global change and human vulnerability to vector-borne diseases. *Clin Microbiol Rev*. 2004;17(1):136 – 173.

[20] World Health Organization. World Malaria Report 2008. Available at: http://www.who.int/malaria/wmr2008/. Accessed 27 October 2008.

[21] Bouma MJ. The El Niño southern oscillation and the historic malaria epidemics on the Indian subcontinent and Sri Lanka: an early warning system for future epidemics? *Trop Med Int Health*. 1996;1(1):86 – 96.

[22] Cullen JR. An epidemiological early warning system for malaria control in northern Thailand. *Bull World Health Organ*. 1984;62(1):107 – 114.

[23] Ruiz D, Poveda G, Velez ID, et al. Modelling entomological-climatic interactions of Plasmodium falciparum malaria transmission in two Colombian endemic-regions: Contributions to a national malaria early warning system. *Malaria J*. 2006;5:66.

[24] Thomson MC, Connor SJ. The development of malaria early warning systems for

Africa. *Trends Parasitol*. 2001;17(9):438－445.

[25] Epstein RP, Mills E. eds. *Climate Change Futures; Health, Ecological and Economic Dimensions*. Boston, MA: The Center of Health and the Global Environment, Harvard Medical School; November 2005.

[26] McMichael A, Githeko A. Human health. In: McCarthy JT, Canziani OF, Leary NA, Dokken DJ, White KS, eds. *Climate Change* 2001: *Impacts, Adaptations, and Vulnerability*. Geneva, Switzerland: Intergovernmental Panel on Climate Change; 2001:453－485. Available at: http://www.grida.no/climate/ipcc_tar/wg2/pdf/wg2TARchap9.pdf. Accessed April 7, 2011.

[27] US Climate Change Science Program, Subcommittee on Global Change Research. *Analyses and Effects of Global Change on Human Health and Welfare and Human Systems*. (SAP 4.6) Washington, DC: US Environmental Protection Agency; 2008. Available at http://www.climatescience.gov/Library/sap/sap4-6/final-report/sap4-6-final-all.pdf. Accessed April 7, 2011.

[28] Lindgren E, Täleklin L, Polfeldt T. Impact of climatic change on the northern latitude limit and population density of the disease-transmitting European tick *Ixodes ricinus*. *Environ Health Perspect*. 2000;108(2):119－123.

[29] Kilpatrick AM, Meola MA, Moudy RM, et al. Temperature, viral genetics, and the transmission of West Nile virus by *Culex pipiens* mosquitoes. *PLoS Pathog*. 2008;4(6):e1000092. Available at: http://www.plospathogens.org/article/info%3Adoi%2F10.1371%2Fjournal.ppat.1000092 Accessed April 7, 2011.

[30] Reiter P, Lathrop S, Bunning M, et al. Texas lifestyle limits transmission of Dengue fever. *Emerg Infect Dis*. 2003;9(1):86－89.

[31] American Academy of Pediatrics, Committee on Environmental Health. Ambient air pollution: health hazards to children. *Pediatrics*. 2004;114(6):1699－1707.

[32] Knowlton K, Rosenthal JE, Hogrefe C, et al. Assessing ozone-related health impacts under a climate change. *Environ Health Perspect*. 2004;112(15):1557－1563.

[33] D'Amato G, Cecchi L. Effects of climate change on environmental factors in allergic respiratory disease. *Clin Exp Allergy*. 2008;38(8):1264－1274.

[34] Shea KM, Truckner RT, Weber RW, et al. Climate change and allergic disease. *J Allergy Clin Immunol*. 2008;122(3):443－453.

[35] Beggs PJ, Bambrick HJ. Is the global rise of asthma an early impact of anthropogenic climate change? *Environ Health Perspect*. 2005;113(8):915－919.

[36] Centers for Disease Control and Prevention. Heat-related deaths—four states,

July-August 2001, and United States, 1979 – 1999. *MMWR Morb Mortal Wkly Rep*. 2002;51(26):567 – 570.

[37] American Academy of Pediatrics, Committee on Sports Medicine and Fitness. Climatic heat stress and the exercising child and adolescent. *Pediatrics*. 2000;106 (1 Pt 1):158 – 159.

[38] American Academy of Pediatrics, Council on Environmental Health and Section on Dermatology. Ultraviolet radiation: a hazard to children and adolescents. *Pediatrics*. 2011;127(3):588 – 597.

[39] Slingo JM, Challinor AJ, Hoskins BJ, et al. Introduction: food crops in a changing climate. *Philos Trans R Soc Lond B Biol Sci*. 2005;360(1463):1983 – 1989.

[40] Paterson RRM, Lima N. How will climate change affect mycotoxins in food? *Food Res Int*. 2010;43:1902 – 1914.

[41] Wu F, Bhatnagar D, Bui-Klimke T, et al. Climate change impacts on mycotoxin risks in US maize. *World Mycotox J*. 2011;4:79 – 93.

[42] Barnett TP, Adam JC, Lettenmaier DP. Potential impacts of a warmer climate on water availability in snow-dominated regions. *Nature*. 2005; 438 (7066): 303 – 309.

[43] United Nations Population Division. World Population Prospects: the 2006 revision. Available at: http://esa. un. org/unpp/ Accessed April 7, 2011.

[44] Smith KR, Jerrett M, Anderson HR, et al. Public health benefits of strategies to reduce greenhouse-gas emissions: health implications of short-lived greenhouse pollutants. *Lancet*. 2009;374(9707):2091 – 2103.

[45] Gruen RL, Campbell EG, Blumenthal D. Public roles of US physicians: community participation, political involvement, and collective advocacy. *JAMA*. 2006; 296(20):2467 – 2475.

[46] Rushton FE Jr; American Academy of Pediatrics, Committee on Community Health Services. The pediatrician's role in community pediatrics. *Pediatrics*. 2005;115(4):1092 – 1094.

[47] American Academy of Pediatrics, Committee on Environmental Health. Global climate change and child health. *Pediatrics*. 2007;120(5):1149 – 1152.

[48] Frumkin H, Hess J, Luber G, et al. Climate change: the public health response. *Am J Public Health*. 2008;98(3):435 – 445.

[49] Jackson R, Shields KN. Preparing the US health community for climate change. *Annu Rev Public Health*. 2008;29:57 – 73.

第 55 章

多发性化学物质过敏

定义

多发性化学物质过敏，也称为“环境疾病”或者“特发性环境不相容”，是一种高度争议的健康问题，与其他疾病如纤维性肌痛、慢性疲劳综合征、病态建筑综合征（大楼病综合征）、海湾战争综合征等在表现上有很多相似的地方。尽管这种健康问题多见于成人，但也有报道认为导致这种健康问题的各种因素在儿童和青少年中同样存在[1,2]。

多发性化学物质过敏曾经被定义为一种获得性的慢性疾病。主要特征表现为周期性的症状，症状可以涉及多个器官或者系统，患者在很低剂量（远低于基于一般人群所建立的有害毒作用剂量）接触各种化学性质不相关的物质时症状都会重复出现[3,4]。目前没有与多发性化学物质过敏相关单项检查或者生理功能的改变；当刺激物被清除以后疾病的症状会缓解。与病态建筑综合征不同的是，多发性化学物质过敏的症状并不与某种单独的物理环境有关，它可以在任何地方出现。

临床表现

多发性化学物质过敏患者在低剂量接触各种化学性质不相干的物质时可诱发各种各样的主诉症状。患有这种疾病的成人通常可以回忆起第一次的过敏情况，一般是在工作环境中接触了某种强烈刺激的化学物质。过敏症状可以涉及任何器官，通常包括头痛、乏力、胃肠道不适、关节和肌肉痛、皮肤瘙痒和上呼吸道症状。多数患者也有神经生理和心理的表现（如精神恍惚、认知功能下降、意识混乱、失忆、感觉异常、易怒、抑郁)，精神和神经方面的表现是这种疾病重要的特征。其他一些特征包括莫名的不安、眩晕、灼烧感和呼吸窘迫。在儿童和青少年中，过度的活跃和注意力缺失被认为是多发性化学物质过敏在发育过程中的表现[5]。症状在一段时间内会时好时坏，不可预测，刺激物也会从单一化学物质发展到很宽泛的化学性质不相干的多种物质。多发性化学物质过敏经常涉及到的物质包括杀虫剂、香水中的香味、润肤液和其他家用产品、复印件散发的气味、乳胶、食物染料和添加剂、烟草、甲醛溶液、尼龙纤维、人造纤维和新地毯的气味等[6]。一些人也描述为当闻到化学物质或者香水的恶臭时，症状就出现了。三叉神经分支受到来自味道和气味的刺激时，嗅觉神经就能觉察到气味。气味看起来能促使症状出现，并且可以作为有毒物质暴露的一个重要预警信号。多数研究者都同意如何解释嗅觉在这种疾病中所起的作用是多发性化学物质过敏致病模型中必不可少的一个内容。研究报告也提到，症状也能随着时间推移从一个器官系统转移到另外一个器官系统(可转移)。多发性化学物质过敏的主要特征包括：症状表现为持续加重；产生症状所需刺激物剂量越来越小；让人不舒服的气味预警；进展性的活动环境和居住环境受限等。

流行情况

研究多发性化学物质过敏的流行情况最主要的一个困难是缺少医学和科学界对于该类病例公认的定义。许多已发表的病例报告中通常包含一组病例或者是推荐治疗方法的临床试验研究，但没有一个报告涉及儿童。在成人自我报告的多发性化学物质过敏小样本的调查中，流行率的估计大约是 12%[7,8]，而非直接相关的其他领域(如过敏、耳鼻喉、职业医学)中的独立调查认为，总体的参考发生率为 5%～27%[9]。这些调查也没有一个包括儿童。5～16 岁儿童中，食物添加剂不耐受的流行率估计是 1%～2%[10]，这比免疫系统介导的食物添加剂过敏的发生率低很多。

历史背景

已故的西伦·伦道夫(Theron Randolph)是芝加哥的一位治疗过敏

症的医生，他在 20 世纪 50 年代第一次描述了多发性化学物质过敏症[11]。他相信传统过敏学研究者对过敏的定义过于狭隘，仅局限于抗原抗体反应。他因此提出一个假设，认为食物和化学物质也会引起免疫系统其他方面的错乱。他认为，现代社会中的石油产品、杀虫剂、合成纤维和食品添加剂暴露的增加是导致他所接触的患者出现健康问题的罪魁祸首，如精神和行为混乱，也包括关节炎、头痛和哮喘等。一群被称为"临床生态学家"的内科医生，他们也支持伦道夫博士关于环境疾病的思想，建立了美国环境医学学会。

在好几份立场申明文件中，传统医学组织对多发性化学物质过敏综合征的科学基础提出质疑。美国过敏、哮喘和免疫科学会断言，目前还没有充分的研究支持临床生态学的理论。并在 1986 年发表了一个立场申明，认为临床生态学诊断和治疗原则是基于一种无法证明的理论[12]。同样地，美国医师学会（ACP）在 1989 年，美国医学学会在 1992 年对临床生态学进行了批判[13,14]。美国职业和环境医学会在 1999 年发表的一个立场文件中呼吁对多发性化学物质过敏现象投入更多的研究[15]。

可能的致病机制

现有多个模型可用来解释多发性化学物质过敏。免疫功能失调的模型认为化学物质可能会破坏免疫系统，使之不能正常工作，但是除了与临床生态学家有关联的实验室，没有一个独立的临床实验室发现多发性化学物质过敏患者免疫系统出现了相应的异常改变[16]。有些人认为外周和中枢神经系统受体，如辣椒素受体和/或 N－甲基－D－天门冬氨酸受体功能的改变，是多发性化学物质过敏患者对外源性生物物质发生反应的基础[17]。另外一个理论认为机体对有毒物质进行代谢的功能如生物转化功能受损，才导致了普通物质奇怪的毒理学效应。另外一个对女性多发性化学物质过敏患者的研究发现患者的遗传类型与对照不同，包括细胞色素酶 P450－2D6（CYP2D6）与 N－乙酰基转移酶 2（NAT2）所属的酶系统，2 个酶的基因－基因之间的相互作用的类型可以实质性地预测过敏风险的大小[18]。一些研究者也提出了与气味相关的经典条件反射模型来解释多发性化学物质过敏。在经历过创伤性接触某种强烈气味之后，如果再低剂量接触这种物质就可能重现相同的条件反射。这种条件反射还可能存在不同程度上刺激的泛化，进而对其他有强烈气味的物质刺激也表现出反应。一些研究者认为机体的这种极端反应情况可以看成是一种“气味导致的恐怖袭击事件”[19]。

情感失调、躯体病样精神障碍和焦虑是用来描述多发性化学物质过敏最常见的精神状况[20]。出现多发性化学物质过敏的人很大程度上有精神疾病的病史，并有发展为躯体病样精神障碍的倾向[21]。这些研究表明精神因素，尽管不是必需的，使得部分人更容易发展为一种泛化的多种化学物质过敏。与化学物质过敏共存的一些情况，如创伤后应激障碍、儿童身体或者性虐待，同样可能作为潜在的决定因素而起作用，使其以后更容易发展成为多发性化学物质过敏[22]。

大脑边缘系统嗅觉模型对情感和认知方面的症状提供了另一种可能的生物学解释。这个模型强调依赖大脑嗅觉神经，边缘系统以及其他区域结构上的联系。亚抽搐激发（低于阈值的电或化学刺激导致产生生理反应的能力）和时间依赖的敏感性作为中枢神经系统的功能结构，能放大低水平的化学刺激并产生症状，而且是多器官多系统的症状，可作为一个的机制上的解释[23]。其他一些曾经出现过的病因假说，如“神经性”卟啉症[24]，或者对酵母的超敏反应都已经被抛弃。

对多发性化学物质过敏疑似儿童的临床评估

和其他情况一样，当家长相信多发性化学物质过敏是孩子各种症状的原因时，儿科医生应该对儿童进行评估：包括完整病史、体格检查和有条不紊的病情检查。表 55－1 提供了一些诊断标准，这些标准虽然没有经过系统的研究，但可以应用于儿童和青少年。通过病史和选择合适的临床检查，儿科医生应该首先排除或者纳入一些属于鉴别诊断的情况。诊断中需要考虑其他一些疾病，这些疾病要么没有特异性症状，或者症状并不持续存在，包括莱姆病、诈病、精神性学校恐惧症。临床评估应该直接指向可能的诊断的纳入和排除，包括哮喘、偏头痛、过敏或者自身免疫性疾病。还应该考虑特定环境导致的全身性疾病，例如一氧化碳中毒可以表现为一般性的主诉，例如头痛、乏力、眩晕、呕吐、昏睡和意识混乱。

重金属慢性中毒，如汞、砷或铅可能会导致行为症状和食欲异常。

表 55-1　儿童多发性化学物质过敏诊断要素*

诱发症状产生的刺激物的性质

■ 对低剂量（小于通常人群出现反应的剂量的 2.5 百分位）的环境毒物暴露产生反应

■ 儿童对多种不相干的化学物质的暴露产生反应，即症状的产生不局限于某种特定的环境，如病态建筑综合征

生物学上言之有理，而且可以明确的暴露

■ 暴露情况相对一致时，症状应具有重现性

■ 刺激物暴露去除后，症状消失

■ 可以确定的暴露先于症状的发生

症状的特征

■ 有害反应涉及多个身体系统

■ 主诉包括神经症状

■ 儿童对气味敏感性出现变化

■ 机能失调是慢性的

诊断

■ 没有与症状相关的单独的、被认可的生理功能检查

患儿主观反应和行为改善

■ 看护者和/或儿童意识到了具有不愉快反应

■ 家庭试图寻求专业建议

■ 看护者相信儿童生病了

■ 家庭采取了行动以避免接触诱导症状出现的化学物

* 改编自 Nethercott JR, Davidoff LL, Curbow B, Abbey H[25].

慢性或者季节性上呼吸道症状和喘息分别意味着儿童可能是过敏或哮喘。虽然流涕、鼻塞和打喷嚏可能是过敏导致，但上呼吸道堵塞引发的睡眠问题也可能导致儿童或青少年业出现可能由于睡眠障碍表现出乏力和易怒。体格检查中发现过敏性红斑，加之实验室检查、皮肤试验、对疑似反应性气道疾病进行肺功能检查结果的证据支持，将有助于进行初步诊断。头痛和眩晕也多见于多发性化学物质过敏儿童的主诉中，也可以见于患有蝶窦病变的儿童和青少年中。在评估疑似多发性化学物质过敏的儿童和青少年时，必须考虑家长及儿童的精神疾病史、家庭动态过程失

调或者儿童被虐或者忽视等情况。

对于精神病的诊断和治疗而言，家族史阳性可能是常见的情况。对有些家庭而言，多发性化学物质过敏是一个更容易被社会接纳的医学问题，可用它来掩饰诸如抑郁症等精神问题，从而被当作精神疾病患者社会应对的策略。儿童青少年会对作为患者获得的关心照料所吸引，也愿意扮演患者的角色。

诊断方法

尽管提出了很多没有被证明的检查方法，但没有一个实验室检查可以用于诊断。例如，正电子激发 X 射线断层摄影术和光子激发计算机辅助断层扫描摄影术并没有被标准化和验证，因此并不推荐患者做这样的检查。多种物质的诊断性激发与中和实验(通过反复注射，舌下或者皮肤反复接触从而实现“脱敏”的一种途径)虽被临床生态学者支持，但因缺乏科学依据或者缺乏有效性，以及本身也可能导致伤害而被正式否定。美国医师学会综述了临床生态学家做的 15 个激发与中和实验研究，对它的评价包括存在偏倚、缺乏对照、研究设计总体存在严重方法学问题[13]。

对头发、血液、尿液和其他组织进行测试来筛查环境化学物质通常也用处不大，但在恰当的条件下，还是应当推荐实验室检查来排除或者确认其他一些诊断或者可能的医学情况。检查应该在符合质量控制以及符合 1988 年《临床实验室改进修正案》(CLIA)提出的实验室操作指南的实验室中进行。

治疗

多发性化学物质过敏的成年患者对保健需求的专业化、对健康资源的高度占用以及对提供给他们的健康建议，特别是让他们选择心理咨询的建议表现出不满，使得患者和医生都很失望。多发性化学物质过敏患者是消耗医疗资源的大户，各种身体功能障碍也使得他们倍受煎熬，他们不断抱怨，想尽各种办法熬过每一天。对儿科医生而言，家长过度使用健康服务也是一个挑战，但为了儿童的利益，医生仍然要尽其所能为其继续提供各种支持。

一些治疗建议包括：限制和轮换膳食，激发与中和治疗，桑拿解毒。患者自己也会寻求各种治疗方法。除了内科医生，他们也求助于诸如生态疗法师、自然疗法师、顺势疗法师和其他相关从业者。生态疗法和其他疗法可能会推荐草药、氧气、口服制霉菌素、矿物质等，试图通过提高患者对环境的耐受力对患者进行治疗，但这些治疗缺乏科学的依据。有些人认为多发性化学物质过敏患者缺乏化学物质解毒所需的关键酶或者辅酶，因此会给患者的处方使用膳食补充剂、草药、抗氧化剂、维生素以解决理论意义的缺乏。

其中有一些治疗方法对儿童青少年常常有特别的风险，因此不推荐。应该告诫家长放弃一些昂贵而有害的药物，如螯合剂、丙种球蛋白注射液、导泻剂、发汗剂等，因为这些物质的疗效缺乏科学依据。螯合剂可能还会导致低血钙，神经损伤和其他不良反应而致死（参见第46章）。严格限制膳食可能导致生长所必需的蛋白质、矿物质、维生素和其他营养物质的摄入不足。脱敏药物和产品因包含多种草药、膳食补充剂和大剂量维生素，对处于生长发育期的儿童可能有害。儿童肝肾对某些草药、矿物质、激素、膳食补充剂的解毒能力有限，毒副反应的风险将增加。在脱敏治疗中，有些药物反而会使患者出现过敏反应。

许多患者选择限制活动范围，或者改变居住条件，以避开那些导致症状出现的环境因素，生活在一个相对没有化学物质的环境中。在家用产品中，确实存在一些致敏化学物质，如洗发水中的对苯二胺、美甲染料[26,27]、食物中的色素（酒石黄、偶氮染料、苋属植物色素）、增味剂（如乙酸异丁酯，味精）、抗氧化剂（二叔丁基对甲酚）和其他防腐剂（苯甲酸，苯甲酸钠，亚硫酸盐）等[2,10]，以及广泛使用在除臭剂、牙膏、保湿水等各种产品中常见芳香物质。对于有患者的家庭而言，在购买家用产品时回避这些产品是非常重要的一种策略，但还是得提醒一下：一些不含芳香剂的家用产品如洗头膏和防晒霜实际上包含了一些化学物质以掩盖其本来的气味。另外，一些不含芳香剂的产品仍使用了防腐剂如苯甲醇[28]。

一些成人求助于各种防护装备，包括特殊口罩、手套、罩衣，甚至是自带呼吸的装备以试图避免接触致敏化学物。他们这样做也等于自己废掉自己，以至于经常孤立自己不和其他人交往，也不能工作。儿童和青少年因为此病不能上学或者和无法与其他同龄人正常交往，也等于被废掉了。对于这些患病的儿童，应该考虑通过咨询社会工作者和其他精神健康方面的专业人员加以管理。

针对多发性化学物质过敏问题新编制的工作指南为这种疾病诊断的标准化和病情评估的严重程度提供了一些希望[29]。

生物心理模式的管理，包括生物反馈、生物心理的电子监测、合适的应对策略、认知行为治疗、以家庭为中心的治疗、行为调整（消除心理上的条件反射）等技术值得在儿童中做进一步的效果评估[30]。如何处理直接来自家长对对抗疗法的不信任和敌视也很重要。对家庭提供的帮助应该延伸到与学校、社会服务和与其他社区机构的合作中，以帮助家庭更好地应对这种疾病。

结论

作为一个儿科医生，对一个疑似多发性化学物质过敏的儿童的诊治是一个挑战，因为他将同时面对解决儿童的健康问题，并认同家庭所相信的民族医学。探知这种民族医学信仰背后的基础和对存在于信仰中的不同价值观保持开放的心态，才能使医生有效地和具有怜悯心地运用他们的知识和技能。

常见问题

问题　*老师告知我孩子注意力不集中，经常在上课时走神。老师建议做心理测试，但孩子在家表现很好，这个问题是否与孩子在学校里接触某种化学物质有关呢？*

回答　完整评估儿童的问题和恰当的检查是处理这个问题的首要步骤。学校里的环境污染物的来源通常包括清洗剂、文具用品（如胶水、记号笔、喷壶）、杀虫剂、校车柴油发动机的废气。灰尘或者真菌孢子也可能是室内空气污染的来源。不适症状如果只在一个地方（学校）出现可能意味着是一种环境因素的疾病。当一个完整检查和评估完成后，儿科医生同样要意识到家长对学校化学物质的担心可能是基于对儿女学习和行为问题的焦虑。

问题　我的孩子因在学校接触到一些化学品而生病了，你作为我的儿科医生，能否对学校进行干预，并帮助孩子在学校减少和那些化学品的接触？

回答　家长经常要求儿科医生写信支持孩子不参加学校这样或者那样的活动。在这个例子中，儿科医生应该坦诚，但在认同儿童与儿童所处环境有负面关系时要多加小心。一个完整的病史和体格检查，带有目的性地去发现或者排除一些其他的可能诊断，是首要的必需步骤。在考虑儿童化学物质过敏这个事情上，家长的这个提问所引出的另外一个问题虽然不是特别明显，但很关键，即家长通常把儿童的症状归结到各种各样的环境，家长会在因果关系的判断上支持他们的孩子，并可能有先入为主的固有信条。尽管有些时候暴露和症状间会存在一种暂时联系，但这种联系可以是，也可以不是一种因果关系。儿科医生需要更积极，更紧密的和家长以及学校官员一起开展工作，评估学校环境，寻求教育方面的解决办法，保障儿童最大的利益。对儿科医生，学校和家庭而言，地方上的儿童环境健康专业机构和/或州健康部门官员可以作为一种资源，可以向他们寻求一些额外帮助。

问题　在家里我可以为我的孩子做些什么，使得他避免接触到可能有毒的化学物质？

回答　对家长而言，最重要的是能理解儿童化学物质的暴露是可以累加的，包括吸入、摄入、皮肤渗入的总量。需要鼓励家长去思考可能导致儿童接触化学物质的活动和场景。家庭可以是环境暴露的一个来源（参见第 4 章）。学校环境也可能是化学物质暴露的另外一个补充来源（参见第 11 章）。最常见的环境暴露是二手烟，因此家长能够做的最重要的一件事是消除二手烟对儿童的影响。家长还应该知道“三手烟”[31]，即残留在物品如衣服和家具上的烟雾，“三手烟”也有刺激性。在家里应该禁烟，吸烟的人在和儿童玩耍之前应该换衣服和洗手。在使用溶剂、清洗剂、杀虫剂以及其他一些化学物质时，选用对环境友好的替代品也是有远见的一种做法，值得所有家庭采纳。

（张　勇译　张　帆校译　许积德　赵　勇审校）

参考文献

[1] Woolf A. A 4-year-old girl with manifestations of multiple chemical sensitivities. *Environ Health Perspect*. 2000;108(12):1219－1223.

[2] Inomata N. Multiple chemical sensitivities following intolerance to azo dye in sweets in a 5-year-old girl. *Allergol Int*. 2006;55(2):203－205.

[3] Cullen MR. The worker with multiple chemical sensitivities: an overview. *Occup Med*. 1987;2(4):655－661.

[4] Multiple chemical sensitivity: a 1999 consensus. *Arch Environ Health*. 1999;54(3):147－149.

[5] Kidd PM. Attention deficit/hyperactivity disorder (ADHD) in children: rationale for its integrative management. *Altern Med Rev*. 2000;5(5):402－428.

[6] Hu H, Stern A, Rotnitzky A, et al. Development of a brief questionnaire for screening for multiple chemical sensitivity syndrome. *Toxicol Ind Health*. 1999;15(6):582－588.

[7] Kreutzer R, Neutra RR, Lashuay N. Prevalence of people reporting sensitivities to chemicals in a population-based survey. *Am J Epidemiol*. 1999;150(1):1－12.

[8] Meggs WJ, Dunn KA, Bloch RM, et al. Prevalence and nature of allergy and chemical sensitivity in a general population. *Arch Environ Health*. 1996;51(4):275－282.

[9] Kutsogiannis DJ, Davidoff AL. A multiple center study of multiple chemical sensitivity syndrome. *Arch Environ Health*. 2001;56(3):196－207.

[10] Madsen C. Prevalence of food additive intolerance. *Hum Exp Toxicol*. 1994;13(6):393－399.

[11] Randolph TG. Sensitivity to petroleum including its derivatives and antecedents. *J Lab Clin Med*. 1952;40:931－932.

[12] Executive Committee of the American Academy of Allergy and Immunology. Clinical ecology. *J Allergy Clin Immunol*. 1986;78(2):269－271.

[13] American College of Physicians. Clinical ecology. *Ann Intern Med*. 1989;111(2):

168－178.

[14] Council on Scientific Affairs，American Medical Association. Clinical ecology. *JAMA*. 1992;268(24):3465－3467.

[15] American College of Occupational and Environmental Medicine. ACOEM position statement. Multiple chemical sensitivities：idiopathic environmental intolerance. *J Occup Environ Med*. 1999;41(11):940－942.

[16] Simon GE，Daniell W，Stockbridge H，et al. Immunologic，psychological，and neuropsychological factors in multiple chemical sensitivity. A controlled study. *Ann Intern Med*. 1993;119(2):97－103.

[17] Pall ML，Anderson JH. The vanilloid receptor as a putative target of diverse chemicals in multiple chemical sensitivity. *Arch Environ Heal*. 2004;59(7)：363－369.

[18] McKeown-Eyssen G. Case-control study of genotypes in multiple chemical sensitivity：CYP2D6，NAT1，NAT2，PON1，PON2 and MTHFR. *Int J Epidemiol*. 2004;33(5):971－978.

[19] Staudenmayer H. Multiple chemical sensitivities or idiopathic environmental intolerances：psychophysiologic foundation of knowledge for a psychogenic explanation. *J Allergy Clin Immunol*. 1997;99(4):434－437.

[20] Terr AI. Environmental illness. A clinical review of 50 cases. *Arch Intern Med*. 1986;146(1)：145－149.

[21] Black DW，Rathe A，Goldstein RB. Environmental illness. A controlled study of 26 subjects with"20th century disease." *JAMA*. 1990;264(24):3166－3170.

[22] Black DW，Okiishi C，Gable J，et al. Psychiatric illness in the first-degree relatives of persons reporting multiple chemical sensitivities. *Toxicol Ind Health*. 1999;15(3－4):410－414.

[23] Ross PM，Whyser J，Covello VT，et al. Olfaction and symptoms in the multiple chemical sensitivities syndrome. *Prev Med*. 1999;28(5):467－480.

[24] Ellefson RD，Ford RE. The porphyrias：characteristics and laboratory tests. *Regul Toxicol Pharmacol*. 1996;24(1 Pt 2):S119－S125.

[25] Nethercott JR，Davidoff LL，Curbow B，et al. Multiple chemical sensitivities syndrome：toward a working case definition. *Arch Environ Health*. 1993;48(1)：19－26.

[26] Sosted H，Johansen JD，Andersen KE，et al. Severe allergic hair dye reactions in 8 children. *Contact Dermatitis*. 2006;54(2):87－91.

[27] Marcoux D, Couture-Trudel PM, Riboulet-Delmas G, et al. Sensitization to paraapheylenediamine from a streetside temporary tattoo. *Pediatr Dermatol*. 2002;19(6):498－502.

[28] Scheinman PL. The foul-side of fragrance-free products: what every clinician should know about managing patients with fragrance allergy. *J Am Acad Dermatol*. 1999;41(6):1020－1024.

[29] Miller CS, Prihoda TJ. The Environmental Exposure and Sensitivity Inventory (EESI): a standardized approach for measuring chemical intolerances for research and clinical applications. *Toxicol Ind Health*. 1999;15(3－4):370－385.

[30] Spyker DA. Multiple chemical sensitivities—syndrome and solution. *J Toxicol Clin Toxicol*. 1995;33(2):95－99.

[31] Winickoff JP, Friebely J, Tanski SE, et al. Beliefs about the health effects of "thirdhand" smoke and home smoking bans. *Pediatrics*. 2009;123(1):e74－e79.

第 56 章

畜牧业中非治疗用途抗生素的使用

■■■■■■

在农业中使用非治疗用途的抗生素为细菌创造了一个暴露于抗生素的环境，这大大增加了细菌形成和传播抗生素耐药性的机会。久而久之，许多菌种会对抗生素产生耐药性，耐药的细菌经过自然选择，得以生存。细菌的抗生素耐药性在很多儿童相关疾病的病原体中广泛传播。这些病原体包括社区获得性（例如弯曲杆菌、沙门杆菌）和医院获得性（例如肠球菌、金黄色葡萄球菌）感染中的病原体。动物医疗和人类医疗中过度或不恰当地使用抗生素是导致耐药的主要原因。婴幼儿和儿童因为受到感染而增加了发病和死亡的风险。导致感染的病原体包括经食物传播的耐药微生物和在动物性食品生产过程中间接获得耐药的细菌[1]。

2009 年美国食品药品监督管理局（FDA）首次收集的数据表明，畜牧业中每年约使用 1 310 万 kg 抗生素。这些抗生素主要被当作常规添加剂用于肉鸡、火鸡、肉牛、猪和其他食品动物的饲料中[2]。这些官方数据有力地证实了科学家关怀联盟（Union on Concerned Scientists）做出长达 10 年的预估。在美国，70％以上的抗生素以非治疗剂量被长期添加在健康动物的食物和饮用水中来促进动物健康，提高喂养效率和防治疾病。由食品药品监督管理局提供的饲料添加剂包括抗菌和抗寄生虫两大类。

抗生素在动物食品生产中的使用

同人类医疗一样，临床患畜治疗也会在相对较短时间内使用治疗剂量的抗生素。许多种类的抗生素都被批准用于动物医疗，其中又有许多抗生素与人类医疗所用的完全或大致相同。只有一些被管制的抗生素需要兽医的处方。与人类医疗不同的是，治疗药物根据疾病本身和食品动物的类型以及生产设施，可以提供给整个牛群或羊群，而不是单个的动物。有代表性的就是一个包含约 25 000 只鸟类的家禽棚。[3]

当发现一只患畜后，整个牲畜群体都被认为处于危险之中，并且会在其饮用水中投放抗生素进行处理。动物摄取的抗生素剂量取决于水的摄入量，而由溢水和废水引起的环境污染也必须考虑在摄取量当中。

1995 年，美国食品药品监督管理局首次批准将氟喹诺酮类抗生素用于饮用水中，治疗在某些鸟类中出现的呼吸系统疾病[4]。正如批评者曾警告的一样，耐药的人类感染也接踵而来。1999 年，美国疾病控制与预防中心（CDC）报道每 6 个弯曲杆菌感染者中就有 1 人对氟喹诺酮类药物有耐药性，美国食品药品监督管理局也得出结论说在家禽中使用氟喹诺酮类药物已经“不再是安全的”[5]。2005 年 7 月，也就是在此 5 年之后（如果是第一次批准使用之后，应该是 10 年），美国食品药品监督管理局撤回了对家禽产品使用氟喹诺酮类药物的销售批准[6]。

在动物饲养中使用抗生素的另外两种作用主要是预防疾病和促进生长，是通过长期在健康动物的饲料中添加亚治疗剂量的抗生素实现的。因为这两种用途对微生物种群能产生相似的选择压力，所以将以“非治疗用途”这个常见术语讨论这些用途。这些非治疗用途的抗生素是不需要兽医处方的。2009 年美国食品药品监督管理局发布的数据表明美国抗生素的使用大多数是属于非治疗用途的（表 56－1）。

表 56－1　允许动物使用的主要抗生素种类＊

抗生素种类	物　种	预防	生长促进
氨基糖苷类	肉牛、山羊、家禽、绵羊、猪	是	否
青霉素类	肉牛、奶牛、家禽、绵羊、猪	是	是
离子载体类	肉牛、奶牛、山羊、家禽、兔子、绵羊	是	是
林克酰胺类	家禽、猪	是	是
大环内酯类	肉牛、家禽、绵羊、猪	是	是
多肽类	肉牛、家禽、猪	是	是
甲氧西林类	肉牛、家禽、猪	是	是
磺胺类	肉牛、家禽、猪	是	是

（续表）

抗生素种类	物　种	预防	生长促进
四环素类	肉牛、奶牛、蜜蜂、家禽、绵羊、猪	是	是
其他抗生素			
黄霉素	肉牛、家禽、猪	是	是
卡巴多	猪	是	是
新生霉素	家禽	是	否
大观霉素	家禽、猪	是	否

* 美国审计署[9]。《美国联邦法规》，第 1 章，标题 21，E 部分（兽药、饲料及相关产品），2009 年 5 月 21 日更新。

生长促进是指通过在饲料中添加少量抗生素，从而使得用更少的食物养出生长得更快、更大的动物，这始于 20 世纪 50 年代中期或者更早[7]。大多数生长促进都是通过在动物处于生长周期时在饲料或饮水中添加药物来完成的。这种生长促进的生物学基础尚不清楚，但有一种理论是如果亚临床感染在显性感染之前得到处理，那么既保护了动物的健康，同时也加速了其生长。美国批准的可作为生长促进剂的 22 种抗生素，有一半以上是与人类使用的重要化合物密切相关或是相同的[8,9]。

其他的抗生素如离子载体（能破坏微生物生存和发挥功能所需的跨膜离子浓度梯度的分子，因此具有抗菌性能）对人类不具有重要性，尽管存在这样一个假设：使用这些抗生素也会产生选择耐药性细菌性疾病。表 56－1 给出了一些非治疗用途的药物分类清单。

由农业用抗生素导致的抗生素耐药性

处于不同抗生素浓度下的细菌会出现选择耐药性。农业中广泛使用抗生素会促使抗生素耐药性危害到人类[10－12]。

更具体地说，给健康动物的饲料中添加常规的、非治疗用途的抗生素，这样的做法为耐药微生物的产生创造了宿主环境，并最终转移到人类身上而致病[13,14]。此外，尽管美国食品药品监督管理局批准在动物饲料中一次只能使用 1 种抗菌剂，但生产商通常会销售由多种药剂组成的复合型饲料添加产品。例如,一种常见的家禽饲料添加剂可能包含了一种重要的人类抗生素、一种离子载体和一种促进生长的砷化合物。目前FDA还没有考虑到这些抗生素联合物产生细菌耐药性或多药耐药性的潜在影响。

一旦这些动物变成耐药菌的宿主,这些生物可以通过食物链、直接接触或者是被其排泄物污染的水或农作物传播到人身上[15]。越来越多的食品动物被封闭圈养,然后成批运往屠宰场,最后快速加工[16]。这些紧张的环境导致细菌脱落增加,不可避免地造成兽皮、动物尸体[17]和肉[18]被大肠杆菌污染。通过食物链传播的病菌经过食品集中加工和包装(尤其在碎肉制品中)以及食品经销商和零售商而进一步扩散[19]。农民、农场工人、农场家庭[14]以及休闲游客[20]都有感染耐药菌的风险。来自荷兰和北美的最新数据表明,在动物、农民、兽医和一些零售肉类中可以检测到食品动物使用的抗生素和一种耐甲氧西林金黄色葡萄球菌(MRSA)菌株[21-30]。

若处于最佳条件下,细菌耐药性可以在数小时或数天内发生新的突变[13,31]。然而,大多数耐药基因是通过其他细菌基因横向转移而获得的[32]。耐药基因通常是处在染色体之外的由10种及以上的不同基因组成的质粒上,它可以在相同或不同种属细菌之间传播。这使得多药耐药性存在于某种单一的抗生素制剂中。这种细菌共存的遗传物质多样性和差异性机制使得专家把对细菌细胞本身的耐药性考虑扩大到对细菌和抗生素共存环境中的生态学和耐药基因活动的研究[33]重要的这种共存的环境包括喂食含抗生素食物的动物胃和肠道,以及服用抗生素的人的肠道[34]。越来越多的研究表明,耐药基因在共生细菌和病原体之间转移,并且这些基因在包括人类在内的各类动物间转移[35]。

环境库是耐药基因转移的重要原因。在动物粪便池附近的水[36]、地表水和河流沉积物[37]中都检测到了抗生素。研究者们发现,在猪粪便池地下水和在其下游几百米的土壤微生物中发现的耐药基因是相同的[38]。最终可能发现耐药基因传播的环境性和动物性的多重宿主。

一些研究已经试图证明农业用抗生素对人体健康的影响。随着过去20年里分子流行病学的发展,已有证据证明动物和人类抗感染使用的抗生素之间有直接联系。例如,已经有证据证实耐药沙门氏菌的感染是通过食物链传播的。一个关于6个州暴发的质粒介导的、耐多药的纽波特沙门氏菌感染，通过食物链追踪表明，该饲养场在饲料中添加非治疗剂量的金霉素作为生长促进剂[39]。这个研究发现因其他感染而使用抗生素的患者患耐药敏感菌所致疾病的风险很高(比值比：51.3；$P=0.001$)，这表明由于抗生素的使用可使无症状的流行菌株携带者转变为无症状的感染者。在此次暴发流行中，3 名 10 岁以下的儿童中有 2 名都在临床发病前接受过抗生素。

婴幼儿和儿童也易通过间接接触而感染耐药食源性病原体。贝金森(Bezanson)和其同事[40]描述了一个孕妇因喝了生牛奶而感染上质粒介导的 6 种耐药性的鼠伤寒沙门菌，感染后没有任何症状。该孕妇将病菌传给了她刚出生的婴儿，还可能二次传播给同一新生儿看护室的其他孩子(巴氏消毒几乎可以完全阻止此事发生)。在另 1 名新生儿看护室，发现多药耐药的海德尔堡沙门氏菌，导致 3 名婴儿血性腹泻[41]。这个病例是胎膜破裂 18 小时后剖宫产出生的足月婴儿，直到分娩前该母亲仍在有许多病牛的牛群中工作。由于工作人员要照看大量的没有接受如厕训练的儿童，儿童的看护环境为食源性病原体提供了可能容易传播的另一个特殊的环境[42]。

细菌对抗生素耐药成为日益严峻的问题。消费者、儿科医生，以及公共卫生局和联邦机构应该采取措施来推进全民正确使用抗生素，更好地控制感染，改善畜牧业，以及消除所有抗生素在人和动物中不必要的使用，这些措施能保证疗效和延缓耐药性产生，从而为新的预防和治疗手段的发展提供更多时间。

常见问题

问题　如果不使用抗生素作为生长促进剂，那么肉类和家禽的价格会变得很贵吗?

回答　不会。按最佳推算，消费者的成本增加最多不超过每千克几便士。

问题　不使用抗生素防治疾病，动物能被很好地饲养并被送去屠宰吗?

回答 能。在那些已经禁止在食品动物中使用非治疗用抗生素的欧洲国家发现,通过改善畜牧业的卫生状况,可以在不需要常规使用抗生素的情况下成功养殖动物,同时还能显著地减少抗生素使用总量。除此之外,在美国,由美国农业部(USDA)认证的有机食品厂商不会使用抗生素,这是它们认证的一个条件。

问题 那些动物饲料中添加的抗生素会存留在动物身上,最后转移到那些购买这些肉制品和家禽的消费者身上吗?

回答 更大的健康问题并非食品中的抗生素残留,而是农业水库中产生的抗生素耐药性可能危害到人类。针对抗生素残留,有相应的规章制度明确规定药物"清除期"。在屠宰动物或采集乳制品之前,必须停止使用抗生素数天或数周,而停止的时间取决于抗生素本身。这些规定是用来防止动物在屠宰场或成熟的时候其蛋白中所含抗生素超过安全水平。成功地预防取决于食品动物生产过程中严格服从并执行这些规定。

问题 儿科医生可以做什么来阻止在动物身上使用不必要的抗生素?

回答 儿科医生应该教育家长在临床中合理使用抗生素,并且他们自己也要坚持在治疗性干预中正确使用抗生素。

儿科医生可以提倡学校、超市和医院不购买含常规或非治疗用途的抗生素的食品,从而帮助美国农业远离常规和非治疗用途抗生素的使用。无害医疗组织(Health Care Without Harm, www. HealthFoodinHealthcare. org) 正在和医院以及个体共同合作,他们签订了优先购买和提供饲养过程中未使用常规或非治疗用途抗生素的动物肉制品的合同。以农业为主州的儿科医生可以提倡减少或消除当地畜牧业中非治疗用途抗生素的使用。他们可以通过与编辑通信、同州立法者和监管者交流,以及与媒体讨论而达到目的。

问题 家长们可以做些什么来阻止在动物身上使用不必要的抗生素?

回答 家长们可以通过购买来支持那些没有在动物养殖中使用非治

疗性抗生素的个体生产商。这些生产商可以很容易被识别，比如通过州政府和联邦政府的节目突出社区支持的农业，或者在零售中选择标有社区支持的农业，或者在零售中印章的动物类食品，这个印章表明那些动物在饲养中没有使用非治疗性抗生素。带有美国农业部(2007)认证的“牧场饲养”标签的肉类是用牧草饲养而不是粮食饲养的，因此不会给它们喂抗生素。

（曾　媛译　赵　勇校译　宋伟民 审校）

参考文献

[1] Shea KM; American Academy of Pediatrics, Committee on Environmental Health, Committee on Infectious Diseases. Nontherapeutic use of antimicrobial agents in animal agriculture: implications for pediatrics. *Pediatrics*. 2004;114(3): 862－868.

[2] US Food and Drug Administration. *CVM Reports on Antimicrobials Sold or Distributed for Food-Producing Animals*. Available at: http://www.fda.gov/AnimalVeterinary/NewsEvents/CVMUpdates/ucm236143.htm. Accessed 29 Mar 2011.

[3] Doye D, Freking B, Payne J. *Broiler Production: Considerations for Potential Growers*. Oklahoma Cooperative Extension Factsheet 1992. Available at http://www.ansci.umn.edu/poultry/resources/F-202-broilerproduction.pdf. Accessed 30 March 2011.

[4] Food and Drug Administration. Enrofloxacin for Poultry: Opportunity For Hearing. *Federal Register*. 2000;65:64954.

[5] Food and Drug Administration. Enrofloxacin for Poultry: Opportunity for Hearing: Correction. *Federal Register*. 2001;66:6623.

[6] Food and Drug Administration. Enrofloxacin for Poultry: Final Decision on Withdrawal of New Animal Drug Application Following Formal Evidentiary Public Hearing: Availability. *Federal Register*. 2005;70:44105.

[7] Dibner JJ, Richards, JD. Antibiotic growth promoters in agriculture: history and mode of action. *Poultry Science*. 2005;84:634－643. Available at http://www.google.com/search? q = Hi story + of + antibiotic + growth + promotion&rls =

com. microsoft：en-us&ie = UTF-8&oe = UTF-8&startIndex = &startPage = 1. Accessed March 30，2011.

[8] US Department of Agriculture，Center for Veterinary Medicine. *Green Book On-Line*. Available at：http://www. fda. gov/AnimalVeterinary/Products/ApprovedAnimalDrugProducts/ucm042847. htm. Accessed October 18，2010.

[9] US General Accounting Office. *Report to the Honorable Tom Harkin，Ranking Minority Member，Committee on Agriculture，Nutrition，and Forestry，US Senate：Food Safety：The Agricultural Use of Antibiotics and Its Implications for Human Health*. Washington，DC：US General Accounting Office；1999. Publication GAO/RCED-99-74.

[10] Institute of Medicine，Board on Global Health. *Microbial Threats to Health：Emergence，Detection，and Response*. Washington，DC：National Academies Press；2003. Available at：http://books. nap. edu/books/030908864X/html/R1. html#pagetop. Accessed October 18，2010.

[11] World Health Organization，Food and Agriculture Organization of the United Nations，and World Organization for Animal Health. WHO/FAO/OIE Expert Workshop on Non-human Antimicrobial Usage and Antimicrobial Resistance，Executive Summary. Geneva，Switzerland；December 1 – 5，2003. Available at：http://www. who. int/foodsafety/publications/micro/en/exec_sum. pdf. Accessed October 18，2010.

[12] Alliance for Prudent Use of Antibiotics. The need to improve antimicrobial use in agriculture：ecological and human health consequences. *Clin Infect Dis*. 2002;34(Suppl 3):S71 – S144. Available at：http://www. journals. uchicago. edu/CID/journal/contents/v34nS3. html. Accessed October 18，2010.

[13] Khachatourians GG. Agricultural use of antibiotics and the evolution and transfer of antibioticresistant bacteria. *CMAJ*. 1998;159(9):1129 – 1136.

[14] Levy SB，FitzGerald GB，Macone AB. Changes in intestinal flora of farm personnel after introduction of a tetracycline-supplemented feed on the farm. *N Engl J Med*. 1976;295(11)：583 – 588.

[15] Witte W. Medical consequences of antibiotic use in agriculture. *Science*. 1998;279(5353)：996 – 997.

[16] Center for Science in the Public Interest，Environmental Defense Fund，Food Animal Concerns Trust，Public Citizen's Health Research Group，Union of Concerned Citizens. *Petition to Rescind Approvals for the Subtherapeutic Use of*

Antibiotics in Livestock Used in (or Related to Those Used in) Human Medicine. Available at: http://www.cspinet.org/ar/petition_3_99.html. Accessed October 18, 2010.

[17] Barkocy-Gallagher GA, Arthur TM, Siragusa GR, et al. Genotypic analyses of *Escherichia coli* O157:H7 and O157 nonmotile isolate recovered from beef cattle and carcasses at processing plants in the Midwestern states of the United States. *Appl Environ Microbiol*. 2001;67(9): 3810－3818.

[18] Millemann Y, Gaubert S, Remy D, et al. Evaluation of IS200-PCR and comparison with other molecular markers to trace *Salmonella enterica* subsp *enterica* serotype *typhimurium* bovine isolates from farm to meat. *J Clin Microbiol*. 2000; 38(6):2204－2209.

[19] Tauxe RV, Holmberg SD, Cohen ML. The epidemiology of gene transfer in the environment. In: Levy SB, Miller RV, eds. *Gene Transfer in the Environment*. New York, NY: McGraw-Hill; 1989:377－403.

[20] Centers for Disease Control and Prevention. Outbreaks of*Escherichia coli* O157: H7 infections among children associated with farm visits—Pennsylvania and Washington, 2000. *MMWR Morb Mortal Wkly Rep*. 2001;50(15):293－297.

[21] van Duijkeren E, Ikawaty R, Broekhuizen-Stins MJ, et al. Transmission of methicillin-resistant *Staphylococcus aureus* strains between different kinds of pig farms. *Vet Microbiol*. 2008;126(4): 383－389.

[22] Wulf MW, Markestein A, van der Linden FT, et al. 2008. First outbreak of methicillin-resistant *Staphylococcus aureus* ST398 in a Dutch hospital, June 2007. *Euro Surveill*. 2008;13(9)8051.

[23] Rigen V, Lucia MM, van Keulen PH, et al. Increase in a Dutch hospital of methicillin-resistant *Staphylococcus aureus* related to animal farming. *Clin Infect Dis*. 2008;46(2):261－263.

[24] de Neeling AJ, an den Broek MJ, Spalburg EC, et al. 2007. High prevalence of methicillin resistant *Staphylococcus aureus*in pigs. *Vet Microbiol*. 2007;122(3－4):366－372.

[25] Huijsdens XW, van Dijke BJ, Spalburg E, et al. Community-acquired MRSA and pig farming. *Ann Clin Microbiol Antimicrob*. 2006;5:26－29.

[26] Voss A, Loeffen F, Bakker J, et al. Methicillin-resistant *Staphylococcus aureus* in pig farming. *Emerg Infect Dis*. 2005;11(12):1965－1966.

[27] Graveland H, Wagenaar J, Broekhuizen-Stins M, et al. *Staphylococcus aureus*

(MRSA) in Veal Calf Farmers and Veal Calves in The Netherlands. Poster presented at: ASM Conference on Antimicrobial Resistance in Zoonotic Bacteria and Food-borne Pathogens; Copenhagen, Denmark; June 16 – 18, 2008.

[28] De Boer E, Zwartkruis-Nahuis JT, Wit B, et al. Prevalence of methicillin-resistant *Staphylococcus aureus* in meat. *Int J Food Microbiol*. 2008;134(1 – 2):52 – 56.

[29] Khanna T, Friendship R, Dewey C, et al. Methicillin-resistant *Staphylococcus aureus* colonization in pigs and pig farmers. *Vet Microbiol*. 2007;128(3 – 4): 298 – 303.

[30] Smith TC, Male MJ, Harper AL, et al. Methicillin-resistant *Staphylococcus aureus* (MRSA) strain ST398 is present in midwestern U. S. swine and swine workers. *PLoS ONE*. 2009;4(1):e4258.

[31] American Society of Microbiology. *Antimicrobial Resistance: An Ecological Perspective*. Available at: http://academy. asm. org/images/stories/documents/antimicrobialresistance. pdf. Accessed October 18, 2010.

[32] Levy SB, Marshal BM. Genetic transfer in the natural environment. In: Sussman M, Collins GH, Skinner FA, Stewart-Tall DE, eds. *Release of Genetically-engineered Micro-organisms*. London, England: Academic Press; 1988:61 – 76.

[33] Mazel D, Davies J. Antibiotic resistance in microbes. *Cell Mol Life Sci*. 1999;56 (9 – 10):742 – 754.

[34] Shoemaker NB, Wang GR, Salyers AA. Evidence of natural transfer of a tetracycline resistance gene between bacteria from the human colon and bacteria from the bovine rumen. *Appl Environ Microbiol*. 1992;58(4):1313 – 1320.

[35] Hummel R, Tschape H, Witte W. Spread of plasmid-mediated nourseothricin resistance due to antibiotic use in animal husbandry. *J Basic Microbiol*. 1986;26 (8):461 – 466.

[36] Meyer MT, Kolpin DW, Bumgarner JE, et al. Occurrence of antibiotics in surface and ground water near confined animal feeding operations and waste water treatment plants using radioimmunoassay and liquid chromatography/electrospray mass spectrometry. Presented at: 219th Meeting of the American Chemical Society; March 26 – 30, 2000; San Francisco, CA.

[37] Halling-Sorensen B, Nors Nielsen S, Lanzky PF, et al. Occurrence, fate and effects of pharmaceutical substances in the environment—a review. *Chemosphere*. 1998;36(2):357 – 393.

[38] Chee-Sanford JC, Aminov RI, Krapac IJ, et al. Occurrence and diversity of tetracycline resistance genes in lagoons and groundwater underlying two swine production facilities. *Appl Environ Microbiol*. 2001;67(4):1494–1502.

[39] Holmberg SD, Osterholm MT, Senger KA, et al. Drug-resistant *Salmonella* from animals fed antimicrobials. *N Engl J Med*. 1984;311(10):617–622.

[40] Bezanson GS, Khakhria R, Bollegraaf E. Nosocomial outbreak caused by antibiotic-resistant strain of *Salmonella typhimurium* acquired from dairy cattle. *Can Med Assoc J*. 1983;128(4):426–427.

[41] Lyons RW, Samples CL, DeSilvan HN, et al. An epidemic of resistant *Salmonella* in a nursery. Animal-to-human spread. *JAMA*. 1980;243(6):546–547.

[42] Holmes SJ, Morrow AL, Pickering LK. Child-care practices: effects of social change on the epidemiology of infectious diseases and antibiotic resistance. *Epidemiol Rev*. 1996;18(1):10–28.

环境健康中的公共卫生问题

第 57 章

预 防 原 则

■■■■■■

前言

环境健康方面的主要挑战之一是如何更好地建立环境和化学药品的管理政策和标准，使其能够在持续变化且充满复杂性、信息不完整性、科学不确定性的环境中保护公众健康。有关遗传因素和环境暴露因素[a]相互作用而影响健康的科学研究越来越多，我们对疾病与健康的因果关系的理解也变得越来越复杂微妙。还原论中由微生物理论发展而来的单因单果疾病模式已经不成立。对一种特定的化学物质设定环境标准的传统方法是明确其暴露的最大限度，使在这个上限以下发生某种明确的不良健康结局的统计学概率达到最小化。在这个分析过程中，单独测定某种化学物质，而忽略了其他因素暴露对该物质的效应可能产生强化或减弱作用。

对一些众所周知的环境中健康危险因素（如汞、二噁英、氡等），传统的人类健康风险定量评估（参见第 58 章）是一个保护健康的有力工具。然而，对于更多的环境暴露因素，依据对其毒理学、人群暴露机会、相互作用等的了解，人们尚不足以做出明确的决定来保护公众健康。儿童在不断地生长发育，其器官系统的快速改变也向这种本质上是资源密集型的、用以控制环境健康风险的传统方法提出了挑战。为了应对这些问题，一种称为“预防原则（预防措施）”更广泛的方法应运而生。

---

[a] 本文的“环境暴露因素”包括生物性的、化学性的、物理性的，以及各种内在的和外在的因素。

表 57－1　一些制订医用预防原则的国际会议和协议[3]

一些制订医用预防原则的国际会议和协议
关于消耗臭氧层物质的《蒙特利尔协定书》,1987 年
第三届欧洲北海环境保护会议,1990 年
《里约环境与发展宣言》,1992 年
《气候变化框架公约》,1992 年
《欧洲联盟条约》(《马斯特里赫特条约》),1992 年
《卡塔赫纳生物安全议定书》,2000 年
《斯德哥尔摩公约》,2001 年

预防:背景和定义

预防是一种公众卫生的古老武器。在 1854 年,约翰斯诺(Dr. John Snow)博士在没有识别微生物的情况下,停止使用布罗德大街的水泵,从而遏制了霍乱在英国的流行。尽管是在暴露因素和结局已经明确的情况下采取的措施也算是一种预防性行为。在 1957 年,美国国会将《德莱尼条款》(The Delaney Clause)纳入美国联邦《食品、药品和化妆品法案》(The Food, Drug and Cosmetics Act),禁止了人类食物链中的动物源性致癌物,这也是一种预防性行为[1]。预防也是预防医学和疾病治疗的核心组成部分。对于公众健康,预防也就是一级预防(如新生儿筛查、儿童免疫接种)。在临床医学中,它反映了"不伤害为先"的古代医学原则。

"预防"的概念是 1974 年颁布的《德国清洁空气法案》(German Clean Air Act)中首次出现在环境相关法律中,即"预见或预防性准则"(Vorsorgeprinzip)。自那之后,才开始在大量的国际文件、条约、法律中详细介绍(表 57－1)。这种适用于当前环境的准则在 1992 年的《里约环境与发展宣言》第 15 条令中被详细阐述为:"为了保护环境,预防措施应该依据各州能力而广泛应用。凡有活动或政策对公众或环境有不可逆的损害时,不得以缺乏充分的科学证据为由,推迟或阻止符合成本效益的预防措施。"[2] 自《里约环境与发展宣言》颁布以来,越来越多的环境健康专业人员和支持者倡导将预防措施融入政策。尽管还没有一个被普遍接受的明确定义,但是欧洲环境署(The European Environment Agency,EEA)

已经提出一个良好的工作定义：

> 预防原则是指在科学、复杂和未知的情况下，通过使用一种适当水平的科学证据，考虑到行动与否的得失利弊，为公共政策实施提供依据，从而采取行动以避免或减少对健康或环境潜在的严重的且不可逆转的威胁[3]。

这个工作定义主要阐明了应用预防原则的目的是制定保护健康和环境的公共政策，而需要使用预防原则的情况是不完善的，并且行动与不行动的结果都应该被考虑。换而言之，一旦有科学的证据证明某些环境暴露因素存在潜在的严重危害时，我们不应该必须等到获取全面、详细的机制方面的知识（例如，造成危害的精确机制的科学依据）后才采取预防性或保护性行动。相反，预防原则正是一种在面对不完善信息的情况下采取预防性措施的方法，它将举证责任转换成采取冒险行动的意愿，也探索出广泛的可供选择的行动来实现既定目标，并拓展了讨论范围，包括公众、管理机构，还有被监管的产业。这一概念是合理的，但其运用还存在争议[4,5]。

造成争议的主要原因之一是对预防原则应用阶段的观点存在冲突，即预防原则究竟可以应用于风险评估、风险管理、风险交流连续体（参见第 58 章）中的哪一个阶段。有的专家主张在整个过程中应用预防原则，但其他人坚持认为它应该只用于严格地计算、量化风险后的风险管理。第二个争议点在于，预防原则是否能够代表一个可再生的、标准化的决策制订过程、一个通用的方法或过程，更确切地说，一个能决定如何评估风险并做出决策的哲学立场。最后，一些专家反对用哲学方法中的预防原则来考虑标准风险评估，而其他人认为，作为一个统一的方法，预防原则是否适用取决于所考虑的问题或风险以及可用证据的质和量[6]。这些争议是大量学术文章和书籍的主题，其细节超出了本章的范围。下面的讨论是对两种极端立场的简要概括，并以此来介绍一些争议点。之后将引用历史上含铅汽油的例子来讨论如何运用预防原则以及为什么预防原则对儿童健康非常重要。

定量风险评估

美国联邦机构通常运用一个包括危害鉴定、剂量反应关系评定、暴露评价和风险特征分析的四阶段标准化系统来定量评估风险。评估的结果是特定人群中因特定的暴露水平造成不良健康状况的人所占的比例的可能性。这个评估也是风险管理者和政策制定者确立公共环境健康政策的基础，而这些政策是针对较为单纯的问题，如在没有其他疾病的情况下，人们对特定药品或压力的最大承受能力。这种方法因各种因素遭到非议，例如在几乎没有公共投入的情况下进行，需要大量数据，基于可能不准确的假想，由监管机构承担举证危害的责任，以及对不确定性因素、误差和未知的处理不到位。

政策措施对比

常见的简单化的风险评价认为某些压力、化学或技术是“无罪假定”而预防原则认为它们是“有罪假定”。这两种理想化的模型：定量风险评估（基于机械论科学）和风险预防原则（基于预防科学）的严格区分取决于诸多因素，巴雷特（Barrett）和芬斯伯格（Raffensperger）[7]对这些因素进行了比较，本文通过回顾其中的两个要素，即错误和权威来说明对比的立场。

对错误（如，经统计计算和回顾证明是错误的假想，会导致统计结果被高估或低估）的比较方法因错误类型 I（假阳性）和 II（假阴性）的区别而不同[8]。标准的风险评估方法趋于减小类型 I 的错误，而预防方法则有利于减小类型 II 的错误。几乎没有一种方法能同时减小两种错误。传统意义上的科学研究更注重减小 I 类错误。因为科学知识是迭代地构建起来的，所以把假阳性当作真阳性并依据一种错误的假设做更多研究将导致错误的科学并浪费了资源。然而，在医学背景下，科学家们倾向于接受更多的假阳性而避免假阴性。例如，对于利用一种安全、经济、可靠的筛选试验来识别出一种可治愈但可能致命的处于临床前期的疾病，大多数人宁愿被错误诊断为可能患有潜在疾病（增加 I 类错误）也不愿意因漏诊导致未接受治疗而死亡(减小 II 类错误)。支持标准环境健康风险评估的人认为最好避免假阳性,而支持预防措施的人认为最好减少假阴性。

用于区分两种方法的第二点是对权威的不同定义。权威指那些被证明有资格或被委托来确定风险的人或机构。在风险评估的严格定义下,权威是指一种由科学家带领并由独立的系统分析的方法,是一种可应用的、定量的科学方法。这一方法旨在消除社会的或道德的顾虑,避免偏倚,从而产生一个客观的、价值中立的、定量的风险预测,同时定量表达统计上的不确定性。通常来说,那些有科学家定义并专业化的问题和流程,其范围窄化以与最佳科学实践保持一致。而在预防方法中,我们充分考虑了开放性对话、多学科参与、质和量的投入还有公众审查,从而将更多的社会和道德背景跟风险的定义结合起来。对风险的描述可以是定性、窄化或定量的。

预防原则和风险评估联合应用

标准风险评估和风险预防原则并不是截然不同或完全对立的,这两者可以联合应用形成一个综合策略,以描述和最小化环境中的风险[9]。我们需要根据不同的情况和问题选择最合适的方法(表 57 - 2)。绝大多数情况下,有关毒性和暴露因素的基本信息都是不完善的。理想情况下,环境健康政策制定者会充分利用一切工具和投入,通过一种灵活的、迭代的、包括有定性和定量的输入的统一方法,来建立最能保护健康的法律法规。

儿童环境健康问题及预防

对儿童的环境健康问题,强调预防方法的政策是最合理的[10,11]。传统的定量风险评估方法本质是时间密集型和数据密集型,特别是对于不同成长阶段儿童的暴露和易感性的评估更是如此。对许多环境暴露因素而言,有关发育的、生殖的、继代的毒性方面的信息是不完整的或缺失的。传统的量 - 效分析没有充分考虑关键发育阶段的暴露因素。这些问题造成了在传统的定量人类健康风险评估中的较大误差和不确定性。此外，一般而言，儿童的风险因素暴露是无意识的，并且自然环境的健康状态和由他们未成年期所作决定造成的社会后果都可以影响儿童的健康。将预防原则融入控制环境健康风险的过程中，对保护儿童未来的健康和他们后代的健康是很有意义的。

表 57－2　危害和首选监管方法的特点

强调预防原则	强调定量风险评估
人为的	自然发生的
新奇的/尚未引进的	已建立的/已经存在于环境中的
严重毒性	少量毒性
不可逆的毒性损害	可逆的毒性损害
高效	低效
分散(无处不在的分布)	不分散(局部分布)
永久的	暂时的
生物累积的	非生物累积的
非必要的使用	关键的使用
无毒性阈值	有毒性阈值
大范围的(如全球)	小范围的(如职业相关的)
对免疫系统有损害	对免疫系统无损害
继代影响	非继代影响
选择性存在	非选择性存在
数据有大量不确定性	数据有小量不确定性

历史案例研究——汽油中的四乙基铅

儿童铅中毒的历史事件说明忽视预防的严重后果[12-14]。在 19 世纪 20 年代，添加到汽油中的四乙基铅被确认为内燃机的廉价而有效的抗爆剂。不同于油漆中使用的铅氧化物，四乙基铅可经皮肤吸收。经过一系列发生在研究人员和生产工人中的致命事件，1925 年美国公共卫生服务的外科医师协会宣布暂停四乙基铅类产品的生产，并召集一个专家组评估当前形势。尽管四乙基铅生产商坚持认为应解除禁令以保持工业的进步，但是医生和公众倡导者明确表达了预防的想法。作为回应，美国外科医师协会(TSG)任命了一个由医生和科学家组成的 7 人专家组，并给他们 7 个月的时间来研究和报告他们的发现。这个小组完成了一个包含有 252 个加油站员工和司机的单一病例对照研究，但没能发现四乙基铅汽油添加剂的使用和血铅、粪铅的浓度升高之间具有统计学意义上的显著相关性。专家组强调这个研究并不是决定性的，评估时还需要考虑更多的经验和不同的人群[12]。但是美国外科医师协会无视专家组的警告，解除了禁令，自此含铅汽油变得无处不在，导致整个人群(包括婴儿和儿童)的吸入性铅暴露。

从 1950—1990 年，关于儿童铅中毒的危害的信息大量地涌现出来，人们开始收集关于儿童急性铅中毒发病率的数据。随着儿童的特殊易感性被确切证明，公共健康行动的阈值水平得以下降[15]。研究者发现并描述了婴儿和儿童对铅的吸收、分布、代谢不同于成人，并描述了其长期慢性毒性，特别是对中枢神经系统。但即使在这一时期，仍有很大一部分人坚持认为不引起急性中毒的铅暴露没有意义，并且在多种产品中继续使用铅。然而，越来越多的证据表明低水平的铅都可能造成神经发育不良。最终，因为各种有关铅效应的研究累积的影响，铅受到管理，同时禁用于汽油中，这也是为了遵守 1970 年制定的《清洁空气法案》，这一法案要求制造商将催化转换器应用于汽车内燃机以减少毒性排放。逐渐淘汰含铅汽油，使得人群铅浓度显著下降[16]。人们花了将近一个世纪来全面收集儿童铅毒性的数据，表明如果更早应用预防原则，本可以避免对数代儿童的暴露和危害。

运用预防原则

尽管国际条约、国家和地方法律对预防原则的支持不断增加，但对于如何运用预防原则仍缺乏清晰的认识[17]。以下是总协定的四个核心原则[18]：

- 在科学不确定的情况下采取预防行动；
- 将安全举证责任转给那些潜在风险倡导者；
- 探索一个全面的备选行动方案以达到预期目标；
- 扩大决策过程以包含公众和其他利益相关者。

预防措施不仅限于开发那些使用较少毒性材料和排放较少毒性产物的清洁生产流程，还包括用无毒或毒性更小的材料和组件替代，监管改革以及分开检查是否坚决地运用预防原则来限制或减少毒性物质的使用。过渡到预防的关键是重构环境暴露问题。例如，预防原则更关注如何通过替代技术来阻止暴露，而不是对毒性物质的耐受情况。

大型预防项目正在被纳入欧盟法规《化学品的注册、评估、授权和限制》(REACH)，同时也被纳入到某些州市（如加利福尼亚和马萨诸塞州）最新制定的严格的毒性化学物质相关法律当中。这些项目以及其他涉及多元利益主体的预防性扩大对话将有助于使关于预防原则将来实际应用于环境健康政策的问题明朗化并达成共识。

常见问题

问题 预防原则是否会扼杀创新？

回答 因为预防原则明确要求专家和公众探索可替代的技术和方法，它可以促进创新。例如，发展可再生能源和清洁能源以满足逐渐增加的能源需求，比过度建造燃煤发电厂更为可取。使用可再生、可降解、无毒、不含重金属的颜料会优于使用含有已知致癌物质和重金属的颜料。

问题 预防原则不是“反科学”吗？

回答 作为一个整体，预防性方法包含所有传统定量风险评估并明确当前认识水平的局限性和备选方案。未知因素得以突出，而且对未知因素的分析是决策过程的一部分，是对正在研究的问题的开发，也是在寻求更多的解决方案，因此可以认为预防原则是更科学的。

问题 为什么儿科医生需要懂得预防原则？

回答 儿童对环境危害的特殊易感性使得应用预防原则尤为重要。

宣讲儿童健康是儿科医生的义务，而预防原则是一个重要的预防工具。

问题　预防原则的应用都将导致绝对的禁止吗？

回答　有许多可用的预防措施，包括禁止和限制使用、替代、重新设计、改善物料管理等等。禁止汽油、油漆、儿童玩具和珠宝中含铅等禁令是恰当的。而对于其他的情况，限制或替代就足够了。

（曾　媛 译　赵　勇 校译　宋伟民　赵　勇 审校）

参考文献

[1] Harrendoes P, Gee D, MacGarvin M, et al, eds. *Late Lessons from Early Warnings: The Precautionary Principle* 1986 – 2000. Environmental Issue Report No 22. Luxembourg: European Environment Agency, Office of Official Publications for the European Communities; 2001.

[2] United Nations Environment Program. Rio Declaration on Environment and Development. Available at: http://www. unep. org/Documents. Multilingual/Default. asp? DocumentID=78&Art icleID=1163. Accessed October 18, 2010.

[3] Gee D. Late lessons from early warnings; toward realism and precaution with endocrinedisrupting substances. *Environ Health Perspect*. 2006; 114 (Suppl 1): 152 – 160.

[4] Stirling A. Risk, precaution and science: towards a more productive policy debate. *EMBO Reports*. 2007;8(4):308 – 315.

[5] Peterson M. The Precautionary Principle should not be used as a basis for decision-making. *EMBO Rep*. 2007;8(4):305 – 308.

[6] Silbergeld EK. Commentary: the role of toxicology in prevention and precaution. *Int J Occcup Med Environ Health*. 2004;17(1):91 – 102.

[7] Barrett K, Raffensperger C. Precautionary Science. In: Raffensperger C, ed. *Protecting Public Health and the Environment: Implementing the Precautionary Principle*. Covelo, CA: Island Press; 1999:51 – 70.

[8] Gee D. Establishing evidence for early action: the prevention of reproductive and developmental harm. *Basic Clin Pharm Toxicol*. 2008;102(2):257 – 266.

[9] Stirling A. Risk, precaution and science: towards a more productive policy de-

bate. *EMBO Rep*. 2007;8(4):308–315.

[10] Tickner JA, Hoppin P. Children's environmental health: a case study in implementing the Precautionary Principle. *Int J Occup Environ Health*. 2000;6(4):281–288.

[11] Jaronsinska D, Gee D. Children's environmental health and the precautionary principle. *Int J Hyg Environ Health*. 2007;210(5):541–546.

[12] Warren C. *Brush with Death: A Social History of Lead Poisoning*. Baltimore, MD: The Johns Hopkins University Press; 2000.

[13] English PC. Old Paint: *A Medical History of Childhood Lead-Paint Poisoning in the United States to* 1980. New Brunswick, NJ: Rutgers University Press; 2001.

[14] Berney B. Round and round it goes: the epidemiology of childhood lead poisoning, 1950–1990. In: Kroll-Smith S, Brown P, Gunter VJ, eds. *Illness and the Environment: A Reader in Contested Medicine*. New York, NY: New York University Press; 2000:215–257.

[15] ATSDR Case Studies in Environmental Medicine. Lead Toxicity. Available at: http://www.atsdr.cdc.gov/csem/lead/pbcover_page2.html. Accessed March 28, 2011.

[16] Centers for Disease Control and Prevention. Update: blood lead levels—United States, 1991–1994. *MMWR Morb Mortal Wkly Rep*. 1997;46(7):141–144.

[17] Lokke S. The Precautionary Principle and chemical regulation: past achievements and future possibilities. *Environ Sci Pollut Res*. 2006;13(15):342–349.

[18] Kriebel D, Tickner J, Epstein P, et al. The Precautionary Principle in environmental science. *Environ Health Perspect*. 2001;109(9):871–876.

第 58 章

风险评估、风险管理和风险交流

■■■■■■

熟悉环境污染物的风险评估、风险管理和风险交流方法对儿科医生和医疗卫生领域的其他专业人员都非常有用。这三项活动并非总是同时发生，但当个体首先明确风险，然后制定相关政策使得风险最小化和效益最大化，之后与接受方进行交流和信息交换时，上述三项活动就会依次发生。随着时间的推移，上述三部分所组成的过程会循环往复发生，为新的信息或正在改变的证据提供有效的调整。儿科医生可以作为社区顾问、倡导者或实践者参与到这些活动中。

临床医生通常很善于处理个体患者的健康风险。他们会描述患者特定健康风险的特性和范围，制订这些风险的管理办法，并进行风险咨询。这些都是常规临床实践的组成部分。例如，儿科医生可能会询问某儿童对于二手烟的暴露情况。了解患者的病史或暴露史后，临床医生就能够确定暴露的强度、范围和状况，这就是风险评估。之后，医生可告知家庭成员通常情况下以及上述特定情况下儿童可能存在的健康风险。例如，如果儿童患有哮喘，健康风险会更大，这就是风险交流。之后，医生或相关工作人员在减少或消除二手烟暴露的活动中纳入此家庭，并为此家庭量身定制先期指导和咨询，这就是风险管理。这也是健康风险整个管理过程中的最后一步。

立法和行政命令（如法规和政策）已经为群体水平的环境暴露评估和管理提供了规范。上述活动的决策过程通常以毒理学和流行病学研究的数据库所提供的科学证据为依据；而目标人群的特征常常有助于决定如何更有效地完成整个过程的三个组成部分。本章对风险评估、风险管理和风险交流的概念进行讨论，并融入了儿童环境健康危害的相关例子；同时，本章还对风险评估、风险管理和风险交流的实施过程中所使用的工具进行了讨论。

在历史进程中，环境危害管理的相关政府法令对风险评估、管理和交流的实施步骤进行了界定，并把重点放在已知或可疑的有毒物质（如潜在致癌物），但这些法令对化学暴露强调得很多，但对其他的环境暴露（如过敏原、紫外线辐射和暴力）强调得较少，而其他的环境暴露同样也会对儿童的健康产生危害。临床医生或相关人员可以在风险评估的过程中使用相关的风险模型；但对于某些暴露（如纳米材料），相关的健康和安全数据就相对较少。

风险评估

风险评估的第一步便是要界定问题，包括确定潜在风险，及其在儿童环境中的来源。一旦问题确定了，就需要去寻找更多的暴露相关信息及其潜在的健康风险。目前，有特定的公共卫生机构和管理机构负责评估环境健康风险，他们通常会遵循已经制订的方案，对特定类型的物质或环境进行研究。1983 年美国国家科学院（National Research Council）提出了风险评估模型，共包括四个步骤：①危害识别；②剂量反应评估；③暴露评估；④风险特征描述[1]。当前的管理领域及非管理领域仍然会使用上述概念。最初设计这“四步风险评估模型”主要是用于化学品的评估。首先，它基于科学研究来确定健康结局（通常称为“终点”），然后评价计量反应关系，描述暴露特征，并最终确定暴露人群的风险水平。之后，本章还会在更广泛的水平上对此模型的潜在应用进行讨论。

风险评估人员在制定或应用政府法规和指南的时候，通常是使用定量方法和统计模型来检测化学毒物质/致癌物的影响。而临床医生对环境因子（化学的或非化学的）的处理方法相对没有这么正式，他们通常把“最好”的诊断应用于多种不同的环境危害，使用定性的方法来处理个体或小的群体的风险问题。表 58－1 比较了风险评估人员和临床医生的风险评估过程。

表 58－1 风险评估人员和临床医生的风险评估过程

风险评估步骤	风险评估者的提问	临床医生的提问
危害识别	目标化学物质有哪些，它们会造成哪些已知或可能的危害？ 重点关注哪些化学物质？	对于环境问题，目前已了解的相关信息有哪些，涉及哪些化学物质或其他物质，信息来源是什么？
剂量—效应评估	不同的暴露剂量对动物或人的影响？ 什么剂量下，会产生癌性和非癌性效应？ 是否存在阈值，剂量小于它便不会产生效应？	通过文献综述和专家咨询可以获得哪些信息？ 如何比较暴露的剂量效应水平和患者或社区水平？ 剂量效应水平是否高于监管限定水平？
暴露评估	暴露源是什么，已持续多久？ 有多少人暴露？监控或建模数据预测的人群暴露剂量有多少？	患者是否有可能接触（呼吸、接触、摄入等）此暴露源，频率如何，持续多久？ 此暴露源属于高度污染还是轻度污染？
风险特征描述	鉴于以上内容，目前的暴露水平在人类中的效应如何？ 人群风险是什么？ 是否有敏感人群？ 我们对此分析的信心如何？	法规内容是基于胎儿或儿童的暴露效应吗？ 为什么就诊儿童对某化学物质的平均暴露水平高于成年人？
风险交流	获得的信息是否与交流对象相关，是否易理解？ 此信息能否解决公众的担忧？ 此次评估的局限性在哪里？	我是否倾听了就诊人员的担忧，是否抱以同情，是否帮助就诊人员明确了所需要的信息，并确定信息的可靠来源？

改编自：*Miller and Solomon*[2]。

第 1 步：危害识别

危害识别是定性步骤，包括数据的确认和核查，有助于阐明暴露相关的健康问题和健康结局。美国环境保护署（EPA）等权威卫生和监管部门使用“证据权重”对现有证据的相关综述进行分类[3]，以确定暴露与健康效应之间的因果关联。此方法认为最值得信任的是流行病学研究，然后依次是动物实验、体外试验和构效关系(在化学结构知识的基础上预测化学品可能的活性)。

第 2 步:剂量—效应评估

剂量—效应评估旨在确定剂量强度和健康效应之间的关联。化学物质的剂量—效应信息通常来自动物毒理试验,还可来源于流行病学研究。剂量—效应评估通过绘制剂量—效应曲线,在监管环境下找到个体最大的安全暴露水平。曲线的绘制基于复杂的毒理学研究、外推法和药物动力学模型;而不同健康终点的研究设计和数据解释也会产生一定的影响。例如,致癌物质被认为"无阈值",即不存在低于某个值,致癌物就是"安全"的暴露水平。在这种情况下,研究人员不会去寻求阈值,而通常将暴露动物分成几个高剂量毒物组,并使用外推到 0 的简单线性模型对结果进行拟合。这种线性关系假设对于人类健康是保守和保护的。此外,该模型或其变体还可应用于非化学环境暴露的情况,如分析过敏原暴露和患哮喘的风险之间的关系。

第 3 步:暴露评估

暴露评估用于判定人类对于危害可能的暴露。为了提供更多的信息,暴露评估人员在评估的过程中必须精确地描述出环境(如地下水、地表水、空气、土壤、食物和母乳)中特定毒物或其他物质的重要来源,并对暴露的特征进行量化的描述(如对于饮用水环境使用微克/升,土壤环境使用微克/克)。同时,暴露评估人员还需考虑实际的暴露情景,准确地判定高危人群或亚群、暴露时间、暴露途径和物质类型等。近年来,与成人相比,儿童的生理和行为特征极大地影响了其暴露情况,因此需要增强儿童暴露评估工作的工作力度[3]。了解儿童与成人之间暴露及效应的差异对于精确评价环境污染物或污染情况对儿童的危害情况非常关键。目前,在判定暴露情况的过程中也越来越多地使用到生物标志物,如尿或血液中的物质或其代谢物的浓度。在环境媒介测量的基础上,暴露人群的生物标志物是对暴露评估的一种补充。[2]

第 4 步:风险特征描述

风险特征描述是风险评估的最后一步,涉及剂量—效应和暴露评估的整合。结果常表示为最大可接受的暴露水平(确保暴露人群的健康不受到威胁),或者表示为特定暴露水平下可能受影响的人口数。

致癌物的风险常用超过正常值的癌症患者数量来表示,即人群在 70 年以上的生命中所接触到的特定水平的、持续性的低剂量暴露。对于一生处在暴露情况下的人群,如果每百万人口中由暴露所导致的额外的癌症患者数量少于一人,通常认为此风险是可接受的。另外,对于儿童群体,考虑到其生物易感性增加,美国环境保护署近期制订了婴儿、儿童或青少年的相关指南。指南建议,如果无法获得上述年龄组的数据,那么可增大其暴露权重[4]。

工作人员以暴露估算为基础,对比剂量—效应数据所定义的可接受的暴露水平与估算的暴露情况,以评估有假设阈值的非致癌物的健康危害。一般来说在上述过程中,工作人员需要外推动物毒理试验的结果,来确定一个参考剂量(由美国环境保护署采用)或者可接受的每日摄取量(由食品药品监督管理局采用)。如果这些值都没有超过一生的时间,那么暴露人群中就不存在不可接受的效应。为了确定某化学物质的安全暴露水平,风险评估者会使用最可靠的动物或人体数据。并且上述数据中未观察到不良反应的剂量水平(NOAEL)的最低剂量暴露水平(LOAEL)。工作人员之后会把这些值按照不确定或安全系数分组,以解释所需要的各种外推结果(表 58 - 2)。基于可获得的数据质量,上面提到的安全或不确定性因素通常是 10 的倍数,也可能是 10 的分数。近年来,在生命早期暴露数据不足的情况下,工作人员会考虑使用额外的安全系数来解释儿童的潜在易感性。

上述四个步骤的风险评估的正式产出是对风险的描述,此描述最常量化为具体特定人群(或多个群体)暴露于特定水平毒物的比例(或概率)。此量化可反映出与暴露相关的健康效应。临床医生对这些概念的使用相对没那么正式,但为提出患者或社区的环境健康问题提供了思路。

美国环境保护署使用此化学物质的风险评估过程已经超过 20 年,使用过程中也暴露出了此过程的缺点。2008 年,美国国家科学院发表了

《科学决策报告》(*Science and Decisions, Advancing Risk Assessment*)[3]。此报告评价了当前的风险评估过程，以及造成广泛僵局的原因。美国国家科学院建议美国环境保护署在整个风险评估过程中重点加强协同参与，进一步明确风险评估的范围，为数据缺乏时风险评估的使用提供指南，并把风险评估过程的应用范围扩展到非化学剂和应激源。

表 58－2　从动物毒理数据推算参考剂量(RfD)*

$$RfD^{*} = \frac{\text{NOAEL or LOAEL}}{UF_1 \times UF_{2\ldots}}$$

不确定性系数举例	
10 ×	人体变异
10 ×	从动物外推到人体
10 ×	用 LOAEL 代替 NOAEL
10 ×	儿童易感性增加
0.1～10 ×	修正系数

改编自：国家医学图书馆[5]。

RfD 表示参考剂量；NOAEL 表示未观测到不良反应的剂量水平；LOAEL 表示观测到最低不良反应的剂量水平；UF 表示不确定系数。

*参考剂量由 EPA 计算。相似措施包括：可接受的每日摄入量(由食品药物监督管理局使用；进行了同样的计算，但未使用修正系数)，和最低风险水平(由毒物质和疾病登记处计算，属非癌症终点)。

监管部门正在努力促进正式的风险评估过程的实施。对于临床医生，上述正式过程所涉及的核心概念同样是有用的工作框架。在描述环境来源的问题时，可查阅科学文献或医学文献综述；也可对儿童环境进行调查。此调查由经过培训的环境评估者来实施，实施过程中查阅儿童的疾病史或健康史，或者开展现场调查。政府机构(如联邦和地区的环境保护署办公室、毒物与疾病登记署、消费品安全委员会、疾病控制与预防中心、食品安全检验局)及其他机构也有可能持有相关信息。对于特征明确的暴露情况，工作人员对其剂量—反应关系可能也定义得较好。此过程可以采用粗暴露估算，此估算过程是基于暴露、环境史和病史的既往事实开展的。完成上述过程后，相关部门会将相关信息进行汇编，做出潜在风险比较持续暴露效益以及缓解的决定。此决策过程，有的时候显而易见，例如去除高血铅儿童周围环境中的铅来源[6]，但是有时候，什么才是正确的决策，答案并非十分明确。例如，评估过程提议，对有尘螨过敏和哮喘的儿童，应去除其卧室中的地毯；但对于父亲刚失业的家庭的儿童，其家庭是无法支付去除地毯的费用的。

风险管理

一些公共机构（如联邦、州和地方）负责进行环境健康风险的最小化，它们受委托来审阅风险评估结果；并且在可能的情况下，来制定和修改法规，通过持续的迭代过程减少健康风险。比如禁止产品中的有害物质，加强污染物排放水平的控制等。在风险管理的整个过程中可能会出现科学的不确定性，因此整个过程中会纳入风险—效益和成本—效益分析。对于儿科医生，他们可以基于内部或公共机构所收集的风险评估数据，帮助医院和门诊治疗制定相应的政策。例如强制使用肥皂、水或酒精消毒剂进行手部清洁，减少具有高度传染性或攻击性的微生物病原体[如耐甲氧西林金黄色葡萄球菌（MRSA）]的传播。另外，一些学校也已经采取行动，加强食堂高脂肪高热量食品供应的管理，以减少学生肥胖。在上述相关政策的变化过程中，儿科医生可起到重要的宣传作用。

当儿科医生或他人提出对环境因素的担忧时，他们可能会发现，儿童相关的风险特征的证据不足[7]。当有环境威胁时，采取预警措施会受到个体和群体的青睐。这种情况在数据不足时尤其明显。预警原则参见第 57 章。

风险传播

风险传播可定义为对风险特性、强度、重要性和控制所进行的信息交换，它是双向的。患者的家长经常会询问环境暴露对健康所存在的潜在影响；儿科医生也经常需要与患者、患者家长或家庭代表（如律师）进行沟通交流；或者有时他们需要面对更多的对象进行沟通，如家长团体、同事或政府机构。有临床背景的医生也经常会帮助社区和环保宣传团体确定各种条件和暴露下所存在的潜在健康风险,并确定行动路径。在一个社区中,社区成员通常对临床医生比较信任,临床医生在社区通常拥有较高的信誉。因此,医生可以作为社区受影响的群体和其他各方的中间人,协调各方间的沟通交流。

风险传播并非"一刀切"的过程。传播对象的特征、环境危害的性质、传播者的资质、风险的社会背景和其他因素共同决定了传播对象接收到的风险信息("风险感知")(表 58-3)。此外,下面两个因素也可能会对风险传播产生影响[7]:①建立信任;②认知衰减。

当人们极度担心、焦虑或恐惧时,会想知道与其交谈的人是否真正地关心他们,这就涉及信任的概念。如何建立信任呢?信任的建立和发展需要以下 4 个品质做保障:

- 关心和同情
- 诚实和坦率
- 奉献和承诺
- 能力和专业知识

临床医生积极倾听患者或他人的倾诉,以消除医生和交流对象之间的物理障碍。镜像(确定临床医生和交流对象之间的相似处)及居住在交流对象的住所附近,都会增强交流对象对医生的信任程度。认知衰减指的是"精神噪声",它会干扰交流对象的信息处理能力,还会让交流对象因恐惧、焦虑或极度担心而病情或症状加重。

交流对象可能由不同背景的成员组成,有效地交流强调满足交流对象各位成员的需求。临床医生应当着眼于对交流对象进行了解,并在决策过程中将研究对象纳入。交流过程可以从评估问题的答案开始:交流对象的个体特点是什么?他们有什么顾虑?相关的社会和伦理因素有哪些?此外,临床医生对所讨论的危害的性质有所了解是非常重要的。此物质是天然的还是人造的?是否具有灾难性?会影响成人还是儿童?另外,如果可能的话,建议制订公众听证会的备选方案,与更少数量的人进行交流,以进行更有效的信息交换。在信息交换的过程中,认识到上述因素是如何对交流对象在风险问题上的看法产生影响,并应对解决那些最终会对风险交流的成败起决定作用的因素非常重要。

表 58-3　增加或降低风险知觉的部分相关因素

降低感知风险	增加感知风险
危险因素	
熟悉	不熟悉
非灾难性的	灾难性或有潜在灾难性的
自然	合成
影响成人	影响胎儿或儿童
不可怕的影响	可怕的影响（癌症、出生缺陷）
自愿	非自愿
个体因素	
男性	女性
白色人种	非白色人种
科学家	非科学家
由工业或政府雇用	由学术机构雇用
社会和伦理因素	
信任风险交流者	不信任
信任风险实施者（污染者）	不信任
风险和利益的均等分配	不公平或不平等的风险和效益分配
对先前问题没有看法	对社区累计风险的不公平负担的看法

信息进程

对于发布风险交流所用信息的建议已经发表[7]。此建议认为，人们有本能记住一组三个信息，且人们在同一时间只能处理两个或三个零散信息，因此，遵守"法则 3"非常重要。据此原则，在创建信息的实践过程中，发布的关键信息最好不超过三个，且有三项事实支持，每个信息拥有一项事实支持。另外，避免"负面放大"也很重要。相对于正面信息，在"负面放大"的概念下，人们会对负面信息给予更多的权重或参与更多，但实际上，展示更多的正面信息比消极信息更有效，如避免使用消极词汇，如“不”“不是”和“从不”。最后，要保持消息的简单化，尽量使用直白的语言和术语，这将帮助交流对象更明确地了解信息。在交流的形式上，面对面的交流始终是首选。

儿科医生在提出风险时的角色

当儿科医生在寻究患者及其社区的环境健康问题时，儿科医生可能会有很多的机会使用到风险原则，这其实也是常规儿科实践活动的延伸。例如，对某个哮喘儿童进行的风险评估可以包括以下部分：①定义问题，即哪些环境因素会加重患者的哮喘？②了解环境诱因与哮喘现状和控制的关联性的证据基础；③获得环境史，识别儿童日常环境中存在的环境诱因及范围；④制订管理计划，包括减少环境诱因的暴露；并且可能的情况下，减少儿童对这些诱因的敏感性；⑤对患者及其家庭进行上述诱因的健康教育，使其了解这些诱因对于儿童哮喘的影响。所有上述内容都可以在与家长的对话交流中进行传递，在交流的时候，医生要尽量使用家长和孩子(如果合适)都能理解的术语和语言。

除了与个体患者及其家庭进行互动，儿科医生可能还会有大量的机会使用本章中讨论过的风险交流的 7 个基本原则(表 58－4)和其他交流技巧。例如，与媒体、公共卫生和环境机构互动，促进医疗政策的发展并提供社区教育都是风险评估、管理和交流的不同途径。

媒体对于社区故事的对外传播非常关键。儿科医生应积极主动接触媒体，提供精确的健康信息，纠正错误信息，适当地提高警惕性并缓解恐惧[9]。对外传播的活动中包括可习得的媒体技能。

总结

工作人员在面对环境或健康风险时，风险评估、风险管理和风险交流可作为特定的环节单独来使用，也可作为一个整体来使用。涉及的对象可以是个体患者水平，也可以是更大的公共卫生水平(如社区)。虽然这些过程最常与化学物质的评估相关，但它仍然适合于许多其他的环境物质、条件和应激源。

表 58－4　风险交流的 7 个基本规则[8]

1. 接受并吸纳公众作为合作伙伴：工作人员的目标是信息交换，不是扩散公众担忧的问题或让公众信服你的观点。
2. 认真规划和评估你的努力：让互动与主题、观众特性和你的目标相一致。
3. 听取公众的特定担忧：对于你的交流对象，信任、信誉、能力、公平和同情比统计数据和细节更重要。
4. 诚实、坦率和开放：信誉和信任一旦失去便很难重获。
5. 与其他可靠来源合作：风险交流者间的冲突和分歧会导致在与交流对象交流的过程中产生问题。
6. 满足媒体的需要：与风险、复杂性和安全性相比，媒体通常更关心政治、简易性和危险性。
7. 表达清晰并且有同理心：不要忘记认可人类伤害或环境污染的悲剧。人们能够理解风险信息，但可以不同意你的观点。

风险管理作为监管和政治工具，旨在消除或至少控制暴露的来源。消除或减少暴露来源的方法可应用于个体患者及其家庭的环境风险管理。

风险传播的过程应基于交流对象的需求、信念和认知水平。另外，应尽量选择合适的信息交流场合，以确定达到双向的交流，各方间实现相互理解。同时，应该仔细考虑公众感知风险的社会大环境，社会大环境有可能会歪曲公众的感知。

（张　帆 译　张　勇 校译　宋伟民　赵　勇 审校）

参考文献

[1] Committee on the Institutional Means for Assessment of Risks to Public Health and National Research Council, Commission on Life Sciences. *Risk Assessment in the Federal Government*: *Managing the Process*. Washington, DC: National Academies Press; 1983.

[2] Miller M, Solomon G. Environmental risk communication for the clinician. *Pediatrics*. 2003;112:211－217.

[3] Committee on Improving Risk Analysis Approaches Used by the US Environmen-

tal Protection Agency, National Research Council. *Science and Decisions: Advancing Risk Assessment*. Washington, DC: National Academies Press; 2008.

[4] US Environmental Protection Agency. *Child-Specific Exposure Factors Handbook*. Washington, DC: US Environmental Protection Agency; 2008.

[5] National Library of Medicine. Risk assessment. In: *Toxicology Tutor I. Basic Principles*. Washington, DC: US Department of Health and Human Services; Available at: http://sis. nlm. nih. gov/enviro/toxtutor/Tox1. html. Accessed June 14, 2011.

[6] State of California Environmental Protection Agency, Air Resources Board. *Lead Risk Management Activities*. Available at: http://www. arb. ca. gov/toxics/lead/lead. htm. Accessed April 6, 2011.

[7] Anderson ME, Kirkland KH, Guidotti TL, et al. A case study of tire crumb use on playgrounds: risk analysis and communication when major clinical knowledge gaps exist. *Environ Health Perspect*. 2006;114(1):1-3.

[8] Covello V, Allen F. *Seven Cardinal Rules of Risk Communication*. Washington, DC: US Environmental Protection Agency, Office of Policy Analysis; 1992.

[9] Galvez MP, Peters R, Graber N, et al. Effective risk communication in children's environmental health: lessons learned from 9/11. *Pediatr Clin North Am*. 2007;54(1):33-46.

第 59 章

环境健康宣传

■■■■■■

“仅在医院做个体患者的病床旁工作是不够的。在不远或未知的未来，儿科医生会参加和管理学校董事会、卫生部门和立法机构。对于法官和陪审团来说，他们是法律顾问。人们有权利要求，在合众国的议会中为医生留有一席之地。”

——亚拉伯罕.雅各比(Abraham Jacobi，MD)

儿科医生为保护儿童免遭环境危害做了很多工作，但这些工作不应仅局限在办公室；各种水平上的宣传工作都应是儿童环境健康促进的重要组成部分。这些对减少和预防儿童暴露于环境危害都非常关键。根据儿科医生所受的培训和专业技能特点，他们是唯一有资格为迫切而又有争议的环境问题提供更全面的背景和意义的人，他们的意见对确保关键政策制定时儿童的需求是否能够得到满足非常关键。本章将概述以下问题：儿科医生对环境健康问题进行宣传的需求；为实现公共政策的成功转变，儿科医生可参与的各种宣传工作；一致性、协调性消息对环境健康问题的重要性；有效宣传工作可获得的关键工具和资源。

环境健康问题特别需要儿科医生的热情参与。不仅是因为儿童对本书中所阐述的环境危害具有独特的易感性，更重要的是因为这些危害可能会对孩子当前和未来的健康产生潜在影响。自 20 世纪 70 年代[1]，相关的立法就已经通过，并进行了更新，立法中对洁净的空气和水、化学物质、杀虫剂、产品安全和很多其他的关键环境卫生问题进行了强调。一条条相关法律法规的发展和应用常常需要政策制定者从利益相关群体获取专业和全面的指导。有害物质持续暴露的现状与所需的应对政策间有一定的差距，儿科医生具备知识和第一手经验，可以帮助消除这些差距。作为一个拥有共同使命的群体，儿科医生是儿童健康强有力的宣传者，而且在进行儿童环境健康决策时，必须利用自己的专长为政策制定做出贡献。

儿科学的宣传和实践在本质上往往互相关联[2,3]。宣传作为儿科住院医生培训的一部分，隶属于儿科实践。同时，它还是许多非政府组织和专业组织使命的核心部分，如美国儿科学会(AAP)。

儿科宣传的四个等级

儿科宣传工作共分为四个等级[4]。个体宣传包括每天提供给患者及其家庭的直接护理和资源。如给保险公司打电话或联系社会服务，减少可能加重儿童哮喘的家庭健康危害。个体宣传工作是儿科医生的常规工作，通常也是社区、州和联邦水平的更广泛工作的第一步。

社区宣传建立在个体宣传之上，但是超越个体宣传，它影响整个社区的儿童。“社区”的定义可以是地域上的(如邻居、校区或城市)，也可以是文化上的(如人种、种族或宗教群体)。社区宣传要考虑影响儿童健康的环境和社会因素，还需要儿科医生和社区通力合作，以利于提出对患者有消极影响的问题。

州宣传主要在于州的立法过程。对于卫生政策，州立法机关起着越来越重要的作用；另外州立法机关也是新的法律法规的重要来源。总体来说，整个美国近 7 380 位州议员每年要审核 15 余万份法案[5]。虽然州立法机关主要在州级开展宣传工作，但仍然有机会通过州长办公室获得州行政机构的宣传机会，或者通过预算过程和司法部门获得州机构和法规活动的宣传机会。通过美国儿科学会(AAP)分会和与其他宣传群体联盟，儿科医生已经对其所在州的环境健康问题产生了重要影响。相关环境健康问题包括消除二手烟，改善室内空气质量；限制污染物的排放，改善室外空气质量；促进铅中毒的筛查和其他很多方面的工作。

联邦宣传涉及整个国家的环境健康问题。几十年来，儿科医生已经在联邦水平上宣传了一些问题，如食品安全、儿童产品中毒性化学物质、全球气候变化和其他能影响儿童健康的环境问题[6]。美国儿科学会华盛顿办公室为儿科医生在议会听证会上作论证提供协助，并且协调国家级的宣传工作。儿科医生在议会听证会上所给的论证，对提出的联邦法规所作的评价以及他们所参加的相关活动，都对他们在华盛顿的工作取得成功至关重要。

儿科医生若想参与宣传工作，可能需要对一个特定问题有全面地了解，此外还需要知道政治或立法过程。临床医生所具备的临床技能与宣传者所需要的技能相似，即把复杂的科学和医学概念转化为直白的语言；如何对问题进行诊断或判断；和拟定治疗或解决问题的路径。当确定好需要解决的问题后，宣传工作可能很快就要开始。下一步就是让能够帮助解决问题的决策者和其他相关人员认识到这个问题。尽管宣传者确实需要对立法和政治过程有所了解（可从美国儿科学会获得相应资源），但成功地代表儿童提出相关的问题还需要另外两个最重要的特征，即热情和意愿。

此外，协作是任何宣传工作成功的关键。通过美国儿科学会分会或与其共同努力，儿科医生可充分利用美国儿科学会、州分会及其联盟的资源和信息。

另外，拓展支持对于宣传工作的成功也至关重要。拓展支持指与其他志同道合的儿科医生合作，或寻求有相似目标或关注重点的组织的合作。广泛的支持基础会让社区领导和推选官员看到有许多人关心环境健康问题并付诸行动去改变。

儿科医生经常借助媒体来促进宣传工作。这4个等级的宣传均可借助媒体来吸引大家对某问题的关注，如给编辑写信；写专栏；通过新闻故事引起对问题的注意或者获得编辑的支持。用社交媒体加强对问题的理解可能会让效应放大。比如，儿科医生可能知道，与议员进行问题的讨论时，若有媒体的支持，可能结果会完全不同。相反地，媒体也可能会让宣传工作寸步难行。

当从事像儿科环境健康这样重要的工作时，很难想象会有人不支持甚至反对儿科医生所做的努力。然而，基本上来说，儿童环境健康宣传的重点问题永远与其他群体存在资源或基金上的竞争，或与他人观点不同。因此，有必要在与决策者讨论问题的重要性时纳入儿科医生，他们会从不同的利益方向来思考。

儿童环境健康宣传的成功最终取决于个体儿科医生自愿投入的努

力。美国儿科学会和它的很多分会都有游说者和其他公共政策人员，来代表儿童制定法律法规。然而，单纯依靠专业的游说人员是不够的。儿科医生独特的视角和信誉会推动问题的解决。儿科医生的声音对产生社会和政治变化至关重要，这些变化对于发挥环境健康政策的持久优势是必需的[7]。

想获得儿科医生的宣传工作及他们为何能够对儿童健康政策起到影响的更多信息，请参看《美国儿科宣传指南》(*AAP Advocacy Guide*)。

参考资料

American Academy of Pediatrics

Department of Federal Affairs

www. aap. org/advocacy/washing/mainpage. htm

Division of State Government Affairs

www. aap. org/advocacy/stgov. htm

Chapter and District Information

www. aap. org/member/chapters/chapserv. htm

AAP Member Center

www. aap. org/moc

State

Council of State Governments

www. csg. org

National Association of Counties

www. naco. org

National Conference of State Legislatures

www. ncsl. org

National Governors Association

www. nga. org

National Association of State and Territorial Health Officials

www. astho. org

National Association of County and City Health Officials

www. naccho. org

State Environmental Agencies

www. epa. gov/epahome/state. htm

Federal

White House

www. whitehouse. gov

Official Web Portal of the Federal Government

www. usa. gov

Regulations issued by Federal Agencies

www. regulations. gov

Congressional

Thomas：Legislative Information on the Internet

thomas. loc. gov

US House of Representatives

www. house. gov

US Senate

www. senate. gov

（张　帆 译　张　勇 校译　宋伟民　赵　勇 审校）

参考文献

[1] US Environmental Protection Agency. EPA Accomplishments. Available at：http://www. epa. gov/history/accomplishments. htm. Accessed April 6，2011.

[2] Gruen RL，Campbell EG，Blumenthal D. Public roles of US physicians：community participation，political involvement，and collective advocacy. *JAMA*. 2006；296(20)：2467－2475.

[3] Rushton FE Jr，American Academy of Pediatrics，Committee on Community Health Services. The pediatrician's role in community pediatrics. *Pediatrics*. 2005；115(4)：1092－1094.

[4] American Academy of Pediatrics. *AAP Advocacy Guide*. Available at：www. aap. org/moc/advocacyguide. Accessed April 6，2011.

[5] Council of State Governments. *The Book of the States* 2010. Lexington，KY：Council of State Governments；2010.

[6] Goldman L，Falk H，Landrigan PJ，et al. Environmental pediatrics and its im-

pact on government health policy. *Pediatrics*. 2004;113(4 Suppl):1146－1157.
［7］American Academy of Pediatrics, Council on Community Pediatrics and Committee on Native American Child Health. Policy statement—health equity and children's rights. *Pediatrics*. 2010;125(4):838－849.

附　　录

附录 A

儿童环境健康资源

以下网站材料未经过美国儿科学会审阅，列入此名单不代表一定受美国儿科学会的认可。

Organization	Contact Information
GOVERNMENT	
US FEDERAL & STATE GOVERNMENTS	
Agency for Toxic Substances and Disease Registry (ATSDR) US Department of Health and Human Services (DHHS) 1600 Clifton Rd NE; Mail Stop E-28 Atlanta, GA 30333	Web: http://www.atsdr.cdc.gov Information Center Clearinghouse: Phone: 404-639-6360 Fax: 404-639-0744 Emergency Response Branch Phone: 404-639-0615
— ATSDR GATHER (Geographic Analysis Tool for Health and Environmental Research)	Web: http://gis.cdc.gov
— ATSDR Toxicological Profiles	Web: http://www.atsdr.cdc.gov/toxprofiles/index.asp
— ATSDR Regional Offices	Web: http://www.atsdr.cdc.gov/dro
California Environmnetal Protection Agency 1001 I Street P.O. Box 2815 Sacramento, CA 95812-2815	Web: http://www.calepa.ca.gov 1001 I Street P.O. Box 2815 Sacramento, CA 95812-2815

（续表）

Organization	Contact Information
GOVERNMENT	
US FEDERAL & STATE GOVERNMENTS	
California Electric and Magnetic Fields (EMF) Program 1515 Clay St, Suite 1700 Oakland, CA 94612	Web: http://www.dhs.ca.gov/ehib/emf
National Center for Environmental Health (NCEH) Centers for Disease Control & Prevention (CDC) 4770 Buford Hwy, NE Mail Stop F-28 Atlanta, GA 30341-3724	Web: http://www.cdc.gov/nceh E-mail: ncehinfo@cdc.gov NCEH Health Line: 888-232-6789
— NCEH Asthma Program	Web: http://www.cdc.gov/asthma
— NCEH Lead Poisoning Prevention Program	Web: http://www.cdc.gov/nceh/lead
— National Report on Human Exposure to Environmental Chemicals	Web: http://www.cdc.gov/exposurereport
National Institute for Occupational Safety and Health (NIOSH)	Web: http://www.cdc.gov/niosh/homepage.html E-mail: cdcinfo@cdc.gov Phone: 800-35-NIOSH (800-356-4674)
— NIOSH Young Worker Safety and Health	http://www.cdc.gov/niosh/topics/youth
Consumer Product Safety Commission (CPSC) 4340 East West Hwy Bethesda, MD 20814	Web: http://www.cpsc.gov Phone: 800-638-2772 Fax: 301-504-0124
US Environmental Protection Agency (EPA) 1200 Pennsylvania Ave NW Washington, DC 20460	Web: http://www.epa.gov Administrative Phone: 202-272-0167
— EPA Office of Children's Health Protection	Web: http://yosemite.epa.gov/ochp/ochpweb.nsf/content/homepage.htm Office of Child Health Protection Phone: 202-564-2188
— EPA Office of Pesticide Programs	Web: http://www.epa.gov/pesticides Office of Pesticide Programs Phone: 703-305-5017 National Pesticides Hotline: 800-222-1222

（续表）

Organization	Contact Information
GOVERNMENT	
US FEDERAL & STATE GOVERNMENTS	
— EPA Office of Air and Radiation	Office main Web : http://www.epa.gov/oar Indoor air Web : http://www.epa.gov/iaq Indoor Air Quality Information Clearinghouse Phone: 800-438-4318 Tools for Schools Program Web: http://www.epa.gov/iaq/schools/index.html Air Now–ground-level ozone Web: http://www.epa.gov/airnow The Healthy School Environments Assessment Tool (HealthySEATv2) http://www.epa.gov/schools/healthyseat/index.html
— EPA Endocrine Disruptor Screening Program	Web: http://www.epa.gov/scipoly/oscpendo
— EPA Children's Environmental Health Research Centers	Web: http://www.epa.gov/ncer/childrenscenters/newsroom/archive.html Health Research Initiative
— EPA Chemical Emergency Preparedness and Prevention	Web: http://www.epa.gov/region5superfund/cepps Chemical Spills Emergency Hotline: 800-424-8802 Hazardous Waste/Community Right to Know Hotline: 800-424-9346
— EPA Office of Water	Web: http://www.epa.gov/water/index.html Safe Drinking Water Hotline: 800-426-4791 Drinking Water Advisories Web: http://www.epa.gov/waterscience/drinking Fish Consumption Advisories Web: http://www.epa.gov/ost/fish
— EPA Office of Pollution Prevention & Toxics	Web: http://www.epa.gov/opptintr/index.html Toxic Substances Control Act (TSCA) Information Line: 202-554-1404
— EPA Toxics Release Inventory Program	Web: http://www.epa.gov/tri
— EPA Children's Environmental Health Resource, Toxicity and Exposure Assessment for Children's Health (TEACH)	http://www.epa.gov/teach

（续表）

Organization	Contact Information
GOVERNMENT	
US FEDERAL & STATE GOVERNMENTS	
— EPA–America's Children & the Environment	http://www.epa.gov/economics/children
— EPA Sunwise Program	http://www.epa.gov/sunwise
Center for Food Safety and Applied Nutrition (CFSAN) Food and Drug Administration (FDA) 5100 Paint Branch Parkway College Park, MD 20740-3835	Web: http://www.cfsan.fda.gov Phone: 888-SAFEFOOD
Food Safety: Gateway to Government Food Safety Information	Web: http://www.FoodSafety.gov
Food Safety and Inspection Service Food Safety Education Office 1400 Independence Ave, SW Washington, DC 20250	Web: http://www.fsis.usda.gov E-mail: fsis.webmaster@usda.gov Phone: 301-504-9605 Fax: 301-504-0203
National Institute of Environmental Health Sciences (NIEHS) US DHHS PO Box 12233 Research Triangle Park, NC 27709	Web: http://www.niehs.nih.gov Phone: 919-541-1919 Fax: 919-541-3592
— The Environmental Genome Project	Web: http://www.niehs.nih.gov/research/supported/programs/egp
— NIEHS Children's Environmental Health Research Initiative	Web: http://www.niehs.nih.gov/research/supported/centers/prevention/index.cfm
— The National Toxicology Program (NTP)	Web: http://ntp-server.niehs.nih.gov
— Center for the Evaluation of Risks to Human Reproduction	Web: http://cerhr.niehs.nih.gov
— Environmental Health Perspectives	Web: http://ehp03.niehs.nih.gov/home.action
National Cancer Institute (NCI) US Department of Health and Human Services National Institutes of Health (NIH) 9000 Rockville Pike Bethesda, MD 20892	Web: http://www.nci.nih.gov Surveillance, Epidemiology and End Results (SEER) Program Web: http://seer.cancer.gov Phone: 800-4-CANCER

（续表）

Organization	Contact Information
GOVERNMENT	
US FEDERAL & STATE GOVERNMENTS	
National Library of Medicine, Environmental Health & Toxicology	Web: http://sis.nlm.nih.gov/enviro.html
— TOXNET	Web: http://toxnet.nlm.nih.gov
— Drugs and Lactation Database (LactMed)	Web: http://toxnet.nlm.nih.gov/cgi-bin/sis/htmlgen?LACT
National Children's Study (NCS) Longitudinal Cohort Study of Environmental Effects on Child Health and Development	http://www.nationalchildrensstudy.gov
Office of Healthy Homes and Lead Hazard Control US Department of Housing & Urban Development 451 7th St SW Washington, DC 20410	Web: http://www.hud.gov/offices/lead
US Global Change Research Program Suite 250 1717 Pennsylvania Ave, NW Washington, DC 20006	Web: http://www.climatescience.gov Phone 202-223-6262
1-800-QUIT-NOW	Web: http://1800quitnow.cancer.gov Phone: 1-800-QUIT-NOW
NON-US GOVERNMENT	
European Union information on Environmental Health	http://europa.eu/pol/env/index_en.htm
Registration, Evaluation, Authorization and Restriction of Chemicals (REACH)	http://ec.europa.eu/environment/chemicals/reach/reach_intro.htm
Nongovernmental Organizations	
Alliance for Health Homes 50 F St, NW Suite 300 Washington, DC 20002	Web: http://www.afhh.org/index.htm E-mail: afhh@afhh.org Phone: 202-347-7610
American Academy of Pediatrics Julius B. Richmond Center of Excellence 141 Northwest Point Blvd Elk Grove Village, IL 60007	Web: http://aap.org/richmondcenter Phone: 847-434-4264

（续表）

Organization	Contact Information
Nongovernmental Organizations	
American Association of Poison Control Centers 3201 New Mexico Ave NW Suite 310 Washington, DC 20016	Web: http://www.aapcc.org Phone: 202-362-7217
American Cancer Society 1599 Clifton Rd NE Atlanta, GA 30329	Web: http://www.cancer.org Phone: 404-320-3333 or 800-ACS-2345 Fax: 404-329-7530
American Lung Association 61 Broadway 6th Floor New York, NY 10016	Web: http://www.lungusa.org Phone: 800-LUNG-USA
American Public Health Association 800 I St NW Washington, DC 20001	Web: www.apha.org Phone: 202-777-2742
Association of Occupational and Environmental Clinics (AOEC) Pediatric Environmental Health Specialty Units	Web: http://www.aoec.org http://www.aoec.org/PEHSU
Association of State and Territorial Health Officials (ASTHO)	Web: http://www.astho.org/?template=environment.html
Asthma and Allergy Foundation of America 1233 20th St NW Suite 402 Washington, DC 20005	Web: http://www.aafa.org Phone: 202-466-7643 Fax: 202-466-8940
Beyond Pesticides 701 E St SE, #200 Washington DC 20003	Web: http://www.beyondpesticides.org E-mail: info@beyondpesticides.org Phone: 202-543-5450 Fax: 202-543-4791
Canadian Association of Physicians for the Environment 208-145 Spruce St Ottawa, ON K1R 6P1 Canada	Web: www.cape.ca/children.html E-mail: info@cape.ca Phone: 613-235-2273 Fax: 613-233-9028
Canadian Institute of Child Health 384 Bank St, Suite 300 Ottawa, ON K2P 1Y4 Canada	Web: http://www.cich.ca E-mail: cich@cich.ca Phone: 613-230-8838 Fax: 613-230-6654
The Canadian Partnership for Children's Health and Environment (CPCHE) 215 Spadina Avenue, Suite 130 Toronto, Ontario, Canada M5T 2C7	Web: http://www.healthyenvironmentforkids.ca/english Phone: 819-458-3750 E-mail: info@healthyenvironmentforkids.ca

（续表）

Organization	Contact Information
Nongovernmental Organizations	
Center for Health, Environment and Justice (CHEJ) PO Box 6806 Falls Church, VA 22040	Web: http://www.chej.org E-mail: chej@chej.org Phone: 703-237-2249
Child Proofing Our Communities Campaign	Web: www.childproofing.org E-mail: childproofing@chej.org Phone: 703-237-2249, ext 21 Fax: 703-237-8389
Children's Environmental Health Network 110 Maryland Ave NE, Suite 511 Washington, DC 20002	Web: http://www.cehn.org E-mail: cehn@cehn.org Phone: 202-543-4033 Fax: 202-543-8797
Children's Health Environmental Coalition PO Box 1540 Princeton, NJ 08542	Web: http://www.checnet.org
Children's Environmental Health Instituite (CEHI) PO Box 50342 Austin, TX 78763 – 0342	Web: http://www.cehi.org E-mail: janie.fields@cehi.org Phone: 512-567-7405
North American Commission for Environmental Cooperation (CEC) 393, rue St-Jacques Ouest Bureau 200 Montréal, QC H2Y 1N9 Canada	Web: http://www.cec.org/Page.asp?PageID=1115&AA_SiteLanguageID=1 E-mail: info@ccemtl.org Phone: 514-350-4300 Fax: 514-350-4314
Commonweal PO Box 316 Bolinas, CA 94924	Web:http://www.commonweal.org E-mail: commonweal@commonweal.org Phone: 415-868-0970 Fax: 415-868-2230
Earth Portal	Web: http://www.earthportal.org
Encyclopedia of the Earth	Web: http://www.eoearth.org
EMR Network PO Box 5 Charlotte, VT 05445	Web: http://www.emrnetwork.org/index.htm E-mail: info@emrnetwork.org Phone: 978-371-3035
Environmental Defense 257 Park Ave S New York, NY 10010	Web: http://www.environmentaldefense.org Phone: 212-505-2100 Fax: 212-505-2375
Scorecard	Web: http://scorecard.org

（续表）

Organization	Contact Information
Nongovernmental Organizations	
Environmental Justice Resource Center at Clark Atlanta University 223 James P Brawley Dr SW Atlanta, GA 30314	Web: http://www.ejrc.cau.edu Phone: 404-880-6911 Fax: 404-880-6909
Environmental Working Group (EWG) 1436 U St NW Suite 100 Washington, DC 20009	Web: http://www.ewg.org
FoodNews	Web: http://www.foodnews.org
EXTOXNET InfoBase	Web: http://ace.ace.orst.edu/info/extoxnet
Farm*A*Syst 303 Hiram Smith Hall 1545 Observatory Dr Madison, WI 53706-1289	Web: http://www.uwex.edu/farmasyst Phone: 608-262-0024 E-mail: farmasys@uwex.edu
Health Care Without Harm 1755 S St, NW, Suite 6B Washington DC 20009	Web: http://www.noharm.org E-mail: info@hcwh.org Phone: 202-234-0091
Healthy Schools Network, Inc. 773 Madison Ave Albany, NY 12208	Web: http://www.healthyschools.org E-mail: info@healthyschools.org Phone: 518-462-0632 Fax: 518-462-0433
Home*A*Syst Program 303 Hiram Smith Hall 1545 Observatory Dr Madison, WI 53706	Web: http://www.uwex.edu/homeasyst E-mail: homeasys@uwex.edu Phone: 608-262-0024 Fax: 608-265-2775
Institute for Agriculture and Trade Policy 2105 1st Ave S Minneapolis, MN 55404	Web: http://www.iatp.org Phone: 612-870-0453 Fax: 612-870-4846
Institute for Children's Environmental Health 1646 Dow Rd Freeland, WA 98249	Web: www.iceh.org and www.partnersforchildren.org Phone: 360-331-7904 E-mail: emiller@iceh.org Fax: 360-331-7908
International Research and Information Network for Children's Health, Environment and Safety (INCHES)	Web: http://www.inchesnetwork.org/index.html
Learning Disabilities Association of America 4156 Library Rd Pittsburgh, PA 15234-1349	Web: http://www.ldanatl.org E-mail: info@ldaamerica.org Phone: 412-341-1515; 412-341-8077 Fax: 412-344-0224

（续表）

Organization	Contact Information
Nongovernmental Organizations	
March of Dimes Birth Defects Foundation 1275 Mamaroneck Ave White Plains, NY 10605	Web: http://www.modimes.org Phone: 914-428-7100 Fax: 914-428-8203
Allergy & Asthma Network Mothers of Asthmatics 2751 Prosperity Ave, Suite 150 Fairfax, VA 22031	Web: http://www.aanma.org Phone: 800-878-4403 Fax: 703-573-7794
National Association of County and City Health Officials (NACCHO) 1100 17th St, 2nd Floor Washington, DC 20036	Web: http://www.naccho.org Phone: 202-783-5550 Fax: 202-783-1583
National Center for Healthy Housing 10227 Wincopin Circle, Suite 100 Columbia, MD 21044	Web: http://www.centerforhealthyhousing.org/index.htm Phone: 410-992-0712 Fax: 410-715-2310
National Council on Skin Cancer Prevention	Web: http://www.skincancerprevention.org
National Environmental Education Foundation 4301 Connecticut Avenue NW, Suite 160 Washington, DC 20008	Web: http://www.neefusa.org Phone: 202-833-2933 Fax: 202-261-6464
National Lead Information Center 422 S Clinton Ave Rochester, NY 14620	Web: http://www.epa.gov/lead/nlic.htm Phone: 800-424-LEAD (5323)
National Pesticide Information Center (NPIC)	Web: http://npic.orst.edu
National Safety Council, Environmental Health and Safety 1025 Connecticut Ave NW; Suite 1200 Washington, DC 20036	Web: http://www.nsc.org/safety_home/Resources/Pages/EnvironmentalHealthandSafety.aspx
National Safety Council (NSC), Environmental Health Center, Indoor Air Quality	Web: http://www.nsc.org/news_resources/Resources/Documents/Indoor_Air_Quality.pdf
Natural Resources Defense Council 40 West 20th St New York, NY 10011	Web: http://www.nrdc.org E-mail: nrdcinfo@nrdc.org Phone: 212-727-2700 Fax: 212-727-1773
Organization of Teratology Information Specialists	Web: http://www.otispregnancy.org

（续表）

Organization	Contact Information
Nongovernmental Organizations	
Our Stolen Future	Web: http://www.ourstolenfuture.org/index.htm
Pediatric Environmental Health Specialty Units (PEHSUs)	Web: http://www.aoec.org/pesu.htm www.pehsu.net (includes links to all PEHSUs)
— Pediatric Environmental Health Center at Children's Hospital/ Occupational & EnvironmentalHealth Center at Cambridge Hospital	Web: www.childrenshospital.org/pehc Phone: 888-CHILD 14 (888-244-5314) or 617-355-8177
— Pediatric Environmental Health Specialty Unit Mount Sinai School of Medicine	Web: http://www.mssm.edu/research/programs/pediatric-environmental-health-specialty-unit Phone: 866-265-6201 (toll-free) or 212-241-0938
— Mid-Atlantic Center for Children's Health and the Environment (MACCHE)	Web: http://www.health-e-kids.org Phone: 866-MACCHE1 (866-622-2431) or 202-994-1166
— Pediatric Environmental Health Specialty Unit, Southeast Region	Web: http://www.sph.emory.edu/PEHSU Phone: 877-33PEHSU (877-337-3478) (toll-free) or 770-956-9636
— Great Lakes Center for Children's Environmental Health	Web: http://www.uic.edu/sph/glakes/kids Phone: 800-672-3113 (toll-free) or 312-633-5310
— Southwest Center for Pediatric Environmental Health	Web: http://www.swcpeh.org/ E-mail: swcpeh@uthct.edu Phone: 888-901-5665 (toll-free) or 903-531-0830 (local) Fax: 903-877-7982
— Mid-AmericaPediatric Environmental Health Specialty Unit	www.childrensmercy.org/mapehsu Phone: (913) 588-6638 Toll Free (800) 421-9916 E-mail mapehsu@cmh.edu
— Rocky Mountain Regional Pediatric Environmental Health Specialty Unit	Web: www.rmrpehsu.org Phone: 877-800-5554 (toll-free)
— Pediatric Environmental Health Specialty Unit University of California San Francisco & University of California Irvine	Web: www.ucsf.edu/ucpehsu Phone: 866-UC-PEHSU (866-827-3478) (same toll-free phone for both sites—San Francisco and Irvine), 415-206-4320 (local San Francisco), or 949-824-8961 (local Irvine)

（续表）

Organization	Contact Information
Nongovernmental Organizations	
— Northwest Pediatric Environmental Health Specialty Unit 325 9th Ave Mail Stop 359739 Seattle, WA 98104-2499	Web: http://depts.washington.edu/pehsu Phone: 877-KID-CHEM (877-543-2436) (restricted to west of the Mississippi River)
— Pediatric Environmental Health Clinic Misericordia Child Health Centre Edmonton, AB Canada	E-mail occdoc@connect.ab.ca Phone: 780-930-5731
— Unidad Pediatrica Ambiental–Mexico Pediatric Environmental Health Specialty Unit (UPA-PEHSU) Cuernavaca, Morelos Mexico	E-mail ecifuent@correo.insp.mx Phone: 800-001-7777, 52-777-102-1259 (outside of Mexico)
Physicians for Social Responsibility 1875 Connecticut Ave NW, Suite 1012 Washington, DC, 20009	Web: http://www.psr.org E-mail: psrnatl@psr.org Phone: 202-667-4260 Fax: 202-667-4201
— Pediatric Environmental Health Toolkit	http://www.psr.org/resources/pediatric-toolkit.html
School Integrated Pest Management	Web: http://schoolipm.ifas.ufl.edu
Smoke Free Homes	Web: http://www.kidslivesmokefree.org
Teratology Society 1821 Michael Faraday Dr Suite 300 Reston, VA 20190	Web: http://www.teratology.org E-mail: tshq@teratology.org Phone: 703-438-3104
Tulane/Xavier Center for Bioenvironmental Research 1430 Tulane Ave, SL-3 New Orleans, LA 70112	Web: http://www.cbr.tulane.edu E-mail: cbr@tulane.edu Phone: 504-585-6910 Fax: 504-585-6428
University of Minnesota Environmental Health & Safety Program W-140 Bayton Health Service 410 Church St SE Minneapolis, MN 55455x	Web: http://www.dehs.umn.edu E-mail: dehs@tc.umn.edu
Centers for Children's Environmental Health & Disease Prevention Research	http://www.niehs.nih.gov/research/supported/centers/prevention/grantees/index.cfm
— Columbia University Mailman School of Public Health	Web: http://cpmcnet.columbia.edu/dept/sph/ccceh/index.html

（续表）

Organization	Contact Information
Nongovernmental Organizations	
— University of Washington Center for Child Environmental Health Risk Research	Web: http://depts.washington.edu/chc
— Johns Hopkins University Center for Childhood Asthma in the Urban Environment	Web: http://www.epa.gov/ncer/childrenscenters/hopkins.html
— University of California, Davis Environmental Factors in the Etiology of Autism	Web: http://www.vetmed.ucdavis.edu/cceh
— University of California at Berkeley Exposure & Health of Farm Worker Children in California	Web: http://ehs.sph.berkeley.edu/chamacos
— University of Illinois, Urbana-Champaign FRIENDS Children's Environmental Health Center	Web: http://www.epa.gov/ncerqa/childrenscenters/illinois.html
— Mount Sinai School of Medicine Inner City Toxicants, Child Growth & Development	Web: http://www.mssm.edu/research/programs/childrens-environmental-health-and-disease-prevention-research-center
— Children's Environmental Health and Disease Prevention Center at Dartmouth	Web: http://www.dartmouth.edu/~childrenshealth/index.html
— University of Southern California Respiratory Disease & Prevention	Web: http://www.usc.edu/schools/medicine/departments/preventive_medicine/divisions/occupational/occ_environmental/cehc
— Children's Hospital Medical Center University of Cincinnati Children's Environmental health Center	Web: http://www.cincinnatichildrens.org/research/project/enviro/default.htm
World Health Organization (WHO) Public Health and Environment	Web: http://www.who.int/phe/en
— WHO Environmental Health Information	Web: http://www.who.int/topics/environmental_health/en
— Healthy Environments for Children Alliance (HECA)	Web: http://www.who.int/heca/en
— Global Initiative on Children's Environmental Health Indicators	Web: http://www.who.int/ceh/indicators/en
— Children's Environmental Health	Web: http://www.who.int/ceh/en
— Children's Environment and Health Action Plan for Europe	Web: http://www.euro.who.int/__data/assets/pdf_file/0006/78639/E83338.pdf

（续表）

Organization	Contact Information
Nongovernmental Organizations	
— WHO water specific information	Web: http://www.who.int/water_sanitation_health
— WHO chemical specific information	Web: http://www.who.int/pcs
— WHO information about ionizing radiation	Web: http://www.who.int/ionizing_radiation/en
— WHO information about air quality and health	Web: http://www.who.int/mediacentre/factsheets/fs313/en
— WHO information about ultraviolet radiation	Web: http://www.who.int/peh-uv
— WHO information about electro-magnetic fields	Web: http://www.who.int/peh-emf/en
— WHO information about occupational health	Web: http://www.who.int/oeh/index.html
— Intergovernmental Panel on Climate Change (IPCC)	Web: http://www.ipcc.ch/index.htm

附录 B

初、高中环境教育和环境健康科学教育课程

■■■■■■

所谓环境教育，指的是“一次提高认识、知识和技能的活动进程，会产生理解、承诺、明智的决定和有建设性的行为，以引领地球环境相互依赖的各个部分”(1995 年 4 月北卡罗来纳环境教育计划)。环境教育应尽早开始，并持续整个高中时期。接受环境教育的儿童可通过个体健康选择和社区参与防止环境暴露。成人应让儿童成长为见多识广和有环境素养的公民，他们也需要为参与到政治进程中做准备。大量优秀的环境教育课程已经得到发展。如基于《环境教育材料》(*Environmental Education Materials*)而创建和选择的环境教育材料:《卓越指南》(*Guidelines for Excellence*)于 1996 年出版，于 2004 年修订。

自 20 世纪 90 年代中期，《环境健康科学教育》(*Environmental health science education*)成为研究和课程发展的新兴领域。在学校体系内，传统环境教育和健康教育之间会有差异，环境健康对架起两者间的桥梁有重要的作用。通常，学生认为环境健康即干净的环境，可能不会考虑环境会对他们的健康产生影响。为了强调环境健康教育的必要性，把健康的概念融入整体环境，已创建了许多符合国家科学教育标准(http://www.nap.edu/catalog/4962/national-science-education-standards)的具有创新性和参与性的环境健康教育课程材料。最近，基于美国国家教育和环境研究所(State Education and Environment Roundtable, SEER)在 1997 年开发的环境作为整合大背景模型(Environment as an Integrative Context, EIC)的基本结果，创建、实施和评估了以问题为基础的整合环境健康课程(http://www.niehs.nih.gov/health/scied/integrated/index.cfm)。初步

研究表明，授课教师和接受此课程的学生们对此课程均有积极的反响（http://www.niehs.nih.gov/research/supported/programs/ehsic/highlights/）。

各种项目结果均证明，最成功的环境和环境健康科学教育课程源于优秀课程，并且是与本地热心人士（教师、家长和管理人员）努力结合的成果。这些项目可以为小学生和中学生提供足够的知识来参加相关活动，还将有助于提高环境健康知识和整个社区的健康水平，包括他们的家庭成员。社区相关课程可能包括如下主题，如全球气候变化及其对儿童健康的影响、日晒安全、饮用水污染、室外空气污染的原因和影响以及避免二手烟的重要性等。

通过教室范围的志愿活动、学校健康项目和与当地学校董事会及州教育部门的合作，专业医疗人员可以推进和加强环境健康教育工作。教室范围的志愿者工作可以包括协助教师设计和参与环境科学和环境健康活动，这可以把人类健康与州的物理环境主动联系在一起。传统的学校卫生是指"洁净的学校环境"，临床医生可以帮助当地学校确定让学校环境更健康的方式。第一步可能包括对学校设施和其他任何环境、健康及安全问题进行评价。基于此评价结果，学校可能会选择把重点放在某个特定的制剂或毒物上。如临床医生可以帮助学校制订减少农药使用的计划，或与学生和教职工合作以确保学校遵守联邦和州的健康和安全条例。医务专业人员可以参与和他们社区相关的环境健康问题的 PTA 活动和教师培训，从生活实践中搜集例子。大学的专业医务人员可以通过教育部门了解环境健康科学教育领域正在开展或仍在计划中的工作，确定是否存在合作机会。他们还可以与区或州教育部门合作，帮助系统引进环境健康教育工作。越来越多的州正在创办隶属于教育部门的环境健康办公室，以便激励职前和在职教师培训，以及在 K－12 课程中加入环境科学的内容。在此过程中，专业医务人员可充分利用自己的洞察力和专业知识，以促进关于环境与人类健康关系的讨论。

环境教育课程和资源

一般环境教育

1. Project Learning Tree，1111 19th St NW，Suite 780，Washing-

ton, DC 20036, phone: 202 - 463 - 2462, Internet: http://www. plt. org. Project Learning Tree uses the forest and trees as a "window on the world" to increase students' understanding of our complex environment, stimulate critical and creative thinking, develop the ability to make informed decisions on environmental issues, and instill the confidence and commitment to take responsible action on behalf of the environment (K-12).

2. Project WILD, 5555 Morningside Dr, Suite 212, Houston, TX 77005, phone: 713 - 520 - 1936, Internet: http://www. projectwild. org. The *Project WILD K - 12 Activity Guide* focuses on wildlife and habitat, and the *Project WILD Aquatic Education Activity Guide* emphasizes aquatic wildlife and aquatic ecosystems. The guides are organized thematically and are designed for integration into existing courses of study.

3. Project WET, 1001 West Oak, Suite 210, Bozeman, MT 59715, phone: 406 - 585 - 2236 or toll-free at 866 - 337 - 5486, Internet: http://www. projectwet. org. The goal of Project WET is to promote awareness, appreciation, knowledge, and stewardship of water resources through the development and dissemination of classroom-ready teaching aids and the establishment of state and internationally sponsored programs (K-12).

4. North American Association for Environmental Education, 2000 P St, NW, Suite 540, Washington, DC 20036, phone: 202 - 419 - 0412, Internet: http://www. naaee. org. NAAEE is an association that represents professional environmental educators. Two projects are noteworthy regarding curricula. First, the *EE-Link* web site provides an array of information about teaching and curricula resources (http://eelink. net). Second, the *National Project for Excellence in Environmental Education (NPEEE)* has developed national guidelines for materials, K - 12 students, educators, and nonformal programs 8(http://www. naaee. org/programs-and-initiatives/guidelines-for-excellence). Of particular importance are the Environmental Education Materials: Guidelines for Excel-

lence and the Excellence in Environmental Education: Guidelines for Learning (K－12). The Materials Guidelines are a set of recommendations for developing and selecting environmental education materials to ensure quality. The Learner Guidelines set a standard for high-quality environmental education based on what an environmentally literate person should know and be able to do in grades K－12.

5. US Environmental Protection Agency, Office of Children's Health Protection and Environmental Education, Environmental Education Division, 1 200 Pennsylvania Avenue, NW, Room 1 426, Washington, DC, 20 460, phone: 202－564－0443, Internet: http://www. epa. gov/envired. The Division implements the National Environmental Education Act of 1990. One program funded by this office is the Environmental Education and Training Partnership, which provides training and support to teachers and other education professionals (http://www. eetap. org). EETAP has developed many resources for educators such as "Meeting Standards Naturally"—a CD/ROM which includes curriculum activities that demonstrate how environmental lessons can support grade level education standards. Other EPA environmental education resources include Web sites designed for children (http://www. epa. gov/kids), middle school students (http://www. epa. gov/students), high school students (http://www. epa. gov/highschool), and teachers (http://www. epa. gov/teachers).

6. National Environmental Education Foundation, 4301 Connecticut Avenue, NW, Suite 160, Washington, DC, 20008, Internet: http://www. neefusa. org. NEEF is a private, nonprofit organization chartered by Congress under the National Environmental Education Act of 1990 to advance environmental knowledge. NEEF's National Environmental Education Week program provides references to environmental education and environmental health education curricula as well as resources and tools for health care providers.

7. California Department of Education, Office of Environmental Edu-

cation, 1430 N St, Sacramento, CA 95814, Internet: http://www.cde.ca.gov/pd/ca/sc/oeeintrod.asp. This office has reviewed and rated hundreds of environmental education curricula (K－12) and published them in a compendium.

环境健康科学教育

1. National Institute of Environmental Health Sciences (NIEHS), Division of Extramural Research and Training. PO Box 12233 (MD-EC21), Research Triangle Park, NC 27709, phone: 919－541－7733. Education outreach is a key mechanism for achieving the mission of the National Institute of Environmental Health Sciences. The Environmental Health Science Education Web site provides educators, students and scientists with easy access to reliable tools, resources, and classroom materials. It invests in the future of environmental health science by increasing awareness of the link between the environment and human health (http://www.niehs.nih.gov/health/scied/index.cfm).

NIEHS also supported the development of standards-based curricular materials that integrate environmental health sciences within a variety of subject areas (eg, biology, geography, history, math, civics, art). More than 81 materials were created by 9 projects. These materials can be found at: http://www.niehs nih.gov/health/scied/integrated/index.cfm.

2. University of Medicine & Dentistry of New Jersey School of Public Health. ToxRAP and SUC2ES2 (Students Understanding Critical Connections between the Environment, Society and Self): http://www.niehs.nih.gov/research/supported/programs/ehsic/grantees/umdnjsph.cfm. Using a curriculum development model, teachers, scientists, and education specialists worked collaboratively to develop 3 curriculum guides. In this innovative, 3-part curricular series, students become health hazard detectives to cooperatively investigate environmental health hazards and their impact on human health. By applying an environmental health risk assessment framework, students learn how to state a health problem, in-

vestigate hazards and people who may be exposed, and identify hazard-control methods. A detective theme helps students to study air contaminants and learn the principles of toxicology and the process of risk assessment.

3. Baylor College of Medicine Center for Educational Outreach. My World and My World and Me. Developed by teams of educators, scientists, and health specialists at Baylor College of Medicine, My World (http://www.ccitonline.org/ceo/content.cfm?menu_id=103) and My World and Me (http://www.ccitonline.org/ceo/content.cfm?menu_id=104) educational materials provide students and teachers with knowledge of the environment and its relationship to human health.

BioEd Online: http://www.bioedonline.org/. BioEd Online is an online educational resource for educators, students, and parents, sponsored by the Baylor College of Medicine. BioEd Online utilizes state-of-the-art technology to give instant access to reliable, cutting-edge information and educational tools for biology and related subjects. The goal is to provide useful, accurate, and current information and materials that build on and enhance the skills and knowledge of science educators. Developed under the guidance of an expert editorial board, BioEd Online offers high-quality resources.

4. Bowling Green State University, Project EXCITE: Environmental Health Science Exploration Through Cross-Disciplinary & Investigative Team Experiences: http://www.bgsu.edu/colleges/edhd/programs/excite. Project EXCITE engages students in valuable learning experiences across disciplinary areas using locally relevant environmental health science topics. The project reflects current thinking about effective teaching and learning and is aligned with national and state education goals. Project EXCITE emphasizes critical thinking and problem solving skills, interdisciplinary connections, collaborative learning, and the use of technology. Students investigate local environmental health science issues, explain fundamental understandings of concepts, and apply the knowledge and

skills generated to improve performance on standardized achievement tests.

5. Maryland Public Television. EnviroHealth Connections: http://www. thinkport. org/classroom/connections/default. tp. The curricular materials developed for this project include lesson plans, videos, and online interactive activities. They are disseminated to teachers throughout Maryland and beyond on the EnviroHealth Connections (http://envirohealth. thinkport. org). The Connections Web site hosts more than 60 classroom-tested lesson plans aligned to state standards. Additional materials include a teacher discussion board, PowerPoint presentations by researchers at the Johns Hopkins Bloomberg School of Public Health, and links to other high-quality resources. Also accessible through the Web site is Meet the Experts: Environmental Health, an interactive question and answer activity that features 13 professionals whose careers center on environmental health. Students learn what these individuals studied in school; how and why they began their careers; and how their environmental health work affects our lives.

6. Oregon State University. Hydroville Curriculum Project: http://www. hydroville. org. The Hydroville Curriculum Project (HCP) has created problem-based curricula for high school students focusing on environmental health science. The problems occur in the fictitious town of Hydroville, which has to contend with 1 of 3 environmental health scenarios: a pesticide spill, a problem with air quality at a local middle school, and a water quality problem. The Hydroville curricula are based on real-life case studies and use real data. The town of Hydroville could be a town anywhere in America. Students work in teams to solve environmental health problems. This integrated curriculum promotes teamwork, critical thinking, subject integration, and problem-solving. Oregon State University provides additional environmental health science education resources for K－12 Education at http://ehsc. oregonstate. edu.

7. Texas A&M University System. Partnership for Environmental

Education and Rural Health (PEER): http://peer. tamu. edu. The Partnership for Environmental Education and Rural Health is a program for rural middle school students and teachers. The program aims to improve student enthusiasm for learning, increase overall academic performance of students, and encourage teachers throughout the state across all subject areas to use environmental health science topics to motivate students and help them relate science instruction to real-world situations.

8. University of Miami Coral Gables. Atmospheric and Marine-Based Interdisciplinary Environmental Health Training (AMBIENT): http://www. rsmas. miami. edu/groups/niehs/ambient. The AMBIENT Project is a systemic approach to environmental health science education. Focused around the 4 themes of air, water, soil and food, a health-science problembased learning approach is delivered by trained educators to the ethnically diverse population of high school students in Miami-Dade County. The AMBIENT curriculum modules consist of a number of segments. Some can be taught independently and others are meant to be used together in a certain order. All modules begin with a Teacher's Guide, which contains the basic information necessary to knowledgeably lead class discussions and guide students' research efforts.

9. University of Rochester. My Environment, My Health, My Choices: http://www2. envmed. rochester. edu/envmed/ehsc/outreach/index. html. My Environment, My Health, My Choices is an environmental health curriculum development project sponsored by the University of Rochester's Environmental Health Sciences Center. The project involves teachers from the greater Rochester, New York area (as well as throughout New York State) who create environmental health curriculum units with the support of University of Rochester faculty. The curriculum units focus on specific environmental health questions or problems that are of local, regional, or national concern. Such problems include, for example, water pollution due to farm runoff, links between air pollution and asthma, and the health effects linked to pesticides.

10. University of Washington, Integrated Environmental Health Middle School Project: http://www.iehms.com/online and http://hsc.unm.edu/pharmacy/iehms/about.shtml. The Integrated Environmental Health Middle School Project (IEHMSP) introduces middle school teachers and students in Washington State and New Mexico to the field of environmental health sciences and facilitates interdisciplinary teaching across the middle school curriculum. The IEHMSP has developed a multitiered model of integrated and contextualized learning. Project materials have been used by school districts across Washington State and in New Mexico. Additional resources are offered for K-12 Classroom Outreach at http://depts.washington.edu/ceeh/Outreach/k12.html.

学校环境健康资源

1. US Environmental Protection Agency, Indoor Environments Division, Office of Air and Radiation, 1200 Pennsylvania Avenue, NW, MC 6609J, Washington, DC, 20460, phone: 202-343-9315, Internet: http://www.epa.gov/schools/. The EPA has developed a 1-stop location for information and links to school environmental health issues. EPA and non-EPA on-line resources are available to assist facility managers, school administrators, architects, design engineers, school nurses, parents, teachers, and staff in addressing environmental health issues in schools. The Healthy School Environments Assessment Tool (HealthySEAT) is a unique software tool designed to help school districts evaluate and manage their school facilities for key environmental, safety, and health issues (http://www.epa.gov/schools/healthyseat/index.html).

(张 帆 译 张 勇 校译 赵 勇 审校)

附录C

由环境健康理事会编写的美国儿科学会(AAP)的政策声明、技术报告、临床报告

■■■■■■■

更多最新信息和政策文件请访问美国儿科学会(AAP)公共政策在线网站:www. aappolicy. org.

当前政策

Chemical-Management Policy: Prioritizing Children's Health
PEDIATRICS, Vol. 127, No. 5, 983－990, May 2011

Ultraviolet Radiation: A Hazard to Children and Adolescents
(Policy Statement)
PEDIATRICS, Vol. 127, No. 3, 588－597, March 2011

Ultraviolet Radiation: A Hazard to Children and Adolescents
(Technical Report)
PEDIATRICS, Vol. 127, No. 3, e791－e817, March 2011

Tobacco Use: A Pediatric Disease
PEDIATRICS, Vol. 124, No. 5, 1474－1487, November 2009

Secondhand and Prenatal Tobacco Smoke Exposure
PEDIATRICS, Vol. 124, No. 5, e1017－e1044, November 2009

Drinking Water From Private Wells and Risks to Children
(Policy Statement)
PEDIATRICS, Vol. 123, No. 6, 1599－1605, June 2009

Drinking Water From Private Wells and Risks to Children
(Technical Report)
PEDIATRICS, Vol. 123, No. 6, e1123－e1137, June 2009

The Built Environment: Designing Communities to Promote Physical Activity in Children
PEDIATRICS, Vol. 123, No. 6, 1591－1598, June 2009

Global Climate Change and Children's Health
(Policy Statement)
PEDIATRICS, Vol. 120, No. 5, 1149－1152, November 2007

Global Climate Change and Children's Health
(Technical Report)
PEDIATRICS, Vol. 120, No. 5, e1359－e1367, November 2007

Spectrum of Noninfectious Health Effects From Molds
(Policy Statement)
PEDIATRICS, Vol. 118, No. 6, 2582－2586, December 2006

Spectrum of Noninfectious Health Effects From Molds
(Technical Report)
PEDIATRICS, Vol. 118, No. 6, e1909－e1926, December 2006

Chemical-Biological Terrorism and Its Impact on Children
PEDIATRICS, Vol. 118, No. 3, 1267－1278, September 2006

Infant Methemoglobinemia: The Role of Dietary Nitrate in Food and Water
PEDIATRICS, Vol. 116, No. 3, 784－786, September 2005

Lead Exposure in Children: Prevention, Detection, and Management
PEDIATRICS, Vol. 116, No. 4, 1036－1046, October 2005

Ambient Air Pollution：Health Hazards to Children

PEDIATRICS，Vol. 114，No. 6，1699－1707，December 2004

Nontherapeutic Use of Antimicrobial Agents in Animal Agriculture：Implications for Pediatrics

PEDIATRICS，Vol. 114，No. 3，862－868，September 2004

Radiation Disasters and Children

PEDIATRICS，Vol. 111，No. 6，1455－1466，June 2003

Mercury in the Environment：Implications for Pediatricians

PEDIATRICS，Vol. 108，No. 1，197－205，July 2001

已废除政策

Pediatric Exposure and Potential Toxicity of Phthalate Plasticizers

PEDIATRICS，Vol. 111，No. 6，1467－1474，June 2003

Retired January 2011

Irradiation of Food

PEDIATRICS，Vol. 106，No. 6，1505－1510，December 2000

Retired October 2004

Chemical-Biological Terrorism and Its Impact on Children：A Subject Review

PEDIATRICS，Vol. 105，No. 3，662－670，March 2000

Retired September 2006

Thimerosal in Vaccines—An Interim Report to Clinicians

PEDIATRICS，Vol. 104，No. 3，570－574，September 1999

Retired November 2002

Ultraviolet Light：A Hazard to Children

PEDIATRICS，Vol. 104，No. 2，328－333，August 1999

Retired March 2011

Screening for Elevated Blood Lead Levels
PEDIATRICS, Vol. 101, No. 6, 1072－1078, June 1998
Retired October 2005

Risk of Ionizing Radiation Exposure to Children: A Subject Review
PEDIATRICS, Vol. 101, No. 4, 717－719, April 1998
Retired April 2002

Toxic Effects of Indoor Molds
PEDIATRICS, Vol. 101, No. 4, 712－714, April 1998
Retired December 2006

Noise: A Hazard to the Fetus and Newborn
PEDIATRICS, Vol. 100, No. 4, 724－727, October 1997
Retired April 2006

Environmental Tobacco Smoke: A Hazard to Children
PEDIATRICS, Vol. 99, No. 4, 639－642, April 1997
Retired November 2009

Hazards of Child Labor
PEDIATRICS, Vol. 95, No. 2, 311－313, February 1995
Retired January 2005

PCBs in Breast Milk
PEDIATRICS, Vol. 94, No. 1, 122－123, July 1994
Retired February 2001

Use of Chloral Hydrate for Sedation in Children
PEDIATRICS, Vol. 92, No. 3, 471－473, September 1993
Retired February 2000

Lead Poisoning: From Screening to Primary Prevention
PEDIATRICS, Vol. 92, No. 1, 176－183, July 1993
Retired June 1998

Ambient Air Pollution: Respiratory Hazards to Children

PEDIATRICS, Vol. 91, No. 6, 1210 – 1213, June 1993

Retired December 2004

Radon Exposure: A Hazard to Children

PEDIATRICS, Vol. 83, No. 5, 799 – 802, May 1989

Retired February 2001

Childhood Lead Poisoning

PEDIATRICS, Vol. 79, No. 3, 457 – 465, March 1987

Retired October 1993

Asbestos Exposure in Schools

PEDIATRICS, Vol. 79, No. 2, 301 – 305, February 1987

Retired February 2001

Involuntary Smoking: A Hazard to Children

PEDIATRICS, Vol. 77, No. 5, 755 – 757, May 1986

Retired April 1997

Smokeless Tobacco — A Carcinogenic Hazard to Children

PEDIATRICS, Vol. 76, No. 6, 1009 – 1011, December 1985

Retired February 2001

Special Susceptibility of Children to Radiation Effects

PEDIATRICS, Vol. 72, No. 6, 809, December 1983

Retired April 1998

Environmental Consequences of Tobacco Smoking: Implications for Public Policies that Affect the Health of Children

PEDIATRICS, Vol. 70, No. 2, 314 – 315, August 1982

Retired February 1987

National Standard for Airborne Lead

PEDIATRICS, Vol. 62, No. 6, 1070 – 1071, December 1978

Retired February 1987

PCBs in Breast Milk

PEDIATRICS, Vol. 62, No. 3, 407, September 1978
Retired September 1994

Infant Radiant Warmers
PEDIATRICS, Vol. 61, No. 1, 113－114, January 1978
Retired June 1995

Hyperthermia from Malfunctioning Radiant Heaters
PEDIATRICS, Vol. 59, No. 6, 1041－1042, June 1977
Retired February 1987

Carcinogens in Drinking Water
PEDIATRICS, Vol. 57, No. 4, 462－464, April 1976
Retired February 1987

Effects of Cigarette Smoking on the Fetus and Child
PEDIATRICS, Vol. 57, No. 3, 411－413, March 1976
Retired September 1994

Noise Pollution：Neonatal Aspects
PEDIATRICS, Vol. 54, No. 4, 476－478, October 1974
Retired October 1997

Animal Feedlots
PEDIATRICS, Vol. 51, No. 3, 582－592, March 1973
Retired September 1994

Lead Content of Paint Applied to Surfaces Accessible to Young Children
PEDIATRICS, Vol. 49, No. 6, 918－921, June 1972
Retired February 1987

Pediatric Problems Related to Deteriorated Housing
PEDIATRICS, Vol. 49, No. 4, 627, April 1972
Retired February 1987

Earthenware Containers：A Potential Source of Acute Lead Poisoning
Newsletter, Vol. 22, No. 13, 4, August 15, 1971

Retired February 1987

Neurotoxicity from Hexachlorophene

Newsletter, Vol. 22, No. 7, 4, May 1971

Retired February 1987

Acute and Chronic Childhood Lead Poisoning

PEDIATRICS, Vol. 47, No. 5, 950 - 951, May 1971

Retired November 1986

Pediatric Aspects of Air Pollution

PEDIATRICS, Vol. 46, No. 4, 637 - 639, October 1970

Retired February 1987

More on Radioactive Fallout

Newsletter Supplement, Vol. 21, No. 8, April 15, 1970

Retired February 1987

Smoking and Children: A Pediatric Viewpoint

PEDIATRICS, Vol. 44, No. 5, Part 1, 757 - 759, November 1969

Retired February 1987

Present Status of Water Pollution Control

PEDIATRICS, Vol. 34, No. 3, 431 - 440, September 1964

Retired February 1987

Hazards of Radioactive Fallout

PEDIATRICS, Vol. 29, No. 5, 845 - 847, May 1962

Retired February 1995

Statement on the Use of Diagnostic X-Ray

PEDIATRICS, Vol. 28, No. 4, 676 - 677, October 1961

Retired February 1987

儿科支持

A Partnership to Establish an Environmental Safety Net for Children

Supplement to PEDIATRICS, Vol. 112, No. 1, Part II, July 2003

The Susceptibility of the Fetus and Child to Chemical Pollutants
Supplement to PEDIATRICS, Vol. 53, No. 5, Part II, May 1974

Conference on the Pediatric Significance of Peacetime Radioactive Fallout
Supplement to PEDIATRICS, Vol. 41, No. 1, Part II, January 1968

附录D

美国儿科学会提供的与环境健康问题相关的患者教育资料

■■■■■■

下面是由美国儿科学会为患儿及家长提供的与环境健康问题相关的教育资料列表。许多资料都是以手册形式印制，并以每50份一套出售。患者教育在线的注册用户可以登录：www. patiented. aap. org 获取这些资料。如需订购或者了解详情，请联系美国儿科学会书店，电话：888—227—1770，或者登录书店网站：www. aap. org/bookstore。

- ■急性耳部感染和你的孩子
- ■儿童过敏症
- ■贫血和幼儿
- ■哮喘和孩子
- ■二手烟的危害
- ■阳光下的乐趣：保证家人安全
- ■铅是有害物质：这是你需要知道的事
- ■中耳积液和你的孩子
- ■吸烟的危害
- ■控烟：这是你需要知道的事
- ■烟草：与青少年的直接对话
- ■儿童与环境

家长可以通过美国儿科学会的育儿网站获取信息，网址：HealthyChildren. org。

（赵　勇 译　陈雅萍　徐晓阳 校译　许积德 审校）

附录 E

美国儿科学会环境健康理事会历任主席

■■■■■■

辐射危害及畸形流行病学委员会

罗伯特 A. 奥尔德里奇 ,医学博士 (Robert A. Aldrich, MD) 1957－1961 年

1961 年,该委员会被划分为两个部分:畸形研究委员会(存在时间较短)和环境危害委员会。

环境危害委员会

李 E·法尔,医学博士(Lee E. Farr MD)1961－1967 年

保罗·F. 韦尔利,医学博士(Paul F. Wehrle, MD) 1967－1973 年

罗伯特·W. 米勒,医学博士,公共卫生博士(Robert W. Miller, MD, DrPH) 1973－1979 年

劳伦斯·芬伯格,医学博士(Laurence Finberg, MD) 1979－1980 年

1979 年,美国儿科学会成立了遗传学委员会,并任命查尔斯·斯克里文(Charles Scriver MD)为主席。1980 年,美国儿科学会把遗传学委员会和环境危害委员会合并起来建立了遗传学和环境危害委员会。

遗传学和环境危害委员会

副主席

劳伦斯·芬伯格,医学博士(Laurence Finberg, MD)1979－1980 年

查尔斯·斯克里文,医学博士(Charles Scriver, MD) 1980－1983 年

1983 年,这个委员会再次被一分为二。

环境危害委员会

菲利普·J. 兰德里根，医学博士，理学硕士（Philip J. Landrigan, MD, MSc）1983－1987 年

李察·J. 杰克逊 ，医学博士，公共卫生硕士（Richard J. Jackson, MD, MPH）1987－1991 年

1991 年，该委员会更名为“环境健康委员会”。

环境健康委员会

J. Routt Reigart, MD; 1991－1995 年

鲁思·A. 埃泽尔，医学博士，哲学博士（Ruth A. Etzel, MD, PhD）1995－1999

索菲·J. 鲍克，医学博士（Sophie J. Balk, MD）1999－2003 年

迈克尔·W. 香农，医学博士，公共卫生硕士（Michael W. Shannon, MD, MPH）2003－2007 年

2009 年，该委员会采用了美国儿科学会的“理事会”命名格式。

环境健康理事会

海伦·J. 宾斯，医学博士，公共卫生硕士（Helen J. Binns, MD, MPH）2007－2011 年

杰罗姆·A. 鲍尔森，医学博士（Jerome A. Paulson, MD）2011－

（曾　缓 译　许积德 校译）

附录 F

缩 略 语

A

2,4 - D	2,4 - 二氯苯氧乙酸
2 - PAM	吡啶 - 2 - 甲醛肟碘甲;解磷定
4 - MBC	4 - 甲基苄亚甲基樟脑
ACE	血管紧张素转换酶
AchE	乙酰胆碱酯酶
AAP	美国儿科学会
ALARA	辐射防护最优化原则
AP	AP 标签认定艺术材料的安全性通过毒物学专家的检测
ACMI	美国艺术与创造性材料学会
ACS	美国癌症协会
ADHD	注意缺陷多动障碍
AHERA	美国《石棉公害应急措施法》
AI	适宜摄入量
AQI	空气质量指数
ASD	孤独症谱系障碍
ASTM	美国测试与材料协会(艺术材料)
AT	毛细血管扩张性共济失调综合征
ATSDR	美国毒物与疾病登记署

B

BAL	英国抗路易士毒气剂(2,3 - 二巯丙醇)
BBP	邻苯二甲酸丁苄酯

BLL	血铅水平
BP－3	二苯甲酮－3
BPA	双酚 A

C

c-decaBDE	c－十溴联苯醚
c-octaBDE	c－八溴联苯醚
c-pentaBDE	c－五溴联苯醚
$CaNa_2EDTA$	依地酸二钠钙
CCA	铬化砷酸铜
CDC	美国疾病控制与预防中心
CEHAPE	欧洲儿童环境与健康行动计划
CERCLA	美国《综合环境反应、赔偿和责任法》
CFCs	氯氟烃
CFL	节能灯
CFOI	美国致命工伤普查项目
CFR	《美国联邦法规》
CFU	菌落形成单位
CHEERS	儿童健康环境暴露研究
CLIA	美国《临床实验室改进修正案》
ClO_4^-	高氯酸盐
CO	一氧化碳
COHb	碳氧血红蛋白
CNS	中枢神经系统
CP	CP 标签、无毒标志
CPSC	美国消费品安全委员会
CPT	现行程序代码学
CT	计算机断层扫描

D

DALYs	伤残调整生命年
dB	分贝

dBA	加权分贝
DBP	邻苯二甲酸二丁酯
DDE	二氯二苯二氯乙烯
DDT	滴滴涕,二氯二苯三氯乙烷
DEET	避蚊胺
DEHP	邻苯二甲酸二辛酯
DEP	邻苯二甲酸二乙酯
DES	己烯雌酚
DHA	二羟基丙酮
DHA	二十二碳六烯酸
DHHS	美国卫生与人类服务部
DIDP	邻苯二甲酸二异癸酯
DINP	邻苯二甲酸二异壬酯
DMP	邻苯二甲酸二甲酯
DMPS	2,3-二巯基丙磺酸钠
DMSA	2,3-二巯基丁二酸,常用于治疗铅、汞中毒
DnBP	邻苯二甲酸二正丁酯
DNL	昼夜平均(噪)声级
DnOP	邻苯二甲酸二正辛酯
DOP	二辛酯
DSHEA	美国《膳食补充剂健康与教育法》
DSM-IV-TR	《精神疾病诊断与统计手册》(第 4 版,文字修订版)

E

ED	急诊部
EEA	欧洲环境署
EEGs	脑电图
EHR	电子健康记录
EMFs	电磁场
EMLAP	环境微生物学实验室认可程序
EPA	二十碳五烯酸

EPA	美国环境保护署
eV	电子伏特

F

FEMA	美国联邦紧急事务管理署
FEV_1	一秒用力呼气量
FLSA	美国《公平劳动标准法案》
FDA	美国食品药品监督管理局
FQPA	美国《食品质量保护法》
FSIS	美国食品安全检验局

G

GIS	地理信息系统
Gy	戈瑞
G6PD	葡萄糖-6-磷酸脱氢酶缺乏症

H

HBV	乙型肝炎病毒
HDL	高密度脂蛋白
HDPE	高密度聚乙烯
HEPA	高效空气过滤器
HL	健康标签(无毒)
HONC	尼古丁成瘾量表
HPV	高生产量
HPV	人乳头瘤病毒
HUD	美国住房与城市发展部
HVAC	取暖通风和空气调节
Hz	赫兹
H_2SO_4	硫酸

I

IAQ	室内空气质量
IARC	国际癌症研究机构

ICD-9-CM	《国际疾病分类》(第 9 版,临床修订本)
IFCS	国际化学品安全性论坛
Ig	免疫球蛋白
IPCC	联合国政府间气候变化专门委员会
IPM	有害生物综合治理
IRB	美国机构伦理审查委员会

J

J	焦耳

K

kGy	千戈瑞
KI	碘化钾
kV	千伏

L

Leq24	24 小时噪声暴露当量
LOAEL	观察到不良反应的最低剂量

M

MCV	平均红细胞体积
MCL	最高污染物允许水平
MEHP	邻苯二甲酸单(2－乙基己基)酯
MERV	最小效率报告值
MHz	兆赫
MMA	甲基丙烯酸甲酯
MMR	麻疹、腮腺炎和风疹联合病毒活疫苗
MMT	汽油抗爆剂,甲基环戊二烯三羰基锰
MRA/MRI	磁共振血管造影/磁共振成像
mrem	毫雷姆
MRSA	耐甲氧西林金黄色葡萄球菌
MSDS	化学品安全说明书
MSG	谷氨酸单钠

mSv	毫希沃特
MTBE	甲基叔丁基醚

N

Na_2EDTA	乙二胺四乙酸二钠
NAAQS	美国国家环境空气质量标准
NAS	美国国家科学院
NCI	美国国家癌症研究所
NEISS-Work	美国国家电子伤害监测系统－职业补充
NHANES	国家健康与营养调查
NIEHS	美国国家环境卫生科学研究所
NIHL	噪声性耳聋
NIOSH	美国国家职业安全卫生研究所
NITS	暂时性听阈位移
nm	纳米
NMP	N－甲基吡咯烷酮
NMSC	非黑色素瘤性皮肤癌
NO_2	二氧化氮
NO_3-N	硝态氮
NOAEL	未观察到不良反应的剂量水平
NOCs	N－亚硝基化合物
NPL	国家优先治理污染场地顺序名单
NRC	美国国家科学研究委员会
NRC	美国核管理委员会
NSAIDs	非甾体类抗炎药
NTD	神经管缺陷(畸形)
NTP	美国国家毒理学计划

O

OEHHA	美国加州环境健康危害评估办公室
OMC	甲氧基肉桂酸辛酯
OSHA	美国职业安全和健康管理局

P

Pa	帕斯卡
PABA	对氨基苯甲酸
PAHs	多环芳烃
PBBs	多溴联苯
PBDEs	多溴联苯醚
PC	聚碳酸酯
PCBs	多氯联苯
PCDDs	多氯代二苯并二噁英
PCDFs	多氯代二苯并呋喃
pCi	皮居里
PDD	广泛性发育障碍
PEHSU	儿科环境与健康专家组
PFCs	全氟化合物
PFOA	全氟辛酸
PFOS	全氟辛烷磺酸
PKU	苯丙酮尿症
PM_{10}	空气动力学直径≤10 μm 的颗粒物
$PM_{2.5}$	空气动力学直径≤2.5 μm 的颗粒物
PM_1	空气动力学直径≤1 μm 的颗粒物
POPs	持久性有机污染物
PP	聚丙烯
PTSs	持久性有毒物质
PVC	聚氯乙烯

R

γ-GABA	γ-氨基丁酸
rad	辐射吸收量
RAST	放射变应原吸附试验
REACH	欧盟《化学品的注册、评估、授权和限制》法规
RBE	相对生物学效应

RCRA	美国《资源保护和回收法案》
RDW	红细胞分布宽度
rem	人体伦琴当量
RfD	参考剂量

S

SAICM	国际化学品管理战略方针
SAMSHA	美国物质滥用和精神健康服务管理局
SARA	《超级基金修正案和再授权法案》
SARS	严重急性呼吸综合征
SIDS	婴儿猝死综合征
SHS	二手烟
SO_2	二氧化硫
SPF	防晒系数
SPL	声压级
Sv	希沃特

T

T-2	T－2 毒素
T4	甲状腺素
TCDD	2,3,7,8－四氯代二苯并二噁英
TEQ	毒性当量
TSH	促甲状腺激素
TNF-α	肿瘤坏死因子－α
TRI	美国有毒物质排放清单
TSCA	美国《有毒物质控制法案》

U

UL	美国安全检测实验室
UN	联合国
UNEP	联合国环境规划署

UPF　紫外线防护系数
USDA　美国农业部
UVA　紫外线 A
UVB　紫外线 B
UVC　紫外线 C
UVR　紫外线辐射

V

VEE　委内瑞拉马脑炎
VOCs　挥发性有机化合物

W

WHO　世界卫生组织
WTO　世界贸易组织

X

XRF　X 射线荧光光谱分析

Y

YRBSS　青少年危险行为监测系统
YTS　青少年烟草调查

（徐晓阳 译　曾　缓 校译　许积德　赵　勇 审校）

索 引 词

B

C

D

E

G

J

M

T

(徐晓阳 译 曾 媛 校译 宋伟民 审校)